유통지리학

이론과 실제

이 도서의 국립중앙도서관 출판예정도서목록(CIP)은 서지정보유통지원시스템 홈페이지(http://seoji.nl.go.kr)와 국가자료공동
목록시스템(http://www.nl.go.kr/kolisnet)에서 이용하실 수 있습니다.
CIP제어번호 : CIP2016018200(양장), CIP2016018297(반양장)

| 개정판 |

유통지리학

이론과 실제

한주성 지음

한울
아카데미

개정판을 내면서

  지금은 컴퓨터, 인터넷의 보급과 생산자동화를 주된 내용으로 하는 제3차 산업혁명 (디지털 혁명) 시대이다. 그러나 향후 사물 인터넷(Internet of the Things: IoT)과 인공지능 기술로 사람과 사물을 연결해주는 초연결(hyper-connectivity), 바이오 산업, 인간 증강 (human augmentation)의 증강 현실(augmented reality), 인공지능 분야에서 제4차 산업혁 명이 광범위하게 일어나는 시대가 되면 유통지리학은 기술의 기하급수적인 발달로 크 게 변화할 것이다. 먼저는 스마트폰의 발달이 소비자의 구매 방식을 바꾸어놓았고, 인 터넷, 모바일을 이용한 소셜 네트워크 서비스(SNS)와 소셜 커머스의 대중화는 기존 대 형 마트의 판매액을 감소시켰다. 이 때문에 대형마트는 소셜 커머스와 가격 할인 경쟁 에 나서야 했고, 빠른 배송을 목표로 한 소셜 커머스에 대응해 배송 차량을 늘리게 되 었다. 앞으로는 드론(drone)을 이용한 상품 수송이 이루어지는 등 물류혁명이 나타날 것이다. 이와 같은 물리적인 유통환경의 변화와 더불어 소비자의 구매행동도 종래와 다르게 바뀔 것이다. 소자녀·고령화사회, 단독가구 등으로 인해 대형점에서의 대량구 매가 줄어들고 편의점 등에서의 구매활동이 늘어날 것이고, 국내뿐만 아니라 해외에서 의 구매도 이루어지며, 도심부와 농어산촌에 거주하는 고령자들의 식료사막 현상도 나 타나며, 모바일 사용 정도에 따라 세대 간의 구매행동도 다르게 나타날 것이다.

  이번 개정판에는 이러한 변화된 내용을 담으려고 노력했다. 이 책은 모두 12개의 장 으로 구성되어 있다. 먼저 제1장에서는 유통의 범위를 넘어 생산단계부터 소비단계까 지의 내용을 포함하는 상품사슬, 상품회로와 상품 네트워크, 농산물·식료의 상품사슬 에 대한 내용을 추가했다. 또한 유통의 효과적인 공급을 파악하기 위해 국제 마케팅 내 용과 유통효율화와 공급사슬관리에 대한 내용을 새로 넣었다. 그리고 제2장에서는 물류와 정보가 합쳐진 로지스틱스에 대한 내용을 추가했으며, 제3장에서는 유통·에서 유통기관 간의 체계와 정보화의 영향이 중요하다는 점에서 이에 관한 내용과 함께 유통시스템의 지리학적 관점도 새롭게 넣었다.

또 도시에 도매시설로서 본사와 지점이 집적함으로 집적경제의 발달을 가져오기 때문에 이에 대한 내용을 제4장에 추가했다. 초판의 제5장은 두 장으로 나누어 소비자와 직접 관련되는 이론부문은 제5장에, 소매업 환경에 대한 내용은 제6장에 기술했다. 그래서 제5장에는 대형점의 입지전개 패턴과 직거래 소매상, 인터넷 쇼핑, 중심지 이론의 수정 내용 중 정보통신혁명의 영향, 도시 아파트 단지 내의 신정기시의 실증적인 내용을 추가했다. 한편 제6장에서는 정보화 사회와 더불어 소매업의 정보화를 나타내는 상점가의 웹사이트 개설과 활용, 고령화지역의 소매활동과 식료사막, 소매업이 상대적으로 발달되지 않은 농어산촌지역의 이동상인에 대한 행상이용변천과 현대적 의의, 또 상업 환경의 다면적 평가, 소매업의 글로벌화, 다국적 소매기업의 사업소망 입지전개, 초국적 소매기업의 전략적 현지화 등에 대한 내용을 새롭게 담았다. 그리고 제7장에는 소비 공간과 소비자의 힘 및 공공소비의 내용을 추가했다.

제8장에는 완성차 판매망 공간조직의 내용과 전자상거래 내용을 추가하고, 제9장에서는 물적 유통시설 및 물류센터와 배송권의 내용을 대폭 보완했다. 그리고 JIT의 공간적 함의와 완성차조립 부품공급의 지역적 물류체계, 재활용 생활계 폐기물의 유통체계, 이륜차 긴급 소형화물 배송 서비스업에 대한 실증적인 내용도 추가했다. 그리고 제10장은 물류기지의 공간구조를 새롭게 설정해 유통 업무단지, 항만발달과 화물유동에 의한 항세권 변화, 항공 화물수송의 시공간적 특성과 배후지에 대한 실증적인 내용을

새로 넣었다. 그리고 제11장에는 국제분업론에 대응하는 세계 시스템론, 크루그먼의 지리학과 무역, 소무역의 민족 네트워크, 공정무역, 통관거점의 국제물류, 접목선인장의 글로벌 상품사슬 및 급식 식료의 공간구조의 실증적인 내용들을 넣어 그 내용을 구성했다.

지금까지 언급한 바와 같이 이 책은 이론적·실증적인 내용을 함께 서술함으로써 책명에 이론과 실제라는 부제를 붙였다. 개정판을 출판하려고 여러 가지 자료를 검토하고 작성하는 과정에서 막상 초판을 보니 너무 부족함이 많았는데도 불구하고 그동안 독자들이 너무나 너그러운 마음으로 읽었구나 하는 생각이 뇌리를 덮었다. 그래서 좀 더 많은 부분을 수정·보완하고 필요한 내용을 추가하려고 애를 썼으나 독자들이 보기에 여전히 부족한 점이 많을 것이다. 그러나 유통지리학의 정립과 한국 유통지리학 발달의 초석이 되었으면 하는 마음으로 서술했으니 고운 눈으로 읽으면서도 많은 비판도 해주었으면 한다.

마지막으로 내조를 아끼지 않는 아내 오귀옥에게 고맙게 생각하고, 이 책의 출판을 쾌히 허락해주신 도서출판 한울의 김종수 사장님, 기획·편집부 여러분에게 감사를 드린다.

2016년 8월

저자

초판 머리말

아주 어렸을 때 어머니가 동네 구멍가게(독립소매점)에서 시루떡을 사주시던 일과 초등학교 시절 명절 전날 시장에서 학생복을 사주셨던 기억이 난다. 중학교에 들어가서는 트랜지스터 라디오를 사러 소리사에 따라간 적이 있다. 그리고 1970년대 중반에 교사로 취직해 첫 봉급으로 시계상점(전문상가)에 가서 시계를 산 일이 있고, 결혼을 한 후에는 집안 행사가 있을 때 집사람과 백화점의 식품매장에 가서 식품류를 산 일도 있다. 요즈음은 집사람과 체인화된 슈퍼마켓과 할인점 등에 가끔 간다. 그리고 집사람은 텔레비전 홈쇼핑에서 내 잠옷도 사준다.

현 시대는 텔레비전 홈쇼핑, 대형할인점, 슈퍼마켓, 신용카드회사의 카탈로그 상품광고 등 여태까지 볼 수 없었던 상품의 구매방법과 판매장소가 다양해져 유통산업은 지금 르네상스를 맞이하고 있다.

오늘날 한국의 유통산업 분야는 산업구조가 급속히 변화하면서, 상업이 공간적으로 집적하며, 영업소 등의 거점 기능이나 배치, 그리고 거점 간을 연결하는 상적·물적 유통 등의 활동이 활발해져 이 기능들이 입지한 지역에 큰 영향을 미치고 있다. 이러한 변용에는 소비자의 행동변화와 함께 일련의 규제완화로 상징되는 산업정책의 전환, 산업 전체의 고도 정보기술의 침투 등 내외의 많은 요인이 영향을 끼치고 있어 지리학 분야에서도 이러한 변화를 대상으로 한 연구가 적극적으로 이루어지고 있다.

유통산업은 일정한 상권을 성립조건으로 한 입지산업이고, 도·소매업의 판매액이 지역경제에서 차지하는 비중이나 도시의 공간구조에 대한 상업 집적의 영향력을 살펴볼 때 이들의 급속한 구조전환이 지역의 여러 면에 영향을 끼치는 것은 논란의 여지가 없다고 생각한다. 이 때문에 오늘날 유통산업의 변용을 지리학의 시점에서 심층적으로 연구하는 것은 대단히 의의가 있다.

필자가 유통지리학에 관심을 갖고 연구를 시작한 것이 벌써 약 30년이 되었으나 이 분야를 연구하는 연구자나 학도들에게 필요한 마땅한 서적이 없는 것을 안타깝게 생각하고 있었고, 또 정체된 이 분야의 지리학에 조금이나마 활력소를 불어넣기 위해 나름대로 노력해왔다.

이 책은 모두 11개의 장으로 구성되어 있다. 먼저, 유통지리학이 무엇이며, 어떻게 발달해왔고, 그 연구의 범위를 어디까지 할 것인가에 대해 기술했다. 다음으로 유통활동 및 상품의 분류와 특성에 대해 서술했다. 제3장에서는 유통현상에 대한 내용을 파악하기에 앞서 유통기관과 유통기구가 어떻게 형성되어 있는가를 밝히고, 제4장에서는 도매업의 종류와 입지에 관한 내용, 상권에 대한 내용과 판매활동에 의한 도시유형 변화 및 도매업의 기업조직에 대해 진술했다. 제5장에서는 소매업의 종류와 입지이론, 소농사회의 정기시, 인구분포의 변화와 더불어 소매점포의 지역적 변화와 교외화, 소매점포가 집적함에 따라 형성되는 상점가와 상업지역, 상권과 소매업의 국제화에 대해 기술했다.

제6장에서는 소비자의 공간선택 행동에 대해 서술했고, 제7장에서는 전자상거래를 포함한 상적 유통에 대해, 제8장에서는 물류센터와 창고업 등 유통시설의 입지와 특징, 노선트럭과 소화물 일관수송업, 국제물류의 종래 연구와 전망과 과제를 제시했다. 그리고 이들에 대한 이론적 바탕인 국제 분업론과 세계 시스템론 및 세계 무역 네트워크에 대해 제9장에 기술했다. 제10장에는 유연적 전문화와 현시점 즉시 판매방식에 대하여, 제11장에서는 정보화가 유통산업에도 지대한 영향을 미치고 있다는 점에서 유통

업 정보화가 공간에 영향을 미친 내용 및 유통현상과 지리정보체계에 대해 서술했다.

유통지리학 분야는 경영학, 마케팅학, 국제경영학, 소비자 행동연구 등의 분야를 내포하고 있기 때문에 굉장히 광범위한 학문 영역이라 할 수 있다. 그래서 이들 분야를 모두 제대로 섭렵하지도 못한 상태에서 책의 내용을 구성하여 평소 뛰어난 업적을 내고 있는 학문의 선후배들이 이 책을 보면 부족한 점이 많으리라고 생각한다. 필자에게 많은 비판과 충고를 해주기를 바라며 이 책을 더욱 충실한 내용으로 계속 보완해나갈 것을 독자들에게 약속드린다.

평소 많은 관심을 보여주시고 격려를 해주시는 은사, 선배 여러분과 아낌없이 내조해주는 아내 오귀옥에게 고맙게 생각한다. 그리고 이 책의 출판을 쾌히 허락해주신 도서출판 한울의 김종수 사장님께 심심한 고마움을 표하는 바이다.

2003년 3월

한주성

차 례

유통지리학의 정의와 연구

1. 유통지리학의 정의와 기능

1) 상업과 유통 및 마케팅

최초의 교역은 아마 가까운 가족이나 친족 사이에 이루어지다가 차츰 다른 사람과의 거래가 이루어졌을 것이다. 이와 같은 교역 중 상업(commerce)은 생산과 소비를 결합시키는 유통활동으로 일상생활에 밀착된 경제활동이다. 상업이란 용어는 중국 상[商(殷)]나라 때에 나눗셈이 발명되면서 사용되기 시작했는데, 상업은 상(商)을 업으로 하는 것이고, 상인은 상업을 업으로 하는 사람을 말한다. 상에는 세 가지가 있는데, 하나는 고유의 상(商)이고, 둘째는 보조상(補助商)이며, 셋째는 제3종의 상이다. 상업 중에서 고유의 상은 생산자와 소비자 사이에서 재화의 이전을 매개로 영리행위를 해 유통을 담당함으로써 특정 경제기능을 발휘하는 기업 집단을 말한다. 그리고 보조상은 고유의 상행위를 보조하는 것으로서 상행위의 중개(장내 중매인), 중개인(broker), 대리 등과 이 밖에 상품[1] 수송, 창고위탁, 보험 및 은행거래 등을 행하는 것을 말한다. 보조상은

---

1) 상품이라는 용어는 상학적 개념이고, 재화라는 용어는 경제학적 개념이다.

상거래가 복잡해짐에 따라 여러 가지 보조행위가 형성되면서 그 역할이 확대되고 있다. 또 보조상은 순수한 의미에서 상업은 아니지만 이 역할이 빠지면 고유의 상이 성립하기 어렵다는 의미에서 상의 개념에 포함되고, 또 상법의 지배도 받고 있다. 제3종의 상은 재화의 이전을 매개로 하거나 매개를 보조한다는 의미에서 상업은 아니지만 고유의 상이나 보조상과 경영방식 또는 행위의 유형이 같다는 이유로 편의적으로 상업으로 취급한다. 그 내용으로는 상행위 이외의 행위로 중매 대리, 운송, 창고기탁, 보험이 있고, 상품은 아니지만 여객수송, 생명보험 등도 이에 속한다.

한편 유통(distribution)이란 고유의 상 전부와 보조상 역할의 대부분을 포함하는 것으로 마케팅(marketing)과 같은 의미로 사용된다. 마케팅의 본래 뜻은 생산물을 시장(market)에 보내는 활동을 의미하며, 그 활동의 결과 생산물이 시장에서 최종 수요자에게 도달하는 현상을 의미한다. 즉, 생산된 재화가 상품으로서 생산자로부터 최종 소비자의 손으로 넘어갈 때까지의 일련의 과정이다. 따라서 양자를 구별할 이유가 없고 용어를 사용하는 사람의 취향에 따라 다른 뉘앙스로 두 용어를 사용하고 있다. 그리고 미국의 학회에서는 오래 전부터 마케팅으로 사용해왔으나 일본의 학회에서는 유통으로 사용하고 있다. 즉, 유통은 거시 마케팅(macro marketing)으로서 국민 경제적 관점에서 생산자로부터 소비자까지의 상품 및 서비스를 물리적·사회적으로 이전시키는 여러 가지 활동을 말한다. 그러나 마케팅은 개별 기업의 마케팅 행동에 주체를 둔 이른바 미시 마케팅(micro marketing)이라는 사경제적(私經濟的) 관점에서 생산자로부터 소비자에 이르는 상품 및 서비스를 순환적으로 이동시키는 여러 가지 활동을 의미한다. 유통은 영리나 비영리와 관계없는 기업의 마케팅 활동으로 시장에서 여러 가지 활동이 종합되어 나타나는 경제활동이다. 그러나 최근 미국에서는 유통을 거시 마케팅으로 이해하려는 경향이 나타나고 있다. 이를테면 사회 마케팅(social marketing) 개념 및 생태학(ecology) 개념을 포괄하는 것으로, 즉 마케팅을 하나의 사회적 활동과정으로 의미 짓는 경향이 있어 양자의 의미를 명확히 구별해 연구하는 것은 어렵게 되었다.

마케팅이란 상품이나 서비스를 어떻게 하면 효율적·효과적으로 판매·제공할 수 있는가를 모색하는 활동이다. 본래 마케팅이란 시장을 창조해 수요를 환기시키고, 또 소비자의 생활안전과 향상을 위해, 더 나아가 소비자와 생산자의 생활수준을 높여 시장을 창조하고 그것을 배급하기 위한 기업의 실천적 사업 수행활동을 말하는데 1930년 이스트먼(R. O. Eastman), 클라인(J. Klein)에 의해 처음 사용되었다.

상업을 포함한 유통업(distribution industry)이란 상품·서비스가 생산자로부터 최종 소비자의 손에 이르기까지의 중간기능을 담당한 산업을 총칭한다. 구체적으로는 도매업, 소매업, 그 밖에 창고업, 운수업 등의 물류업을 포함하는 것이다. 유통업은 첫째, 일정한 규모의 상권을 성립조건으로 하고, 둘째 대자본과 중소자본 각각의 상권이 같은 공간상에서 중층적으로 전개되고 있다. 셋째, 유통경로를 구성하는 제조업, 도매업, 소매업이 각각 경영합리성을 추구한 거점배치를 행하고 있다는 점이 지리적인 특징이다.

2) 상품사슬

최근 글로벌 경제와 그 생산체계(production system)는 고도로 통합되고 상호의존적이어서 사슬(chains)을 통해 연결되고 있다. 글로벌(global) 경제는 국가와 지역의 경계를 뛰어넘어 주체들 간에 연속적이고, 또 상호 연관된 구조를 이루고 있기 때문에 이러한 경제현상의 공간적 패턴을 분석하기 위해 등장한 것이 사슬개념이다.

상품사슬(commodity chain)은 생산체계 내 일련의 과정으로 자원을 수집하는 생산체계, 부품이나 생산물을 변형시키고, 마지막으로 제품을 시장으로 유통시키는 순차적 과정으로 생산·가공부문까지를 포함하기 때문에 유통보다는 유동과정이 더 광범위하지만 상품만을 다룬다는 것이다. 홉킨스(T. K. Hopkins)와 월러스타인(I. Wallerstein)은 '최종상품생산에 수반되는 노동과 생산의 과정에서 발생하는 네트워크로, 이것의 최종적인 성과는 완성된 상품'으로, 상품사슬이란 노동 네트워크와 완제품의 생산과정이라고 했다. 이러한 일련의 연속된 과정은 독특하고, 제품수명주기의 현재 단계뿐만 아니라 생산유형의 의존, 생산체계의 본질, 시장의 요구에 의존한다. 또 상품사슬은 원료의 변형에서 중간 제조단계를 거쳐 시장에 이르는 공급사슬(supply chain)의 모든 단계를 아우르는 생산·무역·서비스 활동이 기능적으로 통합된 네트워크이다. 그리고 상품사슬은 주로 생산자와 구매 주도자 관점에서 공급자와 소비자의 사이에 투입과 산출이 이루어지는 연속과정이라 할 수 있다. 또 상품사슬은 변화하는 조건, 즉 가격과 수요의 변화에 적합하도록 생산의 조정을 변화시키는 적응력을 제공하며, 생산과 유통의 융통성은 감산, 거래, 합리적인 결과로서 유통비용과 함께 특히 중요하다.

그리고 상품사슬은 어떤 상품이나 제품, 그것과 관련된 가구나 기업, 또는 국가가 세계경제 시스템 속에서 상호 관련성을 갖고 있는 조직 간의 네트워크로 구성된 것을 말한다. 더 자세하게 말하면 상품사슬은 원재료나 반제품 등의 조달과 관련되고 노동력 및 그 공급, 수송, 시장이나 유통, 분배 및 최종 소비와 관련된 것으로 구성된다. 이때에 열쇠가 되는 것은 상품이고 세계경제에서 주변 지역(periphery)에서의 생산과 핵심 지역(core)에서의 소매·소비를 연결하는 상품의 사슬에 주목한 접근방법이다. 그리고 상품사슬은 생산에서 소비에 이르는 모든 유동과정을 사회적 관계로 설명하는 것이다.

상품사슬도 유통지리학에 내포된다. 다만 상품유통을 노동과 생산과정에서 발생하는 사회적 네트워크의 접근방법에 의해 파악하는 것으로, 유통지리학은 생산자로부터 소비자 사이에서 발생하는 유통 시스템의 공간적 형성과 그 형성요인을 규명하고, 지역 간 결합을 국민경제, 글로벌 경제의 입장에서 공간 시스템과 네트워크를 밝히는 것이다.

3) 유통의 기능

유통의 기능이란 생산과 소비의 양적·질적 틈과 시공간적 틈을 메우는 모든 움직임이라고 말할 수 있다. 따라서 생산과 소비에 관해 이러한 틈이 전혀 존재하지 않을 경우는 유통기능도 문제가 없다. 즉, 자급자족적 경제사회에서는 유통기능의 의미가 매우 미약했다. 그러나 기술혁신을 계기로 생산력이 증대되고 사회적 분업이 성립되면서 생산과 소비의 틈이 발생하고 그와 더불어 유통기능 그 자체가 하나의 사회적 기능으로 의미를 갖게 되었다. 따라서 유통기능 그 자체는 생산 및 소비의 실태 양쪽에서 영향을 받아 그 사회적인 의미도 변화해왔다고 말할 수 있다.

유통활동은 유통기능을 행하기 위한 실행 행위이고 구체적으로는 도매업, 소매업 등의 활동을 의미한다. 유통의 기본적인 기능으로서 수급접합기능(상거래 유통기능)과 물적 유통(physical distribution)[2])기능을 들 수 있는데, 여기에 덧붙여 정보기능이나 금융기능 등의 부수적인 기능도 포함된다. 수급접합기능은 몇 가지 하위기능이 있다. 먼저 판매기능에는 수요 탐색활동, 수요 측정활동, 수요 창조활동, 구입 설득활동, 수주활동이 있고, 또 구매기능은 공급원 탐색활동, 생산 유도활동, 생산 조절활동, 발주활동으로 구성되며, 마지막으로 가격 형성기능이 있다.

다음으로 물적 유통기능은 재화를 물리적으로 이전시키는 것으로 수급결합과 더불어 유통을 성립시키는 불가결한 요인이다. 또 수급접합기능과 더불어 유통에서 가장 기본적인 기능이라 할 수 있다. 물적 유통기능은 몇 가지의 하위기능에 의해 유지되고, 나아가 그들의 하위기능은 여러 활동을 통해 수행된다. 하위기능과 그 실행활동을 보면 다음과 같다.

- 수송기능: 구입을 위한 수송활동, 판매를 위한 배송·배달활동, 기업 내 이동활동
- 보관기능: 보존·저장활동, 유통 재고활동, 재고 통제활동
- 하역기능: 적재활동, 하역활동
- 포장기능: 외장(外裝)활동, 내장활동
- 유통가공기능

수급접합기능은 소유권을 이전시키고, 물적 유통기능은 재화의 공간적·시간적 이전을 가능하게 한다. 즉, 수송기능은 구입을 위한 수송활동이나 판매를 위한 배송·배달활동 및 공장에서 자기 회사 창고 등으로 이동하는 것과 같이 기업 내 이동활동을 통해 재화의 장소적·공간적 이전을 달성한다. 보관기능은 생산과 소비의 시간적 거리가 클

---

2) 물적 유통, 즉 물류와 유사한 용어는 1912년 미국의 쇼(A. G. Shaw)가 『마케팅 유통에서의 몇 가지 문제(Some Problems in Marketing Distribution)』라는 저서에서 처음 소개했는데, 이 용어는 넓은 국토 전체가 교통의 발달로 하나의 통일된 시장을 형성해 상품을 합리적으로 배급할 필요성이 나타났다고 기술한 데서 기인된 것이다. 쇼의 저서에서 물류는 유통활동의 구성요소로 인식하고, 물류활동의 중요성을 강조했다. 그러나 쇼는 판매를 위한 물류만을 물류라고 정의했다.

〈그림 1-1〉 유통기능의 유형

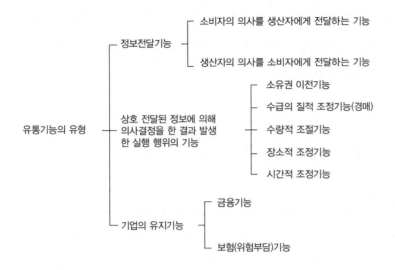

경우 가능한 한 수요시기를 위해 비축하거나 수급의 부적합한 위험이 있을 경우 이를 방지하기 위해 비축하는 활동, 또는 품질 변화를 막기 위해 보존·저장하는 활동, 나아가 판매를 위한 유통 재고활동을 통해 재화의 시간적 이전을 가능하게 한다. 재고 통제는 물리적인 재화의 이전 그 자체보다도 보관기능을 원활하게 하는 경영 관리활동이다. 하역기능은 재화의 시공간적 이전에 부수적으로 발생하는 기능이고, 포장기능과 유통가공기능은 재화의 시공간적 이전을 전제로 발생하는 기능이다.

유통기능의 유형은 〈그림 1-1〉과 같이 구분할 수 있다. 정보전달 기능은 소비자의 의사를 생산자에게 전달해 품질, 수량, 장소, 가격정보를 바탕으로 수요와 공급을 조절하는 기능으로 생산자의 시장조사, 판매액의 동향에 의해 파악되며, 생산자의 의사를 소비자에게 전달하는 기능은 도매업자, 소매업자 등에 대한 움직임이나 판매활동 및 생산자의 광고활동에 의해 이루어진다. 또 소유권의 이전기능은 상호 전달된 정보에 의해 의사결정이 이루어짐으로 발생하는 실천행위로서 결제행위이고, 수급의 질적 조정기능은 신선식료품의 경매 등이 이에 해당된다. 그리고 수량적 조절기능은 수요량의 조절로 생산과 소비단계에서의 로트(lot)[3]의 크기를 조절하는 기능을 말한다. 그리고 장소적·시간적 조정기능은 수송, 배송, 저장, 보관 등의 물류기능을 말한다. 끝으로 기업의 유지기능 가운데 금융기능은 자본조달과 신용을 말하며, 보험적 기능은 상품의 물리적 변질, 재고, 가격변동 등에 의한 손실 또는 대금 회수에 따른 위험에 관한 관리를 하는 여러 활동을 말한다.

2. 유통의 효율화와 공급사슬관리

유통업은 재화나 상품의 집산과 관련된 산업의 총칭으로 주로 수급접합과 보관·이전이라는 두 가지 기능을 담당하고 있다. 수급접합이란 판매자와 구매자를 연결시키는 기능이고, 상적 유통(상류)이라고도 부른다. 또 보관·이전은 재화의 보관·분류나 이동 등을 담당하는 업무로 물적 유통(물류)이라고 부른다. 이러한 재화의 집산과 관련된 가장 대표적인 업종이 도매업(Wholesales)이다. 도매업은 생산자와 소비자 사이에 위치하며 대부분이 도(道) 또는 지방을 단위로 한 상류와 물류를 담당해왔다. 이 때문에 도매업은 전통적으로 도청소재지나 지방도시에 집적하는 경향이 강하고, 소매업(retailers)의 판매액에 대한 도매업의 판매액(W/R비율)의 크기가 그 도시의 중심성을 나타내는 지표라고 생각해왔다.

그러나 유통의 정보화·효율화가 급속히 진전된 1980년대 후반 이후 도매업의 기능이나 입지는 크게 변화하고 있다. 이 변화를 주도하는 큰 요인이 공급사슬관리(Supply Chain Management: SCM)[4]의 보급이다. SCM이란 생산에서 판매에 이르는 유통경로 전체에서 재고를 줄여가며 산업 전체의 효율화를 꾀하는 대처이다. 소비재 유통의 경우 수

---

3) 재화의 생산 및 판매단위를 말한다.
4) 중간 유통단계에서 공동보관이나 공동배송을 진행시키면서 배송빈도의 유지와 물류의 간소화를 양립시키는 것을 시도하는 것으로 많은 산업분야에서 도입이 검토되었다. 그 특징은 배송권별로 하주의 출하정보를 일원적으로 관리한 후에 개개의 거래처 단위로 한 배송 시스템을 해체하고 지역이나 동일 업태별로 가장 효율적인 공동배송 시스템을 구축한다는 점이다. 따라서 공급사슬관리의 보급은 물류거점의 통폐합을 진행시키는 것만이 아니고 자사 물류 시스템의 외부화를 강하게 추구하는 요인이 된다.

급접합을 달성하기 위해서는 상품재고의 관리가 불가결하다. 셀프(self) 서비스화가 진전된 일본의 소매업에서는 매장에 재고가 없는 상품은 구입 대상이 되기 어렵다. 한편으로 시장에 공급되는 품목 수는 증가 일로를 걷고, 상품 간의 기능 차는 작아지기 때문에 상품의 판매예측은 어렵게 되어 소비의 불확실성이 증대되고 있다. 소비의 불확실성이 높아지면 유통업이 관리하는 재고도 증대하기 때문에 그 부담이 유통경로 전체의 생산성을 저하시키는 것으로 염려된다. 1980년대 중반 이후 거대한 판매력이나 정보력를 통해서 유통의 주도권을 장악한 가대(架臺) 연쇄점(chain store)은 '필요한 상품을, 필요한 개수만큼, 다빈도로' 배송하는 다빈도 소량배송을 도매업에 요구해, 소매매장의 재고량을 일정한 범위에서 유지하는 시도의 성과를 올렸다. 이것은 1960년대 미국 유통학자 버클린(L. P. A. Bucklin)이 지적한 '연기화(延期化)[5]'의 실천이다. 버클린은 판매된다는 보장이 없는 상품을 구입해 재고 위험(risk)이 증가하는 것을 '투기'적 거래라고 부르고, 이 위험을 회피하기 위해서는 발주시기를 될 수 있으면 판매시점에 가까이 보다 정확도가 높은 판매예측에 바탕을 두고 발주하는 '연기'적 거래가 유리하다는 것이다. 연쇄점의 판매 자료를 도매업이나 메이커가 공유하고, 제조에서 판매에 이르는 유통경로 전체에서 '판매되는 상품을 판매량만큼 생산하고, 도·소매가 갖는 유통재고를 최소화하는' SCM이 서서히 침투하고 있다.

유통의 SCM화는 유통경로의 대폭적인 대편성이 진행되어 도매 판매액이 많은 중심도시의 도시기능에 세 가지 큰 영향을 미쳤다. 공급사슬관리화가 도시에 미친 세 가지 영향은 첫째, 제조업과 소매업을 연결하는 중간 유통단계의 슬림(slim)화이다. 소매업의 판매정보에 바탕을 둔 제조업이 생산계획을 조금 조정하고, 도매업이 다빈도 소량

---

5) 버클린은 장기적인 수요예측에 바탕을 두고 예상생산을 행해 대량의 유통재고를 유지한 후에 긴 사이클과 큰 로트의 배송을 행하는 생산·유통 시스템을 '투기형', 실수요에 맞추어 분산적인 생산·재고관리를 행하고, 짧은 사이클과 작은 로트로 배송한 생산·유통 시스템을 '연기형'이라 한 '투기·연기이론(principle of postponement-speculation)'을 제기했다. 이 이론에 의하면 시장에서 실제수요 정보를 최소의 시간 지체(time lag)로 생산과정에 전달하려는 정보화는 '투기'적인 유통 시스템을 '연기'적인 유통 시스템으로 전환시키는 기능을 가지고 있다. 토요타(豊田) 자동차 부품조달 시스템이나 점두 재고를 최소화해 다빈도 배송을 행하는 편의점의 배송 시스템 등은 고도로 수요예측에 의한 발주시기를 가능한 한 실제수요에 가까운 연기적 시스템의 전형적인 예라고 할 수 있다.

배송으로 소매업에 상품을 공급하는 SCM을 실현하기 위해서는 메이커별이나 다단계제[6]를 특징으로 한 종래형의 중간 유통을 대폭적으로 정리·축소하고, 정보처리능력에 뛰어난 상품구색의 폭이 넓은 대규모 도매업에 의해 '굵고 짧은' 시스템을 구축할 필요가 있다. 둘째, 상류와 물류의 공간적인 분리이다. 연쇄점과 대규모 도매업과의 거래가 증가하면 상류의 거점은 필연적으로 연쇄점의 본부가 집중한 대도시의 중심부를 지향한다. 이에 대해 다빈도 소량배송을 요구하는 물류거점은 시간거리의 중심(重心)에 가까운 교통조건이 뛰어난 장소를 지향하기 때문이다. 셋째, 물류거점의 집약화이다. 다빈도 소량배송을 행하면 하나의 배송별 트럭 적재량은 적게 된다. 이 때문에 도매업은 물류거점을 집약화하고 적재비율을 유지하지 않으면 안 된다. 이 물류거점의 집약화는 재고의 지리적 집중에 의해 재고총량을 압축한다는 장점도 함께 가지게 된다.

이러한 변화는 이를테면 지역경제에 대한 도매업의 기여가 컸던 일본 오사카(大阪)나 지방도시에 현저한 영향을 미쳤다. 예를 들면 센다이(仙台), 히로시마(廣島), 후쿠오카(福岡) 등 광역중심도시로의 상류(商流) 기능의 집중과 주변 현청(縣廳) 소재지에서 공동화의 진행, 전국 자본의 도매업에 의한 지역시장의 석권과 지방 중소도매업의 도태, 도로교통의 요충을 겨냥한 물류거점의 집약화 등이다. 이러한 움직임은 금후 연쇄점의 요청뿐만 아니라 인터넷 쇼핑 등 새로운 소비활동에도 좌우될 수 있다. 일본의 인터넷 쇼핑 규모는 2010년 현재 약 23조 엔으로 GDP의 4.7%에 해당되고 금후 더욱 성장할 것으로 예상된다. 인터넷 쇼핑의 생명선은 주문에서 각 가정까지의 배송 시간 단축이기 때문에 금후에도 물류거점이 교통조건이 요구하는 도심에서 교외로 이동하는 것은 불가결하다고 말한다.

SCM의 진전은 평소에는 대단히 효율적인 공급 시스템을 실현하는 반면에 재해 등의 돌발사태가 발생하면 유통재고의 극소화가 진전되었기 때문에 단기간 내에 유통재고가 바닥나기 쉬운 결점을 가진다. 2011년 3월 동일본대지진 재해에서 지진 직후에

---

6) 일본의 중간 유통은 1980년대까지 메이커별로 도매업이 독립하거나(메이커별) 대규모 도매업(1차 도매)에서 중소도매업(2차 도매, 3차 도매 등)으로 도매단계에서의 상품이 전매되어 가는 틀(다단계제)이 일반적이다.

일어난 가정 내 비축을 목표로 한 '목적용 매수'의 증가가 맞물려 원전사고와 더불어 먹을거리의 안전성에 대한 걱정이 관련 상품의 수요를 압박했기 때문에 물이나 종이제품 등의 공급이 부족해 매장재고가 없어 큰 사회문제로 발전했다. 이 문제는 생활필수품의 매장재고나 물류재고를 극한까지 줄이는 SCM이 위험관리(risk management)상의 문제를 안고 있는 점을 부각했다고 말할 수 있다.

3. 유통지리학의 발달

1) 영미의 유통지리학 연구계보

중세 때 상업지리가 발달해 한자동맹(Hansatic League)[7]에 가입한 각 국가의 지방 상인학교에서는 상인지리를 가르쳤다. 교과내용은 상업·교통, 각 지방 산물과 그 가격, 상품의 수급 및 이동, 화폐, 도량형, 세금, 법률, 풍속 등이었다. 그 후 상인지리는 영국에서 상업지리학(commercial geography)[8]으로 바뀌었는데, 1778년 뷔시(J. C. Büsch)에 의해 처음 불려졌다. 상업지리학은 지리적 발견시대 이후 유럽제국을 부강하게 만드는데에 영향을 미쳤다. 그것은 그 당시 외국무역, 즉 상업이 나라를 부강하게 만드는 데 가장 유력한 수단의 하나라고 보았기 때문이다. 그 결과 세계의 상업은 유럽을 중심으로 크게 발달했으며, 또한 유럽의 여러 나라는 국책으로 상업발달을 강력히 뒷받침함으로써 17~18세기에 중상주의(mercantilism) 시대를 맞이하게 되었다. 따라서 상업지리

---

7) 12~13세기 유럽에는 한자라고 불리는 떠돌아다니는 편력상인(遍歷商人)들의 단체가 있었는데 14세기 중반에 그들 사이에 '독일한자' 또는 '한자동맹'이라는 도시동맹이 발달해 중세 상업사상에 커다란 역할을 했다.

8) 치솜(G. G. Chisholm)은 스코틀랜드 출생으로 상업지리학을 집대성해 1889년『상업지리학 핸드북 (Handbook of Commercial Geography)』을 출간했다. 그의 상업지리학은 첫째, 상품별 생산과 무역을 기후, 지질 등의 인자를 바탕으로 세계적 분포를 설명했으며, 둘째 국가별 생산입지를 상세하게 설명해 미래 상업발달의 과정을 제시했다.

학은 이 시대의 요청에 부응해 발달한 것이었다.

초창기의 상업지리학은 당시 사회의 필요성에 부응한 상업학자들에 의해 발달되었다. 이는 상업에 종사하는 사람들의 실제 생활에 필요하고 유익한 세계 각국 또는 지방의 산업·경제에 관한 여러 정보를 집대성한 백과사전 같아서 실천적이고 가치가 있었다. 슈미트(P. H. Schmidt)는 경제현상의 서술이 지리학의 특수한 분야로 시작된 것은 상업지리학이 발달한 시기부터라고 말했다. 그러나 이 당시 상업지리학의 지식은 백과사전에 불과해 하나의 원리에 의해 통일된 지식체계가 없었다. 이때의 상업지리학 내용은 1930년대 후반부터 1940년대에 걸쳐 미국과 유럽 여러 나라의 도시지리학에서부터 시작된 것이다.

(1) 상업지리학에서 마케팅 지리학으로

영국에서 무역이 발달하면서 활발하게 연구된 상업지리학은 18세기 중엽부터 20세기 초까지 독일과 미국을 중심으로 어떤 시기에는 독립된 학문으로, 또 어떨 때에는 경제지리학의 한 분야로 발달했다. 또한 그 내용은 실학(實學)적·지지(地誌)적·과학적 요소를 교차시키면서 발달해왔다. 그리고 20세기에 들어와서는 미국에서 상업지리학이 발달했으나 이때의 상업지리학은 기업지리학적 색채가 강했다.

1950년대에서 1960년대의 상업지리학은 한편으로는 도시지리학과 혼효되었고, 또 대부분의 상업지리학의 연구가 도시지리학에 흡수되었다. 한편 1950년대 말에서 1960년대에 걸쳐 두 개의 새로운 관점에서 상업지리학의 연구가 행해졌다. 그 하나는 소비 관점에서의 연구이고, 다른 하나는 마케팅 관점에서의 연구이다.

애플바움(W. Applebaum)은 경제지리학 중 상업연구가 현실의 문제해결에 어느 정도의 역할을 하고 있는가에 대한 의문을 가지고 마케팅 지리학의 연구를 시작했다. 그는 마케팅 지리학의 임무를 첫째, 시장 및 마케팅 자료의 제시, 둘째 시장에 대한 평가, 셋째 판매 및 상거래 지역 상권의 구획화, 넷째 유통경로의 선택과 도·소매업 등 유통기관의 입지 문제를 들었다. 그는 이와 같은 마케팅 지리학의 임무는 당시 상인에 의한 상품유통 그 자체의 매개 활동뿐만 아니라 상품 그 자체와 직접 관련된 여러 활동 중에서 마케팅 활동에 주목하는 이러한 분야의 연구가 이후 발전할 것이고, 또 중요할 것이라고 지적했다.

그 후 공간에서의 소비자행동이 지리학분야에서 발달해온 중심성 또는 중심지 개념과 밀접하게 관련을 맺고 있다는 전제와 함께 지리학의 연구 성과인 상권에 관한 고전적·경험적 법칙과 관련지은 연구도 등장했다.

(2) 마케팅 지리학으로의 접근

마케팅 지리학이 등장하게 된 필연적 배경을 보면 다음과 같다. 지리학은 학문의 역사에서 보면 마케팅보다 오래 되었지만 양자 간에 밀접한 상호관계가 이루어져서 마케팅 전문가가 학문상으로 관심을 갖게 된 것은 특히 1950년대 이후이고 그 후 관심이 꾸준히 높아졌다. 대표적인 연구자인 하워드(J. A. Howard), 켈리(E. J. Kelly), 레이저(W. Lazer), 콕스(R. Cox), 카슨(D. Carson), 코틀러(P. Kotler)는 지리학을 마케팅 시스템에 영향을 미칠 마케팅 환경, 예를 들면 기업입지환경 등 여러 가지 힘 중의 하나로, 또 마케팅 개념 및 마케팅 이론의 확립에 유용한 학문으로, 더욱 구체적으로는 마케팅 개념의 중핵적 수단으로서의 시장 세분화 중점항목의 하나로 위치 지을 수 있다고 했다.

제2차 세계대전 이후에 마케팅 지리학으로의 접근이 가능하게 되었는데 경제적·사회적 배경으로 다음과 같은 상황을 생각할 수 있다. 첫째, 국제적 경제 환경의 변화와 기업환경의 변화이다. 경제가 성장함에 따라 많은 기업이 규모의 경제, 즉 규모의 이익을 추구했고, 그 마케팅 활동은 생산 제일주의였으며 양산(量産) 지향, 수출확대 지향이었다. 판매시장에서는 어떻게 생산을 증대시키고 이를 위해 거대한 기술을 도입할까가 중요한 과제였다. 국민경제의 고도성장을 모토(motto)로 하고 효율 중심의 마케팅 활동이 전개됐다. 이는 자본의 논리를 최우선으로 한 마케팅이 융성해졌기 때문이다.

둘째, 지역구조의 변화이다. 고도 경제성장기의 국토는 대도시를 중심으로 공업화·도시화가 진행되어 노동인구는 대도시에 집중하고 도시인구는 점차로 교외로 확산되었다. 대도시의 입지 전략은 공공정책에 의해 도시의 교외나 지방도시의 중앙부로 분산입지하고 그 진출지역을 지배하는 결과가 되었다. 그 때문에 지역주민의 경시, 자원의 낭비, 무질서한 개발, 공해 확산, 지역문화 파괴 등이 나타나게 되었다.

셋째, 소비자의 변화이다. 고도 경제성장 아래에서 소비자의 소득수준은 이전에 비해 높아졌으나 생활수준은 아직 낮은 편이었다. 따라서 소비자의 수요는 먼저 양과 기능성을 중시했다. 소비자는 이를테면 모방자였다. 기업의 판매 송출(push) 전략에 흡인되어 기업의 마케팅 정책에 무감각적으로 순종하는 경향이 있었고 소비는 미덕이라는 계몽에도 동요되었다.

넷째, 시장의 변화이다. 고도 경제성장기에는 수요가 공급을 능가하는 구매시장이었다. 이러한 상황 아래에서 메이커(생산자) 주도의 시장전략은 시장에 대량의 상품을 정기적으로 차별화해 송출하고, 그에 소비자가 만족하는 전략을 채택했다. 많은 기업은 대도시 집중형의 과밀 시장구조의 형성자가 되면서 평준화된 전국시장의 형성에 힘을 기울여 종래에 자연적으로 세분화되어왔던 옛 시장구조 및 미개발시장을 동질화시켰다. 시장에서의 판매는 시장 전체가 신장되어 좋고, 또 많은 기업은 마케팅 점유율을 높이기 위해 전국에 알려지는 국가적 상표를 확립하고 이것에 제품 진부화 정책을 더해 소비자에게 강요한다는 메이커 주도의 마케팅 전략을 전개했다.

다섯째, 유통경로의 변화 및 유통정보의 질적 변화이다. 전근대적인 영세 유통업자의 국지적 유통경로와 대량생산에 대응한 전국적인 규모의 유통경로가 확립되었다. 따라서 대기업과 대규모 소비자에 의해 전국이 획일적인 유통경로망을 형성하고, 정부의 유통합리화 정책이 유통 시스템화 정책으로 나타났다. 그리고 유통정보화는 기업의 중앙집권적 조직으로 본사, 본점에 정보를 집중시키고 이를 분석·가공한 것을 지사, 지점으로 전달하게 되었다.

여섯째, 마케팅 지리학에 관심을 갖게 된 필연적인 마지막 배경은 정부의 기업 마케팅 활동에 대한 여러 정책의 변화이다. 정부에 의한 유통기업 우선정책을 내걸고 구체적으로는 정부의 우대세제(優待稅制), 마케팅 단지조성, 지원의 바탕에 기업의 이윤확대가 깔려 있었다. 규모의 이익을 촉진하기 위해 기업입지의 우선정책은 기업의 지역적 지배를 시인한 것이다. 이상에서 마케팅의 지리학적 접근이 필요하게 되어왔던 몇 가지 경제적·사회적 배경을 기술했는데, 이는 결국 마케팅 지리학으로의 접근이라기보다는 마케팅 지역지향을 강하게 하지 않으면 안 될 필연적인 요인이라 할 수 있다.

(3) 미국 마케팅 지리학의 발달

미국 자본주의의 독점단계에서 발생한 마케팅이 학문적으로 개념화된 것은 20세기 초부터 세계 대공황 전까지의 약 30년 동안으로, 미국에서 상업적 농업이 발달한 중서부의 지역으로부터 제조업이나 상업이 탁월한 북동부 지역에 걸쳐 나타났다.

당초 마케팅에 관한 연구는 이론적인 면에서는 방법론 이외에 농산물 마케팅, 시장 연구와 분석, 판매원·상점, 광고 및 초기 상품화 정책(merchandising)[9]과 같은 연구가 활발하게 나타났고, 현실적인 면에서는 판매시장이 형성되어 생산지향 및 판매지향이 중시되었다. 1910년대에는 도시의 백화점이 모두 급성장기에 들어갔으며 연쇄점 시대라고 불리어질 정도로 연쇄점이 많이 설립되었다. 1920년대에는 잡화점(general merchandising store)이 단독으로 입지하기 시작했으며, 도시화나 모터리제이션(motorization)[10]으로 교외지역에 상업시설이 분산입지를 하는 경향이 나타났다. 따라서 미국 마케팅 지리학은 1930년 이전에는 없었으며, 유럽의 전통을 이어받은 상업지리학이라는 틀 속에서 시장, 수송, 교환 등에 관한 지역적·분포론적 연구가 있었을 뿐이었다.

① 생성기(1930~1950년대)

세계 대공황이 계기가 되어 미국에서는 마케팅 연구자가 그들의 연구를 통합화·체계화하기에 이르렀고 제2차 세계대전 이전에는 제너럴 모터스(General Motor: GM), 포드(Ford) 같은 자동차 회사 등이, 또 전후에는 제너럴 일렉트로닉(General Electronic) 같은 대기업이 마케팅을 본격적으로 연구하기 시작했다. 그 당시 시장의 움직임은 판매하는 시장에서 구입하는 시장으로 이행되어 대량생산 지향보다는 시장 우선지향이 중시

---

9) 유통업자가 시장조사 결과를 바탕으로 적절한 상품의 개발이나 가격·분량·판매방법 등을 계획하는 일을 말한다.
10) '모터리제이션'이란 교통 동력의 '모터(motor)'라는 기술적 의미와 자동차 이용의 '보급'이라는 사회적 의미를 갖는다.

되었다. 이를테면 '소비자는 왕이다'라는 소비자 중심주의가 등장한 것이다. 이것은 경제구조와 도시구조의 변화 및 신제품 개발과 그 생산 공정의 기술개혁이 배경이 되었는데, 구체적으로 보면 소비자의 소득수준의 향상이나 의식변화, 매스 커뮤니케이션 매체의 보급, 무료 고속도로(Freeway) 등 고속 교통로의 발달, 제2차 자동차 붐(second car boom)으로 인한 자동차 문화의 진전, 슈퍼마켓, 연쇄점 시대(1930~1950년대 전반)와 쇼핑센터 시대의 도래(1950년대 이후) 등을 들 수 있다.

이러한 가운데 1930년에 이스트먼과 클라인이, 1954년에 애플바움 등이 마케팅 지리학의 의의와 범위, 그 체계화 및 분석기법의 개척에 공헌해 마케팅 지리학을 탄생시켰다. 그들은 처음부터 기업이나 마케팅 입장을 실천적으로 이해하고, 여기에다 지리학의 지식이나 분석기법을 활용한 마케팅 지리학을 확립시켰다고 말할 수 있다. 그리고 특히 시장이나 상권에 관한 조사와 마케팅에 지리학적인 요소와 분석기법을 도입했으며, 기업이나 점포의 입지분석, 입지평가, 입지선정에 관한 연구, 개별기업의 경영성과 예측 등을 마케팅 지리학의 중추적인 연구과제로 삼았다.

한편 마케팅 분야에서는 라일리(W. J. Reilly), 컨버스(P. D. Converse) 등이 소매 인력의 이론화나 소비자의 공간 행동분석을, 또 스미스(P. E. Smith)는 시장 세분화[11]전략에 관한 연구 등으로 마케팅 지리학의 이론화와 모델화에 공헌했다.

② 발전 제1기(1960~1970년대)

발전 제1기는 고도 경제성장이나 도시화가 미국 북동부 및 중서부에서 시작해 남부의 선벨트(Sun Belt)나 태평양 연안으로 확산되고 컴퓨터의 보급으로 첨단산업이 활기를 띠게 되었던 시기로 마케팅은 1950년대 말기에 체계화되었다. 기업 경영자와 그들의 의사결정 입장에서의 마케팅, 즉 관리적 마케팅(managerial marketing)을 기본으로 한

---

11) 시장 세분화는 상권을 미시적으로 고찰하고, 세분화된 각 시장을 적절히 평가하며 새로운 시장, 새로운 수요를 창조하는 것을 말한다. 이러한 시장 세분화는 판매효과를 높이고 소비자의 정보를 위시해 다양한 시장정보를 얻기 위한 불가결한 방법이고 수단이다. 시장 세분화의 기준은 지리적·인구적·심리적·행동적 기준이 있다.

과학으로서의 마케팅을 구축하기 위해 많은 이론적 연구가 시도되었다. 그리고 앨더슨(W. Alderson)이나 잘트먼(G. Zaltman) 등은 행동과학으로서의 마케팅의 도입을 시도한 대표적인 학자였으며, 더 나아가 컴퓨터 도입에 의한 계량적 혁명으로 마케팅 기법은 급속히 발전했다.

한편 도시의 교외화 현상이 급속하게 진행되자 환경이나 자원보전, 에너지 절약, 생태계 보호, 공해방지 등의 지역적·공간적인 여러 문제와 소비주의가 나타나 마케팅의 사회적 지향이 더욱 강해졌다. 레이저, 켈리 등의 사회적 마케팅(social marketing)[12] 연구는 그 대표적인 성과였다. 그리고 코틀러, 레비(S. J. Levy), 잘트먼 등은 마케팅 개념이나 그 기법을 비영리적 조직까지 확장하거나 적용할 수 있다고 해 비영리적 조직의 마케팅을 체계화시켰다. 그리고 바고지(R. P. Baggozzi)에 이르러서는 교환으로서의 마케팅을 강조했다.

1960년대의 마케팅 지리학은 마케팅 지리학의 선구자들, 특히 애플바움의 영향을 받은 연구자들이 활약하기 시작했다. 이를테면, 대표적인 제1세대로 코헨(Y. S. Cohen), 이무스(H. R. Imus), 그린(H. L. Green), 랜섬(J. C. Ransome), 엡스타인(B. J. Epstein), 셀(E. Schell) 등을 들 수 있다. 다만 파악하는 방법에 따라 제2세대의 중간에 들어갈 중간세대의 대표적인 연구자로는 베리(B. J. L. Berry), 스미스, 덴트(B. D. Dent) 등이 있다.

애플바움의 마케팅 지리학을 계승한 일인자는 엡스타인이다. 그의 마케팅 지리학은 기존 영국의 이론적·형태론적인 마케팅과는 다른 실천적·응용적인 마케팅으로, 지리학에서 기업 활동의 응용을 강조하고, 마케팅 지리학의 활동무대와 영역을 기업 내부에 초점을 두었다. 마케팅 지리학 연구의 실천적·응용적 연구주제는 먼저 의뢰인인 고용주와 고객의 요청에 의해 결정되며, 연구 작업은 그들의 조건부 승인을 얻어 진행된 것이었다. 이런 의미에서의 의뢰인인 기업은 마케팅 지리학과 그 연구자를 육성시키는 묘상(苗床)의 역할을 이룩했다. 마케팅 지리학 연구자는 여기에서 전통적인 지리학의 개념이나 기법을 기업에 적용을 할 수 있게 설계하고 가공하는 기회를 얻음으로써

---

12) 기업적 유통활동을 관리적 마케팅이라고 하며, 사회적 마케팅은 사회 각 유통기구의 유통현상을 말한다.

기업이나 사회에서 일어날 현실의 지역적·공간적 문제들을 묘사해 설명하는 단계에서, 진단하고 처방하는 단계로 전환시키는 기회를 얻게 되었다. 애플바움이나 엡스타인도 마케팅 지리학의 연구에는 기업의 실무가, 기업가, 시장 상담자를 훈련시키는 일을 포함시켜야 한다고 주장했다.

③ 발전 제2기(1980년 이후)

발전 제2기의 마케팅 지리학은 고객의 만족보다는 생활자나 지역 사회인들의 복리, 사회적 책임 및 사회전체나 지역 환경으로서의 적절한 대응을 생각하는 사회적 마케팅 이념을 더 중시하게 되었다. 더욱이 개성화, 도시화, 정보화 및 국제화 시대를 맞이해 표적 마케팅(target marketing),[13] 지역 마케팅(regional marketing),[14] 네트워크 마케팅(network marketing)[15] 또는 글로벌 마케팅(global marketing)[16] 시대에 들어갔다. 최근에는 감각적 인간의 추구, 문화나 도시의 아름다움 등을 탐구해 창조하기 위한 시각적 마케팅(visual marketing)이나 신호나 언어의 표현을 말하는 기호론적 마케팅(semiotic marketing) 등도 등장해 마케팅 학문 그 자체가 재구축되어 다양화·세분화되어간다.

이러한 상황에서 마케팅 지리학계에서는 전후(戰後) 세대인 제2세대가 성장했다. 로저스(D. S. Rogers), 드럼미(G. L. Drummey), 셀, 뮬러(P. O. Muller), 게일러(H. J. Gayler), 브레넌(D. P. Brennan), 로드(J. D. Lord), 존스(K. G. Jones), 하트손(T. A. Hartshorn), 맥라퍼티

---

13) 소비자의 인구 통계적 속성과 생활양식(life style)에 관한 정보를 활용해 소비자의 욕구를 최대한 충족시키는 마케팅 전략을 말하는데, 이를 위해 소비자를 가장 작은 단위로 나눈 다음 계층별로 소비자 특성에 관한 데이터를 수집해 마케팅 계획을 세우는 것을 말하는 것으로, 특정 연령층, 특정 사회적 지위 등 특정 계층을 겨냥한 마케팅 활동을 말한다.

14) 특정한 지역이나 장소에 대한 태도나 행동을 새로이 창출해내고, 유지 또는 변화시키기 위해 행해지는 제반활동을 포함한다. 지역 마케팅은 크게 휴가 마케팅(vacation marketing)과 사업 장소 마케팅(business site marketing)의 두 가지로 구분할 수 있다.

15) 기존의 중간 유통단계를 줄이고 관리비, 광고비, 샘플비 등 제비용을 없애 회사는 싼값으로 소비자에게 직접 제품을 공급하고 회사 수익의 일부분을 소비자에게 환원하는 시스템을 말한다.

16) 국제마케팅의 한 형태로서, 항공기, 자동차, 컴퓨터, 청량음료, 패스트푸드 산업 등에 적용된다. 정보화, 글로벌화의 가속화로 기업환경이 변화하고 기업의 경영활동 범위가 국제시장으로 확장됨에 따라 기존의 마케팅 활동을 글로벌 기업(global corporations) 차원에서 수행하는 마케팅 전략을 말한다.

(S. McLafferty) 등이 대표적인 연구자들이다. 제1세대 연구자들이 주로 미국의 북동부, 중서부 지역의 대학이나 기업에 소속되었거나 관련이 있었다면 제2세대의 연구자들 중에는 선벨트나 캐나다 남부의 대학, 기업에 소속되었거나 관계한 연구자가 눈에 띄는 것이 하나의 특징이었고, 이는 미국경제나 사회의 지역적 변화 및 발전과 결코 무관하지는 않다.

이러한 제2세대 연구자에 의한 마케팅 지리학 연구의 특징은 마케팅 지리학 그 자체가 세분화되었거나 새로운 이론으로 재구축되어가는 현상에 맞추어 더욱 정밀화됨과 동시에 연구대상의 정보처리적·예측적·정책적 및 투자적 측면이 제1세대의 연구에 비해 강조되었다는 점이다. 이것은 마케팅 연구가 한편으로는 실천적이고 응용적인 경향을 한층 강화해나가는 것을 의미한다. 그러나 한편으로는 과학화나 모델화에 대한 노력도 있었고, 가까운 장래에 로드를 비롯해 제2세대 연구자들에 의한 마케팅 지리학의 새로운 이론적 틀도 등장할 것이라고 생각한다. 어찌되었든 대학과 기업과의 산학협동 체제가 증가되고, 대학원생을 중심으로 한 산학협동생(cooperative student)의 증가로 마케팅 지리학의 연구도 그 기법이 발달되리라 예측된다.

(4) 영국 마케팅 지리학의 발달

영국은 중상주의와 식민지 경영 및 산업혁명을 통해 세계적인 규모의 무역이 발달하면서 상인의 실무적 지식과 그들의 교육향상을 위해 상업지리학이 발달했다. 이러한 역사적 배경과 전통을 기초로 19세기말부터 20세기 초에 걸쳐 치솜, 스탬프(L. D. Stamp) 등은 독립적인 상업지리학의 체계화를 시도했다. 스탬프는 1930년대 초에 모든 기업의 여러 가지 문제에 대해 지리학적 접근의 중요성을 지적했다. 그러나 1960년대 후반이 되기까지 기업의 공간적 활동에 주목한 마케팅 지리학은 발달하지 못했다.

1960년대 말에 와서 로브슨(B. T. Robson)이 지리학과 마케팅과의 관계를 주목했지만 이론적인 틀이 본격적으로 이루어진 것은 1970년대에 들어와서다. 먼저 도슨(J. A. Dawson)은 마케팅에서 지리학의 역할을 명확하게 하고, 마케팅 지리학의 정의를 내렸다. 그리고 데이비스(R. L. Davies)는 소매업을 중심으로 『마케팅 지리학(Marketing Geography)』을 저술했고, 소프(D. Thorpe)는 마케팅 지리학을 소매·도매업 지리학의 발전 분야로서 위치 지었다. 또 원스(A. M. Warnes), 대니얼스(P. W. Daniels)는 마케팅 지리학이 도시 소매유통의 기초적 평가를 내리는 데 중요한 역할을 한다고 강조했다. 도슨은 마케팅 지리학의 목적은 마케팅 시스템에서 여러 가지 공간적 작용을 분석하고 그 가설을 설정하는 것이라고 주장했다.

영국 마케팅 지리학의 연구내용을 보면, 첫째 경제적·사회적 상황의 변화와 더불어 소비자의 행동도 변화한다는 관점에서 소비자 행동과 소비자의 세분화에 관한 연구를 들 수 있다. 둘째, 서비스 관련 사업소와 쇼핑센터의 입지, 소매업의 입지와 점포평가, 소매경영의 평가, 소매계획과 같은 유통산업의 입지와 그 평가가 그것이다. 셋째, 유통경로의 구조와 유통비용, 물류시설과 교통발생 문제 등을 다루는 유통경로의 선택과 교통유동이 그것이다. 넷째, 시장조사와 시장평가로, 마케팅 지리학에서 실천적인 분야이다. 다섯째, 소매업의 공간구조와 조직으로, 영국 마케팅 지리학 연구의 주류를 이루고 있다. 즉, 조직화되지 않은 독립 소매점의 쇠퇴, 소규모 영세 식료품점의 쇠퇴, 무점포 소매점의 발달과 더불어 유통조직의 변화를 파악하는 것이 그것이다. 여섯째, 생산자와 소비자가 도매기능의 진출로 그 활동의 양극 분화가 뚜렷한 점과 도매업의 실태와 그 변화를 파악하는 것으로 도매업의 공간구조와 조직 및 기술을 들 수 있다. 일곱째, 생산자 마케팅에 대한 연구로, 산업 마케팅과 농업 마케팅으로 나누어 분석할 수 있다. 여덟째, 복합적 토지이용 마케팅을 연구내용으로 볼 수 있다. 마케팅 지리학은 마케팅 시스템을 공간적 측면에서 분석하고 평가하는 것으로 이러한 내용들을 통합시킬 수 있는 가능성이 강하다. 아홉째, 토지이용 규제의 유통정책과 지역계획에 대한 연구도 들 수 있는데, 이런 연구를 통해 소매업의 경쟁과 충돌을 조정하고 독점금지를 시킬 수 있었다.

이와 같은 마케팅 지리학은 글로벌화로 국제 마케팅에 대한 관심이 높아졌다. 시장연구로서의 국제 마케팅론은 대단히 관념적이고 형식적인 논의에 머물러 실용성이 없는 상태가 지속되고 있다. 국제 마케팅론은 1960년대 미국의 기업이 세계시장에 진출하는 가운데 세계에 상품을 판매하는 시스템을 구축하기 위해 생겨난 학문이다. 본래 마케팅론에서는 마케팅의 '4P', 즉 제품(products), 가격(price), 광고·판매수법(promo-tion), 장소(place)가 기본이라고 해왔다. 무엇을, 얼마나, 어떻게 해서, 어디에 판매하는가를 문제로 삼아왔기 때문이다.

국제 마케팅론에서는 이 4P를 세계에서 표준화할 것인지 아니면 지역별로 적응화할 것인지에 대한 이율배반적인 논의가 전개되어왔다. 이것은 글로벌 전략화와 국지화(local)의 전략과 치환되는 것이라고 할 수 있다. 그 후 세계시장의 동질화의 전개를 밟아 글로벌 전략의 필요성을 제창한 레빗(T. Levitt)의 논문「시장의 글로벌화(The globalization of markets)」가 1983년에 발표되면서부터 연구자들 사이에서 글로벌 시장에서 표준화 전략의 의의가 활발하게 논의되었다.

그러나 국제 마케팅 현장에서 세계시장은 국경 없는(borderless)것이 아니고 국경 있는(borderfull) 것으로 파악되어, 일일 시장으로의 적응화가 모색되고 있다. 이 때문에 현장에서는 국제 마케팅론은 도움이 되지 않는다는 비판을 하게 되었다. 그래서 1990년대가 되어 연구자들은 표준화와 적응화의 '동시달성'이 필요하다는 주장으로 전환하게 되었다. 어디를 표준화하고, 어디를 적응화할 것인가가 과제라고 할 수 있다.

그러나 시장의 동질화는 진행되지 않고 표준화 전략은 곤란하다는 주장이 전개되었다. 그러나 그 주장은 당시의 마케팅 연구자들로부터 환경결정론이라고 비판을 받았다. 본래 마케팅론은 기업(주체) 측의 논리이고, 시장특성은 극복될 대상에 지나지 않아 시장 양태로의 적응이 주체의 전략에 따라 중요하다는 발상은 받아들이기 어려웠다. 그러나 국제 마케팅 현장의 사람들이 지지하는 것도 있지만 반면에 그러한 비판은 적어졌다.

국제 마케팅에서 고려해야 할 내용은 첫째, 상품이 국경을 넘으면 전혀 다른 의미나 평가가 될 수 있어 국경은 의미구조를 변경시키는 존재라는 점을 인식해야 한다. 각 국가의 편의점에서 잘 판매되는 상품이 서로 다른 것을 예로 들 수 있다. 둘째, 시장의 맥락(context)은 해외진출에 영향을 미치는 국지화의 의미·가치를 규정하는데, 이것으로 소비자가 구매하는 편리성의 의미가 다르게 나타난다. 그러나 시장의 맥락은 시대와 더불어 변화하기 때문에 그 편리성의 의미는 변화한다. 셋째, 국제 마케팅에서 진출국가 시장에서의 맥락은 본국과 진출국가가 다름에 따라 하나의 상품이 획득한 의미를 상대화시키는 것이 중요하다. 환언하면 본국에서의 의미와 진출국에서의 의미의 차이를 바르게 파악하는 곳에 전략이 성립한다. 이러한 국제 마케팅은 시장의 상대적 관계성 가운데에 존재하고 있기 때문이다. 넷째, 소비시장의 특성은 문화의 문제로 파악하는 경우가 많은데, 이러한 의미에서 문화를 논할 경우 그 첫 번째 기저에 존재하는 '암묵지의 차원'[17]이 가장 중요하다. 다섯째, 지역 암묵지[18]를 기반으로 한 시장 맥락이 해외에서의 기업이나 상품, 시스템, 제도 등을 수용할 경우 의미와 가치를 규정한다. 국제 마케팅이란 모 시장의 지역암묵지와 진출시장의 지역암묵지를 조율하는 것이다.

2) 한국의 유통지리학 발달

한국에서의 유통지리학 연구는 1966년 형기주(邢基柱)가 연구하고 발표한 「대구시 중심상가의 구조와 분화(大邱市 中心商街의 構造와 分化)」가 효시다. 다른 지리학 분야보다도 그 역사가 짧은 것이 특징이다. 시기별·분야별 연구 성과를 살펴보면 〈표 1-1〉과 같다.

2015년까지 발표된 유통지리학 관계 연구물은 모두 228편으로 1980년대와 1990년

---

17) 문화는 네 개의 층(수준)으로 나누어지는데, 먼저 종교, 법률, 정치 시스템 등 제도화된 것이 최상위층이고, 그다음 층에는 통과의례, 거래관행, 민간신앙이란 제도화에 이르지 못한 관습수준의 것이 있다. 그리고 제3층은 에티켓, 인사라는 사회에서 암묵의 양해 수준의 것이다. 이들 세 가지의 층은 언어표현이 가능한 것이지만, 그보다도 하층인 제4층은 언어의 표현이 불가능한 암묵적 차원이다. 이것은 지역사회에서 공유되는 규범감각과 같은 것으로 이를테면 당연한 감각이고, 언어로 설명이 불가능한 것이다.

18) 암묵지(tacit knowing)의 개념을 처음 제시한 사람은 폴라니(M. Polanyi)이다. 인식에 판단기준으로 속인적(屬人的)인 것이고, 개인의 경험, 내면이나 기술을 포함하는 지식형태라고 생각할 수 있다. 이 때문에 암묵지는 언어화 등 형식화하기 어렵고 다른 사람에게 전달하기도 쉽지 않다. 암묵지는 폴라니가 주장한 암묵지와 노나카(野中郁次郎)가 주장한 암묵지의 두 종류가 있다. 전자는 통제(control)가 곤란한 것으로 경험이 쌓이거나 능동적인 관여에 의해 획득된 동태적인 것으로, 장인의 암묵지를 제자가 곁에서 보거나 같이 생활하는 가운데 요점을 몸소 익힌 것이 있지만, 그것은 제자가 장인의 암묵지를 획득해가는 과정과 다름이 없다. 후자는 기업 내의 지식 관리(management)을 위해 생각해낸 개념으로 지리학에서는 전자가 더 중요하다. 지역암묵지는 같은 지역에서 오랫동안 살아온 체험을 쌓아 공유화되어가는 것으로서 일정 지역에서의 암묵지의 세트(set)를 말한다.

〈표 1-1〉 한국의 유통지리학 관련 연구의 발표상황

구분	이론연구*	유통기관	유통시설			상업지역	도·소매업	상품유통	전자상거래	물류	상품사슬	소비자행동	역사·문화지리	계
			정기시	상설시	상점가									
1966~1970년			2		1			1						4
1971~1975년			3		3		1	1				1		9
1976~1980년				2	3		1	1						7
1981~1985년	2	3	15	3	6	2	2	3				1	1	38
1986~1990년	1	1	6	2	15	4		4				3	2	38
1991~1995년	1	5	4		4	4	5	3				7		33
1996~2000년		16	8		3	2	5	4		1			2	41
2001~2005년	1	1	1			1	8	3	2	3				20
2006~2010년	1	1	2	3		3	4			7	2			23
2011~2015년		1		3		1	2			5	2	1		15
계	6	27	41	14	35	17	28	20	2	16	4	13	5	228

* 단행본 포함.
자료: 한주성(1990: 62); 국토지리학회지·대한지리학회지·문화역사지리·한국경제지리학회지·한국도시지리학회지·한국지역지리학회지의 조사에 의함.

대에 많았으며, 1960년대 후반기에 가장 적었다. 또 1980년대에는 정기시와 상점가에 대한 연구가 각각 21편으로 가장 많아 유통지리학 관련 총연구물 수의 18.4%를 차지했으며, 1990년대 후반에는 유통기관에 대한 연구가 많아 7.0%를 점했다.

내용별로 연구물 수를 살펴보면, 이론연구, 유통기관, 정기시·상설시·상점가를 포함하는 유통시설, 상업지역, 도·소매업, 상품유통, 전자상거래, 물류, 상품사슬, 소비자행동, 역사·문화지리의 관점에서 본 유통지리학을 들 수 있다. 이 가운데 이론연구는 한주성의 1994년『유통의 공간구조(流通의 空間構造)』와 2003년『유통지리학』, 박영한·

안영진의 2008년『중심지이론』의 번역서를 포함한 단행본[19]과 연구동향 및 과제로 모두 여섯 편이 발간되어 유통지리학 관련 연구물의 2.6%에 불과해 역사·문화지리학의 관점에서 본 유통지리학의 연구물과 더불어 적었다. 한편 유통시설에 관한 연구물은 90편으로 유통지리학 연구물 수의 39.5%를 차지했는데, 특히 정기시와 상점가에 대한 연구물이 많았다. 그러나 1990년대 후반기에 등장한 유통기관으로 편의점, 대형점, 프랜차이즈 등의 연쇄점에 대한 연구가 많아진 것이 특징이다. 이는 유통부문의 규제완화로 새로운 업태가 등장함이 따라 나타난 현상이라 할 수 있다. 그리고 2000년 이후 인터넷 쇼핑 등의 전자상거래와 국제물류, 창고업 등을 포함한 물류 연구와 상품사슬의 연구가 새롭게 등장했는데, 특히 물류관련의 연구가 많았다.

끝으로 한국 유통지리학의 문제점과 과제를 살펴보면, 유통지리학의 성과가 50년 동안 228편이 발표되었으나 이들 연구물 가운데 1981년 이후의 연구물이 208편으로 91.2%를 차지했다는 사실이다. 또 총 연구물 가운데 39.5%가 유통시설에 관한 연구물이고, 유통시설 연구물 중 정기시와 상점가에 대한 연구물이 많았다. 이는 한국의 유통지리학 연구가 1980년대 이후에 활발하게 연구되기 시작했고, 또 유통활동에서 정기시의 중요성이 내재되어 있다는 점을 암시해주는 것이다. 경제발전과 더불어 선진국은 서비스 경제화가 진전되고 있는데, 한국도 경제발전에 따른 연구 분야가 확대되어야 할 것이다. 이를 위해 다음과 같은 연구과제가 수행되어야 한다고 생각한다.

첫째, 생산재, 소비재의 유통에 의한 지역 간 결합관계가 상품 유형별과 유통경로, 그 과정에 개재된 유통담당자의 기능에 의해 서로 다르기 때문에 이에 대한 지역적 결합, 지배관계와 그 유통 메커니즘을 검토해야 할 것이다. 둘째, 농산물 등의 1차 산품의 집하·분배기능과 그 유통의 지역적 검토가 또한 중요한 과제이다. 셋째, 각종 유통기능이 도시에 집적함에 따라 배송센터, 창고, 트럭터미널 등의 물류시설 및 그와 관련된 시설이 집적함으로 그들 기능과 물자유동과의 관련성을 연구해야 할 것이다. 넷째,

---

19) 또 다른 단행본으로 1992년에 이재하·홍순완이 발간한『한국의 장시(場市): 정기시장을 중심으로』가 있으나 이것은 정기시에 관한 연구이기 때문에 정기시의 연구물에 포함시켰다.

도시에 메이커의 판매사업소 등 도매업이 집적함에 따라 그들의 입지와 구매·판매지역에 의한 지역 간 결합관계를 분석해야 할 것이다. 다섯째, 도시 내의 소매시설인 대형점포가 등장함으로써 그에 따른 소매 상점가의 기능변화 등 유통 말단부의 변화와 소매 상권에 관한 연구가 수행되어야 할 것이다. 여섯째, 컴퓨터, 인터넷, 모바일 등의 보급으로 유통의 정보화가 내적·외적으로 진전됨에 따라 유통 시스템의 변화와 더불어 유통의 공간체계가 어떻게 변화했는지 파악하고, 여성의 사회진출에 따른 정보화를 이용한 구매활동의 변화에 대한 연구도 필요하다고 하겠다. 일곱째, 도시와 농어촌지역의 고령인구 증가에 따른 구매행동을 살펴 식료사막 현상이 나타나는지, 또 단독가구가 증대됨에 따라 소매업태의 변화와 이들 소비자의 구매활동에 대한 점도 살펴보아야 할 것이다. 여덟째, 국제물류가 증가함에 따라 국제무역과 글로벌 상품사슬에 대해서도 관심을 가져야 할 것이다. 아홉째, 유통센터 배치와 같은 유통체계의 계획화로 인한 지역구조의 변화나 지역체계의 재편성에 대한 연구가 행해져야 할 것이다. 그리고 유통지리학 체계의 기초 확립이 필요하다. 특히 한국의 경우 종래의 연구 성과를 보면, 답습적인 연구가 많은데 앞으로는 문제의식을 갖고 모델, 이론화를 추구하는 데 더욱 힘을 기울여야 할 것이다.

4. 상품사슬 지리학

사슬개념을 활용한 공간분석의 시초는 1970년대 프랑스 학계에서 제3세계 국가의 농산물 유통과정을 조직적으로 분석했던 수순[手順(filières)]연구로 거슬러 올라간다. 그후 사슬은 포터(M. Porter)의 가치사슬(value chain) 발표로 관심이 높아졌고, 홉킨스와 월러스타인에 의한 상품사슬 연구가 월러스타인[20]의 세계 시스템론[21] 개념에서 창안되

---

20) 월러스타인은 프랑스 아나르학파의 계보를 이어받은 미국의 사회학자이다.

21) 세계 시스템은 '단일분업과 다양한 문화 시스템을 갖는 실체'로, 나아가 '공통의 정치 시스템을 갖고' 세계제국(帝國, 로마제국 등과 같이 재분배적·공납제적 생산양식을 특색으로 하는 것에 비해, 세계경제는

어 제레피(G. Gereffi)와 콜제니빅즈(M. Korzeniewicz) 등에 의해 널리 수용되어 발전되었다. 그리고 1980년대 후반 이후 경제학자, 인류학자, 사회학자 등의 사이에서 상품[22]을 주요어(keyword)로 글로벌화를 언급한 시도가 활발하게 이루어졌고, 1980년대 말 생산체계의 재조직과 영역발전(territorial development) 과정을 이해하는 실마리로 이에 대한 연구가 시작되었다. 지리학분야에서는 2000년을 전후로 레슬리와 라이머(D. Leslie and S. Reimer)의 연구가 효시이고, 지리학의 논점으로 요령 있게 정리한 것이 스미스 등(A. Smith et al.)의 연구이다. 또 휴스(A. Hughes)와 라이머의 편서『상품사슬 지리학(Geographies of Commodity Chains. London)』은 다양한 연구동향과 최신의 성과를 망라해 지리학에서 글로벌 상품사슬 연구의 출발점이 되었다. 이와 같은 상품사슬 연구는 세계 시스템론에 개념적 뿌리를 두고 세계경제에서 소매활동 및 소비를 주로 하는 핵심지역과 상품을 주로 생산해 공급하는 주변 지역 사이에 경제격차를 발생시키는 매체를 밝히는 것으로 발달했는데, 오늘날 국가 내 및 국가 간의 경제격차 문제가 심각해짐에 따라 이에 대한 연구가 주목받게 되었다.

종래 상품사슬에 관한 연구에서 아라키(荒木一視)는 상품회로(commodity circuit), 상품 네트워크(commodity network), 가치사슬 및 상품사슬과 관련이 있는 식료 시스템론(food system), 수순, 식료체제론(food regime), 식료 네트워크론(food network)을 포함해 그 이론적 검토와 사례연구에 대해 언급했다. 이는 넓은 의미에서 네트워크의 관점을 포함한 것이고, 또 농업의 산업화와 글로벌 농산물 및 식료[23]거래를 상품사슬 연구의 틀 속에 현실적으로 확대해 연관시킨 것이다. 그리고 이와 같은 연구는 생산과 자본의 집중, 수직적 통합의 강화가 포함되어 식료 시스템의 공간구조에도 큰 영향을 미쳤다.

잉여생산물이 시장을 통해 재분배되는 자본주의적 생산양식을 특색으로 함)과 공통의 정치 시스템을 갖지 않는 세계경제(world-economy, 단일시장과 복수의 국가로부터 성립되는 시스템으로서 파악함)와는 분리되어 있다. 자본주의 세계경제는 두 개의 기본적인 분열, 즉 부르주아 대 프롤레타리아라는 계급분열과 핵심 및 주변이라는 지대적(地帶的)인 분열을 축으로 작동하고 있다.

22) 여기에서 상품이란 핵심과 주변의 지역격차를 생기게 하는 매체로서 위치한다.

23) 식료는 곡물에 형질을 변화시키지 않은 식량과 가공한 곡물이나 신선식품에 형질을 변화시킨 가공식품 모두를 포함하는 개념으로 사용된다.

〈그림 1-2〉 상품사슬개념과 관련된 주제의 위치

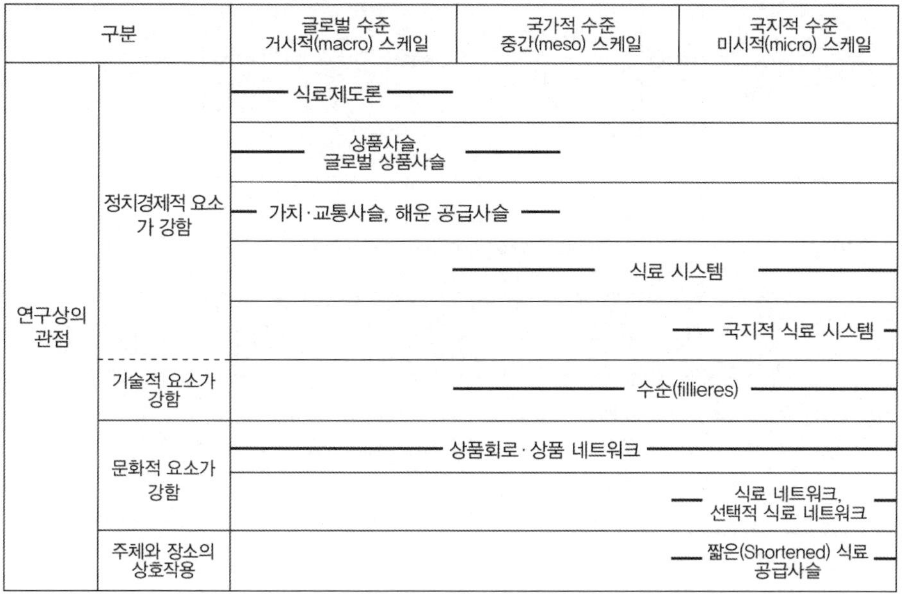

구분		글로벌 수준 거시적(macro) 스케일	국가적 수준 중간(meso) 스케일	국지적 수준 미시적(micro) 스케일
연구상의 관점	정치경제적 요소 가 강함	―― 식료제도론 ――		
		상품사슬, 글로벌 상품사슬		
		― 가치·교통사슬, 해운 공급사슬 ―		
			식료 시스템	
				―― 국지적 식료 시스템 ―
	기술적 요소가 강함		수순(fillieres)	
	문화적 요소가 강함	상품회로·상품 네트워크		
				식료 네트워크, 선택적 식료 네트워크
	주체와 장소의 상호작용			짧은(Shortened) 식료 공급사슬

자료: 韓柱成(2009: 724).

사슬개념과 관련된 연구주제들의 위치는 정치경제적 요소, 문화적 요소 등과 공간적 스케일에 따라 분류할 수 있다. 이러한 분류는 상품사슬과 관련된 연구가 축적됨에 따라 종래의 상품사슬 주제에 기술적 요소 및 주제와 장소의 상호작용을 덧붙여 좀 더 미시적인 새로운 사슬주제를 부가해 다양한 연구관점에서 살펴볼 필요가 있다. 이러한 점을 고려해 사슬개념 관련 주제를 재구성한 것이 〈그림 1-2〉이다.

1) 글로벌 상품사슬

기본적인 상품사슬을 나타낸 것은 〈그림 1-3〉이다. 〈그림 1-3〉에서 (가)는 투입에서 소비자까지의 원료와 생산품의 유동과 정보의 유동을 나타낸 것이고, (나)는 (가)의 상품사슬에 기술 및 연구·개발과 더불어 로지스틱스(logistics)[24]를 가미해 나타낸 것이다. (다)는 여기에 덧붙여 재정적 지원과 규제완화(regulation), 조정(coordination), 통제(con-

제1장 유통지리학의 정의와 연구 _39

〈그림 1-3〉 기본적인 상품사슬

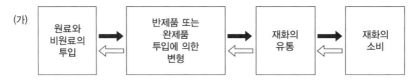

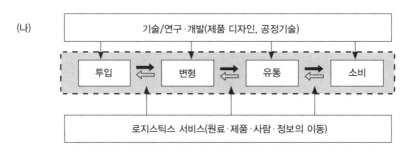

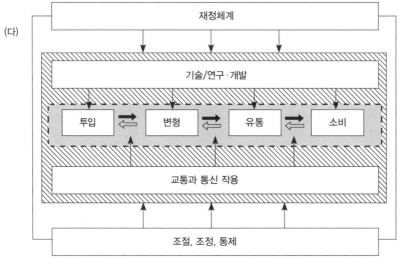

자료: Coe, Kelly and Yeung(2007: 95).

---

24) 로지스틱스는 그리스어의 logistikos(to reason locally)에서 유래된 다의어(polysemic)다. 본래 19세기 군사용어로 사용되던 용어인데, 전시에 후방 지원활동으로, 예를 들면 전쟁에서 승리하기 위해 장병, 간호사의 인력과 의약품, 식료품, 의류 등의 군수물자를 보급하고, 정보와 관리를 철저하게 해 병참의 효율적인 활동을 하는 것이다.

trol) 등이 작용할 경우를 나타낸 것이다.

베어(J. Bair)는 상품사슬의 연구를 상품사슬, 글로벌 상품사슬, 글로벌 가치사슬로 구분해 고찰했다. 2008년 ≪경제지리학 저널(Journal of Economic Geography)≫ 제8권 제3호는 글로벌 생산 네트워크(global production network)[25]론의 특집호였는데, 권두 논문에 글로벌 산업편성 및 기업이나 지역경제와의 관계를 주제로 한 연구에는 세 가지 흐름이 있다고 했는데, 이 가운데 첫 번째가 글로벌 상품사슬(global commodity chain)[26]연구이다. 이것은 특정의 글로벌 상품생산으로부터 소비에 이르기까지의 과정을 분석하는 것으로 글로벌적 경제편성을 해명하려는 연구이다. 둘째는 글로벌 가치사슬연구로, 이것은 각종 글로벌 산업의 거버넌스(governance)[27] 존재를 비교·연구한 것이다. 그리고 셋째가 글로벌 생산 네트워크의 연구이다. 이러한 연구는 글로벌 상품사슬과 글로벌 가치사슬의 연구 및 행위자 네트워크 이론(Actor-Network Theory: ANT)[28]이나 정치경제학적 연구의 성과를 접목하려는 것이다. 이들 세 가지 연구의 흐름은 사슬 또는 네트

---

25) 글로벌 생산 네트워크는 에른스트(D. Ernst)의 견해로서 조직적 혁신의 특별한 종류이며, 네트워크 참여자 층(hierarchy layer)의 평행적 통합과정으로 기업과 국경을 가로지르는 가치사슬이 집중된 분산으로 결합된 것을 말한다. 생산의 본질과 서비스를 제공하는 시장에 따라 여러 가지 구조를 가진다. 즉, 집중화된 글로벌 생산(centralized global production), 지역적 생산(regional production), 지역적 전문화(regional specialization), 수직적 초국적 통합(vertical transnational integration)이 그것이다.

26) 관점으로서의 네트워크의 예로는 글로벌 상품사슬, 행위자 네트워크 이론과 사회적 네트워크론이 있는데, 글로벌 상품사슬은 네트워크라는 용어는 사용하지 않지만 상품의 생산에서 소비까지의 글로벌적인 사슬을 파악하는 관점에서 네트워크론에 포함된다.

27) 종래에 '정부가 독점했던 권력의 행사를 대체하는 정책행위자들 간의 상호작용 네트워크' 또는 '정부와 정부 외의 행위자들, 즉 시민사회, 시장(市場)이 상호의존적이며 대화와 협력을 통해 공동목표를 함께 추구할 때 선의의 결과가 있을 것이라는 신뢰를 바탕으로 조직 간 네트워크를 통한 공동 문제해결방식, 또는 조정양식'으로 정의된다. 또 시장이나 국가에도 바탕을 두지 않는 관리조정방식으로 시민사회-시장+지역적 정치운동으로 표기할 수 있다.

28) 1990년대 초 행위자 네트워크론 연구를 시작한 초기 제창자 크랭(M. Crang)은 과학적 발견이나 연구의 원동력이 되는 사회적·기술적·물질적 과정을 좀 더 잘 이해하는 데 흥미를 가졌다. 그리고 행위자 네트워크론은 사람과 사물과의 복잡한 관계성을 문제시한 논의로, 프랑스로부터 영국에 도입되었다. 라투르(B. Latour)나 로(J. Law), 캘론(M. Callon)이 주도한 이 이론은 행위주체의 주체적 행위가 가져온 다방향적 또는 다층적인 영향력이 주시되었지만, 이 행위주체는 인간에 한정되지 않고 인간 외의 동물이나 기계 등에도 행위능력이 있고 인간, 비인간의 구분 자체의 생성을 문제 삼아 양자를 합친 것을 행위소(actant)라 부른다.

워크의 개념을 고찰한 것으로 글로벌뿐만 아니라 지역적인 역동성(dynamism)에 관심을 둔 것이 공통점이다.

글로벌 상품사슬에 관한 연구는 1979년 미국 빙햄프턴(Binghampton)대학의 페르낭 브로델 경제·역사체계와 문명 센터의 연구그룹(Working Group in the Fernand Braudel Center for the Study of Economies, Historical Systems and Civilization)이 세계경제의 주기 리듬과 장기동향(Cyclical Rhythms and Secular Trends of the World Economy)을 연구하면서 시작되었다고 할 수 있다. 이들은 상대적 구조주의자로 세계 시스템의 관점에서 이 연구를 시작했다. 글로벌 상품사슬은 세계경제의 1차적 조직양상 중의 하나이다. 국제경제와 산업조직의 초점으로서 글로벌 상품사슬 틀은 노동 분업의 재형상, 경제·산업조직, 그리고 유럽과 또 다른 거시 지역경제의 경제적 실행으로 잠재적 통찰을 제공했다. 이러한 글로벌 상품사슬은 상품의 생산과 유통 및 소비의 사슬이 어떻게 형태를 만들어 왔는지를 묘사한 것으로, 세계경제의 공간적 불균형을 검토 자료로 사용하는 큰 특징을 가진다. 경제활동의 사슬개념화를 가장 유용하게 사용한 제레피와 콜제니빅즈는 글로벌 상품사슬을 가게, 기업, 국가를 연결시키면서 동시에 세계경제 내에서 특정상품을 둘러싸고 군집적으로 형성되어 있는 일련의 조직간 네트워크라고 정의했다. 예를 들면 핵심지역에서 기업이나 국가는 세계경제에서 주변에 경쟁압력을 전가함으로 혁신(innovation)을 통해 경쟁의 우위성을 확보한다. 그러므로 경쟁압력은 수출지향의 성장, 업무경감, 구조조정정책을 중심으로 한 단기간의 경제성장 프로그램에 의한 저임금 노동과 경제적 불안정성을 백일하에 드러나도록 하는 것이다. 이러한 글로벌 상품사슬은 상품사슬을 바탕으로 한 종속이론의 분석전통을 따른 것으로 지난 10년 동안 지리학 분야에서 폭넓게 받아들여졌다. 그리고 글로벌 상품사슬의 개념적 뿌리도 월러스타인의 세계 시스템론에 논거한 것이다.[29] 레슬리와 라이머는 글로벌 상품사슬의 접근방법인 선형사슬이 상품을 소매로 판매하기 위해 세계경제의 주변 지역에서 어떻

---

29) 최종 소비품목이 품목이 만들어지기까지 일련의 투입을 따라가는 것으로 여러 가지 성격이 다른 노동계열을 인식하고 노동의 분할과 결합의 세계적인 전개와 주변으로부터 핵심으로 향하는 지리적 방향성을 밝히려고 한 것이다.

게 생산되어 핵심지역에서 소비되는지를 체계적으로 묘사하고 설명했다. 그리고 스미스 등은 글로벌 상품사슬의 접근방법을 다른 결절(nodes) 내 상대적 경쟁강도의 결과로서 사슬내의 부의 분포를 설명하는 것이라고 했다.

제레피와 콜제니빅즈가 큰 기반을 구축한 글로벌 상품사슬의 기본적 특징은 개발도상국이 많이 분포된 남반구의 주변 지역에서 선진국이 많이 분포된 북반구의 핵심지역으로 거래·소비되는 생산과 공급의 틀이다. 또 상품사슬이 어떻게 이루어지고 통제(control)되는가에 초점을 맞추는 것이 글로벌 상품사슬의 또 다른 특징이다. 그리고 글로벌 상품사슬은 다음 세 가지 특징을 가진다. 첫째, 다양한 생산, 유통, 소비의 결절이 부가가치를 생산하는 경제활동의 사슬로 연결되는 투입-산출구조를 갖는 것이다. 둘째, 글로벌 상품사슬 내부에서 나타나는 다양한 활동, 결절, 그리고 유동이 지리적으로 위치 지어진다는 점에서 글로벌 상품사슬은 영역성(territoriality)[30]을 갖는다. 셋째, 글로벌 상품사슬은 재정, 원료, 인적자원 등이 사슬 상에 배열되는 방식을 결정하는 권위와 권력의 관계(authority and power relationships)인 거버넌스의 구조를 갖는다.

글로벌 상품사슬을 지지하는 효과적인 유통체계의 등장은 기능적·지리적 통합에 의해 유지된다. 그 기능적 통합은 공급자와 소비자가 결합력을 갖는 체계에서 공급사슬의 요소를 연결하는 것이다. 그러면 기능적 상보적(相補的) 상태는 일련의 공급과 수요관계, 화물·자본·정보를 포함하는 유동을 통해 이루어진다. 기능적 통합은 현시점 즉시 판매방식(Just-in Time: JIT), 택배(door-to-door)전략이 새로운 화물관리전략에 의해 만들어진 상호의존의 예로서 관련된 넓은 관할지역에서의 유통에 의존한다. 그리고 화물의 복합수송활동은 로지스틱스의 활동이 더 효과적인 적환점과 그들 간의 회랑을 많이 이용해 만드는 경향이 있다.

제레피와 콜제니빅즈는 국제경제와 산업조직의 초점으로서 글로벌 상품사슬 접근방법의 주요 주제를 첫째, 세계 시스템에서 상품사슬의 역사·공간적 패턴, 둘째 상품

---

30) 영역(territory)이 개인이나 집단, 국가에 의해 점거된 영역(area), 즉 사회적 권력에 의해 획정된 영역이고, 영역성(territoriality)은 영역이나 그 내용에 권력을 행사하는 개인이나 사회집단에 의해 이용되는 전략을 가리킨다.

사슬의 조직화, 셋째 상품사슬의 지리, 넷째 소비와 상품사슬의 네 가지로 나누었다. 또 휴스와 라이머는 상품사슬과 글로벌 상품사슬의 접근방법을 생산자·구매자 주도의 상품사슬, 상품사슬의 영역성, 윤리적 상품사슬과 소비의 정치학으로 나누었다.

2) 생산자·구매자 주도의 상품사슬

글로벌 상품사슬 분석은 특정 상품을 대상으로 생산에서 소비의 각 단계가 어떻게

〈그림 1-4〉 생산자 주도형 상품사슬과 구매자 주도형 상품사슬

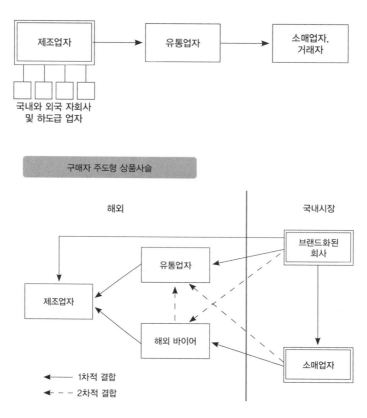

자료: Murray(2006: 122).

형성되는가를 사회적 관계성으로 밝히려는 것이다. 글로벌 상품사슬이 가지는 구체적인 관점으로서 가장 주목을 받고 있는 것이 상품사슬의 거버넌스이다. 거버넌스 메커니즘은 상품사슬을 움직이도록 하는 주체가 누구인가에 따라 생산자(공급자) 주도사슬(producer/supplier-driven chains)과 구매자 주도사슬(buyer-driven chains)로 나누어진다(〈그림 1-4〉). 이러한 두 가지 개념은 제레피가 의류(apparel)산업의 국제적 전개를 검토해 제시한 것인데, 생산자 주도 사슬은 보통 생산체계를 통제하는 중심적 역할을 하는 대규모 초국적 기업의 산업에서 나타난다. 자본·기술 집약적 산업인 항공기, 컴퓨터, 반도체, 자동차 산업 등 기계공업은 이에 속하는데, 이들은 고도의 생산체계나 기술, 고임금의 노동자를 필요로 한다.

한편 구매자 주도 사슬은 수출지향의 개발도상국에 입지하며, 월마트(Wal-mart)나 까르푸(Carrefour) 등과 같은 대규모 소매점과 나이키, 아디다스 등의 브랜드 제품 판매상이 생산체계 설립과 조절에서 중심적 역할을 한다. 구매자 주도 사슬은 의류, 신발, 인형 등의 노동집약적 소비재 부문이 일반적이다. 이들 업종은 고도의 기술이나 지식이 필요하지 않고 비숙련노동자도 생산이 가능하며 외부화가 용이한 것이다. 이와 같은 생산자 주도 상품사슬과 구매자 주도 상품사슬의 기본적인 특징을 나타낸 것이 〈표

〈표 1-2〉 생산자 주도와 구매자 주도 상품사슬의 특징

구분	경제적 거버넌스의 형태	
	생산자 주도	구매자 주도
자본의 통제 유형	공업	상업
자본과 기술 집약도	높음	낮음
노동특성	숙련, 고임금	미숙련, 저임금
기업통제	제조업자	소매업자
생산 통합	수직적, 관료적	수평적, 네트워크적
통제	내면적, 계층적	외면적, 시장
계약, 외부수주	적당하고 증가	높음
공급자 제공	중간재	완성품
사례	자동차, 컴퓨터, 항공기, 전기기구	의류, 신발, 인형, 소비재 전자제품

자료: Coe, Kelly and Yeung(2007: 102).

1-2)이다.

3) 상품사슬의 영역성

투입과 산출구조라고 종종 알려진 특별한 상품사슬에 포함되는 행위자의 배열과 범위는 상품을 잘 이해하고 그들의 생산과정을 개발하는 첫 번째 단계로 중요하다. 그러나 거기에는 모든 상품사슬에서와 같이 세 가지 중요한 차원이 있는데, 그들의 지리, 즉 영역성, 대등하고 통제된 방법, 즉 거버넌스, 사슬에서 여러 가지 요소를 만들어내는 국지적·국가적·국제적 조건과 정책, 즉 제도적 틀(institutional frameworks)을 순차적으로 고려해야 할 것이다. 영역성은 행위자들이 글로벌 경제를 공간적으로 동시에 가로질러 결합해 그것을 정확하게 결정할 뿐만 아니라 가치의 지리적 불균등, 여러 가지 사슬에 따라 연합된 경제적 발전과 이익을 나타내고 있는 것이 중요하다. 영역성의 상품사슬에 관한 다섯 가지 논의는 다음과 같다. 첫째, 교통·통신과 기술공정의 발달정도에 힘입어 일반적으로 글로벌 상품사슬의 지리적 복잡성(geographical complexity)이 증가되고 있다. 이 복잡성은 PC의 주요 요소인 하드 디스크 드라이브의 세계적 생산체계에서 찾아볼 수 있다. 둘째, 글로벌 상품사슬의 지리적 형상(geographic configuration)은 더 동적이고 급속한 변화에 의존하고 있다. 이러한 유연성은 공간수렴 기술의 이용과 생산량의 빠른 공간적 전환을 가능하게 하는 조직체로부터 유래된다. 셋째, 상품사슬 지리학의 이해는 특별한 장소나 국가에서 각 단계가 입지하는 것과 같이 단순하지 않다. 글로벌 상품사슬은 또한 장소 간 경쟁의 역동성을 나타낸다. 입지의 다양성에서 기업은 사슬의 차이로 시장분할에 대한 경쟁을 할 것이다. 넷째, 글로벌 상품사슬은 농업과 제조업 분야의 양상뿐만 아니라 서비스 분야에서도 식별할 수 있다. 다섯째, 경제 활동의 지리적 클러스터링(geographical clustering)에 관한 논의로서 글로벌 상품사슬의 지리적 광범위성과 복잡성에 관한 이들 아이디어를 결합하는 것이 필요하다.

제레피와 콜제니빅즈는 『상품사슬과 글로벌 자본주의(Commodity Chains and Global Capitalism)』 중에서 의류와 자동차 등 공산품의 상품사슬은 각 부문의 원료나 부품의 조달로부터 가공, 조립, 판매가 글로벌 스케일에서 매우 복잡한 구조를 가지고 있다고 했다. 그러나 농산물과 식료에서는 그 조달의 구조가 생산국에서 소비국으로 단조롭게 이루어지기 때문에 지리적 패턴은 공산물의 상품사슬보다 단순하다는 것을 알 수 있다.

배럿과 브라운(H. R. Barrett and A. W. Browne)은 아프리카에서 유럽으로 수송된 신선 채소 무역을 검토했는데, 농산물 품목의 다양성, 생산량의 경년변화가 큰 점, 가공식품 등에 착안해 고찰한 결과 농산물·식료의 상품사슬의 지리적 패턴이나 그 사이에 존재하는 경제격차의 해명도 중요한 의미를 갖는다고 했다.

4) 윤리적 상품사슬과 소비의 정치학

휴스와 라이머는 글로벌 상품사슬이 국경을 넘는 분석적 수준에서 생산과 소비의 대응이라기보다는 경제적 사상(事象)과 문화적 사상(또는 정치적 사상)의 대응, 구체적인 측면과 상징적(symbolics) 측면에서의 대응을 옹호했다고 할 수 있다. 특히 경제와 문화의 대응은 글로벌이라는 상품사슬의 스케일에서 보다 선명하게 나타나는 문제이다. 그래서 경제적, 문화적 두 측면을 동시에 검토하고 지리적 고찰을 사례연구로 제시했다. 또 휴스와 라이머는 이 과정에서 필수적으로 개재되는 것이 정치(politics)라고 생각하고, 이를 바탕으로 윤리기준을 만족하는 무역(ethnical trade)에 대해 언급했다. 그리고 윤리적 상품사슬에 대해서는 아직도 논의의 여지가 남아 있지만 적어도 이미지와 지식이 오늘날 상품사슬을 생각할 때 중요한 열쇠가 된다는 것은 두말할 나위가 없다. 이에 대해 소비자는 상품의 이미지가 어떻게 만들어지는가에 대한 지식을 갖고 있지 않으면 안 되고 상품의 생산과정, 가공과정 및 유통과정에 대한 지식을 갖는 것도 중요하다. 또 소비에 대해 생산자가 가진 지식, 본인 스스로 만든 상품이 어떤 과정을 거쳐 소비되는지, 이를테면 어떻게 상품화되는지, 어떤 평가를 받는 상품이 되는지에 대한 지식을 갖는 것이 중요하다.

한편 소비는 상품사슬의 최종단계로 선진국의 소비와 그에 대한 관심을 말한다. 미국 운동화산업이 1960~1970년대에는 국산품을 수입품으로 전환함에 따라 가치의 창출이 사슬을 움직였던 것에 비해 1970~1980년대에는 미국 내 마케팅 부문, 1980년 이후에는 해외에서 생산되어 신발의 디자인 부문과 광고부문이 사슬을 주도하는 위치에 있었다. 이밖에도 상품 물신주의(commodity fetishism)[31]나 자본의 물신숭배(fetishism of capital)라는 의미도 있다.

5. 상품회로와 상품 네트워크

1) 상품회로

상품사슬에 비해 좀 더 문화적인 측면을 중시하는 것이 상품회로 연구로, 그 기반이 되는 것은 문화회로 접근방법(cultural circuit approach)이다. 문화회로 접근방법의 특징은 첫째, 생산, 유통, 소비의 각 현상을 통해 상품의 움직임을 선형사슬이 아닌 비선형의 회로(non-linear circuits), 즉 특정한 방향성을 갖지 않는 것으로 파악하고,[32] 둘째, 사슬의 기점과 종점에 초점을 두지 않고 생산, 유통, 소비 사이에서 역학으로 작용하는 문화적인 요인에 직접적인 관심을 두는 것이다. 이것은 상품문화(commodity culture)보다 광범위한 맥락에서 파악되고, 최종적으로는 다른 시공간, 이를테면 상품회로가 어떤 국면인가에 따라 다르므로 사물에 어떠한 의미가 부여되는가에 이해의 초점을 두는 것이다. 이러한 접근방법은 물질적 문화나 비판적 민족지(critical ethnography)[33] 등의 연

---

31) 본래 상품의 물신주의 또는 자본의 물신숭배라는 의미로 마르크스가 사용했는데, 여기에서는 건강 지향이나 지위(status, 브랜드) 지향이라는 오늘날 선진국의 소비자 소비양식(style)과 그것에 숨겨진 개발도상국의 생산 및 양자를 연결하는 상품사슬에 큰 영향을 미친 것으로 받아들인다.

32) 생산에서의 흐름이 소비에서 종식되는 것으로 특정 방향성을 갖는 선형의 사슬이 아니고, 오히려 별도의 생산, 유통, 소비라는 사슬에 연결되어 있는 이미지이다.

33) 서구사회가 비서구사회의 다양한 소수민족 중 문자가 없는 사회를 대상으로 그들을 연구하기 위해서 의존할 수 있는 관찰, 구두 인터뷰, 참여 관찰, 고고학적 발굴 등과 같은 방법을 사용해서 해당 집단의 문화를 최대한 객관적으로 기술한 민족지를 비판이론의 접근방법에서 서술한 것이다.

구를 추진한 경제인류학자에 의해 주도되어왔다고 할 수 있다. 상품사슬의 접근방법이 생산부문에서 경제활동과정을 모두 드러나게 하는 데 대해, 이 접근방법은 사물이 한 곳에서 다른 곳으로 움직일 때에의 복잡함 또는 그 과정에서 제공되는 다양한 문화적, 지리적 지식을 검토하는 것이 더욱 유효하다고 생각한다. 이러한 점에서 이 접근방법은 생산현장에서 현실성이나 그 현실성을 가져오는 메커니즘의 해명에 무게를 두기보다는 상품회로와 그것에 영향을 미치는 문화적인 면의 검토를 통해 상품에 부여된 의미의 기술(記述)을 찾는 것을 목표로 하고 있다고 할 수 있다. 예를 들면 생산자와 소비자, 광고 사이에서 어떻게 의미가 바뀌고, 또 새로운 의미가 부가되고 있는가를 규명하고자 하는 것이다.

한편 이러한 회로에 착안한 분석에 대해 레슬리와 라이머는 '사실상 끝없는 소비의 회로(virtually endless circuit of consumption)'라고 지적하고 있다. 이것은 회로를 확실히 연결해가면 끝이 없는 것이 아니고 그것을 바꾸면 글로벌화 현상을 비판적으로 취한다는 중요한 정치적 입장(stance)을 잃어버리게 되는 것이 아닌가 하는 주장을 말한다. 현실에 존재하는 상품사슬을 전제로 해 '어떠한 힘이 사슬을 움직이게 하는가'라는 질문이 없다면 '왜 사슬을 근본적으로 고치지 않을까'라는 의문이 남게 된다. 그래서 사슬이란 개념을 완전히 내버리지를 못하면 과도한 회로개념으로 기울어질 것이라고 경고하고 있다. 이에 대해 잭슨(P. Jackson)은 복잡함을 묘사하는 것은 중요하지 않고 상품네트워크에서 긴장과 염려를 명시하는 것이 중요하다고 계속 주장했다.

확실히 사슬의 개념보다는 회로의 개념을 사용함으로서 연구대상은 넓이보다는 광범위한 틀(framework)을 구축할 수 있다. 그러나 그 관련 대상을 끝없이 넓게 펼쳐 나아가도록 하는 것은 아니기 때문에 그 접근방법이 등장한 배경의 문제의식, 즉 글로벌화를 바탕으로 선진국과 개발도상국의 격차를 어떻게 다루는가의 부분으로 되돌아올 필요가 있다. 개념의 유효성이나 그 가능성에 대해 이념적인 논의에 시종 매달리기보다는 바탕이 되는 문제의식에 대한 유효한 접근방법이 존재하는가 여부가 중요하다고 할 수 있다.

2) 상품 네트워크

네트워크는 사회과학 전체에서 널리 사용하고 있는 개념으로 복잡하지만 다른 유형의 사람(또는 기업, 국가, 조직 등) 간의 관계를 개념화할 수 있는 것이라 할 수 있다. 시스템이 하나의 방향성이나 지향성을 갖는 데 반해 네트워크는 다방향성이나 무지향성의 문맥으로 사용되는 것인데, 종래 상품사슬이 단선적인 생산에서 소비에 이르는 것보다는 연결고리(link)에서 더 자유로운 검토를 할 가능성이 있다는 입장이다. 즉, 어떤 상품의 순환형태를 만드는 한 무리의 행위자(actor, 결절)가 존재한다고 하면 행위자 간의 연결은 고정적·수직적·단일 방향적인 관계라기보다는 '복잡한 상호의존의 그물'이라고 파악할 수 있다. 이 그물망은 이를테면 생산에서 소비에 이르기까지 한 방향의 상품교환을 전개한 기업과 연결되는 것이 아니고 복선적으로 여러 방향의 정보흐름 등과도 연결해서 파악하는 것이라고 할 수 있다. 이렇게 상품 그 자체의 순환이 다른 것보다도 우대된다는 종래의 글로벌 상품사슬에 대한 비판이 이념적으로는 회피되고, 디자인이나 연구개발, 상품의 평가나 판매에 영향을 미친 NGO(Non Governmental Organization), 소비자 단체 등도 상품 네트워크에 넣어 생각할 수 있다.

또 휴스 등은 ≪가디언(The Guardian)≫의 기사를 들어 정보의 결손(information deficits)도 네트워크에서 행위자 분석을 수용할 수 있는 의의의 하나라고 했다. 가디언지의 기사란 영국제 구두가 인도의 첸나이(Chennai)에서 가공된 것과 깊은 관계가 있고, 또 영국에서의 판매가격이 인도에서 구두를 가공한 여성노동자 한 달 임금의 세 배 가격으로 팔리고 있다는 것이다. 이때 사실 그 자체에 대한 비판적·정치적 전언(message)보다도 그것에 숨겨진 상품 물신주의를 폭로한 것에 주목할 수밖에 없다. 동시에 그것은 상품 물신주의가 공간적인 스케일이나 지리적인 문제와 현실적 또는 도덕적·윤리적으로도 강하게 관련 있다는 것을 주장하는 것이다.

이러한 측면은 지금 막 시작한 지리학적 과제이고, 오해를 피하기 위해서도 약간의 설명이 필요하다. 여기에서 논점이 되는 것은 인도 여성노동자의 노동환경이 상대적으로 좋지 않음을 묘사한 것이고, 그에 대해 비판적 또는 정치적 전언을 발생시키거나 한발 앞서 공정무역(fair trade)[34] 등의 활동에 편승하려는 것이 아니다. 오히려 그러한 비판적(정치적) 전언이나 공정무역 등의 활동자체에 숨겨진 상품에 대한 물신주의에 초점을 둔 것이다. 그러면 보다 단순화하면 실제로 어떠한 무역이 행해질까? 그것이 어떻게 생산자에게 환원되는가는 모를지라도 공정무역이란 라벨(label)을 붙인 상품을 소비한 것에 대한 가치를 보기 시작한 소비자의 자세, 실태보다도 라벨에 가치를 구하려는 자세 그 자체를 검토하려는 것이다.

6. 농산물·식료의 상품사슬

농산물 및 식료와 관련된 상품사슬의 응용연구로 1990년 이후 유럽과 미국을 중심으로 수순, 식료체제, 식료 시스템, 식료 네트워크론 연구에 대해 살펴보기로 한다. 이들의 새로운 논의에 대한 연구의 소개는 아주 최근에 시작되는데, 스트링어와 헤론(C. Stringer and R. Le Heron)의 농업식료연구는 그 대표적인 것이다.

1) 수순

수순은 프랑스어로 실(thread)을 의미하는데, 최종수요자의 만족을 위해 재화와 서비스를 생산하고 분배하는 주체들의 집합으로, 과거 프랑스 식민지로부터 농산물의 판매과정을 생산 및 분배 시스템 내부의 경제적 과정을 좀 더 조직적으로 이해하기 위해

---

34) 호혜무역이란 1960년대 유럽에서 시작된 풀뿌리 운동으로, 통상 가격보다는 훨씬 높게 설정한 가격으로 농산물이나 그 가공품을 구입함에 따라 개발도상국 생산자의 자립을 촉진시키려는 것이다. 그러나 글로벌 상품사슬과 같이 생산부문에 편중했다는 비판이 있는 것도 사실이다. 예를 들면 호혜무역 논자나 그 지지자는 개발도상국에서 약한 입장에 있는 생산자나 노동자의 권리나 경제적 처지(position)의 향상을 중시하는 나머지 중매인이나 유통업자가 부당한 이익을 얻는다는 주장을 전개하고 있지만, 경제적 하부구조의 정비가 늦은 개발도상국에서는 이러한 중매인이나 유통업자의 역할에 상응해 평가할 수밖에 없고, 그 역할을 경시하고 있다는 지적 등이 있다.

1970년대 프랑스 산업경제학자가 고안한 개념이다. 이 개념은 원료로부터 완성재에 이르기까지 제조, 수송, 저장 등의 과정에서 발생하는 가격형성의 과정을 조사하는 가운데서 등장했다. 수순은 역동적인 생산체계(dynamic production system)를 상품사슬로 이해하고자 사용한 용어이다. 1960년대부터 프랑스 연구자가 자국의 농업분석에 이것을 이용한 것이 그 단초가 되었으며 글로벌 상품사슬보다 일관성이 적다. 또 수순은 특정상품의 유통지도를 작성하고 수순 참여주체들의 활동을 계층적인 관계로 파악함으로써 경제적 통합(비통합)의 역동성을 더욱 세밀하게 분석하는 것이다. 이것은 원료로부터 최종생산품까지의 가공, 제조의 물리적 변형, 수송, 저장 등을 통한 상품의 도정(道程)을 의미한다. 이러한 수순은 정치경제학적 접근방법의 영향, 특히 상품사슬과 대응할 수 있는 가장 가시적인 것으로, 글로벌 상품사슬과 본질이 다를 뿐만 아니라 절대적 위치 관계의 형태에서도 다른 고도의 경제학적 개념화로 의미를 찾는 것이다.

수순은 상품사슬과 크게 다르지 않은데, 다만 분석에서 주로 국내의 스케일, 또는 좀 더 작은 지역규모에 관심을 가진다. 이것은 글로벌 상품사슬의 접근방법이 주로 세계적인 스케일에서 연구하는 것과 대조적이다. 나아가 글로벌 상품사슬은 사슬을 주도하는 주체에 주목하는 데 비해, 수순분석에서는 사슬에서 물질적인 유동의 기술적인 측면에 초점을 두는 경향이 있다. 실제로 수순의 분석에서 무역이나 마케팅의 틀을 조작할 수 있는 공적기관만이 사슬을 통제하는 힘을 가지는 존재라고 할 수 있다. 또 생산자 주도 상품사슬과 구매자 주도 상품사슬을 이항 대립적으로 본 글로벌 상품사슬에 대해, 수순분석은 오히려 '조정'이라는 관점에서 글로벌 상품사슬의 부족한 점을 메우는 것이라고 할 수 있다.

또 초기의 수순분석은 기업 간의 거래액 등을 지표로 한 투입산출관계에 초점을 두고 규모의 경제나 수송비 등 효율성의 추구에 중점을 둔 것이었다. 나아가 이것은 프랑스 식민지의 농업정책에도 응용되었으며, 그 후 1980년대에는 프랑스의 전자산업 등 공업정책에도 영향을 미쳤다. 이에 대해 최근의 수순분석은 보다 정치경제적인 색채를 덧붙여 그 의미에서는 가치사슬분석과도 매우 가까운 입장에 있다고 말할 수 있다. 또 그 배경에는 컨벤션(convention) 이론[35]의 영향을 살펴보는 것도 가능하다.

수순은 독립된 이론으로 글로벌 상품사슬의 접근방법보다 더 일관된 틀을 가지고 있지 않으나 수순 연구에서 얻어진 통찰력은 더 풍부할 수 있다. 특히 역사적 적용범위와 깊이를 개선하고 농산물 분석의 확대와 조절을 하는 논점에서 더 좋은 취급을 받는다. 그리고 수순은 상품사슬의 구조와 재구조화를 분석하는 데 우수한 관습의 논점을 포함하고 있다.

2) 식료체제론

미국의 농촌사회학자 프리드먼과 맥마이클(H. Friedmann and P. McMichael)에 의해 제창된 식료체제론은 거시적 스케일에서 식료공급체계의 정치경제학적 접근방법을 시도한 점에서는 글로벌 상품사슬과도 공통점이 있으며, 지리적인 측면에서는 국가 간의 농산물 무역 패턴을 해명하는 주제가 된다. 그래서 개별 지역성 논의의 분석틀로는 적합하지 않다는 지적도 있다. 식료체제론은 농산품이 순환하는 국제적인 생산-소비관계와 이에 대한 국제기관이나 국가 관여의 모습으로, 각 행위자의 행동에 영향을 미치는 여러 국가 간의 규범, 규제, 규칙(rule), 의사결정의 절차를 말한다. 식료체제론은 1990년 이후 활발한 논의가 이루어졌는데, 이것이 등장한 배경에는 종래부터 행해온 국가수준의 식료 시스템 분석을 넘어 글로벌 수준에서의 농산물·식료무역을 어떻게 파악할 것인가에 관심이 높아졌기 때문이다. 이 이론에 의하면 제2차 세계대전 이전의 식민지주의, 제국주의를 기반으로 한 농산물 무역을 제1차 식료체제(colonial diaspora

---

35) 컨벤션 이론이란 1980년대 프랑스에서 나타난 경제이론으로 식료연구에 적지 않은 영향을 미쳐왔다. 특히 식료의 질을 둘러싼 논의에서 수용된 것이라는 경위가 있다. 컨벤션 이론이란 컨벤션(관행 또는 공유된 신념)을 중심개념으로 하며, 여러 개인 간의 합의를 통해 형성된 협약이나 반드시 명문화되지 않은 습관적 규칙을 의미한다. 컨벤션이라는 개념은 케인스(J. M. Keynes)와 루이스(W. A. Lewis)에 의해 처음 사용되었다. 보이어(R. Boyer)와 올리언(A. Orléan)은 컨벤션이론과 조절이론은 보완적 관계에 있다고 주장했지만, 코리에트(B. Coriat)는 컨벤션 이론이 조절이론과는 결정적으로 다르다는 점을 세 가지로 지적했다. 그것은 컨벤션 이론이 역사를 거부한 점, 여러 가지 수준에서 제도의 여러 형태의 계층을 인식하지 않은 점, 자본과 노동의 관계 등 기본적 모순에서 역사적으로 나타난 제도를 미시적인 동인(agent)의 합의에 의해 한 곳으로 묶는 점이다.

regime)라 한다. 이 시기는 1870~1914년 사이로 밀을 대표로 하는 기본적인 식료 세계 시장의 형성이 가장 큰 특징이며, 이 시기의 배경으로 산업혁명의 여명기에 유럽이 북아메리카나 오세아니아를 식민지화해 대규모의 이민이 이루어졌다. 이들 지역의 이민자들은 대량의 밀을 생산하고 유럽의 공업노동자가 거주한 도시로 공급해 산업혁명을 지탱했는데, 당시 유럽에서는 값싼 식량이 대량으로 필요했기 때문이다. 그리고 1950~1970년대의 브레튼 우즈(Bretton Woods)[36] 또는 GATT 등의 체제하에서 미국의 기업농(agibusiness)이 농산물·식료무역을 주도한 것이 제2차 식료체제이다. 이 시기는 제2차 세계대전 이후로 상업적 산업체제(mercantile industrial regime)라 하고 산업화된 농업(industrial agriculture)[37]을 배경으로 강력한 식료수출국인 미국의 등장이 특징이며, 제1차 식료체제론 이후에도 미국은 기본식료의 수출국으로서 대량의 값싼 식료 수입국은 전통농업에 큰 타격을 입어 상대적으로 높은 비용의 농업이 값싼 수입식료에 저항할 수 없게 되어 유럽과 일본 등과의 농산물 무역마찰이 발생하게 되었다. 이를 타개하기 위해 GATT, WTO라는 국제협정과 국제기관이 설립되었지만 이를 궁극적으로 해결할 수가 없어 국가를 토대로 한 제2차 식료체제는 종언을 가져오게 되었다. 제3차 식료체제(corporate environmental regime)는 1980년대 이후 미국에 덧붙여 EU나 일본의 기업농 또는 다(초)국적 기업이 무역을 재편성하는 것을 특징으로, '제2차 식료체제보다 가속화된 효율적인 생산을 추구해 최종적으로 한 사람이 모든 인류에게 식료를 공급하는 것으로 해결될 것일까?'라는 의문에서 새로운 문제영역으로 품질, 안정성, 생물학적·문화적 다양성, 지적재산, 동물보호, 환경오염, 에너지, 젠더(gender), 인종 간의 불평등 문제를 제기하게 되었는데, 현재는 제2차에서 제3차로의 이행기에 해당된다. 어느 시기이든지 지금까지 각 국가 또는 수출입을 하는 두 개 국가의 틀에서만 파악해오던 농

---

36) 1944년 미국 뉴헴프셔주 브레튼 우즈에서 열린 연합국 통화금융회의에서 채택된 새로운 국제금융기구에 관한 협정으로 IMF와 IBRD(국제부흥개발은행)가 창설되었다. IMF와 IBRD를 중심으로 한 국제통화 체제로 미국이 보유한 금과 각 국가의 공적 보유 달러를 일정 비율(금 1온스=35달러)로 교환하는 금환본위를 기본으로 했으며, 각 국가의 통화는 달러에 대해 고정환율을 유지하는 제도이다.
37) 다량의 농약이나 화학비료를 투입하는 농업의 화학화, 농업경영체의 대형화를 포함한 농업의 기업화, 나아가 농산물 시장·식품가공 부문의 대형화 등의 문맥을 포함하는 개념을 말한다.

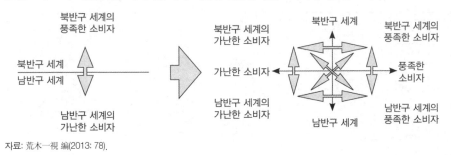

〈그림 1-5〉 보다 복잡한 틀로 나아가는 세계: 국경을 넘는 풍족한 소비자와 가난한 소비자

자료: 荒木一視 編(2013: 78).

산물·식료무역을 세계적 스케일에서 하나의 움직임으로서 파악하려는 것이 이 이론의 의의이다(〈그림 1-5〉).

오늘날 차별화된 두 개의 식료사슬은 고품질, 고부가가치 또는 높은 가격 식료사슬로 부유한 소비자의 사슬이고, 다른 하나는 저렴한 가격으로 대량생산된 식료사슬로 빈곤한 소비자의 사슬이다. 그러나 지금 선진국과 개발도상국 소비자 간에 식료사슬은 서로 서로 부유하고 빈곤한 사슬이 국경을 넘어 이전의 모습을 변모시켜 그 이후의 변화를 대국적으로 취하는 시도가 나타나 이를 식료체제론이라고 할 수 있다.

3) 식료 시스템

식료 시스템이란 식료의 생산에서 소비에 이르기까지 식료의 흐름과 관련된 경제주체들의 활동을 총체적으로 파악하는 조직적인 틀을 말한다. 식료 시스템은 식료문제의 파악에서 농업보다는 식품산업에 더 비중을 두고 접근하는 방법론적 특징이 있다. 이 용어가 지리학에 등장하게 된 배경은 1980년대 이전의 생산부문에만 초점을 둔 전통적인 농업지리학 연구 분야에 대한 문제제기를 계기로, 식료 시스템은 농업생산 부문뿐만 아니라 하류 부문의 가공이나 유통 부문으로부터 최종 소비에 이르기까지 그 내용을 포함시켜야 한다는 주장에서 나온 것이다. 그러나 식료 시스템의 등장배경에는 농업의 공업화, 자본화 등 일련의 움직임이 있었고, 이것이 의미하는 생산비의 절감

<그림 1-6> 식료사슬과 식료 시스템

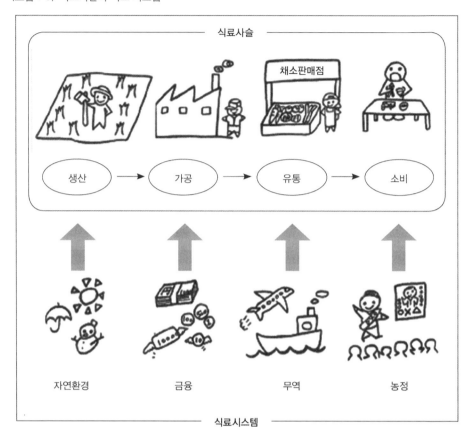

자료: 荒木一視 編(2013: 14).

을 겨냥한 근대적 농업의 출현이 있었다. 또 그 결과 종래의 자급적 요소, 소규모 농업 경영 등 농업의 양식이 크게 변화된 것이다. 이러한 농업의 공업화 단계를 바탕으로 분석한 틀이 식료 시스템이다. 그래서 식료 시스템은 농업의 공업화에 의해 나타난 시스템이라고 볼 수 있다. 즉, 그것은 대량생산·대량소비를 전제로 한 시스템이고 정확하게 말하면 그 시스템을 가리키는 것이다.

한편 식료사슬은 편의적으로 다시 생산·가공·유통·소비부분으로 나눌 수가 있는데 이들을 연결한 것이 사슬이다. 그래서 식료사슬과 식료시스템과의 차이점은 후자가 식료사슬에 관련된 보다 광범위한 구조라는 것이며, 전자에 영향을 미치는 것은 자연환경, 금융, 무역, 농정(農政) 등이다(〈그림 1-6〉).

4) 식료 네트워크론

식료 네트워크론은 식품정보의 취급이나 식품의 가치부여 등에 주목하거나 사례 연구를 통해 식품의 가치 등 문화적 측면을 중시하는 접근방법으로, 개인이나 그 지방의 점포, 시장 또는 지역의 고유한 습관이나 기술 등을 국지적 수준에서 행위자(actor)에 주목하는 연구이다. 식료 네트워크론의 이론적 특징은 식료공급체계에 개재하는 행위자의 환경해석이나 판단, 행위에 착안하고 그들이 행하는 공급체계의 변동과정이나 귀결을 해석한다는 점이다. 식료 네트워크론은 본래 1980년대 이후 유럽과 미국의 농업·식료연구에서 주류가 된 정치경제학적 접근방법에 대해 비판적 관점에서 제창된 것이다. 식료제도나 글로벌 상품사슬 등으로 대표되는 정치경제학적 접근방법에서는 국가나 정책, 기업농 등 거시적 수준의 경제적 요소에 초점을 두고 그로 인한 식료공급체계 재편성의 역동성(dynamism)이 강조되었다. 이러한 접근방법은 식료생산의 공업화·글로벌화 과정을 이해하는 데는 유효한 시각이지만 그 과정의 귀결을 획일적으로 묘사하는 경향이 있다. 그 때문에 현실에서 나타나는 식료의 불균등한 지리적 현상에 대해 한정적인 해석을 제시하는 데 그치고 있다. 식료 네트워크 논자들은 이 점에서 확실히 비판적이다. 공업화·글로벌화의 가정에 대해 국지적 수준에서 행위자의 주체적인 움직임을 강조함으로써 핵심적인 식료생산지역의 주변부에서 나타나는 식료의 다양성을 이해하려고 한다. 그리고 식료 네트워크는 양질의 식품을 통한 지역진흥, 농촌개발 등의 관점을 옹호하는 측면도 있어 식품의 질이 주요어(keyword)가 된다.

한편 이러한 식료 네트워크의 분석관점에 대해서 행위자의 행동을 규정한 자본축적체제나 상품관계의 존재를 경시하는 경향이 있다는 비판도 있으며, 오늘날의 글로벌 또는 복잡한 식료공급체계를 이해하는 데서 이러한 다른 분석수준의 접근방법으로 눈을 돌리는 복합적인 관점이 있다는 것은 매우 중요하다고 할 수 있다.

5) 상품사슬 개념과 관련된 지리학 연구의 과제

종래의 경제지리학이 산업입지·유통연구론의 관점에서 연구되었다면 최근에는 산업 활동 네트워크론으로 그 관점이 바뀜에 따라 사슬개념과 관련된 지리학이 등장했다고 생각한다. 이러한 연구방향의 전환은 세계화와 더불어 산업의 생산체계가 고도로 통합되고 상호의존적이 되었기 때문이다.

상품사슬을 통한 지리학 연구는 핵심과 주변에서의 농산물과 식료의 지리적 패턴에 주목하고, 이들의 수직적인 연결을 정치경제학적 접근방법으로 상품사슬을 주도하는 주체와 경제격차에 초점을 두고 각 산업 분야로 확대되고 있다. 그러나 이에 대해 상품회로나 상품 네트워크라는 관점에서는 문화적 측면이나 미시적 지역의 주체와 상호작용을 중시하는 연구도 이루어지고 있다. 이러한 내용은 문화론적 전환(cultural turn)[38]과 국지의 중요성을 밝히려는 것이라고 할 수 있다. 이러한 상품사슬에 관한 연구가 나타나게 된 배경은 세계 시스템론의 핵심과 주변 지역과의 관계를 체현(體現)하는 시스템 구조의 변화와 이에 따른 상품사슬의 변화, 즉 영역성의 변화가 존재하기 때문이다.

종래 거시적인 정치경제학적 요소 중심의 글로벌 상품사슬에서 지리학적 관심은 주로 사슬이나 경제격차의 지리적 패턴에 한정되어왔다고 할 수 있다. 그러나 거시적인 경제현상의 분석만으로 해명할 수 없어 상품사슬을 주도하고 통치하는 개개의 메커니즘을 해명하기 위해서는 미시적인 스케일에 주목한 사례연구도 나타나고 있다. 그리고 이러한 메커니즘을 밝히기 위해 생산, 유통, 소비 각 영역에서 행위자 간을 유통하는 지리적 지식이나 정보를 다양한 방향에서 연구하고 있다. 그래서 상품과 유통업자

---

38) 코스그로브와 잭슨(D. Cosgrove and P. Jackson)에 의해 '새로운 방향'으로 널리 소개된 것으로, 이들은 미국 버클리(Berkely)학파와 대비된다. 첫째, 농촌사회를 주로 연구대상으로 한 점, 둘째 단일문화집단에 의해 형성되어 만들어진 물질문화의 가시적인 요소로 오로지 경관에 주목해온 점, 셋째 정적(靜的)인 경관과 그에 의해 책정된 지역을 지도에 그려 파악한다는 점이다. 이들은 이러한 버클리학파 연구의 문제점을 비판하고, 앞에서 기술한 신문화의 개념과 지리적 표상의 위기를 명시했다. 신문화 개념은 '의미를 부여한 가치를 부여한 의미의 상징으로 변형시킨 매개물'과 문화를 '지배적인 이데올로기와 그에 대한 저항'과 그 정치적 함의에도 착안한 문화연구(cultural studies), 특히 문화를 기호의 시스템으로 본 윌리엄스(R. Williams)로부터의 영향을 받은 것을 지적할 수 있다.

와 소비자 사이에 주고받는 정보나 이미지, 표상, 가치를 검토하고 여기에 숨어 있는 기구를 밝히는 새로운 접근방법도 가능하다고 생각한다.

이러한 미시적 스케일에서 사슬을 파악하는 방법으로 윤리적 무역을 중시해 살충제 사용, 노동자의 착취 등에 대한 부정적인 운동(negative campaign)에 대항하기 위해 상품의 인증기관에 의해 정해진 '행동규범'으로 소매업자의 이익을 가져오도록 해 기업의 가치를 올리기도 한다. 그리고 좋은 식료품을 선택하는 소비자와 그것을 가급적 값싸게 사려는 구매자의 감정 사이에 유기인증이나 표시제(labelling)에 대한 선택적 식료 네트워크 연구도 등장하고 있다. 이와 같이 상품사슬과 관련된 지리학의 연구는 양질, 안전·안심이라는 질이나 주체 간, 세대간, 지역 간 공정(公正)을 중시한 식료공급체계에 이용되는 짧은 식료 공급사슬과 같이 종래의 연구영역이 점점 깊고 세분화됨으로써 이를 체계화할 필요가 있다.

각 산업 활동 중 어느 활동단계를 대상으로 상품사슬을 고찰해야 하는가에 대한 문제는 상품사슬의 복잡한 네트워크나 복잡한 연결의 증가 및 부가적인 행위자나 국면이 증가함에 따라 어디에서 연구를 시작하느냐 하는 문제가 있다. 그러나 그것은 연구자의 자각이나 균형 감각에 의거해야 하고, 상품사슬을 분석하기 위해 생산 대 소비, 경제 대 문화, 실체적인 것과 상징적(symbolling)인 것으로 양식화된 이해를 뛰어넘는 접근방법이 필요하다고 하겠다.

종래의 거시 경제적 관점이 중시된 상품사슬에 문화적, 지리적 요소의 도입 등이 진척되고 있다. 그러한 문맥에서 지리학은 이들을 포괄하는 관점에서 연구의 가능성이 넓혀진다고 할 수 있다. 이는 지리학이 야외조사에 의해 개별사상의 종합적인 파악을 겨냥한 방법론을 가지고 있기 때문에 경제적인 사상을 가치나 표상이라는 문화적 측면 또는 다양한 행위자가 구성하는 관계성이라는 측면에서 포착하는 접근방법과 겹치는 것이 많기 때문에 이에 대한 연구가 가능하다.

끝으로 본래 상품사슬개념은 세계 시스템론을 분석도구로 접근한 분석이기 때문에 독자적이고 명백한 이론근거가 없으므로 이에 대한 이론적 틀의 강화가 필요하다. 나아가 여러 경제활동에서 확대되고 있는 각종 상품사슬의 접근방법에서 밝혀진 내용을 어떻게 통일화시켜 이론화하고 법칙화해나가야 하는가도 중요한 연구과제 중의 하나라고 생각한다.

7. 유통지리학의 연구범위

최근의 마케팅 연구에서 지역적·공간적 인자의 도입이 급속히 증대되면서 마케팅 지리학의 연구와 중복 또는 중합되는 부분이 많아졌다. 도슨은 마케팅 지리학의 연구 목적이 마케팅 시스템의 공간적 유사성과 차이성 및 상호작용을 분석하고 가설을 설정하는 것이라고 했다. 그런데 시스템이란 본래 단일 또는 복합의 종합체 또는 조직화된 종합체이고, 이 종합체를 형성하는 전체와 부분의 결합을 말한다. 따라서 마케팅 이론을 발전시키기 위해 이러한 시스템의 사고에 바탕을 두는 것이 필요하다. 〈그림 1-7〉은 버젤(R. D. Buzzell)과 노스(R. E. M. Nourse), 매슈스(J. B. Matthews), 레빗(T. Levitt, Jr.)에 의한 전통적인 마케팅 시스템을 나타낸 것이다. 이들에 의하면 시스템의 구성요소는 마케팅 기능을 수행하는 기업 활동과 기업과 고객과의 사이에 제품, 화폐, 정보의 흐름을 들 수 있다.

마케팅 지리학은 이와 같이 인식된 마케팅 시스템의 공간적 차이성, 변화(과밀, 번영, 경합, 분화, 쇠퇴 등), 결합, 상호작용 등에 특별한 관심이 있다. 따라서 마케팅 지리학은 종래의 지리학, 특히 상업지리학과 비교하면 다음과 같은 본질이 있다.

첫째, 전통적인 지리학의 지식, 방법 및 기술을 기본으로 해 그 목표를 기업의 이익에 맞춘 전략적 경영지리학이고, 미래지향의 지리학이다. 둘째, 사고방법은 시스템적 접근방법 및 네트워크적 사고를 중시한다. 셋째, 대상 주체는 의인화(擬人化)한 지역이 아니고 소비자, 기업 등으로 그 주체를 명확히 정해 주체, 특히 판매 측과 구매 측의 행동, 조직, 기술, 환경을 전부 또는 시스템적인 관점에서 연구한다. 넷째, 주체의 심리적 상황, 의사 및 실행에 대해 그 동기, 방향, 결정 등에 필요한 자료나 정보를 수집하고 이것을 분석·평가한다. 다섯째, 경제사회의 약간의 변화 또는 동적인 변화에 기민하게

〈그림 1-7〉 전통적인 마케팅 시스템

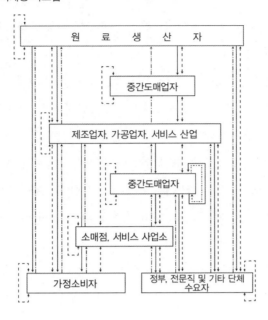

━━━━▶ 제품의 유동 ----▶ 화폐의 유동 -----▶ 정보의 유동

자료: Buzzell et al.(1972: 25~29).

〈그림 1-8〉 마케팅 지리학의 본질과 범위

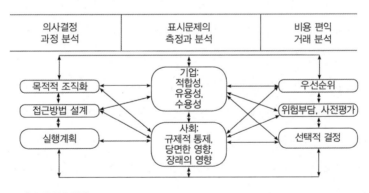

자료: Epstein and Schell(1982: 265).

반응하고 거기에 나타난 주체의 공간적 행동을 파악하고, 또 거기에서 야기되는 공간
적 파생문제의 본질과 해결책을 규명한다. 여섯째, 연구의 결과를 중시하는 것이 아니

고 오히려 개발, 창조 및 예측의 과정을 중시하며 더욱이 이것을 주체에 대한 실천으로 관여한다. 일곱째, 지역정책이나 지역계획 등 사회로의 적용을 하나의 목표로 해 연구의 이론화를 꾀한다.

여기에서 엡스타인은 앞의 마케팅 지리학의 본질과 연구범위를 〈그림 1-8〉과 같이 나타내었다. 〈그림 1-8〉은 마케팅 지리학의 연구범위에 비해 어느 정도 좁은 범위를 나타내고 있지만 마케팅 지리학 연구의 실무적·응용적 측면의 중요성을 여실히 밝히는 데 유용한 것이다. 또 마케팅 지리학의 범위를 보다 기업에 초점을 맞추어 마케팅 지리학이 이룩해야 할 역할과 일의 순서, 과정을 묘사한 것이다. 그리고 인접과학이나 현대사회에 기여하는 정도가 종래의 지리학, 특히 상업지리학이나 공업지리학과는 뚜렷하게 다른 것을 나타내준다.

이상의 여러 가지 견해를 종합하면, 마케팅 지리학의 목적과 연구범위는 엡스타인의 생각 범위보다도 훨씬 넓다. 기업, 소비자, 지방자치단체, 정부 및 사회의 이익, 욕구 또는 원망을 만족시키기 위한 여러 가지 활동, 특히 상공업, 서비스업과 깊은 관계가 있는 여러 활동을 경제, 사회의 정보 시스템과 통합시킨 하부 시스템(sub system) 속에서 파악해 공간적 유사성, 차이성, 변화, 결합, 상호작용을 실증적으로 분석하고 평가해 이론화한다. 그리고 연구의 대상으로는 국내의 소지역에서 전 세계로 또는 소기업, 생활자에서 다국적 기업, 모든 인류의 여러 활동 및 문제를 취급할 수 있다.

그러나 현실의 유통을 포함한 사회적 상황은 정보화나 소비자행동의 변화 등 상류의 변화가 물류의 변화에 상호작용하는 형태로 〈표 1-3〉에 나타낸 바와 같이 급변하고 있다. 즉, 소자녀 고령화로 인해 소비자 수요의 다양화·세분화되면서 가격차에 따른 소매업태의 다양화로 재편되었고, 정보 시스템의 고도화로 유통산업의 내외에 커다란 변화를 가져왔으며, 이와 더불어 각종 규제완화로 소매업의 경쟁이 격화되고 새로운 물류업이 등장하는 등 많은 변화가 나타났다. 이러한 변화의 영향을 받은 유통지리학에서는 정보화가 물류 시스템의 공간구조에 어떠한 영향을 주고 있는가에 대한 연구가 활발하며 그 연구범위도 확대되었다.

〈표 1-3〉 유통을 둘러싼 환경의 변화

구분	내용
• 사회경제환경의 변화	• 제조업의 해외이전과 산업공동화 • 아시아 제국과의 수평적 분업 발전 → 제품수입의 증가 • 인구의 고령화·소자녀화 → 노동력이나 소비인구의 감소

• 소비자행동의 변화	• 소비자 수요의 다양화·세분화
	  - 대량판매에서 다품종 소량판매로의 전환
	  - 상품의 수명주기(life cycle) 단축화
	  - 소프트형 소비의 확대
	• 구매행동 패턴의 변화
	  - 모터리제이션의 진전 → 상권의 광역화
	  - 순회 구매행동에서 원스톱 쇼핑
	  - 24시간 지향의 영업시간대 확대
	• 가격지향의 변화
	  - 저렴한 가격지향 → 가격경쟁의 격화·할인점 발전
	  - 고급품 지향 → 고급품 전문점 대두

• 소매업태의 다양화	- 편의점, 홈센터, 할인점, 대형전문점, 생활협동조합 등 새로운 소매업의 출현과 성장
• 상업 집적지역의 새로운 전개	• 교외의 도로변 점포, 대형 쇼핑센터의 입지와 발전 • 기존 시가지 중심부의 상점가 사양화·쇠퇴

• 정보 시스템의 고도화	• 유통 부가가치통신망(Value-added Network: VAN)*의 전개·가맹 → VAN의 중핵인 메이커나 대규모 소매연쇄점에 의한 유통경로 지배의 확립
	• 온라인 수(受)·발주(發注) 시스템(Electronic Ordering System: EOS)이나 판매시점 상품관리(Point of Sales: POS)의 보급·거래 전자화 및 표준화
	  - 판매상품의 즉시 파악
	  - 결제업무나 수·발주 업무의 자동화·기계화
	  - JIT에 의한 배송이나 납품의 확립
	  - 대규모 물류센터의 설치가 가능하게 됨
	• 멀티미디어 보급·진전
	  - 인터넷 통신판매의 발달

• 규제완화	• 대형 소매점 진출의 규제완화 → 소매업의 경쟁격화·영세소매상의 도태 • 각종 업계 규제완화 → 드러그 스토어(drug store)·주류 판매점 등의 신규 출점, 취급상품 범주(category) 확대·융합 • 물류 규제완화 → 운수업자에게 유통경로관리 위탁인 제3자 물류업자(Third Party Logistics: 3PL) 등

* VAN이란 일괄 프로그램(package) 교환, 컴퓨터 간에 정보를 주고받을 때의 통신방법에 대한 규칙과 약속인 통신규약 (protocol, 다른 컴퓨터 언어 간의 정보교환에 필요한 번역작업을 말함) 교환, 전자상거래 데이터 포맷(data format) 변환 등의 서비스를 부가한 데이터 통신 서비스를 말한다.
자료: 小野秀昭(1997: 24~42).

제2장

유통활동 및 상품의 특성

1. 유통활동의 분류

유통은 유통활동과 유통 조성활동으로 크게 나누어진다(〈그림 2-1〉). 유통활동이란 물리적 내지 사회적인 상품의 흐름에 관한 경제활동으로, 그 범위는 이를테면 운수·통신활동과 더불어 상업 활동을 포함한다. 먼저 유통활동 중 상류활동은 생산자와 소비자 사이의 소유권적, 가치관적 또는 지각적 분리를 조정하기 위해 수행되는 활동으로서 유통활동에서 가장 기본이 되는 활동이다. 이 활동이 이루어지지 않으면 유통의 흐름이 이루어질 수 없기 때문이다. 오늘날과 같은 분업체계 아래에서 이 활동은 경제목적의 실현을 위해 수요와 공급을 이어주는 역할을 한다. 이런 면에서 수급접합 활동 또는 수급조정 활동이라고도 한다.

오늘날과 같은 분업사회에서는 유통기관이 소비자를 대신해 공급원을 탐색하고, 생산자를 대신해 수요를 탐색하게 되는데 이를 대리탐색(vicarious search)이라 한다. 이러한 대리탐색 활동을 통해 수급조정의 가능성을 파악하고 구매활동으로 공급량을 확보함으로써 소비를 가능하게 하고, 또한 판매활동으로 수요량을 확보함으로써 생산을 가능하게 해준다. 따라서 이러한 활동이 수행되지 않으면 수요와 공급이 조정될 수 없는 것이다.

〈그림 2-1〉 유통의 분류

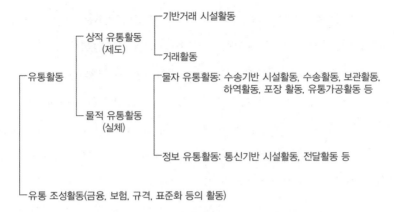

시장경제체제 아래에서는 수급조정 기능이 교환의 바탕이 되는 거래(transaction)에 의해 수행되므로 이를 거래 유통활동이라 부르고, 종래에는 교환기능이라 했으며 상인이 수행하는 활동이라는 의미에서 상거래 활동이라 부르기도 했다. 이러한 상적 유통활동에는 이것이 조정하려는 수급간의 분리와 내용에 따라 다음과 같은 4가지 기능으로 구분할 수 있다. 즉, 소유권(사용권) 이전기능, 지각적 조정기능, 수량적 조정기능, 품질적 조정기능이 그것이다.

1) 상적 유통활동

(1) 소유권 이전기능

소유권 이전기능이란 생산자와 소비자 사이의 소유권적 내지 가치적 분리를 조정하기 위해 수행하는 기능으로 판매자와 구매자가 특정한 상품 및 서비스와 관련해 최종적으로 대금을 결제할 때까지 필요한 모든 활동을 포함한다. 여기에는 판매활동, 구매활동, 가격형성 활동이 있다.

(2) 지각적 조정기능

지각적 조정기능이란 생산자와 소비자 사이에 형성되고 있는 지각적·관념적 또는 정보적 분리를 조정하기 위해 수행되는 기능으로써 일반적으로는 시장정보로 다루어 왔으나 이는 엄밀한 의미에서 정보전달 내지 정보유통과 관련되는 활동이다. 여기에는 두 가지 흐름 내지 기능이 포함된다. 첫째, 소비자의 의사를 생산자에게 전달하는 흐름 내지 기능, 둘째 생산자의 의사를 소비자에게 전달하는 흐름 내지 기능을 말한다. 이와 같은 쌍방 간의 정보유동이 이루어짐으로써 수급이 지각적으로 조정되어 교환 당사자의 교환 의사결정이 쉽게 이루어진다.

일반적으로 전자는 소비자 요구와 관련해 상품의 품질, 수량, 장소, 시간 및 가격 등에 관한 정보를 전달하는 것으로 소비자로부터 자발적인 정보 환류(feedback)가 이루어질 수 있으나 오늘날에는 생산자나 도·소매상에 의한 마케팅 활동에 의해 적극적으로 정보가 수집되는 경향이 있다. 이에 대해 후자는 생산자가 도·소매상이나 소비자를 대상으로 수행하는 마케팅 커뮤니케이션 활동, 즉 촉진활동(광고, 인적 판매, 판매촉진 및 홍보) 및 도·소매상과 같은 유통기관이 수행하는 촉진활동에 의해 생산자의 의사가 소비자에게 전달되는 것이다.

(3) 수량적 조정기능

수량적 조정기능이란 생산자와 소비자 사이에 형성되는 수량적 분리를 조정하는 기능으로 구체적으로는 수집 및 분산기능을 통해 이루어진다. 개별주문 생산체계를 취하는 경우에는 생산과 소비의 양적 균형이 쉽게 이루어질 수 있으나 예측생산을 바탕으로 하는 대량 생산체제 아래에서는 수급 간의 양적 불균형이 생기기 쉽다. 이때에는 분산기능이 수행되어야 하며 이에 따라 분산기구가 발달하게 된다. 또한 대량생산이 이루어지기 이전의 수공업 생산체제 아래에서 유통기관이 주로 수행하던 수집기능도 대규모 생산자에 의해 집약화되어 기능이 대신 이루어짐으로써 수집기구가 생략되는 경우도 많다. 반대로 소규모 소량생산이 이루어지는 농수산물의 경우에는 수집기능이 특히 수행되어야 하며, 농수산물의 경우에는 수집기능과 아울러 분산기능도 수행되지 않으면 안 된다. 이런 기능은 구체적으로는 유통기관의 상품화 활동을 통해 수행된다.

(4) 품질적 조정기능

품질적 조정기능은 생산자와 소비자 사이에 형성되는 품질적 분리를 조정하는 것이다. 이 기능은 상품 그 자체의 품질을 조정하기 위해 소재를 변경하거나 성능이나 기능을 변경시키는 것은 아니다. 품질 조정기능은 물적인 품질내용과는 관련이 없이 예상고객이 바라는 품질과 자기가 제공할 수 있는 상품의 품질을 적절한 시점에서 합치기 위해 수행되는 기능을 말한다. 따라서 이러한 기능이 제대로 이루어지려면 소비자의 욕구와 기존의 상품에 대한 불만을 파악해야 한다. 그런데 소비자의 욕구는 다양성을 가지고 항상 변동하고 있으므로 이에 대한 공급체제를 갖추어야 한다.

2) 물적 유통활동

상품이 생산자의 손을 떠나 실체적 또는 물리적으로 소비자가 사용할 수 있도록 장소적·시간적으로 이전되는데, 이와 같은 장소적·시간적 분리의 조정을 위해 수행하는 유통활동을 물적 유통활동이라 한다. 이 물적 유통활동은 거래를 예정하거나 거래의 결과로서 수행되는 것으로 수급의 조정을 완결시켜주는 실효적 기능이라는 의미에서 오늘날 중요한 역할을 한다.

물적 유통활동은 〈그림 2-1〉과 같이 장소와 시간의 효용을 창출하는 여러 가지 활동을 한다. 물적 유통은 유형·무형의 재화를 공급자로부터 수요자에게 유동시키는 것으로, 정보유통을 포함시킨다는 견해도 있으나 일반적으로 그렇지 않다. 그러나 물적 유통활동의 효율화를 위해서는 이와 관련되는 정보의 수집과 활용이 중요하다. 그런데 물적 유통활동에 포함되는 포장 활동이나 유통 가공활동은 생산과 마찬가지로 형태효용을 창조하는 것이므로 이러한 면에서 본다면 유통과 정상에서 형태효용도 창조된다고 할 수 있다.

장소효용은 철도, 트럭, 선박, 항공기 등과 같은 수송수단과 역, 터미널, 항만 및 공항 등과 같은 교통기반시설이나 그곳에서 종사하는 사람들에 의해 창출되며, 시간효용은 사설창고나 영업 창고 등과 같은 보관시설과 그곳에서 종사하는 사람 및 목적지로 향하는 수송수단에 의해 창출된다. 그러므로 이러한 두 가지 활동이 물적 유통활동에서 기본적인 것이며, 포장, 하역 및 유통 가공활동은 보조적인 활동이라 할 수 있다. 물적 유통에서 여러 가지 수송수단을 결합한 수송방식을 협동일관 수송방식 또는 복합수송방식(intermodal transportation system)이라 한다.

3) 물적 유통과 로지스틱스

물적 유통은 이와 관련되는 활동을 전체적으로 평가해 그 효율성을 추구하는 것으로 판매한 상품을 가장 저렴한 비용으로 배송하는 것과 관련되는 활동으로 인식되었다. 그러나 기업환경, 특히 물류환경의 변화로 물류를 기업경영 전략적 차원에서 관리할 필요성이 대두됨에 따라 이를 로지스틱스 개념으로 재인식하게 되었다.

로지스틱스는 상품의 생산, 유통, 소비를 종합화해 일원적으로 관리하는 경영방식을 말한다. 이 개념은 미국과 일본의 경우 그 이해의 폭이 다르다. 미국에서는 효율적인 물류관리와 지원정보 시스템에 의한 하역(material handling)기능을 공학적 관점에서 개선, 개발하는 것을 중심으로 하는 시스템의 개념이다. 그러나 일본에서는 물류, 영업, 상품, 생산 등의 기능을 전략적 관점에서 조화를 이루도록 기업전략의 실현을 최적비용의 최적 서비스에 의해 도모하는 전략적 물적 유통개념으로 생각한다. 미국에서 로지스틱스가 추구하는 요건은 저비용, 고품질, 고속, 통합, 유연, 인간존중, 친환경(green), 고객만족이다.

이와 같은 두 나라 사이의 개념상의 차이가 나타난 배경은 상적 유통과 물적 유통의 기능분화를 전제로 하는 상물(商物) 분리가 미국에서는 명확하나 일본에서는 그렇지 않은 데서 기인된다. 물적 유통과 로지스틱스의 개념을 나타낸 것이 〈그림 2-2〉이다.

근래 물류를 종래의 수송 중심의 물류가 아니고 시장전략으로서 생산·유통·소비를 종합화한 로지스틱스로 파악하려는 움직임이 경영학 등에서 행해지고 있다(〈표 2-1〉).

〈그림 2-2〉 물류에서 로지스틱스로

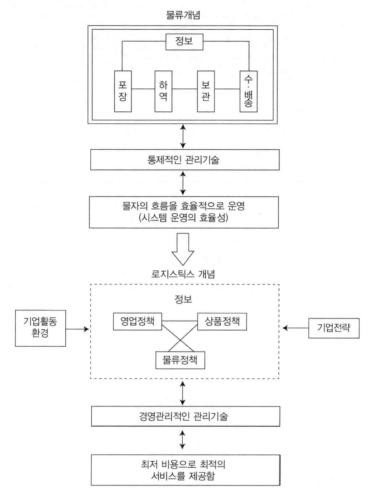

자료: 김원수·황의록(1999: 240).

이것은 물류와 상적유통을 더 고차의 관점에서 수정해 파악하려는 움직임이기도 하다.

화물유동의 성장은 글로벌적·지역적·국지적 규모의 경제체계에서 현실적 변화를 나타내는 기본요소인데, 이러한 변화는 화물량이 아니라 구조적·경영적으로 이루어지고 있다. 구조적 변화는 주로 생산지리학과 함께 제조체계를 포함하는 반면에 경영적 변화는 유통지리학과 더불어 화물수송과 주로 관련된다. 화물유동의 본질과 발착지에

〈표 2-1〉 물류에서 로지스틱스로

구분	로지스틱스 이전의 기존 물류 개념	로지스틱스
목표	물류의 효율화(물류비용의 삭감)	시장에 적합(시장전략을 바탕으로 효율성과 그 효과의 균형을 취하는 것)
대상과 영역	물류활동(생산·구입부터 고객까지)	물류체계(조달물류·판매물류 및 빈 용기의 회수나 폐기물 처리 등인 회수·정맥물류)
내용	• 숙련적·경험적 관리 • 하드(hard) 중심 • 수송 및 물류의 거점 중심 • 비용관리 • 상품이나 판매의 조건은 일정한 조건으로 정해지고 유지된다.	• 과학적 관리 • 소프트(soft) 중심 • 정보중심 • 재고관리 • 제조나 판매와 물류도 시장상황에 맞게 유연적으로 변화한다.

자료: 中田信哉 外(2003).

서 기본적인 문제는 존재하지 않고 화물유동이 어떻게 이루어지는가가 중요하다. 새로운 생산양식은 유통의 새로운 양식과 동시에 나타나는데 로지스틱스 영역, 즉 물류의 과학을 촉진한다.

로지스틱스는 정보유동과 관련될 뿐만 아니라 원료공급으로부터 최종 소비시장 유통까지의 재화의 변형과 유통에 제공되는 일련의 폭넓은 활동을 포함한다. 이 용어는 여러 가지 뜻을 가지는 단어이다. 19세기 군대에서는 모든 수송수단의 결합, 식량재보급(revictualling)과 군대주둔의 기술을 로지스틱스라 했다.

한편 원료 채취에 의존하는 경제에서 로지스틱스 비용은 재화의 총부가가치의 더 큰 할당에 해당하는 데 비해 교통비 산출에서 서비스 경제보다는 비교적 더 많다. 현재의 로지스틱스는 생산요인의 최소비용 집약적 결합으로서 가능한 한 효율적으로 제조업을 조직화하기 위해 생산과정의 자동화를 추구한다.

로지스틱스의 연구는 1950년 초 로지스틱스가 기업경영에 도입·응용되면서 비즈니스 로지스틱스(business logistics)[1]로 발전하기에 이르렀다. 그리고 유통 합리화의 수단

---

1) 기업경영활동기술을 유통기술에 포함시키고 이것에 자원적·경제적·기업적·비용적 개념을 가미한 것이 비즈니스 로지스틱스이다.

〈그림 2-3〉 로지스틱스의 부가가치 기능

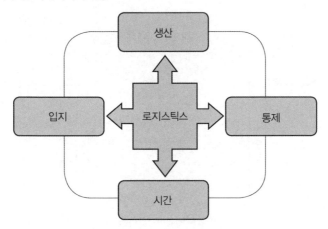

자료: Rodrigue, Comtois and Slack(2006: 158).

으로서 그 사고방식이 채택되어 원료준비, 생산, 보관, 판매에 이르기까지의 과정에서 물적 유통을 가장 효율적으로 수행하는 종합적 시스템을 가리키게 되었다. 예를 들어 원료준비의 측면에서만 물적 유통의 합리화를 생각하면 그 후의 과정에서 합리화를 방해하는 요인이 생기기 때문에 전체를 토털 시스템으로 구성하려는 것이다. 오늘날의 로지스틱스는 시장 또는 특별한 목적지에서 이용할 수 있도록 만들어진 재화를 필요로 하는 일련의 경영을 말한다. 그러므로 로지스틱스는 다차원의 부가가치활동으로 생산과 입지, 시간, 통제를 포함한다(〈그림 2-3〉).

생산은 적절한 수송량, 포장과 제한된 재고량으로 제조업의 개선된 효율성에서 도출된다. 그러므로 로지스틱스는 생산비 절감에 이바지한다. 또 입지는 시장의 확대와 저렴한 유통비를 의미하는 더 나은 입지의 이점을 얻는 데서 비롯된다. 그리고 시간은 더 좋은 재고, 수송 관리와 재화 서비스의 전략적 입지로서 공급사슬(supply chain)에 따라 필요할 때 이용할 수 있는 재화와 서비스를 가지는 데서 비롯된다. 끝으로 통제는 마케팅과 수요대응을 더 좋게 할 수 있으므로 이에 따라 유동을 기대하고 유통자원을 배치한다.

로지스틱스를 진정시키는 활동은 두 가지 주요한 기능을 포함한다. 수송부분을 이

〈그림 2-4〉 로지스틱스와 통합교통수요

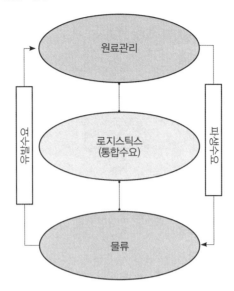

자료: Rodrigue, Comtois and Slack(2006: 159).

〈그림 2-5〉 생산사슬에서의 로지스틱스와 유통

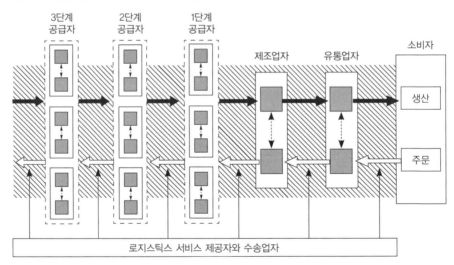

자료: Dicken(2003: 472).

끄는 물적 유통과 수송부분을 유발시키는 자재관리(materials management)[2]이다. 물적 유통은 생산시점에서 최종판매시점인 소비까지의 재화이동과 관련된 활동범위를 나타내는 복합용어이다. 또 물적 유통은 공급사슬의 이동성 요구가 완전히 만나는 것을 보증해야만 한다. 그리고 물적 유통은 이동의 모든 기능을 포함하는데, 특히 수송 서비스(트럭수송, 철도화물, 항공화물, 내륙수로, 해양수송, 파이프라인), 적환과 창고업 서비스(예를 들면 위탁, 저장, 재고관리), 무역, 도매업, 일반적으로 소매업을 포함하는 재화를 취급한다. 전통적으로 이들 모든 활동은 자재관리 수요로부터 비롯된다.

자재관리는 공급사슬에 따른 모든 생산단계에서 상품제조와 관련된 모든 활동을 고려한다. 또 자재관리는 생산계획, 수요예측, 구매·재고관리와 같은 생산·유통활동을 포함한다. 그리고 자재관리는 공급사슬 요구가 수송과 소매를 위한 포장과 최종적으로 재활용 폐기상품을 포함한 조립을 위한 폭넓은 부품배열과 원료를 취급하는 것을 보증해야 한다. 이들 모든 활동은 물적 유통의 수요를 야기하는 것과 같이한다.

로지스틱스를 통한 폐쇄된 물적 유통과 자재관리는 물적 유통의 유발된 교통수요 기능과 자재관리의 유도된 수요기능 상호 간의 관계를 분명히 하지 않는다. 이것은 유통이 자재관리 활동, 즉 생산으로부터 도출되는 것과 같은 것을 의미할 뿐만 아니라 이들 활동이 유통가능성 내에서 대등하기 때문이다. 생산, 유통, 소비의 기능은 분리해 고려하는 것이 어려우므로 로지스틱스의 통합된 수송수요 역할을 인정해야 한다(〈그림 2-4〉).

한층 더 통합된 공급사슬은 유통경로가 공급자로부터 소비자에 이르기까지 확대되고, 수송업과 창고업에 대한 책임이 제조업자, 도매업자, 소매업자 간에 분할됨으로써 물적 유통과 자재관리 간의 차이를 더 굳건하게 만든다. 로지스틱스는 고객이 생산과 그것을 공급하는 유통체계 간의 차이를 인정하지 않도록 함으로써 그것을 지탱하는 생산과 함께 견고해야 한다. 결과적으로 교통수요나 산업생산, 제조와 소비를 유도하는 것이 교통수요를 유발하는 인자가 더 낮다는 것은 교통을 고려하는 어려움이 증가되기

---

2) 자재조달에서부터 제조과정을 거쳐 제품의 최종수요자에게 송달하기까지의 물적 유통 관리를 말한다.

때문이다. 그러므로 화물수요로부터 도출된 고전적 교통지리학의 개념은 로지스틱스의 확산과 적용에 의해 분명하지 않은 것을 논의한다. 제조와 이동요구는 공급사슬에 따라 유사한 비율로 생산물이 이동하는 것으로 깊이 간직하고 있다.

유통산업의 가장 중요한 기능은 생산사슬(production chain)의 모든 단계에서 판매자와 구매자 사이를 중개하는 것이다(〈그림 2-5〉). 유통 서비스업은 교통 하부구조를 이용한 재료와 재화의 물적 이동뿐만 아니라 그와 같은 이동과 관련된 정보의 전달과 시장 작동을 포함한다. 유통 서비스업은 기업의 전략변화, 특히 제조업과 로지스틱스 서비스 제공자(provider)의 새로운 방식의 출현으로 로지스틱스와 유통 서비스업의 외부수주(outsourcing)의 증가에 의해 최근 몇 년 동안 변형되었다. 물론 현실적으로 그와 같은 사상(事象)의 존재는 로지스틱스의 구조와 운영 및 유통과정에 크게 영향을 받았다.

이동의 두 가지 유의적인 장벽은 수류의 다른 교통양식(transportation mode)으로의 전환인 자연적 조건(physical conditions)과 세관통관, 관세, 세금 등과 같은 정치적 경계이다. 〈그림 2-6〉은 이들 두 가지 장벽을 나타낸 것이다.

로지스틱스와 유통에서 포함하는 조직의 주요 유형은 운수회사, 로지스틱스 서비스 제공자, 도매상, 무역회사, 소매상, 전자 소매업자이다. 운수회사·도매상·소매상 형성

〈그림 2-6〉 국제적 환경에서의 로지스틱스

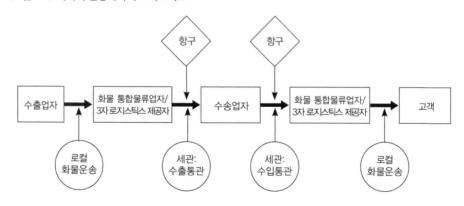

자료: Dicken(2003: 473).

〈그림 2-7〉 조직화된 로지스틱스 서비스의 가능한 방법

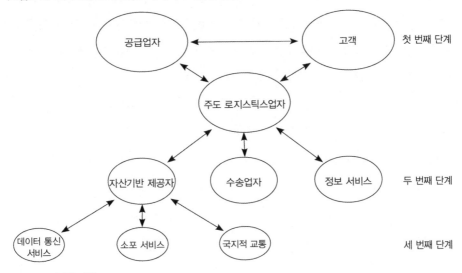

자료: Dicken(2003: 474).

은 사슬에서 꽤 분명히 정의되고 제한된 역할을 한다. 한편 무역회사와 최근의 로지스틱스 서비스 제공자는 더 폭넓은 범위의 활동을 포함하고 범주도 물론 뚜렷하다.

〈그림 2-7〉은 생산·공급사슬이 국제적으로 조직된 하나의 개발방법을 나타낸 것이다. 주요 중개자는 글로벌적 로지스틱스 해법에 대한 원스톱 쇼핑을 제공하는 초국적 고객(transnational clients)에 대한 것이 첫 번째 단계로 작용하는 선도 로지스틱스 제공자(lead logistics provider)이다. 그러나 탁월한 종류의 로지스틱스와 유통체계가 하나로 존재할 것이라는 생각에 따르지 않아야 한다. 글로벌 경제에서 경제활동의 또 다른 모든 종류와 같이 다양성은 일반적인 것으로 지속된다.

4) 유통 조성활동

유통 조성활동(facilitating marketing)은 상품 이전에 직접적으로 관련되지는 않으나 이를 촉진 내지 조성시켜주는 여러 활동을 말한다. 이에 속하는 유통금융기능(distribution financing)과 위험부담기능(risk-taking function)을 살펴보면 다음과 같다. 먼저 유통금융 기능은 각 유통단계에서 수행되는 거래를 원활하게 함으로써 생산자로부터 소비자에 게 상품이나 서비스가 잘 유통되도록 행해지는 유통기관의 자금 유통활동을 말한다. 그리고 위험부담기능이란 유통과정에서 당면하게 되는 여러 가지 위험, 즉 상품의 물 리적 변질이나 손상과 같은 물적 위험, 판매하고 남은 상품, 가격변동 등에 따르는 시 장위험 및 대금회수의 불능과 같은 위험을 분산·분담하거나 전가함으로써 확실하고 안전한 유통이 이루어지게 하는 기능이다.

2. 상품의 분류와 특성

1) 상품의 분류

코프랜드(M. T. Copeland)에 의하면 상거래 대상이 되는 재화는 일반적으로 상품이라 부른다. 상품은 일반적으로 최종 소비자의 구매 관습을 기준으로 다음과 같이 분류된 다. 이 분류는 재화의 최종 소비자와 소매업 간에 성립되는 상품의 분류가 된다.

(1) 편의재(便宜財, convenience goods)

소비자가 거주 지역에서 가까운 상점에서 구입하는 상품이란 의미로 대개 가격이 싼 생활필수품이다. 누구나 이것을 규칙적·지속적으로 소비하는 상품이기 때문에 수 요자는 일반적으로 적은 양을, 그것도 그 품질은 그다지 고려하지 않고 가까운 상점, 가기 쉬운 상점에서 구입한다. 식료품, 담배, 비누, 약품, 신문, 잡지 등이 이에 속하는 재화다.

(2) 선매재(選買財, shopping goods)

소비자가 몇 군데의 상점에서 품질, 디자인, 가격 등을 조사해 선택구매를 하는 상품인데, 일반적으로 값이 비싸고 각 소비자가 일정 기간 내에 소비하는 재화로 수요량은 비교적 적은 편이며, 구입을 할 때 신중하게 비교·검토하는 재화이다. 이상의 편의재, 선매재는 소비자의 소득수준에 따라 변화한다. 따라서 소득수준이 낮은 지역이나 국가에서는 선매재인 상품이 소득수준이 높은 지역과 국가에서는 편의재가 될 수 있다.

(3) 전문재(專門財, speciality goods)

소비자가 구입함으로써 기쁨을 얻는 특수한 소비재를 의미한다. 일반적으로 가격이 비싸지만 수요가 발생하는 고급시계, 구두, 향수, 세탁기, 청소기, 냉장고, 텔레비전, 자동차 등이 이에 해당한다.

(4) 산업재(産業財, industrial goods)

제품의 구매목적에 따른 분류로서, 개인 또는 가계 등 최종 소비자가 구매하는 제품을 소비재(consumer goods)라고 하고, 생산자, 정부기관, 비영리조직, 재(再)판매업자 등이 구매하는 제품을 산업재라 말한다. 제품의 특성에 따라 주요 장비, 보조 장비, 원재료, 가공재료, 구성품, 소모품 등으로 분류하며, 다른 제품들과 결합된 형태로 사용하기 때문에 결합수요의 특성을 갖고 있다. 따라서 산업재화의 수요는 관련된 다른 산업재화의 수요와 공동으로 발생하는 경우가 많은데, 구체적인 특징은 다음과 같다.

첫째, 고도의 기술적인 특성을 갖는다. 둘째, 사양(仕樣, option)을 근거로 구매된다. 셋째, 단위당 가격이 비싸며 대량으로 거래된다. 넷째, 동일한 제품일지라도 다른 용도로 사용할 수 있으므로 산업시장에서는 하나의 제품이 여러 용도를 가지게 된다. 다섯째, 제품을 생산하기 위한 재고로 미리 구매되기도 한다. 여섯째, 주문에 의해 생산되거나 고객의 구체적인 욕구에 맞도록 사전에 조정되어 생산된다. 일곱째, 필요한 산업재는 고객 자신의 생산설비로 직접 생산되거나 임대를 통해 이용되기도 한다. 여덟째, 산업재의 포장은 제품의 촉진기능보다는 보호기능을 수행한다. 아홉째, 신속하고 정확한 배달이 강조된다. 열 번째, 판매 후 서비스가 강조된다.

다음으로 물자유형에 따라 재화를 분류하면, 철강, 비철금속, 섬유 1차 제품, 화학제품, 시멘트 등은 생산재이고, 대형기계, 화학 플랜트 등은 자본재이며, 소비재는 내구 (耐久) 소비재와 일반 소비재로 나누어지는데, 가전제품이나 자동차는 내구 소비재이고, 편의재와 선매재는 일반 소비재이다.

2) 상품의 특성

상품을 공급자와 수요자 측에서의 특성과 상품 자체가 갖고 있는 특성에서 분류하면 〈표 2-2〉와 같다.

이와 같은 상품·수급특성에 따라 대량유통에서는 같은 종류의 상품은 모두 같은 이른바 익명의 상품으로서 취급된다. 대량유통 시스템에서 유통시키기 위해서는 거래나 가격결정의 합리화를 위해 상품을 표준화할 필요가 있고, 그것을 우선시한 결과 생산

〈표 2-2〉 상품 특성의 항목

구분	상품 특성 항목	특성 예
상품 자체의 특성	형상	액체(석유), 무겁고 부피가 크다(철강)
	운송비 부담력	크다(의약품), 작다(석유제품, 철강)
	품질	부패성이 크다(신선한 식료품)
	품종	많다(식료품), 적다(시멘트)
	규격도	크다(석유제품, 철강), 작다(의류품)
공급 특성	공급 로트(lot)	크다(철광석), 작다(재생자원)
	공급빈도	높다(신선한 식료품)
	공급의 불규칙성	크다(재생자원)
	공급자의 수와 위치	다수 분산(의류품), 소수 편재(철강)
수요 특성	수요 로트	크다(철광석), 작다(재생자원)
	수요빈도	높다(의약품, 신선한 식료품)
	수요의 불규칙성	계절적 변동이 있다(의류품, 식료품)
	수요자의 수와 위치	다수 분산(가전제품), 소수 편재(재생자원)
	수요 종류	소매 판매점(가전제품), 고객(재생자원)

주: 배송 로트는 물류에서 배송단위를 의미하고, 통상 발주 시에 지정할 수 있는 품목별 최소단위를 의미한다. 물류의 현장에서는 배송 로트가 작아질수록 배송빈도가 높고 물류비용은 증대한다. 이 때문에 발주자인 소매업자의 힘이 상대적으로 셀 경우에 '작은 로트화'가 진행된다. 로트는 상품의 생산단위 또는 판매단위를 말하는데, 여기에서 로트의 크고 작음은 절대규모가 아니고 공급과 수요의 상대적 관계를 나타낸 것이다.
자료: 川端基夫(1986: 144).

자나 생산이력 등의 정보를 제공한다는 것은 생각할 수 없는 시스템으로 구축되어왔다. 반면 이와는 전혀 다른 상품에 정보를 부가한 채 유통시키는 것을 실현한 틀이 유통의 '개별화'이다. 유통의 '개별화'는 유통에 의한 새로운 가치를 낳는 것을 나타낸다. 대량유통 시스템에서는 언제나 어디서나 안정적으로 상품이 손에 들어오는 것을 구하는 것이고 그것이 가치가 된다. 그러나 새로운 유통 시스템에서는 생산자의 '얼굴이 보이는', 즉 안심이라는 가치가 중시된다. 종래는 유통방법 자체가 상품의 가치를 부여하는 것은 아니었지만, 유통의 '개별화'는 유통방법이 상품에 가치를 부여한다. 예를 들면 인숍(inshop, 백화점이나 슈퍼 등의 점내에 있는 전문점) 방식으로 유통하는 '얼굴이 보이는' 채소는 관행재배이고 시장유통 상품과 같지만, '얼굴이 보이는' 채소로서 점두에 진열하며 통상 상품보다 고가로 판매되는 것도 있다. 즉, 상품 그 자체는 통상의 시장유통 상품과 같아도 '개별'로 유통시켜 소비자와 생산자, 산지가 결부됨으로서 소비자가 안심하게 되는 마음이 가치가 된다. 유통의 '개별화'는 같은 상품일지라도 산지나 생산자의 이름을 밝힌 개별상품으로 취급한다. 그와 같이 유통경로에서 상품은 하나의 단위가 아니고 가급적이면 개별로 취급하는 변화를 '개별화'라고 부른다. 이러한 개별화는 종래의 대량생산 대량유통에서 유통과정이 블랙박스였는데 여기에서 벗어나 투명성을 추적하는 것이 가능하게 되었다. 그래서 대량유통 시스템의 경우 유통단계에서 상품은 생산자별로는 구별되지 않고 혼합된 로트를 형성하지만 '개별화'한 유통에서는

〈그림 2-8〉 대량유통과 유통의 '개별화'의 개념도

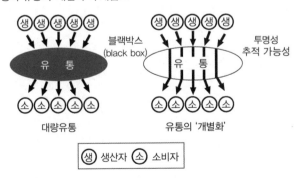

자료: 荒井良雄·箸本健二 編(2007: 58).

각 생산자의 상품은 혼합되지 않고 유통시키는 점이 크게 다른 점이다(〈그림 2-8〉).

그러나 상품의 특성이 달라 모든 상품을 '개별화'하기가 어렵다. '개별화'를 하기 위해서는 먼저 생산자의 정보를 공개할 준비가 필요한데, 그렇지 못한 생산자의 상품을 함께 취급해야 할 경우는 이것이 어렵게 된다. 그래서 '개별화'한 상품의 유통은 특히 수급조정이 어렵다.

제3장

유통기관 및 유통시스템과 정보화

1. 유통기관과 유통기구

1) 유통기관

생산자, 업무용 사용자, 정부, 가계 등도 유통기능을 분담하고 있다. 생산자는 생산재, 자본재의 구입과 생산물의 판매를 통해 유통기능을 분담하고, 정부는 정부관장물자의 유통에 직접 관여하는 것 이외에도 필요한 자재의 구입이라는 형태로 유통기능을 분담한다. 업무용 사용자와 가계는 필요한 물자의 구입을 통해 유통기능을 분담한다. 다만 생산자나 정부, 가계 등을 유통기관이라든가 유통업자라고는 부르지 않는다. 유통기능을 업으로 하여 담당하는 사람만이 유통기관이고 유통업자가 된다. 생산자는 유통업자는 아니지만 그 판매부문은 유통업자로 취급한다.

유통업자는 수급접합기능과 물적 유통기능 양쪽을 담당하는 사람, 수급접합기능만 담당하는 사람, 물적 유통기능 만을 담당하는 사람으로 나눈다. 제1군의 대표는 도매업자와 소매업자이고, 제2군의 전형적인 예는 중매상(仲買商)이고, 제3군은 창고업자나 운송업자가 대표적이다. 또 물적 유통기간만 담당하는 기업은 거의 생산자나 도·소매업자의 위탁을 받아 이를테면 하청으로서만 물적 유통을 행한다는 의미에서 유통업자에서 제외된다는 의견도 있다.

2) 유통기구

다수의 유통기관으로 구성되는 상품유통의 사회적 시스템을 유통기구라 부른다. 유통기구의 내부에는 앞에서 기술한 각종의 유통기관이 기능적으로, 지역적으로 또 상품별로 유통기능을 분담함으로 상품의 사회적 유통을 실현하고 있다. 따라서 유통기구의 본질은 유통기능의 분업구성이지만 자연발생적인 것이기 때문에 분업관계는 경쟁을 통해 항상 변화하고 그것이 결과적으로 유통기구를 항상 변화시킨다. 또 경쟁적인 약자는 고립보다는 협업을 택하는 경우가 많기 때문에 유통기구에서 유통기관과의 관계는 분업관계를 기본으로 하면서 경쟁관계와 협업관계도 포함한다.

유통기구(distribution structure)는 일종의 행렬(matrix)로 취급할 수가 있다. 〈그림 3-1〉에서 이것을 횡단적으로 보면 도매기구와 소매기구로 나누어지고, 종단적으로 보면 식료품 유통기구와 의약품 유통기구 등의 상품별 유통기구로 나눌 수 있다. 횡단적 파악은 유통기구를 기능적인 분업관계에 의해 분해한 것이고, 종단적 파악은 상품별 분업관계로 유통기구를 분해한 것이다. 시스템으로 표현하면 유통기구란 하나의 토털 시스템(total system)으로 도매기구와 소매기구라는 기능적 하위 시스템과 상품별 유통기구라는 상품별 하위 시스템을 가지고 있다. 또 지역별 유통기구도 그와 같은 하위 시스템의 하나라고 생각할 수 있다.

서점에서 구입하는 책은 보통 〈그림 3-2〉와 같이 출판사에서 중간도매회사를 경유해 소매서점을 거쳐 독자의 손에 들어가게 된다. 이 책의 유통에 관한 구조의 총체를 서적의 유통기구라 부른다. 유통기구는 첫째, 사회적 구조체로 레브잔(D. A. Revzan)의 표현을 빌리면 구조라고 바꾸어 말할 수가 있다. 둘째, 유통기구가 조직[1]인 이상 조직

---

1) 종래 경영학에서 조직이란 일반적으로 기업 내부의 조직을 가리켰지만, 유통론에서는 그 생각을 확장해 유통기구를 또 하나의 조직으로 보고 외부조직이라는 표현을 썼다.

〈그림 3-1〉 유통기구의 구조

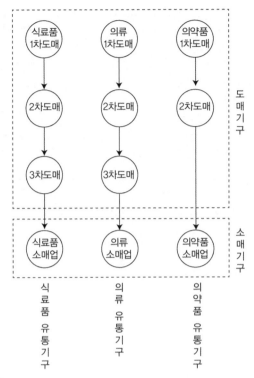

자료: 田島義博 編(1981: 15).

에 가맹한 구성이 존재하는데, 유통기구는 유통의 기능을 담당하는 사람이 구성원이다. 〈그림 3-2〉 책의 유통경로를 보면 출판사, 중간 도매상, 소매서점, 독자가 구성원이다. 여기에서 소비자인 독자를 제외하면 상적 유통경로가 된다. 셋째, 유통기구에는 기점과 종점이 있고, 상품형상 변화 때문에 같은 상품이라고 인정하지 않는 상태를 종점으로 한다. 다시 책의 유통기구를 예로 들면, 책은 종이로 만들어졌으나 종이와 책은 형상이 다르기 때문에 책을 종이의 유통기구 중 일부라고 보지 않고, 독립된 고유의 기구로 이해해야 한다. 이러한 통설에 대해 올더슨(W. Olderson)은 상품에 따라 형상의 변화가 있어도 원료에서 최종제품까지의 흐름을 일괄해서 취급하는 편이 더 좋다고 지적하고 그 경우의 유통기구를 통상의 것과 구별해 트랜스펙션(transfection) 기구라고 이름

〈그림 3-2〉 책의 유통경로

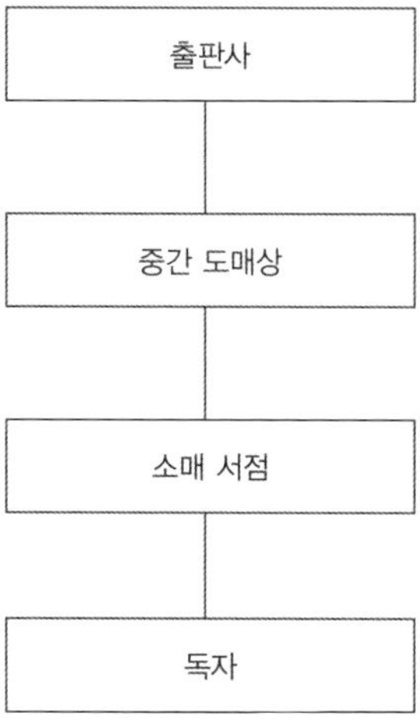

출판사
중간 도매상
소매 서점
독자

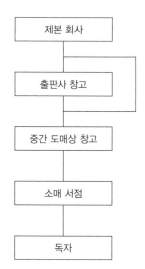

〈그림 3-3〉 책의 물적 유통경로

제본 회사
출판사 창고
중간 도매상 창고
소매 서점
독자

을 붙였다.

넷째, 유통경로(distribution channel)는 유통활동의 두 가지 유형에 대응해 상적 유통경로와 물적 유통경로로 나누어진다. 보통 유통경로라고 할 때에는 소유권의 사회적 이전경로, 즉 상적 유통경로를 가리키고 〈그림 3-2〉는 책의 유통경로라고 할 수 있다. 그러나 물체로서의 책이 사회적 이전을 하는 모양은 소유권 이전과 달리 〈그림 3-3〉과 같이 표현할 수 있기 때문에 이것을 책의 물적 유통경로라 한다.

다섯째, 유통기구의 움직임을 보면, 거기에는 생산과 소비 사이의 뚜렷한 차이가 존재한다. 레브잔은 이러한 뚜렷한 차이를 거리, 시간, 상품구비, 지식의 네 가지에서 들고 있고, 다른 논자는 거리, 시간, 인식, 소유권, 가치의 다섯 가지 요인을 주장하기도 한다. 책이 서울에서 출판되어도 부산의 독자는 서울에서 구입하지 않고 부산의 서점에서 구입을 한다. 이러한 뚜렷한 차이를 유통기구가 갖고 있기 때문이다. 여섯째, 유통기구와 유사한 표현으로 유통경로는 상품의 사회적 이전 통로에 착안해 객관적으로 조망한 상품 이전의 통로이고, 마케팅 채널(marketing channel)은 특정 기업의 입장에서 상품의 사회적 이전을 기업정책의 대상으로 인식한 때의 통로이다. 〈그림 3-2〉는 책의

〈그림 3-4〉 책의 마케팅 채널

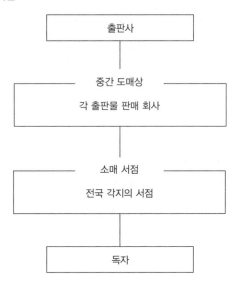

유통경로라고 하지 마케팅 채널은 아니다. 〈그림 3-4〉는 마케팅 채널이 된다. 보통 유통경로의 다단계성을 나타내는 지표로서 도매업 판매액을 소매업 판매액으로 나눈 W/R 비율을 사용해 파악한다.

유통기구의 도식화는 유통기구 구성원 간의 통로를 나타내는 것만이 아니라 구성원 간의 분업을 시기별로 다차원적으로 관련짓도록 하는 것이 뚜렷하고, 구성원 간에 서로 조정한 구조를 나타낸 것이다. 그러나 현실적으로 이 조건을 모두 만족하는 도형을 표현하기란 어렵기 때문에 유통경로도를 유통기구도로 대신해 사용하고 있다.

생산물이 소비자에게 도달하기 위해서는 각종 복잡한 유통경로를 거치고 그 중간에 각종 기능을 담당하는 경로(channel)가 개재하며, 거기에 필요한 유통시설도 갖고 있다. 각 유통단계의 담당자 및 그들이 보유하는 유통시설의 기능이나 그들의 지역적 집적량은 생산물(상품)의 수요, 공급의 종류 및 양이나 생산지, 집산지, 소비지의 위치에 따라 지역적으로 다르다. 즉, 상품이 최종 소비에 이르는 과정에는 각각의 기능을 달리하는 거래 및 상품이동을 유대로 해 하나의 지역 시스템을 구성하고 있다. 따라서 각 경로의 기능을 담당하는 상사(商社), 1차 도매상, 2차 도매상, 최종 도매상, 또는 산지 도매상,

집산지 도매상 등의 기능과 그 지역적 집적 동향을 검토할 필요가 있다.

상품으로서 생산물은 재화의 성격에 따라 생산재화, 자본재화, 소비재화로 분류된다. 또 생산업의 성격에 따라 농수산물이나 광산물과 같은 제1차 산품과 그것을 가공한 제2차 산업 생산물로 나눌 수 있다. 제1차 산품 중 신선식료품은 일반적으로 널리 분산해 생산되고, 비교적 집중해서 수요하므로 생산자로부터 소비자에게로 분배되는 지역적 패턴이 하나로 규정된다. 또 제2차 산업 생산물의 경우에는 그 생산입지의 유형이 자원지향형, 소비지 지향형, 노동력 지향형 등 지역적인 배치의 유형에 따라 원료로서의 제1차 산품이나 1차 가공생산물 공장으로 이동 패턴이 결정되고, 또 그것에 따라 생산물이 자본재, 생산재, 소비재라는 상품의 성질과 용도에 의해 수요지로의 이동 패턴이 결정된다. 그리고 유통담당자가 행하는 의사결정에 따라 몇 단계가 개재되는 현실의 물자유동과 거래유통은 매우 복잡한 형태를 취하게 된다. 따라서 지역구조도 물자 유형별로 검토해야 한다.

2. 유통 시스템

유통 시스템의 본질과 효율성은 그들이 작용하는 경제의 본질과 강한 관련을 맺고 있다. 유통 시스템은 재화의 수급조정에 관련되는 조직의 총칭으로 첫째, 수급접합기능, 둘째 공간이전기능, 셋째 조성 기능의 세 가지 주요한 기능으로 되어 있다. 이들을 구체적인 산업 활동에 치환하면 ㉠ 수급접합기능은 재화의 소유권을 이전시키는 영업활동(상류)을, 또 ㉡ 공간이전기능은 재화의 공간적 이동이나 보관·분류업무를 행하는 배송활동(물류)을 각각 의미한다. 이들에 대해 조성 기능은 ㉠ 및 ㉡을 원활히 진행시키는 금융, 보험, 정보 등의 여러 분야가 해당된다. 이러한 유통 시스템을 구성하는 업종의 범위는 대단히 넓고, 대상을 소비재 유통에 한정시킬 경우에도 도매업, 소매업 등 좁은 의미의 유통업 이외에 창고업, 운수업, 개발업자(developer), 정보 서비스업 등이 그 범주에 포함된다.

또 수급접합기능은 재화 및 사람, 정보의 공간이동을 필연적으로 함께하기 때문에 입지나 공간거리의 영향력이 매우 크다. 점포를 중심으로 한 소매상권, 물류거점을 중심으로 한 배송권, 그리고 지점·영업소를 중심으로 한 영업 관할권 등이 그 전형적인 예이다. 나아가 소비재 유통의 경우에는 거래 사이클(cycle)을 규정하는 납기(lead time)[2]가 매우 짧기 때문에 시간거리에 바탕을 둔 제약조건도 많다. 그래서 정보화의 진전은 소비재 유통의 공간구조에 여러 가지 변화를 주는 것으로 예상할 수 있다.

지리학에서 유통 시스템의 연구는 전통적으로 소매업의 입지에 초점을 둔 관점이 중심이 되고, 주로 중심지 이론 및 도시지리학 분야에서 진전되어왔다. 이 가운데서 중심지 이론에 바탕을 둔 연구는 베리가 크리스탈러(W. Christaller, 1893~1969)나 뢰쉬(A. Lösch) 등에 의한 고전적 공급이론을 받아들여 모터리제이션이 진행한 미국의 사례와 결부시킴으로써 현실적인 상업입지를 체계화했다. 이러한 상업자본의 입지공준(公準)을 재화의 도달범위(상권)와 지대(고정비용)를 가지고 연역적·포괄적으로 설명하는 생각은 상업입지를 겨냥한 오늘날 논의의 원점이 된다.

한편 도시지리학에서의 기능론적 연구관점도 중심지 이론에 바탕을 둔 연구 성과와 밀접한 관계를 맺고 있다. 도시지리학에서는 소매업이나 도매업을 도시의 대표적인 중심지 기능이라고 정하고, 호이트(H. Hoyt)나 해리스(C. D. Harris) 및 울만(E. L. Ullman) 등에 의한 도시의 내부구조의 검토에서도 유통업의 입지를 중요한 지표로 삼았다.

이에 대해 재화의 유동에서 유통 시스템을 받아들인 연구관점으로는 1970년대 후반에 지역구조론의 성과를 들 수 있다. 예를 들면 기타무라와 데라사카(北村嘉行·寺阪昭信)는 물자유동 패턴을 통해서 지역권을 설정함과 더불어 소매업이나 도매업의 입지특성을 재화의 유동과 관련지어 설명했다. 또 하세가와(長谷川典夫)는 유통업을 형성한 개별 업종의 입지특성을 수직적인 유통경로의 유동으로 거슬러 올라가 검토해야 한다고 하며 상업지리학, 교통지리학, 도시지리학을 융합한 유통지리학의 개념을 제시했다.

---

2) 발주에서 납품까지에 필요한 시간으로, 통상 소매업자가 발주를 하면 도매업자(또는 물류센터)가 소매점까지 납품하는 데 필요한 시간을 의미한다. 대규모 연쇄점을 중심으로 한 소매업으로의 파워 시프트(power shift)가 현저한 오늘날 납기는 소매업 요구에 응한 형태로 점차 단축되는 경향이 강하다.

일본에서는 1970년대 후반부터 1980년대에 걸쳐 소매업의 대형화나 체인화가 급속히 진행되어 슈퍼마켓이나 편의점으로 대표되는 새로운 업태가 성장을 꾀했다. 이러한 새로운 업태의 대두는 대도시권을 중심으로 한 생활시간의 24시간 화나 지방도시권을 중심으로 한 모터리제이션의 진전 등과 밀접한 관계를 맺고 지리학에서도 특정의 업태나 개별의 기업에 주목한 연구가 발표되었다. 편의점의 입지나 상권 환경과의 관계를 검토한 연구나 슈퍼마켓의 입지특성을 논한 연구 등은 그 선구적인 것이다. 또 영업 창고의 성립과 전개를 통한 중계기능의 검토도 행해졌고, 산업구조의 전환과 생산재화 물류와의 관계를 논한 연구, 지점입지를 통한 상류거점 배치를 검토한 연구 등 물류기능이나 영업거점에 주목한 연구도 진척되었다.

1990년대에 들어와 규제완화, 정보화, 글로벌화를 축으로 한 유통 시스템의 재편성이 큰 연구과제가 되었고, 주로 다섯 가지 관점에서 연구가 축적되었다. 구체적으로 보면 첫째, 대규모 유통자본과의 경합을 근거로 중심상업지(상점가)의 변용을 취급한 연구, 둘째 연쇄점의 입지전개나 물류·상류의 공간구조를 기업 시스템의 관점에서 평가한 연구, 셋째 정보기술이나 수송수단의 혁신과 더불어 유통 시스템의 변용을 논한 연구, 넷째 산업구조나 규제·정책의 전환과 유통 시스템의 변용을 관련시킨 연구, 다섯째 유통자본의 국제 전개를 분석한 연구 등이다.

이상과 같은 일본 유통 시스템에 대한 지리학의 관점은 대개 세 가지 방향에서 변화해왔다고 할 수 있다. 그 첫째는 분석대상의 세분화이다. 과거는 산업분류 전체의 분포나 입지가 포괄적으로 취급돼왔지만 그 후에는 개개의 업종·업태가 주목을 받게 되어 오늘날에는 개별기업의 공간 시스템을 평가하는 관점이 연구의 중심이 된다. 둘째, 수직적인 유동에 주목한 연구가 증가하고 있다. 이것은 유통거점의 분포나 입지를 유동의 관점에서 평가한 연구만이 아니고 유동 그 자체의 공간구조를 파악한 연구의 증가를 의미한다. 그리고 셋째는 매상이나 총비용(total cost) 등 경제 합리성에 바탕을 둔 평가지표의 도입이다. 이러한 경향은 도슨, 가이(C. M. Guy), 리글리(N. Wrigley) 등으로 대표되는 유럽과 미국의 오늘날 연구동향과도 일치하는 것이다.

3. 유통 부가가치통신망

사회의 정보화와 더불어 유통업계에서도 여러 가지 정보기기가 도입되고 있다. 컴퓨터에 접속된 POS시스템으로 등록된 데이터를 수집하고, 상품을 판매하는 즉시 수집하고, 판매액이나 재고 파악에 위력을 발휘하고 있다. 상품의 발주나 전표처리에도 이러한 정보기기가 큰 활약을 하고 있다.

온라인을 이용해 정보를 교환하는 것이 일반화되었다. 그러나 정보기기에는 복수의 규격이 존재해 정보처리가 반드시 매끄럽게 이루어지지는 않는다. VAN은 이러한 문제를 해결하기 위해 개발된 정보교환 시스템이다. 그 가운데 메이커, 도·소매업체를 연결하는 것을 유통 VAN이라 한다. 수·발주 출하, 지불 데이터 등 유통정보를 체계적으로 관리하기 위한 도구로서 네트워크화가 진행되고 있다. VAN을 이용 목적별로 보면, 업무 특화용 공동 이용식 기업 간 데이터 교환 네트워크, 널리 사용되는 데이터 통신 네트워크, 데이터베이스(database) 서비스 네트워크로 나눌 수 있다. 이 가운데 업무 특화용 공동 이용식 기업 간 데이터 교환 네트워크에는 유통업 관련 업무를 주로 하는 유통 VAN과 물류 통제를 주로 하는 한 물류업자의 물류 VAN, 금융업무 처리 서비스를 위해 금융업자가 공동 이용하는 금융 VAN이 있다.

암흑의 대륙이라고 불렸던 유통업에도 최근 고도 정보화라는 파도가 밀려오고 있다. 상품 메이커, 도매업 그리고 소매업 등, 이를테면 유통업 가운데에는 컴퓨터를 구사해 수·발주 데이터, 출하정보, 청구·지불 데이터 등 여러 가지 유통정보를 체계적으로 통제하는 체제를 만드는 기업이 증가하고 있다. 예를 들면, 편의점이라는 소매업태 중에서는 고도 정보 시스템을 구사해 놀라운 업적을 올리고 있는 기업도 있다. 이 기업은 판매시점 정보 시스템을 바탕으로 VAN을 이용해 정비한 정보 시스템을 구축했다. 어떤 상품이 언제 어디로 어느 정도 판매되고 있는가라는 판매에 대한 정보를 위시해 각종 정보를 수집하고 분석해 그 결과를 근간으로 잘 팔리는 상품과 잘 안 팔리는 상품을 파악하고, 소량 다빈도 납품을 행하는 것이 성장의 요인이었다.

이러한 고도 정보 시스템의 움직임 속에서 각광을 받고 있는 것이 유통 VAN이다.

유통 VAN을 한마디로 표현하면, 메이커, 도매업, 소매업을 연결하는 비즈니스에서 발생한 정보를 VAN을 개재로 상호 교환하는 정보 시스템의 총칭이다.

VAN 특징은 개별 기업 내에서 정보 시스템화를 진척시키는 것은 물론 유통정보의 수집, 축적, 가공 및 제공을 기업 간에 연결시켜주는 네트워크 시스템이라는 사실이다. 그리고 구입처 또는 판매처, 금융기관, 수송업자 등 유통업에 관련된 기업과 정보의 유동을 시스템화하고 경영합리화를 도모하는 것이다. VAN을 개재해 유동되는 정보에는 여러 가지 종류가 있다. 상품이 기업 간에 유동되고, 서비스가 제공되면, 반드시 정보가 발생한다. 예를 들면 상품에 관한 데이터, 고객 데이터, 수·발주 데이터, 매상 데이터, 구매 데이터, 재고 데이터, 배송 데이터, 청구·지불 데이터 등의 정보가 발생하는 것이다. 비즈니스에서 이러한 정보를 차례로 신속하게 처리할 수만은 없는데, 이러한 것을 적은 비용으로 할 수 있는 시스템을 구축함으로써 위험부담이 없는 경영활동이 실현될 수 있다.

이 유통 VAN의 개요를 나타낸 것이 〈그림 3-5〉이다. 유통 VAN은 부가가치 통신업자가 준비하고 있는 컴퓨터나 통신설비를 갖추고 데이터 교환을 하는 것이 일반적이다. 대규모 유통업자 중에는 독자적으로 통신설비를 갖추고 네트워크를 구축한 곳도 있다. 그러나 통신기기 관련 설비투자가 많이 들고 시스템 개발을 위한 인력과 네트워크의 운용요원이 필요하기 때문에 VAN 업자에게 네트워크의 부분을 의뢰하는 경우도 많다.

유통에서의 정보 네트워크 영향을 보면, 유통산업에서는 거래현장에서의 정보 네트워크의 이용이 일반화되고 도매판매, 양판 체인, 편의점, 연쇄점 등 여러 분야에서의 사례연구도 계속 발표되었다. 상업·유통분야에서 이러한 연구 성과를 첫째, 정보 네트워크화를 전제로 한 다빈도 작은 로트 배송의 보급, 둘째 정보 시스템을 축으로 한 중간 유통단계(도매)의 재편, 셋째 소비재 제조업에서 유통경로 종단적인 정보류(情報流)의 구축과 생산체제의 재편이라고 할 수 있다. 그래서 상업·유통분야에서의 정보화 연구는 1990년대에 하나의 도달점에 이르렀다고 할 수 있다.

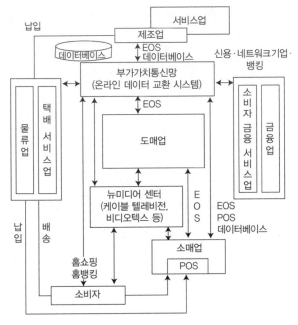

자료: 淺野恭右(1990: 21).

4. 유통 시스템의 정보화 영향

1) 정보화가 유통 시스템에 미치는 영향

정보화의 진전은 수급조정에 관계되는 유통 시스템에 큰 영향을 미쳐왔다. 그 주된 이유는 세 가지로 요약할 수 있다. 첫째, 소비재 유통에서 투기적 거래의 연기화이다. 지금까지의 소비재 유통에서는 상정된 시장의 메커니즘에 대해 미리 재고를 유지한 투기적인 대응이 원칙이 된다. 이에 대해 정보화는 소비와 생산의 시간지체를 대폭 축소하는 것으로 수요규모를 가능한 한 파악하고나서 재화 이전을 행하는 연기형의 유통 시스템을 실현하고 시장의 불확실성에 바탕으로 둔 투자나 재고부담의 위험을 경감했다. 둘째, 수주처리나 피킹(picking) 작업의 자동화 등을 통한 단순이익(hard merit)의 창출이다. 개별업무에서 사무의 기계화, 공간 절약화, 그리고 업무시간의 단축 등은 직접적 또는 간접적으로 중간 유통단계의 비용을 대폭으로 삭감했다. 셋째, 축척된 정보의 전략적 이용을 통한 활용이익(soft merit)의 창출이다. 구체적으로는 시장기회의 발견, 수요예측, 그리고 생산조정 등의 의사결정을 데이터베이스화된 시장정보에 바탕을 두고 행하는 환경의 정비이다. 이러한 환경의 정비는 단지 거래내용의 전달에 지나지 않는 판매정보가 갖는 가치를 데이터베이스화해서 전략적으로 이용한 원자료로 높게 이용하는 것이 되었다.

이들의 변화는 어느 쪽이든지 시장정보의 기점이 되어 연쇄점의 주도권을 강한 방향으로 작용하게 해 유통경로에서 연쇄점으로의 파워 시프트를 결정지었다. 한편 유통경로에서 주도권을 얻은 연쇄점은 자사의 생산효율을 높임과 더불어 시장에 대한 적합성을 찾는 정책을 모색하고 도매업이나 메이커의 협력을 요청했다. 예를 들면 다빈도 작은 로트 배송화나 상품평가의 짧은 사이클화는 전자를, 작은 과학적 조사에 의거해 팔기 쉽게 하는 효과적인 수단인 마이크로 머천다이징(micro merchandising)화는 후자를 대표하는 것이다.

이러한 유통 시스템에서 정보화는 연쇄점의 파워 시프트를 전제로 한 거래의 연기화를 진전시켜 다빈도 작은 로트 배송화 등 상부 측으로의 위험전가를 정착시켰다. 또 브랜드의 수명주기 단축은 메이커의 다품종화 전략을 가져옴과 동시에 대량소비를 전제로 한 대량생산·대량유통이라는 고도경제성장기의 틀 그 자체를 변화시키는 원인이 되었다.

2) 유통 시스템과 정보화

유통 시스템의 정보화는 도매업이나 소매업만이 아니고 그 상류(上流) 부문[3]에 위치

---

3) 유통경로를 설명할 경우에 관용적으로 사용하는 표현으로, 생산자 측을 상류 부문, 소매업 측을 하류 부문이라고 칭한다.

한 메이커에도 적지 않는 영향을 끼쳤다. 예를 들면 정보화와 더불어 다빈도 작은 로트 배송이나 다품종 생산의 등장은 유통재고의 압축을 목적으로 한 생산·출하체제의 변경을 촉진시킴과 더불어 연쇄점을 중시한 영업체제의 도입을 가속화시킨다.

유통 시스템에서 정보유동은 발주정보나 청구정보를 주체로 하고 지금까지 전표 등의 아날로그(analog) 정보로서 상품의 이동이나 대금결제의 흐름을 통제해왔다. 그러나 정보화의 진전은 유통 시스템에서 정보유동에도 세 가지의 변화를 가져왔다. 첫째, 데이터의 표준화와 디지털화이다. 이들의 실현으로 온라인을 경유한 실시간(real time) 정보교환이 가능하게 되었고 데이터베이스로의 정보축적의 편의성이나 복수의 거점에 정보를 동시에 송신하는 성격 등이 비약적으로 높아졌다. 이것은 거래 사이클에서 정보교환 부분의 시간을 대폭 축소하고 물류의 배송권으로 대표되는 각 거점의 관할범위를 공간적으로 확대함과 동시에 거기까지 도매업이 행해온 정보의 교환 또는 통신규약(protocol) 변환이라는 업무의 중요성을 상대적으로 저하시켰다.

둘째, 통신 네트워크의 장거리 이동을 용이하게 함으로써 전용회선요금의 체감과 함께 정보처리에서 통신비의 제약을 현저하게 삭감하고 정보처리비용 전체에서 차지하는 인건비나 하드웨어 비용의 비율을 상대적으로 높였다. 그 결과 데이터베이스의 배치나 상품 마스터(master) 갱신으로 대표되는 일상적 업무에서는 이러한 비용의 압축을 목적으로 한 집약화가 진전되었다. 또 전용회선의 이용으로 통신거리에 의한 비용의 차가 발생하지 않는 것으로 싼 인건비를 구해 정보처리업무가 주변 지역에 재배치되는 것도 예상된다.

셋째, 전자우편으로 대표되는 비정형적인 애드 호크(ad hoc)[4]적 정보교환의 증대이다. 전자우편이 비즈니스 도구로 보급된 이유는 정보를 동시에 송신하는 성격이 높거나 정보의 2차 가공이 용이할 수 있다는 것과 더불어 조직의 벽을 넘는 커뮤니케이션 수단으로서 주목을 받았기 때문이다. 이러한 조직 횡단적인 정보교환은 메이커의 지리적인 관할지역(territory)을 뛰어넘는 점포를 전개한 대규모 연쇄점 등에 상담을 진전

---

4) 무선 랜 접속방식의 하나를 말한다.

시킬 경우에는 특히 유효하다. 이것은 지역 완결형 영업조직의 한계를 정보유통의 면에서 나타낸 것이라 할 수 있다.

정보화 이전에는 발주정보나 결제정보를 중심으로 한 유통 시스템의 정보유동은 재화의 유동과 같은 경로를 택하는 것이 가장 합리적이라고 했다. 그러나 정보화의 진전은 정보교환에서 공간거리의 저항을 시간적·비용적으로 축소하고, 재화의 원리라는 전혀 다른 정보유동의 공간 패턴을 형성해왔다. 지금까지 메이커와 소매업과의 사이에서 재화나 정보의 접합을 담당해온 도매업의 쇠퇴는 이러한 움직임을 직접 반영한 변화라고 생각할 수 있다.

이러한 일련의 변화는 정보유동의 공간 패턴을 변화시키는 것뿐만 아니라 결절 (node)이 되는 거점의 기능이나 입지에도 영향을 미친다(〈그림 3-6〉). 정보화가 진전된

〈그림 3-6〉 유통 시스템의 정보유동에서 공간적 패턴의 변화

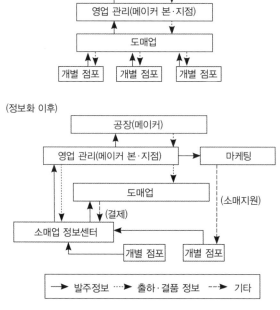

자료: 箸本健二(2001: 200).

연쇄점에서는 각 점포에서 발주정보가 연쇄점 본부의 정보 센터에 집약된 후에 메이커별로 분류되어 도매업과 메이커의 출하거점에 동시에 전달되는 것으로 납기의 단축이 도모된다. 한편 메이커도 연쇄점에 대한 영업활동은 도매업을 통하지 않고 직접 행하는 경향이 강해지고 정보유동의 결절이라는 도매업의 존재의식은 연쇄점과의 거래에 관한 한 저하를 피할 수 없게 된다.

(1) 정보화의 장점

POS를 축으로 하는 유통정보화의 장점은 대개 두 가지의 유형으로 구별된다. 하나는 컴퓨터의 보급과 더불어 일상 업무의 효율화이다. 예를 들면 유통산업이 POS시스템을 도입한 경우 금전등록 효율의 향상, 입력오류의 저하, 거래전표 폐지, 점원의 부정방지 등 일상 업무 부분의 대폭적인 효율 개선을 기대할 수 있다. 이러한 정보기기의 도입에 의해 직접 실현 가능한 이점을 정보화의 단순이익(hard merit) 장점이라고 부른다. 이에 대해 축적된 데이터를 바탕으로 각종 혁신의 정보화를 활용이익(soft merit)이라고 한다. POS의 판매실적을 바탕으로 수요예측이나 상품계획의 입안, EOS의 확정발주량에 의거한 배차, 납품계획의 합리화 등이 이에 해당된다.

양자를 비교할 경우 단순이익이 기존의 업무체계 중에서 효율화를 추구하는 데 반해, 활용이익은 시장의 불확실성을 경감시키고, 새로운 시장기회를 개척하는 것에 중점을 두고 있다. 또 단순이익이 정보기기의 도입을 통해 단기간 실현 가능한 데 비해, 활용이익은 통계학적으로 유효한 표본자료를 확보해 분석요원을 육성하는 것이 실현의 전제조건이 된다. 그래서 유통산업의 정보화에서 먼저 점포나 물류거점의 자동화 등 단순이익을 선행시키고, 다음으로 고도의 자료 분석이나 의사결정을 필요로 하는 활용이익을 추구하는 경향이 강하다.

(2) 통신 네트워크의 고도화

유통정보화의 공간적 영향을 검토할 때에 공간적 경제 하부구조(infrastructure)인 통신 네트워크의 고도화가 중요한 의미를 갖는다. 소비재 유통의 상담(商談)이나 물류업

〈표 3-1〉 통신회선의 특성과 거래형태·비용의 비교

구분	공중회선	전용회선	인터넷
전달 가능한 정보	음성	음성+데이터	음성+데이터+화상
데이터 통신의 전제	-	통신규약 전환이 필요	표준화된 포맷
거래형태	1대 1(open)	1대 N(close)	N대 N(open)
초기비용(initial cost)	낮음	높음	낮음
사용·비용(running cost)	높음	낮음	낮음

자료: 荒井良雄·箸本健二(2004: 196).

무에서는 담당자, 수·발주 정보, 상품의 이동이 일상적으로 발생한다. 또 거래조건인 납기가 짧기 때문에 배송의 효율화를 도모하는 물류거점의 입지가 매우 중요시된다. 통신 네트워크의 고도화는 시공간적 제약조건을 완화하고 상거래에 공간적 자유도를 높이는 효과를 가진다.

통신 네트워크의 고도화를 논의할 때의 지표는 일반적으로 통신 속도와 통신비용이다. 〈표 3-1〉은 유통 시스템에 이용되는 통신회선의 종류와 특성을 정리한 것이다. 이 가운데 오늘날 유통정보 시스템에서 주로 사용되는 것은 전용회선과 인터넷 회선이다.

전용회선은 전용의 높은 규격회선을 거점 간에 상설한 것으로 안전(security)이나 통신 속도의 면에서 공중회선의 성능을 크게 능가하고 있다. 또 회선 사용료가 고정비용화한 점도 큰 특징이다. 회선사용료의 고정화는 정보량이 증대될수록 한 정보당 통신비용이 낮아지기 때문에 대기업의 기간회선이나 주요 거래처 간의 수·발주 시스템 등, 폐쇄된 네트워크 중에서 대량 정보교환이 발생하는 경우에 합리적이다. 다만 도입비용이 높고, 네트워크가 고정적·폐쇄적인 결점을 내포하고 있다.

또 인터넷 회선은 기존의 랜(local area network: LAN)을 이용해 세계 규모의 네트워크를 구축한 새로운 통신의 경제적 하부구조로 전용회선에 비해 도입비용이나 사용비용이 매우 낮을 뿐 아니라 네트워크의 자유도나 개방도도 매우 높다. 또 월드와이드 웹(worldwide web: www)이나 html(hyper text markup language) 언어와 같이 국제표준화된 포맷이 보급되어 있기 때문에 통신규약(protocols) 변환 등 정보교환에 부수적인 소요시간도 거의 발생하지 않는다. 그 반면 안전의 면에서는 전용회선에 비해 질적으로 못하기 때문에 회사 내 시스템과 인터넷 회선과의 접점부분에서 기밀유지나 바이러스 방지 등의 대책을 강구할 필요가 있다. 그러나 우수한 비용 대(對) 효과와 범용성 때문에 네트워크의 기반은 서서히 전용회선으로부터 인터넷으로 이동하고 있다.

(3) 정보화의 직접적·간접적 효과

유통 정보화의 영향을 공간이라는 측면에서 평가할 경우 크게 두 가지로 구분할 수 있다. 하나는 정보전달에서 거리의 극복이나 이동의 대체 등 정보화가 가져온 직접적인 공간효과(직접적 효과)의 평가이고, 다른 하나는 업태개발이나 거래관계의 재편성 등 정보화를 통한 경영혁신이나 파워 시프트를 매개로 한 간접적인 공간효과(간접적 효과)의 평가이다. 이 가운데 업무의 집약화 및 상류와 물류분리의 두 가지 점에서 정보화의 직접적 효과를 검토하면 다음과 같다.

유통산업은 그 성장과정에서 거점의 광역적 전개가 불가결한데, 국가적(national) 메이커나 전국적인 도매업의 지점망, 대규모 연쇄점의 점포망 등은 전형적인 예이다. 한편 소비재 유통은 다른 산업분야에 비해 거래품목의 수가 압도적으로 많고, 각 상품의 평균적인 수명주기(life cycle)가 매우 짧다. 또 계절별로 진열을 다시 바꾸는 등 정기적인 상품관리도 불가결하다. 이러한 상품의 개폐, 신제품의 도입, 진열계획 등 상품관리에 관계되는 일상 업무가 매우 많고, 그 처리에 필요한 인건비가 경영을 압박해왔다. 한편 정보화는 정형적(定型的)인 정보전달에 적합하고 동시에 데이터의 디지털화를 추진해 그 복제가 쉬워졌다. 이 때문에 종래까지 각 거점단위로 분산 처리된 정형적 업무를 집약화하고 통신 네트워크를 통해 순식간에 배포할 시스템이 보급되고 있다.

상류와 물류의 분리란 주로 영업활동을 담당하는 상류거점과 보관·분류·배송을 담당한 물류거점이 따로 따로 다른 지역에 입지 지향하는 현상이다. 본래 빈도가 높은 상담(商談)을 행하는 영업활동과 짧은 납기 중 적어도 배송권을 확대하고 싶은 물류업무에서는 거점의 입지지향성이 크게 다르다. 전자는 대면접촉(face to face)에 유리한 대도시 중심부를 지향하고, 후자는 시간거리가 확대될 가능성이 있는 교외의 간선도로변을 지향한다. 그러나 정보화 이전에는 양자가 같은 거점에 입지하는 경우가 일반적이었고, 많은 경우 도심의 상류거점에 물류기능이 함께했다. 왜냐하면 상담을 통해 확정된 상거래를 물류에 바로 반영시키기 위해 양자의 공간적 접근이 불가결했기 때문이다. 그러나 정보화의 진전은 이러한 제약조건을 급속히 약화시켰다.

다음으로 유통 정보화의 간접적인 공간효과(간접효과)를 검토해보기로 한다. 정보화가 유통 시스템에 미치는 간접효과, 특히 유통경로의 거래관계에 미치는 영향은 대개 다음 세 가지로 요약할 수 있다. 첫째는 발주활동의 연기화이다. 종래의 소비자 유통에서는 시장이용자가 불확실한 시점에서 상품조달을 하는 투기적 상거래를 해왔다. 이에 대해 정보화는 조달에서 소비까지의 시간지체(time lag)를 축소함으로 수요예측의 정확도를 높이고 불확실한 수요와 더불어 상품부족이나 과잉재고의 위험을 경감시켰다. 둘째, 수주처리나 피킹(picking) 작업 등의 자동화를 통한 단순이익의 확대이다. 이를테면 개별업무의 에너지 절약, 그리고 업무시간의 단축은 인건비와 공간비용의 비율이 높은 유통산업의 경비구조를 개선시켰다. 그리고 셋째, 데이터베이스에 축적된 상거래 정보[5]의 통계적 분석을 통한 활용이익의 창출이다. 시장기회의 발견, 수요예측, 생산조정 등이 그 대표적인 예이고, 이러한 정보 활용을 통해 단지 상거래 기록에 지나지 않는 POS 데이터의 전략적 가치가 매우 높아졌다.

이러한 효과는 언제나 판매정보나 발주정보에 많이 의존함으로 그 기점이 되는 연쇄점의 파워 시프트가 가속화되었다. 한편 유통경로 가운데 주도권을 얻은 연쇄점은 정보를 자사(自社)의 경영효율 개선에 활용하고 도매업이나 메이커와의 상거래 조건을 유리하게 이끌기 위한 교환조건으로 이용했다. 예를 들면 빈도가 높은 작은 로트 배송의 요구, 제품평가의 단기화, 제품개발·매장 제안의 요청 등이 그 전형적인 예이다. 이러한 유통 시스템에서 정보화는 연쇄점의 파워 시프트를 거쳐 상거래의 연기화나 빈도가 높은 작은 로트 배송화(配送化) 등을 정착시켰다. 또 제품평가의 단기화를 반영한 수명주기의 단축은 메이커의 다품종 생산화를 촉진시켰고, 대량소비를 전제로 한 대량생산·대량유통이라는 고도성장시대 이래의 틀을 그대로 변화시켰다.

---

5) POS 데이터 이외, 고객의 카드 등을 통해서 얻은 개인정보, 일기·기온 등의 환경정보 등을 포함한다.

온라인상의 데이터 획득을 원칙으로 한 상거래 시스템의 정착과 연쇄점의 파워 시프트는 도매업이 담당해온 보관·배송 시스템이나 메이커에 의한 생산·영업 시스템의 재편성을 촉진시키는 등 유통 시스템 그 자체의 모습을 변화시켰다. 그 방향성은 대개 중간 유통의 통합·생산체제의 광역화, 거래처별 지점기능을 포함한 영업 시스템의 구축이행이라는 세 가지로 요약할 수 있다.

3) 유통 시스템의 정보화 영향

(1) 기업조직 전체의 변화

정보화가 기업조직 전체에 미치는 영향에 대해서는 산업조직론의 분야에서 많은 연구가 축적되었다. 피오레와 세이블(M. J. Piore and C. F. Sable)의 유연적 전문화(flexible specialization)론에서는 유연적 전문화를 전제로 한 시장의 창조를 가져온 분업체제의 위치 지음은 정보·통신의 진전을 세분화시키고 미세한 기능(技能)을 조직화한 완만한 네트워크 수단이라고 평가했다.

이러한 조직론에 바탕을 둔 시각은 불확실성이 높은 시장 환경에 대한 대응이 필요한 유통 시스템의 정보화를 이해한 다음에 중요하다. 조직 디자인의 전략으로서 정보처리 부하절감의 전략과 정보처리능력 확충의 전략이라는 두 개의 방향성을 제시하고, 종래 생산조직에 많이 보인 사업부제가 안고 있는 중복의 불경제를 지적할 수 있다. 이와 더불어 불확실성이 큰 의사결정 환경에 직면하고 있는 조직에는 수직적 정보처리 시스템의 강화가 유효하다.

또 정보화가 전략론의 과학화를 진행시키면 정보를 주체적으로 만드는 조직으로의 전환을 가져온다. 이것을 정보창조로 위치 지음으로써 조직의 각 부문에서 행하는 정보창조의 자율과 복수의 부문은 보다 높은 수준의 정보를 만드는 정보창조의 통합이라는 점에서 유기적으로 연동될 수밖에 없다. 나아가 시장으로의 적응을 전제로 한 조직 전략의 이론화를 할 경우 시장이 가져온 정보·의사결정의 양적 및 질적 부하가 조직의 정보과정화(processing) 구조를 규정한다는 기본구조를 제시함과 동시에 '정보원 수'와

'정보원에 송수신하는 정보량'이라는 두 가지 지표에 바탕을 둔 조직의 다양성을 평가했다.

　한편 경제학의 관점에서 기업조직 정보화의 진전을 들었는데 그 정보화의 발전단계를 컴퓨터 도입단계, 기업 내 네트워크의 단계, 기업 간 네트워크화의 단계로 대별함으로 유통산업을 기업 간의 정보전달에서 비효율성이 높은 산업분야라고 평가했다. 거기에다 지역유통 VAN이 행하는 데이터 과정화(processing) 업무의 효과를 평가하고, 정보전달의 효율성을 높인 후 유통 시스템이 가지는 정보의 표준화가 급한 업무가 된다.

　또 정보화 중 네트워크 기능에 주목한 성과로는 사회적 합의를 바탕으로 운용되는 정보관련 여러 기능을 '정보기술의 사회적 기능'이라고 정의 내리고, 그것을 첫째, 자동화 기능, 둘째 인적 지원기능, 셋째 네트워크 기능으로 대별하고, 특히 네트워크 기능의 발전성에 주목해서 CALS(Continuous Acquisition and Life cycle Support)[6] 등 새로운 데이터 통합의 가능성을 논했다. 또 정보전달에서 효율성의 향상이 기업경영에 미치는 영향을 검토하고, 정보 시스템, 내부조직 시스템, 기업 간 거래 시스템의 3자가 상호 연동하면서 비즈니스 시스템 전체를 진화시키는 공진화의 개념을 들 수 있다.

(2) 마케팅 부문의 변화

　유통 시스템에서 정보화의 활용이익을 가장 강하게 구하는 조직은 시장 환경에 대한 전략적인 의사결정을 행하는 마케팅 부분이다. 켈리는 1960년대 중엽에 기업의 목적을 '고객의 창조'라고 정의하고 마케팅 전략의 중요성을 강조함과 동시에 마케팅 목표를 효율적으로 수행한 시스템을 구축할 수밖에 없다고 하고 명확한 기업목표에 대한 정보를 집중시킨 조직 시스템 상을 제시했다. 또 포터는 산업조직에서 경쟁전략의 기

---

6)　1980년대에 CALS는 Computer-aided Acquisition and Logistics Support의 약자로 미군이 사용한 컴퓨터 보급에 의한 후방지원의 최적화를 의미했지만, 민간에서 거래 효율화의 개념에 응용하게 된 1990년 이후 이 용어로 나타내게 되었다. 구체적으로는 영상의 전자화, 데이터의 표준화, 기기(機器) 간의 인터페이스(interface)의 표준화, 효율적인 작업 흐름(flow)의 설계(Integrated Definition: IDEF) 등을 통한 생산·판매 사이에서의 물자조달의 효율화를 의미한다.

본원리를 논하는 가운데 첫째, 생산에서 유통에 이르는 비용의 관리, 둘째 제품 및 마케팅 활동의 차별화, 셋째 특정 목표(target)로의 자원집중이라는 세 가지 전략을 특히 중시해 간접적이지만 정보 시스템이 경쟁우위의 실현에 달성하는 역할을 한다고 했다.

한편 코틀러는 마케팅을 교환과정을 통한 요구(needs)와 욕구(wants)의 충족이라고 정의한 후 마케팅 계획의 영역을 환경 분석, 시장 분석, 구매행동분석, 시장분할 분석, 수요측정 및 예측이라는 다섯 가지 분야로 대별하고 각각의 국면에서 정보 활용의 중요성을 지적했다. 또 주요 소비재 메이커에서 마케팅 전략을 논하는 가운데 정보를 적절할 때에 적절한 형태로 경영자에게 공급하는 도구가 필요하다고 해서 마케팅 정보 시스템의 중요성을 평가했다. 나아가 코틀러는 모바일(mobile)화 등 정보 전달수단의 고도화와 더불어 외부 데이터베이스 이용이나 의사결정 부서의 공간적 분산이 진전되었다고 지적했다. 또 정보화가 실현한 거래의 신속화를 JIT[7]에 의한 생산체제와 더불어 시장의 불확실성에 대해 재고투자의 연기화를 꾀하는 수단으로 평가하고, 정보화가 수급의 불일치(mismatch)로 위험(risk)을 대폭 경감시킨다고 논했다.

(3) 의사결정과정의 컴퓨터화

코틀러가 서술한 바와 같이 정보 시스템을 이용한 의사결정 컴퓨터화는 기업 활동의 정보화에서 중요한 명제로 되어왔다. 버젤은 정보·커뮤니케이션의 통합적 기술이 사회적인 경제하부구조로서 정비된 가까운 장래를 상정해서 마케팅 전략 또는 조직간 제휴의 존재를 검토해 컴퓨터화된 의사결정지원 시스템의 중요성을 지적함으로 마케팅의 전략에서 속인적 의사결정의 영역이 대폭적으로 축소될 가능성을 시사했다. 또 마케팅 정보 시스템(Marketing Information System: MIS)[8] 또는 마케팅 의사결정 지원 시스

---

7) 현시점 즉시 판매방식(JIT)은 필요한 것을 필요할 때에 필요한 양만큼 만듦으로써 재고를 삭감하고 수요의 변동에 대한 위험을 억제하는 방식이다. JIT는 빈도가 높은 물리적 이동과 더불어 많은 노동력과 차량, 에너지의 투입을 하지 않으면 안 되는 모순점이 있다. 따라서 장차 정보화, 에너지 절약 및 환경문제의 해결이 지향되고 있는 면에서 좀 더 적절한 방식으로의 전환이 필요하다고 하겠다.

8) 마케팅 업무에서 의사결정 지원 시스템으로 1970년대 초에 몽고메리(D. B. Montgomery) 또는 어번(G. L. Urban) 등에 의해 정의되었다. 마케팅 관리자가 마케팅 활동에 관한 계획, 실행 및 통제를 더욱

〈그림 3-7〉 마케팅 의사결정 지원 시스템의 개념

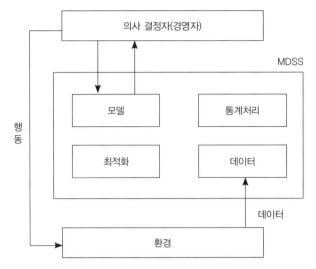

자료: 箸本健二(2001: 39).

템(Marketing Decision Support System: MDSS)[9] 등 의사결정 지원 시스템의 간략한 역사를 정리하던 중에 MIS의 기본적인 생각은 아들러(N. Adler), 뉴먼(J. W. Newman), 울(K. P. Uhl) 등에 의해 1960년대에 제기되었다. 그리고 몽고메리와 어번에 의한 MIS의 개념, 또는 리틀(J. D. C. Little) 등에 의한 MDSS의 개념 등 1970년대에 발달된 시스템의 기획안(scheme)을 이용해 POS데이터 등의 시장 정보를 데이터베이스 할 필요성을 강조했다(〈그림 3-7〉).

이에 대해 와이즈먼(C. Wiseman)은 MIS가 특정의 의사결정 분야에 한정된 사용기회만 가질 수 없고, 또 MDSS가 경영적인 의사결정 과정과는 괴리된 추상적인 통계에 빠진다고 하며 새로운 전략정보 시스템(Strategic Information System: SIS)[10]의 개념을 제기했

효율적으로 수행하는 데에 사용할 수 있도록 정확한 정보를 적시에 수집, 분류, 분석, 평가, 배포하려고 설치된 사람, 설비 및 절차의 복합 시스템을 말한다.

9) 기업환경으로부터 관련정보를 수집·해석하고 이를 마케팅의사결정을 위한 기초로 변화시키는 자료, 시스템 도구, 기술, 소프트웨어, 하드웨어 등으로 구성된 총합체를 말한다.

〈그림 3-8〉 기업정보공장의 개념

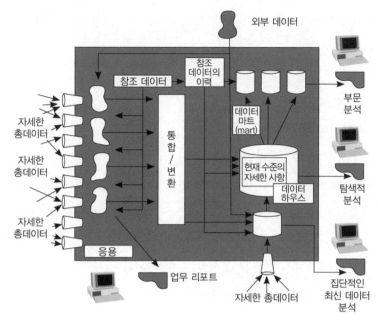

자료: 筈本健二(2001: 40).

다. 와이즈먼이 제기한 SIS의 생각은 정형적인 거래(transaction)처리를 통해 기업에 장기적 또는 전략적인 경쟁력을 가져오는 광범위한 계획(planning)을 행하는 것이다. 1990년대에 들어와 SIS개념은 기업조직에 도입되어 기업문화와의 적합한 검토를 하거나 사례 평가를 해 더욱 실무적인 검토가 행해지게 되었다. 이러한 SIS의 생각은 데이터베이스화된 시계열 데이터에서 고도의 의사결정을 행하는 데이터 웨어하우스(data warehouse)[11]와 같이 정보를 축으로 한 마케팅 조직 그 자체의 재구축을 촉구하는 논의로 발전했다. 예를 들면 인몬(W. H. Inmon), 임호프(C. Imhoff), 수자(R. Sousa)가 제창한 기업정보공장(corporate information factory)의 개념은 POS데이터 등의 총 데이터를 가공하지 않은 채 데이터베이스화하고 과거의 참고 데이터(과거의 평균적 이익률이나 가격 탄

---

10) 정보기술과 경쟁전략을 결합해(정보자원의 전략적 활용) 기업이 경쟁우위를 확보하고, 부가가치를 높이기 위한 정보 시스템을 말한다.

11) 다차원 데이터베이스를 중심으로 한 업무흐름을 형성한 기업조직상을 말한다.

력성 등)에 비추어 업무내용이나 사용 부문에 대응한 의사결정을 자동적으로 행하는 시스템으로, 기업에서 의사결정 부문 전체의 재구축을 전제로 한다는 점에서 특징이 있다(〈그림 3-8〉).

(4) 생산·배송체제의 변화

정보화의 영향은 마케팅 부문을 거치지 않고 생산부문이나 물류부문에도 미쳤다. 예를 들면 어번과 하우저, 돌라키아(G. L. Urban, J. H. Hauser and N. Dholakia)는 소비재의 제품개발과정에서 MIS의 활용을 논하면서 소비자의 의식, 기호 등의 태도 데이터나 POS데이터 등 기존제품의 판매실적을 데이터베이스화하고 플랜 두 시(plan-do-see)[12]라는 시행착오를 반복하면서 시장으로의 적응을 꾀할 필요가 있다고 설명했다. 또 오가와(小川進)는 제품개발에서 혁신을 '고객이 갖는 문제해결을 위한 새로운 정보의 이용'이라고 정의하고 편의점이 축적한 소비정보를 활용한 제품개발의 사례연구를 통해서 유통산업이 제품혁신의 기점으로 행하는 역할을 평가했다.

한편 크리스토퍼(M. Christopher)는 정보 시스템이 물류 시스템에 미치는 영향을 언급하고, 정보 시스템화가 납기의 단축을 통해서 소매업의 경쟁우위를 높임으로써 물류중계기지(stock point)에서 재고의 축소에 기여한다고 평가했다. 또 일본물류관리협회와 기타자와(北澤博)는 정보 시스템을 다품종 작은 로트 배송을 지탱하는 기본적인 기술(technology)로서 위치 지음으로써 정보의 공유화나 공동이용을 축으로 한 여러 가지 협업화의 가능성을 지적하고 물류업에서 SIS의 구축을 제기했다. 나아가 아보(阿保榮司)도 물류업무에서 정보화의 진전이 생산부문(메이커)과 판매부문(소매업)과의 제휴나 협업화를 진전시킴으로 효율적으로 낮은 비용의 물류 시스템을 실현할 수 있다고 한 뒤 협업화로 나아가는 환경정비를 위해 데이터의 표준화와 네트워크화도 연동시켜 전자문서교환(Electrical Data Interchange: EDI)이 필요하다고 지적했다.

---

12) plan은 계획하고 do는 계획한 것을 실행하고 see는 실행한 것이 제대로 되어가는지 평가하는 것으로, 이를 피드백해서 다시 계획단계로 되돌아가 이것이 반복·순환하는 것을 경영관리과정이라고 한다.

(5) 기업 간 제휴

기업 간 제휴 또는 협업화는 데이터 표준화에 덧붙여 통신 네트워크의 고도화에 많은 것을 의존하고 있다. 기타자와는 가까운 미래의 유통 시스템을 '정보 네트워크형 유통 시스템'이라고 정의하고 그 특성으로 ㉠ 시장의 다양성에 대한 대응과 창조성의 발휘, ㉡ 즉각적인 대응, ㉢ 정보격차의 해소와 새로운 정보격차의 발생, ㉣ 결제의 효율화, ㉤ 시장의 해방성의 촉진과 폐쇄성의 조장을 제시했다. 또 우에하라(上原征彦)도 정보화의 진행으로 유통경로에서 수직적인 거래 시스템의 비중이 높아지는 이유로, 정보시스템을 활용한 협업화의 확충과 메이커·소매업 간에서 데이터베이스의 상호이용이라는 두 가지 점을 들었다. 1980년대 후반에 예상된 이러한 변화는 통신 네트워크가 급속히 진전된 1990년대 초에 들어가면서 선행적인 기업 간에서 서서히 실현되었다.

오늘날 유통 시스템에서 기업 간 제휴는 카테고리 관리(category management),[13] 효율성 소비자 반응(Efficiency Consumer Response: ECR),[14] 공급사슬관리 등 연쇄점과 메이커에 의한 협업화를 그 주체로 했다. 오타(太田雅晴)는 이러한 제조회사와 판매회사의 통합 방향성을 ㉠ CALS지향, ㉡ QR(Quick Response)지향,[15] ㉢ 인터넷 비즈니스 지향, ㉣ ECR지향이라는 네 가지 유형으로 분류했다. 오타가 나타낸 네 가지 유형은 소비동향에 대해 생산·유통단계가 최소의 시간지체로 대응하고 유통단계의 효율화를 꾀한다는 점에서 공통이고, 소비자와의 접점에 위치한 연쇄점으로의 파워 시프트를 의미하는 것

---

13) 셀프 서비스 업태의 점포에서 실시되고 있는 구색 갖추기부터 최저가격 계획을 거쳐 플래노그램(planogram, plan of program의 합성어로, 매장에 진열하는 상품을 각각 어디에 어떻게 배치하는지를 결정하게 해주는 지침서이다. 오랜 판매경험과 데이터 분석 등을 토대로 만들어진 결과물이다)에 이르는 머천다이징 활동을 소매업과 메이커(또는 도매업)가 공동으로 행해 그 최종적인 목표를 상품 카테고리의 이익 최대화에 두는 행위의 총체를 말한다. 1980년대 말에 미국 유통업에서 제창되어 1990년대 초부터 일본에도 급속히 보급되었다. 오늘날에는 종합적인 점두 활성화 활동으로서 소매업 및 메이커의 쌍방으로부터 주목을 받는 대표적인 전략적 제휴관계의 하나로 꼽을 수 있지만 그 배경에는 소매업으로의 파워 시프트가 존재한다.

14) 과거의 데이터 축적을 통해서 단기적인 소비추세를 예측하고, 과잉재고를 삭감함으로써 물류의 효율화를 꾀하려 하는 것으로 메이커(도매업)와 연쇄점 사이에서의 일련의 대처를 의미한다.

15) 소매업으로부터의 시장 데이터를 메이커가 실시간으로 재축하고 수요예측이나 제품 디자인 등에 활용한 시스템화 개념(concept)의 일종으로 1980년대 후반부터 미국 의류품업계에서 발전했다.

〈표 3-2〉 유통혁명과 사회경제적 배경

구분	제1차 유통혁명	제2차 유통혁명
시기	1960년대	1990년대 이후
추진력	• 고도경제성장에 의한 소비확대 • 소비재 메이커의 전국 자본화 • 엔화의 약세	• 정보화(전용회선+정보기기) • 규제완화 • 엔화 강세
구조변화	• 업태(특히 연쇄점)의 탄생과 대두	• 업태의 다양화와 업태 간의 경쟁 • 업종의 쇠퇴 • 연쇄점으로의 파워 시프트
가격결정	• 메이커 주도의 채널별 매매기준 가격제	• 소매업 주도의 가격 저하
유통정책	• 대형점에 의한 경쟁조정 • 산업보호정책과 가격유지의 용인	• 규제완화에 의한 자유경쟁 • 독점금지 행정의 강화

자료: 荒井良雄·箸木健二(2004: 2).

이다. 우에하라는 1950년대 후반 이후의 업종에서 업태로의 전환을 의미하는 제1차 유통혁명에 대해 메이커로부터 연쇄점으로의 파워 시프트를 결정지은 일련의 변화를 제2차 유통혁명이라 불렀다(〈표 3-2〉).

제4장

도매업의 입지와 기업조직

상업은 직접 물적 생산을 행하지 않는 산업부문의 총체로서 2차 산업이 성장함에 따라 상업을 포함한 3차 산업이 확대되는 경향이 나타나게 되었다. 상업은 3차 산업의 주요한 부문으로써 지리학적으로 다음과 같은 특징을 갖고 있다. 첫째, 상업은 대부분 최종 소비자와 결부된 경제활동으로 개개의 소비가 대개 소규모 분산적이며, 또 상업의 생산지와 소비지가 동일하기 때문에 그 분포는 거시적으로 보면 인구 내지 사업체의 분포와 어느 정도 대응관계가 인정되는 보편적 산업이다. 둘째, 그러나 상업은 어느 정도 집적하며, 또 각종 상업지역을 형성한다. 이러한 거점성을 가진 상업지역의 분포는 어느 정도의 간격과 규모적 차이, 질적 상위(相違) 등을 전개한다. 셋째, 이러한 상업지역 내지는 상업 등의 집적점이 되는 도시를 결절점으로 수요자가 재화를 제공받는 공간으로서 각종 상권이 성립된다. 넷째, 수요자는 일반적으로 재화를 구매하기 위해 공급지, 공급시설로 이동하는 경향이 많으며, 수요자의 이동은 그 범위에 한계가 있고 수요자는 이동비용을 가능한 한 저렴화하려는 의식이 작용한다. 따라서 상업의 입지는 수요자의 분포, 교통수단의 개선, 도시구조의 변화 등에 의해 빠르게 변화한다.

1. 도매업의 종류

사회적 유통으로서의 도매를 행하는 도매상은 상품을 생산자로부터 소매상에게 교역의 목적에서 대량으로 판매하도록 연결시켜주는 것이다. 도매업이라는 용어는 1601년에 이러한 성질을 설명하는 의미로 영어에서 처음 사용되었고, 1645년부터 상품을 도매한다는 의미로 쓰였다. 도매업에 관한 최초의 단행본은 경영관리학 전공인 베크만(T. N. Beckman)과 엥글(N. H. Engle)이 1937년에 발간한 『도매업: 원리와 실제(Whole-sale: Principle and Practice)』이다. 이 이전에는 도매 교역을 주로 한 기업적 측면과 관계되는 문헌이 부족했는데, 베크만과 엥글에 의하면 도매업의 최초 연구는 「식료품 도매업 경영의 영업비를 중심으로(Grocery wholesale business operating expense)」로 1916년 하버드대학교 경영학부에서 발간된 것으로 보고 있다. 베크만과 엥글은 도매업과 소매업을 구분 짓는 세 가지 기본적 기준으로 첫째, 고객의 지위 또는 구입동기와 목적, 둘째, 상거래가 되는 재화의 양, 셋째, 경영의 영업방법을 들었다.

밴스(J. E. Vance)에 의하면 도매업이란 하나의 기업이 재판매를 목적으로 하는 소매상에게 판매하는 것 이외에 레스토랑, 호텔, 그 밖의 음식점, 제조업자, 건축업자, 공공기관 등의 사람이나 기관에게 원재료로서 재화를 대량으로 판매하는 것이며, 개인이나 가정에서 소비를 목적으로 하는 것 이외의 재화가 주체가 된다고 했다. 도매유통은 크게 상거래 유통활동(판매활동, 수주, 배송지시, 대금의 청구, 수령)과 물적 유통활동(상품보관, 판매지역으로의 배송 등)으로 나눌 수가 있다.

미국에서 도매업의 종류는 상인이 상행위를 하는 방법, 상품의 공급지 및 입지, 구입자의 조직 등에 의해 ㉠ 상인 도매상(merchant wholesaler), ㉡ 제조업자 대리인(manufacturer's agent), ㉢ 중개인(broker), ㉣ 수출입 대리인(export-import agent)으로 구분된다. 상인 도매상은 대규모로 판매를 하는 기업적 상인의 계급으로 처음에는 개인으로서, 나중에는 단체로서 이들 상인이 도매상의 기본적인 집단을 형성한다. 이들 도매상인들은 유통업자(distributor), 중개인(jobber, 장내 중매인), 외국 무역상인(foreign trade merchant)과 유통기능 중의 일부를 소매상에게 넘김으로써 유통경비를 절감시키는 한정기능 도매상인(limited function wholesaler)[1] 등을 포함한다.

제조업자 대리인은 상인 도매상과는 또 다른 도매상으로 제조업자의 판매지점 및 사업소(sale branch and office)이다. 이들 사업소는 제조업자 또는 광업회사에 소유되어 있으며 제조공장과 분리되어 있고 본래 자기의 제품을 도매로 판매한다는 점에서 상인 도매상과 다르다. 중개인은 제조업 회사 판매대리인의 연장으로 여러 제조업자로부터 제품을 공급받아 판매하는 것이 제조업자 대리인과 다른 점이다. 수출입 대리인은 대리인 및 중개인의 일반적인 계급에 속한다. 외국무역에 종사하는 이들 상인은 특색 있는 영업방법을 갖고 있는지는 모르나 기본적으로 생산자와 소비자와의 사이에서 공급 활동을 한다. 그리고 어떤 경우에는 금융기능도 갖고 있기도 하지만 수출입업자는 은행가라기보다는 상인이다.

일본의 경우는 도매업의 기능적 분류로 종합상사,[2] 1차 도매상[원도매상(메이커·메이커 판매회사), 집산지 도매상(메이커로부터 독립해 있는 도매상)], 2·3차 도매상[(메이커·판매회사·전문 원도매상의 지점), (지방 도매상)], 산지 도매상으로 분류한다. 1차 도매상은 생산자(메이커)로부터 상품을 구입해 2차 도매상 등에 판매하는 형태의 도매상이다. 다만 1차 도매상은 통상 하나의 회사 또는 소수의 생산자로부터 상품을 구입해 다수의 도매상, 산업용 사용자에게 판매하는 것인데, 이는 분리기능을 주로 하는 원도매상과 집산지 도매상으로 크게 나눌 수 있고, 집산과 분배가 주된 기능인 집산지 도매상은 비교적 많은 생산자로부터 상품을 구입해 다수의 2·3차 도매상과 소매상에게 판매한다.

2차 도매상은 유통경로의 중간부분에 위치하고 지방의 유통거점 역할을 한다. 3차 도매상은 유통경로의 말단부에 위치하며 2차 도매상으로부터 상품을 구입해 4차 도매상, 소매상, 산업 사용자에게 판매하는 것이다. 2·3차 도매상은 구입·판매지역 업자에

---

1) 유통기능의 일부를 소매상에게 넘김으로써 유통경비를 절감시키는 도매상으로 방문판매, 덤핑 상인, 경매회사 등이 이에 속한다.
2) 한국의 독특한 기업형태로 알려진 종합상사는 다른 도매업에 비해 종업원 수, 연간 판매액이 모두 규모가 매우 크다. 정보, 금융, 상거래, 수송, 조직, 개발, 상품개발 등의 기능을 가지는 종합상사는 경제발전을 바탕으로 그 지위를 굳혀왔다.

의한 분류에서는 도매상에 판매하는 것을 중간 도매상, 소매상과 산업용 소매상에게 판매하는 것을 최종 도매상이라 말하며, 2차 도매상은 중간 도매상, 3차 도매상은 최종 도매상일 경우가 많다. 산지 도매상은 전통적인 소비재 공업 등의 원료조달과 공급, 자금의 대부, 제품의 집하·출하 등을 행하는 것이다.

한편 '한정기능 도매업'은 다음과 같이 나눌 수 있다. 먼저 고객이 현금을 지불하고 재화를 직접 가지고 가는 방식의 도매업인 도매판매점(cash and carry wholesaler), 직접 상품을 취급하지 않고 주문을 받아 주문처에 직송하는 방식인 직송 도매업(drop wholesaler), 소매업체로 목록을 보내고 매스컴에 광고를 해 주문은 우편·전화로 받아 상품을 거래하는 우편주문 도매업(mail oder wholesaler), 트럭에 상품을 싣고 고객을 정기적으로 순회 방문해 판매활동을 하는 도매업으로 판매와 배송이 통합된 수송 유통업자(wagon distributer), 그리고 주로 슈퍼마켓의 식료품 이외의 상품에 대해 슈퍼마켓에 위탁해 구입과 판매를 하는 것으로 상인을 상대하는 도매업자인 래크 조버(rack jobber) 등이 있다.

그 밖의 도매업 종류를 살펴보면, 먼저 상품의 구입과 판매지역 업자에 의한 유통단계별 분류로는 원도매상(생산자 → 원도매상 → 도매상), 직거래 도매상(생산자 → 직거래 도매상 → 소매상·산업용 사용자), 중간 도매상(도매상 → 중간 도매상 → 도매상), 최종 도매상(도매상 → 최종 도매상 → 소매상·산업용 사용자)으로 분류할 수 있다. 상품 흐름상의 분류로는 수집도매, 중계도매, 분산도매로 나누어지고, 상품의 구입·판매를 기준으로 한 분류로는 1차(원)도매, 2차(중간)도매, 3차(최종)도매로 나누어진다. 그리고 취급하는 주된 상품을 기준으로 한 분류로는 산업(생산)재 도매, 종합도매 또는 전문도매라고 불리어지는 소비재 도매로 나누어지고, 도매상의 판매지역의 공간적 범위에 따라서는 국지도매, 지역도매, 전국도매로 나누어진다. 끝으로 물적 유통과 상적 유통 및 정보유통과 관여되어 있는가 여하에 따라 완전기능 도매,[3] 완전도매 기능의 활동을 하지 않는 통

---

3) 일반적인 도매업으로 상품의 구비형성 활동, 정보전달 활동, 위험부담 활동(투기적인 주문 및 재고보유), 중간재고 활동, 재화의 수송활동을 하는 도매업이다.

합도매,[4] 계열도매,[5] 한정기능 도매, 제조도매(제조업자 도매)로 나누어진다.

도매업 가운데 자기 자신은 상품을 법적으로 소유하지 않고 단지 매매 중개(仲介)를 해 매매가 성립될 경우에 구전을 받는 도매업으로는 ㉠ 대리상 및 중개인(merchandise agents, broker), ㉡ 위탁주로부터 위탁을 받아 구전을 받는 경매상(auction company), ㉢ 브로커, ㉣ 위탁으로 상품재고를 갖고 판매를 해 상품재고의 법적 소유는 하지 않는 구전 대리상(commission merchants), ㉤ 수입대행으로 구전을 받는 수입 대리점(import agents), ㉥ 특정 메이커의 판매를 대행함으로써 구전을 받는 판매 대리점(selling agents), ㉦ 특정 지구 구입자의 위탁을 받고 상품을 구입해 구전을 받는 구매 대리점(resident buyers), ㉧ 메이커의 판매대행으로 구전을 받는 메이커 대리점(manufacturers agents) 등이 있다.

베렌스(K. C. Behrens)는 도매기관이 그들의 일련의 기능 중에서 어떤 기능에 중점을 두고 있는가에 따라 수집 도매상(Aufkaugroβhandel), 판로 도매상(Absatzgroβhandel), 중계 도매상(Verbindungsgroβhandel)으로 나누었다. 또 메이커로부터 상품을 대량으로 구입한 뒤 산매점(散賣店)에 직접 배송·판매하는 도매업(다품종 소량, 다빈도 배송)인 물류 판매형 도매상(vendor)은 편의점에 유리하며, 한국에서는 1990년 1월 콜럼버스 회사(Columbus Corporation)가 처음 등장했다.

다음으로 종합상사(general trading company)에 대해 살펴보기로 한다. 한국의 경제성장은 경공업 및 중화학공업 중심으로 발달한 기간산업의 무역 확대를 통해 성장했다고 말해도 좋다. 그동안 한국의 기업, 특히 대규모 생산기업은 종합상사의 판매경로를 가장 적극적으로 활용함으로써 성장했다. 그것은 그동안 한국 기업의 수출 마케팅 자체였다고 해도 과언이 아니다. 해외거래를 중심으로 한 거대한 무역업자, 국제종합유통기업, 종합복합기업(conglomerateur)이라고 불린 종합상사가 도매업과 다른 점은 다음

---

4) 생산자 또는 소매상과의 관계에 의한 도매단계의 수직적 통합으로 형성된 도매업으로 자동차, 가전제품 등을 취급하는 도매업을 말한다.
5) 과점(寡占)적 생산자의 유통계열화 산하에 조직된 도매기능으로 통합도매와 다른 점은 소유권이 생산자로부터 독립된 행동주체로 가공식품 도매업이 그 예이다.

<표 4-1> 종합상사의 기능

기능	내용
상거래 기능	국내 상거래, 해외상거래, 3국 간 상거래 및 직접투자를 동반한 플랜트 수출이나 기술이전 등
판매기능	판매 채널(네트워크)의 유지·확대 등
로지스틱스 물류기능	자원개발, 선적(船積), 공수(空輸), 보관, 수송·배송, 납품 및 회수·처리 등
금융기능	해외 직접투자, 자금운용, 외환관리, 벤처 자본 및 각종 보험 등
정보기능	온라인 네트워크화, 케이블 텔레비전(CATV) 국제 부가가치통신망(IVAN), 위성통신, 인터넷 통신 등
조사·기획 기능	시장조사(market research), 데이터 분석, 계획(planning), 연구개발(R&D), 판매촉진(promotion), 컨설턴트(consultant) 등
개발기능	자원(원료, 에너지 등)개발, 개발 수입, 매립·고층빌딩·산업단지·쇼핑센터·리조트 등의 개발지원, 인수합병(M&A) 등
공동벤처(joint venter) 기능	합병사업, 공동벤처 방식에 의한 해외 자회사의 설립 등
마케팅 기능	시장개척, 수요창조 등
주최자(organizer) 기능	조직화, 이(異)업종·이(異)업태 기업 간의 횡단적 조정 및 기술의 결집 등

자료: 佐藤俊雄(1998: 126).

과 같다. 먼저 조직이 거대하고, 취급하는 상품이 다양하고, 상품거래의 로트 및 그 거래액이 거대하다. 또 국내거래뿐만 아니라 해외거래를 중심으로 하여 거래액의 반 이상이 해외거래액이다. 그러므로 거래처가 국내외 및 특정 메이커나 판매업자 등에 한정되어 있지 않다. 그리고 거래기능만이 아니고 개발기능이나 주최자 기능 등 복합적 기능을 가지며, 세계 어느 곳에서나 글로벌 정보 네트워크 및 판매경로를 관장한다.

종합상사의 기능은 본래 종합적인 기능을 포함한다(〈표 4-1〉). 종합상사의 마케팅 기능은 최근 그 필요성이 높아져 상사의 기능 중에서 가장 중요한 기능으로 주목을 받게 되었다. 본래 종합상사의 기능은 비즈니스, 마케팅 활동이 중심이었지만 최근 종합상사를 둘러싼 환경이 급속히 변했다. 그 이유는 첫째, 지금까지의 종합상사가 취급해온 상품군은 무겁고 부피가 큰 형(型)의 산업구조에서 생산된 것이었는데, 지금은 가볍고 작은 형의 산업구조에서 생산된 상품군으로 바뀌었다. 둘째, 수송기술을 포함한 물류기술의 변화로 글로벌적인 로지스틱스 시스템 기술이 파급되어 종합상사의 수출입 경로에 변화가 나타났다. 셋째, 종합상사가 큰 고객이라고 생각했던 생산재 메이커나 내

〈그림 4-1〉 종합상사의 주요 기능과 글로벌 네트워크

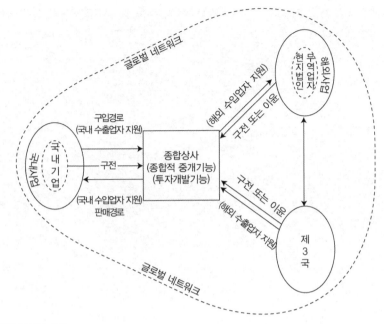

자료: 佐藤俊雄(1998: 127).

구소비재 메이커가 해외에 직접투자를 해 해외 자회사를 설립했고, 해외 유통기능까지도 담당하게 되었다. 즉, 메이커의 종합상사화가 그것이다. 넷째, 종합상사의 중요한 역할이었던 유통금융을 수정하는 것을 위시해 해외 비즈니스 활동방법, 다시 말해 마케팅 기능의 본격적인 활성화에 박차를 가하게 되었기 때문이다. 따라서 종합상사는 먼저 의사결정을 신속히 수행할 수 있는 시스템과 비즈니스를 창조해갈 수요 창조기능이 필요하게 되었다(〈그림 4-1〉).

과거 한국의 도매업으로는 객주(客主)와 여각(旅閣)을 들 수 있었다. 객주는 객상주인(客商主人)의 약자로 여관업, 위탁 판매업, 창고업, 금융업을 행했으며, 여각은 객주와 비슷하지만 곡물, 어류, 소금 등 용량이 큰 상품을 취급하고 선박 이용이 편리한 큰 하천 연안에 입지했다. 한강, 금강, 낙동강 등의 가항종점에는 객주와 여각이 분포했다.

〈사진 4-1〉은 일본 최대의 도쿄 오타 중앙도매시장으로 1989년 개장해 일본 도매시

〈사진 4-1〉 일본 최대의 도쿄 중앙 도매시장(1999년)

장 중에서 최대 규모의 거래량을 자랑하는 일본 제1의 농산물 공영도매시장이다.

2. 밴스의 상업 모델

밴스는 중심지 이론이 도매업의 입지를 설명하기에 적당하지 않다고 주장했다. 즉, 내생적 변화를 바탕으로 성장한 유럽을 사례로 해 정태적 고찰을 주로 한 크리스탈러 이론과는 다르게 밴스의 상업 모델은 미국에서 개척자 경제의 동태적 고찰에 바탕을 둔 것으로, 도매업에 의해 신·구대륙을 연결 짓고 신대륙에서 도시계층의 연속적인 출현을 도출하는 발전계열을 나타냈다(〈그림 4-2〉).

<図><그림 4-2> 식민지(왼쪽)와 종주국(오른쪽)에서 중심지 체계의 발전

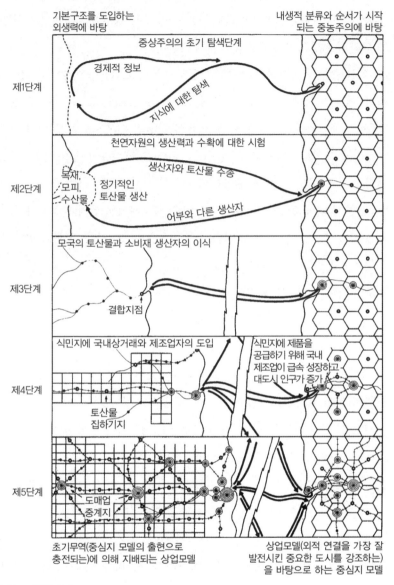

기본구조를 도입하는
외생력에 바탕

내생적 분류와 순서가 시작
되는 중농주의에 바탕

제1단계
중상주의의 초기 탐색단계
경제적 정보
지식에 대한 탐색

제2단계
천연자원의 생산력과 수확에 대한 시험
생산자와 토산물 수송
목재, 모피, 수산물
정기적인 토산물 생산
어부와 다른 생산자

제3단계
모국의 토산물과 소비재 생산자의 이식
결합지점

제4단계
식민지에 국내상거래와 제조업자의 도입
토산물 집하기지
식민지에 제품을 공급하기 위해 국내 제조업이 급속 성장하고 대도시 인구가 증가

제5단계
도매업 중계지

초기무역(중심지 모델의 출현으로
충전되는)에 의해 지배하는 상업모델

상업모델(외적 연결을 가장 잘
발전시킨 중요한 도시를 강조하는)
을 바탕으로 하는 중심지 모델

자료: Vance(1970: 151).

제1단계인 중상주의의 초기 탐색단계는 취락이 출현하기 이전의 지역에 대한 경제
적 잠재력을 수집된 정보를 바탕으로 분석했다. 제2단계는 생산력의 검토와 천연자원

의 채취단계로 일단 상업적 잠재력이 결정되면 초기 취락은 상업 모델의 면에서 입지하게 된다. 여기에서 경제적 잠재력의 변동은 외생적(exogenous)이고 체계의 범위는 원거리 무역에 의하며 성장은 외부세계의 능력에 따른다.

제3단계인 토산 물자를 생산하고 종주국의 공업제품을 소비하는 이주자의 이주단계로 상업체계의 규모가 클수록 상업도시는 결합지역(point of attachment)으로써 성장하게 된다. 결합지점은 산업혁명과 더불어 도래한 유럽 경제의 외부진출로 두 대륙 간에는 결합지점이 생기게 되었다. 그 결과, 고트만(J. Gottmann)에 의하면 경첩이라고 부르는 것이 북아메리카와 유럽을 연결하게 된다.

제4단계는 식민지 내에 공업의 도입과 교역이 행해지면서 식민지에 공급하기 위한 종주국 공업의 급속한 성장 및 대도시 지역의 인구증가가 나타나는 단계로, 연안의 공급지점에서 내륙으로 향하는 계획된 교통로를 따라 발달한 중계지는 다음의 두 활동을 위해 이들 여러 항구도시와 결합되었다. 즉, 이들 여러 항시(港市)는 북아메리카에서 상업조직의 경제적 산물인 토산 물자를 유럽으로 반출하고 종주국의 공업제품을 수입했으며, 또 공업제품 대신에 수출된 열대산물의 수입지이기도 했다. 이와 같은 물자의 유동과 더불어 이들의 집하기지는 결과적으로 공업지역의 중심이 되었고, 이 공업지역은 미국의 독립과 더불어 잉글랜드 중앙저지, 스코틀랜드 저지 대신에 미국 내의 공업지역으로 형성되었다. 도매업은 분산기능과 집하기능을 행하는 것으로 북아메리카의 대부분 상업도시는 처음에는 집하교역에 의해 번영해 도매업 활동의 요지가 되었으며 그러한 특수한 입지는 내륙으로의 토산물자 집하기지(depots of staple collection) 건설에 좋은 장소로 결정되었다.

제5단계는 내부교역이 탁월한 상업 모델과 중심지 모델의 단계로서 상업 모델에서 도매업 중계지(entrepôts of wholesaling)는 북아메리카 대부분의 대도시가 토산물자의 집하가 가능한 기지로 발족했으나 이들 도시는 결국 도매업의 중계지가 되었다.

이상의 상업 모델은 외부에서의 지지력에 의해 나타난 지방적 표현이라는 가정하에서 구대륙에서는 중심지가 점진적으로 정육각형 형태로 발전되었고, 신대륙에서도 교통로와 정사각형의 토지조사 체계의 중요성에 의해 그와 같은 형태가 나타나게 되었다. 이 상업 모델의 발전과정에서 도매업의 의의를 중시했다. 이 경우 미국의 초기 도시 분포에서 중계지 전선(entrepôt alignment)이 중요한 역할을 했다. 따라서 〈그림 4-2〉에서와 같이 도매업 중심은 외생적 체계와의 관계가 중요하다고 주장했다. 그러나 크리스탈러의 이론에서는 이 점의 설명이 부족하다고 비판했다. 그러나 밴스 모델은 순수한 이론이 아니고 두 지역의 역사적 발전과정의 차이에 바탕을 둔 것이다.

3. 도매업의 입지요인과 입지인자

소매업이 입지산업이고 지역산업이듯 소매업과 직결되는 도매업도 입지산업이고 지역산업이라고 할 수 있다. 도매업의 입지에 대한 종래의 연구는 입지요인, 입지인자 및 입지선정을 중심으로 한 입지분석의 중요성과 입지의 지역적·공간적 집적현상 및 입지가 영향을 미치는 지역적·공간적 변화의 중요성을 주로 다루었다.

도매업의 입지란 도매업을 경영하는 경영자 또는 경영하는 사람(입지주체)이 필요로 하는 장소(용지, 부지)나 시설, 건축물을 정하는 행위 또는 입지주체가 그 장소를 차지하고 있는 위치나 상태를 말한다. 도매업의 입지요인이란 입지주체가 입지를 한 장소가 가지고 있는 고유의 자질 및 상태를 말한다. 즉, 첫째, 메이커(생산자)나 소매업자 등 고객 분포와의 거리관계, 둘째, 토지가 가지고 있는 성질, 가격 및 그 토지가 가진 지역성, 셋째, 자금조달의 용이성, 넷째, 노동력 확보의 용이성, 다섯째, 영업활동에서 교통의 편리, 여섯째, 물류 관련시설의 유무와 그 거리간격이다. 일곱째, 고객의 특징이나 요청에서 오는 배송조건의 수용 및 고객 서비스 제공의 가능성, 여덟째, 자사(自社)의 기능을 상적 유통에 한정시켜 특화시킬 경우 이용 가능한 물류(수송·배송)업자의 존재와 그 거리관계이다. 아홉째, 마케팅 활동의 가능범위 및 시장성(marketability)이다. 열째, 관련 법규의 규제, 완화 및 과세 부담 정도이다. 이러한 도매업의 입지요인에서 도매업을 분류하면, 도시형 도매업, 교외형 도매업, 농촌형 도매업으로 나눌 수 있다.

도매업의 입지인자란 입지주체가 입지를 결정할 때 입지요인의 가치를 평가하고 판단하기 위한 여러 요소를 말한다. 먼저 경제적 인자로 구입원료, 수송·배송비, 운임, 창고·보관관리비, 정보통신 관리비, 납세액 등의 비용인자와 수입인자로서 판매액, 고객 수, 판매 빈도, 광고 등으로 증대되는 판매액 등을 들 수 있다. 소매업의 경우는 전체적으로 수입인자가 중요한 인자인데 비해 도매업은 물적 유통을 고려할 때 비용인자가, 상적 유통을 고려할 때는 수입인자가 중요한 인자이다. 그 밖의 경영인자, 마케팅 인자, 심리적 인자 및 사회적 인자 등이 있다.

4. 도매기관의 입지

도매기관은 그 업태 여하를 불문하고 생산단계와 소매단계의 중간에 개재한 도매단계, 즉 도매기구로서의 기능을 하는 것이다. 그런데 생산이나 소매, 소비의 양태는 항상 변화하고 있고 이에 대응해 도매기구 및 도매기관도 융통성 있게 변화해간다. 그러므로 이러한 도매기관의 입지가 생산에서 소비에 이르는 일련의 유통기구의 동태적 맥락과 어떻게 관련되어 있는가를 생각하는 것은 입지의 메커니즘을 해명하는 열쇠가 된다. 〈그림 4-3〉은 이 유통기구와 도매기구, 도매기관의 관계를 나타낸 것이다.

도매기관의 기본적인 기능(수집, 분산, 중계)을 규정짓는 것은 구입(공급)과 판매(수요)

〈그림 4-3〉 유통기구·도매기구·도매기관의 관계

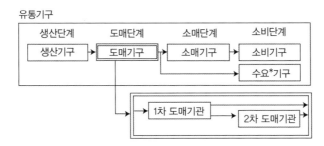

* 생산재 등의 사업용 소비를 가리킴.
자료: 川端基夫(1986: 142).

를 할 때의 거래량이다. 정확히 말하면 공급과 수요가 이루어질 때 한 품목 1회당 거래량(로트)의 크기이다. 한편 도매기구의 기능은 생산과 소비의 규모에 의해 규정되지만, 이 생산과 소비의 규모도 도매기구의 측면에서 보면 역시 수요와 공급 로트의 크기라고 말할 수 있다. 생산과 소비의 규모라는 관련에서 도매기관의 수준(level)에 따른 기능의 동향을 포착하지 못하면 오히려 도매의 측면에서 본 수요와 공급의 로트를 고려함으로써 도매기구 수준, 도매기관 수준의 기능을 통일적으로 파악해 이것과 관련된 요인을 생각하는 것이 타당하다.

1) 유통기구의 유형과 도매기구

유통기구는 일반적으로 생산과 소비의 규모에 바탕을 두고 네 가지로 유형화할 수 있다. 이것을 나타낸 것이 〈그림 4-4〉이다. 유통기구는 수급 로트에 의해서도 유형화할 수 있다. 유통기구의 유형과 도매기구 및 도매기관과의 관계에 대해 살펴보면 다음

〈그림 4-4〉 유통기구의 4유형과 도매기구의 기능

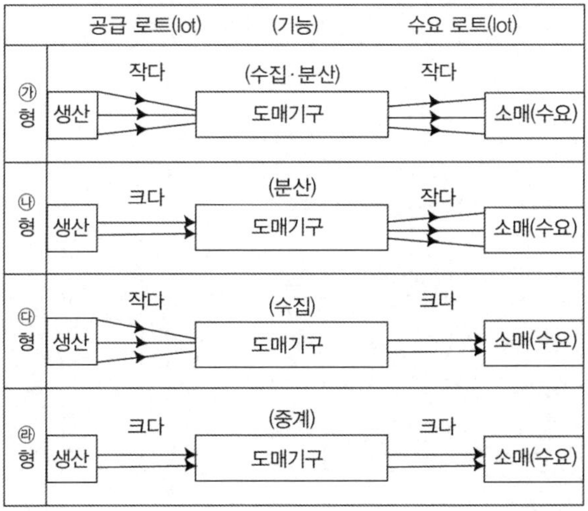

자료: 川端基夫(1986: 145).

과 같다.

(1) ㉮유형의 도매기구와 도매기관

이 유형의 유통기구에는 수급 로트가 모두 절대적으로 적고, 수급 로트의 상대적인 차이도 그다지 크지 않다. 이러한 것은 유통되는 상품의 개별성이 강하고 생산자, 소비자의 기업규모도 적은 경우가 많다는 의미이다. 또 상품유통에 대한 생산, 수요 양자의 상거래 힘이 약한 것을 나타낸 것이다. 따라서 도매기구가 상품유통에 행하는 역할은 매우 중요하며 유통의 주도권을 갖는 경향이 강하다. 즉, 생산자 측에서는 상품기획이나 생산량 조절, 금융지원의 면 등에서, 수요자의 측에서는 판매계획, 상품제공, 금융지원의 면 등에서 각각 강한 영향력을 갖고 있다. 기능적으로는 도매기구 전체에 대한 수집·분산의 기능이 요구되지만 로트가 작기 때문에 도매기관이 부담하는 경비나 위험이 크고, 한 기관에서 모든 기능을 수행하는 것은 어려운 경우가 많다. 따라서 〈그림 4-5〉와 같이 도매기구의 내부에서 수집, 분산 등의 기능분화가 이루어지고 더 나아가 양자를 결합하는 중계기능을 담당하는 기관도 성립할 수 있다. 그 대표적인 상품으로는 의류품, 신선식료품 등을 들 수 있다. 다만 ㉮ 유형에서는 본래 도매기구의 유통 지배력이 강한 것도 있고 이러한 도매기구 내에서의 기능분화에 머물지 않고 생산단계나 소매단계와의 기능적 통합도 쉽게 하기 위해 기관 수준의 기능은 복잡한 움직임을 나타낸다.

〈그림 4-5〉 ㉮ 유형의 도매기구와 도매기관

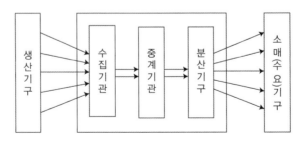

자료: 川端基夫(1986: 145).

〈그림 4-6〉 ㉯ 유형의 도매기구와 도매기관

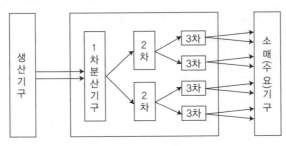

자료: 川端基夫(1986: 146).

(2) ㉯ 유형의 도매기구와 도매기관

이 유형에서는 공급 로트가 수요 로트보다도 상대적으로 크다. 이것은 규격도가 높은 대량 유동(mass flow) 상품의 유통에 많이 나타난다. 유통기구에는 오로지 상품분산에 중점을 둔 기능이 요구된다. 그러나 대량 유동일 때 생산자는 상품공급의 주도권을 취하기 쉽기 때문에 시장에서의 가격유지나 자사 브랜드의 차별성 강화의 목적으로 도매·소매단계의 계열화를 진전시키거나 자기 스스로 판매회사를 설립해 유통의 각 단계를 지배한다. 이에 따라 유통기구의 기반은 약하고 생산자의 유통전략의 영향을 강하게 받을 경우에 따라 구축된 방향으로 유통경로의 단락화(短絡化)가 진전되는 것은 있다. 〈그림 4-6〉과 같이 도매기구 분산기능의 수행에 대해서는 다단계적으로 나타나는 것도 있고 도매기관 가운데 1차 도매(원도매), 2차 도매라는 단계적 분화도 생기기 쉽다. 이 유형의 대표적인 예로 석유제품, 철강, 자동차, 가전제품, 의약품 등을 들 수 있다. 단지 이 유형에 속한 상품에는 다양한 것이 있고 규격도의 정도도 다양하기 때문에 일원적으로 파악할 수가 없다.

(3) ㉰ 유형의 도매기구와 도매기관

이 유형에서는 공급 로트 쪽이 수요 로트보다 상대적으로 크고, 도매기구는 오히려 상품수집에 중점을 둔 기능이 요구된다. 이 수집은 〈그림 4-7〉과 같이 역시 몇 단계를 경유하고 더욱이 이 과정에서 상품의 종류별 선택이나 가공이 행해져 품종별로 로트가

<그림 4-7〉 ⓒ 유형의 도매기구와 도매기관

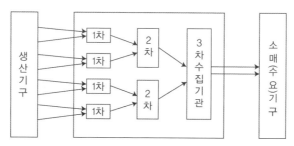

자료: 川端基夫(1986: 146).

<그림 4-8〉 ⓓ 유형의 도매기구와 도매기관

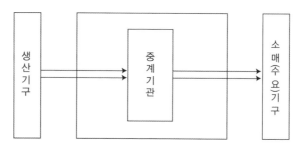

자료: 川端基夫(1986: 146).

크게 되면 상품별로 전문화된 기관이 성립하는 경우도 있다. 이 유형의 대표적인 예는 재생자원품이다.

(4) ⓓ 유형의 도매기구와 도매기관

이 유형에서도 생산과 수요의 로트가 모두 절대적으로 크고 양자의 차가 적다. 따라서 도매기구에는 양자의 중계기능이 요구된다. 그러나 이러한 거래는 현실적으로 특정의 양자 간에 거래가 많고, 생산자와 소비자와의 직접거래도 가능하기 때문에 생산자나 수요자가 유통의 주도권을 갖는 경우가 많다. 따라서 도매의 개입력이 약하고, 도매기관은 생산자·수요자에게 수요나 위험의 관점에서 필요에 따라 이용될 경우도 나타난다. 구체적으로는 거래의 대행(상품의 수송이나 대금결제 등)을 하는 것들이다. 이에 따라 〈그림 4-8〉과 같이 도매기관은 도매기구 내에서 기능적으로 분화할 필요는 적고 한 기관으로 기능을 수행하는 것이 가능하다. 또 이 중계에는 특별한 시설을 필요로 하지 않기 때문에 구전(口錢) 대리상(commission merchants)이 활약할 여지가 크다. 이 유형의 전형적인 예로는 광물자원의 유통을 들 수 있다.

이상, ㉮~㉺ 유형까지의 순서로 검토한 것은 상품적 특성 가운데 공급 로트와 수요 로트는 그 유통기구 내에서의 도매기구나 도매기관의 개입력 및 그들의 기능을 고려한 후에 중요한 요소로 파악할 수가 있다.

2) 도매기관의 입지 지향성

도매기관은 도매기구 내에서 분담하는 기능을 수행하기 때문에 다양한 업무를 행하지만 그때 채택하는 형태는 입지를 생각하는 경우가 중요하다. 도매기관이 각 업무에 관해 어떠한 형태를 채택하는가는 그 기관이 취급하는 상품의 특성과 깊은 관계가 있다. 한편 도매기관은 수집과 분산이라는 도매기구 내에서 역할의 기능을 수행하는 것으로 기업의 이윤을 들 수가 있다. 예를 들면 분산기능을 행하는 기관이 판매를 증가시켜 비용을 절감해 이윤을 증대시키면 좀 더 많은 상품을 분산(분산기능의 수행능력을 높임)시켜 그에 요구되는 비용을 절감시킬 수 있다. 도매기관이 기업으로서 이윤을 추구하는 한 이 기능 수행 능력의 향상과 비용절감도 요구되어 도매기관은 업무를 수행함에 따라 그 실현에 최적의 형태를 채택한다고 하겠다.

따라서 도매기관이 업무를 행하는 데 있어서 그 기관이 취급하는 상품의 특성과 일치하고, 또 기업으로서의 이윤의 증대가 가능하게 일정한 합리적 형태가 필연성을 동반해 채택하는 것을 알 수 있다. 이 형태가 기능수행 장소를 결정(입지)할 때 여러 가지 제약조건으로서 작용하기 때문에 도매기관은 결과적으로 그것을 만족하는 특정한 장소를 지향하게 된다.

도매기관의 업무수행 장소로 입지가 중요한 것은 도매기관의 공간적 활동과 직접 결부되는 상거래 활동의 형태이다. 이 상거래 활동의 형태라는 것은 구체적으로 〈표

〈표 4-2〉 상거래 활동의 형태

활동	형태

구입·판매활동	1. 발주·수주활동: 통신, 방문, 내방(來訪)
	2. 정보전달 활동: 통신, 방문, 내방
	3. 수송활동 ┌ 수송체제: 부담(자가·위탁)*
	                  부담이 없음.
	           └ 수송수단: 선박, 철도, 자동차, 항공기

상거래 활동과 물적 거래 활동	분리, 일체

* 수송체계의 자가 부담은 자신이 수송시설, 수송기관을 소유하고 수송하는 것이고, 위탁은 수송수속은 부담하지만 실제의 수송은 업자에게 위탁하는 것이다.
자료: 川端基夫(1986: 147).

4-2〉와 같이 정리할 수 있다. 상거래 활동에서 상품특성 항목이 고려된다면 구입, 판매의 수송형태의 경우 상품특성 항목으로 상품의 형상, 운임 부담력, 품질, 수요와 공급의 로트, 빈도, 불규칙성을 들 수 있다. 또 수·발주나 정보전달의 형태를 고려할 때에 상품의 규격도, 품목 등의 항목을 들 수 있다.

수요와 공급의 로트에 의해 유통기구를 유형화해 도매기관의 기능과 그 기능을 수행하는 과정에서 채택되는 형태를 영역으로 하고, 도매기관의 입지지향성의 기본형을 검토해보자.

(1) ㉮ 유형

이 유형의 유통기구에 속하는 도매기관은 공급·수요 로트가 모두 작고, 규격도가 낮은(개별성은 높다) 상품을 취급한다. 따라서 수집, 분산, 중계 중 어느 기능에 특화한 기관도 수·발주와 더불어 상품의 차별성이나 효능이라는 정보의 전달에 대해서는 현품이나 견본품 앞에서 면전 접촉에 의해 직접 전달해야 할 필요성이 높다. 그러므로 수·발주라는 상적 유통의 형태로서는 고객을 방문하거나 고객이 방문하는 형태가 채택되므로 상적·물적 유통이 일체화된다.

한편 수송에서는 상품의 규격도가 낮고 수요, 공급의 빈도도 높기 때문에 수송단위는 작아지고, 그에 대한 비용부담은 크다. 이 때문에 수송활동을 정보전달이나 수·발주활동과 동시에 행함으로써 비용을 절약하려고 상적·물적 유통의 일체화를 강화한다. 다만 판매에서 거래처로부터의 내방을 받을 경우 구입한 상품을 갖고 감으로써 수송비를 구입자에게 부담시키는 형태도 생각할 수 있다. 이에 따라 방문이나 내방에 의한 거래처의 상적·물적 유통이 되기 위해 입지에 따라 방문지로의 접근이나 내방자에 의한 접근성이 중요한 요인이 된다.

이상에서 수집기능의 경우 다수의 생산자와 접촉이 가장 유리하고 수송비를 최소화하는 수집권 중심으로의 지향성이 강하며, 한편 분산기능의 경우 다수의 수요자와 접촉에 가장 유리한 판매권 중심으로서의 지향성이 강하다. 또 수집권 내나 판매권 내에서는 특히 내방을 받는 경우 다른 지역에서의 접근성이 좋은 장소를 지향하고, 나아가 내방자에 대해 상품을 구비하는 편의를 주는 의미에서 일정 지구로의 집적지향도 생각할 수 있다. 또 중계기관에 대해서는 수집, 분산 양쪽으로부터의 공간적 접근성이나 정보적 접촉이 유리한 지점으로 지향된다.

(2) ㉯ 유형

이 유형의 유통기구에 속하는 도매기관은 공급 로트가 크고 수요 로트는 작으며, 규격도가 높은 대량 유통 상품을 취급한다. 따라서 1·2차 도매기관이나 분산단계에 위치하는 기관도 수·발주와 더불어 상품의 차별성이나 효능이란 정보의 전달에 대해 면전 접촉에 의한 직접적인 전달의 필요성이 낮다. 그러므로 수·발주라는 상적 거래는 통신을 이용한 형태를 채택하고, 그 결과 상적·물적 유통이 분리된다. 그러나 상품의 규격도가 높은 판매업자 간의 차별성이 불명료하기 때문에 판매경쟁은 심하게 되고, 고객의 방문에 의한 수요정보의 수집 등과 정보전달이 판매증대에 따라 중요하다. 그러므로 정보의 전달 면에서 방문처로의 접근성이 중요하다고 할 수 있다.

이것은 상적 유통과 관련된 여러 시설이 판매증대에 연관된 판매처의 정보 전달 면에서 그 비용을 최소화하고 그 전달을 최대로 하는 지점으로 지향하는 데 비해 물적 유통에 관련된 여러 시설은 수송비용을 최소로 하는 배송권 중심을 지향하는 것이 되기 때문이다. 그런데 ㉯ 유형의 유통기구에는 유통하는 상품 중에서 생산재에 많은 중량이 무겁고 부피가 큰 상품과 소비재에서 많이 나타나는 가볍고 부피가 작은 상품이 있다. 전자의 경우는 상적·물적 유통의 분리가 명확하지만, 후자의 경우는 정보전달을 위한 고객의 방문과 판매배송을 동시에 행해 비용의 절감을 꾀하는 것도 생각할 수 있다. 따라서 상적·물적 유통의 일체화를 하기 쉽다. 상품의 품질이나 효능 면에서 차별성이 비교적 불명료한 경우나 품종이 많은 경우 현물을 보기 전에 정보전달을 할 필요성이 높으며, 또 수요의 로트가 대단히 작을 경우나 빈도가 높은 경우는 수송비용이 증가되므로 상적·물적 유통의 일체화는 일단 강하다. 그러므로 후자와 같이 상품을 취급하는 도매기관에서는 판매처와 접촉이 가장 유리하고 동시에 수송비·정보 전달비용을 최소화하는 지점을 지향되게 된다. 이러한 ㉯ 유형은 두 개의 지향성의 유형을 생각할 수 있다.

(3) ㉰ 유형

이 유형의 유통기구에 속하는 도매기관은 공급 로트는 작지만 수요 로트는 크고, 규격도는 낮은(개별성은 그디지 문제가 되지 않음) 상품을 취급한다. 따라서 1·2차 도매기관의 어느 수집단계에 위치한 기관도 수·발주와 더불어 상품의 차별성이나 효능이라는 정보전달에 대해서는 현품이나 견본품을 앞에 두고 면전 접촉에 의해 직접적으로 전달해야 하는 필요성이 높다. 그러므로 수·발주라는 상적 유통의 형태로서는 고객에게 방문 또는 고객의 내방하는 형태가 채택된다고 생각해 상적·물적 유통도 일체화된다.

수송에 대해서는 생산단계에 가까운 도매기관일수록 취급하는 상품의 종류가 많고, 공급 로트도 작기 때문에 수송비 부담은 높다. 따라서 수송비 부담력이 낮은 경우에는 특히 비용절감을 위해 상적·물적 유통의 일체화가 강해진다. 한편 수요단계에 가까운 도매기관에서는 수요나 공급 로트는 비교적 크게 되고, 수송비용 부담은 낮아진다. 그러나 상품의 분류나 가공이 요구되는 경우나 수요·공급이 불규칙적인 상품의 저장에 의한 수요조절의 요청이 강할 경우는 이를 위한 시설도 필요하다.

이상에서 생산단계에 가까운 도매기관에서는 다수의 생산자와 접촉에 가장 유리하고 수송비를 최소화하는 수집권 중심으로 지향성이 강하며, 수요단계에 가까운 도매기관에서는 특정 생산지로의 지향이 약하고 복수의 생산지의 결절점 등 좀 더 넓은 수집권의 중심을 지향하게 된다. 또 분류, 가공, 보관을 위한 시설이 유리한 지점에 지향하는 것도 생각할 수 있다. 그러므로 ㉰ 유형의 경우는 도매기구 내에서의 위치(수집단계)에 따라 지향성이 다르다고 할 수 있다.

(4) ㉱ 유형

이 유형의 유통기구에 속하는 도매기관은 수요·공급 로트가 모두 크고, 규격도가 높은 상품을 취급한다. 수·발주와 더불어 상품의 차별성이나 효능이란 정보의 전달에 대해서는 면전 접촉에 의한 직접적인 전달의 필요성이 낮다. 그러므로 수·발주라는 상적 유통의 형태로는 통신을 이용한 형태가 채택되어 상적·물적 유통은 분리된다.

수송에 대해서는 두 지점 간의 수송이 기본이 되고, 로트도 크기 때문에 자기 수송체제를 부담할 필요는 없고, 위탁에 의한 수송이 가능하다고 생각한다. 이 때문에 도매기관은 상적 유통이 특화한다. 그런데 이러한 유통에 도매기관이 개입하기 위해서는 수요·공급 동향에 관한 다양한 정보나 거래처의 탐색에 관한 정보가 매우 중요하게 된다. 이러한 정보 수집은 통신을 이용한 부분도 있지만 거래처의 방문에 의해 얻는 직접적인 것도 있다. 이 방문활동은 직접 수주, 발주에 관련된 것에 한정하지 않고 오히려 거래의 간접적인 촉진이라는 의미에서 중요한 역할을 한다고 생각한다. 이상에서 이 ㉱유형의 도매기관은 취급하는 상품에 관한 수급정보가 통신에 의해 입수가 가장 유리한 지점 또는 거래처와의 접촉이 가장 유리한 지점을 지향하는 것이라 할 수 있다.

5. 도매업 지구의 입지와 그 변화

1) 도매업 지구 입지

도매업은 공업제품이나 농산물을 집하(集荷)해 이것을 소매업이나 산업용 사용자에게 분배하는 기능을 한다. 도시나 도시권 내부에 입지하는 도매업은 집하나 분배방법의 차이에 따라 몇 가지로 유형화할 수 있고, 도매업의 발달형태에 따라 유형화할 수도 있다. 그리고 도매업은 수송수단, 거래방법 등의 차이가 입지를 다양하게 한다. 여기에서 밴스의 도매지구 분류를 살펴보면 다음과 같다.

ㄱ 전통적인 도매업 지구(traditional wholesaling district)

도심 가까이의 철도역 부근에 도매업이 집적하는 경우로 여기의 도매업은 도시권을 배후지로 한 서비스 활동을 한다. 1920년경까지 이 지구는 도시 내 도매업을 대표하는 지위에 있었지만 트럭 수송의 도입과 연쇄점의 발달로 점차 쇠퇴했다.

ㄴ 도매업 상업지구(product district)

전통적인 도매업 지구의 연변부에 입지한다. 여기에서는 소규모 경영의 거래처가 가까운 것이 중요한 입지요인이 된다. 주요 거래처는 레스토랑, 호텔, 일반 소매업자이다. 또 도심 가까이에도 집적한다.

ㄷ 비교품 지구(product comparison district)

별도로 상품의 선택성이 강한 가구나 의류 등의 도매업이 집적하는 지구이다.

ㄹ 현물품 도매지구(will-call delivery district)

이 지구는 도시 내부의 간선도로에 인접한 장소에 자동차 부품, 수도 기구(器具), 약품 등을 소규모 소매업자에게 판매하는 기능을 갖고 있다. 유행성이 강하고 저장이 필요 없는 상품을 취급하는 것이 특징이다.

ㅁ 제조업에 원재료 또는 사무용품을 각각 도매하는 업자가 집적한 지구

예를 들면 전자는 인쇄업에 용지를 공급하는 도매업으로 도심 가까이 인쇄업 지구에 인접해 입지를 하는 경우가 이에 해당되고, 후자는 도심의 사무소를 중심으로 전문적인 사무기기나 문방구를 도매한다. 이들의 공통적인 점은 상거래가 가까운 곳에 입지하는 것이다.

이상의 도매업 형태는 매우 다양하다. 이들 형태 이외에 제조업 계열에 있는 도매업이나 대리점, 브로커 등도 포함하면 유형은 더욱 복잡해진다. 집하와 분배의 기능을 행하는 도매업은 도시나 도시권 중에서 역시 거래처에 대한 접근성을 중요한 입지요인으로 삼고 있다.

다만 접근성은 교통·통신 기술의 발달과 더불어 변화하기 때문에 거래처인 소매업이나 제조업 또는 일반기업의 입지가 변화하면 도매업 집적지도 변화가 나타난다. 도시 내부의 도매업에 대해 주의할 점은 일반적으로 소비재 도매업 이외에 산지 도매업이 존재하는 것이다. 전통공업이나 영세공업이 발달한 제조업의 산지에서 산지 도매업이 물류기능을 담당하고 있는 경우도 적지 않지만 이것이 도시 내부에 집적하면 산지 도매업 지역이 형성된다.

2) 도매업의 입지 변화

밴스가 지적한 전통적인 도매업 지구는 어떤 의미에서 거의 과거의 현상이 되었다고 해도 과언이 아니다. 항만이나 철도역이 물자의 적환지였던 시대에는 임해지역이나 터미널 주변이 도매업의 중심적 역할을 했다. 그러나 트럭 수송이 시작되고 고속도로망이 정비되어 전국적인 수송 시스템이 확립됨에 따라 도시의 교외가 물자의 적환지점으로 적합한 장소가 되었다. 경제가 발전하고 생산과 소비가 확대되면서 수송량도 증대되었다. 생산의 합리화와 더불어 유통의 합리화가 기업 간 경쟁에서 중요하게 되자 효율적인 물류 시스템의 확립이 필요하게 되었다. 이러한 목적에 맞는 물류시설을 기성 시가지에 설치하는 것은 곤란하기 때문에 도로교통이 좋은 교외로 도매업은 이전되어왔다.

도매업의 물류시설이 도시 중심부에서 주변 지역으로 입지이동을 하면서 물류와 상류가 분리하는 움직임도 뚜렷하게 되었다. 여기서 말하는 상류는 상거래처와의 사이에서 상담을 진척시키고 대금을 주고받는 행위를 말한다. 이러한 활동은 상대편으로의 접근성을 매우 중시하기 때문에 도심에서 떨어진 곳은 좋은 입지가 아니다. 반대로 물류활동은 제조업이나 소매업이 교외입지를 하고 있고, 도시 중심부에서는 교통체중 등으로 물류비용이 높아지기 때문에 도심에 시설을 두고 활동하는 것이 유리하다고 볼 수 없다. 통신수단이 발달한 오늘날 현업기능(現業機能)과 관리·영업기능은 물리적으로 떨어져 있어도 큰 어려움이 없기 때문에 물류와 상류를 분리하는 경향이 생겼다. 교외에 이전한 물류시설 가운데는 산업단지(industrial park)와 같이 계획적으로 건설된 집단적 시설에서 활동하고 있는 곳도 적지 않다. 집적과 더불어 교외에 생겨나는 이런 종류의 시설은 합리적인 시설배치와 현대적인 기계시설을 구축하면서 물류비용을 낮추고 있다. 기성 시가지에 있었던 소규모 도매업이 집단적으로 이전해 이러한 시설에 입주할 경우 구매, 판매의 면에서 공동사업화를 기도한다. 도로, 상하수도, 전기, 가스의 이용 이외에 은행·운송 서비스 면에서도 외부경제가 기대될 수 있다.

〈그림 4-9〉는 일본 아이치(愛知) 현 이치노미야(一宮) 시의 교외에 건설된 섬유 도매업 센터의 시설 배치도이다. 이치노미야 시를 중심으로 한 오니시(尾西)지방은 오래 전부터 섬유산업이 성했지만 지금까지 활발하게 이루어진 좁은 구 시가지 부분에서는 장래성이 밝지 못해 1980년에 중심 시가지에서 남동쪽으로 3km 떨어진 장소에 새로운 단지를 조성했다. 도매업 단지의 동쪽에 국도가 위치하고, 또 남동쪽 2km 지점에 고속도로의 나들목이 위치하고 있다. 도시들을 직선으로 연결하는 고속도로는 도매업을

〈그림 4-9〉 일본 아이치 현 이치노미야 시의 섬유 도매 센터의 배치도

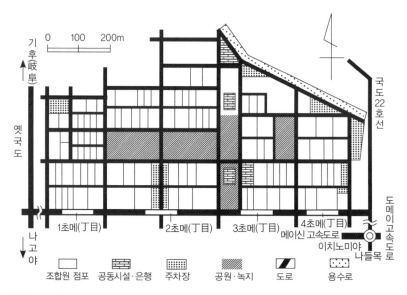

위시해 창고업, 운송업 등 물류기능을 담당하는 기업의 교외 이전을 촉진시킨 큰 요인으로 작용했다.

3) 도시 도매업의 변질

메이커와 소매업의 중간에서 제품의 집산(集散)활동을 하는 도매업은 사회, 경제의 발전과 더불어 그 성격을 바꾸어왔다. 첫째로 물류경로의 단락화(短絡化)에 의한 소비지 도매업의 기능 저하다. 철도나 수상교통으로 제품이 운반되던 시대와 달리 고속도로 등을 이용한 트럭 수송이 주류인 현대에는 생산지에서 소비지까지의 제품수송이 짧은 시간에 행해진다. 이것은 생산지와 소비지 사이의 시간거리가 단축된 것을 의미한다. 이러한 시간거리의 단축과 더불어 다양화된 소비자의 요구에 신속하게 대응하는 것이 점점 필요해졌다. 도심 가까이 있는 도매업은 이전과 같이 대량의 재고를 가질 필요가 없어진 대신에 상품을 중개하는 기능을 전문적으로 이룩하게 되었다. 지가가 높은 것이 재고보유를 매우 곤란하게 하는 측면도 있다. 어느 쪽이든 유통과정에서 소비지 도매업이 행하는 역할은 상대적으로 낮아지고 그 반대로 메이커나 산지 도매업의 힘이 강해지는 경향이 있다.

둘째, 경제활동의 수직적 통합과 더불어 도매업 기능의 변질이다. 경제의 고도성장 시대를 통해 제조업은 생산의 확대를 꾀하기 위해 자기 자신부터 도·소매의 유통경로 확보에 스스로 나섰다. 이 때문에 제조업 자체가 도매기능을 이룩하는 지점, 영업소, 지구 판매회사를 주요 도시에 설치했다. 도심에는 전통적인 도매지구가 그대로 존재하는 한편 유력한 메이커의 도매 부문을 담당하는 사무소 빌딩이 나란히 입지하고 있다. 지방의 주요 도시에 입지한 사무소 빌딩에는 이러한 도매업을 하는 많은 기업이 입주하고 있다.

6. 도매업의 상권

입지에서 도매업 활동을 지역적·공간적으로 파악하는 하나의 방법이 도매상권이다. 입지와 상권은 밀접한 관계가 있으며, 오히려 보완관계에 있다고 할 수 있다. 도매 상권은 도매기업 주체 또는 도매 집적 주체가 스스로 설치하고 있는 입장(실상)이나 영역(영향)의 지역적·공간적 한계로 그것을 그대로 유지하는가 아니면 그 범위를 확대시키는가를 결정하는 중요한 판단자료로 제공된다. 이외에도 도매 상권은 메이커나 소매업자와의 지역적·공간적 관계를 파악할 수도 있다.

도매 상권은 소매 상권과 달리 두 가지의 지역적·공간적 범위를 내포한다. 하나는 자신이 입지한 장소를 중심으로 도매기업 주체 또는 도매 집적 주체가 메이커와의 관계에서 형성되는 구입(집하)권이고, 또 하나는 똑같이 판매업자(소매업자)와의 관계에서 형성되는 판매[분하(分荷)]권이다. 이들 가운데 도매 상권은 일반적으로 판매권을 말한다. 바꾸어 말하면 도매 상권은 두 개의 상권, 즉 구입권과 판매권이 입지장소를 중심으로 중합(重合)하고, 도매기업 주체나 도매 집적 주체가 기능, 활동 및 이익의 관점에서 경영(영업)을 지속적으로 안정시키는 데 필요한 최소 현재적(顯在的) 또는 잠재적 고객, 특히 현재고객(顯在顧客)으로서 고정고객의 대부분을 확보할 수 있는 지역적·공간적 범위를 말한다. 이러한 점에서 도매상권이 어떤 요소에 의해 구성되는지 살펴보자.

먼저 고객의 입지분포 및 그 집적도에 의해 구성된다. 특히 판매업자의 입지, 점포수 및 판매액 등이 중요한 요소이다. 둘째, 경합·경쟁기업의 입지, 분포 및 그 집적도이다. 이 경우 경쟁 기업 수와 경합·경쟁 내용의 질이 중요하다. 셋째, 취급상품 및 상품군이다. 취급하는 상품의 종류나 특질이 상권의 폭과 깊이에 그 영향을 미친다. 넷째, 교통체계이다. 교통망이 어떻게 정비되어 활용되고 있는가에 따라 로지스틱스 비용(물류비용)이나 운임, 또는 구입원가 등이 변화하고, 영업활동의 거리도 변화한다. 다섯째, 상권 인구(소비자 인구) 및 소비자의 요구, 욕망, 생활의식, 가치관, 생활방식, 생활의 질 및 구매행동, 구매습관 등이다. 여섯째, 입지점을 포함한 지역의 구조 및 산업구조이다. 농업이 발달했는가, 첨단산업이 발달한 지역인가에 따라 상권의 잠재력이

〈그림 4-10〉 입지특성에 의한 도매상권의 모델

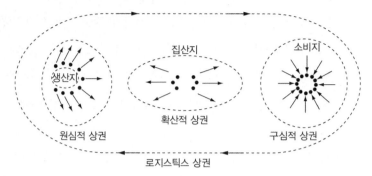

자료: 佐藤俊雄(1998: 116).

변하게 된다. 일곱째, 자연조건이다. 지형, 수계, 기후의 계절성이 주요한 요소가 된다.
　다음으로 도매상권의 종류를 살펴보면 다음과 같다. 먼저 유통경로에서 보면, 전국
도매상(원도매상, 중앙도매상)의 경우는 전국상권이고, 지방도매상 및 광역도매상(중간도
매상)은 지방·광역상권이며, 지역도매상 또는 국지도매상(최종도매상)은 좁은 지역·특
정 상권을 형성한다. 다음으로 입지상의 역할 형태에 따라서는 〈그림 4-10〉과 같이 구
매자로서의 도매 기업의 주체가 메이커(생산지)에 접근해 집적함으로 형성되는 생산지
중심 상권과 구매자로서 도매 기업이 소비지에 접근해 집적함으로 형성되는 소비지 중
심 상권이 있다. 그리고 도매기업 주체나 그 집적 주체가 생산지와 소비지의 중간에 입
지·집적하고, 그곳에서 집하(集荷)와 분하(分荷)의 기능을 행하기 위해 형성된 집산지
중심 상권이 있다.
　다음으로 판매처와 판매경로에서 나타나는 상권이 있다. 첫째, 판매지가 체인화, 그
룹화 또는 정보 네트워크화를 하고 있는 원심적 상권이다. 이 상권은 특히 국내 연쇄점
을 판매처로 하는 도매기업, 예를 들면 중앙도매상 등의 상권이 이에 속한다. 둘째, 질
적으로 높은 물류 서비스의 제공이 가능한 것으로 지역 내 시설에 충실한 도매기업, 특
히 지역 도매상 등에서 나타나는 구심적 상권이다. 셋째, 물류기능을 제외하고 스스로
판매점이 되는 구심적 지역 밀착형 상권이 있다. 넷째, 순회 판매원(route salesman)의
활동범위에 의해 나타나는 상권이다. 휴대용 정보기기를 이용한 고도 정보 네트워크

시스템이 발달한 오늘날에는 질 높은 활동범위에 의해 상권을 설정해야 하지만, 영업용 자동차를 이용한 상권은 왕복 두 시간 정도, 영업거리 40~50km, 실제 노동시간을 하루 여덟 시간으로 한다면 거래처 기업범위를 하루 방문 점포 수로 산출할 수 있다. 그러나 기존의 거래처인가, 새로운 거래처인가, 새로 개척하는 후보지인가에 따라 다르며, 취급하는 상품이나 영업의 소요시간 등이 다르기 때문에 순회판매원의 활동에 의해 설정되는 상권은 일반적이고 평균적이지는 않다.

다섯째, 자기 회사와 자기 점포의 본사·본점 - 지사·지점 간의 거리에 의해 상권을 설정할 수 있다. 이 상권은 판매 사업소 간 거리의 멀고 가까움, 그리고 이러한 라인 (line)에서의 폭이 상권을 형성한다. 본사와 본점의 영업력이 강한가, 지사와 지점의 영업력이 강한가 등에 의해 그 형상은 변한다. 여섯째, 로지스틱스 시스템(logistics system) 또는 물류 시스템에서 상권을 파악할 수 있다. 로지스틱스 시스템은 본래 토털 시스템 (total system)이기 때문에 판매권만으로 상권을 설정할 수 없다. 앞에서 서술한 바와 같이 구입권과 판매권을 포함한 상권이기 때문이다. 이 상권은 ㉠ 수송·배송 기업 수 및 점포 수와 그 밀도, ㉡ 로지스틱스센터나 배송센터 등의 시설 수와 그 위치, ㉢ 수송·배송 루트, 예를 들면 다이어그램(diagram) 배송[6]인가 아닌가, ㉣ 수송·배송의 순서, ㉤ 1일 수송·배송의 주행거리, ㉥ 수송·배송빈도(사이클), ㉦ 납기(lead time), ㉧ 1회 수송·배송 로트, 가능 적재량, 수송·배송차의 종류(중량별, 장치별, 형태별 종류와 그 조합), ㉨ 결합수송·배송의 가능성[유니트·로드 시스템(unit, road system), 픽팩(pickpack), 선박과 항공 (sea and air), 교통수단 전환(modal shift), 국제복합일관수송 등], ㉩ 수송·배송비용 등 여러 가지 요소를 통합함에 따라 구할 수 있다.

마지막으로 관할지역(territory)[7]제에 의해 상권을 설정할 수 있다. 이것은 도매기업

---

6) 정시에 정해진 루트로 배송하는 방식을 말한다.

7) 모팻(C. B. Moffat)이 1903년 이 용어를 처음 소개했는데, 라틴어 명사로는 terra(earth land), 동사로는 terrere(to warm or frighten off)이며 경계가 지어진 공간으로 개인이나 집단, 국가에 의해 점거된 공간의 일부(area)를 말한다. 관할지역의 경계는 보통 사회적 목적을 갖고 설정된 정치적·사회적 구축물이고, 많은 권력의 표현임과 동시에 사회적 분업을 나타내는 것이다. 단, 경계는 사회그룹을 분리시키는 것이 아니고 그 접촉을 중개하는 것이기도 하다.

주체가 취하는 상권이 아니고 메이커(생산자)가 도매 기업에 미치는 상권이라 말해도 좋다. 이 상권이 플러스(plus) 지향을 할 경우, 상권은 메이커가 많은 소매업자와 거래하고 자사 제품의 판로를 될 수 있는 한 넓게 확보하기 위해 중간업자인 전문상사나 도매 기업을 지정하고 판매지역을 설정하게 된다. 반대로 이 상권이 마이너스(minus) 지향을 할 경우, 이것은 메이커가 지역적으로 틀을 짜기 위해 중간업자인 도매 기업을 지정하고 자사 제품의 판매지역을 한정시켜 형성하는 것이 된다. 이렇게 형성된 관할지역 상권에는 세 가지 유형이 있다. 첫째, 폐쇄(closed) 관할지역제에서 형성된 상권이다. 이 제도에 의해 정해진 상권에는 메이커로부터 지정된 단일 중간업자(전문상사나 도매기업)만이 존재한다. 즉, 이 상권에는 상표나 가격 등의 경쟁이 제한된 것만이 아니고 신규 참여자의 참여도 제한된다. 따라서 본래의 상권의 모습이 아니다. 둘째, 개방 (open) 관할지역제에서 형성된 상권이다. 이 제도에서 정해진 상권에는 지정된 복수의 중간업자(전문상사나 도매기업)가 존재한다. 즉, 이 상권은 이중구조의 특성을 갖고 적어도 복수업자 간의 경쟁이 성립된다. 셋째, 입지(location) 관할지역제에서 형성된 상권이다. 이 제도는 메이커가 중간업자(전문상사나 도매기업)의 영업거점, 즉 점포입지만을 지정하고 상권범위는 특히 제한하지 않는다. 이 경우 상권범위는 지정된 중간업자(전문상사나 도매기업)에게 위탁한다. 이러한 관할지역제에 의한 상권 형성은 독과점 금지법에 저촉되고 경로주도(channel lead)의 역전적(逆轉的) 교체 등에 의해 점차 감소하고 붕괴되고 있다.

7. 도매업 판매활동에 의한 도시유형 변화

도매업은 상품의 생산자나 수입상으로부터 많은 상품을 구입해 소매상에게 판매하는 상업으로, 그 기능은 도시적이며, 도시를 거점으로 집적한다. 따라서 도매업은 도시의 기능과 성격을 규정짓는 중요한 산업이다. 그리고 도매업은 도시의 계층에 따라 발달의 정도가 다른데, 계층이 높은 도시에서는 고차 재화를 많이 판매하고, 그 상권의 지역적 범위도 넓으나, 계층이 낮은 도시는 계층이 낮은 상품을 판매하고, 그 상권의 지역적 범위도 좁게 나타난다. 그러므로 도매업의 판매활동으로 도시의 계층 구분이 가능하고 그 구조도 파악할 수 있다. 그리고 도시의 산업구조 변화로 도매업의 판매구성도 달라진다.

1968~1991년 사이에 한국 도매업의 업종 구성의 변화를 보면 투자재[8]인 '기계 및 장비 도매업'과 자동차 보급을 반영한 '운수장비 도매업'의 구성비는 높아졌으나 '농산물 및 음식료품 도매업', '섬유 및 의류 도매업', '의약품 및 화학제품 도매업' 및 '달리 분류되지 않는 일반도매업'의 구성비는 낮아졌다. 한편 연간 판매액에 의한 32개 도시의 순위 변화를 보면, 서울시는 세 개 연도에서 모두 50% 이상의 판매액을 차지해 최상위계층에 속하고, 그다음으로 부산·대구시가 제2계층에, 대전·광주시가 제3계층에 속한다. 그리고 제4·5계층은 지방 중심도시들로 구성되어 있고, 나머지 도시들은 제6계층에 속한다(〈그림 4-11〉).

도매업 연간 판매액의 지역적 분포는 도시의 인구분포와 밀접한 관계를 맺고 있다. 그러나 도매 판매액의 증감현상이 나타나는 것은 첫째 도시의 도매상권이 확대됨에 따라 판매액이 증대되어 점유율이 증가하거나, 상권 내에서의 구매력이 증대되어 증가되고, 둘째 다른 도시의 도매상권의 확대로 상권이 잠식되거나 판매액이 감소되어 점유율이 낮아지는 것으로 볼 수 있다.

1968년의 도매업종 구성에서 본 도시유형[9]의 분포와 계층을 보면, A유형은 소비·생산[10]·투자재를 판매하는 기능이 혼합된 그룹이란 특징이 있다. 이 유형은 서울시를 포함해 11개 도시에서 나타난다. B유형은 부산, 인천시를 포함해 11개 도시에서 나타나며 소비·생산재를 판매하는 업종이 혼합된 그룹으로 특징지어진다. C유형은 단지 '농

---

8) 투자재로는 '기계 및 장비 도매업', '건축재료 도매업' 등이 이에 속한다.

9) 도시의 유형화는 각 시의 도매 판매액의 업종별 구성비에 대해 가중결합법에 의한 군집분석(cluster analysis)을 적용했다.

10) 소비재로는 '농산물 및 음식료품 도매업', '달리 분류되지 않는 일반 도매업' 등이며, 생산재로는 '금속 및 광물 도매업'이 있고, 생산·소비재로는 '섬유 및 의류 도매업', '의약품 및 화학제품 도매업' 등이 있다.

〈그림 4-11〉 32개 도시의 도매업 연간 판매액에 의한 순위 변화(1968~1991년)

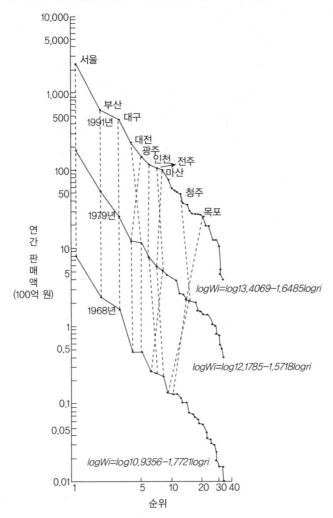

산물 및 음식료품 도매업'의 소비재 판매업종에 의해 특화된 것으로 마산시를 포함해
아홉 개 도시가 이에 속한다. D유형은 강릉시뿐으로 '건축재료'·'농산물 및 음식료품
도매업'이 특화된 투자·소비재의 판매기능의 특징이 나타났다(〈그림 4-12〉).

도매업 판매액에 의한 도시계층과 유형과의 관계를 보면(〈표 4-3〉), 1~3계층의 상위

제4장 도매업의 입지와 기업조직 _137

〈그림 4-12〉 도매업종 구성에 의한 도시유형의 분포(1968년)

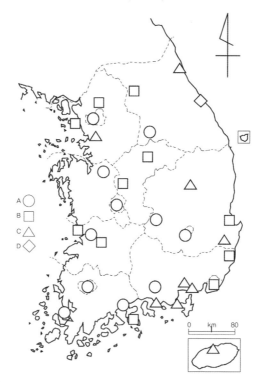

A ○
B □
C △
D ◇

0 ___ km ___ 80

자료: 韓柱成(1993a: 202).

〈표 4-3〉 도매 연간 판매액에 의한 도시계층과 도시유형과의 관계(1968년)

계층 유형	1	2	3	4	5	6
A	서울	대구	광주, 대전		목포, 원주	진주, 천안, 이리, 김천, 순천
B		부산		전주, 인천	청주, 군산, 여수	포항, 춘천, 울산, 충주, 의정부
C				마산	수원	속초, 삼천포, 충무, 안동, 제주, 경주, 진해
D						강릉

주: A유형 - 농·축·수산물, 식료품, 음료 도매업, 의약품 및 화장품, 화학제품 도매업, 섬유제품, 신·가방·의복 및 장신구 도매업,
　　광물 금속재료 도매업, 일반기계기구, 수송용 기계기구, 정밀기계기구 도매업
　　B유형 - 농·축·수산물, 식료품, 음료 도매업, 광물 금속재료 도매업, 의약품 및 화장품, 화학제품 도매업
　　C유형 - 농·축·수산물, 식료품, 음료 도매업
　　D유형 - 건축재료 도매업, 농·축·수산물, 식료품, 음료 도매업.
　　자료: 韓柱成(1993a: 206).

계층 도시는 A유형이 탁월해 소비·생산·투자재가 주요 업종으로 구성되어 있고, 4~5 계층의 도시는 B유형이 탁월해 생산·소비재가 주요 업종이다. 그리고 6계층의 도시는 A·B·C유형으로 구성되어 최하위 계층에서도 소비·생산·투자재를 주요 업종으로 구성하는 도시와, 소비·생산재를 주요 업종으로 구성하는 도시, 소비재만을 주요 업종으로 하는 도시로 나눌 수 있다. 따라서 상위 계층 도시일수록 '광물 금속재료 도매업'과 '기계기구 도매업'이 주요 업종이라는 것을 알 수 있다.

다음으로 1991년의 도매업종 구성에서 본 도시유형[11]의 분포와 계층을 보면, H유형은 소비·생산·투자재를 판매하는 업종이 혼합된 그룹으로 '기계 및 장비 도매업', '운수장비 도매업'이 특화된 표준유형[12]으로 서울·부산·대구시 등의 대도시를 포함해 19개 도시가 이에 속한다. I유형은 천안시뿐으로 투자·소비재를 판매하는 업종인 '건축재료'·'농산물 및 음식료품 도매업'이 탁월하며, J유형은 '농산물 및 음식료품 도매업'의 소비재가 탁월한 유형으로 진주·춘천시를 포함한 12개 도시가 이 유형에 속한다(〈그림 4-13〉).

도매업 판매액에 의한 도시계층과 유형과의 관계를 보면(〈표 4-4〉), 1~5계층에 속하는 도시는 H유형이, 최하위인 6계층에 속하는 도시는 H·J유형으로 나누어져 최하위계층의 도시도 소비재 이외에 생산·투자재의 업종이 발달한 도시가 존재한다. 따라서 상위계층 도시일수록 '기계 및 장비 도매업', '운수장비 도매업'의 발달이 탁월하다는 것을 알 수 있다.

1968년과 1991년 사이의 도매업 판매액에 의한 도시유형 변화는 1970년대에 '달리 분류되지 않은 일반도매업'의 발달로 자동차, 자전거 및 모터사이클, 자동차 부품 및 타이어, 운동 및 경기용품, 가구 등의 도매 판매액이 많아지고, 1980년대에 들어와서는 최하위 계층의 도시 일부를 제외한 모든 도시에서 기계 및 자동차 관계 도매업의 발달을 가져왔으며 그렇지 않은 최하위 계층의 일부 도시에서는 '농산물 및 음식료품 도매

---

11) 도시의 유형화는 각 시의 도매 판매액의 업종별 구성비에 대해 가중결합법에 의한 군집분석(cluster analysis)을 적용했다.

12) 1991년의 32개 도시에 대한 주요 업종과 일치하기 때문에 표준유형으로 명명했다.

〈그림 4-13〉 도매업종 구성에 의한 도시유형의 분포(1991년)

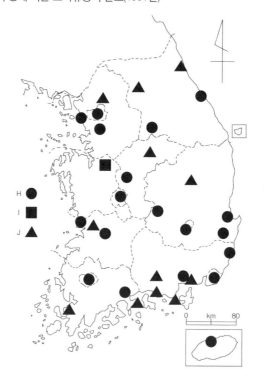

자료: 韓柱成(1993a: 202).

〈표 4-4〉 도매 연간 판매액에 의한 도시계층과 도시유형과의 관계(1991년)

계층 유형	1	2	3	4	5	6
H	서울	부산, 대구	광주, 대전	인천, 전주, 마산	울산, 수원, 원주, 청주, 포항, 제주	군산, 순천, 강릉, 경주, 김천
I						천안
J						진주, 춘천, 안동, 목포, 여수, 충주, 삼천포, 이리, 의정부, 충무, 속초, 진해

주: H유형 - 농산물 및 음식료품 도매업, 의약품 및 화학제품 도매업, 기계 및 장비 도매업, 운수장비 도매업, 섬유 및 의류 도매
　　업, 달리 분류되지 않은 일반도매업
　　I유형 - 건축재료 도매업, 농산물 및 음식료품 도매업
　　J유형 - 농산물 및 음식료품 도매업.
자료: 韓柱成(1993a: 207).

업'만이 발달해 계층에 따른 도매업종의 발달이 분화되었다.

8. 도매업의 기업조직

오늘날 도시의 성장 및 그 계층성을 규정짓는 중요한 요소로서 전국적인 규모를 가진 도매 기업이나 상사(商社)의 지점이 집적하는 현상을 볼 수 있다. 이러한 지점의 입지는 중추관리 기능[13]을 통해 일찍부터 인식됨으로 전국적 기업의 지점은 본점과 더불어 경제적 중추관리 기능이라고 규정할 수 있다. 고도의 경제성장 이후 기업의 규모가 확대되어 기업 판매망의 공간조직은 포드주의(Fordism)에 의한 대량생산 방식이 확립된 메이커가 그들의 관할지역에 자기 상품의 판매량을 증대시키기 위해 지점(지사), 영업소, 출장소 등 각 판매사업소[본사(본점), 지사(지점), 연구소, 공장 등]를 국내뿐만 아니라 세계 여러 국가의 주요 중심지에 배치시키고 있다.

도매로 분류되는 많은 메이커나 상사의 지점은 소매 상권을 훨씬 넘는 넓은 범위에 걸쳐 중심지 기능을 발휘하는 기관이다. 지점에는 전체 지역을 관할지역으로 세분해서 분산 배치하는 유형, 수요 및 산업 집적의 장점을 얻기 위해 집중 입지하는 유형, 나아가 기업의 특정부문이 수부(首部)기능 또는 금융시장 등의 외부경제를 얻어 분리, 배치시키는 유형 등이 있다. 그러나 지점의 대부분은 관할지역별로 배치시키는 유형이다. 전국적인 기업은 지방 블록 및 시·도를 기반으로 관할지역을 구분하는 것이 일반적이다. 그러나 지점은 지방 블록을 관할지역으로 하는 지점은 광역시에, 시·도를 관할지역으로 하는 지점은 도청 소재지에 해당하는 도시에 각각 집중 배치되고 있다. 그

---

13) 일본에서 사용하는 용어로 서부 유럽에서는 사무소(office) 기능 또는 관리 기능이라고 부른다. 여기서 사무소란 전문적·관리적·사무적 직업에 종사하는 사무계 취업자가 정보의 수집이나 처리, 정보의 생산이나 교환, 의사결정을 행하는 공간이나 장소를 가리킨다. 오피스 개념 규정에 관해 고더드(J. B. Goddard)는 기능적 개념과 형태적 개념으로 나누었다. 전자는 정보·아이디어·지식의 탐색, 축적, 수정, 교환, 발안(發案) 등을 취급하는 오피스 활동, 오피스 직업, 오피스 조직을 말한다. 그리고 후자는 오피스 활동을 하기 위해서나 정보 처리시설을 설치한 업무공간인 오피스빌딩과 오피스 시설을 말한다.

때문에 광역시에는 지점의 집적이 탁월하다. 그리고 시·도의 중심도시에 지점이 가장 많이 집적한다. 나아가 시·도 중심도시에 집적하는 전국 기업의 지점에는 광역시에 배치된 지점의 하부 사업소인 영업소, 출장소 등이 많다.

지점의 관할지역은 대부분 시·도 경계를 바탕으로 설정되고 있다. 그러나 이 경계를 넘어 넓게 분포하는 경우도 있다. 그러나 이러한 경우는 일반적 경향에서 인식되는 지역이 아니기 때문에 전국적으로 보아 적은 편이다. 도매 기업의 관할지역 설정목적은 시장지역 전체를 세분해 분할된 각 지역에 영업목표와 책임을 명확하게 하기 위한 것으로 조직 전체의 활동을 조정하고 효율성을 높이기 위함이다. 이를 위해 관할지역 범위를 영업의 공백지역 또는 활동의 중복지역이 생기지 않도록 명확하게 설정할 필요가 있다. 이러한 점에서 시·도 경계 구분의 이점이 평가된다. 다음으로 시장동향의 파악, 판매 전략의 입안 및 영업목표의 할당과 평가에는 통계자료의 이용을 빼놓을 수 없다. 이러한 종류의 자료는 대부분 관청의 통계로 행정지역 단위로 집계한 것이다. 즉, 관리의 관점에서 보면 계수평가가 쉬운 지역 구분이 좋기 때문에 시·도가 적당하다. 끝으로 조직 관리의 관점에서 보면, 기업조직의 계층적 관리체계에 대응한 관할지역의 편성을 생각할 때 전국, 지방 블록, 시·도, 시·도 내의 부분지역으로 되어 있는 행정지역의 계층체계를 대신할 모델이 없기 때문이다. 상권 구분에는 기업조직에 대응한 엄밀한 계층적 지역 구분은 기대할 수 없다. 따라서 시·도 경계 구분에 바탕을 둔 관할지역 설정은 계층적인 관할지역 편성에 적합하다고 할 수 있다. 그 밖의 시·도 구분은 행정기관과의 접촉이 용이하며, 업계를 하나로 통합하는 데 유리하고, 지역성을 이루고 있다고 평가된다. 그러나 관할지역이 기계적으로 시·도 경계에 따라 그어지는 것은 아니다. 시·도 구분에 따라 영업 및 배송에 큰 불경제를 가져오는 경우에는 관할지역의 경계가 조정된다. 이 경우 조정되는 기준은 각 지구로의 영업활동이 가장 가까운 영업거점이 담당하는 최근접성의 원리에 의한다.

지점의 관할지역은 지점의 배치지점(地點) 선정 이전에 설정되는 경향이 있다. 그것은 전체지역의 영업지역 구분이 지점을 배치하기 이전에 존재하고, 지점의 관할지역은 그것을 기초로 해 설정하기 위함이라고 이해할 수 있다. 이 경우 지점의 배치지점은 관

〈그림 4-14〉 현대자동차의 판매사업소 배치와 관할지역

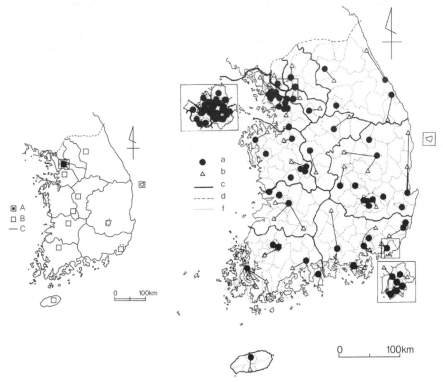

주: A - 본사, B - 지점, C - 지점의 관할지역 경계
　　a - 영업소의 소재지, b - 출장소의 소재지, c - 지점의 관할지역 경계, d - 시·도 경계, e - 구·시·군 경계.
자료: 韓柱成(1989: 117, 120).

할지역의 범위에 의해 규정되게 된다.

　한국 자동차 메이커의 완성차제품을 판매하기 위한 판매사업소의 공간조직은 지사, 영업소, 출장소를 주요 중심지에 배치시키고 있는데, 이와 같은 판매사업소의 배치 패턴은 각 판매사업소의 관할지역 내에서 수요량이 많고, 또 영업활동에 이동효율성이 높은 중심지에 배치시키고 있다(〈그림 4-14〉). 이러한 관점에서 영업소의 입지를 수요량 및 위치의 면에서 파악하기 위해 잠재력 모델 $D_i = \sum_{j=1}^{n}(H_j / D_{ij}^a)$로 분석할 수 있다(여기에서 D_i는 i 중심지의 수요 잠재력, H_j는 해당 연도의 j 중심지의 가구 수, D_{ij}는 i와 j 중심지 사이의 거리).

〈표 4-5〉 주요 도시의 기업 입지 수(1993년)

시·도(도시명)		인구수 (만 명)	수도권에 본사를 둔 기업(296개사)		수도권 이외에 본사를 둔 기업(42개사)		계
			본사	지사	본사	지사	
서울시		1,062.8	277			39	316
부산시		379.8		154	16	11	181
대구시		222.9		116	9	4	129
인천시		181.8	12	59		1	72
광주시		114.5		91	1	4	96
대전시		106.2		96	3	2	101
경기도	수원시	64.5	1	42			43
	성남시	54.1	3	16		1	20
	의정부시	21.2		15			15
	안양시	48.1	2	24			26
	부천시	66.8	1	21			22
강원도	춘천시	17.4		18	1		19
	원주시	17.3		41		1	42
	강릉시	15.3		24		2	26
충 북	청주시	49.7		38	1		39
충 남	천안시	21.1		19		2	21
전 북	전주시	51.7		63	2	2	67
	군산시	21.8		15		1	16
	이리시	20.3		11		1	12
전 남	목포시	25.3		14		1	15
	여수시	17.3		9		1	10
	순천시	16.7		16		1	17
경 북	포항시	31.9		38	2	3	43
	안동시	11.7		14		1	15
	구미시	20.6		15		2	17
경 남	울산시	68.3		35	3	4	42
	마산시	49.7		56	2	2	60
	창원시	32.3		19	1		20
	진주시	25.8		18		2	20
제주도	제주시	23.3		35	1		36

자료: 北田晃司(1997: 184).

지점의 배치를 살펴보기 위해 수도권에 본사를 둔 296개 사와 수도권 이외에 본사를
둔 42개 사를 합친 338개 사를 대상으로 기업의 본사와 지사의 입지를 보면(〈표 4-5〉),

수도권에 본사를 둔 기업의 지사 입지 수는 서울시가 탁월하게 많이 분포하고, 부산·대구·대전·광주시의 네 개 도시, 그 밖의 도시와는 본사, 지점 수의 차가 최근으로 올수록 점점 확대되고 있다. 그 밖의 도시 중에서 기업의 입지 수가 비교적 많은 도시는 인천·수원·원주·청주·전주·포항·울산·마산·제주시 등을 꼽을 수 있다. 그 가운데에서도 원주시는 1975년 영동고속도로의 개통으로 교통적 조건이 도청 소재지인 춘천보다도 영동지방을 연결하는 데 유리하고, 울산시는 고도경제성장기에 석유화학, 조선공업 등을 중심으로 중화학공업기지로 발달한 신흥공업도시이며, 제주시는 한국에서 인구가 적은 편이나 육지에서 떨어져 있고 제주도의 도청소재지로서 기업의 지점 수가 비교적 많이 분포하고 있기 때문으로 보인다. 이와 같은 기업의 본사, 지점의 입지는 인구 규모가 큰 도시나 인구 규모가 크지 않으나 그 지방의 도청소재지로서의 중심도시 내지는 공업이 발달하고 인구가 많은 도시에 입지하는 경향이 뚜렷하게 나타난다.

한편 2002년 전국의 본사 수를 보면 서울시의 본사 수가 52.9%로 매우 높으며, 부산시는 한국의 제2의 도시이지만 본사 수는 4.8%에 불과하다. 수도권에 인천시를 포함해 서울시의 위성도시에 분포한 본사 수는 14.0%를 차지해 수도권에 총 본사 수의 약 2/3가 입지했다. 한편 판매사업소 수를 보면 서울시가 가장 많고, 그다음으로 인천·울산시를 제외한 광역시의 순이다. 수도권에 분포한 판매사업소 수를 보면 703개가 입지하고 있다(〈표 4-6〉).

기업의 공간적인 조직전개가 도시의 기능적인 차이나 특유의 도시 간 결합관계를 가져와 도시군의 계층적 구조를 형성해왔다. 영국의 사례를 고찰한 웨스터웨이(J. Westaway)에 의하면 많은 대기업은 다른 기업·기업에 대한 서비스·행정기관 등과의 정보유통·상호의존의 용이성에서 대도시 런던에 본사를 두고 일상적인 업무부문이나 생산부문은 소도시나 개발도상국으로 분산시킨다고 했다. 그 결과, 입지한 기업의 부문에 대응해서 도시군(都市群, cities-system) 시스템의 계층적 질서가 형성된다고 주장했다. 따라서 선진자본주의 국가의 도시 시스템을 기업의 활동·조직에서 공간적 구조의 측면을 해명하는 것은 대단히 중요한 과제이다. 그러나 기업 활동에서 도시 간의 결합관계를 기업의 의사결정, 정보·자금의 유동, 기업에 대한 서비스의 의존관계 등에서

<표 4-6> 주요 도시의 본사와 판매사업소 수   단위: 개(%)

도시	본사 수	사업소 수	도시	본사 수	사업소 수
서울시	889(52.9)	494	창원시	18(1.1)	30
부산시	80(4.8)	215	청주시	6(0.4)	29
대구시	44(2.6)	158	안양시	28(1.7)	26
광주시	15(0.9)	128	마산시	6(0.4)	26
대전시	25(1.5)	122	강릉시	0(0.0)	24
인천시	65(3.9)	83	천안시	31(1.8)	23
수원시	15(0.9)	48	부천시	14(0.8)	22
성남시	34(2.0)	48	포항시	4(0.2)	21
울산시	18(1.1)	43	구미시	15(0.9)	20
제주시	3(0.2)	34	김해시	3(0.2)	14
전주시	4(0.2)	33	광양시	0(0.0)	12
원주시	3(0.2)	33	기타	281(16.7)	-
안산시	80(4.8)	30	계	1,681(100.0)	-

자료: 阿部和俊(2006: 32).

탐색하는 것은 어렵다.

한편 기업조직에 의한 결합에 대해서는 동일 기업 내의 본사와 지사의 소재도시를 알면 비교적 용이하고 정확하게 파악할 수 있다. 또 기업의 사업소망은 본사와 지사라는 상하 관계적 결합에서 성립되고, '의사결정·정보'와 더불어 '물자·서비스·사람' 등의 유동에서 발생시키는 관계도 있다. 따라서 기업의 사업소망에 의해 도시 간의 ⊙ 관리적 기능적·조정 기능적 결합관계와 ⓛ 물질적 결합관계라는 두 가지 면을 파악할 수 있다.

기업의 사업소망에 의한 결합관계에 초점을 두고 종래의 도시군 시스템 연구를 보면, 프레드(A. Pred)의 연구에서 그는 성장 유발적 혁신의 확산과정(diffusion process)을 연구하는 과정에서 동일 기업 내의 본사와 지사 간의 결합관계에 주목했다. 현실의 도시 간 결합관계에는 종래부터 상정되어온 계층적인 결합관계를 나타내는 크리스탈러형 결합관계만이 아니고 동일 계층도시나 다른 하위 시스템에 위치하는 상위·하위 계층도시에도 사업소망의 전개가 나타나 비계층적인 결합관계가 존재한다는 것을 지적했다. 이것이 프레드형이라고 부르는 도시군 시스템의 모델이다.

하나의 하위 시스템의 정점이 되는 대도시로서 자기의 하부 시스템 내의 중소도시 전부와의 결합(크리스탈러형 결합)보다도 다른 하위 시스템의 정점을 나타내는 대도시와의 결합(프레드형 결합)의 편이 많은 새로운 혁신·정보나 큰 시장을 획득할 수가 있다.

휠러(J. O. Wheeler)의 연구에서도 모회사와 자회사간의 결합관계에서, 그린과 셈플 (M. B. Green and R. K. Semple)은 대기업의 정보수집·의사결정·자금조달에서 중요한 기능을 갖는 겸임 중역회를 들어 대기업 본사와 겸임중역의 소재지에 의한 결합관계에서 미국의 도시군 시스템을 논했다. 그 결과, 뉴욕을 가장 중요한 거점, 시카고, 디트로이트를 부차적 거점으로서, 미국 각 지역의 주요 도시(세인트루이스, 로스앤젤레스, 덴버, 댈러스, 휴스턴, 마이애미 등)로의 결합망이 전개되었다는 것을 밝혔다.

이러한 기업조직으로 인해 현재 도매업은 생산자와 소비자 사이에서 어려운 입장에 놓이게 되었다. 생산자의 도매업 분야 진출과 연쇄점이 소매업을 주도하는 유통합리화의 압력을 받고 있는 것이다. 이러한 경제 환경에서 살아남기 위해서 도매업은 판매체제의 강화·합리화, 제품의 기획 개발화, 기업 다각화를 촉진시키는 것이 차후 추구해야 할 일이다. 이러한 방향에서 나아가 일부에서는 온라인 네트워크화를 위시해 경영의 정보화가 진행되고 있다. 기업 내에서는 생산자나 소비자와의 사이에도 온라인 네트워크를 연결시켜 사무 처리의 합리화나 경비 저감, 재고축소, 납기관리가 행해지게 되었다. 정보 통신기술로 무장된 새로운 유형의 도매업으로 탈피를 시도하고 있다고 말할 수 있다.

제5장

소매업의 입지이론

유통의 말단부에 위치하는 소매업은 구입한 상품을 최종 소비자에게 판매하는 기능을 가지고 있다. 도시와 그 주변에 거주하는 사람들에게 재화를 공급하는 소매업이 최초로 행해진 장소는 도시의 경우 직인[(職人), craft man]의 상점이었고, 촌락은 서부 유럽이나 북아메리카 이외 대부분의 국가에서 중요한 역할을 하는 시장광장(market square)이었다. 그리고 소매업에 종사한 사람은 재화를 판매하는 직인으로 유럽인과는 다른 민족이었다. 이런 교역의 장소와 당사자는 기능적으로 한정되었다고 생각한다.

이를 바탕으로 발달해온 소매업을 포함한 유통기관 변화의 이론은 새로 출현한 혁명적인 소매형태의 신규참여와 발전 및 그에 대한 기존 소매 시스템의 대응을 이론적으로 설명하는 것이다. 이 이론을 공간적인 관점에서 검토하는 것은 곤란했을 뿐만 아니라 지리학에서도 관심을 끌지 못했지만 그 후 소매업 공간구조의 변화과정을 해명하기 위해서는 유효한 것으로 그 중요성이 인식되었다.

유통산업은 시대에 따라 변화하는 사회·경제적 요청에 의해 발달하는데 그 바탕에는 몇 가지 법칙성이 존재한다고 할 수 있다. 그 대표적인 것 중에서 가장 보편타당성이 높은 자연도태이론은 다윈(C. R. Darwin)의 진화론, 즉 적자생존의 원리를 소매업에 적용시킨 것으로, 어떤 산업보다도 경쟁이 치열한 소매업은 그 시대의 소매 경쟁구조와 사회·경제적 환경 및 소비자의 구매행동 변화에 민감하게 대응해야 한다는 것이다.

이 이론은 소매기관의 변화를 사회·경제적 변화의 발전함수로 보고 주로 적자생존의 관점에서 소매기관의 발생과 발전과정을 설명할 수 있어 소매업의 공간구조 변화를 설명하는 것으로 적용성이 높다고 하겠다. 또 소매제도에 대해 소비패턴의 변화, 핵가족화, 단독가구의 증가 등과 같은 시장의 경제적·인구적·사회적·문화적·기술적 조건 같은 변화가 소매체계의 구조에 직접적으로 반영된다는 주장이다. 다시 말하면 소매제도는 주변 환경여건에 따라 생성, 발전, 성숙, 쇠퇴하게 된다는 환경이론(environment theory)이 그것이다.

그리고 주기이론(cyclical theory)은 소매기관의 생성과 발전양식이 이전의 경향을 반복함으로써 전체적으로 소매구조의 변화를 설명하는 이론이다. 즉, 종합적인 업태와 특화된 업태가 순환해 성장한다는 G-S-G(General Merchandise Store, Specialized store)가 그것이다. 이 이론은 대규모 쇼핑센터의 등장으로 보완적 성격을 가진 편의점과 같은 규모가 작은 소매점을 선호하는 추세를 나타낸다는 것을 설명할 수 있다. 그리고 갈등이론(conflict theory)은 혁신적인 소매기관과 종래의 소매기관과의 적대적인 행동에 의해 전반적으로 소매구조가 변화한다는 개념을 바탕에 둔 것으로, 교외 쇼핑센터에 대한 입지전개에 기존의 소매업지역과 행정의 대응을 포괄적으로 파악할 수 있다는 점에서 지리학에서의 활용이 기대된다. 이 이론은 앞의 이론과 관련이 깊은 정반합(正反合)의 과정을 되풀이한다는 변증법적 발전이론이 그것이다. 변증법적 해석으로 정반합의 세 가지 구조에서 정(正)은 기존의 구멍가게가 되고 반(反)은 대형 슈퍼마켓이 된다. 따라서 합(合)은 편의점이 되는데, 이는 기존의 구멍가게가 가졌던 친근감과 가까운 거리라는 이점에 슈퍼마켓이 가지는 정찰제, 셀프 서비스의 이점을 편의점이 가지게 된다는 것이다.

다음으로 소매업태의 전환을 독해하는 이론으로 새로운 업태의 출현과정을 설명하는 데 가장 유용한 소매선회이론(wheel of retailing theory)은 미국의 마케팅 학자인 맥네어(M. P. McNair)가 제창한 것으로 소매시장에서 변화하는 고객들의 구매 욕구에 맞추기 위한 소매업자의 노력이 증가함에 따라 다른 소매업자에 의해 원래 형태의 소매업이 출현하게 되는 순환과정이다. 새로운 형태의 소매상이 기존 시장에 낮은 이윤, 낮은 가격을 주 무기로 하고 새로운 판매방식으로 유통시장에 진입해 점차 광범위한 고객에게 영합하기 위해 다양한 서비스를 제공한다는 이론이다. 그러나 높은 수준의 서비스를 제공하는 기존 형태의 소매상과 경쟁하고 고객에게 추가적인 만족을 제공하기 위해서는 어쩔 수 없이 설비를 개선하고 서비스를 확대해야 하므로 가격경쟁력을 잃게 된다. 그래서 이러한 소매업태도 결국에는 높은 비용과 가격이 유발되어 또 다른 낮은 가격의 새로운 업태에 잠식당한다는 이론으로, 다시 낮은 서비스와 가격을 전략적 초점으로 하는 새로운 형태의 소매상이 출현하게 되는데, 이러한 현상을 '소매의 수레바퀴'라고 한다.

이와 같은 이론과 더불어 소매업에 관한 지리학적 연구의 주요 주제는 첫째, 구입·판매와 더불어 상품의 공간적 이동패턴을 대상으로 하는 연구, 둘째는 소매업의 입지행동 및 입지 패턴을 주 대상으로 하는 연구이다. 전자는 상품의 구입·판매권 등의 상권, 상품의 배송 시스템 및 소비자 구매행동의 원리를 해명하는 것이 주요 대상이다. 후자는 소매업의 입지전략, 입지평가 및 입지행동을 대상으로 하는 연구, 소매구조[1]의 공간적 측면에 착안한 연구, 즉 소매업의 공간구조에 관한 연구로 구분된다.

1. 소매상의 종류

일본 통상성에 의한 소매상 분류는 경영조직과 점포의 유무에 따라 크게 점포가 있는 소매상과 점포가 없는 소매상으로 나누어진다. 유점포 소매상은 백화점(department store), 슈퍼마켓(supermarket), 하이퍼마켓(hypermarket), 편의점(convenience store), 할인

---

1) 소매구조란 소매업을 구성하는 요소인 소매 점포와 소매기업 간의 상호 관련성 및 이들을 둘러싼 환경요소와의 상호 관련에서 성립되는 집합의 양태라고 정의된다. 환경의 여러 요소로서 소비자 구매행동, 소비수준 등 수요 측의 요소와 경제구조 및 상업정책 등을 들 수 있다. 이들 환경의 여러 요소와 소매업을 구성하는 요소가 서로 관련함에 따라 소매구조가 형성된다. 이것은 소매구조가 공간적 범위를 취할 경우에 소매업의 공간구조로 인식된다.

〈그림 5-1〉 소매상의 판매유형 구분

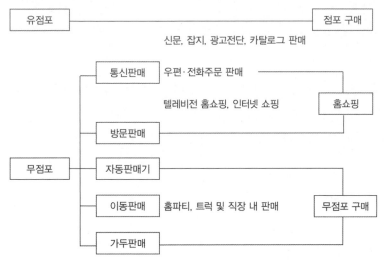

(점포 유무에 따른 분류)   (소비자 구매행동에 따른 분류)

자료: 한국디엠연구소(1995: 9).

점(discount store), 회원제 창고형 도·소매, 카테고리 킬러(category killer),[2] 양판점,[3] 전문 연쇄점(chain store), 독립 소매점 등으로 나누어진다. 한편 무점포 소매상(non-store retailing)은 다시 통신판매, 방문판매, 자동판매기, 이동판매, 가두판매 등으로 나누어진다. 통신판매는 신문, 잡지, 광고전단, 카탈로그 판매, 우편·전화주문 판매, 텔레비전

---

[2] 완구용품, 스포츠용품, 아동의류, 가전제품, 식품, 인터넷 포털사이트, 가구 등과 같이 상품 분야별로 여러 곳에 특화된 전문 대형매장을 갖추고 할인해 이를 집중적으로 판매하는 소매 업태를 일컫는다. '킬러'라는 단어를 사용한 것은 업체들 간의 경쟁이 치열하다는 뜻으로, 이 업태가 처음 등장했을 때는 완구류나 가전제품, 카메라 등 특정품목 위주로 취급했으나, 이제는 특정품목의 범위를 벗어나 업태나 업종을 가리지 않고 다양한 분야에서 널리 이용되고 있다. 카테고리 킬러로는 한국의 하이마트, 미국의 스포츠용품 전문점 스포츠 오소리티(Sports Authority), 유럽의 DIY(Do It Yourself) 전문매장인 B&Q 등이 있다. 카테고리 킬러의 주요 특징으로는 ㉠ 체인화를 통한 현금 매입과 대량 매입, ㉡ 목표 고객을 통한 차별화된 서비스 제공, ㉢ 체계적인 고객 관리, ㉣ 셀프 서비스와 낮은 가격 등을 들 수 있다.

[3] 양판점(General Merchandise Store: GMS)은 미국에서 대규모 경영·대량판매를 하는 점포를 총칭해 사용한다. 그 대상은 백화점, 전문 체인점도 포함된다. 그러나 일본에서는 의식주의 청사진(blue line)의 상품구성을 하는 연쇄점을 가리키고, 양판점도 같은 의미로 사용한다.

홈쇼핑,[4] 인터넷 쇼핑으로 나누어진다. 그리고 이동판매는 홈 파티(home party)와 트럭 및 직장 내 판매로 나누어진다(〈그림 5-1〉). 질레트(P. L. Gillet)는 우편이나 전화로, 데이비스는 쌍방향(interactive) 케이블 텔레비전(cable television)이나 비디오텍스(videotex)[5] 등의 통신매체를 통해 가정에서 직접 상품을 주문하는 것을 텔레쇼핑(teleshopping)이라 했다.

그 밖에 취급상품의 성격에 따라 전문품 소매점, 선매품(選買品) 소매점, 편의품 소매점으로, 판매의 방식에 따라 백화점, 한 종류의 상품을 대량으로 판매해 박리다매하는 양판점, 전문점, 일반 소매점으로 나누어진다.

1) 유점포 소매상

(1) 대형점의 입지전개 패턴

대형점은 소비생활의 주역이 되었다고 말해도 과언이 아니다. 이러한 대형점도 다양한 업태가 있는데, 그들의 입지 조건이나 실제의 입지 패턴 등은 취급하는 상품이나 업태에 따라 다르다.[6] 또 대형점의 입지특성에는 교통 환경 차이 등에 의해 대도시권, 지방 도시권과의 사이에도 큰 차이가 보인다. 더욱이 도시계획 등 법적인 영향도 강하다. 여기에서는 업태나 환경, 제도 등 여러 가지 영향 요인을 고려해 지금까지의 대형점 입지 동향과 현재의 과제에 대해 논하고자 한다.

대형점의 선구라고 할 수 있는 백화점은 일제강점기 대도시의 도심 상업지에 입지

---

4) 홈쇼핑은 '집에서(in home, at home) 쇼핑하는 것'을 의미하는데, 구매 장소를 강조하는 개념으로서 주문에서 대금결제 및 상품인수까지 전 과정이 집에서 이루어지는 소매형태를 말한다.

5) 텔레비전 수상기에 전용 어댑터를 부가한 것이나 개인용 컴퓨터를 사용자 측의 단말로 하고, 정보 센터의 컴퓨터를 전화 회선으로 접속해 사용자가 센터의 컴퓨터에 축적되어 있는 정보 중에서 필요한 정보를 검색해 텔레비전 수상기나 PC 화면에 문자 및 도형으로 표시하는 시스템의 국제적 명칭을 말한다.

6) 현재의 대형점은 비교적 고급 의류 등 선매품을 중심으로 취급하는 백화점, 좀 더 저렴하고(reasonable) 폭넓은 상품을 취급하는 쇼핑센터, 식료품·일용잡화 등을 갖춘 슈퍼마켓, 최근에 급증한 아울렛 몰(outlet mall) 및 홈 센터(home center)나 의류 및 가전제품 등 카테고리 킬러라 부르는 전문 대형점으로 대별된다.

하고 유행의 발신 거점임과 동시에 도심의 경관을 상징하는 존재가 되기도 했다. 대도시의 인구성장으로 교외가 확대되어 백화점은 철도의 결절인 역 주변이나 교외의 중규모 도시에도 증가했다. 한편 지방도시권의 대도시나 도청 소재지나 중규모 도시에도 지방 자본의 백화점 등이 중심상업지나 주요 역 앞에 입지했다.

고도경제성장기에도 저가 상품을 취급하는 대형 양판점이나 슈퍼마켓 등 신규업태도 증가해 각지의 기존 상점가의 경영을 위협하는 존재가 됐다. 그러한 상황에 대응할 수 있도록 대규모 소매업 점포법이 시행되었는데, 이 법은 대형점이 출점할 경우 그 지방 상업 관계자들과의 조정을 의무조항으로 했다. 그러나 실질적인 점포규제에 의해 상점가를 보호하려는 것이 무역마찰의 문제로 발발되었고, 그러한 이유로 규제완화가 이루어졌다. 이에 따라 각 지역에 대형점의 입지는 증가하고, 특히 모터리제이션의 진전이 뚜렷해 지방도시권에는 교외 간선도로변 등에 도로변형 상업 집적지가 형성되었다. 1990년대 말 이후 대규모 주차장을 부설한 쇼핑센터가 지방도시나 대도시권 교외뿐만 아니라 도로환경이 좋은 곳까지 진출했다. 이러한 과잉 자가용 자동차 의존형의 도시화에 의해 많은 지방도시의 중심시가지는 문을 닫는 상점이 증가하고 인구감소, 중산간지방의 소자녀 고령화 등의 상황이 심각해졌다. 또 대도시의 도심상점지에 입지한 백화점도 저성장으로 소비가 줄어듦에 따라 교통결절성을 높이는 철도 역 입지형의 백화점은 급성장하고, 나아가 백화점의 특징인 고급 브랜드의 아울렛 상품을 취급하는 아울렛 몰이 도심에서 통근권을 뛰어넘은 초교외지역 등에서 급증함으로 판매액이 낮아 폐점하는 경우도 나타났다. 이러한 현재 대형점의 입지 상황은 대도시권, 지방도시권에도 공통으로 교외화 경향이 나타나고, 지방도시권에서는 인구의 교외화 이상의 과잉진출로 상업입지의 교외화에 여러 가지 문제도 발생하고 있다(〈그림 5-2〉).

모터리제이션의 진전으로 이동의 부담경감에 의해 자가용 자동차 이용자의 소비 생활권은 대폭 확대되었지만 그 영향은 중심시가지를 위시한 영세소매업자를 폐업으로 많이 몰아넣었다. 그 결과 독거 후기고령자[7]를 중심으로 자가용 자동차 이용이 곤란한

---

7) 노년사회학에서는 65~74세를 전기 고령층(고령 전기), 75세 이상을 후기 고령층(고령 후기)이라 한다.

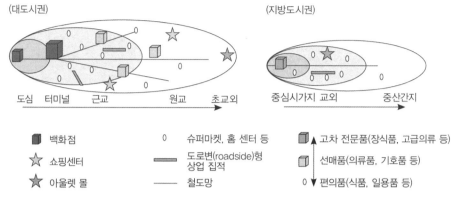

〈그림 5-2〉 대도시권과 지방도시권에서 대형점의 입지전재 패턴

자료: 藤井 正·神谷浩夫 編(2014: 125).

가구는 구매약자(난민) 등으로 불리게 되었다. 그 수는 일본의 경우 거의 600만 명으로 추계되고 있다. 이러한 과도한 교외화나 점포의 대형화로 발생한 문제에 덧붙여 한층 더 인구감소·고령사회의 진전에 대응하는 2006년 도시계획법이 크게 개정되었다. 원칙적으로 지방도시를 중심으로 상업용도 지역 이외에서 대규모 집객시설의 개발을 금지했다. 이에 따라 기본적으로 교외에서의 대형점 신설이나 매장면적 확장은 특별한 경우를 제외하고 동결되었지만, 그 규제대상이 되는 매장면적 1만m²를 넘지 않는 시설을 복수의 동(棟)으로 짓는 등 규제망을 빠져나오는 사업자도 있어 완전하게 교외개발이 중지되었다고는 말할 수 없다. 또 지금까지 급증한 교외 대형점은 의연하게 존속하고 소비생활의 교외화가 일반적인 경향이 된 지방도시 주민의 생활행동을 변화시키기에는 쉽지 않다. 그러나 대규모 개발업자 중에는 중심시가지나 그 주변에서 점포개발의 새로운 전개를 모색하는 움직임도 시작되었고, 인구감소사회에 대응할 수 있는 콤팩트(compact) 시가지 만들기에 적응한 대형점의 입지가 시작될 것이라고 하고 있다.

① 백화점

1852년 프랑스에서 시작된 백화점은 수요자 대상에 따라 대도시 백화점과 지방도시 백화점으로 나누어지고, 점포 입지에 따라 도심 백화점, 터미널 백화점, 교외·위성도시 백화점으로 구분된다. 한국의 백화점은 1987년 도·소매 진흥법에 의하면, 각종 상품을 부문별로 구성해 최종 소비자가 일괄 구매할 수 있도록 직영 위주로 운영하는 대규모 점포를 말한다. 매장면적으로 보아 서울시는 3000m² 이상, 기타 지역은 2000m² 이상으로, 점포의 직영률이 50% 이상이어야 한다.

현재 백화점은 경영구조를 수정하거나 점포를 통폐합하고 각 점포가 고객 수요에 맞는 머천다이징[8]으로 거듭나고 있다. 그 결과 도심의 백화점은 취급상품이나 서비스의 전문화가 진행되고 있고, 교외에서는 쇼핑센터 형태의 백화점이 증가하는 추세이다. 미국에서는 편리성이나 오락성, 공동체 활동의 장, 고용의 장으로서의 기능을 가진 교외형 쇼핑센터가 탁월하고, 교외형 쇼핑센터의 핵심점포가 백화점인 경우가 많다.

백화점을 대상으로 한 지리학의 연구는 특정지역의 고객 구매권을 고찰한 연구, 백화점의 입지 전개를 검토한 연구로 아주 적은 편이다. 그러나 고차의 소매시설인 백화점은 본사의 기능이나 행정기능 등과 같이 도시화를 견인하고, 또 도시의 얼굴로서 그 역할을 담당해온 중요한 기능이다. 그리고 근년에는 상업구조의 변화 중에서 백화점의 다양화 경향이 있고 다른 업종·업태에 비해 점포 간의 차이가 뚜렷하다. 더욱이 대형점이나 고차의 소매업종의 교외 집적에 착안하고, 소매기능의 교외화를 논의해왔던 기존의 연구와 대비하는 의미에서도 백화점은 연구의 분석지표로서 적당하다.

② 쇼핑센터

쇼핑센터(shopping center)는 원래 유럽에서 발생해 북아메리카에서 성장하고 성숙했던 것으로, 개발업자가 존재하며 계획에 의해 만들어진 소매점 집합체로 개발업자가

---

8) 머천다이징은 미국 마케팅 협회에 따르면 '기업의 마케팅 목적을 표현하기 위해 가장 좋은 장소, 시간, 가격, 수량으로 특정상품 또는 서비스를 시장에 내는 것에 관한 계획과 관리'를 말한다. 즉, 머천다이징이란 각 점포의 상권 특성에 가장 적합한 상품과 서비스를 최적의 가격과 수량으로 갖추고, 또 최적의 방법으로 판매함으로써 점포의 매상을 신장시키는 일련의 영업활동으로 이해할 수 있다. 현재 백화점은 머천다이징의 강화를 중요 과제로 하고 있다. 오야마(小山周二)는 백화점 개혁에서 중요한 것은 머천다이징의 재구축만이 아니고 소비자의 구매행동을 활성화시키기 위한 편리성과 오락성을 충실하게 하는 것이라고 지적했다.

지역의 상황, 수요의 분석을 통해 전체의 규모, 배치(layout), 점포구성, 판매촉진까지 계획하고 건립한다. 구성점포에는 핵심점포(key tenant)라는 매우 저명한 이미지가 높은 소매점이 존재하고 그것을 핵으로 일반점, 전문점이 임대자로 입주한다. 이러한 쇼핑센터는 1948년 커스터(D. Custer)에 의해 미국 오하이오 주에서 개설한 것이 처음이다. 미국에서 쇼핑센터가 출현하게 된 이유로는 다음 여덟 가지를 들 수 있다. ㉠ 도심 상업 집적지의 지가 앙등(昂騰)과 더불어 신규 점포용 토지를 구하기 힘들어진 것과 도심의 교통 혼잡과 주차금지 구역의 확대로 인한 도심 소매업 경영의 한계, ㉡ 저소득층의 도심 집중과 도심 생활환경의 슬럼화, ㉢ 철도·버스교통의 쇠퇴와 자동차 도로망 확충과 함께 모터리제이션화, ㉣ 자가용 자동차 보급과 산업의 지방 분산화로 인한 도시구조의 변화, 특히 도시화와 인구의 교외화, ㉤ 도시형 백화점의 교외 진출, ㉥ 소비자의 소득수준 향상과 구매행동의 원스톱(one-stop) 쇼핑 지향 증가, ㉦ 교외의 확대 또는 저렴한 쇼핑용지 획득의 가능성 및 편리한 교통 접근성이나 뛰어난 계획적 쇼핑센터 디자인의 실현 가능성, ㉧ 쇼핑센터의 성장을 촉진하는 소매 경영기술의 확신이다 (〈표 5-1〉).

미국에서 규모에 따른 쇼핑센터를 분류하면 다음과 같다.

〈표 5-1〉 쇼핑센터의 유형과 주요 특성

유형	업태
백화점	선매품을 중심으로 광범위한 소비자용품을 취급하되 상품군으로 분류하고, 부문별 관리 제도를 갖는 대규모 단일 소매점
양판점	다수의 점포망을 가지고 상품을 저렴하게 판매해 물량 위주의 영업방식을 취하는 체인업체
하이퍼마켓	일종의 할인점으로 1960년대 유럽에서 개발된 식품과 비식품을 종합화한 대형 슈퍼마켓 업태
아울렛 스토어(outlet store)	일종의 할인점으로 제조업자가 재고처분하기 위해 일류 브랜드 상품을 특별 할인가로 판매하는 점포
회원제 할인점	일종의 할인점으로 소비생활재 주력의 회원제 셀프서비스 도매점
할인점	일종의 할인점으로 비식품 부문의 브랜드 상품을 주로 취급하며 초저가 할인방식으로 운영
전문할인점	특정 분야의 상품을 중심으로 강력한 가격 파괴를 영업 전략으로 하는 할인점

㉠ 근린 쇼핑센터(neighborhood shopping center): 매우 작은 쇼핑센터로 점포 수는 열 개 미만, 핵심점포는 잡화점, 약국 또는 슈퍼마켓을 운영하는 경영자이다.

㉡ 공동체 쇼핑센터(community shopping center): 중형 쇼핑센터로서 구성되는 점포는 수십 개이며, 핵심점포는 소형 백화점 또는 대형 잡화점, 약국이 많다. 근린 쇼핑센터 와 같이 주택지 가까이에 입지를 한다.

㉢ 지역 쇼핑센터(regional shopping center): 대형 쇼핑센터로 핵심점포는 한두 개의 백 화점으로 구성되며, 이곳에 하부 핵심점포(sub key tenant)로서 잡화점, 약국, 슈퍼마켓 이 입지한다. 점포 수는 100개가 넘고, 상권 인구수는 20만~30만 명 정도이며 수천 대 를 주차할 수 있는 주차장을 보유하고 있는데, 이 쇼핑센터는 주거지역에서 떨어져 지 역개발이 되는 곳에 새로 설치되는 경우가 많다.

㉣ 초대형 지역 쇼핑센터(super-regional shopping center): 최근에 지역 쇼핑센터를 능 가하는 초대형 규모로 쇼핑센터 간의 경쟁이 치열해지면서 등장했는데, 복수의 백화점 이 핵심점포로 되어 있고 1만 대 이상 주차할 수 있는 주차장이 있다.

다음으로 쇼핑센터를 형태별로 보면, 첫째 개방 몰(open mall)[9]은 각 임대자가 연동 식(連棟式)의 점포로 구성되어 있고 옥외 통로가 개방된 형태로, 기후가 온화하고 강수 량이 적은 지방에서는 이 형태가 많다. 둘째, 폐쇄 몰(closed mall)은 쇼핑센터 전체가 하 나의 건물로 구성되어 있고, 각 임대자는 모두 옥내에 입지한다. 전천후형으로 연중 일 정한 기온을 유지하며 최근에 이 유형이 많아지고 있다.

한편 미국에서 도시 교외형 쇼핑센터의 대부분은 도시의 크기와 관계없이 시가지를 크게 둘러싼 환상 고속도로와 도심에서 방사상으로 뻗어 다른 도시로 향하는 고속도로

---

9) 쇼핑센터 몰은 19세기에 백화점이 등장한 것과 같은 의미로 20세기에 많은 방법에서 백화점과 같은 의 미로 나타나게 된 것이다. 미국 미네소타(Minnesota) 주 블루밍턴(Bloomington)에 입지한 몰 오브 아 메리카(Mall of America)는 미국 최대의 쇼핑센터 몰로 그 면적이 78에이커(9만 6000평)로 이곳에 상점 이 429개, 가족 오락공원, 18홀짜리 소형 골프장, 14개의 대형극장, 레스토랑 50개, 나이트클럽 아홉 개, 수족관이 들어서 있다. 또 승용차 1만 5000대가 동시에 주차가 가능해 미국 내의 관광객들이 찾는 최고 의 방문지 중의 하나로 자리 잡았다. 1992년에 개장한 이래 3년 동안 방문객 수가 약 1억 명이고, 이중 40%는 단지 쇼핑센터 몰을 구경하기 위해 온 방문객이다. 종업원 수는 1만 2000명이다(〈사진 5-1〉).

<사진 5-1> 미국 미네소타 주 블루밍턴 쇼핑몰(1996년)

의 나들목 부근에 입지를 한다.

쇼핑센터의 디자인 원리에는 몇 가지 공통점이 있다. 첫째, 대규모의 핵심점포는 몰의 끝에 입지를 한다. 그 때문에 소비자는 몰의 양쪽 끝을 방문하고 그 도중에 종속되는 소규모 경영 점포 옆을 통과한다. 둘째, 몰의 출구 수를 최소로 하기 위해 출입구는 엄격하게 관리된다. 그 때문에 구매고객은 쉽게 밖으로 나갈 수가 없다. 도심 몰에는 현존하는 통로와 나란히 내부의 통로를 만들려고 시도하고 있다. 셋째, 이 통로는 종종 커브나 곡선으로 되어 있고, 그 때문에 통로의 길이가 길어져 통로 양쪽의 점포 수도 많아진다. 넷째, 서로 보완하거나 경쟁하는 점포의 집적은 자연적으로 이루어진다. 식료품점은 슈퍼마켓 가까이에 집적한다. 패스트푸드점은 공동의 식탁과 의자를 이용하도록 식도락 통로를 형성한다. 연령이나 수입이 다른 집단에게 서비스를 제공하는 소매업자는 서로 떨어져 입지를 한다. 예를 들면 10대의 청소년에게 서비스를 제공하는 점포는 고소득층을 겨냥한 점포(up scale store)와 떨어져 입지한다. 규모가 대단히 큰 쇼핑센터에서는 유행상품 판매점과 대량판매점은 다른 층이나 다른 건물 부분(wing)에 입지한다.

다음으로 쇼핑센터 내의 소비자 행동에 관한 연구가 입구에서 출구까지 구매고객의 경로(path)를 실제로 조사함으로써 이용되는 점포 간의 결합이 밝혀졌다. 어느 점포가 번잡하게 이용되고, 함께 이용된 점포들은 어느 것들이며, 윈도쇼핑을 하는 점포는 어느 점포이고, 휴식을 하는 장소는 어디인가 등을 알 수 있는 것이다. 지역 쇼핑센터 내의 보행자 통행을 나타낸 것이 〈그림 5-3〉이다. 이에 따르면 입구부터의 보행자 통행 비율은 어디에서든지 전체 통행의 1.1~4.3%로 거의 비슷한 값을 나타낸다. 또 두 개의 백화점 흡인력은 거의 비슷하지만 두 개의 슈퍼마켓 격차는 크게 나타나고, 쇼핑센터 중심부의 통행은 크게 나타난다. 이러한 보행자 통행은 전자기술의 발달로 어떤 시간이나 어떤 장소에서도 관찰할 수 있다.

〈그림 5-3〉 지역 쇼핑센터의 보행자 통행유동

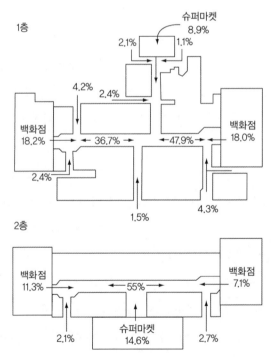

자료: Jones and Simmons(1987: 110).

(2) 할인점

할인점은 새로운 판매·경영방식의 소매점으로 제2차 세계대전 이후 비식료품과 내구소비재를 중심으로 낮은 가격에 백화점과 경쟁해 1970년대에 성숙기에 접어들었다. 일반적으로 할인점은 낮은 이윤율을 유지하고 상품 회전율을 높이기 위해 셀프서비스 기술을 이용하며, 중앙 계산대를 이용해 내구소비재, 건강 및 미용 보조 상품, 의류, 기타 상품 등을 판매한다. 한국에는 유통시장이 개방되면서 1993년에 처음으로 도입되었는데, 낮은 이윤, 낮은 가격의 판매 전략과 더불어 높은 자가용 승용차의 보급 등으로 대량구매가 가능해짐으로써 급속하게 발달했다. 한국의 유통산업 발전법에는 매장 규모가 3000m² 이상(자연녹지 내의 셀프서비스 형 대형 할인점은 매장면적이 2000m²도 가능)으로 직영률이 100%여야 한다.

(3) 연쇄점

국제 연쇄점 협회에서는 단일자본으로 11개 이상의 점포를 직접 경영 관리하는 소매업을 연쇄점이라 말한다. 그러나 미국에서는 11개 이상의 점포를, 일본에서는 열 개 이상의 점포를 가지는 소매기업을 말하는데, 정규 연쇄점(regular chains), 기업적 연쇄점(corporate chains), 임의 연쇄점(voluntary chains)으로 나눌 수 있다. 정규 연쇄점은 중앙본부가 소유하고, 또 주체가 되어 공동으로 경영하며 산재해 있는 소매점포의 집단(대규모 기업)의 규모의 이익에 의해 비용을 절약한다. 기업적 연쇄점은 동일 방식의 다수 점포를 하나의 자본소유와 중앙계획 및 관리하에서 조직적으로 운영한다. 임의 연쇄점은 계약에 의해 공동으로 상행위를 하는 다수의 독립 소매점이 모인 조직, 또는 조직에 속한 개개의 소매점의 모임으로 조직의 가맹과 탈퇴가 자유롭고 계약된 사항에 대해서만 각 소매점이 공동행위를 한다.

지리학에서 연쇄점에 대한 연구는 첫째, 양판(量販) 체인의 점포배치를 도시군(都市群) 시스템 및 중심지 시스템을 해명하는 수단으로 사용한 연구, 둘째, 근교도시 및 지방도시를 대상으로 양판 체인을 핵심점포로 한 대형점의 입지로 인해 지역 소매업에 미친 공간적 영향을 분석한 연구, 셋째, 정책론적 관점에서 지역 소매업의 변화를 밝힌 연구, 넷째, 정보화의 진전을 배경으로 점포망, 물류거점의 입지변화 및 배송 루트의 공간특성에서 연쇄점의 물류 시스템을 검토한 연구로 다양하다고 할 수 있다. 그러나 유통정책의 변화에 대응한 연쇄점의 출점(出店)전략에 대한 공간적 관점에서의 연구는 그다지 많지 않다.

(4) 편의점

편의점[10]은 매우 좁은 상권을 가지며, 다양한 상품구성과 긴 영업시간, 좁은 매장, 총이익률이 높은 상품 중심의 판매구조라는 특징을 가진 도시형의 소매 업태이다. 편의점은 재고의 면에서 매장재고만을 가지며, 수급조정을 극단적인 다빈도 소규모 로트 배송에 의존하고 있기 때문에 그 존립 기반에는 고도의 물류·정보 시스템이 필요하다.

미국의 편의점은 규모가 약 93~293m²로 5~10대를 주차할 공간을 가지고, 다른 점포보다 긴 시간(표준 영업시간 오전 7시~오후 11시)을 영업하며, 판매형태로는 셀프서비스 방식을 채택하고, 취급상품은 일상 필수품 등의 2000~3000품목으로 구성되는 소매업이다. 편의점은 슈퍼마켓과 경쟁을 하기보다는 소비자에게 입지, 시간, 상품구색 등에서 좀 더 편리함을 제공하는 것을 목적으로 1965~1975년 사이에 가장 많이 설립되었다. 한국 편의점의 등장은 1982년 서울시에 세븐일레븐(7-Eleven)이 개점한 것이 처음인데, 그 규모는 서울시의 경우 70~250m², 그 밖의 지역은 50~165m²이고, 연쇄화 요건으로는 직영점 형태일 경우 점포의 수가 30개 이상이어야 하고, 가맹점 형태일 경우는 50개 이상이 출점을 해야 한다.

편의점의 특성은 첫째, 고객에게 신속한 구매를 할 수 있도록 하고, 둘째, 연중무휴로 장시간 영업을 하며, 셋째, 다품종으로 안심하고 구입할 수 있는 상품이어야 한다. 넷째, 고객에게 친절한 서비스를 제공하고, 소수의 종업원으로 점포가 운용되어 한 명당 생산성을 높이는 점포 운영 방식을 취한다. 다섯째, 고객에게 친근감을 주는 외장이

---

10) 1924년 미국 댈러스에서 제빙공장의 종업원이 결혼비용을 마련하기 위해 얼음과 냉동수박을 판매했는데, 이 점에 착안해 사우스랜드(Southland)사라는 제빙회사 관리자들이 1927년 여름 영업시간에 빵과 우유를 판매했고, 이것이 성공해 고객 위주의 영업시간을 시도한 것이 편의점의 시작이다.

어야 하고 내부의 매장도 잘 정돈되어 있어야 한다. 여섯째, 편의점은 입지에 따라 상품구성이 달라진다.

편의점을 대상으로 한 지리학의 연구에는 주로 그 입지를 외부조건으로 설명한 것과, 체인 내부에 착안해 체인 운영(chain operation)의 실태를 분석한 것이 있다. 편의점의 전국적 입지전개는 인구 규모라는 외부조건만이 아닌 배송비용이나 출점전략이라는 내부조건에 의해서도 규정된다는 점을 밝혀야 한다.

(5) 프랜차이즈 체인

프랜차이즈[11] 체인(franchise chain)은 수직적 유통경로의 계열화를 통해 여러 가지 유리한 시장효과를 얻기 위한 하나의 마케팅 기법으로, 일반적인 프랜차이징은 모든 형태의 상품과 서비스를 분배하는 가장 일반화된 방법 중의 하나이다. 프랜차이즈 체인은 프랜차이즈 시스템의 도입목적에 따라 두 가지로 나눌 수 있는데, 하나는 상품유통을 위해 제조업체나 도매업자가 중심이 되어 등장한 프랜차이즈 체인과, 또 다른 하나는 주로 가맹점이 지불하는 가맹금이나 사용료(royalty)에 의해 이익을 얻으려는 목적으로 생긴 프랜차이즈 체인이다. 이 체인은 '프랜차이즈 패키지'라 불리는 상표, 상호를 제공하고 각종 지도 및 원조, 상품과 원재료의 판매 등을 한다. 여기에 속하는 업종은 음식점이 많다.

프랜차이즈 체인은 생산자 → 도매업자 → 소매업자 → 소비자로 상품이 유통되는 전통적인 유통경로상에 나타나는 문제점을 극복하고, 유통경로상의 효율을 꾀하기 위해 나타난 수직적 계열화의 한 형태로 나타난 소매점이며, 계약에 의해 형성된 프랜차이즈 시스템은 특정지역 내에서 일정 기간 본부와 가맹점이 계약에 의해 맺어진 시스

---

11) 프랜차이즈의 어원은 옛 프랑스어의 'francer'라는 말로, '자유로운 것', '용역의 의무 또는 금지로부터 해제된 상태'라는 의미에서 출발했다. 중세에는 '타인에게 부여된 특권'으로 의미가 전환되는 과정을 거쳐, 현재는 '본사 소유의 사업체명과 영업방식을 가맹점에게 허용하는 사용인가 계약'이란 의미로 통용된다. 'Frank+~ize' 즉, 프랑스인의 조상인 프랭크인처럼 만든다는 뜻이다. 원래는 국가가 특정사업체에 주요 자원이나 사업권을 내주는 것이다.

〈그림 5-4〉 전통적 유통경로와 수직적 유통경로

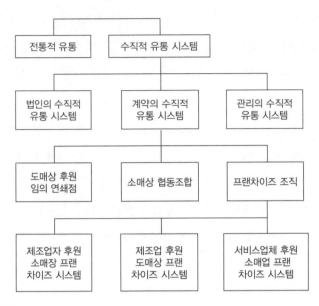

자료: Kotler(1988: 546).

템이다. 본부가 사업에 필요한 정보, 상표, 경험한 전문지식(knowhow) 등을 제공해주는 대신에 가맹점은 가맹금, 일정한 수수료 등의 대가를 지불한다. 따라서 직영점을 전개하는 정규(regular) 체인과 비교해 자금, 인원의 면에서 효율적인 점포전개가 가능하지만 한편으로는 본부의 조직력이 충실해야 한다. 계약에 의해 형성된 프랜차이즈 시스템에서 본부를 프랜차이저(franchisor)라 하고, 어떤 권한이나 특권을 공급받는 가맹점을 프랜차이지(franchisee)라 한다.

프랜차이즈 시스템의 유형과 그 예를 살펴보면, 법인의 수직적 유통 시스템에는 페인트 제조회사 셔윈 윌리암스(Sherwin Williams)가, 관리의 수직적 유통 시스템에는 P&G가, 도매상 후원 임의 연쇄점에는 독립된 식료품 연합이, 소매상 협동조합에는 결합된 식료품점이, 제조업자 후원 소매상 프랜차이즈 시스템에는 GM, 포드 자동차 등이, 제조업자 후원 도매상 프랜차이즈 시스템에는 코카콜라, 펩시콜라 등이, 서비스업자 후원 소매상 프랜차이즈 시스템에는 홀리데이 인(Holiday Inn), 맥도널드 등이 대표적인 예이다(〈그림 5-4〉).

프랜차이즈 체인의 지리학적 의미는 첫째, 프랜차이즈 조직 각 단계의 연계를 지역 간 유동으로 파악할 수 있다는 점이다. 전통적인 유통경로로 상품을 공급받는 상점은 그 유동이 불명확하고, 그 유통단계가 매우 복잡하기 때문에 그 연계를 지역적으로 확인하기 어렵다. 그러나 프랜차이즈 조직은 수직적 유통경로를 통해 상품을 공급하므로 각 단계의 유동이 명확하다. 그러므로 공장, 본사, 지점 또는 영업소의 입지를 통해 재화와 서비스, 화폐, 그리고 나아가 정보의 지역 간 유동을 나타낼 수 있다. 둘째, 프랜차이즈 체인의 입지 결정과정은 우연적이라기보다는 합리적이고 의도적인 과정에 의해 이루어지므로 그 분포특성을 지역특성과 관련지을 수 있다는 점이다. 셋째, 프랜차이즈 체인은 소매기관의 변화로 이루어진 형태이므로 소매기관의 혁신에 나타나는 동태적 변화를 공간에서 파악할 수 있다.

다음으로 슈퍼마켓, 편의점, 전문점에 대한 메이커의 영업체제는 정보화 이후 변화했는데 그 가운데 컴퓨터나 통신회선으로 대표되는 정보기술은 크게 두 가지 역할을 했다. 그중에 하나는 영업정보를 거점 간에 교환하는 데이터 통신수단이고, 나머지 하나는 데이터베이스화된 대량의 영업정보를 분석하고 영업활동에 유효하게 경험한 지식을 도출하는 분석수단이다. 전자에 대해서는 통신회선을 경유한 영업정보의 교환이 거의 메이커에서 일상적으로 실시되고 정형(定型)정보가 전용회선을 통해 높은 빈도로 교환되는 것과 더불어 인터넷 회선 등을 통한 비정형 정보도 급증한다. 또 광역거점 등 비교적 상위의 거점 간에는 수평적 정보교환이 빈번하게 이루어지고 그 기능을 강화하는 움직임도 나타난다. 그 한편에는 고도로 전략성이 높은 정보전달일수록 대면접촉의 의존도가 높아 거점 간에 인적이동을 발생시키는 요인이 된다. 또 후자에 대해서는 분석능력이 뛰어난 인재나 정보기기의 효율적인 운용을 꾀하기 위해 데이터 분석을 포함한 본사의 대응을 지점·영업소에서 상위 거점으로 집약화 하는 경향이 강하게 된다. 이것은 지역 완결형 영업체제의 한계와 거래처의 태도나 점포망에 대한 대응부서를 변화시키는 중층적인 영업체제로의 전환을 의미한다(〈그림 5-5〉).

〈그림 5-5〉 메이커의 영업에서 업무분담의 변용

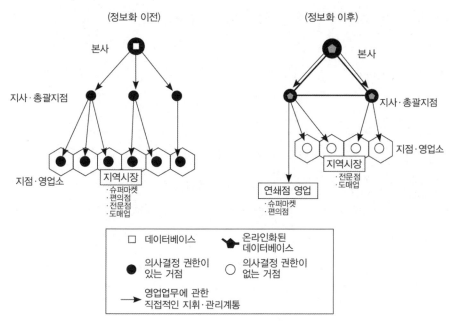

(정보화 이전)   (정보화 이후)

본사   본사

지사·총괄지점   지사·총괄지점

지점·영업소   지점·영업소

지역시장   지역시장
·슈퍼마켓   ·전문점
·편의점   ·도매업
·전문점
·도매업   연쇄점 영업
                               ·슈퍼마켓
                               ·편의점

□ 데이터베이스   ⬟ 온라인화된
                           데이터베이스
● 의사결정 권한이   ○ 의사결정 권한이
   있는 거점   없는 거점
→ 영업업무에 관한
   직접적인 지휘·관리계통

자료: 箸木健二(2001: 176).

(6) 독립 소매점

독립 소매점은 조직화된 독립 소매점과 조직화되지 않은 독립 소매점으로 나누어지는데, 조직화된 독립 소매점은 다시 백화점 체인, 임의 연쇄점 조직(voluntary chain), 지역 재개발로 건립된 빌딩 사이에 종래에 있던 소매점을 집합시킨 집합 백화점과 집합 슈퍼마켓(assemble supermarket)으로 나누어진다. 그리고 조직화되지 않은 독립 소매점으로는 전문점, 일반 소매점, 가족 경영점 등이 있다.

그 밖에 매장면적이 매우 넓은 슈퍼마켓, 그리고 전문점 체인, 월부 백화점, 슈퍼 스토어(super store)[12]가 있는데, 슈퍼 스토어는 1929년 로스앤젤레스에서 시작되었으며 주

---

12) 슈퍼 스토어는 슈퍼마켓보다는 매장면적이 넓고, 고품질의 식료품, 민족(ethnics) 상품, 전문 서비스 부문 등을 확충해 고급 이미지를 추구한 대규모 점포로 주차장을 구비하고 점포면적이 2500m²를 넘는 셀프서비스 점포로 정의한다.

로 식료품을 취급하고 셀프서비스제로 현금을 지불하고 구매하며, 무료 주차장을 두고, 전문점이나 연쇄점보다 저가로 판매하기 때문에 초저렴(超低廉) 시장이라고도 부른다.

2) 직거래 소매상

(1) 사과직매소의 등장

최근 농산물 유통경로가 다양화되어 농가는 다양한 판매경로를 개척하기 위해 산지 직접택배, 직접매매, 관광농원, 계약재배 등의 형태로 시장 외에서 유통이 이루어진다. 또 소비자는 안전하고 안심할 수 있는 신선하며 몸과 환경에도 좋은 농산물 구입에 많은 관심을 보이고 있기 때문에 생산자와의 직접거래의 중요성이 재인식되고 있다. 이 직매거래방식[13]은 유통의 원점이라고 할 수 있다. 그것은 채소, 과일, 생선과 같이 신선도가 중요한 상품의 경우 생산자로부터 소비자까지의 운송시간을 단축할 필요가 있기 때문에 도시근교의 농가는 직접 소비자에게 판매하고, 이러한 직매거래방식은 전통적인 농산물 유통기구의 역할을 하고 있다고 말할 수 있다.

한국의 농산물 유통구조는 도매시장이라는 개방적인 유통경로를 중심으로 대기업 계열의 대형마트와 대규모화·조직화가 진행되어 일부의 산지가 계속적인 거래관계를 구축하는 폐쇄적인 유통경로를 형성하는 것이 특징이라 할 수 있다. 폐쇄적인 유통경로의 진전으로 영세농가, 조직화되지 않은 생산지역, 후발 생산지역 등은 시장으로의 진출이 곤란하다. 그래서 직매거래방식을 취하는 생산물 직매소가 주목을 끌고 있다. 한국의 농산물 직매소는 운영하는 주체에 따라 첫째, 민간 협력형, 둘째 농협주도형, 셋째 민간주도형으로 분류된다. 이 중에서 민간주도형은 첫째와 둘째에 비해 사업이 안정될 때까지 시간이 걸리지만 다양한 직접거래의 도입 등 새로운 경영을 통해서 성장부문이 될 가능성이 있다고 지적되고 있다. 그러나 한국에서 민간주도형 직매소의

---

13) 생산자와 소비자의 대면접촉에 의한 관계를 기본으로 한다. 이러한 직매거래방식에 바탕을 두고 개인이 경영하는 것을 말한다.

성립이나 그 지역적인 집적에 관한 실태는 아직까지 해명되지 않았다.

농산물 직매소에 관한 종래의 연구는 직매소를 농촌지역경제 활성화의 하나의 요소로 보고 지역진흥책을 중심으로 논의한 연구가 많다. 예를 들면 농촌지역을 방문한 관광객의 농업체험이 농산물 구입으로 연결되기 때문에 중요하다고 해명한 연구이다. 직접 판매를 통한 생산자와 소비자의 관계에 착안한 연구에서는 직접매매 거래방식이 행해지는 농산물 직매소를 통해서 생산자와 소비자 간의 신뢰관계가 구축되는 것, 직매소에서 로컬 푸드(local food)가 대면(對面)접촉에 의해 판매되는 것으로 양자의 '심리적·사회적 거리'가 단축되고, 직접 판매라는 새로운 유통경로의 개척과 로컬 푸드 생산의 지속성이 기대되는 것을 나타낸다. 또 농산물 직매소에서 종업원·생산자와 소비자와는 서로 '대화의 매력'을 느끼고 직매소에서 이루어지는 양자 간의 커뮤니케이션에는 첫째, 농업이나 생산자에 대한 깊은 이해를 하는 효과, 둘째 직매소의 이용 촉진 효과, 셋째 입소문을 통한 직매소의 선전활동 효과를 기대할 수 있다. 그밖에 농가와 소비자 간에 인정적(人情的)인 결속에 의한 개인적 관계가 형성되고, 또 신뢰관계가 형성될 수 있다고 지적한다.

사과직매소가 집적한 경상남도 밀양시 산내면 얼음골은 농협이나 행정이 경영에 관여하지 않고 농가가 직접 판매 전략으로 개인경영을 하는 곳이며, 취급하는 농산물은 사과뿐이다. 산내면은 밀양시의 사과 재배면적의 90% 이상을 차지하고, 한국에서 가장 남쪽의 재배지로 2010년 967호의 재배 농가에서 재배되는 면적은 665.9ha이었다. 산내면의 사과 재배는 1973년 얼음골에 가까이 있는 남명리에서 시작해 1980년에는 그 북쪽에 있는 삼양리를 포함해 30호의 농가가 사과를 재배했다. 이 당시는 개개의 재배 농가가 부산시, 울산시, 창원시의 도매시장에 사과를 출하했다. 이곳의 사과는 단맛과 신맛이 균형을 이루어 사과 맛이 좋다는 평가를 받아 부산시 소비자 등으로부터 직접구매도 나타났다. 이를 계기로 일부의 재배 농가는 자기 집에서 판매를 시작했고, 또 연도(沿道)에서 사과직매소를 시작한 농가도 나타났다. 또 1983년 공동출하나 공동방제, 사과 재배의 기술교육 등을 위한 작목반이 남명리와 삼양리 두 지구에서 구성되었다. 이 시기부터 얼음골 사과의 상품명으로 판매를 시작했다. 1990년대에는 재배면적이 119ha까지 증가해 구(舊)국도 24호선 변에서의 사과직매소가 증가했다. 그 때까지의 직매소는 상자를 나란히 놓아 판매대를 만든 가설(假設)이 많았지만 작은 집을 설치한 직매소도 많았다고 볼 수 있다. 그리고 1993년에는 남명리와 삼양리의 작목반이 통합해 얼음골 작목반으로 발족하고, 산내면의 다른 지구에도 사과 재배가 확대되어 1994년에는 얼음골 영농 법인이 설립되어 승용형 방제기(speed sprayer), 저온냉장고의 설치, 출하 등이 공동으로 행해졌다. 이로 인해 노동시간 단축과 새로운 출하처의 개척이 가능해졌다.

1997년에는 얼음골 사과의 지명도를 높이고 판매확대를 위해 얼음골 사과축제가 후지(富士)[14]의 수확기에 개최되었다. 이 축제를 위해 산내면 사과 재배 농가를 회원으로 하는 얼음골 사과발전협의회를 발족시켰다. 그리고 사과 출하용의 상자를 통일시키고, 가격결정 활동도 하게 되었으며, 재배지역도 두 개의 리 이외로 확대되어갔다.

2000년대에는 산내면 전 지역으로 사과 재배가 확대되고 많은 판매소가 설치됨과 동시에 다양한 생산조직이 만들어졌으며, 2006년에는 사과 집하 출하시설인 농협유통센터가 송백리에 개설되었다. 그리고 2008년에는 가인리에 얼음골 사과주스 가공공장도 준공되었다. 이 가공공장의 설치로 사과주스의 생산량이 확대되고 선물용 주문도 증가했다.

(2) 사과직매소의 형성

산내면에서 사과직매소의 분포를 보면 129개소 중 약 80%가 남명리와 삼양리에 입지한다(〈그림 5-6〉). 구국도 24호선 연변을 중심으로, 특히 얼음골에 근접한 지역에서 사과직매소의 집중이 뚜렷하다.

〈그림 5-7〉에 의하면 사과 재배 조사농가 23호[15] 중 19호가 남명리와 삼양리 두 지구에 분포하는데, 이들은 1990년대 이후 직매소를 개설했다. 조사농가 중 대부분이

---

14) 후지는 높은 가격으로 판매할 수 있다는 점에서 이 지역에서 처음부터 재배하게 되었고, 그래서 '얼음골 후지'라는 인식이 소비자에게 정착되었다.
15) 사과직매소를 경영하고 있는 23호 재배 농가에 대한 설문조사를 실시했다.

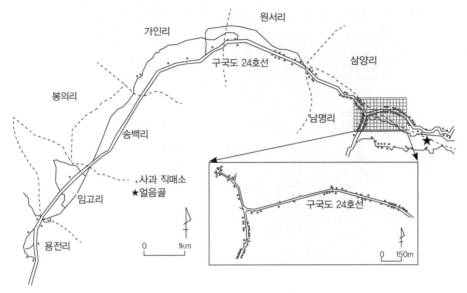

〈그림 5-6〉 경상남도 밀양시 산내면 사과직매소의 분포(2011년)

자료: 全志英(2015: 257).

1ha이상의 규모로 사과를 재배하고, 2ha이상의 규모를 가진 농가도 있다. 대부분의 농가가 사과 재배 도입 시부터 경영규모를 확대시켰는데, 그 배경에는 사과 재배 농가의 대면(對面)판매가 증가되고, 그중에서도 사과직매소 개설 후에 재배면적이 확대되었다. 이 지역은 50대의 노동력이 많고, 모두 전업농가로 30대의 노동력도 있지만 전체적으로 고령화가 진전되고 있어 적과(摘果)나 수확시기에는 대부분의 농가가 밀양시나 인근 대도시로부터 노동력을 고용하고, 친척이나 자녀의 도움을 받는다. 2000년경 각 농가는 저온 냉장고를 잇따라서 도입했다. 33m²를 넘는 규모의 시설은 설날에 맞추어 답례용으로 후지를 판매하기 위해 중요하다.

구국도 24호선 변을 중심으로 직매소를 경영하고 있는 사과 재배 농가는 후지 이외의 품종을 재배하는 비율도 비교적 높다. 구국도 24호선은 얼음골에 이르는 도로이고, 부산·울산·양산시 등으로 통하는 도로이기 때문에 통행량이 많고, 사과직매소를 개설하기에 적당한 곳이다. 1970년대 사과 재배를 시작한 농가는 농협 부산공판장에 출하

<그림 5-7> 산내면의 사과 재배 농가의 판매방법(2011년)

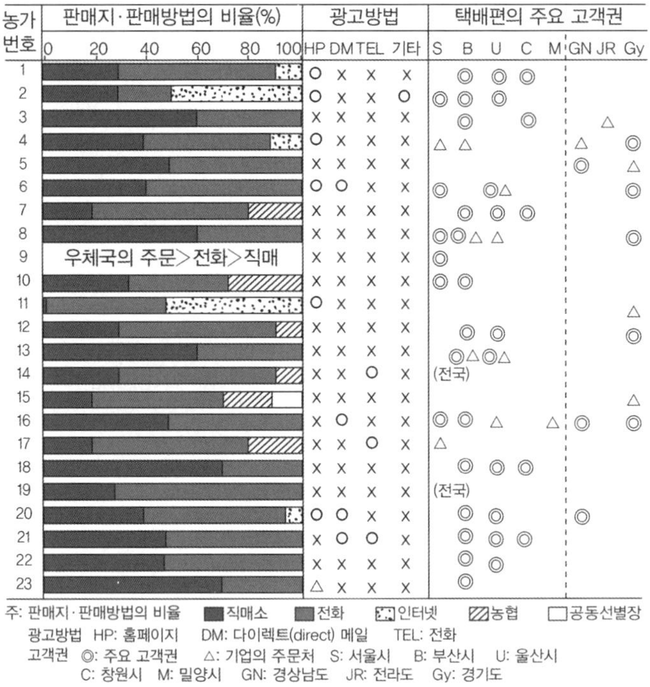

농가번호	판매지·판매방법의 비율(%)	광고방법 (HP DM TEL 기타)	택배편의 주요 고객권 (S B U C M GN JR Gy)

주: 판매지·판매방법의 비율 ■직매소 ■전화 ▨인터넷 ▨농협 □공동선별장
광고방법 HP: 홈페이지 DM: 다이렉트(direct) 메일 TEL: 전화
고객권 ◎: 주요 고객권 △: 기업의 주문처 S: 서울시 B: 부산시 U: 울산시
C: 창원시 M: 밀양시 GN: 경상남도 JR: 전라도 Gy: 경기도

자료: 全志英(2015: 260).

했을 때 사과에 대한 소비자의 평가가 높아서 자가에서 직접 판매를 개시했다. 소비자가 사과를 구매하기 위해 농가를 방문했을 때 경상남도의 안내를 위해 얼음골이라는 지명을 사용하고, 그것을 계기로 얼음골 사과라는 명칭으로 불리게 되었다. 나아가 많은 사과직매소가 얼음골에 이르는 구국도 24호선 변에 설치된 것을 통해 이 명칭이 소비자에게 지역의 브랜드로서 인식되었다. 수확된 사과의 평판이 좋고 가격도 농가 스스로 결정하는 등 1986년 농가번호 1호 경영자 어머니가 구국도 24호선 변에서 가설직매소를 열어 그 이용객의 일부는 매년 농가를 방문하고 어머니와의 개인적인 관계가 형성되어 단골고객이 되었다. 이와 같은 사례에서 사과의 직매소 개시는 관광농원과 같은 조직이나 지역의 지도자(leader)의 역할보다는 오히려 개인농가의 경영판단이 강하게 관련됐다고 할 수 있다.

<그림 5-8> 15번 농가의 택배지역

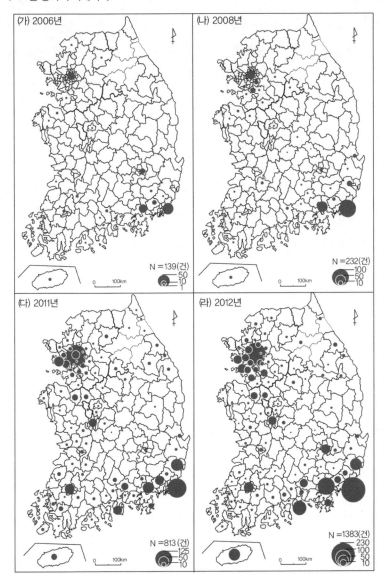

자료: 全志英(2015: 261).

    산내면에서의 사과판매는 개인 판매가 전체의 약 48%를 차지하고, 그중에서 약 24%가 직매소 판매이다. 각 농가의 직매소 판매는 직매소와 전화주문에 의한 발송이

주이다(〈그림 5-7〉). 직매소는 구국도 24호선 변의 사과직매소와 자택 직매소의 두 종류가 있는데, 초기에 시작한 자택에서의 판매가 여전히 이어지는 것은 사과직매소의 영업시간(오전 10시~오후 5시)이 정해져 있으며, 단골고객은 시간의 제약을 받지 않고 자택을 방문해 구매하기 때문이다. 또 2006년 농협유통센터가 개설되고 농협으로의 출하도 증가했다. 이와 같이 판매방법이 직판에 한정되지 않고 다양화된 배경에는 2001년부터 얼음골사과발전협의회가 매년 10월경(후지가 출하되기 전)에 사과의 무게나 크기를 기준으로 사과 가격을 결정하기 때문이다. 즉, 판매할 사과의 가격이 정해지면 직매하건 농협에 출하하건 농가의 수입은 같다. 그러나 일부 농가는 규격 이외 상품의 출하가 불가능한 농협보다도 직매를 우선으로 하고 있다. 그 이유는 후술하는 바와 같이 농가로서는 단골고객과의 관계가 있다는 점, 규격 내외 상품을 일괄해서 판매할 수 있는 점, 수수료가 들지 않는 점 등이 있다. 2000년대 중반부터 새로운 광고방법으로 인터넷 홈페이지를 개설해 판매경로의 확대를 시도한 농가는 얼음골 정보화 마을의 회원이기 때문에 인터넷 주문으로 출하가 많아졌다.

단골고객에 의한 선물이나 전화주문을 포함한 택배의 주요 판매권은 부산·울산시 등의 근린 대도시이다. 15번 농가의 2006·2008년 택배지는 서울·부산시 등이지만, 이 농가는 그다지 광고를 하지 않았음에도 불구하고 2011년 서울·부산시의 대도시와 그 주변 지역인 경기도와 경상남도를 중심으로 전국에 고객이 확대되었다. 이것은 농가 자녀나 친척이 대도시나 그 주변 지역에 취직하고, 그들이 선물용으로서 얼음골사과를 구입하고, 나아가 그 지방에서 정보가 퍼져 주문이 늘었기 때문이다. 또 2011년에 주문이 증가한 이유는 택배의 주문 규모가 2009년까지는 1호당 15kg이 주였지만 핵가족화가 진행되면서 2010년부터는 1kg으로 변경된 것도 그 영향을 미쳤다(〈그림 5-8〉).

(3) 사과 재배 농가와 방문객과의 관계형성

직매소의 여러 방문자들이 있지만 그들의 소비행동은 지인 등과 동행하고, 선물용을 많이 주문하는 그룹과 값을 깎거나 덤을 요구하며 소량을 구입하는 그룹으로 나눌 수 있다. 전자는 단골고객이고, 후자는 새로운 고객으로 분류되며 양자가 직매소를 방문하는 목적은 크게 다르지 않다. 방문객의 특성을 전체적으로 보면, 약 절반 이상이 20대와 60대이고 부부의 경우도 많았다. 사과를 직접 따는 것보다도 거의 대부분의 경우 사과를 직접 구입하는 것이 중요시되고 있다. 판매권을 보면 거의가 부산시, 울산시, 창원시에 거주해 주로 경상남도지역으로 산내면에서 약 50~100km 범위에 거주를 한다(〈그림 5-9〉).

단골고객은 약 3할이 10kg 상자 단위로 사과를 구입하는 경우가 많고, 평균 구입 가격은 새로운 고객보다 비교적 높았다. 이들은 자가소비뿐만 아니라 선물용도 주문하는 경향이 많다. 단골고객은 신규고객을 데리고 옴으로써 동행한 신규고객은 단골고객이 될 수 있다. 단골고객과 신규고객은 구입방식의 차이가 있는데 단골고객은 사과값을 깎거나 덤을 요구하지 않고, 그 해에 생산된 사과의 작황을 듣고 사과 재배 농가가 권하는 상품을 구입한다. 이것은 오랜 기간에 걸친 사과 재배 농가와의 교분으로 신뢰관계가 형성되었기 때문이다. 이에 대해 사과 재배 농가는 규격 외 판매할 수 없는 사과를 덤으로 제공하거나 직매소 내의 차(茶)를 제공하고 휴식을 취할 수 있게도 한다. 그리고 사과 구입 이외의 일상적인 이야기도 나누며 커뮤니케이션을 취한다. 이와

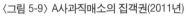

〈그림 5-9〉 A사과직매소의 집객권(2011년)

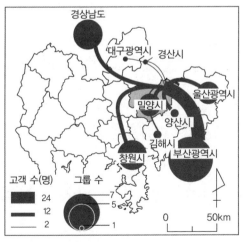

자료: 全志英(2015: 263).

〈그림 5-10〉 A사과직매소의 방문객(2011년)

유형	방문객 번호	~6	7~19	20~29	30~39	40~49	50~69	70~	고객 속성	방문자의 행동	사과 따기	구입 내용: kg	구입 내용: 수	구입 내용: 구입액 (만 원)	구입 내용: 합계 (만 원)
		방문자의 성·연령(세)													
단골고객	1			▲	▲		▲▲▲		③	A	x	20+10	4+4	16+12	28
	2						●▲		②	A	x	10	2	12	12
	3						●▲▲▲▲		③	B	x	–	–	11.5	11.5
	4						●▲		①	A	x	10	2	5+5 선물	10
	5			▲			●▲		②	A	x	10	2	3+6 선물	9
	6				●▲		▲		①③	A	x	10	2	8	8
	7						▲		⑤	A	x	10	2	3+3 선물	6
	8						●▲		①	A	x	10	1	6	6
	9						●▲		①	A	x	10	1	6	6
	10	X	X			●▲			②	A	△	10	1	4 선물	4
신규고객	11						●▲		①	A	○	10	2	–	14
	12					●▲			①	A	x	10	4	12	12
	13						▲▲▲▲		④	A	x	10	4	2+3x3	11
	14	X	XX		▲▲	●▲			②③	B	○	15	–	10	10
	15						●▲		①	B	x	10	2	3+6 선물	9
	16						▲▲		④	A	x	10	2	3.5x2	7
	17						●▲●▲		①	A	x	10	2	6	6
	18	X	X		▲	●			②	B	○	7	–	5	5
	19						●▲		①	A	○	7	–	5	5
	20					●▲●▲			①	B	x	흠집사과	–	5	5
	21				▲▲	▲▲			⑥	B	x	10	1	4	4
	22				▲	▲			④	A	x	10	1	3	3
	23						▲▲		④	A	x	10	1	3	3
	24						●▲		①	B	x	10	1	3	3
	25							●▲	①	A	x	10	1	2.5	2.5
	26						●▲		①	A	x	10	1	2.5	2.5
	27						●▲▲▲	▲	①③	C	x	자루에 넣음	1	1	1
	28						●▲		①	C	x	자루에 넣음	1	1	1
	29						●▲		①	C	x	자루에 넣음	1	1	1
	30	X	X			●▲			②	B	○	1	–	0.6	0.6
	31						●▲		①	A	○	1	–	0.6	0.6

주: 성 ●: 남성 ▲: 여성 X: 자녀
고객속성 ①: 부부 ②: 부부+자녀 ③: 친척 ④: 친구 ⑤: 1인 ⑥: 회사동료
방문자의 행동 A: 자택→직매소→자택 B: 자택→관광지→직매소→자택 C: 자택→직매소→관광지→자택
사과 따기 ○: 있음 △: 단골고객만의 서비스 x: 없음

판매지·판매방법의 비율 ■직매소 ■전화 ⬚인터넷 ▨농협 □공동선별장
광고방법 HP: 홈페이지 DM: 다이렉트(direct) 메일 TEL: 전화
고객권 ◎: 주요 고객권 △: 기업의 주문처 S: 서울시 B: 부산시 U: 울산시
C: 창원시 M: 밀양시 GN: 경상남도 JR: 전라도 Gy: 경기도

자료: 全志英(2015: 262).

같이 사과 재배 농가와의 교류는 대형마트 등에서는 할 수 없는 농산물을 통한 '인정적 관계'가 기대된다.

한편 신규고객 요구에 대응한 새로운 관계를 보면, 사과 따기 체험, 규격 외 상품구

입, 소량구입, 덤, 가격 깎기 등이 있다. 이렇게 다양한 신규고객의 요구에 대응이 가능하면 사과 재배 농가와 신규고객과의 새로운 관계가 형성되는데, 신규고객의 농업에 대한 이해나 사과 재배 농가의 접객이 '인정적 관계'를 가져오는 것은 신규고객으로부터 단골고객으로의 이행에 중요한 역할을 한다고 할 수 있다(〈그림 5-10〉).

근년 도시에 거주하는 관광객이 그의 목적지인 농촌에 대한 관심은 급속도로 높아지고 있다고 할 수 있다. 또 여행자의 상당한 비율이 농업관광(agri-tourism)에 흥미를 가지고 있다. 그리고 소비자는 농산물 직매소에서 취급하는 지역농산물을 브랜드로 인식하고, 농촌지역을 목적지로 한 국내 관광산업이 지속 가능한 발전에 연계되기를 바라고 있다.

3) 무점포 소매상

무점포 소매상은 판매자의 입장에서 본 판매방식이고, 소비자의 입장에서는 홈쇼핑이라고 할 수 있다. 홈쇼핑은 신문, 잡지, 카탈로그, 텔레비전, 컴퓨터 등을 통해 상품에 대한 정보가 소비자에게 전달되면 소비자가 우편, 전화, 팩스, 쌍방향 케이블 텔레비전, 컴퓨터, 모바일 등의 통신수단을 이용해 주문하고, 신용카드나 무통장 입금, 전자화폐 등으로 대금결제를 한 뒤 각 가정에서 상품을 배달받는 소매방식을 말한다. 이는 넓은 의미에서 텔레쇼핑(teleshopping)으로 활용하는 매체가 무엇인가에 따라 우편주문 판매, 카탈로그 판매, 전화 주문판매, 텔레비전 홈쇼핑, CD-ROM(compact disc-read onlymemory) 판매, 인터넷 쇼핑, 소셜 커머스 등으로 구분된다. 특히 텔레비전 홈쇼핑은 매출이 급속도로 늘어나서 주목을 받고 있다.

과거 한국의 무점포 소매상이었던 보부상(褓負商)은 사상(私商)의 이동상인으로 객주나 여각으로부터 자금이나 물자를 구입해 활동했는데, 곡물, 건어물, 일용잡화를 지게에 지고 행상한 부상(負商)과, 수공업품인 직물, 의복, 띠(帶紐) 등을 보따리에 넣어 행상을 하는 보상(褓商)으로 나누어진다. 그리고 중개인인 중도아(中都兒)는 시전상(市廛商)과 부보상(負褓商)은 중개상인으로 생각된다.

4) 통신판매업

(1) 통신판매의 등장 배경

오늘날 다양한 소비자의 요구와 더불어 기업이 급변하는 경제 환경에 어떻게 대응하는가가 유통산업의 중요한 과제가 되었다. 이러한 소비자의 다양한 요구와 욕망을 충족시켜줄 수 있는 세분화된 유통구조와 마케팅 전략은 기업의 필수요건이 되었다. 따라서 기업이 존속하고 발전하려면 변화하는 경제 환경에 대응하고 창조적인 적응을 계속해야 하는데, 유통산업에서 볼 때 이러한 경제 환경변화에 가장 신속하게 대처하고 있는 업태가 통신 판매업일 것이다.

통신 판매업은 여성의 사회진출과 노령인구의 증가, 상품의 다양화·표준화 등의 사회·경제적 환경의 변화와 컴퓨터·교통·통신의 발달 등 기술적 환경의 변화가 소비자들의 요구를 편의(便宜) 지향적, 비교구매 지향적으로 변모해감에 따라 등장한 판매형태이다. 그리고 기존의 유통업이 불특정 다수의 소비자를 상대로 상품을 판매했던 반

〈그림 5-11〉 통신판매의 등장 배경

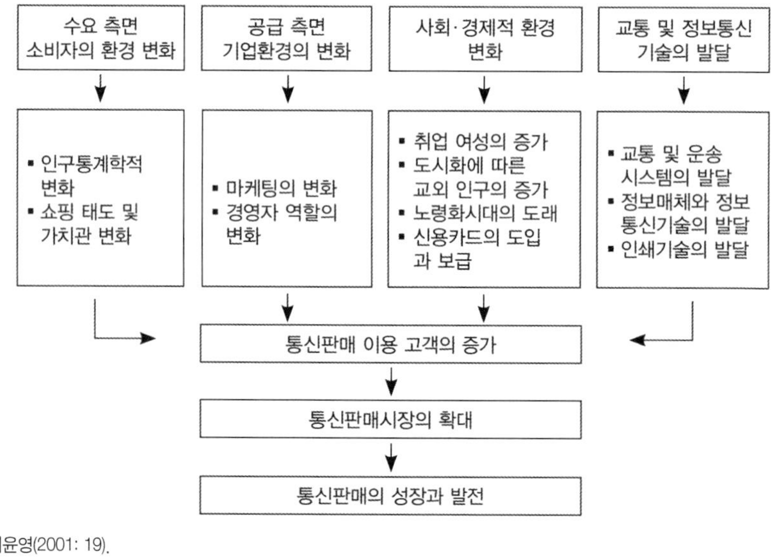

자료: 이윤영(2001: 19).

면에 소비자 요구의 다양화와 개성화, 상품 선택기준의 다양화, 여성의 사회진출과 여가 중시 사고와 같은 소비자를 둘러싼 환경의 변화에 따라 그 틈새시장을 겨냥한 새로운 유통형태가 등장했다. 이러한 소비자의 변화된 구매형태에 보조를 맞추어 나타난 것이 통신판매이다(〈그림 5-11〉).

통신판매는 소비자가 거주하고 있는 지역과 통신판매를 하는 무점포 소매점이 입지한 지역 간을 결합해 지역 구조를 형성하기 때문에 지리학에서 연구할 가치가 충분해 1960년대 이후부터 연구가 이루어졌으나 한국에서는 1980년대에 시작되었고, 지리학 분야의 연구는 다른 학문 분야의 연구 결과에 비해 상대적으로 적은 편이다. 통신판매에 대한 지리학의 연구는 주로 백화점 통신판매에서 우편 주문판매, 케이블 텔레비전 통신판매, 인터넷 통신판매 등을 대상으로 진행되어왔다.

(2) 통신판매의 발달과 유통 시스템

① 통신판매의 발달

최초의 통신판매 역사는 1667년 영국의 원예재배가인 루커스(W. Lucas)가 종자를 팔기 위해서 만든 원예 카탈로그(catalogue)에 의한 판매라 할 수 있다. 그러나 통신판매가 본격적으로 이루어진 것은 미국이며, 그 후 유럽과 일본에서 발달되어왔다.

미국에서의 통신판매는 1872년 몽고메리 워드(Mongomery Ward)사가 처음으로 시작해 1886년에 온라인 쇼핑몰 백화점인 시어스 로벅(Sears Roebuck)사가 뒤를 이었다. 초기의 통신판매는 정보전달, 주문, 배송을 모두 우편으로 했으며, 그 대상은 지역적으로 원거리에 있는 농촌이 중심이었다. 그 후 도시화와 교통·통신의 발달로 농촌에서의 상품구입이 편리해졌고, 취급상품도 다양해져 초창기의 우편 주문방식보다 훨씬 폭넓은 방식이 출현했다(〈표 5-2〉).

1980년대 중반 아메리칸 익스프레스(American Express)와 다이너스(Diners) 등 외국계 카드회사에서 첫 선을 보이기 시작한 한국의 통신판매는 1988년의 서울올림픽을 전후해 신세계와 현대 등 백화점 및 국민, 비씨 등 은행계 카드회사가 통신판매를 시작하면서 초기의 통신판매 시장을 형성했고, 1990년대 초 일부 중소기업체의 참여로 통신판

〈표 5-2〉 미국 통신판매의 발달과정

시기	소매업 형태	발생 동기	특징
1850년대	통신판매 (좁은 의미의 우편 주문제)	• 도시와 농촌의 상품구비의 차이, 지역적 인구분산 • 우편, 철도제도의 확립	농촌대상, 지역적 원거리, 우편매체, 낮은 가격, 대량판매
1930년대	카탈로그 주문판매 코너	• 통신판매와 점포판매의 보완	대형 우편 주문점의 설치
1950년대	카탈로그 전시점	• 인플레이션 • 인구의 교외화	낮은 가격, 전국상표, 저품질
1960년대	전문품 우편 주문점	• 생활양식의 다양화 • 구매의 개성화	전문상품, 전문 카탈로그
1970년대	전화판매 (telephone selling)	• 소비자 편의 추구 • 시간압박 • 상품의 표준화	800번 전화(착신자 요금 부담 전화), 무휴일 판매
1980년대	뉴미디어 통신판매	• 위성통신, 비디오텍스, 케이블 텔레비전 등 첨단 통신기술 발달	정보전달, 주문, 배송, 대금지불의 일 원화
1990년대	멀티미디어 이용	• 인터넷, 전자상거래	시·공간을 초월한 쌍방향성 컴퓨터 의 급속한 보급

자료: 전현수(1986: 17).

매를 본격화시켰으나, 그 판매활동은 미미한 편이었다. 1990년대 들어와 유통의 개방화가 이룩되면서 신용카드 회사와 우체국, 농·수·축협, 컴퓨터 통신, 통신판매 전문업체, 그밖에 최근 케이블 텔레비전, 외국 통신판매업체, 은행 등이 신규로 참여하면서 업체 간 경쟁이 치열해졌다. 특히 지난 10여 년 동안 통신판매의 가장 중요한 매체기능을 담당했던 카탈로그 등의 광고 인쇄물은 감소하고 PC, 케이블 텔레비전(Cable Television: CATV) 등의 새로운 전자통신매체의 비중이 증대되었다. 한국은 1995년 8월 케이블 텔레비전 CJ홈쇼핑과 LG홈쇼핑의 두 개 사가 통신판매사업을 개시했다.

현재 단일업체로 통신판매를 가장 활발하게 행하는 곳은 공공부문인 우체국인데, 1996년 현재 전국의 3522개(별정우체국, 우편취급소 포함)의 우체국망을 통한 판매경쟁의 우위로 국내에서는 선구자적인 역할을 했다. 또 1996년 현재 3800여 개의 국내 최대 온라인망을 갖추고 있는 농협이 전국 명산지의 특산품을 통신판매하고 있다.

〈그림 5-12〉 통신판매의 유통 시스템

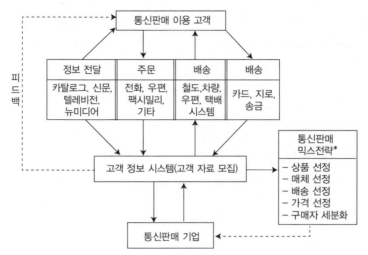

* 마케팅 믹스(marketing mix)는 상품(product), 가격(price), 판매하는 장소(place, 어떤 장소에 팔까라는 상점의 입지지점, 어떤 장소에 대해 팔까라는 시장이라는 두 가지가 있음), 어떻게 팔까라는 선전(promotion), 데이터 처리(processing)라는 5P를 잘 조합시켜 기업의 이익을 높이는 것을 의미한다.
자료: 波形克彦(1984: 203).

② 통신판매의 유통 시스템

통신판매에서는 주문과 물적 유통인 배송, 정보의 전달, 고객의 정보 자료수집 등이 중요한 요인으로 작용한다. 따라서 통신판매를 구성하는 요소는 고객, 상품, 가격, 정보 전달방법, 주문, 지불방법 및 배송이라고 할 수 있다. 그리고 업태의 개발이 그 소매기업에 가장 적합한 판매방법으로 시행하는 것이라고 한다면 이러한 요소들을 적절히 조합해 고객의 필요에 대응하는 것이 통신판매의 존립 근거라고 할 수 있다. 이와 같은 통신판매의 유통 시스템을 나타낸 것이 〈그림 5-12〉이다.

(3) 우체국 통신판매의 유통경로와 판매사업체 분포

① 통신판매 유통경로

우체국의 '우편주문제도'는 1986년 미래창조과학부(당시 체신부)가 전국 3522개 우체국을 통한 농어촌 경제 활성화와 유통구조 개선을 목적으로 시행한 우편 서비스의 일종인데, '우편주문제도'는 각 고장에 산재되어 있는 우수한 농·수·공산품을 지역 우체국에서 발굴해 생산자에게는 판로개척의 혜택이, 소비자에게는 중간상인의 유통마진이 없는 값싸고 질 좋은 지방 특산물을 현지에 가지 않고도 직접 주문하거나 보낼 수 있는, 생산자와 소비자를 동시에 보호하는 서비스 제도이다.

이와 같은 우편주문제도에서 먼저 우편주문 상품의 선정과정은 매년 1월 중 일간신문과 전국 우체국에 상품모집 공고를 해 지역 우체국에서 상품 및 여러 가지 서류를 접수하며, 신규상품 선정은 1차로 군 단위 우체국에서 선정하고, 2차는 도 단위 지방 우정청에서, 3차는 우편주문 판매 심사위원회에서 심사한 후 제반 공급능력을 확인한 뒤 선정한다.

그리고 우편주문의 상품은 소비자가 우체국을 믿고 이용하기 때문에 유통 중인 상품의 규격, 중량, 신선도의 수시 확인을 위해 소비자 이름으로 상품을 구입하는 암행 품질검사 제도를 채택하고 있다. 또 각 상품의 성분은 공인 전문기관에 의뢰해 검사하며, 가격은 산지시세와 시장가격을 조사해 실제 가격에 반영·변동시키고 있다.

미래창조과학부 우정사업본부에서는 시장조사를 통한 가격의 적정한 선을 유지하고, 각종 검사를 통한 품질을 유지하며 이용확대를 위한 제도의 각종 홍보와 신제품의 선정, 그리고 제반 업무를 원활히 수행하고 발전시켜나갈 수 있도록 하기 위해 1988년부터 해당 업무의 제반관리를 산하단체인 한국우편사업진흥원에 위임하고 있다.

우편주문 판매제도의 판매 수수료는 업체로부터 건당 판매가의 4%를 공제하는데, 그 내용은 0.14%가 부가가치세이고, 나머지는 국가 공인기관의 품질검사, 업체에 대한 교육 및 상호 간 연결 통신비용, 그리고 홍보비 등으로 사용된다.

우편주문 판매방식의 유통경로를 살펴보면, 우체국을 직접 방문해 창구에 비치된 주문서를 작성해 신청하는 경우가 있고, 전화주문, 컴퓨터를 이용한 주문으로 나누어 볼 수 있다. 먼저 전화주문의 경우 우체국의 온라인 전자종합통장을 개설한 후 예치된 금액 내에서 〈그림 5-13〉과 같이 신청자가 가까운 우체국에 주문을 하면, 가까운 우체국은 산지 우체국으로 상품 신청을 하게 되고, 산지 우체국은 산지 공급업체에 연락을 해 공급업체는 상품을 수령인이 거주하는 주소지로 우송한다.

〈그림 5-13〉 전화주문에 의한 유통경로

신청인 → 인근 우체국 → 산지 우체국 → 산지 공급업체 → 지역 우체국 → 수령인

자료: 徐杜鎬(1999: 25).

〈그림 5-14〉 컴퓨터를 이용한 우편주문의 유통경로

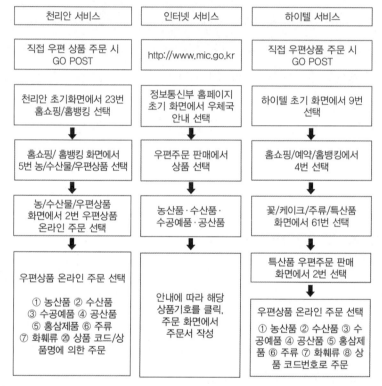

천리안 서비스	인터넷 서비스	하이텔 서비스
직접 우편 상품 주문 시 GO POST	http://www.mic.go.kr	직접 우편상품 주문 시 GO POST
천리안 초기화면에서 23번 홈쇼핑/홈뱅킹 선택	정보통신부 홈페이지 초기 화면에서 우체국 안내 선택	하이텔 초기 화면에서 9번 선택
홈쇼핑/ 홈뱅킹 화면에서 5번 농/수산물/우편상품 선택	우편주문 판매에서 상품 선택	홈쇼핑/예약/홈뱅킹에서 4번 선택
농/수산물/우편상품 화면에서 2번 우편상품 온라인 주문 선택	농산품·수산품·수공예품·공산품	꽃/케이크/주류/특산품 화면에서 61번 선택
우편상품 온라인 주문 선택 ① 농산품 ② 수산품 ③ 수공예품 ④ 공산품 ⑤ 홍삼제품 ⑥ 주류 ⑦ 화훼류 ⑳ 상품 코드/상품명에 의한 주문	안내에 따라 해당 상품기호를 클릭, 주문 화면에서 주문서 작성	특산품 우편주문 판매 화면에서 2번 선택
		우편상품 온라인 주문 선택 ① 농산품 ② 수산품 ③ 수공예품 ④ 공산품 ⑤ 홍삼제품 ⑥ 주류 ⑦ 화훼류 ⑧ 상품 코드번호로 주문

자료: 徐杜鎬(1999: 25).

다음으로 컴퓨터를 이용한 우편주문의 경우는 〈그림 5-14〉와 같이 천리안이나 하이 텔을 이용해 산지 우체국에 접수가 되면, 그 이후는 전화주문과 같은 유통경로를 거쳐 수령인에게 배달된다. 한편 1997년 7월 소비자들의 이용편의 제고차원에서 이상의 기

존 우체국 직접주문과 전화, 컴퓨터 통신 하이텔, 천리안 외에 한국우편사업진흥원 인터넷 홈페이지에 우편주문 판매 이용안내를 개설하는 등 판매확대에 주력했다.

② 시·도별, 품목별 판매 사업체 분포

시·도별, 품목별 통신판매 사업체 수는 〈표 5-3〉에서 보는 바 같이 1996년 모두 330개 업체였다. 이 가운데 젓갈, 수산물류를 판매하는 업체가 81개 업체로 전체 사업체의 24.5%를 차지해 가장 많았고, 그다음으로 수공예품, 기타 사업체가 13.9%, 전통차류 9.4%, 영지버섯을 포함한 버섯류의 판매사업체는 4.8%를 차지했으며, 대추를 포함한 약용류는 4.5%를 차지했다. 시·도별로 통신판매 사업체 수를 살펴보면, 강원도가 65개로 전체 사업체 수의 19.7%를 차지해 가장 많았고, 그다음으로 전남도(16.3%), 전라북도(13.9%), 경상남도(12.1%)의 순이었고, 충청북도의 사업체 수는 7.9%를 차지했다.

다음으로 주요 품목의 시·도별 사업체 분포의 특징을 살펴보면, 젓갈·수산물류의 사업체는 전라남도와 강원도가 전체 사업체 수의 49.4%, 24.7%가 각각 입지했고 수공예품, 기타 품목의 사업체는 전라북도가 30.4%로 가장 많이 입지했으며, 이어서 서울시(23.9%), 경기도(13.0%)의 순서로 많이 분포했다. 또 전통차류의 사업체는 도 지역에 주로 분포했는데, 이 가운데 경상남도가 25.8%로 가장 많이 분포했으며, 이어서 강원도(19.4%), 충청북도(19.4%), 전라남도(16.1%)의 순서로 많이 분포했다. 그리고 기호식, 국수류는 전라북도·경상남도가 사업체 수의 20.7%를 차지해 가장 많았고, 이어서 강원도, 경상북도(각각 17.2%), 충청북도(13.8%)의 순서로 많이 분포했다. 버섯류는 판매하는 16개 사업체 중 8개 사업체가 영지버섯 통신판매 업체였으며, 약용류 15개 사업체 중 5개 사업체가 대추 통신판매 사업체였다.

(4) 산지직송에 의한 판매지역

단양군 가곡면의 소백산 영지버섯은 1995년부터 판매되기 시작했는데, 그 판매방법은 통신판매와 도매 및 제약회사에 납품하는 형태로 나누어진다. 통신판매에 의한 소백산 영지버섯의 주문지역과 판매지역은 다소 차이를 나타내고 있다. 즉, 신청인의 주

〈표 5-3〉 시·도별, 품목별 우체국 통신판매 사업체 수(1996년)

시·도 / 품목	서울	부산	대구	인천	광주	대전	경기	강원	충북	충남	전북	전남	경북	경남	제주	계(%)
벌꿀						1				1	2	2	3	4	1	14 (4.2)
버섯류			2(2)			1(1)		3	5(4)	1(1)	1			3		16(8) (4.8)
산채류								7	1	3			2	1		14 (4.2)
인삼류				1		1	2				3	1				8 (2.4)
약용류							10(2)		1		1		1(1)	2(2)		15(5) (4.5)
전통차류								6	6	2	1	5	2	8	1	31 (9.4)
곡물(가루), 전분류			1					10	2	2	1	1	1	1		19 (5.8)
민속주, 한과류								1	1	1	4	3	1	4		15 (4.5)
건강음료				1							1			1		3 (0.9)
조미료, 양념류									2	4	3	1	4	2		16 (4.8)
전통발효식품								1	1	1	12	1	4	3		23 (7.0)
기호식·국수류					1	1		5	4		6	1	5	6		29 (8.8)
젓갈·수산물류		5						20		7	1	40	2	3	3	81 (24.5)
수공예품·기타	11	1		1				6		1	4	14	2	4	2	46 (13.9)
계 (%)	11 (3.3)	6 (1.8)	1 (0.3)	4 (1.2)	1 (0.3)	2 (0.6)	12 (3.6)	65 (19.7)	26 (7.9)	29 (8.8)	46 (13.9)	54 (16.3)	28 (8.5)	40 (12.1)	5 (1.5)	330 (100.0)

주: 우체국의 상품분류는 34종이나, 농협의 상품분류와 같게 하기 위해 14종으로 재분류했다. 그리고 버섯류 중 괄호 안의 숫자는 영지버섯 사업체 수이며, 약용류 중 괄호 안의 숫자는 대추 사업체 수임.
자료: 徐杜鎭(1999: 28).

문지역은 165개 지역이지만 수령인의 판매지역은 163개 지역인데, 이 가운데 주문지역과 판매지역이 다른 지역 수가 주문지역의 1/3 이상인 58개 지역이었다. 주문량과 판매량의 차이가 많은 시·군은 서울시가 85개로 가장 많았고, 이어서 성남시(20개), 부

〈그림 5-15〉 소백산 영지버섯의 통신판매지역(1996년)

자료: 徐柱鎬(1999: 52).

산시(19개), 광주(光州)시(16개), 대전시(8개) 등의 순서로 나타났으나, 대도시 지역에서
주문량과 판매량의 차이가 컸다.

다음으로 시·도별 산지직송에 의한 판매량의 분포를 보면, 서울시가 전체 판매량의
22.6%를 차지해 가장 많았고, 그다음은 경상남도(14.4%), 경기도(11.8%), 부산시(10.8%),
대구시(7.3%)의 순서로 나타났다.

소백산 영지버섯의 시·군별 판매지역의 분포를 살펴보면(〈그림 5-15〉), 거의 전국에
걸쳐 판매가 이루어지고 있는데, 특히 서울시가 전체 판매량의 22.6%를 차지해 가장

높았고, 그다음으로 부산시가 10.8%, 대구시 7.3%, 광주(光州)시 3.1%, 진주시 3.0%, 대전시 2.2%, 울산시 2.1% 순서로 나타나 인구 규모가 큰 지역에서의 판매량이 많았다는 것을 알 수 있다.

여기에서 소백산 영지버섯의 산지직송에 의한 시·군별 판매량과 판매지역의 인구와 산지에서 각 판매지역간의 시외전화 기본요금과의 상관계수를 산출해본 결과 인구와 판매량과의 상관계수는 r=0.974[16]로 유의한 데 비해 판매량과 판매지역의 시외전화 기본요금과의 상관계수는 r=0.089로 유의하지 못했다. 따라서 소백산 영지버섯의 판매량은 판매지역의 인구 규모에 의해 94.9%의 설명량을 가져 산지와 판매지역 사이의 거리는 거의 영향을 미치지 않는다는 것을 알 수 있었다. 다음으로 소백산 영지버섯의 시·군별 판매량(Y)과 수요량인 판매지역의 인구(X)와의 단순 회귀방정식을 구하면, $Y=0.144+0.0005815X$가 된다.

5) 케이블 텔레비전 홈쇼핑

(1) 상적 유통

CATV 홈쇼핑은 프로그램 공급자가 케이블 텔레비전 시청자를 대상으로 쇼핑 프로그램을 제작해 방송할 때 시청자가 텔레비전에서 원하는 제품이 방영되면 이를 전화로 주문, 구매해 소비자가 상품을 배달받는 전자소매업을 말한다. CATV 홈쇼핑업체는 프로그램의 공급자(Program Provider: PP)인 동시에 상품 판매업자이다. CATV 홈쇼핑업체는 자체의 시장조사와 고객 관리정보를 근거로 판매상품을 직접 기획하고 상품 공급업체를 선정한다. 선정된 상품은 자체에서 1차로 품질검사(Quality Certification: QC)를 거쳐 최종 구매결정을 하게 된다. 판매상품에 대한 기획과정이 끝나고 상품구매가 이루어지면 프로그램의 방송시간을 정해 자체적으로 쇼핑 프로그램을 제작한다. 그리고 CATV 홈쇼핑업체의 자체 물류센터로 판매할 상품의 입고가 이루어진다. 제작된 프로

---

16) 상관계수를 t검정한 결과 유의수준 $\alpha=0.01$에서 유의하다.

<그림 5-16> 케이블 텔레비전 홈쇼핑의 상적 유통

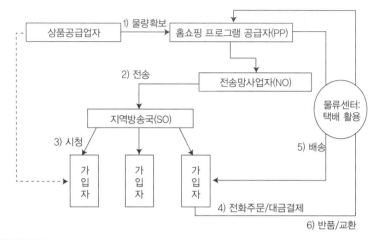

자료: 이지선(2000: 35).

그램은 전송망 사업자(Network Operator: NO)와 각 지역 방송국(System Operator: SO)을 통해 송출되고, 시청자들은 프로그램을 보고 구매를 결정한 상품에 대해 전화주문을 하게 된다. 구매상품 대금은 온라인이나 신용카드로 결제한다. 고객의 주문 상품에 대해 CATV 홈쇼핑업체는 소비자의 대금 결제 여부를 확인하는 즉시 물류센터 내의 재고를 출고해 배송하게 된다. 이때 배송은 외부 전문택배회사 또는 등기우편으로 보내진다. 그리고 판매 후 30일 이내에 반품 및 교환이 가능하다(<그림 5-16>).

(2) 배송체계

주문 상품에 대한 배송 출발점은 물류센터로 이곳에서 화물 자동분류기에 의해 전국의 터미널별로 상품이 분류된다. J사의 경우 허브 터미널을 경유하는 유형과 경유하지 않는 유형으로 나눌 수가 있다. 허브 터미널을 경유하지 않는 배송체계는 물류센터에서 가까운 서울시, 경기도지역과 항공기나 선박으로 수송해야 할 제주도를 배송지역으로 하며, 나머지 지역은 모두 허브 터미널을 경유한다. 허브 터미널을 경유하지 않는 유형은 모두 다섯 개로 모두 직영 터미널로 배송되어 영업소나 구매자에게 배송되며,

〈그림 5-17〉 배송체계의 유형

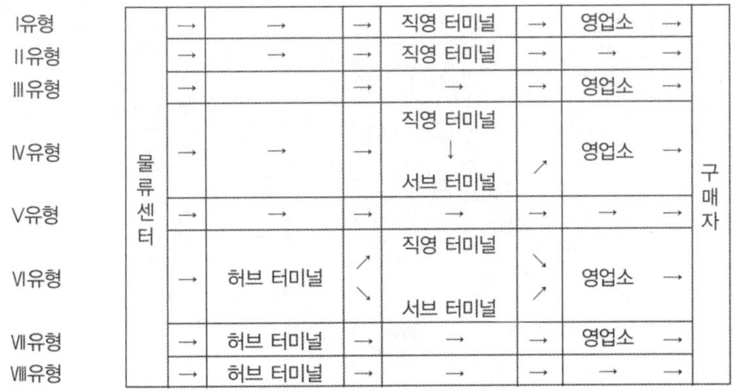

	물류센터						구매자
I유형		→	→	→	직영 터미널	→ 영업소 →	
II유형		→	→	→	직영 터미널	→ →	
III유형		→		→	→	→ 영업소 →	
IV유형		→	→	→	직영 터미널 ↓ 서브 터미널	↗ 영업소 →	
V유형		→	→	→	→	→ →	
VI유형		→ 허브 터미널 ↗↘		직영 터미널 서브 터미널		↘ ↗ 영업소 →	
VII유형		→ 허브 터미널	→	→	→	영업소 →	
VIII유형		→ 허브 터미널	→	→	→	→	

자료: 이지선(2000: 35).

허브 터미널을 경유하는 경우는 세 개 유형으로 직영 터미널이나 영업소를 경유하는 경우이다(〈그림 5-17〉). 〈그림 5-18〉은 서울시, 경기도에 직영터미널과 영업소를 통해 배송되는 배송권을 나타낸 것이다. 즉, 김포시, 인천시, 서울시의 노원구, 용인시의 수지출장소, 하남시의 직영터미널로 배송된 상품은 각 직영 터미널 관할지역 내의 영업소를 거쳐 구매자에게 배송된다.

허브 터미널을 경유하는 경우는 수도권을 배송권으로 하는 VIII유형을 제외하고 모두 전국을 몇 개의 배송권으로 나누어 배송되는데, 가장 일반적인 VI유형은 물류센터에서 대전시의 허브 터미널을 통해 직영터미널이 입지한 원주시, 강릉시, 이천시, 평택시와 서브(sub) 터미널이 입지한 청주시, 천안시, 전주시, 순천시, 구미시, 안동시, 진주시에 배송되어 각각 영업소를 거쳐 구매자에게 배송된다(〈그림 5-19〉).

이상의 배송체계 유형에 의해 전국 41개 배송권별로 판매된 상품 판매액의 분포는 〈그림 5-20〉과 같다. 즉, 서울시를 비롯한 대도시의 상품 판매액은 전국적으로 높은 비율을 차지하나 태백·소백산맥에 연해 있는 산간지역과 서해안과 남해안의 연안지역은 판매액이 적거나 없다. 판매액의 지역적 분포를 결정짓는 요인을 다중회귀분석하면 인구와 도시인구가 많고, 도시적 산업인 운수통신업 종사자가 많은 곳에서 CATV 홈쇼핑 상품 판매액이 많다.

〈그림 5-18〉 I 유형의 배송권

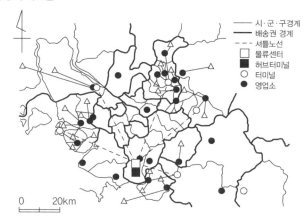

시·군·구경계
배송권 경계
셔틀노선
물류센터
허브터미널
터미널
영업소

0   20km

자료: 이윤영(2001: 105).

〈그림 5-19〉 대전시 허브 터미널을 경유하는 Ⅵ형의 배송권

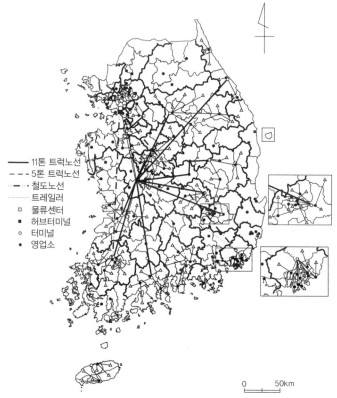

11톤 트럭노선
5톤 트럭노선
철도노선
트레일러
물류센터
허브터미널
터미널
영업소

0   50km

자료: 이윤영(2001: 109).

<그림 5-20> 배송권역별 판매액의 분포(2000년)

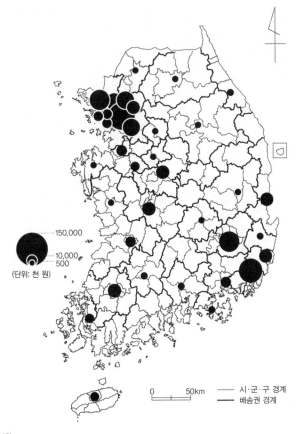

자료: 이윤영(2001: 113).

6) 인터넷 쇼핑

온라인 쇼핑은 정보기술 단말기의 발달로 인터넷상에서의 전자상거래(e-commerce), 이동통신단말기에서 거래가 이루어지는 모바일 상거래(m-commerce) 등의 의미로 사용되고 있다. 루(B. P. Y. Loo)는 정보사회의 형성단계에서 소비자가 온라인으로 구매할 수 있는 상품과 서비스는 소프트웨어, 오디오·비디오 제품, 출판물, 금융·보험 상품, 번역물 등 디지털로 전환할 수 있는 제품(information-rich products)과 서비스에 제한된다

〈표 5-4〉 정보화 사회의 발전과 온라인 쇼핑의 특성

구분		형성단계	발전단계	성숙단계
정보사회	상품과 서비스	• 수치전환을 할 수 있는 제품(information-rich products)과 서비스에 제한(소프트웨어, 오디오-비디오 제품, 출판물, 금융, 보험 상품, 번역물)	• 무인점포(kiosk) • 온라인 전용 몰 증가 • 온·오프라인 전용상점 (bricks & clicks) • 비정보화 제품(의류, 전자제품, 화장품, 영양제, 컴퓨터 하드웨어, 식료품, 장난감, 인형, 스포츠용품 등) 확대	• 무인점포 • 온라인 전용 몰 • 온·오프라인 전용상점의 확대 정착 • 상품의 주문 생산 • 가상 서비스 성장(번역, 전문적인 편집, 항공예약, 여행사, 사원모집 대리점) • 개인 뱅킹
	배송 시스템	• 편의점 • 지하철역 이용	• 지역 물류 시스템 발달 • 택배	• 지역적·세계적 물류 시스템 발달
	결제방식	• 물건 접수 후 현금거래 • 청구서 발급	• 청구서 • 신용카드 • 무통장입금	• 신용카드(스마트 결제) • 무통장입금 • 공인인증서 • 모바일머니
	정보기술과 특징	• 신문, 잡지, 카탈로그 • TV광고 • 전화, 팩스 • 우편주문 • 불안전한 금전거래 보안	• 인터넷 활용이 커짐 • 온라인 광고에 필요한 멀티미디어 플랫폼 개발 • 풍부하고 매력적인 방식의 제품정보	• 최첨단통신 시스템 (www의존도 높음) • 디지털 컨버전스 (convergence) • 프로슈머(prosumer)* • 기술 중심-인간중심 • 실시간 연결, 양방향 소통
공간적 역동성	시공간 공조성	• 전화통화 시간대 • 물품 인수기능 가능	• 가상공간 선택 확대 • 상당부분 완화	• 하루 24시간 연중무휴 • 거의 완화됨.
	거리 조락성	• 상당부분 작용	• 물리적 거리 영향력 감소	• 물리적 공간과 가상공간의 조합 • 새로운 형태의 거리 영향력 발생
	개인의 제약성	• 정보기술 이용 능력에 좌우	• 다양한 정보기기 • 상당 부분 해소	• 다양하고 편리한 정보기술로 극복기능
	네트워크의 변화	• 지방수준의 네트워크·다양화	• 네트워크의 다양화 • 범위 확대, 빈도 증가 • 국가적·다지역 수준	• B to C, C to C • 생산자와 소비자 직거래 • 국가적·다지역·세계적 수준

* 생산자를 뜻하는 producer와 소비자를 뜻하는 consumer의 합성어로, 생산에 참여하는 소비자를 의미한다. 이 용어는 1980년 미래학자 토플러(A. Toffler)의 저서 『제3의 물결(The Third Wave)』에서 21세기에는 생산자와 소비자의 경계가 허물어질 것이라 예견하면서 처음 사용했다. 프로슈머 소비자는 소비는 물론 제품생산과 판매에도 직접 관여해 해당 제품의 생산단계부터 유통에 이르기까지 소비자의 권리를 행사한다. 시장에 나온 물건을 선택해 소비하는 수동적인 소비자가 아니라 자신의 취향에 맞는 물건을 스스로 창조해나가는 능동적 소비자의 개념에 가깝다고 할 수 있다.
자료: 조성혜(2015: 137).

고 보았다. 발전단계가 되면 무인점포(kiosk),[17] 온라인 전용 몰(Amazon, yes24 등)의 증가, 온·오프라인 전용상점(bricks & clicks)이 합류하면서 상품과 서비스는 비정보화 제품(의류, 전자제품, 화장품, 영양제, 컴퓨터 하드웨어, 식료품, 장난감 등)으로 확대된다. 마지막으로 성숙단계는 온라인의 정착단계로 소비자 주문 상품과 모든 종류의 가상 서비스가 가능해질 것이라고 했다. 정보화 사회의 발전과 온라인 쇼핑의 특성을 나타낸 것이 〈표 5-4〉와 같다. 온라인 쇼핑 중 인터넷상에서의 상거래인 인터넷 쇼핑에 대해 살펴보면 다음과 같다.

(1) 인터넷 쇼핑의 등장과 연구

정보통신기술의 발달로 2000년 한국 통신판매업의 연간 판매액은 2조 6140억 원이었으나 2001년에는 4조 5200억 원으로 전년에 비해 약 73% 증가해 소매 업태에서 빠른 성장을 보이고 있다. 이를 매체별로 살펴보면, CATV 통신판매가 약 45%로 가장 높고, 그다음으로 인터넷 쇼핑[18]이 약 31%, 카탈로그 통신판매[19]가 약 24%를 차지했는데, 이 가운데 인터넷 쇼핑의 판매액은 2000년에 비해 300% 이상 성장했다(〈그림 5-21〉). 한국에서 인터넷 쇼핑은 1996년 말 데이콤의 인터파크와 롯데백화점 인터넷 쇼핑몰(internet shopping mall)[20]이 등장한 이후 6년이 지난 2002년 말 현재 그 성장은 이미

---

17) 정부기관이나 지방자치단체, 은행, 백화점, 전시장 등 공공장소에 설치된 무인 정보단말기로 동적 교통정보 및 대중교통정보, 경로안내, 요금 카드 배포, 예약업무, 각종 전화번호 및 주소안내 정보제공, 행정절차나 상품정보, 시설물의 이용방법 등을 제공하는 것으로, 터치스크린과 사운드, 그래픽, 통신카드 등 첨단 멀티미디어 기기를 활용해 음성서비스, 동영상 구현 등 이용자에게 효율적인 정보를 제공하는 무인 종합정보안내 시스템을 말한다.

18) 전자상거래는 기업 대 소비자(Business-to-Consumer: B-to-C, B2C), 기업 대 기업(Business-to-Business: B-to-B, B2B), 민간 대 정부(Business/Consumer-to-Administration: BC-to-A, BC2A) 간에 행해지는데, 기업 대 소비자 간의 전자상거래는 소비자와 기업(쇼핑몰) 간에 정보, 재화 및 화폐가 주로 전자적 수단을 통해 움직이는 것으로서 거래의 원활화를 위해서는 정보통신기반과 물류기반을 필요로 한다. 인터넷을 이용해 이루어지는 이 형태의 전자상거래가 현재 가장 많은 관심이 집중되고 있고, 이런 점을 반영해 근래에는 인터넷을 통해 이루어지는 기업 대 소비자의 거래만을 전자상거래로 인식하기도 한다. 여기에서는 이 전자상거래를 인터넷 쇼핑으로 정의한다.

19) 신문, 리플릿(leaflet), 잡지 및 우체국, 카드사의 매출을 카탈로그 매출에 포함시킨 것이다.

20) 인터넷 쇼핑몰이란 컴퓨터 네트워크의 가상 상점을 통해 소비자가 상품을 탐색해 구입을 결정할 수 있

〈그림 5-21〉 홈쇼핑의 매체별 판매액 변화

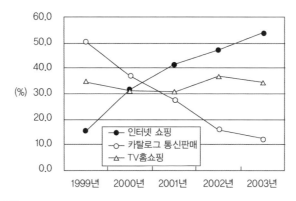

자료: 金英淑(2003: 772).

텔레비전 홈쇼핑 시장을 압도하고 있다. 인터넷 쇼핑몰은 2002년 월평균 시장규모가 4026억 원으로 백화점 월평균 시장규모의 약 30%에 육박하는 대중화 단계에 접어들었다고 할 수 있다. 이와 같은 현상은 인터넷 쇼핑이 거리, 시간, 장소의 구애를 받지 않고 상품정보에서부터 대금결제, 배송에 이르기까지 일괄적으로 처리해 주기 때문에 소비자에게는 편리하고 시간절약의 효과를 가져다주며, 기업에게는 유통단계의 단축으로 거래비용의 감소, 적은 비용으로 기업홍보 효과를 가져와 소비자와 기업 모두의 관심을 모으고 있기 때문이다.

또 최근 정보통신의 발달 및 여성노동의 증가와 더불어 상품구매의 시간적 절약과 유통경로의 단축 등으로 저렴한 가격에 상품을 구매할 수 있고, 기업의 측면에서는 점포구입비 및 노동비의 절약 등에 의해 경영의 합리화가 이루어질 수 있는 사이버 공간에서의 상품거래활동이 매우 많아져 종래 유점포 공간에서 볼 수 없는 전자상거래 현

을 뿐만 아니라 지급결제, 부분적 배송에 이르는 과정이 가상에서 이루어지는 쇼핑몰을 말한다. 이러한 인터넷 쇼핑몰의 사업형태는 판매상품 영역에 따라 전문 쇼핑몰과 종합 쇼핑몰로 구분할 수 있다. 도서, 음반 및 비디오, 소프트웨어 가전제품, 꽃, 컴퓨터 기기 등을 취급하는 전문 쇼핑몰과 물리적 시장의 백화점과 동일한 방식으로 하나의 대형 쇼핑몰 내에서 각종 상품들 또는 업체별로 진열되는 형태를 종합 쇼핑몰이라 한다.

상이 나타나고 있어 이에 대한 연구의 필요성은 매우 높다. 그리고 사이버 공간에서 판매되고 있는 상품은 현실공간에서와 마찬가지로 계절적 영향 또한 받고 있다. 이로 인해 인터넷 이용인구의 증가에 따른 인터넷 쇼핑을 포함한 통신판매에 관한 종래의 연구를 보면, 새로운 소매업태의 등장에 따라 이용자의 속성과 구매행태의 변화에 대한 연구, 물류체계와 상품판매에 대한 연구, 통신판매업체를 대상으로 지역적 특성을 연구한 것으로 구분할 수 있다.

(2) 인터넷 쇼핑 구매자의 속성과 구매상품 및 거주지 특성

① 구매자의 속성

G eshop의 상품구매자 성 구성을 구매건수에서 살펴보면 〈표 5-5〉와 같이 모두 3만 9995건으로, 이 가운데 여성 구매건수가 81.2%를 차지해 남성에 비해 매우 높은 비중을 차지해 인터넷 쇼핑의 주 고객이었음을 알 수 있다. 이는 여성 인터넷 사용인구 증가와 함께 초고속 통신망의 확산이 가정을 인터넷 전진기지로 변화시켰기 때문이다. 또한 여성들은 남성에 비해 쇼핑 노하우가 풍부하고 쇼핑 권한을 가진 주부고객들이 인터넷 쇼핑 시장을 주도하고 있기 때문이다.

계절별로 구매건수를 보면 남성은 여름에 가장 많이 구매했고 겨울에 가장 적게 구매했는데, 여성은 봄에 가장 많이 구매했다. 남성들은 컴퓨터나 가전제품 등 주로 고가(高價)품을 구입했는데, 여름에는 다른 상품에 비해 고가인 에어컨을 포함한 가전제품을 구입하기 때문이다. 그리고 여성은 의류나 침구/수예, 가정주방용품 등 중·저가품

〈표 5-5〉 성·계절별 구매건수

구분	봄		여름		가을		겨울		계	
	건수	%	건수	%	건수	%	건수	%	건수	%
남성	1,845	24.7	2,127	28.5	1,888	25.3	1,604	21.5	7,464	100.0
여성	9,265	28.5	8,223	25.3	8,210	25.3	6,771	20.9	32,469	100.0
미상	18	29.0	26	41.9	5	8.1	13	21.0	62	100.0

자료: 金英淑(2003: 773).

을 주로 구입했는데 봄에는 의류/패션 잡화와 침구/수예의 구매비중이 높기 때문이다.

G eshop의 상품구매자 연령층별 구매건수를 살펴보면 30~34세의 연령층이 전체 구매건수의 25.2%를 차지해 가장 높았고, 그다음으로 25~29세 연령층(18.0%), 35~39세 연령층(17.8%), 40~44세 연령층(15.4%)의 순으로 20대 후반부터 40대 전반의 연령층이 전체 구매건수의 3/4 이상을 차지했다. 그래서 인터넷 쇼핑몰에서 제품을 구입하는 주 고객이 컴퓨터에 익숙한 20대, 이른바 N세대보다는 탄탄한 구매력을 갖춘 30대와 40대 전반의 연령층이 1/2 이상을 차지하는 것을 알 수 있다. 다음으로 성·연령층별로 구매율을 보면 남성의 경우 30~34세 연령층에 의한 구매율이 전체 구매건수의 23.6%를 차지해 가장 높았고, 그다음이 35~39세 연령층(18.8%), 40~44세 연령층(17.5%)의 순으로 나타났다.

한편 여성의 경우는 30~34세 연령층이 전체 구매건수의 25.6%를 차지해 가장 높았고, 그다음이 25~29세 연령층(19.2%), 35~39세 연령층(17.6%)의 순으로 25~44세의 상승적 생산 연령층이 구매를 많이 했다. 30~34세 연령층은 남성과 여성 모두 가장 높은 구매율을 나타냈다는 점은 공통이나 남성은 40대 전반에서, 여성은 20대 후반에서 다른 성보다 구매율이 각각 높았다. 이는 10대와 20대 연령층이 인터넷 이용률은 높지만, 이들은 주로 자료검색과 정보검색이나 게임/오락, 전자우편을 목적으로 인터넷을 이용하는 반면, 30대는 쇼핑이나 신문/뉴스/잡지의 검색, 인터넷 뱅킹 등을 목적으로 인터넷을 이용하는데, 이 연령층은 사회활동이 가장 활발하면서 자녀양육과 가정 내의 소비지출이 가장 많기 때문이다.

한편 20대 후반 여성의 경우는 같은 연령층의 남성에 비해 취직이나 결혼한 비율이 높아 구매율이 높게 나타났고, 40대 전반 남성의 경우는 인터넷 이용률도 높을 뿐만 아니라, 경제적인 여유로 상품구매 시 컴퓨터나 가전제품 등 고가품을 주로 구입하기 때문에 여성보다 구매율이 높게 나타났다.

② 구매상품의 특성

G eshop에서 주로 구매되는 상품군은 구매량에서는 의류/패션 잡화가 총 구매량

〈표 5-6〉 상품군별 주요 구매 시·도

상품군	주요 구매 시·도	시·도 수
가구/인테리어	서울, 경기, 부산, 대구, 인천, 경북, 경남, 울산	8
가정주방용품	경기, 서울, 부산, 인천, 대구, 경북, 경남	7
레포츠/건강	서울, 경기, 부산, 인천, 경북, 대구, 경남	7
보석/시계/장식품	서울, 경기, 부산, 대구, 인천, 경북	6
식품/슈퍼마켓	서울, 경기, 부산, 인천, 대구, 경남, 경북	7
의류/패션 잡화	서울, 경기, 부산, 대구, 인천, 경남, 경북, 광주	8
전기/전자	서울, 경기, 부산, 인천, 광주, 경남, 경북, 대구	8
출산/아동/문화	경기, 서울, 대구, 경북, 충북, 부산, 인천, 전북	8
침구/수예	경기, 서울, 부산, 경남, 인천, 경북, 대구	7
컴퓨터/SW	서울, 경기, 부산	3
화장품/미용	서울, 경기, 부산, 인천, 경남, 대구, 경북	7

자료: 金英淑(2003: 774).

(39,995개)의 30.4%를 차지해 가장 높았고, 그다음으로 식품/슈퍼마켓(22.1%), 침구/수예(11.9%) 관련용품의 순으로, 이들 상품군이 전체 구매량의 60% 이상을 차지했다. 이는 인터넷 쇼핑의 주 고객이 30대 전후의 여성들로 의식(衣食)과 관련된 상품군을 많이 구입했다는 사실을 알려준다.

한편 구매액에 의한 주요 구매상품군을 보면 의류/패션 잡화가 전체 구매액의 23.0%를 차지해 구매량과 더불어 가장 높게 나타났다. 그다음으로 전기/전자(15.1%), 식품/슈퍼마켓(12.6%), 컴퓨터/SW(12.0%) 상품군 순[21]으로 전기/전자·컴퓨터/SW 상품군은 구매량에 비해 구매액의 구성비가 높았고, 식품/슈퍼마켓 상품군은 구매량에 비해 구매액의 구성비가 낮았다. 이는 각 상품군의 가격 차이의 결과를 반영한 것이다.

다음으로 상품군별 구매액에 의한 주요 판매 시·도를 보면 〈표 5-6〉과 같다. 가정주방용품과 레포츠/건강, 식품/슈퍼마켓과 침구/수예, 화장품/미용의 다섯 개 상품군은 서울시를 포함한 일곱 개 시·도가 주요 구매지로 나타났고, 의류/패션 잡화와 출산/아

---

21) 판매상품의 판매건수와 판매액과의 상관관계를 산출한 결과 r=0.98로 시·군·구의 판매건수와 판매액과는 높은 상관이 있다는 것을 알 수 있다.

동/문화의 두 개 상품군은 서울시를 포함해 여덟 개 시·도가 주요 구매지로 나타났다. 그리고 전기/전자는 서울시를 포함한 여덟 개 시·도가, 컴퓨터/SW는 서울시, 경기도, 부산시 세 개 시·도가, 또 가구/인테리어는 서울시를 포함한 여덟 개 시·도가 주요 구매지로 나타났고, 보석/시계/장식품은 서울시를 포함한 여섯 개 시·도가 주요 구매지로 나타났다.

③ 구매자의 거주지별 판매

G eshop에서 3·6·9·12월 각 달의 첫째 주 금요일에 판매된 상품은 총 3만 9995개의 약 47억 3000만 원으로 시·도별 판매를 보면, 먼저 상품판매량이 가장 많은 지역은 서울시(25.4%)이고 그다음으로 경기도(20.9%), 인천시(5.9%)를 포함하면 수도권의 판매량은 전체 판매량의 1/2 이상을 차지했다. 그리고 판매량이 많은 지역은 부산시(8.7%)과 대구시(5.8%), 경상남도(5.4%) 경상북도(4.9%)의 순으로 영남지방의 판매량은 전체 판매량의 24.8%를 차지했다. 그밖에 대전시(3.1%)을 포함한 충청지방은 전체 판매량의 8.8%를, 광주시(3.3%)를 포함한 호남지방은 7.8%를 차지했다. 그리고 강원도(2.2%)와 제주도(1.2%)가 낮은 비중을 차지했다.

다음으로 지역별 판매액을 살펴보면, 서울시(27.5%)가 가장 많았고, 그다음으로 경기도(21.0%)로 여기에 인천시(6.0%)르 포함하면 수도권의 판매액은 판매량과 마찬가지로 전체 판매액의 1/2 이상을 차지했다. 영남지방의 판매액은 부산시(8.4%), 대구시(5.6%), 경상남도(4.9%), 경상북도(4.6%)의 순으로 전체 판매액의 23.5%를 차지해 판매량보다 그 구성비가 다소 낮았다. 그밖에 충청지방(8.8%), 호남지방(7.4%), 강원도(1.8%), 제주도(1.2%)의 순으로 나타났다.

시·도별 판매량과 판매액의 구성비를 비교해 보면, 판매량에 비해 판매액의 구성비가 높게 나타나는 지역은 서울·인천·광주시, 경기도, 충청남도로, 이들 지역은 저가품보다 고가품의 구매가 많은 지역이었다. 그러나 대체로 판매량의 구성비가 높은 지역에서 판매액도 높은 비중을 차지했다. 여기에서 시·도별 판매액과 인구수와의 관계를 보면 r=0.98로 시·도별 판매액은 인구 규모에 매우 강한 영향을 받고 있다는 것을 알

〈그림 5-22〉 구매자의 거주지별 판매액 분포

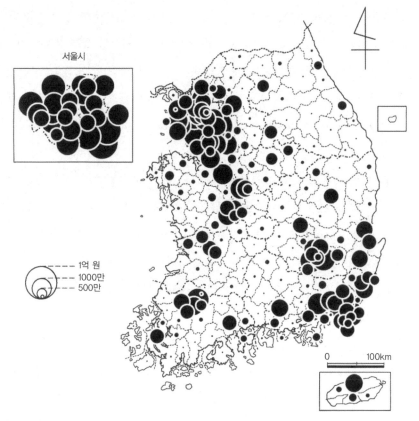

자료: 金英淑(2003: 775).

수 있다.

다음으로 상품구매자의 거주지별 판매액을 시·군·구별로 살펴보면 〈그림 5-22〉와 같다.[22] 판매액이 많은 순으로 살펴보면 서울시 강남구가 가장 많았고, 그다음으로 영등포·송파구, 경기도 성남시 분당구, 서울시 서초구, 경기도 안산시, 서울시 강서·은평구, 인천시 부평구, 서울시 관악구, 대구시 달서구 순으로 나타났다. 판매액 6000만 원

---

22) 구매 신청지와 배송지와의 상관관계를 보면 r=0.99로 구매신청자의 거주지에 상품이 거의 배송되었다는 것을 알 수 있다.

이상인 11개 지역 가운데 일곱 개 지역이 서울시에 분포하며, 경기도에 두 개 지역, 인천·대구시에 각각 한 개 지역으로 나타났다. 또한 판매액 5000만 원 이상의 18개 지역 가운데 14개 지역이 수도권에 분포하며, 영남지방에 세 개 지역, 호남지방은 한 개 지역이 분포했다. 이는 한국 인구의 약 46%가 수도권에 거주하고 있으므로 인터넷 쇼핑에 의한 구매력도 높을 뿐만 아니라, 가구당 소득 또한 다른 지역에 비해 높기 때문이다. 또한 232개 시·군·구 가운데 위의 18개 시·구가 차지하는 판매액은 총 판매액의 약 26.5%를 차지했다.

반면 판매액이 낮은 순으로 살펴보면, 전라북도 임실군(8만 원)이 가장 낮고, 다음으로 경상북도 군위군(12만 원), 전라남도 곡성군(18만 원), 진도군(19만 원)의 순으로 나타났다. 판매액 50만 원 미만의 16개 군 가운데 호남지방에 9개 지역, 영남지방에 5개 지역, 충청지방과 수도권이 각각 한 개 지역으로 나타났다. 이들 지역은 도서지역이거나 내륙 산간지역으로 거주자의 연령층이 비교적 높고, 인터넷 기반시설이 미흡해 대도시에 비해 인터넷을 통한 구매력이 매우 낮았다.

시·군·구의 판매량과 판매액과의 관계를 살펴보면, 서울시 강남구가 판매량(887건)과 판매액에서 1위를 차지해 구매력이 가장 높은 지역으로 나타났다. 그다음으로 송파구(654건), 성남시 분당구(652건)의 순으로 나타났다. 서울시 영등포구(518건), 서초구(545건), 경기도 안산시(541건), 서울시 은평구(584건)는 판매량에 비해 판매액의 순위가 높은 지역으로, 이들 지역에 판매되는 상품은 비교적 가격이 높은 상품을 구입했음을 시사한다. 반면 대구시 달서구(589건), 수성구(499건), 부산시 해운대구(518건), 대전시 서구(471건), 경상남도 창원시(474건)는 판매량에 비해 판매액의 순위가 낮은 지역으로 나타났다.

판매액이 높게 나타나는 서울시 강남·서초·송파·은평구와 성남시 분당구와 안산시 등은 중산층 이상이 많이 거주하는 지역으로서 이는 인터넷 쇼핑에서도 지역 간의 판매 편중 현상이 심했다는 것을 알 수 있다.

(3) 인터넷 쇼핑에 의한 상품판매의 지역적 분포

① 계절별 상품 판매액의 지역적 분포

G eshop의 상품군별 판매액에 의한 계절적 특징을 보면, 여름을 제외하면 모든 계절에 의류/패션 잡화 판매액의 구성비가 가장 높았고, 여름에는 전기/전자의 판매액

〈그림 5-23〉 계절별 상품 판매액의 지역적 분포(2002년 3·6·9·12월)

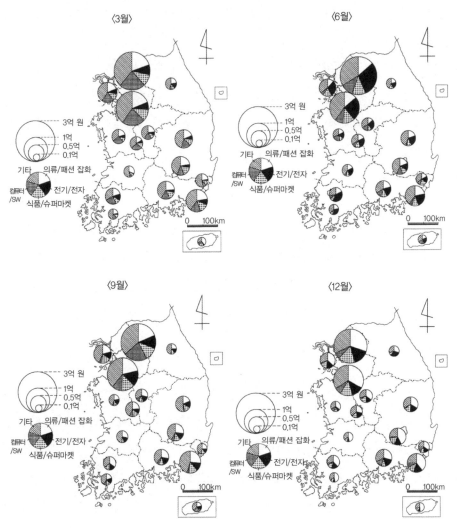

자료: 金英淑(2003: 777).

구성비가 가장 높았다. 봄에는 의류/패션 잡화 이외에 컴퓨터/SW가 높은 구성비를 나타낸 것은 졸업과 입학의 계절로 고가인 컴퓨터/SW를 선물하는 구매자들이 많았기 때문이다. 여름에 의류/패션 잡화의 판매 구성비가 다른 계절에 비해 낮았던 것은 짧고 얇은 의류/패션 잡화의 가격이 다른 계절에 비해 낮았기 때문이다. 이에 대해 가을과 겨울에 의류/패션 잡화의 판매액 구성비가 높아진 것은 패션 디자이너들과 손잡고 여성용 속옷과 의류 분야에서 자사상표를 부착한 상품(Private Brand: PB)을 개발해 패션 추세에 민감한 20대 후반과 30대 초반 여성들을 주 고객으로 고품질과 저가격으로 판매했기 때문이다.

계절별 판매상품군의 지역적 특징을 보면, 봄에는 의류/패션 잡화의 판매액 구성비가 대체로 모든 시·도에서 높았고, 컴퓨터/SW의 판매액 구성비는 서울·인천·광주·대전시, 경기도, 충청남도에서 높게 나타났다. 여름에는 부산시와 경상남도를 제외한 모든 지역에서 전기/전자의 판매액 구성비가 가장 높게 나타났으며, 의류/패션 잡화의 판매액 구성비는 부산시, 강원도, 전라남도, 경상남도에서 높게 나타났다. 가을에는 의류/패션 잡화의 판매액 구성비가 모든 시·도에서 가장 높게 나타났으며, 전기/전자의 판매액 구성비는 충청북도, 충청남도, 전라남도, 경상남도에서 높게 나타났다. 겨울에는 의류/패션 잡화의 판매액 구성비가 모든 시·도에서 매우 높게 나타났으며, 전기/전자의 판매액 구성비는 강원도, 전라남도, 경상북도, 경상남도에서, 또한 식품/슈퍼마켓의 판매액 구성비는 서울·대구·인천시, 경기도에서 높게 나타났다(〈그림 5-23〉).

② 판매상품유형의 지역적 분포

232개 시·군·구에 판매된 G eshop의 주요 상품의 지역적 분포를 보면, 각 시·군·구의 주요 판매상품군의 추출은 먼저, 분류된 11개 상품군의 전국 판매액을 기준으로 토머스(D. Thomas)의 작물구성법에 의해 주요 판매상품군을 구분한 결과 일곱 개 주요 상품군과 나머지 네 개 상품군[23]은 기타 상품군으로 분류해 모두 여덟 개 상품군을 대상

---

23) 가정주방용품, 보석/시계/장식품, 식품/슈퍼마켓, 의류/패션 잡화, 전기/전자, 침구/수예, 컴퓨터/SW,

〈그림 5-24〉 판매상품 유형의 지역적 분포

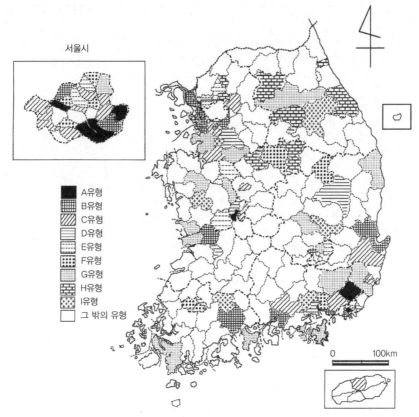

주: 각 유형의 주요 상품군은 〈표 5-7〉의 유형과 같음.
자료: 金英淑(2003: 780).

으로 각 시·군·구의 주요 판매상품군의 유형을 추출했다(〈그림 5-24〉, 〈표 5-7〉).

주요 판매상품군의 유형은 크게 열 개 유형이며 이 가운데 한 개 유형은 그 밖의 유형으로 이 유형에는 68개의 유형이 포함되어 각 단위지역에서 구매하는 상품군이 매우 다양한 결합을 했다는 것을 알 수 있다. 단위지역당 판매액이 가장 많은 순으로 유형을 정해 살펴보면, C유형은 25개 시·구로 구성되어 가장 많았다. 그다음으로 G유형은 21개 시·군·구, B유형은 17개 시·구, F유형은 15개 시·구로 구성되었으며, 기타 상품군

기타 상품군(가구/인테리어, 레포츠/건강, 출산/아동/문화, 화장품/미용)

〈표 5-7〉판매상품에 의한 유형

유형		시·군·구	단위지역 수	%	단위지역당 판매액(원)
A	의류/패션 잡화, 컴퓨터/SW, 전기/전자, 침구/수예, 식품/ 슈퍼마켓, 보석/시계/장식품, 기타 상품군	서울시 마포구, 서초구, 강남구, 강동구, 부산시 부산진구, 대전시 서구, 양산시	7	3.0	59,106,707
B	의류/패션 잡화, 컴퓨터/SW, 전기/전자, 침구/수예, 식품/ 슈퍼마켓, 가정주방용품, 기타 상품군, 보석/시계/장식품	서울시 은평구, 송파구, 부산시 사하구, 대구시 서구, 인천시 부평구, 성남시, 부천시, 안산시, 시흥시, 의왕시, 김포시, 익산시, 목포시, 순천시, 포항시, 진해시, 사천시	17	7.3	47,915,469
C	의류/패션 잡화, 컴퓨터/SW, 전기/전자, 침구/수예, 식품/ 슈퍼마켓, 가정주방용품, 기타 상품군	서울시 중구, 광진구, 중랑구, 성북구, 양천구, 강서구, 구로구, 관악구, 부산시 수영구, 대전시 동구, 울산시 중구, 남구, 동구, 수원시, 안양시, 광명시, 평택시, 구리시, 남양주시, 군포시, 청주시, 경주시, 진주시, 김해시, 제주시	25	10.8	40,511,549
D	의류/패션 잡화, 전기/전자, 침구/수예, 식품/슈퍼마켓, 가정주방용품, 보석/시계/장식품, 기타 상품군	부산시 해운대구, 광주시 북구, 대전시 유성구, 용인시, 전주시, 안동시, 마산시	7	3.0	38,490,209
E	의류/패션 잡화, 컴퓨터/SW, 전기/전자, 식품/슈퍼마켓, 가정주방용품, 기타 상품군	서울시 종로구, 강북구, 대구시 동구, 달성군, 인천시 서구, 고양시, 양주군, 천안시, 논산시	9	3.9	33,590,172
F	의류/패션 잡화, 컴퓨터/SW, 전기/전자, 침구/수예, 식품/ 슈퍼마켓, 기타 상품군	서울시 동대문구, 도봉구, 서대문구, 동작구, 부산시 북구, 인천시 남구, 남동구, 광주시 동구, 광주시 서구, 남구, 광산구, 오산시, 충주시, 영주시, 창원시	15	6.5	32,630,148
G	의류/패션 잡화, 전기/전자, 침구/수예, 식품/슈퍼마켓, 가정주방용품, 기타 상품군	서울시 노원구, 부산시 연제구, 대구시 북구, 인천시 연수구, 계양구, 대전시 중구, 울산시 울주군, 안성시, 화성시, 홍천군, 연기군, 서천군, 예산군, 군산시, 여수시, 강진군, 구미시, 울진군, 통영시, 밀양시, 거제시	21	9.1	16,942,061
H	의류/패션 잡화, 전기/전자, 침구/수예, 식품/슈퍼마켓, 기타 상품군	부산시 사상구, 의정부시, 동두천시, 춘천시, 강릉시, 속초시, 횡성시, 제천시, 음성군	9	3.9	13,364,059
I	기타 상품군	평창군, 청양군, 곡성군, 신안군, 군위군, 함안군	6	2.6	624,106
그 밖의 유형		68개 유형	116	50.0	7,268,515
계			232	100.0	

자료: 金英淑(2003: 779).

으로 구성된 I유형까지 포함하면 116개 시·군·구로 구성되었다.

각 유형의 내용을 종합해보면 판매액이 많은 대도시와 각 지방의 중소도시는 A~H 유형에 속하며 주요 판매상품군의 구성이 6~8개로 많았고, 판매액이 적은 군 지역은 1~5개로 상대적으로 적었으며 I유형과 그 밖의 유형이 이에 속했다. 그리고 이들 유형의 지역적 분포는 컴퓨터/SW, 침구/수예, 가정주방용품, 보석/시계/장식품의 판매액의 차이가 나타났다.

(4) 인터넷 쇼핑에 의한 상품판매의 지역적 특성

G eshop의 시·군·구별 판매액에 영향을 미치는 지역적 특성을 규명하기 위해 예상요인을 독립변수로 하고 시·군·구별 판매액을 종속변수로 해 다중회귀분석(multiple regression analysis)을 실시했다. 또한 산출된 회귀방정식에 대한 잔차분석(residual analysis)을 통해 판매지역의 일반성과 특수성을 파악했다.

① 예상요인의 선정과 모델 설정

인터넷 쇼핑에 영향을 미치는 요인은 선행연구에서 구매자 거주지역의 사회·경제적 변수가 크게 영향을 미칠 것이라고 생각하고 이에 대한 변수를 선정했다. 인구적 요인으로서는 인구, 0~4세의 유년연령층 인구, 25~49세의 여성 인구, 교육적 요인으로는 각급 학교의 졸업과 수료의 교육 정도, 직업적 요인으로는 표준직업분류에 의한 직업별 종사자 수, 산업 활동 요인으로는 표준산업분류에 의한 산업별 취업자 수를, 소득요인으로는 한 명당 지방세 부담액을 이용했다. 그러나 소비자 거주지와 인터넷 쇼핑몰이 입지하는 지역 사이의 거리는 정보화 사회에서 시·공간의 붕괴로 그 영향력이 적어 제외시켰다. 이상의 42개 독립변수를 판매액과 상관계수를 산출한 결과, 사무종사자 구성비, 광업 취업자 구성비, 전기·가스 및 수도 사업 취업자 구성비, 공공 행정·국방 및 사회보장행정 취업자 구성비, 국제 및 외국기관 서비스 취업자 구성비는 상관이 없는 것으로 판명되어[24] 나머지 37개의 독립변수를 사용해 다중회귀분석의 변수증감법(step wise selection)을 적용했다. 또 다중회귀방정식의 적용은 각 독립변수와 종속변수

〈표 5-8〉 선정된 독립변수와 산출방법

변수	산출방법	이용자료
인구 구성비(X_1)	(시·군·구 인구/총인구)×100	통계청. 2002. 『2000 인구 및 주택 센서스 보고서』
대학교 수료자 구성비(X_{13})	(대학교 수료자 수/각급 학교 졸업·수료자 총수)×100	
기타 공공, 수리 및 개인 서비스업 취업자 구성비(X_{35})	(기타 공공, 수리 및 개인 서비스업 취업자 수/산업별 취업자 총수)×100	
초등학교 졸업자 구성비(X_5)	(초등학교 졸업자 수/각급 학교 졸업·수료자 총수)×100	
25~49세 여성 인구 구성비(X_3)	(25~49세 여성 인구/총인구)×100	
사업 서비스업 취업자 구성비(X_{31})	(사업 서비스업 취업자 수/산업별 취업자 총수)×100	
숙박 및 음식점업 취업자 구성비(X_{26})	(숙박 및 음식점업 취업자 수/산업별 취업자 총수)×100	

자료: 金英淑(2003: 781).

간의 산포도를 작성해 파악한 결과 각 독립변수 값이 커질수록 판매액이 많거나 적어져 이들 간의 선형관계를 확인할 수 있어 선형모형을 채택했다. 그리고 회귀방정식을 구하는 과정에서 선정된 변수 간의 공선성(multicollinearity)을 검정하기 위해 독립변수 간의 상관계수가 ±0.5 이상일 경우 공선성이 존재한다고 간주해 이들 독립변수는 분석에서 제외시켰다. 그 결과로 선정된 설명요인은 〈표 5-8〉과 같이 일곱 개 독립변수이다.

이들 일곱 개의 독립변수를 이용해 다중회귀방정식을 산출한 결과는 다음과 같다.

$$\hat{Y} = 31,020831.427 + 57,562,846.215X_1 + 55,284,139.17X_{13} - 734,466X_{35}$$

표준회귀계수   (0.884)   (0.152)   (-0.071)

$$+360,580.214X_5 + 392,713.226X_3 + 805,203.716X_{31} + 514,158.608X_{26}$$

(0.175)   (0.071)   (0.097)   (0.051)

이 방정식의 결정계수(R^2)는 0.888로서 변동(variation)비는 88.8%로 비교적 높게 나타났으며, F검정한 결과 유의수준 99%에서 유의한 것으로 판정되었다.[25] 즉, 인터넷 쇼핑의 각 시·군·구 판매액은 각 단위지역의 인구 구성비(X_1), 대학교 수료자 구성비

---

24) 유의수준 95%에서 유의적이 아니었다.

25) $F_{0.01}(7, 224)=2.64$이며, F값은 254.558로 나타났다.

(X$_{13}$), 기타 공공, 수리 및 개인 서비스업 취업자 구성비(X$_{35}$), 초등학교 졸업자 구성비
(X$_5$), 25~49세 여성인구 구성비(X$_3$), 사업 서비스업 취업자 구성비(X$_{31}$), 숙박 및 음식점
업 취업자 구성비(X$_{26}$)에 의해 설명할 수 있었다. 이들 독립변수 중 인구 구성비가 가장
설명력이 높았고 나머지 독립변수들은 설명력이 그렇게 높지 않아 인구 구성비가 판매
액에 매우 큰 영향을 미쳤다는 것을 알 수 있었다. 또 기타 공공, 수리 및 개인 서비스
업 취업자 구성비가 낮을수록 판매액이 높았던 것은 이들 취업자의 소득수준과 관련이
있었다.[26] 그리고 대학교 수료자 구성비와 초등학교 졸업자 구성비가 높을수록 판매액
이 많은 것은 학력의 차이가 판매액에 그다지 영향을 미치지 않았다는 것을 의미한다.

② 잔차의 분포

G eshop 인터넷 쇼핑의 판매액에 영향을 미치는 일곱 개의 설명요인이 각 지역에서
어느 정도 그 타당성이 존재하는가를 파악하기 위해 실제판매액(Y)과 다중회귀방정식
에서 산출된 추정판매액(Ŷ)의 차이를 이용한 잔차(Y-Ŷ)분포를 파악했다. 잔차의 분포
에서 공간적 자기상관의 존재여부를 파악하기 위해 더빈-왓슨(Durbin-Watson) 검정법을
사용한 결과 통계값이 1.919로 공간적 자기상관이 없는 2에 가까우므로 잔차들이 서로
연관이 없었음을 알 수 있었다.

잔차의 파악은 표준화된 잔차를 사용했는데, 표준화된 잔차는 0을 기준으로 절대값
이 작을수록 실제판매액과 추정판매액이 가까우며, 반대로 절대값이 클수록 실제판매
액과 추정판매액의 차이가 크다. 표준화된 잔차의 단위지역 구성을 보면 〈표 5-9〉와
같다.

G eshop 인터넷 쇼핑 판매액을 과소 추정한 양의 잔차(positive residual)를 나타내는
단위지역은 전체 단위지역수의 54.3%를 차지했고, 과대 추정한 음의 잔차(negative
residual)를 나타내는 단위지역은 45.7%를 나타내어 양의 잔차지역이 약간 많았다. 이
들 지역은 다중회귀방정식 모델에 의해 설명할 수 없는 부분이 존재했음을 의미하는

---

26) 이에 속하는 산업은 하수, 폐기물처리 및 청소 관련 서비스업, 회원단체, 수리업, 기타 서비스업이다.

<표 5-9> 표준화된 잔차의 단위지역 수 구성

잔차의 범위	단위지역 수	비율(%)
4.0 이상	2	0.9
3.0~4.0	1	0.4
2.0~3.0	2	0.9
1.0~2.0	18	7.7
0.0~1.0	102	44.0
-1.0~0.0	83	35.8
-2.0~-1.0	16	6.9
-3.0~-2.0	6	2.6
-4.0~-3.0	2	0.9
계	232	100.0

자료: 金英淑(2003: 782).

데, 이들 특정지역은 인터넷 쇼핑 판매액을 규정짓는 국지적 요인을 가진 지역들이라 할 수 있다.

인터넷 쇼핑 판매액의 잔차분포를 〈그림 5-25〉에서 보면, 과소 추정한 지역으로 4.0 이상은 성남시와 서울시 영등포구, 3.0~4.0은 강남구가 이에 속하고, 2.0~3.0에는 인천시 연수구, 수원시가 속했으며, 1.0~2.0에 속하는 단위지역은 23개로 서울시와 부산시 및 그 위성도시, 인천·광주·울산시, 지방중심도시인 청주·안동·제주시 등이었다. 0.0~1.0에 속하는 단위지역은 102개로 서울시와 부산·대구·인천·광주시 및 경기·강원도와 충청북도, 전라북도, 전라남도, 경상북도, 경상남도, 제주도의 군 지역으로 구성되었다. 따라서 잔차가 큰 지역일수록 인구 규모가 큰 단위지역으로 인구 규모 이상으로 구매력이 컸다는 것을 알 수 있다.

한편 인터넷 쇼핑 판매액을 과대 추정한 지역으로는 대체로 -3.0 이상의 고양시와 마산시가 속하며, -3.0~-2.0에 속하는 단위지역은 서울시 광진·성북·노원·구로구, 동해·여수시이며, -2.0~-1.0에는 서울시 성동·중랑·양천·금천·강동구, 대전시 동·중·서구, 의정부·안양·부천·과천·춘천·강릉·보령·익산시 등의 24개 단위지역이 이에 속한다. 그리고 -1.0~0.0에 속하는 단위지역은 83개로 서울·부산·대구시 및 경기도, 충청남도, 전라북도, 전라남도의 군 지역들이다. 따라서 음의 잔차가 큰 지역은 서울 시내

〈그림 5-25〉 인터넷 쇼핑 판매액의 잔차도

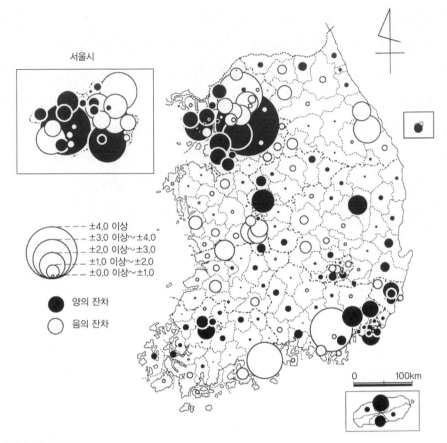

자료: 金英淑(2003: 782).

의 주변 지역과 위성도시 및 지방 중·소도시들이 많이 포함됐다.

　이상의 내용을 종합해 보면, 잔차 0.0~±1.0 사이의 185개 단위지역(79.8%)은 대체로 비대도시지역의 군 지역이 대부분으로 본 다중회귀분석에 의해 채택된 변수로 설명이 가능했다. 그러나 잔차 ±1.0 이상의 47개 단위지역(20.2%)은 서울시와 부산시 및 그 위성도시들, 대전·광주·울산시, 그리고 지방 중심도시들로 이 다중회귀분석에 의해 채택된 변수로는 부분적인 설명만이 가능했기 때문에 설명변수 이외의 다른 변수들에 의해 영향을 받는다.

다음으로 잔차의 정도에 따라 단위지역의 구성을 보면 표준화된 잔차의 표준편차(σ =0.985)에 ±1.0σ(0.985~-0.985) 이내에 해당하는 단위지역은 185개로 전체 단위지역의 79.7%에 이른다. 따라서 본 다중회귀방정식 모델은 각 단위지역의 인터넷 쇼핑 판매액 3/4 이상을 비교적 정상적으로 해명할 수 있으므로 이들 지역을 '모델의 적용지역'으로 간주할 수 있다. 그리고 표준화된 잔차의 ±1.0σ~±2.0σ(±0.986~±1.970)에 해당하는 단위지역은 34개 지역으로 이들 지역은 '모델의 준적용지역'이라 할 수 있고, ±2.0σ (±1.970) 이상의 13개 단위지역은 '특수지역'으로 간주할 수 있다. 이들 세 개 지역에 단위지역당 판매액을 비교해 보면 '모델의 적용지역' 판매액이 가장 적고, '특수지역'이 가장 많아 단위지역의 판매액이 많을수록 이 모델에서의 잔차가 커 또 다른 요인이 판매액에 영향을 주고 있다. 마지막으로 판매상품의 지역유형에서 주요 판매상품군 수와 잔차의 관계를 보면, '모델의 적용지역'에 해당되는 지역은 잔차가 작을수록 주요 판매상품군 수가 적게 나타났으며, '특수지역'에 해당되는 지역은 잔차가 클수록 주요 판매상품군 수가 많게 나타났다.

온라인 쇼핑은 해마다 판매액을 증가해 한국의 경우 2015년 10월까지의 판매액(43조 6045억 원)이 대형마트의 판매액(40조 2801억 원)을 초월했는데, 매출신장의 주역은 모바일 쇼핑을 꼽을 수 있다. 모바일 쇼핑은 시공간적으로 구애를 받지 않고 가격도 저렴해 판매액이 증가했는데, 최근에 모바일 쇼핑을 가로막은 결제방식이 최근 '페이(pay) 기술'의 발전으로 편리해져 모바일과 PC로 상품을 구매하는 '스마트 쇼핑'이 활발해지고 있다. 또 최근 신속한 배송이 온라인 쇼핑 시장의 확대에 기여했다. 또 일부업체는 반품 서비스도 내놓아 IT 관련 기구나 도서, 의류가 중심이던 온라인 상품구색이 신선식품 등으로 확대되고 있다. 그리고 아마존·알리바이 등 해외 전자상거래 사이트를 통해 상품을 구입하는 '해외직접구매'도 온라인 쇼핑을 활성화하는 데 한몫을 했다.

2. 고전적 중심지 이론

소매업은 도시 거주자의 요구를 충족시킬 뿐만 아니라 도시 주변 지역의 주민에게도 서비스를 제공한다. 따라서 소매업의 입지는 중심지 이론과 그 밖의 지대이론을 중심으로 많은 연구자에 의해 전개되어왔는데 주로 업종별 기능(점포)의 입지, 상업지역의 입지에 대해서 이론의 제창과 개량이 이루어져왔다.

중심지 이론에 관한 연구는 크리스탈러가 처음이 아니다. 크리스탈러 이전에도 유사한 지식이 존재했다. 미국에서는 1915년 갤핀(C. J. Galpin)을 중심으로 한 농촌사회학자들의 일련의 연구가 있었고, 독일에서는 국가학자 뮐러(A. Müller)가 1809년 연구를 발표했고, 지리학에서는 1841년 독일의 쾰(J. G. Köhl)이나 1899년 슐리터(O. Schlüter) 등의 연구도 있었다. 더욱이 1927년 발표된 보벡(H. Bobek)의 취락의 기능론적 연구는 크리스탈러 이론에 아주 접근한 것이었다. 또 영국에서는 1932년 디킨슨(R. E. Dickinson)의 중심지 이론의 실증적 연구도 진행되었다. 그러나 당시는 지금과 같이 정보화 사회가 아니어서 정보전달이 어려워 외국의 연구나 국내에서도 다른 학문분야에서의 지식은 잘 전달되지 않은 경우가 많았다.

크리스탈러는 1968년 기념강연에서 "어떻게 중심지 이론에 도달했는가"에 대해 튀넨(J. H. von Thünen)이나 베버(A. Weber) 등의 큰 영향을 받았다고 인정했지만 그 밖의 오래 전 연구에 대해서는 전혀 언급이 없었다.

크리스탈러는 1893년 4월 21일 독일의 슈발츠발트 베르네크(Schwarzwald Berneck)에서 목사의 아들로 태어나 하이델베르크·뮌헨대학 등을 거치며 공업입지론 등 경제학을 배우고 실무를 경험한 후 에르랑겐대학에서 그라트만(R. Gradmann)으로부터 지리학을 지도받은 뒤 지리학의 학위논문을 제출했다. 1933년 크리스탈러는 「남부 독일에서의 중심지(Die Zentralen Orte in Süddeutschland)」라는 이론 경제지리학의 개척자적인 연구를 발표해 공간조직의 기본적인 이론으로뿐만 아니라 실용적인 지역계획의 도구로 사용하게 되었다. 이 이론은 교통비의 최소화, 집적이윤의 최대화에 근거를 두고 있다.

중심지 이론에서 중심지의 주요 기능은 중심지를 둘러싸고 있는 보완지역(complementary region)에 재화와 서비스를 제공하는데, 중심지는 그들 주변 지역에 대한 시장 중심(market center)의 기능을 가진 취락이다. 그리고 중심지 이론은 제3차 경제활동을 바탕으로 도시의 크기, 수, 분포를 설명하는 것이다.

도시의 주된 특징은 지역의 중심지로, 대도시이면 더 넓은 지역에 재화·서비스를 제공하는데, 그것은 대도시가 그 지역의 중심에 입지해 있으며 더 높은 접근성을 가지고 있기 때문이다. 따라서 도시의 중요성은 주변 지역에 대한 장소의 상대적 중요성으로써 중심성(centrality)과 직접 관련을 맺고 있다. 그리고 중심지는 그들의 지리적 중요성에서 변화하며, 또 순위(rank), 계층(order)을 가진다. 상위계층의 중심지는 지리적으로 하위계층 중심지를 지배하는데, 이것은 상위계층 중심지가 많은 중심적 기능(재화, 서비스)을 갖고 있기 때문이다.

재화와 서비스는 계층과 서열이 존재하는데 식료품과 같이 매일 사용하며 인구분포에 따라 다소 균등하게 산재되어 있는 것을 편의(convenience)재화, 서비스라 한다. 이런 재화, 서비스는 하위계층에 속한다. 그리고 약국, 은행과 같이 일주일에 한 번 정도 이용하는 재화, 서비스는 중위계층을, 가구, 변호사의 서비스 등 계절 단위 이상에서 구매하는 재화, 서비스는 상위 계층을 갖는다. 따라서 소매업 및 서비스 사업체의 관점에서 재화, 서비스의 계층이 높을수록 재화, 서비스가 경제적으로 지지되는 중심지는 더욱 상위계층의 중심지일 것이다.

크리스탈러는 중심지 이론을 현실적으로 단순화하기 위해 다음과 같은 전제조건을 제시했다. 첫째, 모든 방향에서 교통의 편리도가 같은 등질평야이다. 그리고 운송비는 거리에 비례하고 운송수단은 단일하다. 둘째, 평야상에 인구가 균등하게 분포해 있다. 셋째, 중심지는 그 배후지에 재화, 서비스 및 행정적 기능을 제공하기 위해 평야상에 입지한다. 넷째, 소비자는 그들이 수요로 하는 기능을 제공하는 최근린 중심지를 방문한다. 즉, 소비자는 각 기능에서 소요거리를 최소화한다. 다섯째, 이들 기능의 공급자는 경제인으로 활동하며, 가능한 한 가장 넓은 시장을 획득하기 위해 평야상에 입지함으로써 그들 이윤을 최대화하려고 한다. 그렇기 때문에 수요자가 최근린 중심지를 방문하고, 공급자는 그들의 시장지역을 최대화하기 위해 가능한 한 다른 공급자로부터 멀리 떨어져 입지할 것이다. 여섯째, 중심지는 기능적 차이로 인해 상위계층, 하위계층 중심지가 존재한다. 일곱째, 상위계층 중심지는 하위계층 중심지가 제공하지 않는 다른 기능을 공급한다. 여덟째, 모든 소비자는 소득과 재화, 서비스에 대한 수요가 동일하다. 이상의 전제조건에서 이 이론은 무한공간을 전제로 해 구축된 이론이다.

이상을 바탕으로 크리스탈러의 중심지 이론에서 두 가지 주요한 원리는 재화의 도달범위(range of a goods)와 재화의 최소요구값(threshold of a goods)으로, 이들은 한 사람이 재화 공급자라는 단순한 경우에만 설명된다.

1) 재화의 도달범위와 최소요구값

하나의 재화에 대한 수요는 가격에 근거하는데 가격이 비싸면 수요는 감소한다. 크리스탈러의 전제조건 여덟째에 의하면 소비자의 소득수준이 같기 때문에, 중심지에 거주하지 않는 소비자는 중심지에 거주하는 소비자보다 중심지로 이동하는 교통비를 더 부담하기 때문에 그 구매력은 떨어진다. 이러한 교통비에 의한 거리 마찰효과는 중심지로부터 거리가 멀수록 수요량을 감소시킨다(〈그림 5-26〉). 그리고 C지점에 거주하고 있는 주민은 특정 재화를 구입할 수 없다. 왜냐하면 재화의 구입비용이 교통비로 모두 사용되기 때문이다. 여기에서 재화의 도달범위는 어떤 재화를 구입하기 위해 소비자가 여행할 수 있는 거리, 즉 AC의 거리를 말한다. 이 거리를 반경으로 시장권의 최대 잠재력 크기를 나타낸 것이 〈그림 5-26〉의 오른쪽 그림이다.

재화의 도달범위에는 내측 경계(inner range of a goods)와 외측 경계(outer range of a goods)가 있다. 내측 경계[하한(下限)]는 중심적 재화의 공급시설이 그 중심지에 입지하는 데 필요한 최소한의 수요자를 포함하는 범위(〈그림 5-27〉)로, 이때 그 공급시설은 경영이 성립되는 최소한도의 수입을 얻을 수 있어 이것을 정상이윤(normal profit)이라고 한다. 이에 대해 외측 경계[상한(上限)]는 그 중심지에서 중심적 재화를 공급하는 최대거리에 해당된다. 이 경계를 넘은 지역의 주민은 이 중심적 재화에 대해 비용이 많이 들어가므로 수요가 없거나 보다 근거리에 있는 다른 중심지에서 재화의 공급을 받게 된

<図 5-26> 재화수요와 가격 및 거리와의 관계

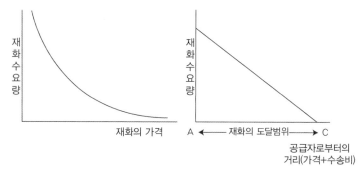

자료: Bradford and Kent(1978: 7).

<그림 5-27> 재화의 도달범위와 최소요구값

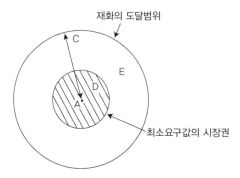

다. 외측의 경계는 중심지의 중심적 재화에 대한 절대적 한계에 해당하며 그 범위를 이 상적 도달범위라고 할 수 있다.

재화의 도달범위를 정하는 것은 경제적 거리이지만 그것은 소요시간, 비용 등의 객 관적 요소만의 영향이 아니고 주관적 요소도 포함된다. 또한 중심적 재화의 종류, 양, 가격도 도달범위의 규모에 영향을 미친다. 현실적으로 각 재화가 갖는 외측 경계를 계 측하는 것은 불가능하다. 또 다목적 소비자 행동(multi-purpose consumer behaviour)의 경 우 개개 재화의 외측경계는 무시된다. 재화의 도달범위를 확대시키는 요인을 보면, 첫 째 자가용 자동차의 보급, 고속도로나 철도의 정비 등 교통의 발달을 들 수 있다. 고속

〈그림 5-28〉 재화의 도달범위 상한 확대 요인과 고차 중심지의 발전

• 교통의 발달(자가용자동차의 보급, 철도건설, 고속도로의 개통 등) • 소득수준의 상승(→가처분소득의 증가에 의한 중심적 재화에 대한 구매욕의 증대, 고차중심지로의 교통비부담의 경감) • 여가시간의 증대(→고차중심지로 가는 시간적 여유의 증대)

⇩

• 고차중심지로 가서 그곳에서 재화를 구입하는 빈도가 높아짐. • 종래는 고차중심지에 가는 것이 시간적·경제적으로 곤란했지만 지방의 소비자도 고차중심지에 가는 것이 용이하게 되었음(상한의 확대)

⇩← 고차중심지의 우위성

• 고차중심지에서 재화 매상의 증가=고차중심지의 발전

자료: 藤井 正·神谷浩夫 編(2014: 42).

도로의 개통 등에 의해 고차 중심지로의 이동시간이 짧아지게 되어 확대되고, 둘째 소득수준의 향상이나 여가시간의 증가이다. 소득수준의 증가로 인해 가처분 소득이 증대해 중심재화에 대한 구매의욕을 증대시키고 나아가 중심지까지의 교통비 부담을 경감시킨다. 또 주 2일 휴일제 도입으로 여가시간의 증가는 사업체의 증가 등으로 소비자가 중심지에 머무는 시간적 여유를 생기게 한다. 이 두 가지 요인에 의해 고차 중심지에 갈 가능성이 크다. 그 결과 고차 중심지에서는 재화의 판매액이 증대되고, 상업집적이 더욱 진전된다. 고차 중심지가 이러한 진전에 대해서 고차 중심지 가까이에 입지하는 저차 중심지는 쇠퇴한다(〈그림 5-28〉).[27]

재화의 도달범위 중 최소요구값에 해당되는 것은 내측 경계이다. 사업체의 관점에서 제3차 활동을 설명하면, 각 사업체가 이윤을 얻기 위해 경영하는 데 필요한 최소한의 판매수준을 최소요구값이라 한다. 이 최소요구값의 크기는 하나의 사업체에 의해 얻어진 중심성의 수준에 따라 변한다. 이러한 중심성의 수준을 나타내는 재화의 도달범위의 계층성은 한계효용학파(school of marginal utility)[28]의 창시자인 멩거(C. Menger)의

---

27) 고차 중심지 가까이에 거주하는 주민은 고차 중심지에 한층 가기 쉽게 되고, 그와 더불어 거리적으로는 고차 중심지보다도 가까운 저차 중심지에 가서 저차 재화를 조달하는 행동이 적어지기 때문에 저차 중심지는 쇠퇴한다.

28) 경제현상을 한계효용이란 심리적 근거로 풀이하는 경제학자들을 일컫는다.

재화 계층성을 공간이론에 응용한 것이다.

2) 시장(공급), 교통, 행정의 원리

등방성 공간상에 하나의 공급자에 의해 수요가 불충분할 때 재화를 판매해 이윤을 얻을 수 있는 공급자의 최대의 수는 최소요구값에 의한다. 일주일에 100단위의 최소요구값과 총시장 잠재력이 1만 단위일 때 최대 100개의 기업이 존재할 수 있다. 그러나 이 100개의 기업은 아무 곳이나 입지해서는 이윤을 얻을 수는 없다. 즉, 각 기업은 다른 기업과 떨어져 경쟁하되 적어도 최소요구값을 얻을 수 있는 시장지역을 확보해야 할 것이다. 이런 방법으로 모든 기업이 등방성 공간에 삼각격자 형태(triangular lattice pattern)로 입지를 하게 되면, 각 기업은 가장 가까이 입지한 경쟁자 여섯 개 기업과 등거리에 있다. 단일 기업일 경우 최대 시장지역은 원으로 나타나나 경쟁자가 나타났을 때에는 도달범위 중 내측 경계 내에서만 재화를 공급하게 된다(〈그림 5-29〉).

여기에서 등방성 공간상의 모든 고객이 재화의 공급을 받기 위해서는 원의 시장지역이 중합(overlap)되어야 하며, 이 중합지구(overlapping zone)에 거주하는 수요자는 그들이 거주하는 곳에서 가장 가까운 중심지에서 구매하게 될 것이다(〈그림 5-30〉). 따라서 최종 시장지역은 정육각형 형태(hexagonal pattern)가 된다(〈그림 5-31〉). 그리고 이 정육각형 형태는 가능한 모든 수요자가 재화의 공급을 가장 효과적으로 제공받을 수 있는 시장지역이며 이윤 경영을 위한 최소 크기의 시장지역이다. 반면 재화를 판매하는 공급자 수는 최대가 된다. 또 소비자의 관점에서 보면 특정재화를 구입하기 위해 소요되는 거리의 합은 최소화된다. 이와 같은 특징에서 중심지의 배열과 시장지역은 재화를 유통시키는 데 가장 효과적이라 해 크리스탈러는 이것을 시장원리(marketing principle)라 했다.

여기에서 전체적인 체계를 설정하기 위해 다른 재화를 고려한다면 각 재화는 각각 다른 도달범위와 최소요구값을 가질 것이다. 다른 재화를 판매하는 공급자는 고객의 편리성을 위해 중심지에 함께 입지할 것이고 유사한 최소요구값을 가지는 재화는 같은

〈그림 5-29〉 재화 공급자의 삼각격자 형태

〈그림 5-30〉 비중합(非重合) 시장지역

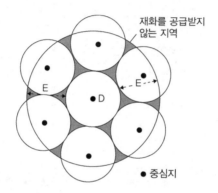

〈그림 5-31〉 정육각형 형태의 시장지역

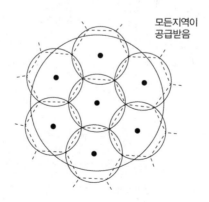

〈표 5-10〉 이상적인 K=3의 체계

계층	중심지 기호	중심지 수	시장 지역 수	지역의 도달범위 (km)	지역의 면적 (km²)	제공된 재화의 유형 수	전형적인 중심지 인구	전형적인 지역의 인구
최하위	M(Markt)	486	729	4.0	44	40	1,000	3,500
	A(Amt)	162	243	6.9	133	90	2,000	11,000
중위	K(Kreisstädtchen)	54	81	12.0	400	180	4,000	35,000
	B(Bezirkshauptort)	18	27	20.7	1,200	330	10,000	100,000
	G(Gaubezialhauptort)	6	9	36.0	3,600	600	30,000	350,000
	P(Provinzirkshauptort)	2	3	62.1	10,800	1,000	100,000	1,000,000
최상위	L(Landeszentral)	1	1	108.0	32,400	2,000	500,000	3,500,000
계		729						

자료: Christaller(1966: 67).

〈그림 5-32〉 등거리 상점의 분포와 상권의 발전과정

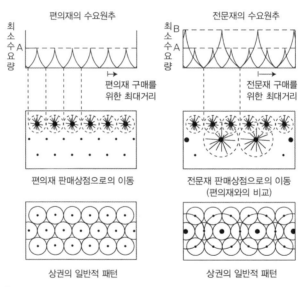

자료: Davies(1976: 19).

중심지에서 판매될 것이다. 최소요구값이 낮으면 낮을수록 그 재화를 판매할 중심지의 수는 더 많을 것이다. 낮은 최소요구값을 가진 재화와 소규모 시장지역을 가진 재화를 하위계층 재화라 하며 이들에 해당하는 것은 식료품, 빵, 철물 등이다. 한편 높은 최

〈그림 5-33〉 중심지 계층과 시장지역(K=3)

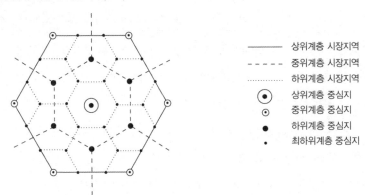

———	상위계층 시장지역
- - - -	중위계층 시장지역
··········	하위계층 시장지역
◉	상위계층 중심지
⊙	중위계층 중심지
●	하위계층 중심지
·	최하위계층 중심지

〈그림 5-34〉 시장원리의 설명

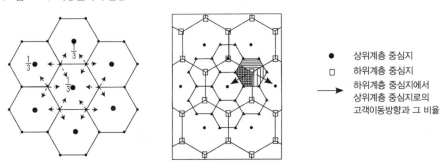

●	상위계층 중심지
□	하위계층 중심지
→	하위계층 중심지에서 상위계층 중심지로의 고객이동방향과 그 비율

소요구값을 가지는 재화를 상위계층 재화라 하며 하위계층 재화만을 판매하는 수많은 중심지를 하위계층 중심지라 부른다. 그리고 상위계층 재화를 제공하는 몇몇 중심지를 상위계층 중심지라 한다. 이와 같이 각 중심지가 제공하는 재화의 유형과 수와 시장지역, 고용, 인구에 따라 중심지의 계층이 다르게 나타나는데 이것을 나타낸 것이 〈표 5-10〉, 〈그림 5-32〉이다.

먼저 시장원리는 중심지의 크기와 입지를 공간적 배열로 설명하기 위해 K(Konstante)=3으로 간결하게 표시했다. 여기에서 K값은 다른 중심지에 의해 지배되는 중심지의 수와 각 계층의 시장지역 수 간의 관계를 나타내는 것이다. 〈그림 5-33〉에서와 같이 최하위계층 중심지는 차상위계층 중심지의 시장지역 경계에 위치한다. 이것을 단순화한 것이 〈그림 5-34〉로 하위계층 중심지에서 상위계층 재화에 대한 상위계층 중심지를 선택하는데 세 개씩의 상위계층 중심지가 등거리에 존재한다. 따라서 각 하위계층 중심지는 세 개의 상위계층 중심지에 대한 구매력이 각각 1/3씩으로 여섯 개의 하위계층 중심지에 판매하므로 2의 판매량을 가지며 상위계층 중심지 자신이 제공하는 것이 1로 모두 3이 된다. 따라서 상위계층 중심지는 세 개의 하위계층 중심지에 재화를 제공하거나 지배한다. 이 공간적 배열이 시장원리이며, 그 특징은 K=3으로 항상 상위계층의 세 배가 된다. 중심지 수와 시장지역 수와의 관계는 다음과 같다.

	시장지역 수	중심지 수		
최상위 계층	1	1	⎫	⎫
	3	2	⎬ 9	⎬ 27
	9	6	⎭	⎬ 27
	27	18		⎭
최하위 계층	81	54		

이러한 시장원리는 농촌과 중세의 도시와 농촌[도비(都鄙)]공동체(ruban community), 자본주의 시대의 자유 시장경제에서 유리하게 나타난다. 그리고 이 원리는 경제학적이라기보다는 국가학적이다. 그렇기 때문에 크리스탈러의 원리는 나치의 국토계획기관으로부터 주목받아 동방 입식지에 대한 지역계획에 응용되었고, 또 제2차 세계대전 이후 독일의 공간정비정책에도 공헌했다.

크리스탈러의 또 다른 원리의 공간적 배열은 교통 및 행정의 원리로 중심지가 상위계층 중심지 간의 직선의 도로를 따라 하위계층의 중심지가 입지한다고 하면(〈그림 5-35〉), 이 배열을 교통원리(traffic principle)라 부르는데 정육각형의 크기가 시장원리보다 크다. 이 교통원리의 하위계층 중심지는 두 개의 상위계층 중심지와의 같은 거리에 위치해 각 상위계층 중심지는 여섯 개의 하위계층 중심지 인구의 반에 재화를 제공한다. 따라서 하위계층에 제공할 재화 3과 상위계층 자신이 제공할 재화 1을 합치면 4로 K=4가 된다. 이 교통원리는 교통로의 건설 및 운송비용을 될 수 있는 대로 적게 지불하고, 또 많은 교통수요를 충족시키도록 중심지가 배치된 것으로, 특히 교통망이 발달한 시대, 교통망을 바탕으로 한 신개척지, 골짜기에서 탁월하게 나타난다. 다음으로 행

〈그림 5-35〉 교통원리의 설명

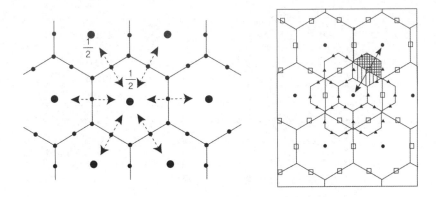

〈그림 5-36〉 행정원리의 설명

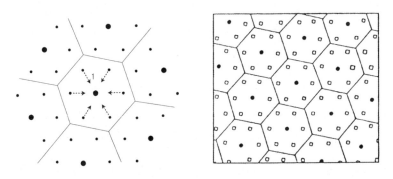

정의 원리(administrative principle)는 정육각형이 좀 더 크며 한 개의 상위계층 중심지는 여섯 개의 하위계층 중심지에 둘러싸여 K=7이 된다(〈그림 5-36〉). 이 행정원리는 될 수 있는 대로 통합된 지역에서, 또 같은 면적과 인구수를 갖는 지구가 되게 중심지를 배치하는 것으로, 강력한 정치체제 아래에서 출현하는데 절대주의 시대나 오늘날 사회주의 국가, 고립적인 산간분지에서에서 나타난다. 이들 세 가지 배치원리가 현실적으로 설명이 잘되지 않을 때에는 역사적·자연지리적·문화적인 개별요인이 추가된다. 이러한 설명의 도식은 역사학파 좀바르트(W. Sombart)의 '합리적 도식'이나 베버(M. Weber)의 '이념형'에 의한 것이다. 즉, '합리적 도식'이나 '이념형'을 설정함으로 현실의 편의가 보

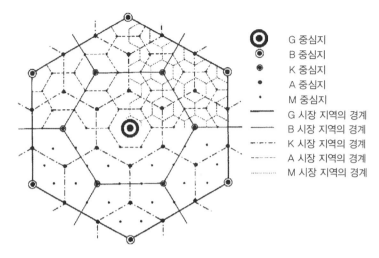

G 중심지
B 중심지
K 중심지
A 중심지
M 중심지
G 시장 지역의 경계
B 시장 지역의 경계
K 시장 지역의 경계
A 시장 지역의 경계
M 시장 지역의 경계

자료: Christaller(1966: 66).

인다는 것이다.

이상, 크리스탈러가 제시한 계층의 원리와 특색은 중심지의 기능, 시장의 크기간의 관계, 시장지역과 중심지 인구 간의 관계를 이론적으로 설명한 것으로, 시장원리가 중심지 체계의 주된 결정요인이 된다. 이것을 나타낸 것인 〈그림 5-37〉로 이 체계에서 가장 큰 중심지가 G(Gaubezialhauptort)이므로 G체계라 부른다. G중심지가 중심지체계에서 최상위 계층은 아니다. G중심지 이상에는 P(Provinzirkshauptort), L(Landeszentral), RT(Reichsteil), R(Reichshauptstadt)이 있는데, 프랑스의 파리(Paris)는 R, 보르도(Bordeaux), 리옹(Lyon)은 RT에 해당되며, 남부 독일에서 최상위계층 중심지는 뮌헨(München)으로 L에 해당된다. 시장원리는 최소의 중심지로 최대의 면적을 커버하는 것과 같이 효율성 있게 크고 작은 중심지를 배열한다는 원리가 작용하지만, 교통·행정원리는 중심지수가 시장원리보다 꽤 많다는 것을 알 수 있다.

중심지의 입지에서 시장과 정치, 교통로의 영향에 의해 중심지체계를 나타낸 것이 〈그림 5-38〉이다. 중심지체계가 어떠한 시대적 배경과 자연환경이나 정치 시스템 하에서 형성되었는가에 따라 중심지 수나 분포가 다르게 나타난다는 것을 크리스탈러의

〈그림 5-38〉 크리스탈러의 시장·교통·행정원리

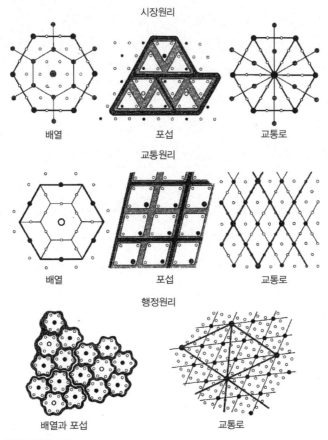

자료: Wheeler and Muller(1981: 143).

세 가지 원리에서 알 수 있다.

3) 중심지 이론의 검증

이상이 중심지 이론의 골자로서 크리스탈러는 자신의 이론을 검증하기 위해 1930년
대 남부 독일을 대상지역으로 했다. 그는 먼저 그 당시 중심지의 계층 구분을 하기 위
해 중심지가 보유하고 있는 전화 대수를 이용해 중심성을 측정하고 중심성의 크기에

따라 계층을 구분했다. 전화 보유 대수로 중심성을 측정한 이유는 1930년대 당시는 지금과 달리 전화의 보급이 초기단계였기에 각 중심지의 경제활동 상황을 파악하는 데 전화보유가 적확한 지표라고 생각했기 때문이다. 그런데 현재는 소매판매액 등으로 중심성의 지표를 구하는 것이 좋다고 하겠다.

중심지의 중심성 측정은 다음과 같다.

$$C_i = t_i - p_i \times \frac{T}{P}$$

단, C_i는 중심지의 중심성, t_i는 중심지 i의 전화 대수, p_i는 중심지 i의 인구, T는 대상지역 전체의 전화 대수, P는 대상지역 전체의 인구이다.

앞의 식에서 이론적인 전화 대수를 구하고 실제 전화 대수와의 차이를 산출해, 실제 전화 대수가 추정된 전화 대수보다도 많을수록 중심지의 순위는 상위가 된다. 이와 같이 구한 중심성에 의해 당시 남부 독일 중심지의 계층 구분을 한 결과가 〈그림 5-39〉이다. 각 중심지의 최상위인 L계층에서 최하위인 M계층까지 7계층으로 구분했다. 최상위 중심지로서 뮌헨(중심성 2825), 프랑크푸르트(Frankfurt 2060), 슈투트가르트(Stuttgart 1606), 뉘른베르크(Nürnberg 1346) 등이 있고 프랑스의 스트라스부르(Strasbourg), 스위스의 취리히(Zürich)도 L중심지에 해당되는데, L중심지는 어느 정도 일정한 간격으로 입지하고 있다는 것을 알 수 있다.

〈그림 5-39〉에서 특히 뉘른베르크나 뮌헨을 중심으로 한 바바리아(Bavaria) 지방에서 중심지 이론이 시도하는 중심지 분포 패턴을 관찰할 수 있다. 이와 같은 점은 이 지방이 비교적 인구밀도가 낮고, 등질적인 농업지대로서 중심지 이론의 전제조건과 같은 지역적 특성을 갖고 있기 때문이다. 크리스탈러에 의하면 이러한 지역에서 중심지의 분포는 시장원리에 의해 규정된다고 한다. 이에 대해 프랑크푸르트와 스트라스부르를 연결하는 라인강 하곡지역에서는 직선상의 P·G계층의 중심지가 다수 입지하기 때문에 교통원리를 바탕으로 중심지가 입지하고 있다고 생각했다.[29] 크리스탈러에 의하면 일반적으로 인구밀도가 높은 공업지대에서 중심지의 분포는 교통원리에 바탕을 두고

---

29) 물론 일부는 좁은 하곡이란 자연조건의 영향도 있다.

<그림 5-39> 남부 독일지방의 중심지 분포 패턴

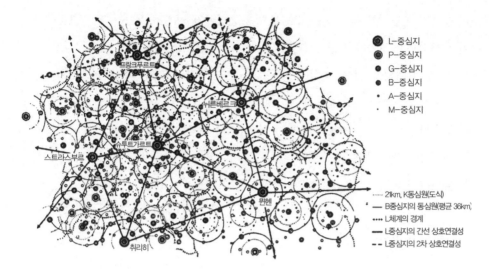

자료: Christaller(1966: 224~225).

<표 5-11> 남부 독일의 중심지 시스템의 개요

중심지 유형	인구수	전화 대수	중심성	중심지 수				
				N	SG	M	F	SB
L	500,000	25,000~60,000	1,200~30,000	1	1	1	1	1
P	100,000	2,500~25,000	150~1,200	2	2	2	3	7
G	30,000	500~2,500	30~150	10	8	8	8	14
B	10,000	150~500	12~30	23	33	27	24	32
K	4,000	50~150	4~12	60	73	89	94	87
A	2,000	20~50	2~4	105	72	122	104	96
M	1,200	10~20	0.5~2	222	213	270	228	209
H	800	5~10	-0.5~0.5	240	262	288	242	207

주: N - 뉘른베르크, SG - 슈투트가르트, M - 뮌헨, F - 프랑크푸르트, SB - 스트라스부르.
자료: Christaller(1966: 158); Parr(1980: 142~143).

있다. 한편 행정원리가 작용하고 있는 경우에는 본래 시장원리를 바탕으로 한 중심지 입지가 예상되는 장소에 복수(보다 저차계층)의 중심지가 서로 접근해서 입지를 하는 경향이 있다고 했다. 바젤(Basel) - 프라이부르크(Freiburg) - 뮐루즈(Mulhouse)를 연결하는 삼각지대나 울름(Ulm)-아우크스부르크(Augsburg) 사이에서 이론상은 본래 하나의 상위 중심지가 입지를 해야 하는데도 복수의 중심지가 입지하고 있는 것은 그곳에 행정원리가 작용한 결과라고 생각했다. 특히 전자의 삼각지대에는 독일, 프랑스, 스위스의 국경선이 통과하고 있다. 역사적으로 보아 오늘날에도 경계가 지워질 장소에서는 중심지의 분포가 행정원리에 의해 규정될 가능성이 강하기 때문이다. 결론적으로 1930년대의 남부 독일의 중심지의 분포는 시장원리가 우선적으로 작용했고 부차적으로 교통·행정원리가 작용했다고 말할 수 있다. 크리스탈러의 경험적인 연구에서 그 당시 남부 독일의 중심지의 계층별 인구와 중심성을 나타낸 것이 〈표 5-11〉이다.

4) 중심지 이론의 수정

크리스탈러의 중심지 이론은 전제조건에 의해 설정된 이론이기 때문에 현실과는 괴리되었다고 지적받는다. 중심지 이론의 수정은 공간경쟁(spatial competition), 문화·경제의 차이, 구매행동(travel behaviour), 정보통신혁명의 영향의 네 가지 면에서 요약되고 있다.

(1) 공간경쟁

고전적 중심지 이론의 전제조건 중에서 가장 경직되고 제한된 것 중의 하나가 비중합 상권(non-overlapping trade area)이다. 즉, 소비자는 재화, 서비스를 최근린 중심지에서 구매하게 되는데 매우 작은 가격변동에도 민감하다. 따라서 현실적으로 규칙적인 정육각형의 시장형태는 존재하지 않고 복잡한 상권을 나타내고 있다.

대부분의 소비자는 가격, 거리, 재화의 질 등에서 조그마한 변동에도 무차별적이다. 그리고 소비자는 그것들의 차가 크게 되었을 때 그 차의 인식에 의해 행동하게 된다. 이러한 이유에서 더 현실적인 모델이 데브레토글로(N. E. Devletoglou)에 의해 제시되었다. 그는 다음과 같은 몇 가지 전제조건 아래에서 그의 이론을 전개했다. 즉, 등방성 공간에서 모든 방향으로의 동일한 접근성, 농촌인구의 균등한 분포, 소비자의 기호가 동

〈그림 5-40〉 소비자의 무차별지대의 변화

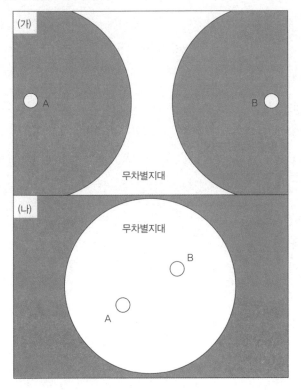

자료: Wheeler and Muller(1981: 147).

일하다고 전제하고 〈그림 5-40〉과 같이 A, B 두 기업이 동일한 가격으로 동일한 재화
를 판매한다면 소비자는 어디를 선호할 것인가? 데브레토글로의 전제조건에서 소비자
는 단순히 거리에 의해 재화를 구매할 기업을 결정하지만 〈그림 5-40〉의 (가)와 같이
두 기업이 멀리 떨어져 있을 경우 A, B 사이에 거주하는 소비자는 그가 후원하는 소매
점에 대해 대부분 무차별적이다. 소비자로부터 두 소매점 간의 거리가 더 유사하면 소
비자의 무차별 가능성은 더욱 크다. 그러므로 무차별지대(indifference zone)는 소비자가
A, B 두 기업에 대해 조금도 선호를 가지지 않는 지역에 해당된다. A, B 기업 간의 거
리가 멀 경우 무차별지대는 비교적 작고, A, B 사이의 거리가 짧으면 무차별지대는 넓
게 분포한다(〈그림 5-40〉의 나). 무차별지대는 최소 감지거리(line of minimum sensible

distance)에 의해 A, B 두 기업의 정상적 상권이 분리된다. 그러므로 시장지역의 중합이 있을 것이라는 무차별지대의 개념은 고전적 중심지 이론에서 한정된 경제인의 경직된 개념보다 실제 소비자의 행동에 영향을 미치고 있다. 이러한 현상은 인구밀도가 높은 도시지역에서 상권 설정의 중합지역이 특히 잘 나타난다. 그러나 거리가 소비자의 상점선택에 중요한 역할을 하지만 확실히 유일한 인자는 아니며 오히려 소비자가 구매하려는 거리를 확률의 면에서 고려하는 것이 더 의미가 있다. 그 구매할 확률은 거리가 가까우면 대단히 크고 거리가 멀어질수록 상호작용의 가능성은 감소한다.

거리 이외의 구매 의사결정에 영향을 미치는 인자는 소득, 영향력 있는 구매자의 경쟁, 제품의 다양성, 광고의 역할, 소비자의 정보수준, 쇼핑센터에서의 자유로운 주차 등에 의해 중합을 나타내고 있기 때문에 고전적 중심지 이론은 소비자의 의사결정과정을 현실적인 설명의 방향으로 수정되어야 한다.

(2) 문화적 차이

복잡한 근대경제는 각각 다른 역사적 전통이 있음에도 소매·서비스업이 중심지 체계로서 계층적으로 조직화되는가? 세계의 많은 사람들은 경제조직의 면에서 근대경제보다는 단순한 소농사회(peasant societies)[30]에서 생활하고 있다. 이와 같은 근대경제와 소농사회의 문화적 차이 또한 중심지 이론의 수정에 영향을 미쳤다. 문화적 차이에 의한 구매행동이 다름에 대한 대표적인 연구로 머디(R. A. Murdie)의 연구가 있다. 머디는 근대 캐나다인과 고(古) 메노파 교도(old order Mennonite)[31]가 거주하고 있는 온타리오(Ontario) 주의 한 지역을 대상으로 소비자의 구매습관에 대해 밝혔다. 고 메노파 교도는 농사를 지을 때만 근대적 방법을 사용하고, 의복이나 가정적 소비, 외출을 할 때에는 2세기 이전의 습관을 답습하고 있다. 즉, 검소한 수제(手製)의복을 입고 약간의 상품

---

30) 레드필드(R. Redfield)는 사회를 민족사회(folk society), 소농사회, 도시 사회(urban society)의 세 가지로 나누었다.
31) 메노파는 신교의 한파로 네덜란드의 사이먼스(M. Simons)가 주창자로 유아세례, 공직취임, 병역 등에 반대한다.

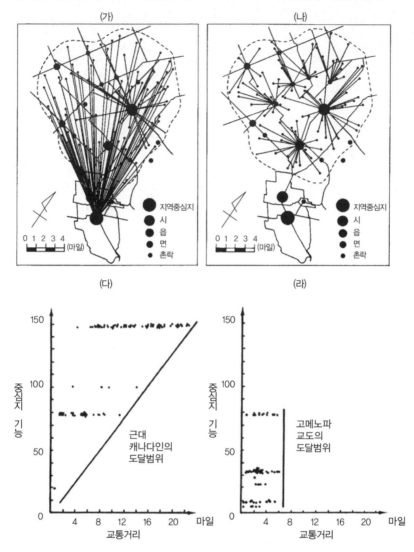

〈그림 5-41〉 근대 캐나다인의 의복 구매행동(가, 다)과 고 메노파 교도의 의복천 구매행동(나, 라)

주: (다), (라)에서 그래프 안 점들은 구매빈도를 나타냄.
자료: 奧野隆史·鈴木安昭·西岡久雄(1992: 193).

만을 구입하며, 말과 경장(輕裝) 사륜마차(buggy)를 유일한 교통수단으로 이용한다.

온타리오 주의 한 지역에서 중심지는 두 개로 근대 캐나다인과 고 메노파 교도의 은행 이용은 실질적으로 차이를 나타내고 있지 않지만 고 메노파 교도의 전통적인 의복을 구매할 경우는 두 개의 행동유형에 차이가 나타나는 것을 알 수 있다(〈그림 5-41〉). 〈그림 5-41〉의 (가)와 (다)는 근대 캐나다인이 의복을 사는 것을 나타냈으며, 고 메노 파 교도가 의복천(yard goods)을 사는 경우는 〈그림 5-41〉의 (나), (라)로 나타났다. 문화적 차이는 구매행동에 결정적인 영향을 미친다. 의복의 구매행동은 20마일 이상의 도달범위를 가지나 의복 천의 도달범위는 7마일 정도이다.

(3) 다목적 구매행동

최근 소비자의 구매행동은 대형소매점의 등장으로 다목적 구매행동(multipurpose trips behaviour)으로 변화하고 있다. 이와 같은 소비자의 다목적 구매행동은 중심지 이론의 비현실적인 소비자의 구매행동 가설을 검토하게 했다. 즉, 중심지 이론에서 소비자 구매행동은 단일목적 구매행동(single purpose trip behaviour)을 전제로 하나, 오늘날의 소비자는 다목적 구매행동을 한다. 예를 들면 상위계층 재화를 구매할 경우 하위계층 중심지에 거주하는 소비자는 상위계층 중심지에 가서 상위계층 재화뿐만 아니라 자신의 거주지에서도 구매할 수 있는 하위계층 재화를 함께 구매하게 된다.

이와 같은 소비자의 구매행동이 중심지의 내부적 변화도 가져와서 인구가 증가한 상위계층 중심지에서는 단일목적 구매행동에서 다목적 구매행동으로의 변화가 많이 나타났고, 그 변화가 적은 곳으로 인구가 감소한 하위계층 중심지에서도 그러한 현상을 볼 수 있다.

(4) 정보통신혁명의 영향

정보통신혁명의 영향으로 중심지 시스템은 어떻게 변화할까? 통신판매나 텔레쇼핑 등은 택배편 등의 소량배송의 발달과 더불어 점포에서의 판매와 같은 형태로 보급되어 왔다. 이에 대해 인터넷상에서의 가상 상점가의 구축과 이러한 전자상거래의 보급으로 소비양식의 폭을 넓히는 것을 멈추지 않아 중심지 이론에서 중심지 그 자체의 존재를 위협할 수 있는 변화를 가져왔다.

모든 음악 산업에서는 CD 생산, 레코드점에서의 판매라는 물적 재화의 흐름 대신에 인터넷에 의한 전송이라는 정보류가 대두되었다. 가상 상점가의 출점은 지역이나 장소에 구속되지 않고 상품을 진열할 매장도 필요 없게 된다. 다만 한편으로는 인터넷의 도입에 의한 상점가 활성화의 사례도 적지 않다. 중심지 시스템이 정보통신혁명의 큰 영향을 받은 것은 확실하지만 그것이 어떻게 귀결을 가져왔는가에 대해서는 조금 더 긴 안목으로 살펴볼 필요가 있다.

(5) 중심지 이론의 의의와 비판

중심지 이론은 다음 세 가지로 그 의의를 요약할 수 있다. 첫째, '왜 상위 중심지는 수가 적고 하위 중심지는 수가 많은가'라는 것을 이론적으로 설명하고, 중심지의 공간적 분포의 법칙을 처음으로 구축했다. 둘째, 지역계획에서 계층성이 있는 공공시설이나 의료시설의 배치를 생각하는 기초가 된다. 셋째, 중심지 재화의 도달범위 변동이론에서 고차 중심지의 발전에 대한 이론은 상위 중심지에서 실제로 인정되었다. 예를 들면 일본의 광역중심도시로서 고차 중심지인 삿포로(札幌), 센다이(仙台), 히로시마(廣島), 후쿠오카(福岡)시의 도심 지구는 1960년 이후 상업·서비스업의 집적으로 발달했다.

한편 1960년대 후반 이후 중심지 이론에 대한 비판이 나타났다. 먼저 1970년대 실증주의자들은 중심지 이론을 '단순한 기하학'이라고 비판하고, 또 최근 경제학의 입지론 재평가에서도 중심지 이론을 '사실을 정리하기 위한 도식'에 지나지 않는다고 주장하기도 했다. 그러나 중심지 이론을 '단순한 기하학'으로 환원한 것은 영미권의 '계량혁명' 주창자들이다. 또 행동지리학자들은 경제인 등의 가설이 비현실적이라고 비판했다. 그리고 소매업 공간구조의 형성과정을 해명하기 위한 동태적 분석에 정태적 이론인 중심지 이론을 적용하는 것은 부당하다고 지적했다. 그 때문에 동태적인 이론인 소매업 형태론을 공간적으로 이해하고 소매업의 공간구조 형성과정을 해명할 필요성이 나타났다.

더욱이 소매혁명의 진전으로 소매업의 조직형태, 대규모 소매기업의 유통지배가 뚜렷하게 되면서 그것을 분석할 필요성이 높아졌다. 스콧(P. Scott)은 소매업 지리학의 연구를 충실하게 하기 위해서는 중심성의 개념만이 아니고 소비자 행동, 소매업의 기업

행동 등도 고려해 구축할 필요가 있다는 점을 논했다.

5) 뢰쉬의 중심지 모델

크리스탈러의 중심지 이론이 발표되고 약 7년이 지난 후에 같은 독일에서 경제학자 뢰쉬가 크리스탈러와 거의 닮은 중심지 이론을 발표했다. 뢰쉬는 시장 지향적 제조업(예를 들면 맥주공장)을 상정(想定)하고 이것을 제조 판매하는 사업소를 어떻게 배치하는가에 대해 처음으로 생각했다.

지금 인구밀도가 균등한 평야에서 소비자가 재화를 구입하기 위해 사업소까지 가는 것으로 한다. 소비자가 가지고 있는 금액은 일정하고, 이 중에서 이동에 필요한 교통비도 지불한다. 사업소 가까이에 거주하는 소비자는 가지고 있는 금액의 꽤 많은 부분을 재화를 구입하는 데 사용할 수 있다. 그러나 사업소로부터 멀리 떨어져 있는 소비자는 교통비를 많이 지불할수록 재화의 구입량을 줄일 수밖에 없다. 즉, 〈그림 5-42〉와 같이 재화에 대한 수요량은 사업소에서 거리가 증가할수록 감소한다. 이 때문에 사업소가 기대할 수 있는 총수요(총수입)는 사업소를 중심으로 한 원추형이 된다. 다만 그림의 원추형은 편의재의 경우로 원추형 밑면의 반경은 비교적 짧다. 선매재의 경우는 반경이 이보다 길어진다는 것은 말할 필요도 없다.

크리스탈러 모델의 경우와 같이 평야 전체에 재화를 공급하기 위해서는 복수의 사업소가 필요하고, 그들은 서로 근접해 입지할 필요가 있다. 입지패턴은 여러 가지로 상정할 수 있지만, 사업소별 수요량을 될 수 있는 한 많게 하기 위해서는 시장지역이 정육각형으로 되는 것이 좋다. 이를 위해 원추형의 총수요는 그 끝을 절단한 밑면의 정육각형상의 입체가 새로운 총수요가 된다. 그 결과 정육각형상의 시장지역을 가지는 사업소가 평야 전체에 걸쳐 정삼각형 격자상에 배치하게 된다(〈그림 5-43〉). 하나의 재화를 공급하는 시장망을 도출하기까지의 과정은 크리스탈러의 모델의 경우와 거의 비슷하다.

다음으로 뢰쉬 기초취락이 정삼각형의 격자 상에 규칙적으로 분포하는 평야에 여러

〈그림 5-42〉 수요 원추

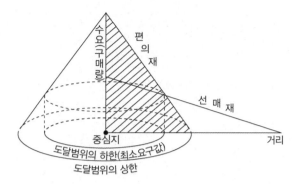

자료: 林上(1991b: 154).

〈그림 5-43〉 복수의 수요 원추와 사업소의 분포

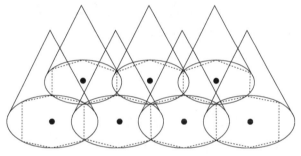

자료: 林上(1991b: 155).

종류의 재화를 공급할 경우를 검토했다. 여기에서 말하는 기초취락은 재화를 공급받는 소비자의 거주단위인 동시에 사업소가 입지한 지점이기도 하다. 즉, 크리스탈러의 모델에서 중심지에 해당된다. 이러한 기초취락에서는 최저차 재화, 즉 앞에서 말한 맥주 등의 자급적인 재화가 공급된다. 그런데 이보다 조금 더 최소요구값이 큰 재화를 공급하는 데는 기초취락의 시장만으로 불충분하다. 이 때문에 인접한 기초취락이 시장지역의 중심에 들어오게 된다. 뢰쉬가 사업소는 반드시 기초취락 지점에 입지를 한다는 제약을 설정했기 때문에 재화를 공급하는 중심지의 위치와 그 시장지역의 형태는 스스로 결정하게 된다. 즉, 자급적인 재화보다 조금 높은 수준의 고차 재화는 인접한

〈그림 5-44〉 뢰쉬의 중심지 모델 중 하위 아홉 번째까지의 시장지역

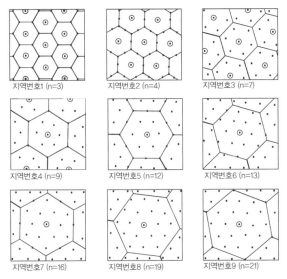

지역번호1 (n=3)　　지역번호2 (n=4)　　지역번호3 (n=7)

지역번호4 (n=9)　　지역번호5 (n=12)　　지역번호6 (n=13)

지역번호7 (n=16)　　지역번호8 (n=19)　　지역번호9 (n=21)

주: n은 시장지역의 크기이고, 지역번호는 그 규모의 순서를 나타냄.
자료: Beavon(1977: 90).

여섯 개의 기초취락에도 공급된다. 다만 여기에서 주의할 점은 이들 여섯 개의 기초취락이 하나의 중심지에서 이 재화의 공급을 받는 것이 아니고, 본래 최근린 위치에 있는 세 개의 중심지에서 재화를 구입한다는 점이다.

자급적인 재화의 시장지역 크기를 1이라 하면 앞에서 서술한 바와 같이 이것보다 조금 수준이 높은 재화의 시장지역은 3이 된다. 또 재화가 어느 기초취락에 공급을 했는가에 주목해보면 자급적인 재화가 하나의 기초취락의 수요를 만족하는 데 반해, 이 재화는 세 개분의 기초취락을 대상으로 한다. 이 경우도 재화의 순서는 1에서 3으로 올라간다. 최소요구값이 이들보다 큰 재화의 공급을 순차로 생각해보면, 시장지역의 규모나 기초취락의 수가 어떤 규칙성에 의해 증대하는 것이 밝혀졌다. 그러면 이러한 규칙성은 어떠한 특징을 갖고 있을까? 〈그림 5-44〉는 시장지역의 크기가 3에서 21까지의 시장망을 나타낸 것이다. 시장지역 크기의 순서에 지역번호를 붙이면 1, 2, 3, 4…로 번호가 클수록 시장지역은 3, 4, 7, 9…와 같이 확대된다. 뢰쉬의 번호(number)라고 불리

〈그림 5-45〉 뢰쉬의 중심지 모델에서의 기능입지와 원점을 중심으로 한 시장지역

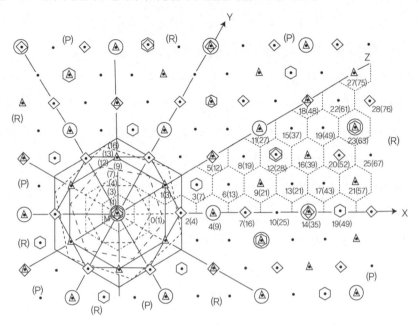

주: 숫자는 시장지역의 순서와 초기 기능 입지점의 위치를 나타냄. 또 괄호 안의 숫자는 최소시장지역(지역번호 0에 해당)을 1로
   한 경우 각 시장지역의 크기를 나타냄. (R)은 도시가 풍부한 섹터, (P)는 도시가 부족한 섹터.
자료: 坂本英夫·浜谷正人(1985: 140).

어지는 이 수열(數列)은 다음에 기술하는 바와 같이 어떤 규칙성을 갖는다.

〈그림 5-44〉는 각 시장망을 개별적으로 나타낸 것이지만 이들을 모두 합치면 어떠한 시스템이 나타날까? 〈그림 5-45〉에 표시한 바와 같은 임의의 기초취락을 좌표상의 원점으로 정해 여기에서 모든 종류의 재화가 공급된다고 하자. 최저차 재화는 모든 기초취락에서 공급된 자급적인 재화로 그 시장 규모는 1이다. 시장 규모가 두 번째로 큰 재화, 즉 $n=3$은 원점상의 기초취락 이외에 좌표 (1, 1)에 위치하는 기초취락을 포함해 많은 기초취락에 공급을 한다. 다만 여기에서 좌표는 통상 직교좌표가 아니고 좌표축이 $60°$의 각도로 교차하는 마름모형 좌표라는 것을 알 필요가 있다. 나아가 시장지역이 이보다 큰 재화($n=4$)는 원점 이외에서는 (2, 0)의 기초취락 등에도 공급된다. 일반적으로 원점 이외에 재화를 공급하는 기초취락 중에서 원점에 가장 가까이 위치하는 취락

의 좌표$(x,\ y)$와 그 재화의 시장 규모(n)와의 사이에는 다음과 같은 관계식이 성립된다. $n = x^2 + xy + y^2$ 이 식을 사용해 계산해보면 특정한 값을 나타내는 시장 규모의 수열이 얻어진다. 뢰쉬의 번호는 위 식에 의해 순차적으로 구할 수 있다.

원점 이외에서 재화를 공급하는 기초취락 중에서 원점에 가장 가까이 위치하는 취락은 재화의 고차화와 더불어 그 위치가 원점에서 멀어져 간다. 뢰쉬는 이러한 취락의 위치를 정하기 위해 〈그림 5-45〉의 ∠XMZ섹터만을 대상으로 생각했다. 이 섹터에서 하나의 기초취락이 선택되면 똑같이 재화를 공급하는 나머지 취락의 위치가 자동적으로 결정된다. 다만 재화의 수준이 높아지면 ∠XMZ 섹터 중에서 후보가 되는 취락이 복수로 나타나게 된다. 이 때문에 뢰쉬는 첫째, 같은 조건을 갖춘 기초취락이면 모두 그곳에서 공급되는 재화의 종류가 많은 쪽을, 둘째 또 종류의 수가 같을지라도 수준이 높은 재화가 공급되는 쪽을 선택한다는 선택기준을 설정했다.

정육각형의 기하학적 특성 이유, 재화를 공급하는 기초취락, 즉 중심지의 배치패턴은 60°별로 대칭적인 도형이 된다. 또 여기에 덧붙여 앞에서 기술한 바와 같이 뢰쉬는 ∠XMZ 섹터에서의 재화공급을 우선하기 때문에 공급되는 재화의 종류가 많은 섹터(이것을 도시가 풍부한 섹터라고 함)와 재화의 종류가 적은 섹터(도시가 부족한 섹터)가 30°별로 되풀이되어 나타나는 시스템을 얻을 수 있다. 뢰쉬가 이러한 우선조건을 붙인 것은 집적경제를 고려했기 때문이고, 대도시를 중심으로 한 주요 교통로 섹터와 그들 사이에 있는 섹터와는 도시기능의 집적량 차이가 있다는 현실을 근거로 한 것이다.

여기에서 도시가 풍부한 섹터와 부족한 섹터에 대해 살펴보기 위해 중심을 원점으로 해 Y축에서 시계방향으로 60°의 범위에서 뢰쉬가 나타낸 중심지 시스템의 150종 시장지역망을 겹친 결과를 보면(〈그림 5-46〉), 재화의 공급 수가 많은 중심지가 특정 섹터인 섹터 A에 집중해 있는 것을 알 수 있다. 이 섹터 A가 뢰쉬 중심지 시스템에서 도시가 풍부한 섹터이고 섹터 B가 도시가 부족한 섹터이다. 비본과 마빈(K. S. O. Beavon and A. S. Mabin)은 도시 수의 많고 적은 섹터에서 재화공급의 과다에 대해 각 섹터에서 재화공급 수별 중심지 수로 비교했다. 다만 두 섹터 간의 차이를 바르게 평가하기 위해서는 두 섹터를 구획하는 경계부분의 취급에 유의해야 한다고 하고, 나아가 중심지 수

〈그림 5-46〉 150종 시장지역망을 겹친 중심지 시스템

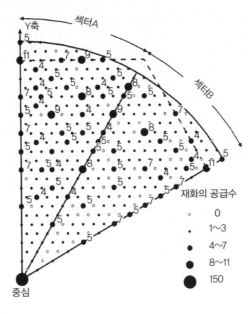

재화의 공급수
- ○ 0
- · 1~3
- • 4~7
- ● 8~11
- ⬤ 150

자료: 石崎研二(2015: 311).

〈표 5-12〉 뢰쉬의 중심지 시스템

재화의 공급 수	중심지 수			재화의 공급지점 수		
	섹터 A	섹터 B	경계	섹터 A	섹터 B	경계
1	52	31	5	52	31	5
2	27	32	5	54	64	10
3	25	11	7	75	33	21
4	8	3	2	32	12	8
5	12	8	8	60	40	40
6	0	0	0	0	0	0
7	1	2	3	7	14	21
8	1	1	2	8	8	16
9	2	0	1	18	0	9
10	0	0	0	0	0	0
11	0	0	1	0	0	11
계	128	88	34	306	202	141

자료: 石崎研二(2015: 312).

뿐만 아니라 재화의 공급지점 수의 차이에도 착안해야 한다고 했다. 〈표 5-12〉는 〈그림 5-46〉의 섹터 A와 섹터 B, 그리고 양 섹터 사이의 경계부분으로 나누어 재화공급 수별 중심지수 및 재화의 공급 수와 중심지 수의 곱에 해당하는 재화공급지점 수를 집계한 것이다.

그러면 왜 이러한 도시 수가 많고 적음의 차질이 생겨났는가에 대해 뢰쉬는 도시가 많은 섹터의 창출에 관해 중심을 원점으로 최근린 시장중심을 특정 섹터에 합쳤기 때문이라고 했다. 그러나 사실은 이러한 선택의 결과 특정 섹터에서 재화의 공급지점이 가장 많게 되는 것은 한정되어 있다. 더 많은 재화의 공급지점을 도시가 많은 섹터에 입지시키기 위해서는 중심에서 봤을 때 최근린 시장중심을 도시가 적은 섹터에 합치는 편이 좋은 경우가 있는 것에 유의할 수밖에 없다.

6) 크리스탈러와 뢰쉬 모델의 비교

뢰쉬는 전부 150종의 재화에 대해 그 시장 규모와 재화를 공급하는 중심지의 위치를 밝혔다. 이렇게 해 만든 뢰쉬의 중심지 모델을 경제경관(economic landscape)이라고 불렀다. 경제경관을 크리스탈러의 중심지 모델과 비교하면 몇 가지 다른 점을 지적할 수 있다.

그 첫째가 크리스탈러 모델이 계층구조를 특정으로 하는 시스템인 데 비해 뢰쉬의 모델은 비계층 시스템의 모델이라는 점이다. 뢰쉬 모델에서는 시장지역의 크기가 1, 3, 4, 7, 9, 12, 13…과 같이 비교적 연속해서 추이한다. 이에 비해 크리스탈러 모델에서는 예를 들면 K=3 시스템의 경우 1, 3, 9, 27, 81…과 같이 시장 규모가 대단히 불연속적, 즉 계층적이다. 두 번째 다른 점은 중심지의 수준과 그곳에서 공급되는 재화의 종류와의 관계에 대한 점이다. 크리스탈러 모델에서는 양자 간의 명확한 대응관계가 있고, 같은 수준의 중심지이면 공급되는 재화의 종류도 같다. 이에 대해 뢰쉬 모델은 예를 들면 종류의 수는 같을지라도 내용은 같다고 할 수 없다. 이것은 뢰쉬 모델의 경우, 예를 들면 저차 중심지가 공급하는 재화를 자기 스스로 공급하지 않는 경우가 있다는 것을 의미한다.

크리스탈러 모델과 뢰쉬 모델에서 나타나는 이러한 다른 점은 어디에 그 원인이 있을까? 이것을 밝히기 위해 두 모델의 기하학적 측면에 한정해 이들 상호관계를 검토해 보자. 경제경관을 도출할 때에 뢰쉬는 생각할 수 있는 모든 시장지역에 대해 그 규모를 순차적으로 밝혔다. 150종의 시장지역, 즉 150개의 뢰쉬 번호를 계산한 것이다. 이 뢰쉬 번호 중에는 1, 3, 9, 27, 81…이란 크리스탈러 모델의 K=3 시스템의 시장 규모에 상당하는 수열이 포함되어 있다. 이와 같이 K=4, K=7의 시장 규모에 상당하는 수열도 또한 포함되어 있다. 즉, 집합론적으로 말하면 뢰쉬 모델은 크리스탈러 모델을 완전히 포함시킨다. 바꾸어 말하면 크리스탈러 모델은 뢰쉬 모델의 부분집합이고, 뢰쉬 번호 중에서 특정수열(예를 들면 3의 배수)을 빼내어 구축한 것이 크리스탈러의 중심지 시스템이라고 할 수 있다.

물론 이러한 생각이 타당한 것은 시스템의 기하학적 측면에서이고 이들 두 모델이 다른 전제와 생각에서 구축된 것은 말할 필요도 없다. 크리스탈러는 현실의 중심지 시스템이 형성되었을 때 작용하는 조건을 교묘하게 넣어 현실에 맞는 모델을 만들려고 했다. 이에 대해 뢰쉬는 현실의 시스템은 그대로 두고 이념적으로 생각할 수 있는 합리적인 재화의 공급 시스템을 밝히려고 했다. 물론 이러한 것은 뢰쉬 모델이 비현실적인 것을 의미하는 것은 아니다. 물론 뢰쉬는 미국의 톨레도(Toledo)나 인디애나폴리스(Indianapolis)의 도시권에 중심지가 많은 섹터와 적은 섹터가 상호교차하며 배열하고 있는, 예를 들어 도시가 풍부한 지역, 도시가 부족한 지역의 대조성이 현실적이라는 것을 강조하고 있다. 요컨대 두 모델에서 각각 강조하는 전제조건이나 기업가의 행동양상은 지역이나 시대 또는 업종 등에 따라 다르기 때문에 어느 쪽이 우수한 모델이라고 판단하는 것은 간단하지 않다.

그리고 크리스탈러의 중심지 이론과 뢰쉬의 경제지역론은 결과적으로 같은 정육각형 패턴을 도출한 점에서는 공통적이지만 이론화의 과정은 크게 다르다. 첫째, 크리스탈러는 재화의 도달범위 상한에 착안해 최소의 중심지에서 최대의 면적을 효율적으로 커버하려는 생각이었고, 그것도 재화나 서비스의 도달범위에서 공백지역이 없게 하는,

즉 같은 재화와 서비스를 사람들에게 공급하는 것을 겨냥해 규모가 다른 중심지의 배열을 도형으로 도출했다. 거기에는 복지적인 관점과 더불어 재정 부담을 적게 하고 효율적인 시설배치를 겨냥하려는 정책적 관점에서 바라본 것이라 할 수 있다.

이와 달리 뢰쉬가 등질공간에서 완전자유경쟁을 전제로 한 신규참여는 자유로우며 이윤획득경쟁을 행하는 자본의 공간적 운동을 중시하며, 시장권의 축소와 중합을 통해 경제적인 중심지 시스템을 설명하려는 점이 크게 다르다. 크리스탈러와 대조적으로 뢰쉬의 경우 가장 많은 입지주체, 나아가 중심지에서 공간을 분리하고 그 결과재화(結果財貨)의 도달범위에 관해서는 하한에서 균형을 이루게 했다.

중심지의 계층구조에 관해서는 크리스탈러가 규칙적으로 계층과 규모 및 기능이 일치하고 위에서 아래로의 계층성을 확실한 패턴으로 나타낸 데 반해, 뢰쉬는 반드시 그것에 대응하지 않고 도시의 기능분화나 전문화로 설명할 수 있는 다양한 패턴을 제시했다.

대상이 되는 산업, 사상(事象), 지역이나 응용범위에서도 크리스탈러와 뢰쉬는 다르다. 크리스탈러의 중심지 이론은 재화와 서비스 공급에 초점을 맞추고 소매·서비스업이나 공공시설 입지에 관한 기초 이론이 된다. 남부독일은 중심적 대상지역으로 근대 이전부터 내생적 중심지 시스템의 발전을 이루어왔다. 또 제2차 세계대전 이후 구서독에서는 국토정책에 해당되는 '공간정비계획'에서 상위 중심지나 중위 중심지라는 중심지의 정비가 중시되어왔다.

이에 대해 뢰쉬 이론은 생산이나 공급의 양면을 고찰하고, 농업지역에서 농촌공업의 입지나 기초적인 지역구조의 형성을 설명한 후 중요한 시사를 부여하는 것으로 생각했다. 뢰쉬의 저작에는 대단히 많은 주(註)와 구체적인 사례가 있고 모국인 독일과 더불어 아이오와 주 등과 같은 미국의 사례도 많이 다루어졌다.

7) 중심지 모델의 발전과 체계화

(1) 중심지 모델의 발전

크리스탈러와 뢰쉬의 중심지 모델은 중심지 시스템에 관한 실증적인 연구를 할 때 이론적 근거였다. 그러나 그 한편에서 이들 두 중심지 모델을 이론적으로 더 전개시키고, 또 체계화시키는 시도도 이루어졌다. 예를 들면 베리와 개리슨(W. Garrison)은 크리스탈러 모델에서 말하는 재화의 도달범위의 하한에 주목해 하한이 중심지 시스템에 계층성을 부여하는 열쇠가 된다고 생각했다. 그들은 재화의 도달범위 하한을 최소요구값이라는 용어로 바꾸었으나 요컨대 경영의 유지에 최소 필요한 인구수나 수요량이 있다면 중심기능의 입지는 가능하게 된다.

지금 어느 정도의 넓이를 가진 평면을 상정하고 어떤 재화의 최소요구값이 이 평면 전체의 총수요가 같고 이 재화를 공급하는 사업소가 하나의 중심지에 입지한다고 하자. 최소요구값이 이것보다 훨씬 작은 재화도 이 지점에서 공급된다. 최소요구값이 작은 재화도 어느 정도 이상으로 작아지면 다른 지점에서 재화를 공급받는 편이 효율적이게 된다. 그것은 소비자의 이동거리가 짧아지기 때문이다. 이러한 어떤 단계에 이르는 새로운 공급지점을 설정하는 편이 바람직한 재화를 한계적 계층재화(marginal hierarchy goods)라고 부른다. 한계적 계층재화는 중심지의 새로운 입지, 즉 계층성의 출현에 깊이 관여되어 있고, 다른 재화와는 달리 초과이윤을 가져오지 않는 재화이다(〈표 5-13〉).

베리와 개리슨의 생각을 한번 보면 크리스탈러 모델과 유사하다. 그러나 크리스탈러가 계층 출현의 근거를 재화의 도달범위 상한에서 구한 것과 달리 베리와 개리슨은 거꾸로 하한에 근거를 두고 있다. 최소요구값은 인구와 사업소의 회귀분석에 의해 비교적 쉽게 추정할 수 있기 때문에 그들의 생각은 실증적 연구를 행할 때 좋은 측면이 있다. 또 그들의 모델에서는 인구나 수요의 균등분포가 필요한 전제조건이 되지 않기 때문에 이질적인 상황을 만족시키는 현실공간의 설명 모델로서 타당성을 갖고 있다고 할 수 있다. 그렇지만 그 후에 몇몇 학자들이 비판한 것과 같이 베리와 개리슨의 모델

〈표 5-13〉 n개의 중심지에 있어서 n개의 재화공급

중심지 수준	재화의 수준													
	n*	n-1	n-2	⋯	n-1*	n-(i+1)	⋯	n-j*	n-(j+1)	⋯	n-k*	n-(k+1)	⋯	2 1
A	X	X	X	⋯	X	X	⋯	X	X	⋯	X	X	⋯	X X
B					X	X	⋯	X	X	⋯	X	X	⋯	X X
C								X	X	⋯	X	X	⋯	X X
·											·	·	⋯	·
·											·	·	⋯	·
·											·	·	⋯	·
·											·	·	⋯	·
M											X	X	⋯	X X

* 한계적 계층재화를 나타냄.
자료: 林上(1991b: 161).

에는 논리적으로 납득하기 어려운 부분이 있는 것도 사실이다. 이 모델의 타당성을 강화시키기 위해서는 좀 더 엄밀한 전제조건을 추가할 필요가 있다.

베리와 개리슨과 같이 크리스탈러 모델을 좀 더 현실화하려는 별도의 시도로서 볼덴베르크(M. J. Woldenberg)의 혼합계층 모델(mixed hierarchical model)을 들 수 있다. 이 모델은 기본적으로 현실세계에서 크리스탈러 모델의 K=3, 4, 7 시스템의 각 조직원리가 복합적으로 작용하기 위해서는 중심지 시스템이 혼합 계층적이 된다는 점이다. 이 것을 구체적으로 말하면 현실의 중심지 시스템에서 나타나는 계층구조는 시장, 교통, 행정의 각 조직원리가 단순한 것이 아니고 복수의 원리작용을 동시에 받기 위해 어떤 종류의 균형 상태를 보유하면서 존재한다는 것이다. 이를 위해 볼덴베르크는 계층별 중심지 수나 시장지역 수의 격차를 설명하기 위해 중심지 수나 시장지역 수의 이론값을 평균화하고, 이 값과 실제값을 비교했다. 양자가 꽤 일치하면 그때에 이용한 이론값에 대응한 조직원리가 복합적으로 작용하고 있다고 해석할 수 있다.

〈표 5-14〉는 핀란드의 중심지 시스템에 대해 계층별로 시장지역 수(실제값)와 혼합계층 모델로 예측한 이론값(평균값)을 비교한 것이다. 이론값은 K=3, 4, 7의 각각 시스템을 포함하는 시장지역 수를 적절하게 조합시킴으로 산출할 수 있다. 세 종류의 평균 중에서 수렴평균과 기하평균이 비교적 적용된다고 말할 수 있다. 이러한 점에서 예를

〈표 5-14〉 혼합 계층 모델에 의한 시장지역 수의 적용

중심지 수준	핀란드의 중심지 시스템	그룹 RA=3, 4, 7	기하평균	산술평균	수렴평균
6	1	1, 1, 1	1.00	1.00	1.00
5	3	3, 4	3.46	3.50	3.48
4	9	7, 9, 16	10.00	10.66	10.33
3	36	27, 49	36.37	38.00	37.18
2	151	64, 81, 243, 256	134.01	161.00	147.19
1	513	343, 729	500.04	536.00	517.86

자료: Woldenberg(1968: 556).

들면 5계층에서는 시장원리와 교통원리가 혼합적으로 작용하고 있다고 해석할 수 있다. 또 4계층에서는 행정원리를 더한 세 개의 원리가 종합적으로 작용하고 있다고 생각할 수 있다.

볼덴베르크의 생각은 크리스탈러가 생각한 것을 제창한 것과 같이 고정적인 계층 모델을 수정한 현실의 중심지 시스템의 성립을 설명할 때에 매력적이다. 그렇지만 볼덴베르크의 혼합계층 모델은 중심지와 시장지역의 계층수준별 개수에만 주목한 비공간적 모델이다. 또 시행착오적으로 행한 이론값의 평균화의 의미가 확실하지 않다는 점도 문제점으로 남아 있다. 어쨌든 K=3, 4, 7의 고정적인 계층 모델에서는 현실의 중심지 시스템이 설명하기 어려운 것을 분명하게 했다. 이러한 점은 다음에 기술할 일반계층 모델(general hierarchical model)에 의해 해결된다.

(2) 중심지 모델의 체계화

일반 계층 모델은 계층구조를 더욱 강조한 점에서는 크리스탈러 모델과 같은 특징이 있다. 그러나 인접한 수준의 중심지 수나 시장지역 수의 비는 반드시 고정되어 있지 않다. 예를 들면 〈그림 5-47〉에서 나타낸 시스템의 경우, 밑에서 두 번째와 최하위 수준의 시장지역의 면적비를 K_1로 하면, K_1=3이고, 또 K_2=3도 된다. 그러나 K_3은 3이 아니고 4이다. $K_1, K_2, K_3 \cdots$ 어느 쪽이든 3일 때에 이 시스템은 처음으로 K=3이 된다. 즉, 중심지 시스템의 기하학적 형태에 한정해 생각할 경우 크리스탈러 모델은 일반 계층

〈그림 5-47〉 일반 계층 모델의 중심지 체계

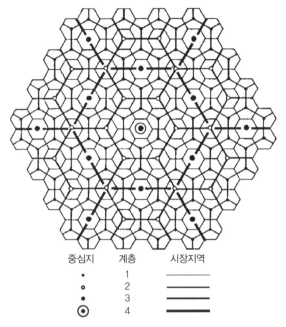

중심지	계층	시장지역
•	1	——
◦	2	══
•	3	══
◉	4	██

자료: Herbert and Thomas(1982: 127).

모델의 특정한 경우에 해당한다고 말할 수 있다. 일반 계층 모델의 이점은 공간조직의 작용원리가 계층수준에 따라 다른 상황을 무리 없이 설명할 수 있는 점이 있다. 예를 들면 소비자의 이동수단은 공간규모에 따라 달라 가까운 곳에는 걸어서, 또 조금 먼 곳은 버스나 전차 등의 공공 교통기관을 이용하는 이동은 선적(線的)이기 때문에 K=4의 교통원리가 적합하다. 나아가 시스템 전체의 통일성이라는 것을 생각하면 K=7의 행정원리에 따라 시스템의 경계를 상정하는 것이 바람직하다.

일반 계층 모델을 제창한 파(J. B. Parr)는 이 모델을 포함해 더 큰 모델, 즉 뢰쉬계(系) 모델(Löschien models)을 체계화할 때에 이러한 생각을 했다. 여기에서 말하는 뢰쉬계 모델은 뢰쉬의 중심지 모델에 의해 대표되는 재화나 서비스의 공급 모델이고, 일반 계층 모델이나 크리스탈러 모델은 부분집합으로서 그 가운데 포함된다. 뢰쉬 모델은 큰 시장망을 중첩시킨 시스템인 데 비해 크리스탈러 모델은 그중에서 선택된 특정 시장망

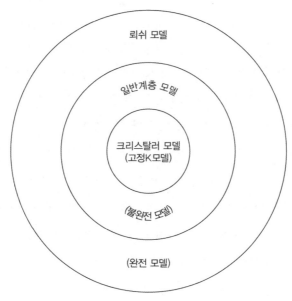

뢰쉬 모델

일반계층 모델

크리스탈러 모델
(고정K모델)

(불완전 모델)

(완전 모델)

자료: 林上(1991b: 164).

으로 구성된 것이다. 나아가 일반 계층 모델은 양자의 중간으로 계층구조를 가지며, 조직 원리에 유연성도 가진다. 요컨대 일반 계층 모델은 뢰쉬 모델 정도의 복수는 아니고 그렇다고 크리스탈러 모델 정도로 단순하지는 않은 글자 그대로 중간적 모델로서 위치 지을 수 있다(〈그림 5-48〉).

또 뢰쉬계 모델에서는 여기에 해당되지 않는 비(非) 뢰쉬계 모델도 존재하며 베크만 (M. J. Beckmann), 틴베르헌(J. Tinbergen), 후버(E. M. Hoover) 등에 의해 그 연구가 진전되 어왔다. 비 뢰쉬계 모델의 특징을 보면 중심지와 시장지역의 상호관계가 뢰쉬계 모델 과 같지 않고 재화의 수준과 시장지역의 규모 사이에 대응관계는 반드시 존재하지 않 는다. 중심지는 그 수준에 대응한 재화만을 공급하거나 단지 재화의 중계지점으로만 기능을 한다. 이상에서 살펴본 바와 같이 기하학적 특징은 뢰쉬계 모델과 아주 흡사하 지만 재화를 공급할 때 구조는 꽤 다르다.

3. 소농사회의 정기시

시장체계의 발달은 사회·경제의 발달단계에 따라 이루어지는데, 개발도상국에서 흔히 볼 수 있는 하나의 시장체계가 정기시(periodic market)이다. 소농사회(peasant society)에서 시장은 상설시가 아니고 정기시로서, 오랜 역사 속에서 형성되어왔기 때문에 패턴의 변화에 강한 저항을 나타내고 있으며 안전하고 확실한 것을 추구하는 보수적인 사회에서 나타난다. 정기시는 규칙적인 스케줄에 따라 며칠에 한 번씩 개시되는데, 이것은 시장에서 판매되는 재화에 대해 한 명당 수요가 적고 시장지역이 원시적인 교통기술에 의존하고 있어 상설시를 유지하기에는 총수요가 불충분하기 때문이다.

상인은 정기적으로 몇 개의 시장을 순회하는 것에 적응되어 있고, 몇 개 시장에서의 거래를 누적함으로써 생계를 유지할 수가 있다. 자세한 것은 세계 각 지역에 따라 다르지만 중국의 전통적인 농촌 정기시의 활동체계에 대한 스키너(G. W. Skinner)의 예가 있다. 공급 면에서 시장의 정기성은 개개 상인의 이동성과 관계가 있다. 한 시장에서 다음 시장으로 상품을 운반하는 행상인은 중국에서 볼 수 있는 이동상점(mobile firm)의 원형이다. 순회 직인, 수리인, 대필로부터 점까지 치는 행상인 둥도 똑같은 성격을 띠고 있다. 이들의 관점에서 보면 정기시는 특정한 날, 특정한 장소에 수요를 모으는 효능도 갖고 있으며, 상인이 생산자를 겸할 경우 판매와 생산을 다른 날에 할 수 있는 이점이 있다.

고객 관점에서 시장의 정기성은 필요한 상품과 서비스를 얻기 위해서 이동해야 할 거리를 하루의 행정(行程)으로 단축시켰다. 더욱이 가정에서는 자급적 생산 활동을 영위하고 생산물을 판매하기 위해 시장에 갈 수 있다. 개시되는 주기에 따라 비교적 짧은 주기에 개시되는 정기시, 일주일을 주기로 하는 정기시의 특수한 형인 주시[(週市), weekly market], 수개월 또는 1년의 긴 주기로 개시되는 대시[(大市), fair] 등이 있다.

1) 정기시의 발생과 유사성

세계에서 정기시는 한국, 중국, 일본에서만 발생한 것이 아니고 아시아, 사하라사막 이남의 아프리카, 중앙아메리카, 남아메리카의 안데스 산지 등에서도 자생적으로 발달해왔다. 한국에서 관청이 성립한 정기시는 삼국시대 신라와 백제에 존재했지만 그 기원은 알 수 없다. 그러나 적어도 고려시대에는 지방 행정기관이 입지한 읍성에 정기시가 존재했을 것이라고 추정하고 있다. 그리고 중국의 정기시가 농촌에 널리 나타난 것은 당나라 말기부터로 이 당시는 초시(草市)[32] 또는 허시(虛市)라고 불렸다. 또 일본의 경우는 헤이안(平安)시대(794~1192년) 후기에 삼제시(三齊市)[33]란 형태의 정기시가 등장했으며 가마쿠라(鎌倉), 1192~1338년] 중기 이후에 그 수가 많아져 말기의 선진지역에는 시장망이 거의 확립되었다. 그리고 동남아시아에는 유럽인이 진출하기 이전에 자바에 정기시가, 인도는 무굴조(Mughuls, 1562~1858년) 때 햇(hat)이라는 정기시가 널리 존재했고, 사하라사막 이남의 아프리카에서는 유럽인이 이곳에 진출하기 이전부터 정기시가 있었는데, 이것은 이슬람교도와의 접촉에 의해 나타났을 가능성이 높다. 또 신대륙의 멕시코에서 과테말라에 걸친 지역은 에스파냐인들이 이곳에 도착하기 이전부터 정기시가 존재했다.

이와 같이 세계 각 지역에서 자생적으로 발달해온 정기시의 지역적·사회적 배경에서 공통된 점은 첫째, 원칙적으로 그 구성원의 대부분이 정착 농경민에 의해 형성된 사회란 점이다. 물론 유목민, 이동 화전 경작민도 있었지만 정착 농경민이 주류를 이루었고 소농사회에서 잉여 농산물을 교환하기 위해 정기시가 성립되었다. 둘째, 아프리카에서는 약간의 부락을 제외하면 왕국, 제국, 봉건제 등의 일정한 정치조직 아래에서 나타났다.

이상의 두 조건을 만족시키는 용어가 문화인류학자 레드필드가 말하는 소농사회의

---

32) 동진대(東晋代)부터 나타난 것으로 성 밖에서 농민에게 초료[(草料), 사료, 연료 등 농산물을 공급한 장소를 말한다. 초시(草市)는 당대(唐代) 전반기에는 그 수가 매우 적었다.

33) 일본에서 매월 3회씩 열리는 정기시를 말한다.

개념에 해당한다고 볼 수 있다. 셋째, 일정 이상의 인구밀도를 갖는 지역이다. 북아프리카에서 농경이 행해졌던 지역에서는 정기시가 분포했는데, 사하라사막 주변 스텝의 유목지역과 같이 인구밀도가 낮은 지역에서는 정기시가 존재하지 않았다. 그리고 남부 스웨덴의 정착 농경지역의 인구밀도가 낮은 곳에서는 행상인이 존재했다. 호더(B. W. Hodder)에 의하면 사하라사막 이남지방에서 정기시의 성립조건은 시장까지 걸어 모일 수 있는 범위 내의 약 19명/km² 이상이라고 밝혔다. 그렇지만 정기시를 존립시키는 인구밀도의 한계는 지역주민의 가처분 소득의 크고 작음, 교역종사자의 전업적 성격 정도, 교통기관의 개선 정도 등에 의해 변동하기 때문에 명확한 숫자로 나타낼 수는 없다고 생각한다.

한편 정기시는 장소나 시간이 달라도 하나의 제도로서 뚜렷한 유사성이 있다. 첫째 7일을 주기로 열리는 정기시는 종교의 강한 영향을 받았던 남·서남아시아, 유럽에서 볼 수 있는데, 이들 지역은 7일 주기의 주시가 행해진다. 그러나 상거래량이 증대됨에 따라 주 2회 이상 개시가 되는 지역도 있는데 3일 주기(3일 또는 그 배수)는 콩고 등에, 4일 주기는 나이지리아의 각 지방에서 볼 수 있다. 또 5일 주기는 자바, 아즈텍-마야(Azteca-Maya) 두 문명의 영향을 받은 지역 및 나이지리아의 일부 지역에서 나타나고 있으며, 고대 로마는 9일, 15일 주기도 존재했다.

이에 대해 한국, 중국, 일본에서는 순(旬)주기로 10일에 1회, 2회, 3회, 4회 등이 개시되었다. 이와 같은 개시일의 배분은 정기시 이용자에게 다음과 같은 의의가 있다. ㉠ 농민은 일정 주기 내의 하루만이 아니고 그 밖의 날에도 조금 더 걸으면 다른 정기시를 이용할 수 있다는 이점이 있다. ㉡ 정기시에 의존하는 전문상인이나 직인(職人)들은 단일 시장에서 생계유지를 할 수요가 확보될 수 없더라도 개시일이 다름을 이용해 일정의 시장군을 순회함으로써 충분한 수요를 획득할 수 있다는 이점이 있다. 이와 같은 정기시군(群)의 존재 형태를 호더는 시장연결이라고 불렀다.

둘째, 시장통제와 시장세가 아프리카의 일부지역을 제외하고 세계 각 지역에서 인정되었다. 물론 정치권력이나 정치조직에 따라 시장의 개최권 또는 시장 징수권자는 다르다. 또 시장세는 모든 정기시에서 징수하는데, 크게 나누어 상거래의 질과 양, 상

〈표 5-15〉 조선시대 시장권의 평균 면적, 반경, 인구 및 시장 간의 평균 간격

지역		출처	연도	인구밀도 (명/km²)	시장권의 평균 면적 (km²)	시장 간의 평균 간격 (km)	시장권의 평균 반경 (km)	시장권의 평균 인구 (명)
조선 전역		善生永助. 1929. 『朝鮮の市場經濟』.	1769	73.5	210.0	15.6	9.0	15,400
			1833	71.2	212.0	15.6	9.0	15,100
			1904	73.5	236.0	17.4	10.0	19,300
			1911	73.6	206.0	15.4	8.9	15,200
			1921	80.2	180.0	14.4	8.3	14,500
			1930	91.5	161.0	13.6	7.9	14,700
			1938	104.0	153.0	13.6	7.7	15,900
조선	경기도	善生永助. 1924. 『朝鮮の市場』.	1926	153.9	125.4	12.0	6.9	19,297
	충청북도			112.8	135.7	12.5	7.2	15,307
	충청남도			155.8	93.2	10.4	6.0	14,524
	전라북도			160.2	123.9	12.0	6.9	19,854
	전라남도			155.1	121.4	11.8	6.8	18,834
	경상북도			122.4	118.7	11.7	6.8	14,525
	경상남도			161.3	86.2	10.0	5.8	13,905
	황해도			81.1	137.8	12.6	7.3	11,812
	평안남도			84.4	114.4	11.5	6.6	9,658
	평안북도			49.6	319.4	19.2	11.1	15,843
	강원도			50.4	252.0	17.0	9.8	12,691
	함경남도			43.1	332.6	19.6	11.3	14,326
	함경북도			30.8	446.7	22.7	13.1	13,772
평균				87.6	167.7	13.9	8.0	14,684

자료: 石原潤(1987: 28).

거래액에 대해 부과하는 경우와, 시장 내에서 노점을 여는 것이나 시장 내의 임시점포 등을 사용하는 데 대해서 장세라는 명목으로 징수하는 경우가 있다.

셋째, 국지적 상거래로서 주로 그 지방 농민이 생산한 약간의 잉여 농산물이 상호 교환되는 것과 그 지방의 전업적 직인에 의해 만들어진 수공업 제품이나 서비스 행위가 농민에게 판매되는 것이다. 이밖에 외래상품의 판매 및 지역 내 특산물의 집하·출하 등도 행해진다.

넷째, 정기시에서 상거래 참가자는 대다수가 농민 자신이지만, 특히 여성이 상거래

에 종사하는 경우가 많다. 이 단계의 사회에서는 남자는 더욱 생산적인 노동에 종사하고, 부녀자는 상거래를 행하는 성적 분업이 보편적이었다고 볼 수 있다. 다음으로 상거래인의 일부는 전문적 상인 또는 직인으로, 이들은 외래상품의 판매, 농민 간의 국지적 교환의 중개, 지역 내 특산물의 집하·출하 등을 행한다.

다섯째, 상거래는 원칙적으로 화폐를 사용했으나 과거에는 물물교환도 행해졌다. 이와 같이 물물교환에서 화폐대용으로의 변화는 시장세로 화폐를 받거나 일반농민의 과세가 금납화됨에 따라 급속히 진전되었다고 생각한다.

여섯째, 시장권의 평균 면적, 시장 간의 평균 간격, 시장권의 평균 반경은 일정한 한도 내에 있고 도보로 하루 일정에서 농민이나 상인의 이동이 가능하다. 그 결과 시장권 내의 인구나 시장 활동의 참가자 수도 일정한 범위 안에 있다. 조선시대 시장권의 각종 특징은 〈표 5-15〉와 같다.

일곱째, 정기시는 위에 기술한 여섯 가지의 경제적 기능 이외에 사회적 기능을 갖고 있다. 정기시는 사교의 장소, 즐기는 장소, 의료센터의 역할, 행정상의 전달을 행하는 장소, 조세징수의 장소이기도 하다.

2) 정기시 성립의 입지론적 설명

정기시를 개시하는 사회는 전형적으로 시장교환(market exchange)이 성립하지만 부분적으로 소농사회로서 그 지지기반은 농민의 상거래장으로 성립한다. 그리고 정기시가 발생한 계기는 내부 상거래설과 원거리 교역설이 주장되지만 후자에 대해 의문점이 많다. 내부 상거래설은 베리 등이 주장한 학설로, 농업사회 내부에서 잉여생산물이 발생하고 좁은 지역 안에서 분업이 행해지면 시장이 발생한다는 설이다. 그리고 원거리 교역설은 호더가 아프리카의 시장연구에서 정기시가 대상(隊商)의 자극에 의해 발생한 것이라고 주장하면서 그 증거로 첫째, 역사가 오랜 시장은 자연환경이 다른 접촉지점이나 부족이 다른 경계에 많다는 점, 둘째 대상의 주요 교역로를 따라 분포한 휴식지점에서부터 기원한 경우가 많다는 점, 셋째 시장에서 거래되는 상품은 지방의 토산품이

〈그림 5-49〉 정기시의 입지론적 설명

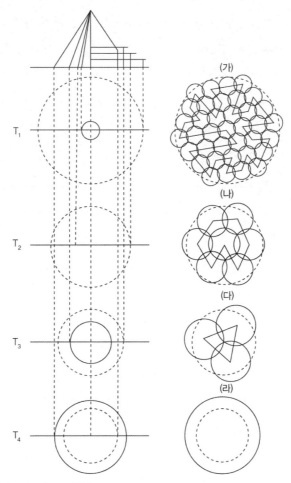

주: 실선은 최대 도달범위, 파선은 최소 도달범위.
자료: Stine(1962: 76).

아니고 유럽 및 그 밖의 다른 지역의 상품이 많이 포함되어 있다는 점, 넷째 시장의 입지가 일반적으로 취락의 입지나 규모와 관계가 없다는 사실을 들었다.

한편 한국을 대상으로 정기시와 이동상인의 현상을 연구한 미국의 지리학자 스틴(J. H. Stine)은 정기시의 성립을 제3차 산업의 입지론으로 설명했다(〈그림 5-49〉). 즉, ㉠특정 상품에 대해 중앙에 위치한 상인으로부터 재화를 구입하는 주민의 거주범위를 최대

도달범위(maximum range)로 하고, ⓛ특정 상인이 생계를 유지하기 위해 수요를 확보할 수 있는 범위를 최소 도달범위(minimum range)라고 하자. 이때 최대 도달범위가 최소 도달범위보다 크거나 같을 경우에 상인은 생존할 수 있지만 반대이면 상인은 최소 도달범위의 중앙에 고정해 있는 한 생존할 수 없다. 따라서 〈그림 5-49〉와 같이 영업장소를 항상 이동시킴에 따라 충분한 수요를 확보해 생존이 가능하게 된다. 스틴에 의하면 첫째, 최대 도달범위는 상품의 수요탄력성과 운송비와 함수관계에 있다. 즉, 수요의 탄력성이 큰 상품일수록 최대 도달범위는 작고, 운송비가 적을수록 최대 도달범위는 크다. 둘째, 최소 도달범위는 지역의 수요밀도와 상인이 만족하는 이윤수준과의 함수관계에 있다. 즉, 수요밀도(인구밀도×가처분 소득수준)가 적을수록 최소 도달범위는 크고 상인의 만족하는 이윤수준(생활수준에 관련)이 낮을수록 최소 도달범위는 작다.

이상, 스틴의 이론적 고찰을 시계열적인 측면에서 보면, 첫째 교통기관의 개선이 운임을 저하시키면 최대 도달범위는 확대된다. 둘째, 수요밀도가 높으면 최소 도달범위는 축소된다. 이에 따라 처음에는 많은 지역을 이동해서 생계를 유지하던 상인이 차츰 이동지점의 수가 감소해 곧 최대 도달범위가 최소 도달범위와 같은 시점이 되면 고정된 지점에서의 영업이 가능하다. 즉, 〈그림 5-49〉의 (가), (나), (다) 단계에서 (가)는 이른바 행상 내지 대시의 단계이고, (나)는 주 1회의 정기시, (다)는 주 2회의 정기시의 단계이고 (라)에 이르면 상설점포가 가능하게 된다.

또 상품별로 보면 수요탄력성이 큰 상품은 최소 도달범위가 큰 데 비해, 최대 도달범위는 작으므로 상인은 좀 더 많은 지점을 이동하지 않으면 안 된다. 즉, 취급하는 상품의 차이에 따라 상인의 이동성이 다르게 나타난다.

3) 정기시의 전개 모델

정기시가 발생한 후 사회적 여러 조건이 변화함에 따라 어떻게 전개되는가에 대해 미국의 인류학자 스키너는 중국을 대상지역으로 해 귀납적 모델을 제시했다. 즉, 스키너에 의하면 중국의 표준적인 정기시는 대체로 주변의 18개 촌락을 상대로 해 성립하

〈그림 5-50〉 정기시(시장취락)의 전개모델

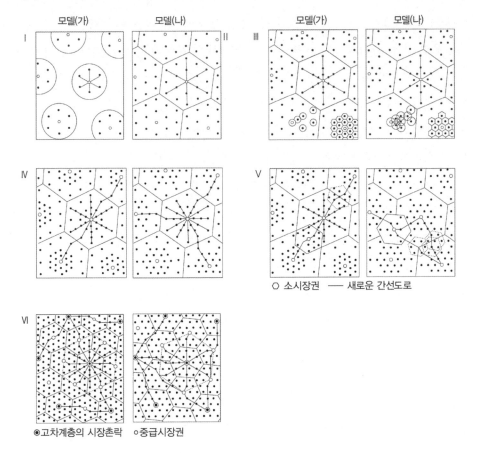

주: Ⅲ - 새로운 촌락의 발생, 작은 정육각형은 원형의 시장이 형성된 후 생긴 새로운 촌락의 영역
　　Ⅳ - 새로 촌락이 추가된 후 시장 중심지 간을 연결한 도로건설
　　Ⅴ - 촌락분포의 조밀화에 따른 새로운 취락의 출현
　　Ⅵ - 새로운 표준시장이 형성된 경우.
자료: 石原潤(1987: 47).

지만 이러한 시장권 내에서 개척이나 농업의 집약도가 높고 취락 수가 증가하면 기존의 두 정기시 중간이나 세 정기시의 중간에 새로운 정기시가 발생하며, 새로운 정기시도 평균 18개 촌락을 시장권으로 하게 된다. 이 과정을 나타낸 것이 〈그림 5-50〉이다.

　스키너는 1964~1965년에 걸쳐 중국의 다양한 농촌취락을 중심지 시장구조에 의해 분류하고 모델을 전개했다. 각 단계에서 시장의 기능은 표준시장(standard market), 중급시장(intermediate market), 중심시장(central market)으로 나누었다. 여기에서 중심시장은 상위계층으로 교통망상의 요지에 입지해 중요한 도매기능을 행하고 있다. 또 중심시장은 유입 상품(imported item)을 받아 그것을 자기 시장의 하위 계층 센터를 통해 분배한다. 그리고 지방의 생산물을 수집하고 그것을 다른 중심시장이나 상위계층 센터에 이출시킨다. 표준시장은 작은 청과시장(green vegetable market)을 제외하면 최하위 계층에 속하며 정기적으로 회합을 한다. 상위계층 센터는 정기시 이외에 상설시를 갖고 있다. 중심시장은 도시의 사대문에 각각 작은 업무센터를 가지고 있고 그 정기성은 1일 2회로 되어 있다. 표준시장의 세력권은 지역에 따라 약간 차이는 있지만 평균 18개의 촌락으로 구성되어 있다.

정기시의 전개 모델을 보면, I단계는 시장당 촌락의 비율은 낮지만 서서히 증가해 작은 시장의 기능을 가진 표준시장을 중심으로 원형의 시장권이 형성된다. 다음으로 II단계는 촌락의 수가 증가하고 도로망의 발달에 의해 안정되고 균형상태가 되어 각 시장권 간에 경쟁이 발생해 정육각형의 시장권이 형성된다. 이 단계까지 촌락은 신설되고 교역의 규모도 확대된다. 그 후 신설된 촌락 및 시장권에는 두 가지 입지 형태가 나타난다(III단계). 먼저 모델 (가)는 산지나 구릉지에서 형성되기 쉬우며 교통도 불편하고 농업생산성도 낮은 지역에서 나타나고, 모델 (나)는 평야지역에서 형성되기 쉬우며 교통도 편리하고 농업생산성도 높은 지역에서 볼 수 있다. 그림에서는 별 차이가 없으나 모델 (가)에서는 촌락이 멀리 떨어져 입지해 있으며, 모델 (나)에서는 촌락이 밀집해 있다. 그래서 면적도 모델 (가)는 235km²이고 모델 (나)는 105km²이다.

다음으로 새로운 촌락이 계속 증가함에 따라 IV단계에서 모델 (가)는 새로운 촌락이 기존 도로변에 밀집해서 입지하고 시장 간을 연결하는 새로운 도로가 형성되지만 이 도로변에는 촌락이 적게 입지한다. 한편 모델 (나)에서는 새로운 촌락의 입지는 새로 개설된 도로변에 더욱 많다. 이 단계까지는 교역의 규모가 확대되어 시일(市日)도 증가하지만 표준시장의 형성이 이루어지지는 않는다.

V단계는 촌락이 증가함과 동시에 표준시장이 형성되어 기존의 표준시장권 외연부의 촌락에 서비스를 제공한다. 모델 (가)는 기존의 두 개 시장에서 등거리로 시장 사이

를 연결하는 도로상에 표준시장이 발달한다. 이때에 기존 시장권을 잠식하지 않는다. 모델 (나)는 기존의 세 개 시장 간에 등거리로 발달한 작은 시장만이 표준시장으로 성장한다.

VI단계에서 모델 (가)는 표준시장의 상위인 중급시장에 속하고 중급시장권은 4개의 표준시장권을 배후지로 한다. 도로망은 비교적 단순하고 중급시장 간을 연결하는 도로는 하나의 표준시장을 통과한다. 모델 (나)에서도 표준시장은 상위 중급시장에 종속해 중급시장권은 세 개의 표준시장권의 배후지를 갖는다. 도로망은 표준시장을 통과하지 않고 상위의 중급시장 간을 연결하는 도로와 두 개의 표준시장을 통과해 중급시장을 연결하는 도로의 패턴이 나타난다. 이와 같은 (가) 모델, (나) 모델은 중국에서 많이 볼 수 있으며, 또 두개가 복합된 형도 많이 볼 수 있다고 스키너는 지적했다.

스키너는 전통적인 사회에서 시장 활동의 증대는 주로 인구밀도의 증가에 의해 일어날 수 있지만, 20세기 이후 중국의 근대화 과정에서는 오히려 농민 개개인의 시장에 대한 기여 정도가 주요인이 된다고 밝히고 있다. 따라서 농촌에서 상품 경제화의 진전이 정기시를 한층 발전시킨다. 그런데도 근대화 과정에서 교통기관의 개선(운송비 절감)은 농민을 고차의 중심지로 지향하게 해 저차 중심지 정기시는 도태하게 된다.

4) 정기시의 계층성과 시장연결 및 순환의 변화

여기에서 개개 시장의 정기성을 등시화(等時化)해보자. 〈그림 5-51〉은 스키너가 기술한 정기성의 체계를 나타낸 것으로 정기시 체계는 한 사람의 상인이 중심시장과 두 개의 표준시장을 3구성단위로 나누어 10일 주기로 이동할 수 있는 체계를 나타낸 것이다. 즉, 중심시장(1일째), 제1의 표준시장(2일째), 제2의 표준시장(3일째), 중심시장(4일째), 제1의 표준시장(5일째), 제2의 표준시장(6일째), 중심시장(7일째), 제1의 표준시장(8일째), 제2의 표준시장(9일째)이고 10일째는 중심시장의 차례이지만 이날은 교역이 이루어지지 않는다. 이러한 주기는 천체운동을 하는 자연적 원리에 의해 정해졌을까? 자연적 주기와 관계없이 인위적으로 정해졌을까? 중국의 경우 10일 마케팅 주기는 태음

〈그림 5-51〉 중국의 1순(旬) 3회의 정기시

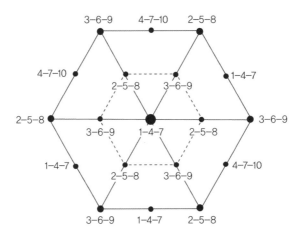

자료: 西岡久雄·鈴木安昭·奧野隆史(1972: 120).

월[(太陰月), lunar month]과 관련되어 있다.

중국에는 두 개의 기본적인 정기시 주기가 있는데 태음월의 1일, 11일, 21일부터 시작되는 월순(月旬)과 12일간의 12진(進) 주기[34]가 있다. 스키너는 1순당 1회의 주기는 황허(黃河) 하곡의 고대 중국인이 처음 사용했지만 1/12 주기(one-per-duodenum cycle)는 남서부에서 사용했다고 논술했다.

시장의 정기성에 영향을 미치는 하나의 요인은 인구밀도이다. 일반적으로 인구가 많을수록 총수요가 많아 시장이 개시될 빈도가 높고 결국 매일 시장이 열리게 된다. 그리고 소득이 증대되거나 작은 규모의 농가가 판매를 위한 생산이 보다 전문화되었을 때, 한 명당 수요가 증대되면 총수요와 정기성이 커지게 되어 상설시가 나타나게 된다.

중국 남부지방의 12진주기는 서부에서 동부로 올수록 서서히 증가해 6일 주기(1~7일, 2~8일, 3~9일, 4~10일, 5~11일, 6~12일)가 일반적이고, 인구밀도가 가장 높은 지역에서는 그것이 두 배가 되어 1 - 4 - 7 - 10, 2 - 5 - 8 - 11, 3 - 6 - 9 - 12로 된다. 중국 북부지방

---

34) 1년에 태음월(초승달에서 다음 초승달까지)이 열두 번이고, 또한 12가 크기에 비해 많은 약수를 가지기 때문이다.

〈그림 5-52〉 중국 쓰촨성의 청두(成都) 부근의 정기시(K=3의 공간조직)

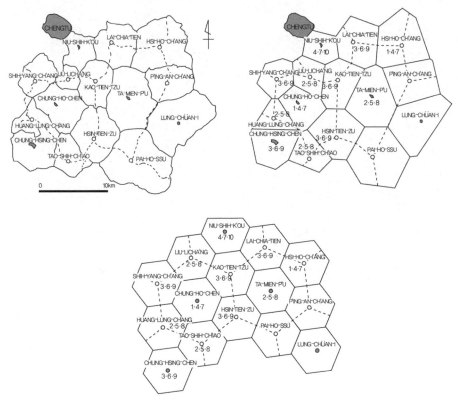

주: 여기에서 Chung-ho-chen은 중급시장, Pai-ho-ssu는 표준시장임.
자료: 西岡久雄·鈴木安昭·奧野隆史(1972: 85~86).

에서 1순(旬)당 1일의 주기는 주변 지역에서 볼 수 있으며 표준시장에서는 1순 2일 주기가 일반적이고 중심시장에서는 1순당 4일 주기가 가장 잘 나타난다. 1순당 3일 주기는 쓰촨(四川) 분지의 중심부 및 중국 남동부 평지의 인구밀도가 높은 지역이나 대도시 부근의 도시 시장지향의 식료품 생산이 전문화된 지역에서 나타나는데 이들 지역은 인구밀도가 높다. 〈그림 5-52〉는 1순 3일의 주기를 나타낸 것이다. 〈그림 5-52〉의 둘째 그림은 실제 시장연결을 티이센 다각형(Thiessen polygon)법[35]에 의해 나타낸 것이다.

───────────────

35) 디리클레(Dirichlet) 또는 보로노이(Voronoi) 다각형이라고도 하는데, 평면상에 분포한 점들 중 인접한

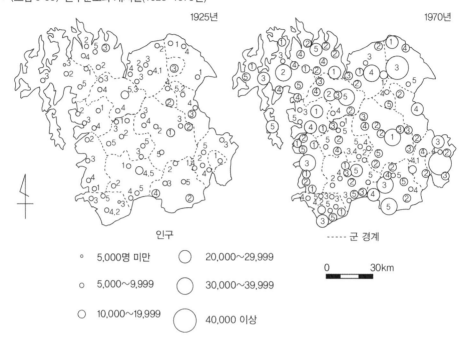

〈그림 5-53〉 인구분포와 개시일(1925·1970년)

인구	
∘ 5,000명 미만	◯ 20,000~29,999
○ 5,000~9,999	◯ 30,000~39,999
◯ 10,000~19,999	◯ 40,000 이상

----- 군 경계

0   30km

주: 지도와 원 안의 숫자는 개시일을 나타냄.
자료: Park(1981: 117).

세계 각 지역에는 주기가 다른 정기시가 존재하는데, 한국의 경우 보통 1순당 2일이고, 근대화 이전의 일본은 1순당 1일의 주기로 두 나라 모두 중국 북부지방의 문화전파와 관계가 있다고 본다.

한국 충청남도에 분포한 정기시에 대해 상인의 시장방문 형태를 살펴보면 다음과 같다. 〈그림 5-53〉은 1925년과 1970년의 개시일(開市日)과 인구를 나타낸 것으로 1925년과 1970년의 충청남도의 정기시수는 각각 81개, 114개로 지난 45년 동안에 전통적

각 두 점을 연결한 선분의 수직 이등분선이 만든 凸모양의 다각형이다. 티이센 다각형으로 평면을 분할한 것을 티이센 분할이라 한다. 그 결과 평면상의 점들은 외곽에 있는 것 이외에 각각 하나의 티이센 다각형을 가지고 있다. 따라서 다각형 내의 어떤 위치에서도 점들 중에서 가장 가까운 점은 그 다각형의 내부에 있는 점이다.

<그림 5-54> 시장연결과 시장순환(1925년)

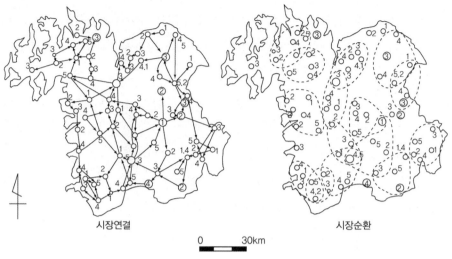

시장연결

시장순환

0   30km

주: 지도와 원 안의 숫자는 개시일을 나타냄.
자료: Park(1981: 118).

<그림 5-55> 순회행상인과 이동상인의 시장방문 형태

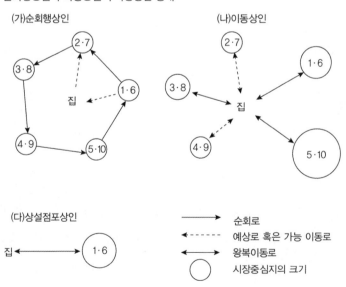

(가)순회행상인

(나)이동상인

(다)상설점포상인

→ 순회로
◄----- 예상로 혹은 가능 이동로
◄──► 왕복이동로
○ 시장중심지의 크기

자료: Park(1981: 125).

인 소농경제에서 발달된 시장경제로 급속한 변모를 겪었으며 1970년에 증가된 정기시는 기존 정기시들의 중간에 입지했다. 1925년 당시 정기시의 시장연결과 순환(market connectivity and cycle)을 보면, 〈그림 5-54〉로 충청남도가 15개의 시장순환을 갖고 있는데 이것은 상인들이 시장을 방문하는 데 가장 편리하도록 된 것이며 시장은 시공간적으로 적절히 분배된 것이다. 이와 같은 시장순환은 1925년 당시에는 〈그림 5-55〉의 (가)와 같이 소규모의 상거래를 하고 물물교환을 행했으며, 시장달력(market calendar)에 의해 정기시를 이동해 다니다가 시장순환이 끝나면 귀가하는 순회 행상인(itinerant trader)이었다. 1975년에는 교통의 발달, 상업규모의 확대, 경제규모의 확대에 의해 〈그림 5-55〉의 (나)와 같이 집을 기점으로 매일매일 정기시를 통근하는 사업가로서의 이동상인(travelling merchant)에 의한 시장순환으로 변모했는데 이 이동상인은 결국 특정 정기시에 위치한 상설점포의 상인이 될 것이다(〈그림 5-55〉의 다).

베리는 자급자족적 경향이 강한 소농사회의 정기시에 대해 시장권의 인구가 적고 상설시를 유지하기에 충분한 수요가 없을 경우 상인은 정기적으로 몇 군데의 지역을 순회하는데, 개시회수의 다소에 따라 표준시장, 중급시장, 중심시장의 3계층으로 나누어 최고의 중심시장은 교통의 요지에 입지하고 도매기능도 겸하며 저차 시장에 재화를 공급한다고 지적했다. 또 조지(P. George)는 농촌의 소비시장 체계를 순회배급망(巡廻配給網)이라 불렀다. 이 시장권도 상권이나 근대적인 도시를 중심으로 한 상권에 비해 최소요구인구(threshold population)가 적은 것뿐이다. 호더는 서아프리카와 유럽의 시장을 대비하고 정기시 → 상설시 → 소매시·전문도매시장의 형성과정을 제시했다.

5) 대시

대시(大市)는 정기시와 기본적인 차이를 보이는데, 중요한 차이점은 대시의 경우 한 주기가 현저하게 커 개시가 1년에 1회 내지 수회란 점이다. 앨릭스(A. Allix)는 유럽을 사례로 대시를 일반상품 대시(commodity fair)와 가축 대시(livestock fair)가 대표적인 전문상품 대시(speciality fair), 견본시(sample fair), 제례시로 분류했다.

〈사진 5-2〉 제례시가 개시되는 일본 도쿄 아사쿠사(淺草)(2005년)

　일반상품 대시는 원거리 교역상인 상호 간의 상거래 장소로서 사치품을 포함한 각종 상품의 도매시로서의 성격을 갖고 있으며 중세 유럽에서 성했다. 전문상품 대시는 한정된 상품의 소매시나 특정 생산물의 집하시로 일반상품 대시에 비해 유럽이나 일본에서 늦게까지 남아 있었던 유형이다. 우마나 농기구 등 수요빈도가 낮은 상품의 소매나 알프스 북방의 가축시가 이목의 계절성에 대응한 집하시가 된 것처럼 농축산물의 계절성이 비교적 늦게까지 남아 있었던 이유이다. 견본시는 일반상품 대시가 신용의 발달로 특수화된 것으로 19세기 이후 국제적 상거래의 특수한 형태이다. 제례시는 제례를 위해 교회, 사원, 신사(神社) 등 사람이 모이는 곳에 발생하며, 오락적 색채가 강하고 음식점, 기념품점이 중요한 비중을 차지한다(〈사진 5-2〉). 이상에서 대시는 사치품을 취급하고 오락적 요소가 강하며 상거래 양이 많고 도매를 주로 하며 원거리 교역을 지향한다는 것을 알 수 있다.

6) 정기시 중심지 모델

크리스탈러나 뢰쉬의 중심지 모델은 중심지에 입지하는 사업소가 재화나 서비스를 공급하는 공간적 시스템을 설명하는 모델이다. 그런데 이것에는 큰 전제가 있는데, 중심지의 주변에 충분한 수요가 존재한다는 점, 즉 최소요구값의 조건을 만족한다는 것이 모델의 출발점이 된다. 이러한 조건은 선진국에서는 만족하기 쉬우나 개발도상국이나 지방에서는 반드시 만족되지 않는다. 재화의 도달범위 상한이 최소요구값의 공간적 범위를 하회하는 것은 사업소가 적정한 이윤을 올리지 못하기 때문이다. 이러한 경우 사업자는 농업 등의 부업을 영위하면서 시간을 정해 상행위를 행하든지 아니면 고객을 찾아 이동하면서 영업함으로써 판매액을 올릴 수 있다.

후자와 같은 경우 상품이나 필요한 도구를 갖고 이동하는 상인을 이동상인이라 부른다. 이들 이동상인은 어떤 주기에 따라 정기적으로 도시나 농촌의 취락을 방문하고, 거기서 영업활동을 한다. 이러한 경우 상인들의 시공간적 이동의 모습을 중심지 모델로 설명할 수가 있다. 무엇보다 이동상인의 행동에 관한 실증적 연구에서 그들의 행동 패턴 또는 정기시의 개시 패턴이 크리스탈러의 중심지 모델과 유사한 점을 많이 가지고 있다는 것이 밝혀졌다. 이 때문에 중심지 모델의 이론적 발전 또는 응용의 하나로서 정기시 중심지 모델을 생각할 수 있다.

이동상인이 순회하면서 방문하는 취락은 그 지역의 자연·인문조건에 따라 공간적 분포가 규정된다. 그러나 제1차 산업을 경제 기반으로는 하는 지역이 많기 때문에 정삼각형 격자상의 이론적 패턴에 가까운 분포가 존재하기 쉽다. 이 때문에 크리스탈러의 K=3, 4, 7 시스템을 사용해 이동상인의 순회 패턴을 설명할 수 있다. 여기에서 중요한 것은 공간적으로 가까운 위치관계에 있는 취락으로는 될 수 있는 한 시간을 두고 방문하는 것을 원칙으로 한다. 인접한 취락의 개시일이 중첩되지 않도록 하는 것은 잠재적 수요를 효율적으로 흡수하기 위한 것과 관련이 있기 때문이다. 다만, 어떤 취락에서는 정기시 개시일의 간격이 경제적·사회적·문화적 조건으로 좌우된다. 이 때문에 그 지역의 상황에 대응해 각각 고유의 중심지 시스템에 따라 순회 패턴이 채택된다.

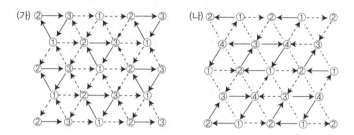

〈그림 5-56〉 K=3 체계(가)와 K=4 체계(나)에서 이동상인의 순회 패턴

주: 파선의 연결을 밖으로 하면 폐쇄체계가 된다. 1점 쇄선은 미이용 연결.
자료: 林上(1991b: 166).

〈그림 5-57〉 K=7 체계에서 이동상인 순회 패턴

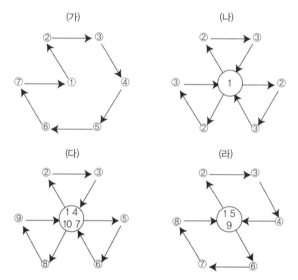

자료: 林上(1991b: 166).

〈그림 5-56〉은 K=3, K=4의 각 중심지 시스템에서 이동상인이 순회하는 패턴을 나타낸 것이다. 먼저 K=3의 경우 우선 취락이 상호 연결되어 있는 개방 시스템을 상정한다면, 상인은 번호의 순서에 따라 어디든지 출시하는 것이 가능하다. 이것과 반대로 폐쇄 시스템을 상정하면, 똑같은 삼각형의 정점을 반복해 순회하게 된다. 각 취락으로는

2일을 걸러서 상인이 방문하기 때문에 예를 들면 '1 - 4 - 7 - 10 - 13…'의 날, 또는 '2 - 5 - 8 - 11 - 14…'의 날 등에 정기시가 개시된다. 똑같이 K=4 시스템일 경우는 개방 시스템일 때도 직진할 수 있는 이동경로는 없다. 또 개시일 간격은 3일이 되기 때문에 한 달 중 개시되는 정기시의 총수는 K=3 경우보다 적게 된다.

한편 K=7의 폐쇄 시스템에서 순회 패턴을 나타낸 것이 〈그림 5-57〉과 같이 이 경우는 순회경로로서 몇 개의 유형을 생각할 수 있다. 각 유형의 중심에 위치한 취락은 그 주변 취락에 비해 개시 수가 많다. 이것은 이들 중심부에 있는 취락의 인구가 많기 때문에 그 수요를 만족시키기 위함이다. 여기에서는 중심지 시스템의 계층성에 대해서는 고려하지 않았지만 재화나 서비스의 수준과 취락 수준의 사이에는 대응관계가 있기 때문에 이것을 나타낸 순회 패턴보다 한층 더 큰 순회 패턴도 생각할 수 있다. 그러한 경우 이 그림의 중심부에 수준이 높은 취락은 큰 순회이동 지점의 하나가 된다.

7) 도시의 아파트 단지 내 신정기시

(1) 도시의 신정기시 등장

소농사회의 농촌지역 정기시가 인구감소로 구매자가 점점 줄어들어 날로 쇠퇴해 가고 있는데 대해 도시는 인구가 증가해 각종 상품의 수요가 증대되고, 구매력 또한 농촌지역에 비해 커서[36] 새로운 유통업태인 신정기시(new periodic market)가 등장했다. 이 신정기시는 종래 종교의 영향을 받은 지역에서는 주시가 개시되었다는 점과 과거 도시에 존립했다가 상설시장화된 정기시가 소비자가 집중한 새로운 지역에서 재생되었다는 점에서 이렇게 부르기로 한다.

신정기시의 유형은 개시되는 장소에 따라 특정 요일에 도시 주변 지역의 새로운 택지개발지 도로변에 개시되는 유형, 또 아파트 단지 내에서 개시되는 유형, 그리고 중고

---

36) 2004년 도시 근로자 가구 월 평균소득이 311만 3362원이고, 농가 월 평균소득은 241만 6711원이다(통계청(http://kosis.nso.go.kr, 최종열람일: 2006년 6월 10일).

품과 골동품을 거래하기 위해 생겨난 서양의 벼룩시장(flea market)과 같이 일주일에 한 번 개시되는 광주(光州)시의 중고품시장과 같은 개미시장의 세 가지 유형으로 나눌 수 있다.[37] 특정 요일의 대로(大路) 양쪽 인도 또는 이면도로 및 광장에서 노점으로 개시되는 유형은 상설시장의 형성이 이루어지지 않는 지역에서 개시되는 것이다. 또 대규모 아파트 단지의 입구에서 상행위를 해 주민의 민원이 제기됨에 따라 개시장소를 몇 번씩 옮기면서 민원을 해소하는 수단으로 아파트 단지 내에 개시되는 유형은 일주일을 주기로 개시되고 있다. 이러한 아파트 단지 내의 신정기시는 농촌지역 정기시가 모체로 1990년대 중반부터 알뜰장으로 시작해 1998년 IMF구제금융 이후 상점 수가 많아졌으며, 비공식 부문(informal sector)[38]에 속하는 생계형 소상인 집단으로 등장했고, 체계적인 관리가 필요해 아파트 부녀회와 관리사무소에서 자릿세를 걷고 입점 상인의 수를 제한함에 따라 정착하게 되었다.

신정기시는 종래의 소농사회 정기시 입지가 공급자와 소비자가 특정한 날짜에 특정한 지역에서 상거래가 이루어졌던 것과 같이 소비자가 밀집 거주하는 도시에서 판매와 구매행위가 이루어지는 특징을 가진다. 이와 같은 소농사회의 정기시와 도시의 신정기시와의 주요한 공통점과 차이점으로 비교해보면 다음과 같다. 공통점으로 첫째, 시장세의 징수단체는 다르나 모두 징수한다는 점이다. 둘째, 주로 편의재화를 취급한다는 점 등이다. 그러나 차이점을 보면, 먼저 개·폐시간에서 개시시간은 소농사회의 정기시가 7~8시 사이인데 비해 신정기시는 9시경이며, 폐장시간도 소농사회의 정기시는 18~19시 사이인데 대해 신정기시는 22시까지 개시한다. 둘째, 소농사회 정기시의 상인은 농민과 이동상인으로 구성되어 있었는데, 신정기시는 이동상인이 대부분이다. 셋째, 소농사회 정기시의 개시일은 태음월의 영향으로 5일을 주기로 했으나 신정기시의

---

37) 농업협동조합에서 운영하는 금요장은 농민의 소득증대와 도시지역 소비자에게 신선하고 저렴한 농산물을 직접 거래하는 것으로 농수산물의 수요가 많은 주말 가까이에 농협내의 공간에서 열리는 것으로 농협이 주관하므로 순회망이 형성되어 있지 않는 것이라 신정기시라 할 수 없다.

38) 공식 경제부문과 달리 과세되지 않고, 어떠한 정부기관의 간섭을 받지 않고 국민총생산(GNP) 통계에도 나타나지 않는 경제부문을 말한다.

주기는 7일이다. 넷째, 소농사회의 정기시 소비자는 농민이 대부분이었으나 신정기시의 소비자는 도시 근로자가 대부분인 점 등이 있다. 그리고 종래 태음월의 영향을 받은 한국 농촌지역의 정기시는 산업사회가 되면서 양력의 사용이 많아지고 주민들의 생활이 일주일 단위로 이루어지는 경우가 많아졌기 때문에 신정기시도 이에 영향을 받아 한국의 신정기시는 주시(週市)에 속한다.

여기에서 주시의 주기와 시간적 배치에 대한 종래의 연구를 보면, 먼저 주기에 대한 연구로 이슬람교의 영향을 받지 않은 지역인 아프리카 가나 남부의 정기시가 7일 주기라고 밝힌 파거룬드와 스미스(V. G. Fagerlund and R. H. T. Smith)의 연구에서 종교의 영향이 정기시 주기에 영향을 미치지 않는다는 점이 밝혀졌다. 다음으로 주시의 시간적 배치에 대해 각 요일에 정기시가 균등하게 배치되어 있다는 점을 인도 서벵골(West Bengal) 주 미드나푸르(Midnapur) 지구를 대상으로 밝힌 이시하라(石原潤)의 연구가 있다. 또 힐(P. Hill)과 스미스는 북부 나이지리아 상아해안, 남부 가나 등의 지역에서 주시의 요일 배치가 균등하게 배치되어 있는가 하면 그렇지 않은 지역도 존재한다는 점을 밝혔는데, 특히 이슬람교를 믿는 북부 나이지리아에서는 금요일에 정기시가 집중적으로 개시된다는 점이 파악되었다. 특정 요일의 정기시 개시는 이슬람교를 믿는 지역의 경우는 금요일, 유대교는 토요일, 그리스도교는 일요일인 경우가 많은데 이들 요일은 모두 안식일이다. 시만스키(R. Symanski)는 이렇게 정기시가 많이 개시되는 날 또는 거래량이 많고 먼 곳의 구매자가 모여 큰 시장이 개시되는 날을 대시일(major market day)이라 부르고, 새롭게 추가로 발생했으나 중요성이 낮은 개시일을 소시일(minor market day)이라 불렀다. 그리고 그는 특정한 날이 그 밖의 다른 날보다 개시일로서 중요하다는 것을 대시일 가설(major market hypothesis), 대시일과 대시일 사이에 개시되는 개시일을 소시일 가설이라고 했다. 다만 그리스도교를 믿는 지역의 경우 안식일의 종교적 분위기를 해친다고 교회 측이 항의해 종종 일요시를 폐지하는 곳도 있다.

(2) 아파트 단지 내 신정기시의 장단점과 지역적 분포
청주시지역 아파트 단지 내 신정기시의 이동상인 대부분은 오전 9시~9시 30분 사이

〈표 5-16〉 개·폐장시간과 성시시간

개장시간	09:00		09:30		10:00	계
상인 수	14		11		1	26
비율(%)	53.9		42.3		3.8	100.0

폐장시간	20:00	20:30	21:00	21:30	22:00	계
상인 수	9	2	10	2	2	25
비율(%)	36.0	8.0	40.0	8.0	8.0	100.0

성시시간	11:00~13:00	14:00~17:00	16:00~18:00	16:00~19:00	17:00~19:00	계
상인 수	2	11	17	5	22	57
비율(%)	3.5	19.3	29.8	8.8	38.6	100.0

자료: 한주성(2006: 345).

에 개장하고, 많은 상인이 20~21시 사이에 폐장하는데, 판매상품에 따른 개·폐장시간의 특징은 나타나지 않고 아파트 단지에 따라 특징이 나타난다. 아파트 단지 주민의 생활이 농민의 생활시간과 달라 구매시간이 늦게까지 나타나므로 폐장시간도 늦어 농촌지역 정기시와 다른 특징을 나타내는 것이다. 그리고 성시시간대도 17~19시 사이의 비율이 높아 저녁식사 준비를 위한 시간대에 가장 구매를 많이 한다(〈표 5-16〉).

청주시지역 아파트 단지 내 신정기시의 일일 고객 수는 날씨와 계절 및 업종에 따라 다른데, 생선과 채소점 및 계란·떡·핫도그·자장면점은 200~300명으로 가장 많고, 과일류와 과자류인 뻥튀기점은 100명 정도, 김 판매점은 70~80명, 분식점은 50~70명, 젓갈류는 20~60명, 아동복은 50~60명, 성인복점은 30명 정도의 순으로, 편의재보다 선매재의 고객수가 적다. 아파트 단지 내 신정기시의 이용료는 이동상인 한 명당 하루 2만 원이 대부분이며, 시장에 나오지 않는 날에는 상품을 구매하든지 휴식을 취하는 경우가 대부분이다.

아파트 단지 내 신정기시의 장점은 '상품의 직접거래로 가격이 저렴하고 질도 좋다'와 '소비자와 거리상 가깝고 고객을 찾아다님'이 출점상인의 1/4 이상을 차지하고, 그 다음으로는, '보증금, 인건비의 절약으로 상품가격이 싸다는 점', '그룹으로 장사를 하고 있어 외롭지 않고, 고객들에게 다양한 상품을 제공할 수 있다는 점', '상설점포 구입

〈표 5-17〉 아파트 단지 내 신정기시의 장단점

			상인 수	비율(%)
장점	이동상인의 측면	소비자와 가깝고 고객을 찾아다님	11	27.5
		보증금·인건비 절약으로 상품가격이 쌈	6	15.0
		그룹으로 장사를 하고 있어 외롭지 않고, 고객들에게 다양한 상품을 제공	3	7.5
		상설점포 구입 시 점포를 매각하기가 어려우나 신정기시의 경우는 그렇지 않음	3	7.5
		창업비용이 적게 듦	1	2.5
		여러 가지 서비스를 제공할 수 있음	1	2.5
	소비자의 측면	직접거래로 가격이 저렴하고 상품의 질이 좋음	11	27.5
		원스톱 쇼핑이 가능함	3	7.5
		아파트 복지기금마련에 도움	1	2.5
	계		40	100.0
단점	이동상인의 측면	점포의 천막을 치고 걷는 것이 번거롭고, 새벽 일찍 상품을 구매하는 것이 힘이 듦	6	35.3
		날씨와 계절의 영향을 많이 받음	3	17.6
		자릿세가 비쌈	2	11.8
		상품의 질이 좋지 않을 경우의 책임감	2	11.8
		주차로 인한 장터의 확보 문제	1	5.9
		보기에 안 좋음	1	5.9
		점포 수가 많아 수익이 줄어듦	1	5.9
		개인시간 부족	1	5.9
	계		17	100.0

자료: 한주성(2006: 346).

시 점포를 매각하기 어려우나 신정기시의 경우는 그렇지 않음', '원스톱 쇼핑이 가능함'
이다. 그러므로 아파트 단지 내 신정기시 이동상인은 소자본의 비공식 부문에 해당되
며 상인 간의 인적 네트워크를 형성하고 소비자에게 원스톱 구매의 기회를 제공한다.
단점으로는 '점포의 천막을 치고 걷는 것이 번거롭고, 새벽 일찍 상품을 구매하는 것이
힘이 듦'이 가장 많고, 그다음으로는 '날씨와 계절의 영향을 많이 받음'과 '상품의 질이
좋지 않을 경우의 책임감'과 '자릿세가 비쌈'이어서 비공식 부문의 노점상 특징을 잘 반
영한다(〈표 5-17〉). 그리고 아파트 단지 내 신정기시의 문제점은 '상인을 신뢰 못하는 주
민의 불만과 손님과의 유대관계'와 '장터에 주민의 주차로 상행위를 못할 수 있는 경우'

〈표 5-18〉 신정기시가 개시되는 아파트 단지(2006년)

요일	대상 아파트 단지	개시 아파트 단지 수	조사 아파트 단지 수
월	영운동 태암 수정아파트, 복대동 대원아파트,* 가경동 주공아파트 2단지, 가경동 태암 수정아파트	4	2
화	금천동 현대아파트, 용암동 세원아파트, 용암동 태산 그린 아파트, 분평동 주공아파트 2단지, 분평동 대원아파트	5	4
수	영운동 강변뜨란채, 개신동 주공아파트 1단지, 복대동 영조아파트, 가경 주공아파트 3단지	4	1
목	용담동 부영 e그린아파트, 용암동 건영아파트, 용암동 부영 1차 아파트, 분평동 주공아파트 1단지, 분평동 주공아파트 3단지, 개신동 대우 푸르지오, 복대동 영조 아름다운 나날 1차 아파트	7	5
금	용암동 덕일마이빌, 분평동 현대대우아파트, 복대동 대원아파트, 복대동 현대 2차 아파트, 개신동 주공아파트 2단지	5	2
토	용암동 해누리아파트	1	1
	계	26	15

* 각 요일에 한 번씩 신정기시가 개시되지만 복대동 대원아파트(9개동 812가구)만은 두 번 개시된다는 점과, 또 목요일에 아파트 신정기시가 많이 개시된다는 점이 특이한데, 이는 주 5일 근무제로 주말이 가까워 재화를 많이 구입하기 때문이라고 본다.
주: 굵은 글씨는 조사 아파트 단지임.
자료: 한주성(2006: 344).

등이다.

(3) 아파트 단지 내 신정기시의 입지

2006년 2월 23일부터 5월 4일 사이에 청주시지역 아파트 단지 내에 출시하는 이동 상인과 아파트 단지 관리사무소 관계자와의 인터뷰 조사에 의하면, 신정기시가 개시되는 단지는 26개 단지로 이 중 15개 아파트 단지를 연구대상으로 했다(〈표 5-18〉, 〈그림 5-58〉).[39] 청주시지역의 아파트 단지 내 신정기시는 주로 남동부와 남부 및 남서부의 새로 개발된 주택 지구에 분포하는데, 그 개시연도는 상당구 용암동 부영 1차 아파트가 1996년으로 가장 빨랐고, 그다음으로 흥덕구 분평동 주공 2·3단지 아파트가 1998년에 열렸으며, 그다음으로 2000년에 여섯 곳, 2003년과 2004년에 각각 세 곳, 2001년에 두

---

39) 연구대상 아파트 단지는 아파트 신정기시가 개시되는 동별 아파트 단지 수에 거의 비례하게끔 무작위로 추출하여 선정했다.

<그림 5-58> 신정기시가 개시되는 아파트 단지의 분포

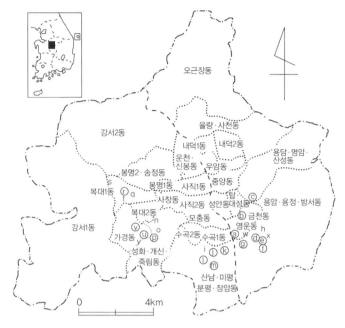

주 1: a - 영운동 강변뜨란채(개시요일: 수), b - 금천동 현대아파트(화), c - 용담동 부영 e그린아파트(목), d - 용암동 해누리아파트
(토), e - 용암동 세원아파트(화), f - 용암동 부영 1차 아파트(목), g - 용암동 건영아파트(목), h - 용암동 덕일마이빌(금), i - 분
평동 주공아파트 1단지(목), j - 분평동 주공아파트 2단지(화), k - 분평동 주공아파트 3단지(목), l - 분평동 현대대우아파트
(금), m - 분평동 대원아파트(화), n - 개신동 주공아파트 1단지(수), o - 개신동 주공아파트 2단지(금), p - 개신동 대우푸르지
오(목), q - 복대동 대원아파트(월·금), r - 복대동 현대 2차 아파트(금), s - 복대동 영조 아름다운 나날 1차 아파트(목), t - 복대
동 영조아파트(수), u - 가경동 주공아파트 2단지(월), v - 가경동 태암 수정아파트(월), w - 영운동 태암 수정아파트(월), x - 용
암동 태산 그린 아파트(화), y - 가경동 주공아파트 3단지(수).
주 2: ○표는 조사 아파트 단지임.
자료: 한주성(2006: 344).

곳, 2005년과 2006년에 각각 한 곳이 개시되었다.

여기에서 아파트 단지 내 신정기시의 최대도달범위를 파악하는 대신으로 신정기시
가 개시되는 아파트의 평균 동 수와 가구 수를 보면, 약 10개 동으로 평균 920가구이나
인접한 아파트 단지의 가구 수와 합치면 이보다 훨씬 많다(<표 5-19>). 즉, 동 수나 가구
수가 평균보다 적은 아파트인 용담동 부영e그린 아파트의 경우 모두 380가구이지만
인접한 부영 9차 아파트(7개 동 569가구)와 세영체시빌(11개 동 568가구)의 주민도 구매할
수 있어 가구 수는 모두 1517가구가 된다. 또 용암동의 태산 그린아파트는 590가구이

<표 5-19> 신정기시 연구대상 아파트 단지의 동 수와 가구 수

구명	동명	아파트명	동 수	가구 수	준공연도
상당구	영운동	강변뜨란채	9	517	2005
		태암 수정 아파트	2	486	1995
	금천동	현대아파트	14	1,032	1991
	용담동	부영e그린 아파트	5	380	2003
	용암동	해누리아파트	7	1,140	1994
		세원아파트	12	1,530	1994
		부영 1차 아파트	11	976	1996
		건영 아파트	13	1,046	1999
		덕일마이빌	11	856	2003
		태산 그린아파트	5	590	1995
흥덕구	분평동	주공아파트 1단지	13	982	1997
		주공아파트 2단지	15	1,310	1997
		주공아파트 3단지	13	1,330	1997
		현대대우아파트	12	1,179	1999
		대원아파트	7	731	2000
	개신동	주공아파트 1단지	11	980	2000
		주공아파트 2단지	12	1,398	2001
		대우 푸르지오	9	920	2004
	복대동	대원아파트	9	812	1999
		현대 2차 아파트	14	1,464	2000
		영조 아름다운나날 1차 아파트	13	952	2003
		영조아파트	8	539	2004
	가경동	주공아파트 2단지	7	704	2002
		주공아파트 3단지	7	704	2003
		태암 수정 아파트	5	450	1997
계			244	23,008	

자료: 한주성(2006: 347).

지만 인접한 태암 소라아파트의 675가구를 합치면 모두 1265가구가 된다. 그리고 분평동 대원 아파트는 731가구이나 인접해 출입구를 공동으로 사용하는 주은프레지던트 아파트 620가구의 주민도 구매할 수 있어 1351가구가 된다. 그리고 복대동 영조아파트는 539가구이지만 인접한 삼일아파트의 478가구를 합치면 1017가구가 되며, 가경동 태암수정아파트의 경우는 450가구이지만 같은 블록에 입지한 동부아파트의 455가구

주민도 구매할 수 있어 가구 수는 905가구가 된다.

아파트 단지는 근린생활시설로 상점을 설치할 수 있는데, 그 연면적은 가구당 6m² 미만으로 연면적 500m²까지로 할 수 있다(주택건설기준 등에 관한 규정 제50조). 이러한 상점의 규모로 아파트 단지 주민의 구매 욕구를 충분히 만족시키지 못해 아파트 단지 인접지역에 상가가 형성되어 주민들이 이용하기도 한다. 이러한 틈새를 파고든 새로운 업태가 아파트 단지 내 신정기시이다. 그래서 아파트 단지 내 신정기시가 개시되는 아파트 단지로부터 가까운 곳에 입지하는 상업시설인 재래시장과 대형마트 직선거리를 보면 〈표 5-20〉과 같다.

영운동과 금천동, 용담동 및 용암동의 아파트 단지 분포지역에는 재래시장이 분포하지 않는데, 청주시지역에서 가장 규모가 크고 1970년에 개설한 육거리시장[40]까지의 직선거리를 보면 1.1~2.8km의 범위에 있으며, 용암동에서 가장 가까운 분평동의 근린 재래시장인 원마루시장[41]인데 용암동 아파트 주민의 구매행위는 거의 없다고 할 수 있다. 한편 이 지역의 대형점의 경우는 가장 가까운 직선거리는 덕일마이빌의 경우 GS마트까지 576.27m이고 가장 먼 부영 e그린아파트의 경우 GS마트까지 1694m이다. 다음으로 분평동의 경우 주공 1·2·3단지 아파트, 현대대우아파트, 대원아파트에서 신정기시가 개시되는데, 분평동에 분포하는 재래시장인 원마루시장은 2000년에 개장되었다. 분평동 아파트 단지 분포지역에서 원마루시장까지의 직선거리는 397.61~712.35m이고, 대형점까지의 거리는 1420~1762m의 범위이다. 또 개신동의 아파트 단지 분포지역에서 재래시장인 가경복대시장까지의 거리는 1092~1310m이고, 대형점까지의 거리는 623.34~973.45m이다. 그리고 복대동의 아파트 단지 분포지역에서 재래시장인 하복대시장까지의 거리는 252.3~988.23m이고, 대형점까지의 거리는 851.17~1306m이다. 가

---

40) 육거리시장의 점포 수는 유점포점 900개, 노점상 600개이고, 영업장 면적은 3만m²로 판매하는 업종별 점포 수는 노점상을 포함해 농산물점이 44개, 의류점이 42개, 수산물점이 39개, 축산물점이 25개로 전체 점포 수의 약 40%가 농·수·축산물점이다.

41) 원마루시장의 점포 수는 110개, 영업장 면적은 5000m²이며, 판매하는 업종별 점포 수는 노점상을 포함해 음식점이 19개로 가장 많고, 그다음으로는 의류점이 11개로, 이들 두 업종의 점포구성비가 48.4%를 차지한다.

〈표 5-20〉 아파트 단지와 가장 가까운 재래시장 및 대형마트와의 직선거리

구명	동명	아파트명	가장 가까운 재래시장과 대형점	
			재래시장	대형점
상당구	영운동	강변 뜨란채	육거리시장 1,761m	농협하나로클럽 1,240m
		태암 수정아파트	육거리시장 1,610m	GS마트 1,092m
	금천동	현대 아파트	육거리시장 1,106m	GS마트 1,465m
	용담동	부영e그린 아파트	육거리시장 1,681m	GS마트 1694m
	용암동	해누리 아파트	육거리시장 2,250m	GS마트 859.08m
		세원 아파트	육거리시장 2,851m	농협하나로클럽 617.39m
		부영 1차 아파트	육거리시장 1,860m	GS마트 1,414m
		건영 아파트	육거리시장 2,101m	농협하나로클럽 876.02m
		덕일 마이빌	육거리시장 2,271m	GS마트 576.27m
		태산 그린아파트	육거리시장 2,481m	GS마트 896.0m
흥덕구	분평동	주공 1단지 아파트	원마루시장 712.35m	이마트 1,762m
		주공 2단지 아파트	원마루시장 560.73m	농협하나로클럽 1,609m
		주공 3단지 아파트	원마루시장 406.33m	농협하나로클럽 1,420m
		현대대우아파트	원마루시장 783.88m	이마트 1,553m
		대원 아파트	원마루시장 397.61m	농협하나로클럽 1,562m
	개신동	주공 1단지 아파트	복대가경시장 1,092m	홈플러스 973.45m
		주공 2단지 아파트	복대가경시장 1,295m	홈플러스 895.22m
		대우 푸르지오	복대가경시장 1,310m	홈플러스 623.34m
	복대동	대원 아파트	복대시장 988.23m	롯데마트 1,306m
		현대 2차 아파트	하복대시장 352.13m	롯데마트 1,173m
		영조 아름다운 나날 1차 아파트	하복대시장 601.86m	롯데마트 851.17m
		영조아파트	하복대시장 252.3m	롯데마트 1,290m
	가경동	주공 2단지 아파트	가경터미널시장 1,264m	홈플러스 403.38m
		주공 3단지 아파트	가경터미널시장 1,629m	홈플러스 178.92m
		태암 수정아파트	복대가경시장 868.81m	홈플러스 791.09m

주: 거리의 측정은 http://www.nice114.co.kr에 의함(최종열람일: 2006년 6월 5일).
자료: 한주성(2006: 348).

경동 아파트 단지 분포지역에서 재래시장인 가경 터미널·복대가경시장까지의 거리는 868.81~1264m, 대형점까지의 거리는 403.38~791.09m까지로 아파트 단지 내 신정기 시가 개시되는 지역에서 재래시장과 대형마트까지의 평균거리는 각각 1237.54m, 1134.29m로 아파트 단지에서 약 1.2km 전후에 재래시장과 대형점이 분포하고 있다.

〈그림 5-59〉 청주시 아파트 단지 내의 점포배치

흥덕구 분평동 주공 2단지 아파트 단지 내 신정기시 점포배치

		도넛	화훼류	의류	떡볶이	잡곡	의류	신발

도넛, 칼국수, 떡, 어묵	침구류	모자 양말	만두		액세 서리	뻥튀기	과일	채소	생선

흥덕구 분평동 대원아파트 단지 내 신정기시 점포배치

뻥튀기	만두·찐빵	김	계란·떡류· 콩나물·자장면	채소	과일	생선

		떡볶이

화장지·침구류	신발	관리 사무소

자료: 한주성(2006: 351).

이와 같이 신정기시가 개시되는 아파트 단지에서 머지 않은 곳에 다양하고 많은 상품을 구매할 수 있는 상업시설들이 분포하고 있는데도 불구하고 아파트 신정기시는 소비자의 문전에서 재화를 편리하게 구매할 수 있도록 서비스를 제공하는 틈새시장으로 소비자 중심 상업으로서 입지의 존립가치를 가지게 되었다.

다음으로 아파트 단지 내 신정기시의 점포의 배치를 보면, 유사한 상품의 경우 집적하기 보다는 혼재하는 경향을 보이고 있으며, 식료품과 다른 상품과의 배치가 분리되어 있다. 이러한 점은 농촌지역 정기시의 경우 유사한 상품을 판매하는 점포의 경우 집적을 하는 데 비해 점포 수가 적으므로 혼재하는 현상을 나타내고 있다(〈그림 5-59〉).

(4) 이동상인의 신정기시 이동

농촌지역 정기시의 이동상인이 출시하는 경우 시장의 선택은 시장의 규모와 경기, 운송비를 기초로 해 상인의 거주지, 거래상품, 친분관계 등의 요인을 고려해 행해진다. 그러나 아파트 단지 내 신정기시의 경우는 이동상인이 부녀회에 개별적으로 접촉하거나 이동상인이 지인이나 친인척을 통해 이동상인 그룹 대표에게 상의해서 입점하고 상

〈표 5-21〉 이동상인의 출시 유형

출시 신정기시						유형	상인 수	비율 (%)
월	화	수	목	금	토			
가경동 주공아파트 2단지	분평동 대원아파트	개신동 주공아파트 1단지	복대동 영조 아름다운 나날 1차 아파트	용암동 덕일마이빌	용암동 해누리아파트	A	18	18.6
대전시의 아파트	분평동 주공아파트 2단지	대전시의 아파트	대전시의 아파트	대전시의 아파트	쉼	B	5	5.1
대전시의 아파트	대전시의 아파트	대전시의 아파트	대전시의 아파트	복대동 현대 2차 아파트	쉼	C	5	5.1
천안시의 아파트	용암동 세원아파트	영운동 강변뜨란채	용담동 부영 e그린 아파트	청원군 내수읍	청원군 내수읍	D	4	4.1
가경동 주공아파트 2단지	용암동 세원아파트	복대동 영조아파트	복대동 영조 아름다운 나날 1차 아파트	복대동 대원아파트	쉼	E	3	3.1
가경동 태암 수정아파트	금천동 현대아파트	복대동 영조아파트	개신동 대우 푸르지오	분평동 현대대우아파트	용암동 해누리아파트*	F	3	3.1
가경동 태암 수정아파트	쉼	복대동 영조아파트	쉼	복대동 현대 2차 아파트	쉼	G	3	3.1
가경동 태암 수정아파트	금천동 현대아파트	복대동 영조아파트	개신동 대우 푸르지오	복대동 현대 2차 아파트	쉼	H	3	3.1
쉼	금천동 현대아파트	쉼	쉼	쉼	쉼	I	3	3.1
복대동 대원아파트	용암동 세원아파트	영운동 강변뜨란채	용담동 부영 e그린 아파트	복대동 대원아파트	쉼	J	3	3.1
기타							28	28.9
불명							19	19.6
계							97	100.0

* F유형의 토요일에 용암동 해누리아파트를 방문하는 상인은 한 명뿐임.
자료: 한주성(2006: 352).

〈그림 5-60〉 이동상인에 의한 아파트 단지 내 신정기시의 주요 시장순환 유형

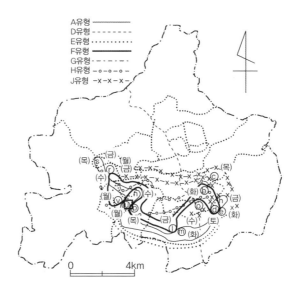

주: 기호는 〈그림 5-58〉과 같음. ○표는 조사대상 아파트 단지임.
자료: 한주성(2006: 343).

행위를 하게 된다. 이러한 신정기시의 출시는 아파트 주민 측으로 보아서는 질 좋은 상
품을 문전에서 저렴하게 구입할 수 있어 편의성을 도모하고 아파트 단지의 수입 증대
를 가져오게 하는 것이다.

2006년 청주시지역 아파트 단지 내 신정기시에 요일에 따라 출시하는 이동상인의
방문로를 조합하면 모두 38개로 이 가운데 주요한 유형은 열 개였다(〈표 5-21〉). 이동상
인 중 5일 동안 가경동 주공아파트 2단지 → 분평동 대원아파트 → 개신동 주공아파트
1단지 → 복대동 영조 아름다운 나날 1차 아파트 → 용암동 덕일마이빌 → 용암동 해누
리아파트[42]의 다섯 개 신정기시를 방문하는 상인이 가장 많았다. 그리고 대전시의 아
파트 단지 내 신정기시를 방문하면서 특정한 요일에 청주시 분평동 주공아파트 2단지
와 복대동 현대 2차 아파트를 방문하는 상인이 각각 다섯 명이었다. 그다음으로는 천

---

42) 토요일 용암동 해누리아파트에 출시하는 이동상인은 세 명뿐이다.

〈그림 5-61〉 이동상인에 의한 아파트 단지 내 신정기시 간의 지역 간 결합

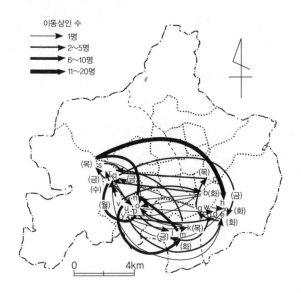

주 1: a - (수), d - (토), g - (목), n - (수), o - (금), p - (목), u - (월), y - (수), w - (월).
주 2: 기호는 〈그림 5-58〉과 같음.
자료: 한주성(2006: 343).

〈그림 5-62〉 이동상인의 출시 모형

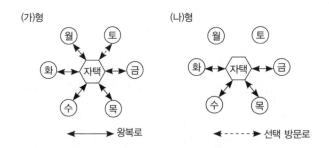

자료: 한주성(2006: 353).

안시의 아파트 단지 내 신정기시 방문 → 용암동 세원아파트 → 영운동 강변뜨란채 → 용담동 부영 e그린아파트 → 청원군 내수읍의 정기시[43]를 방문하는 유형으로 전체 이동상인의 순이었다. 나머지 여섯 개는 1~5개의 아파트 단지 내 신정기시를 방문하는

유형으로 이동상인이 적은 편이었다.

다음으로 세 개 이상(B·C·I유형은 제외)의 아파트 단지 내 신정기시를 방문한 상인의 지역적 분포를 나타낸 것이 〈그림 5-60〉이다. 이동상인이 출시하는 아파트 단지 내 신정기시의 분포는 인접한 두세 개 동을 하나의 방문로로 조합시킨 유형과 좀 더 광역인 네 개 이상의 동을 방문로로 조합시킨 유형으로 나눌 수 있었다. 그리고 광역의 방문로를 나타내는 경우 청주시의 남동부와 남부 및 남서부지역을 조합시키는 이동상인 방문로 유형과 남동부와 남서부지역을 조합시키는 방문로의 유형이 존재하는 것을 알 수 있었다.

〈그림 5-61〉은 이동상인이 두 개 이상에 출시한 아파트 단지 내 신정기시 선택 조합에서 본 지역 간 결합을 나타낸 것이다. 가경동 주공아파트 2단지(u)에 참가한 후 분평동 대원아파트(m) → 개신동 주공아파트 1단지(n) → 복대동 아름다운 나날 1차 아파트(s) → 용암동 덕일마이빌(h)에 참가한 상인이 가장 많아 청주시 남서부와 남부 및 남동부지역에 분포한 아파트 신정기시와의 지역 간 결합이 강하다는 것을 알 수 있었다.

〈그림 5-62〉는 이동상인의 출시 패턴을 모델화한 것이다. 이동상인 82명 중 (가)형과 같이 다섯 개의 신정기시를 방문한 상인은 70명으로 대부분을 차지해 가장 많았는데, 이 가운데 토요일에 선택방문을 하는 이동상인은 열 명이었다. 그리고 (나)형의 4일만 방문하는 상인은 두 명에 불과했다. (가)형과 (나)형의 이동상인은 거주지를 중심으로 인접한 신정기시에 출점하는 형태로, 대부분 전업 이동상인이고, 신정기시에 출점하지 않는 날에는 쉬거나 상품을 구입한다. 따라서 농촌지역 정기시에서 다섯 개 정기시에 모두 출시하는 유형과 두 개에서 네 개 정기시에 출시하는 유형, 현지 주민이 하나의 정기시에만 출시해 정기시에 농산물을 판매하고, 또 동시에 그들이 정기시를 이용하는 소비자이기도 한 내용과는 다른 특징을 나타냈다.

---

43) 내수 정기시는 1979년경에 폐시되었다가 1997년 3월 5일에 부활해 5·10일에 개시되고 있다.

4. 지대에 의한 소매업 입지

1) 소매업의 지대와 입지

스미스(A. Smith)는 가치란 특정 대상의 효용을 나타내는 사용가치와 재화에 대한 구매력을 나타내는 교환가치의 두 가지 다른 의미를 가지고 있다고 했다. 토지의 경제적 가치를 생각할 때 이 구분은 중요한 인식의 출발점이 된다. 일반적으로 지가는 매매를 전제로 한 토지의 교환가치를 화폐로 측정한 것을 가리킨다. 한편 지대는 농업이나 그 밖의 산업이 토지에 생산재를 투입해 얻는 순수익을 의미하는 경우와 그 일부가 토지 소유자의 손으로 넘어간 임대료를 의미하는 경우도 있다. 전자는 토지의 사용가치를 나타내지만, 후자는 토지의 교환가치에 속한다고 할 수 있다. 경제활동과 더불어 순수익인 토지지대는 소유관계에 불문하고 나타나지만, 토지의 소유자와 사용자가 일치할 때는 임대지대는 뚜렷하게 존재하지 않는다. 여기에서 위치에 바탕을 둔 토지생산성의 차이에 초점을 두고 사용가치의 의미를 사용하기로 한다.

지대는 토지의 경제적 이용에 의해 얻는 수익에서 필요한 비용을 공제한 것이고, 본래 그 계산은 개별 경영 내용에서 복잡한 조사가 필요하다. 지대의 지역차를 나타나게 하는 요인은 비용과 수입의 두 가지 측면에서 생각할 수 있다. 비용에는 점포의 건립이나 유지를 하는 데 있어서 입지한 지점에 고유의 사정으로 비용이 필요하게 된다. 또 상품의 구입처로부터 점포까지 수송비도 입지론적으로는 중요한 의미를 갖고 있다. 그러나 도시 내에서 소매업의 입지에는 보통 이러한 비용(종업원 수 등)의 최소화보다 오히려 판매수익(연간 판매액 등)의 극대화 원리가 훨씬 강하게 작용한다.

2) 상업지대의 형성원리

도시의 지대 형성 메커니즘 연구는 1950년대부터 크게 발달한 도시경제학 분야에서 많이 이루어졌다. 이 접근방법에는 거의 예외가 없이 튀넨의 고립국 이론이 등장해 농업적 토지이용을 도시적 토지이용에, 수도를 도심으로 간주해 고찰했다. 도시에 입지하는 여러 가지 경제적 기능에 따라 지대 값이 경쟁을 한 결과 각각의 지대 부담력에 의해 도심에서 가까운 순으로 상업, 공업, 주택이 배열되는 동심원적인 토지이용의 패턴이 성립된다. 이러한 지대 구배의 사고는 상업지 내부의 미시적 토지이용에 응용되어 스콧은 소매업의 지대 값의 차이가 업종별 점포배치를 결정한다고 생각했다.

이러한 도시적 토지이용의 지대에 대해 튀넨 모델의 소박한 확대 적용에 비판적인 입장을 가진 체임벌린(E. H. Chamberlin)은 상업지대가 시장의 공간적 독점에 유래된다는 점을 강조했다. 농업용지는 항상 시장에 대해 언제나 일정한 거리를 유지하고 있고, 농업지대는 이 시장에 가까운가, 먼가에 따라 결정되지만, 상업용지는 항상 주위에 시장을 같이 하고 있고, 상업지대는 시장의 규모와 성질에 따라 정해진다고 했다. 만약 구매자가 시가지 전역에 걸쳐 고르게 분포한다면 어떤 상업용지도 소매 경영업체에게는 유리한 점이 같으며 지대의 차이는 생기지 않는다. 물론 실제로는 구매자의 공간적 분포가 양적으로 질적으로도 랜덤(random)적으로 분포해 각 경영업체는 입지에 따라 자기 상품의 가치를 조정하고, 이윤의 최대화를 목표로 하고 있다. 지대는 이러한 입지결정이나 가격정책에 따라 변화하는 이윤의 다소를 반영하는 것이다. 이러한 체임벌린의 주장은 한편으로 시장지역을 입지의 기반에 둔 중심지 이론과 상통하지만 지대발생의 원인을 시장의 다양성에서 구하는 관점의 논의를 추상적인 공간차원에 한정시킨 연역적 모델이라는 비현실성을 날카롭게 지적했다고 말할 수 있다.

3) 지대이론에 의한 업종별 입지분화

도시 내지 상업지구는 여러 종류의 재화, 서비스를 제공하는 기능이 다양한 곳에 입지한다. 통상 이러한 업종의 차이를 바탕으로 각종 기능입지를 설명하는 데는 지대이론을 이용한다.

〈그림 5-63〉에서 접근성이 큰 중심 O는 모든 상점에게 경영상 가장 유리한 지점이며 이곳에서 멀어질수록 상점의 이익(판매액)은 낮아지게 된다. 또 개개의 업종에 따라

각 지점에서의 지대 지불능력[44]은 다르며 업종별로 각 지점에서 지불하는 최고 지대액을 연결한 지대 경사곡선(bid rent curve)은 개개 업종에 따라 달라 구심적 업종일수록 그 구배가 크다. 그 결과 각 지점에서 최고의 지대액을 지불하는 업종이 그 지점을 차지하게 된다. 〈그림 5-63〉에서 구체적인 상점의 입지를 보면 중심(OA)에는 백화점, 잡화점 등의 종합소매점이 입지하고, 순차로 숙녀복점, 구두점, 보석점이 나타나며 중심에서 가장 먼 위치에 일용품점, 식료품점 등의 기초적인 재화를 판매하는 상점이 입지하게 된다. 이러한 소매점의 입지 패턴은 실제로 많은 상업지구나 상점가 내부의 점포 배치에서 전형적으로 볼 수 있으며, 일반적으로 중심으로 향할수록 선택적인 재화를 취급하는 점포가 즐비하며 이들 점포의 상권은 넓은 것이 특징이다.

다음으로 중심지 내부의 기능배치를 지대이론에 의해 구축한 가너(B. J. Garner) 모델을 보면(〈그림 5-64〉) 지대 경사곡선에 의해 설명된다. 즉, 지역중심지의 경우 최소요구값이 큰 지역적 차원(regional level)의 기능이 중심부에 입지하고 순차로 공동체 차원(community level), 근린 차원(neighbourhood level)의 기능이 바깥쪽에 입지를 한다. 이것은 중심부에서 바깥쪽으로 갈수록 상위 차원의 기능에서 하위 차원의 기능이 동심원상

〈그림 5-63〉 지대(地代) 경사곡선과 소매상점의 입지

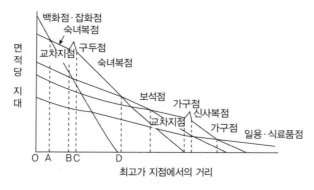

자료: Scott(1970: 16).

---

44) 단위 면적당 초과이윤의 많고 적음을 말한다.

〈그림 5-64〉 중심지 내부의 기능분화

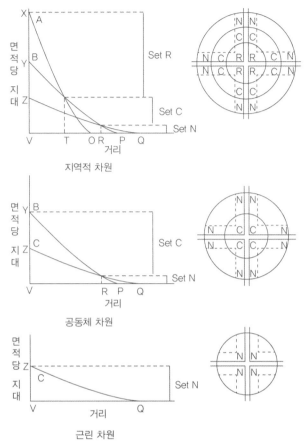

주: R - 지역, C - 공동체, N - 근린.
자료: Davies(1976: 130).

으로 입지한다는 것을 의미한다. 지역적 차원의 집적지에는 도심에 입지하는 백화점
의 지점, 전문적인 상품을 공급하는 점포 등이 나타난다. 도시의 발달로 교외에서 도심
에 이르는 접근성은 상대적으로 낮아지는 경향이 있다. 이 때문에 교외보다 가까운 지
역 센터가 도심기능의 일부를 담당하게 되었다. 공동체 차원의 센터에서는 의료품, 가
구, 보석, 생화를 위시해 지역 센터에 비해 다소 전문화 수준이 낮은 상품이 공급된다.
나아가 근린 차원의 센터에서는 슈퍼마켓이 중핵적인 점포가 되고 청과물, 빵, 과자 등

을 판매하는 점포가 입지한다.

5. 소비자 행동에서 본 소매업의 입지

소매업 입지에 대한 소비자 행동관점에서의 고찰은 1960년대 중반부터 상업지리학에서 하나의 중요한 과제가 되었다. 이와 더불어 많은 연구 성과가 보고되었는데, 특히 주목할 만한 것은 윌슨(A. G. Wilson)의 엔트로피(entropy)[45] 이론의 상업지리학적 문제로의 적용이다. 거기에는 소비자·경영자 쌍방의 요구, 다시 말하면 수요와 공급을 통합한 식 (1)과 같은 구매행동 모델이 구축되었다.

$$T_{ij} = \frac{O_i\, W_i^a \exp(-\beta c_{ij})}{\sum W_j^a \exp(-\beta c_{ij})} \quad \cdots\cdots (1)$$

단, T_{ij}는 지구 i에서 지구 j를 방문하는 구매행동 통행 수, O_i는 지구 i에서 발생하는 구매행동 총수, W_j는 지구 j의 소매업 매장면적, c_{ij}는 지구 i와 지구 j간의 거리, a는 경제규모 매개변수, β는 거리조락 매개변수, W_j^a는 일반적인 흡인 매력도이다.

그런데 이 식에 대해 지구 j를 상정한 경우 지구 j에 흡수된 구매통행 총수 D_j는 지구 j에 대해 일부 소비자의 수요량이라고 볼 수 있다. 또 지구 j에서 단위 매장면적당 흡수 구매통행 수(구매 흡수밀도) k_j를 상정하면, $k_j \cdot W_j$는 지구 j가 보유한 상업시설 규모 (매장면적)에 흡수하는 잠재적 구매 통행수를 나타낸다고 생각할 수 있다. 이것이 이 상업시설의 소매 공급량이라고 볼 수 있다. 소매활동에서 수요와 공급이 균형된 상황을 상정할 수 있지만, 이 경우 일반적으로 균형 상태는 식 (2)와 같은 관계가 성립된다고 할 수 있다.

---

45) 엔트로피라는 개념에는 여러 가지가 있지만 기본적으로는 두 가지가 있다. 하나는 열역학적 엔트로피로 몇 개의 물체로 구성된 하나의 폐쇄적 체계의 상태량을 나타내는 것이고, 다른 하나는 정보 이론적 엔트로피로 하나의 체계가 갖는 애매함 또는 전달 정보량을 나타내는 것이다. 인문지리학에서의 열역학적 엔트로피는 중심지 분포, 인구분포의 상태를 해명하는데 사용되지만, 여기에서 취급하는 사상이나 체계의 특수성 때문에 정보 이론적 엔트로피를 사용하는 경우가 많다. 어떤 엔트로피를 사용하더라도 현실의 체계가 어떠한 것인가를 식별하는 것이 필요하다.

$$D_j = \sum \frac{O_i W_j^a \exp(-\beta c_{ij})}{\sum W_j^a \exp(-\beta c_{ij})} = k_i W_j \quad \cdots\cdots (2)$$

바꾸어 말하면 모든 지구의 소매업이 완전경쟁의 상태이고, 만약 특정지구에서 흡수 구매통행수가 많고, 매장면적이 작아 많은 이익을 얻은 지구가 있다면 소매업은 적은 이익을 얻는 지구에서 많은 이익을 얻는 지구로 이동한다. 그러나 이 이동은 끝없이 행해지는 것은 아니다. 그것은 그 지구에 소매업의 신규참여를 의미하고, 그에 따라 경쟁이 심해지기 때문에 어떤 소매업도 높은 이익을 얻을 수 없기 때문이다. 그 결과 어떤 지역 내의 특정 지구에서도 얻어질 이익은 같게 된다. 이것은 흡수 구매통행 총수 D_j가 매장면적 W_j의 잠재적 흡수량 $k_j \cdot W_j$와 같은 상태로 출현하고, 방정식 (2)가 성립하는 것을 의미한다. 이 상태가 실현되면 모든 지구의 매장면적은 그 지구에 흡수된 구매통행 총수에 대해 균형을 이룬다고 말한다. 이 상태는 흡수 균형상태, 방정식 (2)는 흡수 균형 방정식, 그리고 흡수 균형 방정식에 의해 추정된 지구의 매장면적은 흡수 균형값(또는 흡수 균형 매장면적)이라고 각각 부른다. 이상의 내용을 종래 연구에서는 균형 메커니즘(balancing mechanism)이라 불렀다. 수급관계의 균형상태 개념을 도입해 흡수 균형상태 방정식은 각 지구에서 수요와 공급이 완전히 균형을 이룬다는 이상적인 상황이라고 볼 경우 구매행동이 어떻게 될 것인가를 나타낸 모델이라고 말할 수 있다.

이상과 같은 의미를 갖는 구매행동 모델에 바탕을 둔 소매업의 균형적 입지 패턴에 관한 연구는 다음 세 가지로 나눌 수 있다. 하나는 이론적 연구로 카타스토로피 이론 (catastrophe theory)[46])에 의해 흡수 균형 방정식 (2)를 포함시키는 환경 매개변수 a, β, k_i 의 임계값을 식별하고 매개변수의 변동이 지구의 흡수 균형값으로 어떤 영향을 미치는가에 대해 고찰하며, 이에 따라 흡수 균형값의 공간적 패턴의 구조나 그 안정성 등을 분석하는 일련의 연구가 있다. 이와 관련해 근년 구매행동 모델에 바탕을 둔 흡수 균형값의 연구에서는 구매행동의 발생 유동량을 외생변수로 두고 새로운 이론연구가 도입되었다. 포더링험(A. S. Fotheringham)과 크누센(D. C. Knudsen)은 소매업이 입지하는 지

---

46) 현상의 상태를 규정하고 있는 조건의 근소한 변화로 상태가 크게 변하는 경우로 불연속적 현상을 다루는 수학적 이론을 말한다.

구의 상대적 위치를 고려할 때 흡수 균형값을 도입했다. 즉, 월슨의 구매행동 모델을 포더링험의 경합 도착지 모델로 바꾸어 소매업의 흡수 균형 매장면적을 소매업 입지지구의 상대적 위치에 관련지음에 따라 추정된 흡수 균형매장이 대상지역 지구의 '지도 패턴(map pattern)'[47] 효과를 받지 않도록 하고 있다.

둘째, 구매행동 모델에 바탕을 둔 흡수 균형값의 수치 통계실험(simulation)의 연구이다. 일반적으로 수학 모델 그 자체에 의해 지역적 패턴이나 발전 모드(mode)를 직접적으로 추출하는 것은 곤란한 성질을 갖고 있다. 이 곤란성을 회피하는 하나의 방법이 수치 통계실험이지만, 이것은 수학 모델에 의해 나타낸 내용을 구체적, 시공간적으로 재현해 평가하는 것으로 이론적인 연구에 중요한 역할을 한다고 생각한다. 수치 통계실험은 이른바 가설적인 연구지역을 대상으로 가상적인 구매행동 유동자료를 이용해 흡수 균형 매장면적의 공간적 패턴이나 발전 모드의 통계실험을 행하는 것이다. 예를 들면 클라크(M. Clark)와 월슨은 723개 지구로 된 지역을 가정하고 시설규모 변화의 메커니즘에 바탕을 둔 수치 통계실험을 행한 결과 흡수 균형값의 공간적 패턴의 변화를 밝혔다.

셋째, 구매행동 모델에 바탕을 둔 흡수 균형값의 지역성과 그 동태적 분석의 이론을 실제 조사된 자료로서 현실의 지역에서 검증한 실증적 연구가 그것이다. 이 실증적 연구는 비교적 늦게 이루어졌다. 이 연구는 도시권에서 소매업 시스템을 분석하고, 특히 균형 메커니즘에 포함된 매개변수를 변화시켜 흡수 균형값의 공간적 패턴의 변동을 고찰했다.

---

47) 지도패턴 문제는 공간적 상호작용 모델의 거리 매개변수가 출발지와 도착지의 위치관계를 나타내는 것으로, 거리 매개변수의 변동에 영향을 미치는 것을 말한다. 이를 공간구조, 시스템 기하학(geometry), 질량(mass)의 공간적 자기상관이라고 부르기도 한다.

제6장

소매 환경변화와 상권 및 글로벌화

1. 소매업의 지역적 변화와 교외화

1) 소매업의 지역적 변화

소매업의 지역적 변화는 자연적 변화와 계획적 변화로 나누어 파악할 수 있다. 자연적 변화는 소매업 시장의 자유로운 경쟁을 바탕으로 점진적이지만 크게 변화하는 것으로서 도심과 그 인접지역의 소매업은 쇠퇴하는데, 교외지역은 발전하는 것이 전형적인 모습이다. 한편 계획적 변화는 계획적인 의도에 의해 변화하고, 자연적 변화를 촉진·억제시키는 것이다. 도심 상업지역의 재개발이나 교외형 쇼핑센터의 건설 등이 이에 포함된다.

소매업 집적지에 나타나는 변화는 그 배후에 사회·경제적 여러 가지 조건, 즉 소매업을 둘러싼 환경에 의해 강하게 규정된다. 그 가운데서 가장 중요하다고 생각하는 것은 인구분포의 변화이다. 북아메리카의 도시에서 전형적으로 나타나는 바와 같이 중산층의 교외전출로 도심의 인접지역은 소비수요를 기대할 수 없는 지역이 되었다. 반대로 인구가 유입된 교외는 잠재적 발전력이 크고 많은 소매업을 끌어들이게 되었다.

지역적 변화에 영향을 미친 두 번째 환경요인은 소비자의 구매행동과 기호 면에서의 변화이다. 자동차나 냉장고의 보급은 구매의 빈도나 방식(style)을 바꾸었다. 또 여성 취업률이 높아져 전통적인 구매행동도 무너졌다. 더욱이 식료품과 같은 기초적 재화에 대한 수요의 지위가 상대적으로 낮아진 데 비해 건강, 스포츠, 취미, 오락 등과 관련된 상품이나 서비스에 대한 수요가 증대되었다. 이러한 움직임은 소매업 전체의 업종 구성 변화에도 영향을 미쳤다. 환경조건의 변화는 소비자만이 아니고 소매업 자체에도 나타났다. 경제활동 분야에서 규모의 경제를 규정하는 경향이 강해지고 소매업의 대규모화가 매우 강화되었다. 규모의 확대는 단일 점포의 면적(面的) 확장에 머물지 않고 점포의 복수화로 면적 확대가 나타나게 되었다. 또 점포형식의 변화에 대응해 판매방식도 크게 바뀌었고, 더욱 합리성을 추구하는 소매업의 새로운 형태도 나타났다. 규모의 확대를 꾀하기에 적절한 지역은 인구증가가 급격하게 나타난 교외지역으로, 이지역에 점포의 대규모화가 나타났다.

마지막으로 소매업 집적지에 영향을 미치는 네 번째 요인으로서 유통경로의 변화를 들 수 있다. 이것은 ㉠ 철도에서 자동차로의 도시 교통수단이 변화했기 때문이고 이와 더불어 유통거점이 도시의 중심부에서 주변부로 이행한 것이 그 배경이다. ㉡ 유통경로를 단축시키므로 효율성을 추구하려는 움직임과 대량 구입·판매를 무기로 한 대규모 소매업은 이러한 흐름에 따라 발전해왔다.

〈그림 6-1〉은 도시 내부의 소매업 중심지가 소비자 행동의 변화에 따라 변화해온 과정을 모델화한 것이다. 이 모델은 소득계층이 다른 그룹의 구매행동 차이가 통일적인 계층구조에서 복합적인 계층구조로 변화시키는 요인으로 생각할 수 있다. 먼저 제1단계는 소득계층에 대응하는 각 소매업 중심지가 존재하는데, 제2단계가 되면 중소득 지역의 지역중심지가 폭넓게 소비자를 흡인하게 된다. 이것은 저소득 지역의 지역 중심지가 도심에 가까이 있기 때문에 그 영향을 받아 신장되었기 때문이다. 제3단계에서는 저소득지역에서 지역 중심지 대신에 그 하위 중심지가 상승한다.

제4단계가 되면 저소득 지역에서의 소매업 중심지의 계층구조는 다른 지역의 그것과 확실히 구별된다. 또 중소득 지역의 지역 중심지는 고소득 지역에서도 소비자를 흡인하게 되어 점점 발전한다. 더욱이 제5단계가 되면 중소득 지역의 지역 중심지는 도

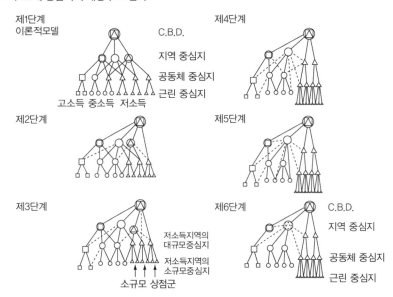

제1단계
이론적모델

C.B.D.

지역 중심지

공동체 중심지

근린 중심지

고소득 중소득 저소득

제2단계

제3단계

저소득지역의
대규모중심지

저소득지역의
소규모중심지

소규모 상점군

제4단계

제5단계

제6단계

C.B.D.

지역 중심지

공동체 중심지

근린 중심지

자료: Davies(1976: 132).

〈그림 6-2〉 소매환경의 변화

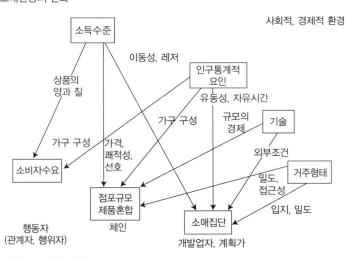

사회적, 경제적 환경

소득수준

이동성, 레저

인구통계적
요인

유동성, 자유시간

기술

상품의
양과 질

가구 구성

규모의
경제

외부조건

가구 구성

가격,
쾌적성,
선호

소비자수요

밀도,
접근성

거주형태

점포규모
제품혼합

소매집단

입지, 밀도

행동자
(관계자, 행위자)

체인

개발업자, 계획가

자료: Jones and Simmons(1987: 217).

심부의 소매업 집적과 경합하기까지 하므로 지역의 저차 중심지의 발전은 저해된다. 마지막으로 제6단계에서는 고소득 지역의 계층성이 희박해지는 한편 중소득 지역의 지역 중심지는 더욱 발전한다. 또 저소득 지역에서는 저소득 중심지의 발전이 보이게 된다. 이 단계에 이르면 세 가지 다른 소매업 구조가 명확하게 된다. 그러나 소득격차가 상대적으로 적은 국가에서는 이러한 소득 지역별 계층구조 모델은 비현실적이다.

〈그림 6-2〉는 소매구조를 구성하는 세 가지 요소인 소비자 수요, 업종 구성, 소매 집적이 사회·경제적 환경의 여러 변화를 받기 쉽다는 것을 나타낸 것이다. 가구구성의 변화는 시장의 여러 부분을 변화시키고 업종의 구성을 바꾼다. 그것은 또 개인을 구매환경이 유리한 곳으로 이동하게 만들면서 소비자 행동에도 영향을 미친다. 예를 들면 노인 가구 비율의 증가는 시장에 대한 낮은 가처분 소득, 핵가족, 도시 중심부의 주택지 거주선호와 같은 특징이 나타난다. 이들 가구는 구매의 시간적 여유가 많지만 공간적 이동성이 한정되어 있고, 구매는 대부분 거주지 인근에서 이루어진다. 소매업이 입지한 지역의 경관은 패션이나 록 뮤직(rock music)보다는 오히려 가격이나 서비스에 역점을 둔 소규모 점포에서 구매를 한다. 그래서 노인가구가 들리는 곳은 과거의 점포나 업종 구성으로 이루어진 소매환경, 즉 전통적인 상점가에서 구매활동을 한다.

〈표 6-1〉은 1980년대 그 밖의 몇 가지 중요한 사회·경제적 조류와 그것들이 소매구

〈표 6-1〉대도시 내부의 소매변화

변화의 요인	소매구조의 대응
거주형태의 성장	거의 완전 교외화로 교외 몰(mall)을 선호, 모든 변화 형태의 가속화
가구규모의 축소	소규모 편리한 시설을 선호
근린의 변화	도시 내부의 쇠퇴 또는 전문화 형태의 개변(改變)
도심의 사회적 분화	옛 상점가의 전문화
소득증가	대도시지역 또는 장소에서의 소매공간의 증가, 전문화의 선호, 도심 쇼핑의 선호
레저	주말, 오락 연결형 쇼핑, 관광, 전문적인 쇼핑 선호
유동성 확대	전문화의 진전, 점포규모의 확대. 고속철도 이용자는 도심을, 자동차 이용자는 교외 몰을 선호
기술 자동화	점포나 체인의 대규모화, 감가상각비를 가속화하고 새로운 투자를 장려. 노동력의 단순 작업화가 이루어짐

자료: 藤田直晴·村山祐司 監譯(1992: 199).

조에 영향을 미친 것을 나타낸 것이다. 주택지가 교외지역으로 확장되기 때문에 인구 증가의 대부분이 도시화지역의 주변 지역, 즉 도심 상권의 외연지역에서 발생한다. 교외에는 몰(mall)이나 자동차 지향의 상점가가 확대되는데 대해 도시 내부의 근린지구에서는 아직도 주요 간선도로변이나 초기 고속도로변에 도보자 중심의 소매상점가가 존재한다.

2) 소매업의 교외화

(1) 앵글로아메리카 소매업의 교외화

과거 20~30년 동안에 선진국의 도시에서 나타난 소매업의 지역적 변화 가운데 가장 커다란 것은 인구의 교외화로 소매업도 이와 같은 현상을 나타낸 것이다. 이 시기는 기술혁신을 배경으로 유통기능의 근대화가 진행되었기 때문에 교외에서는 지금까지 볼 수 없었던 새로운 상업시설이 등장했다. 여기에서 미국과 서부 유럽에서 소매업의 교외화가 어떻게 진전되었는가를 살펴보기로 한다.

미국의 경우 1950~1960년 사이에 총인구는 18.0% 증가했는데 대부분이 교외지역에서 증가했고, 1970~1976년 사이에 대도시권은 인구가 3.9% 증가했지만, 중심도시에는 3.4%의 인구감소가, 교외지역은 10.0%가 증가했다. 이 기간에 중심도시는 남부에서 이동해온 흑인의 유입, 푸에르토리코를 위시해 해외에서의 유입이 있었다. 이에 대해 소수민족과의 근접 거주를 싫어하는 백인의 중산층은 대거 교외지역으로 이동했다. 백인의 인구변화는 중심도시에는 7.5% 감소하고 교외에서는 8.0%가 증가한 것에 비해 유색인종은 중심도시와 교외에서 각각 10.5%, 36.8% 증가했다.

자유경쟁을 존중하는 경향이 강한 북아메리카 대륙에서는 교외로 이동한 많은 거주자들에게 상품이나 서비스를 제공하고 경제적인 이익을 추구하는 움직임이 나타났다. 자동차의 의존도가 매우 높은 교외에서는 간선도로 가까운 곳에 넓은 주차장을 설치하는 것이 소매경영에 빠질 수 없는 조건이었다. 이러한 가운데에 당초부터 면밀한 계획에 의해 건설된 쇼핑센터가 큰 역할을 하게 되었다. 1950년대 중반부터 1970년대 중반까지 20년 동안에 걸쳐 10만 개 이상의 쇼핑센터가 건설되었다. 이들 쇼핑센터는 전국의 소매업 판매액의 약 40%를 차지하게 되었다.

급속히 건설된 계획적인 쇼핑센터는 몇 가지 점에서 종래의 소매업 집적지와는 구별된다. 그 하나는 쇼핑센터 전체가 일체적으로 기능을 하고 있다는 점이고, 업종 구성이 한 쪽으로 치우치지 않게 배려해 통일성을 중시한 경영이 행해지는 것이다. 마케팅 과학의 성과를 살리면서 핵심이 되는 점포와 그 규모가 신중히 결정되고, 또 판매량을 가급적 증가시키려는 노력이 곳곳에서 필요하게 되었다. 기존의 소매업 집적지의 경우와 같이 상권의 규모에 따른 몇 가지 수준의 쇼핑센터가 있고 계층에 따른 핵심점포

〈그림 6-3〉 미국 텍사스 주 샌안토니아의 계획적인 쇼핑센터

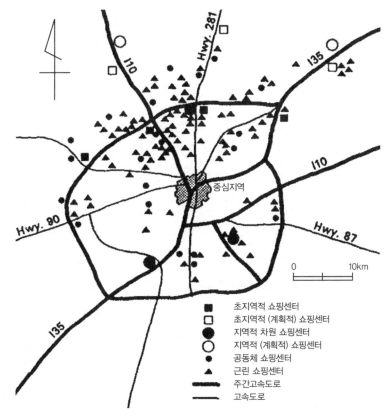

자료: Yeates(1990: 253).

의 종류나 업종 구성도 다르다.

〈그림 6-3〉은 텍사스(Texas) 주 샌안토니오(San Antonio) 교외에 전개된 쇼핑센터를 나타낸 것으로, 지역수준의 쇼핑센터는 고속도로를 위시한 간선도로변에 입지하고 있는 것을 알 수 있다.[1] 또 계획적인 쇼핑센터는 교외의 북쪽에 많았다. 계획적인 쇼핑센터의 점포배치는 〈그림 6-4〉와 같이 복수의 백화점이나 슈퍼마켓을 핵심점포로 했다. 초기의 쇼핑센터는 두 개의 핵심점포를 양쪽 끝에 배치하고 그 사이를 전문점으로 연결한 아령(啞鈴)과 같은 것이 일반적이었다. 그러나 그 후에는 L자형, T자형, 다이아몬드형 등이 건설되었다.

규모의 경제를 추구하고 더욱 많은 소비자를 흡인하는 것을 목적으로 하는 쇼핑센터는 교외형 소매업의 상징이다. 그 가운데에는 중규모 도시의 도심에 80만m²라는 상당히 넓은 면적에 네 개의 백화점과 250개 이상의 전문점을 배치한 거대한 쇼핑센터도 건립되었다. 그리고 규모가 클 뿐만 아니라 소매업 시설 이외에 영화관, 스케이트장, 수영장, 유원지 등 오락성이 강한 시설도 함께 해 소비자의 흡인력이나 수입의 증대를 겨냥한 캐나다의 에드먼턴(Edmonton)의 웨스트 에드먼턴 쇼핑센터도 있다.

이러한 교외지역의 소매업은 쇼핑센터를 중심으로 발전해왔지만 1970년대에 두 번에 걸친 석유파동은 자동차 만능사회에 큰 충격을 주었다. 이것을 계기로 소매업의 교외화도 그 위력을 잃는 느낌을 들게 했고, 또 1980년대에 들어와 본격화된 도심의 재생운동은 교외화의 영향으로 혼미를 거듭한 도심의 소매업을 부활시키는 동기가 되었으며 교외화를 억제하는 움직임으로 작용했다. 예를 들면 에드먼턴에서는 도심에 입지한 상업, 서비스업이나 일반 기업, 행정당국이 일체가 되어 활성화 계기를 만들고, 교외로 나가는 소비자를 다시 끌어들이기 위한 상업 환경 정비 사업도 실시되었다. 이 계획은 단지 상업시설을 새롭게 건설하는 것만이 아니고, 옛 도매창고나 시청을 개수(改修)해 다시 사용하고 도심의 역사적인 유산을 활용하는 방안도 생각하게 되었다.

---

1) 초광역 쇼핑센터는 6만 9700m² 이상, 광역 쇼핑센터는 2만 7900m² 이상, 지구 쇼핑센터는 9300m² 이상, 근린 쇼핑센터는 2800m² 이상이다.

〈그림 6-4〉 캐나다 쇼핑센터의 점포배치

(가) 요크데일 (토론토)

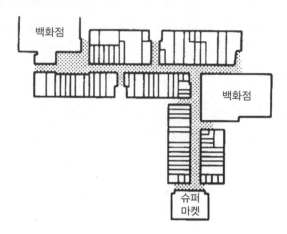

(나) 갤러리 단쥬 (몬트리올)

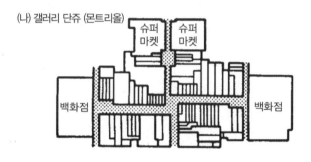

(다) 미시사가 (온타리오)

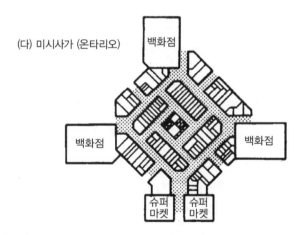

자료: Davies(1976: 165).

(2) 서부 유럽 소매업의 교외화

역사가 긴 도시가 많은 서부 유럽에서 소매업의 교외화는 앵글로아메리카의 경우와
는 다른 모습을 나타내었다. 여기에서 영국과 프랑스, 옛 서독을 사례로 살펴보면 다음
과 같다. 영국에서는 도시 중심부에 기존의 소매업 집적지를 중시하고, 교외화를 억제
하려는 움직임이 강한데 1970년대 말에 이르기까지 소매업의 교외화는 눈에 뜨일만한
움직임이 없었다. 도심 중시의 정책을 취한 것은 전쟁의 재난으로 파괴된 도심을 부흥
하기 위해 투입된 사회간접자본의 가치를 보존하기 위해서이다. 교외가 개발되면 이
러한 가치가 떨어지고, 교외개발은 환경을 보호하는 입장이나 사회적 불평등의 측면에
서도 억제되었다. 자동차 교통에 크게 의존하는 교외는 노인, 어린이, 부녀자, 병약자
등의 교통약자(交通弱者)에게는 살기에 좋지 않은 장소라는 것이 지배적이었다. 그런데
도 이러한 정책의 한편에서는 도심이 교통의 정체, 지가 앙등, 상업시설의 노후화 등
여러 가지 문제가 산적되었다. 또 도심에서의 인구감소와 교외에서의 인구증가가 도
시의 규모에 관계없이 일반적이고, 이것이 소매업의 교외화를 촉진시키는 요인으로 표
면화되었다. 그러나 인구증가에 대해 소매업 시설을 충분히 공급할 수가 없었고, 수요
간의 차이가 문제로 남게 되었다.

영국에서도 쇼핑센터가 소매수요를 증가시키는 데 큰 역할을 했다. 영국의 쇼핑센
터는 그 입지장소의 차이에 따라 신흥 주택지역을 배경으로 한 현대적인 시설과 옛 시
가지 재개발 사업의 일환으로 건설된 것으로 나눌 수가 있다. 규모의 수준에서는 네 개
로 분류할 수 있는데, 지역 쇼핑센터에 상당하는 것은 그다지 보이지 않고 그 아래에
해당되는 준지역 쇼핑센터(sub-regional shopping center)는 뉴타운 입지형과 도시 교외형
으로 나눌 수가 있지만, 어느 것이든지 핵심이 되는 백화점과 약 100개의 전문점으로
구성되어 있다. 이보다 낮은 수준에서의 쇼핑센터는 잡화점이나 슈퍼마켓이 핵심점포
로 되어 있다. 또 이러한 계획적인 쇼핑센터와는 별도로 도시 주변 지역에 자유입지형
으로 입지하는 슈퍼스토어도 있다. 주택지역에서 조금 떨어져 위치하는 이 상업시설
도 역시 자동차 이용객을 지향하고 있다.

인구의 교외 이동이 소매업 교외화의 배경이 된 것은 프랑스나 옛 서독의 경우도 마

〈사진 6-1〉 프랑스 빌리에 앙비에르시의 하이퍼마켓(1996년)

찬가지이다. 이들 국가들도 슈퍼마켓이나 연쇄점은 유통업계 혁신화를 담당하는 것이지만, 특히 프랑스의 특징적인 업태로서 하이퍼마켓[2]을 들 수 있다. 프랑스가 발상지가 된 하이퍼마켓은 슈퍼마켓보다 더욱 대규모인 할인점으로서 넓은 범위로부터 소비자를 흡인한다. 하이퍼마켓은 그 후 인접한 옛 서독이나 이탈리아, 스페인에도 전파되었고, 영국에도 나타나게 되었다. 이러한 하이퍼마켓 또는 백화점을 핵심점포로 한 쇼핑센터는 1970년대 중엽에는 프랑스 전역에 약 240개 정도였는데 그 가운데 1/4 이상

---

2) 프랑스 파리 남쪽 약 40km 지점에 위치한 빌리에 앙비에르시는 소규모의 도시이나 1973년 이곳에 유럽 최대의 하이퍼마켓이 입지했다. 이 하이퍼마켓은 슈퍼마켓과 할인점의 개념을 합친 신업태로 슈퍼마켓보다 규모가 크고 창고형 할인점에 비해 식료품 부문의 비중이 높은 것이 특징이다. 매장면적은 약 7500평으로 길이가 약 380m, 폭이 약 70m로 된 단층 건물로 계산대가 87개이다. 이 하이퍼마켓은 천장의 자연채광과 차량정비소, 식당가, 디자이너 부티크는 물론 은행, 백화점이 입지해 원스톱 쇼핑이 가능하다. 이 하이퍼마켓의 취급 상품 수는 18만 종이며, 판매액의 30~40%가 식료품이다(〈사진 6-1〉). 이 하이퍼마켓은 1963년 까르푸 그룹이 파리 근교에 세계 최초로 개점된 이래 현재 에스파냐에 51개 점포, 이탈리아에 다섯 개 점포 등 13개국에 250여 개의 점포가 개점되었으며, 1995년에 중국의 베이징·상하이점에 이어 1996년에는 인도네시아 등 아시아 시장에 진출을 가속화했다.

〈그림 6-5〉 파리 대도시권에 분포한 계획적인 지역수준의 쇼핑센터

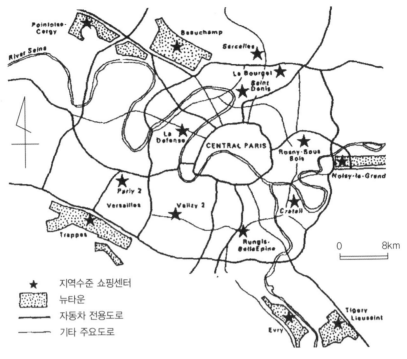

자료: Herbert and Thomas(1982: 233).

이 파리지역에 분포했다. 파리의 교외에는 매장면적이 5만m² 이상의 쇼핑센터가 아홉 개 이상 건립되어 뉴타운에 입지한 쇼핑센터와 더불어 교외에서의 소비수요에 대응했다(〈그림 6-5〉).

한편 옛 서독에서는 제2차 세계대전 이후 도시재건이 순조롭게 이루어지고 기적적인 경제발전을 거치면서 도시지역이 크게 넓어졌다. 예를 들면 프랑크푸르트(Frankfurt)에서는 1950년대 후반 도시에서 건설된 건물의 건축면적 40% 정도가 사무소 등을 포함한 상업적 시설이 차지했지만 1960년대 이후는 그 비율이 80% 근처까지 이르렀다. 〈그림 6-6〉은 쾰른(Köln)의 상업시설 교외입지를 나타낸 것으로 아우토반(Autobahn)이나 간선도로 가까이에 있는 중심에 건물을 건립했다는 것을 알 수 있다. 쾰른의 경우 1967년부터 1976년 사이에 건설된 상업시설의 총건축면적은 112.6만m²로 넓어졌지만

〈그림 6-6〉독일 쾰른의 상업시설 교외 입지(1967~1976년)

자료: Wild(1983: 56).

그 가운데 대부분이 교외에 건설된 시설이었다. 유통의 근대화가 진전되었다고 하지
만 전통적인 독립 소매점의 세력이 강한 프랑스와는 달리 옛 서독의 소매업 구조는 영
국과 비슷하게 근대화되었다. 그러나 도시의 교외를 중심으로 하이퍼마켓이나 할인점
이 발전하고 있는 점은 프랑스와 같은 점이다.

2. 상점가와 상업지역

1) 상점가

상점가란 경관적으로 상점이 연속해 있고, 또 이들 상점이 조직을 이루고 있는 것을 말한다. 지금까지의 도시지리학, 상업지리학에서의 상점가 연구는 업종 구성이나 경영 형태를 '상점가의 경관'이라고 했다. 그러나 거기에는 조직이라는 관점이 결여되어 있고, 또 상점가의 경관과 조직 활동이나 조직구성원 의식과의 관계를 고찰하지 않았다. 종래부터 상점가의 공간을 규정하고 있는 요소로는 업종 구성, 보행자 통행량, 도로구조, 연간 판매액, 건물의 입체화로 이에 대해 고찰했다. 그러나 이러한 요소에 조직으로서 상점가가 만들어낸 경관(아케이드)과의 관련을 고찰하고, 나아가 이런 것을 만들어낸 조직 활동 및 조직 구성원의 의식을 연구관점에 포함시킴으로써 상점가의 공간과 인간들의 의식이나 사회적 배경이 어떻게 관련되어왔는가를 고찰하는 것이 중요하다.

2) 상점가의 웹 사이트 개설과 활용

(1) 상점가와 인터넷

전자상거리가 대표되는 것과 같이 상업과 인터넷과는 대단히 깊은 관계를 가지고 있다. 2014년 한국의 인터넷 이용률은 83.6%로, 2010년 이용 상황을 보면 정보검색이 81.3%로 가장 높고, 이어서 게임(41.6%), 온라인 쇼핑(33.1%), 메신저와 채팅(32.7%), 이메일(24.1%), MP3·영화·동영상·사진 다운로드(22.8%)의 순이었다. 이와 같은 인터넷의 사회적 침투와 더불어 상품 판매사업자에 의한 그 이용도 급속히 확대되었다. 인터넷의 상업적 이용은 인터넷 상에서의 상품제공과 사업자에 의한 광범위한 정보발신활동으로 대별할 수 있다. 이 중에서 전자상거래는 전자의 대표적인 예이다. 전자상거래의 사회적 침투는 아마존 닷컴(Amozon.com), G마켓 등 사이버스페이스(cyber space) 상의 초대형 소매점(mega store)이나 초대형 몰(mega mall)을 성장시켰을 뿐만 아니라 지금까지 시장의 범위가 한정된 전문점이나 지방의 특산물에 새로운 판로를 개척해왔다. 한편 상점가 사이트는 후자의 전형적인 예이다. 일본의 경우 2005년 841개의 웹사이트가 확인되었는데, 그중에서 가장 오래된 것은 1995년에 공개되었는데, 가나가와(神奈川) 현의 요코하마(橫濱) 시와 사이타마(埼玉) 현의 가와고에(川越) 시의 상점가였다. 이와 같은 상점가의 웹사이트 개설에 따라 상점가는 새로운 판매 채널로 자리 잡고, 웹사이트 상에서의 판매 전략구축이나 네트워크상에서의 가상 상점가인 가상 몰(virtual mall)의 성패를 묻는 것이 다수를 차지했다. 그러나 상권이 좁고, 취급상품이 값싸 차별화하기 어려운 근린형 상점가일수록 발신정보의 주체는 상품의 판매정보보다도 상점가나 점포를 방문할 것을 촉진하는 정보가 특화되기 쉬웠다. 상점가 웹사이트의 발신정보의 주체가 특별판매·이벤트 정보를 포함한 집적정보의 제공이나 각 점포의 정보제공이라는 것을 이해할 수 있다. 다른 한편에는 우수한 커뮤니케이션 효과가 기대되면서 높은 빈도에서의 정보 빈도나 유지를 요구하는 우편 잡지(mail magazine), 전자 게시판 시스템(Bulletin Board System: BBS), 쿠폰 등의 제공 비율은 낮다. 비용이나 노력의 면에서 상점가에 안고 있는 과제도 보일 듯 말 듯 하다. 또 2000년대에 들어와 상점가에 지역공동체 재생의 축으로서 역할을 기대하고, 상점가 웹사이트를 통한 지역정보발신을 기대하는 움직임이 지방자치단체로부터 나오게 되었다. 이러한 상점가 웹사이트가 발신하는 정보는 판매정보의 틀을 넘어 다양하고, 그 내용은 상점가의 규모(점포 수)나 상권 특성에 따라 다르게 나타난다.

(2) 상점가 사이트의 발신정보

① 사이트 개설 동기

인터뷰 조사에 응한 일본 오사카 29개 상점가의 21개의 사이트의 운영주체에 의한 사이트의 개설 동기를 정리한 것이 〈표 6-2〉로, 상권유형에 관계없이 보조금의 존재가 강한 개설동기로 되었다. 이것은 중소소매업의 집합체인 상점가에 의해 사이트 구축에 드는 초기비용이 큰 부담이 되는 한편 '보조금이 나오지 않아도 만들어보자'라는 자칫 안이한 의식도 숨어 있다. 그다음 이유는 상권유형에 따라 상위에 오른 항목이 다르

〈표 6-2〉 상점가 상권유형에 따른 사이트 개설 동기

구분 \ 유형	근린형 실수	근린형 비율(%)	지역형 실수	지역형 비율(%)	광역형 실수	광역형 비율(%)	계 실수	계 비율(%)
웹사이트 구축에 보조금을 냄	5	63	4	67	4	57	13	62
상점가의 PR과 고객유치	3	38	4	67	5	71	12	57
지역과의 접점을 가짐	5	63	2	33	0	0	7	33
역사·문화의 발신	1	13	2	33	4	57	7	33
매스컴 연동(連動)	1	13	4	67	2	29	7	33
개별 상점의 포털(Portal)	0	0	1	17	4	57	5	24
타 사업과의 융합	2	25	2	33	0	0	4	19
상점가의 명함 대신	1	13	1	17	0	0	2	10
전자상거래	0	0	0	0	2	29	2	10
크게 떨치는 호소	1	13	1	17	0	0	2	10
외국에서 온 관광객에 감명	1	13	0	0	1	14	1	10
같은 규모의 상점가가 갖고 있음	0	0	0	0	1	14	1	5
상점가 총수	8	100	6	100	7	100	21	100

자료: 荒井良雄·箸本健二·和田 崇(2015: 104).

다. 고객을 모여들게 하는 좁은 범위에서 고빈도의 상점가 방문객을 맞이하는 근린형 상점가까지도 보조금과 더불어 '지역과의 접점을 가짐'이 강한 동기가 되고, '상점가의 PR·고객유치'가 이것에 이어지고 있다. 한편 상대적으로 넓은 상권을 상정한 지역형 상점가에서는 '상점가의 PR·고객유치', '매스컴의 연동'이 보조금과 더불어 많다. '매스컴 연동'이란 매스컴에 의한 취재예정, 취재풍경, 방송예정 등을 발신하는 것이고 상점을 방문하는 빈도가 낮은 손쉬운 이용자(light user)에 대한 단기적인 화제 만들기와 고객을 모여들게 하는 효과를 기대하는 것이다. 이에 대해 광역형 상점가에서는 '상점가의 PR·고객유치'가 보조금을 상회하고 보조금과 나란히 '역사·문화의 발신', 각 점포의 포털 사이트(portal site, 가맹점의 링크 기능)가 중시되고 있다.

② 상점가 사이트의 콘텐츠

인터뷰 조사를 실시한 오사카 상점가 21개 사이트를 포함해 2008년 4월 현재 같은 지역의 상점가가 운영하는 43개 상점가 36개 사이트가 제공한 발신정보[이하 콘텐츠

〈표 6-3〉 일본 오사카의 상점가 유형의 사이트가 발신한 정보

콘텐츠 유형	유형 내용	근린형		지역형		광역형		계	
		실수	비율(%)	실수	비율(%)	실수	비율(%)	실수	비율(%)
상점·상점가 정보	점포소개	17	100	12	100	7	100	36	100
	상점가 지도	15	88	12	100	7	100	34	94
	점포로의 링크	15	88	11	92	7	100	33	92
	이벤트 정보	14	82	11	92	7	100	32	89
	뉴스·알림	9	53	11	92	6	86	26	72
	상점가 개요·역사	6	35	7	58	5	71	18	50
	특별판매 정보	10	59	5	42	3	43	18	50
	점포검색	4	24	5	42	5	71	14	39
	쿠폰	7	41	5	42	1	14	13	36
	구인정보	3	18	6	50	2	29	11	31
	선물	2	12	1	8	4	57	7	19
	매스컴 취재·방영	2	12	4	33	0	0	6	17
	전자상거래	2	12	2	17	2	29	6	17
	외국어 사이트	1	6	0	0	2	29	3	8
지역·고객 커뮤니케이션	질문·문의	13	76	11	92	5	71	29	81
	휴대전화 사이트	6	35	3	25	4	57	13	36
	블로그	3	18	3	25	1	14	7	19
	BBS	4	24	1	8	0	0	5	14
	동영상	3	18	1	8	0	0	4	11
지역정보	지역단체로의 링크	13	76	10	83	5	71	28	78
	생활정보	9	53	3	25	0	0	12	33
	지역의 역사와 구적(舊蹟)	4	24	4	33	2	29	10	28
	자녀 양육 정보	4	24	1	8	0	0	5	14
	시가지 정보	2	12	0	0	0	0	2	0
	관광안내	0	0	0	0	0	0	0	0

자료: 荒井良雄·著本健二·和田 崇(2015: 106).

(contents)]의 내용을 ㉠ 상점·상점가 정보, ㉡ 고객과의 커뮤니케이션 수단, ㉢ 지역정보라는 세 가지 범주로 구분해 사이트를 운영한 상점가의 상권유형별로 집계한 것이 〈표 6-3〉이다. 먼저 '상점·상점가 정보'에는 '점포소개', '상점가 지도', '점포와의 링크', '사이트 정보'의 네 가지 콘텐츠 중 이벤트를 소개한 홈페이지의 개설율이 높은 한편 기

타의 정보는 상점가별로 차이가 크다. 총괄해서 갱신을 높은 빈도로 요구하는 '뉴스·알림'이나 가맹점포의 홍보·판매활동과 직결한 '상점가 개요·역사', '점포검색', '선물', '전자상거래', '외국어 사이트' 등의 개설율은 근린형과 지역형보다는 광역형 상점가(상점 수가 200개 이상)가 높다. 한편 '특별판매', '쿠폰제공' 등 일상적인 판매촉진(promotion) 활동은 근린형 상점가일수록 적극적이다.

다음으로 지역·고객과의 커뮤니케이션을 목적으로 한 콘텐츠에서는 '전자우편에 의한 질문·문의'가 일반적이며 'BBS'의 운용율은 낮다. BBS에 대해 몇 개의 상점가 사이트가 일단은 도입했지만 많은 부분은 폐쇄되었다. '장난이 많고, 책임을 갖고 관리할 수 없어 개설 5년 만에 폐쇄' 등 악의가 있는 게재 글에 대한 대응이 곤란하기 때문이다. 이를테면 상점가 사이트를 실효성 있는 고객유치 장치로 위치 짓는 지역형 상점가와 광역 상점가에서는 불적절한 글로 방치되기 쉬운 BBS로의 경계감이 강하다. 한편으로 블로그에 대해서는 상권유형을 불문하고 일정한 평가를 얻고 있고, '과거는 매스컴으로부터의 정보가 절대적이었지만 최근에는 블로그 등의 평판이 고객 유치력을 높이고 있다'는 등 새로운 PR미디어로서 블로그를 규정하는 의견도 보이고 있다. 그 한편에는 '각 점포의 점주가 무엇을 쓰든 자유이지만 그것을 상점가의 공식 사이트에 올리는 이상 상점가로서의 입장을 표명한다는 걸 알고 썼을까'라는 의문 등 상점가 사이트 콘텐츠로서의 블로그(blog, 자신의 관심사에 따라 자유롭게 칼럼, 일기, 취재 기사 따위를 올리는 웹사이트)에 대한 신중한 의견도 존재한다.

세 번째 지역정보 발신은 좁은 상권의 심경(深耕)을 꾀하고 싶은 근린형 상점가나 지역형 상점가에서 특히 강하게 의식하고 있다. '상점가만의 정보에서는 접근성이 낮기 때문에 구청의 포털 사이트를 생각했다. 상점가 사이트 위에 구청의 공공시설이나 생활관련 정보로의 링크를 정리했다' 등은 지역정보 발신에 대한 상점가의 높은 의식이나 기대를 이야기로 댓글을 작성한다. 사실 생활정보나 자녀양육으로 정보를 발신하는 비율은 근린형 상점가가 가장 높다. 또 '지역단체로의 링크'는 상권유형에도 불구하고 70~80%대로 높은 비율을 나타내지만 그 배경에는 행정에 의한 보조금의 교부기준이 존재한다.

(3) 콘텐츠 믹스에 의한 상점가 사이트의 유형화

상점가 사이트는 다양한 콘텐츠를 운영주체의 방침이나 전략에 바탕을 두고 취사선택을 한다. 이를테면 콘텐츠 믹스(mix)를 거쳐 구축된다. 대상 21개 사이트의 콘텐츠 믹스는 크게 네 가지 유형으로 분류할 수 있다. 첫째, 다양한 콘텐츠를 가능한 한 넣는 청사진형 사이트이다. 이 유형은 점포 수가 많고 대규모인 상점가에서 전형적으로 나타난다. 둘째, 청사진형 사이트 콘텐츠의 일부를 선택적으로 취사선택하는 사이트이다. 이 유형은 인적·금전적인 자원이 한정된 중소규모의 상점가 이외에 늦게 사이트를 개설한 상점가, 광고지 등 기존의 PR수단에 의존도가 높고 사이트를 보조수단으로 한 분명한 지역밀착형 상점가 등에서 많이 나타나는데, 많은 상점가 사이트는 이 두 유형 중 한 쪽에 속한다. 셋째, 정보제공과 정보갱신은 원칙으로 개개의 재량에 맡기고 상점가 사이트는 그 링크수집의 성격에 머무는 포털형 사이트이다. 이 유형은 주방용품 상점가, 어물시장, 전기제품 상점가 등 상품의 전문성이 높고 긴키(近畿)지방[3] 일원을 넘는 광역상권을 갖고, 또 가맹점이 각개 사이트에서 전자상거래를 행하는 이를테면 전문적 상점가에 많다. 그리고 넷째, 개개 점포·상품의 정보보다도 지역정보 발신이나 블로그 등의 커뮤니케이션에 중점을 둔 지역 커뮤니케이션형 사이트이다. 이 유형은 상권 내 주민과의 관계성을 심경하려는 근린형·지방형 상점가에 많다.

(4) 상점가 사이트가 가지는 과제

오사카 시 대상 21개 상점가 사이트의 운영담당자가 직면하고 있는 운영 사이트의 과제는 첫째, 상점가 사이트에 대한 목적의식 상실(조합원의 무관심), 둘째 개개 점포의 약한 정보발신 능력, 셋째 낮은 홈페이지 갱신 빈도, 넷째 관리인에게 부담이 집중된다는 점의 네 가지를 지적했다(〈표 6-4〉).

목적의식의 상실에 대해서는 상권유형이나 가맹점포의 많고 적음에 관계없이 많은

---

3) 교토(京都) 부, 오사카(大阪) 부와 시가(佐賀) 현, 효고(兵庫) 현, 나라(奈良) 현, 와카야마(和歌山) 현, 미에(三重) 현의 5현을 포함하는 지방을 말한다.

〈표 6-4〉 일본 오사카의 상점가 사이트의 운영상 과제

구분 \ 유형	근린형		지역형		광역형		계	
	실수	비율(%)	실수	비율(%)	실수	비율(%)	실수	비율(%)
조합원이 사이트에 무관심	6	75	2	33	3	43	11	52
개개 점포가 정보를 갱신하지 않음	4	50	3	50	2	29	9	43
홈페이지의 낮은 갱신 빈도	5	63	1	17	0	0	6	29
관리인에게 부담 집중	2	25	2	33	1	14	5	24
게재해야 할 콘텐츠가 없음	0	0	1	17	0	0	1	5
즉시 정보제공을 할 수 없음	0	0	0	0	1	14	1	5
비용부담이 무거움	1	13	0	0	0	0	1	5
상점가 총수	8	100	6	100	7	100	21	100

자료: 荒井良雄・箸本健二・和田 崇(2015: 114).

상점가의 의견이 거의 일치한다. 인터뷰 조사에서는 '조합원 90%가 무관심, 5%가 열어 보는 것뿐이고, 적극적으로 관여하는 것은 5%'의 수준이다. 또 '조합원은 무관심, 상점 가 전자우편에 대한 반신(返信), 전자우편 작성 등은 관리자와 조합의 사무직원 두 사람 이 돌아가며 작성하는 것이 현실'이고, '비용의 낭비라는 소리까지도 상점가에서는 존 재하며 단기적인 성과가 보이지 않고, 사이트가 매상과 곧바로 연결되지 않는다' 등 곤 란한 상황을 호소한다.

개개 점포의 정보발신 능력이 약함에 대해서는 많은 상점가가 개개 점포에 ID(identi-fication)와 PW(password)를 배정해 개개 정보의 갱신을 촉구하지만 '갱신한 점포는 10% 정도'이다. '갱신하는 점포는 자신이 독자적으로 점포의 사이트를 갖고 있는 경우'가 많 다. '경영자의 고령화가 진행되어 실제로 개개 점포 정보를 갱신할 수 있는 상점은 10% 정도'라고 하고 모든 각 조합의 10% 정도가 개개 점포 정보를 갱신하는 데 그치고 있 다. 이 때문에 일부의 상점가에서는 팩스, 전화, 자필 메모 등 아날로그적 전달수단으 로 갱신정보를 사이트의 관리담당자에게 전달하고, 관리 전담자가 정보갱신을 대행하 는 시스템을 도입하고 있다. 그러나 그 효과도 한정이라고 할 수 있다. 디지털에서의 정보발신에 관습화되어 있지 않은 점주로서는 아날로그 전달수단을 확보되는 것이 웹 사이트를 이용해 발신정보를 행하는 동기 매김이 되지 않는다는 것이다.

홈페이지 갱신빈도가 낮은 것은 오히려 경제·기술면에서의 제약과 밀접한 관계가 있다. 홈페이지는 상점가 사이트의 얼굴이고 디자인성을 추구해서 만들어 넣은 페이지가 많다. 상점가의 관리담당자가 일상적으로 갱신을 행하기에는 기술면에서 곤란하다. 이 때문에 규모가 큰 상점가에서는 홈페이지의 정기적인 갱신을 제작회사에 외부수주로 주는 경우가 많다. 그러나 갱신 작업은 보조금의 대상 밖이기 때문에 이 방법은 윤택한 자금을 가진 대규모 상점가에 한한다. 한편 규모가 작은 상점가에서는 갱신 빈도가 낮아 접속 수도 감소하는 악순환에 빠지기 쉽다. 이 문제를 해결하기 위해 상점가 사이트의 홈페이지에 손쉽게 갱신 가능한 블로그 기능을 넣어 블로그의 갱신에 의해 홈페이지에 변화를 주는 궁리도 나타난다. 관리인에게 부담이 집중되는 문제는 이러한 사정이 중첩되는 형태로 나타난다고 말할 수 있다.

한편 상점가 사이트의 많은 관리자의 과제해결을 마지막으로 기대하는 것은 휴대전화로 발신 가능한 사이트(휴대전화 사이트)의 본격적인 도입이다. 2008년 현재 대상 상점가 21개 사이트 중 18개 사이트가 휴대전화 사이트를 병설하고 있지만 제작 대행업자가 기계적으로 모바일 기능을 부가하는 것만의 웹사이트도 많고 대부분의 사이트가 갱신하지 않고 있다. 반대로 모바일 사이트의 도입을 진정 검토하는 상점가는 운용을 겨냥한 현실적인 과제에 직면할 수밖에 없다. 재빠른 정보제공, 구입이력이나 내점(來店) 빈도 등 고객의 개인속성에 대응한 정보제공이라는 모바일 마케팅의 본질에 비추어 보면 휴대전화 사이트는 개개 점포와 고객을 직접 연결하는 촉진도구라는 성격이 강하다. 그러므로 정보발신의 주체도 개인용 컴퓨터의 웹사이트 이상으로 상점가에서 개인점포로 이동(shift)할 수밖에 없다. 즉, 개인점포가 즉시 정보갱신능력을 가진지 여부가 휴대전화 사이트 성패를 좌우하는데도 불구하고 많은 상점가는 이러한 기량(skill)을 가진 개개 점주(店主)가 절대적으로 부족하기 때문이다. 개개 점포의 정보 발신력 부족이라는 과제는 스마트폰의 보급과 더불어 트위터, 페이스 북 등 개인이 실시간으로 정보를 발신하는 미디어가 커뮤니케이션 도구로서 힘을 키워가는 것으로 더욱 현재화해간다고 본다.

3) 상업지역의 내부구조

(1) 소매업의 공간구조

소매업의 공간구조 연구는 분석단위의 규모에 따라 거시적 규모와 미시적 규모로 구분된다. 거시적 규모에서는 구매력의 유출입이 발생하는가, 발생해도 지역 간 이동량이 서로 상쇄되어 각 지역의 수요량이 공급량과 비슷하다고 생각되는 범위, 예를 들면 도시권, 국가 등을 자족적 지역이라고 불러 분석의 단위지구로 했다. 이러한 구매력에 관한 자족적 지역 간에서 소매구조의 차이가 왜 발생하는가의 그 요인을 해명하는 것이 거시적 분석의 중요한 과제이다.

한편 미시적 규모의 연구에서는 비자족적 지역이 분석단위가 된다. 소비자의 수요와 공급이 지역내부에서 완결되지 않는다고 생각되는 단위가 비자족적 지역이 된다. 이 연구에서는 소비자가 구매행위를 위해 단위지역 간을 이동하므로 형성된 단위지역 간의 관계와 기능분화가 고찰의 대상이 된다. 또 자족적 지역과 같이 지역의 환경과 소매업 활동과의 상호작용으로 지역 소매구조의 특징이 형성된다. 소매업 또는 그 집적지인 소매상업지를 단위로 도시 소매업의 공간구조를 고찰하는 연구는 후자의 미시적 연구의 범주에 들어간다.

세계에서 선구적으로 소매업 공간구조를 체계적으로 연구한 국가는 미국이다. 1880년 초기까지 미국의 시가지는 밀집된 구조를 나타내고 있었고, 소매업의 집적에 관해 CBD가 유일하게 탁월한 상태였다. 그러나 1890년대 초기에 노면전차가 주요한 도시 교통기관이 되고 전차의 환승지점 부근에 점포가 집적해서 또 다른 규모의 소매집적지가 계층적으로 전개되었다. 더욱이 1930년대 이후에는 자가용 자동차의 보급에 의해 소매상업지는 급격히 다양화되었다. 소매업은 도시의 내부구조를 분석하기에 중요한 요소로 규정되어서 도시의 소매업 공간구조의 연구로서 발전했다.

(2) 상업지역의 내부구조

현재 소매업 구조의 원형은 거의 1945년경에 이루어졌다고 생각할 수 있지만, 그 뒤의 변화도 결코 적지 않았다. 도시 내부의 지가분포를 반영하는 형태로 배치되어온 소매업 집적은 무료고속도로(freeway)의 건설과 교외화의 영향을 강하게 받았다. 자동차를 이용한 구매행동이 일반화되고 원스톱 쇼핑이 일상화되면서 규모가 큰 소매업시설이 주요 도시의 교차점 부근에 입지하게 되었다. 이러한 상업시설은 당초에 자연발생적으로 나타났지만 교외화가 본격적으로 이루어지면서 계획적으로 건설되었다. 도시의 중심부에서 교외로 인구가 이동하므로 소매업의 발전지역은 도심에서 주변 지역으로 완전히 이행되었다. 또 사회·경제적 지위에 대응해 거주분화가 일반화된 북아메리카의 도시에서는 소매업 집적은 지역성을 반영하고 질적으로도 다양화해졌다.

도시 내부에 각종 상업지역이 여러 지역에 분포한다. 이러한 상업지역의 입지 내지 그 입지체계에 관한 연구는 지금까지 주로 상업지역의 입지분화가 뚜렷한 대도시를 무대로 많이 이루어졌다. 이러한 연구는 1937년 프라우드풋(M. J. Proudfoot)이 시카고 시내 상업지역의 유형을 중심업무지구 상업지구(CBD), 부도심 상업지구(outlaying business district), 간선도로변 상가(principal business thorough fare), 근린 상업지구(neighborhood business district), 고립 상점지구(isolated store cluster)로 구분해 분석했다. 그 후 스위스 취리히를 대상으로 도시 내 상점가를 CBD 상업지구, 지역 중심상업지구, 근린 상업지구로 구분하고 상업지구 간의 계층성을 규명한 스위스의 지리학자 카롤(H. Carol)을 선두로 한 중심지 연구와 베리를 선두로 한 상업지역의 유형화 연구가 있다. 베리는 종래의 소매 상업지역의 유형화에 대해 다음과 같은 비판을 했다. 먼저, 소매 상업지역의 형태에서 중심지구(centers)와 대상(帶狀)지구(ribbons)를 구분하고 있지만 양자가 왜 다른지를 체계적으로 설명하지 않았다. 둘째, 중심지구가 그 규모와 업종 구성이 다름에 따라 몇 개의 유형으로 구별되지만 그들 간의 차이가 불명료하다는 점이다. 이상의 두 가지 점은 소매 상업지역의 유형화를 위한 기준과 이론적 틀이 애매하기 때문에 나타난 것이다. 그래서 베리는 소매 상업지역 유형화의 이론적 틀을 중심지 이론으로 구축하고 수량적 방법을 도입해 객관적인 유형화의 방법을 확립함으로써 위의 문제점을 해결하려고 했다. 여기에서 상업지역의 유형을 살펴보면 다음과 같다.

베리는 1963년 시카고 시내의 상업지역을 고찰한 결과 〈그림 6-7〉과 같이 유형화했

〈그림 6-7〉 대도시 내부의 상업지역 유형

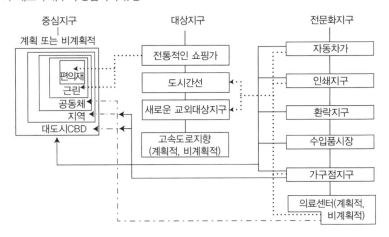

자료: Berry(1967: 46).

다. 소매업지역의 기본형의 하나인 중심적 집적은 중핵이 되는 점포를 중심으로 여러 종류의 소매업이 한 곳에 집중하는 패턴이 된다. 중심지구는 도시 내 각처에 형성된 상업지역 중에서 가장 주요한 집적유형인데 중심지 이론으로 설명하면 계층적 상업지에 해당된다. 중심지구는 지하철, 버스 등의 공공 교통수단을 이용하는 소비자 지향에 의해 설명되어지는데 대도시의 CBD와 달리 그 규모에 의해 지역 중심지, 공동체 중심지, 근린(neighbourhood) 중심지, 고립된 편의점(isolated convenience store) 등 4계층으로 구분되었다. 이것은 상점 종류의 수, 종업원 수, 판매액, 고객 수 등으로 구분된 것이다. 지역중심지에는 도심에 입지하는 백화점의 지점, 전문적인 상품이나 서비스를 공급하는 점포나 시설 등이 나타난다. 도시지역의 발달과 더불어 교외에서 도심에 이르는 접근성은 상대적으로 낮아지는 경향이 있다. 이 때문에 교외에 좀 더 가까운 지역 센터는 도심기능의 일부를 담당하게 된다. 지역중심지보다 낮은 계층의 공동체 중심지에는 의류와 식료품, 가구, 보석, 생화를 위시해 지역중심지에 비해 전문화의 수준이 낮은 상품이 공급된다. 또 소매업 이외에 은행, 부동산 중개업, 여행사 등 서비스 기능도 일반적으로 분포하고 있다. 근린 중심지에는 슈퍼마켓이 중핵적인 점포가 되고 청과물, 빵, 과자 등을 판매하는 점포나, 이용소, 세탁소, 레스토랑 등이 분포하고 있다. 다음으로 근린 중심지보다 낮은 중심지인 고립된 편의 상업 집적지의 주요 업종은 청과물 상점, 약국, 제과점 등이 있다.

다음으로 대상지구는 도시의 간선도로를 따라 교외로 뻗는 시가지를 대상으로 발달한 집적유형으로, 여기에는 도로를 통과하는 자동차 교통을 이용하는 소비자에 의해 발생되는 수요에 대응한 시설이나 비교적 넓은 부지를 요구하는 기능이 입지한다. 그러나 도로변에 형성된 소매업 집적도 교통량이나 도로 폭이 다름에 따라 공간적 차이가 다른 것이 일반적이다. 북아메리카 대도시의 경우 무료 고속도로가 도시 내부를 방사상 또는 환상으로 분포하고 있는 것이 많은데, 이곳을 통과하는 사람들을 대상으로 분포한 시설인 주유소, 레스토랑, 여관이나 호텔 등이 도로의 양쪽에 입지한다. 이 시설들은 기본적으로 자유입지이고, 일시적 이용이 많기 때문에 시설 상호 간의 기능적 결합이 강하지 않다. 다음으로 두 가지 유형으로서 간선도로변의 소매업 집적이다. 자동차 수리공장, 가구점, 연료점, 가정용품점, 전기기기점을 위시한 점포로 주차장을 마련하고 소비자를 기다리는 이들 소매업의 공통점은 취급상품의 성격에서 비교적 넓은 용지를 필요로 하고, 수요빈도가 그다지 많지 않다는 점이다. 필요로 하는 상권의 인구 비율이 높은 점에서 본래 중심지구적인 소매업 집적지에 출점(出店)하는 것이 바람직하지만 지가가 높기 때문에 중심지구로 통하는 간선도로변에서 영업을 한다.

도로의 폭이 좁고 보행자 교통도 많은 가로(街路)는 점포가 연속적으로 입지한 경우가 많고, 형태적으로 확실히 대상이라고 말하지만 이러한 소매업 집적은 기능면에서 위의 두 가지 유형과는 다른 점이 많다. 청과물점, 약국, 세탁소, 이용소, 미용소 등과 같이 일상적인 편의재와 편의 서비스를 취급하는 시설이기 때문에 소비자 행동도 복수의 점포를 방문하는 다목적 행동이 되기 쉽다. 업종 구성면에서는 근린 중심지와 공통점이 많은 종류의 소매업이 집적하고 도시 중심부나 교외 주택지를 위시해 많이 나타난다.

마지막으로 전문화 지구(specialized areas)에는 개개의 독립된 입지요인에 의해 단독 내지 유사한 업종이 응집해서 집중지구를 형성한다. 그리고 현실적으로 이 지구의 구매행동은 다소의 교통비를 지불해가며 서로 상품을 비교하면서 구입하는 구매행동을 나타낸다. 이 지구는 예를 들면 소비자의 구매빈도가 매우 적고 용지를 넓게 필요로 하는 자동차가(automobile row), 가구점 지구(furniture districts) 등 여섯 개의 유형에 의해 구성되어 있다. 이러한 도시 내의 상업지역 발달은 소비자의 입장에서 같은 업종이 모여 있음에 따라 구매행위를 하는 데 상품을 비교해서 구입하기 쉽다. 그리고 시장의 입장에서는 특수시설을 이용할 수 있다는 이점이 있다.

이 지구는 집적의 내부구성에서 같은 기능이 한 곳에 집적하는 경우와 서로 관련성을 갖는 기능이 인접해 입지하는 경우로 나눌 수가 있다. 전자는 예를 들면 자동차 판매점이나 가구점이 한 곳에 집적하는 경우이다. 또 후자는 도심 가까이에 인쇄소, 출판사가 집중한 경우로, 이 경우에는 기능적인 관련성이 나타난다. 또 대상을 소매업에 한정시키지 않고 서비스업에 적용할 경우 도심 가까이에 집적하고 있는 각종 오락시설이나 음식점은 전자의 예이다. 한편 각종 의료시설이 인접 입지하는 의료센터 등은 후자의 예라고 말할 수 있다. 여기에서 환자는 제휴한 의료 서비스를 제공받을 수가 있다.

전문화된 소매업 또는 서비스업이 한 곳에 집적하는 이유는 집적과 더불어 외부경제를 향수하기 때문이다. 이들 업종은 수요빈도가 그다지 많지 않기 때문에 최소요구값의 인구는 크고, 상권의 범위도 넓다. 자동차나 가구와 같이 값이 비싼 전문재의 경우 소비자는 몇 개의 점포를 방문하고 상품을 비교해 구매하는 것이 일반적이다. 이들 점포가 한 곳에 집중하면 주차장의 공동이용, 공동광고, 공동판매 등에 의한 장점이 기대될 수 있다. 요컨대 도시 전체에 대해 접근성이 좋은 지점에 많은 전문화된 시설이 집적함에 따라 상인이나 소비자 모두 편익을 받을 수가 있다. 다만 집적의 이익이라는 외부경제에 의한 효과만이라면 중심적인 소매업 집적지와는 다르다. 이러한 종류의 소매업이나 서비스업은 대상의 소매업 집적과 같이 넓은 공간을 필요로 하는 경우가 많기 때문에 중심적인 소매업 집적이 형성되고, 지가가 높은 장소를 피해 중심부에서 조금 떨어진 장소에 집적하는 경향이 있다.

같은 업종의 점포가 한 곳에 입지한 전문소매업 집적도 시대에 따라 그 내용이 변화한다. 의류나 장신구를 전문적으로 판매하는 전통적인 소매업 집적은 현재도 존재하지만 가구 등과 같은 상품을 취급하는 소매업의 경우에는 전통적인 가구점가와는 별도로 자유입지 형식에 의한 점포의 입지전개가 일반적이었다. 자동차 딜러는 이전과 변함이 없이 전문적인 집적의 경향이 강하지만 집적 장소 그 자체는 도시의 발전과 더불어 주변 지역으로 확대되었다. 최근에는 가전제품이나 개인용 컴퓨터를 위시해 정보통신기기와 그 부품을 취급하는 소매업이 도심 주변에 집적하는 경향이 뚜렷해졌다. 오락관계나 영화관, 극장으로 대표되는 오락가가 도심의 한 곳에 입지하는데, 이것도 오락의 내용이 변함에 따라 그 형을 바꾸고 있다.

이와 같은 도시 내 상업지역에서 각 유형의 기능적 관련성의 강도는 직선, 1점 쇄선, 점선으로 나타내었다. 여기에서 중심지구는 중심지 이론에 의해 설명이 가능하지만, 대상지구나 전문화지구의 입지는 중심지 이론만으로는 설명할 수 없다.

〈그림 6-8〉은 세 종류의 소매업 집적지의 공간적 배치를 모델로 나타낸 것이다. 다만 이 모델은 영국에서의 경험적 사례에 바탕을 두었기 때문에 북아메리카의 경우와는

〈그림 6-8〉 도시 내부 소매업의 지역구조 모델

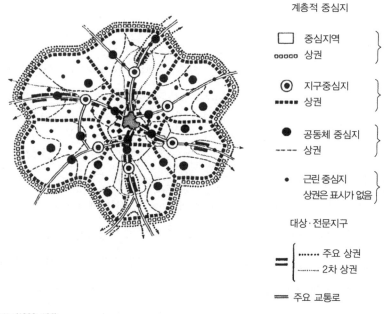

자료: Potter(1982: 130).

약간 다른 점도 있지만 전체적으로는 거의 같다고 해도 좋다. 기본적으로는 중심적인 소매업 집적지가 계층적으로 배치되어 있고 도심에서 방사상으로 뻗은 도로를 따라 대상의 소매업 집적지가 형성되어 있다. 또 도심부 가까이에는 같은 업종의 전문점이 모여 있는 소매업 집적지가 있다. 그림에서는 상권도 함께 나타나지만 도심 소매업의 영향이 강하기 때문에 북아메리카의 지역 센터에 해당하는 지구 센터(district center) 이하의 상권은 교외 쪽으로 뻗어 있다.

이러한 도시 내부의 상업지역 구조는 일반적으로 도시 규모가 클수록 현저하며, 또 그 형성은 자동차 교통의 발달에 영향을 많이 받는다. 공공 교통수단에 의존도가 높은 유럽 여러 국가 등의 도시에서는 고도로 개인 교통수단의 발달을 나타낸 미국의 도시에서 볼 수 있는 상업지역 분화가 같은 모양으로 전개한다고 볼 수 없다. 따라서 공공 교통수단에 크게 의존하는 상업지역과 개인 교통수단에 의존하는 상업지역의 구조적 차이를 이해해야 할 것이다. 즉, 공공 교통수단의 의존도가 높은 유럽 여러 국가에서의 도시 내 상업지역은 중심지의 계층구조에 의해 상업지역 체계를 설명할 수 있다. 그러나 1970년대에 들어와 영국의 지리학자 데이비스와 포터(R. B. Potter) 등의 연구에 의하면 영국의 도시에서도 상업, 서비스업은 베리의 구분에 의한 중심지구, 대상지구, 전문화지구를 구성한 기능군(機能群)에 의해 업종적 입지분화가 나타났다. 그리고 미국과 같은 중심지구와 대상지구가 연속적으로 입지해 있다. 이러한 현상은 공공 교통수단의 의존도가 강한 영국의 도시에서도 중심지구 이외의 상업 집적이 나타난다는 점이 괄목할 만한 내용이다.

데이비스는 영국 코번트리(Coventry) 시의 관찰에서 베리에 의한 상업지역의 세 유형이 도시 중심부에 집약적으로 복합화 되어 의존하고 있다고 주장하고 〈그림 6-9〉와 같은 모델을 제시했다. 그에 의하면 도시의 핵상(nucleated) 중심지에서 지대 부담력의 차이에 의해 중심지구, 지역, 공동체, 근린센터의 중심지 기능이 동심원상으로 입지한다. 그리고 핵상 중심지의 주변으로 방사상의 주요 교통로변에는 세 개의 유형에 의한 대상의 상업지역이 발전하고 있는 것도 나타났다. 또 전문화 지구는 재화의 종류에 따라 면적(面的) 내지 선상의 집적 형태로 중심부내 곳곳에 형성되어 있다. 이러한 중심부는

〈그림 6-9〉 도시 중심부의 상업지역의 구조 모델

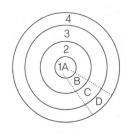

핵상중심지의 특징

상점 유형	업종 예
1. 중심지구	A. 양복점
2. 지역중심지	B. 잡화점
3. 공동체중심지	C. 선물상점
4. 근린중심지	D. 식료품점

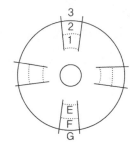

대상지구의 특징

상점 유형	업종 예
1. 전통적 상점가	E. 은행
2. 도시간선 대상지구	F. 카페
3. 교외 대상지구	G. 차고

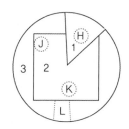

전문화지구의 특징

상점 유형	업종 예
1. 고급	H. 환락지구
2. 중급	J. 시장
3. 저급	K. 가구점
	L. 일용품점

세 유형의 복합 모델

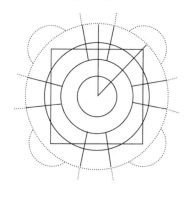

자료: Davies(1976: 147).

〈그림 6-10〉 개발도상국에서 중심지의 이중구조

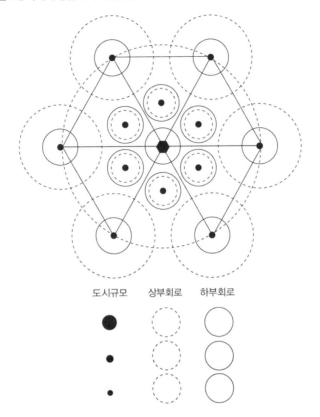

도시규모　　상부회로　　하부회로

자료: Santos(1979).

세 요소가 복합적으로 상업지역을 구성하고 있다는 점에서 이해해야 할 것이다.

　　다음으로 산토스(M. Santos)의 이중구조 모형과 같은 근대화 유통 시스템인 상부회로
와 전통적인 유통 시스템인 하부회로가 대조되는 성질을 대·중·소의 중심별로 묘사해
개발도상국의 중심지 시스템의 특징을 나타낸 것이 〈그림 6-10〉이다. 그 후 개발도상
국에서는 근대화와 새로운 중산층의 대두로 상부회로가 현저하게 탁월한 반면에 일본
에서는 대량소비 스타일의 변질과 계층격차의 확대에 의해 새로운 이중구조 모형, 즉
광역상권을 가지는 상업 집적과 편의점과의 대조성 등의 출현도 나타났다.

　　이상 상업지역의 내부구조의 연구는 상업지역 유형에 해당하는 지역 및 상업지역의

분화 정도가 다르기 때문에 이러한 점을 어떻게 통일화 내지 일반화시킬 것이냐가 문제이다. 그런데도 베리가 제창한 상업지역의 유형은 도시 내의 상업지역 입지를 고찰할 때 중심지 이론과 더불어 기본적으로 받아들여지고 있다.

(3) 조선시대 한양의 상업지역

자급자족 내지 물물교환 경제의 수준을 벗어나지 못했던 고대국가에서 시전(市廛)은 필수 불가결한 것이었다. 5세기경 신라 소지왕(炤知王) 12년(490) 3월에 이미 시전이 있었다는 기록이 이 사실을 뒷받침해준다. 고려시대에도 송악에 시전을 건설한 것은 빼놓을 수 없는 것이었다. 그 후 조선시대 수도인 한양에서는 초기에 상가가 무질서하게 난립하자 위정자들은 상업을 억제하는 정책을 펴왔으나 정부와 위정자 자신들의 물품 수요를 조달해야 하고 비농업인구의 집단 거주지로서 자급자족이 되지 않는 지역이었기 때문에 도성 내에 거주하는 주민들이 생활필수품을 구할 수 있는 장시(場市)는 물론 상설점포인 시전행랑(市廛行廊)을 세울 필요가 있었다.

조선시대에 시전을 건설할 계획이 세워진 것은 정종 원년(1399)이었다. 그리고 이것이 본격화된 것은 태종 때였다. 태종 10년(1410)에 도성 내의 물가안정과 장시의 질서를 유지하기 위해 우선 시전의 위치를 정했는데, 대시(大市)는 장통방(長通坊, 지금의 관철·장교동 일대)에서, 미곡·잡물은 동부 연화방(蓮花坊, 연지동), 남부 훈도방(薰陶坊, 을지로 2가), 서부 혜정교(惠政橋, 종로 1가), 북부 안국방(安國坊, 안국동), 중부 광통방(廣通坊, 무교동) 등에서, 우마(牛馬)는 장통방(長通坊, 수표동) 하천변에서 매매하도록 했다. 경시감(京市監)은 감독기관으로 중부 견평방(堅平坊, 파고다 공원 동쪽)에 설치해 물가조절, 야바위 방지, 좀도둑 단속, 상세징수(商稅徵收) 등의 상업 활동에 관한 모든 것을 관장하도록 했다. 한양의 장시는 5일에 한 번씩 개시되는 지방의 향시(鄕市)들과는 달리 매일 개시되기는 했으나 장내에 상설점포는 없었다.

조선시대 한양의 상가 질서를 유지하게 된 것은 상설점포인 시전행랑을 건설한 이후부터로 태종 12년(1412)부터 4차에 걸쳐 단계적으로 3000여 칸의 행랑이 이루어졌다(〈그림 6-11〉). 이로써 종로 네거리를 중심으로 동쪽은 동대문까지, 서쪽은 혜정교(惠政

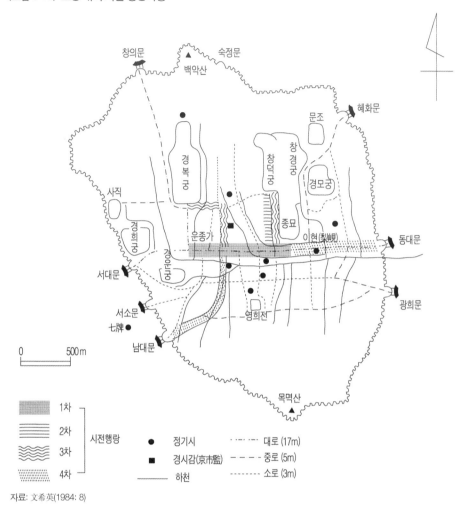

〈그림 6-11〉 도성 내의 시전 형성과정

창의문　▲　숙정문
백악산

혜화문

문조

경복궁

창덕궁

창경궁

경모궁

사직

경희궁

운종가

종묘

이현(梨峴)

동대문

서대문

영희전

광희문

서소문
七牌 ●

남대문

목멱산 ▲

0　　500m

시전행랑
1차
2차
3차
4차

● 정기시
■ 경시감(京市監)
── 하천

⋯⋯ 대로 (17m)
── 중로 (5m)
⋯⋯ 소로 (3m)

자료: 文希英(1984: 8)

橋)까지, 남쪽은 남대문까지, 북동쪽은 돈화문(敦化門)까지, 북서쪽은 광화문까지 상가가 'T'자 모양으로 발달했다.

　도성 내에서도 상업의 중추적인 역할을 한 곳은 종루(鐘樓)를 중심으로 한 육의전(六矣廛)[4]을 포함한 시전이었다. 시전은 대체로 관부(官府)의 수요에 따라 부과되는 임시부담금, 궁중부중(宮中府中)의 수리를 위한 물품 및 경비배당, 왕실의 관혼상제는 물론

〈그림 6-12〉 한양의 육의전 분포(1876년)

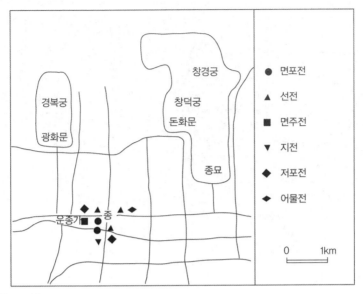

자료: 文希英(1984: 20).

매년 수차에 걸쳐 중국에 파견되는 사절의 세폐(歲幣) 및 수요품 등을 조달했다. 이와 같은 국역(國役) 부담의 시전을 '유분각전(有分各廛)'이라 했고 그중에서도 최고 유분전 (有分廛)인 여섯 개의 상전(商廛)을 '육의전'이라 부르게 되었다. 육의전의 발생은 대동법 실시 전후로 계속 번창했으나 개항 이후 일본과 청나라 상인의 진출과 서울 오강(五 江)[5]을 근거로 한 객주, 여각 등의 신흥 상업세력에 밀려 쇠퇴했다. 육의전의 분포는 〈그림 6-12〉와 같다. 지금도 종로 네거리 일대에 비단옷감을 파는 주단가게와 지물포 가 많이 입지하고 있는 것은 육의전의 흔적이라 할 수 있다.

도성 내의 상업지역을 이루었던 시전 중에서 육의전 이외의 유분각전(有分各廛), 즉 어느 정도 수입이 좋아서 국역(國役)의 일부를 담당했던 시전과 국역 부담이 전혀 없었

---

4) 국역 부담(國役負擔)의 시전(市廛)인 면포(綿布), 선(線), 면주(綿紬), 지(紙), 저포(苧布), 어물전(魚物廛) 으로 구성되었다.

5) 한강, 노들강, 용산강(龍山江), 마포강(麻浦江), 서강(西江) 등의 나루터를 말한다.

〈그림 6-13〉 도성 내 조세를 부담하던 시전분포

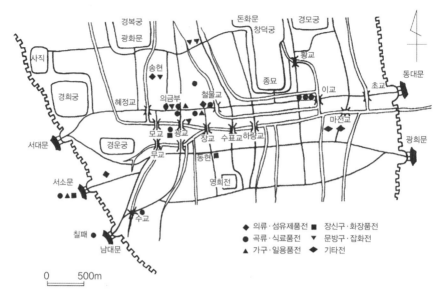

자료: 文希英(1984: 29).

〈그림 6-14〉 도성 내 조세 부담이 없었던 시전 분포

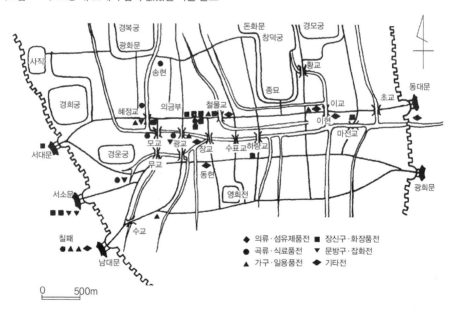

자료: 文希英(1984: 34).

〈그림 6-15〉 도성 주변의 상업지역

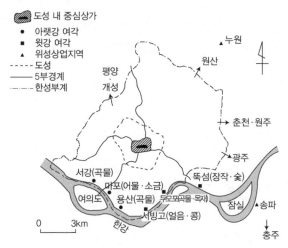

자료: 文希英(1984: 14).

던 무분시전(無分市廛)의 지역적 분포와 취급한 물품을 나타낸 것이 〈그림 6-13〉과 〈그림 6-14〉이다. 다음으로 도성 주변에 일부 분포하고 있었던 시전은 〈그림 6-15〉와 같다. 도성 주변의 분포는 한강을 끼고 발달했는데 그것은 조운(漕運)을 통해 전국의 세곡(稅穀)이 한강으로 집결되었고, 한양에 거주하는 지주가 지방농장에서 거둔 소작료도 대부분 선박으로 이곳에 집산되었으며, 한양 주민의 일상 생활용품도 그 양이 많은 것은 대부분 배편으로 한강을 이용해 공급되었다. 따라서 조선 전기부터 한강변에는 어물전, 염전, 시목전(柴木廛, 뗄 나무전), 미전(米廛) 등이 생겨났는데, 이들 중에는 독자적으로 설립된 시전도 있었지만 도성내의 본전(本廛)과 깊은 관계를 맺거나, 분전(分廛)과 같은 성격으로 예속된 것도 있었다.

조선왕조는 농민에게서 받아낸 세곡(稅穀)을 선박으로 해안 또는 하천을 경유해 지방에서 한양으로 수송하는 조운제도를 실시했는데 조운로(漕運路)의 종점이었던 서강, 마포, 용산 일대의 상인들은 곡물, 해산물, 소금 등을 취급했으며, 이들을 흔히 아랫강 여각(旅閣)이라 불렀다. 또한 서빙고, 한강진(漢江津), 두모포(豆毛浦), 뚝섬 일대의 윗강 여각은 한강상류 지역으로부터 곡물, 목재, 장작, 숯, 약재 등을 싣고 온 강선(江船)이

집결되었다. 이들 두 지역에 거주한 상인집단을 흔히 경강상인(京江商人)이라고 불렀다. 이들 경강상인은 세곡 이외에 자기 상품의 판매처를 확대시킴에 따라 이곳을 중심으로 도가상업(都賈商業)을 발전시켜 자기자본의 축적을 가져왔다.

3. 고령화지역의 소매판매활동과 식료사막

1) 인구감소지역의 소매판매활동 특성

오늘날 한국은 도시화에 따른 인구재배치와 출산율의 저하 및 반(역)도시화 현상, 그리고 도심에서의 인구감소현상을 나타나고 있다. 2000~2010년 사이에 전국 230개 시·군·구 가운데 인구감소지역은 약 62%를 차지하며, 특히 농산어촌지역에서 이러한 현상이 두드러지게 나타났다. 이러한 인구감소지역은 고령인구가 많아 경제적 침체 내지 쇠퇴현상이 더욱 두드러지게 나타났는데, 이에 대한 대책을 수립하기 위해 그 현황을 파악하는 것은 매우 중요한 과제라고 본다. 인구감소현상과 관련지어 지역경제를 파악하기 좋은 지표로는 한정된 지역의 경제적 기능인 소매판매활동이다.

한편 한국의 인구 중 고령인구는 계속 증가해 고령화율이 2000년 7.3%에서 2010년 11.3%로 고령화사회를 넘어 고령사회로 나아가고 있다. 이와 같은 고령화의 진전은 세계에서 유례없이 빠른데, 전국의 시·군·구 가운데 인천시 계양·서구, 광주시 광산구, 대전시 유성구, 울산시 남·동·북구, 안산·오산·시흥·계룡·구미시를 제외한 나머지 모든 단위지역의 고령인구가 7% 이상이다(〈그림 6-16〉). 이러한 고령인구를 나타내는 지역(고령화지역)에서의 소매판매활동은 노인들의 소비생활과 직결되는 문제로 이에 대한 관심이 높아져 연구의 필요성이 제고되고 있다.

인구감소 고령화지역에서 상품의 판매활동은 위축되고, 소비자의 구매활동은 구입상품의 종류가 적어지고 구입량도 제약을 받는다. 즉, 고령인구는 그 활동공간이 축소되어 상품구매활동에서도 영향을 받기 때문에 유통활동의 말단인 소매업을 지표로 한

〈그림 6-16〉 인구증감률과 고령화율과의 관계(2000~2010년)

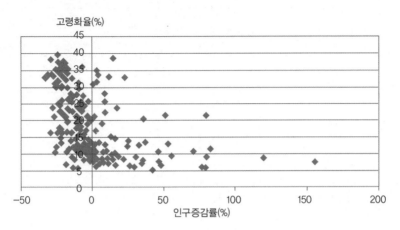

자료: 韓柱成(2014: 541).

고령화지역의 판매활동은 지역적 특성을 파악하는 데 유효하며, 나아가 지역경제활동의 정도를 알아보는 데도 유리하다고 할 수 있다.

한편 2010년 한국의 소매판매활동은 약 66만 4000개의 점포에서 약 377조 원이 판매되어 점포당 5억 6800만 원이 약 173만 명의 종업원에 의해 판매되었으며, 국민 한 명당 소매 구매액은 약 786만원이었다. 이를 업종별로 보면, 섬유, 의복, 신발 및 가죽제품 소매업, 종합소매업, 기타 상품 전문 소매업의 점포 수가 전체 점포 수의 52.6%를 차지했으나, 판매액은 종합소매업(22.7%), 자동차 및 부품 판매업(15.1%), 연료소매업(13.7%), 자동차 판매업(10.4%)의 순으로 많이 나타났다. 이를 인구 한 명당 연간 판매액으로 살펴보면, 점포 수는 적으나 판매액이 많은 업종은 자동차 및 부품 판매업, 자동차 판매업, 연료소매업 등이고, 점포 수는 많지만 판매액이 적은 업종은 섬유, 의복, 신발 및 가죽제품 소매업, 음식료품 및 담배소매업, 기타 상품 전문 소매업 등이며, 점포 수와 판매액도 많은 업종으로는 종합소매업을 들 수 있다(〈표 6-5〉).

한편 인구감소 고령화지역의 소매업 특성을 보면, 사업체 수와 종사자 수, 연간 판매액의 구성은 고령화사회가 각각 62.8%, 67.7%, 74.4%를 차지해 거의 2/3 이상이었다. 그리고 사업체 밀도를 보면, 고령사회(고령인구율 14~20%)), 초고령사회(20% 이상), 고령

〈표 6-5〉 소매업의 업종별 제 특성(2010년)

업종(소분류)	사업체 수	종사자 수	연간 판매액		
			금액(100만 원)	%	인구 한 명당 판매액(원)
자동차 및 부품 판매업	23,865	108,322	56,881,143	15.1	1,185,252
자동차 판매업	7,057	61,504	39,258,392	10.4	818,041
자동차 부품 및 내장품 판매업	15,068	43,499	17,146,385	4.5	357,285
모터사이클 및 부품 판매업	1,740	3,319	476,366	0.1	9,926
종합소매업	109,086	361,443	85,534,827	22.7	1,782,319
음식료품 및 담배소매업	98,651	171,434	12,674,147	3.4	264,096
정보통신장비 소매업	35,922	90,287	25,844,541	6.8	538,532
섬유, 의복, 신발 및 가죽제품 소매업	137,918	242,498	26,230,139	6.9	546,566
기타 가정용품 소매업	60,145	106,984	8,229,910	2.2	171,489
문화, 오락 및 여가 용품 소매업	35,332	68,140	7,265,347	1.9	151,391
연료 소매업	19,986	78,229	51,556,420	13.7	1,074,299
기타 상품 전문 소매업	102,212	205,401	23,693,675	6.3	493,713
무점포 소매업	17,248	189,801	22,551,490	6.0	469,913
계	646,982	1,541,060	354,791,392	100.0	7,862,821

자료: 韓柱成(2014: 543).

화사회(7~14%)의 순으로 고령화가 높은 지역일수록 사업체 밀도가 높은 특이한 현상을 보이고 있다. 일반적으로 고령화가 높을수록 판매액은 적은데도 불구하고 사업체 밀도가 초고령사회에서 특히 높게 나타나는 것은 도시지역보다 농산어촌지역에 분산·입지한 독립소매점이 많기 때문이라고 생각한다. 그러나 사업체당 종사자 수는 비고령화사회·고령화사회에 속하는 지역에서 많은 것이 특징이고, 노동생산성은 고령화가 높은 지역일수록 낮게 나타난다(〈표 6-6〉).

다음으로 이를 지역별로 보면 인구감소 고령화지역에서 인구 1000명당 사업체 수는 평균 18.5개로 이보다 많은 지역은 49개인데, 대구시 중구가 95.7개 사업체로 가장 많고, 이어서 부산시 중구, 서울시 중구·종로구, 광주시 동구, 부산시 동구의 순으로 많은데, 이들 지역은 대도시의 도심으로 자기 구뿐만 아니라 배후지역의 중심지 역할로 외부상권이 강화되었기 때문이다. 이를 고령화 정도에 따라 보면, 평균 이상의 지역 구성비는 초고령사회가 45.5%로 가장 높고, 이어서 고령사회(35.7%), 고령화사회(15.5%)

<표 6-6> 인구감소 고령화지역의 소매업의 특성

구분		비고령화사회	고령화사회	고령사회	초고령사회	계 또는 전국 평균
인구수 (%)		604,465 (2.9)	14,566,396 (69.1)	2,675,325 (12.7)	3,219,318 (15.3)	21,065,504 (100.0)
인구 규모(만 명)	100 이상		1			1
	50~100		3			3
	30~50	1	17			18
	10~30	1	22	12	3	38
	5~10		2	10	23	35
	2~5	1		5	36	42
	2 미만			1	4	5
사업체 수 (%)		7,850 (2.4)	206,181 (62.8)	57,010 (17.3)	57,360 (17.5)	328,401 (100.0)
종사자 수 (%)		18,236 (2.3)	531,957 (67.7)	123,777 (15.8)	111,321 (14.2)	785,291 (100.0)
연간 판매액(100만 원) (%)		3,409,326 (2.1)	120,213,609 (74.4)	20,908,452 (13.0)	16,961,932 (10.5)	161,493,319 (100.0)
사업체 밀도(인구 1000명당 사업체 수)		12.99	14.15	21.31	17.82	15.59
사업체당 종사자 수(명)		2.32	2.58	2.17	1.94	2.39
시·군·구당 연간 판매액(100만 원)		1,136,442	2,671,414	746,730	256,999	1,137,277
인구 한 명당 연간 판매액(1000원)		5,640	8,253	7,815	5,269	7,666
사업체당 연간 판매액(100만 원)		434.31	583.05	366.75	295.71	491.76
노동생산성(종사자 한 명당 연간 판매액, 100만 원)		186.04	225.98	168.92	152.37	205.65

자료: 韓柱成(2014: 544).

의 순으로 나타나 고령화가 많이 이루어진 지역일수록 인구 1000명당 사업체 수의 밀도가 높다. 이것은 고령화된 농산어촌지역의 사업체가 분산·입지하고 있기 때문이며, 이들 지역에서 사업체 수가 적어 구매활동에 제약을 받는다고는 할 수 없다.

다음으로 연간 판매액이 가장 많은 지역은 서울시 중구로 약 11조 5000만 원인데, 1조 원 이상을 나타내는 시·군·구 47개 가운데 고령화사회가 40개로 85.1%를 차지하나 초고령사회에는 하나도 없어 고령화가 많이 이루어진 지역일수록 연간 판매액이 적어 구매력이 낮다는 것을 알 수 있다(고령화율과 연간 판매액과의 상관계수는 -0.5351).

한편 인구 한 명당 연간 판매액은 평균 7222만 원으로 이보다 많은 시·군·구수는 33개로, 이들 가운데 연간 판매액이 가장 많은 지역은 서울시 중구가 7630만 원, 종로구 5735만 원, 대구시 중구 2891만 원, 부산시 중구 2824만 원, 서울시 용산구 2162만 원의 순으로 대도시 도심에서의 판매액이 많은 것은 인구 1000명당 사업체 수의 분포와 같은 현상이라고 할 수 있다. 여기에서 고령화 정도에 의한 지역적 분포를 보면, 고령화사회는 평균 이상을 차지하는 지역 수가 20개로 가장 많고, 고령사회와 초고령사회는 각각 열 개, 세 개로 고령화가 많이 이루어진 지역일수록 인구 한 명당 연간 판매액이 적어 고령화가 될수록 구매력이 떨어진다.

다음으로 사업체당 연간 판매액을 보면, 평균 3억 8720만 원으로 평균보다 많은 시·군·구수는 55개이며, 이들 가운데 서울시 영등포구 12억 1162만 원, 중구 12억 394만 원, 종로구 11억 1757만 원, 용산구 10억 3039만 원의 순으로 나타나 서울시 도심에서의 판매액이 매우 많았다. 이를 고령화 정도로 살펴보면 고령화사회가 37개, 고령사회 11개, 초고령화사회는 다섯 개로 사업체당 연간 판매액도 고령화가 많이 이루어진 지역일수록 구매력이 낮다 마지막으로 종사자 한 명당 연간 판매액에 의한 노동생산성을 살펴보면, 평균 1억 7250만원으로 평균보다 많은 시·군·구의 수는 57개인데, 이 가운데 서울시 중구 4억 277만 원, 용산구 3억 9118만 원, 종로구 3억 7569만 원, 영등포구 3억 5575만 원, 경산시 3억 1772만 원, 포천시 3억 246만 원의 순으로 아주 많으며, 이를 고령화 정도에 따라 보면 고령화사회가 31개, 고령사회 11개, 초고령사회는 14개로 다른 지표에 비해 고령사회 및 초 고령사회에서의 노동생산성은 높다고 할 수 있는데, 이는 사업체당 종사자 수가 적은 데서 기인한 것이다.

2) 인구감소 고령화지역의 소매판매활동과 식료사막

(1) 고령화지역의 소매판매활동

인구감소 고령화지역에서의 소매판매활동을 고령화 유형별 주요 소매업종을 토머스의 대표작물 산출법[6]에 의해 구하면 6~8개의 주요 소매업종으로 구성되었다는 것을

〈표 6-7〉 고령화 정도에 의한 주요 소매업

유형	주요 소매업종	업종 수
비고령화사회	종합소매업, 연료소매업, 자동차 및 부품 판매업, 정보통신장비 소매업, 자동차 판매업, 기타 상품 전문 소매업, 섬유, 의복, 신발 및 가죽제품 소매업	7
고령화사회	종합소매업, 자동차 및 부품 판매업, 연료소매업, 자동차 판매업, 무점포 소매업, 정보통신장비 소매업, 섬유, 의복, 신발 및 가죽제품 소매업, 기타 상품 전문 소매업	8
고령사회	연료소매업, 종합소매업, 자동차 및 부품 판매업, 섬유, 의복, 신발 및 가죽제품 소매업, 기타 상품 전문 소매업, 자동차 판매업, 정보통신장비 소매업, 자동차 부품 및 내장품 판매업	8
초고령사회	연료소매업, 종합소매업, 자동차 및 부품 판매업, 자동차 판매업, 기타 상품 전문 소매업, 음식료품 및 담배소매업	6

자료: 韓柱成(2014: 545).

알 수 있다(〈표 6-7〉).

인구감소지역은 인구증가지역과 마찬가지로 종합소매업, 연료소매업, 자동차 및 부품 판매업, 자동차 판매업, 기타 상품 전문 소매업의 다섯 개가 주요 업종으로 구성되어 2010년 한국의 공통적인 소매업종이라 할 수 있다. 여기에 고령화의 정도에 따라 비고령화사회는 정보통신장비 소매업, 섬유, 의복, 신발 및 가죽제품 소매업이, 고령화사회에서는 무점포소매업, 정보통신장비 소매업, 섬유, 의복, 신발 및 가죽제품 소매업이, 고령사회에서는 섬유, 의복, 신발 및 가죽제품 소매업, 정보통신장비 소매업, 자동차 부품 및 내장품 판매업이, 초고령사회에서는 음식료품 및 담배소매업이 각각 추가되어 그 특징을 나타냈다. 이는 고령화 정도에 따라 주로 소비하는 상품이 다르다는 것을 의미하는 것으로 고령화사회에서는 무점포소매업, 고령사회에서는 자동차 부품 및 내장품 판매업, 초고령사회에서는 음식료품 및 담배소매업의 구성비가 상대적으로 높아 이들에 대한 소비지출이 상대적으로 많다는 것을 알 수 있다. 초고령사회에서 총판매액 중 음식료품 및 담배소매업 판매액[7]의 평균 구성비는 6.5%로 엥겔지수에 의하면

---

6) 주요 소매업종 추출은 먼저 업종별 구성비를 산출한 실제 구성비와 단위지역별로 100%를 업종 수에 따라 나눈 이론적 구성비 사이의 편차 자승 합이 가장 적은 업종 구성으로, 이는 현실과 이론의 업종 구성이 가장 가깝다는 점에서 이 방법을 응용해 사용했다.

7) 각 지역의 판매액은 소비액이 아니지만 자료의 제약으로 소비액으로 간주했고, 자료관계상 담배소매업

64개 시·군은 모두 선진지역[8]에 속하나 울릉군(30.1%)은 후진지역, 장흥군(23.8%)은 중간지역으로, 초고령사회는 대부분 농어업활동이 활발한 지역이기에 식료품의 자급이 어느 정도 이루어지나 자급할 수 없는 식료품 및 담배의 구입 등이 많고, 상대적으로 다른 업종의 구매가 적다고 할 수 있다.

다음으로 고령화 정도에 따라 소매판매액 10% 이상[9]으로 비교적 구성비가 높은 업종을 보면, 비고령화사회에서는 종합소매업, 연료 소매업, 자동차 및 부품 판매업, 정보통신장비 소매업, 고령화사회에서는 종합소매업, 자동차 및 부품 판매업, 연료소매업, 고령사회와 초고령사회에서는 연료소매업, 종합소매업, 자동차 및 부품 판매업으로, 고령화의 정도가 낮은 지역일수록 종합소매업과 정보통신장비 소매업의 판매액 비중이 높으나 고령화지역일수록 연료소매업의 구성비 비중이 높다는 것을 알 수 있다. 이러한 현상은 고령사회나 초고령사회에 속하는 시·군은 대부분 농산어촌지역이고, 이들 지역에서 농업 및 어업활동에 필요한 산업용 연료와 난방용 연료가 도시의 공동난방보다는 개별난방으로 인한 연료비 소비가 상대적으로 많기 때문이라고 생각한다. 그리고 자가용 자동차의 보급으로 자동차 및 부품 판매업은 고령화 정도와 관계없이 모든 지역에서 높은 비중을 차지했다. 여기에서 인구감소 초고령사회에서 특히 높은 판매구성비를 나타내는 음식료품 및 담배소매업에 대해 단순회귀분석으로 수요와 공급의 정도를 알아보자.

(2) 음식료품 및 담배판매업의 수급분포

이와마(岩間信之) 등은 고령자의 분포(신선식료품 수요량)와 신선식료품점의 분포(신선식료품 공급량)의 비를 구해 수급균형으로 식료사막영역을 가장 단순하게 파악할 수 있

의 판매액도 포함시켰다.

8) 일반적으로 엥겔지수는 가계의 총 소비 지출액 중 식료품비가 차지하는 비율이 20% 미만이면 상류계층, 20~30%이면 중류계층, 30~50%이면 하류계층, 50% 이상이면 최저생활계층으로 분류하는데, 여기에서는 이를 각각 선진지역, 중간지역, 후진지역, 특별문제지역으로 명명하기로 한다.

9) 14개 대상 업종의 평균 비율보다 높은 것으로 간주했다.

다고 했다. 이는 고령자에게 신선식품을 충분히 공급해 식료사막이 형성되었는지 여부를 파악하기 위함이다. 그러나 여기에서는 식료품 이외의 상품이 포함된 자료관계상의 문제와 점포 수보다는 판매액이 수급파악에 더 유효하다고 판단하고, 또 고령자 수와 신선식료품 점포 수의 비율은 개별지역의 비율이지만 회귀방정식은 전체지역을 대상으로 상대적인 분석의 결과이기 때문에 전체성을 파악하기에 더 유리해 이를 채택했다.

그리고 인구수와 음식료품 및 담배소매업 판매액과의 회귀방정식에 의한 잔차와는 수급균형을 파악하기에 타당한 기준이 될 수 있다고 판단해 회귀방정식을 이용했다. 먼저 인구수(X)와 음식료품 및 담배소매업의 연간 판매액(Y)을 이용해 이들의 상관관계를 구한 결과 r=0.6099[10]로 인구수가 많은 지역일수록 음식료품 및 담배소매업의 판매액이 많다는 것을 알 수 있다. 이러한 현상은 고령인구수가 많은 지역은 대체로 농산어촌으로 이들 지역에서 자급을 위한 농업이 다소 이루어지지만 그렇지 못한 식료품 등의 소비도 많기 때문이라고 본다. 그러나 음식료품 및 담배소매업의 전국 평균 판매액(약 551억 500만 원)을 기준으로 볼 경우 초고령사회에서 영주시를 제외한 나머지 지역은 전국 평균 판매액을 크게 밑도는 167억 5900만 원[11]으로, 이를 기준으로 파악할 경우 식료사막화 현상이 나타난다는 것을 알 수 있다. 또 신선식료품의 산지로서 소비량이 적고, 개별 사업체의 낮은 최소요구값를 유발하는 작은 사업체 규모 등이 이러한 결과를 가져왔으리라고 생각할 수 있다. 초고령사회에서 인구수와 음식료품 및 담배소매업 연간 판매액과의 단순회귀방정식을 산출하면 $Y=2,068.070+0.301X$가 된다. 이식을 이용해 연간 판매액의 추정값을 구한 후 연간 판매액 실제값(Y)인 수요량에서 추정값($\hat{Y}$)인 공급량을 뺀 잔차(Y-$\hat{Y}$)를 산출해 수요초과지역과 공급초과지역을 파악했다. 잔차가 양으로 나타나는 수요초과지역은 66개로 이 가운데 초고령사회는 40.9%를 차지하는데, 강원도, 전라도, 경상북도 중 강원도에 특히 수요초과 시·군이 많다. 그리고

---

10) $t_{64,\ 0.01}$=2.386 〈 6.157로 유의적이다.

11) 비고령화사회의 음식료품 및 담배소매업의 평균 판매액은 360억 2400만 원, 고령화사회의 평균 판매액은 810억 8000만 원, 고령사회의 평균 판매액은 295억 4400만 원이다.

〈그림 6-17〉 음식료품 및 담배소매업의 지역별 수급분포

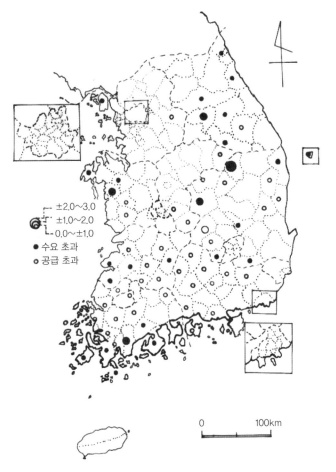

±2.0~3.0
±1.0~2.0
0.0~±1.0
● 수요 초과
○ 공급 초과

0　　　100km

자료: 韓柱成(2014: 549).

음으로 나타나는 39개 지역은 공급초과로 수요초과보다 많은데, 전라도, 경상북도, 경상남도 중 특히 경상남도에 공급초과 시·군이 많다.

다음으로 잔차의 분포를 파악하기 위해 표준화된 값을 사용했는데, 잔차에 의한 수급분포를 나타낸 것이 〈그림 6-17〉이다. 음식료품 및 담배소매업 판매액의 수요초과를 나타내는 2.0~3.0 사이에는 영주시뿐이며, 1.0~2.0에 속하는 단위지역은 홍성·횡성·장흥군, 상주시가, 0.0~1.0에 속하는 단위지역은 22개로 양의 잔차를 나타내는 지

역수의 81.5%를 차지했다. 한편 음식료품 및 담배소매업 판매액의 공급과다를 나타내는 잔차 -2.0~-1.0에 속하는 단위지역은 김천시뿐이고, -1.0~0.0에 속하는 지역 수는 38개로 음의 잔차를 나타내는 지역수의 97.4%를 차지했다.

이상의 내용에서 잔차 0.0~±1.0 사이의 60개 단위지역(90.9%)은 대체로 본 단순회귀분석에서 채택된 변수로 판매액의 설명이 가능하다. 그러나 잔차 ±1.0 이상의 6개 단위지역(9.1%)은 본 단순회귀분석에서 채택된 독립변수인 인구수로는 부분적인 설명만이 가능하기 때문에 설명변수 이외의 다른 변수들에 의해 영향을 받는다고 할 수 있다. 따라서 본 단순회귀방정식 모형에서 0~±1.0에 속하는 단위지역수가 90.9%로 비교적 정상적으로 해명할 수 있으므로 이들 지역을 '모형의 적용지역'으로 간주해 '수급균형지역'이라 할 수 있다. 그리고 표준화된 잔차의 ±1.0~±2.0에 해당하는 단위지역은 다섯 개로 이들 지역은 '모형의 준적용지역'으로 '수급이 다소 초과한 지역'이라 할 수 있고, ±2.0 이상의 한 개 단위지역은 '특수지역'으로 '수급과다지역'이라 할 수 있다. 즉, 이들 세 개 지역의 평균 판매액을 비교해 보면 '수급균형지역'의 판매액이 가장 적고, '수급과다지역'이 가장 많아 단위지역의 판매액이 많을수록 이 모델에서의 잔차가 커 또 다른 요인이 판매액에 영향을 주고 있다는 것을 알 수 있다.

음식료품 및 담배소매업의 잔차와 고령화율과의 관계를 보면(〈그림 6-18〉), 고령화율이 높을수록 잔차의 범위가 좁게 나타나는 것은 잔차의 지역 간 차이가 작아 인구수에 비례한 유사한 판매활동을 하는 것이고, 고령화의 정도가 낮을수록 잔차의 지역 간 차이가 크다는 것은 구매력의 격차가 심하다는 것을 의미한다.

이상의 내용에서 음식료품 및 담배소매판매액의 잔차 변동계수[coefficient of variation, (표준편차/평균)×100]는 1831.42로 지역 간 차이가 작아 초고령사회인 지역에서의 구매력 차이가 작다는 것을 알 수 있다.

끝으로 노인들의 소비생활 중 특히 중요한 식생활은 어떻게 이루어지고 있는가는 고령인구의 건강과 직결되는 문제로 노인건강에 관심을 가지지 않을 수 없다. 초고령사회에서 음식료품 및 담배판매액이 다른 업종에 비해 전국 평균보다 아주 낮아 이 기준에서 볼 경우 이에 속하는 지역들은 식료사막화 현상이 나타난다고 할 수 있다. 인구

<그림 6-18> 음식료품 및 담배소매판매액의 잔차와 고령화율과의 관계

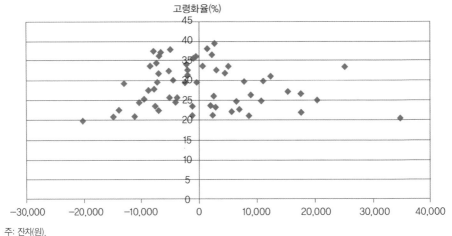

주: 잔차(원).
자료: 韓柱成(2014: 550).

과소 고령화지역에서 식료품 소매점에 대한 접근성이나 식료사막의 지역성은 중요하게 다루고 있으므로 지리학연구에서 유효하다고 할 수 있다.

(3) 고령화 지역의 식료사막

최근 소매업 판매에서 사회계층에 따른 식생활 사막화에 관한 연구가 이루어지고 있는데, 이는 식료빈곤으로서 영국에서의 도시 내부 빈곤층 연구, 미국에서는 흑인의 식료구매에 관한 연구, 일본에서는 고령자의 식료사막(food deserts)[12]에 대한 연구가 이루어지고 있다. 이와 같은 식생활 사막화의 연구는 1990년대 이후 유럽과 미국을 중심으로 진전되었는데, 영국에서는 1990년대 말 이후 식료사막문제에 대한 흥미와 관심이 높아져 정부주도로 선구적인 연구가 진행되었다. 리즈(Leeds)나 브레드포드(Bradford)

---

12) 영양가가 높은 신선식료품을 낮은 가격으로 구입하는 것이 사실상 불가능한 도심(inner city)의 일부 지역을 의미한다. 도시기능의 공동화가 현저한 도심에 거주하고 자가용 자동차를 보유하지 않는 가구는 교외의 쇼핑센터에서 상품을 구매하기가 어려워 도심에 잔존하는 영세점포에서 매일매일 식료품을 구입할 수밖에 없다. 이러한 상점에서 취급하는 상품은 뭐든지 값이 모두 비싸고 가공식품밖에 없다.

등 주요 지방중심도시를 대상으로 식료사막문제의 연구가 클라크(G. Clark) 등과 리글리 등에 의해 축적되었다. 그리고 도시로부터 멀리 떨어진 농촌에서 소매상품 공급의 양과 질이 가장 빈약하다는 점도 가이에 의해 지적되었다. 그중에서도 식료품 소매점에 대한 접근성이 중요하기 때문에 지리학연구에서도 이에 대한 연구의 유효성이 리글리에 의해 주창되었다. 영국의 경우 식료사막문제의 피해자는 저소득층이나 교통약자, 가사·육아로 시간에 쫓기는 미혼모, 고령자, 신체장애자, 외국인노동자 등 여러 사회계층에 걸쳐 있다. 이러한 사람들이 모여 사는 식료사막영역(area)에서는 채소나 과일의 소비량이 전국 평균보다 크게 밑돌고, 또 가구의 소득이 낮으며, 건강관리에 무관심하고, 신선식료품을 기피하고 가격이 저렴하면서 수고가 적게 드는 레토르트(retort) 식품에 의존하는 경향이 강하다고 이와마는 주장했다. 영국 이외에서의 식료사막연구는 인종차별과 상업기능의 교외화 문제가 뚜렷한 미국에서 흑인을 중심으로 식료사막화 문제가 심각하게 나타나고 있다는 점을 린다와 토머스(F. A. Linda and D. D. Thomas), 몰런드(K. Morland) 등이 밝혔다. 미국의 경우 신선식료품점의 공백지역에 패스트푸드점이 다수 출점해 영양과다로 인한 비만문제가 유발되고, 그중에서도 어린이의 비만이 뚜렷하다. 한편 일본에서의 구매약자, 구매난민[13]문제는 식료사막문제의 한 측면을 의미하는 것으로, 신선식료품점으로의 접근성 악화 및 고령자와 같은 사회적 약자의 증가로 지방도시나 인구과소(過疎) 중(中)산간지역 취락을 중심으로 식료사막문제가 확대되고 있고, 또 고령화가 진행 중인 대도시권 내의 주택단지 등에도 이러한 현상이 확인되고 있는데 이에 관한 이와마의 일련의 연구가 있다.

고령화지역의 식료사막화를 파악하기 위해 일본 이바라키(茨城) 현 미토(水戸) 시를 대상으로 살펴보기로 한다. 일본의 많은 지방도시에서 볼 수 있는 현상과 같이 미토시도 중심상점가의 공동화(空洞化)가 진전되고 있다. 즉, 소매업 사업체 수는 1988년에 3359개였으나 2007년에 2552개로 감소했다. 그중에서도 식료품 슈퍼마켓을 위시해

---

13) 식생활 사막화의 구매약자, 구매난민은 중심상점가의 공동화(空洞化) 등으로 인해 노인들이 구매처를 잃고 장거리 이동을 하지 않으면 식료품을 얻을 수 없는 노인들을 의미하는 조어(造語)이다.

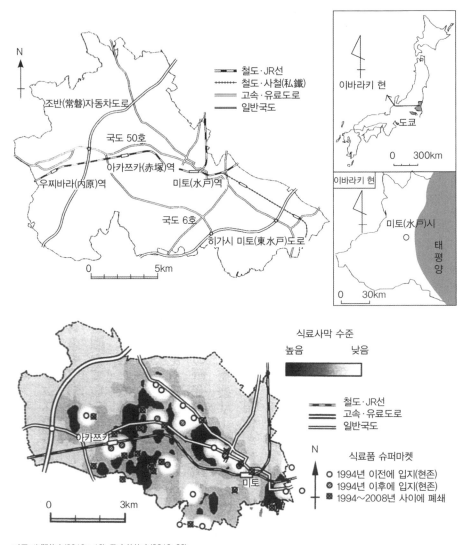

〈그림 6-19〉 일본 미토 시 중심부에서의 식료사막화 지도(2009년)

철도·JR선
철도·사철(私鐵)
고속·유료도로
일반국도

국도 50호
아카쯔카(赤塚)역
우찌바라(內原)역
미토(水戸)역
국도 6호
히가시 미토(東水戸)도로
조반(常磐)자동차도로
N
0   5km

이바라키 현
도쿄
0   300km
이바라키 현
미토(水戸)시
태평양
0   30km

식료사막 수준
높음   낮음

철도·JR선
고속·유료도로
일반국도

N
식료품 슈퍼마켓
○ 1994년 이전에 입지(현존)
◉ 1994년 이후에 입지(현존)
⊠ 1994~2008년 사이에 폐쇄

아카쯔카
미토
0   3km

자료: 岩間信之(2010a: 16); 駒木伸比古(2010: 30).

신선식료품점의 감소가 뚜렷했다. 〈그림 6-19〉는 미토 시 중심부의 고령자인구와 신
선식료품점의 매장면적에 의해 산출된 고객 수를 이용해 수요와 공급을 수급면(supply-
demand surface)으로 나타낸 것인데, 이는 수요에서 공급을 뺀 값이다. 점포의 주변은

대도시	•도심부의 재개발 영역(area) •고령화가 진행되는 베드타운 등
지방도시	•공동화가 진행되는 기성 시가지 •고령화가 진행되는 베드타운
농촌 공간	•과소지역(농·산촌) •도서부 등

자료: 岩間信之(2013: 110).

공급이 수요를 크게 상회하고 있지만 고령자에 대한 식료품의 수급균형(balance)에서 지역적으로 치우쳐 있음을 확인할 수 있다. 미토 역에서 아카쯔카(赤塚) 역에 걸쳐 있는 시가지의 여러 곳이 수요가 공급을 크게 상회하는 식료사막 영역인 것을 알 수 있다. 나아가 몇 곳의 식료사막 영역은 지난 15년간에 식품 슈퍼마켓이 폐쇄되었다. 그 한편으로 교외지역에서 수급균형의 값은 상대적으로 작다. 이러한 점에서 근년에 나타나는 중소 식품 슈퍼마켓의 중심시가지로부터의 철수가 식료사막 영역을 만들어내는 하나의 원인이 되고 있다고 할 수 있다. 식료사막을 파악하는 지표 중 고객 수 이외에도 신선식료품점까지의 공간적 접근성, 자가용자동차 보유 유무, 공공교통기관의 충실도, 소득, 가족구성 등은 거시적 요인이라 할 수 있다.

식료사막은 전국 각지에서 발생하고 있다고 추측된다. 대도시에서는 새로 전입해온 고소득자용 상업시설이 증가하는 재개발지역에서 기존의 주민이 구매가 곤란한 경우가 증가하고 있다. 고령화가 진전될수록 교외의 베드타운(bed town)에서도 구매환경은 악화되고 있다. 지방도시에서는 중심상점가의 공동화에 의한 구매처의 감소가 현저하다. 또 인구의 과소화·고령화가 진전된 농촌에서는 소매시설뿐만 아니라 의료기관, 공공교통기관 등의 사회적 경제하부구조(infrastructure)가 소실되고 있다(〈표 6-8〉).

식료사막문제의 해결책으로 일본 경제통상성이 제시한 상점가의 유지나 택배 서비스·이동판매사업의 촉진, 터치 패널(touch panel)[14] 등 간편한 수단에 의한 인터넷 통신

---

14) 음극선관(cathode-ray tube: CRT)이나 액정화면(liquid crystal display: LCD) 등과 조합시켜 문장과 그

판매 시스템의 보급, 공공교통수단 확보 등의 필요성이 있지만 가장 중요한 점은 사업자와 고령자 사이의 친밀한 인간관계 구축, 지역공동체와 연쇄점 및 행정과 연대하는 것이라고 했다. 그리고 지역주민 네트워크를 활용해 시청이나 도청, 사회복지협의회 등의 지원도 받아 이들 간의 연대로 편의점을 중심으로 한 새로운 비즈니스 모델이 필요하다.

4. 행상이용의 변천과 현대적 의의

1) 행상의 지리학 연구

산촌(山村)[15]에서의 생활을 지탱해온 요소 중의 하나로 행상을 들 수 있다. 행상은 상품을 가지고 각지를 방문한다는 이동성에 의해 소매점이 입지하기 어려운 인구과소지역에 상품과 서비스를 공급하는 주체로서 중요한 역할을 담당해왔다. 그러나 근대화와 더불어 유통구조의 변화나 경제하부구조 정비에 의해 소매매체로서 행상의 중요성은 낮아지고 있다. 또 고도경제성장기 이후 행상인의 배출지인 농·산촌에서도 고용기회가 확대됨으로써 행상인은 급격히 감소했다.

행상인은 판매방법에 따라 재래형과 자동차 영업으로 나누는데, 전자는 자전거, 오토바이와 같은 일인용 차 등을 이용하는 형태를 가리키고, 후자는 일본에서 1965년 전후에 등장한 자동차를 이용한 행상의 형태를 가리킨다. 지리학에서 종래 대부분의 행상연구는 재래형 행상을 대상으로 하고 그것도 상품의 생산지인 농산어촌의 부업으로

림 등이 표시되어 있는 장소를 직접 누름으로써 기기를 제어할 수 있는 투명 스위치 패널을 말한다.

15) 생업의 특성을 바탕으로 한 개념보다는 공통적인 지역문제를 안고 있는 공간으로서 일본의 산촌은 '임야율이 80% 이상으로 인구밀도가 1km²당 4000명 이상의 조사구가 시·구·읍·면(市區町村) 내에서 서로 인접해 있고, 1959년 10월 현재 인구 5000명 이상의 현재 인구집중지구(Densely Inhabited District: DID)를 가지지 않는 시·읍·면'이라고 1986년 오카하시(岡橋秀典)는 지적했다.

영위하는 형태를 취급해왔다. 그중에서도 여러 가지 물건을 취급하는 행상인의 생활이나 영업실천, 행상권(行商圈)에 관한 연구가 많이 이루어졌다. 또 위에서 서술한 산업구조의 전환을 배경으로 한 농산어촌의 사회·경제변용과 행상활동의 쇠퇴과정을 밝히는 연구도 행해졌다.

한편 고객과 판매지역사회와의 관계성을 논한 연구도 적지 않다. 도시 시장의 동향이나 수요의 변화와 행상활동과의 관계성에 대해 논한 연구, 또 수산물의 행상이 어촌과 그 배후농촌을 결합시키는 역할을 담당해왔다는 연구 등이 있다. 재래형 행상에서 행상활동은 생계유지·보전적 의미가 강하기 때문에 고객과의 관계성은 장사의 기반이 되는 생소(生疏)함이나 신용을 확보해 수익을 유지·향상시킨다는 의미에서 중요하다. 그럼에도 불구하고 행상연구의 대부분이 행상인 개인이나 가구, 행상인을 배출한 지역에 관점을 두고 논해 왔기 때문에 행상지의 지역사회 또는 이용객의 관점에서 행상이 어떠한 사회·경제적 역할을 해왔는지를 논한 연구는 부족하다.

또 자동차를 이용한 행상에 대해서는 수산물 행상의 분포를 밝히고 있지만 사례연구가 적다. 행상연구의 과제는 고령화가 진행되는 국가에서 식료사막의 확대라는 도시·지방을 불문하고 발생하는 여러 가지 문제에 유연하게 또 신속하게 대응할 수 있는 유일한 소매매체가 자동차에 의한 영업이다. 그리고 금후 영업활동의 축소가 바뀌어 자동차 영업활동의 활성화가 예상된다. 극단적으로 말하면 식품을 취급하는 자동차에 의한 영업의 활성화 그 자체가 지역상업, 지역사회생활을 유지해나가기 위해 불가피한 사회적 요청이라고 말할 수 있다. 그 때문에 특히 과소·고령화가 심각한 산촌 지역사회에서 자동차에 의한 영업의 행상이 행하는 역할을 이용하는 측면의 관점에서 탐구하는 것은 행상연구의 공극을 메우는 현대적 과제이다.

2) 산촌의 고령자를 겨냥한 여러 문제와 이동 판매업

산촌지역에는 고도경제성장기 이후 젊은 층을 중심으로 한 인구유출로 과소·고령화가 현저하게 진행되고 있다. 이러한 상황에서 산촌지역에서는 취락소멸의 위기가 현실화되고 있다. 많은 지방자치단체는 그 대책으로서 도시-농촌교류에 의한 지역활성화나 I-턴[16] 이나 U-턴에 의한 정주인구의 증가를 도모하고 있다. 그렇지만 태어나서 자라난 장소에서 살고 싶은 마음으로 매일매일의 생활을 영위하는 고령자도 많이 존재한다는 것을 생각하면, 지역 활성화를 향한 움직임만이 아니고 존엄 있는 삶을 유지해 가는 방법을 생각하는 것도 중요한 과제이다.

산촌에서 고령자가 자립생활을 지탱해나가기 위해서는 의료·복지 서비스가 충실해야 할 뿐만 아니라 일상생활의 기반을 정비하는 일도 불가결하다. 산촌에서는 상점의 감소나 버스·철도노선의 폐지와 더불어 일상생활에 관한 문제가 악화되고 있다. 그 현저한 사례가 편의재 구매수단으로의 접근에서 나타난다. 이것을 일반적으로 '구매 약자'라 부른다. 식료품을 위시해 일상구매가 곤란한 상황에 처해 있는 사람들은 일본의 경우 전국에 600만 명에 이른다는 추계가 있는데, 특히 농·산촌지역에서 심각하다. 구매에 관한 불편은 그 지역에 계속해서 거주하는 것을 곤란하게 하는 가장 중요한 요인이다. 그래서 고령가구가 어떠한 구매수단을 확보할 수 있는가는 긴요한 과제라 말할 수 있다.

또 산촌에 거주하는 고령자로서는 동거하는 자녀나 마을사람과의 관계성은 일상생활을 지탱하는 데 중요한 요소 중의 하나이다. 그러나 현재는 자녀와의 별거가 증가하고 지역공동체 전체가 고령화됨으로 인해 자녀나 마을사람이라는 가까운 지원 제공자의 부재가 문제시되고 있다. 이러한 문제의식을 배경으로 해 근년에는 동거가족, 별거자녀, 인근 등 기존의 지원원(支援源)을 대체하는 것으로 공동체의 전통적인 상호부조를 돕기 네트워크로 전용할 수 없는가를 모색하는 연구나 새로운 지원원으로서 주민이 활동주체가 된 복지활동조직에 주목하는 연구가 행해진다. 이들 연구는 고령자의 생활을 지탱하는 지원원으로서 다른 사람과의 관계성을 분석해야 할 필요성에서 나타난 것이다.

한편 구매수단, 그리고 다른 사람과의 교류의 장을 제공하는 매체로 이동판매[17]가

---

16) 도시권 출신자가 어떤 거주목적으로 비도시권으로 이동하는 것을 말한다.

주목된다. 지역복지의 관점에서 중산간지역에서의 이동판매를 논한 내용을 보면, 이곳에서 생활하는 고령자가 안고 있는 네 가지 문제(고독, 식사, 질병불안, 두문불출)와 세 개의 벽(의식, 정보, 제도·서비스의 벽)을 넘는 예방복지활동으로서의 기능을 하는 것이 적극적으로 평가되고 있다. 이러한 이동판매의 중요성은 2010년 전후부터 사례보고가 증가됨과 동시에 각지에서도 인식을 같이하고 있다. 국가나 지방자치단체가 구매약자 지원 보조에 관한 사업을 정비하기 시작한 것도 각지의 동향을 뒷받침하는 것이다. 예를 들면 구매약자 지원 사업으로 이동판매만이 아니고 택배 서비스나 상점까지의 이동수단을 제공하는 것도 포함된다.

행상과 이동판매는 목적과 주체가 다르다. 이동판매 연구의 대상이 되는 것은 구매약자 지원이라는 목적 아래 자치단체 등의 공적인 지원을 받아 그 지역의 슈퍼마켓이나 상점에 의해 실시되는 복지 서비스의 일부로서 위치 짓는 것으로 복지형 이동판매라고 한다. 그러나 행상연구의 대상이 되어온 것은 주로 개인·가구가 주체가 되어 농림어촌의 부수입원으로서 또는 생업으로서 영위해온 경제활동 중 하나의 형태이다. 개인이나 가족이 자동차로 이동해 각 가구를 방문해 상품을 판매하는 형태를 행상이라 하는데, 공적인 지원을 받아 도입된 복지형 이동판매나 민간소매업자에 의한 이동판매·택배 등은 행상과 구분된다.

3) 현대 산촌에서 행상의 사회·경제적 역할

(1) 보완적·대체적인 구매수단으로서의 행상

산촌에서 고령자의 생활행동은 자연환경이나 사회 환경에 의한 제약이 도시에 비해 크다. 예를 들면 고령자의 외출범위는 좁고, 교통기관의 운행상황이나 중심부로의 거리에 영향을 받는다는 점, 자가용자동차 등의 개인적 수단 유무에 의해 생활 패턴이 다

---

17) 상품이 적재 가능한 전용차량에 식료품 등의 일상생활용품을 싣고 지역 내를 순회이동하면서 이용자의 집 앞이나 수가구가 모여 있는 장소까지 가서 판매행위를 하는 형태를 가리킨다.

르다는 것을 지적한다. 이들 제약은 상점의 감소 등과 더불어 구매약자의 문제를 야기시켜왔다.

행상이나 복지형 이동판매의 구매수단으로서의 중요성은 취락이나 개인에 의해 다르다. 예를 들면 복지형 이동판매의 사례에서는 근교에 신선식품을 취급하는 상점이 없는 조건 불리지역의 취락에서 이용자가 많다. 그러나 단독으로 외출하기 곤란한 경우나 다른 구매수단이 확보되는데도 불구하고 그것을 이용하지 않는 경우에 행상은 대체적인 선택지로서의 중요성이 높다. 이와 같이 행상이나 복지형 이동판매에 대한 이용자가 일치하지 않는 경우 복지형 이동판매는 주체가 공적·민간사업자인 것으로 인해 행상과는 다른 문제점이 발생한다.

개인 단위의 자영업으로서 영위하는 행상은 고객과의 관계성 가운데 주민의 요구를 파악하고 유연적으로 순회하는 것이 가능하다는 이점을 가지고 있다. 그 때문에 이용에 대한 요구가 새롭게 생길 경우 기존의 이용자에 연락해 소개받아 요구를 충족하는 것이 가능하다.

지역의 상점이나 슈퍼마켓 등의 법인에 의한 이동판매는 수익성의 관점에서 비효율적인 상황이라는 점을 나타내지만, 이동판매를 계속적으로 행하는 주체는 주관적 비용이 낮고, 자영업으로 실시해온 개인이다. 그 때문에 일상의 생활지원이라는 점에서 선택지가 한정되어 있는 산촌에서 개인·가구단위의 경제활동으로 영위해온 행상은 복지형 이동판매를 위시한 공적·민간 복지 서비스에 의해 간과된 개인이나 취락의 요구를 발굴해 그들의 틈을 메우는 존재로서 중요성이 높다.

(2) 상호행위로서의 이용자와 행상인과의 관계성

행상은 단지 구매수단만이 아니고 이용자로서 잡담·상담의 장이라는 기능을 하고 있다. 행상은 단골에 체재하는 시간이 길며, 또 이용자와 행상은 커뮤니케이션을 소중하게 여기고 있다. 복지형 이동판매도 판매자와의 회화를 즐기고 이동판매차 주위에 주민이 모여 커뮤니케이션의 장이 된다. 그 때문에 행상이나 복지형 이동판매는 이용하는 고령자에게 정서적 지원원으로서도 기능한다고 할 수 있고, 각 가정방문을 주체로 한 행상은 이용자와 더욱 밀접한 커뮤니케이션을 교환할 수 있다. 각 가정을 방문하는 행상을 통해 다른 이용자의 근황을 알고, 행상을 소개하는 것으로 이용자와 비이용자 사이에 관계가 이루어져 고독감을 줄이는 것이다.

이용자와 행상인의 관계성은 복지형 이동판매와는 다른 특징을 가진다. 그것은 이용자와 행상인의 관계성이 상품의 구매와 판매를 기반으로 한 관계이지만 이용자의 작용에 의해 성립된다는 점이다. 예를 들면 복지형 이동판매에서는 방문빈도, 경로(course)에 규칙성이 있고 정시 일정한 지점이 원칙으로 되어 있다. 그러나 행상은 방문빈도나 순회 여정에 명확한 규칙성이 나타나지 않고 정식화된 서비스의 요소는 희박하다. 또 복지형 이동판매와는 달리 계속성의 의문과 함께 개인으로 영위하는 이상 언제 그만둘지 알 수 없는 위험이 존재한다. 이용자는 행상이 내포한 이러한 불확실성을 인식하고 있지만 의리 판매를 하고 있기 때문에, 행상과의 관계성은 좀 더 지속적이고 확실한 것으로 작용한다. 또 재래형 행상에서도 중요시해온 생소함의 관계는 현재에도 일부의 이용자에게 인식되어 다른 구매수단이 있는 경우에도 행상을 계속해서 이용하는 이유가 된다. 그 때문에 행상과 이용자의 관계성은 경제 원리에 바탕을 둔 서비스의 공급자-수익자라는 관계성으로 이해하기 보다는 쌍방의 관계에 의해 성립된 사회적 상호행위이다.

재래형 행상인이 다면적인 사회·경제적 기능을 가져왔다는 사실은 산촌지역사회를 구성하는 하나의 요소로서 행상을 재평가할 필요성을 나타내는 것이다. 한편 현재의 행상은 수적으로 많지 않지만 고령자 생활에 다음과 같은 중요한 역할을 담당하고 있다. 첫째, 구매수단의 제공이다. 행상은 산촌에 생활하는 고령자에게는 구매에 관한 신체적·심리적 부담을 완화시키는 존재가 되고 있다. 나아가 단골집의 주문을 받는 것과 같은 유연성을 갖춘 행상의 중요성은 접근이 나쁜 산촌이라는 지역단위에서 산촌내부의 이동약자(고령자)에 대해 편리성으로 오늘날에도 이어가고 있다. 둘째, 행상인과 사회관계이다. 상품을 사고파는 것만이 아니고 행상인과 직·간접적인 커뮤니케이션이 창출되고 있는 것을 나타낸다. 과거 행상의 출신취락과 행상지의 취락 간을 묶는 역할을 담당해온 행상인은 현대에서 취락내외의 이용자 간 또는 이용자와 비이용자 간의 유대를 창출·유지하고 고립되기 쉬운 고령자의 고독감 방지에 공헌하고 있다.

5. 소매상권

1) 상권의 형성

중심지에서 공급받는 재화가 상거래에 의해 형성된 지역적 범위를 상권이라 하는데, 이것은 특정 상업 중심지의 세력권이라고 할 수 있다. 상권(trading area, trade area)은 마케팅, 지리학 관계자의 관용어이며, 정통 입지론자들은 시장지역(market area)이라 부르는데, 소매기업에서 경영을 유지하고 발전시키는 데 가장 중요한 기반이 된다.

일반적으로 상권을 규정짓는 인자는 비용인자와 시간인자이다. 비용인자는 생산비, 운송비, 판매가격 등의 세 가지 비용을 통합한 것으로 그 비용이 상대적으로 저렴할수록 상권은 확대된다. 시간인자는 상품가치를 좌우하는 보존성이 강한 재화일수록 오랜 시간의 운송에도 견딜 수 있기 때문에 상권은 확대된다. 따라서 보존성이 약한 채소, 생선, 우유 등의 상권은 매우 좁다. 그러나 최근 냉동기술의 발달로 비교적 신선도를 유지할 수 있는 냉동식품의 경우는 예외가 된다.

재화의 이동에서 사람을 매개로 하는 소매상권은 재화의 종류에 따라 비용, 시간의 사용이 다르기 때문에 상권도 크고 작다. 예를 들면 편의재(저차 재화)의 구입은 거주지 부근 상점에서, 중급재(middle class goods, 중차 재화)의 구입은 근린 지방 도시에서, 선매재(shopping goods, 고차 재화)는 대도시에서 구입해, 높은 가격의 고차 재화일수록 소비자는 교통비와 시간을 소비해가면서 다수의 상점, 다수의 상품 중에서 선택하는 심리가 작용한다. 이와 같이 재화의 차원에 따라 상권이 같은 지역에 형성된 것을 중합(superimposition)이라 부른다. 그러나 디킨슨이 지적한 바와 같이 일반적으로 소매상권의 최대 범위는 사람이 일일 왕복 가능한 범위라 볼 수 있다.

한편 도매상권은 재화의 이동에 사람이 매개하지 않기 때문에 시간인자의 제약은

〈그림 6-20〉 상권(시장지역)의 유형

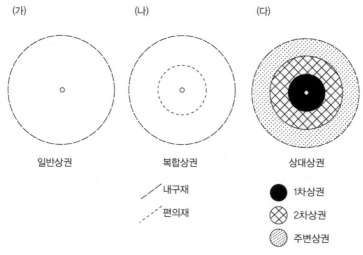

자료: Davies(1976: 201).

적고, 상권의 범위는 소매의 경우에 비해 넓은 경향이 있다. 또 소매·도매업에 의한 상권은 구매권(purchasing area) 또는 집하권을 형성하고 있다. 구매권과 집하권은 넓은 의미에서는 같으나 좁은 의미에서는 구별된다. 즉, 어떤 중심지에 입지한 소매상인이 재화를 도매상인으로부터 구입한 지역적 범위가 구매권이고, 어떤 중심지에 입지한 도매상인(또는 도매시장)이 소규모 생산형태의 농수산물이나 재래공업제품을 산지에서 집하하는 범위를 집하권이라 한다. 엄밀히 말하면 상권은 구매권과 판매권이 있으며, 이들은 도·소매업 모두에서 구매권과 판매권의 지역적 상위성을 나타내고 있다.

상권에 대한 개념과 상권설정에 대해 많은 연구자나 실무자들이 연구해왔으나 데이비스(R. E. Davies)는 마케팅 지리학 분야에서 지금까지의 상권 개념을 정리했다. 소매기업의 관점에서 지금까지의 상권 개념은 첫째, 경험법(rules of thumb) 등에 바탕을 둔 영역을 나타낸 잠재상권(potential trade areas), 둘째 기본적으로는 허프(D. L. Huff) 모델에서 도출된 확률상권(probable trade areas), 셋째 고객조사에서 밝혀진 현재상권(顯在商圈, actual trade areas)의 세 가지 유형으로 구분했다. 그리고 기존 점포의 상권을 문제로 하는 현재상권을 다시 세 가지로 구분하면, ㉠ 하나의 상점을 둘러싼 상권으로, 여기 포함된 주민은 모두 이 상점에서 구매행위를 한다(〈그림 6-20〉의 가). 이 상권은 일반 상권(general trade areas)으로 현재상권의 가장 단순한 형태로 단일 경계선에 의해 지도에 나타내는 것이다. 결국 상권 범위의 최대 도달범위(또는 중심지 이론에서 재화의 도달범위) 또는 거의 모든 판매액을 얻을 수 있는 영역을 나타낸 것이다. ⓛ 다수의 상점이 집적한 지점을 중심으로 원형상의 상권이 형성되지만 상품이나 서비스의 구매빈도에 대응해 상권이 계층적으로 된 경우가 있다(〈그림 6-20〉의 나). 이 상권은 복합 상권(composite trade areas)이라 하는데, 많은 상점 또는 큰 쇼핑센터의 다원적 기능을 나타내기 때문에 중합된 일련의 경계선에 의해 나타내는 것이다. 마지막으로 ⓒ 상권보다 복잡한 상권으로 높은 방문빈도를 기대할 수 있는 중심부와 방문빈도가 낮은 주변부, 양자의 중간과 같은 복수의 부분으로 구성된 경우도 있다(〈그림 6-20〉의 다). 이 상권은 상대상권(相對商圈, proportional trade areas)으로 상점을 방문한 상대적 고객 수 또는 상대적으로 가능하다고 생각되는 판매액을 엄밀히 나타낸 것이지만 경계선 간의 내적인 규모는 규칙성이 없다.

예를 들면 제1차 상권은 판매액의 60~70%를 차지하고, 또 시장침투가 경쟁지점의 그것보다 큰 지역, 제2차 상권은 판매액의 20~30%를 차지하는 지역, 주변상권은 나머지 지역이라는 베리의 상권 구분은 상대상권을 생각하는 것이라고 말할 수 있다. 또 복합상권은 재화에 대한 고객 뉴스 차이의 존재를 전제로 한 것이고, 일반상권은 상권설정의 번잡성을 회피하기 위한 것이다. 그런데 상권은 생활수익이 편리하게 얻을 수 있는 소비자의 생활 행동공간이므로 소비자의 시점에서 상권을 인식해야 할 것이다. 또 상품의 종류에 따라 구매지가 선택되는 경우가 많은 도시 내부에서는 상권을 단순하게 생각할 수 없고 중층적인 상권을 생각할 수도 있다.

소매상권의 크기나 형태는 상품의 종류, 상점의 위치, 주변의 인구분포, 상점에 대한 접근성, 경합 상점과의 위치관계 등 몇 가지 요소에 의해 결정된다. 소비자는 직선거리를 경유해 상점에 가는 것이 아니고 지형이나 도로 상태에 따라 돌아가는 것이 일반적이다. 또 거리도 도로거리, 시간거리 또는 비용거리의 편이 행동을 규정하는 무게가 클 경우가 있다. 그 대신 소매업 집적지까지 거리가 같으면 소비자는 규모가 큰 쪽으로 가

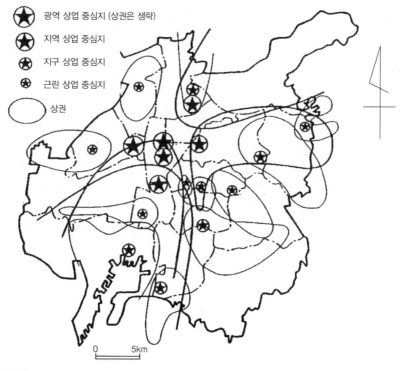

〈그림 6-21〉 일본 나고야시의 소매업 중심지와 상권

광역 상업 중심지 (상권은 생략)

지역 상업 중심지

지구 상업 중심지

근린 상업 중심지

상권

0   5km

자료: 林上(1991a: 141).

려고 할 것이다. 그러나 현실은 더욱 복잡하고, 업종 구성, 상품가격, 분위기, 서비스 수준 등 집적량과는 다른 요소가 이에 영향을 주는 경우가 많다.

그런데 소매업의 상권을 공간적으로 획정하는 것은 경험적인 방법에 의한 경우와 이론적 방법에 의한 경우 두 가지를 생각할 수 있다. 전자는 설문지 조사방법으로 소비자의 구매지를 물어 해당 집적지의 상권을 구하는 방법이다. 설문지 조사방법을 실시할 때에는 구매지 이외에 구매빈도, 이용 교통수단, 구매상품의 종류 등에 대해서도 물어서 얻어진 정보를 바탕으로 상권의 범위와 성격을 분석한다. 이러한 분석의 결과는 상점의 정비나 판매계획의 입안을 위한 자료로서도 생생한 것이다. 〈그림 6-21〉은 일본 나고야(名古屋) 시의 소매업 중심지와 설문지 조사에 의한 상권을 나타낸 것이다.

한편 상권의 이론적 획정방법으로 일반 상호작용 모델을 소매업 분야에 응용한 라일리 모델과 이를 발전시킨 허프 모델 등이 있다.

2) 라일리의 소매인력법칙

상권의 중합성을 인정하면서도 상권의 경계를 구하려는 노력은 주로 마케팅이나 지리학의 분야에서 행해졌다. 이러한 상권의 설정을 거시적으로 보면 중력 또는 잠재력 모델에 의거하는 것이 특색이다.

마케팅 과학에서 이 상권의 설정에 가장 먼저 공헌한 사람 중의 한사람인 라일리는 1931년 미국의 50개 이상 도시의 실태를 조사해 시장지역의 분포상태를 요약하기 위해 귀납적 소매인력법칙(law of retail gravitation)을 도출했다. 라일리의 분할점 방정식(breaking-point equation)은 만유인력의 법칙을 원용해 A, B도시의 질량은 인구(P_a, P_b), 거리를 D로 해 $F = G\frac{P_a P_b}{D^2}$로 나타내었다. 즉, A, B도시 사이에 저차의 중간 도시가 입지할 경우 양 도시가 중간 도시(C)에 흡인되는 소매 판매액의 비율은 두 도시의 인구비에 비례하고 중간 도시까지 거리의 비의 자승에 반비례하는 경향을 인정했다. 여기에서 중간 도시인 C도시의 인구를 P_c로 하고 AC를 D_a, BC를 $D_b(D = D_a + D_b)$, G=1로 하면, AC간, BC 사이에 작용하는 힘의 상호비는

$$\frac{\frac{P_a P_c}{D_a^2}}{\frac{P_b P_c}{D_b^2}} = \frac{P_a}{P_b}(\frac{D_b}{D_a})^2 \text{ 이다.}$$

여기에서 이러한 비를 갖고 A, B가 C에서 흡인되는 소매 판매액의 비를 $\frac{B_a}{B_b}$라 하면, 라일리의 소매인력법칙은 다음과 같다.

즉, $\frac{B_a}{B_b} = \frac{P_a}{P_b}(\frac{D_b}{D_a})^2$이다.

이 식에서, C 도시에서 A, B 두 도시의 상권이 균등화하기 위해 $\frac{P_a}{P_b}(\frac{D_b}{D_a})^2 = 1 \cdots (1)$로 한다.

A, B 두 도시 사이의 상권 한계점은 이를테면 상대적인 것으로 식 (1)과 $D = D_a + D_b$ $\cdots$ (2) 식을 이용해 상권 분할방정식을 얻을 수 있다.

〈그림 6-22〉 가상의 상권 경계

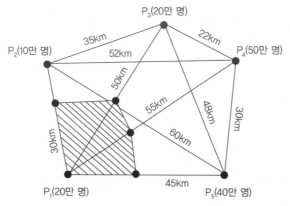

P₃(20만 명)

35km 22km

P₂(10만 명) 52km P₄(50만 명)

50km

55km 48km

30km 30km

60km

45km

P₁(20만 명) P₅(40만 명)

자료: 西岡久雄(1976: 248).

즉, $D_a = \dfrac{D}{1 + \sqrt{\dfrac{P_b}{P_a}}}$, $D_b = \dfrac{D}{1 + \sqrt{\dfrac{P_a}{P_b}}}$ 이다.

위의 식에 의해 설정된 상권은 〈그림 6-22〉와 같이 나타낼 수 있다.

이제 넬슨(R. L. Nelson)의 라일리 소매인력의 법칙에 대한 비판을 살펴보면 다음과 같다. 첫째, 매장면적과 자동차 주행시간만이 인간의 구매습관을 좌우하는 것이 아니다. 그 밖에 주요한 요인이 무시되었기 때문에 전체적으로 부정확하다. 예를 들면 냉난방시설의 유무 또는 주차장 시설의 유무, 인접한 점포가 무엇을 판매하는지 등이 흡인력과 관련을 맺고 있다. 둘째, 도시지역에서 이 공식은 공공교통기관을 이용해 구매하는 사람의 판매액과 도보로 구매활동을 하는 사람의 판매액을 파악해 계산할 수가 없다. 셋째, 이 공식은 제1차 상권과 제2차 상권에서 나타나는 판매액만을 식별해 지역 외부에서 오는 구매자의 몫을 고려하지 않았다. 그러므로 도시지역 소비자에 대해 대충 파악했다. 이 도시지역 소비자들은 소득, 인종구성 등의 요인에 실질적인 차이가 존재한다. 넷째, 이 법칙은 쇼핑시설이 적거나 전혀 없는 농촌지역 상업중심지의 소매 흡인력을 점검하기 위해 만든 것이다.

이 법칙을 도시지역에 적용하거나 무리하게 적용을 할 경우 그 실용성은 대단히 의

심스럽다. 지방의 판매 중심지의 영향을 계산하기 위해 만든 이 법칙은 도시의 쇼핑지구, 새로운 쇼핑센터 및 개개 상점의 판매액을 추정하기 위해 무차별적으로 사용할 수 없다.

3) 상권 분할점 방정식

컨버스는 1949년 미국의 100개 이상의 소도시에서 유행하는 상품의 구매행동을 조사해 소도시 내에서의 구매와 부근 대도시에서의 구매 간에 다음과 같은 관계가 성립한다고 주장했다. 이것이 새로운 소매인력의 법칙(new laws of retail gravitation)이다. 이것은 다음과 같다.

$$\frac{B_a}{B_b} = \left(\frac{P_a}{H_b}\right)\left(\frac{4}{d}\right)^2$$

B_a: 근방 대도시에서의 구매액, B_b: 소도시 내에서의 구매액, P_a: 대도시의 인구, H_b: 소도시의 인구, d: 대도시와 소도시 간의 거리, 4[18]: 관성 거리인자(inertia-distance factor, 상수)

이것을 치환하면 $B_a \cdot H_b = B_b \cdot P_a \left(\frac{4}{d}\right)^2$이 된다. 이것은 대도시와 그 위성도시 사이에는 위성도시의 소비지출이 각 도시의 인구에 비례하고 각 도시 상호 간의 거리의 자승에 반비례한다. 그러나 시카고와 같은 거대도시에서는 관성 거리인자를 1.5로 하는 것이 더 적합하다고 했다. 또 그는 라일리의 법칙도 검토한 후 소매인력은 거대 도시와 소도시의 경우 두 도시 사이의 거리비의 3승에 반비례하는 것이 더 현실적이라 하고 거대도시와 소도시 사이의 라일리 법칙을 다음과 같이 수정했다.

$$\frac{B_a}{B_b} = \left(\frac{P_a}{H_b}\right)\left(\frac{4}{d}\right)^3 \text{에서} \quad D_a = \frac{D}{1 + \sqrt[3]{\frac{P_b}{P_a}}}, \quad D_b = \frac{D}{1 + \sqrt[3]{\frac{P_a}{P_b}}} \text{이다.}$$

한편 코헨(S. B. Cohen)과 애플바움은 라일리 법칙에서 두 도시 사이의 거리를 고속도로를 이용한 자동차의 주행시간(분 단위)이라는 시간거리로 나타내고, 또 도시의 인

---

18) 인접한 도시가 두 개일 경우 컨버스는 8이라 했고, 3개이면 12가 된다고 해 소도시에서 외부로 소비지출, 즉 구입액을 계산할 수 있다.

구 대신에 점포의 매장면적을 이용해 A시에서의 분할지점 x는 다음에 의해 구했다.

$$x = \frac{A \cdot B \text{ 도시 간의 시간거리}}{1 + \sqrt{\dfrac{B \text{ 도시의 매장면적}}{A \text{ 도시의 매장면적}}}}$$

그리고 베리는 라일리 법칙에서 도시 규모의 지표로서 인구 대신에 중심지 기능(central function)의 수를 이용했다. 중심지로서의 도시는 그 중심적 기능에 의해 주변에서 소비자를 흡인하고 지역 중심으로서의 역할을 하고 있기 때문이다. 따라서 B도시에서의 분할지점을 x, A·B 도시 사이의 거리를 d_{AB}, A도시의 업종 수를 S_A, B도시의 업종 수를 S_B로 하면

$$x = \frac{d_{AB}}{1 + \sqrt{\dfrac{S_A}{S_B}}} \text{ 가 된다.}$$

이상에서 라일리의 소매인력법칙은 농촌지역에서 상권을 설정하는 데 타당한데, 소비자의 선택에 영향을 미치는 흡인·저항의 상반되는 힘을 가진 센터의 규모가 같을 경우 소비자는 가장 가까운 센터를 선택한다. 그것은 농촌지역의 경우 센터를 이용할 소요시간과 비용이 대단히 크기 때문에 거리가 선택에 큰 영향을 미치기 때문이다. 그리고 거대도시와 소도시 사이에는 컨버스에 의한 라일리 법칙을 정정한 것을 적용하는 것이 좋다고 생각한다. 또 도시 규모의 지표로서 인구, 매장면적, 중심지 기능 수 등의 여러 가지 학설이 있지만 이들 세 가지 지표는 거의 비례관계에 있기 때문에 어느 것을 사용해도 큰 차이가 없다고 생각한다.

4) 아폴로니우스의 원에 의한 상권

〈그림 6-23〉은 중심성의 규모가 뚜렷하게 다른 크고 작은 중심지가 인접해 있는 경우에 큰 중심지의 상권은 작은 중심지의 상권을 내포하는 잠상(潛上)현상을 나타낸 것이다.

이러한 상권은 라일리와 컨버스의 소매인력법칙에서는 설명이 불가능한데, 1949년 투오미넨(O. Tuominen), 1956년에 굿룬트(S. Godlund)는 아폴로니우스(Apollonius)의 원

〈그림 6-23〉 $C_1 \cdot C_2 \cdot C_3$ 세 개 중심지의 이론적 상권

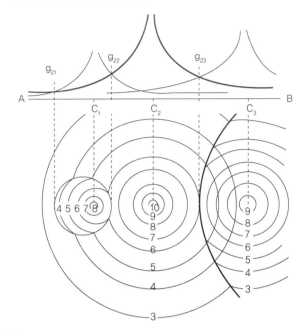

자료: 森川洋(1980: 225).

의 정리를 이용해 설명했다. 투오미넨은 라일리가 사용한 도시인구 대신에 소매상점 수를 이용해 상권과의 관계에서, 상권의 규모는 소매상점 수의 제곱근의 비에 비례하는 것을 경험적으로 도출했다. 다만 각 중심지의 소매상점 수의 제곱근을 그대로 비교하지 않고 중심지를 일곱 개 유형으로 구분해, 각 유형의 대표값을 이용·검토했다. 그 경우에 소매상점 수가 20배 이상 다른 중심지 간의 상권 설정에서도 컨버스가 행한 것과 같은 특별조치(3제곱근)는 강구하지 않았다. 여기에서 중심지 A·B의 소매상점 수의 제곱근을 S_1, S_2(다만 $S_1 \rangle S_2$)로 하고 두 중심지 간의 거리를 l로 하면, 중심지 A에서의 상권 균형점까지의 거리 R_a는 $R_a = \dfrac{S_1 l}{S_1 + S_2}$ 및 $R_a = \dfrac{S_1 l}{S_1 - S_2}$ ⋯ (1)에서 얻을 수 있다.[19] 이때 작은 중심지 B의 상권 반경 R은 식 (1)의 두 식의 차의 1/2에 해당된다.[20]

_____

19) 컨버스의 상권 분할점 방정식과의 관계를 알아보기 위해 먼저 기호를 통일해, $\sqrt{P_a} = S_1$, $\sqrt{P_b} = S_2$,

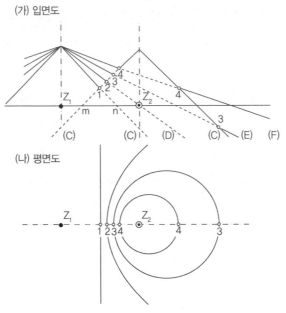

〈그림 6-24〉 Z₁, Z₂ 두 중심지의 상권 경합형태(가: 입면도, 나: 평면도)

(가) 입면도

(나) 평면도

자료: 森川洋(1980: 226).

관련된 계산에 의해 설정된 이론적 상권의 형태는 〈그림 6-24〉와 같이 도식화할 수 있다. (가)는 입면도이고, (나)는 그에 대응한 평면도이다. 이 입면도에서 중심지 Z_1, Z_2에서 시작하는 상권의 강도는 직선으로 나타내어 두 중심지 소매상점 수는 〈그림 6-24〉에 나타난 바와 같이 Y축 상의 높이의 차이에 표현되는 것이 아니고, 각 중심지에서 시작하는 직선의 구배에 의해 나타난다.

$D_{a\,b} = l$, $D_a = R_a$로 하면 $D_a = \dfrac{D_{a\,b}}{1 + \sqrt{\dfrac{P_b}{P_a}}} = \dfrac{D_{a\,b}\sqrt{P_a}}{\sqrt{P_a} + \sqrt{P_b}} = \dfrac{S_1 l}{S_1 + S_2}$ 이 된다.

물론 소매인력법칙에서는 아폴로니우스 원에 대해서 고려가 없었기 때문에 또 하나의 상권 균형점까지의 거리 $R_a = \dfrac{S_1 l}{S_1 - S_2}$ 은 얻을 수 없다.

20) 수식은 $R = \dfrac{1}{2}(\dfrac{S_1 l}{S_1 - S_2} - \dfrac{S_1 l}{S_1 + S_2}) = \dfrac{S_1 S_2 l}{S_1^2 - S_2^2}$ 이 된다.

먼저 중심지 z_1과 z_2가 꼭 대등하고, 모두 최저차의 중심지인 경우 두 중심지의 상권은 중간점 1지점에서 같은 경계가 생겨 지점 1의 양쪽에 같은 폭을 가진 두 상권의 경합지대 mn이 나타난다. 그리고 중심지 z_1이 직선 D → E → F로 세력을 증대시킴에 따라 두 상권의 경계지점은 2 → 3 → 4지점으로 이행하고, 평면도에 나타낸 바와 같이 중심지 z_2의 상권은 고차 중심지 z_1의 방향만이 아니고 이를테면 잠상현상에 의해 그 반대 방향에서도 축소된다. 그것과 평행해 경합지역의 면적도 점차 증대하지만 경합지역은 두 중심지 상권에 대해 동등하게 확대되는 것이 아니고 약한 입장인 중심지 z_2의 상권 내에 일방적으로 확대될 것이다. 중심지 z_1이 직선을 갖는 세력이 신장되면 이미 경합지역은 z_2 자신의 중심지를 포함하게 되고, z_2의 중심지 주민도 중심적 서비스의 일부를 z_1 중심지에서 충족하게 된다.

투오미넨이 중심지 상점 수를 그대로 이용했던 것과는 달리 굿룬트는 상대적 중심성을 고려해 소매상점 수만을 이용했다. 투오미넨의 중심성 측정식은 다음과 같다.

$$C = \sqrt{B_t \cdot m_t - P_t \cdot k_r}, \quad k_r = \frac{B_r \cdot m_r}{P_r}$$

단, C는 중심성지수, B_t는 중심지의 소매상점 수, P_t는 중심지 인구, P_r은 중심지를 포함한 인접군의 인구, B_r은 중심지를 포함한 인접군의 소매상점 수, m_t는 B_t의 수정값(점포당 평균 판매액의 중심지 규모에 의한 차이를 고려), m_r은 B_r의 수정값(평균 판매액의 지역차를 고려)에 의해 중심성지수 C를 산출하고 $A \cdot B$ 두 중심지 간의 상권 균형점을 해석기하학적으로 다음과 같이 설명했다.

지금 중심지 $A \cdot B$의 중심성지수를 각각 $C_A \cdot C_B$(단, $C_A > C_B$), 두 중심지 간의 거리를 l로 하고, 〈그림 6-25〉와 같이 중심지 A를 좌표상 원점에, 그리고 중심지 B를 x축의 점(l, o)에 두고 두 상권의 균형점을 $P(x, y)$로 하면 $P_A = \sqrt{x^2 + y^2}$, $P_B = \sqrt{(l-x)^2 + y^2}$이 된다. 그런데 P점에 미치는 A중심지의 세력을 P_A, B중심지의 세력을 P_B로 해 라일리의 법칙을 적용하면, $P_A = \frac{C_A}{(\sqrt{x^2+y^2})^2} = \frac{C_A}{x^2+y^2}$, $P_B = \frac{C_B}{\sqrt{[(l-x)^2+y^2]^2}} = \frac{C_B}{(l-x)^2+y^2}$가 된다.

상권 균형점에서는 $P_A = P_B$이기 때문에 $\frac{C_A}{(x^2+y^2)} = \frac{C_B}{(l-x)^2+y^2}$가 되며, 이 방정식을 정리하면 $(x - \frac{C_A l}{C_A - C_B})^2 + y^2 = (\frac{l\sqrt{C_A \cdot C_B}}{C_A - C_B})^2$이 된다.

이것은 중심이 $(\frac{C_A l}{C_A - C_B}, 0)$, 반경이 $\frac{l\sqrt{C_A \cdot C_B}}{C_A - C_B}$인 원을 나타내는 방정식이다.

〈그림 6-25〉해석기하학적 방법에 의한 균형점의 결정

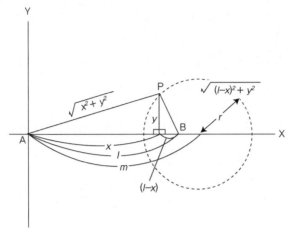

자료: 森川洋(1980: 227).

〈그림 6-26〉A·B 두 중심지 간의 가격차와 장거리 체감의 운임률을 고려한 상권 경계

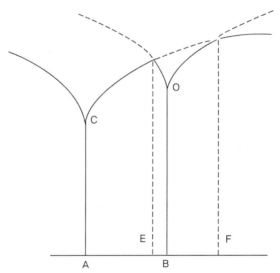

자료: 森川洋(1980: 228).

중심지 A에서 원의 중심까지의 거리를 m, 원의 반경을 r로 하면,

$$m = \frac{C_A l}{C_A - C_B}, \quad r = \frac{l\sqrt{C_A \cdot C_B}}{C_A - C_B}$$ 가 되는 원이 된다. 즉, $A \cdot B$ 두 중심지 중간에는 중심지 A에서 $(m-r)$ 지점에서 두 상권은 경계를 이루고, 그 연장상에서는 $(m+r)$ 지점에서

〈그림 6-27〉 시장가격을 이용한 상권의 경계 설명

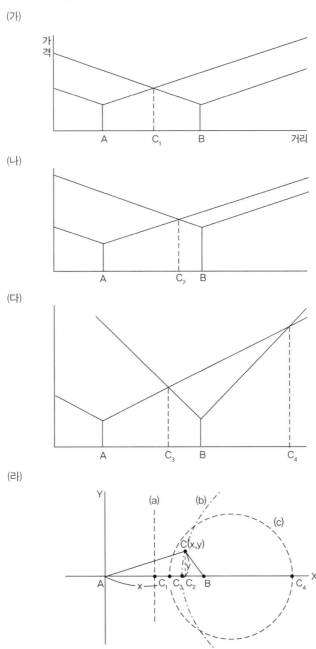

(가)

(나)

(다)

(라)

주: (라)는 평면도로 상권경계를 나타냄.
자료: 森川洋(1980: 229).

〈그림 6-28〉 스웨덴에서 이론적 상권의 경계 설정

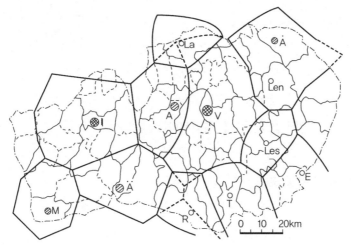

자료: 森川洋(1980: 230).

다시 균형을 이룬다.

이와 같이 투오미넨과 굿룬트는 아폴로니우스의 원의 정리를 도입함으로서 라일리와 컨버스의 법칙을 확대할 수 있게 되었다. 그러나 이상의 설명은 각 중심지에서 점두(店頭)가격을 항상 일정하다고 가정한다. 뢰쉬는 점두가격의 차이와 수송비의 장거리 체감률을 도입해 〈그림 6-26〉과 같이 설명했다. 그림에서 F지점의 오른쪽에는 A중심지의 상권으로 나타난다. 이에 대해 니시오카(西岡久雄)는 이 문제를 정리하고 일반화해 다음과 같이 설명했다. 중심지 $A·B$의 상권 경계지점을 C로 하면 C지점에서는 $P_A + f_A·\overline{AC} = P_B + f_B·\overline{BC}$가 된다. 단, $P_A·P_B$는 각각 $A·B$의 점두가격, $f_A·f_B$는 각각 $A·B$에서의 운임률이다. $P_A = P_B$, $f_A = f_B$일 때에는 P, f로 적는다. 그리고 〈그림 6-27〉에 나타난 바와 같이 세 가지의 조건을 생각할 수 있다.

(가) 점두가격과 운임률이 모두 같으면 $\overline{AB}$상의 경계는 C_1이고, 등질평야에서는 $\overline{AB}$의 수직 2등분선이 경계선이 된다.

(나) $P_A < P_B$, $f_A = f_B$가 되면 경계는 $\overline{AB}$상에서는 C_2평면상에서는 $\overline{AC} - \overline{BC} = \frac{(P_B - P_A)}{f_A}$는 일정하기 때문에 경계선은 높은 점두가격 쪽으로 만곡한 쌍곡선의 한 가지가 된다.

(다) $P_A = P_B$, $f_A < f_B$이면 경계는 반직선 AB상의 C_2(내분점), C_4(외분점)에서, 평면상에서는 $AC/BC = f_B/f_A \neq 1$로 일정하기 때문에 아폴로니우스 원이 된다. 이리하여 라일리나 굿룬트 등의 설명에서는 중심지의 규모(또는 흡인력)의 차이로서 취급하는 문제가 보다 경제학적으로 점두가격의 차이로서 검토하는 경우에도 똑같은 결과를 얻는 것이 실증되었다. 굿룬트 등의 방법을 이용한 응용적 연구로서 1964년 야콥손(B. Jakobsson)은 스웨덴의 읍·면 합병을 과학적으로 해결했다(〈그림 6-28〉).

5) 허프의 상권 확률 모델

점포의 소매상권 내지 중심지의 세력권 설정의 문제는 종래부터 지리학의 중요한 연구과제 가운데 하나였다. 이 과제에 대해 아마 처음으로 중요한 공헌을 한 사람이 라일리였을 것이다. 그가 '어떤 도시의 소매업이 그 주변에 있는 공동체(community)에서 흡인하는 거래액은 그 도시의 인구에 비례하고 그 도시와 그 공동체 간 거리의 자승에 반비례한다'라는 관계를 텍사스 주에서 실증적으로 발견한 것이 소매인력의 법칙이다.

이 라일리의 성과는 그 뒤 컨버스에 의해 받아들여져 그는 두 도시를 연결하는 직선상에서 두 도시 각각의 주 세력권을 획정하는 분기점(break point)을 계산하는 공식을 도출했다.

라일리의 소매인력법칙은 본래 소매상권의 획정을 의도한 것이 아니고 이 법칙이 소매상권의 획정과 연결되게 된 것은 컨버스가 이 분기점 공식을 도출한 이후이다. 그러나 라일리·컨버스 모델은 상당한 규모를 가지고 거리상 꽤 떨어져 있는 두 도시 간에서만 적용이 가능하고, 도시 규모가 뚜렷하게 다른 두 도시 간의 경우에 나타나는 잠상(潛上)현상을 설명하는 것을 적용하는 데는 불충분하다. 이 문제점에 착안한 투오미넨과 굿룬트는 아폴로니우스의 원의 원리에 의해 이 문제점을 해결했다.

이에 대해 소매인력법칙을 확률적 시점에서 정식화(定式化)한 것은 허프이다. 허프는 라일리의 법칙이 경험적으로 추출된 것으로 이론적 근거가 약하고 결정론적으로 자료의 산재(散在)를 설명할 수 없는 점, 개개의 소비자의 구매행동을 설명할 수 없는 점 등에 불만족해 개개 소비자의 구매행동을 설명하는 모델을 개발했다. 나카니시(中西正雄)가 지적한 바와 같이 이 허프 모델은 라일리의 소매인력법칙을 연장한 것이기 때문에 두 모델은 동일한 테두리 속에 속하는 것이지만 일반적으로 라일리의 모델이 유일한 경계를 설명하는 목적으로 사용되고 그 의미로 확정적인 상권 설정 모델을 확정하는 데 비해, 허프는 점포의 주변에 위치한 소비자가 특정의 점포를 이용한 확률을 구하는 것으로 그 의미를 확률적 상권 설정 모델이라고 말할 수 있다. 허프 이후 일반적으로 허프형 모델이라고 불리는 확률적 상권 설정 모델이나 같은 계보에 속하는 증가 경쟁 상호작용(multiplicative competitive interaction) 모델 등이 제안되었지만 허프 모델도 포함시켜 이들은 모두 심리학자 루스(R. D. Luce)가 제창한 개인 선택공리(選擇公理, axiom of choice)[21]를 그 이론적 근거로 하고 있다.

　루스의 개인 선택공리는 개개의 소비자가 구매통행을 할 때 목적지 선택이 확률적이라는 것을 전제로 하고 '어떤 소비자가 목적지 A를 선택하는 확률과 B를 선택하는 확률의 비는 이 소비자에 대한 A의 효용(utility)과 B의 효용의 비와 같다'라고 표현할 수 있다. 즉, 모든 효용이 차지하는 어떤 목적지의 효용의 비, 상대 효용도가 그 목적지의 선택확률과 같다는 것이다.

　루스의 개인 선택공리는 상대 효용도와 선택확률과의 사이에 1:1의 대응관계를 가정하는 것이다. 따라서 루스의 개인 선택공리는 자명(自明)의 공리로서, 모델을 구축한 종래의 확률적 상권설정 모델은 점포 선택 메커니즘, 즉 소비자가 이용 가능한 모든 점포를 평가하고 그 평가값을 기준으로 하여 각 점포를 상호 비교해 소비자가 갖는 효용이 최대가 된 점포를 이용하는 것이란 메커니즘이 불명확하다는 것을 지적할 수 있다.

　루스의 개인 선택공리를 이론적 바탕으로 한 허프 상권 확률 모델은 대도시 내부 소비자의 구매행동에서 선택 가능한 다수의 구매 중심지가 입지하는 것부터가 확률적이라고 하고 위의 여러 가지 학설과 다른 확률 모델도 제창했는데, 이 모델은 효용의 최

---

21) 공집합이 아닌 집합들을 원소로 갖는 집합족이 주어졌을 때, 각 집합족에 속하는 집합에서 대표원소를 하나씩 선택해 새로운 집합을 구성할 수 있다는 공리를 말한다.

〈그림 6-29〉 소비자가 세 개의 센터에서 구매행동을 하는 확률 등치선

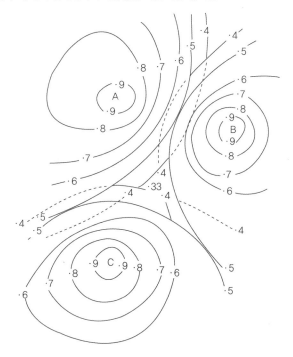

자료: Huff(1963: 87).

대화를 필요로 하지 않는 상수 효용(常數效用) 모델이다. 따라서 이 모델은 대도시 내부
소비자의 구매행동에 의해 절대적인 상권 분할점은 존재하지 않는다는 주장이다. 왜
냐하면 대도시에는 인구, 상점, 교통 등의 밀도가 높고, 소비자의 기호도 다양하나 불
안정하기 때문이다. 소비자의 상품 구매행동 반경 내에는 유일한 소매 센터가 존재하
지 않고 다수의 소매 센터가 존재하고 있는 것이 보통이다. 따라서 라일리, 컨버스의
결정론적 모델은 대도시에서 적용될 수가 없다. 그것은 도시 내부에서 개인의 구매행
동은 확률론적이란 점이 이미 알려진 사실이기 때문이다. 상권의 설정에서 결정론적
접근방법은 농업지역에서는 상점의 선택이 거리에 의해 많은 제약을 받아 선택 대상
상점 수가 한정되어 적용이 가능하나 조밀한 시가지 지역에서는 소비자가 싫어하지 않
는 최대 거리의 범위 내에서 다른 흡인력을 가진 선택 가능한 센터가 상당수 존재하고

〈그림 6-30〉 미국의 제1계층 도시 73개의 이론적 상권

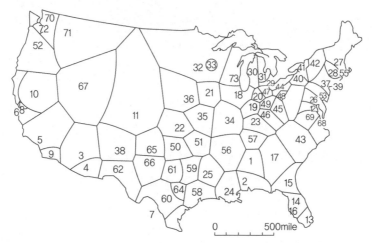

주 1: 1 - 버밍햄, 2 - 모빌, 3 - 피닉스, 4 - 투손, 5 - 로스앤젤레스, 6 - 샌프란시스코, 7 - 샌디에이고, 8 - 오클랜드, 9 - 롱비치, 10 - 새크라멘토, 11 - 덴버, 12 - 워싱턴 D.C., 13 - 마이애미, 14 - 탬파, 15 - 잭슨빌, 16 - 세인트피터즈버그, 17 - 애틀랜타, 18 - 시카고, 19 - 인디애나폴리스, 20 - 포트웨인, 21 - 디모인, 22 - 위치토, 23 - 루이빌, 24 - 뉴올리언스, 25 - 슈리브포트, 26 - 볼티모어, 27 - 보스턴, 28 - 스프링필드, 29 - 디트로이트, 30 - 그랜드래피즈, 31 - 플린트, 32 - 미니애폴리스, 33 - 세인트폴, 34 - 세인트루이스, 35 - 캔자스시티, 36 - 오마하, 37 - 뉴어크, 38 - 앨버커키, 39 - 뉴욕시, 40 - 버펄로, 41 - 로체스터, 42 - 시러큐스, 43 - 샬럿, 44 - 클리블랜드, 45 - 콜럼버스, 46 - 신시내티, 47 - 털리도, 48 - 애크런, 49 - 데이턴, 50 - 오클라호마시티, 51 - 털사, 52 - 포틀랜드, 53 - 필라델피아, 54 - 피츠버그, 55 - 프로비던스, 56 - 멤피스, 57 - 내슈빌, 58 - 휴스턴, 59 - 댈러스, 60 - 샌안토니오, 61 - 포트워스, 62 - 엘패소, 63 - 코퍼스크리스티, 64 - 오스틴, 65 - 애머릴로, 66 - 러벅, 67 - 솔트레이크시티, 68 - 노퍽, 69 - 리치먼드, 70 - 시애틀, 71 - 스포캔, 72 - 터코마, 73 - 밀워키.
주 2: 32 - 미니애폴리스와 33 - 세인트폴은 인접해 있어 하나의 세력권으로 했음.
자료: 森川洋(1980: 238).

있다. 따라서 특정한 센터만을 방문하는 소비자는 없으며 때에 따라서는 특정 센터를 어느 정도의 구매 확률로 방문하기도 한다.

지금 i에 위치한 소비자가 소매 센터 j를 방문할 확률을 $_iV_j$라 하고, i에서 j까지의 소요시간을 T_{ij}의 λ승, $G=1$로 하면, j센터에 의한 i지점의 잠재력은 $_iV_j = \dfrac{S_j}{T_{ij}^\lambda}$이다.

여기에서 S_j는 매장면적이다. n개의 센터에 의한 i 지점의 총잠재력은 $_iV = \dfrac{S_1}{T_{i1}^\lambda} + \dfrac{S_2}{T_{i2}^\lambda}$ +......+ $\dfrac{S_n}{T_{i.n}^\lambda} = \displaystyle\sum_{j=1}^{n} \dfrac{S_j}{T_{ij}^\lambda}$가 된다.

지금 i지점의 잠재력 합계 중에서 j센터가 차지하는 영향의 비($_iV_j/_iV$)로서 i 지점의 평균적 소비자가 j 센터를 방문할 확률의 이론값(P_{ij})는 $P_{ij} = \dfrac{\dfrac{S_j}{T_{ij}^\lambda}}{\displaystyle\sum_{j=1}^{n} \dfrac{S_j}{T_{ij}^\lambda}}$ ...... (1)이 된다.

단, $\displaystyle\sum_{j=1}^{n} P_{ij} = 1$로 이것이 허프의 상권 확률모델의 기초적인 식이 된다. 여기에서 λ는

시간의 탄성값을 나타내는 매개변수이고 자료에서 경험적으로 구할 수 있다. 〈그림 6-29〉는 세 방향의 선택에서 무차별 지점이 0.5의 확률을 갖는 확률 등치선(probability contours)의 접점인 장소가 세 곳이 있다. 세 방향의 무차별 지점은 세 센터에 의해 둘러 싸인 0.33의 확률 등치선이 교차하는 곳이다. 이곳은 세 방향에서 상호 영향을 주는 확률이 같은 곳이다.

허프의 상권 확률 모델은 마케팅 단위에서의 상업시설이나 상품량에 의해 고찰한 것이 아니고 소비자의 행동체계에서 도입된 것으로, 본래 도시 내부의 상권조사를 위해 고안된 것이지만 광역적 수준에서도 사용한 예도 있다. 허프가 자신의 확률 모델을 사용해 미국 제1계층 도시 73개 시[22]의 이론적 상권을 구분한 것이 〈그림 6-30〉이다.

종래 확률적 상권 설정 모델의 기본구조는 루스의 개인 선택공리를 이용해 간단히 나타낼 수 있다. 즉, 지구 i에 거주하는 소비자가 점포 j에서 받을 수 있는 효용을 U_{ij}라 하면, 이 소비자가 선택 가능한 n개의 점포 가운데에서 특정 점포 j를 선택할 확률 P_{ij}는 n개의 점포가 갖는 효용의 총합계($\sum\limits_{j=1}^{n} U_{ij}$)에 차지하는 특정 점포 j가 갖는 효용(U_{ij})의 비, 즉 상대효용도와 같은 것이다. 이 관계를 수식으로 나타내면 다음과 같다.

$$P_{ij} = \frac{U_{ij}}{\sum\limits_{j=1}^{n} U_{ij}} \cdots (1)$$

앞에서 지적한 바와 같이 종래의 확률적 상권설정 모델에서는 상대 효용도와 선택 확률 간에 1:1의 선형의 대응관계를 가정하고 있다. 즉, j번째 점포가 차지하는 상대 효용도가 예를 들면 20%일 경우 그 점포가 선택될 확률도 20%로 가정하고 있기 때문이다. 앞에서 설명한 바와 같이 이 가정이 성립하는 보증은 몇 가지 존재하지 않기 때문에 루스의 개인 선택공리에 바탕을 둔 모델은 행동이론적으로 본 경우 소비자의 점포 선택행동이 명확하게 표현되지 않기 때문이다. 종래의 확률적 상권설정 모델에는

---

22) 베리에 의해 분석된 인구 1만 명 이상의 1762개의 법적 도시취락(1960년)과 97개 변수에 의해 인자분석을 해 제1인자(도시 계층(hierarchy))에서 도시의 기능적 규모의 인자득점 2.0 이상을 제1계층 도시로서 73개, 0.25~1.99를 제2계층도시로서 274개를 추출했다. 허프 모델 분석에서는 제1계층 도시 73개를 중심지로 해 확률 모델의 λ=2로 고정했으며, 각 중심지의 세력권 균형선은 전산기에 의해 묘사했다.

수많은 것이 있지만 이들은 효용 U_{ij}를 어떻게 규정하는가에 따라 다르다. 예를 들면 허프가 효용 U_{ij}가 소매점포의 규모 s_j에 정비례하고 지구 i에서 점포까지의 소요시간 T_{ij}의 누승에 반비례한다고 하면 위의 식 (1)과 같이 나타낼 수 있다.

허프 모델을 수정하는 허프형 모델에는 수많은 것이 있지만, 대표적인 것은 점포규모의 탄력값을 나타내는 매개변수 a를 가진 다음 식이다.

$$P_{ij} = \frac{\dfrac{S_j^a}{T_{ij}^\lambda}}{\displaystyle\sum_{j=1}^{n} \dfrac{S_j^a}{T_{ij}^\lambda}}$$

허프 내지 허프형 모델은 지금까지 수많은 실증적 연구가 있다. 이들 허프 내지 허프형 모델을 더욱 확장한 것이 나카니시와 쿠퍼(M. Nakanishi and L. G. Cooper)에 의한 증가 경쟁 상호작용 모델이다. 이 모델은 효용 U_{ij}를 구성한 요소로써 매장면적, 시간 이외의 요인을 모델에 넣을 수 있게 만들었으며, 그 기본적인 모델 식은 다음과 같다.

$$P_{ij} = \frac{\displaystyle\prod_{k=1}^{q} X_{kij}^{\beta_k}}{\displaystyle\sum_{j=1}^{n}\left(\prod_{k=1}^{q} X_{kij}^{\beta_k}\right)}$$

여기에서 X_{kij}는 지구 i의 소비자에 대한 j번째 상점의 k번째의 요인, β_k는 k번째의 요인에 관계되는 매개변수, q는 요인의 수이다. 이 증가 경쟁 상호작용 모델은 모델에서 알 수 있는 바와 같이 허프 모델, 허프형 모델의 특수한 경우로 포괄적인 모델이라고 말할 수 있다. 즉, x_{kij}로서 매장면적과 거리(시간)만을 가지고 매장면적이 관계되는 매개변수 β_k의 값을 1로 한 경우가 허프 모델, β_k를 1에 고정하지 않는 경우가 허프형 모델이다. 이 증가 경쟁 상호작용 모델에 대해서도 최근에 몇 개의 실증적인 연구 예가 있다. 1971년 코틀러가 상점규모나 교통시간 이외에 소매시설의 이미지, 접근성, 가격 수준 등을 설명변수로 하고, 또 스탠리(T. J. Stanley)와 수얼(M. A. Sewall)은 상점의 규모와 자동차의 운전 거리를 더해 소비자의 이미지를 설명요인으로써 각각 사용했다.

이상이 종래의 확률적 상권 모델의 기본구조와 그 실증적 적용 예이다. 이들 일련의 모델은 소비자의 상점선택 메커니즘이 명확하지 않다는 문제점을 가지고 있다. 즉, 첫째 소비자 행동을 확률적으로 파악하고 있다는 점, 둘째 미지(未知)의 매개변수의 추정이라는 문제가 있지만 취급하는 것이 비교적 간단하다는 점 등이다. 미지의 매개변수의 추정은 허프 모델의 매개변수에서 허프 자신이 이용한 피보나치(L. Fibonacci) 탐색법에 의해 구할 수 있다. 더욱이 허프형 증가 경쟁 상호작용 모델에 대해서는 이 모델이 대수(對數) 선형 모델이기 때문에 회귀분석에 의해 매개변수를 추정할 수 있다. 또 허프 모델, 허프형 모델에 대해서는 매개변수의 값을 순차변환(順次變換)해서 컴퓨터에 의해 예측값과 실측값과의 적합도를 최대로 한 매개변수 값을 탐색하는 방법도 가능하고 실제 이 방법에 의해 매개변수를 추정한 연구도 있다.

6. 상업 환경의 다면적 평가

1) 종래의 상업 환경평가

지역의 상업 환경은 주민생활의 편리성을 결정짓는 주요한 요인 중의 하나이다. 상업 환경은 점포에 대한 접근성, 상품 구색 갖추기의 다양성, 상품가격 등 여러 가지 요소에 의존하고, 그것이 충분히 확보되지 않을 경우에는 상품구입이 불편하고, 나아가 생활에 편리하지 않은 것으로 이어진다. 그러한 지역에 대해서는 공적 시설이나 적당한 강구를 할 필요가 있기 때문에 각 지역의 상업 환경을 정상적 또는 정량적으로 평가하는 것은 불가결하다.

상업 환경을 파악하기 위한 직접적인 방법으로는 앙케트(enquête) 등을 사용해 점포의 이용자에게 의견이나 구매행동 조사를 하는 방법이 있다. 이 방법은 이용자의 실제 구매의식이나 행동에 바탕을 두고 상세한 평가가 가능한 반면, 그 실시와 집계를 위해서는 많은 시간이나 비용을 필요로 하는 문제가 있다. 그 때문에 좀 더 간편하고 적용 가능성이 높은 대체적인 평가방법이 지금까지 제안되어왔다.

먼저 지역에 입지한 점포 수나 면적·인구당 점포 수에 바탕을 둔 평가가 있다. 이 방법은 간편성이 대단히 높으나 점포의 접근성이나 규모 등의 상업 환경을 규정하는 상세한 요소는 고려하지 않았다. 이에 대해 이용자와 점포의 접근성에 착안해 거주지에서 가장 가까운 점포까지의 거리나 거주지에서 일정한 거리 안에 있는 점포 수를 지표로 평가를 행해왔다. 이 방법은 대규모의 조사가 불필요하고 결과의 해석도 용이하다. 그러나 가장 가까이 있는 점포까지의 거리에 의한 평가에서는 가장 가까운 점포 이외에 점포의 입지를 고려하지 않고, 일정한 거리 안에서의 점포 수에 의한 평가는 점포규모의 차이를 단일 지표에서는 고려할 수 없다는 과제를 안고 있다.

이러한 과제에 대해 점포의 규모나 거주지에서의 접근성의 차이를 중력 모델을 이용해 동시에 평가하는 방법이 있다. 이 방법은 매장면적이라는 점포의 매력과 거리에서 정해진 점포의 편리성[23]을 지표로 사용했다. 나아가 점포의 선택확률을 이용해 이용자가 점포 선택을 행할 때에 점포 수의 입지가 미치는 영향을 고려했다. 어느 쪽이든지 지역의 상업 환경을 추정한 복수의 요소를 고려한 것으로 종합적인 평가를 시도했지만 몇 가지의 과제가 남아 있다. 예를 들면 점포가 순차적으로 출점하는 상황을 생각하면, 전자의 방법에서는 점포 수에 비례해서 평가값은 단조롭게 증가한다. 이것은 이용자가 모든 점포를 동일하게 이용한다는 가정에 바탕을 두고 있기 때문이지만 실제로 그러한 가정이 성립하는 경우는 드물다. 또 후자의 방법에서는 점포 수의 증가에도 불구하고 평가값이 낮아지는 경우가 있다. 그러나 일반적으로는 이용가능한 점포가 많을수록 상업 환경은 향상된다는 점에서 이들의 평가방법은 점포분포의 변화에 충분하게 대응할 수 있다고 말하기 어렵다.

이에 대해 로짓(logit) 모형[24]에 바탕을 둔 로그 섬(log sum)변수[25]에 의해 상업 환경을

---

23) A_i를 점포 i의 매력도, d_{ij}를 점포 i와 점포 j사이의 거리, α, β를 매개변수로서 지점 j에서 점포 i의 편리성을 $A_i^\alpha / d_{ij}^\beta$로 나타낸 것이다. 이 편리성의 값은 점포에서의 규모에 따라 증가하고, 지역에서의 거리에 따라 감소한다.

24) 편의상 두 개의 값을 갖는 이항 반응변수 Y를 예측변수인 두 가(假) 변수(dummy variable) X와 Z로 설명하기 위한 경우의 로짓 모형을 고려하도록 한다. 각 변수들의 수준이 각각 (0, 1)로 표현되는 이항변수라 할 때, 2×2×2 분할표에서 $Y = 1$일 확률 $\pi(x, z)$에 대한 로짓 모형은 $\log(\frac{\pi(x,z)}{1 - \pi(x,z)}) = \alpha + \beta_{1x} + \beta_{2z}$가 된다. 이 모델은 교호작용항을 포함하지 않기 때문에 어떤 한 인자의 효과는 다른 인자의 모든 수준에서 동일하다.

25) 로그 섬 변수를 이용해 점포가 순차적으로 출점할 경우를 평가하면, 점포 수의 증가와 더불어 지표 값의 증가분은 점차 완만해지면서도 계속 향상된다.

평가하고 있다. 그러나 랜덤(random) 효용 이론을 이용해 전술한 모델이 갖고 있는 문제점의 해소를 시도하는 것으로, 이 방법은 대규모 구매행동조사에 의한 매개변수 추정을 전제로 하고 있고, 간편성의 면에서는 과제를 갖고 있다. 또 상기의 연구는 어느 쪽이든지 지역의 상업 환경의 좋고 나쁨을 평가하는 것에 한하고 지역의 상업 환경 형성에 대한 각 점포의 기여도나 각 시점에서 상업 환경의 특정 점포에 대한 의존성이라는 관점에서의 평가는 이뤄지지 않았다.

2) 확률적 효용이론에 바탕을 둔 평가지표

이상 기존의 연구과제에 따라 지역의 상업 환경을 간편하게 또 정량적으로 평가하기 위한 새로운 지표군(指標群)은 단일 업종의 점포규모와 분포에 착안한 것으로, 지역에서 점포의 충족상황의 안정성, 각 점포입지의 중요성의 관점에서 상업 환경의 평가를 시도하는 것이다.

(1) 점포의 충족도

어떤 지역이 K개의 지구 k에 구분되어 지역 전체에 N의 입지 i가 입지하고 있는 것으로 하자. 점포 i의 매장면적을 A_i, 점포 i와 지구 k 간의 거리를 d_{ik}, 지구 k의 주민이 점포 i를 선택해서 얻는 효용을 U_{ik}로 한다. 이용자는 U_{ik}가 점포 i이외의 점포 j에서 얻는 효용보다 클 때에만 점포 i를 선택하는 것이라고 가정하면 점포 i의 선택확률 p_{ik}는 식 (1)과 같이 나타낼 수 있다.

$$p_{ik} = \text{Prob}(U_{ik} > U_{jk}, \forall j \neq i) \cdots (1)$$

여기에서 U_{ik}는 관측 가능한 비 확률변수라고 볼 수 있는 확률항 ϵ_{ik}와의 합으로 나타낼 수 있는 것이다. 이 ϵ_{ik}는 i, k에 의하지 않는 매개변수 μ, η를 가지고, 식 (2)로 나타내는 같은 독립의 검벨 분포(Gumbel distribution)[26]에 따르는 것으로 한다.

---

26) 연속확률분포의 일종으로 여러 가지 분포에 따르는 확률변수의 최댓값이 점점 가까운 것에 따르는 분포

$$G(x) = \exp[-\exp\{-(\frac{x-\mu}{n})\}] \ (\propto \ \langle \ x \ \langle \ \propto \ ) \cdots (2)$$

또 α, β를 매개변수로 해 효용 U_{ik}의 확정항에는 식 (3)을 이용한다.

$$V_{ik} = \alpha \log A_i - \beta \log d_{ik} \cdots (3)$$

확정항 V_{ik}가 선형일 때, η를 1로 해도 일반성이 유지되는 것이 알려져 있고, 나아가 μ를 0으로 가정하면 확률항 ϵ_{ik}의 누적밀도함수는 식 (4)로 나타낸다.

$$F(x) = \exp\{-\exp(-x)\} \cdots (4)$$

이후에서는 ϵ_{ik}를 식 (4)로 나타내 누적밀도함수로서 취급한다. 또 점포 i에 관한 확률밀도함수를 $f_i(x)$로 기재한다. 나아가 확률적으로 변동한 효용 U_{ik}의 함수에서 변수가 변할 수 있는 값의 범위 중 임의의 확정 값을 $\overline{U}$로 정의하면 지구 k의 주민이 점포 i를 선택해서 얻는 효용이 $\overline{U}$를 바탕으로 점포 i를 선택할 확률 P_{ik}는 식 (5)가 된다.

$$P_{ik} = \Pr ob(U_{ik} > U_{jk} \forall_j \neq i | U_{ik} = \overline{U}) = f_i(\overline{U} - V_{ik}) \cdot \prod_{j \in B, j \neq i} \int_{-\propto}^{\overline{U}} f_j(x - V_{ik}) dx \cdots (5)$$

여기에서 B는 이용자가 선택할 수 있는 점포의 집합이다. 이때에 지구 k의 이용자가 점포 i에서 얻는 효용의 기대 값은 식 (6)이 된다.

$$E_{ik} = (U|U_{ik} = \overline{U}) = U \cdot f_i(\overline{U} - V_{ik}) \cdot \prod_{j \in B, j \neq i} \int_{-\propto}^{\overline{U}} f_j(x - V_{ik}) dx \cdots (6)$$

이것을 $\overline{U}$가 얻는 모든 값에 대해 생각하면 각 점포가 각 지구에 미치는 충족도 $E_{ik}(U)$를 식 (7)과 같이 정의한다.

$$E_{ik}(U) = \max\{ \int_{\propto}^{\propto} \overline{U} \cdot f_i(\overline{U} - V_{ik}) \cdot \prod_{j \in B, j \neq i} \int_{-\propto}^{\overline{U}} f_j(x - V_{ik}) dx d\overline{U}, 0\} \cdots (7)$$

나아가 이 $E_{ik}(U)$에 대해 이용자가 선택하고자 하는 모든 n개의 점포에 관한 총계를 $E_k(U)$로 나타낸다. 이 $E_{k(U)}$를 지구 k에서 총 충족도라 부른다. 이 지표는 각 지구의 점포의 충족성을 평가하고, 근린에 많은 점포가 존재할수록, 또 점포의 규모가 클수록 큰 값을 취한다. 다만, 소규모 점포가 지구 k로부터 먼 거리에 입지할 경우 $E_{ik}(U)$는 음의 값을 취하는 경우가 있다. 그러한 경우에는 그 점포를 애용하지 않고, 얻을 효용을 0으로 하는 것으로, 그 지구의 상업 환경에는 음의 영향을 미치지 않는 것으로 생각한다. 이 지표의 특징으로서 지구에서의 거리나 규모의 조건이 동등한 점포의 출점이나 폐점

이고 극치분포(極値分布)의 유형 I에 해당한다.

에서도 지구 주변의 기존 점포의 분포에 대응해서 지표값의 변화가 다르게 나타나는 것이다.

(2) 총 충족도의 안정도

총 충족도는 각 점포의 규모나 각 점포까지의 거리, 나아가 다른 점포의 분포상황에 바탕을 두고 점포의 충족도 면에서 총점포 수를 종합화해서 상업 환경의 좋고 나쁨의 평가를 시도하는 지표이다. 그러나 이 지표만으로는 총 충족도의 값이 같은 복수의 지구를 비교할 경우에 각 지구의 총 충족도의 값이 충족도가 높은 소수의 점포로 구성되어 있을까, 또는 충족도가 낮은 점포가 다수 존재하는 것일까를 구별할 수 없다. 전자의 예로는 대규모의 점포가 다른 점포로부터 고립되어 입지할 경우가 있지만 대규모 점포의 주변 지역 상업 환경은 그 점포에 의해 크게 악화될 가능성이 있다. 이러한 장래의 위험성을 파악하기 위해 총 충족도를 바탕으로 평가된 상업 환경의 좋고 나쁨의 안정도를 $E_{ik}(U)$가 총 충족도 $E_k(U)$에 차지하는 비율을 Q_{ik}로 해서 지구 k의 안정도 S_k를 식 (8)로 정의한다.

$$S_k = -\sum_{i \in c}^{n_c} Q_{ik} \log_2 Q_{ik} \cdots (8)$$

다만, C는 $E_{ik}(U)$가 양인 점포의 집합, n_c는 그 요소의 수이다. 이 지표에서는 총 충족도 $E_k(U)$의 값이 같은 경우, 그 값이 소수의 점포에 의해 구성될수록 낮고, 한편 선택 가능한 점포 수가 같은 경우, 특정 점포의 총 충족도의 값이 의존할수록 낮아지게 된다. 이 지표는 총 충족도와 병용하는 것으로 점포의 폐점과 더불어 현재 상태의 상업 환경이 악화될 가능성이 높은 지역을 파악하는 데에 이용된다.

안정도는 총 충족도의 값에 대해 각 점포가 가져오는 충족도의 치우침을 평가한 것으로 점포의 개점과 더불어 현재 상황의 상업 환경이 악화될 가능성이 높은 지구를 파악하는 지표이다.

(3) 점포입지의 중요도

중요도는 각 점포가 지역에 초래하는 충족도를 점포별로 집계한 것으로, 지역 상업

환경의 좋고 나쁨에 대한 각 점포의 기여의 정도를 평가할 수 있는 지표이다. 전술한 두 개의 지표는 지구단위에서 상업 환경의 좋고 나쁨이나 안정도의 평가를 행하는 것이다. 그러나 출점유도·지원 등의 시책에 의한 상업기능의 유지나 재생을 꾀하기 위해서는 점포단위에서의 평가도 필요하다. 그래서 지역 상업 환경에의 기여 정도에 바탕을 둔 각 점포입지의 중요도를 식 (7)의 충족도 $E_{ik}(U)$를 이용해 다음과 같이 정의한다.

$$I_i = \sum_{k=1}^{K} E_{ik}(U) \cdots (9)$$

이것은 각각의 점포 i가 각 지구에 초래하는 충족도의 합이고, 지역전체에 대한 충족도가 높은 점포일수록 중요도 높게 평가된다. 또 중요도 I_i는 각 점포의 충족도에 바탕을 둔 지표이기 때문에 총 충족도와 마찬가지로 다른 점포의 규모나 분포의 영향을 받는다.

7. 소매업의 글로벌화

1) 소매업의 글로벌화 연구

최근 세계적인 규모를 가진 소매업의 글로벌화가 진행 중에 있다. 선진국의 거대한 글로벌 소매업(global retailer)은 해외시장에서 급속하게 판매액을 신장시키며 아시아, 남아메리카, 중·동부 유럽이라는 신흥시장으로의 진출이 눈에 띈다. 이를테면 아시아 시장에서는 1980년대부터 미국을 선두로 선진제국에서 다양한 업태의 소매업이 진출했다. 그런 점에서 아시아는 글로벌 소매경쟁의 선진지역의 하나가 되었다.

이러한 소매업의 글로벌화 현상을 파악할 경우 지금까지의 연구에서는 소매기업의 글로벌적 행동에 관심을 가졌다. 그러나 소매업의 글로벌화가 가져온 산업공간의 재편(변화)에 초점을 두고 상업공간의 관점에서 소매 글로벌화 현상을 검토해야 한다. 아시아의 상업공간은 소매업 글로벌화와의 관계 속에서 큰 변화를 가져왔는데, 예를 들면 유럽계 하이퍼마켓이나 현금 지불 무배달 판매(Cash and Carry)의 대형점은 교외에서의 상업공간을 창출해 큰 역할을 했고, 미국계나 일본계의 편의점은 시가지의 상업공간을 크게 변화시켰다. 그리고 이들 외국계로 촉발된 국내자본의 하이퍼마켓이나 편의점의 발전으로 상업공간의 변화를 거듭 가져왔다.

또 아시아의 대도시권에서 개발되는 거대 쇼핑센터도 상업공간의 변용에 큰 영향을 미쳤다. 이들 쇼핑센터 중에는 외국자본의 대형점이 핵심점포(key tenant)로 입점하거나 외국자본계의 전문점이 다수 입주해 쇼핑센터의 개발은 소매업 글로벌화와 밀접한 관계가 엿보인다. 나아가 근년 증대되고 있는 글로벌 소매업의 인수합병에 의한 소매자본의 글로벌화도 빼놓을 수 없다. 예를 들면 영국계 테스코(Tesco)는 한국, 타이완, 타이, 말레이시아에서 출자자본 50% 이상으로 합병을 했고, 네덜란드계의 마크로(Macro)는 한국에서는 자회사로, 중국, 타이완, 타이, 말레이시아, 인도네시아에서는 합병을 했다.

소매업 글로벌화 연구의 대상으로는 첫째 상품의 글로벌화(개발 수입) 문제, 둘째 점포의 글로벌화(해외 출점) 문제, 셋째 자본의 글로벌 이전문제, 넷째 기술의 글로벌 이전문제의 네 가지를 들 수 있다. 지금까지의 연구는 첫째와 둘째를 대상으로 한 것이 대부분이었고, 셋째와 넷째의 문제에 대해서는 소매 글로벌화 문제 연구가 앞서가는 유럽과 미국에서도 매우 적은 연구 축적밖에 없는 실태이다.

세 번째와 네 번째의 문제에 대해 살펴보면, 먼저 자본의 글로벌 이전문제에 대해서는 유럽과 미국계 기업이 해외진출(신규 시장참여)을 할 때에 많이 이용하는 합병·인수(merges and acquisitions: M&A) 전략을 분석하는 것이 급선무라고 지적할 수 있다. 이러한 것도 유럽과 미국계 소매업에서는 종래부터 M&A가 많이 이용되었고, 최근에 크게 주목을 끌고 있는 외자(外資) 소매업의 일본 시장참여에서도 M&A 전략이 이용될 가능성이 높기 때문이다. 일본의 소매업은 지금까지 M&A에 의하지 않는 내부(자력)형의 성장(organic growth)을 꾀해왔고, 그것은 글로벌화에서도 대세를 유지해왔다. 그러나 금후 일본의 소매업에서도 자본논리에 의한 극적인 변화가 나타나리라고 본다.

네 번째의 기술의 글로벌 이전문제 연구는 제조업의 해외진출 연구에서 많은 축적이 있었지만 이들은 하드(hard)적인 면과 밀접하게 연결된 생산기술의 이전문제가 중

〈표 6-9〉 유럽·미국계 소매점포의 아시아 진출 현황(2000년)

소매업체명	모국	업태	한국	일본	중국		타이완	타이	싱가포르	말레이시아	인도네시아	필리핀
					대륙	홍콩						
테스코(Tesco)	영국	HM	13	2			3	38		예정		
까르푸(Carrefour)	프랑스	HM	21	3	27	(4)	24	13		6	7	
오샹(Auchun)	프랑스	HM			1		12	(1)				
카지노(Casino)	프랑스	HM					10	27				
메트로(Metro)	독일	WC			3							
마크로(Makro)	네덜란드	WC	(2)	예정	4		8	20		8	12	6
아홀트(Ahold)	네덜란드	SM				(38)		41	(14)	39	(17)	
델헤즈(Delhaize)	벨기에	SM						21	30		20	
월마트(Wal-Mart)	미국	DS	6		12	(3)					(2)	
코스트코(Costco)	미국	WC	4				3					

주 1: 괄호 안의 숫자는 철수 당시의 점포 수를 나타낸 것임.
주 2: HM - 하이퍼마켓, WC - 도매 클럽, SM - 슈퍼마켓, DS - 할인점.
자료: 川端基夫(2001: 30).

심이 되어왔다. 이에 대해 소매업의 기술이전에서 나타나는 경험한 전문지식(know-how)의 이전 연구는 뒤져 있다. 따라서 네 번째 문제는 단지 소매업의 글로벌화 문제만에 그치지 않고 제조업도 포함한 기술이전 연구 자체에 기여할 주제라고 할 수 있다.

이에 관한 연구는 유럽과 미국에서 몇 가지 볼 수 있지만, 그들은 슈퍼마켓 기술을 개발도상국에 이전하는 것에 치우쳐 왔다. 또 '본래 소매업에서 기술이란 무엇이고, 경험한 전문지식이란 무엇을 가리키는가?'라는 그 자체도 명확하지 않다. 일본에서도 소매기술의 이전에 관한 논고가 몇 가지 있지만 실증적인 단계에는 도달하지 못했다. 이 분야의 실증적 연구의 중요성을 지적하지만 실증적인 분석의 어려움 때문에 지체되어 연구의 진척이 없는 영역이다. 일본의 많은 백화점이 1960년대부터 아시아 지역의 소매업과 '기술제휴 계약'을 체결하고 각종 백화점 기술(경험한 전문지식)을 이전했다. '기술제휴 계약'은 한국의 소매업과 25건, 타이완의 소매업과 14건으로, 이는 아시아 전체의 약 80% 이상을 차지한다. 그 가운데 한국 롯데백화점의 기술이전이 눈에 띄는 사례이다. 〈표 6-9〉는 유럽과 미국계 소매업이 아시아에 진출한 점포 수를 나타낸 것이다. 한국에 진출한 유럽과 미국계 소매업체는 모두 44개로 프랑스와 영국의 업체가 가장 많다.

아시아 유통업은 IMF구제금융 지원 이후에 시장의 변질, 규제완화, 유럽과 미국 자본의 진출과 경쟁 격화와 더불어 일본계 소매업의 아시아에서의 철수를 들 수 있다. 아시아 역내에서 소매업의 국제화는 유럽과 미국계의 글로벌 소매업의 동향에 눈을 돌릴 필요가 있지만 사실은 아시아에서는 자국자본의 소매업에 의한 아시아 역내에서의 글로벌화가 진척되고 있다. 그것은 아시아의 소매업계를 주로 화교가 주도하고 있어, 이를테면 화교 네트워크에 의한 소매 글로벌화가 진전되고 있다는 것을 나타낸 것이다. 유럽과 미국계의 움직임과는 별도로 소매 글로벌화의 흐름이 있다는 것에 주의할 필요가 있다. 그중에서도 가장 대규모이고 적극적인 글로벌화를 진전시키는 것은 홍콩계의 2대 유통 그룹인 킹파워 그룹(King Power Group)과 노벨(Noble)이다.

최근 아시아 기업들의 투자처의 중심은 중국이다. 말레이시아의 팍슨(Parkson)은 1994년 베이징에 백화점을 출점시킨 후 현재 열 개 점포를 냈다. 또 한국의 신세계백화점도 1995년 상하이에 진출해 두 개 점포를 운영했다. 타이 CP그룹은 테스코와 함께 중국에 네 개의 하이퍼마켓 점포를 전개했고 상하이에도 최대 규모의 백화점을 개점할 예정이다.

이와 같은 글로벌화에서 유럽 및 미국계 소매업은 대도시 교외를 중심으로 다점포 전개를 하는 특징을 갖고 있다. 본래 유럽 및 미국계 소매업은 도심부에서 소득증대로 발생한 새로운 중산층의 증가로 아시아에 진출을 했다. 유럽 및 미국계 소매업의 주요 업태가 하이퍼마켓이나 슈퍼스토어, 현금 지불 무배달 판매라는 창고형 할인 업태점으로 소득 급상승에 의해 새로 생겨난 중산층을 겨냥한 것이다.

다만 새로운 중산층의 실태는 명확하지 않다. 일반적인 이미지로서는 ㉠ 대도시 교외에, ㉡ 핵가족으로 거주하고, ㉢ 자가용자동차의 보유율이 높으며, ㉣ 학력도 높고, ㉤ 서구적인 생활 스타일(style)이나 가치관을 몸에 익힌 사람들로, ㉥ 민주화 운동을 경험하는 등의 주민이라 할 수 있다. 즉, 중산층 시장은 대도시의 교외에 널리 거주함으로 이러한 현상이 유럽 및 미국계 소매업이 교외입지를 지향한 요인이 되었다. 물론 교외입지라는 특성은 업태특성에도 기인된다. 즉, 하이퍼마켓이나 슈퍼스토어, 현금 지불 무배달 판매 등의 업태는 대규모 주차장을 갖추고 저층 창고형 대형점이라는 점포 형태 때문에 지가가 저렴하고 자동차로 고객을 흡인하는 것이 가능한 교외의 간선도로변 입지가 필수조건이 되었기 때문이다. 또 그 이외에도 방콕 등 근년의 지가 하락이 큰 도시에서는 도심부 주변으로의 입지도 나타났다.

한편 유럽 및 미국계 소매업이 다점포 전개라는 특성은 그 초기투자액이 큰 것과 관계가 있는데, 이러한 점에서는 일본계 소매업과는 대조적이다. 즉, 유럽 및 미국계 소매업은 당초부터 단기간에 다점포화를 실현시키기 위해 초기투자액을 크게 하는 경향을 보이며, 개개 점포의 수익성의 관점에서도 일정한 점포 수의 확보가 가져온 규모의 이익(scale merit)을 중시한 경향이 있다. 그러나 한 점포당 흑자화가 이루어지지 않는데 점포를 증대시키지 않는 경향이 강한 일본계 소매업과는 점포투자에 대한 생각이 크게 다르다.

그런데 유럽 및 미국계 편의점도 일찍부터 아시아 시장에 진출했다. 특히 아시아 최초의 편의점인 세븐일레븐은 2002년 이후 타이완에서는 약 3200개의 점포, 타이에서는 약 2000개, 한국에서는 약 1400개, 중국에서는 약 600개를 전개시켜왔다. 고밀도에 다점포로 전개한 그 입지 패턴은 시가지에서의 상업공간에 큰 영향을 미쳤다.

이상 유럽 및 미국계 소매업은 아시아 도시의 교외를 중심으로 한 지역에 새로운 상업공간의 편성에 기여했다고 할 수 있다. 물론 일본계 소매업 중에서도 교외시장을 목표로 한 것도 있지만 그것은 타이의 방콕이나 말레이시아의 이온(Aeon) 등에 한정된다.

2) 다국적 소매기업의 사업소망 입지전개

(1) 다국적 소매기업 일본 다이에 슈퍼체인

프리드먼(J. Friedmann)의 세계도시론[27]은 글로벌 경제 시스템에서의 중추적인 도시를 가리키는 용어이다. 세계도시론은 국가의 틀을 넘어 다국적 기업의 입지 전개와 금

---

27) 다국적 기업의 글로벌 배치와 도시와의 관련성을 규명하는 것이 세계도시론이다.

융의 글로벌화가 이루어지면서 세계도시(world city)[28]를 조절센터로 한 계층적인 국제적 도시 시스템이 출현하는 것을 설명한 것이다.

세계 시스템론의 연구가 대두된 것은 '도시의 시대'가 도래함에 따라 관심의 대상이 '헤게모니 국가'에서 '헤게모니 도시'로 이행된 데 있다. 세계 도시론이 발표된 1982년부터 약 10년이 지난 후 프리드먼은 그의 새로운 연구에서 세계도시를 재분류했는데, 그 결과 30개의 세계도시를 네 개 유형으로 구분했다. 유형 1에 속하는 도시는 세계 금융경제의 중심에 있는 런던, 뉴욕, 도쿄가, 유형 2에는 다국적 경제의 융합으로서 싱가포르, 마이애미, 로스앤젤레스, 프랑크푸르트, 암스테르담이, 유형 3에는 중요한 국제경제의 융합으로서 1989년 지역 총생산이 2000억 달러 이상의 도시인 서울 등이 이에 속한다. 유형 4에는 국가수준 이하로 지역경제의 융합을 나타내는 오사카, 고베 또는 간사이(關西)지역, 홍콩 또는 주장(珠江) 델타지역이 포함된다. 이와 같은 경제적 측면에서의 세계 도시유형 분류는 민간기업의 해외진출에 따른 국제적 도시 시스템의 관점에서 기업행동과 도시 시스템 구조와의 관계를 밝히는 데에 매우 중요하다고 했다.

프리드먼 이외에 다국적 기업의 입지배치에 의한 세계도시를 논한 연구로서는 하이머, 코헨, 사센(S. Sassen) 등의 연구가 유명하다. 세계 도시의 형성에 중심적인 역할을 해온 다국적 기업은 세계 주요 도시에 총괄본사 및 지점을 집적시켜 자사제품의 판매를 촉진함으로써 총괄본사와 지점이 입지하는 도시의 본·지점경제가 도시경제에 주요한 구성요소의 하나로 본·지점의 기능이 도시의 중심성을 규정하기에 이르렀다. 이러한 관점에서 볼 때 다국적 기업의 총괄본사는 세계의 중심국가의 도시에 많이 입지하고, 지점은 반주변국가 또는 주변국가에서 중심성을 잘 반영하는 주요 도시에 입지한

---

28) 하이머(S. Hymer)가 글로벌 도시라고 명명한 세계 관리기능 집적도시는 코헨(R. B. Cohen)과 프리드먼에 의해 세계도시로 개명되었다. 세계도시의 성격을 결정짓는 부문으로는 다국적 기업의 세계 본사 이외에는 없는데, 다국적 기업의 출현과 정보·통신의 발달, WTO체계의 등장으로 세계경제를 통제·관리할 수 있는 기능을 보유한 도시로 세계의 중추관리기능을 가진 결절지를 말한다.
한편 글로벌 도시는 지구규모의 관계지역을 갖는 도시권으로, 도시의 계층을 강조한 것을 세계도시, 네트워크적 관점에서 불리는 것이 글로벌 도시라고 구분한다. 프리드먼은 글로벌 도시의 범위는 중심도시로부터 64~97km로 상정했다.

<표 6-10> 다국적 주요 소매업의 본사 입지와 지점 수

미국 표준 산업 분류번호	업종	본사	국명	본사 입지도시	지점 수
5399	종합 슈퍼(Miscellaneous General Merchandise Store)	다이에(The Daiei, Inc.)	일본	고베	14
		시어스 로벅(Sears, Roebuck, and Company)	미국	시카고	2
5411	식료품업(Grocery Stores)	다이에(The Daiei, Inc.)	일본	고베	14
		굿만 필더 왓티(Goodman Fielder Wattie Ltd.)	오스트레일리아	시드니	1
5431	과일 및 채소 판매업 (Fruit & Vegetable Markets)	아이티티(ITT Corp.)	미국	뉴욕	1
5451	낙농품 판매업 (Dairy Products Stores)	그랜드 메트로폴리탄 (Grand Metropolitan plc)	영국	런던	1
5461	빵 판매업(Retail Bakeries)	얼라이드 라이온스 (Allied-Lyons plc)	영국	런던	1
5999	종합소매업(Miscellaneous Retail Stores Nec)	시어스 로벅(Sears, Roebuck, and Company)	미국	시카고	2
계					36

자료: Hoopes(1994: 1282~1284).

다. 도시 시스템과 관련해 본사-지점 간의 복수의 사업소망의 형성과 다국적 기업의 본사-해외 자회사 간의 관계·제휴 등 기업의 해외사업 활동의 형태를 지리학에서는 기업 네트워크라고 한다.

다국적 소매기업의 본사 입지를 보면 영국의 런던에 14개가 입지해 가장 많고, 그다음으로 일본의 도쿄(여덟 개), 미국의 시카고와 독일의 쾨테르스로(Guetersloh)에 각각 세 개씩 분포했다. 그리고 업종별로 보아 '카탈로그 및 통신판매업' 업종에서는 미국의 프랭클린 센터(Flanklin Center)에 본사를 둔 프랭클린 민트 월드 헤드쿼터스(The Flanklin Mint World Headquarters)가 있다. 그리고 20개의 지점을 갖는 소매업인 '직판업(Direct Selling Establishments)'에는 미국의 아다(Ada)에 본사를 둔 암웨이 기업(Amway Corporation)이 있다. 다이에(大榮) 주식회사[29]는 '종합 슈퍼업(Miscellaneous General Merchandise

---

29) 오랫동안 일본 유통업의 최정상 자리에 있었던 다이에는 2004년 가을에 경영파탄을 맞았다.

Store)'과 '식료품업(Grocery Stores)' 업종에서 각각 14개의 지점을 가지고 있다(〈표 6-10〉).

슈퍼마켓의 장점은 대량구입과 대량판매에 의해 규모의 경제를 달성하지만 한 점포당 소매상권은 한계가 있기 때문에 여러 점포를 공간적으로 전개시킨다. 그것도 한편으로는 상품의 공동구매나 점포관리에도 공간적 제약이 있고, 지금까지 얻은 지명도를 살려서 기존 점포의 인접지역에 출점한 경우가 많다. 한편 슈퍼마켓은 치열한 입지경합으로 전략적 계획이 나타나면서 특색 있는 점포망을 형성시켜왔다.

대형 슈퍼마켓 점포의 공간적 전개를 도시 간의 결합관계에 의해 도시 시스템으로 고찰해 보면, 일반 대기업의 본·지점의 관계와는 다르게 나타났는데, 이것은 도시간의 계층적·비계층적 결합관계에서 장래 변화를 탐색할 수 있는 지표로서 이용할 수 있다고 본다.

다국적 경제 융합의 측면에서 다국적 슈퍼체인인 일본의 다이에를 대상으로 GMS인 종합슈퍼 사업소의 세계와 일본 내 점포망의 입지 전개를 관련지어 파악해보면 다음과 같다.

다이에는 1995년 소매업 판매액이 세계에서 4위이고, 일본에서 슈퍼마켓 부문 연간 판매액이 1위이며, 그 영업본부가 세계 제1계층에 속하는 도쿄에 입지한다(〈표 6-11〉).

1972년 일본의 슈퍼마켓 판매액은 백화점의 판매액을 능가했는데, 매장면적 1만m²

〈표 6-11〉 세계 종합슈퍼의 판매액 순위(1995년)

순위	회사	모국	수익(100만 달러)	이윤(100만 달러)
1	월마트(Wal-mart stores)	미국	93,627	2,740
2	시어스 로벅(Sears Roebuck)	미국	35,181	1,801
3	케이마트(Kmart)	미국	34,654	571
4	다이에(Daiei)	일본	33,149	53
5	데이턴 허드슨(Dayton Hudson)	미국	23,516	311
6	제이시 페니(J. C. Penney)	미국	21,419	838
7	니치(Nichii)	일본	17,738	3
8	카슈타트(Karstadt)	독일	16,811	75
9	피노 쁘랭땅(Pinault Printemps)	프랑스	15,594	304
10	페더레이티드 백화점(Federated Dept. Stores)	미국	15,049	75

자료: *Fortune*(1996.8.5: 134).

〈표 6-12〉 소매업 유형에 따른 점포 수와 매장면적(1997년)

구분	슈퍼체인	자회사	편의점*	특별점포*	계
점포 수	375	274	6,281	1,539	8,469
비율(%)	4.4	3.2	74.2	18.2	100.0
매장면적(1000m²)	2,949	284	636	329	4,198
비율(%)	70.2	6.8	15.2	7.8	100.0

* 자회사와 프랜차이즈를 포함.
자료: The Daiei, Inc.(1997: 3).

이상의 슈퍼마켓을 대상으로 점포망의 공간적 범위에 의해 일본의 슈퍼마켓을 분류한 결과 다이에는 매장면적 100만m² 이상의 일본 제일의 슈퍼마켓으로, 일본에서 전국형 슈퍼마켓에 속한다. 또 직영점포의 총 매장면적이 50만m²가 넘는 6대 기업 중의 하나에 속하며, 1990년 일본에서 소매업 판매액이 1위였다.

다이에의 점포는 크게 네 가지 유형으로 나눌 수 있는데, 식료품·의류·가전제품 등 상품을 폭넓은 범위에 걸쳐 취급하고 있는 양판점인 종합슈퍼, 가족단위 자동차 쇼핑 기능을 갖는 교외형 종합슈퍼인 하이퍼마트, 토포스(Topos)·디-마트(D-Mart)·밴들 (Vandle)·쿠스(Kou'S) 등의 할인점, 식료품을 중심으로 한 소형 슈퍼마켓이 그것이다. 1997년 현재 다이에의 양판점인 종합슈퍼 점포 수는 239개, 하이퍼마트 28개, 할인점 52개, 슈퍼마켓 59개로 모두 375개의 점포와, 자회사인 274개의 점포, 편의점이 6281 개, 특별점포가 1539개이다. 그리고 매장면적은 양판점·하이퍼마트·할인점·슈퍼마켓의 슈퍼체인이 전체 면적의 약 70%를 차지해 가장 넓다(〈표 6-12〉).

다이에의 1997년 순판매액은 241억 3600만 달러로, 이 중 식료품이 순 판매액의 약 41%를 차지해 가장 많았고, 그다음으로 의류 및 개인 신변제품(약 20%), 도매업(약 17%), 가정용품(약 16%), 취미 및 스포츠용품 및 기타 제품(약 6%)의 순서였다.

(2) 다이에 슈퍼체인의 국내 점포망 입지전개

① 다이에 슈퍼체인의 발달과정

다이에는 1957년 고베(神戶)에서 '주부의 점(店) 다이에'로 설립되었고, 오사카 부(府)

〈그림 6-31〉 다이에사(社)의 발달과정

1997	야오한 체인으로부터 16개 점포를 획득
1996	업태별 분사화된 회사제 도입
1994	다이에, 주지쯔야, 뉴니드 다이에, 다이나하가 합병해 일본 최초의 전국 슈퍼체인 탄생
1990	효고 현에 하이퍼마트 후타미 점 개점
1982	하와이의 아라 모아나 쇼핑센터 획득
1981	산코와 마루에쯔가 합병해 신 마루에쯔 탄생, 규슈 다이에와 뉴니드가 합병해 신생 뉴니드 탄생
1980	할인점 토포스 개점, 쁘랭땅백화점과 제휴
1975	오사카 부 수이타 시에 영업본부 설립, 로손 편의점 오사카에 개점
1973	홋카이도 삿포로점 개점
1972	하와이 호놀룰루에 해외사업소 개소
1970	다이에로 사명(社名)을 변경, 고베에 유통센터 개설
1969	나고야 시 유통센터 개설
1968	오사카 부 네야카와 시에 교외형 쇼핑센터 가오리점 개점
1964	이토쿠사와 합병하고, 도쿄와 시코쿠로 진출
1963	큐슈 후쿠오카시에 텐진점 개점
1958	고베 시에 산노미야점 설립하며 체인스토어화의 첫걸음
1957	'주부의 점' 개점, 다이에 본점을 고베에 설립

자료: 다이에의 1996·1997년 For the Customers·Corporate Profile.

센바야시(千林)역 지점이 제1호 점포로 개점되었으며, 1958년 고베 시에 산노미야(三宮) 점이 개점됨에 따라 체인점으로 첫걸음을 내딛게 되었다. 1970년 '주부의 점 다이에'는 다이에로 회사명을 바꾸었고 본사를 고베에 입지시켰다. 그 후 1975년에 영업본부 (office center)를 오사카 부 수이타(吹田) 시에 설치했으나 1982년에 도쿄로 이전했다. 1968년에는 일본에서 처음으로 본격적인 교외형 쇼핑센터를 오사카 부 네야카와(寝屋 川) 시에 가오리(香里)점으로 개점하고, 1970년에는 고베 유통센터(distribution center)를 완공했다. 1972년에 해외사업소로서 상품 공급기지(purchasing office)가 홍콩에 설치되 었고, 하와이에 호놀룰루 점을 개점했다. 1975년에 로손(Lawson) 편의점으로 오사카 부에 사쿠라쯔카(櫻塚)점을 개장했다. 1980년에 할인점 토포스(Topos)가 개장되었고, 프랑스의 쁘랭땅 백화점과 제휴를 했다. 1981년에는 산코(Sanko)와 마루에쯔(Maruetsu) 가 합병해 마루에쯔가 탄생되었고, 큐슈 다이에와 뉴니드(Uneed)가 합병해 뉴니드로 등장했다. 1982년에 미국 보험회사와 합병해 하와이에 아라 모아나(Ala Moana) 쇼핑센 터를 획득했다. 그리고 1990년에는 유럽형 하이퍼마트 후타미(二見)점이 효고(兵庫)현 에 처음으로 개점했으며, 1994년에는 다이에, 주지쯔야(忠實屋), 뉴니드 다이에, 그리고 다이나하(大那覇)의 네 개 회사가 합병해 일본에서 처음으로 전국적인 슈퍼체인점이 탄 생되었다. 1996년에는 업태별 분사화(分社化)된 회사제가 도입되었고, 1997년에는 야 오한(Yaohan) 체인으로부터 16개 점포를 획득했다(〈그림 6-31〉).

② 다이에 슈퍼체인의 입지전개

1997년 다이에는 슈퍼체인이 375개 입지했는데, 이 가운데 양판점인 종합슈퍼는 239개로 거의 전국에 분포했다. 그 가운데서도 도쿄 대도시권[30]과 긴끼권(近畿圈)을 중 심으로 분포했으며, 아오모리(青森), 아키타(秋田), 미야기(宮城), 이시카와(石川), 나가노 (長野), 기후(岐阜), 야마나시(山梨), 미에(三重), 돗토리(鳥取), 도쿠시마(德島), 에히메(愛媛)

---

30) 도쿄 대도시권은 도쿄도(都)를 위시해 치바(千葉)·사이타마(埼玉)·가나가와(神奈川) 현을 포함하는 지 역을 말한다.

〈그림 6-32〉 다이에 슈퍼체인의 분포(1996년)

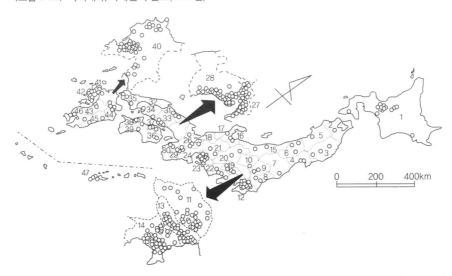

주: 1 - 홋카이도(北海道), 2 - 아오모리(靑森), 3 - 이와테(岩手), 4 - 미야기(宮城), 5 - 아키타(秋田), 6 - 야마가타(山形), 7 - 후쿠시마(福島), 8 - 이바라기(茨城), 9 - 도치기(栃木), 10 - 군마(群馬), 11 - 사이타마(埼玉), 12 - 지바(千葉), 13 - 도쿄(東京), 14 - 가나가와(神奈川), 15 - 니카타(新潟), 16 - 도야마(富山), 17 - 이시카와(石川), 18 - 후쿠이(福井), 19 - 야마나시(山梨), 20 - 나가노(長野), 21 - 기후(岐阜), 22 - 시즈오카(靜岡), 23 - 아이치(愛知), 24 - 미에(三重), 25 - 시가(滋賀), 26 - 교토(京都), 27 - 오사카(大阪), 28 - 효고(兵庫), 29 - 나라(奈良), 30 - 와카야마(和歌山), 31 - 돗토리(鳥取), 32 - 시마네(島根), 33 - 오카야마(岡山), 34 - 히로시마(廣島), 35 - 야마구치(山口), 36 - 도쿠시마(德島), 37 - 가가와(香川), 38 - 에히메(愛媛), 39 - 고치(高知), 40 - 후쿠오카(福岡), 41 - 사가(佐賀), 42 - 나가사키(長崎), 43 - 구마모토(熊本), 44 - 오이타(大分), 45 - 미야자키(宮崎), 46 - 가고시마(鹿兒島), 47 - 오키나와(沖繩).
자료: 한주성(1999: 188).

〈표 6-13〉 다이에의 직영점포의 시기별 출점 변화(1990년)

지역 / 출점 시기	고베	오사카	오사카, 고베의 주변 지역	도쿄	도쿄 대도시권	나고야와 주변 지역	광역중심 도시[1]	지방중심 도시[2]	기타	계
1959년 이전	1									1
1960~1964년	3	2	2					2		9
1965~1969년	4		8	2	2	1		4		21
1970~1974년	4	2	27	1	10	6	2	13	1	66
1975~1979년	3		13	2	8		1	8		35
1980~1984년	3	1	6	3	5			4		22
1985~1990년	8	3	7	2	9		2	10		41
계	26	8	63	10	34	7	5	41	1	195

주: 1) - 삿포로·센다이·히로시마·후쿠오카 시를 말함
    2) - 광역중심도시를 제외한 각 현(縣)의 현청(縣廳)소재 도시 및 그 밖의 주요 도시를 말함.
자료: 森川洋(1993: 121).

등의 현(縣)에는 현청 소재지 도시에 1~2개의 점포가 입지하고 있을 뿐이었다(〈그림 6-32〉). 다이에는 슈퍼체인의 자회사가 많고, 자회사의 점포망을 더하면 전국적으로 전개되었다. 이들 직영점포의 상품공급은 전국에 다섯 개의 유통센터에서 이루어졌다.

다이에의 출점과정은 〈표 6-13〉과 같이 정리할 수 있다. 제1호 점포는 1958년 오사카에서 시작했는데, 1960~1964년 사이에는 오사카와 그 주변 지역이나 히메지(姬路), 오카야마(岡山)에, 1963년에는 규슈 후쿠오카에 텐진(天神)점이 개점되었고, 1964년에는 이토쿠(一德)사(社)와의 합병으로 도쿄와 시코쿠에도 진출했다. 이어서 1965~1969년 사이에는 도쿄나 나고야에 출점함과 동시에 타카마쓰(高松), 후쿠야마(福山), 야마구치에도 점포를 설치했다. 1970년 이후 많은 점포가 설립되어 긴끼권, 수도권(도쿄 대도시권)의 점포망이 조밀화 됨과 동시에 히로시마, 후쿠오카, 센다이(仙台)에도 출점했다. 그러나 후쿠오카·센다이로의 출점은 1985년 이후이고 광역중심도시 센다이보다 모리오카(盛岡)로의 출점이 빨랐다. 그리고 1972년에 야마가타(山形)점이, 1973년에는 홋카이도에 삿포로(札幌)점이, 1975년에 오키나와 나하(那覇)점이 개점되었다. 1970년대 이후 긴끼권보다도 수도권의 점포 수가 많아졌다. 이에 따라 긴끼권과 수도권에 점포가 집중되었고, 두 대도시권(도쿄와 오사카 대도시권)의 점포망은 끊임없이 조밀화 되었지만 지방도시에도 널리 출점하고 공간적으로 고립된 점포도 있었다. 이러한 점포망의 입지적 전개는 본사가 입지하고 있는 도시와 그 인접지역(고베와 오사카 주변)에 지점망을 형성하고 난 후에 도쿄를 포함한 다른 지역으로 출점해, 전 점포 수 중 본점이 입지하는 지역의 점포 집중률이 50.8%를 차지했다.

그리고 다이에는 먼저 현청 소재지 도시에 출점하기보다는 주변의 중소도시에 먼저 출점하는 경향이 많았다.

따라서 다이에의 점포망의 입지전개는 기존의 경제권이나 지역적 도시 시스템과의 일체성이 무시되면서 확대되어 도시계층에 대응한 점포의 입지 전개라고는 말하기 어렵다. 또 점포의 입지전개에서는 다른 기업과 경쟁이 심하고, 현의 경계나 광역 경제권과의 대응이 특히 중시되는 것은 아니다. 그리고 기업 내에서는 공동구입이나 점포관리의 문제가 중요해 본사가 입지한 인근 지방의 점포망을 조밀화해 지방시장을 확보한 후에 주변 지역으로 점포망을 차츰 확대시키는 경우가 많다. 그것은 본사가 입지한 지방의 시장을 확실히 확보하는 것이 경영의 기초이고, 점포망의 공간적 확대와는 또 다른 기업적 역할을 갖는다고 생각하기 때문이다.

③ 다이에 슈퍼체인 사업소의 세계 입지전개

1995년 다이에 슈퍼체인의 해외사업소[31]는 모두 17개인데, 시기별 입지 전개를 살펴보면 〈표 6-14〉와 같다. 이들 사업소의 입지 전개와 프리드먼의 30개 세계도시의 공간적 연접(spatial articulation)[32] 유형과의 관계는 다음과 같다. 다국적 소매기업인 다이에의 세계 진출은 본사가 있는 일본의 인접국가인 한국에 1974년 처음으로 해외사업소가 개소되었으며, 이어서 1976년에 미국 내에서 뉴욕보다 일본인이 많이 거주하는 로스앤젤레스에, 1978년에는 인접국가인 타이완의 타이베이에, 1979년에는 중국의 베이징과 영국의 런던에 각각 설립되었다. 이와 같은 다이에 사업소의 세계시장 진출은 공간적 연접에서 볼 때, 글로벌 규모의 연접기능을 갖는 최고차 세계도시인 뉴욕이나 런던 등 대표적인 국제금융센터의 기능을 갖는 도시에 입지하기보다는 일정 이상의 경제규모를 갖고 한 국가의 중핵도시에 입지하고, 또 본사가 입지하고 있는 인접국가인 한국이나 타이완의 수도에 사업소를 먼저 설립했다. 그 후 여러 국가의 광역 경제권을 통괄하고 그것을 글로벌 경제에 연접시키는 역할을 하고, 또 미국 내의 거점으로서 일본인들이 많이 거주하고 있는 로스앤젤레스에 사업소를 입지시켰다. 그리고 인접국가의 중국 수도 베이징에 사업소를 입지시킴과 동시에 국제금융 센터의 기능과 글로벌 규모의 연접기능을 갖는 최고차 도시 중의 하나인 런던에 사업소를 입지시킴으로써 유럽의 거점을 확보했다.

1980년대에 들어와서 다이에는 서울과 같은 공간적 연접을 갖는 파리나 한 국가 내

31) 해외사업소는 해외 산지에서 유통에 관한 각종 정보를 수집하고, 세계에서 가장 값싼 고품질의 상품을 대량으로 생산할 수 있는 산지 메이커로 상품을 개발하는 상품공급기지를 말한다.
32) 대도시는 그 영향을 받는 배후지가 공간적으로 한계를 가지면서 글로벌 시스템에 그것을 경제적으로 포함시키는 역할을 하고 있다. 이와 같은 역할을 프리드먼은 공간적 분절-연접이라고 불렀다.

〈표 6-14〉 다이에 해외사업소의 입지전개

국가 ＼ 시기	1971~1975년	1976~1980년	1981~1985년	1986~1990년	1991~1995년	계
한국	서울					1
중국		베이징		상하이		2
홍콩				홍콩		1
인도네시아				자카르타		1
필리핀				마닐라		1
타이완		타이베이				1
타이				방콕		1
영국		런던				1
프랑스			파리			1
네덜란드					암스테르담	1
이탈리아					밀라노	1
미국		로스앤젤레스	시애틀, 호놀룰루		뉴욕	4
오스트레일리아				시드니		1
계	1	4	3	6	3	17

자료: Hoopes(1994: 1283)와 설문지 조사에 의함.

에서 경제적 수위도시 내지 다른 주요 도시와 경쟁·대항관계가 세계 도시화에 큰 동기나 기회가 되는 도시인 시애틀과, 중국과 동남아시아와 같은 반주변국가의 1·2차 그룹에 속하는 도시에 사업소를 개소함과 동시에 서울과 같은 유형으로 공간적 연접을 갖는 시드니에 사업소를 개소했다. 1990년대에는 로스앤젤레스와 같은 유형으로 공간적 연접을 갖는 암스테르담, 시애틀과 같은 공간적 연접을 갖는 밀라노에, 런던과 같은 최고차의 공간적 연접을 갖는 뉴욕에 사업소를 배치했다(〈그림 6-33〉).

한편 세계시장으로의 사업소와 일본 내 직영 점포망 입지 전개와의 관계를 살펴보면 다음과 같다. 먼저 일본 내 점포망이 전국 도시로 어느 정도 확산되었을 때 해외사업소의 입지가 이루어졌다. 또 국내 점포 수의 증가율이 낮았던 1970년대 후반기에서 1980년대 전반기 사이에 유형 1의 세계도시를 포함한 여러 유형의 도시로 사업소 입지가 이루어졌다. 그리고 이러한 해외사업소의 증가추세는 1980년대 후반기까지 진행되었으며, 1990년 전반기에는 유형 1에 속하는 세계도시인 뉴욕, 유형 2에 속하는 암스

<그림 6-33> 다이에 해외사업소의 시기별 입지전개

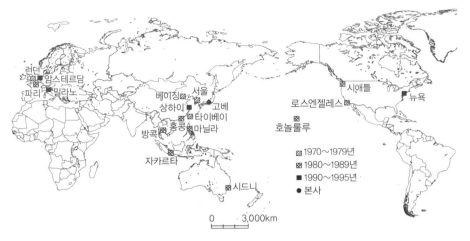

자료: 한주성(1999: 191).

테르담, 유형 4에 속하는 밀라노로 진출했다.

3) 초국적 소매기업의 전략적 현지화

(1) 초국적 소매업의 성립

초국적 소매업(transnational retail)은 두 가지 주요 측면에서 성립되는데 제품판매와 구매가 그것이다(〈그림 6-34〉). 먼저 초국적 시장으로의 제품판매는 신규점포 설립, 목표시장에서 기존의 소매업체 인수 또는 합병, 지역 기업과 합작투자(joint venture)를 통해 이루어지는데, 인수 또는 합병과 합작투자가 상당히 일반적이다. 이러한 것은 직접 진입할 경우 현지법령에 의한 규제 때문이다. 주요 소매사슬(retail chain)은 동·남아시아, 라틴아메리카, 그리고 동부 유럽과 같이 신흥시장에 집중적으로 투자하는 경향을 나타내었다. 소매의 초국가화 과정에서 판매측면의 핵심은 새로운 시장으로 ㉠ 해당기업의 모든 문화와 사업 모델의 이전, ㉡ 시장 적응력의 이전, ㉢ 소매업 운영기술의 이전, ㉣ 소비자 가치와 기대의 이전을 해야 한다.

〈그림 6-34〉 초국적 소매업의 두 차원

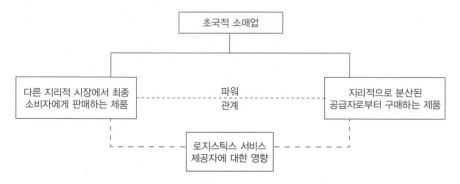

자료: Dicken(2003: 494).

다음으로 제품구매에서 기업은 공급업체들에 대한 영향력과 통제권을 강화할 뿐만 아니라 자신의 구매 시스템의 지리적 영역을 확대하는데, 거의 모든 소매업 부문에서 일반적인 경향을 나타냈다. 그 결과 소매공급과 물류 네트워크는 다음과 같은 방식으로 재편한다. ㉠ 중심화된 유통센터, 유통 시스템, 그리고 구매활동을 수립한 중심화, ㉡ 전자문서교환(Electronic Data Interchange: EDI),[33] 판매회사 경영제고 등을 포함한 복잡한 물류기술과 관리 시스템의 도입을 통한 물류 시스템 향상, ㉢ 공급업체와 계약관계에서 전통적인 조달 대리인에서 특화되거나 전속조달 대리인으로의 이동, ㉣ 품질, 가격, 배송속도와 유연성에 대한 까다로운 기준을 충족하거나 그러한 능력이 있는 소수 공급자를 이용한 우선 공급자 시스템으로의 이동, ㉤ 통제 강화와 정시 배송을 위한 공식적, 준공식적 계약 이용의 증가, ㉥ 질 또는 안정성의 공적기준보다는 사적기준의 도입이 그것이다.

초국적기업의 해외진출은 기업의 특수·환경적(specific and environmental)인 송출과 흡인(push and pull)요인을 폭넓은 범위에서 상세하고 철저하게 추구하는 연구와 문화

---

33) 기업 간의 상거래를 위한 데이터를 문서나 전표 등의 사무서류에 의한 종래 정보 교환방식에서 표준화된 데이터 포맷(format)이나 규약에 따라 컴퓨터의 온라인 전송에 의해 정보를 전달하는 방식을 말한다.

적·지리적으로 근접한 국가로의 점진적인 확장과정을 설명하는 소위 단계이론(stages theories)을 들 수 있는데, 후자의 설명은 비근접국가에도 초국적 기업이 진출하는 사례에서 많은 논쟁이 있다. 또 다른 이론으로 1970년대 경제학자 더닝(J. Dunning)의 절충주의(eclectic paradigm)[34]가 제시되었는데, 이는 기업특수의 우위와 내부 우위에 기업의 입지특수우위(locational specific advantage)를 더해 보완한 것이다. 그러나 이들 이론은 1990년대 중반 이후 초국적 식료품점의 급속한 발달을 만족스럽게 설명하지 못한 접근방법들이었다. 또 다른 설명으로 리글리의 정치경제적 접근방법도 있는데, 그는 1990년대 후반 급속한 소매업의 글로벌화는 방어적인 국내시장 의존도에 대한 반작용일 뿐만 아니라 안정적인 이윤성장에 대한 자유로운 현금 유동을 이용함으로써 성장획득을 유지할 필요성에 힘을 얻는다는 것이다.

(2) 초국적 소매기업의 현지화

2003년 외국 판매액을 주도하는 15개의 초국적 소매업체(transnational retailers)는 〈표 6-15〉와 같다. 이 가운데 14개 업체는 연간 판매액이 100억 달러 이상이고, 15개 국가에 진출한 업체도 다수 있으며, 외국의 판매액이 총 판매액의 50% 이상의 업체도 다섯 개였다. 그리고 월마트와 이토요카도(伊藤羊華堂)를 제외하면 모두 서부 유럽에 분포하는 소매업체들이다. 세계 판매액의 1위를 차지하는 월마트는 미국 판매액의 약 86%, 점포 수의 약 84%를 차지한다. 월마트의 점포 분포를 보면 미국 내에 매우 많았고, 유럽에서는 영국과 독일에, 아메리카 주에서는 멕시코에 많았으며, 동아시아에서는 중국에 11개가 입지했다(〈그림 6-35〉).

여기에서 영국의 식료품 초국적 소매업 테스코는 1994~2004년의 10년 동안 12개 국가의 진입을 했는데, 아일랜드를 위시해 동부 유럽 5개국, 2003년에는 터키에도 진출했다. 그리고 동아시아 6개국에도 진입해 글로벌화를 진전시켰다(〈그림 6-36〉).

---

34) 절충이라고 한 것은 기업이론, 조직론, 무역이론 등의 다양한 이론적 접근방법을 하나로 묶은 형태로, 이 접근방법은 다국적기업을 취급한 디켄(P. Dicken)의 지리학연구에서도 소개되었다.

〈표 6-15〉 세계판매액에 의한 주요 초국적 소매기업(2003년)

순위	회사	모국	주요 업종	세계 판매액(100만 달러)	세계 판매액 비율(%)	개점 국가 수
1	월마트	미국	슈퍼마켓, 할인점, 창고형 할인점	53,573	20.9	11
2	아홀트	네덜란드	슈퍼마켓, 편의점, 하이퍼마켓	53,320	84.2	27
3	까르푸	프랑스	하이퍼마켓, 할인점/편의점, 슈퍼마켓	39,247	49.3	32
4	메트로	독일	도매판매업(cash & carry), 백화점, DIY, 하이퍼마켓, 특판점(specialty), 슈퍼스토어	28,511	47.1	26
5	딜헤즈	벨기에	슈퍼마켓	18,319	79.9	10
6	피노(Pinault)	프랑스	백화점, 우편주문, 특판점	16,376	54.7	16
7	알디(Aldi)	독일	할인점	15,174	37.0	12
8	텡겔망(Tengelmann)	독일	슈퍼마켓	14,110	50.9	14
9	오샹	프랑스	하이퍼마켓	13,779	42.5	15
10	레베(Rewe)	독일	슈퍼마켓	12,656	28.6	12
11	리델슈발츠 (Lidl & Schwarz)	독일	슈퍼마켓	11,274	33.8	16
12	이케아(IKEA)	스웨덴	특판점	11,224	92.0	43
13	인터마르쉐 (Intermarche)	프랑스	슈퍼마켓	10,487	27.8	7
14	테스코	영국	슈퍼스토어, 하이퍼마켓, 슈퍼마켓, 편의점	10,015	19.9	12
15	이토요카도 (Ito-Yokado)	일본	식료 슈퍼스토어	8,002	26.2	18

자료: Coe and Lee(2006: 62).

테스코는 1997년과 1998년의 아시아 경제위기의 여파가 있었던 후인 1999년 한국에 진입했고, 삼성-테스코의 홈플러스(Home plus)라는 소매점의 이름으로 출발해 2005년 초에 38개의 홈플러스 대형할인점이 입지했다. 홈플러스는 국내 소매업체인 이마트, 마그네트(지금의 롯데마트)와 또 다른 초국적 소매업체인 월마트 및 까르푸와 함께 폭넓은 소매업 재구조화의 한 부분으로서 시장분할 경쟁을 시작했다. 까르푸와 월마트보다 늦게 한국 시장에 진출한 홈플러스는 2003년에는 2위의 시장 점유율을 나타냈는데(〈표 6-16〉), 이는 까르푸나 월마트와 달리 처음부터 합작투자인 삼성-테스코라는 혼성체(hybrid) 기업문화로 시작해 상대적으로 더 영역적인 착근모델(embedded model)

〈그림 6-35〉 월마트의 세계 점포 분포

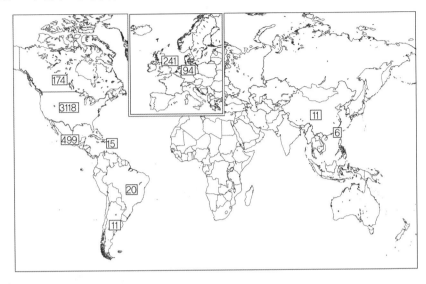

자료: Dicken(2003: 497).

〈그림 6-36〉 테스코 점의 글로벌 분포(2004년)

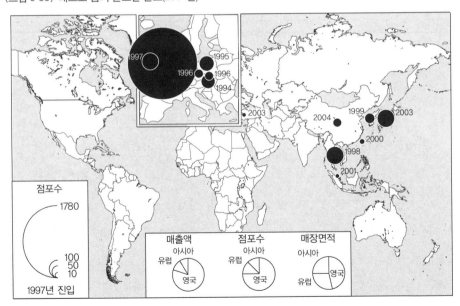

자료: Coe and Lee(2006: 71).

〈표 6-16〉 한국에서 상위 5대 대형할인점의 시장점유 변화(2000~2003년)　　　　　　단위: 10억 달러

할인점명	2000년	2001년	2002년	2003년
이마트	2.28(22.2%)	3.31(24.5%)	5.41(31.9%)	6.13(32.0%)
홈플러스	0.52(5.3)	1.21(9.0)	2.32(13.7)	3.19(17.0)
롯데마트	0.98(9.5)	1.23(9.1)	2.22(13.1)	2.32(12.0)
까르푸	1.00(9.8)	1.11(8.2)	1.93(11.4)	1.64(8.0)
월마트	0.39(3.8)	0.55(4.1)	0.97(5.7)	0.82(4.0)
소계	5.19(50.5)	7.42(54.9)	12.88(75.8)	14.12(74.0)
합계	10.28(100.0)	13.52(100.0)	16.99(100.0)	19.03(100.0)

자료: Coe and Lee(2006: 76).

로 서비스의 현지화(localization)에 더 효과적이었기 때문이다. 또 테스코는 국지 합작
투자자 삼성의 기업문화인 배송에 중심을 두었다. 반면 까르푸와 월마트는 그들 기업
내부 네트워크를 강하게 끌어들인 공격적인 산업모델(aggressively industrial model)을 채
택했다. 그러나 이들 기업의 낮은 가격의 대량공급 전략은 한국고객을 유인하는 데 상
대적으로 불충분해 후발 주자에게 점유율을 추월당하게 되었다.

　삼성-테스코의 현지화 전략의 본질은 소매업 부문의 발달에 포함되는 로컬 소비자,
로컬 소매업자, 로컬 제조업자, 그리고 공급자, 해외 소매업자라는 복수의 행위자들 간
의 권력관계(power relations)를 반영한다. 특히 한국 소비자와 로컬 소매업자는 소매시
장의 현지화 신장에 중요한 역할을 한다. 이러한 면에서 홈플러스는 생산품 산지의 현
지화인 생산물 디자인, 질 높은 식료품과 비식료품 생산품을 공급하는 공급원의 현지
화로 2002년 1000개 이상의 공급원 및 판매회사(vendor)와 상거래를 했다. 그리고 홈
플러스가 삼성그룹에 속함으로 이미지 창출을 위한 종업원과 전략 의사결정의 현지화
도 이루어져 시장 점유율을 높였다. 이와 함께 경영자의 신바람 경영이라는 리더십 발
휘로 업계 2위로 급성장하게 되었다.

4) 글로벌 해외구매에 의한 대형마트의 상품수입지역

대형마트의 글로벌 해외구매(global sourcing)는 중간 유통경로를 거치지 않고 해외에서 직접 구매해 소비자에게 값싼 상품을 공급하는 것을 말한다. 예를 들면 연어가 장수식품이라는 소문으로 한국의 연어 매출 신장률은 2009년 전부터 매년 30~40% 정도 폭발적으로 늘고 있지만, 가격 또한 10~20% 정도 급등함에 따라 대형마트의 바이어(buyer)가 노르웨이의 현지 업체로부터 직수입해 시중 가격보다 20% 이상 낮은 가격으로 판매했다. 이와 같은 대형마트의 해외 직접구매는 연어, 새우, 생태, 대게 등의 수산물에 국한되지 않고 평상(casual) 명품 의류와 신발, 가방 등의 제품까지 병행(竝行)수입을 해 가격을 20~30%까지 낮추어 판매하고 있다. 이와 같은 글로벌 해외 직접구매의 등장은 글로벌화 추세에 발맞춰 소비자들이 찾는 상품을 다른 곳보다 저렴한 가격에 공급하는 상시저가(Every Day Low Price: EDLP) 전략을 전개하기 위함이다. 이와 같은 글

〈그림 6-37〉 대형마트의 주요 수입품목(2012년)

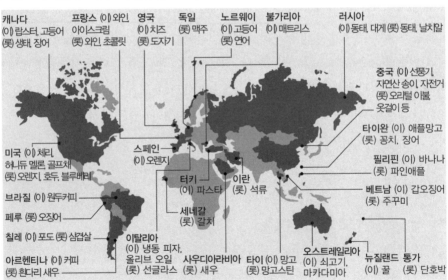

주: (롯) - 롯데마트, (이) - 이마트.
자료: 조선일보(2012년 5월 11일 자).

로벌 해외 직접구매는 사무소나 물류기지, 글로벌 네트워크를 활용하고 국내에도 해외 직접구매 전담 물류센터를 건립해서 이루어진다. 한국 대형마트들은 전 세계적으로 상품을 구매하는데, 주요 수입품목을 나타낸 것이 〈그림 6-37〉이다.

최근 글로벌화와 더불어 세계적으로 유동성이 높은 부문으로 채소와 과일을 들 수 있다. 특히 보존성이 뛰어난 바나나, 파인애플, 망고, 포도, 석류 등과 20세기 동안 국제무역을 지배한 바나나와 오렌지를 포함한 다양한 열대과일이 무역의 대상이 되고 있다. 세계의 바나나 무역이 기업식 농업(agribusiness)에 의해 지배되거나 특정지역의 역사적인 관계에 의해 행해지는 것과 같이 그 무역 패턴은 다양하다. 과일에 의한 그 특성이나 소비형태, 수출되는 시장이 다르기 때문에 오늘날의 과일무역의 특징이나 그 구조를 이해하기에는 다양한 연구사례의 축적이 필요하다.

8. 최근 소매업 공간구조 연구의 조류(潮流)

1980년대에 들어와서 유통구조 전체의 변화가 한층 심해졌다. 즉, 컴퓨터의 도입에 의한 상품관리, 구매 시스템의 변화, 대규모 소매기업의 발달로 시장의 과점화(寡占化) 진행과 대규모 소매기업에 의한 유통기구의 재편성, 쇼핑센터의 거대화와 기능의 다양화, 그리고 한편으로 오래 전부터 시가지에 분산 입지한 소규모 소매업이 대폭 감소하는 등 종래에 볼 수 없었던 극적인 변화가 진행되었다.

이렇게 역동적으로 변화하는 소매환경의 바탕은 신고전파 경제학의 가설을 바탕으로 한 중심지 이론으로는 이와 같은 현실을 설명할 수 없게 되었다. 소매업에서 소매업의 입지행동에 착안해 공간구조의 형성과정을 해명하고자 하는 연구도 있지만, 그 결점은 설명적이라기보다는 서술적이고 중심지 이론 대신에 적용할 이론적인 틀이 없다는 것이다. 그렇지만 1980년 이후 소매업의 공간구조 변화를 설명하려는 시도로서 두 종류의 이론적 틀이 제시되었다. 먼저, 소매기업의 발전과정을 설명하는 유통기관의 제도적 변화(institutional change)에 관한 이론이다. 그리고 다른 하나는 마르크스주의의 입장에서 새로운 소매지리학이라 불리는 소매자본의 동태적인 이론 구축을 시도한 것이다. 이들에 대해 살펴보면 다음과 같다.

1) 유통기관 변화의 이론

오늘날의 유통 시스템은 소자녀 고령화에 의해 구매권이 축소화되지만 종합 슈퍼마켓 등이 종래보다도 소형의 미니 슈퍼마켓으로 전개시키려는 움직임이나 인터넷을 이용한 슈퍼마켓을 도입해 구매약자를 지원하는 움직임 등 GMS 유통 시스템의 재구축이 진행되고 있다. 나아가 편의점과 드러그 스토어(drug store)[35]를 조합한 종래의 업태 울타리를 넘은 틀 등 다양한 요구에 대응한 새로운 업태의 개발도 진행 중이다.

또 지금까지 경제적으로 비효율적이라는 이유로 유통 시스템에서 배제되었던 몇 가지 요소가 재평가되었다는 것도 작금의 특징이다. 예를 들면 인구고령화 중에서도 구매약자의 문제가 등장했다는 것이 그러한 문제를 해결하기 위해 유통 시스템 및 유통기업은 지역 공동체와의 연계를 구하게 되었다. 이와 같이 이러한 유통 시스템은 효율적인 공급체제를 유지하면서 사회적 역할을 하도록 되었기 때문이다. 이러한 환경변화로 금후의 유통 시스템은 소비시장의 모자이크화가 진전되는 가운데 ㉠ GMS 유통 시스템의 재편성, ㉡ 소상권형의 소규모 유통 시스템의 대두, ㉢ 시가지 만들기와 유통과의 관련성에 주목해야 한다고 본다.

〈그림 6-38〉은 일본의 2002년에 비한 2007년의 점포 수 및 판매액의 신장률을 나타낸 것으로 대상 업태 24개 중 점포 수, 판매액 모두 증가한 것은 제1상한의 중형 종합 슈퍼마켓, 편의점(24시간 영업점), 식료품 슈퍼마켓, 의류품 슈퍼, 편의점(전체)의 다섯

---

35) 의약품, 화장품, 건강보조식품, 생활용품, 미용제품 등 다양한 품목을 한 곳에서 판매하는 소매점을 말한다. 20세기 초 미국의 약국이 의약품 외에 식품·음료·신문을 함께 판매한 것이 시초이다. 미국에선 월그린(Walgreen), CVS케어마크(CVS Caremark), 라이트에이드(Rite Aid) 등이 유명하다. 국내에선 CJ올리브영, GS왓슨스, W스토어가 대표적이다. 드러그 스토어의 미용·건강부문이 강화되면서 헬스앤드뷰티(H&B) 스토어로도 불린다.

〈그림 6-38〉 업태별로 본 일본의 소매점 점포 수와 소매업 연간 판매액의 변화(2002년/2007년)

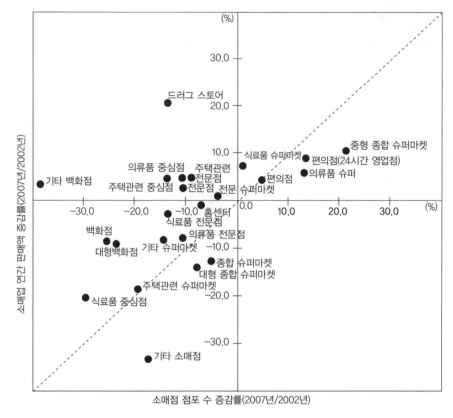

자료: 土屋 純·兼子 純 編(2013: 3).

개 업종에 지나지 않는다. 이 중에서 판매신장률이 점포 수 신장률을 상회하고, 한 점
포당 판매액이 증가하는 업태는 대각선의 왼쪽 상단의 업태로 식료품 슈퍼마켓뿐으로
나머지 시장은 과당경쟁에 묻혀있다. 제2상한에 포함되는 7개 업태는 판매액이 성장
하는 반면에 점포 수는 감소하는 경향이 있고, 업태 내부에서의 압축이나 상위 집중화
의 진행이 추측된다. 규제완화로 경쟁이 격화된 드러그 스토어가 그 상징이다. 제3상
한은 점포 수, 판매액 모두 감소하는 축소시장이지만 여기에 전체의 1/2에 해당되는
12개 업태가 집중해 있고, 과거 간판업태인 백화점이나 종합 슈퍼마켓도 이 중에 포함
된다. 나머지 4상한은 판매액이 축소하는 가운데 점포 수만 증대하는 시장으로 여기에

해당되는 업태는 없다. 이러한 동향을 종합적으로 개관하면 2002~2007년 5년 사이에 판매액이 증가한 업태는 지역밀착형의 중소규모 점포를 체인으로 전개한 업태인 드러그 스토어, 식료품 슈퍼마켓, 중형 종합 슈퍼마켓, 편의점 등이 판매품목을 특정분야로 특화하고, 구색 갖추기나 서비스의 심경(深耕)을 꾀한 업태(의류품 중심점, 주택관련 중심점, 주택관련 전문점 등)라고 총괄할 수 있다.

종합 슈퍼마켓이 구조적인 과제를 안고 있는 현황은 유통연구자에 의해 여러 가지 논의를 불러일으켰다. 예를 들면 미국의 마케팅 학자인 맥네어의 소매선회이론을 원용한 타무라(田村正紀)는 업태성쇠 모델[36]을 제기한 가운데 종합 슈퍼마켓이 '경쟁 개척자(pioneer)'에 빠져 패권시장의 지배기업인 가치 혁신자(value innovator)의 지위를 상실하기에 이르렀다고 설명했다. 그리고 무카이야마(向山雅夫)는 일본의 종합 슈퍼마켓에 의한 가격믹스[37] 전략은 소비의욕이 왕성한 경제 확대기일수록 성공하는 것이고, 경기 후퇴기에 따라 가격지향이 높아지고 특정 분야의 가격경쟁력에 우위를 차지하는 전문 슈퍼마켓의 대두로 그 효과가 적어 업태 자체가 조락(凋落)을 불러왔다고 논하고 있다.

이러한 일련의 논의는 업태의 생애주기(life cycle)나 가격우위성 등 기업경영론의 관점에서 종합 슈퍼마켓의 퇴조를 들고 있다. 그러나 중소규모 점포를 주체로 한 지역밀착형의 체인의 성장이나 교외형 기업에 의한 사업형식(business format) 전환은 업태 간 경쟁의 틀 속에서 완결된 논의는 아니다. 오히려 그 배경에는 소비자 요구나 도시공간의 변화 등 외부환경의 변화를 고려한 고찰이 중요하다.

다음으로 소비재 유통을 둘러싼 환경은 두 가지의 축소(down sizing)에 직면하고 있는데, 하나는 소매판매액의 장기간 감소 추세이다. 일본의 경우 점포 수와 판매액에서 거품경제(bubble economy) 이후 장기간의 고용불안이나 통화수축(deflation) 경향 등 사회경제적 요인에 덧붙여 소자녀 고령화 등 인구학적 요인이 크다고 본다. 또 다른 하나

---

36) 경쟁업체와의 상대적인 가격우위성(가격 혁신자)과 소매 믹스의 비가격 요소를 종합한 서비스 품질(서비스 혁신자)의 양면에서 우위성을 가진 업태가 가치 혁신자가 된다는 것이다.

37) 총이윤이 적은 상품과 많은 상품과의 관련성을 점두에서 선전해 구매하도록 하며, 특매품(loss leader)인 전자의 구입과 동시에 후자의 구입을 촉진하는 것으로 이익을 확보하는 경영수법을 말한다.

는 도시공간의 축소이다. 도시재정의 지속성 확보, 고령자가 생활하기 쉬운 압축(compact) 시가지 조성, 저탄소사회 실현 등의 관점에서 도시 교외확산의 멈춤, 도심회귀의 경향이 뚜렷해 공간축소와 더불어 도시정책의 전환은 상업의 재배치가 필요하기 때문에 필연적으로 상업정책도 연동될 수밖에 없다.

2) 새로운 소매지리학

마르크스주의 입장에서 소매자본의 체계적인 설명을 시도한 것은 뒤카텔(K. Ducatel)과 블롬리(N. Blomley)이지만 로(M. Lowe)와 리글리는 새로운 소매지리학을 다음의 세 가지 주제로 묶었다. 즉, 첫째 소매자본과 소매 재편성, 둘째 소매업과 유연적 축적(flexible accumulation), 셋째 소매업과 그 조정기능이 그것이다. 소매업 공간구조와의 관련에서 첫째 주제에서는 대규모 소매기업의 시장 점유율 급증에 따른 소매업의 공간구조 변화를 분석하고, 둘째 주제에서는 정보화와 더불어 배송 시스템의 변화, 소매기업의 고용에 관한 분석이 행해졌다. 마지막으로 세 번째 주제에 대해서는 행정에 의한 규제와 자본논리와의 사이에 존재하는 모순에 논점을 두었다.

소매업의 공간구조와 행정에 의한 규제와의 관계가 주목되어온 배경에는 먼저, 소매업의 이심화(離心化)와 더불어 시가지에서는 점포 수가 감소하므로 도심에 거주하는 교통약자의 구매기회가 빼앗길 가능성이 심각해지고, 소매업의 입지경쟁을 시장의 자유경쟁에 맡기는 것이 의문시되기 때문이다. 다음으로 1980년대에 환경파괴가 심각해지면서 환경보존의 관점에서 에너지 절약화를 실현한 밀집된 시가지 만들기 운동의 기운이 높아져 자동차의 이용도가 높은 교외 쇼핑센터 건설을 규제하자는 압력이 증가되었다. 거꾸로 소매업 구매 이외의 기능(고용의 장소, 관광산업의 장소 등)의 중요성이 인식되고, 대규모 소매시설의 입지를 촉진하는 제도를 추구하는 경우도 있다. 도시경제를 지탱하는 산업으로서의 측면이 중시되는 경우 자치단체가 적극적으로 대규모 소매시설의 입지를 위한 조건을 정비할 필요가 있다.

소매업의 입지를 규제하는 것은 자본의 논리에 따라 행동하는 소매기업간의 입지경쟁으로 형성되어온 소매업의 공간구조와는 별도로 소매업을 그 사회·경제기능에 따라 도시에 위치 지어 이상형의 소매업 공간구조를 구축할 필요가 있다는 것을 의미한다. 즉, 도시에서 소매업의 가치는 무엇보다도 주관적인 위치가 명확해서 그 개념에 따라 소매업의 입지조정이 행해지게 된다.

또 새로운 소매지리학은 지금까지의 연구에서는 주로 중심지 이론을 이론적 기반으로 한 소매업의 분포 패턴과 도시구조와의 관계를 검토한 연구가 많았지만 리글리와 로는 소매업의 역동설(dynamism)을 이해하기 위해서는 경제지리학과 문화지리학의 관점에서 분석하는 것이 중요하다고 지적했다.[38] 이러한 관점은 많은 연구자에 의해 수용되어 1980년대 이후에 소매업 변화에 대한 여러 면에서의 검토가 이루어지고 있다. 특히 경제지리학의 관점에서는 상위(上位) 체인에서 출점전략과 자산운용과의 관계만이 아니고 정보화의 진전이나 배송 시스템의 구축 등 체인 운영(operation)의 실태에 대해서도 검토했다. 나아가 과점화가 진행됨으로서 상위 체인의 논리가 도시 소매업의 재편성에 크게 관여하게 되어 상위 체인의 역할에 대해서도 검토하고 있다.

---

38) 리글리와 로는 경제지리학과 문화지리학의 두 가지 입장에서 한 연구들을 정리했다. 먼저 경제지리학의 입장에서는 최근 영국 소매업의 동태를 이해하는 관점에서 ㉠ 소매업에서 기업구조의 재편성, ㉡ 소매업과 메이커와의 관계 재편성, ㉢ 소매업에서의 조직적·기술적 변용, ㉣ 노동관습이나 소매업의 '생산'에서 사회관계의 재편성, ㉤ 소매자본의 공간적 침투, 조작, 전환, ㉥ 소매업 재편성에 대한 정책적인 조정양식 등을 들었다. 나아가 문화지리학에 의한 관점으로서는 ㉠ 소비의 장소, 공간과의 관련, ㉡ 소비의 경험, ㉢ 새로운 소비경관의 세 가지를 들고 있다. 이러한 소비라는 행위를 경제적인 행위로서뿐만 아니라 문화적인 행위로서 위치 짓고 있다.

제7장

소비자의 공간선택 행동

1. 소비자 행동 연구와 구매행동

소비자 구매행동 연구는 지리학에서 계량혁명이 진행되는 도중에 중심지 이론을 재검토하는 과정에서 파생되었다. 그러나 실질적으로는 미국 및 서부 유럽 여러 나라에서 제2차 세계대전 이후에 도시·지역계획을 추진할 때 인문지리학자들이 참가한 것이 큰 영향을 미쳤다고 생각한다. 이러한 배경을 가진 구매 분석연구가 미국에서는 1950년대 말기에 굉장히 빠르게 진전·심화되었다.

소비자 구매행동에 관한 연구동향은 크게 1960년대 전반까지(제1단계), 1960년대 후반에서 1970년대 전반까지(제2단계), 1970년대 후반 이후(제3단계)로 구분할 수 있다. 제1단계는 구매행동의 공간적 패턴을 기술한 시기이다. 구매행동의 공간적 패턴은 구매행동의 이론을 구상할 재료이며 구성된 이론의 유효성을 검토하는 재료도 된다. 구매행동의 공간적 패턴을 기술하는 중심개념은 거주지에서 점포까지의 거리이고 이 거리를 구입품목별로 계측해 구매행동과 거리, 상업 중심지의 규모와 행동패턴과의 관계 등을 분석할 수 있다. 제2단계는 제1단계에서 밝혀진 구매자 행동의 공간적 패턴이 발생한 이유를 검토하기 위해 지리학 이외의 심리학이나 행동과학의 지식을 이용했다. 제3단계는 심리학적 분석과 더불어 의사결정의 수식모델, 근대 경제학의 소비자 행동

〈표 7-1〉 소비자 행동의 접근방법

구분	이론적 접근방법	경험적 접근방법	심리적 접근방법
이론	경제인	의사결정의 문헌	프로이트: '잠재의식' 파블로프: '조건붙임' 베블런(T. Veblen): '과시적 소비' 레빈(K. Lewin): '미시적 행동' 매클루언: '매개기술' 피아제(J. Piaget): '아동의 학습' 리스먼(D. Riesman): '내적·다른 사람 지향' 매슬로(A. H. Maslow): '요구(needs)의 계층구조'
공간적 상호작용 (활동공간)	중력모델 최소거리	현실의 활동 공간	중요시하지 않음
정보(인지)	완전정보	현실의 인식 공간	선택적으로, 선호에 의해 좌우됨
선호	효용적 소비	현실적 거래(trade-off)	선택된 이론에 따라 다름
결과	중심지 이론	현실의 소매업지역과 유행	탐색, 광고와 디자인에 의함

자료: Jones and Simmons(1987: 87).

이론 등이 도입되어 분석방법의 다양화가 진전되었다.

소비자의 선택은 반드시 논리적이지 않고 예측할 수 없기 때문에 불가사의하다. 소비자 행동의 연구는 앞에서 기술한 바와 같이 경제학뿐만 아니라 심리학, 사회학, 인류학 및 지리학의 분야와도 관련이 있다. 소비자 행동에 대한 연구는 아마 그 복잡성을 타파하기 위해 프로이트(S. Freud)로부터 파블로프(I. P. Pavlov), 마셜(A. Marshall), 매클루언(M. McLuhan)에 이르기까지 사회과학의 여러 이론들을 몇 번이고 사용해왔다(〈표 7-1〉).

또 이론적, 경험적 또는 심리적 접근방법 중 어느 방법을 사용해도 다음 세 가지 주요한 주제가 있다(〈표 7-1〉). 제일 먼저 소비자의 하루 또는 주간 구매 패턴에 의해 형성된 소매 시스템으로 이것을 활동공간이라 부른다. 일주일 동안 소비자는 어느 소매점을 방문하고, 어느 소매점을 무시하고, 또 어떤 주의를 했는가? 거리 최소화 법칙에 의하면 가장 중요한 소비자 구매통행(trip)은 주간 경로(path)이다. 물론 구매수단과 시간도 중요하다. 두 번째 주제는 인지이다. 어떤 점포가 소비자에게 더욱 잘 인지되는가? 인지는 소비자의 경험과 여러 가지 광고 미디어의 영향과 밀접한 관련이 있다. 전문품

〈표 7-2〉 소비자 행동에서 얻는 자료

구분		일반	소매업 전반	개별 점포
활동 패턴		교통연구	- 교통량	- 소비자 명부
		교통유동	- 상점가 또는 몰(mall)에서의 인터뷰	- 경쟁 점포의 기입
		행동일지	- 주차장의 조사 - 신용카드의 이용	- 점포 앞에서의 인터뷰 - POS의 기록
인지 정보		미디어 분포와 보급도	- 선택하는 점포의 지도화	- 정보원의 검토(예: 쿠폰)
이용할 수 있는 선택 폭		전화 인터뷰	- 광고의 만족도 분석	- 구매객에 대한 인터뷰
선호 태도			- 여러 가지 조사 기술을 이용한 전화나 가정방문에 의한 심층 인터뷰	

자료: Jones and Simmons(1987: 88).

의 구매에 관해 인지공간은 대단히 급격하게 변화한다고 알려져 있다. 일단 구매하려 하면 소비자는 빠르게 새로운 정보를 축적한다. 세 번째 주제는 선호로, 이것은 상품의 선택에 대해 위의 분석에서 남은 부분을 모두 내포하는 것이다. 예를 들면 심리학적 해석에서는 자동차를 성적 심볼 또는 개성(personality)의 반영으로 나타내고, 인류학에 의하면 자기 현시적(顯示的) 소비라는 해석이 있다. 또 판매원이 여러 판매절차에 대한 소비자의 반응과 같은 행동의 미시적 측면을 취급한 연구도 있다.

입지분석가가 위에 기술한 주제에 관해 정보를 얻기 위해서는 마케팅 기술이 유효하다. 입지분석가는 활동공간과 인지공간의 개념을 잘 이용하지만 선호에 관한 이론은 그다지 이용하지 않는다. 인지공간은 주로 생산과 점포 디자인 수준에서 중요하다 (〈표 7-2〉).

이와 같은 소비자의 행동에 관한 연구는 지리학의 관점에서 다음과 같은 점이 중요하다. 첫째, 소비자 행동이란 용어는 크게 두 가지 다른 의미를 내포하고 있다. 즉, 각 가구 또는 개인의 일일 구매행동을 나타내는 경우와 식료품비용이나 의료비 등 가계의 소비지출 등 가계지출 행동을 나타내는 경우가 그것이다. 그래서 지리학에서 가구 또는 개인의 구매행동은 1953년 클로퍼(R. Klopper)를 선구로 연구를 시작해 검토해왔다. 둘째, 구매행동의 분석은 주로 도시 내의 거주자를 대상으로 행해왔다. 한편 가계지출

행동은 통계자료에 의한 분석이 가능해졌고, 복수의 도시, 지역 간의 상호비교가 행해졌다. 이러한 소비자 행동분석을 지역적으로 표현하면 특정지역 내의 소비자 행동(구매행동)의 특징을 상세하게 분석하는 것과 평균값을 사용해 지역 간의 소비자 행동(가계지출 행동)의 다름을 비교하는 것이다. 셋째, 분석의 대상이 되는 소비자를 어떤 범위에서 생각할까 하는 문제를 집계의 문제라 한다. 구매행동이나 가계지출 행동에서 어떤 한 사람 또는 가구를 분석하는 것도 가능하고 특정 소득계층 또는 직업 취업가구를 분석할 수도 있다. 더욱이 도시 내의 한 지구주민의 소비자 행동을 대상으로 분석할 수 있고, 도시주민 전체의 소비행동 평균치를 이용해 분석할 수도 있다.

다음으로 베리의 연구[1]는 1960년대 초 미국의 남서 아이오와 주에서 최고차 재화(시 수준에서 판매하는 재화)의 의복, 읍 수준에서 소비활동의 대상이 되는 가구와 드라이클리닝, 최저차 재화(면 수준에서 판매되는 재화)인 식료품에 대한 소비자 행동을 분석했다. 즉, 그는 소비자 행동에 의한 중심지 이론을 고찰했다.

일반적으로 소비자는 편의재의 경우 가능한 한 자기가 살고 있는 가장 가까운 곳에 가서 구매하고, 쇼핑재는 최고차 중심지에 가서 구매를 하게 된다. 〈그림 7-1〉, 〈그림 7-2〉, 〈그림 7-3〉에서 농촌거주자의 구매행동은 농촌 거주지에서 가장 빈번하게 구매하는 중심지와를 실선으로 연결 지었으며, 도시거주자의 구매행동은 먼저 자기 거주지에서 빈번하게 구매행동을 하는 정도를 원의 크기와 원내의 방사선으로, 다른 중심지로의 구매행동은 화살표를 붙인 실선으로 연결했다.

먼저 쇼핑재인 의복의 구매행동(〈그림 7-1〉)을 보면, 군(county)의 거주지인 애틀랜틱(Atlantic)과 레드오크(Red Oak)의 두 중심지와 지역적 중심도시인 카운실 블러프스(Council Bluffs)가 쇼핑지역으로 선호되고 있다. 그런데 지역적 중심도시인 카운실 블러프스로로 이동하는 구매자가 애틀랜틱, 레드오크보다 더 많다. 그리고 일반 의복류보다 저차재인 작업복류는 그리스올드(Griswold), 오클랜드(Oakland), 엘리엇(Elliot)에서도 어느 정도 판매되고 있다. 드라이클리닝은 수요창출이 빈번하고 가격이나 질에서 지

---

1) 베리는 아이오와대학 교수인 맥카티(H. H. McCarty)가 수집한 자료를 이용해 연구했다.

<그림 7-1> 남서 아이오와에서의 의복구매 선호

(가) 도시 거주자

(나) 농촌 거주자

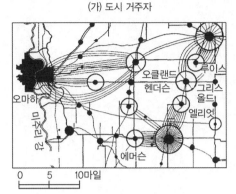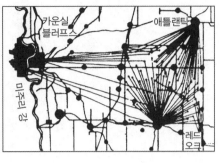

자료: 西岡久雄·鈴木安昭·奧野隆史(1972: 22).

<그림 7-2> 남서 아이오와에서의 드라이클리닝 서비스의 선호

(가) 도시 거주자

(나) 농촌 거주자

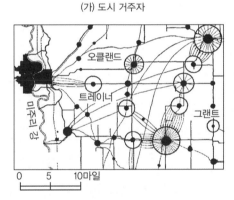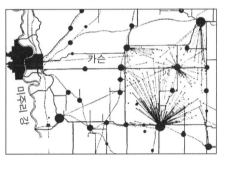

자료: 西岡久雄·鈴木安昭·奧野隆史(1972: 26).

역적 차이가 거의 없다. 따라서 소비자 행동 <그림 7-2>는 애틀랜틱과 레드오크 이외
에 지역적 중심도시의 지배를 받고 있는 오클랜드, 카슨(Carson)에도 나타나 소비자가
가장 가까운 곳을 이용한다. 편의재인 식료품의 구매행동 <그림 7-3>은 거주자가 가장
짧은 거리의 국지적 이동형태를 나타낸다. 즉, 루이스(Lewis), 엘리엇, 에머슨(Emerson),
스탠턴(Stanton) 등을 중심으로 구매활동이 나타났다고 밝혔다.

〈그림 7-3〉남서 아이오와에서의 식료품 구매 선호

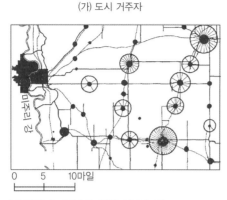
(가) 도시 거주자

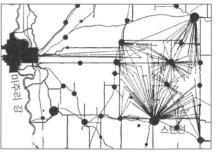
(나) 농촌 거주자

자료: 西岡久雄·鈴木安昭·奧野隆史(1972: 27).

2. 소비자 행동의 다양성과 변화

소비자 행동과 정보원(情報源) 지역에 대해 포터는 영국의 도시를 조사한 결과 다음과 같은 사실을 밝혔다. 소비자는 그 행동권과 정보를 얻는 범위, 즉 정보원 지역을 인지하고 있다. 전자는 소비자가 하루 정도 갈 수 있는 중심지이고, 후자는 종종 방문하는 것은 아니지만 정보에 의해 인지되고 있는 권역이다. 포터는 각각의 권역이 도심을 중심으로 선형(扇形)으로 전개되며 물론 소비자의 행동권역보다 정보권역이 넓다고 했다. 더욱이 사회계층이 높음에 따라 선형의 각도가 크게 되어 부유층은 선형이 180°를 넘는 권역을 가진다고 했다(〈그림 7-4〉).

허프 모델은 일반 상호작용 모델 또는 중력 모델과 같이 소매업의 집적규모와 그곳으로의 접근성에 바탕을 두고 만들어진 것이다. 이 중 집적규모는 매장면적의 크기나 판매액 등으로 알 수 있다. 한편 접근성을 이동거리나 시간 또는 비용으로 측정하는 것은 이미 기술한 내용이다. 모델의 일반성을 생각한다면 이러한 틀에서 충분할지 의문이 생기는데, 실제 구매행동은 속성에 따라 천차만별이다. 연령, 성, 소득, 학력, 직업, 자동차 보유 여부 등에 따라 선택되는 집적지나 상점이 다르다는 것은 일상적인 경험

〈그림 7-4〉 소비자 행동과 정보원 지역

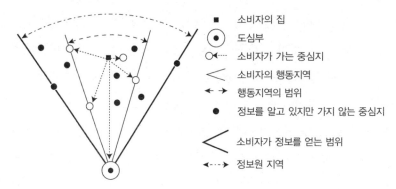

■　소비자의 집

⊙　도심부

○⋯　소비자가 가는 중심지

＜　소비자의 행동지역

←　→　행동지역의 범위

●　정보를 알고 있지만 가지 않는 중심지

＜　소비자가 정보를 얻는 범위

◀⋯▸　정보원 지역

자료: Potter(1979: 23).

〈그림 7-5〉 소비자 행동에 영향을 미치는 요인

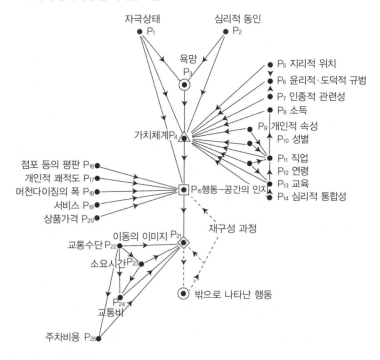

자극상태
● P_1

심리적 동인
● P_2

욕망
P_3

P_5 지리적 위치
P_6 윤리적·도덕적 규범
P_7 인종적 관련성
P_8 소득
P_9 개인적 속성
P_{10} 성별

가치체계 P_4

P_{11} 직업
P_{12} 연령
P_{13} 교육
P_{14} 심리적 통합성

점포 등의 평판 P_{16} ●
개인적 쾌적도 P_{17} ●
머천다이징의 폭 P_{18} ●
서비스 P_{19} ●
상품가격 P_{20} ●

P_{15} 행동-공간의 인지

재구성 과정

이동의 이미지 P_{21}
교통수단 P_{22} ●
소요시간 P_{23}

밖으로 나타난 행동

P_{24}
교통비

주차비용 P_{25} ●

자료: Walmsley and Lew(1984: 83).

에서도 알 수 있다.

〈그림 7-5〉는 소비자 행동에 영향을 미치는 요인과 그것이 작용하는 과정을 나타낸 것이다. 이 그림에 의하면 상품을 구매하고 싶은 소비자는 자기의 내면에 존재하는 가치체계와 비교해 행동한다. 가치체계는 P_5에서 P_{14}까지의 요인의 영향을 받으면서 형성된다. 다음으로 소비자는 구매지를 선택하지만 그것은 P_{16}에서 P_{20}까지의 상점 및 상업자와 관계되는 요인을 바탕으로 행하게 된다. 구매지가 결정되면 그곳까지 가는 교통수단이 문제가 된다. 이것은 소요시간이나 이동비용 등을 감안해 결정한다. 이렇게 해 처음으로 구매가 시작되지만 그 때의 경험은 공간인지를 거쳐 다음의 행동에 영향을 미친다.

최근 소비자의 행동이 다양해진다고 말한다. 그것은 많은 업종이나 업태의 상점이 도시 내에 새롭게 나타나고, 구매선택의 폭이 넓어지기 때문이다. 그러나 이러한 소매환경과는 별도로 소비자 속성의 차이에 바탕을 둔 다양한 구매행동이 본래 존재한다는 것을 지적하지 않으면 안 된다. 소비자가 합리적으로 행동하는 경제인(economic man)이라고 간주해왔던 종래의 생각에 따르면, 소비자가 최적행동을 행할 경우 지도에 의존해 이동하거나 상점 배치도를 보면서 상점을 선택해야 하는데 거의 그렇지 않다. 오히려 지금까지의 경험과 도시지역의 정보를 바탕으로 소매업 집적지로 가거나 또는 상점을 찾아서 상품을 구매한다. 공간에 관한 지식의 양이나 내용은 개인 간에 차이가 있기 때문에 이것을 바탕으로 행동 또한 차이가 나타나게 된다. 예를 들면 자동차를 종종 사용해 도시 내의 넓은 범위를 이동하는 사람은 그렇지 않은 사람에 비해 상점 선택의 폭이 넓을 것이다. 또 직업상 외출의 기회가 많은 사람은 그렇지 않은 사람에 비해 거주지 이외에서 구매할 확률이 높을 것이다. 소비자의 개인적 속성은 구매행동과 깊은 관계가 있기 마련이다.

많은 소비자의 속성 중에서 꽤 중요한 것으로 소득을 들 수 있다. 교통비 지출이란 측면에서 고소득자가 유리하기 때문에 구매행동의 범위가 넓어지기 때문이다. 그러나 더 중요한 것은 소득의 증가와 더불어 소비구조가 고도화된다는 점이다. 구체적으로 보면 식료품 등 기초적인 상품에 대해서는 수요가 감소하는 데 반해 취미와 관계가 있는 사치품에 대한 수요가 증가하는 경향이 나타나게 된다. 수요 측에서 이러한 변화를 받는 형태로 종래 상품과의 차별화된 소매업이나 서비스를 중시한 소매업이 나타난다. 경제의 발전과 더불어 소득의 증가는 구매행동의 범위를 확대하고 소매업 구성에 변화를 가져왔다.

다음으로 소비자 행동의 변화에 대해 살펴보면 다음과 같다. 이동수단은 소비자가 구매지를 결정할 때 영향을 미치는 요인이다. 이것은 또 소매업자가 상점의 입지를 결정할 때에 중요한 요인이다. 공공 교통기관이 지배적인 시대나 지역에서는 교통의 환승지점 부근이 상업지로서 적절하고, 소비자도 철도나 버스를 이용해 구매했다. 이에 비해 자동차의 보급률이 높고 일상생활에 자동차의 이용이 많은 사회에서는 주요 도로에 대한 접근성이나 주차장의 유무가 고객 흡인에 중요한 점이 된다.

자동차를 이용한 구매행동의 첫 번째 이점은 한 번의 구매로 많은 상품을 운반할 수 있다는 것이다. 구매에는 시간이나 비용이 필요하기 때문에, 소비자는 가능하면 한꺼번에 구매를 하고 싶어 한다. 자동차의 보급은 한 번의 구매행동, 즉 원스톱 쇼핑을 가능하게 했다. 교외를 중심으로 전개된 넓은 주차장을 가진 쇼핑센터는 자동차 사회가 만들어낸 전형적인 상업시설이라고 해도 좋다. 한꺼번에 구매하는 행동이 가능하게 된 또 하나의 조건은 대형 냉장고의 보급이다. 신선한 식품을 매일 시장에 가서 구매하는 습관은 사라지고 가까운 슈퍼마켓에서 한꺼번에 구입하는 것이 일반화되었다. 이 때문에 소비자의 구매행동은 일주일을 단위로 하는 리듬에 따라 바뀌었고, 주말은 가까운 쇼핑센터나 슈퍼마켓이 혼잡하다.

구매행동 중 꽤 많은 부분은 가정주부에 의해 행해진다. 그러나 여성의 사회 진출이 일반화되고, 주부도 시간제 근무를 함에 따라 지금까지와는 다른 구매행동이 나타나게 되었다. 먼저, 구매시간이 달라져서 저녁 늦은 시간대의 구매가 증대되었다. 오랜 시간의 영업을 무기로 하는 편의점의 등장은 시간대에 구속이 없는 구매행동을 가능하게 했다. 또 상품개발의 면에서는 바로 조리할 수 있는 즉석(instant)식품이나 직장에서 일하는 부인의 가사노동을 경감시키는 상품이 판매되게 되었다. 일상적인 구매행동에 요구되는 노력을 줄여주는 것은 여가를 중시하는 사회의 요청이고, 앞으로는 더욱 진전될 것이라고 생각한다. 한편 최근에는 정보산업의 발달로 가상공간인 인터넷 쇼핑과 텔레비전 홈쇼핑 방송 등을 이용한 구매행동도 크게 발달하고 있다.

이상에서 기술한 바와 같이 소비자의 구매행동은 사회나 경제발전과 더불어 변화해 가고 있다. 좀 더 정확히 말하면 사회나 경제의 발전이 사람들의 생활방식 스타일이나 의식을 변화시키고 이것이 소비행태에 영향을 미쳐 결국은 구매행동의 변화로 연결된다고 말할 수 있다. 소매업은 이러한 소비자로부터 나타난 수요에 의존하는 경제활동이기 때문에 소비자의 의식이나 행동의 변화는 소매업의 공간적 입지 패턴에 꽤 큰 영향을 미친다. 도시의 소매업 시스템을 기업과 소비자의 양쪽 측면에서 보는 것은 이러한 이유에서 중요하다.

3. 소비자의 공간선택

1) 최근린 중심지 이용 가설과 허프 모델

중심지 이론에서 최근린 중심지 이용 가설의 기초가 되고 있는 선택행동은 다음의 두 개의 식으로 요약된다.

$$U_i = f(d_i) \cdots\cdots (1), \quad C_i = g(U_i) \cdots\cdots (2)$$

단, d_i는 소비자로부터 i번째 중심지까지의 거리, U_i는 그 소비자에 의해 i번째 중심지에서 주어지는 효용, C_i는 중심지를 이용하는 경우는 1, 이용하지 않는 경우는 0의 이원성(binary)으로 나타내는 선택을 나타낸다. 식 (1)의 의미는 효용이란 소비자로부터 중심지까지 거리의 함수이고, 이 함수의 특징은 단조감소함수(單調減少函數)[2]라는 점이다. 즉, 거리가 증대함에 따라 효용은 감소한다. 식 (2)의 의미는 식 (1)에 의해 정의

---

2) 큰 독립변수에 대한 함숫값이 작은 독립변수에 대한 함숫값보다 작거나 같은 함수로 $x_1 < x_2$일 때 $f(x_1) \geq f(x_2)$인 함수 $f(x)$를 이른다.

된 효용을 갖는 몇 개의 중심지에 면해 있는 소비자가 최대의 효용을 갖는 중심지를 선택하고, 그 밖의 중심지를 선택하는 경우는 없다. 중심지 이론에 나타난 선택공리를 정리하면, 첫째 효용은 거리에 의해서만 정의된다. 둘째, 효용은 거리의 단조감소함수이다. 셋째, 선택은 최대의 효용을 갖는 중심지 하나에 대해서만 행해진다.

선택행동의 확률적 표현은 허프 모델에 나타난다. 루스에 의한 선택공리를 이용함에 따라 선택은 다음과 같이 확률적으로 나타난다.

$$P_i = U_i / \sum_j U_j \cdots\cdots (3)$$

단, P_i는 n개의 선택기회 가운데 i번째의 기회를 선택하는 확률이다. 이것은 잠재력(potential) 개념과도 유사하다. 그러나 허프 모델에서는 식 (1)에 상당하는 효용의 정의는 결정적인 형으로 주어진다.

$$U_i = S_i / d_i^{\ \lambda} \cdots\cdots (4)$$

단, s_i는 구매기회의 매장면적을 나타낸다. 이것을 식 (3)에 대입함에 따라 식 (5)가 얻어진다.

$$P_i = \frac{S_i / d_i^{\ \lambda}}{\sum S_j / d_j^{\ \lambda}} \cdots\cdots (5)$$

허프 모델을 요약하면, 첫째 효용은 중심지까지의 거리와 중심지의 규모(매장면적)에 의해서만 규정된다. 둘째, 효용은 결정적이며 선택은 확률적으로 정의된다. 셋째, 선택은 집계된 효용에 대한 해당 중심지에 대응해 확률적으로 행해진다.

2) 현시공간선호

최근린 중심지 이용 가설이 현실의 행동관찰에 의해 기각된 후 러시턴(G. Rushton)은 거리를 덧붙여 중심지의 규모 요인을 포함한 중심지 이용 공준(公準)을 제안했다. 즉, $U_i = f(d_i, P_i) \cdots\cdots (6)$의 식에 의해 효용은 정의된다. 단, P_i는 중심지 규모의 대체지표로서 중심지의 인구 규모를 나타낸다.

식 (6)에 나타난 효용의 정의는 허프 모델이나 중력 모델 군과 비슷하지만 다음의 세 가지 점에서 본질적으로 다르다.

첫째, 확률적이지 않고 결정적이다. 즉, 선택은 소비자가 최대의 선호를 가지는 것만을 선택해 행동한다.

둘째, 현실의 선택은 선호의 반영이다. 거기에다 현실에 나타난 행동을 조사함으로 배후에 숨어 있는 선호구조를 밝히게 된다.

셋째, 선호구조는 순서의 관계로만 나타나지 않는다.

이와 같은 러시턴의 접근방법은 경제학의 소비이론 중 현시선호(顯示選好, revealed preference)의 개념을 빌려온 것에서 현시공간선호(revealed space preference) 접근방법이라고 부르고 있다.

소비자 행동의 연구에서 소비자 개개인의 선호구조를 파악하기 위해 경제학에서 사용하는 소비자 선택이론의 하나인 현시선호 이론을 이용할 수 있다. 이 현시선호 이론은 새뮤얼슨(P. A. Samuelson)이 제시한 것으로, 종래의 이론에서 중시되어온 효용이라는 심리적 요소를 배제하고 소비자가 시장에서 실제로 수요로 하는 재화의 조합·수량을 객관적으로 관찰해, 그 자료를 소비자의 선호의 표명으로 생각하고 그것을 바탕으로 수요법칙을 설명하려고 하는 것이다. 이 이론에 의하면 소비자가 어떤 재화의 조합을 구입할 수 있는데도 다른 재화의 조합을 선택한다면, 후자에 대한 선호를 현시(표명)했다고 해석하고, 이렇게 좋아함을 표명한 것을 현시선호라고 한다.

전통적인 소비자 선택이론에서 소비자는 서열적으로 효용의 척도를 갖고 있고, 소비자가 재화에 대한 평가서열은 수학적으로는 효용함수에 의해 나타낸다. 지금 두 가지 재화 q_1, q_2를 예를 들면, 어떤 일정한 효용수준을 각 재화의 소비량 Q_1과 Q_2의 아주 다른 조합에 의해 표현해보자. 일정한 효용수준 μ^0에 대해 소비자의 서열적 효용함수는 $\mu^0 = f(q_1, q_2)$가 된다. 효용함수는 연속적이기 때문에 위의 식을 만족하기 위한 Q_1과 Q_2의 조합은 무한하다. 따라서 소비자가 같은 효용수준을 얻도록 하는 재화의 모든 조합의 흔적은 〈그림 7-6〉과 같은 무차별 곡선을 형성한다.

그림 중에 q_1과 q_2의 양을 나타낸 곡선에서 오른쪽 상단 방향으로 갈수록 무차별 곡선은 차차 보다 높은 효용수준에 대응한다. A점에서 B점으로 이동할 때에는 Q_1과 Q_2의 양쪽 소비량이 증가하기 때문에 B점은 A점보다도 높은 효용수준에 대응하게 된다.

<그림 7-6> 두 개의 재화를 구입할 경우의 무차별 곡선

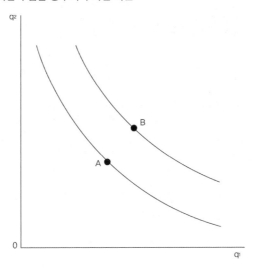

그리고 새뮤얼슨에 의하면 n종류의 재화가 있고, 어떤 특정 가격의 조합 p_1^0, p_2^0, …, p_n^0를 (p^0)로 나타내고, 그 가격에 대응하는 어떤 소비자의 구매량을 (q^0)로 나타내면 (q^0)가 (q^1)보다도 현시적으로 선호된다. (q^1)이 (q^2)보다도 현시적으로 선호되므로, …, (q^{n-1})이 (q^n)보다도 현시적으로 선호되었을 때에는 (q^n)이 (q^0)보다도 현시적으로 선호되는 것은 결코 있을 수 없는 선호의 추이성(推移性)이 보증될 때 <그림 7-6>과 같은 효용 무차별 곡선이 도출된다.

미국의 지리학자 러시턴은 현시선호 이론에 힌트를 얻어 다음과 같이 표명된 것을 '현시공간선호'라고 정의하고, 새로운 구매행동 모델을 구축했다. 즉, 현시선호의 정의에서 '재화'를 '공간적 기회'로 치환하고, '구입'을 '이용'으로 치환하면, 소비자가 어떤 공간적 기회의 조합을 이용할 수 있는데도 별도의 공간적 기회의 조합을 선택한다면, 후자에 대한 선호를 표명한 것으로 볼 수 있기 때문이다. 이 경우 공간적 기회란 중심지(상점가)라는 것이지만, 무차별 곡선의 개념을 중심지 선택 문제에 응용할 때에는 다음과 같은 가정이 필요하다. 즉, 중심지까지의 거리와 중심지의 규모라는 공간적 속성의 조합에서 만들어진 입지속성 범주(<그림 7-7>) 중 어느 하나를 선택하는 것은 해당

<그림 7-7> 입지속성의 범주

(명)					
8,000	26	27	28	29	30
	21	22	23	24	25
4,000	16	17	18	19	20
2,000	11	12	13	14	15
1,000	6	7	8	9	10
0	1	2	3	4	5

0   5   10   15   20   25마일

중심지까지의 거리

범주에 속하는 공간적 기회(중심지 또는 상점가)를 선택하는 것과 같다고 보기 때문이다.

소비자가 이용하는 중심지 선택의 결정기준으로 거리와 규모가 사용되는 것은, 현실적으로 중심지 이론에서 가정한 것과 같은 최근린 중심지 이용 구매행동이 취해지지 않고 멀리 떨어져 있어도 규모가 큰 중심지를 이용하기 쉽기 때문이다. 〈그림 7-8〉은 뉴질랜드 크라이스트처치(Christchurch) 시내에서의 은행과 식료품점의 이용자에 대해 최근린 중심지 이용 가설을 바탕으로 한 것과 실제 구매행동을 대비시킨 것이다. 그림 중에서 원의 크고 작음은 상점가의 규모를 나타내는데, 고차 서비스 기관인 은행의 경우 압도적으로 도심에 입지하는 은행을 실제로 이용한다. 이에 비해 저차 재화인 식료품의 경우는 가까운 상점가를 이용할 것이라고 생각하지만, 최근린 상점가를 이용하는 가구 수는 전체 조사대상 가구의 60% 미만에 지나지 않고 대부분 멀어도 규모가 큰 상점가를 이용한다. 이러한 사실에서 러시턴은 거리와 더불어 규모에 바탕을 둔 공간선호에 의해 중심지 선택이 이루어진다고 생각했다.

그러나 이러한 선택이 이루어지기 위해서는 소비자의 측면에서 이용 가능한 공간적 기회의 조합에 순서를 붙여보아야 할 것이다. 이용 중심지의 선호에 대한 순위 매김(선호척도)은 특정재화의 구매행동에 관한 표본조사에서 얻어진 자료를 기초로 해 다음과 같은 순서로 구할 수 있다.

<그림 7-8> 뉴질랜드 크라이스트처치 시내에서의 구매행동

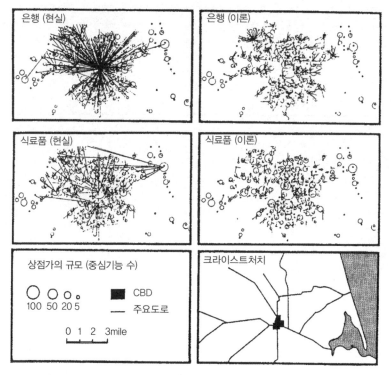

자료: Clark and Rushton(1970: 489).

첫째, 소비자는 중심지까지의 거리와 중심지의 규모(종종 인구로 정의됨)라는 두 가지 공간적 속성의 조합에서 선호함수를 갖는 것으로 가정하고, 두 개의 속성 조합을 나타내는 n개의 입지속성 범주를 결정한다(<그림 7-7>).

둘째, 현실에서 소비자가 이용한 중심지를 나타내는 자료에서 두 가지 입지속성 범주 i, j의 조합별로, i행 j열의 입지속성 범주가 j행 i열보다도 좋아하는 회수를 나타낸 선호 빈도 행렬을 작성한다(<표 7-3>).

셋째, 선호 빈도 행렬에서 입지속성 범주 i보다도 입지속성 범주 j를 좋아할 확률 P_{jpi}를 구한다(<표 7-4>). 다만 선호 빈도 행렬에서 i행 j열의 요소를 t_{ij}, j행 i열의 요소를 t_{ji}라고 하면, $P_{jpi} = t_{ij} / t_{ij} + t_{ji} (i \neq j; P_{jpi} + P_{ipj} = 1)$가 된다. 이 행렬을 선호 확률 행렬이라 부른다.

〈표 7-3〉 선호 빈도 행렬

구분		입지속성 범주			
		1	2	3	⋯
입지속성 범주	1		10	14	⋯
	2	50		39	⋯
	3	25	7		⋯
	⋮	⋯	⋯	⋯	

〈표 7-4〉 선호 확률 행렬

구분		입지속성 범주			
		1	2	3	⋯
입지속성 범주	1		0.17	0.36	⋯
	2	0.83		0.85	⋯
	3	0.64	0.15		⋯
	⋮	⋯	⋯	⋯	

　　넷째, 선호 확률 행렬에는 두 가지의 입지속성 범주가 아주 같게 지각(知覺)될 때 유사도(類似度)는 0.5가 된다. 따라서 이 값에 대한 편차가 두 개의 입지속성 범주 사이에서 지각된 비유사성을 나타낸다고 생각한다. 여기에서 비유사성을 나타내는 거리가 $\delta_{ij} = |P_{jji} - 0.5|$ 라고 정의 짓고, 대각(對角) 요소를 갖지 않는 비유사성 삼각행렬을 얻을 수 있다.

　　다섯째, 여기에서는 이 대각 요소에서 선호척도를 구하기 위해 다차원 척도구성법(Multi-Dimensional Scaling: MDS)[3]을 적용해 1차원의 답을 구한다. 이렇게 얻어진 1차원의 좌표값(척도값)을 〈그림 7-7〉에 대응하는 입지속성 범주의 요소(cell)의 중앙에 기입하고, 등치선을 그리면 〈그림 7-9〉와 같은 무차별 곡선을 얻을 수 있다. 하나의 등치선

---

3)　심리학 분석방법의 하나로 사람과 사람, 상품과 상품, 또는 장소와 장소 사이의 유사성(비유사성), 상호작용, 상관 등을 나타내는 자료행렬 중에 잠재되어 있는 구조를 다차원 공간으로 표현해 도출하는 것을 목적으로 하는 것이다. 따라서 다차원 척도법을 적용하면 대상 간의 유사성, 비유사성을 실마리로 유사한 것끼리 서로 가깝게 점으로 나타나 대상의 분포를 다차원 공간의 좌표 상에 정할 수가 있다.

〈그림 7-9〉 미국 아이오와 주의 식료품 구매행동에서 나타나는 공간선호의 무차별 곡선

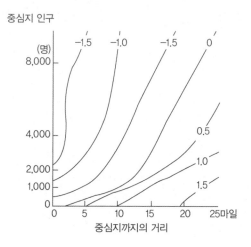

자료: 杉浦芳夫(1989: 166).

위에서는 중심지까지의 거리와 중심지 규모와의 조합이 갖는 효용은 같고, 오른쪽의 아래쪽에서 왼쪽의 위쪽으로 갈수록 선택된 입지속성 범주에 속하는 중심지의 효용은 크게 되며 더욱 좋아하게 된다. 만약 모든 무차별 곡선이 수직이면 규모가 전혀 대체성을 가지지 않으며, 원점에 가까운 무차별 곡선일수록 효용은 커지게 되므로 이것은 최근린 중심지 이용 가설이 나타내는 선호함수에 대응하는 것이다.

러시턴의 연구는 본래 중심지 이론의 최근린 중심지 이용 가설의 검증에서 출발한 것으로, 현시공간선호 연구는 이 가설에 꼭 맞는 것이라고 예상한 저차 재화인 식료품 구매행동을 중심으로 분석했다. 러시턴이 처음으로 미국 아이오와(Iowa) 주를 대상으로 연구를 한 식료품 구매행동의 연구에서 복원된 현시공간선호를 나타낸 무차별 곡선이 〈그림 7-9〉이다. 식료품을 대상으로 한 연구를 비교하면, 거시적으로는 오른쪽 위의 끝 부분에 무차별 곡선이 나타나지만 그 형태는 각 지역에서 여러 가지로 나타난다. 예를 들면 〈그림 7-10〉의 멕시코 아과스칼리엔테스(Aguascalientes) 주의 경우는 3km를 경계로 그 앞까지 수직의 무차별 곡선이 수평으로 되면서 직각으로 굽어진 무차별 곡선이 나타난다. 이 무차별 곡선은 특정한 거리 범위 내에서 소비자는 최근린 중심지를

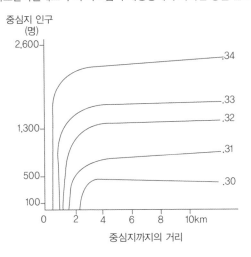

〈그림 7-10〉 멕시코 아과스칼리엔테스 주의 식료품 구매행동에서 나타난 공간 선호의 무차별 곡선

자료: 杉浦芳夫(1989: 167).

이용하지만 그것을 넘으면 한결같이 더욱 상위의 중심지를 이용한다는 선호 패턴을 나타내는 것이다.

식료품이라는 같은 재화에서도 미국과 멕시코의 경우에서 선호구조가 다르게 나타나는 이유는 다음 두 가지로 생각할 수 있다. 첫째, 소비자의 중심지 선택에서 규모와 거리 조합의 성향에는 개인속성이 다른 것이 기본적인 차이라고 지적할 수 있다. 소득수준이 높을수록 사람들의 가동성(可動性)은 멀어져 편리성이 높은 중심지를 좋아해 이를 이용하게 되는 것이 그 예이다. 둘째, 기회분포의 차이를 생각할 수 있다. 예를 들면, 멕시코 사례 연구의 경우 연구 대상지역의 중심지 시스템은 최상위 중심지의 규모가 다른 중심지에 비해 압도적으로 크다는 특징이 있기 때문에 직각상의 무차별 곡선을 얻을 가능성이 있다. 이러한 이유에서 같은 재화라도 소비자의 선호구조에 따라 지역차이가 발생한다. 물론 재화의 종류가 다르면 소비자와의 거리와 중심지 규모와의 조합의 성향이 다르기 때문에 당연히 무차별 곡선의 형태도 다르게 나타난다.

현시공간선호 접근방법의 개념상 문제점을 논의하면 다음과 같다. 첫째, 러시턴은 선호를 구성하는 차원으로서 거리와 규모만을 들고 있지만, 이 이유를 명확하게 제시하지는 않았다. 둘째, 현시공간선호에서 선택은 선호를 반영하는 것이라고 생각하지만 실제로 관찰한 행동은 반드시 그렇게 생각하고 있지 않다고 연구자들은 비판했다. 피리(R. B. Pirie)는 실제의 선택은 명료한 선호관계가 존재하지 않아도 일어난다는 점, 공간에서 선택이 실현될 때 여러 가지 생리적·사회적 제약을 받는다는 점을 현시공간선호 접근방법에 반대하는 이유로 제시했다.

먼저 첫 번째의 의미는 대체물에 대해 충분한 지식이 없고, 거기에다 명료한 선호순위는 형성되어 있지 않지만 무엇인가 외적 제약에 의해 강제로 선택되는 경우에는 관찰한 선택행동을 선호의 반영으로 볼 수 없다. 오히려 이러한 행동은 랜덤 현상으로 생각할 수밖에 없다. 두 번째 점에서는 인간의 생리적 제약(시력, 보행 등의 능력과 생존에 필요한 식사, 수면 등)이나 사회적 제약(광고, 선전, 사회의 전통·규범)에 의해 선택행동이 좌우된다는 점이다. 제3의 비판은 매클레넌(D. Maclennan)과 윌리엄스(N. J. Williams)에 의한 것으로 그들은 거리가 선호의 차원으로 의미 있는 것이 아니고, 대체지(代替地)의 정보획득 행동에 대한 제약으로 작용한다고 주장했다. 또한 거리 제약에 대해 소비자는 모든 상점에 대해 완전한 정보를 가지고 있지 않기 때문에 명료한 선호관계는 존재하지 않는다고 주장했다.

커리(L. Curry)나 셰퍼드(E. C. Sheppard)도 같은 비판을 했다. 셰퍼드는 피리가 지적한 조건을 소득의 제약과 공급의 제약 두 가지로 대별했다. 소득의 제약이란 소비자의 이동(mobility)은 소득에 의해 규정되기 때문에 소비자가 갖는 선택 집합(소비자의 선택항으로 갖는 대체물의 집합)은 소득계층에 따라 다르다는 것을 의미한다. 저소득자가 근거리의 점포를 선택하는 행동은 그들의 공간선호를 반영한 것이 아니고 이동의 제약에 의한 것이다. 공급의 제약이란 소비자가 직면한 구매환경의 공간적 배치에 의해 선택행동이 영향을 받는 것을 의미한다. 예를 들면 10km 반경 내에 다수의 점포가 존재하는 소비자와 두세 개의 점포밖에 없는 소비자 행동의 선호구조에 차이가 인정된다고 하더라도 그것은 소비자 각각의 내생적 문제이라기보다는 공간배치에 기인된 문제이므로 얻어진 선호구조가 보편적이라고 말하기 어렵다. 셰퍼드는 위와 같은 제약조건의 선택행동에서 참된 선호구조를 도출하는 방법으로 첫째, 모집단의 분할, 둘째 장기적으로 반복되는 행동의 기록, 셋째 집합선택의 개념을 선호와 선택 사이에 도입하는 것을 제안했다.

커리는 러시턴의 공간적 행동(spatial behavior)과 공간에서의 행동(behavior in space)의 구분을 비판하고 행동은 공간과 독립된 것이 아니라고 주장했다. 그 근거는 개인이 갖고 있는 선호구조, 또는 효용함수는 내생적인 것이 아니라 사회에 따라 외생적으로 주어지는 점에 있다.

이상의 논의는 다음과 같이 요약할 수 있다. 러시턴의 현시공간선호 접근방법 특징은 첫째, 공간이란 독립한 소비자의 선호구조를 도출하는 것을 목적으로 한다. 둘째, 선택을 선호의 반영으로 본다(즉, 현시선호로 본다). 셋째, 선택은 유일한 중심지에 대해 행해지며 결정적이다.

이에 대한 비판은 첫째, 선택은 선호의 반영이라고 볼 수 없다. 왜냐하면 양자 간에는 제약이 작용하기 때문이다. 둘째, 선호는 공간과 독립되는 것이 아니다. 왜냐하면 선호는 사회에 따라 외생적으로 주어지는 것이기 때문이다. 이상의 비판점 이외에 현시공간선호 접근방법은 정태적이라는 특징이 있다. 그것은 이 접근방법의 기초인 경제학의 현시선호이론이 정보입수의 완전성, 정보입수와 행동과의 사이에서 발생하는 시간적 지체의 부정, 정보획득의 무상성(無償性) 등을 가정한 동시결정(최적해가 즉시 결정된다)의 성질이 있다는 것을 반영하는 것이다.

현시공간선호 접근방법을 평가해보면, 1970년대에 들어와 소비자 행동의 연구를 크게 진전시켰다는 효용을 인정하지 않을 수 없다. 그러나 러시턴의 당초 목적인 '공간이란 선호구조의 추출'이라는 과제의 해결이 현시공간선호의 접근방법으로는 불충분하다는 것이 밝혀졌다.

3) 이산형 선택 모델

이산형(離散型) 선택(discrete choice) 모델은 행동지리학 분야에서 현재 가장 주목을 받고 있다. 이 모델은 구매행동뿐만 아니라 거주지 이동, 공업입지 등 여러 가지 공간

〈그림 7-11〉 구매행동의 의사결정과정

자료: 杉浦芳夫(1989: 169).

적 행동의 분석에 이용되며, 금후에도 적극적으로 이용될 것으로 예상된다. 이산형 선택 모델은 크게 다항 로짓(multinomial logit)[4] 모델과 포섭(nested) 로짓 모델로 나누어진다. 그리고 다항 로짓 모델은 다시 상수 효용 모델과 랜덤(random) 효용 모델로 나눌 수 있다.

현시공간선호 모델을 구매행동에 적용할 경우 선호 구성요소는 중심지까지의 거리와 중심지의 규모이지만, 거리와 규모가 현실에서 구매행동을 할 때에 소비자의 의식 중에 명확하게 떠오를까 하는 문제이다. 이를 설명하기 위해 소비자의 재화구매 이유를 나타낸 것이 〈그림 7-11〉이다. 이에 의하면 생선 등의 저차 재화는 집에서 가깝다는 거리요인이 점포 선택 이유의 반 이상을 차지하지만, 그 밖의 이유도 무시할 수 없는 비율을 차지한다. 한편 가전제품, 신사복 등의 중간 재화나 고차 재화는 이미 거리요인은 점포 선택의 부차적 이유가 되고, 그 대신에 상품의 종류가 많고, 서비스가 좋다는 점포의 특성이 1위 요인이 된다. 품목이 많고 서비스가 좋은 점포는 많은 소비자가 모이고 점포 간의 경쟁이 심하며 규모가 큰 중심지(상점가)에 입지하기 쉽다고 가정하면 규모는 이들 점포의 특성 대체기능을 달성하고 있다고 생각하는 것이 좋다.

중심지 이론과 관련해서 구매행동에 한해 살펴보면, 소비자의 중심지 선택은 중요한 문제이지만 그 경우에도 최후에는 점포 선택이 문제가 된다. 중심지 선택과 점포 선

---

[4] 로짓(logit)이란 'logistic probabilistic unit'에서 만들어진 용어이다.

택의 두 측면을 고려하면 현실의 소비자가 취할 구매행동은 먼저 중심지 선택을 행하고, 다음으로 해당 중심지의 점포를 선택한다. 이러한 두 단계의 의사결정 결과라고 생각한다. 도시 내의 구매행동을 전제로 하면 〈그림 7-11〉과 같은 의사결정 과정을 생각해 현시공간선호 모델이 문제가 되는 것은 제1단계의 상업지구 선택만이다. 그러나 보다 상세한 공간적 행동을 하려면 각각의 단계에서 어떠한 요인이 개재하고 있는가를 밝힐 필요가 있다. 이러한 목적을 위해 원용된 이산형 선택 모델에 대해 살펴보자.

(1) 다항 로짓 모델

행위자 자신의 지식이 결여되어 발생하는 불확정성을 바탕으로 한 의사결정을 불확실한 선호를 바탕으로 한 의사결정이라고 말한다. 이러한 종류의 의사결정을 취급한 모델로서 확률 선택 모델이 있다. 이 모델은 상수 효용 모델과 랜덤 효용 모델로 나눌 수 있다. 상수 효용 모델은 선택항에 관해 정의 짓는 일정한 수치척도(효용)를 바탕으로 결정이 확률적으로 행해지는 것을 가정한다. 이에 대해 랜덤 효용 모델은 행위자가 항상 최고의 효용을 갖는 선택항을 택하지만 효용 자체는 상수가 아니고 확률적이라고 가정한다. 따라서 랜덤 효용 모델이 효용 최대화라는 의미에서 결정론적이라 하고 선택의 메커니즘에 대해 언급하는 데 비해 상수 효용 모델은 단지 선택확률이 척도값에 비례하는 것을 가정하는 데 지나지 않는다. 이 중 확률상권 모델이나 현시공간선호 모델은 상수 효용 모델의 범주에 속한다. 여기에서 기술하는 이산형 선택 모델은 랜덤 효용 모델의 범주에 속한다.

이산형 선택 모델에서 행위자는 효용을 최대화하는 선택항을 택하지만 선호가 분석자에게는 미지의 요인에 의해서도 영향을 받는다고 생각한다. 그 결과 랜덤적 요소가 개인의 효용함수 속에 들어가 효용함수는 행위자 모집단의 사이에서 여러 가지로 변화한다고 가정한다. 이러한 이산형 선택 모델의 대표적인 다항 로짓 모델은 다음과 같은 생각을 바탕으로 유도된다.

㉠ 행위자 i는 전부 R개 선택항의 집합 중에서 선택을 한다.

㉡ 효용 최대화를 시도하는 행위자 i는 최대의 효용을 가져오는 선택항을 택한다.

즉, 선택항 r 과 s 에 대해 행위자 i 에 주는 효용을 U_{ri}, U_{si}라고 하면 선택항 r 은 다음과 같을 때에 선택된다. $U_{ri} > U_{si}$ $(s \neq r \; ; \; r, s = 1, 2, \cdots, R)$

ⓒ 행위자 i 에 대한 효용 U_{ri} 는 두 가지 요소에 의해 성립된다.

$$U_{ri} = V_{ri} + \varepsilon_{ri}$$

단, V_{ri} 는 효용의 대표적 성분이고, ϵ_{ri} 는 분석자에게는 선택항의 미지의 속성을 반영한 오차이다. 이 중에서 효용의 대표적 성분은 선택항 특성과 개인특성으로 되어 있다. 랜덤적 오차 성분 ϵ_{ri} 가 대표적 성분에 부가된다.

ⓓ 행위자 i 가 각 선택항을 일정한 확률로 선택한다면 선택항 r 을 택할 확률 P_{ri} 는

$$P_{ri} = P_{rob}[U_{ri} > U_{si}] = P_{rob}[V_{ri} + \varepsilon_{ri} > V_{si} + \varepsilon_{si}] = P_{rob}[V_{ri} - V_{si} > \varepsilon_{si} - \varepsilon_{ri}]$$가 된다. 이것이 랜덤 효용 모델의 기본형이고, 두 가지의 선택항 r, s 에 관해 전자의 효용의 대표적 성분에서 후자의 그것을 뺀 차가 후자의 랜덤적 효용성분에서 전자의 그것을 뺀 차보다도 클 때에 선택항 r 이 택해진다.

ⓔ 이산형 선택 모델에서는 ϵ_{ri} 의 정의 여하에 따라 모델의 형이 다르게 된다. 지금 ϵ_{ri} 와 ϵ_{si} 가 전혀 상관이 없고, 그 분산이 같다고 하면, ϵ_{ri} 의 통계적 확률분포는 정규분포를 닮은 베이블(Weibull) 분포[5]와 근사하다. 그 결과 특정한 것이 다음의 다항 로짓 모델이다.

$$P_r \mid_i = \frac{\exp(V_{ri})}{\displaystyle\sum_{s=1}^{R} \exp(V_{si})}$$

단, $P_r \mid_i$ 는 효용의 대표적 성분이 다음과 같은 함수의 형식을 바탕으로 소정의 값을 취할 때에 행위자 i 에 의해 선택항 r 이 택해지는 확률이다.

---

5) 연속확률분포의 하나로 입자의 분포를 다루는 경우 로신-래믈러 분포(Rosin-Rammler distribution)라고 부르기도 한다. 베이블 분포는 유연하기 때문에 수명 데이터 분석에 자주 쓰이는데 정상분포나 지수분포와 같은 다른 통계적인 분포를 흉내 낼 수도 있다. 주로 산업현장에서 부품의 수명을 추정하는 데 사용되며, 고장 날 확률이 시간이 지나면서 높아지는 경우, 줄어드는 경우, 일정한 경우 모두 추정할 수 있다. 고장 날 확률이 시간에 따라 일정한 경우는 지수분포와 같다.

$$V_{ri} = \sum_{k=1}^{K_1} \beta_{kr} X^{\psi}_{rik} + \sum_{k=K_{1+1}}^{K} \beta_{kr} X^{\psi}_{ik}$$

단, k는 선택항 r의 속성 수, X^{ϕ}_{ik}는 선택대상의 특성을 나타낸 선택항 고유변수(예를 들면, 철도를 이용하면 가장 가까운 역까지의 거리) 및 선택항의 공통변수(예를 들면, 주택 유형 별 거주비), X^{ϕ}_{ik}는 개인의 특성을 나타내는 개인특성 변수(예를 들면, 소득), β_{kr}은 매개변 수이다(정확하게는 이밖에도 상수항에 해당하는 선택항 고유상수가 모델 식에 부가된다).

(2) 포섭 로짓 모델

다항 로짓 모델에 의해 단계적인 의사결정 문제를 취급하는 데는 실제의 의사결정 순서와는 반대의 순서로 모델을 반복해 실행한다. 거주이동의 예를 들면 처음에 관련 함수를 사용해 건물양식 선택(단층이냐, 이층이냐, 방이 몇 개냐 등)에 관한 다항 로짓 모델 을 적용한다. 다음으로 주택유형 선택(아파트냐 단독주택이냐, 전세냐 등)에서는 건물양식 선택에 관한 합성효용 $\bar{U}$를, 이 단계에서 선택항 고유변수·선택항 공통변수와 개인특 성 변수와 더불어 선택 관련 변수를 더해 재도(再度) 다항 로짓 모델을 적용한다.

$$\bar{U} = \ln \sum_{i=1}^{R'} \exp(V_{ti})$$

단, R'는 하위 단계(이 경우는 건물양식 선택)에서 선택항의 총수이다. 그때에 합성효용 에 관한 매개변수 δ가 구해진다. $0 < \delta \leq 1$일 때 상위단계에서의 의사결정은 곧 하위단 계에서의 의사결정에서 최대의 효용 기댓값을 고려하게 되고, 단계적인 의사결정이 존 재한다고 판단된다(단, $\delta = 1$일 때에 1단계 의사결정 밖에 존재한지 않는다는 것을 의미한다). 최후의 거주지구(도심이냐 교외냐) 선택에서는 주택유형 선택에서 구해진 매개변수를 이용해 주택유형에 관한 합성효용을 구해 똑같은 분석을 반복한다.

포섭 로짓(nested logit) 모델이라고 부르는 이상의 모델은 선택항이 상관해 있을 때, 즉 선택항의 유사성이 클 때 이용된다. 계층이 상위의 단계일수록 선택항의 유사성은 작고, 그 선택은 개인에게는 큰 영향을 미친다. 다항 로짓 모델은 모델의 전제조건에서 이러한 상황에서는 적용할 수 없다. 포섭 로짓 모델은 교통수단 선택 문제를 취급하는 교통공학 분야에서 이전부터 적용해왔지만 지리학에서는 1980년대에 접어들어서 이 용하기 시작했고 적용사례가 그렇게 많지 않다. 이산형 선택 모델은 행동지리학 분야에서 현재 가장 주목을 끄는 모델로 구매행동 이외에 주거이동, 공장입지 등 여러 가지 공간적 행동의 분석에 적극적으로 이용될 것으로 생각된다.

4) 학습

버넷(P. Burnett)은 그녀 자신의 연구에서 밝힌 거주기간의 차이에 따라 선호차원의 차이를 학습 모델의 틀에 넣었다. 이 모델은 다음의 3단계로 구성되는데, 의사결정자는 제1단계에서 환경에 대한 학습을 하고, 제2단계에서는 선호를 형성하고, 제3단계에서는 균형상태가 된다.

버넷에 앞서 골리지(R. G. Golledge)와 브라운(L. A. Brown)은 시간에 종속된 추이확률로 마르코프(Markov) 학습 모델을 제안했다. 그러나 어떻게 학습이 진행되는가에 대해서는 아무 것도 명시하지 않았다. 이런 점에서 볼 때 버넷의 연구는 공간학습의 과정을 생각하는 데 중요하다.

버넷은 이 마르코프 학습 모델을 구체적인 자료에 의해 검토했다. 스웨덴 웁살라(Uppsala) 지역 92가구의 일상생활용품 구매행동 기록과 새롭게 입지한 은행고객의 공간적 확산과정을 조사한 결과 단순한 학습 모델은 타당하지 않다는 결론을 얻었다.

다음으로 위에 서술한 공간학습에 관한 연구의 문제점을 생각해보자. 주된 문제점으로 다음 세 가지를 지적할 수 있다. 첫째, 새로운 환경으로 이주해온 의사결정자는 차원의 최적 조합을 전혀 모른다고 할 수 있을까? 아마 지금까지 살아온 환경 속에서 가져온 차원을 새로운 환경에 적용하려는 어떤 형태의 추정이나 기대를 가지는 것은 아닌지? 둘째, 관찰의 대상이 되는 사람이 현재 어느 단계에 있는가는 어떻게 결정되었을까? 셋째, 모델에서는 제3단계에 들어가면 최적의 차원이 항상 이용된다고 하지만 최적의 차원이 시간적으로 변화하는 것은 아닐까? 이러한 점을 밝히기 위해서는 마르코프 학습 모델을 현실에 적용하는 것이 곤란하다. 그것도 학습 모델만으로는 공간선택의 공준(公準)으로는 될 수 없다.

5) 위험부담(risk)과 탐색행동

버넷의 연구는 학습을 통해 새로 입지한 은행의 이용자가 공간적으로 확대되는 것을 밝혔다. 그 경우 학습을 규정하는 정보량은 목적지 은행에서 거리가 멀어짐에 따라 감소하는 거리 체감함수에 의해 가정했다. 집합수준에서는 이러한 정보량의 정의도 허락되지만 그 설명은 주어지지 않았다.

탐색행동의 연구배경에는 위의 학습과정에서 정보 획득활동을 해명할 요청이 있는 한편 현시공간선호에서 가정된 정보의 완전성과 무상(無償)의 성질에 대한 비판이 두 가지가 있다. 탐색행동에 관해서 플라워듀(R. Flowerdew)는 선구적인 연구를 행했다. 그에 의하면 최적 탐색전략은 선택 집합의 효용분포(평균과 분산)에 대한 지식을 갖고 있는지 없는지, 탐색비용이 시간적으로 일정한지 가변적인지, 선택 집합이 유한한지 무한한지, 선택항의 리콜(recall)[6]이 허락되는지 그렇지 않은지 등에 따라 영향을 받고 있다. 가장 단순한 예로는 1회의 탐색에 소요되는 비용을 c라고 하고, 그 비용은 시간적으로 일정하다고 하면 n회의 탐색을 반복한 후에 기대되는 최대이득(expected maximum payoff)은 다음 식에 의해 얻을 수 있다.

$$P = \max(U_1, U_2, \ldots, U_n) - cn$$

여기에서 U_i는 i번째에 탐색한 대상의 의사결정자가 가지는 효용이다. 여기에서는 리콜이 허락되어 있다. 그는 이 기본 모델에서 출발해 몇 가지의 중요한 지적을 했다. 첫째, 탐색은 계통적으로 행할 가능성이 있다는 점이다. 점포상황의 선택에서 계통적 탐색을 생각하면 최초의 단계에서는 어떤 중심지나 상점가가 탐색대상으로 선택되면 다음으로 그중에 포함된 개개의 점포가 탐색된다. 만약 이 상점가 중에서 모든 탐색이 이루어져 만족하는 점포가 없을 경우 다음 단계에서는 새로운 상점가가 탐색되어 이 가운데의 점포가 탐색된다. 두 번째 지적은 어떠한 외부제약(예를 들면, 주택지 선택에 대

---

6) 리콜이란 해당 대상을 탐색한 시점에서는 선택을 행하지 않고 그 이후에 몇 가지의 탐색행동을 행한 후에 이전 대상을 선택하는 것이다.

한 인종차별)을 위한 선택 집합에서 선택항목을 자유롭게 택할 수 없는 경우에는 그 사람의 최적수준은 낮아지는 경향을 보인다는 점이다.

슈나이더(C. H. P. Schneider)는 탐색목표의 밀도와 탐색 전략에 주목해 목표에 도달하는 데 필요한 거리를 고찰했다. 그는 공간적 탐색 전략을 공간 소모탐색(space exhausting search)과 경로발견 탐색(route-finding search)으로 분류했다. 공간 소모탐색은 어떤 목표에 닿을 때까지 탐색을 계속하는 전략이고, 경로발견 탐색은 탐색목표에 대한 정보를 찾아 그 정보를 바탕으로 탐색하는 전략이다. 그리고 다른 목표밀도, 다른 도로망, 신호(간판 등)의 유무에 관해 시카고(Chicago) 거리구역을 예로 해 목표에 도달하는 데 필요한 이동거리를 고찰했다.

헤이(A. M. Hay)와 존스턴(R. J. Johnston)은 점포가 가지고 있는 효용의 시간적 변화와 탐색행동을 결합하고, 효용이 시간적으로 변화하는 이유로서 다음의 네 가지를 지적했다. 첫째, 수요를 위한 이동이 발생하는 경우 수요를 구성하는 재화의 종류와 크기는 이동에 따라 다르다. 그러므로 점포에 미치는 효용도 변화한다. 둘째, 이용 가능한 교통수단과 이동에 소비되는 시간은 이동별로 변화한다. 셋째, 재화의 가격은 변화한다. 넷째, 재화의 구입에 관한 정보 자체가 시간적으로 변화한다. 만약 효용분포가 분산적이고, 또 시간적으로 일정하면 소비자는 한 지점만을 선택하는 것이 최적행동이다. 효용분포가 시간적으로 변화하는 환경에서는 단일점포가 아니고 복수의 점포를 선택하는 것이 최적전략이다. 나아가 그들은 선택 집합이 가지는 효용의 분포형이 어떠한 최적전략을 도출하는가를 탐색하는 데 드는 시간에 주목하여 고찰했다.

〈그림 7-12〉의 상단과 같이 W와 같은 분포형의 경우 첫 번째 탐색을 일으키는 최악의 총효용값(gross utility)[7]은 3.0이다. 두 번째 탐색에서는 4.7, 세 번째는 5.1이 된다. 한계총효용은 두 번째 탐색에서는 4.7-3.9=0.8이고, 이 값에서 탐색비용(c)을 빼면 한계순효용은 c=0.3에서 0.5, c=0.4에서는 0.4, c=0.5에서는 0.3이 된다. 이것을 나타낸

---

7) 총효용은 소비자가 점포를 이용함에 따라 얻는 효용으로, 총효용에서 탐색비를 뺀 것이 순효용(net utility)이다.

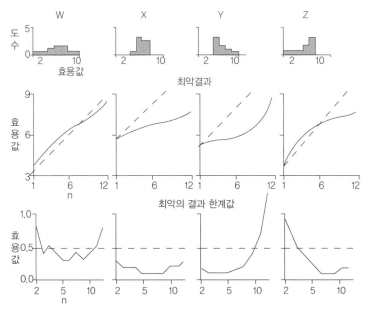

〈그림 7-12〉 네 가지 집합의 효용분포와 맥스·민 전략에 의한 탐색

자료: Hay and Johnston(1978: 796).

것이 〈그림 7-12〉의 중간 부분과 아래 부분이다. 그림 중의 파선은 $c=0.5$의 경우를 나타낸 것이다. 이 그림에서 다른 효용분포에 대해서는 최적의 탐색회수가 다르다는 것이 밝혀졌다. 가지고 있는 전략은 일어날 최악의 결과에 주목해 최대의 것을 선택하는 전략[맥스·민(max·min)]이다. 나아가 기댓값을 고려해 도입하고, Σ(선택확률×효용)를 기대효용이라고 생각하면 맥스·민 전략과는 다른 최적 탐색회수의 결과가 얻어진다.

불확실한 환경에서 위험에 대응한 선택행동은 앞에서 지적한 바와 같이 복수의 점포 이용이 최적이 된다. 그러나 거주지 선택과 같이 선택이 하나밖에 되지 않을 경우에는 가능한 선택의 후보지를 조사함에 따라 위험을 감소시킬 수 있다. 스미스(T. R. Smith)는 전자를 물리적 다양화, 후자를 정보의 다양화로 구분했다.

스미스의 물리적 다양화는 포트폴리오 선정(portfolio selection)[8]의 이론을 채택함으로

---

8) 포트폴리오 선정은 예금이나 채권, 주식 등의 금융자산을 어떤 비율에 따라 보유할 것인가 하는 금융자

써 최적해(最適解)를 구하는 것이 가능하다고 지적했다. 포트폴리오 이론에서 직접적으로 공간적 다양화의 의미를 찾아내는 것은 곤란하다. 그러나 직감적으로는 두 지점 간 공간적 유사성(양의 공간적 상관)이 클수록 양쪽의 지점을 방문하는 것에서 효용은 탐색에 대한 보증이나 담보를 내놓는 분산을 줄이지 않는다는 의미에서 최적이 아니고 공간적으로 더욱 분산된(음의 공간적 상관) 두 지점을 선택하는 것이 최적의 포트폴리오가 된다.

헤이와 존스턴, 스미스의 연구는 모두 효용분포에 대한 기존의 경우를 고찰한 것이다. 그러나 소비자가 예상 효용분포를 알고 있다는 가정은 타당하지 않다. 마이어(R. Meyer)는 소비자가 효용분포를 추정하는 데 필요한 시간(탐색회수)을 선택 집합의 크기와 관련지어 실험했다. 그 결과 선택 집합의 크기와는 관계가 없고, 사람들은 비교적 약간의 탐색으로 선택 집합 전체의 효용분포(평균과 분산)를 추정하는 것이 확인되었다.

정보가 불확실하므로 위험을 감소시키기 위한 탐색행동에 관한 연구의 의의와 문제점을 요약하면 다음과 같다. 첫째, 위험과 탐색행동의 접근방법은 정보의 완전성, 무상성(無償性)의 가정에 대한 의문과 학습과정에서 정보획득 활동의 역할 해명에 그 발단이 있다. 둘째, 최적탐색 전략은 탐색비용이 시간적으로 일정한지 그렇지 않은지, 선택 집합은 유한한지, 선택항목을 불러오게 하는지 그렇지 않은지가 다르다. 셋째, 탐색은 계통적으로 행해질 가능성이 있다. 넷째, 선택 집합의 효용분포는 탐색시간에 영향을 미친다. 다섯째, 효용분포가 시간적으로 변화할 경우 복수의 점포를 선택하는 것이 최적이다. 여섯째, 포트폴리오 이론에 의하면 공간적으로 다양화하는 것이 위험을 줄이는 의미에서 최적이다. 일곱째, 사람들은 선택 집합의 크기에도 불문하고 약간의 탐색에서 선택 집합의 효용분포를 추정할 수 있다.

탐색행동에 관한 연구는 최근에 시작되었지만 흥미 있는 연구가 많다. 그러나 상호

산 선택이론이다. 자산을 예금, 증권, 토지로 구분해 운용함에 따라 예금은 인플레이션에 약하지만, 증권은 인플레이션이 나타날 기미가 있는 불황에 유리하고, 토지는 물가가 올라갈 경우에는 강하지만 불황 때에 급히 환금하려 하면 손해를 보는 경우가 많은 특징을 가지고 있어 경제 상황에 맞추어 각 조건에 대해 강약을 조정해 보완하는 형태로 조합한다.

결합은 밝혀지지 않았고 정리하는 것도 어렵다. 위험부담의 원인은 첫째, 효용분포는 고정되어 있지만 그에 대한 정보가 부족하다. 둘째, 효용분포 자체가 시간적으로 변화하는데, 이들 두 가지를 나누어 생각하는 것이 용인될 수 있다. 그리고 취할 수밖에 없는 전략도 단일선택밖에 허락하지 않는 경우, 복수선택이 허락되는 경우로 분류할 수 있다.

6) 다목적 구매행동

헤이와 존스턴은 점포가 갖고 있는 효용의 시간적 변화의 이유를 네 가지로 들어 복수선택행동의 합리성을 지지하는 점을 소개했다. 한편 핸슨(S. Hanson)은 복수선택 이유를 보다 포괄적으로 검토해 다음의 두 가지가 복수선택의 이유에 특히 중요하다고 지적했다.

첫째, 재화의 수요는 시간적인 주기성을 갖고 다른 주기의 재화 수요가 동시에 일어난다. 그때는 보통 때와는 다른 공간선택이 행해진다. 둘째, 출발지를 집으로 하는 이동과 집 이외로 하는 이동에서는 목적지에 대한 효용이 다르게 할당된다.

한편 종래 선택이론의 대부분은 단일 선택을 암묵적으로 가정해왔다. 이들 가정은 첫째, 의사결정자는 선택 집합 중에서 유일하게 하나만 선택해야 한다. 둘째, 한 시점에서 하나만 선택하는 것은 허락되지 않는다. 셋째, 대체물을 선택하는 확률은 상호 독립적이다. 넷째, 학습이 진행되는 의사결정자가 균형 상태에 있을 경우 선택확률은 시간적으로 변화하지 않는다. 다섯째, 대체물의 위치 이외의 속성 평가는 위치 평가와 독립적이다. 이러한 가정은 지금까지의 논의에서 타당하지 않다는 것이 밝혀졌다. 커리가 지적한 바와 같이 재화의 수요가 주기성을 갖고, 두 개 재화의 수요가 일치할 경우 소비자는 2회의 이동을 별도로 하기보다는 이동거리를 줄이기 위해 1회의 이동을 할 것이다. 이 행동은 복수선택을 유도하지만 동시에 다목적 이동의 발생과도 관련된다.

모든 이동 중에서 다목적 이동이 어느 정도를 차지하는가를 나타내는 자료는 적다. 핸슨이 제시한 자료는 스웨덴 웁살라에서 모든 이동의 약 절반, 미국 미시간 주 랜싱

(Lansing) 시에서는 교통기관을 이용하는 이동의 1/3이 다목적 구매행동이다. 또 일본 대도시 주부의 모든 이동 중에서 약 85%가 다목적 구매행동이다. 이러한 점에서 다목적 구매행동을 고려하지 않는 공간 선택모델은 타당하지 않다는 것이 밝혀졌다.

다목적 구매행동을 중시한 연구를 진행하는 데의 문제점은 핸슨이 간결하게 매듭지었다. 자료 수집에 관해서는 종래 OD조사의 지역 구분으로는 파악할 수 없고, 장기간에 걸쳐 이동기록을 입수하는 어려움을 지적했다. 모델화에 대해서는 거리 최소화의 원리에 바탕을 둔 합리적 인간을 가정하더라도 몇 가지 방향이 있다는 생각을 나타내었다. 더욱 중요한 문제로 지적한 것은 개념적인 틀을 만드는 것이다. 선택행동이 다목적 이동 중에서 이루어지고 있다는 사실은 단순히 해당 선택행동에서만이 아니고 그 행동과 조합을 이루는 다른 목적의 행동선택에 대해서도 이해가 필요하다는 것을 의미한다. 소비자의 공간선택을 인간 활동으로 위치 짓는 넓은 시야가 요청되기 때문이다. 다목적 구매행동에 대한 주목은 극히 최근으로 주행동과 종행동을 구분하고, 토지이용이 이동에 미치는 영향을 고찰하고자 하는 시도, 이동목적 상호간의 결합관계를 밝히고자 하는 시도를 제외하면 구체적인 검토는 그다지 이루어지지 않았다. 다목적 구매행동의 조건 아래에서 공간선택의 문제는 금후의 연구과제이다.

4. 소비 공간과 소비자의 힘 및 공공소비

1) 소비 공간과 소비자의 힘

고소득국가에서는 노동시간의 감소로 소비자 행동이 변화해 현시적 소비의 성장을 형성한 생활양식의 변화를 촉진하고, 고도 대중 소비시대의 소비는 도시발전과 도시재개발의 원동력이 되어 고급주택화(gentrification),[9] 수변(waterfront) 상업지구나 주택지구

---

9) 도시에서 비교적 빈곤계층이 많이 사는 정체된 도심 부근의 거주 지역에 저렴한 임대료를 찾는 예술가

〈표 7-5〉 대량소비와 애프터 포드주의 소비의 비교

대량소비의 특징	애프터 포드주의 소비의 특징
집합적 소비	시장분할의 증가
소비자로부터 친숙한 수요	소비자 선호의 더 큰 변동성
미분화된 상품과 서비스	고도로 차별화된 상품과 서비스
대규모 표준화된 생산	소량생산 상품의 선호 증가
낮은 가격	상품의 질과 디자인 등과 나란히 많은 구매고려 중의 하나인 가격
긴 제품주기와 더불어 안정적인 상품	짧은 제품주기와 함께 새로운 상품의 빠른 매출량
대규모 소비자	다수의 소규모 틈새시장
기능적 소비	덜 기능적이고 더 미학적인 소비
	소비자 운동의 발달, 선택적·윤리적 소비

자료: Coe, Kelly and Yeung(2007: 288).

같은 소비경관이 나타난다. 또 취미의 특수성에서 다양성으로 관광산업이나 그 틈새시장이 증대해 이들이 중요한 경제성장 전략이 되었다. 〈표 7-5〉는 애프터 포드주의(after Fordism)[10] 이전과 그 이후의 소비를 비교한 것이다. 소비자는 대량소비에서 다품종 소량생산에 대한 소량소비로 가격보다는 상품의 질이나 디자인 등을 고려하고, 제품의 수명주기가 짧아져 새로운 상품 매출량이 증가한다. 또 시장에서는 틈새시장이 등장하고, 소비자 운동이 발달하고 선택적·윤리적 소비 패턴이 나타났다.

소비자 공간에서 도시계획이나 용도지역제, 점포규모에 관한 법령은 주택지 보호 및 도시팽창의 관리를 위한 것이고, 경쟁법은 일반적으로 과당경쟁에서 소규모 소매업자를 보호하고 부당행위를 규제하기 위해 자유경쟁을 저해하는 독점이나 거래 제한 등을 금지·제한하는 법률(反trust)로서 규제의 한 형태라고 할 수 있다. 그리고 이기적인 이용에서 노동자를 보호하기 위한 점포의 영업시간에 관한 결정 등을 통해 규제는 소

들이 몰리게 되고, 그에 따라 이 지역에 문화적·예술적 분위기가 조성되자 도심의 중상류층들이 유입되는 인구이동 현상이다. 그러므로 빈곤 지역의 임대료가 올라 지금까지 그곳에 거주하던 사람들, 특히 예술가들이 거주할 수 없게 되거나 지금까지의 지역 특성이 변화되는 경우를 말한다.

10) 후기 포드주의(post Fordism)라는 용어가 포드주의의 위기를 넘어섰다는 적극적인 합의를 한 것에 반해, 애프터 포드주의라는 용어는 새로운 발전양식에 이르기 전으로 포드주의 위기가 계속되는 상태를 포함하는 것을 의미한다.

비의 다양한 국면을 만드는 중요한 역할을 한다. 일반적으로 엄격한 소매업 규제는 소규모 소매업자에게 호의적인 경향이 있다. 예를 들면 유럽에서는 소비에 관한 규제의 영향이 특히 중대하고, 국가가 어떤 다른 지역보다도 개입주의적인 기능을 하는 것 같이 보인다. 마찬가지로 매일매일 구매하거나 주말에 구매하는 구매습관, 문화적 기호(嗜好)나 다이어트(신선식품에 대한 가공식품), 가사에 관한 남녀의 분업, 공공교통수단인가 자가용자동차인가의 이용 가능한 수송방법 등에 반영된 문화적 요인의 모든 요소가 소매부문의 공간적·조직적인 구조를 만들어낸다. 예를 들면 동아시아나 동남아시아에 슈퍼마켓이 도입되었는데도 불구하고 전통적인 전통시장의 인기가 변함이 없는 것은 소매부문에서 국가 간의 다름을 만들어내는 중요한 문화적 요소가 있다는 것을 나타낸 것이다.

경제지리학자는 오늘날 사회·문화지리학자나 사회학자로부터 소비에 관한 연구에 대한 자극을 받고 있다. 예를 들면 젠더, 계급, 인종에 바탕을 둔 사회적 불공정은 소비의 필연적 요소이고, 각종 사회적 배제를 조장할지도 모른다.

현대 소비자 문화는 상품을 숭배하고, 정체성을 다시 만들고 상위성(相違性)을 상품화하고, 그 결과 상징이 되는 명료한 지리적 상황을 만들어낸다. 세이어(A. Sayer)는 도덕경제(moral economy)[11]의 접근방법을 취했는데, 그것은 문화의 상품화를 분석하는 가운데 상징가치(symbolic value)나 이용자에 의한 의미 관련이라는 개념 등을 증거로 삼아 주관성의 문제나 규범적인 국면을 도마 위에 올려놓는다. 한편 글로벌 상품사슬 틀을 문화와 상품의 역할을 연구하기 위해 이용한 연구도 있다.

경제지리학자는 예를 들면 중고품 상점(secondhand shop)이나 지역통화의 유행을 연구하기 위해 문화지리학자와도 합류하고 있다. 또 최근의 지리학적 연구에서 성장하고 있는 한 분야로서 선택적 소비 공간의 출현에 관한 연구도 있다. 선택적인 교환 네트워크에 대한 연구가 강조되는 것은 사회적인 지지를 얻고 있는 지역에 기인한 소비·교환·재이용과 관련된 네트워크가 지역경제에서 어떤 중요한 구성요소로 작용하는가

---

11) 톰슨(E. P. Thompson)이 18세기 영국의 식량폭동의 원인과 과정을 해명하려고 발명한 개념이다.

를 알기 위한 것이다.

소비자는 이전에도 창조성의 중요한 원천으로 인식되어왔다. 오늘날 소비자는 수동적 또는 고작 시장의 자문적인 역할을 하는 것으로 여겨지긴 하지만 전통적으로 생각해왔던 것보다는 중요한 역할을 해오고 있다. 소비자는 단지 구매결정을 하는 최종 이용자라기보다는 오히려 소프트웨어 코드(code) 공동제작자로, 그리고 패션, 음악, 텔레비전 게임, 영화 등을 다양한 웹사이트[마이스페이스(MySpace)나 유튜브(You tube) 등]를 통해 유통시키는 것과 같이 다방면에 걸친 문화 콘텐츠의 공동제작자로 점차 간주되고 있다. 소비자와 제작자 사이의 경계는 인터넷의 개시와 더불어 새로운 존재에서 재정의되어왔고, 이것이 제작자와 소비자의 구분을 다시 애매하게 하고 있다. 소비자는 단지 특별히 만든 제품에서 이익을 받는 것만이 아니고 자기의 재능을 보여줌에 따라 점차 충족감이나 만족감을 끌어내고, 특정 커뮤니티 내에서의 사회적 지위(status)를 실현하게 되었다

그리고 소비자의 힘은 20세기에 들어 경제에서 소비자의 역할이 극적으로 변화하면서 달라졌다. 노동조합이 힘을 잃고, 개인이나 그룹이 기업행동에 영향을 미쳐 소비자의 복리를 옹호하는 하나의 주요한 수단으로서 구매력을 행사하게 되었다.

소비자운동은 개인이나 단체가 자본주의적 발전의 길에 영향을 미치는 주요한 방법이다. 제품이 그룹화되고, 노동기준이나 환경기준의 메커니즘은 전무해져 잘 드러나지 않는 지역으로 이전을 하고, 국내경제의 관습상 메커니즘이 이제는 글로벌 상품사슬을 통제할 수 없게 되었다. 그 때문에 개인이나 단체가 소비자 활동을 통해 장시간 노동, 저임금, 안전성이 확보되지 않은 노동환경, 노동자 보호·인권옹호의 불충분성이라는 노동 상태를 함께 개선하려고 시도하고 있다. 소비자 운동은 이를테면 현저한 영역으로서, 착취공장[특히 의료(衣料), 의류, 가죽산업]에 대한 움직임, 종종 커피와 같은 글로벌 시장에서 불안정한 가격변동의 직면, 이를테면 위험수준에서의 농약이나 화학비료에 노출되는 개발도상국에서 농업 노동자를 보호하기 위한 움직임이 있다. 그러나 기업이나 브랜드에 대해서 소비자의 캠페인(campaign)이나 보이콧(boycott)이 기업의 사회적 책임(corporate social responsibility)을 확보하는 수단이 된다고 생각하는 한편에는 이러한

운동이 임금 저하를 불러와 열악한 노동환경에 노출되는 것에도 연계되어 개발도상국의 농업종사자나 공장노동자에게 손해를 미친다는 생각도 존재한다.

소비자는 우리들이 여러 가지 종류의 자원을 사용할 때 좀 더 적극적인 역할을 담당한다. 이 생산과 소비 사이에서 거리의 증대는 농업, 농산가공업, 임업, 석유산업을 포함한 자원의존산업에도 나타난다. 환경보호기금(Environmental Defense Fund)은 미국을 거점으로 한 비영리 환경옹호단체의 하나이지만, 예를 들면 수은량이나 어획방법의 기준 등에 의해 해산물에 순위를 붙여 해산물 조절기(seafood selector)의 포켓판을 제시하는 것으로 소비자가 가정이나 외식업체에서 소비하는 식품에 관해서 좀 더 좋은 선택을 할 수 있게 되었다. 유기농업운동은 농업에서 화학비료의 사용에 대한 환경운동의 발단이 되었지만 1990년대나 2000년대 들어 유기농업은 먹을거리의 안전성을 제일로 걱정하는 소비자운동과 결합하게 되었다. 슬로푸드(slow food)[12]운동은 자기고장 농가를 지원해서 생활협동조합을 통한 자기고장 산물의 식품판매를 촉진하고, 또 유기농업 등 안전으로 환경보호 상에서 지속 가능한 실천에 대한 동기부여를 행하고 있다. 이러한 종류의 소비자운동은 공급사슬이 지구규모로 확대한 가운데에 식품생산의 투명성을 높이고, 그 위에 개발도상국에서 농업종사자에게 생활임금의 획득을 보증하려는 것이다. 또 오늘날 미국의 홀 푸드(Hall Foods)나 영국의 웨이트 로즈(Weight Rose)와 같은 새로운 틈새 소매업자에 의해 오늘날 유기식품이 식품유통의 주류의 일부가 되었으며, 여기에 덧붙여 유기식품이 이익을 발생시킬 가능성을 인식한 월마트나 테스코 등의 대형마트도 참여하고 있다.

그 밖의 새로운 동향으로 인터넷상에서의 활동이 대두되고 있다. 인터넷은 여러 소비자 단체가 캠페인이나 보이콧을 조직하고 일으키기 용이하다는 것에는 의심할 여지가 없다. 또 개인이 기업과의 불쾌한 경험을 발신하는 것도 허락되어왔다. 이러한 현상은 소비자가 구입한 노트북에서 소비자 서비스 부문의 대응 불만으로부터, 온라인 판

---

12) 1986년 이탈리아 북부의 부라(Bra) 마을에서 시작된 운동으로 전통적인 식자재와 그 생활양식의 보호·계승을 목적으로 한다.

매, 호텔, 레스토랑, 음악, 서적, 게임소프트 등의 엔터테인먼트 제품이나 여행지 등에 대한 고객의 다양한 웹 사이트 등급의 만연에 이르기까지 널리 알려져왔다.

2) 소비 공간의 양극화와 새로운 업태 등장

소비 공간의 양극화에 대해 도시부와 농촌부 영역(area)에서 새로운 유형의 슈퍼마 켓을 보면 다음과 같다. 먼저 두터운 도시부 시장 층화에는 백화점 지하 식료품 매장이 대표적이다. 여기에는 가격이 비싼 것과 관계없이 수요가 발생하는 부분이 존재한다. 또 고급이고 비싼 가격 상품 시장이라는 〈그림 7-13〉의 '시장 A'와 대조적으로 저렴한 가격의 상점이 대두하는 등에도 불구하고 소비자는 싼 것에 대한 요구도 대단히 강한 데, 이는 일상생활에 필요한 상품구입에 관해 보다 저렴한 가격의 상품을 원하기 때문 이다. 한편 공급 측에서도 싸게 팔게 되므로 구매자를 모으려고 도모하는 슈퍼마켓이 심한 가격경쟁을 조정하는 상황도 있다. 이러한 저렴한 가격지향의 요구에 대응해 기 존 슈퍼마켓이 형성하는 시장을 '시장 C'라고 부르기로 한다.

그리고 저렴한 가격을 전면에 내세우는 슈퍼마켓이 많은 가운데 도시부에서는 근년

〈그림 7-13〉 도시부 시장과 농촌부 시장의 이미지

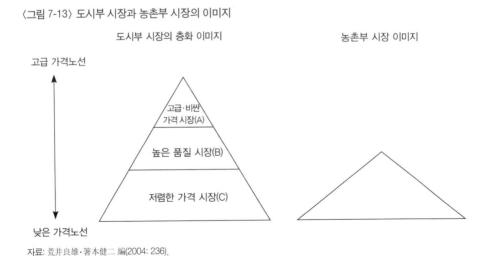

자료: 荒井良雄·箸本健二 編(2004: 236).

고품질화 노선에 의해 소비자의 지지를 얻고 있는 슈퍼마켓이 대두되었다. 이들 슈퍼마켓은 백화점 지하 식료품 매장에서 판매되는 것과 같은 고품질 상품을 비교적 적당한 가격으로 제공하고 '시장 A'와 '시장 C' 사이에 존재하는 중위의 '시장 B'로의 요구도 받아들인다고 말할 수 있다. 이상에서 도시부 시장은 세 가지의 층으로 나누어 파악할 수 있다.

도시부 시장에는 효율을 중시한 종래의 슈퍼마켓이 대응할 수 없는 풍부한 선택지나 조건을 찾는 소비자가 다수 존재한다. 그리고 대부분 기존의 양판점(GMS)인 종합소매점, 슈퍼마켓을 전개한 기업도 이 마켓을 겨냥한 고급소비자층(upscale) 유형의 슈퍼마켓 전개를 시작으로 금후에도 다수의 기업이 참여할 것으로 보인다.

그렇게 되면 현재의 시점에서 '시장 B'에 선행한 슈퍼마켓은 좋은 업적을 계속하고, 참여자가 증가하면 지금까지 정도의 성장은 볼 수 없을 것이다. 인구밀도가 높은 시장에 다양한 소비자가 존재하는 도시부에서는 여러 가지 유형의 점포가 하나의 영역을 공유하는 것이 가능하고, 그중에서 높은 품질 지향의 슈퍼마켓이 대두해왔다.

한편 농촌부의 경우 일상적인 소비성향은 상대적으로 검소하고, 도시부 슈퍼마켓보다도 얇은 형태가 된다. 그리고 그만큼 고급·고품질 요구가 적고, 슈퍼마켓의 대부분은 저렴한 가격지향의 요구에 응한다. 인구밀도가 낮은 농촌부에서는 소비자의 층이 도시부에 비해 얇고 거기에다 농촌부에서의 편의품 소비는 일반적으로 호화롭고 사치스러운 것을 피하는 경향이 강하고, 도시부 정도 다양한 소비자의 기호는 존재하기 어렵다고 생각한다. 그래서 농촌부에 대해서는 시장이 얇고 납작한 형을 나타낸다고 할 수 있다.

이러한 시장에서 도시부의 윤택한 슈퍼마켓과는 다르게 같은 업태의 점포 또는 취급상품의 대부분이 중복되는 복수의 점포가 하나의 영역 내에 고유하기는 어렵다. 또 농촌부에는 대형점이 하나 출점하는 것으로 그 영역에서 큰 영향력을 가지고 하나의 점포가 지역 내에서 높은 비율을 가지는 것이 가능하다.

3) 공동소비

공동소비(collective consumption)란 공공적·집합적으로 생산·운영·배분되는 서비스 소비를 가리키는데 이를 집합적 소비라고 부르기도 한다. 이 용어는 1970년대에서 1980년대에 걸쳐 구조주의적 마르크스주의의 영향을 받은 프랑스 도시사회학자에 의해 널리 사용되었다. 예를 들면 카스텔(M. Castells)은 집합적 소비란 시장이 아니고 국가기관에 의해 공급되는 재화와 서비스(공공 서비스)라고 규정지었다. 왜냐하면 집합적 소비재의 생산은 낮은 이윤율로 인해 영리기업의 참여는 적지만 노동력의 재생산과 사회관계의 재생산에 필수이기 때문에 중앙정부와 지방정부는 노동력과 사회관계의 재생산을 원활히 진전해 도시에서 사회적 긴장을 해결하기 위해서 집합적 소비재의 공급을 진전시키게 되었다. 집합적 소비재의 예로서 의료 및 스포츠, 교육, 문화, 공공교통, 주택, 복지 등 각종의 사회 서비스를 들 수 있다.

카스텔에 의한 정식화에 따르면 집합적 소비를 통해서 도시를 정의할 수 있다. 즉, 도시란 노동자가 거주하는 공간적 단위이고, 국가가 제공하는 집합적 소비의 단위이기도 하다. 집합적 소비의 개념은 도시 분석에 대한 많은 문제를 던져주었다. 자본주의의 심화와 더불어 집합적 소비수단의 공급에서 국가의 개입이나 계획의 중요성이 높아지는 한편 보다 많은 공동소비의 공급을 정부에 대해 구하는 사람들의 도시사회운동도 동시적으로 격화해간다. 그러나 그러한 도시사회운동은 반드시 계급에 바탕을 둔 것이 아니다. 카스텔 등 프랑스의 신도시사회학이 점점 새로운 점은 지금까지의 마르크스주의에서는 생산에 중점을 둔 데 비해 집합적 소비나 국가의 개입, 도시계획, 도시 지방농민(grass roots)운동 등에 눈을 돌리게 되었다.

한편 근대경제학에서 공공재의 이론에서는 공공재가 사적인 재화와 다른 특징적인 성질로서 비배제성이나 비경합성의 존재가 지적되었다. 비배제성이란 대가를 지불하지 않는 사람을 편익향수에서 배제할 수 없다는 성질을 의미한다. 비경합성이란 이용자가 증가해도 추가적인 비용이 따르지 않는 성질을 말한다. 비배제성과 비경합성의 양쪽 성질을 가진 재화는 순수공공재라고 부르는 한편, 그들의 성질을 가지지 않는 재화는 준공공재라고 부른다. 예를 들면 공원이용자를 제한하는 것은 비교적 용이하지만(배제성), 이용자가 조금 증가해도 공원의 편익을 해치는 것은 아니다(비경합성). 한편 일반적으로 도로의 경우 도로는 이곳저곳으로 통하기 때문에 이용자를 제한하는 것이 어렵고(비배제성), 도로를 이용하는 자동차의 대수가 증가하면 교통정체로 인해 편리성을 해친다(경합성). 공공재의 소비에서는 비용의 부담 없이 편익만을 향수하려는 무임승차자(free rider)가 출현하곤 한다는 것이 정부가 공급주체가 되는 근거가 된다.

제8장

상적 유통의 지역체계

유통이란 재화가 생산된 직후부터 재화를 소비 또는 사용하기 직전까지 행하는 모든 경제행위를 가리키는 것이라고 해석한다. 거기에는 경제행위 자체만이 아니고 경제행위의 주체, 기능도 모두 포함된다. 지리학에서 상적 유통이란 상거래에서 화폐의 교환, 이를테면 가치의 공간적 이동을 해명하는 것이다. 또 상적 유통활동은 수급조절, 가격형성, 판매활동과 수주활동 등을 한다. 그리고 유통체계란 생산·소비의 중간영역에서 행해지는 경제행위를 모두 포함하고, 통합하는 토털 체계(total system)라고 해석하며, 상적 유통체계나 물적 유통체계를 하위체계로 한다.

1. 상적 유통체계

생산된 재화는 시간적·공간적인 이동에 의해 분산된 소비단계에 도달하는 것이지만 재화 그 자체는 의지를 갖고 있지 않기 때문에 자연발생적으로 재화의 물적 이동이 이루어진다고는 말할 수 없다. 자본주의 경제의 바탕에서 재화의 물적 이동은 대개 판매 또는 구매라는 동기에 의해 이루어진다. 이 동기를 형성하는 판매 또는 구매라는 경제행위가 상적 유통이다. 유통을 기능별로 상적 유통과 물적 유통으로 구분하는 것이 일반적이지만, 이 양자는 상적 유통이 전제가 되어 존재할 때 물적 유통이 결과로서 존재하는 관계이다. 상적 유통체계는 생산, 유통, 소비를 연결하는 토털 체계로 하지 않으면 안 된다.

농협 연쇄점(하나로마트)의 상적 유통체계를 생활물자 물류센터와 농산물 물류센터에서 각각 취급하는 생활물자와 농산물, 농협 연쇄점에서 자체적으로 구입해 판매하는 일일배송 식품 등으로 나누어 살펴보면 다음과 같다. 먼저 생활물자와 농산물은 각 농협 연쇄점에서 EDI 체계나 전화, 팩스(모사전송)로 각각의 물류센터에 주문을 함으로써 상적 유통의 합리화가 촉진되었고, 그 결과 생활물자와 농·수·축산물은 각 농협 연쇄점으로 공급된다. 농협 연쇄점에서 생활물자 물류센터로의 주문은 거의 대부분이 EDI에 의해 2일 전에 주문을 하나, 농산물의 경우 서울시의 양재 농산물 물류센터로는 주문량의 20%가 EDI에 의하며, 80%는 팩스로 주문하고 특별한 경우에만 전화 주문을 했다. 또 창동 농산물 물류센터로는 팩스로 모든 주문을 받았고, 청주와 전주 농산물 물류센터로는 각 회원조합 연쇄점이 전화와 팩스에 의해 각각 하루 전에 주문을 했다.

다음으로 일일배송 식품 등의 경우는 각 농협 연쇄점이 상품을 공급하는 사업체와 대리점에 각각 전화로 주문을 하거나 대리점의 공급 상인이 직접 방문해 주문과 동시에 상품의 공급이 이루어졌다.

끝으로 상품거래에 따른 대금결재는 생활물자의 경우 각 농협 연쇄점은 품목별로 다소 차이가 있으나 상품을 공급받은 후 30일이 경과하고 난 후 월 1회 온라인으로 자동이체를 한다. 농·수·축산물의 경우 양재 농산물 물류센터와 거래하는 농협 연쇄점은 15일 동안의 구입액을 3일 후 온라인으로 입금시키고, 창동 농산물 물류센터와 거래하는 농협 연쇄점은 2일마다 온라인으로 구입액을 입금시킨다. 그러나 청주와 전주 농산물 물류센터에서 농·수·축산물을 구입한 농협 연쇄점은 한 달에 한 번씩 온라인을 통해 환(換)처리한다.[1] 그리고 일일배송 식품의 경우는 한 달에 한 번 온라인으로 대금을 결제한다(〈그림 8-1〉).

---

1) 농협회원조합 은행계좌에서 농협물류센터와 거래를 하는 은행계좌로 대금을 입금시키는 것을 말한다.

〈그림 8-1〉 농협 연쇄점의 유통체계

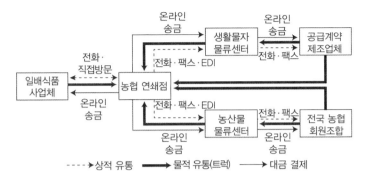

자료: 韓柱成(2001: 262).

2. 완성차 판매망의 공간조직

오늘날의 도시성장 및 그 계층성을 규정짓는 주요한 요소로서 전국 규모를 가진 기업의 지점이 집적되는 상황을 들 수 있다. 이 점은 중추관리기능을 통해 일찍부터 인식되므로 전국적인 기업의 지점은 본점과 더불어 경제적 중추관리기능으로 위치 지을 수 있다.

전국적인 기업의 지점은 기업이 전국시장에 판매활동을 효율적으로 전개하기 위해 배치되거나 조직되어 존재한다. 전국적인 기업은 자사제품을 효율적으로 유통하기 위해 판매사업소가 입지한 도시에 물류시설도 설치한다. 이러한 점에서 '지점경제의 도시'라는 지점의 집적상황과 더불어 물류시설 입지 측면에서의 분석도 필요하게 된다.

1) 완성차의 유통경로

완성차 메이커 3사의 승용차 판매조직은 〈그림 8-2〉에 나타낸 바와 같이 본사 아래에 지점·영업소·출장소 및 연락소의 3~4계층의 기관으로 구성되었다.[2] 그러나 메이커에 의한 판매방식은 다르다. 즉, 기아자동차는 자사(自社)의 판매사업소를 통해서 판매

〈그림 8-2〉 완성차의 유통경로

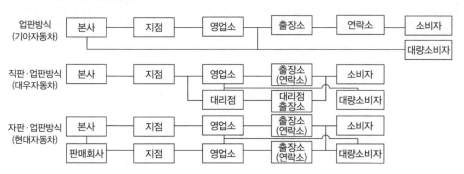

자료: 韓柱成(1989: 114).

하는 판매제를 취하는 데 비해, 대우자동차는 대구시·전라북도·경상북도에서는 대리점을 통한 판매[3]를, 기타의 지역에서는 업판제(業販制)를 취했다. 또 현대자동차는 서울시·부산시·대구시·경상북도·경상남도·경기도의 중북부지역에서는 업판의 방식을, 기타의 지역에서는 판매회사의 자판제(自販制)를 취했다.[4]

여기에서 유통기관별 기능을 보면, 본사는 중·장기계획 이외에 매년 생산·판매계획을 전사(全社) 단위로 입안하고 연간 판매목표액을 설정해 이를 위한 판매 전략을 도모한다. 또 연간 판매목표액은 각 지점 단위로 분할해 각 지점에는 판매목표에 대한 판매 전략이 본사에서 지시된다.

지점은 지역의 판매활동을 총괄하는 기관으로 영업소에서 시장정보에 관한 자료를 수집함과 동시에 연간판매량에 대한 판매기획과 지역별 판매량을 정한다. 또 대소비지에 설치된 모터 풀(motor pool)을 관리했다.

---

2) 기아자동차의 판매경로는 본사 - 지역본부 - 지점 - 영업소 - 출장소이고, 대우자동차는 본사 - 지역본부 - 영업소 - 출장소 - 연락소이다. 현대자동차는 본사 - 지역본부 - 영업소 - 출장소 - 연락소(또는 본사 - 판매회사 - 판매사업소 - 영업소 - 출장소)로 구성되어 있지만, 여기에서는 이들 판매경로의 성격에서 보아 각각 본사 - 지점 - 영업소 - 출장소 - 연락소로 부르기로 한다.
3) 대우자동차는 GM사와 50:50의 자본합작으로 되어 있었다. 이 점이 부분적으로 직판하게 된 하나의 이유라고 생각한다.
4) 현대자동차의 판매회사인 현대자동차 서비스(주)는 처음에는 자동차 정비사업체였지만 자동차 수요량이 적은 경기도 남서부, 강원도, 충청도, 전라도, 제주도를 판매지역으로 해서 판매·정비회사가 되었다.

〈표 8-1〉 완성차 메이커별 승용차 판매사업소 수(1988년)

메이커	지점	영업소	출장소(연락소)
기아자동차	3	39	110
대우자동차	5	68	37
현대자동차	13	90	41

자료: 韓柱成(1989: 115).

영업소는 문자 그대로 영업을 주된 업무로 하고 그 이외에 영업소 자체에서 또는 출장소를 통해 수집된 시장정보를 지점에 전달하는 동시에 시장동향 등을 파악하고 마케팅에 관한 제안서를 지점에 제출한다.

출장소는 영업소의 하부기관이다. 그리고 영업소, 출장소, 연락소의 구별은 주로 월간 판매대수에 바탕을 둔 것이었다. 예를 들면, 기아자동차의 경우 월 판매대수가 200대 이상이면 영업소, 30~50대 이상의 경우는 출장소, 25대 이상의 경우는 연락소이지만, 대우자동차와 현대자동차의 경우는 월 100대 이상을 판매하면 영업소가 된다.

메이커별 승용차 판매사업소 수는 〈표 8-1〉과 같다. 지점, 영업소, 출장소로 분류된 각 메이커의 사업소 수는 3~13개, 39~90개, 37~110개로 되었다. 각 지점 당 영업소·출장소의 평균은 기아자동차가 50개, 대우자동차가 21개, 현대자동차가 열 개로 되어 있었다.

2) 판매사업소의 공간적 배치

(1) 지점·영업소의 배치 패턴

경제적 중추관리 기능의 한 부문으로 한국 완성차 메이커 3사의 판매망에 의한 공간조직을 보면 다음과 같다. 즉, 전국을 통괄하는 메이커의 본사를 보면 기아와 현대자동차는 각각 서울시에, 대우자동차는 인천시에 입지한다. 그리고 지점은 기아자동차의 경우 대전·대구·부산시에 배치되어 세 개 지점뿐이었다. 기아자동차의 경우 경기도·강원도·광주시·전라남도·제주도는 본사가 직접 관리하고, 충청도·전라북도는 대전지

<그림 8-3> 기아자동차 판매사업소의 배치와 지점의 관할지역

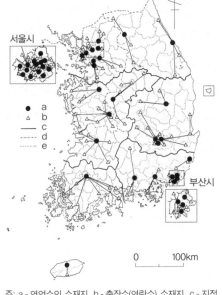

<그림 8-4> 대우자동차 판매사업소의 배치와 지점의 관할지역

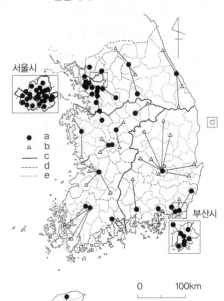

주: a - 영업소의 소재지, b - 출장소(연락소) 소재지, c - 지점의 관할지역 경계, d - 시·도 경계, e - 시·군·구 경계.
자료: 韓柱成(1989: 118).

주: a - 영업소의 소재지, b - 출장소(연락소) 소재지, c - 지점의 관할지역 경계, d - 시·도 경계, e - 시·군·구 경계.
자료: 韓柱成(1989: 119).

점이, 대구시·경상북도는 대구지점, 부산시·경상남도는 부산지점이 관리했다. 대우자동차의 경우 전국을 서울시, 경기·강원도, 광주시와 충청·전라도, 대구·부산시와 경상·제주도의 네 블록으로 나누고, 그중 서울시에 대해서는 한강을 경계로 강북과 강남으로 분할해 지역별로 지점을 배치했다. 경기·강원도, 광주시와 충청·전라도, 대구·부산시와 경상·제주도에 대해서는 지점을 안양, 대전, 부산에 배치했다. 현대자동차의 경우 서울시·경기도, 강원도, 충청북도, 충청남도, 전라북도, 광주시·전라남도, 대구시·경상북도, 부산시·경상남도, 제주도 아홉 개 지방으로 분할하고, 지점은 서울시에 네 곳과 각 지방의 중심도시인, 수원·춘천·청주·대전·전주·광주·대구·부산·제주시에 각각 배치했다(〈그림 8-3〉, 〈그림 8-4〉, 〈그림 4-14〉). 현대자동차의 지점 배치가 기아·대우자동차와 다른 것은 승용차의 판매점유율이 높고 판매회사가 설립되어 있기 때문이었다. 이와 같이 메이커에 따라 지점의 배치 수가 다르지만 관할지역은 기본적으로 도를 단위로 한 전국의 지역 구분에 바탕을 두고 설정되었다. 또 수요량이 큰 서울시·경기도의 경우는 그 내부가 두세 개 지역으로 구분되었다.

다음으로 영업소의 배치 패턴을 보면, 기아자동차의 경우에는 전국을 39개 지역으로 구분하고 각 지역의 중심도시에 영업소를 배치했다(〈그림 8-3〉). 본사가 직접 관리하고 있는 서울시·경기도·강원도·광주시·전라남도·제주도를 보면, 전체를 24개 지역으로 분할했다. 그런데 경기도에는 인천·수원·안양·성남·부천·의정부시의 여섯 개 도시에, 강원도에는 춘천·강릉시의 두 개 도시에 각각 배치되었다. 나아가 광주시·전라남도는 광주에, 제주도에는 제주시에 각각 영업소가 배치되었다. 충청도·전라북도의 경우는 한 개 지점, 네 개 영업소로 구성되었고, 영업소는 청주·대전·천안·전주시에 배치되었다. 대구시·경상북도에도 한 개 지점과 네 개 영업소의 배치로 대구시에 세 개 영업소, 안동시에 한 개 영업소가 배치되었다. 부산시·경상남도에는 한 개 지점, 일곱 개 영업소로 구성되었고, 부산시에 네 개 영업소, 마산·진주·울산시에 각각 한 개의 영업소가 배치되었다.

한편 대우자동차의 경우는 대리점제를 취했는데 경상북도를 제외하면 영업소는 기아자동차에 비해 고밀도로 배치되었다(〈그림 8-4〉). 그것을 열거하면 ㉠ 대리점제를 취했던 대구시·경상북도를 제외하면 영업소가 배치된 장소의 수가 많았다. 즉, 서울시의 한강 강북에 14개소, 강남에 12개소, 인천시·경기도·강원도에는 인천시에 세 개소를 포함해 19개소, 충청도·전라도에는 광주시에 2개소, 내전시에 두 개소를 포함해 열 개소의 영업소가, 부산시·대구시·경상도·제주도에는 부산시에 일곱 개소를 포함해 13개소의 영업소가 배치되었다. ㉡ 대리점제를 취했던 대구시를 제외하면 수요량이 많은 대도시에는 두 개 이상의 영업소가 배치되었고, 각 도의 최대 수요지에서 멀리 떨어진 중심지에도 영업소가 배치되었다. 예를 들면 경기도의 평택시, 강원도의 원주시, 충청북도의 충주시, 충청남도의 홍성군, 전라남도의 순천시 등이었다.

현대자동차의 영업소 배치는 기아자동차와 다른 점이 많다(〈그림 8-5〉). 그것을 열거하면 ㉠ 서울시에 29개 영업소가, 경기도에 16개의 영업소가 배치되어 고밀도로 입지

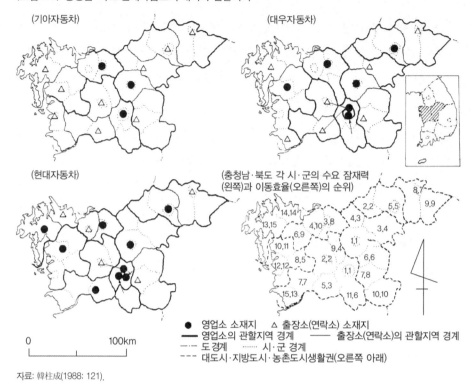

〈그림 8-5〉 충청남·북도 판매사업소의 배치와 관할지역

(기아자동차)

(대우자동차)

(현대자동차)

(충청남·북도 각 시·군의 수요 잠재력
(왼쪽)과 이동효율(오른쪽)의 순위)

● 영업소 소재지   △ 출장소(연락소) 소재지
── 영업소의 관할지역 경계   ── 출장소(연락소)의 관할지역 경계
─·─ 도 경계   ········· 시·군 경계
──── 대도시·지방도시·농촌도시생활권(오른쪽 아래)

0   100km

자료: 韓柱成(1988: 121).

했다. ㉡ 서울시·인천시·경기도 이외의 지역에는 한 개 지점당 1~12개의 영업소를 관
할했고, 영업소의 수가 다른 두 개사보다 많았다. 그리고 수요량이 많은 대도시에 집중
배치되었다. 또 각 도의 주요 수요지에서 멀리 떨어진 중심지에도 영업소가 많이 배치
되었다.

이상의 영업소 배치에서 영업소는 지점의 관할지역에서 수요량이 많고 또 영업활동
에서 이동효율이 높은 도시에 배치되었다고 가정할 수 있다. 이러한 관점에서 영업소
의 입지를 수요량 및 위치의 측면에서 파악하기 위해 잠재력 모델(potential model)[5]을

─────────────

5) 영업소가 배치되었던 32개 지역 중 11개 군은 분석에서 제외했다. 잠재력 모델은 다음에 의해 나타냈다.

$$D_i = \sum_{i=1}^{50} H_i / D_{ij}^{0.5}$$

사용해 분석했다. 그 결과 영업소가 입지한 41개 도시 중 강릉·동해·군산·순천·목포·여수·안동·영주·포항·경주·진주·충무·울산시를 제외하면 모두 각 시·도에서 수요 잠재력이 큰 도시인 것을 알 수 있다. 또 강릉·동해시는 춘천시에서, 군산시는 전주시에서, 순천·목포·여수시는 광주시에서, 안동·영주·경주·포항시는 대구시에서, 울산·진주·충무시는 부산시에서 비교적 원거리에 위치한 중심성이 높은 도시이다.[6]

다음으로 영업활동의 공간적 효율성에 대해서는 충청남·북도의 두 개 지역을 사례로 삼아 분석했다. 영업활동의 공간적 효율성은 영업사원 등의 이동에 의해 발생하는 비용(교통비·이동시간)을 기준으로 측정할 수 있다. 즉, 해당 비용이 적은 지점일수록 공간적 효율성이 높게 평가될 수 있다. 〈그림 8-5〉의 오른쪽 아래 지도는 충청남·북도에서 각 도시의 수요 잠재력(왼쪽) 및 이동효율성(오른쪽)을 측정해 그 순위를 나타낸 것이다. 〈그림 8-5〉에 의하면 청주시와 대전시가 각 도내에서 영업활동의 효율성이 가장 높다는 것을 알 수 있다. 그러나 영업활동의 효율성의 최대 도시에서 떨어진 지역에 있는 충주시, 천안시, 서산·홍성군에 영업소가 배치되었다는 것은 이들 지점의 이동효율성이 그 주변 지역에서 높기 때문이다.

(2) 출장소의 배치 패턴

다음으로 각 완성차 메이커의 출장소 배치 패턴을 보면, 각 영업소의 관할지역을 기아자동차의 경우는 1~7개 지역, 대우자동차의 경우 1~9개의 지역, 현대자동차의 경우는 1~3개의 지역으로 세분하고, 각 지역의 중심지에 출장소를 배치했다. 이러한 출장소의 입지는 영업소의 관할지역 내에서 수요 잠재력이 가장 큰 도시 및 영업소의 관할지역 중에서 수요 잠재력은 크지 않지만 영업소가 입지한 도시에서 비교적 원거리에

여기에서 D_i: i시의 수요 잠재력, H_j: 1985년 j시의 가구 수, D_{ij}: i시와 j시간의 직선거리

분석의 대상지는 1985년 현재 50개 시이고, 수요량이 가장 큰 시는 서울시이며 이어서 서울시 주변의 광명시, 부천시 등의 시에서 그 값이 컸다.

6) 이들 도시 중 새롭게 도시가 된 동해·영주시와 제6계층에 속하는 강릉·충무시를 제외하면 모든 도시가 한국의 중심지 계층의 6구분 중 제5계층에 속하며, 이들 도시가 입지한 지역 내에서는 가장 높은 계층에 입지했다.

있고 중심성이 높은 도시에 한했다.

3) 관할지역의 경계설정

관할지역의 경계선은 판매사업소의 배치를 통해서 기업이 전국적으로 공간을 어떻게 인식하고 있는지를 파악하는 데 유효한 지표이다. 그래서 관할지역의 경계에 대한 검토를 했다. 먼저 지점의 관할지역을 보면, 전체적으로 시·도 또는 몇 개의 도를 통괄한 지역으로 되어 있다. 확실하게 대우·현대자동차의 경우와 같이 서울시·경기도를 세분한 사례도 나타나지만 이런 예를 제외하면 시·도가 분할된 예는 볼 수 없다(〈그림 8-3〉, 〈그림 8-4〉, 〈그림 4-14〉). 이와 같이 세 메이커 모두 그 관할지역의 설정에서는 행정지역의 존재가 큰 의미를 갖는다는 것이 추찰되었다. 이러한 현상은 자동차의 등록이 시·도 단위로 행해지고 있고, 자동차의 월부판매의 경우 판매사업소가 입지하는 시·도에 등록한 자동차를 담보로 하는 수속문제, 타도에서 자동차를 구입했을 경우 애프터서비스를 받을 수 없다는 점 등을 들 수 있다.

다음으로 영업소의 관할지역을 보면(〈그림 8-3〉, 〈그림 8-4〉, 〈그림 4-14〉), 수요량이 많은 서울·부산·대구·인천·광주·대전·수원·울산시는 지역 내를 1~29개의 지역으로 구분하고 그 외에는 하나의 도를 1~13개의 지역으로 구분해 설정했다. 그리고 대도시에서의 영업활동은 각 영업소의 관할지역에 제약을 받지 않고 이루어졌다.[7]

여기에서 충청남·북도 각 영업소의 관할지역을 살펴보자. 〈그림 8-5〉에 나타난 바와 같이 영업소 관할지역의 경계는 도·시·군 경계에 따라 설정되었다. 영업소의 관할지역 경계설정에서 다음과 같은 점을 지적할 수 있다. ㉠ 영업소 관할지역 내에서 최대도시에 수요량이 과도하게 집적된 경우에는 지역을 분할한 형태로 복수의 출장소 관할지역을 설정한다. ㉡ 제2위 이하의 중심도시가 최대 도시에서 원거리에 있는 경우는

---

7) 서울시와 대전시의 자동차 메이커의 마케팅 담당자, 판매사업소 담당자와 인터뷰한 결과, 서울시에서의 자기 관할지역 내 판매량은 약 20%, 지방에서는 약 80%였다.

최대 도시와 각 중심도시를 중심으로 한 영업소에 각각의 관할지역이 설정되었다. 이때 충청북도는 완성차 메이커에 의한 관할지역을 두 개로 구분할 경우 청주시와 충주시이고, 충청남도는 완성차 메이커에 의해 두 개로 구분할 경우는 차령산맥을 중심으로 한 북서부와 남동부로, 세 개로 구분할 경우는 제1, 2위도시인 대전시와 천안시, 서부에서 행정적으로 중요한 홍성군을 중심으로 했다. 또 다섯 개로 구분할 경우에는 세개로 구분한 것에 덧붙여 서산·논산군을 중심으로 한 지역 구분을 할 수 있었다. 그리고 세 개·다섯 개의 경우에는 충청남도 최대 수요도시인 대전시의 영업소 수가 각각 두 개 내지 세 개로 많아졌다. 그것은 영업소 활동을 더 효율적으로 하기 위해서였다.

4) 관할지역의 시장 규모

〈표 8-2〉에서 1988년 6월 현재 충청남·북도에서 관할지역의 시장 규모를 완성차 3사의 각 영업소 관할지역의 인구수 및 가구 수를 나타낸 것이다. 완성차 3사의 영업소 관할지역에 대한 평균 가구 수는 11~33만 가구, 인구수는 49~150만 명이었다. 영업소를 배치하기 위해 최소 필요 시장 규모를 〈표 8-2〉의 최솟값으로 생각하면 가구 수는 6만 4000~25만 가구, 인구수는 29~187만 명이었다. 또 완성차 3사의 각 수치를 비교해 보면 현대자동차의 평균값과 최솟값이 기아자동차와 대우자동차의 그것보다 작은데, 이것은 현대자동차의 승용차 판매점유율이 다른 두 개사에 비해 많은 것에 기인했다. 또 기아자동차의 표준편차가 다른 두 개사에 비해 큰 것은 기아자동차의 경우 영업소의 배치기준인 월 판매대수가 다른 두 개사보다 많고, 승용차시장에 늦게 진출했기 때문이다. 즉, 영업소 판매규모와 승용차 시장 진출의 시기, 안정도의 크고 작음이 시장 규모 크기의 분산도를 크게 했다.

다음으로 영업소의 관할지역 수요밀도와 면적과의 관계를 보면, 양자 간에는 높은 음의 상관관계가 나타났다(〈표 8-3〉). 이것은 수요밀도가 높을수록 영업소의 관할지역은 작아진다는 것을 나타낸 것이다. 따라서 시장 규모가 큰 지역에서는 수요밀도를 고려해 관할지역이 세분되어 가전제품 판매에서 관할지역의 형성과 유사한 성질을 갖고

<표 8-2> 충청남·북도에서 자동차 메이커의 영업소 관할지역의 시장 규모

메이커	영업소 수	평균값	최솟값	최댓값	표준편차
기아자동차	3	325,200	242,170	412,029	69,397
		1,464,061	1,864,443	1,136,736	301,543
대우자동차	6	162,600	112,987	208,693	38,853
		732,031	496,997	959,899	172,274
현대자동차	9	108,400	64,039	207,781	38,960
		488,020	287,308	894,007	162,086

주: 상단은 가구 수, 하단은 인구수.
자료: 韓柱成(1989: 122).

<표 8-3> 영업소 관할지역의 수요밀도와 면적과의 상관관계

메이커	상관계수	
	가구밀도(log)와 면적(log)	인구밀도(log)와 면적(log)
기아자동차	-0.698	-0.764
대우자동차	-0.878	-0.882
현대자동차	-0.895	-0.906

자료: 韓柱成(1988: 122).

있었다.

다음으로 영업활동이 효율성을 파악하기 위해 제2차 국토종합개발계획에서 대도시권 및 지방도시·농촌도시 생활권과 영업소의 관할지역과를 비교했다(<그림 8-5>의 오른쪽 아래). 그 결과 상기의 두 개 각 지역의 경계는 각각 어느 정도 정합해 있는 것을 알수 있었다. 따라서 영업소 관할지역의 경계는 영업사원이 판매촉진을 효율적으로 행하기 위해 설정되었다고 이해할 수 있다.

3. 전자상거래

1) 전자상거래의 개념 정의와 유형

전자상거래(electronic commerce)는 인터넷 교역 또는 사이버 무역이라고도 하는데, 개방공간에서 금융, 컴퓨터 소프트웨어, 영상자료 등 서비스 상품과 통과절차를 거쳐야 하는 실물 제품을 거래하는 새로운 거래형태를 말한다. 전자상거래는 EDI, 인터넷, 전자우편, www 매체의 기술적 요소의 수렴 결과 실질적으로 발달했다. 전자상거래는 개방적·폐쇄적 네트워크(open and closed network)와 관련된 전자적 수단을 이용해 이루어지는 상거래라는 포괄적인 개념이다. 그리고 컴퓨터와 인터넷 프로토콜 통신망과 그 외의 컴퓨터를 매개로 하는 모든 비인터넷 통신망을 포함하는 네트워크라는 전자적인 매체를 통해 상품 및 서비스의 정부, 기업 및 개인 등 각 경제주체 간에 상품 및 서비스의 소유권 또는 사용권의 이전을 수반하는 경제주체 간의 내부거래를 제외한 거래가 이루어지는 방식을 말한다. 즉, 거래의 여러 과정 중에서 입찰·계약·주문 중 최소한 하나의 절차가 컴퓨터 네트워크상에서 이루어진 경우를 말한다. 인터넷상에 비디오와 그래픽으로 구성된 가상시장에서 국가 내에서뿐만 아니라 세계 각 국가 간에 생산자와 소비자가 직접 만나 중간상인 없이 교역을 할 수 있으며, 신용카드나 전자화폐로 대금 결제가 가능하다.

전자상거래의 개념 정의는 〈표 8-4〉에서 보는 바와 같이 온라인 쇼핑몰처럼 인터넷을 이용해 재화를 소비자에게 판매하는 좁은 의미의 개념에서부터 정보기술과 네트워크를 매개로 해 기업과 소비자, 기업과 기업 간, 정부와 다른 조직 간을 연결해 정보와 재화, 서비스를 교환하고 결제할 수 있는 비즈니스 모델이란 넓은 의미의 개념까지 다양하게 정의되고 있다.

전자상거래의 개념은 전자상거래의 영역이 확대되면서 점차 발전되어가고 있다. 최초의 전자상거래는 1970년대 보안시설 네트워크를 이용한 은행 간의 전자자금이체(Electronic Funds Transfer: EFT)를 들 수 있는데, 그 후 1970년대 말에는 EDI와 전자우편

〈표 8-4〉 전자상거래의 개념 정의

구분	개념 정의
미 연방 전자 조달 팀	전자문서교환(EDI), 전자우편, 전자게시판, 전자자금이체(EFT) 등을 이용해 비즈니스 정보를 종이 문서 없이 전자로 교환하는 것
칼라코타(R. Kalakota), 윈스턴(A. Whinston)	전자상거래란 컴퓨터 네트워크를 통해 정보, 제품, 서비스를 구매하고 판매하는 것
블로크(M. Bloch), 피그누어(Y. Pigneur)	전자상거래란 전자 인프라를 통한 어떤 형태의 사업거래를 지원하기 위해 인터넷을 사용하는 것
OECD	문자, 소리, 시각 이미지를 포함해 디지털화한 정보의 전송·처리에 기초해 이루어지는 모든 형태의 상업적 거래로 정의함
일본 통상성	전자상거래란 각 경제단체(행정, 개인도 포함) 간의 모든 경제활동(설계·개발, 광고, 상거래, 결제 등)을 여러 컴퓨터 네트워크를 이용해 실행하는 시스템으로서 EDI와 CALS도 포함하는 광범위한 정보 시스템 또는 그것을 통해 실현되는 사회를 의미함
한국전자상거래 기본법	재화나 용역의 거래에서 그 전부 또는 일부가 EDI 등 전자방식에 의해 처리되는 거래를 의미함
김은	전자상거래는 '상품 및 서비스를 수요, 공급하는 경제 주체 간에 컴퓨터 네트워크를 이용해 교환하는 방식'이라고 정의함
정완용	전자상거래는 전자방식을 이용해 가상공간(cyber space)에서 이루어지는 거래행위, 즉 EDI, 이미지 처리, 바코드 사용, 전자우편, PC통신, 전자자금이체, 전자화폐, 통신망을 이용한 가상기업 등을 통한 일반적인 거래활동을 의미함

자료: 이동필 외(2000: 11).

과 같은 전달기술(messaging)로 보급되었다. 1982년에는 미국 국무성에서 '컴퓨터에 의한 병참업무 지원(Computer-Aided Logistics Support: CALS)' 방식이 개발되고, 이는 1994년 상무성으로 이관되어 광속(光速)의 상거래(Commerce At Light Speed: CALS)로 발달했다. 1989년에 www의 출현으로 전자상거래의 제약요인이었던 효용성과 편리성을 제고해 전자상거래의 일대 전기를 마련했다.

전자상거래는 전자통신매체를 마케팅의 수단으로 활용한다는 점에서 통신판매와 밀접한 관계를 가지고 있다. 다만 통신판매는 전자매체뿐만 아니라 카탈로그, 광고 잡지, 전화 등을 사용하는 데 비해, 전자상거래는 주로 인터넷이나 PC통신 등 전자매체를 중심으로 거래를 하는 것이 차이점이다. 또 통신판매는 정보통신매체를 주로 광고, 주문접수 수단으로 이용하는 데 비해, 전자상거래는 광고, 주문접수뿐만 아니라 대금결제까지도 전자매체를 이용한다는 점에서 차이가 있다. 〈그림 8-6〉은 폐쇄적인 정보

<그림 8-6> 전자상거래와 통신판매와의 관계

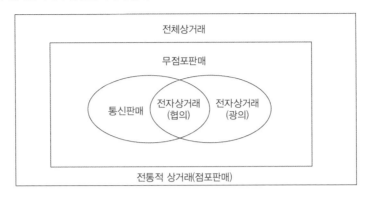

자료: 이동필 외(2000: 13).

매체인 EDI와 광속의 상거래를 포함한 넓은 의미의 전자상거래와 인터넷이나 PC판매를 포함하는 통신판매가 서로 중복되는 좁은 의미의 전자상거래를 나타낸 것이다.

전자상거래는 인터넷과 IT를 이용해 구매 - 제조 - 유통 - 판매 - 서비스로 이어지는 비즈니스의 모든 과정을 재조정해 경영활동의 효율성과 생산성을 높이며 새로운 사업 기회를 창출하는 계획적으로 조직된 혁신활동이다. 이러한 전자상거래의 의미는 첫째, 인터넷과 IT기술을 기업과 산업에 응용하는 것이다. 둘째, 기업 또는 산업의 모든 과정을 재조정하는 것이다. 그러므로 이-비즈니스(e-business)의 새로운 유통 채널로 해석하거나 기업경영의 일부를 전자화하는 형태로 해석해서는 안 된다. 모든 과정을 재조정하기 위해서는 우선, 기업 내부 또는 외부기업과 연결되는 가치사슬의 재조정도 이루어져야 한다. 셋째, 이-비즈니스는 혁신활동이다. 따라서 단순한 원료의 조달과 생산과정을 변화시키는 것이 아니라 기업조직, 기업문화, 기업관행에 대한 근본적인 재해석과 변화를 함께 요구한다.

전자상거래를 다차원 공간성에서 살펴보면 〈그림 8-7〉과 같다. 물리적 공간에서 글로벌 상품과 여객유동이 이루어지고 매일매일 대면접촉이 이루어지는 사이에는 로지스틱스와 유통의 경제활동이 이루어진다. 한편 가상공간에서는 글로벌 정보유동과 사이버 도시 사이에서 전자정부의 역할이 이루어진다. 이러한 물리적 공간과 가상공간

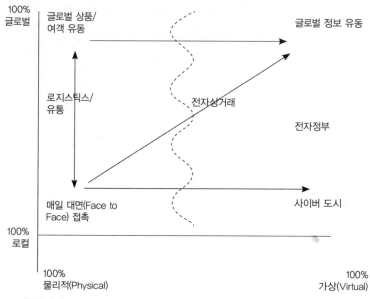

〈그림 8-7〉 상호작용 유형에 의한 다차원 공간성

100%
글로벌

글로벌 상품/
여객 유동

글로벌 정보 유동

로지스틱스/
유통

전자상거래

전자정부

매일 대면(Face to
Face) 접촉

사이버 도시

100%
로컬

100%
물리적(Physical)

100%
가상(Virtual)

자료: Aoyama(2003: 476).

사이에 대면접촉과 글로벌 정보유동 사이에서 작동하는 것이 전자상거래이다.

전자상거래의 유형은 관점이나 분류기준에 따라 여러 가지로 나눌 수 있다. 즉, 전문점, 제조업체, 유통업체 등의 운영주체에 따라 온라인, 온라인과 오프라인을 겸한 경우, 온라인 업체의 단순한 연계, 사이버 공간상의 종합 몰 형태 등 사업방법에 따라 유형화할 수 있다.

일반적인 전자상거래의 주체는 소비자, 기업, 정부인데, 그 형태는 〈그림 8-8〉과 같다. 즉, 거래주체에 따라 기업 간의 구매조달, 포털과 같은 기업 간 거래(B2B), 쇼핑몰과 같은 기업과 소비자 간의 거래(B2C), 정부 조달사업과 같은 기업과 정부 간의 거래(B2G), 정부와 소비자 간의 거래(G2C)의 네 가지 형태로 분류되며, 이밖에 경매와 같은 소비자와 소비자 간의 거래(C2C) 및 역경매와 같은 기업과 소비자 간의 거래(B2C) 형태도 있을 수 있다. 세부분류를 보면 기업 간 전자상거래(B2B)의 주도 형태에 따른 분류는 다음과 같다.

〈그림 8-8〉 전자상거래의 여러 가지 형태

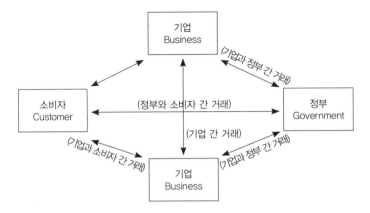

자료: ESPRIT, 1996, Electronic Commerce, http://www.cordislu/esprit.

　㉠구매자 중심형: 구매자가 운영하는 전자상거래 사이트에 다수의 판매자가 접속해 이루어진 거래

　㉡판매자 중심형: 판매자가 운영하는 전자상거래 사이트에 다수의 구매자가 접속해 이루어진 거래

　㉢중개자 중심형: 중개용 B2B 전자상거래 사이트에 다수의 판매자와 구매자가 접속해 이루어진 거래

　또 기업 간 전자상거래(B2B)의 경쟁성(개방형) 유무에 따른 분류는 다음과 같다.

　㉠경쟁성(개방형) 거래: 전자상거래의 특징인 공개성 또는 경쟁성을 바탕으로 불특정 다수를 거래 파트너로 하며 주로 입찰거래 또는 공개거래의 형태

　㉡비경쟁성(협력형) 거래: 일반적으로 기존 오프라인 상에서 장기적·고정적인 거래관계를 맺고 있던 대기업과 거래 파트너(협력업체 등) 간의 거래가 전자상거래 기반으로 전환된 경우로서 주로 비입찰형거래 또는 폐쇄형 거래의 형태

　그리고 사이버쇼핑의 취급상품 범위에 따라 다음과 같이 분류할 수 있다.

　㉠종합 몰: 각종 상품군의 카테고리를 다양하게 구성해 여러 종류의 상품을 구매할 수 있는 사이버쇼핑몰

ⓛ 전문 몰: 하나 또는 주된 특정 카테고리의 상품군만을 구성해 운영하는 사이버쇼핑몰로 나눌 수 있다.

먼저 기업 간 거래는 기업이 공급자와 수요자와의 관계에서 컴퓨터 네트워크를 통해 전자로 주문, 송장을 수령하고 대금을 지불하는 형태의 거래이다. 기업 간 전자상거래는 새로운 현상이라기보다는 과거부터 전용망이나 부가가치통신망(Valued Added Network: VAN) 등의 네트워크에서 EDI를 이용한 거래 시스템을 활용해왔으며, 최근 인터넷의 발달로 이를 통해 공급자 관리, 재고관리, 배포관리, 채널관리, 결제관리 등의 다양한 응용을 하고 있다. 여기에서 기업 간 거래뿐만 아니라 기업 내부의 전자상거래를 하는 형태도 있을 수 있는데, 기본적으로 기업 간의 네트워크를 통해 타 기업과 정보를 공유·교환함으로써 업무처리 및 제품 생산기간의 단축, 재고비용 절감 등을 추구하는 것이다.

기업 간의 전자상거래는 사용자의 제한이 없이 공개적인 인터넷, 특정집단이나 기업에 제한적으로만 공개하는 인트라넷, 반공개적인 엑스트라넷의 세 가지 유형이 있는데 유형별 특징을 요약하면 〈표 8-5〉와 같다.

기업과 소비자 간의 거래는 기업이 개설한 쇼핑몰 등 가상 상점에서 소비자를 대상으로 이루어지는 거래를 의미하는데, 기업 간 전자상거래에 비해 시장 규모는 작지만 최종 소비자를 직접 상대를 한다는 점에서 많은 기업의 관심이 집중되고 있다. 거래매체로 인터넷, 전화 및 PC통신, 텔레비전 등이 다양하게 이용될 수 있는데, 최근에는 접근의 용이성, 이용의 편리성 등으로 인해 인터넷을 통한 전자상거래가 급격히 확대되고 있다. 하지만 인터넷 결제의 보안성이나 허위 판매업체의 난립, 개인정보의 노출,

〈표 8-5〉 기업 간 전자상거래의 세 가지 형태

구분	인터넷	인트라넷	엑스트라넷
접속	공개적	비공개적	반공개적
사용자	제한 없음	특정 기업(집단)내 소속원	고객, 공급자, 사업 파트너
활용	정보공유, 정보검색, 선전 및 광고	기업 내 정보 및 자원공유, 내부 의견교환, 교육과 훈련	수주와 발주, 제품 카탈로그, 비공개 뉴스그룹, 공동 프로젝트 공동관리

자료: 이동필 외(2000: 18).

과다한 통신 및 물류비용 등이 저해 요인으로 작용하고 있다.

사업주체는 물론 취급상품이나 쇼핑몰의 형태에 따라 다양한 유형의 기업 간의 거래가 있을 수 있다. 예를 들어 기업과 개인 간의 거래는 운영주체별로 전문점, 제조업자, 유통업자 등으로 구분할 수 있으며, 쇼핑몰의 형태로는 단순 링크형과 입주형, 그리고 몰과 몰형(mall and mall)으로 구분하는 것이 가능하다.

한편 기업과 정부 또는 행정기관 간의 거래는 정부조직에서 정보 시스템을 통해 기업으로부터 물자를 조달하거나 법인세, 부가가치세 등을 징수하는 것으로 조달 EDI나 광속의 상거래 등이 여기에 해당한다. 이 밖에 정부와 소비자 간 거래는 아직 활발하게 이루어지고 있지 않지만 정부가 생활보호 지원금이나 세금환불 등을 전자로 처리하고자 할 때에 활용할 수 있다.

2) 전자상거래의 방식

인터넷을 통한 전자상거래는 제품을 판매하는 새로운 유통방식으로 자리를 잡았다. 처음에 전자상거래는 기업이 소비자를 상대로 파는 책이라든지 컴퓨터 또는 가전제품 같은 표준제품에 국한될 것으로 보였다. 그러나 최근 추세는 식품, 의류, 보석 등은 물론이고 항공권 판매, 호텔예약, 주택금융 등 서비스 부문과 각종 원자재나 부품의 조달에까지 확대되고 있다.

선진국에서는 전자상거래가 일부 현실화되어 있다. 미국 증권사 슈왕(Shouwang)은 주식거래의 1/6을 온라인으로 처리하고 있고, 세계 최대의 서점 아마존(Amazon)은 인터넷상에서 250만 권의 도서를 판매 중이다. 아메리칸항공과 노스웨스트항공 등도 웹사이트를 통해 항공권을 판매하고 있고, 오토-바이-텔(Auto-by-Tel) 등 자동차 딜러들이 지난해 미국에서 판매한 1500만 대의 자동차 중 1.5%를 인터넷을 통해 거래했다.

이러한 전자상거래는 전통적인 상거래와 달리 공급자와 소비자가 직거래한다는 점이다. 전통적인 상거래에서는 중개업자가 공급업자나 소비자의 사이에서 개재했으나 전자상거래에서는 물적 재화의 경우는 전통적인 상거래에서의 물류화(physicalized)된

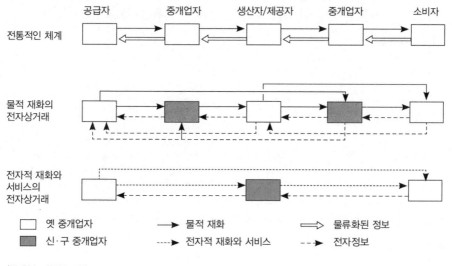

〈그림 8-9〉 전자상거래 환경에서 중개업자의 지속적인 역할

자료: Dicken(2003: 479).

정보가 아닌 전자정보가 이동하고, 전자 재화와 서비스의 전자상거래에서는 중개업자
가 공급자와 소비자 사이에만 존재하고 전자정보가 이동을 한다(〈그림 8-9〉).

이와 같은 전통적인 상거래나 전자상거래의 방식 등에 의해 물적·정보 유통이 이루
어지는 로지스틱스는 물적 서비스와 관리 서비스에 의해 다음 네 가지 주요 유형으로
구분할 수 있다(〈그림 8-10〉). 가장 단순한 기능은 전통적 운송과 복합화물 중개업자이
고, 나머지 세 유형은 새롭게 등장한 로지스틱스 서비스 제공자 기업이다. 자산기반 로
지스틱스 제공자는 전통적인 운송회사에서 복합 로지스틱스 회사로 다각화하면서 발
달했는데, 세계적인 컨테이너 운송회사가 그 예로 1980년대에 처음 출현했다. 1990년
대 초에는 네트워크 기반 로지스틱스 제공자인 DHL, FedEx, UPS, TNT 등이 등장했
다. 이들 서비스는 속성상 지리적으로 광범위하고 통합된 작동 네트워크의 창출이 절
실하다. 기량(skill) 기반 로지스틱스 제공자는 1990년대 후반에 등장했는데, 이들 기업
은 주요한 물적 로지스틱스 자산은 보유하지 않고, 정보 기반 서비스를 일차적으로 제
공하는데, 상담 서비스, 금융 서비스, 정보기술 서비스, 관리기술을 제공한다. 기능 기

〈그림 8-10〉 로지스틱스 서비스 제공자 유형

자산 기반 로지스틱스 제공자	기량(skill) 기반 로지스틱스 제공자
(주요 기능) • 창고업 • 운송 • 재고관리 • 연기된 제조(postponed manufacturing) (사례 회사) 네들로이드(Nedlloyd), 엑셀 로지스틱스(Exel logistics), 머스크 로지스틱스(Maersk logistics), 프랜스 매스(Frans Mass)	(주요 기능) • 관리 상담 • 정보 서비스 • 금융 서비스 • 공급사슬관리 • 문제해결(solutions) (사례 회사) 지오 로지스틱스(GeoLogistics), 리더 종합 로지스틱스(Ryder integrated Logistics), IBM 글로벌 서비스(IBM Global Service), 엑센츄어(Accenture)
전통적 운송과 복합화물 중개업자(forwarder) (주요 기능) • 운송 • 창고업 • 수출 선적서류(documentation) • 세관통관	네트워크 로지스틱스 제공자 (주요 기능) • 특급 운송 • 수송로 추적(track and trace) • 전자적 배송증명(electronic proof-of-delivery) • JIT 배송 (사례 회사) DHL, FedEx, UPS, 월드와이드 로지스틱스, TNT

↑ 물적 서비스

관리 서비스 →

자료: Dicken(2003: 486).

반 로지스틱스 제공자는 1996년 기존의 세 개 로지스틱스 회사를 흡수한 지오로지스틱스가 대표적인 예이다.

다음으로 전자상거래에는 몇 가지 주문방식이 있다(〈그림 8-11〉). 먼저 개인용 컴퓨터 기업 델(Dell)의 주문방식으로 특별한 제품에 대해 공급자로부터 원료를 제공받아 제품화 시켜 고객에게 판매하는 방법으로, 정보유동(information flow)은 그 반대로 이루어진다. 고객주문은 공급사슬을 기동(起動)시킨다. 고객은 생산계획에 맞추어 의견서대로 그들의 제품을 디자인할 수 있다. 이 체계는 완제품의 재고를 피하고 저렴하고 다양한 제품을 공급한다.

소량발송 모델(drop-shipment model)은 전자상거래 기업이 주문을 받아 제조공장에

〈그림 8-11〉 전자상거래 주문의 실행방식

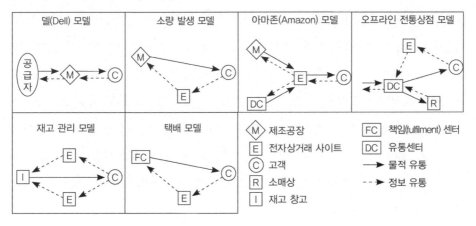

자료: Dicken(2003: 480).

주문을 하면 제조공장에서 고객에게 제품을 직접 배송하는 것이다. 아마존 모델은 인터넷 서적 판매상 아마존의 전자상거래 방식으로, 인터넷을 경유해 서적목록을 전자적으로 전시·판매하는 소매업의 과거 주문 방식의 전자적 판(electronic version) 거래방식을 말한다. 고객이 주문을 하면 출판사로부터 아마존의 유통센터나 소량발송 방식으로 판매자에 의해 공급된다.

오프라인 전통상점(bricks-and-mortar) 모델은 유통센터에서 제공되는 전통적인 소매상과 유통경로가 똑같으며 유통센터로부터 웹사이트로 주문을 받는 것이 결합된 하나의 유형이다. 이 모델에서는 소매상으로부터의 주문은 대량이나 웹사이트의 주문은 개별적이다. 다음으로 재고 공동관리(inventory pooling) 모델은 웹사이트에 바탕을 둔 제공자에 의해 통제되고 재고 공동관리에서 공통의 예비부품을 얻기 위해 특별한 산업에서만 이용할 수 있는 것이다. 택배(home delivery) 모델은 식료품과 같이 일상적인 배송을 요구하는 고객에게 웹사이트 서비스로 주문을 받아 주문자의 주소를 바탕으로 일과에 따라 배송하는 것이다.

한편 모바일의 보급과 인터넷의 발달로 인해 등장한 페이스북, 트위터 등의 소셜 네트워크 서비스를 활용한 소셜 커머스는 전자상거래의 일종으로, 일정 수 이상의 구매자가 모일 경우 파격적인 할인가로 상품을 제공하는 판매 방식을 일컬어 소셜 쇼핑 (social shopping)이라고도 한다. 소셜 커머스라는 용어는 2005년 야후(Yahoo)의 장바구니(pick list) 공유 서비스인 쇼퍼스피어(Shoposphere) 같은 사이트를 통해 처음 소개되었으며, 2008년 미국 시카고에서 설립된 온라인 할인 쿠폰 업체인 그루폰(Groupon)이 공동구매형 소셜 커머스의 비즈니스 모델을 처음 만들어 성공을 거둔 이후 본격적으로 알려지기 시작했다. 특히, 스마트폰 이용과 소셜 네트워크 서비스 이용이 대중화되면서 새로운 소비시장으로 주목을 받고 있다. 상품의 구매를 원하는 사람들이 할인을 성사시키기 위해 공동구매자를 모으는 과정에서 주로 소셜 네트워크 서비스를 이용하기 때문에 이런 이름이 붙었다.

소셜 커머스 업체가 등록한 상품은 단위 품목당 보통 24시간 동안 판매가 이루어지고, 일정 수 이상이 구매하면 대개 50~90%까지의 높은 할인율이 적용된다. 예를 들면 100명 이상이 구매할 경우 정가의 50%가 할인된다는 것으로, 주로 공연, 레스토랑, 카페, 미용 관련 소규모 사업자의 상품이 대량 판매되지만 레저, 패션, 가전제품, 식품 등의 상품들도 취급한다. 이런 높은 할인율이 제공되는 것은 판매업체가 박리다매와 홍보효과를 기대하기 때문이다. 일반적인 상품판매는 광고와 마케팅의 의존도가 높지만 소셜 커머스는 소비자들이 소셜 네트워크 서비스를 통해 자발적으로 상품을 홍보하면서 구매자를 모으기 때문에 마케팅에 들어가는 비용이 거의 들지 않는다. 그런 이유로 일부 업체는 소셜 커머스 자체를 판매의 수단이 아니라 장기적인 고객을 확보하기 위한 홍보·마케팅의 수단으로 생각하기도 한다.

대표적인 소셜 커머스 업체는 설립 3년 만에 세계 35개국에 5000만 명이 넘는 가입자를 확보하며 소셜 커머스 붐을 일으킨 그루폰이다. 국내 업체로는 티켓 몬스터, 쿠팡 등이 있다.

전자상거래는 아직 걸음마 단계에 있지만 세계 500대 기업 가운데 80%가 웹 사이트를 가지고 1996년 인터넷 무역 규모는 5억 1000만 달러에 머물렀다. 그러나 그 잠재력은 폭발적이다. 2000년 온라인으로 이루어질 각 국가의 기업거래는 1600억 달러로 늘어났고, 30년 후에는 전 세계 무역량의 약 30%가 온라인으로 이루어질 것이라고 추정

〈그림 8-12〉 한국의 거래주체별 전자상거래 규모 변화

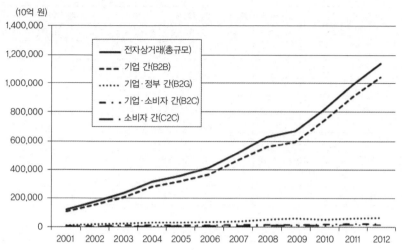

자료: 통계청(http://kosis.kr).

했다.

한국의 전자상거래는 2001년 약 118조 원이었으나 2012년에는 약 1146조 원으로 9.6배 증가했는데, 이 가운데 기업 간의 총전자상거래액이 2001년 91.6%, 2012년에는 91.7%로 대부분을 차지했다(〈그림 8-12〉). 2012년 기업 간 전자상거래는 제조업이 71.4%로 가장 높았고, 이어서 도소매업이 15.2%를 차지했다.

전자상거래액이 가장 많은 기업 간 거래의 네트워크 기반 비율은 2012년 인터넷 기반 거래가 판매액의 경우 44.3%, 구매액은 51.1%를 차지했다. 먼저 2000년 판매부문에서 거래 대상기관별 전자상거래액의 구성비는 산업사용자가 기업 간 전자상거래 판매액의 54.4%를 차지해 가장 많았고, 그다음으로 중간 유통기관(23.5%), 해외(18.8%), 일반소비자(3.1%), 정부(0.2%)의 순이었다. 업종별로 보면 제조업이 기업 간 전자상거래 판매액의 93.2%로 대부분을 차지했다. 한편 구매부문에서 거래대상 기관별 전자상거래는 생산자가 기업 간 전자상거래 구매액의 64.6%를 차지해 가장 많았고, 그다음으로 해외(28.0%), 유통기관(7.3%), 일반소비자(0.1%)의 순이었다. 다음으로 업종별로 보면 제조업이 기업 간 전자상거래 판매액의 81.3%로 대부분을 차지했다(〈표 8-6〉).

〈표 8-6〉 한국의 기업 간 업종별 전자상거래액(2000년)

구분	판매액(10억 원)				구입액(10억원)			
	전자상거래	인터넷	비인터넷	판매 추정액	전자상거래	인터넷	비인터넷	구입 추정액
광업				1,654				649
제조업	22,063	5,832	16,231	523,874	42,568	28,017	14,551	358,006
전기·가스·수도업				26,025	370	183	187	12,432
건설업				92,832	2,916	2,913	3	46,284
도·소매업	1,386	559	827	429,282	5,588	885	4,703	341,778
음식·숙박업				40,392				13,906
운수업 및 창고업	62	62		50,242	458	449	9	20,779
통신업	80	79		20,766	303	303		10,818
사업 서비스업	77	60	17	24,471	117	105	12	11,137
기타 서비스업	1	1		59,995	7	7		19,789
계	23,669	6,594	17,075	1,269,533	52,328	32,862	19,466	835,578

주: 비인터넷 거래는 EDI에 의한 것임.
자료: 통계청(2001: 5, 8).

〈표 8-7〉 이-마켓 플레이스의 업종 구성

업종	무역 및 종합	화학	유지, 보수, 운영자재	기계 및 산업자재	전기 전자	섬유	컴퓨터	음식료품	철강	건자재 및 건설	의류	석유	기타	계
사업체 수	35	18	17	15	15	14	12	11	11	8	8	5	22	191
비율(%)	18.3	9.4	8.9	7.9	7.9	7.3	6.3	5.8	5.8	4.2	4.2	2.6	11.5	100.0

자료: 통계청(2001: 9).

다음으로 이-마켓 플레이스(e-market place)[8] 수는 2000년 현재 191개 업체로, 무역 및 종합 분야가 35개(18.3%)로 가장 많았고, 그다음으로 화학 분야(9.4%), 유지, 보수, 운영 자재(Maintenance, Repair, Operation: MRO) 분야(8.9%)의 순으로 나타났다(〈표 8-7〉).

---

8) 이-마켓 플레이스란 기업 간 거래 몰(mall)의 세 가지 유형인 판매형, 구매형, 중개형 중 다수 기업의 판매·구매행위를 중개해주는 중개형 모델을 말한다.

3) 전자상거래의 특징과 문제점

전자상거래의 특징은 다음과 같다. 첫째, 시간과 장소를 초월해 거래가 이루어진다. 이런 현상을 표현하는 단어가 '7×24×365'로서 일주일에 7일, 하루에 24시간, 1년에 365일 쉴 새 없이 거래가 성립된다는 뜻이다. 둘째, 누가 어디에 있느냐에 관계없이 인터넷에 접속해 거래를 할 수 있다. 따라서 전자상거래는 인터넷 상점이 어느 나라에 있건, 세계가 시장이다. 셋째, 사이버 공간상의 상점이므로 실제 상점이나 점원이 없다. 따라서 점포 임대료나 봉급이 필요가 없고, 비용을 크게 절감할 수 있어 원가가 크게 낮아진다. 이에 따라 인터넷 상점의 가격은 실제 상점의 가격보다 평균 30% 정도 싸다. 넷째, 과거에 상상할 수 없었던 사업기회가 창출되고 있다는 것이다. 한 예로 전자상거래를 위해 대금결제 수단으로 신용카드를 사용함에 따라 책이나 옷을 팔던 인터넷 상점들이 보험이나 주택금융까지 사업을 확장함으로써 새로운 사업믹스가 일어나고 있다. 다섯째, 세계시장을 상대로 거래가 이루어짐에 따라 제품이나 서비스의 품질이 최상이 되지 못하면 자연히 도태된다는 것이다. 즉, 전자상거래가 품질의 평준화 현상을 일으키며 동시에 상향평준화 현상을 일으켜 품질의 중요성이 더욱 커지게 되었다. 소비자의 입장에서는 무한한 선택기회를 가지게 된다. 과거에는 국내시장에서 소비자의 선택이 한국 기업이나 한국에 진출한 외국 기업에 한정되어 있었다면 전자상거래는 세계의 인터넷 상점을 대상으로 거래할 수 있으므로 소비자에게 끝없는 선택권을 주는 셈이다. 일반적으로 1998년을 전자상거래의 원년으로 평가하고 있다.

전자상거래의 문제점도 몇 가지 있는데 구매자와 판매자 사이의 신원 확인, 불법거래 방지, 해커(hacker)의 침투를 막기 위한 메커니즘 개발 등이 안전한 상거래를 위해 우선 해결해야 할 방안이다. 이를 위해 공인되지 않은 사람의 정보접근을 차단하려면 정보 교환자 간에 통하는 비밀번호 또는 지문 등의 인식 시스템이 필요하다. 또 대금결제 시스템은 사이버 캐시(cash), 디지털 캐시 등으로 통하는 안전한 전자화폐 개발이 필요하다.

4. 상적·물적 유통기능의 상호 관련성

각종 생산물에 따른 경제적 유통활동은 유통의 제도적 측면과 실체적 측면, 즉 물적 유통 측면으로 양분된다고 생각할 수 있다. 이를테면 유체(有體)이고, 또 시공간적 이전 가능한 상품적 여러 생산물의 유통에 관해서는 전자와 같은 측면은 보통 상거래 유통 또는 줄여서 상류라고 부르는 것이 일반적이다. 이 상류와 물류의 양 측면은 유통에서 서로 유기적으로 연결되어 나타나는 것 같이 보이지만, 본래 상호 반발의 원리에 의해 지배되고 있다. 즉, 한편의 상거래 활동이 일반적으로 시장공간의 확대를 요구하는데 대해, 다른 한편의 물적 유통활동은 반대로 항상 물적 교류권(시장 범위권)의 축소, 즉 수송거리의 단축화를 요구하는 것이 사실이다(〈그림 8-13〉).

이러한 점을 구체적으로 설명하면 다음과 같다. 먼저 매매 당사자인 상인은 항상 더 넓은 시장을 갖기를 원하고, 또 상업기능을 장악하기 위해서는 좀 더 큰 시간거리(time span)를 갖고 싶어 하는 것이 동서고금의 원칙이다. 이것은 상거래 원칙이 필연적으로 부단한 시장권의 공간적 확대와 동시에 시간적 확장을 함께 계속 요구하며 대응하고 있다는 것을 설명하는 것이다. 그러나 다른 한편 이러한 확대는 결과적으로 물적 유통 공간의 확대와 상품 단위당 물류비용의 증가를 가져온다.

이와 같은 문제는 공간구조적인 면뿐만 아니라 시간구조적인 면에서도 나타난다.

〈그림 8-13〉 상적 유통과 물적 유통의 상징적인 관계

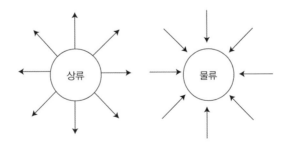

자료: 林周二·中西睦(1980: 231).

즉, 상품의 물류 면에서만 보면, 보관시간은 가능한 한 짧고, 보관비용을 될 수 있는 한 절약하는 것이 상품유통의 물적 경제를 의미하는 것인데, 상거래의 측면에서 보면 상품을 필요로 하는 기간만큼 장기간 보전하고, 상품이 귀할 때 시장에 방출하는 것이 상품 유통자의 경제를 의미한다. 계절성이 강한 신선식품, 각종 1차 산품의 경우는 그 전형적인 예이다. 반대로 유행하는 의상 등은 항공기로 수송하는 등 물류비 부분이 높아지는데 대한 상인이 걱정할 필요는 없다.

이와 같이 상품 유통활동은 한편으로는 시공간적 확대를 끊임없이 요구하는 상류경제와 다른 한편으로 시공간적 축소를 한없이 원하는 물류경제와 유기적으로 일체화, 통합화시키는 활동으로 수행되는 것이 현실이다. 이와 같이 국민경제적 상품 유통활동의 종합적 능률을 높이고 유통비용을 종합적으로 절약하기 위해 상류와 물류의 활동을 차원이 높은 종합설계로 행할 필요가 있다. 그러나 현장 면에서 생각해보면, 양자의 각각의 원리를 존중한 분업적 내지 분리적으로 실시 운영하는 것을 요청하는 것이 좋다고 한다. 이러한 자각적인 분리운영은 문제해결을 위해 하나의 유효한 방도이고, 실천적인 면에서 생각하면 이것을 상물 분리의 원칙이라 한다.

제9장

물적 유통의 지역구조

1. 물적 유통의 기능과 정보 유통

물류를 정확하게 이해하기 위해서는 그것을 구성하고 있는 여러 가지 기능을 파악하지 않으면 안 된다. 나아가 소비자의 다양화와 더불어 다품종 소량의 물류 추구나 여러 가지 기술혁신에 의한 물류의 가능성 등을 이해해야 한다.

물적 유통은 상품과 물자의 이동에 관한 여러 활동으로서 단지 수송 현상이 아니고 생산과 소비를 결합하고 정보류(情報流)를 포함한 종합적인 로지스틱스로 이해할 필요가 있다. 1922년 물적 유통이란 용어를 사용한 클라크(F. E. Clark)는 유통기관을 교환기능(function of exchange)과 물적 공급기능(function of physical-supply), 보조적 기능(auxiliary function)으로 분류하고, 물적 유통은 교환기능에 상대되는 유통의 기본 기능이라고 설명했다.

물류의 기능은 다음과 같이 나누어진다. 먼저 수송활동은 두 지점 사이에 상품과 물자의 공간적 이동에 관한 것으로, 특히 장거리 두 지점 간 대량 이동의 수송과 한 지점과 여러 지점 간의 소량의 이동으로 집하(pick-up) 또는 배송(delivery)으로 구분된다. 수송활동은 물자유동으로 도착시설(공장, 영업 창고, 도매점, 소매점, 자가 창고, 건축현장 등)에 수송하는 것을 말한다. 그리고 수송 기초시설 활동은 철도, 도로 등의 시설과 항만, 공

〈표 9-1〉 물류 활동의 분류

활동		분류	내용
물자 유통활동	수송	수송	두 지점 간 장거리, 대량의 선적(線的) 활동, 물류의 수송기능
		집배송	여러 지점 간의 단거리, 소량의 면적(面的) 기능, 물류의 접근기능
	보관	저장	장기간 보관, 저장형 보관, 물류의 결절점 기능
		보관	단기간 보관, 유통형 보관, 물류의 결절점 기능
	하역	적재	물류시설에서 교통수단으로 이동
		하역	교통수단에서 물류시설로 이동
	포장	공업포장	수송, 보관포장, 외장, 내장(품질보증 주체)
		상업포장	판매포장, 개별포장(마케팅 주체)
	유통가공	가공작업	검사, 분류, 피킹(picking), 배분(창고 내 작업)
		생산가공	조립, 절단, 규격화 등
		판촉가공	분류, 집적, 유니트화
정보 유통활동	정보	물류정보 상류정보	수량관리: 운행, 창고의 입출 및 재고관리
			품질관리: 온도, 습도관리
			작업관리: 자동화 디지털 피킹(digital-picking)[1]
			주문: POS[2]·EOS[3]·VAN·EDI
			금융: 은행 온라인

주: 1) - 상품을 보관할 선반별로 컴퓨터 제어에 의한 수량 표시기를 부착하고, 꺼내야 할 상품의 위치와 수량을 디지털 표시기에
표시해 판매하는 방식을 말한다
2) - 판매시점 정보관리 시스템으로, 이것은 컴퓨터에 집하[피크 업(pick up)]된 등록(register)으로, 광학적 상품에 대한 번호표
(tag)나 코드를 단일 상품별로 읽는 것을 말한다
3) - 전자식 수·발주(受發注) 시스템으로 electronic ordering system의 약자이다.

항, 트럭 터미널 등의 시설을 제공하는 활동을 말한다. 다음으로 보관활동은 상품과 물
자의 시간적 이동에 관한 기능을 말하며 비교적 장기간의 보관(storage)과 단기간의 보
관(deposit)으로 구분된다. 하역활동은 교통수단과 물류시설간의 이동을 말하며 적재,
상차(loading)와 하역, 하차(unloading)로 구분된다. 포장 활동은 상품과 물자의 품질을
유지하기 위한 공업포장(packaging)과 부가가치를 위한 상업포장(wrapping)으로 구분된
다. 유통 가공활동은 상품과 물자의 부가가치를 높이거나 관리하기 위한 간단한 작업
및 이동을 말한다. 예를 들면 물류시설 내에서 장소 및 적재상태 변경(material handling),
조립, 절단 및 규격화(processing), 분류, 집적, 유니트화(assembling) 등이 이에 속한다.
끝으로 정보활동은 물류 활동을 효율적으로 발휘하기 위한 상품과 물자의 수량 및 품

질에 관한 물류 정보와 주문 및 지불에 관한 상류 정보가 있다(〈표 9-1〉).

물적 유통활동은 〈그림 9-1〉과 같이 장소적·시간적 조정기능을 구성하는 것이다. 생산재와 소비재 유통에서, 생산재는 생산자와 국외, 도매업자로부터 도매업자에게로, 그리고 산업용 사용자에게 유통되는 것이고, 소비재 유통은 최종적으로 소매상에게 유통되는 것이다.

다음으로 물류 네트워크는 기업 물류가 기본으로 물류 시스템으로 요약한다. 물류 네트워크는 기업의 물류거점 배치와 그 거점을 연결한 루트로 구성된다. 물류가 기업 경영에 그다지 중요하지 않았던 시대에는 물류 네트워크가 다른 경영요인의 요구에 의해 타동적으로 이루어졌다고 생각한다. 그때는 물류 네트워크를 만들 의식도 없었다.

예를 들면 메이커에서는 생산을 위해 공장을 배치하고, 한편으로는 분산되어 있는 고객에 대응해 판매를 위한 지점, 영업소를 배치했다. 그리고 물류는 공장에서 지점, 영업소의 창고로 상품을 보내고, 창고의 상품 수량을 조정하기 위해 중간에 수송업의 시설을 적절하게 이용한 것이라 할 수 있다. 도매업의 경우는 고객에게 상품을 판매하

〈그림 9-1〉 생산재·소비재의 물적 유통

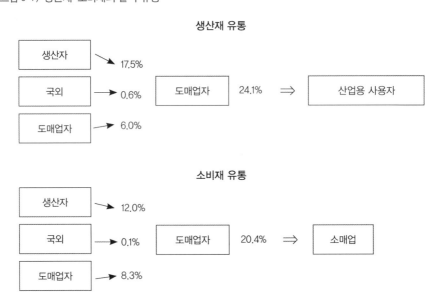

기 위해 지점을 두고, 그곳에 재고를 보관하며, 또 고객에게 상품배송을 하기 위해 메이커 등의 구입처로부터 이 거점에 상품을 도착시키는 것이 일반적이었다.

그러나 물류비용의 삭감, 높은 서비스율의 실현이라는 새로운 시대의 요구로 물류 네트워크를 생각하게 되었다. 그 이유는 첫째, 유통재고를 필요 최소한도로 억제하기 위해서이다. 둘째, 물류거점을 가동함으로 규모의 이익이 발생하고 높은 생산성을 실현시키기 위해서이다. 셋째, 수송기관을 선택하고, 루트를 선정해 적은 비용으로 수송하고 신속하게 상품을 공급하기 위함이다. 넷째, 본사를 중심으로 물류거점을 연결한 정보 시스템을 전개하기 위함이다.

이러한 요구를 만족시키기 위해 상류와 물류를 분리하기로 생각했기 때문에 상권 내에 물류거점을 어느 정도 배치하고, 어떤 단계를 거쳐, 어느 루트로, 어떤 수송기관을 이용해 효율성 있게 상품을 계속 유통시킬 것인가를 종합적·계획적으로 구성해나가게 되었다. 물류 네트워크는 여러 가지 패턴이 있지만 그 대표적인 패턴이 〈그림 9-2〉이다.

지리학에서 물류 연구는 특정재화의 물류 시스템이 지역적으로 어떻게 전개되고 있는가를 밝히는 것으로, 영국의 매키넌(A. C. Mckinnon)은 단일산업의 생산물이나 물자의 생산에서 소비에 이르기까지 공간적인 물류 시스템에 대한 연구가 물류 연구라고 주장했다. 그러면 물류의 지리학의 연구주제는 다음 네 가지라 할 수 있다. 첫째, 소재(素材)·중간 가공품·최종제품이라는 재화의 성질에 따라 유통경로가 공간적으로 어떻게 다를까? 둘째, 정보화 기술의 진전이 유통경로의 공간적 재편성에 어떤 영향을 미칠까? 셋째, 사회기반이나 경제 하부구조의 정비가 물류의 공간구조에 어떤 변화를 가져올까? 넷째, 교통기관이나 물류시설의 용량과 실제 또는 계획상의 유통량과의 사이에 어느 정도 과부족이 생겨날까?

그런데 지리학에서 물류를 연구주제로 하는 움직임이 약한 것은 첫째, 물류가 도시 연구나 유통연구의 한 단면으로 파악되어왔고, 둘째, 물류 연구의 방법론상 관점이 충분히 확립되지 않았으며, 셋째, 교통지리학에서도 물류를 주제로 한 연구가 충분히 체계화되지 않았기 때문이다. 이에 따라 지리학에서 물류 연구의 문제점은 단지 제조업

〈그림 9-2〉 물류 네트워크의 패턴(메이커의 예)

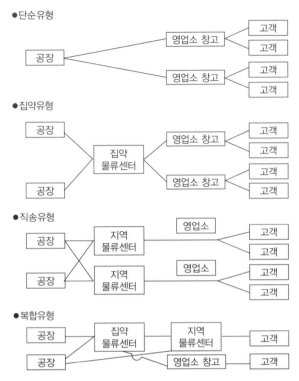

자료: 宮下正房·中田信哉(1991: 29).

이나 물류업, 수송업의 물류 시스템의 소개나 기술에 시종 얽매여왔고, 공간적 구조나 지역적 패턴의 해명이라는 지리적 고찰이 불충분할 위험성이 있다는 것은 부인할 수 없다.

다음으로 정보유통에 대해 살펴보면 다음과 같다. 태고의 군락 중심형 사회에서는 〈그림 9-3〉과 같이 생활정보에서 전쟁에 관한 정보에 이르기까지 조직화하고 계통화하는 것이 과제였다. 이 시대에는 물자의 유동과 정보의 유동이 혼연일체가 되어 물류는 주로 생활과 직결되었다. 물류와 정보의 관계를 밝히는 것은 어렵다. 물물교환 시대에는 사람의 이동과 물류와의 관계에서 정보를 파악할 수밖에 없었고, 화폐 경제시대에는 사람에 의해 유발된 자본의 흐름을 포함해 정보와의 관계를 명확하게 하고 그 위

〈그림 9-3〉 정보의 종류

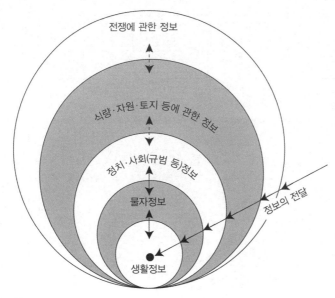

자료: 林周二·中西睦(1980: 248).

치를 규정하는 것이 필요했다. 즉, 정보는 주체가 아니고 객체이다. 따라서 유통과정에서 사람, 물자, 자본을 원활하게 하는 정보는 윤활유의 기능을 가지고 있을 뿐만 아니라 이를 통해 최적 또는 이에 가까운 형태로 각 자원을 운용하는 것에 의의가 있었다.

물류에 영향을 미치는 요인을 간단히 정리하면 〈그림 9-4〉와 같다. 즉, 물류는 수요량, 공급량, 자금량, 수송량에 의해 결정된다. 물론 거시적으로는 사회자본의 충실, 경제·산업정책 등에 의해 영향을 받는다. 따라서 물류를 계획에서 실천까지 관리하기 위해서는 물류를 포함하는 환경에서 발생하는 정보를 물류와 관련지어 처리하지 않으면 안 된다.

물류의 대상으로는 기업, 산업, 지역사회, 국가, 국제의 다섯 분야가 있고, 나아가 이들 분야를 세분화할 수 있다. 그리고 이들 각 분야에 작업적인 측면에서 전략적인 측면까지의 내용이 존재한다(〈그림 9-5〉).

이와 같이 물류에 영향을 미치는 정보가 어떻게 물류를 관리하고 있는지 그 관계를

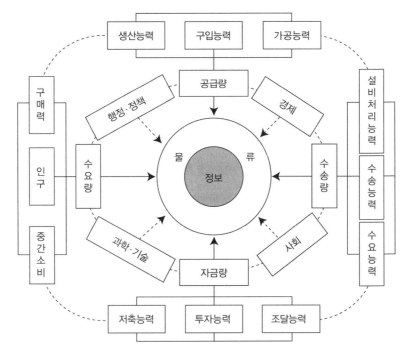

자료: 林周二·中西睦(1980: 249).

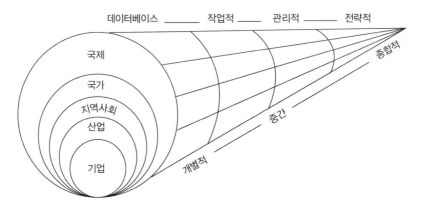

자료: 林周二·中西睦(1980: 249).

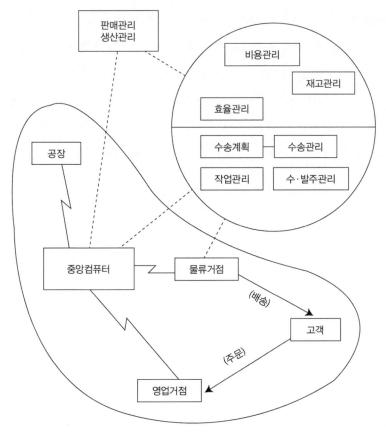

〈그림 9-6〉 정보 시스템에 의한 물류 시스템의 관리

판매관리
생산관리

비용관리

재고관리

효율관리

수송계획 — 수송관리

작업관리 — 수·발주관리

공장

중앙컴퓨터 — 물류거점

(배송)

고객

(주문)

영업거점

자료: 宮下正房·中田信哉(1991: 55).

보면 〈그림 9-6〉과 같다. 지금까지의 물류관리는 물류체계 내지 물류활동이 있고, 그 것을 관리하는 것으로 존재했다고 말할 수 있는데, 지금도 그런 형태가 일반적이다. 그 러나 일부의 물류 선진기업에서는 물류관리 시스템을 물류체계와 더불어 개발하고, 큰 시스템으로 보유하는 형태를 취하고 있다. 특히 이러한 방향을 나아가도록 한 것으로 정보 시스템을 들 수 있다. 이를테면 물류거점을 컴퓨터 온라인으로 연결하고 정보로 전체를 관리하는 물류 시스템이다. 이전부터 미국 기업의 물류 시스템은 관리되었다 고 말하고 있으나 그것은 텔레(tele) 컴퓨터 시스템이라고 불리는 전화회선을 사용해 공장, 판매거점, 물류거점이 중앙 컴퓨터에 의해 온라인으로 연결되어 같은 차원의 지시와 함께 전체적으로 활동하는 시스템을 채택했기 때문이다.

일본에서도 이러한 방향으로 나아가는 기업은 전국 각지에 물류거점의 재고를 중앙 컴퓨터에서 일원적으로 관리하고, 입하와 출하를 지시하는 중앙 컴퓨터로 통제하는 형태로 되어 있다. 이와 같이 되면 각 거점의 일체의 물류활동은 중앙 컴퓨터 통제에 의해 알 수 있고, 일상의 활동을 평가하고, 잘못의 발견, 우발적인 사태에 대한 대처, 최고 정책결정이나 다른 부문의 정책입안에 필요한 자료 제공 등을 집약적으로 행할 수 있다(〈그림 9-6〉).

물류 시스템 개발이란 지금까지 유통센터의 기계화나 수송기관이 조합을 이루는 활동의 수준으로 생각했지만, 최근에는 모든 물류체계의 관리 시스템의 개발이 중심이 되는 방향으로 바뀌고 있다. 즉, 소프트웨어로서의 물류 시스템 개발인 것이다. 이러한 방향으로 나아가는 이유는 제품의 다품종 소량화, 다원적 유통경로화, 영역 마케팅(area marketing)[1]의 채택 등과 같은 물류 자체에 복잡한 요구가 있고, 그 요구에 대응해 컴퓨터를 중심으로 한 전자(電子)·유통센터의 복합적인 기기 등의 발달, 수송기관의 고도화라는 기술적 진보를 들 수 있다. 거기에 물류비의 삭감, 마케팅 지원이라는 기업 전략적 요청이 있기 때문이다. 이러한 점에서 보면, 금후 물류에서도 중요하게 여겨지고 발전하는 것이 이 물류관리의 분야라고 말해도 좋다.

다음으로 물류와 정보화의 관계를 살펴보면 다음과 같다. 라세르(E. Lasserre)는 전자상거래·전자조달의 실시와 물류와의 관계를 지리학의 관점에서 고찰했다. 그에 따르면 전자상거래·전자조달의 실시는 수송의 신속성과 효율화를 요구하고 JIT방식의 실시나 항공화물수송·로지스틱스의 발전을 가져왔다. 또 전자화된 고객관리 센터는 생산거점이나 물류센터와는 별도의 곳에 입지하는 것이 가능하다.

인터넷에 의한 로지스틱스 사슬(logistics chain)관리는 고객·기업·하청공급업자(sup-

---

1) 각 지역의 다양한 특성을 파악해 그에 알맞고 치밀한 마케팅 기법을 수행하는 것을 말한다. 차별화, 세분화전략, 틈새(niche)전략 등이 등장하면서 함께 도출된 마케팅 기법이라고 할 수 있다.

plier) 상호 간의 관계를 극적으로 변화시켰다. 또 상품의 짧은 수명주기(life cycle)에 대응해서 시장의 변동에 더욱 더 적응한 생산이 이루어진다. 고객으로부터의 수주가 끊어짐이 없고 최소한의 재고의 종류와 양은 유지해야 한다. 그 때문에 물류거점은 대규모로 집약화된다. 거기에서 보다 크게 다양한 시장에 대응해 신속한 배송이 행해진다. 그리고 좀 더 장거리로 수송하던 것을 더욱 높은 빈도로 배송한다.

이러한 물류 체인을 통합해서 체인상 각각의 파트너를 협력시키고 가치사슬과 로지스틱스를 통일적으로 운영하기 위해 메이커와 정보 서비스 기업과의 협력이 필요하다. 그리고 생산·제고수준·배송 서비스를 최적화한다.

또 전자상거래의 실시는 높은 수준에서의 신용과 책임을 함께하며, 재고의 감소와 시스템의 복잡화를 가져오고, 그 때문에 데이터 시스템의 집중화한 관리가 필요하게 되며, 자본투자의 중복을 피해 어느 정도 규모의 경제의 효과를 발휘하기 위해 물류센터의 입지가 집약화된다. 물류센터의 운영에는 외부의 전문화된 제3자물류(Third Party Logistics: 3PL)나 통합자(integrator)[2]와의 제휴가 이루어진다.

이러한 물류센터 입지의 집약화에 대해 그 입지요인은 수송비를 최소화하는 것이 아니고, 입지지점에서 로지스틱스 사슬 운용상의 융통성이나 서비스의 질 등이 입지의 유연성으로서 고려된다.

또 브라운(M. Browne)은 유럽공동시장(European Common Market: ECM)의 형성과 로지스틱스 전략에 대해 고찰했는데, 로지스틱스에 대해서는 기업 내에서 구매조달·생산·유통의 여러 기능을 통합한 것이라고 정의했다. 그리고 ECM에서 각 기업의 재고정책이란 결품 방지를 위한 보관의 증가·유지이고, 수송정책이란 보다 빨리 수송하는 것이며, 조달정책이란 소규모의 전문화한 생산자부터도 고품질의 부품을 공급하는 것이라고 지적했다.

그 결과 두 개의 로지스틱스 전략이 생겨났다. 첫 번째는 생산이나 보관을 소수의 대규모 생산·유통거점에 집약화하는 것이다. 두 번째는 그 때문에 더욱 장거리 물류가

---

2) 국제항공화물수송을 중심으로 하지만 육운업·해운업·해송대리업을 취급하는 통합물류업자를 말한다.

필요하게 된 것을 JIT의 도입 등 보다 유연한 방식으로 대응하는 것이다.

그리고 서부 유럽 국경에서 각종 장벽을 제거함으로 유럽의 수개 국가에 걸친 다국적 기업은 각 국가에 입지한 각 공장에서 각각 적은 종류의 제품생산에 전문·특화하게 됐다. 또 각 국가별 물류센터를 광역시장에 대응한 국제적 물류센터에 두었다. 그리고 집약화된 생산·물류거점의 입지는 첫째, 높은 인구밀도와 활발한 경제활동, 시장으로의 접근성이 더 좋은 입지를 지향했다. 둘째, 서부 유럽 이외와의 교역을 겨냥한 다국적 기업이 로테르담(Rotterdam), 앤트워프(Antwerp), 함부르크(Hamburg) 등 서부 유럽의 현관으로 흡수된다고 했다.

또 다품종 소량생산을 시작으로 유연화와 생산·유통의 글로벌화에 대응해서 헤세와 로드리그(M. Hesse and J.-P. Rodrigue)는 지리학에서 물류 연구의 과제를 다음과 같이 지적했다. 유연화와 글로벌화에 의해 고도의 부가가치를 생기게 하는 시장지향·소비자지향의 전문화한 유통이 행해지는 것과 동시에 생산 활동에서는 광범위한 공급자나 하청업자의 네트워크가 형성된다. 특히 JIT방식은 비용 상승에 따르지 않고 유연성을 추구하고 물류와 정보·통신기술에 수렴한다. 그 때문에 EDI·물류센터의 설치·화물추적 시스템의 구축·컨테이너화 등 효율적인 유통과 시장 활동의 조직화가 행해졌다.

그리고 종래 지리학에서 중시되어온 수송비나 거기에 반영된 거리체감효과에 덧붙여 재고비용을 고려하지 않으면 안 된다. 그 재고비용에는 수송도상(途上)의 이동 중 재고와 창고나 데포의 보관재고로부터 구성된다. 또 물류에서 규제완화에 의해 화물운임율의 저하나 물류시설의 개폐가 행해진다. 나아가 정보기술의 발달은 복잡한 공급 사슬을 형성해 고도로 취급을 자랑하는 전문화한 복합물류업자 등의 대두를 불러왔다. 그래서 현대의 물류 연구에서는 이러한 현상을 과제로 해야 한다.

2. 물적 유통시설과 배송권

1) 물적 유통시설

물류시설은 유통경로에서 빼놓을 수 없는 지역과 공간구조에 관련되는 것으로, 이 시설은 입지하는 지점과 그 수, 규모, 기능 및 상권 등에서 다르다. 먼저, 데포(depot)는 좁은 지역을 대상으로 하는 단기간 보관하는 소규모 배송센터이다. 이것은 도매업자가 잘 사용하는 것으로 유출되는 재고(running stock)만을 보유하고 한정된 지역에 다빈도 소량 배송을 위해 설치된 말단 물류시설이다.

다음으로 물류중계기지(stock point)는 데포와 같은 것으로 위치 짓는 경우도 있지만 생산자 자신이 잘 사용하는 편으로, 비교적 소규모로 기능을 한정해서 사용하는데, 예를 들면 대량 상품 또는 단일상품을 보관하기 위해 입지하는 시설이다. 이것은 데포와 같은 수이거나 그것보다 약간 집약해서 배치한다. 〈그림 9-7〉은 1차 도매상의 발주 물류지시에 의해 물류중계기지를 통해 물류가 이루어지는 것을 나타낸 것이다.

배송센터(delivery center)는 다양한 상품의 수주량에 대해 상품선별이나 분류, 적재·재고관리 등을 위한 시설로, 물류의 합리화에 대응하며 상품의 집약 통합화를 촉진한다. 외관상으로 보통 창고형태와 같으나 기능적으로는 다음과 같은 특성을 갖고 있다. 첫째, 자기 회사의 화물을 집배송하는 물류거점으로서의 창고(자가 창고) 역할을 하거나, 한 사람 하주의 특정화물을 집배송하는 물류거점으로서의 창고(영업 창고) 역할을 한다. 둘째, 일시적으로 상품의 장소적 색채가 강한 창고 역할을 한다. 셋째, 최종제품을 주로 하고 그 배송영역이 고정되어 있는 창고 역할을 하는 것으로 그 밖의 비축적인 창고와 구분된다.

배송센터는 이름 그대로 배송기능을 특화한 것이지만, 이것에 필요한 저장형 창고 등을 구비하고 있다. 비교적 소규모 시설로 종래는 일반적으로 도심에 입지했지만 근년에는 점차 도로변이나 교외에 입지하고 있다. 이것은 좁은 도심이나 교통조건의 악화라는 이유도 있지만, 오히려 도시화의 진전으로 교외화가 이루어져 고객의 분포가

<그림 9-7> 발주·물류지시·물류와 물류중계기지의 연결

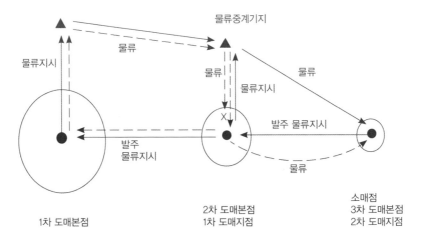

자료: 長谷川典夫(1984: 83).

<그림 9-8> 배송센터의 기능

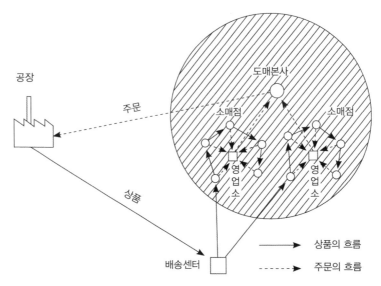

자료: 長谷川典夫(1984: 83).

변화한 것 때문이라고 보는 것이 좋다. 배송센터에 관한 지리학적 연구는 배송센터의 입지 파악과 경영주체와 운영형태, 입지변동, 판매지역 파악을 목적으로 한다. 〈그림 9-8〉에서 배송센터의 합리적인 운용에 의한 물적 유통은 공장 - 배송센터 - 소매점으로 되어 있어 공장 - 도매점 - 영업소 - 소매점의 루트보다 수송경로가 생략되어 수송비와 적환비용이 절약된다. 이러한 신속·저비용 수송의 장점에서 메이커 계열 도매부문이나 지방 도매상에서 배송센터를 설치하는 것이 증가되었다.

물류센터(physical distribution center)는 필요 최소한의 창고기능, 주문 피킹(order picking)기능, 구입처별 분리기능 및 사전 포장이나 가격표시 등의 일부 유통가공기능도 갖춘 시설이다. 이 시설은 대규모 유통시설에 비해 중규모 시설이고, 배송센터 수만큼 입지하지 않으며, 지역을 결합하는 것으로 적절히 배치한다.

유통센터(distribution center)는 넓은 지역을 대상으로 하는 시설로 물류시설만이 아닌 다른 유통시설도 같이 설치되어 종합적인 유통기지가 되는 거점시설이다. 예를 들면 트럭 터미널, 창고센터, 유통가공센터, 배송센터 등의 물류시설, 생산재를 중심으로 한 도매단지, 청과물 시장, 꽃시장, 식육류시장, 수산물시장, 목재시장 등 도매시장 시설, 광역정보계산센터, 상담용 사무소나 전시회장 등을 병설한 대규모 유통시설이다.

로지스틱스센터(logistics center)는 유통센터보다 광역지역을 대상으로 하는 유형으로, 넓은 상권을 대상으로 한 하나의 유통거점 시설이다. 이 시설의 특징은 첫째, 채널(channel) 정책[3]과 밀접한 관계를 가지고 있다. 예를 들면 앞에서 기술한 데포에서 유통센터까지를 고려한 메인 시스템(main system)과 하부 시스템에 관련되는 구축을 할 때에 중요하다. 둘째, 예를 들면 생산자의 판매회사나 대리점, 특약점과 일반 도매 기업의 물류시설이 기능적으로 수직적 기능통합이 이루어지는 것이다. 셋째, 종래에 제품별, 계열별로, 또는 거래 관행으로 루트화하여 각 지역에 분산해 있던 배송센터의 기능을 지역적·공간적으로 집약해서 조정하고, 수송·배송효율을 높이기 위한 수평적 기능

---

3) 가급적 많은 소매상에게 자사제품을 취급하게 하고, 많은 소비자와 접촉하게 함으로써 판매량의 확대를 도모하는 정책을 말한다.

통합이 이루어진 것이다. 넷째, 고도로 기계화된 정보 시스템화가 되어 있는 첨단(high technique)형 유통시설이다. 예를 들면, 주문장 시스템(order entry system)이 가능한 물류 기계기술과 판매경로가 직결되어 고도의 정보 네트워크 기술 등이 도입된 것이다. 다섯째, 효율성이 높고 납기를 단축할 뿐만 아니라 원재료의 조달에서 납품완료까지에 걸친 총시간(through-put time)을 단축하기 위해 경로를 단축하고 시간표(schedule)에 의해 계획수송, 계획배송 등을 실행하는 시설이다. 이 센터의 큰 특징은 수송·배송의 속도, 정확성, 안전성, 신뢰성, 편리성, 경제성 및 공정성을 충분히 발휘하는 것이다.

로지스틱스센터의 기능이 유효하려면 이것을 확실하게 하는 지역적·공간적 경제의 하부구조(infrastructure)가 정비되지 않으면 안 된다. 왜냐하면 이 센터 정도의 큰 유통거점이 되려면 시설 그 자체가 사회성, 즉 하나의 기업, 하나의 유통업계만으로는 살아남지 못하기 때문이다. 첫째, 교통로, 교통 터미널 시설(고속도로 나들목, 국제공항 등) 및 이와 관련된 기반시설의 정비이다. 이러한 교통의 하부구조 정비는 특히 사회성이 높기 때문에 공공투자의 합리화와 더불어 공공요금, 예를 들면 공항 착륙료, 항만관계 요금 및 유료 도로요금의 삭감도 고려하게 된다. 둘째, 국내외를 연결하는 정보통신 기반과 여러 시설, 예를 들면 광섬유 케이블, 케이블 텔레비전 케이블 등의 정비이다. 셋째, 효율적인 수송체계로 지역 간·국제 간 네트워크를 기본적으로 정비해야 한다. 넷째, 데포에서 로지스틱스센터를 포함한 이를테면, 유통관련 시설의 배치와 토지이용이 유효하게 관련되어야 한다. 다섯째, 도시·지역계획과의 관련성으로 로지스틱스센터는 자원과 에너지의 절약시설, 쓰레기나 폐기물 처리시설 등도 정비되어야 한다.

2) 물류센터와 배송권

배송점의 수가 증가하고 판매량이 증대함에 따라 물류 집약화를 위해 각 지역에 물류센터를 배치시켜 물류를 원활하게 처리한다.

물류센터의 배송방식은 주로 루트 배송과 정시 일괄 배송방식으로 나누어지는데(〈그림 9-9〉), 루트 배송은 부패되지 않고 신선도를 요하지 않는 식료품이나 내구재 등

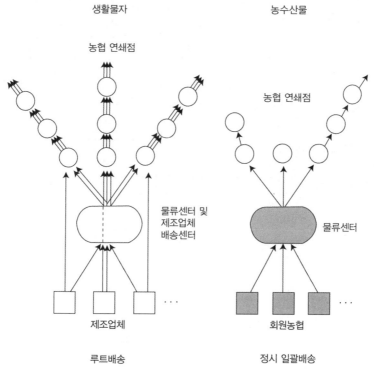

〈그림 9-9〉 루트 배송과 정시 일괄 배송

자료: 韓柱成(2001: 263).

을 통합 배송하는 것이고, 정시 일괄 배송방식은 정해진 시간에 식료품 등의 신선도를 요구하는 상품을 여러 배송점으로 일시에 배송할 때 이용되는 방식이다. 이들 배송방식에 따라 배송 루트가 정해지는데, 루트 배송이나 정시 일괄배송이나 모두 배송점의 요청에 의해 그 루트가 매일 바뀔 수 있다. 배송방식에 의해 이루어지는 배송은 배송 루트를 바탕으로 배송권을 설정할 수 있다(〈그림 9-10〉).

정시 일괄 배송방식은 배송량의 많고 적음에 따라 트럭 한 대가 담당하는 배송점의 수가 다를 수 있고 거리의 영향도 받으나, 물류센터의 배송 루트는 때에 따라 다소 차이는 있지만 JIT를 전제로 납기를 지킨다. 그리고 정시 일괄 배송방식은 외부수주(out-sourcing) 배송차량의 효율적인 이용을 위해 배송시간을 적절하게 이용한다.

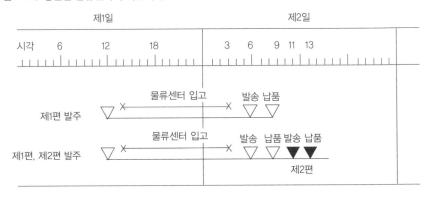

〈그림 9-10〉 농산물 물류센터의 배송시각

자료: 韓柱成(2001: 264).

한편 배송권은 배송 루트에 의해 형성되는데, 여기에서 소비재 유통의 다빈도 작은 로트 배송화의 침투가 제품이 점두에 배송되는 것을 중심으로 물류체제에 미치는 영향을 살펴보기로 한다. 소비재 유통에서 다빈도 작은 로트 배송화는 정보화가 유통 시스템에 미치는 가장 뚜렷한 영향의 하나이고, 유통경로에서 소매업으로의 파워 시프트를 여실히 반영한 변화라고 할 수 있다. 왜냐하면 소비재 유통에서 다빈도 작은 로트 배송화는 재고 위험(risk)의 회피를 목적으로 한 투기적 거래의 연기화이고, 도매업이나 메이커에 대한 재고부담의 전가를 가져왔기 때문이다.

소비재 물류에 대한 정보화의 영향은 ㉠ 배송의 작은 로트화, ㉡ 납기의 단축, ㉢ 배송의 고빈도화, ㉣ 긴급배송 요청의 증가, ㉤ 배송에서 결합율(지연배송, 오류배송 등)의 저하라는 다섯 가지 항목으로 정리할 수 있고 정보 시스템화가 다빈도 작은 로트 배송화의 전제조건이라고 강조한다. 그러나 다빈도 작은 로트 배송의 급속한 침투는 소매업의 경영효율을 향상시키는 한편으로 유통재고를 담당하는 도매업이나 메이커의 부담을 증가시킨다. 예를 들면 결품을 방지하기 위해 배송거점이 안고 있는 안전재고의 증가, 배송빈도의 상승으로 수송비 증가와 적재효율 저하, 발주단위 세분화와 더불어 피킹 비용 증가 등은 어느 것이나 매상에 대한 물류비 비율을 상승시키고 이는 다빈도 작은 로트 배송이 안고 있는 경제적 과제라고 할 수 있다. 또 배송 빈도의 상승은 교통체증이나 대기오염 등의 외부불경제문제를 불러일으키기 때문에 그 효율화가 사회적으로도 요구된다.

재화의 공간적 이동을 수반하는 물류는 주로 물자유동의 공간적 패턴이나 배송거점의 배치가 지리학에서 연구 대상이 되고, 상업·유통·교통지리학, 도시지리학, 계량지리학 등 다방면에서 연구가 축적되었다. 그 내용은 연쇄점에서 배송센터 입지와 점포분포와의 관계, 중간 유통을 담당하는 도매업의 재편성, 다빈도 작은 로트 배송을 대신하는 대처에 대한 검토들이다. 이러한 지리학 관점에서의 다빈도 작은 로트 배송을 파악한 연구는 시간거리를 이용한 점포분포와 배송센터와의 지리적 관계를 설명한 관점, 상류·물류거점의 분리나 배송거점의 집약화 경향 등 거점배치나 변화를 파악한 관점, 그리고 다빈도 작은 로트 배송의 폐해를 지적하고 물류 시스템 전체의 효율화를 제기한 관점 등으로 정리할 수 있다.

소비재 물류에서 다빈도 작은 로트 배송의 침투는 납기의 단축을 통해서 배송권을 축소시켜 배송거점의 지리적 분산을 촉진한다. 한편으로 배송효율을 높이기 위해서는 유통재고나 인건비를 압축하기 위해 배송거점의 집약화나 대규모화가 필요하게 된다. 이것은 서로 모순된 두 가지의 명제로 정보화를 통해 당면한 균형을 유지하고 재고의 집약화를 진전시키기 위해 배송거점이 도시의 중심부에 입지한 상류거점에서 분리해 간선도로에 연한 교외부에 재배치되는 경향이 강하다. 이들 일련의 변화를 점포배치의 기본원리에서 검토해보기로 한다.

(1) 배송거점의 소규모 분산화

소비재 물류의 기본구조를 나타낸 것이 식 (1), (2)이다. T_d는 총배송시간, T_c는 피킹이나 적재 등 배송거점에서 필요로 하는 시간, T_s는 배송처의 점포에서 요하는 납품검수의 시간, T_i는 루트 배송을 전제로 한 점포 간의 이동시간, 그리고 n은 배송점포 수를 의미한다.

$$T_d = T_c + n T_s + (n-1) T_i \cdots (1)$$

$$n = (T_d - T_c)/(T_s + T_i) \cdots (2)$$

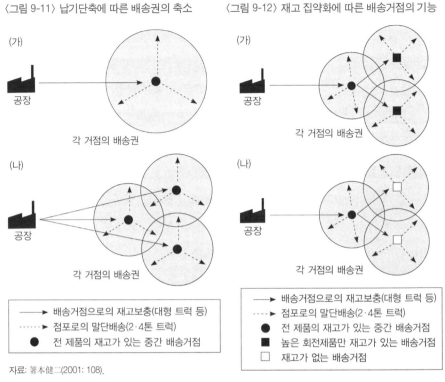

〈그림 9-11〉 납기단축에 따른 배송권의 축소

(가)

공장

각 거점의 배송권

(나)

공장

각 거점의 배송권

➤ 배송거점으로의 재고보충(대형 트럭 등)
---➤ 점포로의 말단배송(2·4톤 트럭)
● 전 제품의 재고가 있는 중간 배송거점

자료: 箸本健二(2001: 108).

〈그림 9-12〉 재고 집약화에 따른 배송거점의 기능

(가)

공장

각 거점의 배송권

(나)

공장

각 거점의 배송권

➤ 배송거점으로의 재고보충(대형 트럭 등)
---➤ 점포로의 말단배송(2·4톤 트럭)
● 전 제품의 재고가 있는 중간 배송거점
■ 높은 회전제품만 재고가 있는 배송거점
□ 재고가 없는 배송거점

자료: 箸本健二(2001: 110).

먼저 다빈도 작은 로트 배송화가 진전되기 이전의 1980년대 전반까지는 T_d가 매우 느슨하게 설정되어 각 배송거점이 담당 가능한 점포 수가 많았고 높은 적재효율을 유지할 수 있었다(〈그림 9-11〉). 그것에 대해 다빈도 작은 로트 배송의 침투는 T_d를 급속히 단축시켰다. 그러나 T_s 및 T_t는 원칙으로 단축이 불가능했고, 거꾸로 대도시권 내에서는 교통사정의 악화에 의한 연장 경향도 지적되었다. 그 때문에 T_t가 불변이라고 가정하면 T_d의 단축과 더불어 각 배송거점이 담당가능한 점포 수는 감소하고 배송권은 축소된다. 이 상황하에서 배송점포의 수를 유지하려면 필연적으로 배송거점의 수를 증가하지 아니면 안 된다(〈그림 9-11〉의 나). 이 때문에 다빈도 작은 로트 배송화의 초기단계에는 많은 제품 분야에서 배송거점의 수가 일반적으로 증대되었다.

그러나 배송거점의 무질서한 증대는 이중 비용부담을 불러오게 되었다. 하나는 거점의 지대부담이나 인건비 등 직접비의 증가이고 나머지 하나는 유통재고의 팽창과 함께 유동자산의 증가이다. 소비재 유통에서 유통재고는 결품을 방지하는 것으로 상품 배송을 원활하게 행하기 위한 재고(stock)이고, 예상 배송량(실제수요)을 약간 상회해 안전재고의 유지가 각 배송거점에서 요구된다. 그러나 배송권의 축소와 연동해서 배송거점이 분산해 각 거점의 유통재고가 축소하면 안전재고의 절대수도 감소하기 때문에 돌발적 수요증대에 대응하지 못하고 결품이나 지연배송이 많이 발생한다. 이 때문에 배송거점이 소규모 분산화하면서 실제수요에 대한 안전재고 비율은 일반적으로 높고 안전재고의 총량을 증가시킨다. 이것이 판매실적이 낮은 저회전제품의 장기체류를 불러와 중간 유통단계의 수익성을 더욱 악화시킨다.

(2) 재고의 집약화

이에 대해 중간 유통단계의 효율성을 높이기 위해 먼저 착수한 것이 수주의 온라인화나 피킹의 자동화 등 정보화의 단순이익(hard merit)을 활용한 T_c의 압축이다. 그러나 납기의 대부분을 차지하는 T_s 및 T_i의 축소가 곤란한 이상 T_c의 압축에만 의존한 배송권의 확대는 저절로 한계가 있고, 배송거점의 통합은 일정수준까지 도달하면 꺾일 수밖에 없다.

여기에서 배송거점의 수를 유지한 채 유통재고의 축소를 겨냥한 시스템이 검토되게 되었다. 구체적으로는 전 제품의 유통재고를 갖는 배송거점을 추출해 나머지 거점은 회전율이 높은 제품의 재고만을 유지한다는 생각이다. 이 경우 저회전제품을 중심적인 배송거점에서 다른 거점으로 공급하기 위한 비용이 새롭게 발생한다. 그러나 그 비용부담을 고려하면 저회전제품의 재고를 집약해서 안전재고의 총량을 삭감하는 편이 총비용은 개선된다(〈그림 9-12〉의 가). 한편 〈그림 9-12〉의 (나)는 이 시스템을 더욱 진화시켜 고려한 것이다. 이 경우 모든 재고는 중심적인 배송거점에 집약되고 주변부의 거점은 중심적인 거점으로부터 공급되는 제품의 말단배송을 행하는 기능으로 특화된다. 이러한 배송 시스템의 유효성을 이해하기 위해서는 점두배송에서 시간적 제약을 고려할 필요가 있다. 예를 들면 납기에 해당되는 T_d를 24시간으로 할 경우 $T_d - T_c$가 모든 말단배송에 이용할 수 있는 것은 아니다. 왜냐하면 납품은 원칙적으로 배송처의 영업시간 중에 행할 필요가 있고, 24시간 영업을 행하는 편의점을 제외하면 야간·조조의 시간대에는 납품이 불가능하기 때문이다. 〈그림 9-12〉(나)의 시스템은 야간을 이용해서 중심적인 배송거점에서 주변부의 거점에 다음날 아침 배송분의 제품을 일괄수송하고 주변부의 거점이 그 말단배송을 인계하는 것으로 배송거점의 분산배치와 재고의 집약화라는 모순된 명제를 양립시키는 것이라고 할 수 있다.

(3) 공동배송화와 공급사슬관리

이러한 재고의 집약화는 배송 시스템 전체의 효율을 높여 중간 유통단계의 수익성을 확보하는 데 중요한 역할을 해왔다. 그러나 1990년대 중엽이 되면서 소비재의 중간 유통단계를 둘러싼 환경은 더욱 곤란해졌다. 그 이유로는 정보화를 배경으로 한 제품의 수명주기 단축이나 대형점법 완화와 더불어 업태 내 경쟁의 격화를 들 수 있다. 먼저 전자는 판매정보를 이용한 제품평가의 짧은 주기를 통해 메이커의 다품종화 정책을 가속시켜 유통재고를 증대시켰다. 또 후자는 점포 간 경쟁의 격화와 더불어 납입가격의 인하에 직결돼 납입가격에서 차지하는 물류비 비율을 상승시켰다. 이러한 환경변화 가운데 각 메이커 자사 단독으로 효율적인 배송 시스템을 유지하는 것은 서서히 곤란하게 되고 배송거점이나 말단배송부분의 공동이용이 모색되었다.

공동배송은 ㉠ 동일 배송처에 대한 하물(荷物)의 혼재, ㉡ 배송처는 다르지만 동일 방향으로 가는 수송 하물의 혼재, ㉢ 배송을 마친 귀로 편(便)의 이용이라는 세 가지 유형으로 대별할 수 있다. 트럭의 대수를 결정하기 위해 이른 단계에서의 적재량 예측이 필요하다. 또 ㉢의 경우에도 귀로 편의 트럭 대수를 결정한 시기까지에 왕로(往路)의 배송 담당업자가 귀로의 업자에 적재 가능량을 전할 필요가 있다. 이 때문에 ㉡ 및 ㉢의 방식에 바탕을 둔 공동배송은 수송량의 변동 폭이 적지 않은 생산재 수송이나 정맥유통의 분야에서 진전됐다. 그것에 대해 ㉠의 방식은 배송처가 동일하고 발주를 끝난 단계에서 배송량을 확정할 수 있다. 나아가 점두배송의 집약화는 연쇄점을 중심으로 한 배송처로부터 강하게 요청되었다. 이 때문에 1990년대에 들어와 연쇄점에 대한 공동 배

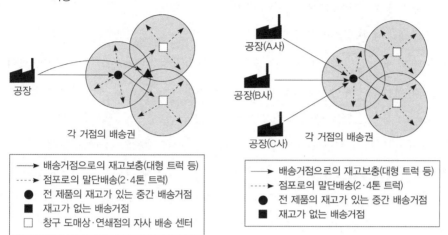

〈그림 9-13〉연쇄점의 공동배송 진전과 배송거점의 기능

〈그림 9-14〉공급사슬 관리화와 배송거점의 기능

공장

각 거점의 배송권

→ 배송거점으로의 재고보충(대형 트럭 등)
----→ 점포로의 말단배송(2·4톤 트럭)
● 전 제품의 재고가 있는 중간 배송거점
■ 재고가 없는 배송거점
□ 창구 도매상·연쇄점의 자사 배송 센터

자료: 箸本健二(2001: 112).

공장(A사)

공장(B사)

공장(C사)   각 거점의 배송권

→ 배송거점으로의 재고보충(대형 트럭 등)
----→ 점포로의 말단배송(2·4톤 트럭)
● 전 제품의 재고가 있는 중간 배송거점
■ 재고가 없는 배송거점

자료: 箸本健二(2001: 113).

송화가 급속히 진전되었다.

연쇄점에 대한 공동배송에는 크게 두 가지의 방식이 존재한다. 첫째는 배송거점이 되는 도매업(메이커의 판매회사를 포함)의 수를 배송권별로 적재효율이 가장 높게 되게 하는 압축방식이다. 나머지 하나는 연쇄점이 자사 전용의 배송거점을 세우고 도매업이나 메이커로부터 납품된 제품을 일단 집약화하고 여기에서 점포별로 나눈 후에 말단배송을 행하는 방식이다(〈그림 9-13〉). 이 양자는 어느 쪽이든지 배송권에서 중간 유통거점의 수를 집약화해 말단배송의 적재효율을 향상시킨다는 점에서 공통적이고 양자의 사실상 차이는 배송거점의 운영주체에 한정된다.[4] 이러한 공동배송 시스템은 연쇄점의 관점에서는 매우 효율적이지만, 도매업이나 메이커의 관점에서 보면 ㉠ 다른 소매업으로의 배송 시스템과는 다른 체제를 별도 정비할 필요가 있고, ㉡ 자사가 구축한

---

4) 차지권(借地權)이 붙어 있는 토지 및 거점시설은 소매업자의 부담에 의해 건설되지만, 여기에서 제품을 납입한 메이커나 도매업은 시설 사용료 등의 명목이 총이익을 상승시키고 있고 상응하는 감가상각분을 부담하고 있는 현상이다.

배송 시스템에서 연쇄점으로의 배송량을 잃기 때문에 적재효율이 저하하는 등의 이유에서 반드시 효율적이라고는 말할 수 없다.

이에 대해 배송거점에서 최적배치의 기준을 특정 연쇄점으로부터 지역의 점포 전체에 부연해 제품 분야별로 배송거점 수의 최적화를 도모하려는 시도가 공급사슬관리이다. 공급사슬관리는 과자, 음료, 일용잡화 등 제품 분야별로 각 배송권의 배송거점을 원칙으로 하여 한 곳에 추출해 각 메이커가 이것을 공동 이용하는 것으로, 이를 통해 적재효율의 향상을 꾀한다(〈그림 9-14〉). 이 생각에서는 배송권 가운데 각 메이커가 독자로 전개해온 배송거점이 집약되었기 때문에 지역의 전체 배송거점 수는 감소하고 적재효율이 향상됨에 따라 총배송비용이나 외부불경제 등의 억제도 기대할 수 있다. 공급사슬관리에 관해서는 몇몇 배송업계가 구체적인 최적화 모델을 검토하고 있지만 그것을 실현하기 위해서는 대폭적인 통폐합을 강요당하는 기존의 배송업자와의 마찰도 예상된다.

3) 물류 시스템의 재편성

물류 시스템은 상품의 발주에서 납품까지의 일련의 업무 주기로, 농협 농산물 물류센터에서 연쇄점이나 각 점포로 배송하는 시각을 보면 보통 하루 전에 발주해 그다음 날 배송을 한다(〈그림 9-10〉). 여기에서 연쇄점의 물류 시스템을 사례로 보면, 연쇄점의 물류 시스템은 소매업의 주어진 조건에서 업무의 효율화가 이루어지는 형으로 시스템이 재편성되어왔다. 연쇄점의 물류 시스템을 지리학 관점에서 고찰하는 것은 두 가지 깊은 의의가 있다고 할 수 있다. 첫 번째는 연쇄점의 물류가 출하창고, 배송센터, 점포 등 복수의 업종에 걸친 거점과 그 사이를 연결하는 유동(재화의 유동)의 조합으로부터 성립되는 공간적 시스템이라는 점이다. 두 번째로는 물류거점이 본질적으로 자유입지(footloose)이며, 연쇄점으로의 파워 시프트나 정보화를 통해 단기간에 그 구조를 변모시켜왔다는 점이다.

다점포화한 소매업태 중에도, 특히 점포가 소규모일 경우에는 점포 수를 증가시켜 기업 전체의 매상액을 올릴 필요가 있다. 이에 따라 거래량도 증가하기 때문에 구입비를 삭감하는 것도 연결된다. 그러나 이 방법은 저비용 운영(low cost operation)이라는 이념과는 모순이 발생한다. 왜냐하면 점포망이 확대되므로 각 점포로의 총수송거리가 증가해 전체의 물류비가 증가하기 때문이다. 물류비는 통상 재무회계에서는 매몰되는 경우가 많고, 정확하게 산출하는 것이 곤란하다. 그래서 소매업자는 표면화하기 어려운 물류비에는 관심이 낮고 그것보다도 점포작업의 효율화에 따른 비용 삭감을 중시하는 경향이 강했다. 여기에서 일부의 선구적인 소매연쇄점이 물류센터의 설치를 기본으로 한 자사 물류 시스템을 구축하고, 배송차량의 적재율 향상이나 총 수송거리의 저감, 점포 도착 차량 대수의 감소 등을 통해 저비용 운영을 진전시키는 점을 주목할 수 있다.

먼저 소매연쇄점의 물류 시스템 구축에 대해서 개념화한 〈그림 9-15〉를 바탕으로 소매업자에 의한 자사 물류센터 설치와 더불어 저비용화에 대해 검토하기로 한다. 〈그림 9-15〉에서 각 단계의 납품업자는 두 개 회사가 존재한다고 하고, 점포 수가 두 개에서 여섯 개로 증가하는 경우를 가정한다. 제 I 단계는 소매연쇄점 R의 맹아기로 점포 수는 적지만 거래상 규모의 장점(scale merits)이 없다. 또 점포도 본부 주변의 한정된 지역에 집중적으로 분포한다. 나아가 소매연쇄점은 자사 독점의 물류 시스템을 가지지 않고, 상품배송은 납품업자 V에 의존한다. 이 단계에서는 납품업자와의 거래관계에서 소매연쇄점의 입장은 약한 반면 물류를 외생화하기 때문에 비용 삭감은 소매연쇄점에 중요한 과제는 아니다.

다음으로 소매연쇄점이 성장하고 점포 수가 증가하는 제II단계를 검토해보면, 점포 수의 증가와 더불어 거래량도 증대하고 구매가격의 인하가 가능하게 된다. 그 반면 점포분포의 공간적 범위 확대로 배송거리나 배송차량 대수도 증가하고 총물류비용은 팽창한다. 즉, 이 단계에서는 구입단계에서 규모 장점의 추구와 배송단계에서 물류비의 억제를 양립시키는 것이 곤란하다. 제III단계에서는 전 단계에서 생긴 모순을 해소하기 위해 소매연쇄점이 자사 물류센터(D)를 구축하게 된다. 자사 물류센터를 설치함으로써 물류경로는 크게 변화한다. 먼저, 모든 점포에 상품을 배송해온 납품업자는 소매

<그림 9-15> 물류 시스템 구축의 모식도

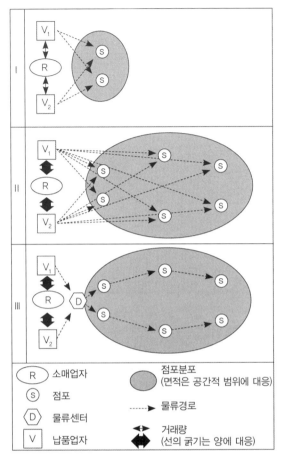

R 소매업자
S 점포
D 물류센터
V 납품업자

점포분포
(면적은 공간적 범위에 대응)

┄┄▶ 물류경로

◀━▶ 거래량
(선의 굵기는 양에 대응)

자료: 荒井良雄·箸本健二 編(2007: 39).

연쇄점의 물류센터 한 곳으로 납품을 집약화한다. 물류센터로부터 각 점포로 배송하는 방식은 점포당 배송료 등의 조건을 근거로 삼아 일괄배송이나 루트 배송 중 어느 것이든지 선택할 수 있으며, 어느 경우에도 자사 물류센터라는 '상품군의 벽을 넘은 종합적인 집약점'의 설치를 통해 점포의 배송효율을 향상시킬 수 있다. 그림 중의 III은 루트 배송방식을 나타내는데, 물류센터에 상품을 집약화함으로써 배송의 총거리가 큰 폭으로 단축됨과 동시에 배송차량의 총수도 감소하는 것을 이해할 수 있다.

〈표 9-2〉 연쇄점을 대표하는 업태의 상품특성과 물류전략

구분	편의점	양판점(GMS)·식료품 슈퍼마켓	홈센터·할인점
온도대별 배송	필요	필요	불요
온도대별 상품수(A)	소	대	대
재고 회전율(B)	고(점두 재고·소)	중(점두 재고·중)	저(점두 재고·대)
평균 배송빈도(A/B)	다빈도	중빈도	소빈도
트럭 적재효율	저	고	고(혼재 가능)
물류 시스템의 기본 전략	배송권의 확대를 통한 각 배송 루트의 최저점포 수의 유지	정시배송의 유지와 납품 정확도의 향상에 의한 점 포생산성의 향상	거리대별 배송과 혼재를 통한 배송 시스템의 생산성 향상

자료: 荒井良雄·箸本健二 編(2004: 115).

소매연쇄점의 관점에서 본 경우 자사 물류센터의 효과는 물류경로의 재편뿐만 아니라 물류센터의 사용료[5]의 징수나 재고보관의 효율화를 통한 물류비의 저감을 가져온다. 한편 재고보관에 관해서는 일반적으로 점포를 갖는 점두 재고의 양을 일정하다고 생각하는 경우, 점포 수가 증가하는 만큼 점두 재고의 총량은 증대하고 기업 전체의 경영을 압박한다. 이 때문에 자사 물류센터를 설치하고 그곳에 재고를 집약화함으로써 재고의 총량을 압축하고 기업 전체의 유동자산을 줄이려 한다.

이와 같은 소매연쇄점의 물류 시스템에서 연쇄점을 대표하는 업태인 편의점, 양판점(GMS)·식료품 슈퍼마켓, 홈센터·할인점의 상품특성과 물류전략을 나타낸 것이 〈표 9-2〉이다.

---

5) 물류센터의 사용료란 소매연쇄점의 센터를 경유한 상품에 대해서 납품업자가 센터로부터 점포까지의 배송비용을 지불하는 상관행(商慣行)을 의미한다. 센터 사용료는 일본의 독특한 제도라고 말하지만 요금체계가 불투명한 것 때문에 문제가 된다. 센터 사용료는 큰 거래 교섭력이 있는 대규모 소매업자에 의해 결정되기 때문에 납품업자에게는 부담이 클 것이라고 지적된다.

3. 유연적 전문화와 JIT

1) 유연적 전문화

최근 경제학에서 조절이론(regulation theory)[6]이나 후기 포드주의, 유연적 전문화에 대한 관심이 높아져 유럽과 미국의 경제지리학 방법론에 대해서도 적지 않은 영향을 미치고 있다. 물론 조절이론이나 그 일련의 응용에 대해서는 국내외의 경제지리학자로부터 비판적인 검토가 이루어지고 있다. 또 경제지리학에서도 경제발전이나 산업구조전환의 사례가 포드주의, 후기 포드주의에 적합할까 그렇지 않을까라는 문제의 논의가 시작되었다.

이러한 논의의 일련의 흐름은 크게 세 가지로 나눌 수가 있다. 첫째, 조절이론은 1976년 아글리에타(M. Aglietta)에 의해 제창되었다. 포드주의는 획일적 대량생산과 임금상승이나 고용보증에 의해 노동력이 재생산되어 소비가 달성된 축적의 양식이라고 생각한다. 또 동시에 포드주의는 법인 자본주의의 존재, 케인스의 복지국가라는 형태로 경제에 대한 국가의 개입, 브레튼 우즈의 국제통화체제라는 조정의 양식을 동반했다. 그러나 포드주의의 위기가 심각해지고, 후기 포드주의로의 이행이 모색되었다. 둘째, 이러한 논의에 대해 피오레(M. J. Piore)와 세이블(C. F. Sabel)은 '제2의 산업분수령(the second industrial divide)'과 '유연적 전문화'라는 개념을 주창했다. 이러한 생각을 바탕으로 쿡(P. Cooke)은 디자인 집약적인 기술(craft) 산업이나 첨단(high-tech) 산업의 발전을 이어받아 자립 내발적인 발전에 의한 로컬리티(locality)[7]의 복권을 주창했다. 셋

---

[6] 조절이론은 종래 마르크스 경제학과 케인스 경제학의 성과를 답습해 새로운 설명을 시도한 프랑스의 연구자에 의해 제시된 이론이다. 이 이론은 경제사회를 재생산해가기 위해 채택된 제도적 조정을 의미하는 것으로, 사회적·경제적 동태의 해명을 기본 과제로 하여 자본주의의 재생산에서 개인과 집단의 행동 총체로서 사회관계의 구체적 형태를 규명한다.

[7] 로컬리티는 1980년대 영국의 산업 재구조화 및 도시와 지역체계의 변화를 분석함에 있어 공간적 차별성을 이해하기 위한 개념으로, 신지역지리학의 핵심개념으로 자리 잡게 되면서 다양한 학제적 접근이 이루어지게 되었다. 사전적 의미로는 국가보다 공간적 스케일이 작은 장소나 지역이자 공간적 차별성의 기본단위로 정의된다.

째, 리피에츠(A. Lipietz)는 포드주의를 글로벌적인 범위를 바탕으로 고찰하고, 새로운 민주적 사회를 이론상 또는 운동론상에서 선택적(alternative)으로 구축하려고 했다. 거기에는 생태학이나 여성주의(femininism) 사상과의 접합이 시도되었다. 나아가 이러한 논쟁에 이어서 일본의 JIT는 후기 포드주의나 유연적 생산체계(flexible production system)의 사례로서 많은 관심을 불러일으켰다.

본래 JIT는 일본에서 토요타 자동차회사가 제2차 세계대전 이후 경제부흥기부터 고도경제성장기에 걸쳐 개발된 생산과 경영수법으로 창안된 방식의 일부이다.[8] 물류나 재고관리를 위해 고안된 경영방식으로, 일본 기업에 의한 산업조직·노동조직의 공간적 편성의 결과라 말할 수 있다. 또 생산비가 줄어드는 가운데 JIT의 도입은 전체 비용에서 차지하는 물류비용의 비율을 대단히 높게 했다. 거기에다 기업은 정보화 기술을 통해 물류를 공간상에서 효율적으로 재편성하지 않으면 안 된다는 점도 지적했다. JIT는 효율 지상주의로서 과중한 노동이나 사회적 비용의 발생 등 부적(負的)인 측면을 갖고 있다.

2) JIT에 대한 문제의식

포드주의는 20세기 초에 대량 생산방식의 확립과 케인즈주의 정책의 성립이라는 '제1의 산업분수령'을 계기로 발달했다. 그러나 이윤율의 저하나 실질임금의 상승을 시작으로 생산성이 저하되자 포드주의의 위기는 심각했다. 특히 1973년 시작된 제1차 석유파동을 계기로 산업구조의 전환·대량생산에서 다품종 소량생산으로의 이행과 규모의

---

8) 오노(大野耐一) 전 토요타 자동차회사 관리부회장이 말하는 JIT의 정의는 다음과 같다. 첫째, 하나의 생산위치의 운영구조는 작업에 관한 훈련을 받은 다기량(multi-skilled) 노동자를 포함한 팀에 의해 관리되어진다. 다숙련 노동자는 운영에서 몇몇 일관된 단계를 담당하는 노동자이다. 이것은 수요의 변동에 따라 제품의 유형과 양을 조정할 수 있고, 작업의 요구에 따라 노동자의 배치를 조절할 수 있다. 둘째, 모든 품질조절은 모든 개인의 참여의 원리에 의해 실행한다. 셋째, 과정통제는 JIT의 원리를 바탕으로 형성된다. 고객에 의해 발생하는 수요의 대응에서 JIT는 생산과정의 시간을 짧게 하는 것을 추구하고 회사의 판매이윤과 자본회전율에도 공헌한다. 동시에 초과 부품재고를 없앰으로써 JIT 또한 시설과 노동력의 효과적인 이용을 추구한다. 넷째, 포괄적인 비용조절이 불확실한 비용을 없애는 도구가 된다.

경제 추구가 일어나 이를 '제2의 산업분수령'이라 불렀다. 그러나 JIT는 빈도가 높은 물리적 이동과 더불어 많은 노동력과 차량, 에너지의 투입을 하지 않으면 안 되는 모순점을 갖고 있다. 따라서 장차 정보화, 에너지 절약 및 환경문제의 해결이 지향되고 있는 면에서 보다 적절한 방식으로 전환할 필요가 있다고 하겠다. 이런 면에서 JIT는 '제2의 산업분수령' 이후 유연적 생산방식이나 임금과 노동관계를 대표하는 것으로 후기 포드주의로 이행하는 도중의 중요한 과정이라고 보는 것이다.

유연적 전문화의 관점을 포함한 경제지리학의 방법론에 대해 스콧(A. J. Scott)은 '생산 및 노동의 수직 분할'과 '유연적 생산체계'를 두 가지의 주요어로 사용했는데, 이에 대해 살펴보면 다음과 같다. 석유파동 이후 시장경쟁이 심화됨과 동시에 생산의 불확실성은 기업 내부에서의 대량생산을 위시해 규모의 경제를 추구하는 것이 불가능하게 되었다. 그 대신에 다품종 소량생산을 행하기 위해 기업은 생산 공정을 분할(분업)하고 하청이나 외부발주를 하게 되었다. 이러한 분할에 의해 자본이나 노동력 배치의 유동성이 높아져 생산자에게는 그것을 유연하게 결합하고 분해하는 것이 가능하게 됐다. 더욱이 그러한 분할은 외부와의 계약이나 연계(linkage)의 갱신에 의해 기업 간 관계를 급속히 변화시켰다. 이 방법에 의해 외부경제는 심화·광역화되고 시장도 한층 확대되게 되었다. 거기에다 점점 전문화된 서비스업이나 투입물의 생산자가 형성되었다. 또 이렇게 해 생긴 새로운 산업부문은 노동의 사회적 분업을 계속 확대시켜나가고 있다. 이러한 과정을 스콧은 '동적인 수직적 분할(dynamic vertical disintegration)'[9]이라고 정의를 지었다. 오늘날에는 전통적인 과점적 기업이라도 수직 분할에 의해 생산과 경영의 분산화가 넓게 진행되고 있다.

그러나 노동의 사회적 분업이 진행되면 기업 간의 계약구조가 복잡해지기 때문에 일부의 비용은 다시 증가한다. 예를 들면 수송, 통신, 정보교환, 연구조사, 품질검사 등의 비용이나 전체 시스템 내 자본의 회전속도가 저하함에 따라 생기는 재정적 손실을

---

9) 수직분할은 단지 모기업에서 하청기업으로의 노동력 분업·고용 분할뿐만 아니라 생산이나 고도의 가공 기술과 관련된 기업 간의 일련의 계약이나 거래에서 분할되고, 공간적으로 배치되어 있다는 의미를 포함하는 것이다. 여기에서 분업이라는 용어 대신에 분할이라는 용어를 사용했다.

들 수 있다. 거기에다 생산자 간의 공간적 분산이 커질수록 더욱 많은 비용이 생겨난다는 것을 생각할 수 있다. 이러한 손실을 막기 위해 주요한 생산자 상호의 관계는 선택적으로 나타난다. 최근의 JIT의 도입은 이런 여러 관계와 그에 따라 생기는 집적의 동향을 강화하는 것이라고 말할 수 있다. 이에 로버링(J. Lovering)은 이러한 현상이 집적의 경제를 지향하도록 하고, 경제지리학이 종래의 수송비와 수송거리의 분석에서 거래(transaction)의 분석으로 발전시켜나가지 않으면 안 된다고 지적했다.

이에 대해 필립스(N. A. Philips)는 종래부터 정보비·수송비가 집적의 외부경제 효과를 설명하는 중요한 요인이라고 했다. 그러나 오늘날에는 수송비에 비해 정보비의 중요성이 좀 더 증가했다. 기업 간의 연계에서 JIT에 의한 배송이나 정례적인 정보교환만이 아니고, 기업전략을 좌우하는 중요한 정보에 대한 접근의 이점이 집적을 더욱 촉진한다고 말할 수 있다. 요컨대 정보통신 기술의 발달로 거리의 장벽이 시간적으로 감소하게 되었기 때문에 새로운 생산과 소비의 지리학이 필요했다.

3) JIT의 공간적 함의

넓은 의미의 JIT에서 기업 외부와의 여러 관계는 다음과 같다. 첫째, 하청기업이나 전문화된 공급업자를 활용한다. 둘째, 다빈도 소량이 필요할 때에 그만큼의 양만을 배송하거나 납품한다. 셋째, 납품까지의 납기를 단축시킨다. 넷째, 수송·배송비의 상승을 재고·재고관리비의 삭감으로 보충한다. 또 좁은 의미의 JIT는 여분의 재고를 가지지 않는 공급업자로부터 필요한 양만큼 부품이 납품되는 린(Lean)방식[10]이다.

유럽과 북아메리카의 경제지리학자들 간에는 JIT를 물류만이 아닌 유연적 생산방식으로도 파악해왔다. JIT에서 부품의 재고를 가급적 적게 하고 다빈도 소량배송을 행하며, 품질관리를 엄격하게 하기 위해 수송비를 포함한 거래비용의 절약과 정보관리 등

---

10) 일본 토요타 자동차회사가 독자적으로 개발한 생산기법이다. 포드주의식 대량주의에 입각해 재고를 쌓아두고 생산하는 방법을 지양하고 적시에 제품과 부품이 공급되는 JIT시스템을 갖춤으로써 재고비용을 줄이고 종업원의 적극적인 참여를 유도해 생산품질까지 높이는 혁신적인 방식을 말한다.

의 면에서 조립공장 주변에 부품공급업자가 집적한다는 이론적인 학설은 에스톨(R. C. Estall) 등에 의해 주장되었다. 이에 대해 JIT의 도입을 원격지에 소재하는 기존입지의 기업 네트워크를 활용한 허드슨과 새들러(R. Hudson and D. Sadler)의 연구와 표준적인 부품이 집중적으로 생산되어 규모의 경제가 추구된다는 쇼언버거(E. Schoenberger)의 연구, 원격지에 입지해도 모듈화(modularization)[11]나 전자부품화를 가능하게 하는 높은 기술수준을 가진 부품공급업자와 거래를 한다는 샴프(E. Schamp)의 연구, 품질관리나 만능공업화를 실시할 때 보다 순종적인 노동력을 지향해 농촌·주변 지역에 분산 입지한다는 연구도 있다. 이러한 점에서 볼 때 JIT의 공간적 함의를 집적요인보다 분산요인으로 설명하는 편이 실제의 JIT의 전개를 설명하는 데 더 유효하다고 말할 수 있다. 이것은 부품공급업자와의 거래비용을 절약하기 위해 집적한다기보다는, 기업 내부에서 품질관리나 만능공업화를 실시하기 위한 순종적인 노동력을 지향하기 때문에 주변부에 분산 입지하는 것이 좀 더 중요하다는 것을 반영한 것이다. 그러나 이것이 집적요인의 중요성을 완전히 부정하는 것은 아니다. 복합적인 사상(事象)에 의해 전개된 것이기 때문에 어느 특정요인에 의해 결정되는 것은 아니라고 생각한다. 오히려 JIT 실시로 집적과 분산의 여러 요인이 중복해서 작용하는데, 몇 가지의 분산요인이 좀 더 유력하고 다양한 입지의 전개를 인정하는 것이라고 볼 수 있다. 그리고 기업 외 물류체계의 요인을 중시한다는 점과 기업 내의 생산·노동체계의 요인을 더욱 중시한 관점에서도 엿볼수 있다. 그러므로 이들 양자의 관점을 종합해 JIT의 공간적 함의를 고찰하는 것이 필요하다.

특히 기업 내의 생산·노동체계의 관점과 관련된 일본의 연구자들은 광범위하게 분산된 공급자로부터 물류의 실태를 언급했다. 예를 들면 오가와(小川佳子)의 일련의 연구에 의해 규슈(九州) 지방과 야마구치 현(山口縣)에 진출한 완성차 조립공장은 간토(關東) 지방 등의 기존 부품공급업체로부터 창고에 재고를 두고 장거리로 납입된다는 점

---

11) 모듈화란 복수의 부품을 설계단계부터 조합해 제조하는 방식으로 자동차 조립공정의 일부를 부품업체에 이관하는 것을 말한다.

을 밝혔다. 나아가 일본 자동차 기업의 에스파냐, 캐나다, 인도로의 진출에 대해 넓게 분산한 공급업체로부터 부품을 순회 집하하는 순회운송(milk run)방식[12]이나 창고의 이용이라는 부품납입이 행해지는 점도 밝혀졌다.

한편 경제의 글로벌화가 추진되면서 일부 부품공급업체에서는 기업의 합리화와 부품의 공동화가 진행되고 있다. 부품의 공동화에 의해 규모의 경제가 작동하기 쉽고 부품공급업체 간의 경쟁이 심화되고, 부품공급업체 간의 경쟁은 계열 외 거래의 확대로 공간적 확대의 한 요인이 된다고 지적했다. 거래의 공간적 확대는 수송시간의 증대와 관련되고, 수송시간이 길수록 수송시간을 일정화하는 것이 곤란해지며, 많은 부품공급업체에서 채택되는 생산방식인 JIT의 실시가 어려워진다. 이에 대한 대책으로서 납품처 근처에 창고설치 등이 행해지고 있다. 그러나 배송시간의 단축이나 정해진 규약을 잘 수행한다면 납품처 근처에 창고를 설치하지 않고도 JIT의 실시는 가능하다고 하는 아베(阿部史郎)의 지적도 있다.

한편 린지(G. J. R. Linge)는 오스트레일리아에서 JIT를 도입하기 곤란한 점을 다음과 같이 지적했다. 첫째, 노사분쟁이 잦고, 둘째, 기업의 장기계획이나 목표가 결여되어 있으며, 셋째, 이민노동자가 많아 종합적인 커뮤니케이션을 잃기 쉽고, 넷째, 전문적·계층적 고용 시스템이 탁월하며, 다섯째, 노동자의 직접경영참여로의 전환이 늦고, 여섯째, 컴퓨터·로봇의 도입이 진척되지 않고, 일곱째, 부품의 발주처가 각 회사로 분산되었고, 여덟째, 배송시설이 비효율적이라는 것이다.

이상에서 JIT는 그 장점을 가지고 있는데도 불구하고 전체의 비용에서 차지하는 물류비용의 비율이 대단히 높다. 거기에다 기업은 정보화 기술을 통해 물류를 공간상에

---

12) 한 대의 트럭이 복수의 부품공급업체를 순회하며 각 업체로부터 작은 로트 부품을 혼재해 완성차 조립 공장에 JIT로 납입하는 방식을 말한다. 이 방식은 부품공급업자가 완성차 메이커로부터 미리 지정된 회수시각에 부품을 확실하게 반출할 수 있게 출하준비를 정리해둘 필요가 있다. 순회운송은 우유회사가 목장을 순서대로 돌면서 우유를 수집했던 데서 이런 이름이 붙게 되었다. 일반적인 물품공급은 거래처에서 구입처의 공장으로 운반하는 방식으로 이루어지지만, 순회운송은 반대로 구입처가 거래처를 돌면서 부품을 모으는 방식이다. 필요할 때 필요한 양만큼 가져올 수 있기 때문에 재고를 줄일 수 있는데다 적재 효율이 높아지기 때문에 운송횟수를 줄일 수 있어 납품비용을 절감할 수 있다.

서 효율적으로 재편성하지 않으면 안 된다는 점도 해밀턴(F. E. I. Hamilton)이 지적했다. JIT는 효율지상주의로 과중노동이나 사회적 비용의 발생 등 부(負)의 측면을 가지고 있어 지역경제나 국민경제에서 바람직한 물류의 존재와 공간구조가 요망된다고 하겠다.

4) JIT의 문제점

산업구조의 변환이 물류에 미친 가장 큰 변화로서 다빈도 소량 배송, 이를테면 JIT의 발전을 지적할 수 있다. 그러나 JIT의 등장으로 인한 문제점이 몇 가지 있다. 첫째, 물류비용 증대의 원인이 되고 있다. 그 이유로는 ㉠ 인력 부족으로 인한 운임과 인건비 상승, ㉡ 배송 트럭의 적재효율 저하, ㉢ 배송단위의 소량화로 작은 단위로의 분류 등 유통가공 작업의 증대, ㉣ 소매업자 측 다빈도 소량배송의 일방적 요구나 반품의 수송, ㉤ 소매업자의 비용은 감소하지만 메이커나 도매업자의 비용은 증가하기 때문에 총물류비용도 증대, ㉥ 지가 상승이나 창고 등의 공간부족 등을 들 수 있다.

둘째, 노상 주차의 증대, 교통체증 증가, 배기가스에 의한 환경오염 심각화 등 도시 내 물류에서 외부 불경제를 발생시키는 문제점이다. 물류는 화물의 수송이라는 점에서 교통(도로, 철도, 항만, 공항)이라는 공공시설이나 기능을 이용한다. 따라서 물류 시스템은 경영의 효율만이 아니고 국민의 복지나 생활의 질 향상에 기여하는 것이 되지 않으면 안 된다. 셋째, 무역마찰과 더불어 다빈도 소량배송의 문제가 위법행위라고 규정짓는 국가 간의 무역문제를 들 수 있다.

4. 완성차조립 부품공급의 지역적 물류체계

2011년 한국 자동차 산업은 제조업 중에서 종업원 수, 생산액, 부가가치에서 각각 약 10%를 차지하는 기간산업이다. 이러한 자동차 산업에 부품을 공급하는 부품산업은 최근 10여 년간 기술경쟁력이 크게 향상되어 비약적으로 발전했는데, 이것은 글로벌 시장에서 현대·기아자동차의 위상이 높아지면서 부품공급업체(협력업체)들의 인지도도 함께 올라갔기 때문이다.

완성차는 3만 여 가지 부품의 물적 연관에 의해 조립되기 때문에 부품공급업체의 복잡한 공급 사슬을 나타내는데, 이와 같은 현상은 완성차 메이커에 따라 그 물류체계가 다르게 나타난다. 이러한 물류체계는 1997년의 외환위기와 함께 완성차 메이커의 구조조정, 외국 부품공급업체의 국내진출, 글로벌 차원에서의 부품조달, 산업의 IT화에 따른 개방적 부품 조달체계의 확산, 모듈화[13] 등이 수직적인 부품조달체계를 완화시키는 요인으로 작용해 나타났다. 그러나 부품공급업체들은 제품판매와 자본, 기술, 인력을 완성차 메이커에 의존할 수밖에 없는데, 이는 기술수준이 낮고 효율적인 회사경영이 어려워 경쟁력을 가진 고품질 부품을 만드는 것이 곤란하기 때문이다. 그래서 한국의 자동차부품 품질을 향상시키고 부품공급업체의 자생력을 제고시키기 위해서는 첫째, 정상적인 거래관계에서 발생하는 잉여가 부품공급업체에 귀착되지 못하도록 하는 구조를 개선해야 하고 둘째, 기술에 관한 정보교환이 원활하도록 거래구조를 전환시키는 것이 중요하다. 반면에 완성차 메이커의 구매력이 절대적으로 큰 상황에서 일방적이고 폐쇄적인 수직구조는 위의 두 가지 방안에 지속적인 가장 큰 걸림돌이 된다.

1) 완성차 부품공급업체

(1) 부품공급업체와 완성차 메이커와의 관계

자동차 부품은 크게 OEM(original equipment manufacturing)방식의 조립용, 보수용과

---

13) 대표적인 모듈생산 품목은 인판넬(instrument panel)과 각종 계기판, 오디오 등 전장부품, 에어컨디셔닝, 에어백 등으로 구성된 부품 조립단위인 운전석(cockpit: 계기판, 카오디오, 에어컨, 환기장치, 에어백 등), 자동차 하부에 위치해 자동차의 뼈대를 이루며, 바디 및 파워 트레인을 지지하는 시스템으로 서스펜션(suspension), 조향(steering), 제동(brake), 부품 등으로 구성되는 섀시[chassis: 액슬(axle), 서스펜션, 서브 프레임(sub-frame) 등 자동차의 뼈대를 이루는 40여 개의 부품], 차량 앞부분에 위치한 캐리어, 헤드램프, 라디에이터 그릴, 혼 등으로 구성된 부품 조립단위인 프런트엔드(front-end), 도어, 시트 등이다. 이러한 생산 공정의 모듈화는 산업 특수적 생산시설의 공유를 통해 기업은 요소비용을 절감하고 설비 가동률을 제고해 규모의 외부경제를 향유할 수 있다.

<표 9-3> 완성차 메이커별 납품 부품공급업체 수(2013년)

회사명	현대자동차	기아자동차	한국GM	쌍용자동차	르노삼성 자동차	자일 대우버스	타타대우	계 (실제 업체 수)
업체 수	347	332	322	182	243	221	200	1,847(898)
계(%)	18.8	18.0	17.4	9.8	13.2	12.0	10.8	100.0
실제 업체 수에 대한 비율(%)	38.6	37.0	35.9	20.3	27.1	24.6	22.3	-
납품 액 (억 원)	224,402	177,411	65,850	20,564	11,547	3,312	4,266	507,352
비율(%)	44.2	35.0	13.0	4.1	2.3	0.6	0.8	100.0

자료: 韓柱成(2015: 623).

수출용으로 나눌 수 있는데, 2013년 매출액 74조 8303억 원 중 67.8%가 국내 자동차의 조립용이고, 수출용과 보수용은 각각 28.1%, 4.1%이다. 그래서 자동차 부품공급업체에서 국내 완성차 조립공장으로 공급되는 물류체계를 살펴보고자 한다. 자동차 부품공급업체는 완성차 조립공장에 직접 납품하는 1차 부품공급업체, 1차 부품공급업체에 부품을 공급하는 2차 부품공급업체, 2차 공급업체에 부품을 공급하는 3차 부품공급업체로 나누어진다. 1985년 1차 부품공급업체가 61.4%를 차지했고, 완성차 조립공장이나 1차 부품공급업체에 공급한 2차 부품공급업체는 35.7%였다. 그러나 외환위기 이후 모듈화가 이루어짐에 따라 2013년 자동차 부품공급업체 952개[14] 중 1차 부품공급업체 수는 완성차 업체에 따라 다른데, 현대자동차가 38.6%를 차지해 가장 많고, 이어서 기아자동차(37.0%)의 순으로 쌍용자동차(20.3%)가 가장 적다(<표 9-3>).

자동차산업은 완성차 메이커인 대기업의 형식지와 부품을 제조하는 부품공급업체인 중소기업의 암묵지를 결합하거나 기존 기술과 다른 기술을 융·복합해 더욱 복잡하고 모방이 어렵게 만드는 것이기 때문에 지역적 물류체계를 파악하는 의미를 갖고 있다. 그리고 완성차 메이커인 대기업과 부품공급업체의 수평적 통합으로 완성차를 생산하고 있어 물류체계를 파악하기에 적절하다. 이와 같은 완성차 메이커와 부품공급

---

14) 거래실적이 없는 54개의 업체는 제외되었다.

업체와의 관계를 제품설계 방식에서 보면 승인도 방식[15]이 60.4%, 대여도 방식[16]이 31.0%, 위탁도 방식[17]이 6.1%, 시판품[18]이 2.4%를 차지한다. 여기에서 완성차 메이커가 승인을 해야 부품을 제작하는 비율이 높은 이유는 부품조립 후 완성차에 문제가 발생했을 경우에 완성차 메이커가 책임져야하기 때문이다. 분석대상의 자동차 메이커는 현대·기아자동차, 한국GM, 르노삼성자동차, 쌍용자동차의 각 조립공장이다.[19]

(2) 자동차 부품공급업체의 속성

2013년 자동차 부품공급업체의 종업원 규모별 업체 수를 보면 중소기업이 669개로 74.5%를 차지했고, 대기업은 229개 업체로 1/3이었다(〈표 9-4〉).

완성차 조립공장에 부품을 공급하는 업체 수는 898개로 이들 업체는 완성차 메이커에 중복 납품을 하는데, 현대자동차에 가장 많이 공급하고, 이어서 기아자동차, 한국GM의 순으로, 이들 세 개 회사 납품업체 수가 54.2%를 차지한다. 한편 납품액으로 보면 현대자동차가 44.2%, 기아자동차가 그다음으로 이들 두 개 회사가 79.2%를 차지해 부품납품이 집중되었음을 알 수 있다(〈표 9-3〉). 그리고 배타적 거래인 단일 조립공장으

〈표 9-4〉 종업원 규모별 부품공급업체 수(2013년)

구분	50명 미만	50~99명	100~299명	300~1000명		1001명 이상	계
업체 수	247	177	218	27*	191	38	898
비율(%)	27.5	47.0			25.5		100.0

* 자본금이 80억 원 이하인 업체로서 중기업으로 분류했음.
자료: 韓柱成(2015: 624).

---

15) 자동차 메이커가 행한 부품의 기본설계를 바탕으로 부품업체가 세부설계를 주로 행하며, 도면은 부품업체가 소유하고 해당 부품의 품질에 대한 책임도 지는 방식을 말한다.
16) 자동차 메이커가 부품의 상세설계를 하고 도면을 소유하며 이 도면을 부품업체에 대여하는 방식을 말한다.
17) 자동차 메이커가 행한 부품의 기본설계를 기본으로 해 부품업체가 상세설계를 주로 행하고, 도면은 자동차 완성업체가 소유하는 방식을 말한다.
18) 부품공급업체가 부품을 기획·개발하고 자사 제품으로서 판매하는 방식을 말한다.
19) 자일대우버스와 타타대우에 부품을 공급하는 업체의 자료가 미비하고, 한국 완성차 부품 납품액의 0.6%, 0.8%를 각각 차지해 1% 미만으로 제외시켰다.

<표 9-5> 부품공급업체의 완성차 메이커 거래 기업 수(2013년)

구분	거래 기업 수						계
	1개 사	2개 사	3개 사	4개 사	5개 사	6개 사 이상	
납품업체 수	435	228	96	65	46	28	898
비율(%)	48.4	25.4	10.7	7.2	5.1	3.1	100.0

자료: 韓柱成(2015: 624).

로의 독점적 거래도 전체 공급업체 수의 48.4%를 차지해 거래관계가 많지만 두 개 이상의 완성차 조립공장에 부품을 납품하는 개방적 거래 부품공급업체 수는 반 이상으로 공존적 협력거래관계를 넘어 수평적 협력거래를 나타내고 있다(<표 9-5>). 이와 같이 부품공급업체가 복수의 조립공장과 거래하므로 부품의 납품단위를 확대할 수 있을 뿐만 아니라 범위의 경제, 학습기회 등과 같은 다양한 잠재적 수익을 누릴 수 있다.

2) 자동차 부품의 물류체계 및 조립공장과 부품공급업체와의 근접성

(1) 자동차 부품의 물류체계

자동차 부품의 물류체계는 <그림 9-16>과 같이 완성차 조립공장과 소비자가 최종공급처가 된다. 소비자는 개인이 보유한 자동차의 수리를 위해 부품의 공급을 받게 된다. 한편 완성차 조립공장은 신차를 생산하기 위해 공급업체로부터 부품을 공급받는데, 3차 공급업체로부터 2차 공급업체로 다시 2차 공급업체에서 1차 공급업체로 공급되며, 하위 공급업체로부터 공급받는 부품은 부분적으로 1차 공급업체인 모듈 업체에서 모듈화해 완성차 조립공장에 납품한다. 여기에는 직접납품방식(이하 직납이라 함)을 취하는 업체는 개별 1차 공급업체나 모듈업체 및 해외 1차 부품공급업체이다.

(2) 완성차 조립공장과 부품공급업체와의 근접성

한국의 자동차 부품은 외부거래가 약 70% 이상을 차지하는데, 이와 같은 이유는 부품의 내부생산 및 외부조달결정에 큰 영향을 미치는 요소인 거래비용 때문이다. 또 완

〈그림 9-16〉 자동차 부품공급의 물류체계

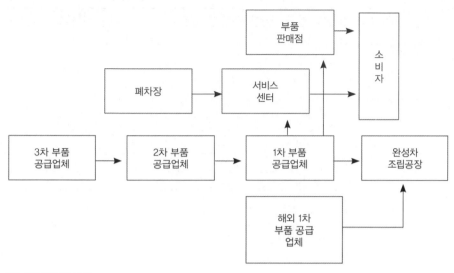

자료: 韓柱成(2015: 627).

성차 조립업체와 부품공급업체의 거래관계[20]는 장기 협력적 관계(long-term relationship)
로 이루어지는데, 한국은 대체적으로 자동차 부품공급업체들이 자회사이거나 아예 자
본 및 인적교류가 없는 공존적 협력거래인 경우가 대부분이다. 그러나 완성차 메이커
와 부품공급업체 간에는 기술개발과 정보제공이 중요한 역할을 하고 있다.

  이러한 면에서 완성차 조립공장과 부품공급업체 간의 기술개발과 정보제공을 위해
지리적 거리가 중요하다고 생각해 근접성의 정도를 살펴보면 다음과 같다. 한국의 완
성차 조립공장은 현대자동차의 경우 울산시 북구와 아산·전주시에, 기아자동차는 광
주시 서구와 경기도 광명·화성시에, 한국GM은 인천시 부평구와 전라북도 군산시, 경
상남도 창원시에, 르노삼성자동차는 부산시 강서구에, 쌍용자동차는 경기도 평택시와

---

20) 거래관계의 친밀도에 따라 기업내부거래, 자회사거래, 일부 자본참여 및 인적교류가 존재하는 공존적
   계열거래, 자본참여 및 인적교류는 없지만 장기 지속적이고 협력적 거래관계가 유지되는 공존적 협력거
   래, 전문성을 가진 대형부품공급업체가 비교적 협력적 관계를 유지하면서 장기거래를 지속하는 병렬적
   협력거래, 시장거래 등으로 구분할 수 있다.

<표 9-6> 시·도별 자동차 부품공급업체의 분포(2013년)

시·도	부품공급업체 수	비율(%)
서울시	35	3.9
부산시	84	9.4
대구시	54	6.0
인천시	58	6.5
광주시	26	2.9
대전시	10	1.1
울산시	39	4.3
세종시	6	0.7
경기도	201	22.4
강원도	3	0.3
충 북	23	2.6
충 남	82	9.1
전 북	71	7.9
전 남	7	0.8
경 북	59	6.6
경 남	140	15.6
제주도	0	0.0
전 국	898	100.0

자료: 韓柱成(2015: 628).

창원시에, 자일대우버스는 부산시 금정구와 울산시 울주군에, 타타대우는 군산시에 입지한다.

다음으로 시·도별 부품공급업체의 분포를 보면 898개 업체 중 경기도에 22.4%가 입지해 가장 많고, 그다음은 경상남도, 부산시, 충청남도의 순이다. 이를 시·군별로 보면 경상남도 김해시에 56개가 입지해 가장 많고, 이어서 경기도 안산시(53개), 화성시(50개), 경상남도 창원시(43개), 인천시 남동구와 충청남도 아산시에 각각 40개, 경기도 평택시(35개), 대구시 달서구(33개), 경기도 시흥시(27개), 부산시 강서구, 울산시 울주군과 광주시 광산구에 각각 26개, 경상남도 양산시(23개), 대구시 달성군(22개), 전라북도 군산시(21개), 충청남도 천안시(20개)의 순으로 완성차 조립공장이 입지한 인접지역에 많이 분포해(<표 9-6>, <그림 9-17>) 부품생산의 규모의 경제를 추구하기 위한 부품공급업

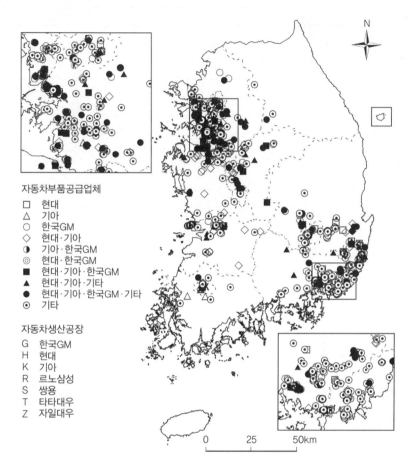

〈그림 9-17〉 자동차 부품공급업체와 완성차 조립공장의 입지

자동차부품공급업체
- □ 현대
- △ 기아
- ○ 한국GM
- ◇ 현대·기아
- ◑ 기아·한국GM
- ◎ 현대·한국GM
- ■ 현대·기아·한국GM
- ▲ 현대·기아·기타
- ● 현대·기아·한국GM·기타
- ⊙ 기타

자동차생산공장
- G 한국GM
- H 현대
- K 기아
- R 르노삼성
- S 쌍용
- T 타타대우
- Z 자일대우

자료: 韓柱成(2015: 628).

체의 근접성에 의한 수직적 분할현상을 엿볼 수 있다.

〈그림 9-17〉에서 완성차 조립공장에 부품을 공급하는 업체의 유형을 살펴보면, 현대·기아 완성차 조립공장에 공급하는 업체 수가 전체 공급업체 수의 12.3%를 차지해 가장 높고, 이어서 현대·기아·한국GM·기타(10.7%), 한국GM(10.6%)의 순이고, 기타가 46.4%를 차지해 완성차 조립공장에 다양하게 공급하고 있다는 것을 알 수 있다(〈표 9-7〉). 이는 앞에서 서술한 바와 같이 자동차 부품공급업체가 자동차 조립공장과 공존

<표 9-7> 완성차 조립공장에 부품을 공급하는 업체의 유형별 구성비

유형	업체 수	비율(%)
현대	29	3.0
기아	20	2.1
한국GM	101	10.6
현대·기아	117	12.3
기아·한국GM	1	0.1
현대·한국GM	2	0.2
현대·기아·한국GM	23	2.4
현대·기아·기타	61	6.4
현대·기아·한국GM·기타	102	10.7
기타	442	46.4
없음	54	5.7
계	952	100.0

자료: 韓柱成(2015: 629).

적 협력거래관계를 넘어 수평적 협력거래를 하기 때문이다.

다음으로 현대·기아자동차, 한국GM, 르노삼성자동차, 쌍용자동차의 각 조립공장이 각각 인접한 부품공급업체로부터 부품을 공급받는다고 가정하고[21] 각 조립공장과 부품공급업체 간의 자동차에 의한 도로·시간거리를 측정[22]해 지역 근접성을 파악했다. 먼저 현대자동차 울산조립공장의 경우 공장에 인접하는 시·군·구는 울산시 구부(區部)와 울주군, 경주·밀양·양산시로 모두 51개 부품공급업체가 입지하는데, 이는 현대자동차와 납품거래실적이 있는 전국 347개 부품공급업체 수의 14.7%에 해당된다. 이들 간의 평균 도로거리는 약 33km, 평균 시간거리는 약 53분이며, 최대 약 104km, 1시간 46분 이내의 거리에 분포한다. 다음으로 아산조립공장은 아산시를 중심으로 세종·평택·천안·당진·공주시, 예산군이 인접해 이들 지역에 50개 부품공급업체가 분포해 14.4%를 차지한다. 이들 간의 평균 도로거리는 약 29km, 평균 시간거리는 약 44분이

---

21) 자동차 메이커의 각 조립공장에서 공급받는 부품업체의 명단을 구득할 수 없기 때문에 이와 같은 방법을 사용했다.

22) 도로·시간거리는 네이버 지도(http://map.naver.com)에서 산출했다.

며, 최대 약 72km, 1시간 50분 이내의 거리에 입지한다. 전주조립공장은 전주시를 비롯해 익산·김제시, 완주군에 23개 부품공급업체가 입지해 6.6%를 차지한다. 이들 간의 평균 도로거리는 약 13km, 평균 시간거리는 약 23분이며, 최대 약 44km, 60분 이내의 거리에 분포한다.

다음으로 기아자동차 광주조립공장은 광주시를 포함해 나주시, 담양·장성·함평·화순군이 인접하며 23개의 부품공급업체가 입지하는데, 이는 기아자동차와 납품거래실적이 있는 전국 332개 부품공급업체 수의 6.9%에 해당한다. 이들 간의 평균 도로거리는 약 14km, 평균 시간거리 약 25분이며, 최대 약 41km, 약 50분 이내의 거리에 분포한다. 또 광명조립공장은 광명시를 포함해 서울시와 안양·시흥시와 인접해 있는데, 이들 지역의 부품공급업체 수는 28개로 8.4%를 차지한다. 이들 간의 평균 도로거리는 약 22km, 평균 시간거리는 약 38분이며, 최대 약 41km, 약 63분 이내의 거리에 입지한다. 화성조립공장은 화성시를 포함해 수원·안산·용인·오산·평택시와 인접하는데, 61개의 부품공급업체가 입지해 18.4%를 차지한다. 이들 간의 평균 도로거리는 약 34km, 평균 시간거리는 약 44분이며, 최대 약 59km, 약 71분 이내의 거리에 분포한다.

다음으로 한국GM의 경우 인천시 부평조립공장은 인천시를 포함해 서울·김포·부천·시흥·안산시에 인접하며, 부품공급업체 수는 98개가 입지해 한국GM과 납품거래실적이 있는 전국 322개 부품공급업체 수의 30.4%를 차지한다. 이들 간의 평균 도로거리는 약 23km, 평균 시간거리는 약 38분이며, 최대 약 43km, 약 67분 이내의 거리에 분포한다. 군산조립공장은 군산시를 포함해 익산·김제시, 서천군과 인접하며 12개 업체가 입지해 3.7%를 차지한다. 이들 간의 평균 도로거리는 약 18km, 평균 시간거리는 약 22분이며, 최대 약 54km, 약 64분 이내의 거리에 분포한다. 창원조립공장은 창원시를 포함해 김해·밀양시, 창녕·함안군이 인접하는데, 이들 지역의 부품공급업체 수는 37개로 11.5%를 차지한다. 이들 간의 평균 도로거리는 약 20km, 평균 시간거리는 약 27분이며, 최대 약 79km, 약 83분 이내의 거리에 분포한다.

르노삼성자동차의 부산시 강서구 조립공장은 부산시와 울산·창원·양산·김해시가 인접하는데, 이들 지역에 53개 부품공급업체가 분포해 르노삼성자동차와 납품거래실

〈표 9-8〉 완성차 조립공장과 그 인접지역 부품공급업체와의 도로·시간거리

조립공장		인접지역	부품공급 업체 수	해당 완성차공장에 공급하는 부품업체 수에 대한 비율(%)	평균		최대거리	
					도로 거리 (km)	시간 거리 (분)	도로 거리 (km)	시간 거리 (분)
현대 자동차	울산시 북구	울산·경주·밀양·양산시, 청도군	51	14.7	33.0	52.6	103.7	106.0
	아산시	아산·세종·평택·천안·당진·공주시, 예산군	50	14.4	29.1	44.1	71.3	107.0
	전주시	전주·익산·김제시, 완주군	23	6.6	12.9	23.1	43.4	58.0
기아 자동차	광주시 서구	광주·나주시, 담양·장성·함평·화순군	23	6.9	14.4	24.7	40.1	47.0
	광명시	광명·서울·안양·시흥시	28	8.4	21.9	37.9	40.2	63.0
	화성시	화성·수원·안산·용인·오산·평택시	61	18.4	33.5	43.9	61.5	71.0
한국GM	인천시 부평구	인천·서울·김포·부천·시흥·안산시	98	30.4	22.5	37.5	42.5	67.0
	군산시	군산·익산·김제시, 서천군	12	3.7	17.6	22.3	53.1	64.0
	창원시	창원·김해·밀양시, 창녕·함안군	37	11.5	19.7	26.7	78.8	83.0
르노삼성 자동차	부산시 강서구	부산·울산·창원·김해·양산시	53	29.3	36.6	51.6	98.8	107.0
쌍용 자동차	평택시	평택·화성·용인·안성·천안·아산시	68	28.0	29.8	34.3	55.1	65.0
	창원시	창원시, 김해·밀양시, 창녕·함안군	25	10.3	19.4	28.3	45.3	59.0
평균			43.3	-	26.5	38.6	103.7	107.0

자료: 韓柱成(2015: 630).

적이 있는 전국 181개 부품공급업체 수의 29.3%를 차지한다. 이들 간의 평균 도로거리는 약 37km, 평균 시간거리는 약 52분이며, 최대 약 99km, 약 107분 이내의 거리에 분포한다. 쌍용자동차 평택조립공장에 인접한 시는 평택시를 포함해 화성·용인·안성·아산·천안시로 이들 지역에 입지한 부품공급업체 수는 68개로 쌍용자동차와 납품거래 실적이 있는 전국 243개 부품공급업체 수의 28.0%를 차지한다. 평균 도로거리는 약 30km, 평균 시간거리는 34분이며, 최고 약 56km, 약 65분 이내의 거리에 분포한다. 창원조립공장은 창원시를 포함해 김해·밀양시, 창녕·함안군이 인접하는데, 이들 지역의

부품공급업체 수는 25개로 10.3%를 차지한다. 이들 간의 평균 도로거리는 약 19km이며, 평균 시간거리는 약 28분이고, 최대 약 46km, 약 59분 이내의 거리에 분포한다(〈표 9-8〉).

이상에서 완성차 조립공장에 인접한 지역의 부품공급업체가 반드시 그 조립공장에 부품을 공급하지는 않지만 조립공장을 중심으로 평균 약 43개 업체가 입지하는데, 이는 각 완성차 조립공장에 공급하는 부품공급업체 수의 3.7~30.4%에 해당한다. 그리고 완성차 조립공장에서 부품공급업체까지의 거리는 평균 도로거리가 약 27km, 평균 시간거리가 약 39분인데, 이 거리는 JIT의 면에서 품질관리를 엄격하게 하기 위해 배송비를 포함한 거래비용의 절약과 정보관리 등의 면에서 부품공급이 이루어지는 근접권이라고 할 수 있다.

한편 완성차 조립공장을 중심으로 부품공급업체는 국가와 지역에 따라 집적하거나 분산하는 경향이 나타나는데, 단일조립공장을 가진 르노삼성자동차의 2013년 부품공급범위는 도로 평균 수송거리가 약 229km이고, 자동차 평균 수송시간은 2시간 56분이다. 이를 수송시간대별로 보면 30분 이내의 부품공급업체 수는 열 개(전체 181개 부품공급체수의 5.5%)로 15.0km 이내이고, 1시간 이내는 32개 업체(17.7%)로 35.0km 이내이고, 2시간 이내는 36개 업체(19.9%)로 115.0km 이내, 3시간 이내는 네 개 업체(2.2%)로 205.0km 이내, 나머지 업체는 101개 업체(55.8%)가 3시간 이상이 소요되고 418.7km까지 수송된다. 이 거리를 다른 국가와 비교해보면, 먼저 2001년 일본의 도요타 자동차 각 조립공장까지 부품공급업체가 공급하는 평균 수송거리는 30분 이내라는 연구와 미국 오하이오 주에 입지한 혼다자동차 조립공장의 수송거리가 180km의 2시간 이내보다 부품 수송거리가 멀다는 것을 알 수 있다. 그러나 효과적인 적기공급체계의 범위로는 배송기간 1~2일이란 주장도 있다. 이와 같이 다른 국가에 비해 르노삼성자동차의 부품수송거리가 긴 이유는 완성차 조립공장의 지리적 입지와도 관련이 있겠지만 기존의 부품공급업체가 입지한 후 새로운 조립공장이 설립되었기 때문이다.[23]

---

23) 최근에 완공된 자동차조립공장은 현대자동차 아산공장과 전주공장이 각각 1995년에 준공되었고, 기아

3) 완성차 부품의 공급과 배송방식

(1) 1차 부품업체의 공급유형과 공급이유

자동차 부품공급업체와 완성차 메이커 간의 상적유통은 EDI를 사용했으나 업체 간 정보시스템이 다르고 문서표준 등이 달라 한 부품공급업체가 여러 완성차 메이커 간의 부품조달과 설계도면 정보교환 등 관련정보를 신속하게 주고받는 자동차부품 정보망 (Korea Network eXchange: KNX)을 도입해 지역별 통합시스템을 서로 연결해 사용한다.

완성차조립용 부품은 1차 부품공급업체가 완성차 조립공장에 직납하는 경우와 모듈 회사가 공급하는 경우, 통과형 물류센터로부터 공급받는 경우로 나눌 수가 있다. 현 대·기아 자동차의 경우 조립공장이 가까이 있을 경우 부품공급은 직납방식을 취하거나 모듈회사인 현대모비스 등을 통하나 조립공장으로부터 거리가 멀 경우는 통과형 통합물류센터(Consolidate Center: C/C)[24]를 통해 완성차 조립공장에 부품을 공급한다. 쌍용 자동차는 통합물류기업이 담당하며, 한국GM은 주도 물류공급업자(Lead Logistics Provider: LLP)가 공급하고, 르노삼성자동차는 C/C로부터 조달부품을 공급받는다. 부품업 체가 부품을 C/C에 공급하고 그 부품을 조립공장이 납품받으므로 부품공급업체나 조 립공장은 1.5일분의 부품이 안정적으로 공급되고 배송비도 줄어 모두에게 유리하기 때문에 이와 같은 방식을 취한다. 이 경우 부품공급업체로부터 완성차 조립공장으로 의 부품운송비는 부품공급업체에서 부담하지만 부품단가에 그 비용이 포함되어 있어 결국 완성차 메이커가 지불하는 형식이 된다.

완성차 조립공장에서 부품을 조달하는 데 단순한 시장거래로 하지 않고 수직적인

자동차 화성공장은 1989년, 한국GM의 군산공장은 1997년, 창원공장은 1991년, 쌍용자동차 창원공장은 1994년, 삼성자동차는 1995년에 준공되었다. 이에 대해 부품공급업체 중 설립연도가 밝혀진 249개 중 81.5%가 1989년 이전에 설립되었다.

24) 자동차 조립에 필요한 부품을 제조공장으로부터 공급받아 보관 및 자동차 생산계획에 맞추어 완성차 조 립공장으로 부품을 공급하기 위해 구축된 물류센터를 말한다. 이렇게 함으로 부품의 적정재고 확보와 JIT 및 직서열 공급방식과 하위부품(subassembly) 공급을 할 수 있으며, 부품공급업체 및 완성차 메이 커의 생산 역량집중 및 경쟁력 강화에 기여하고 유통비용을 절감할 수 있다.

전속계약을 통해 직납하는 경우는 장기적이고 때로는 폐쇄적인 수직거래로 이루어지는데, 그것은 상호협력을 바탕으로 한 장기적인 수직관계가 거래비용을 낮춘다는 거래비용론에 기인한 것이다. 거래비용론은 외부수주가 확대되지 못하는 원인을 설명하는 것으로, 한국과 일본은 외부수주가 많은 것에 비해 미국과 유럽은 특수자산이라는 부품공급업체가 가지는 이점 때문에 적다.

(2) 모듈 기업의 입지와 부품공급사슬

모듈화는 부품개발과 생산의 부담을 부품공급업체로 이관해 비용절감·품질개선효과 및 구매 관리의 외부화를 달성하고 노동비용 절감과 노동시간 단축을 가져와 적극적으로 도입되었다. 아울러 완성차 메이커들은 차세대자동차 개발 및 서비스 기업화를 위한 투자에 집중하기 위한 전략에서 도입된 자동차업체들의 모듈생산 및 모듈 발주가 1995년 유럽에서 시작해 미국과 일본으로 확산되고 있다. 그리고 부품조달의 모듈화는 부품의 내부제조 및 폐쇄적 수직구조에 기초한 조달방식으로부터 탈피해 부품조달 및 판매의 복수화와 부품조달 범위의 세계화를 급속도로 진전시키고 있다. 2004년 현대자동차 아산공장은 자동차 모델에 따라 12.5~36.0%의 모듈화가 진전되어 폭스바겐 파사트(Volkswagen Passat) 모듈화의 약 37%에 접근해 단순조립단계 또는 물류관리단계를 넘어 국내 경쟁력 있는 부품업체를 인수한 외국부품기업의 협상력에 효과적으로 대응할 필요성이 높아지고 부품경쟁력의 중요성이 높아짐에 따라 모듈화의 압력은 더욱 강해질 것이며, 그 정도는 제3단계 및 제4단계로 진행되어갈 것이다.

모듈 생산의 도입으로 부품공급업체의 재편과 부품조달체계의 변화가 불가피하다. 모듈화에 따라 부품의 생산과 공급이 완성차의 서열정보에 따라 강제되면서 부품업체들은 슈퍼모듈 공급업체,[25] 일반 모듈 공급업체,[26] 일반공급업체[27] 등으로 분절되고 그

---

25) 운전석 모듈, 프런트엔드 모듈 등과 같은 핵심 모듈을 공급하는 업체로 독자적인 기술로 통합형 아키텍처(architecture)를 설계해 부품을 생산하는데, 현대모비스가 여기에 속한다.
26) 완성차 업체의 가치사슬에 통합되어 공급사슬에 의해 조정과 관리를 받으며, 동기적 엔지니어링을 통해 신제품개발에 참여해 독자적 기술로 부품을 설계하고 이를 완성차업체에 승인을 받는 승인도 방식의 업

지위와 역할이 공급사슬 안에서 분화되었다. 이에 따라 만도 포승공장과 같이 종래의 1차 부품공급업체가 슈퍼모듈 공급업체에 인수·합병되거나 하위 공급업체가 되었다. 2011년 완성차 1차 부품공급업체로서의 모듈기업은 현대모비스가 전국 자동차 부품납품액의 15.6%를 차지해 가장 높고, 이어서 현대위아(8.1%), 현대다이모스(2.0%), 현대파워텍(1.7%)의 순이다. 이들 모듈 기업은 모듈화를 직접 담당해 부품조달체계의 효율성을 높임과 동시에 외국에서 진출한 부품업체의 강화된 협상력에 대응하는 긍정적인 역할을 하게 되지만, 한편으로는 폐쇄적인 수직구조에서 부품업체의 경제잉여를 보다 많이 차지하는 수단이 될 수 있다.

현대모비스는 1977년 현대정공으로 설립되어 1999년 울산공장에 자동차 섀시모듈을 처음 공급하고 2000년 현대모비스로 사명을 변경했는데, 이때부터 모듈 생산방식으로의 전환이 본격화되어 프런트 섀시, 리어 섀시(rear chassis), 프런트엔드, 운전석, 천정내장제인 루프 헤드라이닝(roof head lining), 문 봉인 도어실드(door sealed)로 구성되는 여섯 개를 대상으로 선정했다. 상적유통은 2002년부터 MIPS(Mobis Integrated Procurement System)를 이용한 전자구매 정보시스템을 구축하고 2004년부터는 SMART(Smart MOBIS Agent for Reaching Global Top 10)를 통해 하위부품업체들과 발주·납품 등에 관한 정보를 실시간으로 공유함으로써 보다 투명하고 효율적인 업무가 이뤄질 수 있도록 했다. 1998년 현대자동차가 기아자동차를 인수한 후 1999년부터 자동차부품사업에 전념하면서 1차 부품업체와 완성차 메이커 사이의 중간 기업으로 탄생한 것이다. 현대모비스 광주 1(광산구 평동)·2공장(남구 송암동)은 운전석 모듈과 프런트엔드 모듈을 생산해 기아자동차 광주의 RV(Recreational Vehicle)전용공장으로 공급하고, 울산시의 두 곳인 남구 매암동 공장과 북구 염포동 공장에서는 부품공급업체로부터 부품을 공급받아 운전석 모듈과 섀시모듈을 울산 자동차 조립공장으로 공급한다. 경기도 화성시 이화조립공장은 2002년 서진산업 이화공장을 인수해 운전석·섀시모듈을 기아자동차 화

체를 말한다.
27) 기술수준이 낮고 범용제품을 생산·납품하는 기업으로 대부분 대여도 방식에 의해 생산한다.

성조립공장으로 공급하는데, 가장 진전된 형태인 완전한 섀시모듈을 생산하는 등 모듈화가 가장 많이 적용된 첨단공장이다. 포승공장은 2002년 경기도 평택시의 만도 포승공장을 인수해 기아자동차 화성조립공장에 섀시모듈을 공급하고, 충청남도 아산공장은 2002년 만도 영인공장을 인수해 3대 핵심 모듈을 모두 생산하는 최첨단 모듈 법인으로 진보된 기술과 높은 수준의 품질관리를 통해 모듈화 효과를 극대화시킨 대표적인 공장으로 현대자동차 아산조립공장에 섀시모듈을 공급한다. 2003년에 설립된 서산시의 서산공장은 소형차량용 운전석·섀시모듈 전용공장으로 모닝 차종을 생산하며, 가격경쟁력 확보를 위한 공장으로 생산된 모듈은 기아자동차 위탁제조기업인 동희오토에서 양산한다. 이러한 자동차 모듈 공장은 조립공장으로부터 서열대기 15분, 수송시간 10분을 유지하는 20분 이내의 지역에 입지시키고 있다. 현재 현대모비스는 모듈화의 3단계인 모듈 개발공급을 실시할 준비가 되어 있다.

한편 현대위아는 1976년에 설립되어 공작기계를 생산하기 시작해 1996년 기아중공업으로, 2001년 위아 주식회사로 사명을 바꾼 후 2004년에 자동차 모듈 사업에 진출해 2009년에 지금의 사명으로 다시 바꾸고 2014년 자동차 부품 일관생산체제를 구축해 현재 모듈화 3단계인 모듈 개발단계에 있는 기업이다. 현대위아는 광주시 광산구의 섀시모듈 공장, 안산시의 섀시모듈·타이어 모듈 공장, 서산시의 로링섀시 모듈 공장이 분포하는데, 이들 각 모듈 공급업체는 광주공장의 경우 광주시 기아자동차 조립공장으로, 안산과 서산 모듈 공장의 경우 광명시 기아자동차 조립공장으로 배송하고, 일부는 화성시 기아자동차 조립공장으로도 수송한다. 이 경우에 수송비는 완성차 조립공장에서 지불한다.

모듈 단위의 직서열방식은 부품재고 및 장소, 부품공급업체 수, 관리부품 수를 감소시켜 부품물류비용을 절감할 수 있고, 모듈 조립에 따른 조립시간 및 조립비용을 대폭 감소시킬 수 있다. 이밖에 모듈 설계를 통해 일부 부품의 기능을 통합하거나 신소재를 적용해 연비와 밀접한 관련을 가진 조립차량의 중량도 줄일 수 있다. 그러므로 모듈화는 완성차 품질관리체계를 획기적으로 변화시키게 되고, 생산성 향상 및 생산관리비의 절감효과를 거둘 수 있으며, 완성차 조립시간을 줄이는 효과가 있고, 직서열방식으로 납입되기 때문에 공간의 효율성이 높아져 작업환경의 개선효과도 있다.

산업구조의 전환이 물류에 미친 가장 큰 변화로서 다빈도 소량배송, 이를테면 JIT방식을 지적할 수 있는데, 자동차부품공급의 모듈화로 인해 JIT가 일으킨 다빈도의 문제를 모듈화의 정도에 따라 완성차 조립공장은 어느 정도 해결할 수 있는 이점도 있다. 그리고 정보통신기술의 발달로 개방적인 시장거래비용이 감소함에 따라 완성차 메이커들이 외부수주율을 늘려가는데, 그들이 단순한 시장거래로 나아가지 않고 발주자와 납품자 사이에 긴밀한 협력관계가 형성되는 것은 개방적인 부품조달환경이 확대되기 때문이다. 반면에 긴밀한 협력관계가 지속되는 작금의 네트워크는 거래비용이론에서 말한 특수자산 때문이 아니라 기업의 시장전략적인 선택의 결과라는 설명이 설득력이 있다.

(3) 완성차 부품공급의 배송방식

자동차 부품배송은 현재 완성차 메이커 중 공장에서 생산한 부품(made in plant) 또는 금형, 원자재, 시험차 시험부품 등을 필요에 따라 조립공장 내 또는 다른 지역 조립공장으로 공급하는 운송 시스템인 생산부품운송, 부품공급업체가 생산한 부품을 완성차 조립공장 생산라인으로 공급하는 운송서비스인 조달부품운송, 부품공급업체로부터 공급을 받아 통과형 물류센터에서 완성차 조립공장으로의 공급으로 나눌 수가 있다.

완성차 부품공급은 월 1회 납품하는 경우부터 1일 20회 납품하는 경우가 있을 정도로 부품의 종류와 부품공급업체에 따라 부품 배송체계는 매우 다양하게 나타난다. 배송 화물자동차의 운행 대수가 1일 평균 300~400대의 편차를 가지지만, 현대자동차 아산조립공장의 경우 169개 부품공급업체로부터 부품을 공급받는데, 1일 평균 990대의 배송 화물자동차가 운행되어 부품공급업체당 1일 배송 화물자동차 운행회수가 5.9회이고, 기아자동차 화성조립공장의 경우 303개 부품공급업체로부터 1일 1504대의 배송 화물자동차에 의해 부품을 공급받아 부품공급체당 1일 배송 화물자동차 운행회수가 5.0회였으나 최근에는 1~2회가 대부분이다.

부품배송 화물자동차의 특성을 보면 부품공급업체들은 주로 물류·수송업체 위탁차량이나 용차(用車)를 이용하는데 기동성이 좋은 5톤 윙 바디(wing body) 화물자동차로 완성차 조립공장에 부품을 공급한다. 물류·배송업체 화물자동차 및 용차의 이용률은 2/3 이상으로 높은 편이고, 부품공급업체가 근거리에 입지하면 그 업체들을 순회하며 혼재·집하 배송하는 순회운송방식을 취한다. 부품의 크기와 양에 따라 다르나 보통 2~3개 부품업체의 부품을 8~11톤 화물자동차로 배송한다.

이러한 외주 배송 화물자동차의 차종별 구성비는 1~5톤이 많은 부분을 차지하는데, 이는 다빈도 소량 배송으로 공동혼재배송의 비율이 낮기 때문이다. 이용하는 배송은 보통 2.5톤 이상의 윙 바디 화물자동차를 정기적으로 이용하나 비정기적으로 배송할 경우 1톤 미만의 화물자동차를 이용한다. 이와 같이 윙 바디 화물자동차를 이용하는 것은 방수와 부품손상방지, 낙하의 방지 및 적재·하역 등에 유리하기 때문이다. 배송 화물자동차의 부품 납입시간은 자동차 조립이 주간(晝間) 연속 2교대이기 때문에 오전과 오후 두 차례로 나누어 공급하는데, 오전의 부품공급을 위해 먼 거리의 경우 야간에 발송한다.

한편 모듈 업체의 부품조립은 2차 부품공급업체가 JIT에 의해 제3자 물류공급업자 (third-party logistics provider)의 윙바디 화물자동차로 1년간 외부수주의 계약으로 공급·수송한다. 모듈 부품공급체인 현대위아는 광주공장과 안산공장의 경우 완성차 조립공장으로 1일 평균 약 650회의 배송을 하는데, 싱크로(synchro) 납입방식[28]으로 수송하고 있다. 시간대 배송을 보면 오전 8시경부터 다음날 오전 2시 사이에 화물차 크기는 5톤이나 11톤의 윙바디 화물자동차가 각각 약 50%씩 분담해 약 80대가 배송하는데, 시간당 38회로 완성차 조립공장에 직납한다. 다만 서산공장은 완성차 조립공장내에 입지해 이러한 배송이 이루어지지 않는다.

자동차 산업은 다른 제조업과 마찬가지로 자체 물류조직에서 분사한 제3자 물류업체를 설립하고 이들 물류업체에 부품 물류업무를 위탁해 처리하는 추세이다. 이들 제3

---

28) 순서적인 반입방식으로 불리는데, 공급업자(하청업자)가 조립공장의 생산 라인을 움직이는 차량의 흐름과 같은 순서로 부품을 생산해 납입하는 방법을 말한다.

자 물류업체의 핵심적인 역할은 완성차 메이커와 물류업체의 중간에서 중개·주선 업무를 수행하는 정도이다. 현대·기아자동차는 현대글로비스, 한국GM은 대우로지스틱스가 이에 해당되는데, 현대글로비스의 자동차부품 물류는 생산부품운송과 조달부품운송, 그리고 A/S부품운송으로 나누어지는데, 생산부품운송과 조달부품운송 서비스의 특징과 장점은 JIS(Just in Sequence)[29]나 JIT 생산체계에 적합한 적시적소, 소량다회 납품의 서비스를 제공한다. 또 현대 글로비스나 일반물류업체가 운영하는 C/C는 완성차 조립공장 부근에 입지하는데, 2~3일분의 부품을 보관하고 조립공장에 순회운송을 한다. 순회운송은 6~7대의 화물자동차가 15분에 한 대씩 20시간을 회전하는데, 벤더(vendor) 사의 입지에 따라 그곳을 중심으로 배송권이 형성된다. C/C는 공동·순회배송과 납품대응 등 다양한 서비스 제공으로 소량 다빈도 배송을 통해 증가한 배송비용을 절감시키고, 완성차 조립공장에 부품공급업체의 화물자동차 주차와 화물을 취급할 방대한 공간을 줄여주는 역할도 한다.

이상에서 완성차 부품공급의 지역적 물류체계는 완성차 조립공장을 중심으로 공장 내에나 인접지역에 모듈공장이 입지하는데, 1차 공급업체의 부품은 근접권에서 살펴본 바와 같이 공급의 분산비율이 비교적 높게 나타나 JIT의 다빈도 소량배송보다는 자동차 조립공장 인근에 C/C를 설치해 부품을 공급하고 여기에서 다시 조립공장에 납품을 한다. 이렇게 함으로서 부품공급업체나 조립공장 모두에게 배송비용을 줄여주고 부품의 안정적인 공급이 이루어지기 때문에 중층적인 모듈 반제품을 위한 부품공급도 이와 같은 방식을 취한다.

---

29) JIS방식은 운전석, 섀시, 프런트엔드 모듈 등 3대 핵심 모듈이 동시에 생산되어 완성차 생산 라인의 서열 정보에 맞추어 현실적인 방식으로 공급되는 '동기서열방식'을 말한다.

5. 재활용 생활계 폐기물의 유통체계

20세기의 경제사회는 대량생산, 대량소비, 대량폐기의 일방통행(one-way)이 기본이었다. 그러나 이러한 시스템에서 많은 양의 폐열과 폐기물이 발생함으로서 유해물질, 온실효과에 의한 생태계의 교란을 가져와 인간의 생명활동에 위협을 주게 되었다. 이에 따라 인간사회에서 발생하는 폐열과 폐기물을 가능한 한 적게 발생시키고 자원이나 에너지를 자연에서 얻어 인간사회에 제공하되 가능한 한 적게 사용하는 사회로의 전환이 이루어져야 한다.

이런 새로운 사회, 즉 '순환형 사회'에 투입되는 에너지는 될 수 있는 대로 양뿐만 아니라 환경부담도 적은 것으로 개발하고 추진할 수밖에 없다. 또 생산, 유통, 소비라는 흐름을 최소한 억제하고, 나아가 재자원화를 보다 견고하게 하는 것이 필요하다. 다시 말하면 '순환형 사회'란 물질이나 에너지의 유동, 그리고 폐기물의 발생을 적극적으로 억제하고 배출되는 것은 가능하면 자원으로 이용하고, 그렇게 할 수 없는 폐기물은 어떻게 적절하고 철저하게 처리해야 할 것인가를 고민하는 사회라고 할 수 있다.

이러한 관점에서 생산과 유통 및 소비가 인간사회의 어떤 공간적 분석수준에서 행해지고 있을지에 대해 생각하게 되는데, 지구 환경문제가 등장한 이후 이 규모는 대단히 큰 지구적 규모라고 보고 이에 대한 여러 가지 논의가 전개되어왔다. 한편 현실공간에서 인간과 자연환경 사이에서 야기되는 물질대사는 여러 가지 공간적 규모에서 중층적으로 발생하고 있기 때문에 구체적으로 그 양상을 성립시키는 메커니즘을 해명하는 것은 경제지리학의 큰 과제로 남아 있다.

재활용 폐기물에 대한 연구의 접근방법은 재활용 폐기물 관리방식의 대안과 새로운 경제·사회 시스템으로서의 이른바 순환형 경제·사회 시스템 구축에 있다. 이들 방법은 상호 보완적이며 다만 재활용에 대한 문제의식의 출발점과 재활용의 효과에 대한 강조점이 다소 다를 뿐이다. 전자가 쓰레기 문제의 심각성에서 출발해 재활용이 갖는 쓰레기 감량적 효과를 강조한다면, 후자는 자원 및 에너지의 부족과 환경오염 문제에서 출발해 재활용의 자원 절약 및 환경보전 측면을 강조하는 것이다. 이러한 관점에서 볼 때 여기에서는 후자, 즉 순환형 경제·사회 시스템 구축을 공간적 측면에서 분석하는 것이라 할 수 있다.

1995년 쓰레기 종량제 실시 이후 재활용품 분리수거가 정착되어 생활폐기물의 재활용률이 증가함에 따라 '순환형 사회'에서 재활용 생활계 폐기물의 수거경로를 살펴보고, 또 이 수거량에 의한 수거유형을 파악해 지역특성과의 관계를 밝혀보기로 한다. 재활용 생활계 폐기물을 분석대상으로 한 이유는 우리의 일상생활에서 발생하는 재활용품이 다수이기 때문이다.

1) 재활용 폐기물의 수거 추이와 수거경로

(1) 재활용 폐기물의 수거 추이

폐기물에는 생활계 폐기물과 일반사업장 폐기물, 지정 폐기물로 나누어진다. 생활계 폐기물은 다시 생활폐기물과 사업장(예: 기숙사) 생활계 폐기물로 나누어지고, 일반사업장 폐기물은 사업장 배출 시설계 폐기물(예: 공장)과 건설폐기물로 나누어진다. 그리고 지정폐기물은 사업장 폐기물 중 폐유·폐산 등 주변 환경을 오염시킬 수 있거나 감염성 폐기물 등 인체에 위해(危害)를 줄 수 있는 유해한 물질을 말한다.

각 폐기물 재활용률의 추이를 살펴보면, 일반 폐기물 가운데 일반 사업장 폐기물의 재활용률이 가장 높고, 그다음은 지정 폐기물, 생활계 폐기물의 순이나 생활계 폐기물 재활용률은 다른 두 폐기물 재활용률의 증가 추세보다 빠르게 증가하고 있다. 이는 생활계 폐기물의 재활용에 대한 의식이 높아지고 수거활동이 활발하며, 또 일반 사업장이나 지정 폐기물의 경우 사업장에서 폐기물 감량 정책을 추진함에 따라 나타난 현상이라 할 수 있다(〈그림 9-18〉).

1992~2000년 사이에 각종 폐기물 재활용률의 추이를 살펴보면(〈그림 9-19〉), 종이류와 병류는 재활용률이 지속적으로 높아지고 있으나 캔류는 급속하게 증가하다가 최근에 어느 정도 안정된 상태이며, 고철류는 큰 변화가 없이 20~40% 사이의 재활용률을 나타내었다. 2000년 각종 폐기물의 재활용률을 살펴보면, 병류가 67.4%로 가장 높고,

<그림 9-18> 생활계·일반 사업장·지정 폐기물 재활용률의 추이

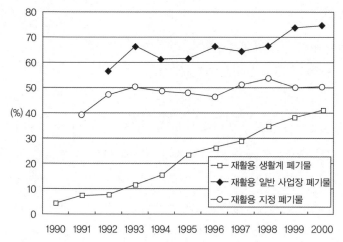

주: 생활계·일반 사업장 폐기물은 1일(톤) 처리 현황이고, 지정 폐기물은 연간(톤) 처리 현황임.
자료: 韓柱成(2004: 90).

<그림 9-19> 재활용 생활계 폐기물의 재활용률 추이

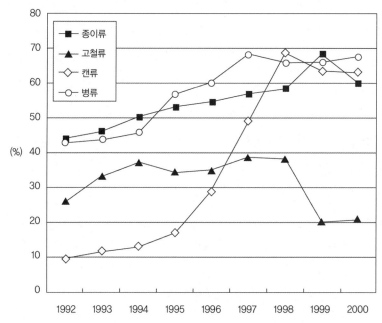

자료: 韓柱成(2004: 92).

그다음으로 캔류(63.1%), 종이류(59.8%), 고철류(21.1%)의 순이다.

(2) 재활용 생활계 폐기물의 수거기관 및 단체의 분포와 수거경로

① 재활용 생활계 폐기물의 수거기관과 단체의 분포

재활용 생활계 폐기물의 수거기관과 단체는 전국 각 시·군·구 지방자치단체의 청소과 등[30]의 관할부서와 대행 처리업체 및 한국자원재생공사의 각 지사와 사업소가 있다. 그리고 민간 수집상으로는 재활용업자와 처리업자의 모임인 한국폐자원재활용수집협의회[31]와 한국자원재생재활용협회[32]의 각 지부와 지회 소속 회원들이 있다.

지방자치단체의 청소과는 재활용 생활계 폐기물을 직접 수거하는 경우와 지방자치단체가 대행 처리업체에 위탁해 수거하는 경우로 나눌 수 있다. 그리고 자원재생공사는 전국에 아홉 개 지사를 배치시키고, 각 지사 산하에 사업소를 입지시켜 재활용 생활계 폐기물 등을 수거한다. 각 지사의 배치를 보면 먼저 수도권 지사는 서울시, 강원도 지사는 춘천시, 충청북도 지사는 청주시, 대전시·충청남도 지사는 연기군 남면, 전라북도 지사는 정읍시, 광주시·전라남도 지사는 광주시, 대구시·경상북도 지사는 대구시, 부산시·경상남도 지사는 부산시, 그리고 제주출장소는 제주시에 각각 입지한다. 이들 지사의 분포는 대부분 시·도청 소재지에 입지하나, 대전시·충청남도과 전라북도 지사의 경우는 재활용품 비축시설이 입지한 지역에 분포했다.[33] 이들 각 지사의 관할지역은 각 시·도를 단위지역으로 한다.

다음으로 사업소의 배치패턴을 보면 전국을 59개 지역으로 구분하고 있는데, 그 관할지역을 보면, 수도권 지사 관할지역에는 일곱 개 사업소가, 강원도 지사에는 여섯

---

30) 환경보호과, 폐기물 관리과, 환경위생과, 사회환경과, 환경산림과, 환경미화과, 환경녹지과, 환경관리과, 환경도시과, 환경복지과, 도시환경과, 환경개선과, 청소행정과, 재활용과, 청소환경과, 환경청소과, 산업환경과, 도시미화과 등이 있다.

31) 일명 고물상 협회라 한다.

32) 장판 재활용을 포함한 재활용 고물을 취급하는 협회를 말한다.

33) 대구시·경상북도 지사는 대구시 시내에 재활용품 비축시설이 입지하기 때문에 시·도청 소재지에 입지한다.

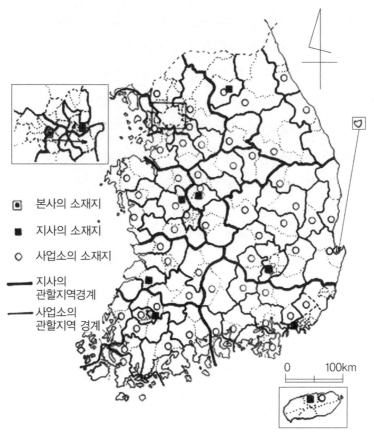

본사의 소재지

지사의 소재지

사업소의 소재지

지사의
관할지역경계

사업소의
관할지역 경계

0   100km

자료: 韓柱成(2004: 91).

개, 충청북도 지사에는 다섯 개, 대전시·충청남도 지사에는 일곱 개, 전라북도 지사에는 다섯 개, 광주시·전라남도 지사에는 아홉 개, 대구시·경상북도 지사에는 11개, 부산시·경상남도 지사에는 여덟 개 사업소가 각각 입지하며, 제주도 출장소는 한 개의 사업소가 배치되었다. 사업소의 입지를 보면, 사업소의 수거 관할지역 내의 중심도시에 사업소가 입지하는 경우가 많으나 그렇지 않은 경우도 나타났다. 즉, 한국자원재생공사 사업소는 취급하는 재활용 폐기물을 보관하는 곳이 혐오시설로 간주되어 자치단체에서 시설의 허가를 제한하고 있기 때문에 중심도시가 아닌 지역에 입지하는 경우도 나타났다. 예를 들면, 강원도 지사는 인구가 더 많고 행정시인 속초시에 입지하지 않고 양양군에 입지하며, 광주시·전라남도 지사의 함평 사업소 역시 목포시에 입지하지 않는다. 각 사업소의 배치 특징을 보면, 첫째 각 사업소의 관할지역은 1~5개의 시·군으로 구성되어 있다. 둘째, 광주시 북부 사업소나 김해시 사업소와 같이 사업소는 입지하고 있으나 관할지역을 가지지 않는 사업소도 있다. 광주시 북부와 김해시 사업소는 광주시와 전라남도, 서부 경상남도에서 사업소별로 각각 수거된 플라스틱류를 이송받아 선별해 임가공하는 사업소이다(〈그림 9-20〉). 각 사업소에서 수거하는 재활용 폐기물은 5톤 트럭으로 수송되는데, 한국자원재생공사 보유 트럭이 약 70%를 수거하고 나머지는 외부수주 트럭을 이용한다.

2001년 자원재생공사의 수거처별 수거량은 총 22만 2576톤으로, 이 가운데 지방자치단체 시·군·구가 약 60%를 차지해 가장 많았고, 그다음으로 아파트 부녀회 등의 사회단체가 약 11.5%를 차지했다.[34]

끝으로 재활용 폐기물의 민간 수집운반 및 재생·재활용업 회원으로 구성된 한국폐자원재활용수집협의회와 한국자원재생재활용협회의 각 지회 수를 보면 〈표 9-9〉와 같이 전국에 각각 175개, 187개가 분포했다. 시·도별로 지회수를 보면 경기도에 가장 많이 분포했고, 그다음으로 서울시, 부산시, 전라남도, 경상북도, 경상남도의 순으로 인구가 많은 지역에 다수 분포했다. 이들 협(의)회의 소속 회원은 산업분류상 기타 공공, 수리 및 개인 서비스업 중 폐기물 수집·운반 및 처리업에 속하는 고물업 종사자이다. 그러나 한국폐자원재활용수집협의회의 회원은 재활용품의 수거와 운반에 대부분이 종사하고, 한국자원재생재활용협회의 회원은 수거와 운반이 약 70%, 재생·재활용업에 약 30%가 종사했다.[35]

---

34) 기타는 산업체, 주민 및 기타 수거처의 수거분이다.

35) 2003년 한국폐자원재활용수집협의회 등록회원은 약 1만 명이고, 한국자원재생재활용협회 조합원 수는 약 4만 8000명이다(한국폐자원재활용수집협의회장과 한국자원재생재활용협회장과의 전화 인터뷰 내용 결과임).

〈표 9-9〉 한국폐자원재활용 수집협의회와 한국자원재생 재활용협회의 각 지부와 지회 수(2002년)

시·도	한국폐자원재활용 수집협의회	한국자원재생 재활용협회	계
	지회 수	지회 수	
서울시	19	22	41
부산시	16	16	32
대구시	8	12	20
인천시	7	3	10
광주시	6	5	11
대전시	5	6	11
울산시	5	-	5
경기도	22	30	52
강원도	5	12	17
충 북	8	19	27
충 남	10	7	17
전 북	12	8	20
전 남	19	13	32
경 북	20	11	31
경 남	11	19	30
제주도	2	4	6
계	175	187	362

자료: 韓柱成(2004: 91).

② 재활용 생활계 폐기물의 수거경로

다음으로 재활용 폐기물의 수거경로는 시·군 지역으로 나누어 살펴볼 수 있다. 우선 시 지역의 경우 재활용 폐기물의 발생원인 각 가정이나 사업장에서 동(洞)의 간이 집하장으로 1차 수거·처리를 하거나 시·구의 집하 선별장 내지는 한국자원재생공사, 그리고 민간수집상에 의해 수거가 된다. 또 시·구의 2차 수거·처리는 집하 선별장에서 한국자원재생공사 내지는 민간수집상, 폐기물 중간처리업체 또는 공급업체[36]로 수거가 이루어져 자치단체의 간이 집하장이나 집하 선별장에서 재활용품만 수거가 이루어지

---

36) 폐기물 중간처리업체는 재활용 폐기물을 선별하고 압축하는 등의 중간처리를 하는 업체를 말하고, 공급 업체는 폐기물 중간처리업체를 포함해 재활용 폐기물로 완제품을 생산해 재생공사에 공급하는 계약업 체를 말한다.

〈그림 9-21〉 재활용 폐기물의 수거경로

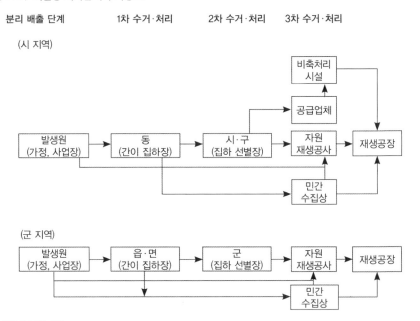

자료: 韓柱成(2004: 92).

고 한국자원재생공사에서는 종이류나 고철류는 직접 수거하지 않는다. 그리고 비축시설은 한국자원재생공사나 폐기물 중간처리업체로부터 중간 처리된 재활용품 수급 균형을 위해 잉여물량을 비축해 한국자원재생공장에 공급을 한다. 한편 군 지역 재활용 폐기물의 수거경로는 시 지역과 유사하나 종이류, 고철류 및 플라스틱류 등의 재활용품 폐기물의 경우 지방자치단체 간이집하장이나 집하 선별장의 물량을 수거함을 원칙으로 했다. 다만 비닐류 및 농약용기를 순회하며 수거할 때에도 발생원의 1차 수거가 가능하다(〈그림 9-21〉).

다음으로 재활용 생활계 폐기물별 수거경로는 크게 발생단계 → 분리수거단계 → 수집·운반단계 → 재활용단계로 나눌 수 있다. 먼저 종이류의 경우 가정에서의 발생량이 76.2%를 차지해 가장 많았고, 그다음으로 학교와 사무실에서 12.2%, 사업장에서 1.6%를 차지했다. 가정에서 발생한 종이류는 시·군·구 집하 선별장으로 수거되고, 학교와 사무실 및 사업장에서 발생하는 종이류는 전국의 4772개 민간수집상에 의해 수거되고 전국의 658개 공급업체에 의해 선별·압축·운반되어 전국 62개 제지업체로 공급된다.

병류의 수거경로는 종이류와 플라스틱류와는 달리 발생단계 → 분리수거단계 → 중간수집단계 → 중간처리단계 → 재활용단계를 거치는데, 수거지역은 전국이다. 가정과 사업장, 학교 및 군부대에서 발생되는 병류는 지방자치단체나 민간수집상에 의해 수거되어 한국유리재활용협회에 판매해 전국 16개 제병업체로 공급된다.

그리고 고철류[37]는 가정과 상점 및 가내공장에서 발생한 것은 시·군·구에서, 폐차장이나 건축 철거현장에서 발생한 것은 민간수집상에 의해 분리수거된다. 이들에 의해 분리수거된 고철류는 폐기물 중간처리업체에 의해 수거·운반되어 선별, 압축, 운반되어 제강업체에 공급된다. 1999년 철강재 소비량 중 고철류의 재활용률은 40.2%를 차지했다.

다음으로 캔류[38]는 전국에서 수거되었는데, 민간수집상이 수거한 양은 전체 발생량의 94.3%이었고, 사업장과 학교 및 군부대에서 수거한 양은 5.7%를 차지했다. 민간수집상에 의해 수집된 양은 모두 재활용업자인 제철업체에 공급되고 사업장과 학교 및 군부대에서 수집된 양은 재생공사를 통해 제철업체에 공급된다.

끝으로 플라스틱류[39]는 사업장에서의 발생량이 52.6%를 차지해 가장 많았고, 그다음으로 가정에서 40.9%, 학교와 사무실에서 6.5%가 각각 발생했다. 사업장과 학교 및 사무실에서 발생한 플라스틱류는 전국의 4772개 민간수집상에 의해 수거되며, 가정에서의 발생량은 시·군·구의 집하 선별장으로 운반된다. 그리고 전국의 658개 중간처리업체에 의해 선별·압축·운반되어 전국 689개 플라스틱 재생업체로 공급됐다(〈그림 9-22〉).

---

37) 고철류의 고철은 공구류, 철판 등이고, 비철금속은 양은류, 스텐류, 전선, 알루미늄, 새시류 등이다.
38) 폐캔류는 음·식료류를 담는 철캔, 알루미늄캔과 부탄가스, 살충제 용기인 기타 캔으로 나누어진다.
39) PET병과 스티로폼(가전제품의 완충제, 농수산물 상자)은 전국에서 수거하나, 컵라면 용기, 받침 접시류는 서울시 양천·서초·은평·강남·서대문구, 부산시 중·서·부산진구, 경기도 용인시에서만 수거한다.

<그림 9-22> 재활용 생활계 폐기물의 수거경로

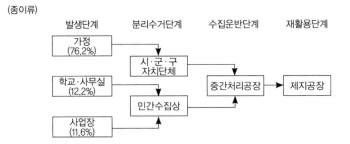

(종이류)

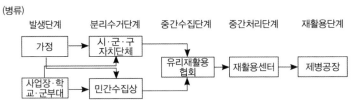

(병류)

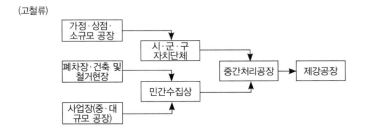

(고철류)

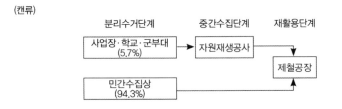

(캔류)

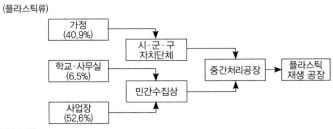

(플라스틱류)

자료: 韓柱成(2004: 93).

2) 재활용 생활계 폐기물 수거의 지역적 분포

2000년 생활계 폐기물 1일 발생량은 46,437.7톤이며 이 가운데 재활용률은 41.3%를 차지했다. 생활계 폐기물 중 생활폐기물 1일 발생량은 39,384.2톤으로 재활용률은 39.9%이며, 사업장 생활계 폐기물의 1일 발생량은 7053.5톤으로 생활 폐기물 발생량보다 적으나 재활용률은 49.2%로 생활 폐기물보다 높았다. 그리고 재활용 생활계 폐기물의 1일 수거량은 13,703.5톤으로, 이 가운데 재활용 생활폐기물의 수거량이 82.7%를 차지했고, 재활용사업장 생활계 폐기물 수거량은 17.3%에 불과해 재활용 생활폐기물이 월등히 많았다. 여기에서 재활용 생활계 폐기물을 생활폐기물과 사업장 생활계 폐기물로 나누어 수거량의 지역적 분포의 특징을 살펴보자.

(1) 재활용 생활 폐기물 수거량의 지역적 분포

먼저 시·도별 재활용 생활 폐기물 수거기관의 특성을 살펴보면 〈표 9-10〉과 같다. 생활 폐기물의 경우 자치단체(한국자원재생공사 수거분 포함), 대행 수거업체, 자가에서 수거하는 구성비가 각각 74.4%, 17.7%, 7.9%로 지방자치단체에서 수거하는 비율이 매우 높았다. 이를 16개 시·도별로 보면 자치단체에서의 수거율은 광주시를 제외하면 45% 이상이고, 70% 이상인 시·도가 아홉 개로 재활용 생활 폐기물은 지방자치단체에서 많이 수거했다.

다음으로 자치단체 시·군·구를 단위로 한 지역별 재활용 생활폐기물 수거량을 보면 다음과 같다. 경기도 수원시가 1일 352톤으로 가장 많았고, 그다음으로 부천시(348.4톤/일), 충청북도 청주시(273.9톤/일), 충청남도 천안시(263.0톤/일), 서울시 강동구(259.3톤/일), 강서구(249.0톤/일), 양천구(247.0톤/일), 강북구(237.4톤/일), 경기도 고양시(235.7톤/일), 서울시 강남구(233.8톤/일)의 순으로 많았으며, 충청북도 증평출장소와 충청남도 계룡출장소가 각각 1일 2톤으로 가장 적었고, 그다음으로 경상북도 고령군(3.4톤/일), 전라북도 진안군(3.6톤/일), 경기도 옹진군·경상북도 울릉군(3.9톤/일), 봉화군(4.1톤/일), 군위군(4.0톤/일), 의성군(4.4톤/일), 경상남도 고성·산청군(4.8톤/일)이 적어 도시지역에

〈표 9-10〉 시·도별 재활용 생활 폐기물의 수거기관별 구성비

구분 시·도	수거기관			계(톤/일)	비율(%)
	자치단체	대행수거업체	자가		
서울시	●	○	○	4,083.8	26.0
부산시	●			1,556.2	9.9
대구시	●		○	808.9	5.1
인천시	◎	○	◎	702.9	4.5
광주시	○	●		542.3	3.4
대전시	●			448.7	2.8
울산시	◉	◎		430.0	2.7
경기도	◉	◎	○	3,021.9	19.2
강원도	●	○		434.2	2.8
충 북	◎	○	◎	545.6	3.5
충 남	●	○	○	651.7	4.2
전 북	●			526.3	3.4
전 남	◉	◎	○	455.2	2.9
경 북	◎	◎	○	574.5	3.7
경 남	●	◎	○	761.5	4.9
제주도	●	○	○	153.5	1.0
계	11,679.5	2,773.4	1,244.3	15,697.2	100.0
비율(%)	74.4	17.7	7.9	100.0	

주: ○ 10% 미만, ○ 10~30%, ◎ 30~50%, ◉ 50~70%, ● 70% 이상.
자료: 韓柱成(2004: 94).

서 수거량이 많았고, 농촌지역에서는 적었다. 재활용 생활폐기물 수거량과 인구수와의 상관계수를 산출하면 r=0.99로 재활용 생활폐기물 수거량은 인구수의 영향을 크게 받았다. 그리고 도시적 요소인 제3차 산업 취업자율과의 상관계수는 r=0.63으로 높은 양의 상관을, 농촌적 요소인 농가율과의 상관계수는 r=-0.50으로 음의 상관을 나타내었다. 그러나 재활용 생활폐기물의 수거량은 인구수와 가구 수에 의해 규정되지만 각 시·군·구의 한 명당 수거량은 크게 다르다. 전국의 한 명당 1일 수거량의 평균은 294.4g, 표준편차는 0.000136이었다.

한 명당 재활용 생활폐기물 수거량의 지역적 분포를 보면, 태백시가 1일 980.3g으로 가장 많았고, 그다음으로 경기도 오산시(689.5g/일), 서울시 강북구(673.0g/일), 부산시

남구(627.0g/일), 충청남도 천안시(618.6g/일), 부산시 동구(605.8g/일)의 순으로 도시지역에 많았고, 수거량이 적은 곳은 전라남도 목포시(21.2g/일), 경상북도 의성군(57.5g/일), 충청북도 증평출장소(61.6g/일), 충청남도 홍성군(65.9g/일), 계룡출장소(72.5g/일), 전라남도 완도군(74.6g/일), 경상남도 고성군(75.4g/일), 충청남도 금산군(77.2g/일)의 순으로 농촌지역은 적은 점이 확인되었다. 이는 농촌지역에 인구가 희박하고 노령층이 많아 신문구독과 청량음료 수요 등이 적어 한 명당 생활폐기물의 발생이 많지 않았기 때문이다.

(2) 재활용 사업장 생활계 폐기물 수거의 지역적 분포

다음으로 재활용 사업장 생활계 폐기물 수거량을 자치단체, 대행 수거업체, 자가의 비율로 보면 각각 27.6%, 54.6%, 17.8%로 대행 수거업체에 의해 가장 많이 수거되었다. 이를 시·도별로 살펴보면 〈표 9-11〉과 같이 자치단체에서 주로 수거하는 시·도는 다섯 개, 대행 수거업체는 여덟 개, 자가는 세 개로 수거업체에 의한 경우가 많아 자치단체가 많이 처리했는데, 재활용 생활폐기물과 다른 수거의 특징을 나타내었다. 이는 재활용 사업장 생활계 폐기물의 경우 각 가정에서 배출하는 데 비해 사업장 생활계 폐기물은 각 사업장에서 대량으로 배출하므로 수거업체가 담당하는 것이 효율적이기 때문이었다.

이어서 자치단체 시·군·구를 단위로 한 지역별 재활용 사업장 생활계 폐기물 수거량을 보면 다음과 같았다. 서울시 송파구가 1일 337.0톤으로 가장 많았고, 그다음으로 중구(185.0톤/일), 강남구(143.2톤/일), 서초구(113.8톤/일)의 순으로 도시지역에 수거량이 많았고, 수거량이 적은 곳을 보면 수거량이 없는 시·군·구가 서울시 중랑구를 포함해 26개 시·군·구였고, 그다음으로 충청북도 보은군, 증평출장소, 전라남도 여수시, 경상남도 산청군은 각각 1일 0.1톤이었고, 강원도 정선군, 경상북도 군위군은 각각 1일 0.2톤, 강원도 영월군, 전라북도 진안·장수군, 전라남도 해남군, 경상북도 청도·예천군은 각각 1일 0.3톤으로 대체로 농촌지역에서의 수거량이 적었다.

재활용 사업장 생활계 폐기물의 수거량과 인구, 농가율 및 산업별 인구구성비와의

<표 9-11> 시·도별 재활용 사업장 생활계 폐기물 수거기관별 구성비

구분 시·도	수거기관				
	자치단체	대행수거업체	자가	계(톤/일)	비율(%)
서울시	◎	◎	○	1,063.7	30.7
부산시		●	○	542.5	15.6
대구시	●		○	182.1	5.2
인천시	◦	●	◦	194.4	5.6
광주시	◦	●	◦	52.8	1.5
대전시	●	○	◦	33.7	1.0
울산시		●		60.8	1.8
경기도	○	◉	○	621.9	17.9
강원도	◉	○	○	69.4	2.0
충 북	○	◉	○	119.5	3.4
충 남	◦	◎	◉	149.2	4.3
전 북	◦	◦	●	54.2	1.6
전 남	○	○	◎	36.7	1.1
경 북	◎	◉	○	99.5	2.9
경 남	○	●	◦	150.9	4.3
제주도	●	◦		37.9	1.1
계	957.2	1,895.5	616.5	3,469.2	100.0
비율(%)	27.6	54.6	17.8	100.0	

주: ◦ 10% 미만, ○ 10~30%, ◎ 30~50%, ◉ 50~70%, ● 70% 이상.
자료: 韓柱成(2004: 95).

<표 9-12> 재활용 사업장 생활계 폐기물 수거량에 영향을 미치는 변수와의 상관관계

구분	인구수	제1차 산업 인구구성비	제2차 산업 인구구성비	제3차 산업 인구구성비	농가율
재활용 사업장 생활계 폐기물 처리량	0.4300*	-0.3732*	0.2139*	0.3633*	-0.3640*

* 유의수준 99%에서 유의적임.
자료: 韓柱成(2004: 96).

상관관계를 산출해 보면 상관계수는 높지 않지만 유의수준 99%에서 모두 유의적이었다. 따라서 재활용 사업장 생활계 폐기물의 수거량은 지역의 인구와 산업요인에 영향을 받고 있다는 것을 알 수 있었다(〈표 9-12〉).

3) 재활용 생활계 폐기물 수거유형과 지역특성과의 관계

여기에서는 재활용 생활폐기물과 재활용 사업장 생활계 폐기물 처리량이 인구와 농가율 및 산업별 인구구성비와 유의적인 상관을 나타내어 이들 폐기물을 합친 재활용 생활계 폐기물의 수거유형과 지역특성과의 관계를 파악했다. 2000년 재활용 생활계 폐기물의 발생량은 1일 1만 3703.5톤으로 이 가운데 재활용률이 98.6%이고 매립과 소각이 각각 1.1%, 0.3%였다. 재활용이 이루어지는 폐기물을 종이류, 병류, 고철류, 캔류, 플라스틱류, 기타[40]로 나누어 자치단체 시·군·구(이하, 단위지역이라 함)별로 그 구성비를 산출해 군집분석(cluster analysis)의 워드(Ward)법에 의해 각 시·군·구를 유형화했다. 이는 단위지역별로 수거되는 재활용품의 구성비가 유사한 지역을 그룹화하기 위함이다.

다음으로 이와 같은 분석방법에 의해 분류된 시·군·구의 유형화는 유사성의 정보손실량이 가장 증가하는 227단계와 228단계 사이를 끊어 일곱 개의 그룹으로 분류했다. 그리고 이들 일곱 개 유형의 단위지역 당 평균 수거량이 가장 많은 순서로 유형을 정해 재활용 생활계 폐기물 구성비를 나타낸 것이 〈표 9-13〉이다. 이 구성비를 이용해 토머스법(Thomas法)에 의한 주요 재활용 생활계 폐기물을 보면, A유형에 속하는 단위지역은 종이류가 주요 재활용품이고, B유형에 속하는 단위지역은 종이류·고철류가, C유형에 속하는 단위지역은 고철류·종이류가, D유형에 속하는 단위지역은 종이류·병류·고철류·플라스틱류가, E유형에 속하는 단위지역은 병류·고철류·종이류가, F유형에 속하는 단위지역은 기타·종이류·고철류·병류가, G유형에 속하는 단위지역은 고철류·종이류·병류·기타가 주요 재활용품이었다(〈그림 9-23〉).

여기에서 재활용 생활계 폐기물의 수거체제 및 수거내용의 지역적 차이와 그 요인이 어떤 조합으로 지역성을 갖고 있는 단위지역과 관련을 맺고 있는지 살펴볼 필요가 있다. 재활용 생활계 폐기물 배출국면은 한 명당 수거량을 비롯해 수거 서비스 형태에

---

40) 기타에 속하는 재활용품으로는 폐가전제품, 폐가구, 의류와 농약병, 폐비닐 등의 영농폐기물 등이 있다.

〈표 9-13〉 각 시·군·구의 재활용 생활계 폐기물 수거유형   단위 : %

유형＼재활용품	시·군·구당 평균 수거량(톤/일)	종이류	병류	고철류	캔류	플라스틱류	기타
A	88.8	70.6	9.9	8.3	2.7	6.2	2.3
B	81.8	58.2	6.8	25.7	2.6	5.0	1.7
C	70.8	25.0	6.5	58.1	1.7	3.2	5.5
D	62.9	40.4	21.6	13.8	6.8	11.4	6.0
E	45.3	19.0	44.7	24.8	4.4	5.5	1.6
F	21.5	26.1	11.6	11.9	4.5	6.9	39.0
G	21.0	25.5	17.4	25.9	7.9	8.3	15.0

주: 음영으로 표시된 칸은 주요 재활용 생활계 폐기물임.
자료: 韓柱成(2004: 96).

〈그림 9-23〉 재활용 생활계 폐기물 수거 시·군·구의 유형분포

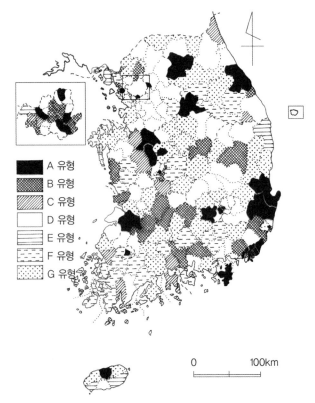

자료: 韓柱成(2004: 96).

도 영향을 받을 것이라고 생각해 수거기관을 고려했다. 그리고 지역특성을 파악하는 지표로 인구 규모, 단위지역의 도시화 정도를 나타내는 인구증가율, 농가율, 경지율, 산업별 인구구성비도 선정했다. 또 페터슨과 핀치(A. Petterson and S. Pinch)가 지적한 바와 같이 낮은 업무효율은 농촌지역, 특히 과소 산촌지역에서 민간위탁을 막는다는 생각 때문에 임야율과 인구밀도도 지표로 사용했다. 그리고 자치단체의 집행능력을 나타내는 지표인 재정자립도[41]도 선정했다. 이상의 지표로 단위지역의 지역특성을 나타내는 통계지표와 수거유형과의 대응관계를 검토해보았다(〈표 9-14〉).

A유형은 주요 재활용 생활계 폐기물이 종이류로 자치단체의 수거 구성비가 높고 행정구역당 수거·운반 업체의 수와 재활용 수거협회 지회 수가 가장 많았다. 해당 단위지역은 충청북도 청주시, 대구시 달서구, 인천시 부평구, 서울시 강남구, 포항시 등으로 평균 인구수는 약 27만 명인데, 인구 10만 명 이상의 시·구가 이 유형 단위지역의 76.5%를 차지했다. 한편 군으로는 충청남도 연기군, 경상북도 고령군, 경상남도 기장군으로 이들 군은 대도시에 인접해 있다. 각 지표의 평균값을 보면, 제2·3차 산업이 발달되어 인구 규모가 크며, 인구밀도도 매우 높고 인구도 증가해 한 명당 수거량은 1일 전국 평균 292.7g을 크게 상회했다. 해당 단위지역과 특성지표에서 A유형은 지역의 중심적 역할을 하고 현재 인구 규모가 증대되고 있는 많은 도시가 이 유형에 속했다. 일반적으로 경비가 많이 드는 자치단체 수거가 현존하는 것은 많은 직원을 고용하고 유지할 수 있는 재정력이 다소 높기[42] 때문이라고 생각한다. 인구 규모가 크고 밀도도 높아 신문과 책 등의 구독이 많고 재정자립도도 높아 자치단체가 주로 종이류를 많이 수거했다고 하겠다.

B유형에 해당하는 단위지역의 주요 재활용 생활계 폐기물은 종이류·고철류로 지방자치단체의 수거비율은 평균수준이나 자가 수거 구성비가 매우 높았다. 해당지역은 서울시 송파·강동·구로구, 인천시 서구 등으로 평균 인구수는 약 22만 명인데 인구 규

---

41) (지방세＋세외 수입)/(일반회계 총계 예산규모)×100에 의해 산출되었다.
42) 전국의 평균 재정자립도는 36.2%이다.

〈표 9-14〉 수거유형과 지역특성과의 관계(2000년)

유형		A	B	C	D	E	F	G
주요 재활용 생활계 폐기물		종이류	종이류 고철류	고철류 종이류	종이류 병류 고철류 플라스틱류	병류 고철류 종이류	기타 종이류 고철류 병류	고철류 종이류 병류 기타
한 명당 수거량(g/일)		328.1	375.8	362.5	252.8	323.7	244.4	232.9
수거형태	자치단체 수거 구성비(%)	71.5	65.9	60.8	62.9	96.9	69.0	58.7
	대행 수거업체 수거 구성비(%)	16.3	17.3	28.2	32.0	3.1	26.1	24.6
	자가 수거 구성비(%)	12.1	16.8	11.0	5.1	0.0	4.8	16.7
	행정구역당 수거·운반업체 수	4.1	2.8	3.2	3.8	0.9	1.2	1.8
	행정구역당 수거협회 지회 수	2.0	1.5	1.3	1.6	0.9	1.3	1.5
행정구역 수	계	34	31	16	82	7	29	35
	시	12	7	6	36		2	11
	군	3	8	5	22	4	23	24
	구	19	15	5	24	2	4	
	출장소		1			1		
지역특성	행정구역당 인구(명)	270,569.7	217,672.9	195,350.0	248,661.1	139,973.9	87,755.2	89,952.8
	인구밀도(명/km²)	979.0	664.6	584.0	681.4	415.6	161.0	118.6
	인구증가율(%) (1995~2000년)	3.3	-0.9	-1.3	6.9	-4.4	2.7	0.6
	평균 재정자립도*(%)	46.5	38.3	36.0	41.8	23.1	22.3	25.4
	경지율(%)	14.1	14.1	16.4	15.2	18.4	19.6	16.3
	임야율(%)	66.0	68.1	60.5	65.4	67.4	61.9	65.7
	농가율(%)	4.5	6.4	9.1	6.4	10.6	30.0	33.9
	제1차 산업 인구구성비(%)	6.5	5.8	13.2	8.4	14.3	37.8	42.0
	제2차 산업 인구구성비(%)	21.6	14.3	23.9	23.6	15.4	11.4	13.8
	제3차 산업 인구구성비(%)	71.9	80.0	62.8	68.0	70.3	50.7	44.2

* 충청북도의 증평출장소와 충청남도의 계룡출장소는 자치단체가 아니기 때문에 재정자립도 분석에서 제외했음.
자료: 韓柱成(2004: 98).

모가 10만 명 이상의 시·구가 단위지역의 71.0%를 차지했다. 한편 군으로는 경기도 양주군, 전라북도 진안·장수·순창·임실군, 경상남도의 울주·거창·하동군이 이에 속했는데, 이들은 전라북도와 경상남도의 소백산맥에 대체로 잇닿아 있다. 이 유형은 인구 규모가 크고 밀도도 높으나 인구는 미미하게 감소하고 농가율은 낮은 편으로 제3차 산업 인구구성비가 매우 높았다. 해당 단위지역과 특성지표에서 서울시와 부산시의 도심과 구시가지 및 공업지역은 인구가 감소하는 지역이었고, 주거지역에서는 A유형과 같이 종이류가 많이 수거되나 중소기업 등 제조업이 발달한 지역과 농촌지역에서는 고철류의 수거가 많아 한 명당 수거량이 가장 많았으며 자가 수거 구성비가 아주 높았다.

C유형에 해당하는 단위지역의 주요 재활용 생활계 폐기물은 고철류·종이류로 대행 수거업체 수거 구성비가 높고 수거·운반업체 수도 많았다. 이 유형에 해당하는 단위지역은 서울시 양천·영등포구, 광명시, 인천시 계양구 등으로 인구 규모가 10만 명 이상의 단위지역 수는 열 개이고, 10만 명 미만의 단위지역 수는 여섯 개였다. 군으로는 강원도 고성군, 충청남도 금산군, 전라남도 함평·강진·완도군으로 전라남도에 많이 분포했다. 이 유형의 단위지역 중 인천시 계양구, 충청남도 아산시를 제외하면 모두 인구가 감소하고 제1차 산업의 인구구성비가 전국 평균보다 높았고, 제2차 산업의 인구구성비는 가장 높았던 것이 특징이다. 제2차 산업의 인구구성비가 높은데 인구가 감소하는 단위지역은 서울시와 부산시의 각 구 등이다. 또 농가율은 전국 평균에 가까우나 임야율은 가장 낮았다. 그래서 이 유형은 제조업이 발달한 단위지역과 농촌지역에서의 고철류 수거량이 많아 한 명당 수거량도 두 번째로 많았다.

D유형에 해당하는 단위지역의 주요 재활용 생활계 폐기물은 종이류·병류·고철류·플라스틱류로 다양하게 수거되어 대행처리업체의 구성비가 가장 높고 수거·운반업체 수도 많았다. 이 유형에 해당하는 단위지역의 평균 인구수는 약 25만 명으로 이 중 인구수가 10만 명 이상의 단위지역 수는 58개로 70.7%를 차지했으며, 10만 명 미만은 24개 단위지역으로 서울시와 광역시의 많은 구와 경기도의 많은 시·군이 이에 해당되었다. 이 유형은 인구 규모도 많았고 인구밀도와 인구증가율도 가장 높았으며 재정자립도도 높은 편이었다. 그리고 농가율은 낮았고 제2차 산업 인구구성비가 높은 편이었

다. 이 유형에서 인구증가로 도시화가 진전되는 지역에서는 다양한 재활용 생활계 폐기물이 수거된다는 점을 알 수 있었다.

E유형에 해당되는 단위지역의 주요 재활용 생활계 폐기물은 병류·고철류·종이류로 자치단체 수거구성비가 가장 높았다. 인구가 가장 많이 감소하고 경지율과 평균 재정 자립도가 낮은 편이고, 제1차 산업의 인구구성비는 전국 평균 정도였다. 이 유형에 해당하는 단위지역은 평균 인구 규모가 14만 명으로 서울시 강서구와 대전시 동구만이 인구 규모가 10만 명 이상으로 이 유형 단위지역 수의 28.6%를 차지했다. 인구 규모도 작고 인구가 크게 감소하는 이 유형은 병류를 수거하는 것이 특징으로 재활용품의 수거량이 적기 때문에 자치단체에 의한 수거율이 높았다고 하겠다.

F유형에 해당되는 단위지역의 주요 재활용 생활계 폐기물은 기타·종이류·고철류·병류로 대행 수거업체의 구성비가 높았다. 이 유형에 해당되는 단위지역은 제1차 산업 인구구성비가 높아 농가율도 높았다. 이 유형에 해당하는 단위지역은 평균 인구 규모가 10만 명 미만으로 대전시 서구, 광주시 광산·남구, 김포시 등으로 광주시, 전라남도, 경상남도지역에 많이 분포한다. 평균 인구 규모가 약 9만 명으로 인구 규모가 10만 명 이상의 단위지역 수가 18.3%를 차지했다. 따라서 인구 규모가 작아 한 명당 수거량이 적으며, 특히 농촌지역에서는 기타 폐기물이 많이 수거되었다.

G유형에 해당되는 단위지역의 주요 재활용 생활계 폐기물은 고철류·종이류·병류·기타로 자가 수거 구성비가 높았으며 대행 수거업체의 구성비도 다소 높았다. 인구 규모가 작았고 인구 증가율도 미미했으며, 제1차 산업이 발달해 농가율이 가장 높았다. 이 유형에 해당하는 단위지역은 평균 인구 규모가 약 9만 명으로 경기도 군포·화성시, 충청북도 충주시, 청원군 등 12개 시·군은 인구 규모 10만 명 이상으로 단위지역 수의 34.3%를 차지했다. 이 유형이 많이 분포한 지역은 강원도·충청북도·경상북도지역이었다. 이 유형은 한 명당 수거량이 가장 적었으며 도시지역에 종이류가, 농촌지역에서는 농기구, 농기계 등의 고철류 등이 많이 수거되었기 때문에 이 유형이 나타났다.

이상에서 수거유형과 발생 시·군·구의 지역특성을 나타내는 지표 간에는 다음과 같은 점이 있다고 지적할 수 있다. 인구 규모가 크고 인구 증가율이 높으며 제2차 산업

인구구성비와 재정자립도가 높은 지역에서는 종이류와 고철류가 주로 수거되었고, 인구 규모가 작고 증가율도 낮거나 감소하며, 제1차 산업 인구구성비와 농가율이 높은 농촌지역에서는 기타를 포함해 고철류, 종이류, 병류 등의 다양한 수거가 나타났다. 이는 지역에 발달한 산업에 의해 재활용 생활계 폐기물의 수거유형이 다르다는 것을 의미한다.

6. 생활물류의 공간조직

소화물 일관수송(小貨物 一貫輸送)은 생활관련 물류를 담당하는 물류형태로, 구체적으로는 일반가정이나 기업에서 이들로 배달되는 소량의 화물을 대상으로 수립된 수송체계를 말한다. 이 물류는 유럽과 미국에서는 택배(door-to-door)의 서비스 개념으로, 일본에서는 1983년 운수성이 인가한 '택배편 운임(宅配便 運賃)'에 의해 그 틀이 확정된 소화물 일관수송으로 시작되었다. 일본의 경우 그 인가기준은 첫째, 노선운임과는 별도의 운임체계를 가지고 있는 점, 둘째 'ㅇㅇ편'과 통일된 명칭을 붙여 상품화하는 것, 셋째 화물의 무게가 30kg 이하이고, 가로, 세로, 높이의 합이 160cm 이내일 것, 넷째 개별적인 확정액제의 이점이 있다는 점 등이다.

소화물 일관수송업은 기업과 기업 간의 B2B, 기업과 개인 간의 B2C, 개인과 개인 간의 C2C 서비스로 신속성, 안정성 및 경제성이 근본 특징인데 그것을 보면, 첫째, 주로 하주가 불특정 다수의 일반 소비자인 점이기 때문에 소화물 일관수송 기업은 하주의 개척, 수송 서비스의 내용, 고객과의 접촉방법 등의 면에서 특정 하주와 맺는 수송과는 다른 대응이 필요하다. 둘째, 하물(荷物) 집배의 단위가 대부분 한 개 단위이고, 또 집배처가 널리 분산되어 있다. 이것은 집배 효율을 필연적으로 낮추는, 한편으로는 넓은 범위에서 하물 집배를 커버하는 집배망의 확립이 필요하다. 셋째, 수송의 신속성·정확성·신뢰성이 강하게 요구되며 전국적으로 합리적인 하물 수송체계의 확립이 필요하다.

소화물 일관수송업의 이러한 특징은 종래의 소하물 물류를 담당한 우편소포나 철도

소하물 등과 성격이 다른 것을 나타낸 것이다. 그것은 소화물 일관수송업이 마케팅의 개념을 활용한 수송체계라는 점이기 때문이다. 즉, 서비스의 명확성, 규격화, 다수 취급점의 설치, 빠른 배달체계, 화물 관리체계의 개발, 매스컴 등에 광고활동을 하는 등 기업 활동에서 나타나는 전략은 종래의 물류형태에서 볼 수 없었던 특징이다.

1) 새로운 물류체계의 성립배경

1970년대 전반, 이를테면 석유파동 이후 트럭 수송시장의 변화가 그 원인이다. 그것은 '중후장대형(重厚長大型)' 산업의 생산 활동이 정체됨으로 이들 산업에서 발생하는 물류량의 정체와 '경박단소형(輕薄短小型)' 산업의 활발화, 서비스 경제화에 의한 하물의 다품종 소량화란 측면이다. 즉, 지금까지 생산과 소비의 확대로 지속적으로 증가한 수요에 의존해온 수송업의 공급체제를 정비하고자 하는 트럭 수송업의 기본적인 변혁을 가져와 새로운 물류체계 구축이 필요하게 되었는데 그 하나가 소화물 일관수송업이다.

한국에서 소화물 일관수송업은 1989년 자동차 운수 사업법이 개정·공포됨으로써 1992년 한진택배의 '파발마'를 시작으로 현재 20여 개의 업체들이 면허를 취득해 영업을 하는데, 2015년 현재 CJ대한통운택배가 38.1%의 국내시장 점유율을 나타내어 가장 높았고, 이어서 현대로지스틱스(12.9%), 한진택배(11.5%), 우체국택배(8.9%), 로젠택배(7.8%)의 순이었다.

2) 소화물 일관수송의 유통기구

여기에서는 일본의 야마토운수(大和運輸)와 일본통운(日本通運)의 유통기구에 대해 살펴보기로 한다(〈그림 9-24〉). 야마토운수는 '탁규빈(宅急便)'이라는 상품으로 1977년 2월 일본에서는 처음으로 택배편 체계를 전국수준에서 개발, 발전시킨 선발기업이고 다른 회사가 참여한 현재에도 39.4%로 가장 높은 시장 점유율을 차지한다. 그리고 일본통운은 택배편 시장 점유율이 26.5%로 2위이다. 그리고 물류 전체로서는 일본 최대의 운

<그림 9-24> 택배화물(일본통운·야마토운수)의 유통체계(1988년)

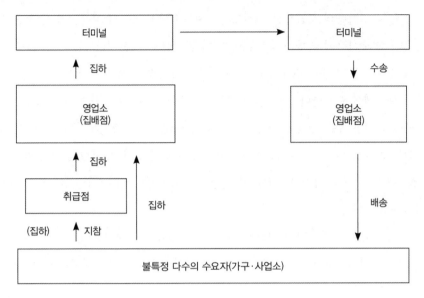

자료: 富田和曉·本間一江(1990: 68).

수기업으로 1977년 4월부터 택배편을 시작했으나 본격적인 택배편 사업 전개는 '페리칸(ペリカン)편'이라는 상품의 발매를 개시한 1981년 4월부터이다.

(1) 취급점에 의한 집하체계

택배편은 일반가정이나 기업 등 불특정 다수의 수요자를 대상으로 하기 때문에 최말단의 집하는 많은 취급점[43]이 중심이 된다. 수요자는 일반적으로 최근린 취급점에 하물을 갖고 가면 영업소 단위에 배치되어 있는 트럭이 이것을 매일 정기적으로 순회하면서 집하를 한다. 영업소에서 수요자로부터 직접 집하하는 양은 매우 적어 총집하

---

43) 이용자가 가져온 하물의 무게를 달고 배송처에 따라 정해진 요금을 이용자로부터 받고 배송처를 영업지역으로 하는 영업소의 코드번호를 조사해 송장을 기입하고, 영업소에서 집하할 때까지 하물을 보관한다. 또 수요자의 장소까지 가서 집하하는 취급점도 있다. 가져온 하물 한 개당 수수료는 100~200엔 정도로 수수료의 금액에서 보면 취급소의 장점은 그다지 크지 않다고 생각하지만 취급점이 본래 공급하고 있는 상품(주류 등)을 택배편 이용자가 구입하는 기회의 증대를 목표로 하는 장점도 있다.

량의 10% 이하인 데 비해 취급점에 가져오는 양은 많다. 이것은 취급점이 공간적으로 밀도가 높고 자가용의 보급으로 가져오는 것이 쉬우며, 또 수요자가 직접 집하를 의뢰하는 경우 집하시각에 구애를 받지 않아도 된다는 점 등 때문이다.

취급점은 위탁 운영을 하며, 일반 소매점이나 편의점 등 입지의 공간적 밀도가 높은 기존의 사업체를 이용한다. 취급점의 개설은 제2종 하역소로서 육운 사무소에 서류를 제출해야 하지만 넓은 공간에 산재해 있는 불특정 다수의 수요자로부터 집하하는 조직으로서는 자금도 많이 필요로 하지 않고 개설이 비교적 쉽다. 이러한 점에서 위탁 취급점 제도에 의한 집하 시스템은 광대한 시장공간을 완전히 커버하는 것이 최적의 집하조직이라고 해도 좋다.

수요자가 이용한 취급점의 선택기준은 소비자로부터의 거리가 큰 인자라고 할 수 있다. 즉, 택배편의 서비스로서 말단의 집하조직인 취급점의 증설은 수요의 증대, 시장점유율의 확대에 필요 불가결한 조건 중의 하나이다. 그러나 택배기업은 취급점을 설치하는 데 한계가 있다. 왜냐하면 영업소에서 취급점으로의 집하에 소요되는 시간, 비용, 노력도 취급점의 수에 거의 비례해 증대하고, 영업소의 차량이나 인원의 증가, 더욱이 영업소의 증설, 확장을 필요로 하기 때문이다. 극단적으로 말하면 모든 가정, 사업소를 취급점으로 하면 집하는 독점할 수 있을지 모르지만 집하 비용은 증대된다.

야마토운수의 가나가와(神奈川) 현 동부지역의 경우 집배차 한 대의 하루 평균 순회 취급점수는 20~25점이다. 취급점의 밀도가 낮은 지역에서는 취급점의 수가 좀 더 적다. 또 집배차의 운전기사 확보가 어려운 상태로 이러한 점이 제약으로 존재한다. 즉, 취급점의 증설비용이란 직접적인 비용보다는 간접적인 비용인 집하비용이 취급점의 상한(上限)을 규정짓는다고 할 수 있다.

(2) 영업소에 의한 집하체계

영업소(집배점)는 취급점과 터미널을 중계하는 집하와 배달을 행하는 기능을 갖고 있는데, 이 기능은 영업소 단위에 배치된 운전기사와 집배차에 의해 수행된다. 즉, 영업소 단위에 설정된 관할지역(territory)에 배달을 하고 취급점 및 전화로 집하를 의뢰하는

〈그림 9-25〉 서울시 소화물 일관수송업체 영업소의 지역적 분포

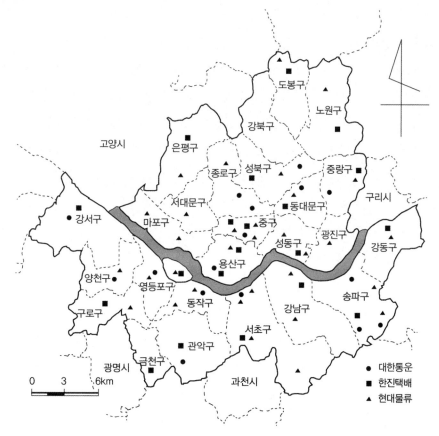

자료: 이선지(2000: 44).

가정 등을 하루 한 번 또는 두 번 순회하며 집하한다. 영업소와 터미널의 관할지역은 명확해야 하고 영업소에서 보아 가장 중요하다는 기준이 되는 것은 터미널의 출발시각 이다.

　서울시에 입지한 소화물 일관수송업체 영업소의 분포를 보면(〈그림 9-25〉), 입지적 관성이나 접근성 등의 이유로 사무기능이 탁월한 중·종로구 등의 도심과 강남구, 여의 도지역에 집중해 있다. 또한 공장이나 전문상가가 입지한 구로·영등포·용산구 등에 집중 분포해 영업소의 분포는 소화물의 발생과 도착량이 많은 거주 지역에는 적게 입

지하고 있음을 알 수 있다.

⑶ 터미널 간의 기간수송

택배편의 트럭 터미널의 주요한 기능은 터미널별로 설정된 관할지역내의 영업소에서 운반된 하물을 자동분리기 등을 이용해 배달되는 지역을 담당 영업소별로 분류한다. 분리된 하물은 다시 목적지 영업소가 관할하는 터미널별로 모아서 대형화물차로 야간에 목적지 터미널로 수송해 그곳에서 관할지역 내의 영업소로 운송된다. 즉, 터미널은 전국적인 수송망을 구성한 지역 간 수송의 거점이 된다.

터미널의 관할지역 상한은 관할지역내의 영업소에서 하물의 수송시간에 의해 규정된다. 그러나 하한(下限)은 터미널의 규모경제, 신속한 배달을 하기 위한 전국적인 배송거점 배치의 효율성과 관련된다.

서울시에 입지한 소화물 일관수송업체 터미널의 분포를 보면(〈그림 9-26〉), 넓은 지역에 비교적 고르게 분포하고 있으며, 부지면적 확보의 문제나 지가의 문제로 인해 경기도에 입지하는 경우도 있다. 서울시에 입지한 터미널의 경우 교통이 편리한 지역보다는 비교적 넓은 부지가 있는 곳에 입지한다. 이것은 소화물 일관수송업이 신속성을 요구하고 있기는 하지만 서울시에서의 소화물 이동은 좁은 지역에서의 이동으로 한정되어 있기 때문에 접근성이 좋은 곳보다는 지가가 싼 곳에 입지하는 게 좋기 때문이다. 경기도에 입지한 터미널의 경우는 서울시로 신속하게 수송할 수 있는 교통로 상에 입지하거나 기존의 화물터미널을 이용하는 경우가 많다. 따라서 터미널은 넓은 부지를 확보할 수 있고 지가가 싼 곳에 입지하며, 경기도의 경우는 서울시에 접근성이 높은 곳에 입지한다.

택배 네트워크는 터미널 간의 연결 형태에 따라 크게 포인트 투 포인트(point-to-point: P2P)방식과 허브 앤 스포크(hub-and-spoke: H&S)방식, 절충형으로 구분되는데, 한국의 택배업은 업체별로 다양한 네트워크 구조를 나타낸다. P2P는 허브나 서브(sub)와 같은 터미널 간의 위계가 없이 거점에서 거점으로 택배화물을 직접 연결하는 경우를 말하고, H&S는 출발지 허브 터미널에 집하한 택배화물을 목적지별로 분류해 도착지 허브

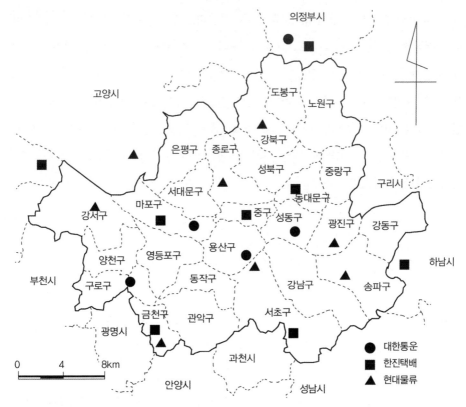

〈그림 9-26〉서울시 소화물 일관수송업체 터미널의 지역적 분포

의정부시

고양시

도봉구

노원구

은평구

종로구

강북구

성북구

중랑구

구리시

서대문구

동대문구

마포구

중구

성동구

광진구

강동구

강서구

용산구

양천구

영등포구

동작구

하남시

부천시

구로구

강남구

송파구

금천구

관악구

서초구

● 대한통운

■ 한진택배

광명시

▲ 현대물류

0   4   8km

과천시

안양시

성남시

자료: 이선지(2000: 45).

터미널로 수송하는 형태이다. 그리고 절충형은 P2P와 H&S방식의 장점을 채택해 택배 터미널 간의 화물량이 많은 경우에는 직접 수송하고, 화물량이 적거나 출발지 터미널 과 도착지 터미널 간의 화물량이 불균형을 이룰 경우 허브 터미널로 중계하는 수송형 태이다.

(4) 택배편 유통조직의 공간구조

취급점은 불특정 다수의 수요자로부터 택배하물을 집하하는 기초적 조직, 즉 미시 적 수준에서 집하 결절점으로서의 기능을 행하고 있다. 영업소는 집하와 배달의 두 가지 기능을 가지고 있다. 집하의 면에서 영업소는 취급점보다 상위 수준의 결절기능이지만, 배달의 면에서는 말단의 미시적 수준 결절점으로서의 역할을 한다. 그리고 터미널은 전국적인 택배편 유통 시스템에서 최상위의 결절점으로서의 기능을 갖고 있으며, 그 관할지역은 전국의 시장공간을 분할한 형태를 나타내고 있다. 이러한 계층적인 유통기구는 택배편 유통의 효율성과 빠른 배달성을 목적으로 한 것이라 해도 좋다. 다시 말하면 효율적인 빠른 배달성을 원리로 하는 유통기구의 전형적인 한 형태가 위의 시스템이라 할 수 있다. 이러한 성격을 갖는 유통조직이 현실의 지역에서는 어떻게 구축될까가 주요한 과정이 된다.

7. 이륜차 긴급 소형화물 배송 서비스업

물류는 석유파동 이후 산업구조의 전환을 경험함으로 크게 변화했는데, 그 방향성은 철도나 해운을 중심으로 한 전용 대량수송에서 다빈도 소량배송을 중심으로 한 JIT형의 수송으로 바뀌었다. 특히 자동차 수송이 큰 융흥을 가져왔다.

또 최근에 물류의 정보화는 JIT형 물류의 수행과 동시에 배송거점의 집약화나 그 관할지역의 광역화를 추진하고, 물류 시스템 전체의 효율화에 공헌해왔다. 나아가 정보화의 진행과 함께 경제활동의 글로벌화와 더불어 국내물류도 국제물류의 말단 배송으로 되고, 한층 긴급성에 대처할 필요성이 나타나고 있다.

그러나 대도시에서의 물류는 만성화된 교통체증, 주차용지의 부족, 대기오염과 소음이라는 사회적 비용이 발생함에 따라 심각한 애로에 빠지고 있다. 이러한 자동차에 의한 물류를 포함한 문제에 대응한 틈새 마케팅으로의 수송형태로서 이륜차를 이용한 물류형태인 이륜차 긴급 소형화물 배송 서비스업[퀵서비스(quick service)]이 탄생했다. 이륜차에 의한 물류는 기업 활동의 JIT화가 진행되는 가운데 기존의 물류 시스템은 대응할 수 없는 수송을 인수해 독자의 공간구조를 나타낸다고 볼 수 있다.

1) 이륜차 긴급 소형화물 배송 서비스업의 특징

대도시 내부에서 긴급을 요하는 소량수송을 이용한 물류형태인 이륜차 긴급 소형화물 배송 서비스업은 한 사람의 배송원이 하나의 하물을 발송인으로부터 수하인(受荷人)에게 직송하는 것으로 성격상 수송시간의 제약과 거리당 운송비의 상승률이 크다. 그 때문에 어떤 형태로든 그 수송량은 거리체감효과를 반영하는 것으로 예측할 수 있다.

나아가 이륜차 긴급 소형화물 배송 서비스업은 발송인으로부터 수화인에게 긴급한 소하물을 직송할 수 있는 기동력을 지향한다. 즉, 택배편 등과 달리 이륜차 긴급 소형화물 배송 서비스업의 이용자는 다른 짐과 혼재 수송하는 것을 기피하고, 직행 수송하는 것을 지향한다. 그 때문에 이 사업은 트럭 터미널과 같은 집하, 혼재, 분류, 배송하기 위한 중계시설을 가질 필요가 없는 특별한 수송수단이다. 넓은 하역시설이나 주차용지가 불필요하기 때문에 사업의 신규참여가 비교적 쉽다. 이러한 중계거점을 가지지 않는 직행성 때문에 그 수송 네트워크에서 중심지나 중심지 상호 간의 연락체계에서 계층성은 존재하지 않는다고 추찰할 수 있다.

종래부터 JIT형 물류의 전환이 지적되어 왔는데도 불구하고 지리학에서 JIT형 물류의 중심인 자동차수송의 공간구조를 해석한 연구는 많지 않다. 그 이유는 첫째, 철도나 해운의 전수통계와 다르게 자동차 수송의 통계는 추계 모형의 분석결과인 것과 함께 공개된 자료가 결여되어 있고, 둘째 자동차 수송에서는 일반의 택배편, 이사화물, 기업의 전속수송 등 공간구조가 다른 모든 형태의 수송이 광범위하게 포함되어 있지만 각각을 개별적으로 추출해서 분석하는 것이 곤란한 점, 셋째 물류 자료는 지역 간 수송량의 치우침이 뚜렷하고 선형성이나 정규성에서 일탈하는 것이 많기 때문에 통근유동이나 인구이동의 자료에 비해 계량적 분석, 특히 다변량분석이나 공간적 상호작용 모형을 적용한 분석에는 어울리기 어려운 것을 지적할 수 있다. 이들 문제를 고려하면 기존에 공식적으로 간행된 통계자료보다도 운수기업으로부터 수송 자료를 직접 구득해 독자적으로 OD(origin, destination)행렬을 작성해, 그들 가운데 특정의 형태나 기능을 집중적으로 분석함으로써 공간적 성격을 밝힐 수 있다고 오그던(K. W. Ogden)은 지적했다.

2) 이륜차 긴급 소형화물 배송 서비스업의 등장과 성장배경

일본에서 이륜차 긴급 소형화물 배송 서비스업의 시작은 1982년에 도쿄에서 창업한 일본 소쿠하이(日本卽配)라고 하고, 1984년 상호를 소쿠하이로 변경했다. 당시는 이륜차에 의한 수송 서비스에 대한 법적 규제가 없어 신규개업이 쉬워 많은 업자가 참여했다. 그래서 실제로 이륜차 경(輕)화물수송 사업자의 각 회사가 벤처 비즈니스로서 급성장한 것은 1980년대 후반에 들어서이다. 그런데 한국은 1990년대 초 재래시장과 전문상가 등을 중심으로 태동했다.

일본에서의 이륜자동차 화물배송 서비스업이 등장하고 성장한 배경으로서 다음과 같은 점에서 생각할 수 있다. 첫째, 1984년에는 철도 소하물수송이 거의 전폐되고, 우편소포 수송의 중심이 철도이용에서 항공·자동차 이용으로 전환됐다. 그 배경으로서 제2차 석유파동이후 산업계의 수송수요의 감소에 대응해서 대기업 트럭업자를 시작으로 몇몇 기업이 택배편에 참여하고 그 수송이 급성장했다. 이러한 관청에 의한 소하물 수송이 축소·쇠퇴하고 운수업계의 규제완화가 진행되는 가운데 민간의 택배시장으로의 관심이 높아졌다. 둘째, 정보화, 사무자동화의 진행에 따라, 특히 자기(磁氣)매체나 전자부품 등의 소량긴급 배송의 수요가 증가했다. 또 사무자동화는 사무직을 시스템 말단의 조작자로서 책상에 가는 여유도 없이 근거리의 사무소 간에 서류 등을 전달하는 업무가 거품(bubble)경기의 영향으로 나타났고, 외부수주가 등장하게 되었다. 셋째, 자동차 업계의 시장경쟁 격화에 따라 국내 이륜차 시장에 다양한 새로운 모형이 잇달아 투입됨으로 이륜자동차 붐(boom)이 생겨 젊은이를 중심으로 이륜차 면허 취득자나 이륜자동차의 소유자가 증가해 배송원을 확보할 노동력시장이 형성되었다. 넷째, 1986년에는 노동자 파견법이 제정되고 노동기본법의 규제가 대폭 완화되었다. 그 때문에 운송청부 등에 관한 유연적인 고용형태를 대규모로 전개시키는 것이 가능하게 되었다. 다섯째, 1990년의 화물자동차 운송 사업법의 개정에 이르기까지 이륜차 화물의 영업에는 법적규제가 없어 누구나 자유롭게 참여할 수 있게 되었다. 여섯째, 휴대전화 등의 모바일 통신수단의 기술혁신과 보급이 진행되어 옥외에 광범위하게 소재하는 배송원과의 연락이나 관리가 용이하게 되었다. 이와 같이 이륜차 긴급 소형화물 배송 서비스업은 규제완화나 정보화를 배경으로 1980년대 후반에 성립·급성장한 벤처 비즈니스라고 인식할 수 있다.

3) 이륜차 긴급 소형화물 배송의 사업특성

택배편은 신속하게 배송하는 성질이 기업 간 경쟁의 중요한 포인트이기 때문에 시간적 요소가 그 공간의 조직화에 강하게 작용하고 있다는 것을 알 수 있다. 이와 같은 점과 같이 이륜차 긴급 소형화물 배송은 고객으로부터 수주를 한 후 발송지로부터 도착지에 개별로 수송하는 서비스를 특징으로 하고 있기 때문에 수송시간에 제약이 있고, 거리에 대한 수송비 상승률이 높다. 교통체증이 심각한 대도시에서는 수송에 이륜자동차를 이용함으로 정체를 회피할 수 있는 한편 그 즉시성이 수송요금에 전가된다. 이륜차 긴급 소형화물 배송사업은 업무기능이 집중한 대도시 중심부에서 익일 배달이 원칙인 택배보다도 긴급한 소량수송의 즉시성에 대응한 서비스이다.

이륜차 긴급 소형화물 배송사업의 기업규모가 크면 배차, 화물을 수송하는 배송원의 위치관리나 집하·수송시간 등의 파악, 요금의 산정을 효율성이 높게 행하는 것이 요구되기 때문에 기업 전체로서의 정보 시스템 구축이 중요하다. 1990년대 후반 이후의 정보기술에 따라 전자지도의 보급, 휴대전화나 PDA(Personal Digital Assistant, 개인용 정보단말기) 등의 단말의 고기능화가 진행되고, GPS(Global Positioning System, 위성항법장치)를 용이하게 이용할 수 있어 각 사의 정보 시스템 도입에 박차가 가해졌다.

이러한 이륜차 긴급 소형화물 배송사업은 한편으로는 고도의 정보 시스템을 구축하고 있지만 노동형태에 착안하면 정규 종업원보다는 계약 배송원을 다수 이용하는 것으로 성립된다. 왜냐하면 한 사람의 배송원이 한 개의 하물을 운반한다는 노동집약적인 성격에서 기업의 이익률을 올리기 위해서는 비용이 적게 드는 계약 배송원을 다수 사용하는 것이 필요하기 때문이다. 계약 배송원은 일종의 독립된 개인사업주이고, 게다가 이륜차 긴급 소형화물 배송사업자로부터의 운송청부나 업무위탁계약이 이루어지고 있다. 계약배송원은 주로 본인이 소유한 이륜자동차를 사용해서 수송한다. 하주로 부터의 운임수입은 회사와의 사이에 반분한다. 또 계약배송원은 개인명의의 이륜차의 관리·보수비용이나 경(輕)자동차세 등 보험비용을 자기부담으로 한다. 이러한 배송원 의 수입의 불안정성, 노동의 위험성과 그것들로부터 발생하는 여러 가지 폐해가 사회 학에서는 참여관찰법(participant observation)[44]을 구사해서 지적하고 있다. 또 기상에 따 라 근무조건이 큰 영향을 받고, 위험성도 동반하며, 수입도 불안정하기 때문에 이륜차 긴급 소형화물 배송사업에서 계약배송원의 정착률은 낮다.

나아가 도쿄 사업자 일부는 자전거를 이용한 서비스도 제공하고 있다. 이륜차와 비 교해 자전거는 수송 가능한 화물량은 적지만 가격은 저렴하게 설정되고 근거리, 특히 5km 이내의 수송에서는 도로교통 정체나 일방통행 규제에 좌우되지 않기 때문에 이륜 자동차보다는 우위에 있다. 특히 도쿄 도심부의 중심업무지구에서는 자전거의 편이 인도를 주행할 수 있고,[45] 주차위반의 대상이 되지 않는 것이 많기 때문에 소요시간이 나 수송거리를 단축할 수 있다. 또 하주기업의 이미지나 환경문제의 배려, 주차금지의 문제에서 근거리 수송에는 자전거에 의한 수송이 적절하다. 이러한 도쿄 도심부에서 이륜차 긴급 소형화물 배송사업은 이륜자동차와 자전거에 의한 수송을 공간적으로 조 합시킴에 따라 보다 서비스를 충실히 해왔다.

4) 사업자의 공간적 분포와 배송의 유동 패턴

1980년대에는 이륜차 경화물 수송사업의 참여에 관한 법적규제가 없었고, 다른 물 류업계와 비교해서 초기투자를 포함한 고정자본이 적어도 창업·경영이 가능한 것에서 이 사업은 급성장했다. 일본은 1990년에 이를테면 물류 2법의 하나인 화물자동차 운송 사업법이 실시되어 이륜경화물 사업은 국토교통부의 육운사무소에 영업의 개설에 필

---

44) 연구자가 연구대상이 되는 사람들의 삶에 가능한 한 참여하면서 관찰을 실시하는 현지 조사방법이다.
45) 일본에서는 자전거가 인도로 다닌다.

요한 서류를 제출해야 했다.

이 서류제출상황에 근거해 이륜경화물 수송사업자수와 등록대수의 특징에 대해 전국적인 경향을 살펴보면 2005년 사업자 수는 오키나와(沖繩) 현을 제외하고 949개 업체에 등록대수는 3075대였다. 사업자 수를 보면(〈그림 9-27〉), 오사카 부가 310개 업체로 가장 많았고, 이어서 도쿄 도가 304개 업체로 전체의 64.7%를 차지했다. 이어서 가나가와(神奈川) 현, 효고(兵庫) 현, 사이타마(埼玉) 현의 순으로 도쿄와 오사카 대도시권에 사업자의 분포가 집중한 경향이 있다. 양 대도시권 이외에는 광역중심도시인 현에 입지하지만 반드시 사업자가 많지는 않았다.

다음으로 서류제출 시 등록 대수를 보면 도쿄 도가 1507대로 오사카의 714대의 두배 이상의 수치를 나타내었지만, 그 후 운용 대수가 1000대 가까이 되는 이륜차 긴급 소형화물 배송업자의 상위 4사의 본사는 모두 도쿄에 소재한다. 즉, 도쿄 대도시권에는 중추관리기능의 집중으로 대규모 사업자가 성립할 수 있는 시장이 존재하는 것을 나타낸 것이라 할 수 있다.

〈그림 9-27〉 도·도·부·현(道都府縣)별로 본 이륜차 화물배송 사업자 수(2005년)

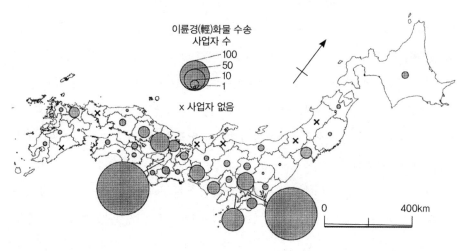

주: 오키나와 현은 불명임.
자료: 兼子 純·野尻 亘(2009: 141).

<표 9-15> A사와 B사의 기업 특성

구분	소재지	정사원(명)	평일 계약 배송원(명)	자본금(엔) (2006년)	연간 매상고(엔)
A사	도쿄 신주쿠(新宿) 구	80	약 1000	1억 7000만	28억
B사	오사카 시	-	약 20	1000만	-

자료: 兼子 純·野尻 亘(2009: 142, 144).

이러한 이륜차 긴급 소형화물 배송업은 시장 규모가 큰 도쿄대도시권에 특히 발달되었고, 수백 명의 배송원을 거느리고 고도의 정보 시스템을 구축한 대규모 사업자가 존재한다. 한편 소규모 사업자는 창업단계에서 2~3대 규모로 서비스를 제공하는 개인 경영을 중심으로 하고, 그 경영실태는 알지 못하는 점이 많다.

이륜차 긴급 소형화물 배송업은 대도시권에서 특히 발달한 사업으로 도쿄·오사카대도시권에서 이륜차 긴급 소형화물 배송사업 사례기업으로 1985년에 창업한 도쿄의 대규모 사업자인 A사와 1986년에 창업한 오사카의 중규모 사업자인 B사를 각각 대상(<표 9-15>)으로 수송의 공간적 유동패턴을 살펴보기로 한다.

A사는 전속 계약편(便), 스폿(Spot)편, 자전거편, 전철편의 서비스를 제공하고 있다. 전속 계약편은 특정의 대량하주와 계약을 맺고, 계약배송원과 이륜차를 계약처에 파견하는 서비스이다. 일괄계약을 위해 배송원의 근무배치와 차량의 운용은 대량하주에게 일임한다. 전체 415대가 233개 사업소에 파견되었는데, 파견사무소 수의 내역은 미나토(港) 구가 21.2%로 가장 많고, 이어서 치요다(千代田) 구(15.1%), 신주쿠(新宿) 구(11.5%), 주오(中央) 구와 코도(江東) 구는 각각 7.2%를 차지한다. 파견처의 업종은 증권·금융·보험, 광고·디자인·설계, 예능·매스컴·보도, 운수·창고업 등이 중심이다. 전속 계약편은 파견처 기업의 완전한 관리하에서 배송을 담당하기 때문에 그 배송건수에 대해서 A사는 장악하지 못하고 있다.

이어서 A사가 제공하는 서비스 중에서 스폿편에 주목해 발송처와 도착지 주소, 운임, 운임의 계산의 기본이 되는 직선거리, 수주시각, 하물 인수시간, 하물 도착시각에 대해 분석 당일의 자료 2003건으로 분석했다. 스폿편은 배송시간에 강한 제약이 있는 한편으로 거리당 수송비의 상승률이 높다. 스폿편은 1일당 약 300명의 계약 배송원이

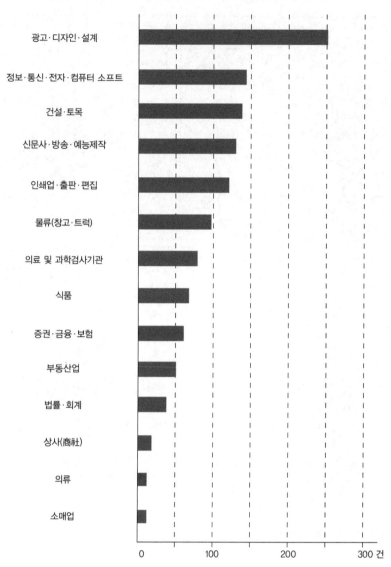

〈그림 9-28〉 A사 스폿편의 이용업종과 이용 건수(2005년 12월 22일)

주: 기타 829건은 제외했음.
자료: 兼子 純·野尻 亘(2009: 142).

종사하고 있다. A사는 코도 구의 지원(support)센터에서 전화나 전자우편에 의해 수주를 받아 배송원의 휴대전화에 발착지에 관한 정보를 발신한다. 정보를 받은 계약배송

〈그림 9-29〉 A사 스폿편의 수송 발송지(위쪽)와 도착지(아래쪽) 분포(2005년 12월 22일)

자료: 兼子 純·野尻 亘(2009: 142, 144).

원은 수주처에 하물을 받으러 가서 배송처에 직접 배송한다.

　스폿편에 배송되는 하물은 주로 플로피 디스켓, CD, USB 메모리, 비디오테이프, 사진, 도면, 제본서류, 상품 견본 등이다. 〈그림 9-28〉과 같이 업종별로는 광고·디자인·설계 관계의 사무실 등에서의 수주가 많았다.

다음으로 고객의 발착지에 주목하면, 발송지는 도심부에 집중하는 경향을 나타내고 발송 건수가 100건을 넘는 구는 미나토, 시부야(渋谷), 치요타, 주오, 신주쿠, 코도의 여섯 개 구이고, 이들은 전체의 75.6%를 차지했다. 도착지는 도심부가 많으며, 발송지의 분포에 비교해 칸토(關東) 지방의 일원에 널리 분포한다. 도착지의 건수가 100건을 넘는 구는 미나토, 치요다, 시부야, 주오, 신주쿠로 이들 다섯 개 구는 전체의 60.6%를 차지했다(〈그림 9-29〉). 이러한 수송의 공간적 패턴에서 A사는 불특정다수의 수주처로부터 하물을 배송한 일반운수업자(common carrier)라고 지적할 수 있다.

5) 긴급화물 배송의 직선거리와 소요시간의 공간적 분포

다음으로 배송 건수와 직선거리와의 관계를 보면, 도쿄의 긴급화물의 배송 최대 직선거리는 248km였지만 40km 이내의 수송 건수는 1928건으로 전체의 96.3%를 차지했다. A사의 스폿편의 발송지에서 도착지까지 직선거리대별로 수송 건수를 보면 2km 이내의 수송은 적고, 3km에서는 234건, 6km에서는 230건으로 두 개의 정점을 나타내어 직선거리가 증가할수록 수송 건수가 감소한다(〈그림 9-30〉). 스폿편 1건당 평균 수송거리는 11.6km였다. 1~2km에서의 건수가 적은 이유는 근거리이기 때문에 사무실의 종업원이 하물을 직접 전달하기 때문이고, 도쿄 도심부에서는 A사의 자전거편이나 전철편이 대체(代替)되고 있기 때문이다.

그래서 A사가 제공한 자전거편과 전철편 서비스에 주목해 도심 내부에서 수송의 공간적 패턴을 보면 다음과 같다. 자전거편과 전철편은 주로 도심의 치요타·미나토·주오의 세 개 구에서의 수주에 대응한 서비스로, 도심에서 이륜차의 기동성, 속달성의 한계를 보완하는 기능을 하고 있다. 수주 범위는 치요타, 미나타, 주오, 시부야 각 구내의 일부만으로 수송 범위는 치요타, 미나타, 주오, 시부야, 신주쿠 각 구내의 일부에 한정되었다. 스폿편에서 분석한 것과 같이 자전거편 수송은 484건으로, 이 중에서 주요한 유동 패턴으로서 미나토 구내의 수송이 134건, 미나토 구에서 치요타 구로의 수송이 92건이었다. 발송지는 미나토 구가 75.2%를 차지해 가장 많았고, 이어서 치요타 구

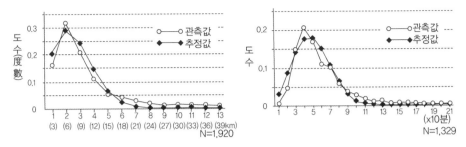

〈그림 9-30〉 A(왼쪽: 2005년 도쿄)·B(오른쪽: 2004년 오사카)사에 있어서 거리대별 수송 건수의 도수

주: 추정값은 와이불(weibull) 함수[46]를 이용했는데, 도쿄는 직선거리, 오사카는 소요시간을 이용했음.
자료: 兼子 純·野尻 亘(2009: 148).

(21.5%), 주오 구(2.7%), 시부야 구(0.6%)의 순이었다. 도착지의 구성은 미나토 구가 38.0%로 가장 높았고, 이어서 치요타 구(25.6%), 주오 구(13.8%), 시부야 구(14.3%), 신주쿠 구(8.3%)로 되었다. A사는 이륜차에 의한 스폿편으로서 수주를 받을 경우 수송거리를 판단해 자전거편이 빨리 도착할 가능성이 있고, 비용도 저렴할 경우에 그와 같은 점을 고객에게 설명하고 자전거편을 유도하는 경우도 있다.

A사의 전철편은 1991년 11월에 이륜차 긴급화물 배송사업을 최초로 시작했는데, 그 서비스는 이륜차에 적재할 상자에 들어가지 않는 큰 하물, 접어서는 안 되고 진동에 의한 파손이 염려되는 하물을 이용하고, 배송원이 전철이나 도보로 수송한다. 또 이륜차에 의한 배송보다도 시간과 요금으로 보아 효율이 높다고 판단되는 경우 전철편이 이용된다.

다음으로 2004년 10월 1일~20일까지의 오사카 부를 대상으로 이륜차 긴급화물의

---

46) 와이불 함수는 주로 시계열적인 분석에 이용되는 확률밀도함수이다. 예를 들면 기계의 고장 발생도수는 제조 후의 연월이 경과함에 따라 증가하지만, 일정한 시기를 경과하면 기계 그 자체가 상각(償却)·폐기 되기 때문에 고장발생의 도수는 감소해간다. 이러한 시계열적 패턴의 규칙성을 예측하는 것으로서 와이불 함수는 시간적 계열에서 증감의 변화분석에 주로 이용되지만, 이륜차 긴급화물 배송의 직선거리나 소요시간이라는 공간적 계열 자료에서 증감의 변화에 응용된다. 와이불 함수의 모형은 다음과 같다.

$$f(x) = \frac{b}{a}(\frac{x}{a})^{b-1} \exp\{-(\frac{x}{a})^b\} \cdots (1)$$

여기에서 a: 스케일에 관한 매개변수, b: 그래프의 곡선 형태에 관한 매개변수이다.

총 수송건수는 1372건으로 평일 80~130건이 배송되어 1일 평균 68.6건이고, 토요일과 휴일에는 이보다 약 20건 적다. 수송 소요시간은 수송시간 40분에 276건을 정점으로 120분 이내의 수송의 누적 건수가 1283건으로 전체의 96.5%를 차지했다. 한 건당 평균 소요시간은 58.2분으로 수송시간 40분의 정점까지는 증가하다가 그 이후는 수송시간이 증가함에 따라 수송 건수도 감소했다. 와이불 함수를 적용해 소요시간 210분까지의 수송건수 합계 값 1329건을 1로 했을 때 소요시간 10분 단위로 수송 건수의 분포도 수를 식 (1)에 적용하면 a의 초기값 5.0, b의 초기값 2.5를 대입해 최우추정법(最尤推定法, maximum likelihood method)[47]으로 분석하면 a=5.56934(t값=34.2532, 1% 수준에서 유의), b=2.52214(t값=17.5475, 1% 수준에서 유의)의 수렴값을 구할 수 있다. 이들의 중상관계수 값은 R^2=0.926로 적합도가 높다. 즉, 〈그림 9-30〉의 오른쪽 그래프의 곡선 형태와 같이 하주 자신이 직접 가지고 갈 수 있는 것이 가능한 짧은 시간인 10분 이내의 근거리에서는 이륜차 긴급화물 배송을 이용하는 경우가 적다는 것을 알 수 있다. 나아가 수송 소요시간이 증가하고, 원거리가 됨으로 수송건수는 감소하고 100분 이상이 되면 대단히 적은 것을 나타내는 철(凸)형의 곡선함수에 가깝다.

다음으로 오사카 부 B사의 화물 수송 소요시간을 이용해 거리체감효과를 살펴보기로 한다. 거리체감효과는 공간적 상호작용 모형 중에서 발생제약(production constrained) 모델[48]을 적용했다. 그 이유는 이륜차 긴급화물 배송의 수요는 긴급보수부품의 수송

---

47) 데이터 값이 실현하는 확률, 즉 우도(likelihood)를 미지의 파라미터 함수로 표현하고 이를 최대화함으로써 파라미터를 추정하는 방법을 말한다.

48) 발생제약형 모델은 출발지구 i에서 발생하는 통행 수 O_i를 주어진 것으로 하고 지구간의 통행 수를 추정하려고 하는 것이다. 이 경우 제약조건은 다음과 같다.

$$\sum_{j=1}^{n} T_{ij} = O_i \cdots (1)$$

모델은 $T_{ij} = K w_i w_j d_{ij}^{-b}$의 w_i를 O_i로 바꾸어 K를 출발지구 의존 균형인자 A로 바꾼 다음 식으로 나타낼 수 있다.

$$T_{ij} = A_i O_i w_j d_{ij}^{-b} \cdots (2)$$

식 (1), (2)에서 $\sum_{j=1}^{n} T_{ij} = O_i = \sum_{j=1}^{n} A_i O_i w_j d_{ij}^{-b} \cdots (3)$이 되고 $A_i = \dfrac{1}{\sum_{j=1}^{n} w_j d_{ij}^{-b}} \cdots (4)$가 된다.

〈그림 9-31〉 B사에서 오사카시 키타구에서의 평균발송시간에 의한 섹터별 지구구분

시·구(오사카 시 키타 구에서의 평균 수송시간)
①오사카 시 키타 구, 주오 구, 니시(西) 구(20분)
②오사카 시 니시요도가와(西淀川) 구, 요도가와 구, 히가(東) 시 요도가와 구, 아사히(旭) 구, 미야코지마(都島) 구, 죠토(城東) 구, 쓰루미(鶴見) 구, 히가시나리(東成) 구, 이쿠노(生野) 구, 덴노지(天王寺) 구, 나니와(浪速) 구, 고노하나(此花) 구, 후쿠시마(福島) 구, 미나토 구(30분)
③오사카 시 아베노(阿倍野) 구, 니시나리(西成) 구, 다쇼(大正) 구, 스미노에(住之江) 구, 스미요시(住吉) 구, 히가 시 스미요시(東住吉) 구, 히라노(平野) 구(40분)
④스이다(吹田) 시, 이바라키 시, 다카쓰키(高槻) 시, 셋쓰(攝津) 시(40분)
⑤도요나카(豊中) 시, 이케다(池田) 시, 미노(箕面) 시(40분)
⑥모리구치(守口) 시, 카도타(門眞) 시, 다이코(大東) 시(30분)
⑦네야가와(寝屋川) 시, 히라카타(枚方) 시, 카타노(交野) 시, 시조나와테(四條畷) 시(40분)
⑧히가시오사카(東大阪) 시, 야오(八尾) 시, 가시와라(柏原) 시(40분)
⑨마쓰바라(松原) 시, 구 미하라(美原) 읍[町][사카이(堺) 시 미하라 구] (50분)
⑩후지이데라(藤井寺) 시, 하비키노(羽曳野) 시, 돈다바야시(富田林) 시, 가와치나가노(河内長野) 시, 오사카사야마(大阪狹山) 시(60분)
⑪사카이 시(미하라 구를 제외)(40분)
⑫다카이시(高石) 시, 이즈미(和泉) 시, 이즈미오쓰(泉大津) 시, 다다오카(忠岡) 읍(50분)
⑬기시와다(岸和田) 시, 카이즈카(貝塚) 시, 구마토리(熊取) 읍, 이즈미사노(泉佐野) 시, 센난(泉南) 시(60분)
⑭와카야마 시(70분)
⑮아마가사키(尼崎) 시, 이타미(伊丹) 시, 가와니시(川西) 시(30분)
⑯다카라즈카(寶塚) 시, 니시노미야(西宮) 시, 아시야(芦屋) 시(40분)
⑰고베(神戸) 시(50분)
⑱아카시(明石) 시(70분)
⑲히메지(姫路) 시(90분)
⑳교토 시(60분)
㉑나라 시(50분)
㉒오오쓰(大津) 시(70분)
㉓도쿠시마 시(120분)

각 지구의 도착 개수
100
50
10

10km

교토 부
효고(兵庫) 현
시가(滋賀) 현
오사카 부
나라(奈良) 현
도쿠시마(德島) 현
와카야마(和歌山) 현

각 지구의 도착 개수
100
50
10
30km

□ 수송 평균시간에 의한 섹터별 지구 ▲ 오사카 시 키타 구

자료: 兼子 純·野尻 亘(2009: 151).

등 돌발적·일시적인 것이고, 하주로서는 사전에 예측하고, 물류 시스템으로서 계획 가능한 것이 아니기 때문이다. 또 앞에서 살펴 본 것과 같이 발송지는 도심의 사무소나 부품배송센터에 한정되지만 도착지는 광범위한 랜덤(random)적 분산을 하고 있기 때문에 발생제약 조건의 영향을 강하게 받는다고 추정할 수 있다. 발생제약 모형은 윌리엄 스(P. A. Williams)와 포더링험에 의한 SIMODEL 중 $T_{ij} = A_i \, O_i \, M_j^{\alpha} \, d_{ij}^{\beta} \cdots$ (2)를 이용했다. 여기에서 T_{ij}: 발송지 i와 도착지 j와의 사이의 상호작용량, O_i: 발송지 i로부터 각 지 구 전체로의 유동량의 합계, M_j: 도착지 j에 관한 매력도(흡인성), α: 흡인성(사업소수) 에 대한 매개변수, d_{ij}: 발송지 i로부터 도착지 j까지의 전 수송 운임을 계산할 때에 산 출되는 소요시간, β: 파워(power) 함수형 거리함수로 $f(d_{ij}) = d_{ij}^{\beta}$이다. A_i는 T_{ij}의 추정 값인 $\widehat{T}_{ij}$에 대해 $\sum_j \widehat{T}_{ij} = O_i \cdots$ (3)이 성립되기 위한 균형인자이다. 이것을 오사카 시 키 타(北) 구에서의 1×23의 OD행렬에 대해 적용했다. 그 결과 추계결과는 $R^2 = 0.797$, β값 은 -0.8190이고, α값은 1.7989로, 거리지수는 반비례관계로 거리의 제약을 크게 받지 않는다는 것을 알 수 있다.

한편 B사의 많은 계약 배송원은 주로 오사카 시 중심부에서 대기하고, 긴급수송에 종사하기 때문에 교외 상호 간의 수송에 대해 중심부에서 교외로의 발송 하주에게로 가기 위해서는 실제 수송거리에 비해 긴 소요시간을 필요로 하는 경향이 있다. B사가 특정 대량 하주에 의존한 개인운수업자(private carrier)라는 것을 고려해서 발송건수가 가장 많고, 또 광범위하게 수송하는 오사카 시 키타 구에서의 발송 자료와 소요시간을 바탕으로 거리체감 효과를 검토했다.

먼저 오사카 시 키타 구에서 각 행정구역까지 수송의 평균소용시간을 10분 별로 구 분하고, 게이한신(京阪神, 교토 부, 오사카 부, 고베 현을 합해 일컫는 말) 대도시권 일대를 각 섹터별로 23개 지구로 구분했다(〈그림 9-31〉). 이 23개 지구에 대해 오사카 시 키타 구 에서 도착건수와 평균 소요시간·도착지구 내의 사업체 수와의 사이에 상관분석을 실 시한 결과 각 지구로의 도착 건수와 평균 소요시간 사이의 상관계수는 −0.596(p값은 0.0026, 1% 수준에서 유의)이고, 도착 건수와 사업소 수와의 상관계수는 0.673(p값은 0.0004, 1% 수준에서 유의)로 어느 정도 상관이 있다.

제10장

물류기지의 공간구조

물류기지는 물류거점이라고도 한다. 즉, 물류의 형태는 수송기관의 수송경로에 해당되는 링크(link)와 수송기관의 제휴의 장에 해당하는 결절로 대별된다. 물류기지는 이 결절에 해당하는 것으로 물류활동을 효과적으로 행하기 위한 거점이다. 주요한 거점으로는 항만, 공항, 화물역, 트럭터미널, 유통 업무단지, 배송센터, 창고 등이 있다. 물류기지의 주요한 기능으로는 다음과 같은 것을 들 수 있다.

ㄱ 적환기능: 수송기관 간의 적환을 행하는 기능

ㄴ 혼재기능: 소화물을 모으거나 나누는 기능

ㄷ 유통 보관기능: 유통 과정에서의 일시보관, 물류중계기지(stock point)기능, 보관기능

ㄹ 유통 가공기능: 상품의 포장, 상표부착, 가격결정, 조합, 조립 등 수요형태에 적합하도록 유통단계에서 가공하는 기능

ㅁ 정보 센터의 기능: 상품보관 등 공간예약, 운행도착정보, 재고관리정보 등의 서비스 기능

한편 위의 물류기지로부터 광역장거리에 배송을 하지 않으면 안 되는 불리한 점은 정보화와 더불어 JIT방식을 도입하는 등 소량·다빈도·고속으로 기동성이 풍부한 자동차수송이나 항공기수송을 이용해서 보완할 수 있다.

물류거점 입지의 공간적 역할을 고찰하는 데 종래부터 입지론으로 중시해온 수송비나 수송거리라는 요인과 함께 유통기구의 개혁·정보의 집약도·배송의 효율성이라는

새로운 관점을 더하지 않으면 안 된다. 이러한 관점을 바탕으로 경제지리학의 새로운 과제가 형성된다.

1. 유통 업무단지

유통 업무단지 또는 유통센터는 물류기지의 일종으로 도시일상생활에 필요한 물류의 유통합리화를 기하기 위해 창고업, 수송업, 도매업 등의 각종 유통시설을 종합적·계획적으로 물류상의 요지인 특정장소에 집약한 유통거점시설이다.

1) 유통시설의 분포

물적 유통시설의 분포는 대도시와 거점도시로 나누어 살펴볼 수 있다. 대도시에서의 상거래와 물적 유통의 장소가 미분리된 경우가 많았고, 그것도 도매업자는 도심부에 집중 입지해 교통체증으로 현저하게 기능이 훼손되어 효율이 낮았다.

이러한 사정으로 대량의 물자이동을 효율적으로 행함과 동시에 도매기능을 효율적으로 발휘하며, 또 악화된 입지환경을 개선하고 도시의 재개발을 촉진하기 위해 부도심 또는 도시 주변부에 도매상을 집단적으로 이전시키는 사업이 일부 실행되었다. 도쿄, 오사카에서는 특정 건설주체가 시설을 조성하고 도매상을 입주시킨 도매종합 센터의 방식을 취해 이것의 중핵에 도매단지를 배치하는 형식을 갖추었다.

또 고속교통망의 정비, 정보유통의 원활화, 상물분리의 방향에 따라 대도시 주변에는 대규모 유통 및 그 관련시설이 집중적으로 건설되었다. 이들은 고속국도·순환도로·방사상 도로 등 자동차교통이나 철도·항만시설 등과의 관련에서 교통상의 적지에 유통관련 여러 시설이 상호 유기적·계획적으로 유통활동의 거점이 되기를 바라고, 일부에서는 꽤 진전된 모습도 보였다. 이들 시설로서 컨테이너 전용부두나 창고, 배송센터, 물류중계기지, 트럭터미널, 창고단지, 중앙도매시장, 도매상 단지 등의 입지를 들

〈그림 10-1〉 도쿄 오오이(大井)부두 부근의 물류시설

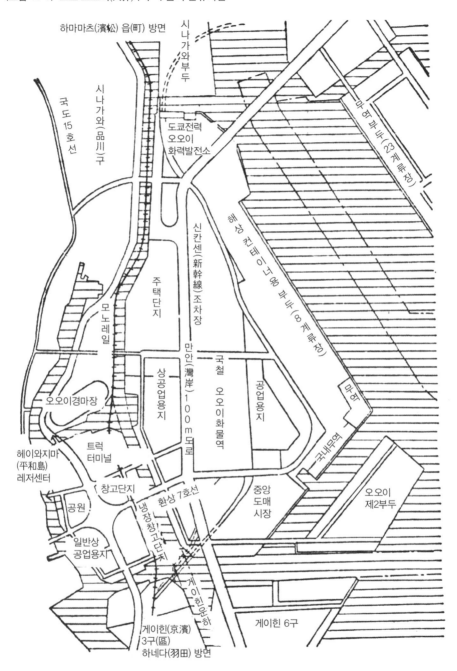

자료: 長谷川典夫(1984: 90).

〈그림 10-2〉 일본 센다이시 도매상 센터 배치도

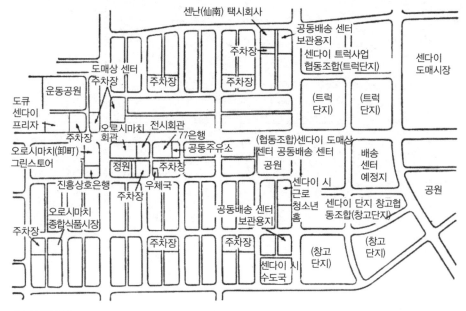

자료: 長谷川典夫(1984: 96).

수 있다(〈그림 10-1〉).

이러한 수송체계의 전환과 유통시설의 재배치에서 유통혁신시대에 대처할 수 있는 대규모 유통시설의 재배치와 수송혁신에 대응한 배송과 시설 효율적 교통기관의 연결이 강하게 나타난 것이다.

한편 거점도시에서 도매단지의 형성과 그 기능을 보면, 대도시권과 지방과의 물자수송도 점점 활발해지는데, 이에 대해 지방 거점도시 중에서도 광역중심도시는 물적 유통상의 지위가 높아졌다. 상거래 면에서는 교통의 발달이나 정보망의 정비는 상위 기업의 상권 확대에 공헌해 결과적으로 지방도시 도매상의 지위를 상대적으로 저하시킨다고 생각하지만 그중에서도 광역중심도시는 물자의 유통상에서는 오히려 그중요성이 높아져 기능향상에 대응한 시설의 충실이 요청된다. 그것도 광역중심도시나 현청(縣廳) 소재지급 도시에서는 대도시와 같이 상거래유통과 물적 유통의 미분리된 경우가 많고, 도시 내부로의 도매상의 집중이 교통체증을 불러와 도매기능의 효율화를 방

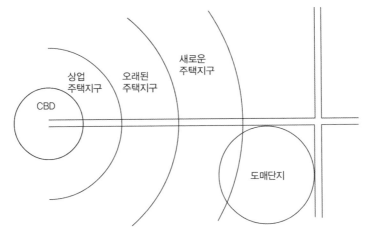

〈그림 10-3〉 도시지역구조론에 부가된 새로운 도매사업소지구의 모델

새로운
주택지구

상업   오래된
주택지구   주택지구

CBD

도매단지

자료: 長谷川典夫(1984: 96).

해하고, 도매상의 집단적인 이전이 요청되어왔다.

　이들 도시에는 주로 중소도매상이, 이를테면 적지에 집단적으로 이전입지한 도매상
단지를 형성하는 것이 일반적이고, 각지에서도 그러한 사업이 완성되었다. 〈그림
10-2〉는 일본 북동부 광역중심도시인 센다이(仙台) 시 도매상 센터의 배치도를 나타낸
것이다.

　이러한 도시의 유통기능의 배치가 새롭게 나타남에 따라 종래의 도시 중심업무지구
(CBD)로부터 떨어지거나 또는 CBD를 둘러싼 주택지구의 외연에 새로운 사업소지구가
형성되어 동심원구조론이 적용되지 않는 새로운 핵지역이 등장해 도시지역구조론으
로서도 새로운 문제제기가 나타났다(〈그림 10-3〉).

2) 유통시설의 계획

　사회간접자본의 정비나 공업발달은 수요나 산업구조의 변혁에 따라 유통분야에 큰
영향을 끼쳤다. 인구이동이나 교통기관의 발달, 이용교통수단의 변화는 상권의 변화를

가져오고, 소비자에 의한 소비생활의 합리성 추구는 그 수용에 대응한 상업시설의 확충을 초래했다. 또 산업구조의 변화에 대해서는 공업화의 진전과 더불어 생산재·자본재의 거래가 활발해지고, 소득상승에 따라 소비의 증대 등에 의해 공업개발거점에서 도매기능의 집적이나 상점가의 재개발이 진전되고, 농가소득의 신장의 정체는 노동력의 유출이나 농촌 소비구매력에 의존하는 지방도시의 상황(商況)에 영향을 미칠 수밖에 없었다.

이러한 지역구조의 변화에 대응해 거점도시 도매기능의 집적이나 도시 규모에 따라 소매상점군의 재편 및 신규형성이 진행되었다. 여기에 지역구조에 합치되는 합리적인 규모·기능·위치를 가진 유통관련시설이 배치되도록 한 계획한 것이 유통시설계획 및 유통시설 배치계획이다. 이러한 계획은 지역주민생활의 충실, 도시재개발과 물적 유통기능의 효율화, 상업근대화 시책의 시스템화라는 세 가지 점에서 강조되지만, 이것은 종래 지역 상업에 관한 명확한 비전의 결여, 시책이 불충분했다는 점에 대한 반성도 있었으나 상업의 장래전망과 그 방법을 지역계획에 담은 것이라고 할 수 있다.

이러한 계획을 물적 유통기능 효율화의 관점에서 보면, 도시 내 도매상의 창고와 상품을 처리하는 공간의 협소나 도시 내 교통 혼잡에 의한 효율저하를 해소하고 대량생산·대량유통에 대응한 여러 시설의 공동화·집약화를 꾀하기 위해 도매단지·창고단지·트럭터미널·도매시장 등의 유통관련 여러 시설을 일괄해서 도시계획과의 정합성을 꾀하면서 새로운 유통업무 단지를 계획하는 경우가 많았다.

산업근대화 지역계획은 이것에 따라 실시계획이 수립되어 계획실시의 수순·방법 등이 나타나는 것이지만 지역계획에서 실시계획의 단계에 이르게 되었고, 또 근대화 계획이 무엇인가의 형태로 구체화되어 성공했다고 인정되는 것은 그렇게 많지 않다.

기본계획에는 유통시설의 정비에 대해 세 가지의 주요 과제를 들 수 있다. 첫째, 트럭·철도·선박·항공기 등 각종 수송기관 및 수송체계의 합리적 결합에 의해 물적 유통에서 일관 시스템 수송을 계획한다. 그 때문에 수송 관련시설을 정비함으로써 서울시를 위시해 주요한 지방중핵도시에 수송기관 상호 간의 적환기능·저장(stock)기능·정보유통기능을 갖춘 대규모 유통센터를 건설한다.

둘째, 원격화된 생산지역에서 소비지로 생산재의 고속 대량수송을 위해 전용선이나 전용차·파이프라인 수송 등 수송수단의 혁신을 계획하고 중핵도시 등 소비지의 주변에 수급조절기능·가공기능을 갖춘 대규모 물류중계기지나 유통가공기지 등의 건설을 꾀한다.

셋째, 도시중심부에 입지한 물적 유통부문을 주변부에 계획적으로 배치해 대도시지역 물적 유통의 원활화·효율화를 계획하기 위해 도매종합센터·도매단지를 건설한다. 또 소비자의 구매동향이나 모터리제이션의 영향 등에 대응해서 소매상점의 대형화·종합화, 개발에 의한 상점가의 재편이나 쇼핑센터의 형성이 기대된다.

이상과 같은 기본계획은 나아가 각 지방에 대해 기본구상으로서 구체화시키고, 또 각 지방의 개발촉진계획 등에도 포함시켜 나가므로 시·도나 각 도시에서도 도시계획에 그 구체적인 방향을 밝혀야 할 것이다.

그러나 근년 대도시권의 지가가 올라 민간 자본으로는 물류를 위한 넓은 용지를 확보하는 것이 점점 어려워졌다. 그 때문에 국가나 지방자치단체의 정책에 의해 유통 업무단지 정비가 진척되어왔다. 이러한 계획은 중소도시에도 건설이 가능해져 대도시권을 경유한 물류를 지방중소도시로 분산시키는 것이 의도되었다.

그러나 이러한 공공 물류센터의 활용이 부진한 곳이 많은데, 그 이유는 다음과 같다. 먼저 중소기업은 현물거래가 중심으로 상물(商物, 경영과 물류)의 분리가 곤란하다. 많은 경우 교외로의 이전이라는 것도 도심부의 본사·본점의 기능은 그대로 두어 실질적으로는 지점이나 출장소의 증설에 지나지 않는다. 또 많은 중소기업은 자기고장의 구역 트럭이나 자가용 트럭을 이용하는 경우가 많다. 그러나 유통센터에서는 노선 트럭 터미널이 병치(倂置)되어 있는 경우가 많다. 그 결과 양자 상호 간 유기적인 연관이 잘 형성되지 않고 이에 따른 폐해가 발생한다. 또 유통센터를 교외 몇 곳에 설치한다고 해도 대도시의 교통문제를 용이하게 해결할 수 없다는 문제도 남아 있다.

2. 창고업의 공간적 분포 유형

1) 창고의 종류와 기능

창고업(public warehousing)이란 창고를 이용해 다른 사람의 물품을 보관하는 영업을 말한다. 이 경우 영업의 내용은 창고 내에 의뢰자의 물품을 안전하게 필요한 기간 보존하는 저장 역할과 물품을 창고에서 입출하는 작업과 나아가 보관물품의 유통과정을 원활하게 진행되도록 취급업무를 수요자에게 제공하는 대신에 그 대가를 제공받는 상행위이다. 이 역할을 창고 역무(役務) 또는 창고용역이라 한다.

창고업은 민법과 상법 중 창고업법·관세법에 따라 보관행위를 하는 업을 목적으로 설립된 영업 창고의 경제활동이다. 영업 창고는 창고의 위치, 구조 및 시설의 기준을 바탕으로 〈그림 10-4〉와 같이 구분할 수 있다.

영업 창고의 종류와 물품유형 및 내용을 살펴보면 다음과 같다. 보통창고는 주로 보통물품을 보관하는 창고로서 취급하는 품목이 많고 물품의 형상도 가지각색이다. 또 행정상의 구분으로 1~3류 창고, 야적창고, 저장조(槽) 창고 및 위험물 창고를 총칭 보통창고라 한다. 이 가운데 보통창고의 대부분이 속하는 1류 창고는 일반잡화 등을 보관하는 창고이다. 이 창고의 시설은 방화, 방수, 방습, 조명 등 많은 규제가 정해져 있다. 2류 창고는 옛날식인 불완전한 창고로 일반잡화 이외에 곡물, 비료, 시멘트, 도자기 등이 보관되는데, 1류 창고의 구비조건 중 방화를 제외하고 모든 조건을 구비해야 하는 창고이다. 3류 창고는 구조가 간단한 창고로 유리, 강재(鋼材) 등을 보관하는 창고로 1·2류 창고보다 구비조건이 완화되어 있다. 야적창고는 폭풍우에 전혀 영향을 받지 않는 원재료 등의 화물을 야적해 보관하는 창고이다. 야적창고는 울타리나 철조망 등의 방호시설이 있어야 하고, 방화, 조명 등의 시설이 필요하다. 저장조 창고는 탱크, 사이로(silo) 등에 의해 액체 및 포장되지 않은 곡물 등을 보관하는 창고로 방화, 방수, 조명 등의 요건이 구비되어야 한다. 위험물 창고는 소방법 및 고압가스 취급법에 규정된 위험품을 보관하는 창고로 방화, 방수, 조명 등의 요건이 필요하다.

〈그림 10-4〉 영업 창고의 종류

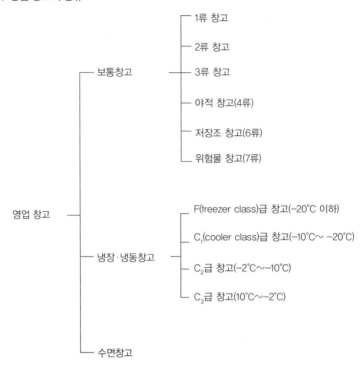

자료: 市來淸也(1988: 40).

    냉장·냉동 창고는 10℃ 이하의 저온에서 신선도를 요하는 식료품이나 동결된 식료품 등을 보관하는 창고로 보관 가능 온도에 따라 F급과 C급으로 나누어진다. 이 가운데 F급은 주로 냉동 어패류, 육류 등을 보관한다. C급은 채소, 과일 등 신선도를 요하는 식료품이나 절인 어류 및 냉동채소가 주로 보관된다. 또 C급은 보관온도에 따라 다시 C_1급, C_2급, C_3급으로 구분된다. 냉장·냉동 창고의 시설은 방수, 방화, 방열 및 냉동시설을 갖추어야 한다. 냉장창고는 10℃ 이하에서 보관하는 창고이고, -20℃ 이하에서 보관하는 창고는 냉동 창고이다.

    수면창고는 항만 등에서 보는 바와 같이 원목 등을 수면에 보관하는 시설로, 통상 수면 저수장이라 부르기도 한다.

    또 창고의 종류는 경영형태에 따라 다음과 같이 구분할 수 있다. 영업 창고, 농업창고, 자가용 창고, 협동조합 창고(중소기업 협동조합 창고, 수산업 협동조합 창고, 농업 협동조합 창고), 부두창고, 보관창고 등으로 분류된다. 이들 가운데 보관을 목적으로 한 전형적인 창고는 영업 창고, 자가용 창고, 농업창고, 협동조합 창고이다. 그리고 이 가운데 물류활동에 큰 역할을 하는 것이 보통·냉장창고이다.

영업 창고는 보관활동을 중심으로 다음의 여러 가지 기능을 갖고 있어 경제사회의 발전에 큰 기여를 하고 있다. 먼저 상품 유통에 시간적인 차이를 조절하는 저장기능 이외에 계절적 생산물이 대량으로 일시에 출하되지 않게 보관함에 따라 생산물의 홍수 출하기에 가격폭락과 단경기(端境期)에 가격 오름을 막기 위한 가격 조정 기능이 있다. 또한 물품이 유통될 때 각 수송기관에 대한 연결조정의 장으로서 대량으로 수송될 물품을 일시적으로 보관하고, 다른 수송기관에 의해 연결수송을 원활하게 조정하는 역할의 물류 결절점 기능을 가지며, 물품을 영업 창고에 기탁함에 따라 창고업자가 발행하는 창하(倉荷)증권을 이용해 금융대부를 받을 수 있고, 대량의 현물을 이동시키지 않고 판매가 가능한 금융 보조기능을 갖고 있다. 그리고 수요자에 대해 필요한 물품을 필요할 때에 그것도 저렴한 유통비용으로 제공할 수 있는 판매촉진과 유통가공 및 배송의 능력을 구비한 창고에 물품을 일시 보관하고, 그곳을 거점으로 물류 합리화를 도모하는 기능도 갖고 있다.

창고는 여러 가지 역할을 하고 있으나 중요한 역할은 수급조정 기능, 금융기관적 기능, 연락기관적 기능, 판매 전진기지적 기능 등이다. 이들 기능은 시대에 따라 그 중요도가 다른데, 창고 종래의 기능으로는 수급조정 기능, 금융기관적 기능이 강했다. 특히 제2차 세계대전 이전에는 금융기관으로서의 비중이 컸고, 보관 하주(荷主)는 창고업자가 발행하는 창하증권을 담보로 금융대부를 받는 경우가 많았다. 그러나 생산·소비량의 증대와 더불어 교통기관의 발달에 의해 유통비용의 저렴화가 요구되어 연락기관적 기능, 판매 전진기지적 기능이 중시되어왔다. 연락기관적 기능은 교통기관의 정비에 의해 교통결절점에서 집하, 중계, 배송업무의 원활화를 위한 역할을 한다. 판매 전진기지적 기능은 교통거점에서 판매촉진을 위한 전진기지로서의 역할을 한다. 이 기능은 단순한 보관에서 수요자에 대한 저렴한 유통비용으로서의 물적 재화공급을 촉진한다.

이들 두 가지의 기능은 교통조건이 크게 작용하므로 교통입지의 혜택을 받는 것이 필요하다. 유통혁명은 창고기능의 비중에 변화를 가져왔다.

고도의 경제성장 이후 양산(量産) 판매체제가 이루어져 물류의 증대가 뚜렷하게 나타났다. 이와 더불어 수송·보관기능의 발달도 현저해져 대도시를 중심으로 물류시설의 입지가 눈에 띄게 나타났다. 이러한 물류시설은 도시의 과밀화로 교외지역으로 입지변동을 해 집배송에 효율적인 교통의 요충지에 집중되었다.

창고업에 대한 지리학 연구는 첫째, 창고 자체를 분석대상으로 하는 연구, 둘째 물류 또는 상거래 분석 가운데에서 일부 창고의 기능 등을 취급하는 것으로 창고의 분포와 그 발전과정, 창고의 기능 변질, 물자별 창고 기능의 차이 연구, 셋째 창고의 입지변동에 대한 연구, 넷째 집단화 창고에 대한 연구로 나눌 수가 있다. 집단화 창고의 설립방식은 공동출자 회사방식, 사업 협동조합 방식, 제3섹터 방식, 개별기업방식으로 나누어진다. 먼저 공동출자 회사방식은 창고업자에 의한 공동출자 회사가 창고를 설치하고 출자 창고업자가 이것을 차용하는 방식을 말한다. 또 사업 협동조합 방식은 창고업자에 의해 설치된 사업 협동조합이 창고를 설치하고 조합원 창고업자가 이것을 차용하는 방식이다. 그리고 제3섹터 방식은 민간과 정부기관이 공동으로 출자해 설립하는 방식이며, 마지막으로 개별기업방식은 각 창고업자가 집단화 창고용지에 개별로 창고를 건설하는 방식을 말한다.

2) 창고의 입지

한국은 1960년대부터 시작된 공업화 정책으로 1970년대의 고도 경제성장을 거쳐 지속적인 경제성장을 이룩했다. 그로 인해 공업제품뿐만 아니라 그 밖의 소비재의 생산과 소비도 크게 증가해 물류량이 현저하게 늘어났다. 이러한 물적 유통의 증가는 물류 시스템화를 진전시켜 보관·배송시설을 담당하는 창고의 집적화를 이루었다. 창고란 물자의 생산과 소비의 거리를 조정해 시간적 효율성을 창조하는 보관기능의 주체이다. 그 가운데에서도 냉장·냉동 창고는 단·장기간 신선도를 유지함으로써 소비자의 욕구를 충족시키는 보관기능을 담당하는 것이다. 공업화에 따른 국민소득의 증대와 식생활 구조의 변화는 수입육류와 각종 농산물 및 빙과류 등의 급격한 소비증대로 냉장·냉동 창고의 양적·질적 증대를 가져왔다.

종래 창고는 항만, 운하 주변 지역, 역두(驛頭)와 그 주변 지역, 시가지 지역에 주로 입지했으나 자동차 교통의 발달로 대도시 교외지역의 도로교통 요충지에 새로운 창고 집적지가 형성되었다. 시가지 지역이나 역두와 그 주변 지역의 창고용지 부족, 자동차 교통의 규제강화 등으로 교외지역에 입지변동을 하지 않으면 안 될 창고가 상당히 많아졌기 때문이다. 이에 따라 교외지역의 창고는 수요가 증대되어 장거리 수송의 대량 화물을 비교적 긴 기간을 보관하는 역할을 중심으로 하게 되었다. 이 밖에 창고입지의 전국적 전개의 일환으로서 대도시의 교외지역에 진출한 창고, 또는 창고업 이외의 업종을 모체로 그 뒤 창고업을 겸업화해 교외지역에 창고를 설립하게 된 것도 있다. 이러한 이유로 1980년대 이후 한국의 대도시 교외지역에는 각종 창고들이 도시화의 진전과 더불어 교통요지에 집적해 출현함으로 물적 유통의 효율화를 촉진시키고 있다.

3) 창고와 냉장·냉동창고의 입지전개

한국의 시·도별 창고를 종류별로 업체 수와 면적을 살펴보면(〈표 10-1〉), 위험물 창고를 제외한 보통창고의 업체 수가 1397개로 전체 창고 업체 중 85.7%를 차지해 가장 많으며, 연면적으로 보면 전체 창고 연면적의 64.3%를 차지해 가장 높은 비율을 차지했다. 그다음으로 냉장·냉동 창고가 업체 수로 12.5%, 그 연면적은 34.5%를 차지했다. 그리고 위험물 창고의 업체 수는 전체 창고 업체 수의 1.8%이고, 그 연면적은 1.2%를 차지해 가장 낮은 비율을 나타내었다.

시·도별 전체 창고 업체 수의 분포를 살펴보면, 경상북도가 전체 창고 업체 수의 28.1%를 차지해 가장 많고, 다음으로 전라북도(13.5%), 충청남도(10.4%), 경기도(9.9%), 경상남도(9.8%)의 순으로 나타나는데, 경상북도에 창고 업체 수가 가장 많은 이유는 보통창고의 업체 수가 가장 많은 것에 따른 것이다. 그러나 연면적으로 보아 경상북도는

〈표 10-1〉 시·도별 창고 현황(1996년)

종류 시·도	냉장·냉동 창고				보통 창고							
					보통창고(위험물 창고 제외)				위험물 창고			
	업체 수	비율(%)	연면적(m²)	업체당 평균 연면적(m²)	업체 수	비율(%)	연면적(m²)	업체당 평균 연면적(m²)	업체 수	비율(%)	연면적(m²)	업체당 평균 연면적(m²)
서울시	11	5.4	42,699	3,881.7	58	4.2	85,453	1,473.3				
부산시	78	38.2	635,724	8,150.3	40	2.9	323,532	8,088.3	3	10.0	4,097	1,365.7
대구시	1	0.5	2,659	2,659.0	24	1.7	35,754	1,489.8				
인천시	6	2.9	40,621	6,770.2	39	2.8	616,864	15,817.0	7	23.3	11,021	1,574.4
광주시					5	0.4	13,955	2,791.0				
대전시	1	0.5	1,227	1,227.0	10	0.7	33,761	3,376.1	1	3.3	149	149.0
경기도	63	30.9	364,622	5,787.7	90	6.4	264,595	2,939.9	9	30.0	7,538	837.6
강원도	3	1.4	3,009	1,003.0	61	4.4	54,865	899.4				
충 북	4	2.0	17,233	4,308.3	93	6.7	60,205	647.4				
충 남	3	1.4	2,048	682.7	166	11.9	97,893	589.7				
전 북	2	1.0	1,342	671.0	213	15.2	140,539	659.8	6	20.0	404	67.3
전 남	2	1.0	1,642	821.0	11	0.8	41,190	3,744.5				
경 북	15	7.4	15,203	1,013.5	440	31.5	226,659	515.1	3	10.0	9,799	3,266.3
경 남	13	6.4	15,566	1,197.4	146	10.5	143,130	980.3	1	3.3	7,112	7,112.0
제주도	2	1.0	1,114	557.0	1	0.1	213	213.0				
계	204	100.0	1,144,709	5,611.3	1,397	100.0	2,138,608	1,530.9	30	100.0	40,120	1,337.3

자료: 건설교통부 물류시설과(1996: 창고업 등록현황).

소규모의 창고가 많다는 것을 알 수 있다. 한편 인천·부산시의 연면적은 넓은데, 이는 두 도시가 한국 제1·2의 무역항으로 수출입 화물이 많기 때문이다. 업체당 연면적이 가장 넓은 시·도는 인천시이고, 그다음으로는 부산시이다. 냉장·냉동 창고의 시·도별 분포는 부산시에 38.2%가 입지해 가장 많고, 그다음으로는 경기도가 30.9%를 차지해 이들 시·도에 한국 냉장·냉동 창고의 69.1%가 분포했다. 이와 같이 부산시와 경기도에 냉장·냉동 창고가 많이 분포하는 이유는 부산시가 한국 제1의 무역항으로 냉장·냉동 상품의 입출항이 많기 때문이고, 경기도는 서울시를 포함해 한국 제1의 소비지이기 때문에 냉장·냉동식품의 보관량이 많기 때문이다. 업체 당 평균 연면적도 부산시와 경기도의 냉장·냉동 창고가 다른 시·도보다 넓다. 끝으로 위험물 창고는 경기도에 가장

<표 10-2> 시·도별, 설립시기별 냉장·냉동창고 수(1997년 1월)

시기 / 시·도	제 I 기 (1960~1970년)	제 II 기 (1971~1975년)	제 III 기 (1976~1980년)	제 IV 기 (1981~1985년)	제 V 기 (1986~1990년)	제 VI 기 (1991~1996년)	계
서울시				3		2	5
부산시	2	1	10	15	17	15	60
대구시							
인천시				1			1
광주시						12	12
대전시							
경기도			1	10	10	38	59
강원도				1	1		2
충 북							
충 남			2	4		7	13
전 북			5	4	9	19	37
전 남			2	3	18	21	44
경 북			1		2	4	7
경 남			1	3	5	15	24
제주도			3		4	9	16
계(%)	2(0.7)	1(0.4)	25(8.9)	44(15.7)	66(23.6)	142(50.7)	280(100.0)

자료: 대한상공회의소(1997).

많이 분포했고, 그다음으로는 인천시·전라북도의 순서로 많이 입지했다.

다음으로 냉장·냉동 창고의 입지 전개를 전국적 차원에서 여섯 개 시기로 나누어 그 분포의 변화를 파악하면 〈표 10-2〉와 같다.

먼저 시기별 냉장·냉동 창고의 입지를 보면, 1961년 부산시에 금양제빙이 설립되어 냉장·냉동 창고가 처음으로 운영되었으나, 1990년대 전반기에 전국의 냉장·냉동 창고 수의 50% 이상이 설립되었으며, 그다음은 1980년대 후반기로 전국의 냉장·냉동 창고 수의 23.6%가 설립되었고, 1980년대 전반기는 15.7%, 1970년대 후반기는 8.9%가 설립되었다. 따라서 한국의 냉장·냉동 창고의 입지는 1970년대 후반기 이후에 그 설립이 본격화되었다는 것을 알 수 있다.

다음으로 시기별 창고의 입지를 보면, 제I기에는 냉장·냉동 창고가 전국에 두 개가 입지하고 있었는데 모두가 부산시에 입지했다. 부산시에 일찍부터 냉장·냉동 창고가 입지한 것은 부산시가 외국 수입화물의 주요 취급항구였기 때문이다. 제II기에는 부산시에 다시 한 개의 창고가 더 입지해 세 개가 분포했다. 제III기는 창고 수가 급증한 시기로 부산시에 무려 열 개가 신규 입지를 했고, 전라북도에 다섯 개가 입지했다. 부산시의 신규 창고입지는 제IV기 이후에도 급증했으며, 경기도는 제IV기부터 급증하기 시작했는데, 이와 같은 현상은 전라남·북도에서도 나타났다. 경기도에 냉장·냉동 창고의 신규입지가 증가한 이유는 1995년 서울시를 중심으로 한 수도권 인구가 전국 인구의 45.3%를 차지해 냉장·냉동 창고에 보관한 상품의 소비 규모가 전국에서 가장 크기 때문이다.

4) 냉장·냉동 창고의 상품 입출고지

용인시지역에 입지한 냉장·냉동 창고에 입고한 상품, 보관형태에 의한 품목별 입고량, 창고별 입고 보관된 상품별 구성과 입고상품에 의한 입고지와 출고상품에 의한 출고지를 보면 다음과 같다.

(1) 냉장·냉동 창고의 입고상품과 입고지

1997년 3월 30일[1] 현재 용인시지역 냉장·냉동 창고의 입고상품을 살펴보면, 축산물이 37.4%를 차지해 가장 많고, 그다음으로 수산물의 비중이 29.1%를 차지해 이들 두 품목이 전체 입고량의 2/3를 차지했다. 이와 같이 축·수산물이 차지하는 비율이 높은 것은 소득의 증대로 식생활 구조가 개편됨에 따라 육류와 수산물의 소비량이 증대되어 외국으로부터 다량의 축·수산물이 수입되어 장기간 보관되었기 때문이다.

---

1) 입고상품과 입고지에 대한 자료는 1996년 6월 30일, 9월 30일, 12월 30일, 1997년 3월 30일의 내용이다. 각 조사 연월일의 보관 형태별 품목별 입고량은, 먼저 보관형태에서는 1997년 3월 30일의 자료가 임대의 구성비가 다소 높으나 나머지 연월일의 보관 형태별 구성비는 거의 비슷했으며, 또 품목별 입고량의 구성비는 1997년 3월 30일의 자료가 농산물의 구성비가 다소 높고 수산물의 구성비가 다소 낮은 점 이외에는 각 조사 연월일의 내용이 거의 비슷했다. 그리고 입고지역 수는 각 조사연월일이 26~31개 지역이나, 입고지역의 분포는 거의 비슷해 1997년 3월 30일의 자료를 이용했다.

〈표 10-3〉 용인시지역 냉장·냉동 창고의 보관 형태별·품목별 입고량(1997년 3월 30일)　　　　단위: 톤

보관 형태 \ 품목	농산물	수산물	축산물	빙과류	냉동식품	기타	계(%)
수탁	5,478	19,226	12,230	2,210	4,068	696	43,908(46.7)
임대	5,737	8,124	22,910	10,716	1,756		49,243(52.4)
자가	897						897(0.9)
계(%)	12,112(12.9)	27,350(29.1)	35,140(37.4)	12,926(13.7)	5,824(6.2)	696(0.7)	94,048(100.0)

자료: 金基斗(1998: 33).

〈표 10-4〉 용인시지역 냉장·냉동 창고별 입고 보관상품의 구성(1997년 3월 30일)

사업체 \ 상품	농산물	수산물	축산물	빙과류	냉동식품	기타
A	○	●				
B	○	◎	◎			
C		●				
D	○	○		◎	○	◎
E	●					
F	●					
G	○	○	◎			
H	○	○	◎			
I		○	◎	○	○	
J	○	○	●			
K	●					
L		●	○	○	○	
M			●	○	○	
N	○	○	◎	○		
O	○	○	○		○	
P	○		○	●		
Q			●			
R			●			
S		○	●			
T		○	●	○		
U		○	○	○		

주: ○ 40% 미만, ◎ 40~60%, ● 60% 이상.
자료: 金基斗(1998: 34).

다음으로 보관형태별, 상품별 입고량을 보면 임대에 의한 입고량이 52.4%를 차지해 가장 많았고, 그다음은 수탁에 의한 입고량이 46.7%를 차지해 이들 두 가지 보관형태에 의한 입고가 대부분을 이루었다는 것을 알 수 있다. 그리고 상품별 보관형태를 보면, 수산물과 냉동식품은 수탁이, 축산물과 빙과류는 임대가 많으며, 농산물은 수탁과 임대가 거의 비슷하게 나타났다(〈표 10-3〉). 이와 같은 현상은 임대가 많은 축산물과 빙과류는 하주가 일정량의 상품을 항상 보관시키고 있기 때문이나, 수산물과 냉동식품은 계절에 따른 보관량의 변동이 크기 때문이다. 농산물의 경우 장기간 보관상품은 임대

〈그림 10-5〉 용인시지역 냉장·냉동 창고의 상품별 입고지(1997년 3월 30일)

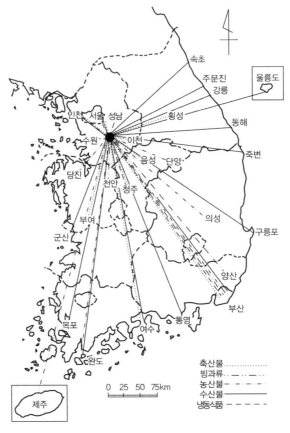

자료: 金基斗(1998: 35).

를 취했으며, 단기간에 출고되는 상품은 수탁을 하기 때문이다.

다음으로 1997년 3월 30일 현재 냉장·냉동 창고별 입고 보관상품의 구성을 살펴보면(〈표 10-4〉), 축산물의 보관 비중이 60% 이상인 업체 수가 여섯 개(28.8%)로 가장 많고, 농산물과 수산물의 보관 비중이 60% 이상인 업체 수는 각각 세 개(14.3%)이고, 빙과류의 보관 비중이 60% 이상인 업체 수는 한 개(4.7%)였다. 그리고 나머지 여덟 개(38.1%) 업체는 상품별 보관량의 구성비가 거의 비슷했다.

1997년 3월 30일 현재 용인시지역 각 냉장·냉동 창고에 입고된 상품의 주요 입고지역수는 모두 31개 지역[2]으로 이들 입고지를 살펴보면(〈그림 10-5〉), 농산물은 부산시와 부산항을 통해 해외로부터 주로 입고되었으며, 수산물은 부산·통영·속초시, 주문진읍 등에서, 축산물은 부산항을 통해 해외에서 입고되었고, 그다음으로는 서울·부산·용인시로부터 주로 입고되었다. 냉동식품의 경우는 서울·수원·용인·부산·청주시와 이천시로부터 주로 입고되었으며, 빙과류는 주로 서울시와 양산시 및 부산항을 통해 해외로부터 입고되었다.

(2) 냉장·냉동 창고의 상품 출고지

1997년 3월 30일[3] 현재 용인시지역 냉장·냉동 창고에 입고되었던 상품을 출고하는 주요 지역은 17개 지역[4]으로, 이 가운데 모든 상품의 출고지는 서울시가 가장 많았다. 그리고 축산물 출고는 인천시가 많으며, 서울·인천시와 경기도로의 출고 수가 전체 출고 수의 89.9%를 차지해 수도권으로의 출고가 많았다는 것을 알 수 있다(〈그림 10-6〉). 이것을 입고지와 비교해보면 출고 지역 수가 입고 지역 수보다 적어 특정지역으로의 출고가 이루어진 반면에 입고는 전국의 여러 지역에서 용인시의 냉장·냉동 창고로 입고되었다는 것을 알 수 있다. 그러나 입고지에서 다시 출고지로 출고되는 경우를 볼 수가

---

2) 입고지역이 시·군지역으로 확인된 것만을 말한다.
3) 출고지 수와 출고지역도 입고와 마찬가지로 조사 연월일 간의 차이가 크게 나타나지 않아 1997년 3월 30일의 자료로 분석했다.
4) 출고지역이 시·군 지역으로 확인된 것만을 말한다.

자료: 金基斗(1998: 37).

있는데, 이는 각 상품의 수요변동과 수입품목의 경우 세관을 통관할 때 일괄 통관되어 입고되기 때문에 나타나는 현상이다.

　여기에서 상품의 입출고지 창고를 중심으로 지역 간 결합에 의해 입출고지 유형을 살펴보면 〈그림 10-7〉과 같다. 용인시지역의 냉장·냉동 창고의 입출고지 유형은 네 개로 구분할 수 있다. 먼저 a유형은 입고지가 전국이나 해외이고 수도권을 출고지로 하는 형태로 냉장·냉동 창고 여섯 개의 사업체가 이에 속해 가장 많아 전체의 28.6%를 차지했다. b유형은 전국이나 해외에서 입고되어 서울시로 출고되는 형태로 네 개 사업

〈그림 10-7〉 용인시지역 냉장·냉동 창고의 입출고지 유형

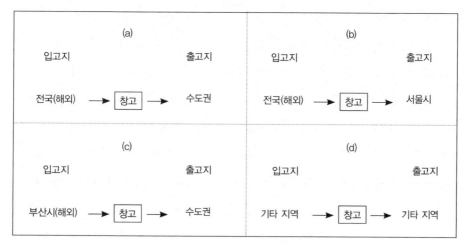

자료: 金基斗(1998: 38).

체(19.0%)가 이에 속하며, c유형은 부산시나 해외에서 입고되어 수도권으로 출고되는 형태로 세 개 사업체(14.3%)가 이에 속하고, 나머지 여덟 개 사업체는 기타 유형인 d유형에 속하는데, 전국에서 입고되어 일곱 개 사업체는 수도권과 부산시, 강원도의 주요 항구, 춘천·청주·제주시 등으로, 나머지 한 개 사업체는 수도권 이외의 지역으로 출고되고 있다. 각 입출고지 유형에 의한 냉장·냉동 창고의 분포를 보면, a~c유형의 창고는 경부고속도로 신갈 분기점 부근에 입지하고 있으나 d유형의 창고는 용인시의 여러 지역에 산재되어 분포하고 있는 것이 특징이다. 따라서 입출고지 유형에서 본 용인시지역 냉장·냉동 창고는 주로 전국에서 입고되며, 서울시 내지 수도권으로 출고되는 사업체 수가 전체 사업체 수의 95.2%를 차지해 냉장·냉동 창고의 주된 존립형태는 대소비지 창고[5]이고 부분적으로 중계지 창고[6]의 역할도 한다는 점이 밝혀졌다.

---

5) 소비지 창고는 소비지의 보관수요에 대응한 것으로 소비지의 범위는 창고가 입지하고 있는 지역과 그 주변 지역이다. 이 창고에는 최종 소비를 대상으로 한 제품을 보관하기 때문에 입고지역은 원격지 혹은 전국이 된다.
6) 중계지 창고는 항만에서 선박이용의 중계기능을 갖는 창고나 교통의 발달로 그 기능이 현저하게 저하

5) 냉장·냉동 창고의 입출고지 유형과 경영특성과의 관계

이상, 용인시지역 냉장·냉동 창고의 입출고지 유형과 경영특성과의 관계를 정리한 것이 〈표 10-5〉이다. a유형은 평균 상용 종사자 수와 일용 종사자 수가 각각 24명, 다섯 명이며, 평균 용적량은 약 5만m³로 수탁이 주인 냉장창고로 축산물과 빙과류 및 수산물을 입고시켰다. b유형은 평균 상용 종사자 수와 일용 종사자 수가 각각 31명, 다섯 명으로 많은 편이며, 평균 용적량은 약 5만 4000m³로 수탁과 임대 경영을 하는 냉장창고로 축산물과 수산물을 주로 입고했다. c유형은 평균 상용 종사자 수와 일용 종사자 수가 각각 20명, 세 명이며, 평균용적량은 약 6만 1000m³로 가장 넓은 임대·수탁이 주인 냉장창고로 축산물을 주로 입고했다. 마지막으로 d유형은 상용 종사자 수와 일용 종사자 수가 각각 21명, 두 명이며, 평균 용적량은 약 2만 5000m³로 가장 좁고 수탁이 주이나 자가(自家) 창고가 많은 냉장·냉동 창고로 수산물과 축산물을 주로 입고했다. 따라서 입출고지 유형은 경영특성 중 평균 용적량, 보관형태 유형, 냉장·냉동의 구성, 입고상품의 유형 등에 의한 차이가 존재한다는 것이 밝혀졌다.

〈표 10-5〉 냉장·냉동 창고의 입출고지 유형과 경영특성과의 관계

입출고지 유형	사업체 명	사업체 수	평균 종업원 수(명)		평균 용적량 (m3)	보관형태 유형	냉장·냉동 유형
			상용	일용			
a	A, B, I, J, N, P	6	24	5	49,659.8	수탁	냉장
b	D, G, O, T	4	31	5	53,701.3	수탁·임대	냉장
c	Q, S, U	3	20	3	60,814.7	임대·수탁	냉장
d	C, E, F, H, K, L, M, R	8	21	2	24,844.1	수탁	냉장·냉동

주: 각 대표유형은 토머스의 작물구성법에 의함.
자료: 金基斗(1998: 39).

되었으며, 최근에는 대·중 도시 주변 나들목 부근의 창고도 중계지 기능의 역할을 하는 창고가 입지하고 있다.

3. 노선 트럭 수송망의 형성

한국의 영업용 트럭 수송은 구역 트럭 수송과 노선 트럭 수송으로 나누어진다. 그리고 노선 트럭은 정부의 인가를 받아 특정 노선을 이용해 정기적으로 화물을 수송하는 형태이다. 노선 트럭에 의한 화물의 수송은 각 지역에서 발생하는 불특정 다수의 화물

〈그림 10-8〉 노선 트럭 화물의 수송경로

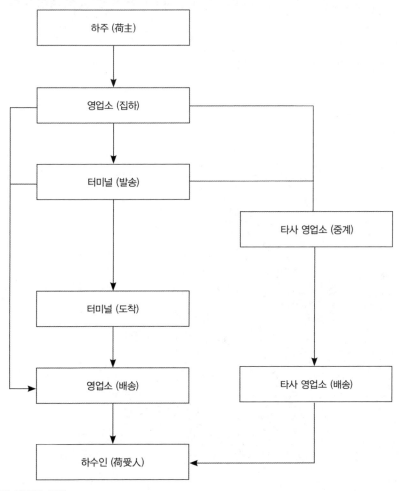

자료: 韓柱成(1993b: 312).

을 집하해 지역 간을 정기적으로 수송하는 것이다. 따라서 노선 트럭 업자가 개설한 노선 및 노선의 통폐합은 지역 간에 발생하는 다양한 화물수송 수요량의 분포와 그 변동을 반영하는 것이 된다. 그리고 노선 트럭 업자의 수송망은 수송의 조직화를 나타내는데 거기에는 지역 간 화물수송의 공간구조가 구체적으로 나타나고 있다고 볼 수 있다.

노선 트럭은 정해진 노선을 정기적으로 많은 화주의 화물을 혼재해 수송하기 때문에 집에서 집까지 직송할 수가 없다. 따라서 노선 트럭 수송은 화물을 집배하는 영업소·취급소 및 집배와 중계를 담당하는 터미널이 필요하다(〈그림 10-8〉).

한국의 노선 트럭 업자의 설립시기와 본사 소재지를 보면, 노선 트럭 업자 가운데에

〈그림 10-9〉 노선 트럭 업자의 본사 분포(1991년)

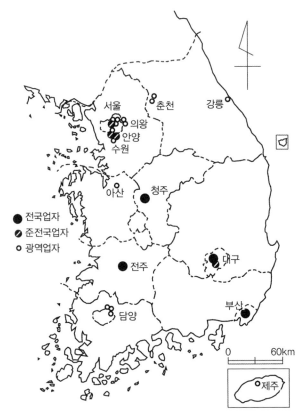

자료: 韓柱成(1993b: 315).

가장 먼저 설립된 기업은 1947년에 설립된 건영정기화물(본사: 대구)이지만 설립 당시는 구역 트럭 업자였고 노선 트럭 업자가 된 것은 1950년대에 들어와서이다. 그 뒤 노선 트럭 업자는 1950년대에 여섯 개사, 1960년대에 일곱 개사 1970년대에 여덟 개사, 1980년대 한 개사가 설립되었다. 한편 노선 트럭 업자의 본사는 전국에 분포한다. 도시별로 보면, 서울시에 네 개사로 가장 많고, 전국업자는 부산·대구·청주·전주시 등 주요 도시에 입지했다. 노선망의 범위로 보아 노선 트럭 업자는 크게 전국업자, 준전국업자, 광역업자로 나눌 수 있다(〈그림 10-9〉).

노선 트럭 업자의 노선망의 변화를 보면, 주로 본사 소재지의 자권(自圈, 자도 및 인접도)내의 화물수송, 서울시와 자권 간 및 서울시, 부산시간을 위시한 대도시간의 화물수송을 영업기반으로 했다. 따라서 각 회사의 노선망의 범위는 대도시를 위시한 전국의

〈그림 10-10〉 건영화물의 노선망 추이

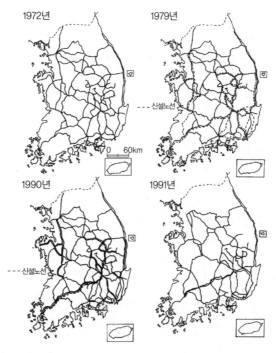

자료: 韓柱成(1993b: 316).

〈그림 10-11〉 노선 트럭 전국업자 운행계통의 변화 모식도

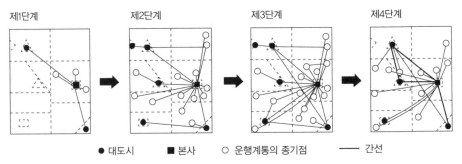

제1단계   제2단계   제3단계   제4단계

● 대도시   ■ 본사   ○ 운행계통의 종기점   ─── 간선

자료: 韓柱成(1993b: 320).

주요 도시 간에서는 노선의 경합이 이루어지고, 또 업자간의 노선의 지역분화가 나타
났는데, 이와 같은 현상은 전국업자 간에도 나타난다. 그러나 전국업자의 경우 노선의
면적(面的)의 확대와 더불어 대도시 간의 화물수송 수요량의 증대 및 수송의 집약화가
필요해 본사 소재지와 서울시를 위시한 대도시를 기점으로 한 노선망 및 운행계통의
정비가 최근에 이루어졌다(〈그림 10-10〉).

　　노선망이 면적으로 확대되어 개설된 지방 도시 간을 연결하는 노선에서 수송 수요
량이 적은 노선은 폐지되고 대도시를 경유하는 노선으로 변경되기도 했다. 그 결과 전
국업자의 경우 자권의 노선망은 밀도가 높고 그 밖의 노선망에서는 유사하게 분포했다
(〈그림 10-11〉).

4. 항만발달과 화물유동에 의한 항세권 변화

　　항만(port)은 해상교통과 내륙교통을 결합하는 교통결절점으로, 그곳에는 정박지와
부두를 중심으로 한 육상·수상의 공간을 포함한다. 또한 항만은 국내외의 여객뿐만 아
니라 화물의 이출입(수출입)이 이루어지는 곳으로, 특히 선박의 교통비가 저렴해[7] 부피
가 크고 무게가 무거운 화물의 수송량을 많이 취급하는 결절점이도 하다. 이로 인해 국

가 간의 무역량이 증대됨에 따라 해운업의 성장과 함께 항만의 발달도 공간적으로 확대될 뿐만 아니라 그 배후·지향지도 넓어진다.

1) 평택·당진항의 항만 발달과정과 지위

(1) 평택·당진항의 항만시설 분포 변화

새로 개항한 평택·당진항은 중국과의 교역량 증대를 예상한 서해안시대에 대비해 1986년 10월 LNG선이 처음 입항한 후 1986년 12월 제1종 지정 항만 '국제무역항'으로 개항해 1996년 7월 3대 국책항만 및 5대 국책 개발 사업에 선정되었다. 그 후 평택·당진항은 1997년 12월 외항 동부두에 3만 톤급 네 개의 선석이, 2001년 8월에는 서부두 3만 톤급 두 개 선석이 준공되었다. 또 2001년 8월에는 국제여객터미널이 준공되었으며, 2004년 12월 평택항에서 평택·당진항으로 항명이 변경되었다. 그리고 2005년 3월 국제여객부두가, 2007년 6월 외항 서부두에 3만 톤급 선석 두 개, 송악부두에 한 개 선석이, 같은 해 7월 외항 동부두에 두 개 선석이 준공되었다. 그리고 2008년 9월에는 외항 동부두에 3만 톤급 한 개, 5만 톤급 두 개의 선석이 준공되었고, 12월에는 고대부두에 5만 톤급 선석 두 개, 송악부두에 10만 톤급 한 개, 20만 톤급 한 개의 선석이 준공되어 3만 톤급 선석이 11개, 5만 톤급이 네 개, 10만 톤급이 한 개, 20만 톤급이 한 개로 구성되었으며, 네 개의 화물선 부두와 한 개의 여객부두를 갖추게 되었다.

평택·당진항에는 여덟 개 부두가 분포하는데, 1986년 경기도에 제일 먼저 설치된 돌핀(dolphin)부두[8]에는 한국가스공사(LNG), 한국석유공사(LNG), 한국전력(B·C중유), SK가스(LPG), 기호물류(식용류, 석유류)가 입지해 여덟 척의 접안능력을 갖고 있었다. 그 후

---

7) 총운임에서 1마일당 운송비를 보면, 철도를 1.0으로 했을 때 수운은 0.29, 자동차는 4.5, 항공기는 16.3, 송유관은 0.21이 된다.

8) 육지와 상당한 거리에 있는 해상에서 일정 수심이 확보되는 위치에 소정의 선박이 계류하도록 시설한 구조물로서 육지와는 선박과 부두사이에 가설된 교량인 도교(渡橋, gang-way)로 연결한 해상 시설물을 말한다.

〈그림 10-12〉 평택·당진항의 항만 발달과정

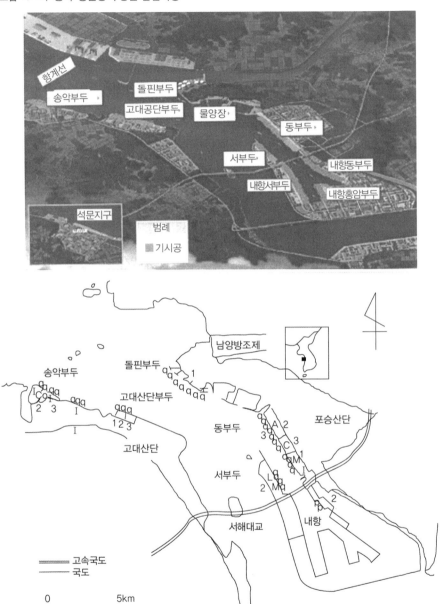

주 1: 각 숫자는 항만발달단계를 가리킴.
주 2: p - 국제여객선 터미널, q - 계류장, A - 차량 부두, C - 컨테이너 부두, Co - 석탄 부두, I - 철재·고철·철광석 부두, L - 목재
　　　부두, M - 일반잡화품 부두.
자료: 韓柱成(2010: 772).

〈표 10-6〉 부두별 화물 수송량(2002년/2008년)　　　　　　　　　　단위: R/T

부두	외항선적		연안선	계	비율(%)
	국적선	외국선			
동부두	222,115	3,262,197	174,701	3,659,013	8.4
	3,128,885	9,505,397	445,952	13,080,234	25.8
서부두	481,257	786,586	18,989	1,286,832	3.0
	199,966	856,272	12,771	1,069,009	2.1
돌빈부두	262,040	20,494,595	1,439,283	22,195,918	50.9
	925,356	21,989,979	1,043,348	23,958,683	47.2
고대산단부두	246,851	203,191	656,108	1,106,150	2.5
	789,282	1,107,202	496,873	2,393,357	4.7
송악부두	509,953	1,648,035	7,440	2,165,428	5.0
	873,493	3,985,834	168,504	5,027,831	9.9
기타부두	179,029	3,057,378	9,950,089	13,186,496	30.2
	1,205,454	230,708	3,758,085	5,194,247	10.2
계	1,901,245	29,451,982	12,246,610	43,599,837	100.0
	7,122,436	37,675,392	5,925,533	50,723,361	100.0
%	4.4	67.6	28.1	100.0	
	14.0	74.3	11.7	100.0	

주: 위는 2002년, 아래는 2008년.
자료: 韓柱成(2010: 773).

1997년에 동부두 외항 일반부두의 선석이 준공되어 무역항으로서의 역할을 하게 되었다. 동부두는 철재·자동차 전용부두와 일반 컨테이너 부두로 구성되어 접안능력이 네 척으로 모두 여덟 개의 선석을 갖추었다. 또 서부두는 컨테이너 전용 일반부두로 두 척의 접안능력을 갖추었다. 그리고 충남의 고대산단부두는 동국제강의 철재부두로 한 척의 접안능력을, 송악부두는 INI스틸의 고철과 철재부두로 세 척의 접안능력을 갖추었다. 그리고 내항은 감조식(感潮式)[9] 항만이다(〈그림 10-12〉).

2002년 각 부두의 화물수송량을 보면 외국선이 2/3 이상을 차지하고 연안선이 28.1%를 차지했는데, 돌핀부두가 전체 수송량의 50.9%를 차지해 가장 많았고, 그다음으로 관리 부두 등의 기타 부두(30.2%), 동부두(8.4%)의 순으로 항만의 입구와 중앙에서

---

9)　조석의 영향을 받아 항내 수위가 일정하지 않은 항만을 말한다.

의 수송량이 많았다. 한편 2008년에는 외국선의 수송량이 더욱 증대되어 3/4을 차지했고, 부두별로는 돌핀부두가 47.2%를 차지해 가장 많았고, 그다음으로 동부두(25.8%), 기타 부두(10.2%)의 순으로 내항에서의 수송량이 더욱 증대되었다(〈표 10-6〉).

(2) 평택·당진항의 항만 수송능력 변화

2008년 평택·당진항은 여객과 화물을 수송할 수 있는 32개의 선석을 갖추었다. 이 가운데 여객 부두는 두 개로 5.2DWT(Deadweight Tons, 재화중량 톤수)이며 2004년 개발기에 준공되었다. 화물부두는 화물처리 능력이 모두 136.2DWT로, 개항기에 63.2만 DWT가 준공되었는데 처리화물은 LNG 등 유류와 철재·고철·철광석 및 잡화였다. 2001~2007년 사이의 개발기에는 컨테이너, 자동차, 목재의 화물수송을 위한 접안능력이 덧붙여져 33만DWT와 컨테이너 5만 6000TEU(Twenty-foot Equivalent Unit)가 증가했다. 2008년 이후의 성장기인 2009년까지 자동차와 석탄의 하역능력을 강화해 40만 DWT와 컨테이너 4000TEU가 증가해 최근으로 올수록 취급화물 하역능력이 커졌다.

다음으로 평택·당진항의 화물 하역능력의 변화를 보면 〈표 10-7〉과 같이 총 하역능력 4651만 9000톤 중 성장기에 45.4%를 차지해 가장 많았고, 그다음 개발기는 35.0%로 최근으로 올수록 하역능력이 증가했다. 그리고 개항기에는 철재·고철·철광석과 잡화를 주로 하역하던 것을 성장기인 2009년까지 여기에 컨테이너, 차량, 석탄을 더했으

〈표 10-7〉 평택·당진항의 화물 하역능력 변화

시기	화물(1000톤)							
	컨테이너	차량	철재·고철·철광석	목재	잡화	석탄	계	비율(%)
개항기 (2000년 이전)			7,159		1,978		9,137	19.6
개발기 (2001~2007년)	3,806	5,239	4,657	1,907	659		16,268	35.0
성장기 (2008년 이후)	3,806	2,994	8,316			5,998	21,114	45.4

주: LNG 등 유류의 자료는 없음.
자료: 韓柱成(2010: 772).

나 목재와 잡화의 하역은 이루어지지 않아 항만의 전문화가 나타났다.

(3) 평택·당진항의 지위

2008년 한국 항만의 화물수송량과 그 하역능력을 28개 무역항을 대상으로 로렌즈 곡선을 작성해 지니 계수(Gini coefficient)[10]를 산출한 결과 9255.82로 항구의 화물수송량은 하역능력에 거의 맞게 담당하고 있으며 특정 무역항의 집중도가 그렇게 높다고 할 수 없다(〈그림 10-13〉). 이것은 항만 간의 불평등 정도가 거의 없다는 것을 의미한다. 평택·당진항은 화물수송량과 화물하역능력에 따르면 일곱 번째의 항구였다.

다음으로 한국에서 평택·당진항이 무역항으로서의 위치를 파악하기 위해 2008년의 전국 28개 무역항의 입출항화물량(수출입화물, 연안화물, 유류) 처리실적을 바탕으로 항만을 계급구분하면, 제1그룹에는 광양·인천·울산·부산항이, 제2그룹에는 포항항, 평택·당진항, 대산항이, 제3그룹에는 나머지 21개 항이 속한다(〈그림 10-14〉).

다음으로 평택·당진항의 수출입액의 변화를 살펴보면, 먼저 수출액은 증가추세에 있다가 2006년 이후 정체상태인 데 비해, 수입액은 최근 급속하게 증가했다(〈그림 10-15〉). 이와 같은 이유는 평택·당진항이 석유가스 및 기타 가스류를 해외에서 수입하는 양이 증가하기 때문이다. 수출입액에 의한 평택·당진항의 발달과정을 시기구분하면 2000년 이전에 항만시설이 구축되기 시작하는 개항기, 2001~2007년 사이에 각종 항만시설이 많이 이루어진 개발기, 2008년 이후에 각종 항만시설이 완공되었고 외국선에 의한 수송량이 증대된 성장기로 나눌 수 있다.[11]

다음으로 평택·당진항의 상위 10위 수출입대상국의 변화를 보면, 먼저 수출의 경우

---

10) $G = 1 - \sum_{i=0}^{N} (\sigma Y_{i-1} + \sigma Y_i)(\sigma X_{i-1} - \sigma X_i)$

여기에서 Y는 수송량, X는 하역능력, σY는 수송량 누적비, σX는 하역능력 누적비를 나타낸다. G는 지니계수로 1에 가까울수록 불균등 분포를 나타낸다.

11) 평택항의 항만 발달사에서는 1986~1997년 사이를 개항기, 1998~2006년 사이를 개발기, 2007년 이후를 성장기로 구분했다. 성장기에 속하는 2009년에 수출입액이 감소한 것은 세계금융위기로 인한 일시적 현상으로 2010년 10월까지는 증가하는 추세를 나타냈다.

<그림 10-13> 한국 화물수송의 항만 집중도

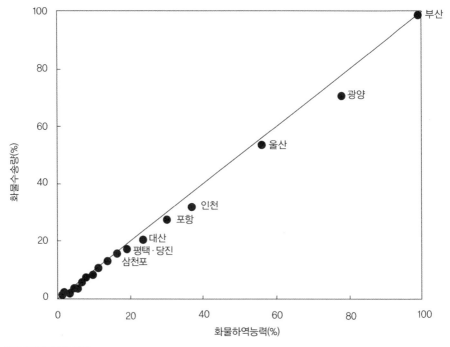

자료: 韓柱成(2010: 768).

<그림 10-14> 한국 항만의 입출항 화물처리실적에 의한 항구분류

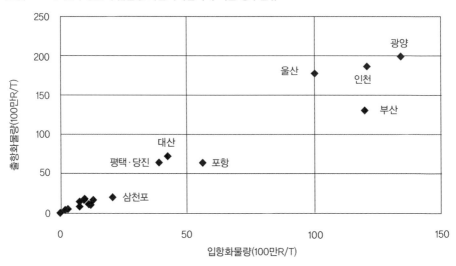

자료: 韓柱成(2010: 768).

〈그림 10-15〉 평택·당진항의 수출입액 변화(1999~2009년)

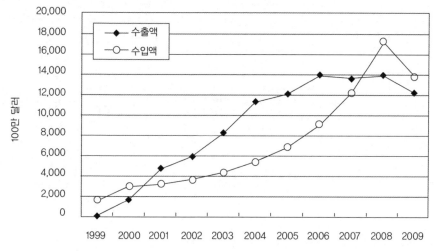

자료: 韓柱成(2010: 769).

1999년에는 중국이 총 수출액의 37.0%를 차지해 가장 높았고, 그다음으로 미국(21.6%)
의 순으로 이들 두 국가가 총 수출액의 반 이상을 차지했는데, 이러한 현상은 2008년에
도 나타났으며 두 국가의 점유율은 더욱 높아져 약 70%를 차지했다. 한편 수입의 경우
1999년에는 인도네시아가 54.0%를 차지해 가장 높았고, 그다음 말레이시아(12.1%)의
순으로 이들 두 국가가 약 2/3를 차지했으나 2008년에는 중국이 23.5%를 차지해 가장
높았고, 그다음으로 카타르(17.1%), 일본(13.0%)의 순으로 이들 세 국가가 반 이상을 차
지했다. 이와 같은 주요 수출입국가의 지위 변화는 중국과의 무역량 증가와 석유가스
수입의 다변화에 의한 것이라고 하겠다.

2) 평택·당진항의 화물 수출입 기구와 컨테이너 수송량의 지역적 변화

(1) 평택·당진항 화물의 수출입 기구와 수송량

평택·당진항의 수출입 화물수송은 수출입업자가 직접 수속절차를 밟아 이루어지는
경우와 통관업자에 의해 이루어지는 경우가 있는데, 이를 나타낸 것이 〈그림 10-16〉이

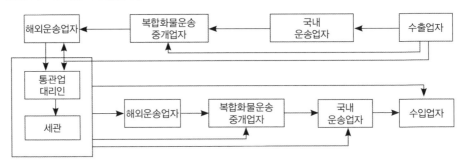

〈그림 10-16〉 화물의 수출입기구

주: 수입은 수출의 반대임.
자료: 韓柱成(2010: 774).

〈그림 10-17〉 평택·당진항의 화물수송량 추이(2001~2008년)

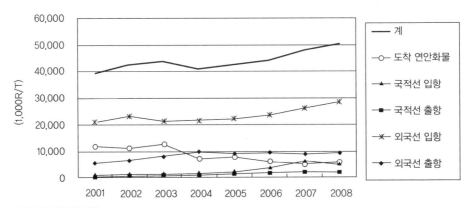

자료: 韓柱成(2010: 774).

다. 그러나 평택·당진항에서 가장 많이 수출하는 자동차는 제조업체가 직접 운송을 담당하고 관세사에게 의뢰해 통관절차를 밟은 후 해외운송업자에 의해 해외총판이나 판매법인에게 수송되고, 이들은 딜러(dealership)나 대리점에 운송비를 부담시켜 판매한다. 그리고 평택·당진항으로 많이 수입되는 LNG는 수입국 항만의 가스전에서 액화시킨 후 국내 LNG선을 이용해 수입한 후 자체적으로 수입통관절차를 밟아 기화시켜 공급관을 통해 판매하거나 배관이 설치되어 있지 않는 지역은 LPG로 공급·판매한다.

이와 같은 수출입기구를 통해 이루어지는 화물수송량을 평택·당진항의 항만발달 시기에 따라 그 변화를 파악하면 다음과 같다. 먼저 2001~2008년 사이의 평택·당진항 수출입화물수송량의 추이를 살펴보면 증가하는 추세인데, 이는 외국선의 입항화물이 가장 큰 역할을 하기 때문이다. 이에 대해 국적선 입항과 출항 및 외국선 출항의 화물량은 거의 정체상태에 있었다(〈그림 10-17〉). 이를 시기별로 보면 개발기보다 성장기에 화물수송량이 증가했는데, 특히 외국선 출항의 수송량이 그러하다. 즉, 2008년 평택·당진항의 화물수송량은 50,723,361R/T(총톤수)로 이 가운데 수출입화물 수송량이 88.3%, 연안화물은 11.7%에 불과했다. 수출입화물 중 외국적 선사에 의한 화물수송량이 84.1%로 대부분을 차지했다. 가장 많은 화물은 석유가스 및 기타 가스류로 45.5%를 차지했고, 그다음으로 차량 및 그 부품(15.2%), 철강 및 그 부품(11.5%)의 순으로 이들 세 화물이 수출입화물 수송량의 72.2%를 차지했다. 그리고 총 화물수송량에서도 위의 세 화물이 68.2%를 차지했으며 다소 낮으나 철강 및 그 부품의 비율(14.2%)은 차량 및 그 부품 비율(13.4%)보다 높은 것이 특징이다. 이는 평택시와 당진군지역에 자동차 회사와 제철소 및 천연가스 기지가 입지하고 있기 때문이다.

(2) 컨테이너 화물수송량의 지역적 변화

평택·당진항은 2000년에 컨테이너 수송이 처음 이루어졌는데, 이때의 수송량은 988TEU이었으나 2008년에는 35만 5991TEU로 약 360배 증가했는데, 그 수송량은 수출입량이 대부분으로 점차 증가하는 추세이다(〈그림 10-18〉). 개발 초기인 2000년의 컨테이너 수송 주요 대상 국가는 중국과 홍콩이었지만, 성장기인 2008년에는 38개 국가로 2007년 7개국보다 크게 증가했는데, 그중에서 중국이 90.4%를 차지하는 지역적 패턴을 나타냈다.

여기에서 평택·당진항의 항만발달과 배후·지향지와의 관계 변화를 통관절차가 있는 수출입 화물의 지역적 분포의 변화와 관련지어 살펴보면 다음과 같다.

<그림 10-18> 평택·당진항의 컨테이너 수송량 변화

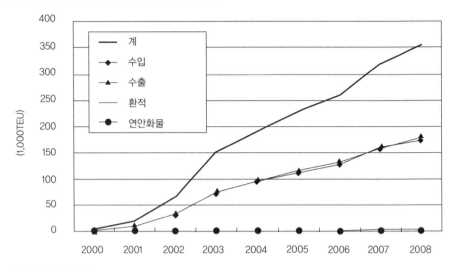

자료: 韓柱成(2010: 774).

3) 평택·당진항의 수출입화물 특성과 지역구조 변화

2008년 평택·당진항의 수출액은 139억 3426만 1000달러였고, 수입액은 172억 5660
만 7000달러로 이를 2000년과 비교해 보면, 8년 동안 평택·당진항의 수출액은 8.0배
가, 수입액은 5.8배가 증가했다. 이와 같이 평택·당진항은 크게 성장해 항만발달의 공
간적 확장과 함께 화물 이출입(수출입)의 배후지와 지향지의 변화도 나타났다.

(1) 수입화물의 특성과 지역구조 변화
① 수입화물의 특성 변화

2002년[12] 평택·당진항으로의 외항화물 선적별 수입화물은 외국선 일반이 93.1%로
대부분을 차지했고, 그다음으로는 국적선 일반이 4.1%였다. 수입화물로는 연료·에너

---

12) 평택·당진항에 관한 수출입화물 자료는 2002년에 처음 발간되었다.

<표 10-8> 평택·당진항으로의 외항 국가별 주요 수입화물(2002년)　　　　　　　　단위: R/T

국가	항구	화물품목*	수송량	비율(%)
인도네시아	아란	연료·에너지	1,743,413	20.8
카타르	도하	연료·에너지	1,646,289	19.6
사라와크	빈툴루	연료·에너지	1,110,811	13.2
인도네시아	본탕(Bontang)	연료·에너지	654,697	7.8
오만	무스카트(Muscat)	연료·에너지	350,121	4.2
말레이시아	루묫(Lumut)	연료·에너지	234,914	2.8
오스트레일리아	댐피어(Dampier)	연료·에너지	225,335	2.7
타이완	타이중(Taichung)	연료·에너지	186,590	2.2
아랍에미리트	다스 아일랜드(Das Island)	연료·에너지	174,542	2.1
일본	후쿠야마	철강	127,584	1.5
중국	칭다오	기타 섬유제품·넝마	115,679	1.4
사우디아라비아	얀부(Yanbu)	연료·에너지	101,971	1.2
싱가포르	싱가포르(Singapore)	연료·에너지	88,545	1.0
기타			1,636,347	19.5
계			8,396,838	100.0

* 한국형 품목 분류표(Harmonized System of Korea: HS)에 의한 분류임.
자료: 韓柱成(2010: 775).

지가 87.0%를 차지해 대부분이고, 그다음은 철강(7.9%)이었다.

　다음으로 2002년 수입 총 화물수송량은 839만 6838R/T로 118개 항구로부터 수입되었다. 가장 많이 수입한 국가는 인도네시아의 아란(Arun) 항구에서 수입된 연료·에너지이고, 이어서 카타르의 도하(Doha)항을 통한 연료·에너지, 사라와크 빈툴루(Bintulu)항을 통한 연료·에너지가 53.6%를 차지했다. 그리고 나머지 국가 중에서도 일본의 후쿠야마(福山)항으로부터의 철강과 중국 칭다오(靑島)항에서의 기타 섬유제품·넝마를 제외하면 연료와 에너지를 수입했는데, 이는 평택시에 액화천연가스기지가 입지하기 때문이다(〈표 10-8〉).

　2008년 평택·당진항으로의 외항 선적별 주요 수입화물을 보면, 외국선 일반에 의한 화물수송량이 총 수송량의 81.7%를 차지해 대부분이고, 그다음으로 국적선 일반이 8.2%를 차지했다. 주요 수입화물은 연료·에너지가 60.5%로 가장 많았고, 그다음은 철강이 14.7%를 차지했다. 수입화물별 이용 주요 선적을 보면, 연료·에너지는 외국선 일

〈표 10-9〉 평택·당진항으로의 외항 선적별 주요 수입화물(수입적환 포함, 2008년)　　　　단위: R/T

구분	국적선		외국선		계	비율(%)
	컨테이너	일반	컨테이너	일반		
연료·에너지	4,532	892,003	115	19,630,076	20,526,726	60.5
철강	292	1,473,293	1,784	3,516,287	4,991,656	14.7
기타 섬유제품·넝마	1,661,722	521	802,443	6,986	2,471,672	7.3
유기화합물	1,196	37,590	2,471	2,038,479	2,079,736	6.1
기계류	68,214	74,455	11,229	615,549	769,447	2.3
동식물성 유지	0	110,947	0	248,313	359,260	1.0
기타	683,843	204,513	179,002	1,670,545	2,737,903	8.1
계	2,419,799	2,793,322	997,044	27,726,235	33,936,400	100.0
비율(%)	7.1	8.2	2.9	81.7	100.0	

자료: 韓柱成(2010: 776).

반을, 철강은 외국선·국적선 일반, 기타 섬유제품·넝마는 국적선·외국선 컨테이너, 유기화합물은 외국선 일반, 기계류는 외국선 일반, 동식물성 유지는 외국선·국적선 일반, 기타는 외국선 일반, 국적선 컨테이너를 이용했다(〈표 10-9〉). 이를 2002년과 비교해 보면 화물수송량이 약 네 배 증가했고, 외국선 일반의 수송량 구성비가 낮아진 반면 국적선 일반과 컨테이너에 의한 수송량이 증가했다. 주요 화물의 수송량 순위는 크게 변화하지 않았지만 연료·에너지 화물 수입량 구성비는 많이 낮아지고 철강, 기타 섬유제품·넝마, 유기화합물 등의 구성비는 높아졌다.

평택·당진항으로 수입되는 항구 수는 모두 263개로 이 가운데 수입화물량의 1.0% 이상의 항구를 나타낸 것이 〈표 10-10〉이다. 2008년 평택·당진항으로의 외항 국가별 주요 수입화물을 보면, 카타르의 도하항에서 연료·에너지 수입이 총수입량의 19.4%로 가장 많았고, 그다음으로 말레이시아 빈툴루항에서의 연료·에너지 수입이 8.6%의 순으로, 중국 칭다오·톈진(天津)항으로의 기타 섬유제품·넝마, 일본의 후쿠야마·히로시마(廣島)·미즈시마(水島)·오카야마(岡山)항과 러시아 나홋카(Nakhodka)항, 중국의 빠유관(鲅魚圈)항으로부터의 철강을 제외하면 연료·에너지의 수입이 대부분이었다. 이를 2002년과 비교해보면 연료·에너지의 수입량이 많은 것은 유사하지만 일본, 러시아, 중

〈표 10-10〉 평택·당진항으로의 외항 국가별 주요 수입화물(2008년)　　　　　　　　단위: R/T

국가	항구	화물품목	수송량	%
카타르	도하	연료·에너지	6,571,191	19.4
말레이시아	빈튤루	연료·에너지	2,929,925	8.6
오만	무스카트(Muscat)	연료·에너지	2,564,072	7.6
이집트	다미에타(Damietta)	연료·에너지	1,445,324	4.3
인도네시아	본탕(Bontang)	연료·에너지	1,413,326	4.2
인도네시아	아룬(Arun)	연료·에너지	1,409,814	4.2
중국	칭다오	기타 섬유제품·넝마	931,416	2.7
적도기니	바타(Bata)	연료·에너지	855,255	2.5
브루나이	루뭇(Lumut)	연료·에너지	830,380	2.4
트리니다드토바고	포인트 포르틴(Point Fortin)	연료·에너지	776,059	2.3
중국	톈진	기타 섬유제품·넝마	606,522	1.8
일본	후쿠야마, 히로시마	철강	569,846	1.7
러시아	나홋카	철강	578,280	1.7
오스트레일리아	댐피어(Dampier)	철강	527,388	1.6
일본	미즈시마, 오카야마	철강	469,316	1.4
중국	빠유관	철강	361,647	1.1
알제리	아르쥐(Arzew)	연료·에너지	334,114	1.0
기타			10,762,525	31.5
계			33,936,400	100.0

자료: 韓柱成(2010: 776).

국으로부터의 철강 수입이 많아졌다. 이는 이 지역의 당진에 제철소가 입지하고 있기 때문이다.

② 수입화물 지향지의 변화

가. 컨테이너 화물수송의 지향지 변화

　2005년 평택·당진항의 수입 컨테이너 화물수송량은 11만 1067TEU로, 전국 233개 시·군·구 중에서 94개 시·군·구가 수입을 했는데, 경기도 평택시가 전체 수입 컨테이너 화물량 중에서 41.8%를 차지해 가장 많았고, 그다음으로 수원시(14.4%), 아산·서산시(4.8%), 화성시(4.2%), 인천시 서구·중구(각각 3.1%, 2.6%)의 순으로 평택·당진항에서

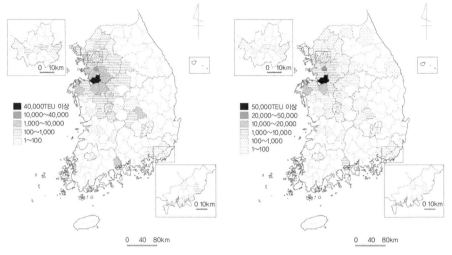

〈그림 10-19〉 평택·당진항의 컨테이너 수입화물 지향지의 변화(왼쪽 2005년, 오른쪽 2008년)

자료: 韓柱成(2010: 777).

그 주변 지역으로의 수입량이 많았다.

　　한편 2008년 평택·당진항의 수입 컨테이너 화물 수송량은 17만 3068TEU로, 전국 99개 시·군·구 중에서 경기도 평택시가 수입 컨테이너 총수입량의 39.7%를 차지해 가장 많았고, 그다음으로 경기도 수원시(12.4%), 충청남도 서산시(8.3%), 아산시(6.0%), 경기도 화성시(5.1%), 인천시 서구·중구(3.0%, 2.4%)의 순으로 평택·당진항을 중심으로 그 주변 지역에서의 수입량이 많았다. 그러나 평택시에서의 수입구성비는 줄어들었고 화성시와 아산·서산시에서는 그 구성비가 증가했다(〈그림 10-19〉).

　　나. 일반화물 수송의 지향지 변화

　　2005년 평택·당진항의 총수입 일반화물은 2209만 5084.22R/T로 이 가운데 원유 및 천연가스 채취물이 85.4%를 차지해 가장 많았고, 그다음으로 제1차 금속산업제품이 8.9%를 차지했다. 원유 및 천연가스 채취물의 총수입량은 1888만 125.001R/T로 모두 평택시에서 수입했는데, 이는 액화천연가스기지가 이곳에 입지하고 있기 때문이다.

한편 제1차 금속산업제품의 총수입량은 197만 4018.314R/T로, 이 가운데 당진군이 49.7%를 차지해 가장 많았고, 그다음으로 인천시 서구(44.7%)의 순으로, 이는 당진군과 인천시 서구에 각각 분포하는 제철소가 원료를 수입했기 때문이다.

2005년 평택·당진항의 일반화물 수입은 전국 110개 시·군·구에서 이루어졌는데, 이 중에서 평택시가 총수입량의 88.9%를 차지해 가장 많았고, 그다음으로 당진군 (4.5%), 인천시 서구(4.0%)의 순으로 항구가 입지한 시에서 대부분을 차지했다.

한편 2008년 평택·당진항의 일반화물 수입량은 3002만 8719R/T로 원유 및 천연가스 채취물이 68.1%를 차지해 가장 많았고, 그다음으로 1차 금속산업제품(16.9%), 화합물 및 화학제품(6.3%)의 순이었다. 원유 및 천연가스 채취물은 2045만 7974R/T로 경기도 평택시가 97.8%로 대부분을 차지했다. 1차 금속산업제품은 508만 1172R/T로 충청남도 당진군이 51.6%를 차지해 가장 많았고, 그다음으로 인천시 강화군(23.4%), 동구 (17.5%)의 순이었다. 화합물 및 화학제품은 190만 1768R/T로 수원시가 21.7%로 가장 높았고, 그다음으로 서울시 서초구(15.4%), 전주시(13.8%), 서울시 영등포구(13.3%), 마포구(7.3%)의 순이었다.

2008년 평택·당진항의 일반화물 수입은 전국 130개 시·군·구에서 이루어졌는데, 이 중에서 경기도 평택시가 68.7%를 차지해 가장 많았고, 그다음으로 충청남도 당진군 (8.8%), 인천시 서구(4.0%), 동구(3.0%), 서울시 강남구(2.0%)의 순으로 높아 항구 부근과 인천시에서의 수입량이 많다는 것을 알 수 있다(〈그림 10-20〉).

2005년과 2008년 지향지[13]의 변화를 살펴보면 먼저 컨테이너 화물의 경우 2차 지향지인 평택시와 그 밖의 주변지향지로 구성된 것은 같으나 2008년의 2차 지향지의 구성비가 41.8%에서 39.7%로 낮아졌으며, 강원도 지역으로 지향지의 범위가 확대되었다. 한편 일반화물의 경우는 1차 지향지인 평택시와 주변지향지로 구성된 것은 같으나 1차 지향지의 구성비가 88.9%에서 68.7%로 낮아졌다. 그 반면 주변지향지 범위는 컨테이

---

13) 지향지와 배후지의 구분은 다음과 같다. 화물 총취급량의 50~70% 이상을 차지하면 1차 지향·배후지, 20~30%를 차지하면 2차 지향·배후지, 20% 미만이면 주변 지향·배후지라 하기로 한다. 이는 상권의 구분에서 사용된 방법을 원용한 것이다.

<그림 10-20> 평택·당진항의 수입화물 지향지의 변화(왼쪽 2005년, 오른쪽 2008년)

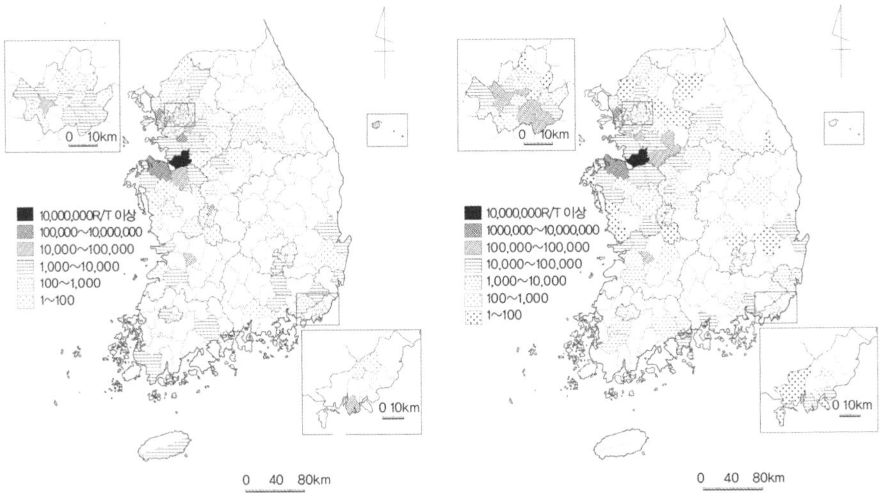

자료: 韓柱成(2010: 778).

너나 일반화물 모두가 넓어졌다.

(2) 수출화물의 특성과 지역구조 변화

① 수출화물의 특성 변화

2002년 평택·당진항에서의 외항 선적별 주요 수출화물을 보면(〈표 10-11〉), 외국선 일반에 의한 수송량이 총 수송량의 80.5%를 차지해 가장 많고, 그다음으로 국적선 일반이 9.7%를 차지했다. 수출화물은 차량이 전체 수출량의 79.6%를 차지해 가장 많았고, 그다음으로 기타 섬유제품·넝마가 8.8%를 차지했다. 차량의 수출대수는 50만 4938대로, 기아자동차가 78.3%를, 현대자동차가 21.0%, 기타가 8.7%를 차지했다.

다음으로 2002년 평택·당진항에서의 외항 국가별 주요 수출화물을 보면(〈표 10-12〉), 미국의 타코마(Tacoma)항으로의 차량 수출이 13.3%로 가장 많았고, 그다음으로 미국 베니시아(Benicia)항으로의 차량 수출, 중국 텐진·칭다오·다롄(大連)항의 기타 섬유제품·넝마, 홍콩(香港)의 철강을 제외하면 모든 국가의 항구로 차량을 수출했다.

2008년 평택·당진항의 수출화물은 차량이 약 60%를 차지해 반 이상으로 가장 많았

〈표 10-11〉 평택·당진항에서의 외항 선적별 주요 수출(수출적환 포함)화물(2002년)　　　　단위: R/T

구분	국적선		외국선		계	비율(%)
	컨테이너	일반	컨테이너	일반		
차량	5,350	161,108	10,971	1,745,853	1,923,282	79.6
기타 섬유제품·넝마	44,469	0	168,431	0	212,900	8.8
철강	3,916	17,762	0	143,365	165,043	6.8
연료·에너지	0	22,901	0	37,258	60,159	2.5
플라스틱	0	23,691	0	12,023	35,714	1.5
기타	5,013	7,992	0	6,167	20,926	0.9
계	58,748	233,454	179,402	1,944,666	2,416,270	100.0
비율(%)	2.4	9.7	7.4	80.5	100.0	

자료: 韓柱成(2010: 779).

〈표 10-12〉 평택·당진항에서의 외항 국가별 주요 수출화물(2002년)　　　　단위: R/T

국가	항구	화물품목	수송량	%
미국	타코마	차량	321,403	13.3
미국	베네시아	차량	234,028	9.7
미국	잭슨빌(Jacksonville)	차량	180,836	7.5
미국	뉴어크(Newark)	차량	175,103	7.2
독일	브레머하펜(Bremerhaven)	차량	134,397	5.6
캐나다	뉴웨스트민스터(New Westminster)	차량	102,599	4.3
미국	포틀랜드(Portland)	차량	100,613	4.2
중국	톈진	기타 섬유제품·넝마	94,798	3.9
이탈리아	사보나(Savona)	차량	90,046	3.7
중국	칭다오	기타 섬유제품·넝마	76,394	3.2
미국	로체스터-시어네스(Rochester-Sheerness)	차량	74,169	3.1
에스파냐	발렌시아(Valencia)	차량	49,397	2.0
미국	브런즈윅(Brunswick)	차량	43,658	1.8
미국	로스앤젤레스(Los Angeles)	차량	32,518	1.3
네덜란드	로테르담(Rotterdam)	차량	32,130	1.3
중국	홍콩	철강	31,850	1.3
한국	울산	차량	30,697	1.3
슬로베니아	코페르(Koper)	차량	29,567	1.2
중국	따롄	기타 섬유제품·넝마	26,887	1.1
기타			555,180	23.0
계			2,416,270	100.0

자료: 韓柱成(2010: 780).

구분	국적선		외국선		계	비율(%)
	컨테이너	일반	컨테이너	일반		
차량	16,859	116,226	206	6,537,508	6,670,799	59.9
기타 섬유제품·넝마	1,015,787	0	390,530	35	1,406,352	12.6
철강	1,160	204,983	5,752	979,784	1,191,679	10.7
기계류	48,341	58,661	65,430	432,495	604,927	5.4
플라스틱	5,006	0	164,091	0	169,097	1.5
기타	383,734	62,425	148,348	495,539	1,090,046	9.8
계	1,470,887	442,295	774,357	8,445,361	11,132,900	100.0
비율(%)	13.2	4.0	7.0	75.9	100.0	

자료: 韓柱成(2010: 780).

고, 그다음으로 기타 섬유제품·넝마(12.6%), 철강(10.7%)의 순으로, 이들 세 화물의 수출량이 약 83%를 차지했다. 수송 선적은 외국선 일반에 의해 약 76%를 수송했다. 수출화물별 이용 주요 선적을 보면, 차량은 외국선 일반을, 기타 섬유제품·넝마는 국적선·외국선 컨테이너, 철강은 외국선 일반, 기계류는 외국선 일반, 플라스틱은 외국선 컨테이너, 기타는 외국선 일반, 국적선·외국선 컨테이너를 이용했다(〈표 10-13〉). 차량의 수출대수를 보면 59만 25대로 이 중 기아자동차가 84.7%를 차지해 가장 많았고, 그다음으로 현대자동차(11.3%), 쌍용자동차(3.6%), 대우자동차(0.2%), 기타(0.2%) 순이었다.

2008년 평택·당진항에서 세계 250개 항구로 수출하는데 이 중 1% 이상의 수출 화물 수송량을 나타낸 것이 〈표 10-14〉이다. 평택·당진항에서 가장 많은 수출은 광양항을 통해 현대자동차와 함께 전 세계로 수출되며, 그다음은 미국으로 워싱턴 주의 타코마항과 조지아 주의 브런즈윅(Brunswick)항을 통한 차량이었고, 그다음으로 중국 톈진항의 기타섬유제품·넝마인데, 중국의 톈진·칭다오·상하이항을 통한 기타섬유제품·넝마를 제외하면 모두 차량을 수출했다. 이를 2002년과 비교해보면 수출화물은 유사하나 북서부·남부 유럽 국가보다 서남아시아로 차량 수출국이 많다는 것이 특징이다.

국가	항구	화물품목	수송량	%
한국	광양	차량	1,125,198	10.1
미국	타코마	차량	614,065	5.5
미국	브런즈윅	차량	514,191	4.6
중국	톈진(天津)	기타섬유제품·넝마	481,110	4.3
미국	리치먼드(Richmond)	차량	370,060	3.3
중국	칭다오(靑島)	기타섬유제품·넝마	332,910	3.0
미국	포트 와이니미(Port Hueneme)	차량	288,483	2.6
미국	볼티모어(Baltimore)	차량	246,138	2.2
중국	상하이(上海)	기타섬유제품·넝마	243,411	2.2
캐나다	뉴웨스트민스터(New Westminster)	차량	229,585	2.1
사우디아라비아	담만(Damman)	차량	227,484	2.0
아랍에미리트	제벨 알리(Jebel Ali)	차량	196,821	1.8
미국	뉴어크(Newark)	차량	137,724	1.2
오만	포트 카바스(Port Qabas)	차량	135,753	1.2
벨기에	안트베르펜(Antwerpen)	철강	133,300	1.2
핀란드	콧카(Kotka)	차량	128,293	1.2
이란	반다르 아바스(Bandar' Abbāz)	차량	125,283	1.1
시리아	타르투스(Tartus)	차량	112,388	1.0
슬로베니아	코페르(Koper)	차량	111,172	1.0
에스파냐	비토리아(Vitoria)	차량	107,010	1.0
기타			5,272,521	47.4
계			11,132,900	100.0

자료: 韓柱成(2010: 781).

② 수출화물 배후지의 변화

가. 컨테이너 화물 수송의 배후지 변화

2005년 평택·당진항의 수출 컨테이너 화물의 수송량은 11만 5888TEU로 수출이 이루어진 91개 시·군·구 중에서 평택시가 컨테이너 총 화물 수출량 중 31.1%를 차지해 가장 많았고, 그다음으로 서산시(15.8%), 수원시(9.1%), 아산시(8.2%), 천안시(3.9%), 인천시 부평구(2.5%)의 순으로 높아 평택·당진항 주변 지역에서의 수출량이 많았다.

한편 2008년 평택·당진항의 수출 컨테이너 화물의 수송량은 18만 392TEU로 수출이 이루어진 93개 시·군·구 중에서 평택시가 컨테이너 총 화물 수송량 중 34.8%를 차지

〈그림 10-21〉 평택·당진항의 컨테이너 수출화물 배후지의 변화(왼쪽 2005년, 오른쪽 2008년)

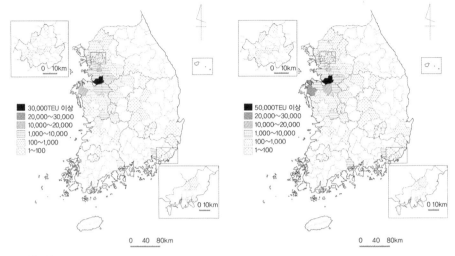

자료: 韓柱成(2010: 782).

해 가장 많았고, 그다음으로 충청남도 서산시(16.4%), 아산시(10.5%), 경기도 수원시 (6.8%), 화성시(4.9%), 충청남도 천안시(3.0%)의 순으로 높아 평택·당진항 주변 지역에서의 수송량이 많았다(〈그림 10-21〉).

나. 일반화물 수송의 배후지 변화

2005년 평택·당진항의 일반화물 수출량은 886만 9407.007R/T로 차량이 92.1%를 차지해 가장 많았고, 그다음으로 제1차 금속산업제품이 5.0%를 차지했다. 차량은 총 817만 2122.01R/T로 이 가운데 경기도 화성시가 54.7%를 차지해 가장 많았고, 그다음으로 광명시가 25.9%, 평택시(9.0%), 아산시(7.2%)의 순으로 완성차 조립공장이 입지한 지역에서 많이 이루어졌다.

2005년 평택·당진항의 일반화물 수출은 전국 130개 시·군·구에서 수출이 이루어졌는데, 이 중에서 경기도 화성시가 총 수출량의 50.5%를 차지해 가장 많았고, 그다음으로 광명시(23.8%), 충청남도 아산시(6.9%), 평택시(10.5%), 충청남도 당진군(4.3%), 광주

<그림 10-22> 평택·당진항의 수출화물 배후지의 변화(왼쪽 2005년, 오른쪽 2008년)

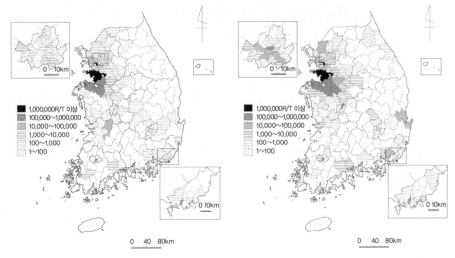

자료: 韓柱成(2010: 783).

시 서구(2.7%)의 순으로 높아 수출지역이 컨테이너보다 넓으나 화성시가 수출량의 반 이상을 차지해 평택·당진항을 중심으로 주변 지역에서의 수출량이 많았다는 것을 알 수 있다.

한편 2008년 평택·당진항의 일반화물 수출량은 862만 7019R/T로 차량이 총수출량 의 75.8%를 차지해 가장 많았고, 그다음으로 제1차 금속산업제품(14.4%)의 순이었다. 차량의 총수출화물량은 654만 256R/T로, 이 가운데 경기도 화성시가 55.6%를 차지해 가장 많았고, 그다음으로 광명시(25.5%), 광주시 서구(11.0%), 평택시(5.1%)의 순이었다. 제1차 금속산업제품의 총수출화물량은 123만 8427R/T로 당진군이 77.2%로 가장 많았 고, 그다음으로 아산시(7.3%), 인천시 서구(5.6%)의 순이었다.

2008년 평택·당진항의 일반화물 수출량은 862만 7019R/T로 전국 123개 시·군·구 에서 수출이 이루어졌는데, 이 중에서 경기도 화성시가 42.6%를 차지해 가장 많았고, 그다음으로 광명시(19.3%), 충청남도 당진군(11.1%), 광주시 서구(8.4%), 경기도 평택시 (4.8%), 충청남도 아산시(2.6%)의 순으로 대체로 평택·당진항을 중심으로 그 주변 지역에서의 수출량이 많다는 것을 알 수 있다(〈그림 10-22〉).

2005년과 2008년의 배후지의 변화를 살펴보면 먼저 컨테이너 화물의 경우 2차 배후지인 평택시와 그 밖의 주변배후지로 구성된 것은 같으나 2008년의 2차 배후지의 구성비가 31.1%에서 34.8%로 높아졌다. 한편 일반화물의 경우 2005년에는 1차 배후지인 화성시와 2차 배후지인 광명시, 그 밖의 주변지향지로 구성되었으나 2008년에는 1차 배후지로 화성시의 구성비가 50.5%에서 42.6%로 낮아졌고 2차 배후지가 주변배후지에 포함되었다. 그 반면 주변배후지 범위는 컨테이너 화물보다는 조금 넓어졌으나 일반화물은 오히려 좁아졌다.

5. 항공 화물수송의 시·공간적 특성과 배후지

1980년 이전 한국의 화물수송은 철도를 주축으로 이루어졌으나 최근에는 해상·자동차·항공교통의 발달로 철도 중심의 화물수송은 급격히 쇠퇴했다. 국내화물의 수송수단별 분담률의 신장을 살펴보면 항공교통이 가장 급속한 증가율을 나타내고 있다. 이러한 현상은 경제성장과 산업구조의 변화에 따라 항공수송의 중요성이 인식되고 그에 따라 항공기술의 발달, 공항 및 항공노선의 정비와 더불어 서비스 수준의 개선과 항공기의 제트화 및 대형화가 추진된 것에 기인한 것이라고 볼 수 있다. 또한 항공교통은 안전성·신속성·정시성·노선 개발의 용이성 등에서 다른 수송수단에 비해 상대적으로 우위성을 갖는다는 점도 급속한 신장의 한 원인이라 하겠다. 그리고 신선도 유지를 위해 신속한 수송을 필요로 하는 농수산물 및 그 가공품의 수요증가와 경박단소(輕薄短小)로 고부가가치를 갖는 기술집약적 산업의 발달에 따라 항공기에 의한 화물수송 분담률은 계속 증가하리라 생각된다. 이러한 항공화물의 급속한 신장은 공항을 이용하는 새로운 배후지를 형성시키게 되고 지역 간 결합의 변화에도 커다란 영향을 미칠 것으로 예상된다.

1) 항공화물 수송량에 의한 사천공항

1996년 현재 국내 14개 공항별[14] 국내 탑재화물의 수송량(정기·부정기)을 살펴보면, 제주공항이 약 1억 3000만kg으로 전국 공항탑재화물 수송량(3억 5000만kg)의 37.2%를 차지해 가장 많았고, 그다음으로 김포공항(27.5%), 김해공항(25.9%)의 순으로, 이들 세 개 공항이 전국 공항 탑재화물 수송량의 90.6%를 차지했다. 이에 국내항공 탑재화물 수송 톤수에 의해 공항의 계층을 구분하면, 제1계층에 속하는 공항은 경쟁 수송수단의 제한이 크고 화물 전용기가 취항하는 제주공항이고, 제2계층에는 김포와 김해공항이, 제3계층에는 광주공항이 이에 속한다. 그리고 제4계층에는 대구공항을 포함한 열 개의 공항으로 구성된다. 이러한 현상을 여객 수송인원을 중심으로 국내공항을 계층 구분한 결과[15]와 비교해보면, 제1계층과 제2계층에서 제주와 김포공항의 계층이 바뀌고, 대구공항이 제4계층에 해당하는 것을 제외하면 대체로 일치하는 경향을 보여 국내 각 공항에서 항공 화물수송량은 여객의 수송인원과 어느 정도 관련이 있음을 알 수 있다 (〈그림 10-23〉).

다음으로 국내 공항별로 취급화물의 품목을 살펴보면 다음과 같다. KAL(대한항공)과 AAR(아시아나항공)의 각 공항별 탑재화물을 조사한 『'97년도 출발지별, 품목별 국내선 화물실적』의 기본 자료와 제4계층의 공항들은 공항별 실무 담당자와의 전화 인터뷰를 통해 파악된 자료를 이용해 한국표준상품분류의 중분류에 따라 주요 탑재화물을 산출했다(〈표 10-15〉).

국내선 공항의 계층별 주요 탑재화물을 살펴보면, 상위계층의 공항일수록 주요 취급화물의 수가 많다. 그리고 공항의 계층과 주요 취급화물과의 관계를 보면, 첫째, 모든 계층에서 농수산물 및 그 가공품이 주요 탑재화물임을 알 수 있다. 이러한 현상은

---

14) 청주와 원주공항은 1996년 당시 개항되지 않았기 때문에 제외되었다.

15) 여객인원을 중심으로 한 1995년 공항의 계층 구분에서 제1계층에는 김포공항, 제2계층은 제주·김해공항, 제3계층은 광주·대구공항, 제4계층은 포항·사천·여수·울산·강릉·속초·목포·예천·군산공항이 이에 속한다.

〈그림 10-23〉 국내항공 탑재화물 수송량에 의한 공항의 계층 구분

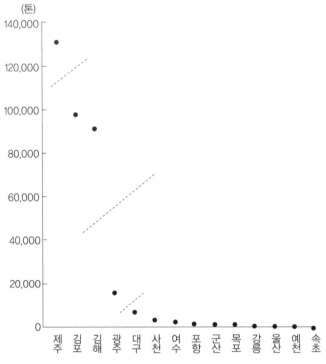

자료: 張在球·韓柱成(2000: 57).

신속성에서 다른 교통수단에 비해 절대적 우위를 갖는 항공교통이 신선도 유지를 중시하는 농수산물의 수송과 잘 결합된 형태라고 볼 수 있다. 둘째, 상위계층의 공항에서는 달리 분류되지 않는 각종 제품이 주요 탑재화물로 나타났다. 이것은 항공화물의 특성상 그 화물의 품명을 정확히 알 수 없는 혼재(混載)화물이 대부분으로 탑재화물의 종류가 다양화되고 있음을 알 수 있다. 셋째, 각 공항을 중심으로 한 배후지에 발달한 산업의 특성을 반영한 화물들이 주요 탑재화물임을 알 수 있다. 즉, 대구·사천공항의 경우는 직물사·직물·직물제품 및 관련 제품이, 김해·대구·사천·여수·포항·군산·강릉·울산공항의 경우 달리 분류되지 않은 금속제품이, 그리고 내륙에 위치한 공항에서는 농산물 및 그 가공품이, 임해공항의 경우 수산물 및 그 가공품이 주요 탑재화물이어서 공

〈표 10-15〉 국내선 공항의 계층별 주요 탑재 항공화물(1997년)

계층	공항명	주요 탑재 화물	화물의 수
제1계층	제주	과일 및 채소, 곡물 및 곡물 가공품, 물고기 및 물고기 가공품, 달리 분류되지 않은 각종 제품	4
제2계층	김포	달리 분류되지 않은 각종 제품, 과일 및 채소, 의류, 곡물 및 곡물 가공품, 종이·판지 및 그 제품	5
	김해	물고기 및 물고기 가공품, 과일 및 채소, 달리 분류되지 않은 금속제품, 낙농품 및 알, 곡물 및 곡물 가공품, 달리 분류되지 않은 각종 제품, 종이·판지 및 그 제품	7
제3계층	광주	과일 및 채소, 낙농품 및 알, 곡물 및 곡물 가공품, 달리 분류되지 않은 각종 제품, 고기 및 고기 가공품, 음료수	6
제4계층	대구	고기 및 고기 가공품, 과일 및 채소, 직물사·직물·직물제품 및 관련 제품, 달리 분류되지 않은 금속제품	4
	사천	물고기 및 물고기 가공품, 과일 및 채소, 곡물 및 곡물 가공품, 직물사·직물·직물제품 및 관련 제품, 종이·판지 및 그 제품, 달리 분류되지 않은 금속제품, 달리 분류되지 않은 각종 제품	7
	여수	물고기 및 물고기 가공품, 직물사·직물·직물제품 및 관련 제품, 달리 분류되지 않은 금속제품	3
	포항	물고기 및 물고기 가공품, 달리 분류되지 않은 금속제품	2
	군산	물고기 및 물고기 가공품, 곡물 및 곡물 가공품, 달리 분류되지 않은 금속제품	3
	목포	물고기 및 물고기 가공품, 달리 분류되지 않은 동물	2
	강릉	물고기 및 물고기 가공품, 곡물 및 곡물 가공품, 과일 및 채소, 달리 분류되지 않은 금속제품	4
	울산	달리 분류되지 않은 금속제품, 물고기 및 물고기 가공품	2
	예천	곡물 및 곡물 가공품	1
	속초	물고기 및 물고기 가공품	1

자료: 張在球·韓柱成(2000: 58).

항의 취급화물이 지역성을 반영하는 중요한 요소가 되고 있음을 알 수 있다.

2) 사천공항의 화물수송량 변화

(1) 연도별·월별 수송량 변화

사천공항은 1969년 11월 1일 진주 - 진해·서울노선이 처음 개설된 이후 항공화물 수송량은 꾸준히 증가해 1996년 현재 제주·김포·김해·광주·대구공항에 이어 여섯 번째로 많은 화물을 수송했다. 이러한 사천공항의 화물수송량의 연도별 변화를 살펴보면 〈그림 10-24〉와 같이 1980년대 중반까지 사천공항의 화물수송량은 대체로 미미한 실정이었다. 이는 당시의 항공화물이 대부분 항공여객의 지참화물이 주류를 이루었던 시기로 항공화물 유치에 대한 인식 부족과 화물수송체계가 갖추어지지 않았을 뿐만 아니라 운항편수의 부족 및 이용 여객 수도 많지 않았던 것에 기인한 것이다.

사천공항의 항공 화물수송량의 증가는 항공 여객 수의 증대에 따른 운항편수의 증가와 수송량 증대를 위한 기종의 교체에 절대적인 영향을 받았으며, 또한 항공 화물수송체계가 정비됨에 따라 잠재된 항공화물을 확보한 데 기인된다. 그리고 어묵과 생화 등 신선도유지를 요하는 품목의 수송량이 유지되는 한 사천공항의 항공 화물수송량은 급속한 증가추세를 보일 것으로 예측한다.

다음으로 사천공항의 탑재화물을 중심으로 한 월별 항공 화물수송량의 변화를 보면, 국내선 항공 화물수송량과 마찬가지로 가을과 겨울에 화물수송량이 가장 많고, 여름에는 화물수송량이 가장 적다. 이러한 현상은 항공사별, 월별 항공 화물수송량의 변화에도 유사한 양상을 띠고 있다. 여름에 화물량이 많이 감소하는 것은 이 시기에 사천공항의 주요 항공화물인 어묵 수송량이 감소하고, 생화의 출하시기(10월 말~5월 말)가 아니기 때문이다. 따라서 사천공항에서 탑재 화물량의 계절적 변동은 주요 취급화물의 수요량과 상품의 출하시기에 의해 이해해야 한다.

그리고 사천공항에서 KAL의 항공 화물수송량이 AAR에 비해 절대적 우위를 차지하는 것은 KAL의 운항편수가 1일 5편(제주노선 1편 포함)인 데 비해 AAR은 1일 4편으로 AAR의 운항횟수가 적을 뿐만 아니라 KAL(김포·제주노선 운항)에 비해 AAR(김포노선 운항)의 운항노선이 적기 때문이다. 또 AAR은 항공화물이 경제성이 없다는 인식 때문에 항공화물을 유치하기 위한 체계적인 내부조직이 마련되지 못한 점도 작용했다. 따라서 후발 항공사인 AAR은 높은 탑재능력을 바탕으로 항공화물 잠재력을 개발해 유치할 수 있는 체계적인 유치책이 필요하다고 생각된다.

한편 사천공항의 항공 화물수송량은 꾸준한 증가가 예상되지만, 어묵과 생화에 지나치게 편중된 화물 품목구성에서 공산품을 비롯한 기타 상품을 중심으로 품목구성의 다양화가 필요하고, 계절적 변동 폭을 통년적으로 조정해 정기정량(定量) 수송을 위한 화물수요의 확보가 항공회사 및 항공화물 대리점의 공통된 과제라 할 수 있겠다.

(2) 노선별 수송량의 변화

사천공항의 노선별 화물수송량의 변화는 〈그림 10-24〉와 같다. 즉, 1987년을 기점으로, 그 이전의 연도에는 제주노선에 수송량이 많았으나 그 이후의 연도에는 김포노선에 화물수송량이 급증했는데, 특히 1995년 이후 김포노선의 화물수송량이 월등히 많아졌다. 이러한 이유는 화물전용기가 취항하지 않는 지방공항에서의 항공 화물수송이 여객수송과의 결합공급이라는 특성에 따른 것이다. 즉, 국토면적이 협소해 장거리 수송이 어려운 상황에서는 화물전용기를 통한 화물수송은 경제적 측면에서 성립되기 어렵다. 이러한 현상은 한국의 다른 항공노선에서도 적용되는데, 화물전용기는 서울 -

〈그림 10-24〉 사천공항의 연도별 화물수송량 추이(1980~1996년)

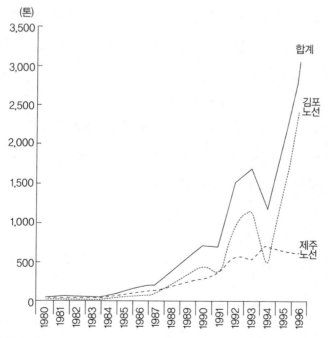

자료: 張在球·韓柱成(2000: 61).

제주노선에서 부분적으로 운항되고 있을 뿐, 대부분의 노선에서 여객기 객실 아래 공간을 이용해 항공화물이 수송되고 있는 실정이다. 이러한 여객기에 의한 항공 화물수송이라는 결합공급이 가져오는 문제점은 대부분의 항공 화물수송의 공급계획이 여객의 수요에 따라 결정된다는 것이다. 즉, 운항시간, 운항기종, 운항빈도 등이 여객의 수요에 의해 결정됨에 따라 화물공급량은 수요량을 따르지 못하는 경우가 발생해 화물적재율이 매우 낮아지는 경우 등의 문제점이 발생할 수 있다. 또 결합공급의 경우 항공화물의 컨테이너화나 팰릿(pallet)화의 어려움으로 화물포장에서의 용이성이나 간편성을 살릴 수 없다.

3) 사천공항 항공 화물수송의 시·공간적 특성

화물수송에서 항공수송이 갖는 장점은 신속성·안전성·확실성 등을 들 수 있다. 반면에 단점은 결합공급에 의한 수송 및 공항 간이라는 점(點)과 점을 연결한 화물수송을 한다는 점, 상대적으로 운송비가 비싼 점 등이다. 따라서 항공 화물수송은 전기·기계제품 등 부가가치가 높은 공업제품과 신선도를 요하는 농수산물 및 그 가공품 등이 주요 수송품목을 이루고 있다.

사천공항에서 자료수집이 가능한 KAL의 탑재화물과 강재화물에 대한 매일 매일의 송장에 의한 자료를 수집해 한국표준상품분류의 중분류에 따라 정리해 사천공항의 계절별·요일별·편별 항공 화물수송의 시·공간적 특성들을 분석했다. 계절별 화물수송의 분석은 화물수송량이 가장 많은 겨울의 12월과 화물수송량이 매우 적은 6월을 대상으로 했다.

(1) 계절별(6·12월) 특성
① 탑재화물
1998년 6월과 12월의 사천공항 탑재화물을 한국표준상품분류의 중분류에 따라 정리한 것이 〈표 10-16〉이다. 먼저 수송량에서 1998년 6월 탑재화물 수송량은 10만

〈표 10-16〉 사천공항을 이용한 KAL의 계절별 탑재화물 수송량(1998년)

월별 품목	6월		12월	
	수송량(kg)	구성비(%)	수송량(kg)	구성비(%)
물고기 및 물고기 가공품	96,503.0	96.16	83,905.0	87.27
달리 분류되지 않은 금속제품	1,055.0	1.05	4,797.0	4.99
직물사·직물·직물제품 및 관련제품	832.0	0.83	1,133.0	1.18
곡물 및 곡물 가공품	592.0	0.59	1,174.0	1.22
동물용 사료	492.0	0.49	500.0	0.52
달리 분류되지 않은 각종 제품	320.5	0.32	192.0	0.20
종이·판지 및 그 제품	186.0	0.19	-	-
전기 기계류, 장치 및 기기	132.0	0.13	24.0	0.02
과일 및 채소	95.0	0.09	524.0	0.55
달리 분류되지 않은 기타 동물	64.0	0.06	-	-
의류	48.0	0.05	45.0	0.05
고기 및 고기 가공품	34.0	0.03	-	-
달리 분류되지 않은 비금속성 광물제품	8.0	0.01	-	-
나무·목재 및 코르크	-	-	2,080.0	2.16
달리 분류되지 않은 고무제조품	-	-	1,631.0	1.70
플라스틱 물질, 재생섬유소 및 인조수지	-	-	62.0	0.06
달리 분류되지 않은 화학물질 및 제품	-	-	56.0	0.06
잡조제 식료품	-	-	23.0	0.02
계	100,361.5	100.00	96,146.0	100.00

자료: 張在球·韓柱成(2000: 62).

361.5kg이었고, 12월은 9만 6146kg으로 6월의 탑재 화물수송량이 많게 나타났는데, 이에 비해 1997년 이전 연도에는 그 반대로 12월의 탑재 화물수송량이 6월보다 더 많게 나타났다.[16] 이러한 현상은 IMF 구제금융이라는 경제위기가 식생활에까지 영향을 미쳐 사천공항에서 KAL의 주요 취급화물인 물고기 및 물고기 가공품의 소비가 급격히 감소했기 때문이다. 그리고 1998년 10월 이후 정부의 KAL에 대한 규제조치에 따라 사천~김포노선에 대해 왕복 각 1편씩 운휴를 취해 12월의 화물수송량이 감소했다. 따라

---

16) 사천공항의 KAL에 의한 6월과 12월 기준 항공화물 수송실적을 살펴보면, 1995년 6월은 8만 3604kg, 12월은 15만 1879kg, 1996년 6월은 9만 9447kg, 12월은 15만 5831kg, 1997년 6월은 7만 795kg, 12월은 16만 6129kg이었다(KAL 내부자료).

서 1998년 12월의 항공 화물수송량은 특수한 요인들에 의한 일시적 감소현상이라 할 수 있다.

한편, 항공화물 대리점을 통한 사천공항으로의 화물 반입량을 살펴보면 6월의 경우 9만 5127.8kg으로 6월 탑재 화물량의 94.8%를 차지했다. 그리고 12월에 항공 화물대리점을 통한 화물 반입량은 9만 2258kg으로 12월 탑재 화물량의 96.0%를 차지해 사천공항의 탑재화물은 개인보다는 항공 화물대리점을 통한 화물반입에 크게 의존하고 있음을 알 수 있다.

다음으로 계절에 따른 수송화물의 차이를 보면, 6월에는 물고기 및 물고기 가공품이 96.2%로 높은 비중을 나타냈지만 12월에는 비중이 87.3%로 낮아지고 분류되지 않은 금속제품이 5.0%, 직물사·직물·직물제품 및 관련제품이 1.8%를 차지했다. 그리고 곡물 및 곡물 가공품이 1.2%로 비중이 증가했음을 알 수 있고, 나무·목재 및 코르크와 달리 분류되지 않은 고무제조품이 새로운 수송화물(각각 2.2%, 1.7%)로 나타났다. 이러한 현상은 사천공항 배후지의 지역적 다양성을 반영하는 것이라 볼 수 있다.[17] 다만 금속제품, 직물관련 제품, 고무제조품은 아직까지 긴급수송을 하거나 견본품을 수송하는 단계이기 때문에 사천공항의 화물 수송품목이 다양화되었다고 단정할 수는 없다.

② 탑재화물에 의한 공항의 배후지

항공화물에 의한 공항의 배후지는 이다(井田仁康)가 항공여객을 중심으로 공항의 배후지를 획정했던 것과 같은 방법으로 탑재화물의 최초 출발지와 강재화물의 최종 도착지의 공간적 범위로 정의했다.

사천공항의 배후지를 획정하기 위해 1998년 12월 KAL의 탑재화물에 의한 「국내 항공화물 운송장」을 기본자료로 사용했는데,[18] 탑재화물에 의한 사천공항의 배후지를

---

17) 사천공항의 배후지를 품목별로 구분할 때 열 개로 가장 다양한 품목을 수송하는 지역은 진주시이다. 진주시에는 1998년 현재 총 552개의 제조업체가 입지하는데, 이 중 기계·금속관련 사업체가 267개 (48.4%), 직물관련 사업체가 94개(17.0%), 화학·고무관련 사업체가 24개(4.4%)로 구성되었다.

18) 한국 항공 운송체제의 특성상 공항의 배후지 분석을 위한 자료들을 수집하는 것은 대단한 어려움이 따

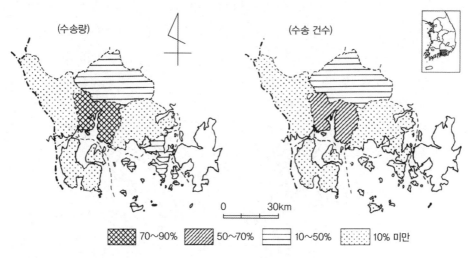

〈그림 10-25〉 탑재화물에 의한 사천공항의 배후지(1998년 12월)

(수송량)　　　　　　　　　　(수송 건수)

0　　30km

[70~90%]　[50~70%]　[10~50%]　[10% 미만]

자료: 張在球·韓柱成(2000: 63).

나타낸 것이 〈그림 10-25〉이다. 먼저 탑재화물 수송량에 의한 사천공항의 배후지는 사천·진주·통영시, 하동·남해·고성군으로 세 개의 시와 군이다. 탑재 화물량의 공간적 구성비는 사천시가 전체 탑재 화물량의 74.0%를 차지해 가장 많았고, 그다음으로 진주시(11.2%), 통영시(10.6%), 고성군(2.3%), 하동군(1.2%), 남해군(0.6%)의 순서였다. 한편 사천공항의 배후지내에서 시·군별로 화물을 수송하기 위해 사천공항을 이용하는 탑재화물의 건수에 따라 배후지의 빈도구성을 보면, 총탑재 화물 건수(506건) 중 사천시가 55.1%를 차지해 가장 많았고, 그다음은 진주시(21.3%), 통영시(8.9%), 고성군(8.5%), 하동군(3.2%), 남해군(3.0%)의 순서로 나타나 사천시와 통영시를 제외한 시·군에서는 중량에 비해 이용 빈도가 높다는 것을 알 수 있다. 이는 사천시와 통영시는 중량화물을, 그리고 그 밖의 시·군에서는 경량의 소화물을 많이 수송한다는 것을 알 수 있다.

___

른다. 따라서 여기에서도 탑재화물만을 대상으로 했으며, 사천공항 항공 화물수송의 약 30%를 담당하는 AAR이 배제되었다는 자료의 한계성을 갖고 있다. 다만 AAR에 의한 탑재화물의 약 70%가 절화류이고, 이 절화류의 약 69%가 사천시에서 발송되기 때문에 여기에서 설정한 배후지에 큰 오차는 없으리라 생각된다.

〈그림 10-26〉 사천공항 배후지의 시·군별 탑재품목(1998년 12월)

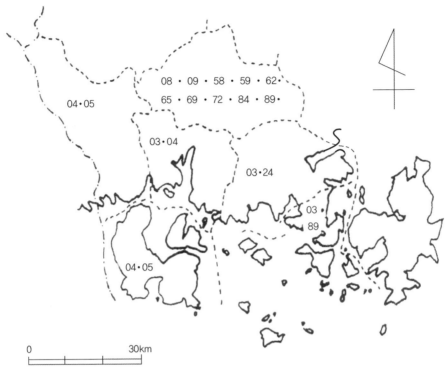

주: 품목 번호의 내용은 본문과 같음.
자료: 張在球·韓柱成(2000: 64).

　사천공항을 이용하는 탑재화물에 의한 배후지의 공간적 범위를 여객에 의한 사천공항의 배후지[19]와 비교해보면, 탑재화물에 의한 지역적 범위가 두 개 시와 군이 각각 축소되어 나타났다. 따라서 여객에 의한 배후지의 범위가 탑재화물에 의한 배후지의 범위보다 더 넓어 공항의 사회·경제적 배후지가 경제적 배후지보다 넓다는 것을 알 수 있다.

　그리고 사천공항 배후지의 시·군별 탑재화물을 살펴보면 다음과 같다. 먼저 탑재수

---

19) 여객에 의한 사천공항의 배후지역은 진주·통영·거제·사천·광양시와 남해·산청·고성·하동·의령군으로 각각 다섯 개의 시와 군이다.

송량이 가장 많은 사천시는 물고기 및 물고기 가공품(품목번호: 03), 곡물 및 곡물 가공품(04)으로 나타났다. 그다음으로 탑재화물 비율이 높은 진주시는 동물용 사료(08), 잡조제 식료품(09), 플라스틱 물질·재생섬유소 및 인조수지(58), 달리 분류되지 않은 화학물질 및 제품(59), 달리 분류되지 않은 고무제조품(62), 직물사·직물·직물제품 및 관련제품(65), 달리 분류되지 않은 금속제품(69), 전기기계류·장치 및 기기(72), 의류(84), 달리 분류되지 않은 각종 제품(89)으로 열 개의 품목이 탑재되어 화물탑재가 가장 다양했다. 통영시는 물고기 및 물고기 가공품(03), 달리 분류되지 않은 각종 제품(89)이, 고성군은 물고기 및 물고기 가공품(03), 나무·목재 및 코르크(24), 하동군은 곡물 및 곡물 가공품(04), 과일 및 채소(05), 남해군은 곡물 및 곡물 가공품(04), 과일 및 채소(05)로 나타났다(〈그림 10-26〉).

③ 강재(降載)화물

1998년 6월과 12월 사천공항의 KAL 강재화물은 한국표준상품분류의 중분류에 따라 정리했다. 강재화물의 수송량은 탑재화물 수송량에 반해 6월에는 19.2%, 12월에는 28.8%에 불과했다. 따라서 사천공항의 화물수송은 탑재화물을 중심으로 한 화물의 편하(片荷)현상이 뚜렷함을 알 수 있다. 이러한 현상은 여객과는 달리 화물의 수송은 편도수송이라는 특성이 강하기 때문으로, 탑재와 강재화물의 균형적인 화물수요의 확보를 위한 항공사의 노력이 필요하다고 하겠다. 강재화물의 계절별(6·12월) 취급화물을 보면, 6월에는 물고기 및 물고기 가공품, 달리 분류되지 않은 기타 동물, 과일 및 채소, 달리 분류되지 않은 금속제품의 순서로 높은 비율을 나타냈고, 12월에는 과일 및 채소, 달리 분류되지 않은 각종 제품, 달리 분류되지 않은 금속제품의 순서로 나타났다. 따라서 강재화물은 6월에는 물고기 및 물고기 가공품이 45.5%, 12월에는 과일 및 채소가 44.2%로 이들 화물이 가장 비중이 높았다. 이는 모두 제주공항으로부터 수송되는 화물이 대부분으로, 사천공항의 계절별 강재화물의 특성은 제주공항으로부터의 화물특성에 의해 결정된다는 것을 알 수 있다. 그 밖의 화물로 6월에는 사천공항 배후지의 수산업 부문에서 긴급수송을 요하는 달리 분류되지 않은 기타 동물과 공업단지에서 필요

〈그림 10-27〉 사천공항의 계절별(6·12월) 주요 탑재·강재화물

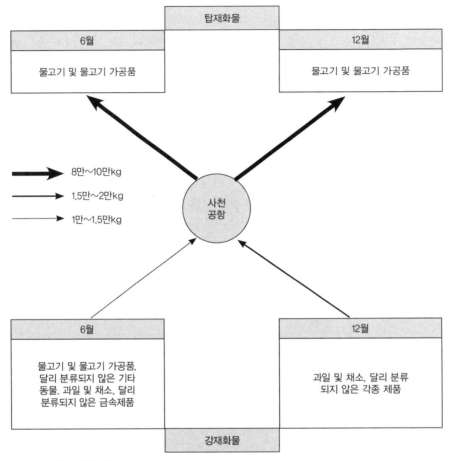

자료: 張在球·韓柱成(2000: 65).

로 하는 달리 분류되지 않은 금속제품이 수송되었다. 그리고 12월에는 달리 분류되지 않은 각종 제품인 혼재화물이 높은 비중을 나타냈다.

이상에서 살펴본 바와 같이 사천공항의 주요 탑재화물은 계절에 관계없이 물고기 및 물고기 가공품이 주요 화물인 데 비해, 강재화물은 계절에 따라 주요 강재화물이 다르게 나타났다. 즉, 6월에는 물고기 및 물고기 가공품, 달리 분류되지 않은 기타 동물, '과일 및 채소, 달리 분류되지 않은 금속제품'이, 12월에는 과일 및 채소와 달리 분류되

지 않은 각종 제품이 주요 강재화물이었다. 따라서 사천공항의 경우 6·12월의 주요 탑재화물은 같은 데 반해, 강재화물은 다르게 나타난다(〈그림 10-27〉).

(2) 요일별·편별 특성

① 탑재화물의 요일별 화물구성

1998년 6월과 12월에 사천공항을 이용하는 KAL의 요일별 탑재화물과 그 수송량을 살펴보면 다음과 같다. 먼저 6월의 요일별 탑재 화물수송량은 월요일이 총 탑재화물의 21.5%를 차지해 가장 높았고 토요일이 4.5%로 가장 낮았다. 요일별 주요 수송화물을 보면, 모든 요일에서 어묵인 물고기 및 물고기 가공품이 가장 높은 비중을 나타내는데, 특히 일요일은 당일 화물수송량의 99.0%를 차지해 가장 높았고, 탑재화물의 비율이 가장 낮은 토요일은 88.3%를 차지했다. 이러한 현상은 당일 생산된 어묵이 저녁에 소비지로 수송되고 다음 날 오전 중에 소비자에게 판매되어 모두 소비되는 것을 원칙으로 하기 때문이다. 그리고 토요일의 탑재화물 비율이 가장 낮은 이유는 그다음 날이 일요일이기 때문에 학생층 등의 어묵 소비량이 감소하기 때문이다. 따라서 일·월·화요일의 주초에 소비할 어묵의 수송량은 많았고, 그다음 날이 휴일인 토요일에는 대체로 화물수송량이 감소했다. 이와 같이 휴일이 있는 경우 수송량이 감소하는 현상은 6월 첫째 주에서도 잘 나타났다.[20]

물고기 및 물고기 가공품 다음으로 비율이 높은 화물을 보면, 월요일은 직물사·직물·직물제품 및 관련제품이 1.2%, 화요일에는 달리 분류되지 않은 금속제품이 2.2%, 직물사·직물·직물제품 및 관련제품이 1.4%, 수요일에는 달리 분류되지 않은 금속제품이 1.5%, 금요일에는 동물용 사료가 3.4%, 직물사·직물·직물제품 및 관련제품이 1.0%, 토요일에는 달리 분류되지 않은 금속제품이 6.0%, 곡물 및 곡물 가공품이 3.0%, 종이·판지 및 그 제품이 1.7%로 낮은 비율을 나타냈다(〈그림 10-28〉).

---

20) 1998년 6월 첫째 주(6월 1일~6월 7일)에 사천공항의 물고기 및 물고기 가공품의 화물수송량은 2만 4287kg으로 둘째 주(6월 8일~6월 14일)의 2만 6568kg보다 2281kg 감소했다. 이는 첫째 주에 공휴일(6월 6일)이 있었기 때문이다.

〈그림 10-28〉 사천공항 KAL의 요일별 주요 탑재·강재화물(1998년 6월)

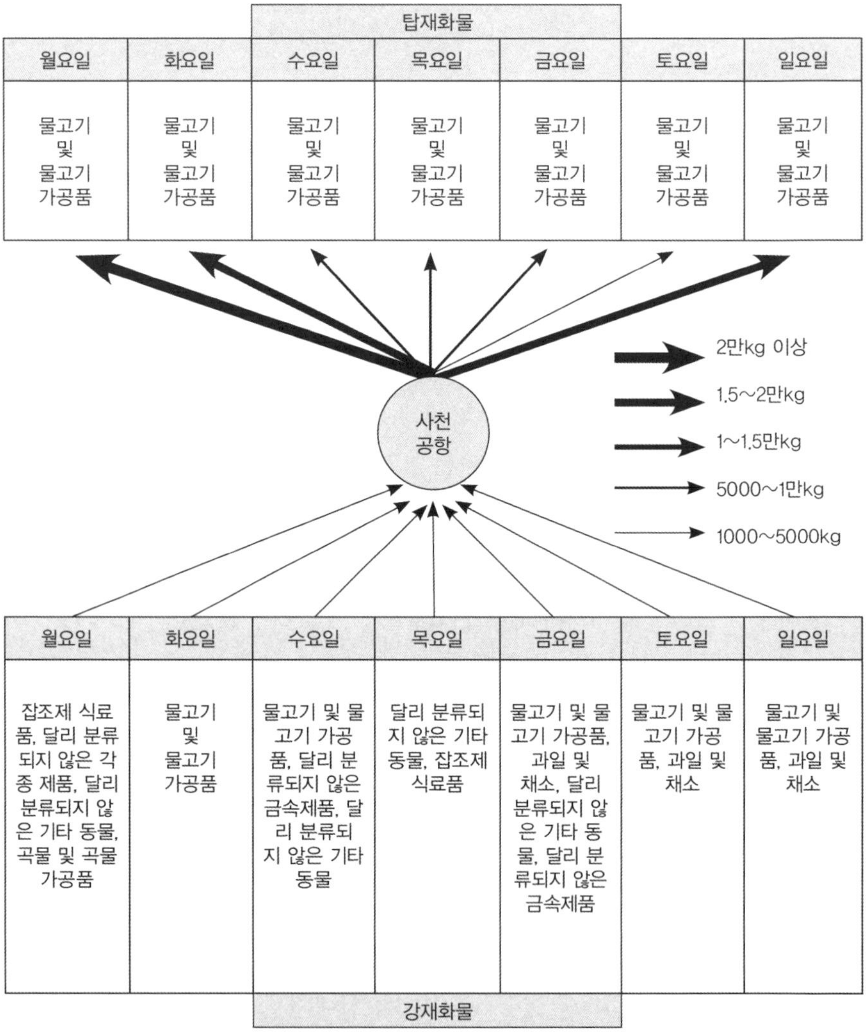

탑재화물						
월요일	화요일	수요일	목요일	금요일	토요일	일요일
물고기 및 물고기 가공품	물고기 및 물고기 가공품	물고기 및 물고기 가공품	물고기 및 물고기 가공품	물고기 및 물고기 가공품	물고기 및 물고기 가공품	물고기 및 물고기 가공품

사천
공항

2만kg 이상
1.5~2만kg
1~1.5만kg
5000~1만kg
1000~5000kg

월요일	화요일	수요일	목요일	금요일	토요일	일요일
잡조제 식료품, 달리 분류되지 않은 각종 제품, 달리 분류되지 않은 기타 동물, 곡물 및 곡물 가공품	물고기 및 물고기 가공품	물고기 및 물고기 가공품, 달리 분류되지 않은 금속제품, 달리 분류되지 않은 기타 동물	달리 분류되지 않은 기타 동물, 잡조제 식료품	물고기 및 물고기 가공품, 과일 및 채소, 달리 분류되지 않은 기타 동물, 달리 분류되지 않은 금속제품	물고기 및 물고기 가공품, 과일 및 채소	물고기 및 물고기 가공품, 과일 및 채소
강재화물						

자료: 張在球·韓柱成(2000: 65).

한편 12월의 요일별 탑재화물의 수송량은 화요일과 수요일이 총 탑재 화물수송량의 각각 17.9%, 17.7%로 가장 많았고, 일요일이 8.2%로 가장 적은 것으로 나타났다. 그리고 화물별 구성비에서는 6월과 같이 어묵인 물고기 및 물고기 가공품이 요일별로 가장 높은 비중(79.5~95.1%)을 나타내나, 토요일을 제외하면 모든 요일에서 6월에 비해 그 비중이 낮았고 수송량도 적었다. 특히 일요일은 물고기 및 물고기 가공품의 급격한 감소 현상을 보였는데, 이것은 방학으로 학교급식에서의 어묵 소비량이 감소해 어묵 수송량과 요일별 수송량에 큰 영향을 미쳤기 때문이다.[21] 물고기 및 물고기 가공품 다음으로 비율이 높은 화물을 요일별로 보면, 월요일은 달리 분류되지 않은 고무제조품이 2.5%, 화요일은 직물사·직물·직물제품 및 관련제품이 3.1%, 곡물 및 곡물 가공품이 1.9%, 수요일은 분류되지 않은 금속제품이 16.2%, 달리 분류되지 않은 고무제조품이 2.7%, 목요일은 나무·목재 및 코르크가 5.7%, 달리 분류되지 않은 금속제품이 3.8%, 동물용 사료가 3.8%, 금요일은 나무·목재 및 코르크가 3.4%, 달리 분류되지 않은 금속제품이 3.2%, 토요일은 달리 분류되지 않은 금속제품이 5.7%, 일요일은 나무·목재 및 코르크가 10.1%, 곡물 및 곡물 가공품이 5.0%로 낮은 비율을 나타냈다.

② 탑재화물에 의한 요일별 공항의 배후지

1998년 12월의 사천공항에서 KAL의 탑재화물을 기준으로 요일별 배후지를 평일과 휴일[22]로 나누어 살펴보면 〈그림 10-29〉와 같다. 먼저 평일의 총 탑재 화물수송량은 88,230kg으로 이 가운데 공항이 입지한 사천시가 70.2%를 차지해 가장 많았고, 그다음으로 진주시(13.1%), 통영시(11.4%), 고성군(2.5%), 하동군(2.0%), 남해군(0.8%)의 순서로 나타나 이들 지역이 사천공항의 평일 배후지에 해당된다.

한편 휴일의 탑재화물 수송량은 7916kg으로 이 가운데 공항이 입지한 사천시가 휴일 총 탑재 화물수송량의 80.0%를 차지해 가장 높았고, 그다음으로 진주시(6.5%), 통영시(5.0%), 고성군(3.5%), 남해군(2.5%), 하동군(2.5%) 순서로 나타나 이들 지역이 사천공

---

21) 1999년 1월 25일 양진항공화물대리점 관계자와의 인터뷰에 의한 자료이다.
22) 1998년 12월 사천공항의 KAL에 의한 요일별 탑재화물의 수송량은 평일에는 최저 1만 2329kg(토)에서 최고 1만 7234kg(화)의 화물수송량을 나타냈고, 일요일은 7916kg으로 상대적으로 평일에 비해 화물수송량이 적었다. 따라서 요일별 KAL의 탑재화물에 의한 배후지를 화물의 수송량에 따라 평일과 휴일로 나누어 살펴보았다.

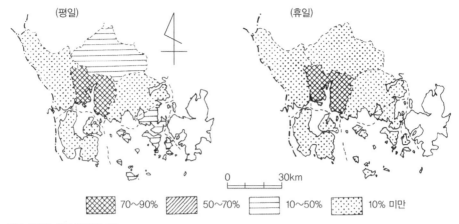

〈그림 10-29〉 사천공항의 요일별 탑재화물에 의한 배후지(1998년 12월)

(평일) (휴일)

0 30km

▨ 70~90% ▧ 50~70% ▤ 10~50% ░ 10% 미만

자료: 張在球·韓柱成(2000: 66).

항의 휴일 배후지에 해당된다. 따라서 요일별 사천공항의 배후지는 평일과 휴일에서 그 공간적 범위는 일치하나 시·군별 화물집중률은 다르게 나타난다. 즉, 사천시는 평일과 휴일 모두 가장 많은 화물탑재량을 나타내고 화물집중률은 휴일이 평일보다 다소 높게 나타난다. 이러한 현상은 사천공항의 총탑재화물 중 87.3%로 높은 비중을 차지하는 물고기 및 물고기 가공품의 대표적인 생산지가 사천시이고, 특히 주초의 물고기 및 물고기 가공품의 많은 소비량에 대응해 사천시의 휴일 탑재화물 집중률이 평일보다 높게 나타났다. 진주시와 통영시는 평일이 휴일보다 화물집중률이 높았다. 이러한 현상은 이들 지역의 공업 및 수산업에서 긴급수송을 필요로 하는 플라스틱 물질, 재생섬유소 및 인조수지, 달리 분류되지 않은 화학물질 및 제품, 달리 분류되지 않은 고무제조품, 직물사·직물·직물제품 및 관련제품, 달리 분류되지 않은 금속제품, 전기 기계류, 장치 및 기기, 달리 분류되지 않은 각종 제품 등의 탑재율이 평일에 집중되기 때문이다. 그리고 고성·하동·남해군은 휴일이 평일보다 화물집중률이 다소 높았다. 이러한 현상은 이들 지역에서 탑재되는 화물이 곡물 및 곡물 가공품, 과일 및 채소, 나무·목재 및 코르크로 여객에 의해 지참되는 소화물이 대부분이었다. 따라서 여객탑승률이 높은 휴일의 화물집중률이 높게 나타났다.

③ 강재화물의 요일별 화물구성

　1998년 6월과 12월에 사천공항을 이용한 KAL의 요일별 강재화물과 그 수송량을 살펴보면 다음과 같다. 먼저 6월의 요일별 주요 강재화물을 보면 화요일의 수송량이 5424.4kg으로 총 강재 화물수송량의 28.2%를 차지해 가장 높았고, 목요일은 1092.2kg으로 총 강재 화물수송량의 5.7%에 불과해 그 차이가 화요일 강재 화물수송량의 20.1%에 불과했다. 다음으로 요일별 주요 수송화물을 보면, 월요일은 잡조제 식료품, 달리 분류되지 않은 각종 제품, 달리 분류되지 않은 기타 동물, 곡물 및 곡물 가공품으로 가장 다양하게 구성되었다. 화요일은 물고기 및 물고기 가공품이, 수요일은 물고기 및 물고기 가공품, 달리 분류되지 않은 금속제품, 달리 분류되지 않은 기타 동물이다. 그리고 목요일은 달리 분류되지 않은 기타 동물과 잡조제 식료품이며, 금요일은 물고기 및 물고기 가공품, 과일 및 채소, 달리 분류되지 않은 기타 동물, 달리 분류되지 않은 금속제품이고, 토·일요일은 물고기 및 물고기 가공품과 과일 및 채소로 구성되었다(〈그림 10-28〉).

　한편, 12월의 요일별 주요 강재화물을 보면 수송량이 가장 많은 요일은 수요일이며 6008.3kg으로 총 강재 화물수송량의 21.7%를 차지했고, 수송량이 가장 적은 일요일은 1820.3kg으로 총 강재 화물수송량의 6.6%를 차지해 그 차가 4188kg으로 일요일은 수요일 강재화물 수송량의 30.3%에 불과했다. 다음으로 요일별 주요 수송화물을 보면, 월요일은 과일 및 채소, 물고기 및 물고기 가공품, 음료수로 구성되었고, 화요일은 과일 및 채소, 달리 분류되지 않은 각종 제품, 물고기 및 물고기 가공품, 달리 분류되지 않은 금속제품으로 나타났다. 수요일은 달리 분류되지 않은 각종 제품, 과일 및 채소, 달리 분류되지 않은 금속제품, 목요일은 과일 및 채소, 달리 분류되지 않은 각종 제품, 직물사·직물·직물제품 및 관련제품, 금요일은 과일 및 채소, 달리 분류되지 않은 각종 제품, 토요일은 과일 및 채소, 달리 분류되지 않은 각종 제품, 달리 분류되지 않은 금속제품, 물고기 및 물고기 가공품, 직물사·직물·직물제품 및 관련제품으로 구성되었다. 그리고 일요일은 과일 및 채소가 주요 화물이었다.

　따라서 12월의 주요 강재화물에서 과일 및 채소가 모든 요일에서 높은 구성비를 차지했는데, 이러한 현상은 KAL의 제5편인 제주발 사천 항공편의 감귤수송이 절대적인 영향을 미친 것이다. 그리고 달리 분류되지 않은 각종 제품(혼재화물)이 월요일과 일요일을 제외한 나머지 요일에 비교적 높은 비율을 나타내는 화물임을 알 수 있다.

그러므로 사천공항의 요일별 강재화물의 특성은 먼저, 요일별 화물수송량의 변동이 대단히 컸다. 그리고 탑재화물에 비해 물고기 및 물고기 가공품의 수송점유율이 비교적 낮아 수송품목이 다양했다는 것을 알 수 있다.

이상에서 살펴본 바와 같이 탑재화물은 물고기 및 물고기 가공품의 수송비율이 전체 화물수송량에서 차지하는 비율이 매우 높아 이 화물의 다소에 따라 요일별 화물수송량이 변했다고 볼 수 있다. 그러나 강재화물은 특정품목에 대한 의존률이 탑재화물에 비해 낮았고 비교적 다양한 품목이 수송되었다. 그리고 탑·강재화물 모두 요일별 화물수송량의 변동 폭이 대단히 컸다는 공통점을 나타내었다. 이런 점에서 볼 때 정기 정량의 안정된 화물수송을 위해서는 특정화물 및 특정노선에 의존하는 요일별 화물 수송구조의 개선을 위한 노력이 필요하다 하겠다.

④ 편별 화물구성

다음으로 KAL의 정기편에 의한 6월 탑재화물의 편별 구성은 다음과 같다. 이 중 제1편에서 제4편까지는 김포행이고, 제5편은 제주행이다. 김포행의 경우 마지막 편인 제4편의 탑재량이 6월 중 전체 화물수송량의 36.0%를 차지해 가장 높았으나 제1편과 제2편의 이용률은 대단히 낮았음을 알 수 있다. 이러한 현상은 사천공항의 6·12월 탑재화물에서 나타난 바와 같이 주요 탑재화물이 물고기 및 물고기 가공품인 것에 기인한다고 볼 수 있다. 즉, 물고기 및 물고기 가공품의 대부분을 차지하는 어묵은 당일 생산, 다음날 소비라는 원칙에 따라 주간작업 → 저녁수송 → 조조판매라는 수송체계가 정착되어 있다. 이와 같은 편별 화물의 구성은 모든 편에서 물고기 및 물고기 가공품에 대한 의존도가 매우 높아 화물의 안정적 수송과 합리적인 수송체계의 유지를 위해서 수송화물의 다양화와 잠재적 수요의 확보를 위한 노력이 절대적으로 필요하다 하겠다.

한편, KAL의 정기편에 의한 6월 강재화물의 편별 구성은 다음과 같았다. 6·12월 강재화물에서 나타난 바와 같이 6월 중 강재화물은 탑재화물의 19.1%에 불과했다. 편별 구성에서는 제주발인 제5편이 대량의 물고기 및 물고기 가공품을 수송해 전체 화물수송량의 62.9%를 차지했다. 그리고 김포발인 제1·2·3·4편 중에서 제2편이 31.2%, 제4편이 50.1%로 전체 김포 발 화물수송량의 81.3%로 대부분을 차지했다. 이러한 현상은 김포 발 화물의 대부분을 차지하는 달리 분류되지 않은 금속제품과 잡조제 식료품 등이 제2·4편에 집중률이 높았기 때문이다. 그리고 6월 강재화물의 편별 주요 화물을 살펴보면, 제1편은 달리 분류되지 않은 기타 동물이, 제2편은 달리 분류되지 않은 금속제품과 달리 분류되지 않은 기타 동물 그리고 달리 분류되지 않은 각종 제품, 제3편은 달리 분류되지 않은 금속제품, 잡조제 식료품, 달리 분류되지 않은 기타 동물, 제4편은 잡조제 식료품, 달리 분류되지 않은 기타 동물, 달리 분류되지 않은 각종 제품, 달리 분류되지 않은 금속제품, 제5편은 물고기 및 물고기 가공품으로 나타났다.

KAL의 정기편에 의한 12월 탑재화물의 편별 구성은 다음과 같았다.[23] 김포행의 경우 제4편의 탑재량이 12월 전체 화물수송량의 35.1%를 차지해 가장 높았고 제1편은 7.7%로 탑재량이 가장 낮았다. 이러한 현상은 6월과 같이 주요 탑재화물이 물고기 및 물고기 가공품이기 때문이었다. 한편 제1편의 경우 주요 탑재화물이 물고기 및 물고기 가공품, 달리 분류되지 않은 금속제품으로 6월에 비해 다양화되었다.

한편 KAL의 정기편에 의한 12월의 강재화물 편별 구성은 다음과 같다. 편별 구성에서는 제주발인 제5편이 전체 강재화물의 53.5%를 차지해 사천공항의 12월 강재화물은 제주노선에 편중되어 있음을 알 수 있었다. 이러한 현상은 제5편에 과일 및 채소와 물고기 및 물고기 가공품의 집중률이 높았기 때문이다. 그리고 김포발의 경우 제2편이 12월 전체 강재화물의 25.6%를 차지했다. 편별 주요 강재화물은 〈그림 10-30〉과 같다. 즉, 제1편은 달리 분류되지 않은 각종 제품, 달리 분류되지 않은 금속제품, 제2편은 달리 분류되지 않은 각종 제품, 제4편은 달리 분류되지 않은 각종 제품, 달리 분류되지

---

23) 사천공항에서 1998년 12월 KAL의 운항횟수는 1998년 6월에 비해 김포 행 제3편(17시 00분)과 김포 발 제3편(16시 30분)이 감축되었다. 그 이유는 1998년 10월 이후 정부의 KAL에 대한 규제조치에 따라 사천~김포노선에 대해 왕복 각 한 편씩 운휴를 취했기 때문이다.

〈그림 10-30〉 사천공항의 편별 주요 강재화물(1998년 12월)

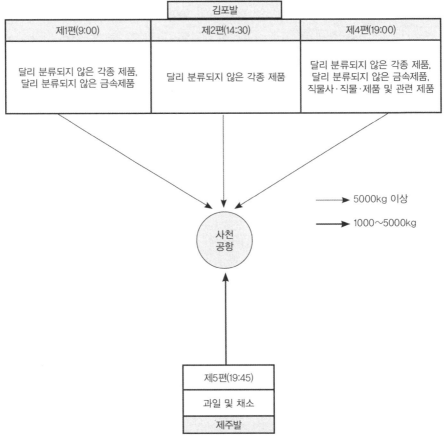

자료: 張在球·韓柱成(2000: 68).

않은 금속제품, 직물사·직물·직물제품 및 관련제품, 제5편은 과일 및 채소였다. 따라서 6월의 주요 강재화물과 비교하면 김포발의 경우 잡조제 식료품, 달리 분류되지 않은 기타 동물이 제외되고 직물사·직물·직물 제품 및 관련제품이 추가되었다. 그리고 제주발 6월의 주요 강재화물은 물고기 및 물고기 가공품으로 나타났으나 12월에는 과일 및 채소로 바뀌었다. 이것은 제주공항에서의 대량의 감귤수송에 따른 현상이라고 볼 수 있다.

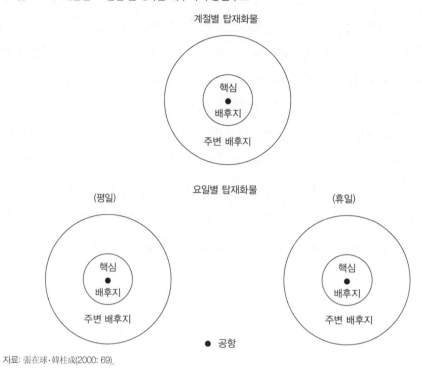

〈그림 10-31〉 계절별·요일별 탑재화물 배후지의 공간구조

계절별 탑재화물

핵심
배후지

주변 배후지

요일별 탑재화물

(평일)

핵심
배후지

주변 배후지

(휴일)

핵심
배후지

주변 배후지

● 공항

자료: 張在球·韓柱成(2000: 69).

이상의 계절별(6·12월), 요일별 탑재화물의 공간구조를 나타낸 것이 〈그림 10-31〉이다. 먼저 12월 탑재화물의 공간구조는 사천시가 핵심 배후지이고 그 밖의 인접 시·군은 주변 배후지로 구성되었다. 다음으로 12월의 요일별 탑재화물의 공간구조는 평일이나 휴일 모두 12월의 탑재화물과 같이 구성되었다. 이와 같이 사천공항 화물수송 배후지의 공간구조는 그 배후지가 좁고, 여객수송 배후지의 세 개 권구조보다 단순하다는 것이 밝혀졌다.

4) 어묵과 화훼의 물류체계와 사천공항의 배후지

1998년 6월과 12월에 사천공항에 취항하는 KAL과 AAR의 탑재화물을 중심으로 수송화물 구성비를 살펴보면, KAL은 물고기 및 물고기 가공품이 6월에는 96.2%, 12월에는 87.3%로 많은 비중을 차지했다. 그리고 AAR의 탑재화물 수송량은 KAL의 약 30%에 해당하나, 그중 약 70%가 절화류의 수송이다.[24] 따라서 여기에서는 사천공항의 가장 대표적인 탑재화물인 물고기 및 물고기 가공품과 절화류를 대상으로 탑재 화물수송의 수송체계와 사천공항의 배후지를 살펴보고자 한다.

사천공항에 취항하는 KAL과 AAR의 항공화물을 전담하는 대리점은 1998년 현재 양진항공화물대리점과, 경남항공화물대리점인데 이들 두 대리점은 하주인 공장, 출하단체, 개인 등으로부터 정기 또는 수시로 화물을 위탁받아 수송했다. 한편 항공 화물대리점을 통하지 않고 하주가 직접 각 항공사에 접수하는 경우도 있는데, 각 대리점을 통해 접수된 화물량에 비하면 매우 적었다. 그것은 하주가 직접 항공사에 접수하는 화물은 대부분 소화물인데, 하주와 공항 간의 시간적·물리적 거리의 제약이 크고, 또한 다른 수송수단에 비해 상대적으로 화물의 수송비가 비싸다는 점과 국내 화물수송에서 하주로부터 수취인까지의 문전 연결성이 가장 나쁘다는 조건 등이 중요한 요인이라 생각할 수 있다.

(1) 어묵과 화훼의 물류체계

어묵의 주요 생산지는 남해안 지역에 집중되어 있었다.[25] 이러한 현상은 어묵의 원료가 되는 선어(鮮魚)의 생산지가 남해의 연근해와 동중국해인 것에 기인한다고 볼 수 있다.[26]

---

24) 사천공항의 AAR은 분류된 송장(manifest)이 없기 때문에 화물의 정확한 품목과 품목별 수송량을 파악하는 것은 곤란했다. 따라서 AAR의 관련 자료는 AAR 관계자와의 인터뷰 자료, AAR 전속 항공화물대리점인 경남항공화물대리점의 관련자료, 그리고 사천공항 배후지의 화훼재배작목반을 직접 현지조사해서 얻은 자료들을 이용했다. 한편 절화류의 비수기인 7월과 8월에 AAR의 항공 화물수송량이 최저값을 나타내는 현상을 통해서도 AAR의 화물 총수송량에서 절화류 수송이 차지하는 비중이 높았다는 것을 알 수 있다.

25) 1997년 현재 전국 어묵생산량 5만 8760톤 중 부산시(2만 15톤)과 경상남도(1만 3145톤)이 전국 생산량의 56.4%를 차지한다(한국보건산업진흥원 내부자료).

26) 어묵의 원료가 되는 선어는 풀치, 어린 조기(고갱이), 메퉁이, 백조기, 명태 등이 대표적인데, 이들 원료

<그림 10-32> 어묵의 물류체계(1998년)

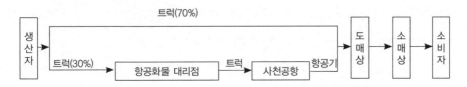

자료: 張在球·韓柱成(2000: 70).

　　1997년 현재 경상남도의 어묵 생산량은 83.9톤/일으로 이 가운데 사천시가 23.0톤/일을 생산해 경상남도 어묵 생산량의 27.4%를 차지해 가장 높은 비율을 나타냈다. 그 밖에 고성군(6.0톤/일), 진주시(1.2톤/일), 통영시(0.5톤/일)의 순서로 생산(경상남도청 수산국. 1998: 102)이 이루어졌으나 생산량의 대부분이 지역 내에서 소비되었다. 그런데 이들 지역은 사천공항을 이용해 수도권과 그 밖의 역외지역으로 어묵시장을 확대시킬 수 있는 충분한 가능성을 가지고 있어 앞으로 이들 지역에서의 어묵 생산 활동은 지역의 경제구조에도 커다란 변화를 가져올 수 있을 것으로 예상된다.

　　어묵은 신선도 유지를 위해 당일 생산해 다음 날 판매되는 것이 일반적이기 때문에 대체로 주간에 생산해 저녁에 수송하고 야간에 도·소매상에 배송되어 다음 날 판매되는 과정을 가진다.

　　사천공항을 이용하는 어묵의 주요 제조지역은 사천시였고 그 밖에 통영시와 고성군도 소량이긴 하지만 사천공항의 영향권에 포함되었다. 따라서 사천시와 통영시, 고성군을 대상으로 어묵의 물류체계를 나타낸 것이 <그림 10-32>이다. 즉, 어묵이 생산자로부터 소비자에 이르는 유통경로는 크게 두 가지로 구분되는데, 먼저 생산업체가 소유하고 있는 저온트럭을 이용해 생산지에서 비교적 가까운 부산시·경상남도·대구시·경상북도 등의 도매상까지 수송하는 경우이다. 이러한 유통경로를 통한 어묵 판매량

는 남해의 연근해와 동중국해에서 주로 어획되었다. 따라서 원료수송비의 절감을 위해 남해안에 어묵 생산지가 집중했다(만구수산·남부식품 생산과장과의 인터뷰).

은 사천·통영시, 고성군 어묵 생산량의 약 70%에 해당되었다. 다음은 양진항공화물대리점에서 직접 생산업체를 순회해 화물을 위탁받아 사천공항으로 수송하는 경우로 사천·통영시, 고성군 어묵 생산량의 약 30%가 이에 해당되었다.[27]

다음으로 화훼의 물류체계를 살펴보겠다. 먼저 사천공항을 이용하는 화훼재배지역은 대체로 사천·통영·진주시, 고성군이고, 하동·산청·남해군은 부분적으로 재배되었으나 IMF 구제금융에 따른 경제위기로 절화류 소비의 감소와 생산비의 증가로 1998년 생산이 대부분 중단되었기 때문에 여기에서 제외시켰다. 경상남도지역의 절화류 생산은 따뜻한 기후조건의 영향으로 생산비의 절감 및 촉성재배의 가능으로 수도권의 화훼시장에서도 경쟁력을 갖추고 있었다. 따라서 이들 지역의 절화류 생산량이 전국 절화류 생산량의 약 34%를 차지했다(경상남도청 농수산물유통과, 1998). 주요 화훼 재배지역의 대표적인 화종(花種)은 사천시는 백합, 국화, 장미, 통영시는 장미와 카네이션, 안개꽃, 진주시는 백합, 카네이션, 거베라 등이었다.

절화류의 물류체계는 〈그림 10-33〉과 같이 생산자인 절화류 재배 농가와 작목반 및 농협은 자가용 트럭을 이용해 직접 소비지인 마산·부산·김해·진주시로 수송해 각 도매상과 소매상을 통해 소비자에게 판매되었다. 그리고 일부 절화류는 김해공항을 통해 일본으로 수출했으나 1998년 현재는 수출이 중단되었다. 다음으로 개인 및 출하단체에서는 백합과 같이 비교적 생명력이 긴 화종을 고속버스·특송차·철도를 이용해 서울의 화훼유통공사와 도매상가로 수송함으로써 운송비를 절감하기도 했다. 그러나 고속버스나 철도를 이용한 절화류 수송량은 점차 감소했다. 그 이유는 장거리 수송에서 절화류는 신선도 유지를 위해 특별한 포장이 필요하고, 최근에는 화훼의 훼손 및 출하에 필요한 하주의 시간적 손실이 크기 때문이었다. 그리고 철도를 이용한 절화류의 수송은 일관 수송체계의 미비와 신속성의 결여로 1998년 현재 중단된 상태였다. 이러한

---

27) 사천·통영시, 고성군의 어묵 생산량 중 인근지역에서 소비되고 남은 잉여생산물을 수도권으로 항공수송을 함으로써 다른 육상 수송수단에 비해 비싼 운송비를 지급한다. 그러나 수도권의 생산업체보다 원료 수송비의 절감에 따라 수도권 시장에서도 충분한 경쟁력을 갖추고 있었다(만구수산·남부식품 생산과장과의 인터뷰).

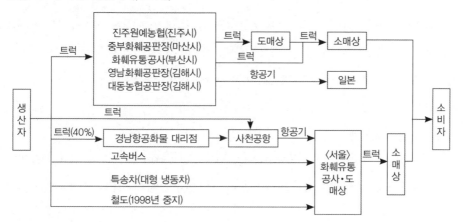

〈그림 10-33〉 화훼의 물류체계(1998년)

자료: 張在球·韓柱成(2000: 70).

육상 수송수단을 이용한 수송량은 전체 절화류 수송량의 약 60%를 차지했다. 마지막
으로 경남항공화물대리점을 통해 사천공항에 접수되어[28] 항공기를 이용해 김포공항에
수송되어 소비지인 서울시로 수송되는 절화류의 수송량은 약 40%를 차지했다.[29]

항공기로 수송되는 절화류는 대체로 아침에 출하작업이 이루어지는데 오전 중에 항
공화물 대리점이 각 생산지를 순회하며 화훼를 수집해 사천공항의 AAR 제3편(14시 00
분)에 의해 김포공항으로 수송되었다. 이렇게 수송된 절화류는 저녁에 서울시의 각
도·소매상에 배달되고, 다음날 판매되는 것이 일반적이었다. 한편 성수기인 10월 말에
서 5월 말 사이에는 긴급수송이 이루어지기도 하는데 이때는 오전과 오후에 출하작업
을 해 대리점의 순회수집과 항공사 접수에 의해 AAR의 4편(18시 10분)을 통한 수송으로
김포공항에 도착(19시 40분)한 후 야간에 도·소매상에 배달되어 다음날에 소비자에게
판매되었다.

---

28) 극히 일부이기는 하지만 생산자나 출하단체에 의해 직접 사천공항에 접수되는 경우도 있다.
29) 주요 수송수단별 절화류 수송량은 경상남도청 농산물 유통과의 지역별 절화류 생산 통계자료, 통영시의
    용남화훼수출 영농조합법인, 덕치(德峙)화훼작목반, 사천시의 사천화훼 영농조합법인, 고성군의 마암
    (馬岩)화훼작목반의 자료와 관계자와의 인터뷰 및 현지조사 결과를 바탕으로 정리한 것이다.

(2) 어묵과 화훼출하에 의한 공항의 배후지

다음으로 사천공항에서 가장 많이 취급하는 탑재화물인 어묵과 화훼류의 배후지를 살펴보면 〈그림 10-34〉와 같다. 먼저 1998년 12월 사천공항의 어묵 총탑재량은 4만 9247kg으로, 이 중 사천시에서 생산된 어묵 탑재 화물량이 전체 탑재 화물량의 85.3% 를 차지해 가장 많았고, 그다음으로 통영시(10.2%), 고성군(4.5%)의 순서로 나타나 사천 시의 화물집중률이 대단히 높았다는 것을 알 수 있다.

한편 절화류는 사천시에서 생산된 화훼의 탑재 화물량이 화훼류 총 탑재 화물량의 68.5%를 차지해 가장 높은 비율을 나타냈고, 그다음으로 통영시(16.3%), 진주시(11.1%), 고성군(4.1%)의 순서로 나타나 공항이 입지한 사천시의 탑재율이 가장 높았다. 따라서 어묵의 배후지보다 화훼의 배후지가 더 넓게 나타났다.

어묵과 화훼에 의한 공항 배후지와 총 탑재화물에 의한 공항 배후지를 비교해보면, 어묵과 화훼의 공항 배후지는 하동·남해군이 제외되어 좁은 배후지를 가지므로 총 탑 재화물 배후지에 포섭되었다는 것을 알 수 있다.

이상의 어묵과 화훼의 탑재화물 배후지의 공간구조를 나타낸 것이 〈그림 10-35〉이

〈그림 10-34〉 어묵과 화훼에 의한 사천공항의 배후지(1998년)

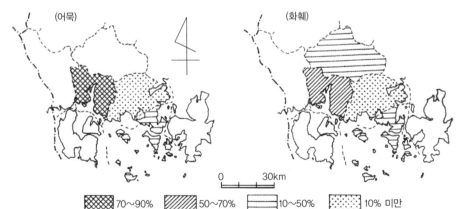

자료: 張在球·韓柱成(2000: 71).

〈그림 10-35〉 어묵과 화훼의 탑재화물 배후지의 공간구조

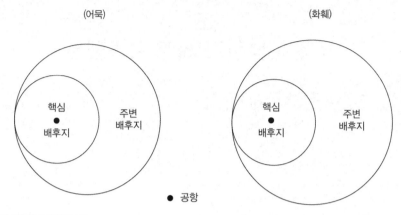

(어묵)   (화훼)

핵심
●
배후지

주변
배후지

핵심
●
배후지

주변
배후지

● 공항

자료: 張在球·韓柱成(2000: 71).

다. 핵심 배후지는 사천시이고, 그 인접지역은 주변 배후지로 구성되며, 화훼의 배후지 범위가 어묵의 배후지 범위보다 더 넓었다.

제11장

국제 분업론과 세계 시스템론

기업 활동의 세계화를 축으로 세계경제는 상호의존 관계가 긴밀해져 글로벌화라고 불리어지는 상태로 진행되고 있는 한편에는 저개발성을 고민하는 국가 중에서 급속한 공업화가 진행되고 있는 국가도 있는 등, 현재 국제 분업 관계는 급격한 변모를 나타내고 있다. 이러한 상황을 배경으로 최근에는 종래의 국제 분업론을 비판하고 재구성하려는 움직임이 다시 활발해지고 있다. 이런 움직임 가운데 대표적인 연구 중의 하나가 세계 시스템론이다. 이 장에서는 국민경제를 분석단위로 할 때 이론의 출발점이 되는 국제 분업론의 원형인 리카도(D. Ricardo)의 국제 분업론과 세계 시스템론을 소개하고 또 이들 두 이론을 비교하려고 한다(〈그림 11-1〉).

1. 리카도와 그 후의 국제 분업론

1) 리카도의 국제 분업론

국제물류의 연구는 1819년 리카도가 발간한『정치경제학과 과세의 원리에 관해(On the Principles of Political Economy, and Taxation)』의 비교생산비설에서 시작된다고 할 수

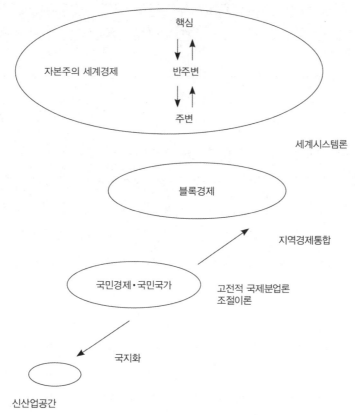

〈그림 11-1〉 세계경제공간에 관한 여러 이론

자본주의 세계경제

핵심

반주변

주변

세계시스템론

블록경제

지역경제통합

국민경제·국민국가

고전적 국제분업론
조절이론

국지화

신산업공간

자료: 杉浦芳夫 編(2004: 108).

있다. 리카도는 국내 상거래에서 여러 가지 상품의 상대적 가치를 규정짓는 법칙과 국제무역에서 여러 가지 상품의 상대적 가치는 서로 다르다고 주장했다. 경제사회의 국민적 통합이 달성되기 위해서는 자본, 노동의 이동이 자유로워지고, 국내에서 일반적인 이윤율이 형성되며 여러 가지 상품의 상대적 가치는 상품에 직접적 또는 간접적으로 투하된 노동의 양 그 자체에 의해 규정된다. 이에 대해 국제무역은 이런 노동 가치설이 그대로 통용되지 않는 영역이라고 했다. 이러한 주장은 국가 간에는 국내와 달리 경제적 통합이 달성되어 있지 않기 때문에 자본, 노동은 기본적으로 이동하지 않는다는 생각이 바탕에 있다. 리카도의 비교생산비설은 국내 상거래와는 다른 국제무역의

<표 11-1> 무역을 하지 않을 경우와 할 경우의 노동력 수요

국명	무역을 하지 않을 경우		무역을 할 경우	
	옷감(명)	포도주(명)	옷감(명)	포도주(명)
영국	100	120	200	0
포르투갈	90	80	0	160

자료: 矢田俊文(1990: 233).

논리, 즉 무역의 방향과 그에 의해 형성된 국제 분업의 유형을 설명하기 위해 고안된 것이다. 두 국가 사이에는 절대적인 노동 생산성 격차가 존재해도 무역이 행해지는데, 국제 분업을 형성함에 따라 두 국가 모두 무역에서 이득을 얻을 수 있다는 점을 설명한 것이 비교생산비설이다. 이 비교생산비설은 두 국가에서 두 가지 재화에 국한하지 않고 다국가 다재화(多國家 多財貨) 모델로의 전환이 가능하다. 또 동태적으로 보면 비교생산비의 원리에 의해 결정되는 이들 무역 및 국제 분업은 각 국가의 국내에서 노동생산성 변화에 의해 재편성된다. 즉, 국내분업은 국민경제 간의 상대적 관계성에 의해 형성되고, 그 관계성은 각 국가 국민경제의 내적 요인인 노동생산성의 변화에 의해 변동된다.

먼저 <표 11-1>은 옷감과 포도주를 각각 1단위 생산하기 위해 영국과 포르투갈에서 어느 정도의 노동력이 필요한가를 나타낸 것이다. 이 예에서 포르투갈은 영국에 대해 옷감과 포도주 모두가 상대적으로 적은 노동력으로 생산이 가능해 포르투갈은 영국에 대해 절대적 노동생산성의 우위성을 갖는다.

무역을 하기 전 두 나라 사이에 절대적인 노동생산성의 차이가 존재하더라도 무역을 통해 국제 분업이 형성되면 두 나라 모두 무역에서 이득을 얻을 수 있다는 것을 밝힌 것이 비교생산비설이다. 즉, 영국은 상대적으로 노동생산성이 높은 옷감에, 포르투갈은 상대적으로 노동생산성이 높은 포도주에 국제적 분업(무역)을 함으로써 두 나라 모두 사회적인 노동을 절약할 수 있다. 만약 자본과 노동의 이동이 자유롭다면, 자본은 당연히 노동생산성이 높은 포르투갈로 이동하게 될 것이다. 그러나 자본과 노동의 이동이 원칙적으로 행해지지 않는 국민경제 간의 교환은 비교생산비설이라는 독자의 논리에 의해 규정되므로 그에 대응해 국제 분업이 형성되게 된다.

더욱이 비교생산비설은 단지 두 나라에 국한되지 않고 다수의 국가, 다수의 재화에도 적용할 수 있다. 또 동태적으로 보면, 비교생산비설의 원리에 의해 결정되는 이러한 무역 및 국제 분업은 각 국가의 국내 노동생산성의 변화에 의해 재편성된다. 즉, 국제 분업은 국민경제 간의 상대적인 관계성에 의해 형성되고, 그 관계성은 각 국가 국민경제의 내적 요인인 노동생산성의 변화에 따라 변동하게 된다.

2) 리카도 이후의 국제 분업론

리카도의 비교생산비설 및 국제 분업론은 그 후 밀(J. S. Mill)을 거쳐 근대 경제학파 헥셔(E. Heckscher)와 오린(B. Olin)의 정리(定理)로 재구성되었다. 헥셔와 오린의 정리는 첫째, 생산요소(노동, 자본, 토지)는 국제적으로 이동하지 않는다, 둘째, 무역국은 모두 같은 기술을 갖는다는 등의 가정에서 국제무역 및 국제 분업은 무역 당사국 간의 생산요소 부존 비율의 차이 및 요소 가격 비율의 차이에 의해 규정된다. 예를 들면 국가 A와 국가 B가 각각 노동집약 재화와 자본집약 재화를 생산하고 있다고 생각해보자. A가 B에 대해 상대적으로 노동의 부존비율이 높고, 반대로 B는 A에 대해 상대적으로 자본의 부존비율이 높다고 하면, A는 노동집약적 산업에 우위성을 갖고 노동집약 재화를 생산해 B에 그것을 수출한다. 그에 대해 B는 자본집약적 산업에 우위성을 갖고 자본집약 재화를 생산해 A에 그것을 수출한다는 상호 국제 분업 관계가 형성되게 된다.

한편 오린은 국내 상거래의 논리를 국제무역에 응용시킴에 따라 무역의 일반이론을 제창하고, 본래 국내 경제를 분석대상으로 하는 산업입지론을 국제 분업에 응용시켰다. 그는 가격형성이론에서 단일시장을 생각했기 때문에 공간이란 개념, 즉 여러 개의 성질이 다른 시장의 존재를 인정하지 않고 공간이란 개념을 도입한 무역의 일반이론을 구축하려고 한 것이었다. 그렇다면 리카도가 국제무역을 특징짓는다고 한 국민경제라는 틀은 오린에게 다른 시장과의 사이에 생산요소의 이동성 정도가 낮은 복수시장의 한 종류에 지나지 않는다고 볼 수 있다. 따라서 리카도의 국민경제를 유기적인 경제단위로서 인정할 수 없게 된다.

그러나 그 후 레온티예프(W. W. Leontief)는 제2차 세계대전 이후 미국의 무역구조를 산업 연관표[1]에 의해 통계적으로 분석한 결과, 당시 미국은 제2차 세계대전 직후였기 때문에 다른 국가에 비해 압도적으로 자본 풍요국이고 노동력 희소국인데도 불구하고 통계적으로는 노동집약 재화를 수출하고 자본집약 재화를 수입하는 현상이 나타났다. 이는 헥셔와 오린의 정리에 반대되는 이른바 레온티예프의 모순이 제기됨으로써 헥셔와 오린의 정리를 재검토하고 수정하는 작업이 이루어져 여러 가지 신무역이론이 전개되었다. 이 신무역이론의 대부분은 헥셔와 오린의 정리를 기본적으로는 인정하면서 무엇인가 다른 형태로 국민경제 간의 차이를 인정함에 따라 국민경제를 경제단위로 보아야 한다는 입장을 취하게 되었다.

나아가 제2차 세계대전 이후 독립한 식민지 국가들이 개발도상국으로 등장하면서 남북문제가 야기되었고, 선진 국가와는 다른 미성숙 국민경제단계였기 때문에 자립적 국민경제를 형성하기 위해 국가 수준에서의 여러 가지 개발전략을 수립해 시행함으로서 남북문제의 국제 분업 관계 내에서 개발경제학을 발달시켰다.

그리고 최근 미국의 경영학자 포터(M. L. Porter)는 세계 무역구조에서 경쟁력의 우위가 변화되는 것은 국가 간의 비교우위에 따른다고 주장하고 첫째, 토지, 자본, 노동력, 기술 등의 생산 활동에 필수적인 요소(투입) 조건, 둘째 저렴한 상품 등의 시장여건으로서의 수요조건, 셋째 최종 생산품을 생산하는 데 필요한 부품 및 중간 생산품 등의 관련·지원 산업, 넷째 정부보조와 기업 간에 존재하는 기업전략과 기업구조의 경쟁에 의해 영향을 받는다고 했는데, 이들 네 가지가 정점을 이룬 다이아몬드상의 틀을 생각할 수 있다(〈그림 11-2〉).

포터는 국가경쟁우위를 나타낸 다이아몬드 시스템을 발전시켜 지역을 기반으로 나

---

1) 국민경제를 몇 개의 부문(산업)으로 나누어 특정연도에 각 부문 상호 간에 얼마만한 거래가 있었는가를 하나의 표로 종합화한 것을 말한다. 즉, 산업 부문 간의 투입(수요)과 산출(생산)을 바탕으로 관련 상황에서 경제를 수학적으로 기술·분석하기 위한 자료로 사용된다. 칸토로비치(R. H. Kantorovich)에 의해 발명되었고, 그 후 레온티예프에 의해 발전되었다.

〈그림 11-2〉 입지경쟁 우위의 원인

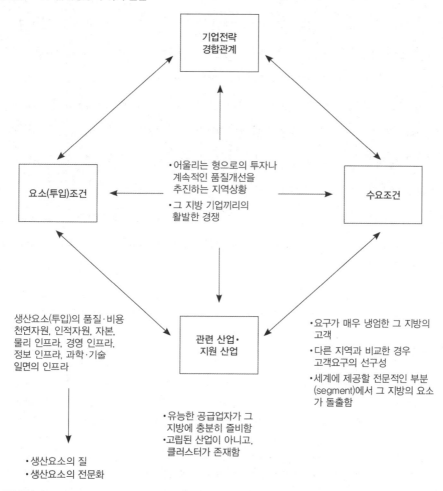

기업전략
경합관계

요소(투입)조건

• 어울리는 형으로의 투자나
  계속적인 품질개선을
  추진하는 지역상황
• 그 지방 기업끼리의
  활발한 경쟁

수요조건

생산요소(투입)의 품질·비용
천연자원, 인적자원, 자본,
물리 인프라, 경영 인프라,
정보 인프라, 과학·기술
일면의 인프라

관련 산업·
지원 산업

• 요구가 매우 냉엄한 그 지방의
  고객
• 다른 지역과 비교한 경우
  고객요구의 선구성
• 세계에 제공할 전문적인 부분
  (segment)에서 그 지방의 요소
  가 돌출함

• 생산요소의 질
• 생산요소의 전문화

• 유능한 공급업자가 그
  지방에 충분히 즐비함
• 고립된 산업이 아니고,
  클러스터가 존재함

자료: Porter(1998: 262).

타냈는데, 이들 네 가지 요소가 산업 클러스터를 형성하는 데 상호작용을 한다. 먼저 요소조건은 특정산업에서 경쟁하기 위해 필요한 숙련노동력 또는 경제하부구조라는 생산요소에서 국가의 지위를 의미하고, 수요조건은 제품 또는 서비스에 대한 자국 시장의 수요의 성질을 말한다. 그리고 관련·지원 산업은 국가 중 국제경쟁력을 갖는 공급 산업과 관련 산업이 존재하는지의 여부를 말하며, 기업전략 경합관계는 기업의 설립, 조직, 관리방법을 지배한 국내조건 및 국내의 경쟁상대 간 경쟁의 성질을 가리키는 기업의 전략·구조 및 경쟁상대 간 경쟁 상태를 말한다. 그리고 이들 네 가지 활동에 의해 짜인 경쟁패턴의 상호관계를 야구장 내야에 견주어 다이아몬드라고 불렀다. 그것이 국가 경쟁우위를 규정하는 메커니즘으로 이를 다음과 같이 설명했다. 즉, 다이아몬드는 상호강화 시스템이다. 하나의 결정요인의 효과는 다른 요인에 부수되어 움직이는데, 예를 들면 수요조건에 혜택이 있어도 경쟁자 간 경쟁상태가 기업의 그것에 대응할 뿐 충분하지 않을 경우 경쟁우위에는 결합되지 않는다. 하나의 요인에서 우위는 또다른 요인의 우위를 창조 또는 격상시킨다.

✔ **클러스터(cluster)**

경영전략론으로 알려진 하버드 비즈니스 스쿨의 교수인 포터는 1998년에 출판한 『경쟁론(On Competition)』의 제7장 「클러스터와 경쟁」에서 산업집적에 관한 논의를 본격적으로 전개했다. 여기에서 산업 클러스터는 어떤 특정분야에 속하고, 상호 관련된 기업과 기관으로 구성되며 지리적으로 근접한 집단이다. 이들 기업과 기관은 공통성이나 보완성에 의해 결합되어 있다. 클러스터의 지리적 범위는 하나의 도시와 같이 작은 것부터 국가 전체 또는 몇몇 인접 국가의 네트워크에까지 미치는 경우도 있다고 했다. 즉, 기업과 관련기관이 상호 관련해 지리적으로 집중하는 것이라고 정의했다.[2] 클러스터는 깊이나 고도화의 정도에 따라 여러 가지 상태를 취하지만 대개의 경우 최종제품 또는 서비스를 제공하는 기업, 전문적인 투입자원·부품·기기·서비스의 공급업자, 금융기관, 관련업계에 속하는 기업이라는 요소로 구성된다고 규정했다. 그 밖에 하류산업(유통경로나 고객)에 속하는 기업을 비롯해 보완제품 메이커나 전용 하부구조의 제공자, 업계단체나 클러스터의 구성원을 지원하는 민간단체, 게다가 전문적인 정보나 기술적 지원을 제공하는 대학이나 정부 등의 기관 등도 클러스터에 포함된다고 하지만, 클러스터는 직접적으로 다이아몬드의 한 각(角)을 차지하는 관련·지원기관에 불과하다. 그러나 그곳에 입지를 함께 한다는 상황에서 발생하는 외부경제나 여러 종류의 기업 간, 산업 간 일출(spillover)[3]뿐 아니라 인간의 교제, 직접 얼굴을 마주보는 커뮤니케이션, 개인이나 단체의 네트워크를 통해 상호작용이 작용하는 것으로, 부분의 총계보다도 큰 장점이 창조되는 것을 중시했다. 또 포터는 클러스터를 경쟁적이고 협력적이기도 한 특정분야에서 상호적으로 결부된 기업군, 전문공급자, 사업소 서비스업, 관련 산업에서 기업군, 관련조직(대학, 사업자 단체 등)의 지리적 집합이라고 했다. 또 특정 사업영역의 가장자리에서 일어난 경쟁적 성공의 임계량이라고도 표현했다. 그리고 클러스터는 혁신, 생산성 향상, 새로운 사업의 성립이라는 순서로 영향을 미치는 미시경제적인 사업 환경이라고 설명한다. 포터의 클러스터는 혁신을 육성하는 장소가 되어 성장하는가 하면 다른 한편으로는 고착성의 어려움으로 쇠퇴에 직면한다고 지적했다.

포터는 클러스터에 관해 이론의 역사적인 조사를 행하는 가운데 경제지리학의 연구 성과를 언급했다. 여기에서 지금까지의 집적론이 투입비용의 최소화, 최소비용에 역점을 둔 데 대해 새로운 집적경제의 주안점으로서 비용과 더불어 차별화, 정적(靜的) 효율과 더불어 동적인 학습, 시스템 전체로서의 비용과 혁신의 잠재적 가능성을 들고 있다. 포터는 경쟁의 지역적 단위로서 클러스터에 주목하는 점이 특징 중 하나이다.

2. 세계 시스템론과 국제분업론

1) 세계 시스템론

미국의 사회학자 월러스타인은 경제력 및 정치력의 불평등한 분배가 어떻게 시공간을 초월해 진화했는가를 설명하는 수단으로서 처음으로 세계 시스템론(world system)을 전개했다. 월러스타인에 의하면 '여러 가지 부문이나 지역에서 지역이 필요로 하는 물자를 원활하게 지속적으로 공급하기 위해 다른 부문 및 지역과 경제적으로 교환에 의존하려는 분업'을 사회 시스템이라고 부르고, 이것에는 역사적으로 두 개의 시스템, 즉 미니 시스템과 세계 시스템이 등장했다고 했다. 농업적 또는 수렵·채취적 사회에서 나타나는 미니 시스템은 '내부에 완전한 분업을 가지고 단일 문화적 틀을 가진 실체'이고, 품앗이적이고 혈연적인 생산양식을 특징으로 하는 것이다. 이에 대해 세계 시스템은 '단일분업과 다양한 문화 시스템을 갖는 실체'로, 이것은 나아가 '공통의 정치 시스템을 갖고' 세계제국(帝國)과 공통의 정치 시스템을 갖지 않는 세계경제(world-economy)와는 분리되어 있다. 세계제국은 로마제국 등과 같이 재분배적·공납제적 생산양식을 특색으로 하는 데 비해, 세계경제는 잉여생산물이 시장을 통해 재분배되는 자본주의적 생산양식을 특색으로 하고 있다. 이와 같이 월러스타인은 교환의 양식에 의해 미니 시스템과 세계제국, 세계경제로 나누었다. 여기에서의 세계경제는 제국의 권력이나 군사력을 통해 글로벌화한 것이 아니고 중심과 주변 사이에서 잉여가치의 이전이나 불평등한 교환으로 나타난 자본주의적 여러 힘을 통해서 글로벌화한 것으로 단일시장과 복수의 국가로부터 성립되는 시스템으로서 파악하고 있다.

---

2) OECD에서 정의한 클러스터는 부가가치를 창출하는 생산사슬(production chain)에서 연결된 독립적인 기업, 지식창출기관(대학, 연구소, 기업연구소), 중개기관(기술 및 컨설팅 서비스 제공 주체), 소비자들 사이의 네트워크를 말한다.

3) 어떤 개인·조직이 연구개발에 의해 새로운 기술적 지식을 만들어내면 그것이 다른 개인·조직에 유출되는 현상을 가리킨다. 지역에 고유한 거래정보나 노동시장의 정보, 또는 생산기술의 정보가 기업 간에 전달되는 것으로 정(正)의 파급효과를 의미한다.

월러스타인은 15세기 중엽부터 북서 유럽을 핵으로 성립된 자본주의 세계경제는 붕괴의 위기를 넘어 확대를 계속해 19세기 말에는 전 세계로 퍼지고 오늘날에 이르고 있다고 했다. 그리고 자본주의 세계경제는 좀 더 많은 잉여가치를 얻기 위해 시장지향의 생산이라는 특징을 가짐과 동시에 시스템 내의 여러 사회집단(자본과 국가)에 의해 기본적으로는 자본축적을 추구해 생산력 경쟁을 전개하는 장(場)이다. 또한 두 개의 기본적인 분열, 즉 부르주아 대 프롤레타리아라는 계급분열과 핵심과 주변이라는 지대적(地帶的)인 분열을 축으로 작동하고 있다. 후자는 '부등가(不等價) 교환'4)에 의해 설명되어 그것도 중심·주변의 2극으로 취급하는 종속론과는 다른데, 세계 시스템론에서는 핵심(core), 반주변(semi-periphery), 주변(periphery)의 3극으로 세계경제의 구조적인 위치를 파악한다. 이와 같은 자본주의 세계경제는 세 개의 지리적 집단으로 구성된다. 즉, 핵심, 주변, 반주변이 그것이다. 핵심경제는 실력 있는 국가정부, 강력한 중간계급(부르주아), 많은 노동자계급(프롤레타리아)에 의해 지탱되는 선진적인 산업 활동이나 생산자를 위한 서비스를 원동력으로 한다. 또 핵심지역의 여러 나라는 상대적으로 강력한 국가기구를 갖고 균질의 국민문화가 형성되어 고임금을 향수할 수 있는 자유로운 노동자와, 높은 이윤을 획득할 수 있도록 자본집약도가 높은 상품을 생산하는 국가로, 통상 선진국이라 불리는 지역이다. 주변경제는 천연자원을 추출하거나 상품작물을 재배하는 것으로 견인되며, 정부는 약하고 중산계급도 적으며, 비숙련노동자나 소작농으로 구성된 많은 빈곤층이 존재한다. 또 주변 지역이란 상대적으로 불완전한 국가적 통합을 할 수밖에 없는 약한 국가기구를 갖고 있으며, 저임금 노동자를 이용해 낮은 이윤을 획득하는 자본집약도가 낮은 상품을 생산하는 지역이다. 이에 대해 핵심지역과 주변지역의 사이에는 지배-종속관계가 나타나며, 주변에서 핵심으로 가치가 이전되기 때문에 양자는 대립관계에 있다. 반주변경제는 핵심과 주변 사이에 위치하고 근대산업이나 도시를 가지는 한편, 많은 소작농이나 대규모 비공식경제라는 주변적인 속성을 유

---

4) 재화나 노동력으로서의 상품은 상대적으로 '부족' 상품이 '과잉' 상품에 대해 유리한 역학관계를 갖게 되고, 투입이 되어도 '부족'한 상품은 적은 수량으로, 좀 더 많은 수량의 '과잉' 상품을 손에 넣을 수가 있다.

지한다. 또 반주변 지역이란 이러한 대립관계에 있는 핵심지역과 주변 지역과의 관계를 완화하는 완충지대로서 핵심에 지배되고 한편으로는 주변을 지배하는 존재로 위치지을 수 있는데, 중진국, 신흥공업경제지역군이 이에 해당된다.

이상의 3극은 경제의 국면에서 다음과 같이 유기적으로 연결되어 총체적인 관련성을 갖고 있다. 세계 시스템이 통일성을 갖기 위해서 열쇠가 되는 사회관계란 세계적 규모에서 사회적 분업의 사슬 및 그것을 통한 핵심국가에서 유리한 세계적 규모의 자본축적이다. 월러스타인에 의하면 시장을 통한 교환, 즉 시장을 통한 사회적 분업은 현실에서는 거의가 '부등가 교환'에 의해 특징지어진다. 다시 말하면 '과잉' 상품을 만들고 있는 주변 지역에서, 좀 더 '부족'한 상품을 만들고 있는 핵심지역으로의 부등가 교환의 사슬이 세계적 규모에서 이루어지고 있다. '부등가 교환'을 통한 핵심지역에 의한 주변 지역의 수탈이 자본주의 세계경제를 유지·재생산시키고 있다. 세계 시스템론에서는 각 지역의 가구구조의 차이 - 노동력의 재생산을 임금노동에 의존하는가, 공동체에 의존하는가 - 에 바탕을 둔 노동관리 양식의 차이에 따라서 생긴 각 지역 간의 노동비 차이가 임금격차를 가져오게 하고 그것이 각 지역 간의 교역에 반영된다. 핵심지역에 의한 주변 지역의 수탈은 정태적으로는 지역 간 불균형 과정으로서 영속적이 된다. 더욱이 유리한 자본축적을 이루는 핵심국가는 풍부한 자본에 의해 상대적으로 강한 국가를 형성해 수탈하고 국가적 통합이 불완전한 주변 지역을 변질시켜 스스로 자본축적에 유리한 환경으로 만든다.

다만 이와 같은 세계 시스템론자의 지역 간 불균형 과정은 실제 논리가 아니고 역사에 의해 서술되고 있다. 그 역사적 사실이란 구체적으로는 제2차 세계대전 이전의 서부 유럽 국가가 핵심국가로서 비유럽 지역을 식민지화했으며, 제2차 세계대전 이후에는 다국적 기업에 의한 기업 내 국제 분업을 형성하고 이들에 의한 주변 여러 지역의 사회·경제구조를 변질시켜 핵심국가의 형편에 맞는 사회·경제구조를 형성시켰다. 이 역사적 사실은, 이를테면 논리의 보완으로써 핵심국가와 주변 지역 간의 격차 확대, 양자의 질적 차이의 필연적인 발생을 논하고 있다. 그러나 세계 시스템은 핵심경제와 주변경제가 단기적으로 경제수요와 인적자원이나 사회복지, 기술, 물리적 인프라라는 장기적 투자와의 균형을 끊임없이 유지해 큰 도전을 하면 새로운 중심이 대두될 수 있는 기회를 갖게 된다. 글로벌한 계층성 가운데 어떤 국가의 지위를 개선할 경우 그 국가가 가지고 있는 능력이란 다른 국가의 행동이나 다른 국가가 직면한 상태에 크게 의존하게 되는 것은 중국의 산업화 능력의 대부분이 핵심경제의 소비자에 좌우되었다는 것에서 알 수 있다.

이러한 세계 시스템론은 프랭크(A. G. Frank) 등의 종속론의 방법론에 의거하고 그것을 발전시킨 것이라고 볼 수 있다. 또 브로델(F. Braudel)[5]로 대표되는 프랑스 역사학의 아나르 학파(Anar school)의 영향을 받았고, 세계 시스템의 중·장기적 변동에 대해서도 검토되었다. 시스템 확대기에는 주변 지역으로의 투자가 증대되고 외부세계로 편입되며, 임금노동의 확대가 이루어지며, 또 축소 시기에는 블록 경제화 등 시스템 내의 재편성이 각각 진행된다.

2) 국제 분업론과 세계 시스템

지금까지 전통적인 국제 분업론과 세계 시스템론을 살펴본 결과, 양자의 결정적인 차이는 첫째, 근대사회, 즉 자본주의 사회관의 차이이고, 거기에서 발생하는 분석대상의 시간적인 차이이다.

전통적인 국제 분업론은 기본적으로 자본주의 여러 나라의 국민경제가 각각 주체적으로 발전해가는 다양한 인자의 역학적 총화(總和)라는 의미에서 국민경제 간의 경제적인 관계성이라 할 수 있다. 이에 대해 세계 시스템론은 자본 - 임금 노동관계로 특징지어진 국민적 통합을 갖는 선진국들은 자본에 의해 통합된 세계경제의 극히 일부가 아니고, 근대사회는 다른 생산관계를 갖는 주변 지역으로부터 부(富)의 수탈이 필요한 세계라고 보는 것이다.

국제 분업론과 세계 시스템론의 중요한 차이 중의 하나는 개발도상국을 어떻게 위

---

5) 프랑스인으로 역사학계의 마지막 슈퍼스타(역사학계의 황제)로 유명하다.

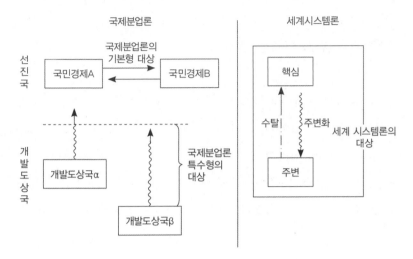

자료: 矢田俊文(1990: 240).

치 지우는가에 있다. 그것을 나타낸 것이 〈그림 11-3〉이다.

국제 분업론은 기본적으로 선진국의 모델로 생각하지만, 개발도상국을 전혀 무시한 것은 아니고, 개발도상국은 그 이름 그대로 발전하고, 최종적으로 국제 분업론의 논리에 적합한 상태, 즉 자립적 국민경제를 형성하게 된다. 그리고 개발도상국의 선진국화는 국제 분업론의 특수이론인 개발경제학 또는 남북 문제론의 대상영역이 된다.

한편 세계 시스템론은 주변이 자본주의의 생성·발전과 더불어 역사적으로 창출되어 온 것이고, 또 자본주의의 식량이기 때문에 자본주의가 존재하는 한 사라지지 않을 것이다.

3. 국제무역론과 입지론

1) 국제무역론과 입지론과의 논쟁과 융합

여기에서 경제학의 국제무역론과 경제지리학, 특히 입지론과의 방법론상의 차이점에 대한 논쟁을 살펴보기로 한다. 베리, 콘클링(E. C. Conkling), 레이(M. D. Ray)는 국제무역론이 특히 의존하고 있는 비교우위성의 원리는 자원이 부여된 조건에 따라 어떤 나라는 상대적으로 풍부한 요인을 집약적으로 이용해 재화를 수출하고, 상대적으로 희귀한 자원을 사용해 재화를 수입한다는 헥셔와 오린의 명제를 바탕으로 한다고 했다. 그러나 베리, 콘클링, 레이는 현실적으로 자본집약적인 것을 수출하고 노동집약적인 것을 수입한다는 가설은 산업 부문별 기술수준이나 자본 준비율, 노동집약성의 차이에 의해 적용되는 것이 아니라고 주장했으며, 특히 수송비의 효과나 정부의 개입, 관세나 비관세 장벽에 의해 이러한 것이 방해된다고 했다. 더욱이 자본이나 노동력은 국제적으로 이동하는 것이 가능하고 토지 등 이동할 수 없는 요인도 무역의 발생과 더불어 수요가 변화함에 따라 가격이 변동한다는 점도 비판했다. 이러한 비판에 국제무역론자로서 경제지리학의 접근방법의 수요성을 지적한 사람이 크루그먼(P. Krugman)이다. 그리고 베리는 경제의 글로벌화로 국가만이 아니고 다국적 기업도 무역의 주체로 등장하기 때문에 문화적·행동론적 요소를 가미한 입지론과 경제지리학을 새로 구축할 것을 제창했다.

크루그먼이 지적한 경제지리학의 주요한 과제는 입지의 집중, 집적을 해명하는 것이다. 생산의 지리적 집중은 경쟁의 결과로 순수하게 기업의 외부에서 발생하는 외부경제의 효과이고, 그 수확체증과 불완전경쟁, 수송비의 개념을 국제무역론에 흡수하지 않으면 안 된다고 했다. 이와 같은 필요성은 1970년대부터 산업조직론이 불완전경쟁의 모델을 전제로 하도록 변화했다는 점과, 유럽공동시장 창설이 나타나는 현실에서 국제경제론과 지역경제론의 경계가 애매하게 되었다는 점을 들고 있다.

국제무역론은 종래부터 ㉠ 일반 균형론, ㉡ 완전경쟁, ㉢ 외부경제와 규모의 경제를 고려하지 않는 수확불변, ㉣ 여러 요인은 각 국가 간에 이동하지 않는다는 점, ㉤ 수송비를 고려하지 않는다는 것을 바탕으로 하고 있다. 이에 대해 입지론은 ㉠ 불완전경쟁, ㉡ 수확체증의 개념을 특색으로 들 수 있다. 이것은 규모의 경제, 외부경제, 집적의 효과로 경제경관의 다양화를 설명하는 것을 가능하게 한다. ㉢ 입지론에서는 여러 가지 요인이 이동하는 것이 가능하다. ㉣ 수송비가 고려되고 있다. 그러나 입지론이 부분균형에 바탕을 두고 있기 때문에 시장의 구조를 명확하게 모델화하는 것에는 실패했다고 크루그먼은 비판했다.

그래서 크루그먼은 국제무역론과 입지론의 장점을 융합시킨 학설을 전개했다. 그는 첫째, 일반 균형론을 바탕으로 입지론을 구축함과 동시에 국제무역론에 불완전경쟁, 수확체증, 생산의 여러 요인 이동, 수송비의 고려라는 개념을 덧붙이는 것을 주장했다. 이 추상적인 경제경관의 다양화, 즉 지역으로의 집적을 설명하는 새로운 경제지리학의 모델은 '경지에 속박되어 이동이 불가능한 농업 종사자'와 '더 높은 소득을 얻기 위해 이동 가능한 공업 종사자'의 두 가지 요인으로 구성된다. 이 모델은 처음에는 무질서하고 혼란한 상태에서 자발적이고 자기 조직적으로, 다양화 속에서 고도로 질서를 잘 지키는 행동을 나타내는 것이 되고, 더욱 넓은 틀 속에서는 역사상의 우연성에서 독립해 무역의 패턴은 중력 모델이나 도시의 순위·규모 법칙을 반영한 것과 같은 것이 된다고 예상할 수 있다.

크루그먼의 논의를 근거로 그랜트(R. Grant)는 1980년 이후의 국제무역 연구에서 비교우위성 원리의 결함을 인식한 다음에 지리학자는 국제적인 정보화나 정책의 동향을 이해하고 기업 간, 지역 간, 국가 간의 다양한 수준에서 무역연구를 체계적으로 결합시켜 국제경제학과의 교류를 꾀해야 한다고 주장했다.

2) 지리학과 무역

공간경제학자로서 크루그먼은 국제무역론과 국제금융론 분야에서 현저한 업적을 남겼지만 근년에는 경제지리학 분야에서도 주목받는 연구를 하고 있다. 그는 『지리학과 무역(Geography and Trade)』(1991)의 서론에서 생산요소가 이동하지 않고 재화는 비용이 없이 무역이 이루어진다는 국제무역론의 접근방법보다는 오히려 생산요소는 자유롭게 이동할 수 있지만 재화의 수송에는 비용이 든다는 고전적인 입지론에 가까운 접근방법을 채택하게 되었다고 했다.

1999년에 후지타(M. Fujita), 크루그먼, 베너블스(A. J. Venables)가 출간한 『공간경제학(The Spatial Economy: Cities, Regions, and International Trade)』은 도시경제학과 지역경제학의 연구 성과를 합친 것으로, 이들의 독자적인 분석방법은 다음과 같다.

첫째, 딕싯(A. K. Dixit)과 스티글리츠(J. E. Stiglitz)형의 독점적 경쟁 모델의 가정이다. 이 모델에서는 복수의 차별화된 재화로 만들어지는 공업 제품의 소비량에 관해서 대체탄력성의 일정형(constant elasticity of substitution)의 효용함수를 정의한다. 이 가정에서는 다양한 재화를 사용함에 따라 효용을 증가시킨다고 생각해 공산품의 소비에서 다양한 재화가 조금씩 선호되는 것이다. 둘째, 새뮤얼슨류(流)의 빙산의 일각(iceberg)형 수송비용의 도입이다. 새뮤얼슨은 교역된 재화를 빙산으로 보고 재화가 출발점으로부터 도착점으로 수송되는 사이에 일정한 비율로 소요되는 것으로 가정함에 따라 수송비용에 관한 개별적 모델화를 할 필요가 없어지고 해석 처리가 쉽다는 장점이 있다고 했다. 새뮤얼슨은 공간의 연속성은 가정하지 않았지만 공간경제학이 지리적인 거리개념을 도입해 수송비용이 거리에 대해 지수함수적으로 증가하는 모델을 제시했다.

셋째, 산업이나 노동자(소비자) 등 생산요소의 이동성을 편성한 동학(動學) 모델이다. 이 모델은 실질임금이 낮은 지역에서 좀 더 높은 지역으로 생산요소가 이동하는 것을 가정한다. 넷째, 컴퓨터를 이용한 통계실험(simulation)에 의한 분석이다. 모델에서는 소비자나 생산자의 임금이나 소득 등에 관해 많은 방정식을 얻을 수 있지만 이것을 해석하기 위해서는 컴퓨터를 구축해 수식분석을 할 필요가 있다.

공간경제학에서는 두 개의 재화(농산품과 공산품)와 두 지역(지역 1과 지역 2) 및 하나의 생산요소(노동자)로 중심·주변 모델을 기본 모델로 해 하나씩 현실에서 떨어진 가정을 풀이하는 것으로 다양한 모델로 확장하고, 이 중심·주변 모델 그 자체가 공간경제학의 근간이라고 했다.

〈그림 11-4〉 지역 모델의 세계 개념도

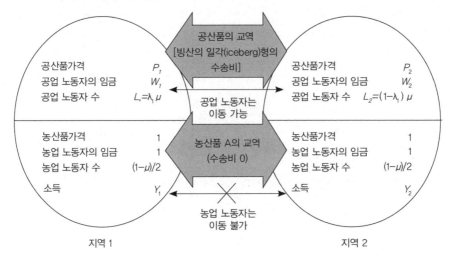

주: 두 지역 전체의 총 노동자를 1로 기준화하고 총 공업 노동자가 μ, 총 농업 노동자가 1-μ가 되게 단위를 취함.
자료: 松原 宏 編(2013: 86).

이 중심·주변 모델에서 규모에 관해서는 수확이 일정한 농업부문의 노동자는 지역 간을 이동하지 않지만 수확체증이 되는 공업부문의 노동자는 지역 간을 이동할 수 있다는 것과 같이 생산요소 간 다른 이동성을 가정하고 있다. 그에 따라 공업화된 중심지역, 또는 농업으로 특화된 주변 지역이 각각 어떻게 수렴해가는지를 나타내는 것이 가능하다(〈그림 11-4〉).

실질임금이 낮은 지역에서 높은 지역으로 공업 노동자가 이동함에 따라 그 이동지역의 시장이 확대되므로 그 지역의 실질임금도 증가해 공업 노동자의 이동을 한층 더 불러오게 한다. 즉, 일부 공업 노동자의 이동이 계기가 되어 실질임금이 높은 지역에서는 자기 증식적 집적과정이 작용하게 된다.

이러한 경제활동의 공간적 집중을 촉진시키는 힘을 공간경제학에서는 집적력이라고 했지만 그러한 힘에 반대인 분산력이라는 개념도 존재한다. 분산력을 나타내는 것은 이동 불가능한 농업 노동자의 존재이고, 집적력에 따라 일어나는 집적과정은 두 개 지역의 실질임금이 같아지는 시점에서 수렴하게 된다. 공간경제학에서는 이러한 수렴

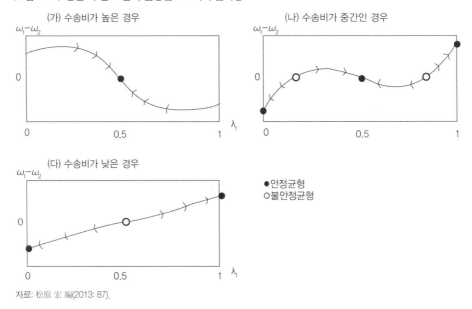

〈그림 11-5〉 중심·주변 모델의 균형점으로의 수렴과정

(가) 수송비가 높은 경우

(나) 수송비가 중간인 경우

(다) 수송비가 낮은 경우

● 안정균형
○ 불안정균형

자료: 松原 宏 編(2013: 87).

점을 균형점이라 부른다. 이 균형점이 하나이든 복수이든 또는 그 균형점에서는 공업 노동자가 한 지역에 집적하는지, 분산하는지에 관해서는 수송비용이나 재화의 대체탄력성(제품차별화의 정도) 및 공산품의 지출비율이라는 모형에서 매개변수의 초기 값, 즉 역사적 초기 조건에 크게 의존하게 된다.

〈그림 11-5〉는 재화의 대체탄력성과 공산품으로 이 지출비율을 일정하게 하고 수송비의 차이를 바탕으로 두 지역의 중심·주변 모델 균형점으로의 수렴과정을 나타낸 것이다. 세로축은 두 지역 간 실질임금의 차이($\omega_1 - \omega_2$)이고, 가로축은 지역 1의 공업 노동자 비율(λ_1)이다. 〈그림 11-5〉의 (가)의 높은 수송비 예에서 균형점은 지역 간에서 같은 공업 노동자가 존재할 때만 나타난다. 이 균형점은 다소 괴리되어도 같은 균형점으로 돌아갈 필연성이 있는 것으로 안정적이다. 즉, 지역 2에서 지역 1로 공업 노동자가 이동하면(λ_1이 0.5보다 크게 되면), 실질임금 차이의 부호는 음이 된다. 그러면 지역 1에서 지역 2로 노동력이 이동하면 실질임금의 차이는 0으로 되돌아간다. 수송비용이 높은 경우에는 다른 지역으로 공산품을 수송하는 비용이 크기 때문에 집적이익보다는 분

산하는 것에 따라 자기지역의 소비자를 주요 목표로 하는, 즉 지역에 고정된 농업노동자의 수요에서 성립되는 시장에 근접해 있는 편이 중요하다는 것을 나타낸 것이다.

한편 〈그림 11-5〉의 (나)와 같이 수송비가 낮은 경우 균형점은 지역 1 또는 지역 2로 집중하는 경우와 지역 1과 지역 2에 균등하게 분산하는 경우 세 가지 점이 존재한다. 그러나 균등하게 분산하는 경우에는 괴리가 나타나면 어느 쪽 지역에 집중하기까지 공업 노동자의 이동이 계속되고 그러한 균형은 불안정해진다. 이러한 것은 수송비용이 낮아지면 집적의 이윤이 증가하는 것을 나타낸다. 마지막으로 〈그림 11-5〉의 (다)의 수송비가 중위인 경우 균형점은 다섯 개가 존재한다. 그중에서 균형점으로부터 괴리하는데 대해 안정적인 것은 세 가지 점이다. 지역 1 또는 지역 2 중 어느 쪽으로 집중하는지, 지역 1과 지역 2에 균등하게 분포하는지, 어느 균형에 수렴해가는지는 초기 공업 노동자의 분포상황(역사적 초기 조건)에 의존하게 된다.

이러한 중심·주변 모델에서는 일반 균형론에서 모델화가 곤란한 ① 기업수준에서의 규모의 경제(수확체증), ② 불완전경쟁(독점적 경쟁), ③ 수송비용의 도입을 가능하게 하고, 집적력과 분산력의 상호작용에 의해 기업이나 노동자의 공간적 패턴이 자기 조직적으로 발견해가는 메커니즘을 밝혔다는 점에서 독자성이 있다고 할 수 있다.

이러한 공간경제학의 탄생에 대해 주류경제학파인 신고전경제파는 경제학의 연구로 미개척분야를 넓힌 것에 대해 다음과 같이 높이 평가했다. 먼저 신무역이론과 신경제지리학을 공간경제학의 두 개의 기둥으로 삼아 양자의 관계에 대해 신무역이론에서는 노동은 국제 간 이동하지 않는다고 가정했지만 신경제지리학에서는 노동은 지역을 자유롭게 이동한다고 가정했다. 이러한 차이에 의해 신무역이론은 인구이동이 비교적 발생하기 쉽지 않은 국제경제를 분석하는 데 적절하고, 신경제지리학은 국내의 지역경제를 다루는 데 적합하다고 할 수 있다.

리카도와 헥셔 및 오린의 전통적인 무역이론은 생산기술이나 생산요소 부존량의 차이에 의한 산업 간 무역에 대해 설명한 것으로,[6] 선진국에서 널리 관찰되는 산업 내 무

---

6) 국가 간 무역발생의 원인 및 무역 패턴의 결정요인을 각국의 요소부존량 비율의 차이와 생산량 간의 요

역에 대해 충분한 설명을 할 수 없었다. 이에 대해 신무역이론에서는 기업의 생산 활동은 수확체증의 생산함수를 바탕으로 행해져 재화의 국제 간 거래에는 수송비가 관련된다는 점을 특징으로 하고 규모의 경제와 제품차별화, 수송비에 의한 산업 내 무역을 설명한 것이다.

또 요소 부존비율 등 공급 측에 역점을 둔 전통적인 무역이론에 대해 신무역론은 시장 규모가 큰 국가와 작은 국가를 모델로 도입했고, 수요 측 요인으로 착안하고 있다. 즉, 수송비가 높은 경우 시장 규모가 작은 국가에도 기업은 분산해서 입지하는 경향이 있는 데 반해, 수송비가 낮아짐으로써 시장 규모가 큰 국가로의 기업집적을 촉진한다. 기업의 집적이 시장 규모의 격차를 좀 더 크게 확대시키는 것을 자국시장효과(home market effect)라고 부르고, 시장 규모가 큰 국가에 기업이 집적해 그러한 국가로부터 상대적으로 많은 수출이 행해질 가능성을 나타낸다고 할 수 있다. 또 신무역이론을 둘러싸고 재화에 의한 수송비가 관련되는 방법의 차이, 국가 수가 증가하는 경우나 작은 국가로의 기업 집적의 가능성, 기업의 이질성, 숙련형성이나 기술선택 등 노동시장의 차이 등 새로운 관점을 받아들이는 연구 성과도 축적되고 있다.

이러한 신무역이론에 대해 크루그먼은 노동자도 지역을 자유롭게 이동할 수 있다는 점을 부가해 중심·주변 모델을 전개하고 신경제지리학을 확립했다. 신경제지리학의 주된 언급을 발전 초기 단계에서는 분산균형, 후기에는 집적균형이 된다고 하고 산업 간 투입산출의 연관이 있는 경우, 지역 수가 세 개 이상인 경우, 시장참가자에게 이질성을 도입한 경우 등을 상정한 확장된 모형을 소개했다.

소 투입비율(요소집약도)의 차이로서 해명하고, 무역이 생산요소의 가격에 미치는 영향을 해명한 근대적인 무역이론을 말한다. 이 정리를 요소부존이론이라고도 한다. 이 정리는 헥서가 주장해 오린이 발전시켰다고 해 두 사람의 업적을 기념해서 '헥서-오린의 정리'라고 한다. 이 정리는 비교생산비설을 수정·확충하는 데 결정적 역할을 했다.

4. 세계 무역의 네트워크와 구조

1) 세계 무역 네트워크

1995년 WTO가 발족되고 자유무역 체계가 이루어지면서 세계 무역의 관심은 더욱 높아져 가고 있다. 세계경제는 미국을 중심으로 다극적(多極的)으로 구성되어 있지만, 먼저 세계 무역 네트워크의 측면에서 살펴보기로 하자. 〈표 11-2〉는 2012년 세계무역을 권역별로 나타낸 것이다. 여기에서 첫째, 선진국의 무역액이 50% 이상을 차지하고, 선진국과 전혀 관계없는 무역액은 수출이 약 30%, 수입이 약 46%를 차지해 선진국 중심의 무역체계라는 것을 알 수 있다. 그러나 과거 30여 년 동안에 걸쳐 선진국과 개발도상국 간 및 개발도상국 상호 간의 무역액이 상대적으로 크게 신장되어 선진국 간의 무역액이 절대적으로 감소했는데, 이는 석유가격의 대폭 상승과 신흥공업경제지역군 (NIEs)에서의 공업화 촉진이 주된 원인이다. 둘째, 무역수지에서 지역 간 불균형이 눈에 띈다. 2012년 EU는 무역총액에서 약 37%를 차지해 가장 높은 비율을 나타냈다. 다

〈표 11-2〉 지역별 무역(2012년)   단위: 100만 달러

구분	수출	비율(%)	수입	비율(%)
선진국	9,069,924	50.4	9,862,861	54.4
선진국 이외	8,942,943	29.6	8,252,406	45.6
세계	18,012,867	100.0	18,115,267	100.0
EU[1]	5,681,049	37.8	5,704,062	36.5
EU(역외)	2,162,563	14.4	2,311,903	14.8
NAFTA[2]	2,371,432	15.8	3,168,709	20.3
ASEAN[3]	1,252,728	8.3	1,224,874	7.8
MERCOSUR[4]	431,021	2.9	362,529	2.3
BRICs[5]	3,113,730	20.7	2,849,996	18.2

주: 1) - EU 28개국
  2) - 캐나다, 미국, 멕시코 3개국
  3) - 필리핀, 말레이시아, 싱가포르, 인도네시아, 타이, 브루나이, 베트남, 라오스, 미얀마, 캄보디아 10개국
  4) - 브라질과 아르헨티나, 우루과이, 파라과이, 베네수엘라 5개국
  5) - 브라질, 러시아, 인도, 중국 4개국.
자료: 矢野恒太記念會(2014: 312).

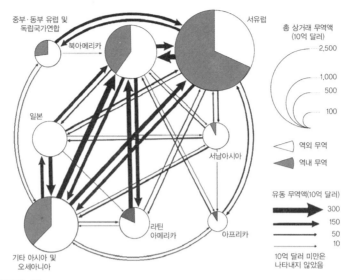

〈그림 11-6〉 세계 국가·블록 간 무역(2001년)

자료: 古今書院(2005: 56).

음으로 BRICs(Brazil, Russia, India, China)와 NAFTA(North American Free Trade Agreement, 북아메리카 자유무역협정)는 무역 총액의 수출이 각각 20.7%, 15.8%, 수입이 각각 18.2%, 20.3%를 차지해 BRICs는 수출초과, NAFTA는 수입초과를 나타냈다. 그리고 ASEAN (Association of South-East Asian Nations, 東南아시아國家聯合)과 MERCOSUR(에스파냐어 Mercado Común del Sur, 남아메리카 남부공동시장)는 수출초과의 국제수지를 나타냈다. EU(European Union, 유럽연합)는 역내(域內)에서의 무역량이 많으며, 영역 외에서는 수입 초과의 국제수지를 나타냈다(〈그림 11-6〉).

2) 무역구조와 국제적 비교우위

세계경제에서 국제 분업의 구조가 중공업 대 경공업·농업이라는 이중구조에서 최근 중화학공업 - 재래 중화학공업 - 원료 공급(또는 경공업)이라는 3중구조로 변화하고, 이 3중구조의 정점에 미국이 위치하고 있다. 여기에서는 창조적 기초기술의 개발을 중심

〈표 11-3〉 주요 국가의 연구비 사용 비율(1992년/2011년)

국명	연구개발비 (억 엔, 2011년)	구성비(%, 1992년)				GNP 점유율(%)
		산업	정부연구기관	대학	민간연구기관	
미국	331,353	69.8	10.7	15.8	3.7	3.32
일본	173,791	68.8	8.3	18.5	4.4	3.97
독일	82,926	67.8	15.2	16.6	0.4	3.41
프랑스	49,834	61.1	22.2	15.9	0.8	3.16

자료: 國勢社(1996: 342); 矢野恒太記念會(2014: 428).

으로 한 지식·정보의 집약적 성격을 갖는 첨단산업과 응용적 기술개발을 중심으로 한 자본·기술 집약적 성격을 갖는 가공 조립형 산업, 값싸고 풍부한 숙련노동력을 이용할 수 있는 노동·기술 집약적인 성격을 갖는 소재형 산업, 자원 추출적 성격을 갖는 원료형 산업의 4중구조로서 국제 분업에 대해 살펴보기로 하자.

버넌(R. Vernon)에 의하면 첨단산업은 신제품 생산에 상응하는 것이다. 이 신제품은 투입변환의 자유도가 존재하고, 가격 탄력값이 작고, 시장에서의 불확실성도 없으며, 상품화되기 어려운 특징을 갖고 있기 때문에 신제품 개발에 연구·개발비가 많이 필요하다. 주요 선진국의 연구비 지출을 나타낸 것이 〈표 11-3〉이다. 연구비의 총액에서 미국은 프랑스의 6.6배로 가장 많으며, 이러한 많은 연구비를 바탕으로 기술수준이나 생산력에서 자본주의 경제권의 정점에 위치하는데, 이것은 미국의 수출구조에도 반영된다.

2011년 미국의 수출구조의 특징은 첫째, 전기기계(13.8%)이나 일반기계(11.5%) 등 공업 제품과 더불어 원재료·연료(15.0%) 등이 주요 수출품이다. 둘째, 중화학공업 중에서 비교우위를 가지는 것은 최신 중화학제품으로 항공기, 군사무기, 의료용 기기, 계측용·분석용·제어용 기기 등 첨단기술이 요구되는 분야에 집중되어 있다. 그것도 이들 제품의 수출 대상국가가 일본이나 EU 등 선진국이다. 셋째, 미국의 다국적 기업은 캐나다나 개발도상국에 중화학공업 제품을 수출해 세계 전략이나 기업 내 세계 분업과도 관련된다.

일본이나 EU는 가공 조립형 산업에 비교우위를 갖고 있으며, 개발도상국 중 신흥공업경제지역군은 소재형 산업에 비교우위를 갖고 있는데, 수출 상품구조에서는 섬유·의류와 기계이지만, 이것들은 선진국에서 이전된 높은 기술력, 생산시설과 선진국에 비해 싼 노동력과의 결합에 의해 급성장해왔다. 신흥공업경제지역군은 특정 선진국과 결합되어 있는데, 한국, 싱가포르 등의 동아시아·동남아시아의 신흥공업경제지역군은 일본과, 멕시코, 브라질 등의 중남미 신흥공업경제지역군은 미국과, 에스파냐, 포르투갈, 그리스, 구 유고슬라비아 등의 지중해 신흥공업경제지역군은 EU와 밀접한 관계를 맺고 있다. 그리고 미국은 일본, EU와 달리 중앙아메리카·남아메리카 신흥공업경제지역군뿐 아니라 아시아·지중해 신흥공업경제지역군과도 밀접한 관계를 맺고 있어 세계적으로 그 관계를 맺고 있다. 마지막으로 원료형 산업에 비교우위를 갖는 국가는 OPEC나 그 밖의 개발도상국이다. 이들 국가의 수출구조는, 예를 들면 OPEC는 원유에 의존하고, 칠레는 구리에, 쿠바는 설탕에 의존하는 것과 같이 상품의 차이는 있지만 1차 산품(産品)의 단일생산 수출구조인 것은 차이가 없다. 그것도 이들 산품은 생산단계 또는 유통단계에서 미국계 다국적 기업을 중심으로 한 국제적 대자본에 의해 완전히 장악되어 있다. 또 이들 국가 중에서도 예를 들면 ASEAN 여러 나라와 같이 섬유산업 등에서 수출 촉진 산업을 발달시켜온 것도 있다.

3) 소무역의 민족 네트워크

소무역(cross-border small-scale trade) 일명 보따리 무역(shuttle trade, suitcase trade) 현상은 일반적으로 아래로부터의 글로벌화(globalization from below)[7] 과정으로 인식되며, 소무역은 개인이 소량의 물품을 소지하고 국경을 넘어 이웃국가를 왕복하면서 무역을 함에 따라 붙여진 이름이다. 이와 같은 무역은 국경을 넘을 때 관세를 면제받는 개인용 수하물을 개인이 사용하지 않고 판매한다는 점에서, 비공식적이고 비합법적인 성격을

---

7) 과니조와 스미스(I. Guarnizo and M. Smith)는 초국가주의를 아래로부터의 초국가주의(transnationalism from below)와 위에서부터의 초국가주의(transnationalism from above)로 나누고, 위로부터의 초국가주의가 글로벌화와 유사하다고 했다.

갖는 무역행위라고 할 수 있다. 일반적으로 소무역은 수많은 행위자들이 제한된 자본으로 유사 상품의 국가 간 가격 차이를 이용해 단거리 구간을 왕복하면서 거래하는 특성을 갖는다. 그리고 이를 행하는 소무역상은 여행자로 가장하고 국경을 넘는 특성 때문에 소무역 관광(trader tourism)이라고 부르기도 한다. 그리고 소무역의 주체인 소무역상은 초국적 공간과 흐름을 구성하는 행위자로 간주되고 있다.

소무역은 시대를 막론하고 수많은 국경지대에서 발생했지만, 연구자들이 특히 관심을 기울인 곳은 지난 20여 년간 소무역이 폭발적으로 성장한 구소련과 중부·동부 유럽, 중국 등과 국경을 접하는 지역이다. 이들 지역의 소무역은 주로 사회주의 경제권의 붕괴에서 직접적인 원인을 찾을 수 있다. 소무역에 관한 연구는 이러한 현상이 본격적으로 나타나기 시작한 1990년대부터로 지리학, 사회학, 경제학 등의 분야에서 서부·동부 유럽, 터키 등의 연구자들에 의해 이루어졌다.

지리학 분야에서는 소무역 활동이 사회적 관계를 통해 국지적으로 제도화된 경제적 관행이라고 보고 로컬 경제 및 정치체제에 착근된 관점에서 고찰했다. 또한 소무역상의 성, 교육수준, 사회적 배경 등에 따라 어떠한 차이를 보이는지 살펴보고, 소무역의 특성과 조직이 시간이 흐름에 따라 어떻게 변화되었는지를 파악했다. 윌리엄스와 벌라주(M. Williams and V. Baláž)는 경제의 세계화 과정에서 자본과 정보의 이동에 비해 인간의 이동이 간과되는 경향이 있다고 보고, 소무역 현상을 세계화의 맥락에서 인간의 이동과 관련지어 이해하고자 했다. 특히, 소무역과 같은 세계화 현상은 시간과 장소의 특수한 현상임을 강조하고, 나아가 소무역 활동에서 어떠한 사회 자본(social capital)이 이용되었는지를 설명했다. 이처럼 소무역 관련 연구는 공통적으로 사회 자본을 주요 설명 개념으로 간주하면서 동시에 분야별로 주안점이 다소 상이함을 알 수 있다.

(1) 소무역과 사회자본

사회 자본에 관한 연구는 1980년대 후반 퍼트넘(R. D. Putnam)을 시작으로 사회학과 정치학 분야에서 본격화되었고, 1990년대 이후에는 사회과학 전반에서 많은 주목을 받고 있다. 사회 자본은 '특정 집단의 구성원이 됨으로써 획득되는 자원'으로서 '사람들

사이의 관계'를 통해 형성된다. 좀 더 구체적인 정의를 보면, 사회 자본은 '참여자들의 공동의 목적을 효과적으로 추구하게 해주는 네트워크, 규범, 신뢰 등 사회적 삶의 특징'이라고 할 수 있다. OECD에서는 사회 자본을 '집단 내, 집단 간 협력을 촉진하는 공유된 규범과 가치, 이해 및 네트워크'로 정의했다. 오늘날 주요 연구자들은 집합적 행위를 촉진하는 사회 자본의 주요 요소로서 네트워크와 신뢰, 그리고 규범을 공통적으로 강조하고 있다.

사회 자본 연구는 연구 대상 및 방법에 따라 크게 두 가지로 분류할 수 있다. 하나는 소수민족 경제와 같이 개인적인 네트워크 분석에 초점을 두는 미시적 접근이고, 다른 하나는 국가 및 시민사회 수준의 조직 특성과 같은 거시적 접근이다. 전자는 개인적 차원에서 사회 자본을 논의한 부르디외(P. Bourdieu)와 콜먼(J. Coleman), 그리고 이들을 계승한 포르테스(A. Portes)의 연구와 맥을 같이한다. 반면, 후자는 사회 자본을 집단적 차원으로 확장한 퍼트넘의 논의를 기반으로 연구를 진행한다.

그동안 사회 자본을 통해 소무역이 이루어지는 주요 메커니즘을 설명한 연구들에 의하면, 소무역 환경은 소무역상들의 통제력 밖에 위치해 예측을 불허하므로, 소무역상들은 가족이나 친척, 민족 또는 기타 사회적 네트워크를 이용해 결속을 다짐으로써 위험을 줄이고 있다. 이는 예측이 불가능한 환경을 예측 가능한 환경으로 만들어주고 근심을 감소시키는 역할을 한다. 이들이 겪는 위험은 주로 자본 준비, 정부정책의 변화, 세관과 경찰에 의한 제약 등이다. 소무역상들이 이용하는 사회 자본은 위와 같은 위험을 낮추는데 기여하므로, 결국 사회 자본은 소무역 활동에서 나타나는 거래비용의 저감에 기여하게 된다. 특히 구소련과 중부·동부 유럽 등 전환기 경제에서는 안정된 사회에 비해 잠재적 위험과 거래비용이 높으므로 사회 자본을 통한 거래비용의 저감은 더욱 중요하다. 따라서 소무역상들은 다양한 사회적 관계를 발달시키는 등 사회 자본에 투자하게 된다.

소무역에 관한 기존 연구에서는 사회 자본의 요소들 가운데 가족 및 민족 네트워크와 기타 사회적 네트워크 등 네트워크 관련 연구가 가장 큰 비중을 차지하고 신뢰에 관한 논의가 그 뒤를 잇는다. 이처럼 많은 연구자들이 신뢰에 비해 네트워크를 강조한 이유는, 신뢰가 흔히 개인의 주관적인 심리상태를 가리키는 무형의 요소로 간주되는 반면, 네트워크는 좀 더 객관적이고 관찰 가능한 요소로 알려져 있기 때문이다.

(2) 중국과의 소무역

한국은 일본, 중국, 러시아 등 이웃 나라들과의 소무역이 이루어지고 있는데, 이 가운데 현재 거래 규모가 가장 큰 국가는 중국이다. 중국과의 소무역은 한국의 입장에서 가장 큰 비중을 차지하지만, 중국 입장에서는 이웃 국가들, 예컨대 북한, 몽골, 구소련, 인도, 베트남, 미얀마 등과의 소무역 가운데 한 부분에 불과하다. 오늘날 중국과의 소무역은 고령층을 비롯한 한계 노동력의 저임금을 기반으로 다수의 소무역상들이 선상에서 숙식을 해결하며 양국의 항구지역에 상품을 가지고 반복적으로 왕래하는 방식으로 진행되고 있다. 한·중 간 소무역은 수교 이전인 1990년 인천 - 웨이하이(威海) 간 항로가 개설되면서 한국 화교를 중심으로 시작되었다. 그리고 한·중 여객항로가 개설되자 산둥성 웨이하이를 중심으로 한국산 의류, 원단, 전자제품을 가져가 판매하고, 돌아오는 길에 농산물을 가져와 중간상인에게 판매하는 전형적인 소무역을 시작했다. 다시 말하면, 한·중 소무역은 양국 간 우호적인 분위기가 조성되고 수교가 이루어지는 등 정치적인 여건이 성숙되고, 여행자유화와 항로의 개설 등 제도적 여건이 갖추어짐에 따라 본격적으로 성장할 수 있었다

한국 화교를 중심으로 시작된 한·중 소무역은 중국 한인동포(조선족)와 한국인 및 중국인까지 가세하면서 성장해 〈표 11-4〉와 같이 IMF 구제금융하에서 참여자가 폭발적으로 증가해 소무역 상인 수가 1999년에는 3000~4500명에 달했다. 그러나 2003년과 같이 감소한 이유는 소무역상의 주요 수입원인 농산물의 면세통관 범위에 대한 규제가 1990년대 말부터 수년간 지속적으로 강화되었기 때문이다.

중국에서의 소무역상의 규모는 평균 승선인원을 기준으로 할 때, 2009년 현재 4200명 정도이다(〈표 11-5〉). 특히, 평택 - 롱청(荣成), 평택 - 웨이하이(威海), 군산 - 씨다오(石島) 등의 항로는 각각 연평균 승선인원이 500~600명에 이른다. 이와 같은 모든 항로의 소무역상 연 승선규모(4195명)와 모든 항로에서 운항되는 여객선의 여객 정원(9304명)을

<표 11-4> 한·중 소무역상의 연도별 규모

연도	소무역 상인 수(명)
1999	3,000~4,500
2000	3,000~4,500
2001	2,000
2002	1,500
2003	1,000
2006	2,500
2009	4,195

자료: 장영진(2010: 635).

토대로 소무역상이 차지하는 비중은 연평균 45.1%에 이른다. 이를 지역별로 보면 군산항이 68.0%로 가장 높았고, 이어서 평택항이 65.2%, 인천항이 37.8%로 나타났다. 그러나 항로별로 자세히 살펴보면, 동일한 항구에서 출항하더라도 항로에 따라 소무역상의 비중은 매우 다르다. 예컨대, 인천 - 텐진(天津) 항로는 10.0%이고, 인천 - 칭다오(靑島) 항로는 13.7%로 매우 낮아 소무역상의 규모도 각각 80명과 100명 정도에 불과하다. 그러나 인천 - 잉커우(营口) 항로는 86.2%, 인천 - 롄윈강(连云港) 항로는 76.5%에 달해 소무역상도 각각 250명과 300명으로 매우 많았다. 이처럼 소무역상의 비중이 큰 항로들은 인천항에서 출발하는 항로들 가운데에서도 비교적 늦게 개설된 항로이다. 예를 들면 인천 - 잉커우 항로는 2003년, 인천 - 롄윈강 항로는 2005년, 인천 - 친황다오(秦皇岛) 항로는 2004년, 그리고 인천 - 옌타이(烟台) 항로는 2000년 등이다. 그래서 2000년대 들어 개설된 대부분의 항로는, 인천항이나 평택·당진항, 군산항을 막론하고 전반적으로 소무역상의 비중이 높음을 알 수 있다. 항로의 개설은 일반적으로 선박운항에 대한 수요가 큰 지역이나 수요가 유발될 가능성이 높은 지역에서 우선적으로 이루어진다. 따라서 항로별 소무역상의 규모에 차이가 나는 것은 운항 기간이 오래된 항로는 산업시설, 관광 상품 및 관련 경제하부구조 등으로 승객이 비교적 다양한 반면, 새롭게 개설된 항로는 일반 승객이 거의 없기 때문이다.

한·중 소무역에서 거래되는 품목은 시간이 흐르면서 변화를 겪었다. 한·중 소무역

〈표 11-5〉 항로별 선박의 여객정원과 소무역상의 연평균 승선규모(2009년)

출항지	기항지	여객 정원(A)	승선 상인 수(B)	상인 승선율 (B/A)×100(%)
인천항	단둥(丹东)	579	175	30.2
	따렌(大连)	461	100	21.7
	씨다오	1,000	300	30.0
	렌윈강	392	300	76.5
	옌타이	392	250	63.8
	잉커우	290	250	86.2
	웨이하이	660	350	53.0
	친황다오	348	230	66.1
	톈진	800	80	10.0
	칭다오	731	100	13.7
	소계	5,653	2,135	37.8
평택·당진항	룽청	834	600	71.9
	웨이하이	800	530	66.3
	렌윈강	668	370	55.4
	소계	2,302	1,500	65.2
군산항	씨다오	750	510	68.0
속초항	훈춘(珲春)	599	50	8.3
계		9,304	4,195	45.1

자료: 장영진(2010: 633).

초기에는 중국으로 진출한 한국 기업이 오늘날과 같이 많지 않았기 때문에 원·부자재의 비중은 적은 대신 중국산에 비해 품질이 월등했던 의류나 전자제품 등 완제품을 중심으로 수출이 이루어졌다. 특히 외환위기 때에는 국내 의류 재고품이 대량으로 수출되었고, 그밖에 품질이 우수한 국산 생필품이 주로 거래되었다. 그러나 중국에서 수입했던 물품은 오늘날과 마찬가지로 농산물이 대부분이었지만, 초기에는 면세통관범위에 대한 규제가 매우 미약했기 때문에 고소득을 올릴 수 있는 참깨와 건고추가 대부분을 차지했다. 오늘날에는 주로 중국에 진출한 한국 기업이 사용할 원단, 단추와 지퍼 같은 부자재와 의류 샘플, 기계 및 전자 부품 등을 수출했고, 그밖에 현지에서 인기가 많은 과자류와 화장품 등이 반출되었다. 이에 반해 수입품은 건 고추, 참깨, 참기름 등 양국 간 가격차가 큰 품목과 건 생강, 녹두, 땅콩, 검정콩, 잣, 깐 마늘, 대추 등 비교적

<표 11-6> 한·중 소무역의 주요 수출입 품목

한국에서 중국으로의 주요 수출항목	중국에서 한국으로의 주요 수입항목
자재: 직물, 단추, 지퍼, 의류용 라벨, 신발자재, 기계부품, 전자부품	농산물: 건 고추, 참깨, 참기름, 건 생강, 녹두, 땅콩, 검정 콩, 잣, 깐 마늘, 대추
공산물: 과자류, 커피, 벽지, 의류 샘플, 청바지와 스웨터와 같은 의류	-
면세품: 담배, 술, 화장품	면세품: 담배, 술

자료: 장영진(2010: 641).

고가의 저장성이 좋은 농산물이 대부분이다(〈표 11-6〉).

이와 같은 상품이 출하되는 인천항과 평택·당진항 등의 출항지는 중국으로 화물을 운송하고자 하는 물류업자나 기업가와 소무역상의 거래가 이루어지는 장소이고, 또 소무역상들과 농산물 유통업자들의 만남의 장소이기도 하다. 한편 웨이하이나 롱청 등의 기항지는 소무역상과 중국 내 물류업자가 거래하는 장소이고, 또 농산물을 구입하고자 하는 소무역상과 중국 내 농산물 도매상의 만남이 이루어지는 장소이다. 따라서 출항지와 기항지에는 소무역 관련 기능이 다수 입지해 무역 결절지로서의 독특한 경관을 형성한다. 그래서 한·중 항로의 대표적 출항지인 인천항 인근의 중구 답동, 신생동 일대는 건물 임대료가 저렴한 골목이나 정비대상지역을 중심으로 50여 개의 무역 및 물류업체가 입지했고, 평택·당진항 주변 포승읍 만호리에는 10여 개의 이런 업자들이 분포했다. 이러한 업소의 역할이 전적으로 소무역상의 수하물 공급만을 하는 것은 아니지만, 이들 업소는 소무역상이 중국으로 입국할 때 소지하는 수하물의 주요 공급처이고, 중국에서 수입한 농산물을 국내에 공급하는 근거지이기도 하다. 이들이 주로 서비스를 제공하는 지역은 한·중 항로가 개설되어 있는 중국 산둥성 일대가 압도적이다.

소무역상들은 주요 수입원인 중국산 농산물의 구매와 통관 및 수집 등 전 과정에서 직면하는 위험 및 경제적 손실을 회피하기 위해 가족이나 친인척을 중심으로 업무를 분담하거나 동일 민족을 활용하는 등 가족 및 민족 네트워크를 동원하고 있다. 이러한 네트워크는 구성원 간 강한 유대를 기반으로 하기 때문에 폐쇄적인 성격을 갖는다. 그리고 한·중 소무역은 언어와 제도가 상이한 중국과의 교역이므로 언어문제를 해결하고 경제적 손실을 방지하기 위해 민족 네트워크를 활용한다. 일반적으로 소무역상들은 현지 언어를 잘 모르거나 로컬 사업 파트너가 필요할 때 흔히 민족 네트워크를 활용한다. 소무역상들은 중국현지에서 활동하는데 많은 제약을 받기 때문에 중국 측의 업무는 한국어와 중국어에 능통하고 중국에서 자유롭게 활동할 수 있는 중국 한인교포와 거래하거나 그들을 고용하는 등 민족 네트워크를 동원하고 있다. 따라서 소무역상들은 농산물 구매 및 판매에서 오는 위험을 회피하고 수익의 분배로 인한 소득의 감소를 방지하기 위해 가족이나 친인척을 중심으로 업무를 분담하고 있다. 나아가 의사소통의 어려움으로 인해 발생할 수 있는 문제와 경제적 손실을 회피하고자 동일민족과의 거래를 선호한다.

4) 공정무역

(1) 공정무역의 발달

공정무역(fair trade)은 저개발 국가의 소외된 생산자와 노동자가 만든 상품에 정당한 대가를 치르며 이들의 이윤을 보호하자는 운동이다. 또 공정무역은 생산자에게 좋은 무역조건을 제공하고 그들의 권리를 보장해줌으로써 지속 가능한 발전에 기여하도록 한다. 그리고 공정무역은 원조가 아니라 남반구 생산자의 내생적 성장을 지향하는 운동이자 무역관계로 다음과 같은 원칙을 준수한다. 공정무역은 남반구 생산자에게 시장의 최저가격보다 높은 가격을 제시하고, 무역에서 발생한 이윤은 생산자 조합에 지불해 지역사회의 개발에 활용하며, 생산자와의 직거래를 통해 시장 접근성을 향상시키고 투명하고 장기적인 협력관계를 유지하고, 노동착취가 없고 친환경적인 생산과 지속 가능한 지역사회의 발전을 추구한다.

공정무역의 역사는 1946년 미국에서 시작되었는데, 시민단체 텐 사우전드 빌리지(Ten Thousand Village)가 푸에르토리코(Puerto Rico)에서 생산한 수공예품을 구입한 것을 기원으로 본다. 하지만 공식적으로 공정무역의 이름을 달고 상품거래가 이루어진 것은 1950년대부터이다. 그 후 1988년 공정무역 브랜드인 네덜란드 막스 하벨라르(Max

Havelaar) 재단의 인증마크가 만들어지면서 이를 도입함에 따라 수공업 중심에서 농산물 중심으로 공정무역이 전환되었고, 이는 공정무역의 확대에 큰 기여를 했다. 그 후 주요 공정무역단체인 옥스팜(Oxfarm)이 인증제 도입을 결정했고, 뒤이어 공정무역재단 등 국제기구가 창설되면서 공정무역이 급성장했다

한편 무역 거래 규모가 늘어나자 1997년에는 공정무역상표협회(Fairtrade Labelling Organization: FLO)가 설립되었고, 2002년부터는 커피, 차, 바나나 등 농산물에 대한 공정무역 상품 인증업무도 시작되었다. 또 2003년부터 공정무역의 인증과 공정무역의 기준 검증은 독립기구인 FLO 인증회사(FLO-certification)가 수행하게 되었고, 2005년 기준으로 FLO 산하 20개 회원국에서 인증업무가 수행되고 있다.

공정무역의 성장 단계는 4단계로 초기단계, 발전단계, 성장단계, 확대단계로 구분할 수 있다(〈표 11-7〉). 초기단계는 1940~1960년대로 이 시기는 종교단체 중심으로 개발도상국의 빈민을 돕는 차원에서 시작되었다. 이 시기에 공정무역이 태동할 수 있었던 원동력으로는 미국의 텐 사우전드 빌리지와 영국의 옥스팜의 활동이 있다. 텐 사우전드 빌리지는 미국 한 교회 구호기관의 프로그램이었고, 1940년대부터 푸에르토리코의 수공예품을 판매하면서 공정무역을 실시하게 되었다. 그 후 텐 사우전드 빌리지는 공정무역을 확대해 2004년 북아메리카 전역에 180개의 수공예품 판매점을 운영할 정도로 성장했다. 한편 영국의 공정무역단체인 옥스팜은 1942년 전쟁으로 인한 기아를 돕기 위해 설립되었으며, 자원봉사를 통해 옥스팜 매장에서 상품을 판매하기 시작했고, 2000년대에는 2만 2000명의 자원봉사자와 830개의 매장을 가진 공정무역단체로 성장했다.

발전단계는 1970~1980년대 중반까지로 북반구의 주요 국가에서 공정무역 전문단체가 등장한 시기이다. 영국은 트레이드크레프트(Traidcraft)가 중심이 되어 공정무역을 이끌었고, 독일에서는 게파(Gepa)를 중심으로 활성화되었다. 이 시기의 공정무역단체는 일종의 대안무역으로서 공정무역을 생각했으며, 공정무역의 핵심으로 다음과 같은 세 가지 특성을 가지고 있다. 첫째, 공정무역은 생산자 중심의 생산이어야 하는데, 이를 위해 생산자에게 최고의 가격이 보장되고 노동자에게 공정한 임금이 보장되어야 한

〈표 11-7〉 공정무역의 성장과정별 특성

단계	시기	특성
초기단계	1940~1960년대	• 1946년 텐 사우전트 빌리지가 푸에르토리코로부터 수공예품을 수입 • 1950년대 옥스팜은 중국 난민에 의해 만들어진 수공예품을 판매 • 1958년 미국에서 공정무역 판매상점 등장 • 1967년 네덜란드에서 공정무역기구 설립
발전단계	1970~1980년대 중반	• 공정무역 전문단체 등장(영국의 트레이드크래프트(Traidcraft), 독일의 게파(Gepa) 등) • 무역규모가 적고, 일부 소비자만 공정무역의 제품을 이해하고, 일반제품에 비해 비싸고 품질도 떨어짐.
성장단계	1980년대 후반~1990년대 중반	• 공정무역조합의 성장 (예: 영국의 생활협동조합(Co-operative Group), 미국의 와일드 오츠 마케츠(Wild Oats Markets) • 1987년 유럽공정무역협회(European Fair Trade Association: EFTA) 창설 • 1988년 국제공정무역 인증제(라벨) 도입 • 1989년 국제대안무역협회(International Federation for Alternative Trade: IFAT) 창설
확대단계	1990년대 말~	• 1997년 FLO설립으로 공정무역에 대한 인식확대 • 대기업의 참여 • 2004년 영국 테스코(Tesco)는 자체상표를 가진 공정무역 제품을 판매 • 2007년 영국 세인즈버리(Sainsbury's)는 공정무역 바나나를 판매

자료: 이용균(2014: 102).

다는 것이다. 둘째, 공정무역은 생산자와 소비자 간에 장기적인 무역패턴으로 성장해야 한다는 것으로, 이를 위해 생산자에게는 선금을 지급하고 생산기술의 제공이 필요하다는 인식이 수반되었다. 셋째, 무엇보다도 공정무역은 친환경적이고 생산과정이 투명한 지속 가능한 생산으로 발전해야 한다는 인식이 전개되었다.

성장단계는 1980년대 후반~1990년대 중반까지의 시기로, 이 기간에 국제공정무역은 엄청난 변화를 경험하게 되었다. 주요 국가에서는 공정무역단체가 중심이 된 협동조합이 발달하기 시작했고, 대륙과 세계수준의 공정무역기구가 창설되기 시작했다. 당시의 공정무역단체와 운동가는 기존의 대안무역체계로는 공정무역을 확대하기 힘들다고 보았고, 이에 대한 해결책으로 공정무역 인증제 도입이 모색되었다. 공정무역 상표는 북반구의 소비시장에서 판매 보장의 수단으로 인식되면서 남반구 생산자로부터 공정무역 인증을 받으려는 시도가 증가했다. 남반구 생산자가 공정무역 인증을 받기 위해서는 생산자정보, 제품정보, 거래정보에 대한 정확한 기록이 요구되었고, 이에 대

<표 11-8> 신자유주의와 공정무역의 차이

구분	신자유주의	공정무역
가치	경쟁, 이기심, 개인주의	협동, 사회적 책임, 연대주의
가격	수요와 공급의 원리	가격통제
소비행태	이성적 소비	윤리적 소비
메커니즘	시장주의	시장주의

자료: 이용균(2014: 103).

<그림 11-7> 공정무역상표협회의 인정 상품 판매액과 생산자 단체의 추이

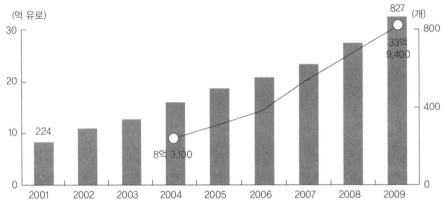

자료: 공정무역상표협회 연차보고서를 참고해 필자가 작성.

한 심사를 통해 공정무역 제품에 대한 상표가 부여되었다.

확대단계는 1990년대 이후 현재까지로 공정무역이 전 세계적으로 빠르게 확산되었다. 1997년 공정무역인증기구가 창설되었고, 2002년부터 모든 국가가 생산자 조직에 대한 표준을 제공하면서 통일된 인증제도가 도입되었다. 2003년부터 공정무역의 인증과 공정무역 기준의 검증은 독립단체인 FLO 인증회사가 수행하게 되었고, 2005년 기준으로 FLO 산하 20개 회원국에서 인증업무가 수행되고 있다. 인증 제도를 유지하기 위해 생산자에게는 화학비료의 사용금지, 쓰레기처리, 토양과 수자원 보호, 유전자 재조합작물(Genetically Modified Organism: GMO) 사용금지, 생산물 납품요구에 맞는 생산 등과 같은 요구조건이 부가되었다. 특히 대규모의 다국적기업[스타벅스(Starbucks), 네슬

〈표 11-9〉 한국 공정무역단체의 무역품

단체명	시작연도	무역품의 특징
두레생명	2004	• 필리핀과 마스코바도(Muscovado) 무역 • 팔레스타인으로부터 올리브유 무역
아름다운 가게	2006	• 네팔, 페루로부터 커피 무역
한국 YMCA연맹	2006	• 동티모르(Timor Leste)로부터 커피 무역
페어트레이드 코리아 (Fair Trade Korea)	2007	• 의류, 가방, 초콜릿, 차 등 120여 종의 무역 • 네팔, 인도, 캄보디아, 베트남 등 다수의 국가와 무역
한국공정무역연합	2007	• 공정무역 가게 울림 운영 – 수공예품, 코코아, 초콜릿, 설탕 무역
한국생협연대	2007	• 동티모르, 필리핀, 콜롬비아로부터 커피와 초콜릿 무역

자료: 이용균(2014: 104).

레(Nestle), 테스코 등]이 공정무역에 뛰어들면서 공정무역은 다변화를 경험했고, 공정무역 소비의 급격한 확대가 나타났다.

이와 같이 공정무역이 괄목할 만한 성장을 겪었고, 대부분의 공정무역 옹호자들은 신자유주의 시장원리에 의한 남북반구의 소득격차를 해소할 수 있는 대안으로, 또 신자유주의와 가치, 가격, 소비행태에서 큰 차이를 보이고 있는데, 이를 나타낸 것이 〈표 11-8〉이다. 신자유주의의 시장원리가 경쟁, 이기심, 개인주의를 강조한다면, 공정무역은 협동, 사회적 책임, 연대주의를 강조한다. 또한 가격에 대해서 신자유주의는 수요와 공급의 원리를 강조한다면, 공정무역은 가격통제를 강조한다. 소비행태에서 신자유주의는 이성적 소비를 강조하는 데 비해 공정무역은 윤리적 소비를 강조한다.

공정무역의 인증제와 전문단체가 등장하면서 공정무역 제품의 품질도 향상되어 소비도 급증해 2013년 FLO의 인증을 받은 상품은 1만 9000여개, 전 세계 판매액은 39억 유로에 달한다(〈그림 11-7〉).

개별상품에 대한 인증이 아닌 생산자와 공정무역 관련기관이 회원으로 참가하는 형식의 세계공정무역기구(The World Fair Trade Organization)는 농산물만 인정하는 FLO의 보완으로 수공예품에 대한 인증 제도를 준비하고 있다.

한국에서의 공정무역은 2003년 9월 '아름다운 가게'가 동남아시아에서 들여온 수공예품을 팔기 시작한 때가 시초이다. 한국 공정무역단체의 현황을 보면(〈표 11-9〉), 2004

년에 설립된 두레생명은 설탕과 올리브유를, 아름다운 가게는 네팔과 페루로부터 커피를 수입했는데, 공정무역 커피는 매년 약 30%의 매출 신장률을 기록했다. 그 밖에 동남아시아 국가와 콜롬비아로부터 커피와 초콜릿을 수입하는데, 아직 국내에서는 공정무역 시장규모가 미미한 편이다. 그러나 공정무역과 윤리적 소비에 대한 인식이 높아짐에 따라 그 소비량도 증가할 것이다.

(2) 공정무역의 가치와 성과 및 한계

다음으로 공정무역의 가치와 성과를 보자. 먼저 그 가치로 가장 보편적인 세계시장의 정의구현으로서 공정무역을 들 수 있다. 이것은 현재의 신자유주의 시장의 불균등한 분배에 대한 대안으로 개발도상국의 생산자가 좀 더 호혜적인 세계시장에 편입되면서 사회·문화적 자본, 제도적 역량, 마케팅 기술을 강화하는 기회를 제공한다. 둘째, 공정무역은 현재 시장주의무역의 대안으로서 그 가능성을 제시하고 있다. 대안무역으로서의 공정무역은 생산자와 구매자가 동반 관계를 기초로 생산자를 위한 시장·제품 개발 및 금융 서비스 제공을 추진했다. 셋째, 공정무역은 공정한 사회운동으로서 그 가치를 높이 평가하고 있다. 공정무역은 하나의 사회운동으로서 현재 자본주의 시스템의 문제인 경제원리, 즉 자본축적 및 이익 극대화 추구에 대해 도덕적 가치를 제고하고자 추진되었다.

다음으로 그 성과를 개발도상국과 선진국으로 나누어 살펴보면 다음과 같다. 먼저 개발도상국의 성과는 첫째, 공정무역은 개발도상국 생산자의 최저생활을 보장하면서 지역사회의 빈곤 해소에 기여했다. 공정무역은 높은 가격을 지불하면서 생산자가 하나의 생산 활동에 전념할 수 있도록 했고, 기술과 시장정보를 제공함으로써 지속 가능한 생산이 이루어질 수 있도록 했다. 또 공정무역은 개발도상국 생산자의 소득수준을 향상시키는 가능성을 열어주었다는 점에서 큰 의의가 있다고 할 수 있다. 둘째, 공정무역은 개발도상국 사회에 큰 영향을 주었다. 공정무역은 생산자 조합의 활성화를 통한 지역공동체 활성화와 소속 회원 간의 결속을 강화하는 데 기여했고, 이촌향도를 하지 않고 전통문화와 농업에 의한 토착문화를 계승하는 데 큰 기여를 했다. 셋째, 공정무역은 개발도상국의 다양한 정책에 영향을 미쳤다. 즉, 공정무역이 확대되면서 지속 가능한 지역발전을 추구하는 정책을 강조하는 것이 국가의 전략으로 부상해 지금까지 미온적이던 개발도상국은 최근 공정무역에 대한 관심을 높이면서 다양한 지원정책을 모색하고 있다. 넷째, 공정무역은 개발도상국의 환경문제 해결에 크게 기여한 것으로 인식된다. 유기농과 친환경 작물재배는 환경의 복원과 수확량의 안정적인 확보가 가능하도록 하면서 농가의 안정적 수입에 크게 기여했다.

공정무역은 선진국의 소비패턴과 사회변화에도 큰 영향을 미쳤다. 첫째, 경제적 측면에서 선진국이 경험한 공정무역의 성과는 윤리적 소비의 확대라고 할 수 있다. 소비자는 자신의 효용에 대해서도 책임이 있지만 소비의 선택이 생산자와 생산 환경에도 영향을 미친다는 점이 사회적으로 확대되면서 공정무역의 소비가 증가했다. 둘째, 공정무역은 선진국의 사회변화에도 큰 영향을 미치는데, 특히 NGO 활동의 증가가 대표적이다. 기존에 국가가 담당했던 사회보장 서비스가 신자유주의 시대에 NGO 활동으로 변모하면서 다양한 NGO는 국제무역으로 발생한 불균형 문제에 직면해 남반구 돕기 운동을 전개했으며, 중등학교, 대학의 교육과정에도 그 내용이 포함되었다. 셋째, 공정무역은 정치변화에도 큰 영향을 미쳤다. 공정무역단체의 운동이 증가하고, 유엔개발계획(UNDP)에서 개발도상국의 발전은 원조가 아닌 무역(trade not aid)을 통해 가능하다는 인식이 확산되면서 정부 차원의 공정무역이 정책으로 대두되었다. 넷째, 공정무역은 선진국의 환경에도 큰 변화를 가져왔다. 유럽에서는 GMO에 대한 반대운동이 확산되었고, 친환경 로컬 식료와 공정무역 제품 소비가 환경운동 맥락에서 전개되었다.

이처럼 개발도상국과 선진국에서 공정무역의 성과는 긍정적으로 나타나고 있다. 이는 공정무역이 지향했던 북반구와 남반구의 동반 효과가 발휘된 것으로 인식할 수 있다. 자유무역의 대안으로 등장한 공정무역은 상호존중의 무역원리에 따른 동반을 추구함으로써 시장경제와 자유무역의 한계를 성찰하도록 했다. 공정무역은 상품거래와 도덕성, 지역사회의 지원과 결속 강화, 그리고 지속 가능한 발전을 시장거래를 통해 추구하는 방안을 제시하고 있다.

끝으로 공정무역의 한계를 살펴보면 다음과 같다. 첫째, 시장 의존적 공정무역의 한계는 초기 공정무역이 개발도상국의 생산물을 선진국의 소비자에게 판매하는 비공식적인 네트워크에 의존했으나 1990년대 공정무역의 소비를 확대하기 위한 운동이 다양하게 전개되고, 대기업의 공정무역 참여가 확대되면서 공정무역이 갖고 있던 순수함을 시장원리가 대체하게 되었다. 이러한 문제점은 다음과 같은 시장 의존적 공정무역의 특성에서 찾을 수 있다. ㉠ 공정무역의 시장 거래는 생산자와 소비자 간의 긴밀한 파트너십에 의해 작동되기보다는 상당히 폐쇄적인 시스템에 의존하고 있다. 지금의 공정무역은 전 세계적으로 포화상태에 도달해 공급과잉으로 생산물의 가격하락이 나타나 생산자에게 낮은 가격을 지불하고 소비자에게 비싼 가격을 요구하는 자체 모순에 빠져들고 있는데, 이는 소비자에게 판매되는 가격이 공정무역단체에 의해 결정되기 때문이다. ㉡ 대기업의 공정무역 참여는 전통적인 공정무역의 가치를 훼손한 것으로 인식되고 있다. 대기업은 공정무역의 거래보다는 기업의 이미지 만들기(making)의 수단으로 활용하는 경우가 많다. 그리고 1960~1970년대 대규모 단일작물의 농업생산에 대한 반대로 소규모의 지속 가능한 농업이라는 대안운동으로 전개되었던 것이 대기업의 유기농업의 참여로 소규모 유기농 재배를 대체하게 되어 유기농은 대기업 중심으로 성장했다. 그 결과 다국적기업의 공정무역 참여는 공정무역 본래의 순수성을 희석시키면서 수익중심의 공정무역으로 변모할 가능성이 클 것으로 내다볼 수 있는데, 이는 공정무역이 신자유주의 시장원리에 의해 성장하고 있음을 반영하는 것이다.

둘째, 인증제도의 문제점을 들 수 있다. 공정무역 인증제도가 가난한 생산자의 시장 접근성을 증가시키고 수익을 증대시키기 위한 것이었으나 조직과 자금력이 약한 생산자 입장에서는 복잡한 시스템에 불과하다. 이러한 인증제도의 문제점을 살펴보면 다음과 같다. ㉠ 국제공정무역기구는 공정무역 인증을 주는 조건으로 생산자에게 국제노동기준과 환경적 지속 가능성을 요구한다. 그렇지만 대다수의 개발도상국 생산자는 가족노동을 활용하며, 임금 노동력을 고용한다 하더라도 충분한 임금을 줄 수 없으며, 지속 가능성을 유지하기 위해 생산자는 사회적·경제적 비용을 추가로 지불해야 한다. ㉡ 인증제도는 절차가 복잡하고 상당한 비용을 지불해야 한다. 생산자는 구매조건에 맞춰 인증에 필요한 검사비용, 인증비용, 친환경 재배비용, 노동교육비용 등을 지불해야 하는데, 이러한 부대비용의 증가로 개발도상국 영세농가의 지속 가능한 발전을 기대하기 힘들다. ⓒ 인증제도는 주변화된 생산자를 돕고, 생산자와 소비자 사이의 사회적 관계에 의한 교환관계를 추구한다는 공정무역의 원래 취지를 약화시키고 있다. 즉, 생산자의 창의적이고 자기 주도적 생산을 지원하기보다는 선진국 소비자의 기호에 맞는 표준화된 생산을 요구해 선진국 판매기준에 종속시키는 결과를 초래한다. ⓔ 인증제도는 개발도상국 지역사회의 결속을 약화시킨다. 다시 말해 공정무역의 인증을 받은 생산자와 그렇지 못한 생산자 간의 갈등이 나타난다. ⓜ 인증제도는 주어진 조건만 충족하면 받을 수 있기 때문에 영세 생산자보다 대규모 생산자에게 유리한 측면이 있고, 이는 다국적기업도 공정무역 시스템에 쉽게 참여할 수 있음을 반영하는 것이다. 최근 대규모 플랜테이션의 공정무역 참여가 쟁점이 되고 있다.

셋째, 윤리적 소비의 물신주의(fetishism of ethical consumption)[8]를 들 수 있다. 윤리적 소비는 소비자의 도덕적 신념에 따라 소비로서 발생하는 문제에 책임의식을 갖는 것인데, 생산과 유통 네트워크에서 노동조건이 윤리적인가를 구분하면서 소비하는 것이다. 공정무역은 윤리적 소비를 통해 상품판매를 확대하려는 것이다. 즉, 현재의 공정무역 단체는 특정소비계층을 지향한 상품판매를 추진하고 있으며, 판매 전략으로 윤리적 소비를 내세우고 있다. 그래서 공정무역 상품을 구매하는 것이 윤리적이고 도덕적이라는 담론을 형성하면서 사회 전반에 걸쳐 공정무역의 확대를 추구한다. 특히 소비자는 세계의 번영이란 맥락에서 공정무역 상품을 소비할 의무가 있는 것으로 담론화된다. 이러한 지나친 공정무역의 옹호는 윤리적 소비의 물신주의에 빠지는 문제를 야기한다.

---

8) 아파두라이(A. Appadurai)는 마르크스의 상품 물신화에 기초해 소비자 물신주의를 설명했는데, 그에 따르면 소비자는 행위의 현실적 자리를 대체한 가면으로서 존재하며, 진정한 주인은 생산자와 생산을 구성하는 권력이다. 이러한 물신주의는 선택자에 불과한 소비자를 사회변화가 지향하는 현명하고 일관된 행위자라고 인식하도록 하며, 사람의 정체성은 무엇을 소비하는가로 파악해 담론화한다는 것이다.

5. 국제물류

본래 물류는 여러 학문 분야에서 접근이 가능한 복합적인 사회현상으로, 국제물류의 연구는 1819년 리카도가 발간한 『정치경제학과 과세의 원리에 관하여』의 비교생산비설에서 시작된다고 할 수 있다. 여기에서는 경제지리학의 입장에서 방법상의 변화와 그 틀을 살펴보면 〈그림 11-8〉과 같다.

최근 국제경제의 영향과 역할은 매우 강조되고 있으며, 이에 대한 경제현상으로 국제무역은 지리학자들에게 중요한 연구과제로 부각되어 미국 경제지리학계에서는 1989년 ≪이코노믹 지오그래피(Economic Geography)≫ 제65권에 무역에 관한 특집호를 발간했으며, 1992년에는 ≪엔바이어먼트 앤 플래닝(Environment and Planning)≫, ≪폴리티컬 지오그래피(Political Geography)≫도 이에 대한 특집호를 발간했다. 그리고 1995년 WTO(World Trade Organization)체제의 출범으로 세계는 자유무역의 시대로 돌입했고, 블록 경제의 시대로 나아가고 있다. 현재의 무역은 유사한 생산조건이 주어진 여러 나라 상호 간의 산업 내 무역이 증대되고 이와 동시에 상품만이 아닌 서비스나 정보의 거래도 중요하게 되었다. 나아가 다국적 기업 간의 국제거래의 증가는 국가 간에 무역이 중심이었던 시기와는 달리 무역의 규모와 구조가 한층 복잡하게 되었다. 여기에서는 국제물류의 규모와 구조가 복잡해진 오늘날에 물류 연구가 부진했던 이유와 물류

〈그림 11-8〉 국제물류 연구의 방법론상 변화와 그 틀

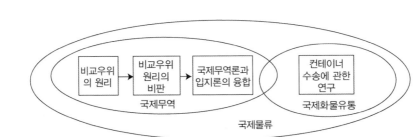

자료: 한주성(1998: 60).

연구의 대상 및 종래의 연구에 대해 살펴보기로 한다.

1) 부진한 국제물류 연구

물류에 관한 지리학의 연구는 국내에서는 지역구조론의 관점에서 농·공산물 생산과 유통구조의 분석, 화물유동에 관한 연구, 지역적 유통체계에 대한 연구로 구분할 수 있다. 농산물이나 공업제품의 공간적 연구에서 유통에 대한 분석을 취급한 연구는 많이 찾아 볼 수 있다. 화물유동의 연구는 다수의 연구가 있지만 물류를 중심적인 주제로 한 연구는 많다고는 할 수 없다.

이와 같이 물류 연구가 부진한 첫 번째 이유는 한국에서 지리학 발달의 역사가 짧고, 경제발전도 최근 짧은 기간에 이루어져서 경제현상에 대한 연구 분야도 많지 않았기 때문이다. 다만 도시·상업지리학에서 도시에 분포한 유통기능을 연구한 것이 다소 축적되어 있을 뿐이다. 그러나 최근 정부와 산업계에서 물류에 대한 관심이 높아지기 시작해 물류시설의 배치가 추진되고 있는 실정이다. 그러나 지금의 산업계에서는 물류를 단지 수송현상으로 인식하는 것이 아니라 생산과 소비를 결합하고 정보류를 포함한 종합적 로지스틱스로 이해할 필요성을 느끼고 있다. 이러한 점은 지리학에서 새로운 산업조직의 공간구조를 주제로 해 도시연구나 유통연구의 한 단면만이 아니라 좀 더 종합적인 물류를 연구할 관점이 필요하다는 것이다.

그리고 기업전략과 국제적 사업 활동과의 관계에 관심을 기울여 산업조직 이론을 국제무역연구에 다음과 같이 응용하려고 시도하고 있다. 첫째는 무역은 판매자와 구입자 사이의 계약이나 협정이 공간상에 전개되고 있기 때문에 공간적인 상호작용이고 유동이다. 따라서 기능지역이나 결절지역의 상호의존 결과로서 공동시장이나 자유무역지역이 설정된다. 둘째, 무역은 교역 루트로 구성되고, 각 결절점이나 연쇄선은 절대적 또는 상대적인 입지를 바탕으로 고찰하는 것이 가능하다. 셋째, 무역은 문화, 가치관, 기술, 경제발전의 수준이나 시장의 변동이 전해지는 확산과정이기도 하다. 넷째, 무역은 수송이나 물류라는 관점에서도 고찰된다. 다섯째, 무역은 정책이나 외교를 반영하는 것이다. 그래서 계약, 마케팅, 물류는 국제적인 다양한 전개와 입지론 및 산업조직론을 바탕으로 고찰하지 않으면 안 된다고 결론지었다.

이러한 면에서 볼 때 지리학에서 국제무역을 포함한 국제물류의 연구는 그 필요성이 높아지고 있다. 국제무역의 주체가 되는 것은 민간 기업이고, 국제물류의 유동은 수출기업과 수입기업의 법적 효력을 갖는 계약행위에 의해 행해지는 것이다. 계약을 할때에는 상품의 수송경로를 지정하는 것이 되지만 물류의 합리화를 꾀하기 위해 시간·수송비용면에서 가장 유리한 항만을 이용한다고 말할 수 있다.

물류 연구가 부진한 두 번째 이유는 종래의 물류 연구가 방법론상의 관점을 충분히확립하지 못했다는 것이다. 물류에 관해 입지론은 경제활동을 규정하는 요인으로서거리에 대응하는 수송비용이 어떻게 증가하는가의 관점이나 기존의 물류시설의 이용가능성이라는 요인을 중시했다. 그러나 교통경제학에서는 수송비용이나 입지의 공간적 성격을 제외시키고 일반화시키는 경우가 많았다. 산업계의 현실에서 보면 상적 유통이나 기업경영의 관점에서는 시장의 공간적 확대가 요구되는 데 반해 물류의 합리화라는 관점에서는 장거리 수송의 배제와 수송비의 삭감, 즉 수송권의 축소가 항상 추구된다. 이러한 점에서 보면 물류는 경제지리학의 내용과 깊은 관계를 맺고 있기 때문에경제지리학에서 물류 연구의 체계화는 매우 급한 일이다. 그러나 한국의 경제지리학연구에서 물류를 주제로 한 연구가 충분히 체계화되었다고 말하기 어렵다. 이상의 점에서 물류 연구를 경제지리학의 이론 위에서 확립하고 국제화·정보화 사회에 도시연구나 교통연구를 종합화한 새로운 산업조직의 공간 시스템과 네트워크 지리학을 구축할 필요가 있다고 생각한다.

2) 국제물류의 연구대상

최근 유럽과 미국의 지리학에서 물류에 대한 관심이 높아지는 배경에는 지리학의사조전환(思潮轉換)에서 살펴볼 수 있다. 이를 개관해보면 다음과 같다. 요즈음의 사회상황이 글로벌화와 정보화가 진행되고 산업계와 정부 및 노동자 간에는 새로운 여러 관계가 나타나고, 기업이나 금융의 다국적화, 생산의 유연화, 시장의 단기적인 변동, 여가나 레저를 지향하는 새로운 소비, 생태학 운동이나 젠더를 위시한 소수의 사람들에 대한 이해와 관심이 높아지는 등 여러 가지 변화가 일어나고 있다.

경제지리학은 종래부터 신고전학파, 케인즈 학파, 마르크스주의의 각 개념이나 이론에 의존해가면서 산업입지의 동태나 지역 간의 불평등 발전과정을 중심적인 연구대상으로 삼았다. 그러나 위의 여러 가지 변화로 지리학에서 실증주의, 인문주의, 구조주의와, 구조주의 지리학에서 하비(D. Harvey)의 건조(建造) 환경론(built environment),[9] 카스텔의 신도시사회학,[10] 매시(D. Massey)의 노동의 공간적 분업에서 구조주의 접근방법 등 여러 가지 조류가 나타났다. 이와 더불어 입지론에서 수송비 모델·신고전학파 경제학의 일반균형 모델이 현실을 설명하는 데는 충분하게 그 역할을 하지 못했다. 나아가 임금 노동관계나 자본의 축적제도·조정이라는 조절이론(regulation theory)[11]을 비롯해 유연적인 축적, 유연적 생산 시스템, 후기 포드주의의 연구에도 관심을 기울였다. 특히 현대 산업사회에서 제조와 경영관리가 일체화되고 기능적으로 분리를 할 수 없는 점과 상대적으로 대기업의 쇠퇴와 일부 새로운 중소기업의 약진 가능성으로 새로운 기업지리학이 제안되었다. 즉, 최근 유럽과 미국의 경제지리학 방법론에서 입지론 연구가 아닌 산업구조의 전환에 대응해 기업조직, 생산 시스템의 공간구조 연구에 많은 관심을 기울이고 생산기술의 역할이나 산업구조의 전환(재구조화, restructuring)에 대해서도 분

---

9) 개념적으로 생산의 물질적 틀로 기능하는 고정자본(fixed capital)과 소비의 물질적 틀로 기능하는 소비기금(consumption fund)으로 나눌 수 있지만 어느 것이든지 구체적으로 주택, 도로, 공장, 사무소, 하수도, 공원, 문화·교육시설 등 도시공간을 구성하는 물리적 제 구조의 총체에 해당한다. 또 광범위하고 인공적으로 창출되고 자연환경에 합체되어 사용가치에서 자원체계로 기능을 하는 것으로 생산·교환 및 소비에 이용할 수 있다. 이 개념은 주체에 의해 야기되는 공간적 사회과정과의 변증법적 관계를 중시하는 특색을 가지고 있다. 도시화는 산업자본의 생산물, 즉 건조 환경에 대한 새로운 수요를 창출한다.

10) 도시문제를 노동력 재생산에서 필수적인 수단들인 주택, 병원, 학교, 기타 사회·문화시설 등의 집합적 소비(collective consumption)과정 개념으로 분석하는 방법을 말한다.

11) 조절이론은 포드주의에서 유연적 전문화 생산양식인 후기 포드주의로의 이행의 해명이 연구과제의 하나로 한다. 아글리에타의 『자본주의 조절과 위기: 미국의 경험(A Theory of Capitalist Regulation: The US Experience)』을 발간한 것이 계기가 되었으며, 그 후 프랑스 연구자들을 중심으로 발전·계승된 이론으로, 최근 자본주의 구조재편에 관한 새로운 정치경제학적 접근방법이라 할 수 있다.

석하는 것이 중요시되었다.

이상에서 지리학 방법론의 사조를 배경으로 보면 물류를 주제로 한 지리학의 연구동향은 명확하지는 않다. 그러나 물적 생산만이 아닌 유통이나 소비에 대한 관심의 증가로 첫째, 종래의 화물유동 연구를 더욱 정치화(精緻化)시키고 수송비 개념이 보다 현실을 지향하도록 연구하는 것, 둘째, 물류의 글로벌화로 새로운 연구주제나 방법론이 모색되어야 하고, 셋째 조절이론의 지리학을 기업의 공간조직이나 산업구조의 전환이라는 관점에서 발전시켜 전용 대량수송에서 다빈도 소량배송(多頻度 小量配送)인 JIT에 의한 생산이나 유통 시스템에 많은 관심을 기울이는 것이다.

국제물류 연구의 분석수준은 첫째, 국가 내 특정지역과 다른 국가 특정지역 간의 물류를 대상으로 하는 연구, 둘째 경제 블록 간의 무역을 대상으로 하는 연구 또는 경제블록내의 국가 간의 무역을 대상으로 하는 연구, 셋째 국가 간의 무역을 대상으로 하는 연구, 넷째 기업 간의 무역을 대상으로 하는 연구로 분류할 수 있다. 이 가운데 국가 간의 무역을 분석하는 경우가 많은데, 이것은 국가를 단위로 한 무역에 관한 통계자료를 얻는 데 용이하기 때문이다.

3) 국제물류의 종래 연구

국제무역, 국제물류에 관한 연구는 연구자나 연구물이 반드시 많다고 할 수는 없다. 그러나 이에 관한 연구동향을 발표한 것을 살펴보면 다음과 같다. 먼저 콘클링과 매코널(J. E. McConnell)은 지리학에서 무역연구의 대상을 첫째, 수송 시스템의 분석, 둘째 공간적 상호작용 모델의 구축, 셋째 국제무역 연구와 지역경제 연구의 통합인 국제개발이론의 응용으로 구분했다. 또 이러한 연구대상의 접근방법으로는 의사결정과정, 공간구조, 시계열적 분석이 있다.

그리고 매코널은 지리학에서 국제무역을 취급한 연구의 전망을 다음과 같이 지적했다. 종래부터 국제물류를 취급한 연구주제는 첫째, 무역유동량의 시계열적 변화를 계량적으로 분석한 모델화, 둘째 국제환경의 변화가 무역유동량에 미치는 산업구조의 변화 모델화, 셋째 자본이나 금융의 국제화, 즉 산업구조론의 무역유동 분석으로의 응용 등이 있다. 더욱이 최근의 접근방법으로서 ㉠ 국가 간만이 아니고 자유무역 지구의 설정 등 국가 내 수준에서 공간 시스템의 성장과 발전이 무역의 패턴에 어떠한 영향을 미치고 있는가에 대한 방법, ㉡ 국제적인 관문(gateway)이나 그 배후지의 영향에 관한 연구, ㉢ 생산의 글로벌화, 수송, 통신, 제조기술의 혁신, 국제적 노동 분업체계나 정치·경제체제의 변화가 무역에 미치는 영향에 대한 연구 등이 있다.

또 최근 국제물류를 포함한 국제무역에 관한 지리학의 높은 관심에 따라 생긴 다음과 같은 주제를 들 수 있다. 첫째, 국제물류의 계량적 분석에 의한 유동의 모델화, 둘째 국제물류를 배경으로 한 항만과 그 배후지와의 관계에 관한 연구, 셋째 기업의 의사결정으로써 국제무역에 관한 연구로 세 가지 유형이 주목된다. 그 밖에 다양한 무역의 형태와 경제발전과의 관계에 대한 연구와 더불어 다국적 기업의 역할과 함께 무역에 의한 지역 간 결합에 대한 연구, 서비스 측면에서 국제무역과 깊은 관계가 있는 국제금융과 국제간 투자관계를 분석한 연구, 그리고 산업변화, 수송혁신, 통신기술의 발달, 정치·경제구조의 변화에 의한 국가 간 무역체계의 공간적 패턴 변화도 중요한 주제가 되었다.

4) 국제물류 연구의 전망과 과제

(1) 국제물류 연구의 전망

이상의 국제물류 연구의 동향에서 앞으로의 연구를 전망해보면 다음과 같다. 첫째, 국제무역과 지역경제 통합으로 인해 국제물류가 변화할 것이다. 국제무역 거래활동의 패턴에 대해 지역경제 통합의 형성은 어떠한 영향을 미치고 있는가에 대해 경제지리학자는 관심을 보이고 있다. 거틀러(M. Gertler)와 쇼언버거에 의하면 지역통합이란 포드주의의 위기와 외국 기업의 시장침투에 대한 대응책이다. 즉, 외국에 대해서는 자국의 보호주의를 추진하는 한편 자국으로부터는 자본이나 수출 이동성을 확보한다는 자본의 모순되는 요구에 대응하는 것이다. 그리고 블록 내의 균일성이 보증된다기보다는 오히려 각 국가나 기업과의 경쟁이 심화된다고 말할 수 있다.

한편 깁(R. Gibb)은 지역통합의 움직임은 다국 간 자유무역이 공존하는가, 그 상황에서 GATT는 어떻게 될 것인가를 밝히는 것을 시도했다. 즉, GATT체제를 바탕으로 무역 자유화의 늦은 발걸음, 제1차 석유파동 이후의 수출 자기규제 등 여러 가지 비관세장벽의 증대, 서비스나 지적 소유권 등 GATT법 이외에서의 무역외 수지의 증가 등의 여러 가지 요인이 GATT체제를 약화시켰다. 더욱이 1992년 말 EC에 의한 지역 내 비관세 장벽의 철폐는 새로운 무역 블록의 형성을 자극시켰다. 거기에다 각 국가의 정부는 자국이 고립되거나 불리해지지 않도록 1980년대부터 1990년대에 걸쳐 지역경제 통합의 형성이나 지역주의의 부활에 원동력이 되었다.

지역주의의 경제적인 효과에 대해 다음과 같이 생각할 수 있다. 자국 내 높은 비용의 생산물을 국가를 초월한 지역 내에서 더 값싼 생산을 하는 것은 더 많은 소비자를 확보하고, 나아가서 부가적으로 교역과 복지의 증대를 가져오게 한다. 그러나 반대로 지역 외에서의 효율적인 생산물 수입으로 인해 지역 내에서 더욱 높은 가격의 생산을 할 수도 있다. 그러므로 무역의 전환비용은 소비자와 수출자 양쪽에 부담이 된다고 할 수 있다.

또 조절이론을 바탕으로 지역경제 통합의 성인(成因)에 대해 미차렉(W. Michalek)이 탐구했는데, 그는 경제적 규제완화와 유연성(flexibility)으로 인한 수요증대는 다국적 기업에 의한 글로벌 경제를 출현시켰다. 그리고 조정된 후기 포드주의적인 양상은 경쟁을 완화시키거나 유연성의 규제를 덧붙이는 공적기관의 영향력을 서서히 약화시킨다. 이러한 것이 다국 간 자유무역의 원리를 약화시키고 지역주의를 대두시킨다고 말할 수 있다. 즉, 지역통합의 움직임은 국가의 영토를 초월한 규모에서 노동력이나 생산설비의 전개를 꾀하고 유연성을 증대시키게 된다. 구체적인 대상은 무역이나 자본의 유동에 대한 장애를 없애 개개기업이나 지역에서 재구조화를 촉진시키게 된다.

지금까지 GATT나 OECD는 포드주의체제를 반영해 세계무역조정의 기능을 행해 온 것이다. 그러나 석유파동을 계기로 생산성의 저하, 실질적 임금의 상승, 고정자본 비용의 증대, 유효수요나 투자의욕의 감퇴, 스태그플레이션(stagflation)의 장기간 지속 등 포드주의의 위기가 나타났다.

다국적 기업의 전 지구적 전개와 일본 기업을 비롯한 외국 기업과의 경쟁의 심화, 아시아 신흥경제지역군(NIEs)을 포함해 노동비가 저렴한 지역으로의 진출과 번영이라는 여러 가지 현상은 서서히 국민국가나 개개 정부의 영향력을 약하게 한다. 이러한 가운데 한편에서는 포드주의의 위기로 국내에서의 구매력이 저하되고 수요가 감퇴되기 때문에 수출에 의한 자본이나 시장의 이동성을 높이지 않으면 안 되었다. 다른 한편에서는 외국 기업으로부터 자국의 시장을 지키고자 하는 모순된 요구가 지역경제 통합이나 지역주의를 대두시키기 때문이다. 그래서 지역주의는 국제적인 새로운 조정양식과 유연적 전문화의 공간적인 표현이라 말할 수 있다.

둘째, 이러한 지역주의나 지역경제 통합의 움직임으로 국가 간의 결합을 한층 심화시켜 제품이나 상품의 유동, 물류를 밝히는 연구의 새로운 방법론이 추구되고 있다고 말할 수 있다. 그래서 유연적 전문화에 관심을 가지는 지리학자 스토퍼(M. Storper)는 기업을 유연한 생산 시스템의 대상으로 보지 않고 기술적으로 다양한 생산 시스템을 상품사슬로 이해하는 것을 주장했다.

글로벌 상품사슬은 세계 시스템을 제창한 월러스타인 등에 의해 제기되었다. 월러스타인은 무역을 생산·금융과 더불어 국가의 지배력이 표현된 것이라고 생각했다. 따라서 세계 시스템론에서 무역은 국제적인 계층성의 면에서 국가의 지위로 문제시되고 있다.

유연적 전문화와 경제의 글로벌화 가운데는 중심과 주변을 초월한 생산이나 수출의 네트워크가 확대되고 분산된다. 이들은 종래 선진국과 개발도상국 또는 남북문제라는 틀에서는 파악될 수 없는 복잡한 현상으로 나타난다. 즉, 자본주의는 국경을 초월한 생산이나 소비의 여러 단계, 이를테면 기업 등 여러 수준에서 조직되고 있다. 그 가운데에서도 글로벌 상품사슬의 특정과정은 네트워크에 결합되는 상자나 결절점으로 표현된다. 원료나 중간재의 투입, 노동력, 수송, 유통, 소비가 일련의 사회관계나 조직으로 나타날 수 있다.

글로벌 상품사슬은 세계경제 중에서 가구(家口), 기업, 국가가 제품이나 생산물을 중심으로 글로벌적으로 결합되고 있는 형태로 구성되고 있다. 이러한 세계경제에서 공간적 불균형은 시장이나 자원에 대한 다른 접근방법으로 표현되고 있다.

부가가치가 높은 상품일수록 공간적으로 생산이나 소비가 집중된다. 중간지대와 주변부의 동향은 중심지대보다도 노동력이 싸다는 것만이 아니고 산업의 유연성을 높여 보호주의를 극복하는 움직임도 반영하고 있다.

신국제분업 모델을 바탕으로 글로벌 상품사슬은 어떠한 특징을 가지고 있는가는 쇼언버거에 의해 해명되었다. 상품 차별화나 생산방법의 차이와 더불어 국제 분업체제는 시간이나 공간에서 노동력의 재편성과 시장이나 소비의 유연한 조직에 바탕을 두고 있다.

나아가 월러스타인의 중심지대에서 주변부로라는 결절점의 이동은 세계경제의 주기적·순환적인 변동 리듬에 두고 있다고 말할 수 있다. 그래서 글로벌 상품사슬은 첫째, 투입산출의 구조(생산과 서비스업의 결합), 둘째 영역성[부가가치를 높여 가는 일련의 경제활동 중에서 생산과 유통 네트워크의 구심화(求心化)나 분산화의 움직임], 셋째 지배구조(권위나 권력관계)에 의해 구성된다. 이들 지배구조도 공간적 시점에서 보면 구심화된 협업은 주로 대기업을 중심으로 한 생산자 측에서의 계약이나 하청이라는 형태로 행해진다. 한편 브랜드 이름이 중시되는 제품은 구입자나 소매업 측에서의 의향을 반영하기 쉬운 분산형의 글로벌 상품사슬이 만들어진다. 이렇게 하여 글로벌 상품사슬은 지리적으로 광범위하고 복잡하게 되며 항상 그 재구축이 행해지게 되는 것이다.

(2) 국제물류 연구의 과제

이상의 물류 연구의 전망을 통해 다음과 같은 연구 과제를 제시할 수 있다. 물류에 관한 연구는 처음에는 수송비와 수송거리의 관계를 분석하기 위해 시작된 것이지만 오늘날에는 기업 간의 연계(linkage)나 거래(transaction), 즉 기업 간의 조직이나 산업구조가 어떻게 전개되고 있는가에 더 중점을 두고 있다. 또 기업경영에서도 물류에서 로지스틱스로 그 개념이 발전되어왔다. 거기에다 경제지리학에서 수송권의 식별이나 물류시스템의 해명이라는 주제에서 더 나아가 산업조직이나 기업행동의 공간구조의 해명이 요청되고 있다고 말할 수 있다. 그 때문에 첫째, 소재·중간재·완성재라는 재화의 성격이나 가치의 차이에 따라 유통경로나 물류의 루트가 공간적으로 어떠한 형태로 될 것인가, 둘째, 정보화 기술의 진전이 유통경로나 물류 루트의 공간적 재편성에 어떠한 영향을 미칠 것인가, 셋째, 경제 하부구조(infrastructure)의 정비가 물류의 공간구조에 어떠한 변화를 가져올 것인가, 넷째 교통기관이나 물류시설의 용량이나 실제 또는 계획상의 유동량과의 사이에 어느 정도의 과부족이 생길 것인가의 연구주제를 바탕으로 물류공간의 연구를 더욱 체계화할 필요가 있다고 하겠다.

㉠ 국제물류에 관한 연구방법의 개발이다. 국제무역학, 입지론, 경제지리학을 접목시킬 수 있는 방법론을 모색해야 하고, 물류를 단지 수송의 현상으로 인식하는 것이 아니라 생산과 소비를 결합하고 정보류를 포함한 종합적 로지스틱스로서 이해할 필요성이 있다. 그리고 산업조직의 공간구조를 주제로 한 지리학에서 도시연구나 유통연구의 한 단면만이 아니라 보다 종합적인 물류로 연구할 관점이 필요하다.

㉡ 국제물류 유동의 모델화에 관한 연구는 국가를 분석의 기본단위로 한 거시적 관점으로 접근방법이 한정되어 있으므로 장차 도시를 포함한 지역 간의 관계를 주목하는 미시적 관점에서의 연구가 필요하다. 그리고 글로벌 경제로 국가뿐만 아니라 다국적 기업도 무역의 주체로 등장했기 때문에 문화적·행동론적 요소를 가미한 입지론과 경제지리학을 새로 구축해야 할 것이다.

㉢ 국제물류를 배경으로 한 항만과 그 배후지와의 관계에 대한 연구는 분석대상인 항만과 그 배후지와의 공간적 관계만을 착안하고 있지만 금후에는 기업의 의사결정 행동으로서 항만의 이용을 야기하는 요인까지 분석할 필요가 있다. 이를 분석하기 위해 항만의 선택결정을 검토하기 위한 수출입 기업의 거래상품의 이동과정과 상품수송에 필요한 시간·수송비용에 관한 미시적인 관점의 접근방법이 유효한 방법이라고 생각한다. 물류수송에 이용되는 항만과 그 배후지와의 관계에서 단지 국내기업의 무역행동뿐만 아니라 국내 무역업자와 그 거래처인 해외 무역업자와의 거래관계를 하나의 유동으로 파악하고 도심 및 지역 간의 관계를 주목할 필요가 있다. 기업의 의사결정 관점에서 보면 수출입 상품의 수출항만의 선택은 거래처의 물류거점이 외국의 어느 도시에

입지하고 있는가에 좌우된다. 즉, 거래상품의 특수성보다도 거래지역의 특수성이 항만을 이용하는 요인으로서 보다 강하게 작용한다고 말할 수 있다. 이러한 거래지역의 특수성을 밝히기 위해서는 수송비용에 대한 시간비용의 중요성과 수송수단 선택과의 관계를 정량적으로 고찰할 필요가 있다.

② 국내 항공화물 유동의 연구는 진행되고 있지만 석유파동 이후 경박단소(輕薄短小) 화물, 유연적 전문화로 인한 다품종 소량 생산체제와 자유무역주의의 등장과, 신선도를 요하는 식료품이나 화훼 등의 고속수송의 필요성으로 항공 화물수송이 중요시되고, 또 이들 화물의 수송량이 증대되고 있기 때문에 국제물류 연구에서 국제 컨테이너 항공화물의 국가 간 또는 지역(도시) 간 유동의 연구와 공항을 중심으로 한 배후지와 지향지에 대한 연구의 필요성이 제기된다.

6. 통관거점의 국제물류

1) 청주세관의 지위

한국에서 가장 내륙에 위치한 청주세관은 1978년 7월 대전세관 청주출장소로 개소되었고, 청주세관 충주사무소는 1988년 1월 대전세관 충주 감시서로 개소했다가 1989년 5월 청주출장소가 청주세관으로 승격되면서 충주 감시서도 청주세관의 관할에 속했으며 1996년 7월 충주출장소로 승격되었다. 청주세관의 관할지역은 청주시를 포함해 청원군·괴산·진천·보은군이고, 충주출장소의 관할지역은 충주시를 위시해 제천시, 음성·단양군이 이에 속한다. 한편 충청북도 옥천군과 영동군은 대전세관의 관할지역에 속한다.

2003년 주요 46개 세관(출장소와 감시소 포함)별 무역액의 점유율을 보면, 울산세관이 13.5%로 가장 높고, 그다음으로 인천공항세관(7.6%), 구미세관(7.5%), 부산세관(7.2%), 서울세관(6.4%), 인천세관(5.8%), 천안세관(5.5%)의 순으로 청주세관은 1.4%로 23위를

〈그림 11-9〉 주요 세관의 무역액 추이(1991~2003년)

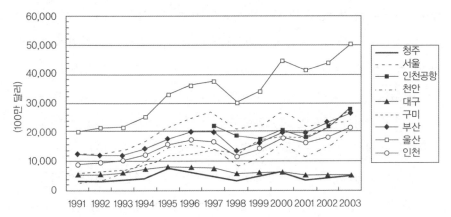

자료: 韓柱成(2005: 636).

〈그림 11-10〉 청주세관의 무역액 변화(1991~2003년)

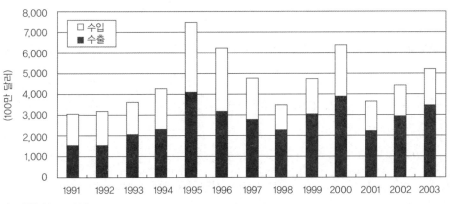

자료: 韓柱成(2005: 636).

차지해 중간적 위치에 있었다(〈그림 11-9〉). 무역액의 점유율이 높은 세관의 관할지역에는 대체로 공업이 집적해 세관의 무역액은 관할지역의 공업발달과 밀접한 관계가 있다는 것을 알 수 있다.

세관의 입지는 임항(臨港)과 내륙으로 나눌 수 있는데, 개항장에 입지한 임항세관의 무역액은 57.5%를 차지해 내륙세관보다 많지만, 수출의 경우 내륙세관의 수출액이

53.8%를 차지하고, 수입액은 임항세관이 69.7%를 차지해 수출에서의 내륙세관이 국제물류에서 중요한 역할을 했다. 2003년 청주세관의 수출액은 약 34억 9000만 달러로 한국 수출액의 1.8%를 차지해 주요 46개 세관에서 17위를 차지했다. 한편 수입액은 약 17억 1000만 달러로 한국 수입액의 1.0%를 차지해 22위로 수입보다 수출액이 많았다.

1991~2003년 사이의 청주세관 수출입액 구성비를 보면, 2003년에 수출액 구성비가 67.1%를 차지해 가장 높았고, 1991년의 수출액 구성비가 51.2%를 차지해 가장 낮아 수출이 많았고 대체로 증가하는 추세였다(〈그림 11-10〉).

다음으로 청주세관과 충주출장소의 통관실적 건수와 금액을 보면, 청주세관이 86% 이상을 차지했다. 이를 수출입별로 보면, 수출의 경우 청주세관이 통관건수보다 통관 금액의 구성비가 높았으나, 수입의 경우는 그 반대로 통관건수의 비율이 높아 건수당 수입액이 적었다는 것을 알 수 있는데, 충주출장소의 수출은 청주세관과 반대현상을 나타냈고, 수입은 수입건수보다 수입액이 많아 건수당 수입액이 많았다는 것을 알 수 있다(〈표 11-10〉).

청주세관의 주요 수출 품목은 수출액으로 보아 정보통신기기류가 27.4%를 차지해 가장 많았고 그다음으로 반도체(21.4%), 전기 및 전자기기류(10.3%)의 순이었다. 한편 수입 품목은 화공품이 21.2%를 차지해 가장 많았고, 이어서 시설기계류(11.3%), 반도체(11.1%)의 순이었다.

그리고 청주세관을 통관한 주요 수출국은 중국이 수출액의 17.5%를 차지해 가장 많았고, 그다음으로 일본(13.6%), 홍콩(12.1%), 미국(10.0%)의 순이었고, 주요 수입국은 일

〈표 11-10〉 청주세관의 통관실적(2003년)

구분	건수		금액(100만 달러)	
	수출	수입	수출	수입
청주세관(%)	79,455(89.2)	43,589(90.8)	3,522(89.7)	1,823(86.6)
충주출장소(%)	9,601(10.8)	4,432(9.2)	404(10.3)	283(13.4)
계(%)	89,056(100.0)	48,021(100.0)	3,926(100.0)	2,106(100.0)

자료: 관세청이 2004년 발간한 『관세연감』 281쪽.

본이 38.5%를 차지해 가장 많았고, 그다음으로 미국(19.7%), 중국(11.7%)의 순이었다.

2) 통관제도와 내륙통관의 장점

(1) 통관·보세제도의 개관

보세제도는 국제물류와 깊은 관계를 맺고 있는 세관행정과 수출입 통관을 원활하게 하기 위해 존재한다. 세관행정은 세무, 감시, 통관, 보세의 네 가지로 크게 나누어지는데, 화물의 수출입에 중요한 의미를 갖는 것은 통관과 보세업무이다.

통관행정이란 신고를 받은 수출입화물의 서류심사나 경우에 따라 검사를 하고, 수출입 허가를 내어주는 것이다. 이 통관행정을 수출화물의 통관절차에 따라 설명하면 다음과 같다. 먼저 화물의 하주(荷主)인 수출입업자는 직접 또는 관세사에게 화물의 통관을 신고한다. 통관수속은 전문지식을 요하고 번잡하기 때문에 하주가 직접 통관절차를 하는 경우는 적고 거의 관세사에게 의뢰한다. 관세사는 개인, 법인, 합동으로 나누어지는데, 청주세관 관할구역(충주사무소 포함) 내에는 세 개의 관세사 법인사무소와 개인 자영 관세사사무소가 일곱 개 입지했다. 2003년 청주세관의 통관절차의 취급은 관세사사무소에 의한 것이 90%를 넘으며, 수출보다 수입의 경우 관세사사무소에 의존하는 비율이 더 높았다(〈표 11-11〉).

관세사는 세관에 수출신고를 하고 화물을 보세구역으로 옮겨 화물이 보세구역에 보관된 상태에서 세관은 심사와 검사를 실시한다. 심사와 검사의 정도는 현재 EDI의 보급으로 온라인 데이터 체크만 하는 경우가 많으나 경우에 따라 통관업자가 세관원과 함께 보세구역에서 검사하는 경우도 있다. 이러한 과정을 거쳐 수출허가를 받으면 보세운송을 해 화물은 선박이나 항공기에 적재되어 해외로 수송된다. 이상이 통관을 중심으로 본 수출화물의 흐름이다. 수입화물의 경우도 수순은 수출화물과 같지만 밀수입 등을 해안에서 방지하기 위해 통관검사의 기준이 보다 엄격하게 이루어지고 있다.

보세행정은 수출입 통관을 할 때에 화물이 비치된 보세구역의 관리가 주된 임무로 수출입을 원활하게 하기 위한 여러 가지 제도가 있다. 보세구역이란 일정한 넓이를 갖

<표 11-11> 청주세관 통관절차를 처리한 취급자의 건수 구성(2003년)

구분		본인	관세사	계
청주세관	수출	7,855	83,323	91,178
	수입	491	50,032	50,523
충주출장소	수출	363	10,593	10,956
	수입	31	49,148	49,179
계	수출(%)	8,218(8.0)	93,916(92.0)	102,134(100.0)
	수입(%)	522(0.5)	99,180(99.5)	99,702(100.0)

자료: 韓柱成(2005: 637).

<표 11-12> 청주세관의 보세구역 및 통관 형태별 실적(2003년)

구분		지정보세구역	검사장	특허보세구역					계
				보세창고		보세공장	보세건설장	보세판매장	
				자가용	영업용				
보세구역 수	청주세관	2	1	40	7	8	3	1	62
	충주출장소			17	1	1	3		22
	계	2	1	57	8	9	6	1	84
통관 형태별 실적 (단위: 달러)	청주세관	2,651				186,089,606			186,092,257
	충주출장소	-				-			
계		2,651				186,089,606			186,092,257

자료: 한국관세무역연구원 내부자료; 관세청이 2004년 발간한 『관세연감』 282쪽.

는 지역을 의미하는 것은 아니고 보세를 할 수 있는 장소를 가리킨다. 보세구역 중 중요성을 갖는 것은 지정보세구역과 보세공장으로, 보세공장이란 외국으로부터 수입한 원료를 가공하거나 수입 원료를 제품화한 것을 다시 외국으로 수출하는 경우에 원료에 부가한 관세를 보류한다. 대량의 과세 대상인 원료를 수입해 가공무역을 행하는 공장은 그 공장의 연면적에 대해 허가료를 지불하고 보세허가를 얻는다. 또 지정보세구역은 통관검사를 할 때에 화물을 두는 장소로 수입을 할 때에는 장기간 관세를 납부하지 않고 화물을 장치해둘 수 있다. 따라서 화물 하주가 자사에서 지정보세구역을 취득하면 상업상의 기회 등을 합쳐 관세를 납부하면 국내화물로 찾아갈 수가 있다.

청주세관의 화물관리를 위한 보세구역은 자가용 보세창고가 67.9%를 차지해 가장 많고, 그다음으로 보세공장(10.7%), 영업용 보세창고(9.5%)의 순서이었다. 통관 형태를 보면 보세공장에서의 통관액이 거의 대부분을 차지했다(〈표 11-12〉).

(2) 내륙통관거점의 장점

내륙세관의 장점은 여러 가지 있지만 일반적으로 통관시간이 빠르고 물류비용이 저렴해 품질관리가 용이하다. 통관시간이 빠른 것은 임항통관보다도 통관이 혼잡하지 않기 때문이다. 많은 화물이 항만이나 공항에 가까운 세관에서 통관하기 때문에 통관시간이 긴데 비해 내륙통관은 이용하주가 한정되어 있기 때문에 통관의 신고에서 수리까지의 시간이 짧다. 또 공장에서 세관까지의 거리가 임항세관까지의 거리에 비해 가깝기 때문에 세관에 화물에 대한 설명이 필요할 경우 출두하기도 쉽다.

다음으로 물류비용의 절감은 창고보관료, 하역비, 운송비가 저렴한데, 창고보관료는 지가에 의해 좌우되기 때문에 지가가 비교적 비싼 임항지구보다 내륙의 창고보관료가 저렴할 수 있다. 하역비는 화물을 컨테이너에 넣을 때 등의 인건비로 이것도 내륙지역이 싸다. 운송비는 수출화물의 경우 내륙에서 통관을 하는 시점부터는 외국화물로 취급되기 때문에 내륙에서 임항까지의 수송비는 부가가치세가 환급되는 등 보세운송의 장점이 있다. 이러한 점은 수출입 모두에 적용된다.

품질관리의 점에서는 도난방지, 화물의 훼손 위험성이 낮은 것 등이다. 임항지구에서 통관을 할 경우에는 공장에서 화물을 컨테이너에 넣어 봉인하더라도 통관 때문에 보세 허가구역에서 화물을 다시 꺼내어 확인하지 않으면 안 되어 이 과정에서 도난, 훼손이 있을 수 있지만 내륙통관을 이용하고, 자사의 보세구역을 가질 경우 통관 등은 공장에서 화물을 컨테이너에 넣어 봉인해서 통관하면 그대로 선적·탑재가 가능하기 때문에 품질관리에 좋다. 수출화물이 내륙에서 통관을 받으면 그곳에서 해상·항공화물이 컨테이너 등으로 반송(搬送)되는 것은 이 때문이다.

3) 통관거점의 항세권

(1) 통관거점의 배후·지향지

2003년 청주세관에서 통관절차를 거쳐 수출입이 되고 있는 단위지역은 청주세관의 경우 53개 시·군·구(이하 단위지역), 충주출장소의 경우는 14개 단위지역이다. 충주출장소를 포함한 청주세관에 의한 통관은 먼저 수출의 경우 740개 업체에서 10만 2164건으로 아홉 개 단위지역에서 약 38억 9000만 달러를 수출했다. 이를 단위지역의 수출액으로 보면 청주시가 수출액의 67.4%를 차지해 가장 많고, 그다음으로 청원군(12.2%), 진천군(7.3%), 음성군(5.1%)의 순으로 높았는데, 수출 단위지역 아홉 개 모두가 충청북도에 분포했다. 한편 청주세관을 통한 수입은 367개 업체에서 5만 5521건으로 57개 단위지역이 약 19억 8000만 달러로 수출초과 현상을 나타내었다. 수입하는 단위지역을 보면 청주시가 수입액의 55.9%를 차지해 가장 많았고, 그다음으로 청원군(12.2%), 진천군(8.6%), 서울시 강남구(6.0%)의 순이었다. 이를 시·도별로 보면, 수출액은 충북이 100.0%를 차지하는데 대해 수입액은 충청북도가 84.4%로 가장 높았고, 그다음으로 서울시(14.1%), 경기도(0.8%), 충청남도(0.5%), 경상북도(0.2%)의 순으로 수출보다 광범위한 지역에서 수입이 이루어졌다.[12] 이는 부산항이나 인천항, 인천공항 등에서 통관절차를 밟는 것보다 보세운송업체가 보세운송을 해 청주에서 통관절차를 밟음으로써 보세창고의 보관료 경감을 가져오기 때문이다. 또 보세창고의 보관료가 대규모 화물 취급지역보다 싸서 충청북도에서 보관하거나 공장에 있는 자가 보세창고에 보관해 필요할 때에 수입물품을 사용함으로써 물류비용의 부담을 경감할 수 있다는 점 등 때문이다(〈그림 11-11〉).

---

12) 수입상품을 사용할 공장은 충청북도에 입지하지만 서울시 강남구 등과 같이 충청북도 이외의 지역에 입지한 본사가 수입상품을 통관시키기에 본사가 있는 지역의 통관으로 간주되었기 때문이다.

〈그림 11-11〉 청주세관을 통관한 상품의 수출입액의 지역적 분포(2003년)

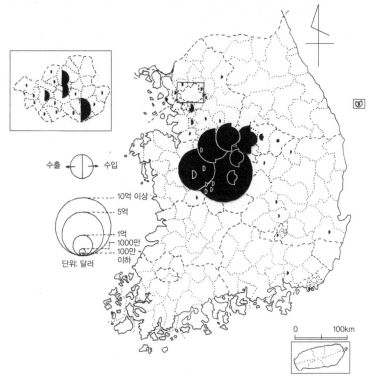

수출 ⊖ 수입

10억 이상
5억

1억
1000만
100만
이하

단위: 달러

0   100km

자료: 韓柱成(2005: 639).

(2) 통관거점의 수출입품목과 수출입항

청주세관의 통관실적을 보면, 먼저 수출은 분류 4단위 HS(한국형 품목 분류표, Harmo-nized System of Korea)에 의하면 522개 품목이고, 수입은 627개 품목으로 수입의 품목이 더 많았다. 주요 수출입 품목의 구성비를 보면, 수출은 HS코드 8525품목(무선전화용·무선전신용·라디오 방송용 또는 텔레비전용 송신기기와 텔레비전 카메라·정지화상 비디오카메라 및 기타 비디오카메라 레코더 및 디지털 카메라)이 전체 수출액의 25.6%를 차지해 가장 높았고, 그다음으로 HS코드 8542품목(전자집적회로와 초소형 조립회로, 18.2%), HS코드 8473품목(타자기와 워드프로세싱머신 내지 기타의 사무용기계에 해당하는 기계에 전용 또는 주로 사용되는 부분품과 부속품, 8.5%), HS코드 8523품목(음성 기록용 또는 기타 이와 유사한 현상 기록용

〈표 11-13〉 청주세관(충주출장소 포함) 통관 주요 수출입 품목의 수출입액 점유율

HS코드	수출액		점유율(%)		HS코드	수입액		점유율(%)	
	전국(1000달러)	청주(달러)	전국	청주		전국(1000달러)	청주(달러)	전국	청주
8473	8,315,986	331,245,522	4.3	8.5	3920	539,154	109,651,805	0.3	5.5
8523	629,086	258,997,209	0.3	6.7	4101	471,252	61,006,492	0.3	3.1
8525	14,808,125	995,372,371	7.6	25.6	8473	2,006,961	108,978,230	1.1	5.5
8542	15,469,050	707,238,306	8.0	18.2	8479	3,154,373	160,917,160	1.8	8.1
계	193,817,443	3,894,571,278	-	-	8542	18,536,419	276,010,672	10.4	13.9
					계	178,826,657	1,986,181,686	-	-

자료: 韓柱成(2005: 639).

의 매체, 6.7%)의 순으로, 이들 품목은 전국의 수출액 구성비보다 매우 높아 청주통관거점의 특화된 품목이라는 것을 알 수 있다.

한편 수입의 경우는 HS코드 8542품목이 13.9%를 차지해 가장 높았고, 그다음으로 HS코드 8479품목(그 밖의 기계류, 8.1%), HS코드 3920품목(플라스틱제의 기타 관·쉬트·필림·박 또는 스트립, 5.5%), HS코드 8473품목(5.5%), HS코드 4101품목(소와 마속동물의 원피, 3.1%)의 순으로, 이들 품목 또한 전국의 수입액 구성비보다 다소 높았다(〈표 11-13〉).

청주세관 통관 주요 품목별 수출입항을 보면, 먼저 HS코드 8525품목의 수출액은 인천공항을 통해 98.1%를 수출해 가장 많았고, 그다음으로 인천항(1.2%), 부산항(0.7%)의 순이었으며, HS코드 8542품목은 인천공항이 99.9%를 차지해 가장 많았고, 그다음으로 김포공항, 부산항이 각각 0.1% 미만이었다. 따라서 주요 수출품목의 경우 대부분 인천공항을 통해 수출하는데, HS코드 8525품목의 주요 수출 국가는 중국이 22.8%를 차지해 가장 많았고, 그다음으로 홍콩(14.5%), 러시아(10.8%)의 순이었고, HS코드 8542품목은 일본이 27.1%를 차지해 가장 많았고, 그다음은 타이완(25.1%), 홍콩(15.8%)의 순으로 한국에서 근거리에 위치한 국가에 많이 수출했다.

다음으로 수입액은 HS코드 8542품목은 인천공항이 99.8%를 차지해 가장 많았고, 부산항(0.2%), 인천항, 국제우편물취급소를 통한 수입액의 구성비는 각각 미미한 편이었다. 또 HS코드 8479품목은 인천공항이 57.3%를 차지해 가장 많았고, 그다음으로 부산항(42.4%), 마산항(0.3%), 국제우편물취급소와 기타 불개항장을 통한 수입액은 미미

한 편이었다. 품목별 주요 수입 국가를 보면, 먼저 HS코드 8542품목은 인천공항을 통해 주로 수입되었는데, 싱가포르로부터 23.3%가 수입되어 가장 많았고, 그다음으로 일본(19.5%), 미국(17.0%), 타이완(11.2%), 필리핀(10.6%)의 순이었으며, HS코드 8479품목은 인천공항의 경우 미국으로부터 30.1%가 수입되어 가장 많았고, 그다음은 일본(20.4%)이었으며, 부산항의 경우는 일본으로부터 39.1%가 수입되었다.

(3) 통관거점을 이용한 국제물류

① 상품 수출입에 이용되는 항

청주세관 통관의 수리를 받은 상품은 수출 13개, 수입 11개의 공항과 항구를 통해 수출입이 이루어진다. 수출의 경우 전기·전자제품과 정보통신기기 및 반도체 등의 첨단산업제품이 많아 인천공항을 통해 수출되는 금액은 63.1%로 가장 많았고, 그다음으로 부산항(32.9%)의 순으로 인천공항과 부산항에 의한 수출액이 청주세관 통관 수출액

〈표 11-14〉 청주세관 통관 수출입 상품의 항별 구성비(2003년)

항구·공항명	수출액(달러)(A)	비율(%)	수입액(달러)(B)	비율(%)	(A)-(B)
부산항	1,278,992,668	32.85	893,554,846	44.99	385,437,822
인천항	87,334,890	2.24	24,006,426	1.21	63,328,464
평택항	17,455,119	0.45	6,119,332	0.31	11,335,787
군산항	377,754	0.01	8,218,746	0.41	-7,840,992
광양항	47,174,308	1.21	28,098,809	1.41	19,075,499
마산항	2,109,364	0.05	665,809	0.03	1,443,555
울산항	1,100,217	0.03	203,429	0.01	896,788
포항항	1,035,741	0.03	0	0.00	1,035,741
속초항	50,248	0.001	0	0.00	50,248
인천공항	2,458,045,312	63.13	1,024,278,787	51.58	1,433,766,525
김포공항	254,905	0.01	65,554	0.00	189,351
김해공항	4,397	0.00	271,180	0.01	-266,783
청주공항	0	0.00	32,090	0.00	-32,090
기타 불개항장	0	0.00	79,095	0.00	-79,095
국제우편출장소	652,222	0.02	604,873	0.03	47,349
계	3,893,436,680	100.0	1,985,995,547	100.0	1,907,441,133

자료: 韓柱成(2005: 641).

의 96.0%를 차지한다. 한편 수입의 경우는 인천공항이 51.6%를 차지해 가장 높았고, 그다음으로 부산항이 45.0%를 차지해 수출의 경우보다 부산항의 구성비가 높았다. 수출입항의 수출액과 수입액의 차이를 보면 군산항, 김해공항, 청주공항은 수입초과였고 나머지 공항과 항구는 수출초과를 나타냈다(〈표 11-14〉).

다음으로 각 수출입항에서의 수출입국가를 살펴보면, 먼저 수출액이 가장 많은 인천공항의 경우 118개 국가에 수출을 했는데, 이 가운데 중국에 16.9%를 수출해 가장 많았고, 그다음으로 홍콩(13.3%), 일본(11.9%)의 순이었다. 그리고 두 번째 수출액이 많

〈표 11-15〉 각 항구와 공항에서의 주요 수출입 국가

항구·공항명	수출	수입
부산항	일본(18.4%), 미국(13.1%), 중국(11.6%), 홍콩(10.5%) (총 146개국)[1]	일본(50.2%), 미국(19.2%) (총 61개국*)
인천항	중국(82.8%) (총 37개국)[1]	칠레(38.6%), 중국(32.1%), 인도네시아(10.7%) (총 15개국)
평택항	중국(96.5%) (총 4개국)	중국(100.0%) (총 1개국)
군산항	타이완(75.9%) (총 2개국)	인도네시아(55.4%), 미국(44.6%) (총 2개국)
광양항	중국(56.8%), 홍콩(20.0%) (총25개국)	미국(53.5%), 벨기에(29.0%) (총 14개국)
마산항	니카라과(60.7%), 사우디아라비아(21.3%) (총 4개국)	일본(65.7%), 미국(34.3%) (총 2개국)
울산항	일본(79.1%) (총 3개국)	일본(85.5%) (총 2개국)
포항항	일본(97.9%) (총 2개국)	
속초항	중국(91.9%) (총 2개국)	
인천공항	중국(16.9%), 홍콩(13.3%), 일본(11.9%), 타이완(9.7%), 미국(9.0%), 싱가포르(6.3%), 러시아(4.7), 영국(4.0%) (총 118개국)[1]	일본(30.8%), 미국(19.6%), 중국(17.1%), 싱가포르(6.5%) (총 62개국)
김포공항	타이완(46.6%), 미국(30.8%), 홍콩(22.6%) (총 3개국)	일본(88.7%) (총 2개국)
김해공항	오스트레일리아(64.5%), 홍콩(35.5%) (총 2개국)	프랑스(54.0%), 일본(31.5%) (총 4개국)
청주공항		키르기스스탄(81.2%) (총 4개국)
기타 불개항장		독일(52.9%), 타이완(15.9%), 오스트리아(12.3%) (총 8개국)
국제우편출장소[2]	타이완(7.8%), 사우디아라비아(6.8%), 오스트레일리아(6.8%), 미국(5.5%) 등 (총 60개국)	일본(70.2%) (총 11개국)

주: 1) - 기타 국가를 하나의 국가로 계산해 총 수출입 국가를 파악했음
    2) - 국제우편출장소는 주요 국가가 많아 주요 수출입국가가 아니고 5% 이상만 기재했음.
자료: 韓柱成(2005: 642).

은 부산항의 경우 146개국에 수출했는데, 이 가운데 일본이 18.4%를 차지해 가장 많았고, 그다음으로 미국(13.1%), 중국(11.6%), 홍콩(10.5%)의 순이었다. 또 수입의 경우 수입액이 가장 많은 인천공항은 62개 국가로부터 수입을 했는데, 이 가운데 일본이 30.8%를 차지해 가장 많았고, 그다음으로 미국(19.6%), 중국(17.1%)의 순으로 청주통관거점은 일본과 미국으로부터 수입을 많이 했다는 것을 알 수 있다. 부산항은 61개국으로부터 수입을 했는데, 일본이 50.2%를 차지해 가장 많았고, 그다음으로 미국(19.2%)의 순으로 이들 두 개 국가에서 약 60%를 수입했다(〈표 11-15〉).

② 통관거점과의 지역 간 결합

청주세관을 통해 수출하는 지역과 이용하는 주요 공항과 항만 및 주요 수출국을 보면, 수출액이 가장 많은 청주시의 수출기업은 인천공항을 통해 중국(13.1%), 홍콩(11.6%), 일본(10.0%), 타이완(8.9%), 미국(7.4%), 싱가포르(6.0%) 등에 수출했다. 청원군의 경우 부산항을 통해 44.5%를 수출해 가장 많았고, 그다음으로 인천항(27.6%), 인천공항(14.9%)이 차지했는데, 부산항에서는 일본(25.3%), 중국(20.1%), 미국(12.2%)으로 많이 수출됐고, 인천항에서는 중국으로 86.0%를, 인천공항에서는 중국(51.7%), 홍콩(25.9%), 미국(10.9%)에 주로 수출됐다. 진천군은 부산항과 인천공항을 통해 각각 69.0%, 30.5%를 수출했는데, 부산항에서 일본으로 19.5%를 수출해 가장 많았고, 그다음으로 중국(15.3%), 홍콩(13.9%), 미국(11.1%)의 순이었다. 그리고 인천공항에서는 중국으로 21.1%를, 이어서 미국(16.5%), 일본(15.8%)의 순이었다. 음성군의 경우는 부산항과 인천공항을 통해 각각 63.0%, 34.2%를 수출했는데, 부산항에서는 중국(17.2%), 일본(17.1%), 미국(12.5%)으로 각각 수출됐다. 그리고 인천공항에서는 일본으로 44.1%를 수출해 가장 많았고, 그다음으로 벨기에(11.1%)의 순이었다. 그러나 충주시의 기업은 부산항을 통해 대부분 수출했는데 수출국은 아일랜드(20.9%), 일본(19.7%), 미국(11.6%) 등이었다. 충주시의 사업체가 부산항을 많이 이용한 이유는 플라스틱 등 부피가 크고 무게가 무거운 제품의 수출이 많았기 때문이다.

제천시는 부산항(69.7%)과 인천공항(30.1%)을 통해 각각 미국에 57% 이상 수출을 했

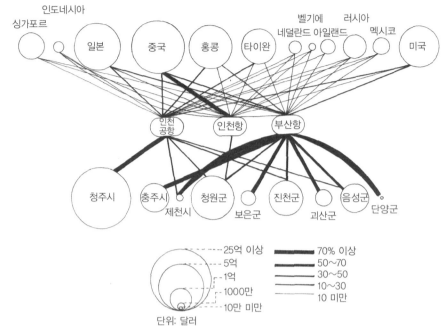

〈그림 11-12〉 청주세관 통관 수출 상품의 주요 항세권

25억 이상
5억
1억
1000만
10만 미만
단위: 달러

70% 이상
50~70
30~50
10~30
10 미만

자료: 韓柱成(2005: 642).

고, 괴산·보은·단양군은 모두 부산항을 통해 각각 홍콩, 미국, 인도네시아 등으로 많이 수출됐다(〈그림 11-12〉). 따라서 수출상품은 주로 부산항, 인천공항, 인천항을 통해 중국, 일본, 미국, 홍콩, 타이완, 싱가포르, 러시아 등으로 주로 수출됐다.

한편 수입의 경우 항세권[13]의 형성지역이 수출보다 넓었는데, 청주시는 인천공항과 부산항으로부터의 수입률이 각각 58.7%, 40.4%로, 인천공항의 경우는 일본으로부터 26.8%, 중국으로부터 23.6%, 미국으로부터 15.4%였다. 그리고 부산항은 일본으로부터 50.0%, 미국으로부터는 21.8%가 수입됐다. 청원군의 경우는 부산항과 인천공항을

---

13) 항세권이란 항만이나 공항에서 화물이 탑재·강재되어 수송된 배후지와 선박과 항공기에 적재된 화물이 수송되는 지향지를 결합시킨 개념이다. 내륙통관거점은 선박이나 항공기에 곧바로 탑재·강재하는 기능을 가지지 못하나 국제물류기지로서 항만과 공항에 준하는 기능을 갖고 있기 때문에 여기에서 항세권이라는 개념을 사용할 수 있다고 생각한다.

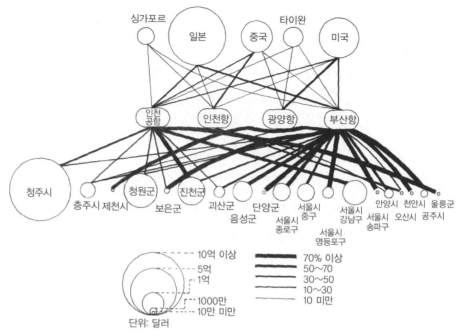

〈그림 11-13〉 청주세관 통관 수입 상품의 주요 항세권

싱가포르　일본　중국　타이완　미국

인천공항　인천항　광양항　부산항

청주시　충주시 제천시　청원군　보은군　진천군　괴산군　단양군　서울시 중구　서울시 강남구　안양시 천안시 울릉군

음성군　서울시 종로구　서울시 영등포구　서울시 송파구　오산시 공주시

10억 이상
5억
1억
1000만
10만 미만
단위: 달러

70% 이상
50~70
30~50
10~30
10 미만

자료: 韓柱成(2005: 643).

통해 각각 47.3%, 45.5% 수입됐는데, 부산항의 경우는 일본과 미국으로부터 각각
44.3%, 21.9%였다. 다음으로 진천군의 경우는 인천공항과 부산항을 통해 각각 60.9%,
38.9%가 수입됐는데, 인천공항으로는 미국과 일본으로부터 각각 33.0%, 25.2%였다.
그리고 부산항으로는 미국과 일본으로부터 각각 18.2%, 18.1%, 영국으로부터 10.1%
가 수입됐다. 서울시 강남구는 인천공항으로부터 95.6%가 수입됐는데, 일본과 미국으
로부터 각각 51.7%, 41.5%였다.

　음성군의 경우는 부산항으로부터 77.0%가 수입됐는데, 일본과 미국으로부터 각각
38.6%, 33.7%였다. 서울시 중구의 경우는 부산항을 통해 67.9%가 수입됐는데, 일본으
로부터 54.5%, 타이완으로부터 26.5%였다. 그리고 서울시 종로구의 경우는 부산항을
통해 96.3% 수입됐는데, 일본으로부터가 85.3%였다. 따라서 수입상품의 경우 주로 일
본, 미국, 중국, 타이완, 싱가포르로부터 부산항, 인천공항, 인천항, 광양항을 통해 주

로 이루어졌다(〈그림 11-13〉).

(4) 국제물류와 관련된 설명요인

종래 국제무역과 관련된 공간적 상호작용 변수를 고려해 청주세관을 통해 각 국가에 수출입되는 상품의 수출입액을 종속변수로 하고 인구, 한국과 수출입국의 국민총소득(GNI) 차이, 수출입국 국민 한 명당 국민총소득과의 차이 및 거리[14]를 독립변수로 해 상관계수를 구한 결과 〈표 11-16〉과 같다.[15]

먼저 78개 수출국의 수출액에 영향을 미치는 독립변수를 보면, 인구와의 상관관계가 가장 높고, 그다음으로 한국과 수출국의 국민총소득과의 차이의 순이었고 거리는 음의 상관을 나타내었다. 한국과 수출국 국민총소득과의 차이는 인구와도 높은 상관을 나타내었는데 인구가 수출액과 더 높은 상관을 가져 설명변수로 채택했다. 그리고 거리는 인구와 유의적인 상관을 나타내어 설명변수로서 인구(X_1)를 선정해 단순회귀방정식으로 나타내면 $Y = 2,378,884.6 + 602.74X_1$로 결정계수는 0.728이며 분산 설명량은 54.9%였다.

표준회귀계수　(0.728)

다음으로 78개 수입국의 수입액에 영향을 미치는 독립변수를 보면, 거리를 제외한 모든 독립변수와 유의적인 상관이 나타나 한국과 수입국의 국민총소득 차이(X_2)가 가장 높은 상관을 보여 이를 설명변수로 선정해 단순회귀방정식을 산출한 결과

$Y = 3,287,885.8 + 57.925X_2$으로 결정계수는 0.741이며 분산 설명량은 54.9%였다.

표준회귀계수　(0.741)

그러므로 한국 수출입액에 의한 상품의 유동은 어느 정도 거리체감 효과의 영향을 나타내고 있으나 공간적 상호작용 모델의 거리 매개변수 값으로 만족할 만하지 못하고 오히려 인구나 한국과 수출입국 국민총소득과의 차이와 같은 각 국가의 경제규모 요인

---

14) 거리는 한국 서울시와 무역상대국의 수도와의 지도상 직선거리로 측정했다.

15) 수출액과 각 국가의 산업구성비 간의 상관계수는 1차 산업이 0.1739, 2차 산업은 -0.1151, 3차 산업은 -0.1505로 상관이 매우 낮았다. 또 수입액과 각 국가의 산업구성비 간의 상관계수 또한 1차 산업이 -0.0475, 2차 산업은 0.0270, 3차 산업은 0.0414로 상관이 매우 낮았다.

〈표 11-16〉 수출입액에 영향을 미치는 독립변수와의 상관관계

구분	인구(X_1)	한국과 수출입국과의 국민총소득(GNI) 차이(X_2)	한국과 수출입국과의 한 명당 국민총소득 차이(X_3)	한국과 수출입국 수도간의 거리(X_4)
수출액	0.7412[1]	0.5006[1]	0.1829	-0.1996[2]
수입액	0.2917[1]	0.7281[1]	0.3348[1]	-0.1917

주: 1) - 유의수준 99%에서 유의적임
    2) - 유의수준 95%에서 유의적임.
자료: 韓柱成(2005: 643).

이 수출입액을 반영했다고 판단할 수 있다.

4) 사례 상품 기업의 글로벌화와 국제물류 구조

(1) 사례 기업의 개요

여기에서는 내륙통관거점을 이용한 기업의 개요와 국제물류 구조에 대해 고찰해 보기로 한다. 사례기업은 청주세관을 통한 수출입 상품의 HS코드 구성비가 전국의 구성비보다 높은 상품(〈표 11-13〉)을 생산하는 여섯 개 기업을 선정했다.[16] 이들 기업의 국제물류 구조는 크게 보세공장과 보세창고를 이용하는 두 가지 유형으로 나눌 수가 있다. 먼저 각 기업의 개요를 살펴보면 다음과 같다.

H기업의 청주공장은 1983년 A전자로 설립되어 1999년 L반도체를 흡수·합병했다. 디램(Dram), 에스램(Sram), 플레시(Flash) 등을 생산하는 이천·청주공장의 종업원 수는 1289명이었다. 청주시 이외의 국내 생산기지로는 이천시에 공장이 입지하며, 해외생산기점은 미국의 오리건(Oregon) 주 유진(Eugene)에 한 개의 공장이 입지했다.

L기업의 청주공장은 1985년에 설립되어 자기(磁氣)기록매체인 CDR, DVDR과 비디오테이프를 생산했는데, 2003년 종업원 수는 750명이고, 연간 생산액은 약 2500억 원

---

16) 청주세관 수출입 담당자와의 면담에 의해 각 HS코드에 속하는 기업 중에서 수출입 비중이 높은 사업체를 선정했으며, 각 기업의 수출입 담당자와 또한 인터뷰 조사를 했다.

이었다. 해외 생산거점으로는 중국의 항저우(杭州)에 한 개의 공장이 입지했다.

I기업의 청주공장은 1984년 설립되었으며, 휴대폰(CDMA, GSM)과 유무선 전화기를 생산하며 2003년 종업원 수는 약 2200명이었다. 국내 생산거점으로는 서울시에 한 개의 공장이, 해외 생산거점은 중국, 인도네시아, 인도에 각각 한 개의 공장이 입지했다.

S기업은 1987년 C전자로 설립되어 1995년에 지금의 회사명으로 바꾸었으며, 반도체 및 통신용 인쇄회로기판을 생산하고 2003년 종업원 수는 537명으로 연간 생산액은 1472억 원이었으며 국내 소비율이 5.9%, 로컬수출이 37.8%, 직접수출이 56.3%를 차지하고, 해외생산기지는 없었다.

G기업의 청주공장은 1980년에 설립되었으며, 건축자재, 장식자재, 생활소재, 정보전자소재를 생산하며, 2003년 종업원 수는 2142명으로 연간 생산액은 1조 6364억 원이었다. 국내 생산거점으로는 청주공장과 유사한 제품을 생산하는 울산공장은 바닥장식재, 시트류, 자동차 부품, 자동차 내·외장재, 가소제 및 형광체, UV-안정제를 생산했다. 그리고 해외 생산거점으로는 중국 톈진의 창호제 공장, 미국 피닉스의 인조대리석 공장이 각각 입지했다.

C기업은 1936년 설립되어 1974년 청주공장을 가동했으며 1975년 본사를 청주에 둔 사업체이다. 신발, 핸드백, 가구, 자동차 시트 등의 원단 가죽을 연간 650만 제곱피트를 생산했는데, 종사자 수는 약 660명, 연간 생산액은 약 2000억 원이었다. 그리고 해외생산기지는 중국 산둥(山東)성 쯔보(淄博) 시에 입지했다.

(2) 보세공장을 이용한 국제물류

보세공장에서 수출을 목적으로 가공무역을 하는 H기업은 웨이퍼(wafer), 리드 프레임(lead frame), 폴리염화비페닐(polychlorinated biphenyl: PCB), 타케트(target), 가스(gas), 화학약품(chemical) 등은 HS코드 8542품목, 8473품목, 8479품목으로 일본(수입 원료의 약 90% 차지), 미국(10%)에서 직접 내지는 대리인(agent)을 통해 수입했는데, 대부분의 원료를 수출하는 일본의 경우 약 90%가 나리타(成田)공항을, 나머지 10%는 오사카공항을 이용했는데, 운송의 공간적 가격제도는 공항까지 수출기업이 운송비를 부담하는 본선인도가격제(Free on Board Price System: FOB)이다. 일본의 공항에서 인천공항까지의 운송비는 수입기업이 부담하는데, 이것을 복합화물운송 중개업자(forwarder)가 운송 및 수입과 탑재수속의 절차를 밟고, 인천공항에서 수입기업의 요청에 따라 복합화물운송 중개업자는 보세운송업자에게 의뢰해 트럭으로 보세·제조공장까지 운송을 담당한다. 이곳에서 관세사무소에 의해 통관절차를 밟고 청주세관에 신고해 수리를 얻은 후에 원료를 가공해 반도체를 생산하게 된다.

반도체 원료를 항공기로 수입하는 것은 원료가 고가품이고 제품의 납기가 중요하기 때문이며, 또 원료를 운송하는 과정에 온도와 습도의 조절이 필요하기 때문이다. 또 수출입의 모든 절차와 운송을 복합화물운송 중개업자에게 의뢰하는 이유는 이들이 글로벌 네트워크를 형성하고 있고, 또 운송절차 등에 유리한 점을 가지고 있기 때문이다.

보세공장에서 생산한 반도체(HS코드 8473품목)는 본선인도가격제보다 균일배달가격제(Cost-Insurance-Freight System: CIF)에 의한 수출이 많은데, 보세공장인 청주공장에서 통관절차를 밟고 신고·수리를 거친 후 복합화물운송 중개업자에 의해 인천공항 보세창고까지 운송되며 이곳에서 하루 정도 탑재절차를 밟은 후에 동남아시아와 유럽, 미

〈그림 11-14〉 보세공장에 의한 국제물류

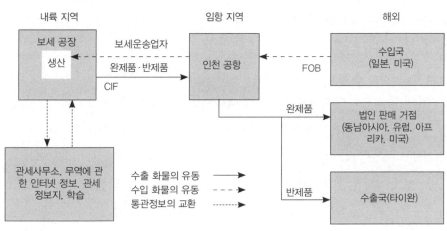

자료: 韓柱成(2005: 646).

국, 아프리카의 H기업 해외 판매법인회사로 보내진다. 수출에서 CIF가 많은 것은 본사와 해외지사 간의 거래이기 때문이다. 한편 반제품으로 만든 웨이퍼를 타이완으로 약 30% 수출했으며, 2004년부터 미국의 오리건 주 유진에 입지하는 생산법인에서 만들어진 반제품을 수입해 완제품으로 제조한 후 다시 미국 등에 수출하기도 했다. 통관에 대한 정보는 관세사무소, 관세정보지, 무역에 관한 인터넷 정보, 학습에 의해 획득했다(〈그림 11-14〉).

(3) 보세창고를 이용한 국제물류

① 해외 생산거점과 분업을 한 본선인도가격제의 국제물류

L기업은 비디오테이프의 원료가 되는 비디오 케이스(HS코드 3823품목), 카본 블랙, 산화철(HS코드 3824품목) 등은 주로 홍콩항에서 약 50%, 일본은 주로 요코하마(橫濱)항에서 약 35%, 미국 로스앤젤레스항에서 약 10%, 나머지는 그 밖의 국가에서 수입했는데, 원료가 무겁기 때문에 부산항으로 대부분 FOB에 의한 FCL(Full Container Load)로 주로 수입했다. FOB를 이용한 이유는 수입기업이 화물취급을 주도하기 위해서였다. 부산항에서 서류상 수입절차는 복합화물운송 중개업자가 행하고 약 60%의 원료는 수출납기를 맞추기 위해 부산세관에서 통관절차를 밟고 나머지 약 40%의 원료는 청주공장까지 외부수주업체인 보세운송업체가 운송을 담당하며, 공장에 설치된 보세창고에 입고해 관세사무소가 통관절차를 밟고 청주세관에 신고해 수리했다. 청주공장에 보세창고를 설치한 이유는 다른 보세창고에 보관하게 되면 보관료 지출이 많기 때문이었다.

청주공장에서 제조된 비디오테이프(HS코드 8523품목, 8525품목)는 일본의 OEM방식으로 만들어져 약 40%의 완제품은 청주 관세사무소가 통관절차를 밟고 청주세관에 신고와 수리를 받아 보세운송업체에 의해 부산항을 통해 일본으로 CIF로 약 60%, FOB로 약 40%를 대부분 FCL로 전량 수출됐다. 그러나 청주공장에서 생산된 약 60%의 비디오테이프 반제품은 청주세관에서 통관신고와 수리를 거쳐 부산항으로 보세운송업자가 운송하고 부산항에서의 수출에 따른 절차는 복합화물운송 중개업자가 담당해 선박으로 중국 상하이항을 통해 L기업 해외 생산거점으로 주로 FOB에 의해 운송되어 그곳에서 공정(工程) 간 분업을 통해 비디오케이스 제작과 조립까지 한 완제품으로 만들어져 제3국으로 약 90%가 수출됐고, 약 10%는 한국으로 다시 수입했다. 제3국으로 수출되는 완제품은 일본의 브랜드로 약 50%, 한국의 브랜드로 약 50% 수출됐다. 중국으로 수출할 때는 인천항을 이용하지 않고 부산항을 선택하는 이유는 중국과의 운송거리 비용보다 부산항이 조석간만의 차이가 적으며 선사(船社)도 많고, 관세사, 운수회사, 복합화물운송 중개업자도 많아 수출에 유리하기 때문이었다.

한편 CDR, DVDR, 공CD는 약 80%가 싱가포르에서, 약 20%는 타이완 지룽(基隆)항으로부터 주로 FOB에 의해 부산항을 통해 청주공장에 수입됐는데, 부산항에서 복합화물운송 중개업자가 수입절차를 밟았다. 그리고 보세운송업체에 의해 청주공장 보세창고에 입고되어 청주 관세사무소에서 통관절차를 밟고 청주세관에 신고·수리를 받아 청주공장에서 공CD검사를 해 L기업 평택공장의 자기(磁氣)매체기록 플레이어 공장으로 전량을 보내 테스트용 CD로 사용한다. 수출입에 대한 정보는 무역에 관한 서적 및

〈그림 11-15〉 해외 생산거점과 분업을 한 FOB의 국제물류

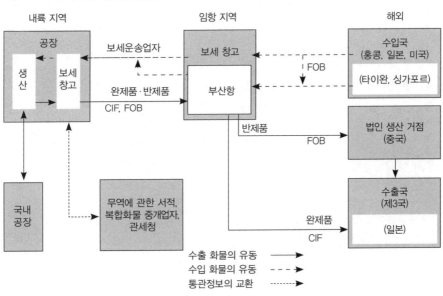

자료: 韓柱成(2005: 646).

복합화물운송 중개업자, 관세청 등으로부터 얻는다(〈그림 11-15〉).

　② FOB의 국제물류

　I기업은 HS코드 8542품목에 속하는 반도체 칩(chip) 종류와 전자 소형부품을 일본(수입 원료의 약 60% 차지) 나리타공항과 미국(약 40%)으로부터 수입했는데, 이들 국가로부터 수입계약에 따라 운임에 유리한 선사가 있을 경우 FOB가 약 70~80%, 그렇지 않을 경우 CIF 등이 약 20%를 차지했으며, 인천공항까지의 수송은 복합화물운송 중개업자가 담당했다. 원료수입에서 FOB를 많이 채택한 이유는 국내에서의 비용 저렴화가 가능하기 때문이었다. I기업의 수입화물은 전량 인천공항을 통해 수입되었는데, 그 이유는 수입화물의 크기가 작고 무게가 무겁지 않기 때문이었다. 수입된 화물은 수출 납기를 맞추기 위해 생산에 신속을 요하는 10% 정도의 물량은 인천공항의 보세창고에서 인천공항의 관세사무소를 통해 통관절차를 밟아 세관에 신고·수리를 받았고, 나머지 약 90%의 화물은 청주시의 제조공장에 입지한 보세창고로 보세운송업체에 의해 운송되었으며 청주시의 관세사무소에 의해 통관절차를 밟고 세관이 수리를 했다.

　이렇게 수입한 원료는 제조공장에서 약 70%를 생산하고, 나머지는 외주산업이나 하청기업에서 약 30%를 생산해 HS코드 8529품목으로 수출하게 되는데, 보세창고에서 청주시 관세사무소에서 통관절차를 밟았고 세관에 신고와 수리를 받은 후 기업이 직접 인천공항까지 보세운송을 하고 인천공항으로부터의 수송은 수입기업의 지정선사 CIF가 약 70%, 나머지는 FOB로 복합화물운송 중개업자에 의해 유럽의 이탈리아와 에스파냐, 미국의 통신기기 판매회사로 약 80%를 수출했다. 수출입 통관에 대한 정보는 대부분 복합화물운송 중개업자로부터 얻었고, 관세청 실시간 정보로부터도 얻었다(〈그림 11-16〉의 가).

　S기업은 HS코드 3921품목과 7410품목에 속하는 동판, 수지(樹脂), 화공약품, 기계 설비를 수입했는데, 이때의 원료구입은 복합화물운송 중개업자에게 주문을 했는데, 일본에서 약 80%를 수입했고 그 밖에 미국, 타이완, 홍콩 등으로부터 수입을 했다. 일본에서의 수입은 나리타공항 및 오사카·요코하마항을 통해 이루어졌는데, 항공운송이 약

80%, 해상운송은 20%에 불과했는데 해상 컨테이너 운송은 FCL과 LCL(Less than Container Load)이 각각 50%를 차지했다. 일본에서의 수입품목의 구성비는 인천공항과 부산항을 통해 FOB가 약 90%, CIF 등이 약 10%를 차지했다. 화공약품과 기계설비는 무게가 무겁고 부피가 크므로 부산항을 이용했고, 동판과 수지는 고가이고 운송하기에 위험한 상품이 아니고 수출 납기를 맞추기 위해 인천공항을 통해 수입되었는데, 그 구성비는 각각 약 30%와 약 70%였다. 그리고 부산항과 인천공항에서 보세운송을 하기 위해 보세창고에서 다시 청주시의 제조공장 보세창고로 운송했는데, 이는 복합화물운송 중개업자에 의해 운송되어 제조공장의 보세창고에서 관세사무소가 통관절차를 밟고 청주세관에 수리를 받았다.

수입된 원료는 제조공장에서 HS코드 8473품목, 8479품목의 완제품으로 생산해 보세창고에서 관세사무소에 의해 수출에 따른 통관절차를 밟고 청주세관에서 수리를 받은 후 S기업이 인천공항까지 직접 운송을 하며 복합화물운송 중개업자에 의해 인천공항에서부터 FOB로 약 95%, CIF로 5% 운송됐다. 수출상품은 복합화물운송 중개업자에 의해 해외 네트워크를 통해 타이완, 싱가포르, 유럽의 포르투갈, 이탈리아, 프랑스, 독일, 미국 등으로 수출됐다. 수출제품을 항공기에 의해 운송하는 이유는 고가의 상품이고 제품의 납기가 중요하기 때문이었다. 수출입 통관에 대한 정보는 관세사무소, 복합화물 중개업자로부터 얻었다(〈그림 11-16〉의 나).

G기업은 기계장비(HS코드 8473품목), 약품(HS코드 3920품목) 등의 원료를 일본에서 대부분 수입했는데, 일본 기업의 국내 지사가 약 80%를, 국내 대리점이 약 20%를 차지했다. 일본의 수출항은 고베(神戶)항으로 이곳까지는 FOB가 약 90%, CIF는 약 10%를 차지했는데, 이곳으로부터 부산항까지와 제조공장이 있는 청주시까지는 G기업의 복합화물운송 중개업자에 의해 운송됐다. 그리고 생산에 필요한 긴급화물은 보세운송업자의 트럭으로 제조공장이 있는 청주시까지 운송했고, 나머지 원료는 3일 동안 철도를 이용해 청주역에 운송해 보세운송업자 트럭으로 제조공장까지 운송되었으며 보세창고에 입고되어 관세사무소에 의해 통관절차를 밟고 세관의 수리를 받았다. 수입 원료의 약 90%는 컨테이너 FCL에 의하고 나머지 약 10%는 LCL에 의해 운송된다. 제조공

〈그림 11-16〉 FOB의 국제물류

(가) I기업

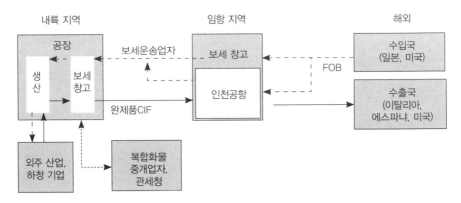

(나) S기업

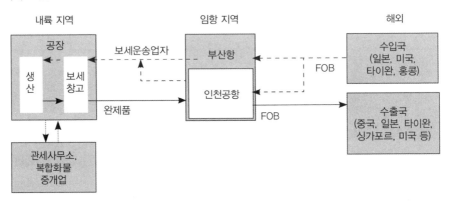

(다) G기업

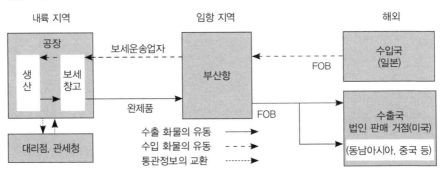

자료: 韓柱成(2005: 647).

장에서 생산된 완제품은 복합화물운송 중개업자에 의해 트럭으로 FCL에 의해 부산항 CY(Container Yard)까지 운송해 부산 관세사무소의 통관절차와 부산세관의 신고와 수리를 거쳐 CIF로 약 90% 수출했는데, 이는 수출에서의 운송비 절감과 서비스 제공으로 수입업자가 편리했기 때문이다. 부산항에서 수출절차를 밟는 이유는 과거부터 이곳에서 기업 자체가 수출절차를 밟았고 수출을 했기 때문인데, 최근에 복합화물운송 중개업자에게 외부수주를 해도 그 관행이 그대로 이루어지고 있었다. 수출국은 미국이 수출액의 약 70%를 차지했는데 이 경우 G기업의 미국 해외 판매거점에 수출을 했다. 그러나 동남아시아(수출액의 약 15% 차지), 중국(약 5%), 기타 국가(약 10%)는 바이어에게 수출했다. 수출입에 대한 정보는 대리점이나 관세청으로부터 얻었다(〈그림 11-16〉의 다).

③ 해외 생산거점과 분업을 한 CIF의 국제물류

C기업은 원피(HS코드 4101품목)를 미국으로부터 약 80%(브라질과 오스트레일리아가 약 12~15%)를 수입했는데(국내에서 약 5% 공급), 컨테이너의 FCL로 수송했으며, 미국의 경우 로스앤젤레스항과 샌프란시스코항을 통해 운송되었으며 공간적 가격제도는 CIF에 의했다. 이와 같은 공간적 가격제도에 의해 선박으로 부산항 CY에 도착해 간이검역을 받은 후 보세운송 컨테이너 운송트럭이나 철도를 이용해 청주시의 생산 공장 보세창고에 입고되어 실검역과 통관절차를 관세사무소를 통하지 않고 기업이 수입절차를 직접 밟아 피혁 가공을 했다. 철도의 원피 운송량은 약 30%로 조치원역을 통해 컨테이너 운송트럭으로 생산 공장까지 운송됐다. 제조공장에서 반제품으로 만든 가죽원단(HS코드 4104품목)은 청주세관에 기업이 직접 통관절차를 밟고 수리를 얻은 후 수출했는데, 수출이 80~90%로 이 가운데 해외수출과 국내반출이 각각 약 50%를 차지했다.

해외수출의 경우 부산항을 이용했는데, 부산항까지의 모든 운송과 수출절차는 회사에서 직접 했으며, 부산항에서 선박으로 홍콩에 대부분 수출했고 중국과 인도네시아에 일부 수출했다. 수출의 공간적 가격제도는 역시 CIF가 약 70%, FOB가 약 30%를 차지했다. 이와 같이 원피나 가죽원단의 수출입에서 공간적 가격제도로 CIF의 비율이 높은 이유는 국제관행상 수출회사가 부담하기 때문이었다.

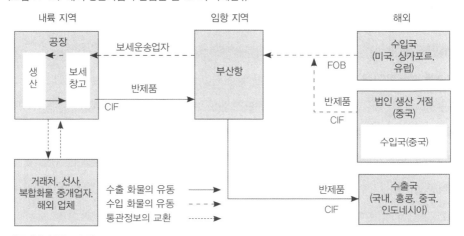

〈그림 11-17〉 해외 생산거점과 분업을 한 CIF의 국제물류

자료: 韓杜成(2005: 648).

또 중국의 산둥성 이윤(Yiyun)에 입지한 중국 기업이 임가공한 원피를 물공정(beam house)해 웨트 블루(wet blue) 단계인 반제품으로 부산항을 통해 수입해 청주공장에서 도장 공정을 했는데, 이는 연간 생산량의 약 10%로 이것도 국내·해외수출로 나누어졌다. 그리고 중국의 해외 생산거점에서 원피를 반제품으로 만든 것을 수입하기도 했다.

한편 피혁가공 과정에 필요로 하는 화학약품(HS코드 3920품목)의 경우는 유럽의 여러 국가와 미국, 싱가포르 등 세계 각국에서 컨테이너로 부산항에 FCL(약 50%), LCL(약 50%)로 수입됐는데, 공간적 가격제도는 CIF가 약 60%, FOB가 약 25%, 기타[관세미지급인도(Delivered Duty Unpaid: DDU), 운임포함인도(Cost and Freight: CFR)]가 약 15%를 차지했다. 그리고 부산항에서 제조공장까지의 보세운송은 FOB의 경우 복합화물운송 중개업자가, 나머지 공간적 가격제도는 기업이 직접 보세운송을 담당했다. 부산항을 수출입항으로 이용한 이유는 수출입에 관련된 여러 가지 조건이 한국의 어느 다른 항구보다도 좋기 때문이었다. 수출입 통관에 대한 정보는 거래처, 선사, 복합화물운송 중개업자, 그 밖의 국제가죽축제[17] 때에 해외업체로부터 얻는다(〈그림 11-17〉).

---

17) C기업의 구매과 담당자와의 인터뷰에 의하면 홍콩가죽축제(Hong Kong Leather Fair), 중국 광저우 가

이상에서 청주통관거점의 국제물류는 보세공장과 보세창고를 이용했고, 가격은 FOB와 CIF로 이루어졌는데, 기업이 이 가운데 저렴한 비용을 선택하며, 수출입 통관에 대한 정보는 다양한 곳으로부터 제공을 받았다.

7. 접목선인장의 글로벌 상품사슬

1) 음성군지역의 접목선인장 재배

1995년 한국은 GATT의 원회원국으로 WTO회원국이 되어 다른 산업부문과 더불어 농업부문도 국제경쟁력을 갖춘 수출형 산업으로서 그 지위를 얻기 위해 농업의 체질을 더욱 강화해나가고 있었다. 그 결과 해외로부터 농·축·수산물의 수입이 증가하면서 수출도 증가하고 있다. 농·축산물의 글로벌화가 급속히 진행되면서 농·축산물의 재배(양축)지역은 국제경쟁력을 갖추기 위해 지역의 농·축산업에 큰 변화를 모색하고 있다. 또한 GMO의 대량생산으로 가격 경쟁이 심해지는 한편 식품의 안전성 문제가 대두되고 있는 상황에서 이에 대한 대비가 필요한 시점이다. 그리고 최근에 광우병(Bovine Spongiform Emcephalopathy: BSE) 문제가 상정되는 것과 같이 농·축산물의 안전성과 품질에 대한 사회적 관심이 점점 높아지고 있다. 이처럼 농·축산물과 식료품의 세계화가 이루어짐에 따라 이에 대한 사회적·경제적 영향을 검토하는 것은 오늘날 매우 중요한 연구과제가 되었다.

한편 글로벌화의 추세에 따라 1980년대 전반까지 지역성을 기술하거나 입지 모델을 구축하는 연구에 머물렀던 농업지리학은 경제지리학의 영역에서 그중요성을 잃었다. 그러나 1980년대 후반 이후 농업지리학은 이론화를 모색해왔는데 그 논의의 발단이

죽축제(Guangzhou Leather Fair), 상하이 가죽축제(Shanghai Leather Fair), 한국의 가죽축제 등을 이용한다고 했다.

된 것이 농업의 산업화(agribusiness)론이다. 농업의 산업화는 상품사슬의 확대, 생산과 자본의 집중, 기업의 내부거래비용의 절감, 공정 관리의 용이 등의 이점을 가진 수직적 통합의 강화를 포함하며, 식료 시스템의 공간구조에도 큰 영향을 미쳤다.

농업지리학 접근방법의 변화에서 나타난 농업의 산업화 현상 중 상품사슬은 종래 생산물이 유통업자에 의해 소비자에게 전달되기까지의 과정인 유통과는 달리 생산단계로부터 소비에 이르기까지 각 유통단계의 사회적 관계를 파악하는 것이다.

여기에서는 원예작물로서 수출상품으로 크게 각광을 받고 있는 음성군지역의 접목선인장을 대상으로 글로벌 상품사슬을 파악해 보고자 한다. 음성군지역 접목선인장의 재배는 1997년부터 시작되어 한국이 IMF 구제 금융을 받고, 그 후 이를 극복해나가는 과정에서 농업 분야의 국제경쟁력을 갖추어가는 수출산업으로 등장했다. 농산물의 수출상품은 지역의 재배조건이나 농업경영자의 독특한 경영방식 등을 통해 국제경쟁력을 가능하게 하는데, 이런 점에서 음성군지역 접목선인장은 재배 농가뿐만 아니라 지역농업의 발전, 나아가 지역경제에 커다란 기여를 하고 있다.

선인장은 S. 55°에서 N. 50°에 이르는 전 세계의 넓은 지역에서 식생하고 있으며, 그 종류는 200속 2500여 종이 넘는 큰 식물군이다. 선인장의 재배 농가를 살펴보면, 2005년 한국의 화훼 농가 수는 1만 2859호로 총농가 수에 대한 비율은 1.0%에 지나지 않았다. 지역적 분포를 보면, 서울시가 15.6%를 차지해 가장 많았고, 다음으로 부산시 (7.4%), 경기도(2.9%)의 순으로 대도시인 서울시와 부산시·경기도에서 전체 농가 수에 대한 화훼 농가수의 비율이 높게 나타났다. 인구가 많은 수도권에서의 화훼 재배 농가 수가 많은 이유는 이 지역의 화훼 수요가 많았기 때문이다.

또 화훼 재배 농가 수에 대한 분화류 재배 농가 수의 비율을 보면 전국이 29.2%를 차지하며, 이를 지역별로 보면 울산시가 69.0%를 차지해 가장 높고, 그다음으로 서울시(68.4%), 경기도(59.5%), 대전시(42.4%)의 순이며, 충청북도는 23.5%를 차지해 전국 7위이다. 분화류 재배 농가 수에 대한 선인장 재배 농가 수의 비율을 보면 전국 평균이 7.7%를 차지했는데, 지역별로 보면 충청북도가 21.1%로 분화류 재배 농가 수에 대한 선인장 재배 농가 비중이 가장 높았다. 선인장 가운데 접목선인장의 판매액을 보면 경

<表 11-17> 음성군지역의 읍·면별 접목선인장 재배 농가 수·면적·판매액(2007년)

읍·면	농가		재배면적		판매액	
	수	비율(%)	면적(m²)	비율(%)	금액(1000원)	비율(%)
음성읍	1	6.7	2,314	6.1	15,000	2.4
금왕읍	7	46.7	14,876	39.1	348,000	54.5
대소면	2	13.3	4,958	13.0	50,000	7.8
삼성면	5	33.3	15,868	41.7	225,000	35.3
음성군	15	100.0	38,016	100.0	638,000	100.0

자료: 음성군 농정과에서 2008년 발간한 『2007년도 화훼재배 생산현황』.

기도가 전국의 71.2%로 가장 많았고 그다음으로 충청북도가 23.6%를 차지했다.

충청북도에서 접목선인장 재배는 음성군지역에서만 이루어지고 있다. 음성군지역의 분화류 품목별 농가 수는 덴파레(dendrobium phalaenopsis)를 재배하는 경우가 17농가로 가장 많았고, 접목선인장과 관음죽을 재배하는 경우가 15농가로 두 번째였다. 재배면적은 접목선인장이 가장 넓었으나, 판매액은 덴파레, 관음죽에 이어 세 번째였다.

음성군지역 접목선인장의 읍·면별 재배지역 분포를 살펴보면, 재배 농가 수는 모두 15호로, 음성·금왕읍, 대소·삼성면의 네 개 읍·면에서만 재배되었다. 이 가운데 금왕읍이 46.7%를 차지해 가장 많았고, 그다음으로 삼성면(33.3%), 대소면(13.3%), 음성읍(6.7%)의 순으로 나타났다. 재배면적과 판매액의 지역적 분포를 보면, 재배면적에서는 삼성면이 음성군지역 전체 재배면적의 41.7%를 차지해 농가당 재배면적이 금왕읍보다 넓었다는 것을 알 수 있다. 그러나 판매액에서는 금왕읍이 음성군지역 전체 판매액의 50% 이상을 차지해 농가당 판매액은 삼성면보다 더 많았다(<표 11-17>).

접목선인장의 생육에 양호한 온도조건은 주간이 30℃, 야간이 15℃이다. 그러나 진하고 선명한 구색(球色)이 나타나는 온도조건은 주간이 25℃, 야간이 15℃이다. 음성군지역은 자연재해가 비교적 적고 일교차가 커서 비모란(緋牧丹) 계통 접목선인장 꽃의 빛깔 등이 다른 지역보다 우수하다. 또 수도권과 거리가 가깝고 교통이 편리하며 지가가 저렴하다는 이점도 가지고 있다.[18] 그러나 접목선인장은 다른 작목에 비해 노동력이 많이 들어 앞으로의 국제경쟁력에서 상당히 문제점을 가지고 있는 실정이었다.

2) 접목선인장의 재배방법과 자재 구입지역

(1) 재배역사와 재배방법

① 접목선인장의 재배역사

음성군지역에서 접목선인장을 처음 재배하게 된 것은 1997년 경기도 고양시에서 수출업자[19]인 김병권이 음성군 대소면으로 이주해오며 화훼농장 경영을 시작한 것이 계기가 되었다. 그 당시 김병권은 음성군 금왕읍의 유대섭과 함께 충청북도와 음성군의 지원을 받아 접목선인장 재배를 시작했고, 김병권이 유대섭에게 종자를 배분해주었으나 종자에 바이러스 피해가 많았다.

한편 1998년 축산업을 하던 음성군 삼성면의 김기홍은 농촌진흥청 원예연구소의 지원을 받아 접목선인장 재배를 시작했다. 김기홍은 농촌진흥청으로부터 새로운 종자를 보급받아 재배에 성공해 음성군 재배단지의 규모도 커지게 되었다. 농촌진흥청에서 육종한 접목선인장은 음성군 재배 농가에서 생산해 네덜란드 등으로 수출되었다. 농촌진흥청에서 육성한 신품종은 시범농장으로 선정된 김기홍의 농장에서 시범재배한 후 품종등록을 거쳐 농가에 보급되었다. 음성군지역의 접목선인장 재배 농가는 농촌진흥청 원예연구소로부터 종자를 보급받았으며, 입찰자격증을 가진 김기홍과 유대섭이 육성된 종자 보급을 위한 입찰에 참여해 음성 수출선인장 작목회(이하 작목회) 회원 농가에게 배분해주었다. 현재 김기홍은 음성군은 물론 다른 지역 재배 농가에게도 종자를 배분해주고 있다.[20] 한국 접목선인장은 경기도 고양·안성시, 충청북도 음성군, 충청남도 천안시 지역의 작목회에서 대부분 생산하고 있다.

---

18) 2008년 1월 24일 금왕읍 황영기 작목회 회장과의 인터뷰 조사 결과이다.
19) 접목선인장 수출업자는 단순히 수출업만 하는 것이 아니라, 자신의 화훼농장을 경영하면서 수출업에도 종사했다.
20) 2008년 1월 24일 삼성면 김기홍 작목회 회원과의 인터뷰 조사 결과이다.

② 접목선인장의 재배방법

음성군지역에서 재배되는 접목선인장의 품종은 비모란, 산취, 소정, 비화옥, 금황환 등이다. 접목선인장 품종별 재배면적은 비모란이 90%로 대부분을 차지했으며 산취와 소정이 각각 3%, 비화옥과 금황환이 각각 2%로 가장 적었다. 현재 접목선인장은 농촌 진흥청 원예연구소에서 육종을 해 신품종이 개발되어 재배되는 품종은 계속 변화하고 있다.[21] 육종된 품종은 시범재배를 거쳐, 품종 등록을 한 후 입찰을 통해 농가에 보급 되어 재배된다. 음성군지역에서 재배되고 있는 비모란 품종에는 후홍(붉은색), 화홍(붉 은색), 연옥(분홍색), 황월(오렌지색), 색동(붉은색과 노란색),[22] 오작(검은색의 모구에 붉은 색 자구) 등이었다.

접목선인장의 받침이 되는 삼각주는 타이완의 무균(virus free) 삼각주의 품종이 우수 해 전국에 보급되었고, 한번 재배하면 바이러스의 감염이 없을 경우(無病柱, 무병주) 10~20년 동안 사용할 수 있다. 재배 농가에서는 농촌진흥청 원예연구소로부터 삼각주 를 구입해서 15cm 간격으로 잘라 종자로 재배한다. 정식(定植)한 후 10개월 뒤면 약 80~90cm로 자라며, 이를 다시 15cm 종자용 삼각주로 자르면[23] 약 여섯 개를 생산할 수 있다. 15cm로 자른 삼각주는 다시 정식해 상품용 삼각주로 재배한 후 알맞은 크기 로 잘라 접목용으로 사용한다. 수출용 접목선인장의 삼각주 규격은 비모란 6·9·14cm, 산취 9·14cm, 소정·비화옥·금황환은 각각 9cm의 크기로 정해져 있다. 종자용이나 상 품용 삼각주는 정식한 후 온도를 25~28℃를 유지하고, 물은 월 2회 정도 스프링클러를 통해 주면서 10개월 정도 재배한다. 농가에서 처음 재배할 때는 〈그림 11-18〉의 재배 달력과 같이 재배되지만, 일정 기간이 지난 후 실제로 농가에서는 종자용 삼각주와 상 품용 삼각주를 다른 곳에서 동시 재배한다. 그리고 토양은 모래와 돈분(豚糞)을 섞은 것 을 이용하고 비료는 주지 않는다.[24]

---

21) 접목선인장은 접목에 의한 세대진전으로 구색이 퇴색하고, 바이러스 감염 등으로 접목활착률이 저하되 어 지속적인 품종 갱신이 필요하다.

22) 구색이 붉은색이고 노란색 자구가 생긴 것을 말한다.

23) 이때 종자용 삼각주를 자르는 칼은 부탄가스 불로 소독해서 사용한다.

<그림 11-18> 접목선인장 종자용 삼각주의 재배달력

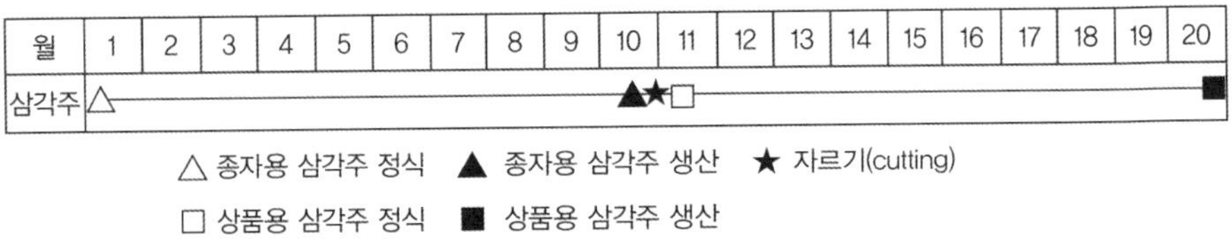

월	1	2	3	4	5	6	7	8	9	10	11	12	13	14	15	16	17	18	19	20
삼각주	△									▲★	□									■

△ 종자용 삼각주 정식   ▲ 종자용 삼각주 생산   ★ 자르기(cutting)
□ 상품용 삼각주 정식   ■ 상품용 삼각주 생산

자료: 張美花·韓柱成(2009: 62).

다음으로 농촌진흥청 원예연구소에서 구입한 접목선인장의 모수(母樹, 종자)에는 모수 한 개당 7~10개의 자구(子球, 모수에 달린 방울선인장)가 달려 있다. 모수에 달린 자구를 하나씩 떼어낸 후 삼각주에 접목하는데, 그 방법은 삼각주를 터치 램프(touch ramp)로 소독한 후 자구와 삼각주를 나비집게로 집어서 3일 후에 떼 내어 다시 3일 동안 건조시킨 후 온실의 생력 트레이(省力 tray)에 정식해 종자로 재배해 사용한다.

품종별 종자용 자구와 상품용 접목선인장 재배기간은 다르다. 비모란의 경우는 종자 정식 10개월 후에 자구를 생산하며 이를 따서 접목해 정식한다. 정식 후 14cm는 약 9~10개월 후에, 9cm는 약 7~8개월 후에, 6cm는 약 3개월 후에 상품용으로 생산된다.[25] 실제 재배 농가에서는 계속해서 접목선인장을 재배하면 토양의 생산력이 떨어지므로 휴경기간이 있어 14cm 비모란은 1년에 한 번 정도, 9cm는 2년에 세 번, 6cm는 1년에 두 번 정도 수확한다.

또 산취의 경우 종자 정식 6개월 후에 자구를 따서 접목해 상품용 접목선인장을 정식하는데, 14cm는 약 7~8개월 후에, 9cm는 약 4~5개월 후에 접목선인장이 생산된다. 소정·비화옥·금황환은 종자를 정식한 8개월 후에 자구를 따서 접목해 상품용 접목선인장을 정식하고 정식 후 약 4~5개월 후에 9cm의 접목선인장을 생산한다(<그림 11-19>). 접목할 때는 노동력이 많이 필요하므로 2~5인 정도의 임시노동자를 고용한다.

---

24) 2008년 9월 27일 삼성면 김기홍 작목회 회원과의 인터뷰 조사 결과이다.

25) 2~6월 사이에는 빨리 자라 생산기간이 짧으나, 여름, 가을, 겨울에는 잘 자라지 않아 생산기간이 길어지므로 접목시기에 따라 생산기간의 차이가 나타나므로 평균 생산기간을 나타낸 것이다.

〈그림 11-19〉 접목선인장의 품종별 재배달력

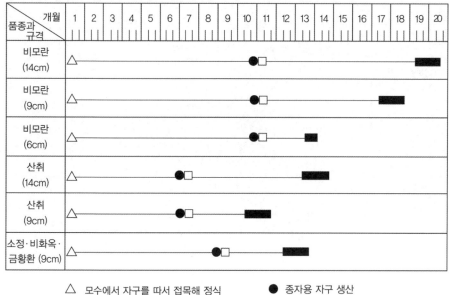

품종과 규격 \ 개월	1	2	3	4	5	6	7	8	9	10	11	12	13	14	15	16	17	18	19	20
비모란 (14cm)										●□									■	
비모란 (9cm)										●□			■							
비모란 (6cm)										●□		■								
산취 (14cm)						●□							■							
산취 (9cm)						●□				■										
소정·비화옥· 금황환 (9cm)							●□			■										

△ 모수에서 자구를 따서 접목해 정식　　● 종자용 자구 생산
□ 종자용 자구를 따서 접목해 정식　　■ 접목선인장 생산

자료: 張美花·韓柱成(2009: 62).

접목선인장의 생산시기를 비모란 9cm를 기준으로 살펴보면 1~6월 사이에 생산량의 60%를, 7~12월 사이에 40%를 생산한다. 11~1월 사이와 한여름에는 접목을 많이 하지 않는다. 왜냐하면 겨울에는 지온이 낮아 뿌리가 잘 내리지 않으므로 온도를 높이기 위한 난방비가 많이 들고, 한여름에는 기온이 너무 높아서 접목실 온도를 28~30℃로 조절해줘야 하기 때문이다.

(2) 재배에 필요한 자재 구입지역

접목선인장을 재배하기 위해서는 여러 가지 자재가 필요하다. 먼저 작업실에서 사용하는 자재 중 재료를 구입해 본인이 제작해 사용하는 것으로는 자, 작업대, 건조대 선반이 있다. 삼각주를 자르는 칼은 국산과 일본·스웨덴에서 수입된 것을 음성군이나 서울시에서 구입해 사용하며, 삼각주·모수·나비집게·특허제품인 밴드형 접목 틀은 농

〈그림 11-20〉 접목선인장의 자재 구입지역

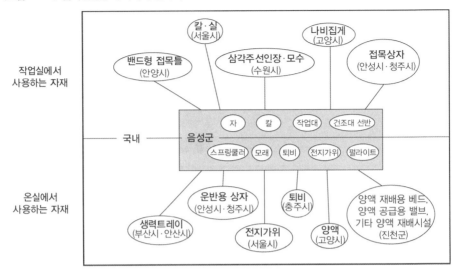

자료: 張美花・韓柱成(2009: 63).

촌진흥청 원예연구소와 고양시에 위치한 영농조합법인 선인장연구회(이하 선인장연구회)에서 단체로 구입해 사용한다. 즉, 시설 부문에서는 음성군 내의 지역 네트워크가 강하지만, 전문적 자재는 음성군 이외의 지역 특히 관련 기관이나 공장·선인장연구회 등의 관련 단체와의 네트워크이 강하다는 것을 알 수 있다(〈그림 11-20〉). 자재의 구입 단가에 의한 구입지역을 보면 음성군 내의 지역 네트워크가 강하다는 것을 알 수 있다.

다음으로 온실에서 사용하는 스프링클러·모래·펄라이트(pearlite)는 음성군에서, 퇴비는 음성군이나 충주시에서, 전지가위는 국산이나 일본에서 수입된 것을 음성군이나 서울시에서, 생력 트레이·양액·기타 양액 재배시설과 같은 전문자재는 음성군 이외의 지역에서 구입한다. 그리고 양액 재배용 베드(beds)나 양액 공급용 밸브 등은 네덜란드에서 수입된 것을 진천군에서 구입하며, 운반용 상자는 안성·청주시에서 구입해 사용하므로 지역 간 네트워크가 강하게 작용한다(〈그림 11-20〉). 구입 단가에 의한 구입지역을 보면 양액재배의 경우 진천군과, 양액재배가 아닌 경우는 음성군 내의 지역 네트워크가 강하게 작용했다.

3) 접목선인장의 재배지역 형성과 생산조직

(1) 접목선인장 재배지역의 형성과정

음성군지역 접목선인장은 1997년부터 일부 관엽류 재배 농가가 대체작물로 재배를 시작했는데, 재배되는 접목선인장은 비모란 외 다수종이다. 접목선인장 재배지역의 형성과정은 〈그림 11-21〉과 같다. 먼저 1997년 1번(농가번호) 농가가 금왕읍에서 처음으로 재배를 시작한 후, 2000년까지 금왕읍에 두 농가(2·5번), 음성읍에 한 농가(7번), 대소면에 한 농가(4번), 삼성면에 두 농가(3·6번)로 모두 일곱 개 농가가 재배를 시작하게 되었다. 2001~2005년 사이에는 금왕읍에 네 개 농가(8·9·10·14번), 삼성면에 세 개 농가(12·13·15번)와 대소면에 한 농가(11번)로 모두 여덟 개의 농가에서 재배를 시작해 2007년 총 15개 농가가 접목선인장을 재배했다.

1997년 접목선인장 수출업자인 김병권은 경기도 고양시에서 음성군으로 이주해와서 관엽류를 재배하던 1번 농가와 함께 도청과 군청의 지원을 받아 접목선인장 재배를 시작했다. 그 후 김병권은 2·4·5[26)]·7·8번 농가에 재배를 권유했다. 또 5번 농가는 대학 후배인 9번 농가와 같은 군내의 10·11번 농가에게, 1번 농가는 친구인 14번 농가에게 재배를 권유했다. 3번 농가는 음성군농업기술센터의 특화작물사업으로 재배를 시작했고, 6번 농가는 농촌진흥청 원예연구소의 협조와 군청의 작목반 구성 권유로 3번 농가와 동업으로 재배를 시작했다. 그리고 12번 농가는 경기도 고양시에서 접목선인장을 재배하다가 지가가 저렴한 음성군으로 이주해 재배하게 되었다. 13번 농가는 경기도 안성시에서 접목선인장을 재배하던 언니의 영향으로, 15번 농가는 축산업을 하던 아버지와 6번 농가의 권유로 재배를 시작했다(〈그림 11-21〉). 이와 같이 음성군지역 접목선인장 재배 농가는 개인, 행정기관과의 인적 네트워크와 저렴한 지가에 의해 형성되었다고 할 수 있다.

---

26) TV에서 접목선인장에 관한 방송을 보고 강원도 춘천시에서 음성군으로 이주해 김병권 씨의 농장에서 기술을 습득한 후 재배하기 시작했다.

〈그림 11-21〉 음성군지역 접목선인장 재배 농가의 지역적 형성과정

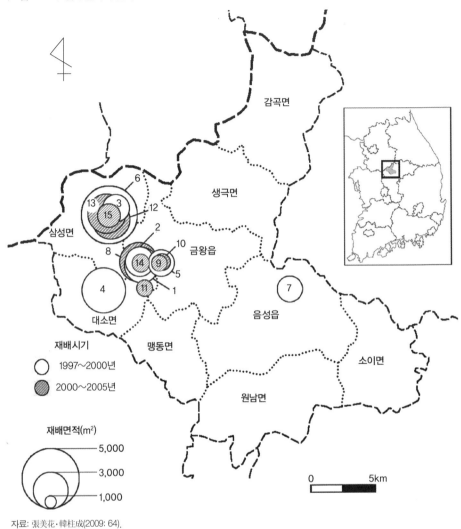

재배시기
○ 1997~2000년
● 2000~2005년

재배면적(m²)
5,000
3,000
1,000

0   5km

자료: 張美花·韓柱成(2009: 64).

음성군지역 접목선인장의 재배 농가 15가구 중 한 농가를 제외하면 모두 전업농가
로 작물재배의 전문성을 갖추었다. 재배경지는 자가 경지가 여덟 개 농가, 임대 경지가
다섯 개 농가, 자가와 임대를 함께 하는 농가는 두 농가이다. 농가당 재배면적은 평균
2534.4m²로 2~5인의 노동력을 이용했다. 자가 노동력보다 상시 고용노동력이 많은 농

〈표 11-18〉 음성군지역 접목선인장 재배 농가 구성(2007년)

농가 번호	농장소재지	재배 연도	농가 구분	경지면적(m²)		재배 면적 (m²)	노동력		판매량 (본)	판매액 (1000원)
				자가	임대		자가	상시 고용		
1	금왕읍 행제리 296	1997	전업	2,975		2,975	2	2	300,000	75,000
2	금왕읍 행제리 376	1998	전업	2,479		2,479	2	2	150,000	35,500
3	삼성면 덕정리 651	1998	전업		2,314	2,314	1	2	200,000	50,000
4	대소면 태생리 270-2	1998	전업	2,314	1,322	3,636	2	3	200,000	50,000
5	금왕읍 도청리 436	1998	전업		2,149	2,149	2	2	250,000	87,500
6	삼성면 덕정리 651	1998	전업	4,959		4,959	2	3	600,000	100,000
7	음성읍 용산리 81	2000	전업	2,314		2,314	1	2	60,000	15,000
8	금왕읍 행제리 396	2001	전업	1,653	1,653	3,306	3	1	400,000	100,000
9	금왕읍 도청리 403	2002	전업		1,157	1,157	2	2	50,000	12,500
10	금왕읍 도청리355-2	2004	전업	1,322		1,322	2	1	150,000	37,500
11	대소면 성본리 215-1	2004	전업		1,322	1,322	2		0	0
12	삼성면 덕정리 904	2004	전업	3,306		3,306	2	1	120,000	30,000
13	삼성면 덕정리 904-1	2005	전업	3,306		3,306	2	3	170,000	45,000
14	금왕읍 행제리 185	2005	겸업	1,488		1,488	2		0	0
15	삼성면 덕정리 1015-1	2005	전업		1,983	1,983	1		0	0
계				26,116	11,900	38,016			2,650,000	638,000

자료: 張美花·韓柱成(2009: 64).

가는 재배면적이 3000m² 이상인데, 이는 접목선인장을 재배할 때 접목작업에서 노동력의 수요가 많기 때문이다. 판매량을 보면 현재 출하를 하지 않고 재배 중인 농가를 제외하면 1년에 5만 본에서 60만 본까지 판매하고 있음을 알 수 있다(〈표 11-18〉).

(2) 고품질화와 수출을 위한 생산조직체의 활동

음성군지역 접목선인장 재배 농가는 상품의 고품질화를 위해 작목회를 조직해 품질 및 안전성 관리, 수출시장 개척과 정보획득, 자조금 조성 및 운영을 했다. 그 결과 2001년 농림부 지정 농산물 수출단지로 지정되었으며 농림부와 농산물유통공사에서 원예전문생산단지 평가 결과 2005·2006년 2년 연속 화훼 부문 우수단지로 지정받았다. 생산조직체의 지역 내 및 지역 간의 활동을 살펴보면, 먼저 지역 내의 경우 품질 및 안전성 관리를 위해 온실을 건축할 때 일반 비닐을 사용하지 않고 솔라닉 필름(solarnic film)을 사용해 색상이 선명한 고품질 선인장을 생산하고 접목 틀·접목상자 및 운반상자를 이용해 인력과 비용을 절감하는 기반시설을 해 경쟁력을 갖추었다. 또 연작에 따른 피해를 방지하고 토양개량을 위해 펄라이트와 숙성 포대거름을 사용하고, 겨울철 작물관리를 위해 온도, 습도, 물 관리, 빛 조절을 철저하게 하는 등 품질관리를 했다. 모든 작업을 할 때에 철저하게 소독해 병해충을 방지했다.

음성군지역 접목선인장 작목회는 지역 간의 활동으로 고양시에 있는 경기도 농업기술원 선인장연구소에서 금형을 떠놓고 주문 제작하는 생력 트레이를 사용해 색상을 선명하게 하고, 양액 재배시설을 설치하고 선인장연구소에서 생산한 양액을 사용해 고품질 선인장을 생산했다. 그리고 수원시에 있는 농촌진흥청 원예연구소의 종자 입찰권을 두 회원농가가 취득함으로써 종묘업에 등록되어 다른 선인장 작목회보다 우선 입찰자격을 가져 신품종 확보에 유리했다.

음성군지역 접목선인장 작목회 회원들은 수출시장을 개척하기 위해 2004년 네덜란드의 인터켁터스(Intercactus)사 바이어 대표를 초청해 접목선인장의 수출에 대한 정보와 교육을 받았으며, 같은 해에 해외시장 개척을 위해 중국을 방문했다. 또한 해외시장 개척 및 선진기술을 습득하기 2006년 오스트레일리아 화훼농장을, 2007년에는 베트남의 재배농장을 견학했다. 농촌진흥청 원예연구소와 영농조합법인 선인장연구회 등 화훼 관련기관과 긴밀한 협조 및 교류를 통해 해외시장에 대한 정보와 재배기술의 향상으로 다변화되는 해외시장에서 경쟁력의 우위를 갖추기 위해 노력했다.

또 고유가 시대에 에너지 절약과 인건비 절감, 고품질 접목선인장을 생산하기 위해 온수난방시설(36동, 5150평)의 사업을 완료했고 고품질 친환경 농산물 생산을 위한 접목선인장 양액 재배시설(300평)을 운영했다.

끝으로 음성군지역 접목선인장 작목회는 선인장연구회의 음성지회로 연구회 공동으로 자조금을 조성해 선인장연구회를 통해 선인장 신상품 개발 및 마케팅, 선인장 소비촉진을 위한 TV·신문·버스 광고 등의 홍보활동,[27] 선인장 산업전시회 개최, 선인장과 다육식물의 도감 발행 등의 활동을 했다. 음성군지역 접목선인장의 시설확충은 보

〈그림 11-22〉 고품질화를 위한 작목회의 활동

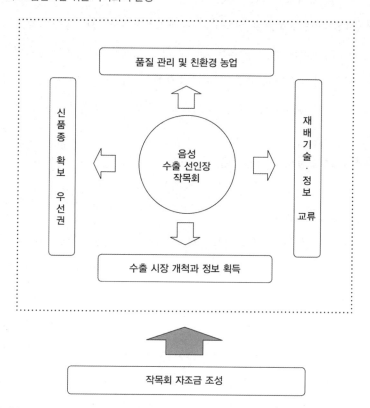

자료: 張美花·韓柱成(2009: 66).

조사업 지원비와 자비에 의해 이루어졌는데, 2004~2007년 사이에 8억 4456만 6000원
이 투자되었다. 그 가운데 자비가 54.8%, 군비 30.6%, 국비 8.4%, 도비가 6.2%를 차지
했다. 그러나 최근에는 국비지원이 없고 도비·군비를 합쳐서 약 40%만 작목회 명의로
지원받고 있다.

출하규격은 임의단체인 접목선인장 작목회의 합의에 의해 정했는데, 그중에서도 산
지(産地) 내의 조절[가내적(家內的) 컨벤션]이 가장 중요하다. 그러나 유사·가짜 음성군지

---

27) 각종 매스컴이나 사회단체 등에서 매년 10회 이상 방문과 견학을 했다.

역 접목선인장을 배척하기 위한 상표등록(공업적 컨벤션)은 아직 이루어지지 않고 있으며, 고품질화를 위해 공동으로 선별하고 판매대금을 규격별로 공동관리(pool) 계산하는 공선공계체제(共選共計體制)도 정비되지 않았다. 또한 음성군지역 접목선인장의 브랜드화는 산지내의 생산자를 통한 조절이 중요한데, 아직 이에는 이르지 못했다. 이상의 음성군지역 접목선인장 작목회의 활동을 모델화한 것이 〈그림 11-22〉이다.

4) 접목선인장의 글로벌 상품사슬

(1) 접목선인장의 수출지역 변화

1978년 한국은 선인장을 화훼작물로서 처음으로 수출한 이래 1999년에는 294만 2000달러를 수출해 화훼 수출액의 15.0%를 차지하는 중요한 수출작물로 발달시켰다. 2007년에는 접목선인장 수출액이 180만 6000달러를 넘어 한국 화훼 수출액의 3.1%를 차지했다. 현재 우리나라는 접목선인장의 세계시장 수요량의 70% 이상을 공급하는 최대 수출국으로, 꽃의 나라로 불리는 네덜란드를 비롯해 세계 20여 개국에 수출했다.

음성군지역 접목선인장은 1997년부터 수출되기 시작했는데, 이때는 생산량 전부를 수출해 전국 접목선인장 수출액의 약 70%를 차지했다. 그러나 2007년에는 40% 정도로 비율이 낮아졌는데, 이는 고양시에서의 수출량이 증가되었기 때문이다. 음성군지역 접목선인장의 수출본수와 수출액의 변화를 보면 2001년 이후 수출은 계속 증가 추세인데 수출본수보다는 수출액의 증가율이 컸다(〈그림 11-23〉).

음성군지역 접목선인장은 수출할 때 병충해 방지와 원활한 검역을 위해 뿌리를 제거한 후 포장해 수출한다. 수출절차는 먼저 해외 수입업체로부터 접목선인장을 품목별·규격별로 주문을 받으면 수출업체의 수집전담자가 재배 농가와 수출물량을 교섭하고 출하체결을 한다. 다음으로 수출업체가 순회 수집을 해 품종별·등급별·크기별로 재분류한 후 포장작업을 하고 선적 서류를 작성해 식물검역을 받으면 항공기나 선박화물 대리점에 운송을 의뢰하고 항공기와 선박 확보를 요청한다. 수출품목의 운송 및 선적 서류를 인계하고 수출을 위한 통관신청을 해 수출면장을 발급받은 후 수출품목 선

〈그림 11-23〉 음성군지역 접목선인장의 수출액 변화

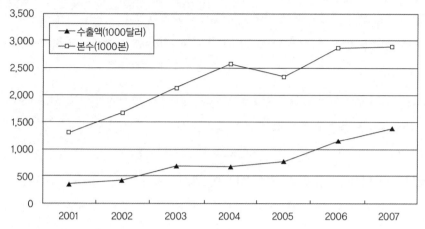

주 1: 2002년의 수출액은 환율을 1달러 1000원으로 환산한 금액임.
주 2: 2004년의 수출본수는 '음성 수출선인장 작목회 현황'에 의함.
자료: 張美花·韓柱成(2009: 66).

〈그림 11-24〉 접목선인장의 수출체계

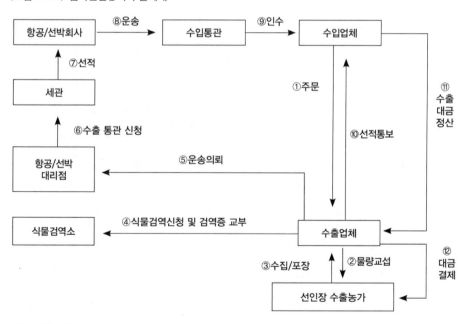

자료: 張美花·韓柱成(2009: 67).

적 및 선적서류를 탁송하고 수송을 하면 수입국에서 수입 통관절차를 밟아 물품을 인수하게 된다. 그 후 수출품목 선적내용을 재배 농가에 통보하고, 수출대금 회수와 정산을 한다. 수출농가에 대한 수출대금 정산은 농가에서 출하한 후 2개월 이내에 이루어진다(〈그림 11-24〉).

음성군지역 접목선인장은 수출이 약 85%로 개별농가 단위에서 이루어진다. 이것은 작목회에서 공동 출하할 경우 품질 차이 등의 어려움이 있기 때문이다. 수출은 1년 단위로 선인장연구회에서 선정한 수출업체에 모두 위탁하는데, 2007·2008년 모두 고덕원예무역, 고덕영농조합법인, 청풍원예무역, 대선농원의 네 개 수출업체가 이를 담당했다. 수출업체의 선정과 가격 결정은 1년 단위[28]로 연말에 선인장연구회와 모든 수출업체 대표(선인장 수출협의회)가 모여서 해외시장의 상황 및 환율변동, 농가의 생산여건의 변화에 따라 탄력적으로 가격조정이 이루어지고, 수출업체의 등록과 선인장연구회에서의 선정으로 계약이 이루어지게 된다. 이 과정에는 선인장연구회와 수출업체 간의 신뢰가 거래의 중요한 밑바탕이라고 할 수 있다.

접목선인장 15개 재배 농가 중 국내에 판매하는 한 농가를 제외하면 청풍원예무역에만 출하하는 농가는 네 개, 청풍원예무역과 고덕원예무역·고덕영농조합법인에 출하하는 농가는 일곱 개, 세 개의 수출업체 중에서 여섯 개 농가가 청풍원예무역에 40% 이상, 나머지 한 개 농가는 고덕원예무역에 70% 이상 출하했다. 또 청풍원예무역과 고덕원예무역에 출하하는 농가는 한 개로 청풍원예무역에 90% 이상 출하했으며, 고덕원예무역과 고덕영농조합법인에 출하하는 농가는 한 개로 개인적인 친분에 의해 고덕원예무역에 80% 이상 출하했다. 그리고 청풍원예무역과 고덕원예무역·고덕영농조합법인·대선농원의 네 개 수출업체에 출하하는 농가는 한 개였다(〈표 11-19〉).

음성군지역 접목선인장 재배 농가는 네 개의 수출업체 중 청풍원예무역에 가장 많이 수출을 의뢰했는데, 그 이유는 청풍원예무역이 가장 오래전부터 수출을 시작했고 대금정산이 빠르며 사장이 미국에 이민을 가 있어 외국어에 능통하고 대외교섭력이 좋

---

28) 접목선인장 가격은 1년 단위로 일정하나 원화의 가치로 결정되므로 환율의 영향을 받는다.

〈표 11-19〉 재배 농가의 수출업체 출하비율

농가번호		청풍원예무역	고덕원예무역	고덕영농조합법인	대선농원
10, 11, 13, 15		●			
세 곳에 출하하는 농가	8, 14	●	○	○	
	3, 6	◉	○	○	
	2, 12	◐	◎	◎	
	1	○	◉	○	
9		●	○		
4			●	◎	
5		◉	○	○	○

주: ● 80% 이상, ◉ 60~80%, ◐ 40~60%, ◎ 20~40%, ○ 20% 미만.
자료: 張美花·韓柱成(2009: 67).

아 외국의 수입업자로부터 주문을 많이 받기 때문이었다. 2007년 음성군지역 접목선인장을 수출업체에 의뢰하는 비율은 청풍원예무역이 약 70%로 가장 높았고, 고덕원예무역과 고덕영농조합법인은 각각 약 20%와 10%로 주문이 늘어나고 있는 추세였다. 대선농원에는 15개 농가 중 한 농가에서만 수출을 의뢰하며 그 양도 매우 적었다.[29]

재배 농가별로 수출업체에 상품을 의뢰하는 비율은 그 차이가 컸다. 재배 농가는 청풍원예무역에 많이 의뢰했으며, 한 수출업체보다는 여러 수출업체에 의뢰하는 경우가 더 많았다. 또 대체로 주문량이 많은 수출업체에 많이 판매하나 그 동안에 쌓은 신뢰나 사회적 관계가 중요하게 작용하기도 했다. 선인장연구회에서 접목선인장을 농가에서 출하한 후 60일 이내에 농가에 대금을 정산하도록 규정되어 있어 대금을 빨리 정산해 주는 수출업체가 물량 확보에 더 유리하게 작용하기도 했다. 수요가 많은 봄에는 물량이 많이 부족하기 때문에 수출업자는 물량을 확보하기 위해 평소 재배 농가와 신뢰를 쌓고 유대관계를 잘 지속하는 것이 중요했다.

재배된 접목선인장은 수출업자가 개인 생산자에게 물량주문을 하면 재배 농가는 주문일자까지 주문량의 접목선인장을 운반용 상자에 담아 놓는다. 그것을 수출업자가

---

29) 음성군 접목선인장 생산농가와의 인터뷰에 의한다.

냉장차로 고양시 수출작업장으로 수송하며, 이때에 수송비는 수출업자가 부담한다. 수출업자는 수출작업장에서 접목선인장의 병충해 확인 등 선별작업을 한 후 메티다티온(methidathion, 수프라사이드)이라는 깍지벌레 소독약으로 소독을 해서 포장 박스에 지그재그로 담아 놓는다. 그 후 외국 수입업자가 수출상의 원가와 수출항까지의 운송비용, 본선적재비용과 수출통관비용 등을 합한 상품가격을 부담하는 FOB로 선적을 해준다. 그리고 외국 수입업자는 선박 또는 항공기를 이용해 수송한 후 본국의 경매시장 등의 유통기구를 통해 경매하거나 판매했다.

청풍원예무역의 경우 접목선인장의 수출은 네덜란드가 약 40%로 가장 많았고 다음으로 미국이 약 30%, 캐나다가 약 20%를 차지했으며, 그 밖에 오스트레일리아·말레이시아·러시아·키르기스스탄 등으로 수출했다. 접목선인장을 수출할 때는 수출량의 약 70%는 에어컨이 작동되는 컨테이너를 이용해 선박으로 부산항을 통해, 수출량의 30%는 항공기로 인천국제공항을 통해 수출했다. 수출량이 많을 때에는 선박을 이용하는 경우가 많지만 수출량이 적을 때는 항공기를 이용했다. 접목선인장의 수출량이 많은 네덜란드의 경우 선박을 이용할 때는 23일 정도 걸려 암스테르담항·로테르담항에 도착하고, 항공기의 경우는 로테르담의 스키폴공항에 도착한다. 미국으로 수출할 경우는 선박으로 12~13일이면 태평양 서해안 로스앤젤레스의 롱비치항에 도착하며, 캐나다는 항공기로 토론토공항에 도착한다. 그런데 선박이 적도를 지날 때에는 접목선인장이 썩거나 변색이 되기 쉬우므로 이에 대비해 취급하는 기술이 필요하다. 남아메리카 지역의 경우 수요는 있으나 이러한 문제점 때문에 수출이 이루어지지 않았다.[30]

고덕영농조합법인의 경우 수출담당자들이 무역영어에 능통하지 못했기 때문에 약 80%는 바이어를 통해 수출하고, 나머지 약 20%만 직접 수입업자와 거래했다. 수송수단은 항공기로 100% 수출했는데, 재배 농가에서 냉장차로 고양시 작업장으로 수송한 후 선별, 소독과정을 거쳐 인천국제공항으로 수송해 운수회사에 인계했다. 2007년에는 캐나다로 약 50%를 수출해 수출량이 가장 많았고,[31] 그다음으로 미국(약 30%), 네덜

---

30) 2008년 8월 16일 청풍원예무역 담당자와의 인터뷰 조사 자료이다.

란드(약 10%), 그 밖에 이탈리아·오스트레일리아·말레이시아 등이 약 10%를 차지했다. 고덕영농조합법인이 다른 수출업체와 다르게 항공기로 수출하는 이유는 선박으로 수출할 경우 소요시간이 많이 걸리고, 색깔이 퇴색하며 부패율이 증가해 손실률이 높았기 때문이다.[32]

고덕원예무역의 경우 접목선인장의 수출량은 네덜란드가 약 40%로 가장 많았고, 그 다음으로 캐나다·미국이 약 40%, 그 밖에 오스트레일리아, 일본·타이완·싱가포르·말레이시아 등이 약 20%를 차지했다. 수송수단은 선박이 약 60%, 항공기가 약 40%로 각각 부산항과 인천공항을 통해 수출됐다. 네덜란드의 경우 선박이나 항공기를 이용해 각각 로테르담항과 스키폴공항으로, 캐나다는 항공기를 이용해 토론토공항으로 수출하며, 미국의 경우 선박으로는 로스앤젤레스 롱비치항으로, 항공기로는 로스앤젤레스 공항과 플로리다주 올란도공항으로 수출했다. 오스트레일리아는 수출량이 적기 때문에 항공기를 이용해 브리즈번공항으로, 그 밖에 일본·타이완·싱가포르·말레이시아도 항공기를 이용해 수출했다. 그리고 마지막으로 대선농원은 적은 양이지만 네덜란드에 주로 수출했다.

수출 시기는 2~6월이 전체 수출량의 약 70%를 차지할 정도로 상반기에 집중되고 나머지 약 30%는 8~9월 사이에 이루어져 10월이면 수출이 종료되는데, 이는 주요 수출국인 네덜란드에 일조량이 부족해 수입업자가 겨울철에는 수입을 기피하기 때문이다.[33]

2005~2007년 사이에 음성군지역에서 접목선인장 수출지원금[34]을 받은 농가의 수출대상국의 수출액 변화[35]를 살펴보면 네덜란드와 미국·캐나다가 주요 수출대상국이지

---

31) 2008년에는 9월 현재까지 캐나다에 수출량이 없는데, 이는 캐나다에서 너무 가격을 낮게 요구하기 때문이라고 했다.

32) 2008년 9월 29일 고덕영농조합법인 담당자와의 인터뷰 조사 자료이다.

33) 11~1월에는 수출이 거의 이루어지지 않는데, 출하되지 못한 접목선인장은 겨울에 단수를 해 자라지 않게 하며 주문이 있을 때까지 기다린다.

34) 충청북도와 음성군은 접목선인장 수출농가에는 수출대금의 5%, 수출업체에는 2%의 수출물류비를 지원했다.

〈표 11-20〉 접목선인장 수출 대상국가의 수출액 변화   단위: 달러

구분	2005년		2006년		2007년	
	수출액	%	수출액	%	수출액	%
일본	0	0.0	1,905	0.4	0	0.0
타이완	2,878	0.6	0	0.0	0	0.0
말레이시아	0	0.0	0	0.0	3,788	0.8
네덜란드	327,674	70.0	272,709	50.9	155,604	31.9
이탈리아	0	0.0	0	0.0	12,085	2.5
체코	527	0.1	0	0.0	0	0.0
미국	92,542	19.8	165,787	31.0	127,484	26.1
캐나다	35,958	7.7	84,005	15.7	167,887	34.4
오스트레일리아	8,236	1.8	10,793	2.0	21,288	4.4
계	467,815	100.0	535,199	100.0	488,136	100.0

자료: 張美花·韓柱成(2009: 69).

만, 해마다 수출액에는 변화가 있음을 알 수 있었다. 네덜란드의 경우 2005년에는 총 수출액의 70.0%를 차지했으나 그 점유율이 점차 낮아졌으며, 대신 캐나다와 미국으로의 수출액은 점점 증가해 2007년에는 캐나다에 가장 많이 수출해 수출액이 차지하는 비중의 변화가 나타난 것을 알 수 있었다(〈표 11-20〉). 이처럼 수출구성비가 변화되는 이유는 미국·캐나다의 경우 적극적인 시장개척을 통해 수출액을 증대시켰기 때문이다.[36] 그 밖에 유럽·서남아시아의 국가들도 네덜란드를 통해 수입하던 방식에서 벗어나 한국과 직접 거래하는 방향으로 전환되면서 수출구성비가 변화되었다.[37] 그러나 주요 수출국은 세계경제의 핵심지역인 선진국이라는 점은 변함이 없었다.

각 국가로 수출된 접목선인장은 그 지역의 다른 국가로 다시 수출되기도 했다. 네덜

---

35) 수출지원금을 받은 국가이기 때문에 총수출액과는 다소 차이가 있었다. 2006년 접목선인장의 국가별 수출량과 수출액을 보면 네덜란드에는 214만 5000본에 86만 5000달러를 수출했으며, 미국은 71만 4000본을 수출했다.

36) 시장개척은 해외에서 전시회·박람회 개최 등 다양한 홍보를 통해 이루어졌다.

37) 일부 수출업체는 유럽·서남아시아 국가들이 저렴한 가격으로 접목선인장을 직접 구입하기를 원해 거래하기도 했지만, 고덕원예무역은 네덜란드의 수입업체인 에델켁터스(Edelcactus)사·유비크(Ubink)사와는 오랫동안 거래해온 신뢰관계로 이들 회사의 상권 보호를 위해 네덜란드에서 재수출하는 국가들과는 직접거래를 하지 않고 있다고 했다.

란드에서는 꽃 경매시장을 통해 EU의 영국·프랑스·독일·이탈리아 등과 서남아시아의 이스라엘 등으로 재수출됐다. 캐나다에서는 미국의 대형마트인 월마트를 통해 미국으로 재수출됐다. 한국에서 미국으로의 직접 수출도 늘어났으며, 오스트레일리아로도 수출되었다. 그 밖에 말레이시아, 러시아, 키르기스스탄 등으로도 수출되었으나 아직은 그 양이 미미했다.

(2) 수출 접목선인장의 글로벌 상품사슬

수출된 접목선인장은 수입국의 유통기구에 의해 판매됐다. 네덜란드에서는 에델켁터스(Edelcactus)사와 유비크(Ubink)사가 주로 수입하는데, 수입본수의 약 3/4 이상은 에델켁터스사가 수입했다. 에델켁터스사와 유비크사 등은 수입업자이자 화훼 대농장주로 수입한 접목선인장을 대부분 피트모스(peat moss, 무균배지)와 비료가 섞인 토양을 담은 포트에 기계로 심어서 3개월 정도를 활착시켜 판매했다. 에델켁터스사의 경우 수입량의 약 50%는 활착과정을 거친 후 포장단위 20개로 색상별로 혼합해 가든센터[38]나 슈퍼마켓에 판매하고, 약 40%[39]는 활착과정을 거쳐 경매시장에 판매했다. 경매시장에서 접목선인장의 대부분은 수출전문가가 경매에 참여해 물량을 구입한 후 독일, 프랑스 등의 유통업자에게 판매했다. 그리고 나머지 약 10%는 활착과정을 거치지 않은 채 유럽의 유통업자에게 단일색상별로 컨테이너에 선적해 판매했다(〈그림 11-25〉).

다음으로 캐나다로 수출된 접목선인장은 소렌슨사(Sorenson Greenhouses)가 거의 전량을 항공기로 수송해 공항에서 검역을 마친 후 농장에서 일정 기간 활착과정을 거친 후 화분에 심어져 완성품의 상태로 약 80%는 미국의 월마트, 케이마트(K-Mart), 홈데포(Home Depot) 등과 같은 대형유통업체를 통해 미국으로 재수출되었고 나머지 약 20%만 캐나다에서 소비됐다. 그 이유는 캐나다가 아직 접목선인장의 시장규모가 미미한 수준이기 때문이었다. 소렌슨사에서 활착·가공과정을 거친 접목선인장은 캐나다의 대

---

38) 일반소비자를 상대로 화훼류와 용토, 화분 등 화훼와 관련된 모든 상품을 취급하는 화훼전문판매점을 말한다.
39) 경매시장을 통해 유통되는 비율이 낮은 이유는 상장하기 위한 조건이 까다롭기 때문이다.

〈그림 11-25〉 네덜란드 에델켁터스사에서의 수입 접목선인장 유통경로

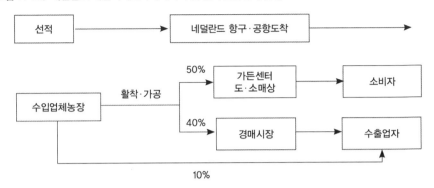

자료: 張美花·韓柱成(2009: 70).

〈그림 11-26〉 캐나다에서의 수입 접목선인장의 유통경로

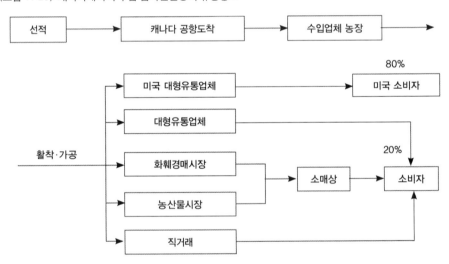

자료: 張美花·韓柱成(2009: 70).

규모 유통업체인 온타리오 화훼경매장(Ontario Flower Auction), 캐나다 타이어(Canadian
Tire), 홈데포 등에 출하했다. 많은 양은 아니지만 접목선인장 일부는 온타리오 농산물
시장(Ontario Food Terminal)에서 중간도매상을 통해 소매상에게 판매됐다(〈그림 11-26〉).
　한편 미국으로 수출된 접목선인장은 미국의 공항과 항구에 도착해 웨스턴캑터스사

〈그림 11-27〉미국에서의 수입 접목선인장의 유통경로

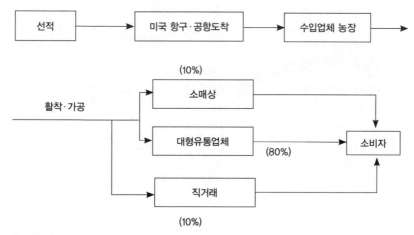

자료: 張美花·韓柱成(2009: 70).

〈그림 11-28〉음성군지역 접목선인장의 글로벌 상품사슬

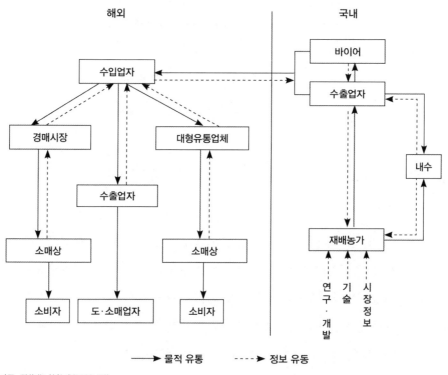

자료: 張美花·韓柱成(2009: 70).

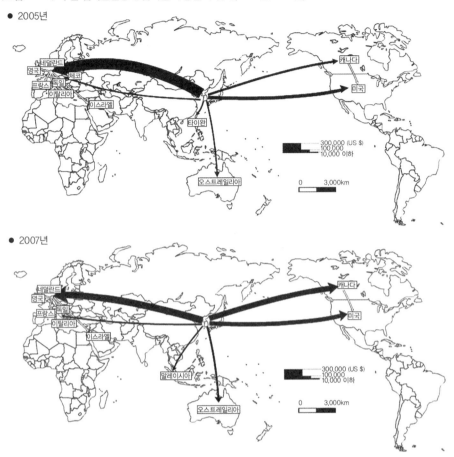

〈그림 11-29〉 수출 접목선인장 상품사슬의 공간적 변화(2005년/2007년)

● 2005년

● 2007년

주: 지도 중 ⟹는 재수출량이 불분명해 수출국가만 제시한 것임.
자료: 張美花·韓柱成(2009: 71).

(Western Cactus Enterprises), 올트먼사(Altman Speciality Plants) 등의 수입업체의 농장으로
수송되어 약 3개월 동안 활착된 후 플라스틱 용기나 쟁반화분 등에 심겨져 월마트나
케이마트·홈데포 등의 대형유통업체 및 중개인(broker)을 통한 판매 또는 소매점·통신
판매 등을 통해 소비자에게 판매됐다. 미국으로 접목선인장을 수출할 때 종래에는 주
로 항공기로 수송했으나 최근에는 수송비의 절감을 위해 선박으로 수송방법이 바뀌었
다(〈그림 11-27〉).[40]

접목선인장의 수출과 수출된 국가에서의 재수출에 대해 글로벌 상품사슬로 파악해 보면 〈그림 11-28〉과 같다. 재배 농가는 관련자 및 관련기관으로부터 연구개발·기술·시장정보를 제공받는데, 이 경우 수출업자와는 구두(口頭)접촉에 의해 수출국의 시장정보를 얻어 보다 나은 상품을 개발하려 노력했다. 수출업자는 수출하기 전에 수송업자 및 취급업자와 접촉을 했으며, 또 식물검역자와 운송대리업자와도 접촉을 했다. 한편 수입업자는 수출업자와 정보교환과 물적 유통을 하고, 운송업자 및 취급업자와 접촉을 했다. 수입국에서 재수출하는 경우는 2차적 결합이라 할 수 있으나 그 밖의 상품사슬은 1차적 결합이라 할 수 있었다.

이상의 내용에서 〈표 11-20〉의 자료와 수입국에서 재수출하는 2차적 공간 네트워크를 종합해 수출용 접목선인장의 글로벌 상품사슬의 변화를 나타낸 것이 〈그림 11-29〉이다. 이를 분석해 보면 네덜란드·캐나다·미국·오스트레일리아로의 수출은 지속되었지만 각국의 수출액은 변화했음을 알 수 있다. 또 2005년에는 미미한 양이지만 타이완과 체코에도 수출을 했던 것이 2007년에는 중단되고 새롭게 말레이시아와 이탈리아로의 수출이 나타나 상품사슬의 공간적 변화가 이루어졌음을 알 수 있었다.

다음으로 접목선인장의 상품사슬을 이용한 가치사슬을 파악하기 위해 생산농가의 판매가격, 수입업체와 대형유통업체의 거래금액과 이윤을 바탕으로 수출입단가를 100으로 해 그 배율을 분석해보면 다음과 같았다. 접목선인장을 재배해 반상품 상태로 네덜란드에 수출하는 경우 중형은 수입업자가 뿌리를 활착·가공해 판매하는 상품으로 수출단가의 3.3~4배, 대형유통업체에서는 소비자에게 수출단가의 7.5~8.3배의 가격으로 판매됐다. 한편 미국에서는 중형 접목선인장의 경우 수입업자는 수출단가의 4.2배, 대형유통업자는 9.9배의 가격으로 판매했다(〈표 11-21〉). 이러한 가치사슬의 측면에서 볼 때 접목선인장의 수출은 완성품의 상태로 수출해야 이윤을 높일 수 있는데, 이에 대한 기술이 최근 개발되어 조만간 실현이 가능하게 되었다.

---

40) 다수의 수입업체가 공동으로 수송해 비용의 절감효과가 있으며, 선박 수송 시에 컨테이너 내의 온도를 14℃로 유지하기 때문에 약 15일간 수송해도 손실 면에서는 항공기 수송과 커다란 차이가 없다.

〈표 11-21〉 비모란 접목선인장의 가치사슬

수취가격(원)	생산농가 비모란(원)	수출국가	수입업체				대형유통업체			
			수출입단가	관세운송수수료 등	가공비용	이윤	판매가격	구입가격	이윤	소비자판매가격
중형(9cm)	260	네덜란드(€)	0.3	0.1	0.5	0.3	1.0~1.2	1.125~1.25	1.2	2.25~2.50
배율(%)			100.0	133.3	300.0	400.0	333.3~400.0	375.0~416.7	750.0~833.3	750.0~833.3
대형(14cm)	500		0.65					1.575	1.575	3.15
중형	260	미국($)	0.3		0.6	0.36	1.26	1.26	1.71	2.97
배율(%)			100.0		300.0	420.0	420.0	420.0	990.0	990.0

자료: 張美花・韓柱成(2009: 72).

 이상에서 접목선인장은 선진국에 비해 값싼 노동력을 이용해 수출되었는데, 이는 월러스타인의 세계 시스템론에 비추어볼 때 반주변 지역인 한국에서 재배해 핵심지역인 선진국에서 뿌리를 활착시키고 옮겨 심어 상품화하는 노동의 공간적 분업이 이루어짐을 의미한다. 또한 농산물의 구매자 주도형 상품사슬은 상업자본이 접목선인장 판매망을 통해 대부분의 사슬을 주도해 노동의 공간적 분업으로 이윤을 발생시킨다는 것을 알 수 있었다. 그리고 이러한 현상은 음성군지역 접목선인장의 고품질화를 통해 상품사슬의 공간적 지속성을 유지하고 있다는 것을 의미한다.

✔ 가치사슬

사슬개념을 공간분석에 적용한 연구가 본궤도에 오른 것은 1985년 포터가 가치사슬의 개념을 정립했던 때와 대체로 일치한다. 가치란 상품을 구입하는 회사가 재화를 제공받음으로써 지불하는 금액을 말하는데, 포터는 전후방으로 연결되는 경제활동의 주체들이 사슬의 단계별로 가치를 증가시키는 것을 가치사슬이라 했다. 가치사슬은 개념화로부터 생산의 중간단계를 거쳐 최종 소비자에게 유통되어 사용된 후 재활용되기까지의 제품과 서비스를 발생시키는 데에 요구되는 모든 활동의 범위를 가리킨다. 이러한 개념에서 가치사슬은 생산 그 자체가 다수의 부가가치로 연결되는 것 중의 하나라는 것을 뜻한다. 다시 말하면 가치사슬이란 소비자에게 가치를 제공함으로써 부가가치의 창출에 직·간접적으로 관련된 일련의 활동·기능·프로세스의 연계를 의미한다. 예를 들면 기업의 가치사슬은 상류 부문(upstream)에는 원료 공급업자의 가치사슬이, 하류 부문(downstream)에는 유통경로의 가치사슬이, 나아가 소비자 부문의 가치사슬과 연결된다. 포터는 또 이러한 가치사슬 전체를 가치 시스템이라고 했다. 이러한 가치사슬은 경쟁우위를 규정·분석하는 도구로 제안되었는데, 상품의 국제무역에서는 생산지로부터 소비지에 이르는 각 유통 단계에서 발생하는 가치사슬을 논할 수가 있다. 가치사슬은 기업의 지배력과 영향력의 정도가 상이하고, 또 이들이 사슬 전반을 통제할 수 있다는 점에서 생산적 관점에 우위를 둔 상품사슬과는 다른 점이라 할 수 있다.

가치사슬 분석의 목적은 고부가가치를 창출하는 활동을 찾는 것에 그치지 않고 부가가치 창출활동과 잠재적인 고부가가치의 지속적인 창출요소를 발견해 산업을 발전시키는 데 있다. 그러므로 가치사슬 분석은 고부가가치 활동 및 저부가가치 활동의 규명을 통해 산업의 강점과 약점을 파악하고, 상대적으로 경쟁력이 낮은 구성요소의 고도화 (upgrading) 방안까지 발견할 수 있도록 한다. 가치사슬을 파악할 때에 주목해야 할 점은 사슬 중에서 해당 부문의 역할이나 기능, 가치의 상승을 의미하는 고도화란 개념이 중시되고, 이에 따라 동태적인 접근방법이 가능하게 된다. 동시에 그것은 정태적·고정적이라고 말하는 그 자체의 상품사슬 접근방법에 대한 비판을 극복하려는 움직임도 있다.

혁신 클러스터를 가치사슬로 엮은 혁신주체들의 군집이라 볼 때, 위계적 측면에서의 가치사슬은 수직적 가치사슬 (vertical value chain)과 수평적 가치사슬(horizontal value chain)로 나누어볼 수 있다. 수직적 가치사슬이란 기술의 흐름에 따른 관련 주체들의 연계관계를 일컫는 것으로, 기술창출-기술이전-기술 활용으로 이어지는 기술흐름, 즉 선형적 관계(linear relationship)이든 순환적 관계(recursive relationship)이든 관련된 주체들 간에 가치를 중심으로 형성된 관계를 말한다. 한편, 수평적 가치사슬은 기술창출 시스템이나 기술 활용 시스템, 즉 각 시스템 내 주체들 간의 가치연계 관계를 일컬으며 경쟁적 가치사슬(competitive value chain)이라 부르기도 한다. 이는 주로 산학연 각 부문 내 유사기능 주체들 간의 관계로서 대학 간 또는 대학과 연구소 간의 경쟁, 그리고 산업 내 같은 업종과 기업 간 경쟁 등을 수평적 가치사슬이라 부를 수 있다.

한편 글로벌 가치사슬은 영국 석세스(Sussex)의 개발연구원(Institute of Development Studies in Sussex)의 연구 원들에 의해 개발되었다. 글로벌 가치사슬에 대해 제레피 등은 기업 간 연계의 본질과 내용, 또 구매자와 아주 적은 공급자 계층 간에 주로 가치사슬 조정(coordination)을 조절하는 지배력에 초점을 둔 것이라고 했다. 그리고 글로벌 가치사슬이 조절되고 변화하는 것은 거래의 복잡성, 분류된 거래에 대한 능력, 공급을 바탕으로 한 가능성이다.

그리고 글로벌 가치사슬은 거버넌스(governance) 유형을 명시적 조정과 권력의 비대칭의 이중적 연속체로 높은 수준에서 낮은 수준의 범위에서 계층(hierarchy)형, 전속형, 관계특수성(relational), 모듈(modular)형, 그리고 시장 (market)형으로 나타낼 수 있다(〈그림 11-30〉).

여기에서 가는 화살표는 가격을 바탕으로 한 교환을, 굵은 화살표는 명시적 조정을 통해 조절된 정보와 통제의 강한 유동을 나타낸 것이다. 〈그림 11-30〉에 나타낸 구조 중 세 가지의 공통된 구매자 주도는 시장형, 모듈형, 관계 특수형과 결부되고, 두 가지는 생산자 주도로 전속형, 계층형에 의해 특화된다. 먼저 시장형의 거버넌스 형태라는 것은 가격이 대단히 중요한 요소로 거래의 적절한 거리(낮은 신뢰), 진입에 필요한 기술은 상대적으로 표준화되고 널리 수용된 가장 기본적인 수준을 말한다. 구매자 주도산업이 선도 기업과 공급자와의 좀 더 깊은 상호작용을 필요로 할 때 거버넌스는 관계특수형 또는 모듈형의 형태를 취하고, 선도형 기업과 공급자는 고도의 신뢰와 함께 긴밀한 상호의존관계를 발전시킨다. 스펙트럼(spectrum)의 반대쪽은 전속형·계층형의 글로벌 가치사슬이지만 쌍방의 형태도 생산자 주도의 형태로 기업이 생산이나 조달을 겨냥하기보다는 팽팽한 총괄을 유지할 수 있다. 전속적인 가치사슬은 부품이나 구성요소의 공급자가 주도적 기업의 생산구조 속에서 수직적으로 통합된 형태이다. 현대의 글로벌 가치사슬은 경쟁력이나 조직적 유연성을 개량해 다양한 전략을 통해 조직되어야 한다.

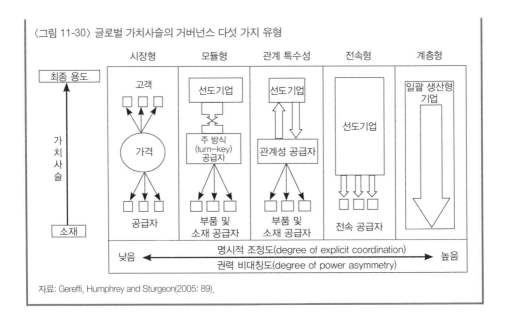

〈그림 11-30〉 글로벌 가치사슬의 거버넌스 다섯 가지 유형

자료: Gereffi, Humphrey and Sturgeon(2005: 89).

8. 급식 식료의 공간구조

1) 학교 급식품의 유통체계와 공급업체의 지역적 분포

학교의 급식문제는 오늘날 우리 사회에서 유무상 급식과 방학 중 급식부재, 전면적인 친환경 무상급식이 학생들의 건강에도 좋다는 찬성 논리와 제한된 예산에서 친환경 무상급식의 전면 실시가 결국 급식의 질을 떨어뜨린다는 급식의 질적 문제를 포함한 급식의 안전성(security) 문제 등으로 크게 부각되어 교육계에 중요한 이슈가 되고 있다. 또 유무상의 급식문제를 떠나 학교에서 급식하는 음식료품의 안전성 문제는 수입 농·축·수산물 및 그 가공품이 많은 점과 실제 식료품의 부정적 이미지(negative image) 때문이라고 하겠다.

식료의 안전성을 확보하는 것은 현대사회의 중요한 과제이다. 이를 위해 식료공급체계를 파악하는 것은 중요하다고 하겠다. 먼저 미국의 학교급식물자 공급체계는 3~4

개의 유통단계를 거쳐 학교에 공급된다. 미국의 학교 급식은 학교구 급식협회를 통해 모두 공급되는데, 연방정부와 주교육성(州教育省)을 거쳐 공급되는 것과 유통업체와 위탁업체를 통해 공급되는 두 가지 유통체계를 나타낸다. 한편 일본의 학교급식 물자공급체계는 세 가지 유통체계로 2~4개의 유통단계를 거치며, 이들은 일본체육·학교건강센터를 거치거나 그렇지 않으면 모두 행정기관의 학교급식회를 거쳐 공급되는 것이 특징이다.

한국의 경우 화성·오산교육청 관할 학교급식 공급체계는 2~3개의 유통단계를 거쳐 미국과 일본보다 유통단계가 짧고, 수산물은 2단계로 공급된다. 그러나 미국과 일본과는 달리 농·수·축협을 제외하면 모두 개인 유통업체를 통해 공급되는 점이 달라 급식품의 안전성을 위한 행정기관의 점검이 필요하다고 할 수 있다(〈그림 11-31〉).

학교급식법 시행규칙 제4조 학교 급식 식재료의 품질기준 2항을 보면, 학교급식의 질제고 및 안정성 확보를 위해 품질을 우선적으로 고려해야 하는 경우 식재료의 구매에 관한 계약은 '국가를 당사자로 하는 계약에 관한 법률 시행령' 제43조 또는 '지방자치단체를 당사자로 하는 계약에 관한 법률 시행령' 제43조에 따른 협상에 의한 계약체결방법을 활용할 수 있도록 되어 있다. 이러한 계약체결 방법으로는 수의계약과 견적

〈그림 11-31〉 화성·오산교육청의 학교급식 공급체계

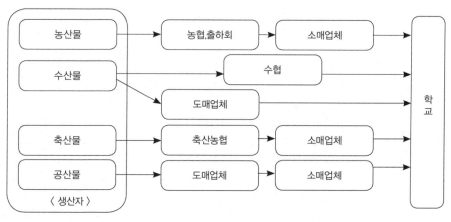

자료: 윤찬란·韓柱成(2013: 306)

입찰, 제한경쟁 등이 있는데, 학교급식에서는 식재료의 특성상 저가입찰제가 품질과 안정성 확보에 어려움이 있다고 보아 관계 법령의 규정에 따라 수의계약 또는 협상에 의한 계약을 적극 활용하는 추세이다. 단, 학교운영위원회에서 식재료 등의 조달방법 및 업체선정 기준에 대해 심의하며, 공개경쟁입찰방식(급식재료 전자조달)의 경우 입찰 자격을 강화해 우수업체가 참가할 수 있도록 하고 있다. 화성·오산시 교육지원청 산하 공립 초·중학교의 급식은 모두 학교 직영으로 계약은 6개월씩 1년 계약이 일반적인데 118건의 계약 중 수의계약이 92건(78.0%)으로 가장 많고, 이어서 제한경쟁이 12건

〈표 11-22〉 화성시 초·중학교 급식품 공급업체의 지역분포(2010년)

지역		초등학교		중학교		계	
		공급업체 수	비율(%)	공급업체 수	비율(%)	공급업체 수	비율(%)
서울시	중랑구	1	1.9	1	2.1	2	2.0
	강서구	1	1.9	1	2.1	2	2.0
	서초구	1	1.9	-	-	1	1.0
	강남구	1	1.9	1	2.1	2	2.0
경기도	수원시	14	26.4	9	19.1	23	23.0
	안양시	1	1.9	-	-	1	1.0
	부천시	1	1.9	1	2.1	2	2.0
	광명시	1	1.9	1	2.1	2	2.0
	평택시	3	5.7	4	8.5	7	7.0
	안산시	1	1.9	1	2.1	2	2.0
	구리시	1	1.9	-	-	1	1.0
	오산시	3	5.7	4	8.5	7	7.0
	시흥시	2	3.8	1	2.1	3	3.0
	하남시	1	1.9	2	4.3	3	3.0
	용인시	3	5.7	5	10.6	8	8.0
	안성시	1	1.9	1	2.1	2	2.0
	김포시	2	3.8	1	2.1	3	3.0
	화성시	13	24.5	13	27.7	26	26.0
	여주군	-	-	1	2.1	1	1.0
	연천군	1	1.9	-	-	1	1.0
충 남	천안시	1	1.9	-	-	1	1.0
계		53	100.0	47	100.0	100	100.0

자료: 윤찬란·韓柱成(2013: 307).

(10.2%), 견적입찰이 여덟 건(6.8%), 지역제한 여섯 건(5.1%)의 순이다.

화성·오산 교육지원청 산하 초·중학교 중 연구대상 학교와 같은 행정구역인 화성시에 소재한 초·중학교의 급식품 공급지역과 업체 수를 공급품목별로 세분해 각각 살펴보면 다음과 같다. 초등학교의 급식품 공급지역 수는 모두 21개로 100개 업체가 공급하고 있는데, 공급업체의 입지는 화성시가 26개 업체로 26.0%를 차지해 가장 많고, 그다음으로 수원시 23개(23.0%), 용인시 여덟 개, 오산시 일곱 개, 시흥·하남시가 각각 세 개의 순이다. 급식품 공급업체는 경기도에 많이 분포하며 특히 화성·오산시와 가까운 지역에 입지하며 서울시에도 일곱 개의 공급업체가 분포했다. 한편 중학교의 급식품 공급지역 수는 19개로 88개 업체에서 공급하고 있는데, 서울시와 화성시에 가까운 경기도에서 각각 공급되어 초등학교와 유사한 공급지역을 형성했다(〈표 11-22〉).

2) 학교 급식품 원산지의 계절적 분포

(1) 일반 급식품 원산지의 분포변화

급식품 원산지의 계절적 분석은 공급자의 지역적 분포 변화를 파악할 수 있다. 먼저 일반급식품은 곡식류의 경우 모두 화성농협을 통해 공급되었으며, 이외의 급식품은 초등학교의 경우는 G식품회사, 중학교는 W식품회사에서 공급되었는데 모두 개인이 운영하는 식료품 도·소매업체이다.

2010년 일반 급식품 중 곡식류는 모두 아홉 종으로 2503kg이 공급되었는데, 이 가운데 쌀이 95.6%를 차지했다. 계절별 곡식류의 공급량을 보면 3월이 가장 많았고, 이어서 6월, 12월의 순으로 9월이 가장 적은 것은 수업일수가 짧았기 때문이다. 곡식류의 공급지역은 금산군의 두류인 완두콩을 제외하면 모두 화성시이다(〈표 11-23〉).

다음으로 수산물, 채소류, 과일류, 기타 급식품의 공급지역을 보면, 먼저 수산물의 경우 완도군에서 대부분인 91.2%가 공급되었다. 채소류의 경우 엽채류는 11개 시·군에서 공급되었는데, 강원도 홍천군에서 33.4%가 공급되었고, 그다음으로 경기도 광주시가 18.7%, 남양주시가 18.2%를 차지했다. 과채류는 17개 지역에서 공급되었는데,

	식품명	3월	6월	9월	12월	계
벼	쌀	669	639	515	571	2,394
	율무		4	4		12
보리		15	2	2	2	21
콩		4	11	2	6	16
잡곡	옥수수	3	2	2	4	11
	수수	6	2	2	2	12
	조	6	2			8
	기장	3	4	4	2	13
	혼합·영양 잡곡	6	4	2	4	16
계		712	670	533	591	2,503

자료: 윤찬란·韓柱成(2013: 308).

전라북도의 완주군에서 15.6%가 공급되어 가장 많았고, 그다음으로 경상북도 성주군 (14.4%), 충청남도 부여군(13.2%), 충청남도 논산시, 전라북도 고창군이 각각 12.0%를 차지했다. 그리고 양념류는 세 지역에서 공급되었는데, 경상북도 영양군 고추가 59.2%를 차지해 가장 많았고, 이어서 충청남도 서산시(37.3%)의 순이었다. 마지막으로 기타 급식품으로 과일류는 제주시에서 감귤이 81.9%를, 버섯류는 경상북도 청도군에 서 전량 공급되었다.

(2) 친환경 농산물 급식품 원산지의 분포 변화

연구대상 초·중학교의 친환경농산물 급식품은 친환경농법에 의해 재배된 것으로 모 두 사단법인 P회사를 통해 공급되었다. 친환경 농산물 급식품의 원산지별, 공급품목별 공급량과 주요 공급지역을 보면, 근채류는 3791.98kg으로 제주시로부터 12.5%를 공 급받아 가장 많았고, 이어서 신안·무안군, 이천시, 여주·해남군의 순이었다. 또 과채 류는 1484.30kg으로 나주시가 12.9%를 공급해 가장 많았고, 이어서 여주군, 광양·공 주시의 순이었다. 엽채류는 2494.85kg으로 화성시가 31.7%를 차지해 가장 많이 공급 했고, 이어서 제주·이천·남양주시의 순이었다. 그리고 버섯류는 302.2kg으로 화성시 가 34.7%로 가장 많이 공급했고, 이어서 경기도 광주시가 23.5%를 차지했다. 과일류

<그림 11-32> 친환경 농산물 급식품의 원산지별 공급품목 구성(2010년)

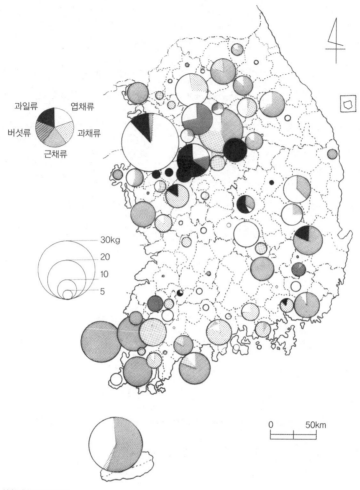

자료: 윤찬란·韓柱成(2013: 309).

는 1148kg으로 안성시가 15.6%를 공급해 가장 많았고, 이어서 김천·충주·안동시의 순이었다. 이상에서 공급품목별 주요 공급지역을 보면 경기도의 화성·이천·남양주· 광주·안성시와 여주군, 충청북도 충주시, 충청남도 공주시, 전라남도의 나주·광양시, 해남·무안·신안군, 경상북도 안동·김천시, 제주도의 제주시였다.

다음으로 공급량의 지역별 분포를 보면, 화성시가 960.36kg을 공급해 전국의 10.4%

를 차지해 가장 많았는데, 이 가운데 엽채류가 82.3%를 점해 가장 많았다. 다음으로는
제주시가 847.19kg으로, 이 중에는 근채류가 56.1%, 엽채류가 37.6%를 각각 공급했
고, 이천시는 634.60kg으로 엽채류가 49.5%, 근채류가 36.6%를, 여주군은 513.50kg으
로 근채류가 44.2%, 과채류가 33.4%, 엽채류가 21.4%를, 신안군은 457.69kg으로
98.7%가 근채류였다. 그리고 무안군은 309.2kg으로 99.8%가 근채류이고, 남양주시는
302.50kg으로 72.7%가 엽채류이며, 안성시는 279.00kg으로 64.1%가 과일류를 공급
했다(〈그림 11-32〉).

　친환경농산물 급식품의 생산지별, 계절별 분포를 살펴보면 몇몇 대도시를 제외한
전국에서 공급되었다. 먼저 계절별로 보아 근채류는 3월에, 과채류는 6월에, 엽채류는
1년 중이 비슷한데 3월과 12월이 높은 편이다. 또 버섯류는 12월에, 과일류는 9월에 가
장 많이 공급되었다. 계절별 공급지역은 3월에는 경기도, 제주도, 충청남도, 경상북도,
전라남도가 대표적인 공급지역으로, 경기도는 엽채류와 근채류가 이천시에서 많이 공
급되었고, 제주도는 근채류와 엽채류가 제주시에서, 충청남도는 근채류와 과채류가 보
령·공주시에서 각각 공급되었으며, 경상북도는 고령군과 안동시에서 각각 근채류와
과일류가, 전라남도는 광양시에서 과채류가 많이 공급되었다(〈그림 11-33〉).

　다음으로 6월에는 경기도, 전라남도, 경상북도에서 주로 공급되었는데, 경기도는 화
성시에서 엽채류와 버섯류가, 전라남도는 고흥군에서 근채류가, 경상북도는 영천시에
서 근채류가, 문경시는 과일류가 공급되었다. 9월에는 경기도, 경상북도, 강원도, 전라
남도가 주요 공급지로서 경기도는 화성시의 엽채류와 안성시의 과일류가, 경상북도는
김천시의 과일류가, 강원도는 평창군의 근채류가, 전라남도는 무안·신안군의 엽채류
가 많이 공급되었다. 마지막으로 12월에는 전라남도, 경기도, 제주도에서 주로 공급되
었는데, 전라남도는 신안·해남군에서 근채류가, 경기도는 화성·남양주시에서 엽채류
가, 제주도에서는 제주시에서 엽채류가 많이 공급되었다. 그러므로 3·6·9월에는 모두
소비지역과 가까운 경기도에서, 12월은 상대적으로 기온이 높은 전라남도에서의 공급
량이 가장 많았다. 한편 3월에는 경기도에 이어 제주도가 공급량이 많았고, 12월에는
소비지역인 경기도보다 전라남도의 공급량이 많아 다른 계절에 비해 상대적으로 기온

〈그림 11-33〉 친환경 농산물 급식품의 원산지별 공급량 분포(2010년 3월)

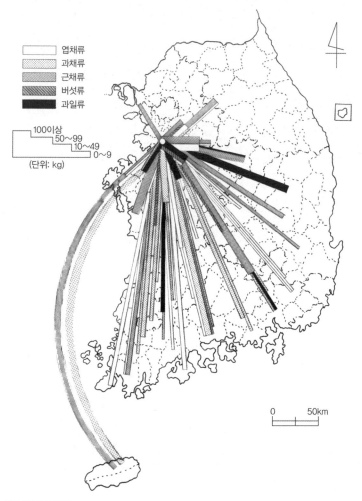

엽채류
과채류
근채류
버섯류
과일류

100이상
50~99
10~49
0~9
(단위: kg)

0   50km

자료: 윤찬란·韓柱成(2013: 309).

이 낮은 3·12월은 제주도와 전라남도과 같이 경기도보다 평균기온이 높은 지역에서
공급량이 많았던 것을 알 수 있다.

3) 수입산 급식품 원산지의 분포 변화

수입산 급식품은 농산물과 가공식품의 경우 초등학교는 G식품회사, 중학교는 W식품회사에서 공급되었으며, 수산물의 경우 초등학교는 T수산회사, 중학교는 경인북부수협을 통해 공급되었다. 수입산 급식품의 경우 농산물·수산물·가공식품이 공급되었는데, 이 가운데 가공식품이 65.5%를 차지했고, 이어서 농산물(20.8%), 수산물(13.7%)의 순으로 가공식품이 약 2/3를 차지했다. 주요 수입국은 미국이 31.0%를 차지해 가장 높았고, 그다음으로 중국(19.5%), 필리핀(16.5%), 러시아(11.2%)의 순으로, 이들 4개국이 2/3 이상을 차지했다. 국가별 급식품목을 보면 미국과 중국에서는 가공식품이, 필리핀은 농산물이, 러시아에서는 수산물이 많이 수입되었다. 가공식품 중 두 나라 이상에서 수입되는 양은 15.1%로 미국·오스트레일리아가 40.1%를 차지해 가장 높았다(〈표 11-24〉).

다음으로 수입산 급식품의 원산지별, 계절별 공급국가의 분포를 보면 3월은 1110.22kg, 6월은 1206.43kg, 9월은 1232.95kg, 12월은 1107.5kg으로 9월이 가장 많이 공급되었는데, 계절별로 가공식품은 12월에, 농산물과 수산물은 3월에 많았다. 이를 계절별로 보면, 3월은 미국으로부터 오렌지와 튀김가루, 치킨튀김가루 등 19종을, 러시아로부터는 코다리, 대구·동태포 등이, 필리핀으로부터는 바나나와 파인애플을 전량, 중국으로부터는 녹두묵, 고추장 등의 가공식품이 공급되었다. 다음으로 6월은 미국으로부터 핫도그가루, 튀김가루, 된장, 초코 핫케이크 가루 등의 가공식품이, 필리핀으로부터는 파인애플, 러시아로부터는 코다리, 대구, 임연수어, 동태포 등의 수산물이, 중국으로부터는 고추장, 녹두묵 등의 농산물 가공식품이 공급되었다. 9월에는 필리핀으로부터 파인애플이, 러시아로부터 임연수어, 동태가, 미국으로부터는 초코 핫케이크 가루와 우동사리, 핫도그 빵 등의 가공식품이, 중국으로부터는 순대, 녹두묵, 낙지 등의 가공식품과 수산물이, 북한으로부터는 도토리묵이 공급되었다. 끝으로 12월에는 필리핀으로부터 파인애플, 미국으로부터 굴 소스, 된장, 핫도그 빵, 식빵 등의 가공식품이, 중국으로부터는 순대, 양념치킨소스, 곤약 등의 가공식품이 공급되었다

〈표 11-24〉 국가별 수입산 급식품의 공급량(2010년)   단위: kg

국명	농산물	수산물	가공식품 1개국	계	%	가공식품 2개국 이상	공급량
일본		1.5	21.8	23.3	0.6	중국, 미국	38.0
북한	2.0		92.0	94.0	2.5	중국, 오스트레일리아	52.0
중국	9.0	138.3	577.3	724.6	19.5	중국, 미국, 오스트레일리아	88.5
홍콩			46.0	46	1.2	중국, 미국, 캐나다	38.0
타이			2.0	2.0	0.1	인도, 미국	60.2
베트남		20.0	39.5	59.5	1.6	중국, 인도	34.0
말레이시아			0.3	0.3	0.0	네덜란드, 뉴질랜드	1.0
인도네시아			2.7	2.7	0.1	미국, 캐나다, 오스트레일리아	5.0
필리핀	594.3		21.1	615.4	16.5	미국, 캐나다	46.0
인도			78.9	78.9	2.1	미국, 오스트레일리아	265.3
이스라엘			27.0	27.0	0.7	인도, 오스트레일리아	33.1
네덜란드			7.0	7.0	0.2		
덴마크			17.2	17.2	0.5		
아이슬란드		6.3		6.3	0.2		
이탈리아			79.0	79.0	2.1		
러시아		388.5	28.0	416.5	11.2		
미국	162.9	47.0	946.4	1,156.3	31.0		
캐나다			11.0	11.0	0.3		
오스트레일리아			179.1	179.1	4.8		
뉴질랜드	144.0		31.2	175.2	4.7		
계	912.2	601.6	2,207.5	3,721.3	100.0	계	661.1

자료: 윤찬란·韓柱成(2013: 311).

한편 2개국 이상에서 수입된 가공식품은 6월에는 미국과 오스트레일리아로부터 칼국수, 치킨 튀김가루, 밀가루 등이, 미국과 인도에서는 간장이 공급되었다. 9월에는 미국과 오스트레일리아로부터 된장, 우동사리, 튀김가루 등이, 중국과 오스트레일리아로부터는 고추장이 공급되었다. 12월에는 미국, 중국, 오스트레일리아로부터 고추장이,

미국과 오스트레일리아로부터 된장이, 미국과 캐나다로부터 만두가, 미국과 중국, 캐나다로부터는 호떡이 공급되었다.

수입산 급식품의 경우 글로벌 수준에서 그 공급지역을 파악하기 위해 1955~1957년 사이에 영국에서 수입한 원예작물과 낙농품의 공급지역을 파악한 치점의 연구를 원용해 수입지역과의 거리를 4지대[41]로 나누어 살펴보면, 밀가루 및 그 제품은 대부분 5000km 이상 3·4지대의 국가들로부터 공급되었고, 보리와 두류 및 그 제품은 동아시아에서, 과일류는 동남아시아와 북아메리카에서, 채소류와 그 제품은 동아시아에서, 수산물과 그 가공품은 동아시아와 러시아에서, 육류는 동아시아에서 낙농품은 3·4지대에서 주로 공급되었다. 그리고 향신료는 2지대인 동남아시아에서, 각종 가공 소스는 1지대와 4지대에서 공급되었다. 그래서 채소류와 수산물, 부패하기 쉬운 식료품과 동양식 급식품은 동아시아에서 공급받았고, 밀가루와 그 제품 및 서양식 급식품은 주로 제4지대의 서양에서 공급되었다. 그리고 2·3지대에서는 밀 제품과 열대과일류 및 새우, 향신료가 주로 공급되었다.

이상에서 화성시 연구대상 학교 급식품의 지역적 분포는 곡식류가 화성시에서 전량 공급되었는데, 이는 전체 급식품 공급량의 14.4%, 공급액(평균단가에 의함)의 6.5%를 차지했다. 그리고 공급량과 공급액의 구성비가 화성시와 큰 차이를 나타내지 않는 경기도, 경기도를 제외한 국내, 해외로 나누어 대표적인 급식품을 살펴보았다(〈표 11-25〉). 이와 같은 지역 구분에서 각 지역의 대표적인 급식품을 공급량과 공급액의 자료로 토머스의 작물구성법에 의해 분석했는데 이를 나타낸 것이 〈그림 11-34〉이다. 즉, 공급량의 측면에서 보면 곡식류는 화성시에서, 경기도에서는 친환경 채소류, 국내에서는 친환경 채소류와 과일류, 일반 과채류가 공급되었고, 해외에서는 기타 가공식품과 농산물이 공급되었다. 한편 공급액의 측면에서는 공급량보다 훨씬 품목구성이 다양한데, 화성시는 곡식류, 경기도에서는 친환경 채소류, 버섯류, 과일류를, 국내에서는 친환경

---

41) 1지대는 동아시아의 국가로 약 1200km 이내이고, 2지대에 속하는 국가는 동남아시아의 국가로 1300~5000km, 3지대는 5000~7000km 사이에 속하는 남아시아 및 오세아니아 주 국가가, 4지대는 7000km 이상의 유럽 및 러시아, 북아메리카의 국가들이 이에 속한다.

<표 11-25> 지역별 급식품의 공급량과 평균 공급액(2010년)

구분	공급량(kg)	%	평균 공급액(원)	%
화성시	2,503.0	14.4	4,415,904	6.5
경기도	3,276.4	18.9	11,619,354	17.1
국내	7,185.8	41.4	27,042,326	39.8
해외	4,382.4	25.3	24,809,369	36.5
계	17,347.6	100.0	67,886,953	100.0

자료: 윤찬란·韓柱成(2013: 312).

<그림 11-34> 화성시 연구대상 학교 급식품 공급 공간구조

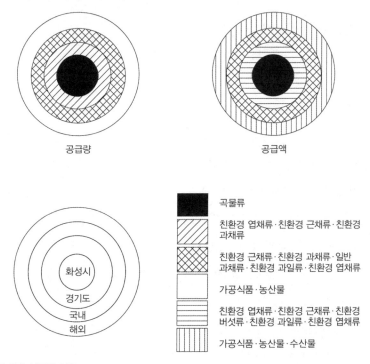

공급량   공급액

■ 곡물류

▨ 친환경 엽채류·친환경 근채류·친환경 과채류

▧ 친환경 근채류·친환경 과채류·일반 과채류·친환경 과일류·친환경 엽채류

□ 가공식품·농산물

≡ 친환경 엽채류·친환경 근채류·친환경 버섯류·친환경 과일류·친환경 엽채류

▥ 가공식품·농산물·수산물

화성시
경기도
국내
해외

자료: 윤찬란·韓柱成(2013: 312).

채소류와 과일류 및 일반 과채류를, 해외에서는 가공식품, 농산물, 수산물을 공급받았
다. 즉, 학교 급식품의 품목과 친환경성 여하에 따라 공급지역의 공간적 분화가 나타났
다는 것을 알 수 있다.

제12장

유통산업 정보화의 공간적 영향

  유통산업, 즉 도매업과 소매업에 대한 정보화의 영향을 지리학의 관점에서 행해진 정보기술이용에 관한 연구의 특징은 유럽과 미국에서 1970년대부터 MIS나 전략적 정보 시스템(Strategic Information System: SIS)[1] 등, 주로 관리(management)의 관점에서 상거래의 정보화가 논의되었지만 거래의 공간구조나 거점 배치에 관한 연구사례는 적었다. 그러나 실제로는 1980년대 중반에 대규모 도매업이 인공위성 회선을 이용한 수주(受注) 자료를 취급하고, 미국의 대규모 도매업이 위성회선을 이용한 수주 데이터 취급을 시작하는 등 유럽과 미국의 유통산업에서 정보기술 이용은 매우 진전되었다. 그러나 이러한 유럽과 미국의 선진사례가 지리학의 연구대상이 되기 어려운 이유로서 첫째, 특히 미국에서는 넓은 국토면적이나 기업 간 심한 경쟁을 반영해 정보화 이전에 경제 합리성이 높은 공간배치를 거의 완성했다는 점, 둘째 JIT나 다품종 작은 로트 배송 등 정보기술을 공간적인 효과로 이용한 고도의 거래형태는 일본에서 구축되었다는 점, 셋째 일본은 유통경로에서 다단계성이나 구성기업의 영세성을 고려해 정보기술을 도입해 거점배치를 변화시키거나 조직의 재구조화(restructuring)를 철저히 진행했다는 점 등을 생각할 수 있다.

---

1) 기업에서 장기적 또는 전략적인 경쟁력의 원천을 정보 시스템으로 구하려는 것이다.

일본은 유통업에서 고도의 정보기술을 도입해 1980년대 후반 소매업에서 급속하게 POS를 적용했다.[2] 유통업에서 정보기술의 이용은 상적 유통과 물적 유통의 양 측면에 걸쳐 영향을 불러일으켰다. 상적 유통은 유통업에서 고도의 정보기술이 통신비용의 절감이나 재고정보의 일원관리(一元管理)와 더불어 유통재고의 압축이라는 1차적 효과를 가진다. 그 밖에 정보나 경험과 전문지식의 제공을 통한 새로운 계열화의 발생 등 2차적 효과를 가지는 점에 주목해 유통경로 중에서 정보개발 비용의 분담과 수송 면에서 효율향상을 목적으로 한 수평적 협업이 진행된다. 또 정보화 사회에서 상적 유통의 본질은 생활 이용자(user)의 적응과정이며, 아울러 접근형 산업의 입지특성을 나타낸다. 그리고 의약품 도매업에서는 통신 네트워크의 고도화로 정보공유의 절대적 접근은 공간적 접근성이 없어지고, 상류 거점과 물류 거점이 공간적으로 분화하는 경향이 있다는 점을 지적할 수 있다. 일용잡화, 가공식품, 의약품의 각 도매업에서 거점배치의 변화가 정보 네트워크를 배경으로 한 거래관계나 업무주기(cycle)의 변용과 관련지어 분석할 수 있다. 그리고 유통경로에서 수직적 협업관계의 형성과정을 정보 시스템과 관련지어 검토할 수 있고, 정보화의 진전과 더불어 도매업의 축소가 나타나 중간 유통단계에서 상위 집중화가 진행된 것을 지적할 수 있다. 한편 정보기술 이용의 고도화가 물류에 미친 영향에 관해서는 각 배송거점을 중심으로 한 배송권역의 확대에 연구의 주안점을 두었다.

정보화가 산업 활동 전반에 걸쳐 미친 영향은 매우 커 그것이 미치지 않은 경제활동은 아마 거의 없을 것이다. 정보화의 일반적인 정의는 컴퓨터의 사회적 침투와 네트워크화, 데이터의 디지털화, 그리고 통신회선의 고도화가 융합된 개념이라고 할 수 있다. 그러나 개별산업에 따라 정보화의 정의나 영향은 아주 다양하다고 할 수 있다. 유통산업에서는 1980년대의 POS화에서 오늘날의 전자상거래까지 정보화의 영향은 폭넓게 이루어졌다고 할 수 있다. 1980년대 후반부터 급속히 침투한 POS시스템은 유통정보화

---

2) 일본에서는 1980년대 후반에 소매업에서 POS시스템의 도입이 급속히 추진되었다. 이것은 1989년 4월부터 소비세 도입과 더불어 내세(內稅)상품과 외세(外稅)상품의 영수증을 구분해 발급하는 것이 불가능했고, 컴퓨터상에서 과세, 비과세를 별도로 기억시킬 필요가 생겼기 때문이다.

의 시작이 되었을 뿐 아니라 유통경로에서 연쇄점으로의 파워 시프트를 가속화시켜 1990년대의 제2차 유통혁명[3]을 이끌었다. 또 정보화를 통해 정보전달에 시간단축이나 거리의 극복이 납기를 규정짓는 거래 중에서 큰 공간적 효과를 발휘하고, 더욱이 물류 시스템의 재편성이 이루어졌다는 점이다.

유통정보화의 기점은 POS시스템의 도입으로 상징되는 단일 상품정보의 디지털화와 이것을 이용한 단일 상품관리의 실현이다. POS는 주로 바코드로 표시된 상품 코드를 광학식 스키너(skinner)로 읽음으로써 판매정보(POS데이터)를 자동적으로 기록하는 시스템을 총칭하는 것으로 1970년대 중엽 미국에서 실용화 되었다. POS데이터의 특징은 단일 상품별 판매수량을 실제 판매가격과 더불어 판매시점에서 보충·축적할 수 있는 점이라는 그 이름에서 유래되었다.

소비재 유통에서 정보화는 ㉠ 개별업무의 컴퓨터화나 자동화, ㉡ POS에 의한 단품(單品) 관리의 도입, ㉢ EOS 등 거래활동의 온라인화, ㉣ 의사결정의 인공지능화(Artificial Intelligence: AI) 등이 대표되는 동향이고, 유럽과 미국 등 선진국에서는 1980년대부터 급속히 진전되었다. 이 중 1980년대에는 에너지 절약이나 시간거리의 단축 등 주로 컴퓨터나 통신 네트워크의 정비와 더불어 단순한 효과가 기대되었다. 이에 대해 1990년대 이후에는 의사결정이나 거래형태 그 자체를 변화시키는 활용이익(soft merit)이 추구되어 정보의 기점에 위치한 소매업으로의 파워 시프트를 가속화시켰다. 이들 일련의 변화는 유통경로의 재편성, 시설 또는 거점의 재배치, 그리고 조직의 재구축 등을 진전시키는 큰 요인이 되었다.

정보교환에 대한 시간단축 효과가 있고, 유통업 등 납기의 준수를 전제로 한 산업분야를 중심으로 그 공간적 의미를 검토한 결과는 다음과 같다. 지리학에서 주로 유통업이 연구대상으로 된 이유는 납기라는 시간적 제약 중에서 수·발주 등의 정보교환 업무와 물적인 상품 배송업무를 행하기 위해서는 정보교환 업무에서 시간을 단축하는 것이

---

3) 제1차 유통혁명은 고도 경제성장으로 소비가 확대되고, 소비재 메이커 및 연쇄점의 대두가 큰 특징으로 나타난 시기를 일컫고, 제2차 유통혁명은 정보화, 규제완화 등의 사회적·경제적 변화를 말한다.

물류 거점별로 배송권의 확대에 직접 연결되기 때문이다. 여기에 물류 거점은 자유입지(footloose)의 성격이 강하고, 정보기술의 진전과 더불어 재배치나 기능의 변화가 진전된 것도 하나의 이유이다.

1. 정보화가 유통산업에 미친 공간적 영향

유통산업은 수요와 공급의 접합을 전제로 하는 정보교환의 중요성이나 납기에 규정된 배송권 등 산업 고유의 특성을 갖고 이러한 특성이 정보기술을 매개로 하는 산업 전체의 구조를 전환시키고 있다. 그 내용은 다음과 같다.

ⓐ 메이커에서 연쇄점으로의 파워 시프트가 가져온 거래조건의 강화

ⓑ 중간 유통단계의 재편성에서 배송거점의 집약화 및 도매업의 상위 집중화

ⓒ 편의 소비재 메이커에서 생산·출하체제의 광역화에 의한 변용

ⓓ 메이커의 영업거점인 지점의 기능·배치의 재구축에 따른 광역 중심도시로의 집중과 지점·영업소 등의 축소나 영업활동의 특화 경향

ⓔ 수직적 협업체제·외부수주의 진전

먼저 유통산업에서 정보화의 흐름을 보면 제조업에서 기술혁신과 같이 갑자기 경쟁환경의 변화를 가져온 예는 드물고 오히려 변화의 조류를 일정한 방향으로 불가역적(不可逆的)으로 가속시키는 점이 특징이다. 또 OA화, FA화 등 다른 장치 없이 그 자체로 작동하는 스탠드 아론(stand alone)[4]으로 도입된 정보 시스템은 부분적인 효율화를 실현시키는데 지나지 않고 조직 또는 공간을 횡단한 네트워크가 구축될 때 처음으로 유통경로에서 경쟁우위가 실현되게 된다. 이러한 정보 네트워크화의 주된 목적은 규모의 장점(scale merit) 창출, 배송권의 확대, 적재효율의 향상, 그리고 의사결정의 고도화를

---

4) 예를 들어 팩시밀리의 경우 컴퓨터, 프린터, 모뎀 및 다른 장치들을 필요로 하지 않으므로 스탠드 아론 장치라고 말할 수 있다.

통한 시장대응 능력의 고도화이고, 네트워크를 구축하는 과정에서 거래 상대 간의 협업화나 제휴가 진행된다.

물류거점은 첫째, 배송범위가 좁은 상물(商物) 일체형 거점의 분산배치의 시기, 둘째 상물 분리를 전제로 한 재고 집약형 대규모 물류센터의 건설기, 셋째 전자식 금전등록기(Electronic Cash Register: ECR)[5]에 대응한 중규모 물류센터의 재배치기(결품방지를 위한 재고의 분산)로 단계적으로 추이하는 경향이 강하게 나타났다. 한편 영업활동의 거점은 거래할 때 필요한 정보처리의 수준에 대응한 형태로 업태별로 대응하는 부서가 분산한다. 이러한 정보처리 능력과 대응한 의사결정 권한은 전국 규모의 기업에서는 지사, 통괄지점에 집중하는 경향이 강하고, 말단의 지점·영업소에서는 통폐합이 추진됐다. 그 이유로서 정보 시스템화 이외에 고속도로망의 정비에 의한 지사, 통괄지점에서 하루에 돌아올 수 있는 영업권의 확대를 들 수 있다. 또 정보류는 전용회선의 보급에 의해 물류와 분리된 유동이 채택되고 상품 마스터[6]의 갱신 등 노동집약적인 작업을 함으로 정보처리 업무에서는 외부수주가 진행됐다.

나아가 정보나 정보 시스템의 공유를 목적으로 한 채널 종단적인 협업화나 제휴가 진행되어 고정적인 네트워크로 결합된 기업 그룹에 의해 폐쇄적인 거래관계의 형성이 촉진됐다. 또 정보화는 산업 시스템에서 상위 집중화를 촉진시키지만, 유통산업도 그 예외는 아니다. 이 때문에 도청 소재지 등의 중심도시와 제2위 이하의 도시 간에서 도매 판매액의 차이가 확대되는 등 지역정책에서의 과제가 심각해질 것이다.

---

5) 전자식 연산 제어장치에 의한 금전등록기로 상거래의 결제, 기록, 판매 정보의 수집, 금전의 보관 등을 담당하는 기계다. 1960년대 말 일본에서 최초로 만들어졌으며 그 후 급속하게 보급되었다. 기계식인 것에 비해 다수 복잡한 데이터의 집계가 가능하다. 키 터치가 가볍고 장시간 사용해도 피로하지 않다는 등의 특징이 있다.
6) 상품의 품목별 분류 코드, 상품 코드, 상품 매입처, 매입가격, 표준판매가, 취급점포 및 기타 정보를 정리해 컴퓨터에 수록한 것을 말한다.

2. 유통정보 시스템화

유통정보 시스템화는 유통에 관한 정보의 수집, 처리가공, 전달, 활용 등을 위한 시스템이다. 본래 정보는 어떤 시스템 제어를 위해 필요한 것이지만 유통정보라고 특정한 내용을 담고 있는 것은 아니고 유통 시스템을 제어할 때 필요한 정보를 모두 유통정보라고 생각할 수 있는 성격의 것이다. 따라서 유통정보란 제어하는 대상인 유통 시스템에 대응해 그것에 포함되는 정보의 종류, 처리의 방법, 전달의 방법, 전달하는 지역등이 결정된다.

유통정보 시스템화의 필요성을 국민경제의 차원이나 기업의 차원에서 살펴보면 다음과 같다. 먼저 국민경제 차원에서의 필요성을 보면 첫째, 수급조절 기능의 원활화, 둘째 자원의 최적배분과 자원절약 활동을 위해, 셋째, 정보사회화의 촉진, 넷째 긴급사태의 기동적 대응을 들 수 있다. 그리고 기업 차원에서의 필요성은 첫째, 상거래 활동의 효율화, 둘째 적정한 재고관리의 실현, 셋째 유통활동의 계획적인 운용, 넷째 공동유통활동의 촉진, 다섯째 유통활동과 더불어 정보처리비용의 절감, 여섯째 소비자 요구의 신속한 처리가 그것이다.

1) 인터넷 환경에서의 생산·유통 시스템

인터넷이 사회적으로 보급된 것은 사회전체의 커뮤니케이션 모드가 큰 전환기를 맞이한 1990년대 후반이다. 인터넷 회선은 기존의 LAN을 이용해 세계 규모의 네트워크를 실현한 새로운 통신기반이고, 전용회선에 비해 도입비가 매우 저렴하다. 또 월드 와이드 웹(world wide web) 등 표준화된 정보 포맷(format)이 세계적으로 보급되고 있기 때문에 정보교환을 할 때에 프런트 콜(front call)[7]을 거의 필요로 하지 않는다. 이 때문에

---

7) 특정의 컴퓨터 시스템으로 작성된 데이터를 별도의 컴퓨터 시스템으로 전달할 때에 필요한 번역작업을 의미한다. 프런트 콜 변환에 필요한 비용은 원칙적으로 회수 불가능한 비용이기 때문에 많은 거래처와 네트워크를 유지할 중간 유통업자 등은 그 비용이 정보화의 몫이 되었다. 그 때문에 1980년대부터 증가

〈그림 12-1〉 조립제조업의 생산·유통체제의 변화

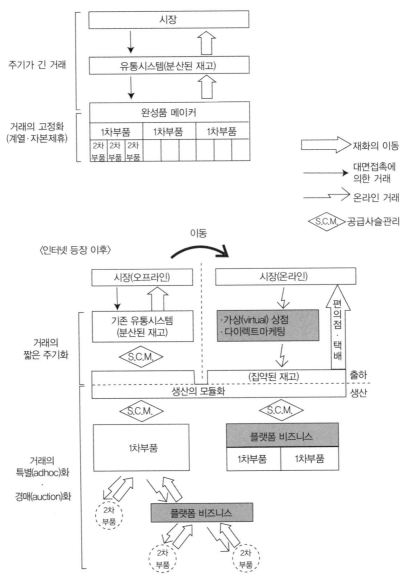

주: 그림의 음영은 인터넷 환경에서 성장하고 있는 새로운 비즈니스를 나타냄.
자료: 箸本健二(2000b: 342).

───────────────

한 유통 VAN은 이러한 프런트 콜 변환기능을 주된 부가가치로 하는 것이 많아졌다.

인터넷의 사회적 침투는 기업 간 네트워크의 개방화를 촉진시켰을 뿐만 아니라 소비자와 직접 연결한 커뮤니케이션 미디어로서의 가능성을 높이게 되어 큰 경제효과를 거두었다.

인터넷은 경제적 효과가 주목되는 정보 기반으로 글로벌 정보전달의 가능성과 정보공유 면에서 자유로운 정보통신 수단이고, 기업 활동뿐만 아니라 사회 전체에 변화를 가져오는 잠재적인 힘을 가지고 있다. 예를 들면 인터넷의 사회적 침투가 컴퓨터 산업이나 통신 서비스업에 큰 경제효과를 끼친 것은 논할 필요가 없다. 한편 인터넷을 통한 커뮤니케이션의 혁신이 산업 활동에도 영향을 미쳤다는 것은 알려져 있다. 예를 들면, 〈그림 12-1〉은 인터넷의 환경이 성립한 전후에 생산·유통 시스템의 변화를 모식적으로 나타낸 것이다. 인터넷을 통한 커뮤니케이션의 혁신에 의한 오늘날의 영향은 중소기업의 네트워크 참가, 구매시장화의 합리화, 중간 유통단계의 압축, 공급사슬·관리의 침투, 정보재 산업의 성장을 들 수 있는데, 이 가운데 유통과 관련된 내용을 살펴보면 다음과 같다.

(1) 구매시장화의 합리화

인터넷이 수급조정에 미치는 영향 가운데 가장 중요한 점은 구매시장화의 진행이다. 인터넷은 구매 탐색비를 격감시키는 것으로 시장 환경이 완전정보(perfect information)에 가까워져서 거래 전체의 주도권을 구매에 이전시킨다.[8] 이것은 판매에 대한 가격을 낮추도록 강한 압력을 주고, 판매와 구매의 관계를 유동화 시켜 거래에서 가장 만족도 높은 판매를 선택하도록 특별한 거래환경을 창출한다. 전자 입찰제도나 가격 비교 사이트[9] 등의 보급은 인터넷 환경을 배경으로 한 구매시장화의 전형적인 예이다.

---

8) 시장 참가자가 그 시장에서 거래되고 있는 재화나 서비스에 대해 완전한 지식을 갖고 있으며 가격의 동향을 숙지한 상태를 의미한다. 이론상 완전경쟁 시장이 성립하는 전제조건의 하나가 된다.

9) 특정 상품명 등을 입력하면 판매점별로 설정 가격이나 배송조건 등 부가 서비스의 내용을 일람할 수 있는 사이트의 총칭으로, 소비자는 최적의 판매를 선택할 수가 있다. 한편 서비스 부문에서 가격의 다양화가 진전되고 있는 유럽과 미국에서는 같은 모양의 사이트가 호텔이나 항공권 등의 분야에도 발달했다.

이러한 구매시장화가 생산조직에 미치는 영향으로서 회사 조직의 재편성과 아울러 거래의 개방화나 생산의 규격화된 모듈화를 지적할 수가 있다.[10] 거래의 개방화는 복수 기업의 제품을 상호 조합한 생산체제를 전제로 했고, 인터페이스 부분의 표준화가 불가결했다. 이러한 거래 관계 중에서는 기간(基幹)부분의 기술에 우수한 기업이 시장을 급속히 확대시키는 것이 가능하게 됐다. 또 규격화된 모듈화는 부품이나 생산라인의 표준화를 통해 생산 시스템 전체의 합리화를 의미하는 것이다.

거래의 개방화나 생산의 규격화된 모듈화는 계열거래와 같이 고정화된 거래 관계 중에서 위험분산을 행하는 산업 시스템의 존립 기반을 위협하는 것이고, 이러한 산업 시스템에서 공급자의 외부화나 거래 사이클의 단기화를 가속시킨다. 한편으로 실제 거래처를 선택할 경우에는 세심한 품질이나 납기의 준수 등 네트워크상에서 제시되고 있는 정보만으로 판단할 수 있는 요소도 많고, 이것이 온라인 거래의 위험이 되고 있다. 이것을 보완하기 위해 납입처의 조건에 가장 맞는 기업을 중개하는 플랫폼 비즈니스(platform business)[11]로의 요구가 높아졌다. 이를테면 중소기업을 중심으로 한 고도의 분업체제를 택한 산업집적에서는 기준사업을 축으로 한 집적의 재편성이 진행되는 것도 예상할 수 있다.

(2) 중간 유통단계의 압축

인터넷에 의한 수요 직결은 전자상거래를 통해 소비재의 분야에서도 진행되었고, 수급접합을 담당하는 유통업자에게도 영향이 확대되었다. 소비재의 유통 시스템에서는 연쇄점에 의한 POS나 전용회선의 도입이 진척된 1980년대 후반부터 중간 도매업자

---

10) 구매나 국제표준화기구[지적 활동이나 과학, 기술, 경제활동 분야에서 세계 상호간의 협력을 위해 1946년 설립한 국제기구 ISO(International Standardization Organization)] 등 공적기관에 의한 표준화의 진행과는 별도로 VTR의 VHS방식이나 PC의 IBM 호환기와 같이 큰 시장 점유율의 획득에 의해 사실상의 표준이 결정된 사실상의 표준(de facto standard)도 존재한다.

11) 공급자가 네트워크를 구축하고 여기에 소비자의 시간과 공간의 제약을 받지 않고 참여할 수 있도록 하는 사업형태를 말한다. 쇼핑몰도 일정한 지리적 공간에 다양한 상점들이 입점하게 유도함으로써 소비자들이 원스톱 쇼핑을 할 수 있도록 하는 플랫폼을 제공한다.

가 사라져갔다. 그러나 소비자에 새로운 유통채널을 제공한 전자상거래의 보급은 소매업을 포함한 기존의 유통 시스템 전체에 타격을 주어 상품분야별로 업종·업태의 선별을 진전시킬 가능성이 높아졌다.

(3) SCM의 침투

종래까지의 유통 시스템은 수급접합기능, 물류기능, 그리고 정보교환 등의 조성기능이라는 세 가지 기능이 평가되어왔다. 그러나 수급 직결이나 연쇄점의 파워 시프트가 진척됨으로써 수급접합기능으로의 기대는 낮아지고 상대적으로 물류기능의 평가가 높아졌다. 이러한 물류 중시의 경향과 구매시장화의 움직임이 연결됨으로써 판매재고를 최종 소비지 가까이에 보관하고, 구매에서 발주에 대응하는 다빈도 배송을 행하는 시스템이 보급되게 되었다. 물류 시스템에서 이러한 판매 부담의 증대 경향을 버크린의 투기·연기이론에서 보면, 실제 수요가 확정되기 전에 수요예측에 바탕을 둔 목표생산을 집중적으로 행하고 집중적으로 물류시설에 재고를 보관시켜 될 수 있는 한 장기간 주기, 대규모 로트로 점포에 배송하는 투기형 생산·유통 시스템에서 실제 수요자에 가능한 한 가까운 곳에 분산적으로 생산을 하고 분산적으로 물류시설에 재고를 두고 주문에 대응해 짧은 주기, 소규모 로트로 소매 점포까지 배송하는 연기형 생산·유통 시스템으로 전환되고 있다. 간판방식이라고 불리어지는 토요타자동차의 부품조달 시스템이나 점두(店頭) 재고를 최소화해 다빈도 배송을 행하는 편의점의 배송 시스템 등은 고도의 수요예측에 의해 발주시기를 가능한 한 실제 수요에 가까운 연기적 시스템의 전형적인 예라고 할 수 있다.

그러나 개개 거래처에 대한 배송량에는 한계가 있기 때문에 거래처별로 다빈도 소규모 로트 배송의 수준을 높여가면 판매가 부담하는 유통 재고나 배송비는 한없이 증가한다. 그 때문에 중간 유통단계에서 공동보관이나 공동배송을 진척시켜 배송빈도의 유지와 물류의 간소화를 양립시키는 SCM이 주목을 받아 많은 산업 분야에서 도입을 했다. SCM의 특징은 인터넷 등을 통해 배송권별로 하주의 출하정보를 한꺼번에 관리하고 개개의 거래처를 단위로 한 배송 시스템을 해체해 지역이나 같은 업태별로 가장 효율적인 공동배송 시스템을 재구축하는 점이다. 따라서 SCM의 보급은 물류거점의 통폐합을 진척시키는 것만이 아니고 자사 물류 시스템의 외부화를 강하게 촉진시키는 요인이 되었다.

2) 정보통신 환경의 고도화와 산업 활동

정보통신기술의 고도화와 더불어 산업 활동 그 자체가 급속히 변화하는 것은 그 방향성에서 크게 네 가지로 정리할 수 있다. 먼저 기업과 소비자 간(B2C) 네트워크와 기업 간(B2B) 네트워크라는 두 가지 커뮤니케이션 채널이 새로 탄생한 것이다. 이 가운데 B2C는 시장의 확대가 목적인 데 비해 B2B는 협업화를 통한 혁신이나 낮은 비용을 주 목적으로 한다. 양자를 비교하면 단기적인 효과는 B2C의 쪽이 크지만, 중장기적으로는 B2B의 진전이 기업의 경쟁력을 좌우하는 것이 될 것이다. 둘째, 핵심사업(core business)과 외부화가 진행되는 사업의 분리이다. 전자는 혁신의 짧은 주기에 대응해 기술 집약형 조직을 겨냥하는 한편, 외부수주가 진행되는 후자는 낮은 비용을 목적으로 한 기업 간 연대를 강하게 지향한다. 거기에다 이 경향은 혁신의 축이 되는 업무와 규모의 이점이 요구된 업무와의 분리라고 바꾸어 말할 수 있다. 셋째, 정보가 과잉으로 범람해 그 수집보다도 선별과 선택에 자원이 주력하는 상황에 대응한다. 정보통신기술의 혁신에는 하나의 기술혁신이 매우 짧은 기간 중에 정보의 범람을 일으키는 예들이 종종 있다. 그런데 소비재 유통의 분야에서는 POS가 도입되었을 때 급격히 축적되어가는 데이터에 대해 내부의 정보처리가 맞지 않아 정보의 질을 선별하고 요약하며, 이용자에게 매번 의미가 있는 내용을 제시하는 업무의 외부화가 진전되었다. 인터넷을 통한 정보의 범람에 대해 기준사업에 주어진 역할도 이것에 혹사당했다. 이것은 대면접촉의 중시와 병행해 고도 정보화가 갖는 역설적인 일면을 명료하게 나타내고 있다. 마지막으로 넷째, 네트워크상에서 완결되는 산업 활동은 사람이나 물자의 이동을 전제로 한 산업 활동과는 괴리가 있다. 이 괴리는 공간거리에 대한 비용의 유무에 의한 정보의 경제 원리와의 차이를 반영한 것이다.

3. 유통현상과 지리정보체계

유통에 관한 지리학적 연구에서 상업지역 연구, 입지론 연구, 상권연구, 소비자 행동 연구 등에 대한 지리정보체계(Geographic Information System: GIS)의 적용을 검토해보기로 한다. 상업지역 연구는 도시나 상점가를 대상으로 상업 활동에 관한 지역특성의 해명을 행하는 것이다. 그 분석단위는 개개의 상점이나 상점가인 경우가 많다. 도시 내부의 상업지역 연구에서는 소매업 집적지를 업종 구성이나 규모에 의해 유형화하고 그 분포 패턴의 규칙성을 해명한 연구가 많은데, 이러한 연구에 대해 GIS는 분석기초가 되는 지도 데이터베이스를 작성하는 것이 유효하다. 개개 상점이나 상점가의 위치정

〈그림 12-2〉 상업지역 연구의 GIS 이용 예

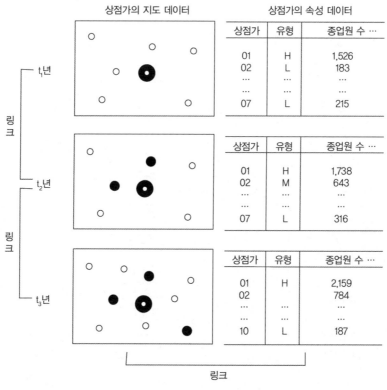

자료: 高阪宏行·村山祐司 編(2001: 161).

보를 점(點) 데이터 또는 면(面) 데이터로서 지도 데이터베이스에 수록하고, 거기에 업종, 업태, 규모 등의 속성정보를 부가함에 따라 대량의 데이터를 지도와 링크시킨 형태로 일괄 관리할 수 있게 된다(〈그림 12-2〉). 이 지도 데이터베이스를 이용함으로 효율적인 상업지역의 분석이 가능하다. 근년 주택지도나 공간 데이터 기반의 정비로 이러한 데이터베이스를 구축한 환경이 정리됨으로서 금후 해당 연구에 대한 GIS의 공헌은 점점 증가할 것으로 생각된다.

입지론 연구에 GIS를 적용할 경우 점 데이터로서 상점 또는 상점가, 인구, 지가, 역 등의 정보를, 면 데이터로서 토지이용 등의 정보를, 선(線) 데이터로서 노선이나 도로 등의 정보를 수록한 지도 데이터베이스를 구축하고 오버레이(overlay) 기법을 이용한 분석을 진척시키는 것을 생각할 수 있다. 또 최고 지가 지점에서의 거리대(距離帶)나 주요 도로연변의 30m 이내의 데이터를 가공해 얻은 정보도 부가함으로써 보다 상세한

〈그림 12-3〉 입지론 연구의 GIS 이용 예

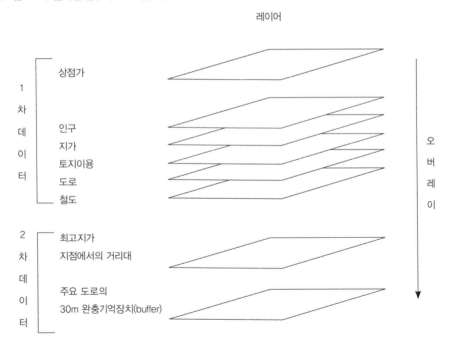

자료: 高阪宏行·村山祐司 編(2001: 162).

공간분석이 가능하다(〈그림 12-3〉). 도심지구 내부의 지대와 토지이용을 조사해 위의 데이터베이스를 구축하면 알론소(W. Alonso)의 구매자가 가격을 결정하는 지대론 등을 검증하는 데 더할 나위가 없는 모델을 개량할 수 있다.

이상과 같은 입지론 연구에서 GIS를 이용할 경우 상점이나 상점가의 지도 데이터베이스와 그 입지를 설명하려는 인구나 지가 등 지리적 요소의 지도 데이터베이스를 중합시켜 새로운 데이터베이스를 구축함으로서 분석이나 모델의 개량 등을 하는 방법을 생각할 수 있다. 그때 종래보다도 더 큰 규모 또는 더 상세한 데이터를 사용할 수 있고 기존의 데이터에서 2차 데이터를 생성시켜 신속하게 데이터베이스에 부가시킬 수 있는 것은 GIS의 큰 장점이다.

상권연구에는 전통적으로 중심조사법과 주변조사법이 있다. 중심조사법은 상점이나 상점가를 방문한 고객에게 거주지, 방문목적, 방문수단 등을 조사하고, 주변조사법은 상점 또는 상점가를 포함한 주변 지역의 개개 소비자를 대상으로 방문한 상점이나 상점가, 구매상품, 구매통행(trip) 수 등을 질문하는 것이다. 이와 같이 조사한 데이터 수집법으로서는 인터뷰 조사나 설문지조사 등이 많이 이용되는데, 수집된 데이터는 GIS에 지도 데이터베이스화를 하는 데 더욱 유리하게 이용된다(〈그림 12-4〉).

상권연구에 구축된 모델로서는 라일리와 컨버스의 소매인력 모델이나 허프의 확률 상권 모델이 유명하지만 이들 모델의 연구에는 지리적 요소에 관한 정확한 위치 데이터를 얻을 수 있는 GIS의 지원이 필요하다. 또 GIS는 요소 간의 실제거리뿐만 아니라 시간거리나 운임거리 등도 데이터로서 수록하는 것이 가능하기 때문에 몇몇 모델에 의한 상권의 산출이 가능하다. 그리고 GIS에서는 상세한 많은 양의 공간 데이터를 취급하는 것이 가능하기 때문에 종래보다도 정밀도가 높은 결과를 얻을 수 있다. 그 때문에 상권분석에 의한 정책결정의 지원을 의도하고자 할 때에 지금까지보다도 훨씬 많은 공헌을 할 수 있다고 생각한다.

다음으로 소비자 행동에 관한 연구는 주민 각자의 판단이 어떻게 이루어져 특정 상점이나 상점가를 이용하는가를 해명하는 것을 목적으로 한다. 소비자 구매행동과 상점의 입지는 서로 영향을 미치기 때문에 해당 연구는 앞의 연구들과 밀접한 관련을 맺

〈그림 12-4〉 상권연구의 GIS 이용 예

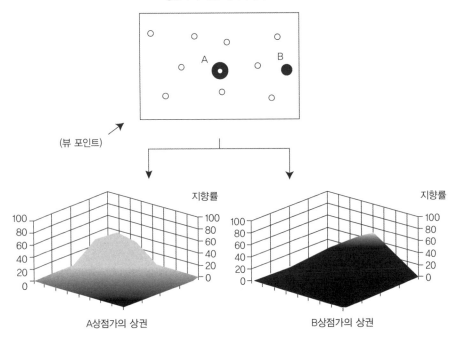

자료: 高阪宏行·村山祐司 編(2001: 163).

고 있다. 또 소비자 행동연구는 행동지리학 연구나 환경인지 연구와도 밀접한 관계가 있고, 포터(R. B. Potter)와 같이 정보원(情報源) 지역과 행동지역의 관계 등에 주목한 연구도 있다.

소비자 행동연구에서는 상품별 구매 지향지 비율 등의 데이터를 GIS로 지도 데이터 베이스화함으로써 상권연구와 유사한 성과를 얻을 수 있다. 또 소비자 속성의 차이에 주목해 비집계 접근방법 등을 이용할 경우에도 GIS를 원용함으로서 새로운 분석 모델을 구축할 수가 있다.

또 근년 소비자의 다양화와 개별화와 더불어 마케팅에서 영역 마케팅, 직접 마케팅 (direct marketing),[12] 일대일(one to one) 마케팅과 같이 보다 지역이나 개인이 주목되고 있다. 표적(target)으로 되는 고객이 어디에 있는가? 경쟁(rival)이 되는 점포는 어디에 입지하는가? 이러한 것을 생각할 경우 다양한 지리적 정보를 데이터베이스로 해 관리, 가시화, 분석할 수 있는 GIS는 필요불가결한 도구가 되고 있다.

시간지리학이나 다목적 통행연구의 방법을 소비자 행동연구에 이용할 경우 어떠한 지도 데이터베이스를 작성하는가가 문제가 된다. 예를 들면, GIS에 의해 시간별로 주민 개개인의 목적별 체류상황을 나타낸 레이어(layer)의 속성 데이터로서 열(列)요소에 시간행동 목적군을 항목으로 설정해 현실의 행동이 해당하는 항목에는 [1], 해당하지 않는 항목에는 [0]을 입력함으로써 지도 데이터베이스를 작성하는 것이 하나의 방법이라고 생각한다(〈그림 12-5〉).

이상과 같이 소비자 행동의 연구에서 GIS의 이용은 연구목적에 부응시켜 어떠한 지도 데이터베이스를 작성하는가가 문제가 되고, 점포나 상점가 등에 관한 속성 데이터베이스와의 링크 등도 중요한 과제가 된다.

GIS에 의해 작성된 상업 활동에 관한 지도 데이터베이스는 도시계획이나 지역계획을 위한 기초자료로서도 활용될 수 있다. 특히, 판매촉진, 신규 상점출점 계획, 최적의 영역 탐색, 기존 상점의 활성화 계획, 판매점 적정 배치계획, 자동판매기 설치계획 등의 분야에서도 GIS의 활용이 기대된다.

최근 유통지리학에서 새로운 연구의 조류가 등장함에 따라 이들에 대응한 GIS의 원용도 검토할 필요가 있다. 먼저, 기업의 입지전략 등 상점 전개의 메커니즘에 관한 연구가 지리학에서 행해지고 있지만 편의점 등의 연쇄점 입지에 대해 시장의 잠재적 고객 추정, 배송센터의 입지와 효율적인 배송 루트의 설정, POS에 의한 정보망의 확립 등의 문제가 포함되며, 이전의 연구에서 충분히 연구되지 않았던 요소도 많다. 그러나 이들 요소도 공간적인 현상으로 파악하는 것이 가능하다면 GIS에 의한 분석대상이 된다. 그 때문에 금후와 같이 새로운 문제에 대한 공간분석법이 구축됨으로써 유통지리학에 GIS를 원용하는 것이 과제가 될 수 있다.

다음으로 슈퍼마켓, 편의점, 노변 상점 등 비교적 새로운 업종이나 업태의 소매업 연

---

12) 예상되는 고객에 대한 개별적인 촉진활동을 통한 판매를 말한다.

〈그림 12-5〉 소비자 행동연구의 GIS 적용 예

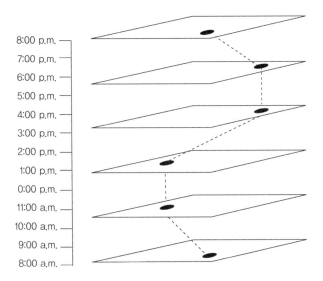

개인A의 목적별 행동 데이터

지점	8:00 a.m.				9:00 a.m.				. . .
	목적1	목적2	. . .	목적10	목적1	목적2	. . .	목적10	. . .
01	1	0	. . .	0	0	0	. . .	0	. . .
02	0	0	. . .	0	0	0	. . .	0	. . .
03	0	0	. . .	0	0	1	. . .	0	. . .
04	0	0	. . .	0	0	0	. . .	0	. . .
05	0	0	. . .	0	0	0	. . .	0	. . .

개인B의 목적별 행동 데이터

지점	8:00 a.m.				9:00 a.m.				. . .
	목적1	목적2	. . .	목적10	목적1	목적2	. . .	목적10	. . .
01	0	0	. . .	0	0	0	. . .	0	. . .
02	0	0	. . .	0	0	0	. . .	0	. . .
03	0	1	. . .	0	0	0	. . .	0	. . .
04	0	0	. . .	0	0	0	. . .	0	. . .
05	0	0	. . .	0	0	0	. . .	1	. . .

자료: 高阪宏行·村山祐司 編(2001: 164).

구를 할 경우, 그들의 공간적 배치나 변화의 정보를 수록한 지도 데이터베이스의 구축
이 필요하다. 이 데이터베이스를 분석함으로써 새로운 업종이나 업태의 소매업에 관
한 동향을 파악할 수 있고, 거기에서 기업의 의사결정 등에 대한 접근방법이나 다른 지

역 데이터나 주민 데이터와의 오버레이를 해 연구할 가능성도 있다고 생각한다.

또 무점포 판매, 방문판매, 통신·카탈로그 판매, 자동판매기에 의한 판매, 인터넷·모바일 판매 등 점포를 가지지 않고 소비자에게 상품이나 서비스를 제공하는 소매업 형태가 근년 증가하고 있고, 인터넷과 모바일의 보급은 그 증가를 박차고 있다. 이러한 유통형태는 데이터베이스가 곤란하기 때문에 상세한 데이터가 부족하다. 그러나 어떠한 것에 대해서도 소매업활동이나 소비의 공간적 측면에 대한 고찰을 하기 위해 GIS가 가지고 있는 공간검색이나 공간분석을 위한 여러 가지 기능이 유효하게 활용될 수 있다고 생각한다.

참고문헌

姜聲鎭. 1992. 「再活用品 回收政策의 執行에 관한 硏究」. 成均館大學校 大學院 博士學位論文.

_____. 1994. 「폐기물 관리정책의 문제점과 개선방향」. ≪환경과 생명≫, 제2권, 102~113쪽.

강임호·정부원. 1999. 「국내 인터넷 쇼핑몰의 현황 및 변화추세」. ≪정보통신정책연구≫, Vol.11(No.10)(통권 233호).

고동환. 1993. 「18·19세기 서울 京江地域의 商業發達」. 서울대학교 대학원 박사학위논문.

고성희. 2002. 「인터넷 쇼핑이 서점입지 및 서적 물류구조에 미치는 영향」. 성신여자대학교 교육대학원 석사학위 논문.

구양미 외 옮김. 2014. 『세계경제공간의 변동』[Diken, P. 2011. *Global Shift: Mapping the Changing of the World Economy*(6th ed.)]. 서울: 시그마프레스.

김기두. 1998. 「龍仁市 地域 冷藏·冷凍倉庫의 立地와 入出庫地」. 충북대학교 교육대학원 석사학위논문.

김기홍. 1999. 『電子商去來: 새로운 市場의 대두』. 서울: 産業研究院.

_____. 2013. 『디지털 경제 3.0』. 서울: 法文社.

김나리·박경환. 2014. 「한우 생산 제도화에 따른 한우 상품사슬의 특징」. ≪한국경제지리학회지≫, 제17권, 296~ 320쪽.

김문성. 1997. 「New Meadia를 통한 Home Shopping에 관한 研究: PC 通信과 CA 텔레비전 媒體를 中心으로」. 서울대학교 대학원 석사학위논문.

김선근·정지복. 2005. 「대덕밸리 IT 및 BT 클러스터의 Global Value Chain 실증분석」. ≪조사연구≫, 2005-06, 과학기술정책연구원.

김병연. 2015. 「소비의 관계적 지리와 윤리적 지리교육」. ≪대한지리학회지≫, 제50권, 239~254쪽.

金英淑. 2003. 「인터넷 쇼핑에 의한 상품판매의 지역적 특성: G eshop의 경우」. ≪대한지리학회지≫, 제38권, 769~785쪽.

김원수·황의록. 1999. 『유통론』. 서울: 經文社.

김재걸. 1993. 「서울시 편의점의 확산, 입지, 이용에 관한 연구」. 고려대학교 대학원 석사학위논문.

김정희. 2000. 「서울시 농산물 물류센터의 입지선정에 관한 연구」. 이화여자대학교 대학원 석사학위논문.

김철식·조형제·정준호. 2011. 「모듈 생산과 현대차 생산방식: 현대모비스를 중심으로」. ≪경제와 사회≫, 겨울호 (통권 제92호), 351~385쪽.

김태환. 2007. 「자동차 부품산업의 공간적 재구조화와 입지 패턴 변화」. ≪대한지리학회지≫, 제42권, 434~452쪽.

_____. 2008. 「외환위기 이후 자동차 부품산업 공간의 변화」. ≪한국도시지리학회지≫, 제11권(제3호), 125~138쪽.

김태희. 1996. 『통신판매 이렇게 하면 된다』. 고양: 한국다이렉트마케팅.

김희순. 1995. 「홈쇼핑에 대한 지리학적 연구」. 고려대학교 대학원 석사학위논문.

대한상공회의소 엮음. 1995. 「통신판매 현황과 발전방향」. 서울: 대한상공회의소.

대한상공회의소 엮음. 1997. 「전국 유통·물류시설 총람」. 서울: 대한상공회의소.

류주현. 1997. 「창고형 대형할인업태 정착에 따른 새로운 소비 패턴 구조 형성에 관한 연구」. 서울대학교 대학원 석
사학위논문.

文希英. 1984. 「朝鮮時代 서울의 商業地域」. 고려대학교 교육대학원 석사학위논문.

문희정. 1998. 「도시 내부지역 장소 마케팅의 지역적 파급효과: 인사동 '문화의 거리'를 사례로」. 서울대학교 대학원
석사학위논문.

박경숙. 2005. 「대구문화콘텐츠산업 가치사슬의 공간성과 경영특성」. 경북대학교 대학원 석사학위논문.

박현태 외. 2002. 「선인장 국제시장 조사 및 수출확대 방안」. 한국농촌경제연구원 연구보고서.

서주선. 1999. 「通信販賣에 의한 産地直送의 空間構造: 소백산 영지버섯과 보은 대추를 사례로」. 충북대학교 교육
대학원 석사학위논문.

손용엽. 2004. 「한국의 보수용 자동차부품의 품질과 시장구조」. ≪자동차산업연구≫, 제2권, 153~194쪽.

신원철. 2007. 「한국 신발산업의 공동화: 글로벌 상품사슬의 재편과 그 함의」. ≪산업노동연구≫, 제13권(제2호),
1~25쪽.

오상락. 1990. 『마아케팅원론: 거시 마아케팅론』. 서울: 박영사.

원지영. 1997. 「프랜차이즈 체인점의 입지특성과 이용형태」. 경북대학교 대학원 석사학위논문.

위태석 외. 2004. 「학교급식의 식재료 공급체계 개선방안」. ≪食品流通硏究≫, 제21권(제2호), 113~137쪽.

윤찬란·韓柱成. 2013. 「경기도 화성시 초·중학교 급식품 공급의 공간구조」. ≪대한지리학회지≫, 제48권, 303~
319쪽.

이경희. 1991. 「서울시 프랜차이즈 체인의 분포 특성에 관한 연구」. 서울대학교 대학원 석사학위논문.

이광종. 1993. 『CVS 경영전략』. 서울: 한국슈퍼체인협회 출판부.

이동필 외. 2000. 「농산물 전자상거래의 실태와 활성화 방안」. 서울: 한국농촌경제연구원.

이상덕·임재욱·손기철. 1997. 「플러그 묘판 이용이 접목선인장 정식 노력 절감에 미치는 영향」. ≪韓國花卉硏究會
誌≫, 제6권(제2호), 11~16쪽.

이선지. 2000. 「소화물 일관수송 영업소의 입지분석과 배송권역 설정」. ≪한국도시지리학회지≫, 제3권(제2호),
39~56쪽.

이승재. 1993. 『통신판매 혁명』. 서울: 도서출판 비앤날.

이승철. 2007. 「전환경제하의 해외직접투자기업의 가치사슬과 네트워크: 대베트남 한국섬유·의류산업 해외직접투
자 사례연구」. ≪한국경제지리학회지≫, 제10권, 93~115쪽.

이윤영. 2001. 「통신판매의 유통 시스템과 판매지역」. 경북대학교 대학원 박사학위논문.

이재하·홍순완. 1992. 『한국의 場市: 정기시장을 중심으로』. 서울: 民音社.

이재하·박소영. 1996. 「도시 요일장의 형성과 이용 및 기능에 관한 연구」. ≪한국지역지리학회지≫, 제2권, 113~
131쪽.

이지선. 2000. 「케이블 TV 홈쇼핑에 의한 상품유동의 지리적 특성」. 서울대학교 대학원 석사학위논문.

李喜演·金志暎. 2000. 「大型割引店의 立地的 特性과 商圈 分析에 관한 硏究」. ≪國土計劃≫, 第35卷(第6號),
61~80쪽.

이희연·이정미. 1996. 「GIS 기법을 활용한 패스트푸드점의 입지분석에 관한 연구 :서울시 강남구를 중심으로」. ≪한
국GIS학회지≫, Vol.5, 11~26쪽.

이희연·홍의택. 1995. 「GIS 기법을 활용한 편의점의 입지분석에 관한 연구: 서울시 송파구를 중심으로」. ≪한국
GIS학회지≫, Vol.3, 103~121쪽.

이희연·황은정. 2008. 「창조산업의 집적화와 가치사슬에 따른 분포특성: 서울을 사례로」. ≪국토연구≫, 제58권,
71~93쪽.

임석준. 2005. 「소비자 정치와 기업의 사회적 책임: 나이키의 글로벌 상품사슬을 중심으로」. ≪韓國政治學會報≫,
제39권, 237~255쪽.

張美花·韓柱成. 2009. 「충북 음성군 접목선인장의 글로벌 상품사슬」. ≪대한지리학회지≫, 제44권, 56~76쪽.

장영진. 2010. 「한·중 소무역의 변화과정과 공간적 특성」. ≪대한지리학회지≫, 제45권, 628~646쪽.

_____. 2011. 「한·중 소무역의 성격과 운영 메커니즘」. ≪한국경제지리학회지≫, 제14권, 568~582쪽.

張在球·韓柱成. 2000. 「泗川空港 항공 화물수송의 시·공간적 특성과 배후지」. ≪대한지리학회지≫, 제35권,
53~75쪽.

전현수. 1986. 「통신판매방식의 활용에 관한 연구」. 서울대학교 대학원 석사학위논문.

정구현 외. 2000. 「선인장 재배 농가의 농업정보 요구 조사」. ≪농업정보과학≫, 제2권, 9~15쪽.

정명기. 2007. 「모듈생산방식에 따른 부품조달체계 변화에 관한 연구: 현대자동차 아산공장을 중심으로」. ≪경상논
총≫, 제25권(제3호), 35~54쪽.

정종석. 2001. 『자동차산업의 물류혁신』. 서울: 산업연구원.

조성혜. 2015. 「정보통신기술과 일상생활의 네트워크」. 허우긍·손정렬·박배균 엮음. 『네트워크의 지리학』. 서울:
푸른길, 125~146쪽.

曺壽敬·韓柱成. 1990. 「淸州市 高速버스 터미널의 後背地와 指向地」. ≪地理學≫, 제41호, 19~34쪽.

조철. 2002. 『네트워크경제의 진전과 부품조달체제의 변화: 자동차부품 조달체계를 중심으로』. 서울: 산업연구원.

조철·김경유. 2012. 『차세대자동차산업의 부품거래관계 변화와 정책과제』. 서울: 산업연구원.

조형제. 2001. 「모듈화에 따른 부품공급시스템의 변화: 생산의 동기화를 중심으로」. ≪경제와 사회≫, 여름호(통권
제50호), 186~213쪽.

조형제·김철식. 2013. 「모듈화를 통한 부품업체 관계의 전환: 현대자동차의 사례」. ≪한국사회학≫, 제47권,
149~184쪽.

崔在憲. 1996. 「國內 業體와 在美 韓人業體間 貿易의 空間的 連繫 特性」. ≪지리·환경교육≫, 제4권, 135~152쪽.

최정수. 2006. 「경북 문화산업의 가치사슬 특성」. ≪한국경제지리학회지≫, 제9권, 39~60쪽.

통계청. 2001. 『2000년 전자상거래 기업체 통계조사 결과』.

평택문화원·평택항 개항 20년사 편찬위원회 엮음. 2007. 『평택항 개항 20년사』. 평택: 평택문화원.

한국디엠연구소. 1995. 「한국다이렉트 마케팅 세미나 자료집」.

한국문화경제학회. 2001. 『문화경제학 만나기』. 서울: 김영사.

한국인터넷정보센터. 2002. 「인터넷 이용자 수 및 이용 행태에 관한 설문조사 결과보고서」.

한국자동차산업협동조합. 2014. 『2014자동차편람』. 서울: 한국자동차산업협동조합.

韓柱成. 1985. 「시멘트 流通의 地域構造」. ≪地理學≫, 第31號, 1~15쪽.

_____. 1990. 「韓國 商業·流通地理學의 研究動向과 課題」. ≪地理學≫, 第42號, 49~66쪽.

_____. 1993a. 「都賣業 販賣活動에 의한 韓國의 都市類型 變化」. ≪地理學≫, 第28卷, 200~212쪽.

_____. 1994. 『流通의 空間構造』. 서울: 교학연구사.

_____. 1996. 「수도권지역 소매업 경영의 공간적 변용」. ≪대한지리학회지≫, 제31권, 19~37쪽.

_____. 1998a. 「세계화 시대의 국제 물류 연구동향과 과제」. ≪한국경제지리학회지≫, 제1권(제1호), 57~74쪽.

_____. 1998b. 「소매업 경영에서 본 수도권 지역과 대구권 지역의 비교」. ≪한국경제지리학회지≫, 제1권(제2호), 21~42쪽.

_____. 1999. 「다국적 소매기업의 국내 점포와 세계 사업소망의 입지전개: 日本 다이에 슈퍼체인을 사례로」. ≪한국경제지리학회지≫, 제2권, 183~194쪽.

_____. 2001. 「농협연쇄점의 물류체계와 판매활동의 공간적 특성」. ≪대한지리학회지≫, 제36권, 258~277쪽.

_____. 2004. 「재활용 생활계 폐기물의 수거경로와 지역적 특성」. ≪대한지리학회지≫, 제39권, 88~101쪽.

_____. 2005. 「통관거점을 이용한 국제물류의 지역구조」. ≪대한지리학회지≫, 제40권, 631~652쪽.

_____. 2006. 「청주시 지역 아파트 신정기시 이동상인의 공간적 특성」. ≪한국경제지리학회지≫, 제9권, 341~357쪽.

_____. 2009. 「상품·교통·공급사슬개념과 관련된 지리학의 연구와 과제」. ≪대한지리학회지≫, 제44권, 723~744쪽.

_____. 2010a. 『교통지리학의 이해』. 파주: 도서출판 한울.

_____. 2010b. 「평택·당진항의 항만발달과 화물유동에 의한 항세권 변화」. ≪대한지리학회지≫, 제45권, 766~787쪽.

_____. 2011. 「평택·당진항의 화물유동에 의한 항세권의 계층성」. ≪대한지리학회지≫, 제46권, 751~766쪽.

_____. 2014. 「인구감소 고령화지역의 소매판매활동 특성」. ≪한국경제지리학회지≫, 제17권, 538~553쪽.

_____. 2015a. 『경제지리학의 이해』. 파주: 도서출판 한울.

_____. 2015b. 「완성차조립 부품공급의 지역적 물류체계」. ≪대한지리학회지≫, 제50권, 621~639쪽.

韓柱成·張在球. 1999. 「泗川空港의 지위 변화와 여객 배후지」. ≪대한지리학회지≫, 제34권, 47~61쪽.

한충민. 1998. 『電子商去來가 消費者 行動과 流通構造에 미치는 影響』. 서울: 산업연구원.

현대모비스 엮음. 2007. 『현대모비스 30년사』. 서울: 현대모비스.

홍일영. 2001. 「GIS의 마케팅 응용에 관한 연구: 소매점 상권분석을 중심으로」. 서울대학교 대학원 석사학위논문.

허우긍·손정렬·박배균 엮음. 2015. 『네트워크의 지리학』. 서울: 푸른길.

환경부. 2001. 『2000 전국 폐기물 발생 및 처리현황』. 서울: 환경부.

황수철. 2000. 「일본 푸드시스템의 전개와 과제: 식품산업의 구조변화를 중심으로」. ≪농촌사회≫, 제10권, 233~260쪽.

加藤和暢. 2000. 「M. ポーター: 國と地域の競爭優位」. 矢田俊文·松原宏 編. 『現代經濟地理學: その潮流と地域 構造論』. 京都: ミネルヴァ, pp.240~259.

岡橋秀典. 1986. 「わが國における山村問題の現狀とその地域的性格: 計量的手法による考察」. ≪人文地理≫, 第 38卷, pp.461~479.

江澤讓爾 譯. 1969. 『クリスタラー都市の立地と發展』(Christaller, W. 1933. *Die Zentralen Orte in Süddeutschland*. in Baskin C. W. translated. 1966. *Central Places in Southern Germany*). 東京: 大明堂.

兼子 純. 2000. 「ホームセンターチェーンにおける出店·配送システムの空間構造」. ≪地理學評論≫, Vol.73, pp. 783~801.

兼子 純·藤原武晴. 2006. 「長野縣に立地する自動車部品企業におけるジャスト·イン·タイムの實踐: 生産と物流 の觀點から」. ≪人文地理≫, 第58卷, pp.40~55.

兼子 純·野尻 亘. 2009. 「大都市圈における緊急小口型輸送の空間構造: 東京·大阪の二輪輕貨物輸送を事例とし て」. ≪季刊地理學≫, Vol.61, pp.137~156.

古關喜之. 2008. 「臺灣におけるマンゴーの生産·流通と輸出型産業としての課題」. ≪地理學評論≫, Vol.81, pp.449~469.

高橋潤二郎. 1968. 「マーケティング地理學(I): その系譜と展望」. ≪三田學會雜誌≫, 第61卷(第12號), pp.120~ 135.

_____. 1969. 「マーケティング地理學(II): その系譜と展望」. ≪三田學會雜誌≫, 第62卷(第9號), pp.53~67.

高橋節子·塩川 亮. 1984. 「都市内部における都賣事務所の立地變動: 靜岡·浜松の場合」. ≪東北地理≫, 第23 卷, pp.233~238.

高柳長直. 2006. 『フードシステムの空間構造論: グローバル化の中の農産物産地振興』. 東京: 筑波書房.

高阪宏行. 1995. 「マーケティングと地理情報科學」. ≪GIS−理論と應用≫, Vol.3, pp.45~52.

高阪宏行·村山祐司 編. 2001. 『GIS: 地理學への貢獻』. 東京: 古今書院.

關口達也·貞廣幸雄. 2015. 「店鋪効用に基づく商業環境の多面的な評價手法: 充足度, 安全度, 主要度の觀點か ら」. ≪地理学評論≫, Vol.88, pp.269~282.

駒木伸比古. 2010. 「フードデザートマップを作成する: GISを用いたエリア抽出方法」. ≪地理≫, Vol.55(No.8), 東京: 古今書院, pp.25~32.

_____. 2016. 「流通·マーケティングにGISを活かす」. ≪地理≫, Vol.61(No.4), 東京: 古今書院, pp.26~32.

國松久彌 譯. 1973. 『商業·卸賣業の立地』(Vance, J. E., Jr. 1970. *The Merchant's World: The Geography of*

                    Wholesaling). 東京: 大明堂.

_____. 1981. 『小賣商業の立地』. 東京: 古今書院.

堀田 譽. 2003. 「内陸通關據點を利用する國際物流の構造: つくば・宇都宮地區における通關據點を事例として」.
    ≪經濟地理學年報≫, Vol.49, pp.1~18.

宮澤 仁. 1996. 「離島における消費者購買行動の一考察: 長崎縣五島列島岐宿町の事例」. ≪經濟地理學年報≫,
    Vol.42, pp.44~57.

宮下正房・中田信哉. 1991. 『物流の知識』. 東京: 日本經濟新聞社.

根田克彥. 1998. 「都市小賣業の空間構造に關する研究の展望: 英米の文獻による」. ≪人文地理≫, 第50卷, pp.
    363~382.

_____. 2008. 「イギリスシェフィールド市における地域ショッピングセンター開發後の中心商業地とセンター體系
    の變化」. ≪人文地理≫, 第60卷, pp.217~237.

_____. 2010. 「近畿地方における人口減少地域の小賣業の動向」. ≪人文地理≫, 第62卷, pp.183~187.

金在珖. 1983. 「韓國家畜市場の機能と市場圈」. ≪東北地理≫, 第35卷, pp.99~109.

大橋めぐみ・永田淳嗣. 2009. 「岩手縣産短角牛肉ショートフードサプライチェーンの動態の分析」. ≪地理學評
    論≫, Vol.82, pp.91~117.

戴 二彪. 2003. 「東アジア主要港めぐる中國輸出入企業の中繼港選擇行動分析」. ≪經濟地理學年報≫, Vol.49,
    pp.72~85.

渡邊英明. 2003. 「越後平野の市町の中心地と市場景觀: 雁木通りに注目して」. ≪人文地理≫, 第55卷, pp.163~
    178.

稻田耕一. 1990. 「國内航空貨物流動の地理學的研究」. ≪經濟地理學年報≫, Vol.36, pp.116~128.

藤目節夫. 1981. 「確率的商圈設定モデルの構造に關する研究」. ≪地理學評論≫, 第54卷, pp.22~33.

藤田直晴・村山祐司 監譯. 1992. 『商業環境と立地戰略』(Jones, K. and J. Simmons. 1990. *The Retail Envi-*
    ronment). 東京: 大明堂.

藤井 正・神谷浩夫 編. 2014. 『よくわかる都市地理學』. 京都: ミネルヴァ書房.

鈴木安昭. 1974. 「小賣業の構造とその展開(序說)」. ≪靑山經濟論集≫(靑山學院大學), 第9集(第2・3號), pp.
    168~176.

_____ 譯. 1979. 『小賣業の地域構造』(Scott, E. P. 1970. *Geography and Retailing*). 東京: 大明堂.

文定昌. 1941. 『朝鮮の市場』. 東京: 日本評論社.

朴倧玄. 1996. 「釜山企業の對日輸出行動からみた釜山・福岡間の結合關係」. ≪經濟地理學年報≫, Vol.42, pp.
    175~187.

_____. 1997. 「國際物流の移動プロセスからみた釜山企業の對日輸出行動: 食品・衣服業種における取引行動を
    事例に」. ≪人文地理≫, 第49卷, pp.142~158.

_____. 1999. 「韓日の大企業間提携と首都間結合」. ≪地理學評論≫, Vol.72, pp.143~165.

飯田　太. 1993. 「大手スーパー自社配送センターの立地と配送構造: 關東地方の事例」. ≪新地理≫, Vol.41
　　　(No.3), pp.12~26.

白石善章. 1987. 『流通構造と小賣行動』. 東京: 千倉書房.

峰 耕一郎. 1995. 「下關周邊に立地する事務所の物流システム: 港灣後背地概念の再檢討に向けて」. ≪經濟地理
　　　學年報≫, Vol.41, pp.121~134.

富田和曉・本間一江. 1990. 「宅配便流通による空間の組織化の分析: 神奈川縣の事例を中心として」. ≪人文地
　　　理≫, 第42巻, pp.66~81.

北原良彦. 1982. 「横浜港における輸出小麥後背地の變容」. ≪經濟地理學年報≫, Vol.28, pp.235~244.

北田晃司. 1996. 「植民地時代の朝鮮の主要都市における中樞管理機能の立地と都市類型」. ≪地理學評論≫,
　　　Vol.69, pp.651~669.

＿＿＿. 1997. 「1960年代以後の韓國の主要都市における中樞管理機能の立地とその推移」. ≪地理科學≫, Vol.
　　　52, pp.177~194.

北村嘉行・寺阪昭信 編. 1979. 『流通・情報の地域構造』. 東京: 大明堂.

山口平四郎. 1980. 『港灣の地理』. 東京: 古今書院.

山川充夫. 2004. 『大型店立地と商店街再構築: 地方都市中心市街地の再生に向けて』. 東京: 八朔社.

山川充夫・柳井雅也 編. 1993. 『企業空間とネットワーク』. 東京: 大明堂.

山下泰司. 1962. 「マーケティング地理學」. ≪地理≫, Vol.7(No.3), 東京: 古今書院, pp.57~62.

三矢 誠. 1981. 「再生資源卸売業の動向」. ≪經濟地理学年報≫, Vol.27, pp.31~43.

森 正人. 2009. 「言葉と物: 英語圏人文地理學における文化論的轉回以後の展開」. ≪人文地理≫, 第61巻, pp.1~
　　　22.

森川 洋. 1980. 『中心地論(I)』. 東京: 大明堂.

＿＿＿. 1992. 「地誌学の研究動向に関する一考察」. ≪地理科学≫, 第47巻, pp.15~35.

＿＿＿. 1993. 「都市システムとの關連からみた大型小賣店の立地展開」. ≪經濟地理學年報≫, Vol.39, pp.116~
　　　135.

＿＿＿. 2006. 「テリトリーおよびテリトリー性とアイデンティティに關する研究」. ≪人文地理≫, 第58巻, pp.
　　　145~165.

森川 洋・成俊鏞. 1982. 「韓國忠淸南道付近の中心地システムと定期市」. ≪地理學評論≫, 第55巻, pp.757~
　　　778.

杉浦芳夫 編. 1989. 『立地と空間的行動』. 東京: 古今書院.

＿＿＿. 2004. 『空間の經濟地理』. 東京: 朝倉書店.

生田眞人. 1991. 『大都市消費者行動論: 消費者は發達する』. 東京: 古今書院.

生井澤進. 1990. 「大規模店舗の進出と商店街: 共存への摸索」. ≪地理≫, Vol.35(No.9), 東京: 古今書院,
　　　pp.42~49.

西岡久雄. 1976. 『經濟地理分析』. 東京: 大明堂.

西岡久雄・鈴木安昭・奧野隆史 譯. 1972. 『小賣業・サービス業の地理學—市場センターと小賣流通』(Berry, B. J. L. 1967. *Geography of Market Centers and Retail Distribution*). 東京: 大明堂.

西原 純. 1991. 「企業の事業所網の展開からみたわが國の都市群システム」. ≪地理學評論≫, Vol.64, pp.1~25.

_____. 1994. 「九州地方の卸賣活動からみた都市間結合關係と都市群システム」. ≪地理學評論≫, Vol.67, pp. 357~382.

石﨑研二. 2014. 「數理計劃法による中心地理論の體系化: 單一財の立地について」. ≪地理學評論≫, Vol.87, pp.87~107.

_____. 2015. 「階層構築からみた數理計劃法による中心地理論の體系化」. ≪地理學評論≫, Vol.88, pp.305~ 326.

石原 潤. 1969. 「西ベンガル州, ミドゥナポール地區における定期市」. ≪人文地理≫, 第21卷(第4號), pp.74~75.

_____. 1987. 『定期市の研究: 機能と構造』. 名古屋: 名古屋大學出版會.

石川義孝. 1981. 「空間的相互作用モデルにおける'地圖パターン'問題について」. ≪地理學評論≫, Vol.54, pp.621~636.

石澤 孝. 1984. 「宮城縣における小賣業活動の地域的展開」. ≪東北地理≫, 第36卷, pp.151~160.

善生永助. 1929. 『朝鮮の市場經濟(朝鮮總督部 調査資料)』. 京城: 朝鮮總督府.

仙田裕子. 1993. 「高齢者の生活空間: 社会関係からの視点」. ≪地理学評論≫, Vol.66(A), pp.383~400.

成瀬 厚. 1993. 「商品としての街, 大官山」. ≪人文地理≫, 第45卷, pp.618~633.

成俊鏞. 1979. 「韓國の中心地システム」. ≪地理學評論≫, 第52卷, pp.545~561.

_____. 1982. 「韓國諸都市におけるスーパーマーケットの擴散」. ≪地理科學≫, 第37號, pp.127~140.

小山周二. 1997. 『現代の百貨店(第4版)』. 東京: 日本經濟新聞社.

小野秀昭. 1997. 「卸賣業における物流課題」. ≪流通問題研究≫, 第29卷, pp.24~42.

篠原泰三 譯. 1968. 『レッシュ經濟立地論』(Lösch, A. 1940. *Die räumliche Ordnung der Wirtschaft: Eine Unterschung über Standort, Wirtschaftgebiete und internationalen Handel*). 東京: 大明堂.

小川佳子. 1994. 「新興自動車工業地域における自動車1次部品メーかーの生産展開: 九州・山口地方を事例とし て」. ≪經濟地理學年報≫, Vol.40, pp.105~125.

_____. 1995. 「日産系部品メーかーの立地展開と生産構造」. ≪人文地理≫, 第47卷, pp.313~334.

_____. 1998. 「わが國自動車1次部品メーかーの立地に關する一考察: 自動車メーかーとの取引關係に注目して」. 森川 洋 編. 『都市と地域構造』. 東京: 大明堂, pp.356~376.

松原 宏. 1995. 「資本の國際移動と世界都市東京」. ≪經濟地理學年報≫, Vol.41, pp.293~307.

_____ 編. 1998. 『アジアの都市システム』. 福岡: 九州大學出版會.

_____ 編. 2013. 『現代の立地論』. 東京: 古今書院.

松田隆典. 2008. 「「買物客の樂園」リンウッドの形成とシアトル都市圏の小賣空間の再編成」. ≪人文地理≫, 第

60卷, pp.107~128.

水野 元. 1962. 「小賣商圈の構造に對する假說: marketing geographyの立場から」. ≪人文地理≫, 第14卷(第4號), pp.1~22.

水野眞彦. 2007. 「經濟地理學における社會ネットワーク論の意義と展開方向: 知識に關する議論を中心に」. ≪地理學評論≫, Vol.80, pp.481~498.

水野 勳. 1987. 「定期市の市日配置のシミュレーション・モデル: 韓國忠淸南道の定期市を例に」. ≪人文地理≫, 第39卷, pp.487~504.

_____. 1994. 「農村市場システムの近代的變化(再編)モデル」. ≪地理學評論≫, Vol.67, pp.236~256.

市南文一・星紳一. 1983. 「消費者の社會經濟的屬性と賣物行動の關係: 茨城縣莖崎村を事例として」. ≪人文地理≫, 第35卷, pp.193~209.

市來淸也. 1988. 『倉庫槪論』. 東京: 成山堂書店.

矢田俊文 編. 1990. 『地域構造の理論』. 京都: ミネルヴァ書房.

神谷浩夫. 1982. 「消費者空間選擇の研究動向」. ≪經濟地理學年報≫, Vol.28, pp.1~18.

阿部史郎. 2005. 「自動車部品産業の製品納入のおにる高速道路の利用とJIT」. ≪地理學評論≫, Vol.78, pp.474~485.

阿部和俊. 1988. 「經濟的中樞管理機能からみた現代韓國の都市體系」. ≪經濟地理學年報≫, Vol.34, pp.42~55.

_____. 1991. 『日本の都市體系』. 京都: 地人書房.

_____. 1996. 『先進國の都市體系研究』. 京都: 地人書房.

_____. 2006. 「經濟的中樞管理機能からみた韓國の都市體系の變遷(1985-2002)」. 『2006년 한국지역지리학회 동계학술대회 발표집』, pp.30~36.

安積紀雄. 1973. 「內陸倉庫の立地」. ≪人文地理≫, 第25卷, pp.102~133.

_____. 1974. 「大都市圈における倉庫立地の變容」. ≪地理學評論≫, Vol.47, pp.325~332.

_____. 1975. 「淸水・浜松地區における倉庫立地」. ≪經濟地理學年報≫, Vol.21, pp.87~96.

_____. 1977. 「大阪市における冷藏倉庫の立地」. ≪經濟地理學年報≫, Vol.23, pp.30~40.

_____. 1978. 「名古屋港における港灣倉庫の變容」. ≪人文地理≫, 第30卷, pp.78~89.

_____. 1979a. 「小牧市における配送センターの集積」. ≪東北地理≫, Vol.31, pp.8~14.

_____. 1979b. 「岐阜市およびその周邊部における倉庫立地」. ≪東北地理≫, Vol.31, pp.180~184.

_____. 1979c. 「名古屋市とその周邊の營業倉庫機能の地域差」. ≪地理學評論≫, Vol.52, pp.519~526.

_____. 1980. 「四日市市における營業倉庫の立地」. ≪經濟地理學年報≫, Vol.26, pp.38~44.

_____. 1982a. 「愛知縣尾西地區における毛織物倉庫の保管機能とその立地基盤」. ≪東北地理≫, Vol.34, pp.67~75.

_____. 1982b. 「愛知縣における自動車部品の保管機能とその變化: とくに低經濟成長期の場合」. ≪經濟地理學

年報≫, Vol.28, pp.85~90.

_____. 1985. 「東海・北陸地域における營業倉庫の類型とその存立基盤」. ≪人文地理≫, 第37卷, pp.39~56.

_____. 1986. 「わが國における集團化倉庫の形成と地域的性格: 倉庫業者の保管活動を視點として」. ≪經濟地理學年報≫, Vol.32, pp.19~37.

_____. 1990. 「わが國の外貿コンテナ運送の寄港地とその後背地」. ≪東北地理≫, Vol.42, pp.245~255.

_____. 1991. 「名古屋市とその北郊地域冷藏倉庫の立地: 高度經濟成長期以後の物流形態からみた場合」. ≪人文地理≫, 第43卷, pp.368~378.

_____. 1996a. 「小牧市にをける營業倉庫の機能について」. ≪人文地理學研究≫, XX, pp.199~211.

_____. 1996b. 『營業倉庫の展開と存立基盤』. 東京: 大明堂.

安昌良二. 1999. 「大店法の運營緩和に伴う量販チエーンの出店行動の變化: 中京圈を事例に」. ≪經濟地理學年報≫, Vol.45, pp.196~216.

岩間信之. 2001. 「東京大都市圈における百貨店の立地と店鋪特性」. ≪地理學評論≫, Vol.74(Ser.A), pp.117~132.

_____. 2010a. 「フードデザート問題とは何か?」. ≪地理≫, Vol.55(No.8), 東京: 古今書院, pp.6~14.

_____. 2010b. 「フードデザート問題の現場: 地方都市と過疎山村の場合」. ≪地理≫, Vol.55(No.8), 東京: 古今書院, pp.15~24.

_____ 編. 2011. 『フードデザート問題: 無緣社會が生む「食の砂漠」』. 東京: 農林統計協會.

_____. 2013. 「フードデザート問題の擴大と高齢者の孤立」. 土屋 純・兼子 純 編. 『小商圈時代の流通システム』. 東京: 古今書院, pp.105~119.

岩間信之・田中耕市・佐々木緑・駒木伸比古・齋藤幸生. 2009. 「地方都市在住高齢者の「食」を巡る生活環境の惡化とフードデザート問題: 茨城縣水戶市を事例として」. ≪人文地理≫, 第61卷, pp.29~46.

岩間信之・田中耕市・佐々木緑・駒木伸比古・池田眞志. 2011. 「日本における食の砂漠: フードデザード問題の現狀: A市の事例」. ≪日本循環器病豫防學會誌≫, Vol.46, pp.56~63.

野尻亙. 1993. 「全國陸上輸送體系における貨物流動パターン」. ≪經濟地理學年報≫, Vol.39, pp.136~154.

_____. 1995. 「地理學における物流研究の展開とその課題: 近年のアングロサクソン系諸國の研究を中心として」. ≪人文地理≫, 第47卷, pp.481~500.

_____. 1996. 「わが國の産業構造の轉換と物流の變化: 運輸・物流政策の變遷との關係を中心として」. ≪經濟地理學年報≫, Vol.42, pp.101~117.

_____. 1997. 『日本の物流: 産業構造轉換と物流空間』. 東京: 古今書院.

_____. 2002. 「ジヤスト イン タイムと經濟地理學: 歐美の新産業地理學とレギユラシオン理論との關係を通して」. ≪人文地理≫, 第54卷, pp.471~492.

_____. 2005. 『日本の物流: 流通近代化と空間構造』. 東京: 古今書院.

野尻亙・藤原武晴. 2004. 「ジヤスト・イン・タイムの空間的含意: 西歐の經濟地理學の研究から」. ≪經濟地理學

年報》, Vol.50, pp.26~45.

塩川 亮. 1971. 「東北における石油製品の流通」. ≪東北地理≫, 第23巻, pp.233~238.

_____. 1982. 「わが國のセメントの流通構造」. ≪經濟地理學年報≫, Vol.28, pp.41~57.

外川健一. 2001. 「現代日本の廃棄物・リサイクルに関する地域政策」. ≪経済地理学年報≫, Vol.47, pp.258~271.

隅倉直壽. 1984. 「地方空港における航空貨物輸送についての一考察: 熊本空港における搭載貨物を中心に」. ≪經濟地理學年報≫, Vol.30, pp.294~304.

遠藤幸子. 1981. 「清水港の港湾機能と後背地の変容」. ≪地理学評論≫, Vol.54, pp.317~333.

_____. 1985. 「コンテナ化の進展に伴う國際輸送システムの變化」. ≪經濟地理學年報≫, Vol.31, pp.342~354.

栗島英明. 2002. 「名古屋圏における家庭系一般廃棄物収集サービスと市町村の地域特性」. ≪地理学評論≫, Vol.75, pp.69~87.

伊藤千尋. 2015. 「滋加縣高島市朽木における行商利用の變遷と現代的意義」. 『地理學評論』, Vol.88, pp.451~472.

日野正輝. 1979. 「大手家電メーカーの販賣網の空間的形態の分析」. ≪經濟地理學年報≫, Vol.25, pp.85~100.

_____. 1983. 「複寫器メーカーの販賣網の空間的形態」. ≪經濟地理學年報≫, Vol.29, pp.69~87.

_____. 1996. 『都市發展と支店立地: 都市の據點性』. 東京: 古今書院.

林 上. 1991a. 『都市地域構造の形成と變化』. 東京: 大明堂.

_____. 1991b. 『都市の空間システムと立地』. 東京: 大明堂.

林周二・中西睦 編. 1980. 『現代の物的流通』. 東京: 日本經濟新聞社.

立見淳哉. 2000. 「「地域的レギュラシオン」の視點からみた寒天産業の動態的發展プロセス: 岐阜寒天産業と信州寒天産業を事例として」. ≪人文地理≫, 第52巻, pp.552~574.

_____. 2007. 「産業集積への制度論的アプローチ - イノベーティブ・ミリュー論と「生産の世界」論」. ≪經濟地理學年報≫, Vol.53, pp.369~393.

長谷川典夫. 1983. 『流通と地域』. 東京: 大明堂.

_____. 1984. 『流通地域論』. 東京: 大明堂.

張長平. 1992. 「買物行動モデルによる東京都區部における小賣業の均衡的立地パターンとその動態分析」. ≪地理學評論≫, Vol.65(A), pp.395~418.

箸本健二. 1996. 「情報ネットワーク化とビール工業における生産・物流體制の變化: キリンビルを事例として」. ≪經濟地理學年報≫, Vol.42, pp.1~19.

_____. 1998a. 「首都圏におけるコンビニエンスストアの店舗類型化とその空間的展開: POSデータによる賣上分析を通じて」. ≪地理學評論≫, Vol.71(A), pp.239~253.

_____. 1998b. 「量販チェーンにおける情報化と物流システムの變容: 信州ジャスコを事例として」. ≪經濟地理學年報≫, Vol.44, pp.187~207.

_____. 1998c. 「流通業における規制緩和と地域經濟への影響」. ≪經濟地理學年報≫, Vol.44, pp.282~295.

_____. 2000a. 「情報化の進展と産業空間の變容: 流通業を中心として」. ≪經濟地理學年報≫, Vol.46, pp.69~ 70.

_____. 2000b. 「情報通信技術の革新と産業空間の再構築」. ≪經濟地理學年報≫, Vol.46, pp.337~351.

_____. 2014. 「流通と都市空間」. 藤井 正·神谷浩夫 編. 『よくわかる都市地理學』. 京都: ミネルヴァ, pp.122~ 123.

齊藤由香. 2001. 「スペインにおける日産自動車の進出と物流システムの構築」. ≪地理學評論≫, Vol.74, pp. 541~566.

田島義博 編. 1981. 『流通讀本』. 東京: 東洋經濟新聞社.

_____. 1990. 『フレンチヤイズ·チエーンの知識』. 東京: 日本經濟新聞社.

前屋敷史子. 1998. 「アーケードの景觀から見た商店街の變遷と組織活動」. ≪經濟地理學年報≫, Vol.44, p.250.

田原裕子·平井 誠·稲田七海·岩垂雅子·長沼佐枝·西 律子·和田康喜. 2003. 「高齢者の地理學: 研究動向と今 後の課題」. ≪人文地理≫, 第55巻, pp.451~473.

全志英. 2015. 「韓國密陽市山内面におけるりんご直賣所の形成」. ≪地理学評論≫, Vol.88, pp.251~268.

井田仁康. 1987. 「わが國における空港後背地の類型區分」. ≪地理學評論≫, Vol.60(Ser.A), pp.379~393.

町村敬志. 1995. 「グローバル化と都市變動: 「世界都市論」を超えて」. ≪經濟地理學年報≫, Vol.41, pp.281~ 292.

佐藤亮一. 1988. 「宅配便システムの構造とその發展: '宅急便'を例として」. ≪經濟地理學年報≫, Vol.34, pp. 267~278.

佐藤林平. 1965. 「仙台の倉庫業の發展」. ≪東北地理≫, 第17巻, pp.214~218.

佐藤俊雄. 1984. 「マーケティング地理學の動向と課題」. ≪地理誌叢≫, 第25巻, pp.5~26.

_____. 1985. 「わが國におけるマーケティング地理學の動向と課題」. ≪商學集志≫(日本大學), 第55巻, pp.31~ 52.

_____. 1986. 「イギリスのマーケティング地理學」. ≪商學集志≫, 第56巻, pp.77~86.

_____. 1988. 「北アメリカのマーケティング地理學」. ≪商學集志≫, 第58巻, pp.17~37.

_____. 1989. 「北米マーケティング地理學の企業活動への應用研究」. ≪人文地理≫, 第41巻, pp.435~453.

_____. 1990. 「日本ショツピユグ·センター論: その研究史と出現の背景」. 澤田清 編. 『地理學と社會』. 東京: 東 京書籍, pp.122~129.

_____. 1998. 『マーケティング地理學』. 東京: 同文館.

酒井 理. 2010. 「地域における商業環境の長期的價値の推定」. ≪大阪商業大學論集≫, 第6集, pp.53~62.

仲山晃代. 1985. 「急成長する宅配便輸送」. ≪地理≫, 第30巻(第10號), 東京: 古今書院, pp.86~95.

中田信哉·湯淺和夫·橋本雅隆·長嶺太郎. 2003. 『現代物流システム論』. 東京: 有斐閣.

中川 重. 1969. 「營業倉庫の分布と機能の變化」. ≪東北地理≫, 第17巻, pp.168~169.

_____. 1971. 「仙台市における物的流通關連事務所の分布」. ≪東北地理≫, 第23卷, p.117.

中村周作. 2009. 『行商研究: 移動就業行動の地理學』. 大津: 海靑社.

志村 喬. 1987. 「スーパーマーケットチエーンの多店舗展開に關する企業行動論的考察: 茨城縣における中規模スーパーを例として」. ≪理論地理學 '87≫, No.5, pp.27~42.

川久保篤志. 2008. 「1990年以降のアメリカ合衆國カリフォルニア州いおける柑橘産地の變貌: 日本のオレンジ輸入自由化と絡めて」. ≪人文地理≫, 第60卷, pp.163~182.

川端基夫. 1986. 「卸賣機關の立地指向性: 商品特性による類型化の試み」. ≪經濟地理學年報≫, Vol.32, pp.142~151.

_____. 2000. 『小賣業の海外進出と戰略: 國際立地の理論と實態』. 東京: 新評論.

_____. 2001a. 「小賣業の國際化問題: 資本と技術の國際移轉」. ≪人文地理≫, 第53卷, p.82.

_____. 2001b. 「アジアの流通業の最新動向: 各國の構造變化と外資の進出」. ≪流通とシステム≫, No.109, pp.29~36.

_____. 2010. 「地理學と國際マーケティングの現場: 地域暗黙知の視點から」. ≪人文地理≫, 第62卷, pp.77~82.

淺野恭右. 1990. 『流通VANの實踐』. 東京: 日本經濟新聞社.

村山祐司. 1986. 「航空地理學の研究成果: 英語圈の文獻を中心に」. ≪人文地理≫, 第38卷, pp.335~359.

村松潤一. 1987. 「マーケティング地理學の新展開: 小賣經營の視點から」. ≪經濟地理學年報≫, Vol.33, pp.35~44.

村田啓介. 1995. 「通信販賣方式によゐ産地直送事業の展開過程: 山形縣'サクランボ小包'を事例として」. ≪地理學評論≫, Vol.68, pp.367~386.

崔唯爛·鈴木勉. 2011. 「地理的加重回歸法(GWR)を用いた食料品アクセシビリティの推定: 東京都を例に」. ≪地理情報システム學會講演論文集≫, 第20集, C-6-4(CD-ROM).

春日茂男. 1982. 『立地の理論(下)』. 東京: 大明堂.

澤田 淸. 1969. 「商業地理のあゆみ」. ≪地理≫, Vol.14(No.9), 東京: 古今書院, pp.7~12.

土屋 純. 1995. 「生協の商品供給による空間の組織化: コープこうべの場合」. ≪人文地理≫, 第47卷, pp.291~305.

_____. 1998. 「中京圈の大手チエーンストアにおける物流集約化とその空間的形態」. ≪地理學評論≫, Vol.71, pp.1~20.

_____. 2000. 「コンビニエンス·チエーンの發展と全國的普及過程に關する一考察」. ≪經濟地理學年報≫, Vol.46, pp.22~42.

_____. 2002. 「イギリスにおける小売チエーンの発展とコストに関する研究動向」. ≪人文地理≫, 第54卷, pp.40~55.

土屋 純·兼子 純 編. 2013. 『小商圈時代の流通システム』. 東京: 古今書院.

波形克彦. 1984. 『最新無店鋪販賣, ハンドブツク』. 東京: ビジネス社.

坂本英夫・浜谷正人 編. 1985. 『最近の地理學』. 東京: 大明堂.

平井 泉. 1988. 「神奈川厚木インターチエンジ付近における營業倉庫の立地と機能」. ≪經濟地理學年報≫, Vol. 34, pp. 181~189.

豊田哲也. 1993. 「小賣業から見た商業地代の空間構造と地價變動: 大阪大都市圏の事例研究」. ≪人文地理≫, 第45卷, pp. 465~490.

河野良平. 1998. 「通信販賣の流通システムと空間的特性: 大手業者ニツセンの事例をもとに」. ≪人文地理≫, 第50卷, pp. 572~588.

韓柱成. 1988a. 「韓國における石油製品流通の空間的形態」. ≪東北地理≫, 第40卷, pp. 15~30.

_____. 1988b. 「韓國における家電製品販賣網の空間組織」. ≪經濟地理學年報≫, Vol. 34, pp. 145~157.

_____. 1989. 「韓國における自動車の地域的流通體系」. ≪經濟地理學年報≫, Vol. 35, pp. 110~129.

_____. 1992. 「韓國における小賣業販賣活動の空間的變容」. ≪季刊地理學≫, Vol. 44, pp. 37~47.

_____. 1993. 「韓國における路線トラック輸送網の形成過程」. ≪人文地理≫, 第45卷, pp. 311~323.

_____. 2000. 「韓國忠淸北道沃川郡におげる定期市の移動商人と消費者の特性」. ≪季刊地理學≫, Vol. 52, pp. 166~179.

荒木一視. 2007. 「商品連鎖と地理學: 理論的檢討」. ≪人文地理≫, 第59卷, pp. 151~171.

_____ 編. 2013. 『食料の地理學の小さな教科書』. 京都: ナカニシヤ出版.

荒木一視・高橋 誠・後藤拓也・池田眞志・岩間信之・伊賀聖屋・立見淳哉・池口明子. 2007. 「食料の地理學における新しい理論的潮流: 日本に關する展望」. ≪E-journal GEO≫, Vol. 2, pp. 43~59.

荒井良雄. 1987. 「コンビニエンス・チエーンの物流システム」. ≪經濟學論集≫(信州大學), 第27號, pp. 19~43.

荒井良雄・箸本健二 編. 2004. 『日本の流通と都市空間』. 東京: 古今書院.

_____. 2007. 『流通空間の再構築』. 東京: 古今書院.

荒井良雄・箸本健二・中村廣幸・佐藤英人. 1998. 「企業活動における情報技術利用の研究動向」. ≪人文地理≫, 第50卷, pp. 550~571.

荒井良雄・箸本健二・和田 崇 編. 2015. 『インターネットと地域』. 京都: ナカニシヤ.

後藤拓也. 2007. 「農産物開發輸入の地域的展開とそのメカニズム: 日本の輸入商社によるい製品開發輸入を事例に」. ≪人文地理≫, 第59卷, pp. 315~331.

Allix, A. 1922. "The Geography of Fairs: Illustrated by Old World Examples." *The Geographical Review*, Vol. 12, pp. 532~569.

Alonso, W. 1964. *Location and Land Use: Toward a General Theory of Land Rent.* Honolulu: East-West Center Press.

Aoyama, Y. 2003. "Theorizing Globalization: A Prospective for Economic Geography." ≪經濟地理學年

報≫, Vol.49, pp.467~481.

Apparicio, P., M. Cloutier and R. Shearmur. 2007. "The Case of Montreal's Missing Food Desert: Evaluation of Accessibility to Food Supermarkets." *International Journal of Health Geographics*, Vol.6, p.4.

Applebaum, W. 1954. "Marketing Geography." in James, P. E. and Jones, C. F.(eds.). *American Geography: Inventory and Prospect.* Syracuse: Syracuse Univ. Press, pp.245~251.

Austin, J. E. 2005. "Commidity Value Chains: Mapping Maze, Sunflower and Cotton Chains in *Uganda.*" United States Agency for International Development.

Bair, J. 2005. "Global Capitalism and Commodity Chains: Looking Back, Going Forward." *Competition and Change*, Vol.9, pp.153~180.

_____. 2009. *Frontiers of Commodity Chain Research.* Stanford: Stanford University Press.

Barrett, H. R. and A. W. Browne. 1996. "Export Horticultural Production in Sub-Saharan Africa: The Incorporation of the Gambia." *Geography*, Vol.81, pp.47~56.

Barrett, H. R., B. W. Ilbery, A. W. Browne and T. Binns. 1999. "Globalization and the Changing Networks of Food Supply: The Importation of Fresh Horticultural Produce from Kenya into the UK." *Transaction of the Institute of British Geographers*, Vol.24, pp.159~174.

Beavon, K. S. O. 1977. *Central Place Theory: A Reinterpretation.* London: Longman.

Beavon, K. S. O. and A. S. Mabin. 1975. "The Lösch System of Market Areas: Derivation and Extension." *Geographical Analysis*, Vol.7, pp.131~151.

Berry, B. J. L. 1967. *Geography of Market Centers and Retail Distribution.* New Jersey: Prentice-Hall.

_____. 1989. "Comparative Geography of the Global Economy, Cultures, Corporation and National State." *Economic Geography*, Vol.65, pp.1~18.

Berry, B. J. L., E. C. Conkling and D. M. Ray. 1987. *Economic Geography: Resource Use, Locational Choices, and Regional Specialization in the Global Economy.* New Jersey: Prentice-Hall.

Berry, B. J. L., J. B. Parr, B. J. Epstein, A. Ghosh and R. H. T. Smith. 1988. *Market Centers and Retail Location.* New Jersey: Prentice-Hall.

Berstein, H. 1996. "The Political Economy of the Maize Filières." *Journal of Peasant Studies*, Vol.23(No.2/3), pp.120~145.

Bird, J. 1983. "Gateway: Slow Recognition but Irresistible Rise." *Tijdschrift voor Economische en Sociale Geografie*, Vol.74, pp.196~202.

Bowler, I. R. 1992. *The Geography of Agricultural in Developed Market Economies.* Harlow: Longman.

Bowler, I. R. and B. Ilbery. 1987. "Redefining Agricultural Geography." *Area*, Vol.19, pp.327~332.

Bradford, M. G. and W. A. Kent. 1978. *Human Geography: Theories and their Applications.* Oxford:

Oxford Univ. Press.

Braham, B. 1995. *Geography and Air Transport.* Chichester: John Wiley & Sons.

Bromley, R. J., R. Symanski and M. Good. 1975. "The Rationale of Periodic Markets." *Annals of the Association of American Geographers*, Vol.65, pp.530~537.

Brown, S. 1987. "Institutional Change in Retailing." *Progress in Human Geography*, Vol.11, pp.181~206.

Browne, M. 1993. "Logistics and Strategies in the Single European Market and their Spatial Consequences." *Journal of Transport Geography*, Vol.1, pp.75~85.

Brush, J. E. and H. L. Gauthier, Jr. 1968. *Service Centers and Consumer Trips: Studies on the Philadelphia Metropolitan Fringe.* Univ. of Chicago, Dept. of Geography, Research Paper, No.113.

Bucklin, L. P. A. 1966. *A Theory of Distribution Channel Structure, Institute of Business and Economic Research.* Los Angeles: Univ. of California.

Burnett, P. 1976. "Toward Dynamic Model of Traveler Origins." *Economic Geography*, Vol.52, pp.30~47.

_____. 1978. "Markovian Models of Movement within Urban Spatial Structure." *Geographical Analysis*, Vol.10, pp.142~153.

Buzzell, R. D., R. E. M. Nourse, J. B. Matthews, Jr. and T. Levitt. 1972. *Marketing: A Contemporary.* New York: McGraw-Hill.

Carbone, V. and E. Gouvernal. 2007. "Supply Chain and Supply Chain Management: Appropriate Concepts for Maritime Studies." in Wang, J., D. Olivier, T. Notteboom and B. Slack(eds.). 2007. *Ports, Cities, and Global Supply Chains.* Hampshire: Ashgate, pp.11~26.

Castree, N. 2001. "Commodity Fetishism, Geographical Imagination and Imaginative Geographies." *Environment and Planning A*, Vol.33, pp.1519~1525.

Chisholm, M. 1962. *Rural Settlement and Land Use.* New York: John Wiley.

Clark, G., H. Eyre and C. Guy. 2002. "Deriving Indicators if Access to Food Retail Provision in British Cities: Studies of Leeds and Bradford." *Urban Geography*, Vol.39, pp.2041~2060.

Clark, M. and A. G. Wilson. 1983. "The Dynamics of Urban Spatial Structure: Progress and Problems." *Journal of Regional Science*, Vol.23, pp.1~18.

Clark, W. V. A. 1969. "Consumer Travel Patterns and the Concept of Range." *Annals of the Association of American Geographers*, Vol.59, pp.391~401.

Clark, W. V. A. and G. Rushton. 1970. "Model of Intra-Urban Consumer Behavior and their Implications for Central Place Theory." *Economic Geography*, Vol.46, pp.486~497.

Cleef, E. V. 1941. "Hinterland and Umland." *The Geographical Review*, Vol.31, pp.308~311.

Coe, N. M., P. Dicken and M. Hess. 2008. "Introduction: Global Production Networks-Debates and

Challenges." *Journal of Economic Geography*, Vol.8, pp.267~269.

Coe, N. M., P. F. Kelly and H. W. Yeung. 2007. *Economic Geography: A Contemporary Introduction*. Bruce Springsteen: Blackwell Publishing.

Coe, N. M. and Yong-Sook Lee. 2006. "The Strategic Localization of Transnational Retailers: The Case of Samsung-Tesco in South Korea." *Economic Geography*, Vol.82, pp.61~88.

_____. 2013. "'We've learnt How to be Local: The Deepening Territorial Embeddedness of Samsung-Tesco in South Korea." *Journal of Economic Geography*, Vol.13, pp.327~356.

Cohen, R. B. 1981. "The New International Division of Labor, Multinational Corporations and Urban Hierarchy." in Dear, M. and A. J. Scott(eds.). *Urbanization and Urban Planning in Capitalist Society*, pp.287~317.

Collins, J. L. 2000. "Tracing Social Relations in Commodity Chain: The Case of Grapes in Brazil." in Haugerud, A., M. P. Stone and P. D. Little, *Commodity and Globalization: Anthropological Perspectives*. Lanham: Rowman & Littlefield Publishers, pp.97~112.

Conkling, E. C. and J. E. McConnell. 1981. "Toward an Integrated Approach to the Geography of International Trade." *The Professional Geographer*, Vol.33, pp.16~25.

Converse, P. D. 1949. "New Laws of Retail Gravitation." *Journal of Marketing*, Vol.14, pp.379~384.

Cox, D. F. and S. U. Rich. 1964. "Perceived Risk and Consumer Decision Making: The Case of Telephone Shopping." *Journal of Marketing Research*, Vol.1(November), pp.32~39.

Crewe, L. 2004. "Unravelling Fashion's Commodity Chains." in Hughes, A. and S. Reimer(eds.). *Geographies of Commodity Chains*. London: Routledge, pp.195~214.

Cunningham, W. H. and I. C. M. Cunningham. 1973. "The Urban in-Home Shopper: Socio-Economic and Attitudinal Characteristics." *Journal of Retailing*, Vol.49(Fall), pp.43~52.

Curry, L. 1967. "The Central Places in the Random Spatial Economy." *Journal of Regional Science*, Vol.7, pp.217~238.

_____. 1989, "Spatial Trade and Factor Markets." *Economic Geography*, Vol.65, pp.271~279.

Darian, J. C. 1987. "In-Home Shopping are there Consumer Segments." *Journal of Retailing*, Vol.63(Summer), pp.163~186.

Davies, R. E. 1976. *Marketing Geography: With Special Reference the Retailing*. London: Methuen.

Davies, R. L. 1985. "The Gateshead Shopping and Information Service." *Environment and Planning B*, Vol.12, pp.209~220.

Davies, K. and L. Sparks. 1989. "Superstore retailing in Great Britain 1960-1986: Results from a New Database." *Transactions of the Institute of British Geographers*(N.S.), Vol.14, pp.74~89.

Dicken, P. 1992. *Global Shift: The Internationalization of Economic Activity*. London: Paul Chapman.

_____. 2003. *Global Shift: Reshaping the Global Economic Map in the 21st Century* (4th ed.). New York: The Guilford Press.

Dicken, P. and N. Thrift. 1992. "The Organization of Production and the Production of Organization: Why Business Enterprises Matter in the Study of Geographical Industrialization." *Transactions of the Institute of British Geographers* (N. S.), Vol. 17, pp. 279~291.

Dowson, J. A. and J. D. Lord(eds.). 1985. *Shopping Center Development: Policies and Prospects.* London: Croom Helm.

Edgington, D. W. 1984. "Some Urban and Regional Consequences of Japanese Transnational Activity in Australia." *Environment and Planning A*, Vol. 16, pp. 1020~1040.

Eighmg, T. H. 1972. "Rural Periodic Markets and the Expansion of an Urban System: A Western Nigeria Example." *Economic Geography*, Vol. 48, pp. 299~315.

Epstein, B. J. and E. Schell. 1982. "Marketing Geography: Problems and Prospects." in Frazier, J. W. (ed.). *Applied Geography: Selected Perspectives.* New Jersey: Prentice-Hall, pp. 263~282.

Erickson, R. A. and D. J. Hayward. 1991. "The International Flows of Industrial Exports from U.S. Regions." *Annals of the Association of American Geographers*, Vol. 81, pp. 371~390.

Estall, R. C. 1985. "Stock Control in Manufacturing: The Just-in-Time System and its Locational Implication." *Area*, Vol. 17, pp. 129~133.

Fagerlund, V. G. and R. H. T. Smith. 1970. "A Preliminary Map of Market Periodicities in Ghana." *The Journal of Developing Areas*, Vol. 4, pp. 333~348.

Feagan, R. 2007. "The Place of Food: Mapping Out the 'Local' in Local Food Systems." *Progress in Human Geography*, Vol. 31, pp. 23~42.

Flowerdew, S. 1975. "Search Strategies and Stopping Rules in Residential Mobility." *Transactions of Institute of British Geographers* (N. S.), Vol. 1, pp. 47~57.

Forster, J. J. H. and A. C. Brummell. 1984. "Multi-Purpose Trips and Central Place Theory." *Australian Geographer*, Vol. 16, pp. 120~126.

Fotheringham, A. S. and D. C. Knudsen. 1986. "Modeling Discontinues Change in Retailing Systems: Extensions of the Harris-Wilson Framework with Results from a Simulated Urban Retailing System." *Geographical Analysis*, Vol. 18, pp. 295~312.

Freeman, D. B. 1973. "International Trade, Migration and Capital Flows." The Univ. of Chicago, Department of Geography, Research Paper, No. 146.

Fretter, A. D. 1995. *Place Marketing: A Local Authority Perspective, in Selling Places: The City as Cultural Capital, Past and Present.* Oxford: Pregamon Press, pp. 163~174.

Friedmann, J. 1986. "The World City Hypothesis." *Development and Change*, Vol. 17, pp. 69~83.

Friedmann, H. and P. McMichael. 1989. "Agriculture and the State System: The Rise and Decline of National Agriculture, 1870 to the Present." *Sociologia and Ruralis*, Vol.29, pp.93~117.

Fröbel, F., J. Heinrichs and O. Kreye. 1980. *The New International Division of Labour*. Cambridge: Cambridge Univ. Press.

Gaile, G. and R. Grant. 1989. "Trade, Power, and Location: The Spatial Dynamics of the Relationship between Exchange and Political-Economic Strength." *Economic Geography*, Vol.65, pp.329~337.

Gereffi, G. 1994. "The Organization of Buyer-Driven Global Commodity Chains: How US Retailer Shape Oversea Production Networks." in Gereffi, G. and M. Korzeniewicz(eds.). *Commodity Chains and Global Capitalism*. Westport: Greenwood Press, pp.95~122.

_____. 1999. "International Trade and Industrial Upgrading in the Apparel Commodity Chain." *Journal of International Economics*, Vol.48, pp.37~70.

_____. 2001. "Shifting Government Structures in Global Commodity Chains, with Special Reference to the Internet." *American Behavioral Scientist*, Vol.44, pp.16~37.

Gereffi, G., J. Humphrey and T. Sturgeon. 2005. "The Governance of Global Value Chains." *Review of International Political Economy*, Vol.12, pp.78~104.

Gereffi, G. and M. Korzeniewicz(eds.). 1994. *Commodity Chains and Global Capitalism*. Westport: Greenwood Press.

Gertler, M. and E. Schoenburger. 1992. "Industrial Restructuring and Continental Trade Blocks: The European Community and North America." *Environment and Planning A*, Vol.24, pp.2~10.

Gillet, P. L. 1976. "In-Home Shopper: An Overview." *Journal of Marketing*, Vol.40(October), pp.81~88.

Glasmeier, A. K. and R. E. McCluskey. 1987. "U.S. Auto Parts Production: An Analysis of the Organization and Location of a Changing Industry." *Economic Geography*, Vol.63, pp.142~159.

Gold, J. R. 1980. *An Introduction to Behavioural Geography*. Oxford: Oxford Univ. Press.

Goldfrank, W. 1994. "Fresh Demand: The Consumption of Chilean Produce in the United States." in Gereffi, G. and M. Korzeniewicz(eds.). *Commodity Chains and Global Capitalism*. Westport: Greenwood Press, pp.267~279.

Golledge, R. G. and L. A. Brown. 1967. "Search, Learning and the Market Decision Prices." *Geografiska Annaler*, Vol.48(B), pp.116~124.

Graham, B. 1995. *Geography and Air Transport*. Chichester: John Wiley & Sons.

Grant, R. 1994. "The Geography of International Trade." *Progress in Human Geography*, Vol.18, pp.298~312.

Green, M. B. 1983. "The Interurban Corporate Interlocking Directorate Network of Canada and the United States: A Spatial Perspective." *Urban Geography*, Vol.4, pp.338~354.

Green, M. B. and R. K. Semple. 1981. "The Corporate Interlocking Directorate as an Urban Spatial Information Network." *Urban Geography*, Vol.2, pp.148~160.

Griffiths, R. 1995. "Cultural Strategies and New Models of Urban Intervention." *Cities*, Vol.12, pp.253~265.

Guthman, J. 2004. "The 'Organic Commodity' and Other Anomalies in the Politics of Consumption." in Hughes, A. and S. Reimer(eds.). *Geographies of Commodity Chains*. London: Routledge, pp.233~249.

Guy, C. M. 1985. "Some Speculations on the Retailing and Planning Implications of 'Push Button Shopping' in Britain." *Environment and Planning B*, Vol.12, pp.193~208.

_____. 2007. *Planning for Retail Development: A Critical View of the British Experience*. New York: Routledge.

Gwynne, R. N. 1999. "Globalization, Commodity Chains and Fruit Exporting Regions in Chile." *Tijdschrift voor Economische en Sociale Geografie*, Vol.90, pp.211~255.

Haggett, P., A. D. Cliff and A. Frey. 1977. *Locational Analysis in Human Geography*. London: Edward Arnold.

Hamilton, F. E. I. 1981. "Industrial Systems: A Dynamic Force behind International Trade." *The Professional Geographer*, Vol.33, pp.26~35.

_____. 1995. "The Dynamics of Business Environment and the Organization of Industrial Space." in Conti, S. and P. Oinas. *The Industrial Enterprise and its Environment: Spatial Perspectives*. Gower: Avebury.

Hanink, D. M. 1987. "A Comparative Analysis of the Competitive Geographical Trade Performances of the USA, FRG, and Japan: The Markets and Marketers Hypothesis." *Economic Geography*, Vol.63, pp.293~305.

_____. 1988. "An Extended Linder Model of International Trade." *Economic Geography*, Vol.64, pp.322~334.

_____. 1989. "Trade Theories, Scale and Structure." *Economic Geography*, Vol.65, pp.267~279.

Hanson, S. 1980. "The Importance of the Multipurpose Journey to Work in Urban Travel Behaviour." *Transportation*, Vol.9, pp.229~248.

Hay, A. and R. J. Johnston. 1978. "Search and the Choice of Shopping Center: Two Models of Variability in Destination Choice." *Environment and Planning A*, Vol.11, pp.791~804.

Hayashi, N. and M. HiNo.1988. "Spatial Patterns of the Distribution System in Japan and their Recent

Changes." *Geographical Review of Japan*, Vol.61(B), pp.120~140.

Hayuth, Y. 1981. "Containerization and the Load Center Concept." *Economic Geography*, Vol.57, pp. 160~176.

_____. 1982. "Intermodal Transportation and the Hinterland Concept." Tijdschrift voor Economische en Sociale Geografie, Vol.73, pp.13~21.

_____. 1992. "Multimodal Fright Transport." in Hoyle, B. and R. D. Knowles(eds.). *Modern Transport Geography.* London: Belhaven.

Helper, S. 1990. "Comparative Supplier Relations in the US and Japanese Auto Industries: An Exit/Voice Approach." *Business and Economic History*, Vol.19, pp.153~162.

Henderson, J., P. Dicken, M. Hess, N. Coe and H. W.-C. Yeung. 2002. "Global Production Networks and the Analysis of Economic Development." *Review of International Political Economy*, Vol.9, pp.436~464.

Herbert, D. T. and C. J. Thomas. 1982. *Urban Geography: A First Approach.* New York: Wiley.

Hesse, M. and J.-P. Rodrigue. 2004. "The Transport Geography of Logistics and Freight distribution." *Journal of Transport Geography*, Vol.12, pp.171~184.

Hill, P. and R. H. T. Smith. 1972. "The Spatial and Temporal Synchronization of Periodic Markets: Evidence from Four Emirates in Northern Nigeria." *Economic Geography*, Vol.48, pp.345~355.

Hoare, A. G. 1986. "British Port and their Export Hinterlands: A Rapidly Cahanging Geography." *Geografiska Annaler B*, Vol.68, pp.29~40.

_____. 1993. "Domestic Regions, Overseas Nations, and their Interaction through Trade: The Case of the United Kingdom." *Environment and Planning A*, Vol.25, pp.701~722.

Holguin-Veras, J. G. 2005. "Observed Trip Chain Behavior of Commercial Vehicles." *Transportation Research Record*, Vol.1906, pp.74~80.

Holguin-Veras, J. G and E. Thorson. 2003. "Modeling Commercial Vehicle Empty Trips with a First Order Trip Chain Model." *Transportation Research B*, Vol.37, pp.129~148.

Hoopes, D. S.(ed.). 1994. *Worldwide Branch Locations of Multinational Companies.* Detroit: Gale Research Inc.

Hopkins, T. K. and I. Wallerstein. 1986. "Commodity Chains in the World-Economy Prior to 1800'." *Review*, Vol.10, pp.157~170.

Howard, E. B. 1985. "Teleshopping in North America." *Environment and Planning B*, Vol.12, pp.141~150.

Hoyle, B. S. 1984. "Ports and Hinterlands in an Agricultural Economy the Case of the Australian Sugar Industry." *Geography*, Vol.69, pp.303~316.

Hoyle, B. S. and D. Hilling(eds.). 1984. *Seaport System and Spatial Change: Technology, Industry and Development Strategies.* Chichester: John Wiley.

Hua, C. 1990. "A Flexible and Consistent System for Modelling Interregional Trade Flows." *Environment and Planning A*, Vol.22, pp.439~457.

Hudson, R. and D. Sadler. 1992. "'Just-in-Time' Production and the European Automotive Components Industry." *International Journal of Physical Distribution and Logistics*, Vol.22, pp.40~45.

Huff, D. L. 1960. "A Topographical Model of Consumer Space Preferences." *Papers and Proceedings of the Regional Science Association*, Vol.6, pp.159~173.

_____. 1963. "A Probabilistic Analysis of Shopping Center Trading Area." *Land Economics*, Vol.39, pp.81~90.

_____. 1964. "Defining and Estimating a Trading Area." *Journal of Marketing*, Vol.28, pp.34~38.

Hughes, A. 2000. "Retailers, Knowledge and Changing Commodity Network: The Case of the Cut Flower Trade." *Geoforum*, Vol.31, pp.175~190.

_____. 2001. "Global Commodity Networks, Ethical Trade and Governmentality: Organizing Business Responsibility in the Kenyan Cut Flower Industry." *Transactions of Institute of British Geographers* (*N.S.*), Vol.26, pp.390~406.

_____. 2004. "Accounting for Ethical Trade: Global Commodity Networks, Virtualism and the Audit Economy." in Hughes, A. and S. Reimer(eds.). *Geographies of Commodity Chains.* London: Routledge, pp.215~232.

_____. 2006. "Learning to Trade Ethically: Knowledgeable Capitalism, Retailers and Contested Commodity Chains." *Geoforum*, Vol.37, pp.1008~1020.

Hughes, A. and S. Reimer(eds.). 2004. *Geographies of Commodity Chains.* London: Routledge.

Hymer, S. 1979. *The Multinational Corporation: A Radical Approach.* Cambridge: Cambridge Univ. Press.

Ilbery, B. and M. Kneafsey. 1999. "Niche Markets and Regional Speciality Food Products in Europe: Towards a Research Agenda." *Environment and Planning A*, Vol.31, pp.2307~2322.

Ilbery, B. and D. Maye. 2006. "Retailing Local Food in the Scottish-English Borders: A Supply Chain Perspective." *Geoforum*, Vol.37, pp.352~367.

Isard, W. and W. Dean. 1987. "The Projection of World(Multiregional) Trade Matrices." *Environment and Planning A*, Vol.19, pp.1059~1066.

Isard, W. and M. J. Penk. 1954. "Location Theory and Interregional Trade Theory." *Quarterly Journal of Economics*, Vol.68, pp.97~114.

Jackson, P. 1999. "Commercial Cultures: The Traffic in Things'." *Transactions of Institute of British Geographers* (*N.S.*), Vol.24, pp.95~108.

_____. 2002. "Commercial Cultures: Transcending the Cultural and the Economic." *Progress in Human Geography*, Vol.26, pp.3~18.

Johnston, R. J. 1989. "Extending the Research Agenda." *Economic Geography*, Vol.65, pp.267~270.

Jones, L. and J. Simmons. 1987. *Location Location Location: Analyzing the Retail Environment.* New York: Methuen.

Jones, P. N. and J. North. 1982. "Unit Loads through Britain's Ports: A Further Revolution." *Geography*, Vol.67, pp.29~40.

Jumper, S. R. 1974. "Wholesale Marketing of Fresh Vegetables." *Annals of the Association of American Geographers*, Vol.64, pp.387~396.

Kaneko, J. and W. Nojiri. 2008. "The Logistics of Just-in Time between Parts Suppliers and Car Assemblers in Japan." *Journal of Transport Geography*, Vol.16, pp.155~173.

Kim, H. K. and S. H. Lee. 1996. "Commodity Chains and the Korean Automobile Industry." in Gereffi, G. and M. Korzeniewicz(eds.). *Commodity Chains and Global Capitalism.* Westport: Greenwood Press, pp.291~296.

Knox, P. L. and J. Agnew. 1998. *The Geography of the World Economy*(3rd eds.). London: Edward Arnold.

Korzeniewicz, M. 1994. "Commodity Chains and Marketing Strategies: Nike and the Global Athletic Footwear Industry." in Gereffi, G. and M. Korzeniewicz(eds.). *Commodity Chains and Global Capitalism.* Westport: Greenwood Press, pp.247~279.

Kotler, P. 1988. *Marketing Management.* New Jersey: Prentice-Hall.

Krugman, P. 1991. *Geography and Trade.* London: The MIT Press.

_____. 1993. "On the Relationship between Trade Theory and Location Theory." *Review of International Economics*, Vol.1, pp.110~122.

Kuby, M. and N. Reid. 1992. "Technological Change and the Concentration of the US General Cargo Port System: 1970~1988." *Economic Geography*, Vol.68, pp.272~289.

Langdale, J. 1985. "Electronic Funds Transfer and the Internationalization of the Banking and Fiance Industry." *Geoforum*, Vol.16, pp.1~13.

Langston, P. and D. B. Clarke. 1998. "Retailing Saturation: The Debate in the Mid-1990s." *Environment and Planning A*, Vol.30, pp.49~66.

Lasserre, E. 2004. "Logistics and the Transportation and Location Issues are Crucial in the Logistics Chain." *Journal of Transport Geography*, Vol.12, pp.73~84.

Laulajainen, R. 1992. "Louis Vitton Malletier: A Truly Global Retailer." ≪經濟地理學年報≫, Vol.38, pp.143~158

Lee, G. and H. Lim. 2009. "A Spatial Statistical Approach to Identifying Areas with Poor Access to Grocery Foods in the City of Buffalo, New York." *Urban Studies*, Vol.46, pp.1299~1315.

Lee, Naeyoung and J. Cason. 1996. "Automobile Commodity Chains in the NICs: A Comparison of South Korea, Mexico, and Brazil." in Gereffi, G. and M. Korzeniewicz(eds.). *Commodity Chains and Global Capitalism*. Westport: Greenwood Press, pp.223~243.

Leinbach, T. R. and S. D. Brunn(eds). 2001. *World of E-Commerce: Economic, Geographical, and Social Dimensions*. Chichester: John Wiley & Sons.

Leslie, D. and S. Reimer. 1999. "Spatializing Commodity Chains." *Progress in Human Geography*, Vol.23, pp.401~420.

Lewis, M. W. 1989. "Commercialization and Community Life: The Geography of Market Exchange in a Small-Scale Philippine Society." *Annals of the Association of American Geographers*, Vol.79, pp.390~410.

Linda, F. A. and D. D. Thomas. 1997. "Retail Stores in Poor Urban Neighborhoods." *The Journal of Consumer Affairs*, Vol.31, pp.139~164.

Linge, G. J. R. 1991. "Just-in-Time: More or Less Flexible?" *Economic Geography*, Vol.67, pp.316~332.

_____. 1992. "'Just-in-Time' in Australia: A Review." *Australian Geographer*, Vol.22, pp.67~76.

Lipietz, A. 1980. "Inter-Regional Polarization and the Tertiarisation of Society." *Papers of the Regional Science Association*, Vol.44, pp.3~17.

Loo, B. P. Y. 2012. *The E-Society*. New York: Nova Science Publishers, Inc.

Lord, J. D. 1989. "Shifts in the Wholesale Trade Status of U.S. Metropolitan Areas." *The Professional Geographer*, Vol.36, pp.51~63.

Lovering, J. 1990. "Fordism's Unknown Successor: A Comment on Scott's Theory of Flexible Accumulation and the Re-Emergence of Regional Economics." *International Journal of Urban and Regional Research*, Vol.14, pp.159~174.

Lowe, J. C. and S. Moryadas. 1975. *The Geography of Movement*. Boston: Houghton Mifflin.

Lowe, M. and N. Wrigley. 1996. *Retailing Consumption and Capital: Towards the New Retail Geography*. London: Longman.

Luce, R. D. 1959. *Individual Choice Behavior*. New York: Wiley & Sons.

Mair, A., R. Florida and M. Kenney. 1988. "The New Geography of Automobile Production: Japanese Transplants in North America." *Economic Geography*, Vol.64, pp.352~373.

Mansfield, B. 2003. "Spatializing Globalization: A "Geography of Quality" in the Seafood Industry." *Economic Geography*, Vol.79, pp.1~16.

Marsden, T. and A. Arce. 1995. "Constructing Quality: Emerging Food Networks in the Rural Transition." *Environment and Planning A*, Vol.27, pp.1261~1279.

Marsden, T., J. Banks and G. Bristow. 2000. "Food Supply Chain Approaches: Exploring their Role in Rural Development." *Sociologia Ruralis*, Vol.40, pp.424~438.

Massey, D. 1984. *Spatial Divisions of Labour*. London: Macmillan.

Mather, C. and P. Rowcroft. 2004. "Citrus, Apartheid and Struggle to (Re)present Outspan Oranges." in Hughes, A. and S. Reimer(eds.). *Geographies of Commodity Chains*. London: Routledge, pp.156~172.

Mayer, H. M. 1973. "Some Geographic Aspects of Technological Change in Maritime Transportation." *Economic Geography*, Vol.49, pp.145~155.

McConnell, J. E. 1982. "The Internationalization Process and Spatial Form: Research Problems and Prospects." *Environment and Planning A*, Vol.14, pp.1633~1644.

_____. 1986. "Geography of International Trade." *Progress in Human Geography*, Vol.10, pp.471~483.

McKim, W. 1972. "The Periodic Market System in Northeastern Ghana." *Economic Geography*, Vol.48, pp.333~344.

McKinnon, A. C. 1989. *Physical Distribution Systems*. New York: Routledge.

Meyer, D. R. 1980. "A Descriptive Model of Constrained Residential Search." *Geographical Analysis*, Vol.12, pp.21~32.

_____. 1986. "The World System of Cites: Relations between International Financial Metropolises and South American Cities." *Social Forces*, Vol.64, pp.553~581.

Mitchelson, R. L. and J. O. Wheeler. 1994. "The Flow of Information in a Global Economy: The Role of the American Urban System." *Annals of the Association of American Geographers*, Vol.84, pp.87~107.

Morikawa, H. and Jun-Yong Sung. 1985. "Central Places and Periodic Markets in the Southeastern Part of the Surrounding Area of Seoul." *Geographical Review of Japan*, Vol.58(B), pp.95~114.

Morland, K., S. Wing and A. Diez-Roux. 2002. "The Contextual Effect of the Local Food Environment on Resident's Diet: The Atherosclerosis Risk in Communities Studies." *American Journal of Public Health*, Vol.92, pp.1761~1767.

Morland, K., S. Wing, A. Diez-Roux and C. Poole. 2002. "Neighborhood Characteristics Associated with the Location of Food Stores and Food Services." *American Journal of Preventive Medicine*, Vol.22, pp.23~29.

Morris, C. and C. Young. 2004. "New Geographies of Agro-Food Chains: An Analysis of UK Quality Assurance Schemes." in Hughes, A. and S. Reimer.(eds.). *Geographies of Commodity Chains*. London: Routledge, pp.83~101.

Murdoch, J., T. Marsden and J. Bank. 2000. "Quality, Nature, and Embeddedness: Some Theoretical Considerations in the Context of the Food Sector." *Economic Geography*, Vol.76, pp.107~124.

Murdie, R. A. 1965. "Cultural Differences in Consumer Travel." *Economic Geography*, Vol.41, pp.211~233.

Murray, W. E. 2006. *Geographies of Globalization*. New York: Routledge.

Musso, E. and F. Parola. 2007. "Mediterranean Ports in the Global Network: How to make the Hub and Spoke Paradigm Sustainable?" in Wang, J., D. Olivier, T. Notteboom and B. Slack(eds.). *Ports, Cities, and Global Supply Chains*. Hampshire: Ashgate, pp.93~94.

Nadvi, K. 2008. "Global Standards, Global Governance and the Organization of Global Value Chains." *Journal of Economic Geography*, Vol.8, pp.323~343.

Nakanishi, M. and L. G. Cooper. 1974. "Parameter Estimation for a Multiplicative Interaction Model: Least Squares Approach." *Journal of Marketing Research*, Vol.11. pp.303~311.

Nierop, T. and S. De Vos. 1988. "Of Shrinking Empires and Changing Roles: World Trade Patterns in the Postwar Period." *Tijdschrift voor Economische en Sociale Geografie*, Vol.79, pp.343~364.

Norito, T. 2012. "Structural Features of the East Asian Food Systems and Dynamics: Implications from a Case Study of Develop-and-Import Scheme of Umeboshi." *Geographical Review of Japan*(B), Vol.84, pp.32~43.

Notteboom, T. and J-P. Rodrigue. 2007. "Re-Assessing Port-Hinterland Relationships in the Context of Global Commodity Chains." in Wang, J., D. Olivier, T. Notteboom and B. Slack(eds.). *Ports, Cities, and Global: Supply Chains*. Hampshire: Ashgate, pp.51~66.

Ogden, K. W. 1992. *Urban Goods Movement: A Guide to Policy and Planning*. Hants: Ashgate.

O'Loughlin, J. and L. Anselin. 1996. "Geo-Economic Competition and Trade Bloc Formation United States, German and Japanese Exports." *Economic Geography*, Vol.72, pp.131~160.

Page, B. 2000. "Agriculture." in Sheppard, E. and T. J. Barnes(eds.). *A Companion to Economic Geography*. Oxford: Blackwell, pp.242~258.

Park, Siyoung. 1981. "Rural Development in Korea: The Role of Periodic Market." *Economic Geography*, Vol.57, pp.113~126.

Parr, J. B. 1980. "Frequency Distributions of Central Place System: A more General Approach." *Urban Studies*, Vol.15, pp.35~49.

Patterson, A. and S. Pinch. 1995. "'Hollowing out' the Local State: Compulsory Competitive Tendering and the Restructuring of British Public Sector Services." *Environment and Planning A*, Vol.27, pp.1437~1461.

Peck, J. 1994. "Regulating Japan? Regulation Theory Versus the Japanese Experience." *Environment and*

Planning D, Vol.12, pp.639~674.

Penker, M. 2006. "Mapping and Measuring the Ecological Embeddedness of Food Supply Chains." *Geoforum*, Vol.37, pp.368~379.

Philips, N. A. 1992. "External Economies, Agglomeration and Flexible Accumulation." *Transaction of Institute of British Geographers* (*N.S.*), Vol.17, pp.39~46.

Piore, M. J. and C. F. Sable. 1984. *The Second Industrial Divide: Possibilities for Prosperity*. New York: Basic Books.

Pitchard, B. 2000a. "Geographies of the Firm and Transnational Agro-Food Corporations in East Asia." *Singapore Journal of Tropical Geography*, Vol.21, pp.246~262.

_____. 2000b. "The Transnational Corporate Networks of Breakfast Cereals in Asia." *Environment and Planning A*, Vol.32, pp.789~804.

Pitchard, B. and R. Curtis. 2004. "The Political Construction of Agro-Food Liberalization in East Asia: Lesson from the Restructuring of Japanese Dairy Provisioning." *Economic Geography*, Vol.80, pp.173~190.

Polier, N. 2000. "Commoditization, Cash, and Kinship in Postcolonial Papua New Guinea." in Haugerud, A., M. P. Stone and P. D. Little. *Commodity and Globalization: Anthropological Perspectives*. Lanham: Rowman & Littlefield Publishers, pp.197~218.

Porter, M. E. 1985. *Competitive Advantage: Creating and Sustaining Superior Performance*. New York: Free Press.

_____. 1990. *The Competitive Advantage of Nations*. New York: Free Press.

Potter, R. B. 1979. "Perception of Urban Retailing Facilities: An Analysis of Consumer Information Fields." *Geografiska Annaler*, Vol.61(B), pp.19~27.

_____. 1982. *The Urban Retailing System: Location, Cognition and Behaviour*. London: Gower.

Pred, A. 1977a. *City-Systems in Advanced Economies*. London: Hutchinson.

_____. 1977b. "The Choreography of Existence: Comments on Hägerstrand's Time-Geography and its Usefulness." *Economic Geography*, Vol.53, pp.207~221.

Rabiega, W. A. and L. F. Lamoureux, Jr. 1973. "Wholesaling Hierarchies: A Florida Case Study." *Tijdschrift voor Economische en Sociale Geografie*, Vol.64, pp.226~230.

Raikes, P., M. F. Jensen and S. Ponte. 2000. "Global Commodity Chain Analysis and the French Filière Approach: Comparison and Critique." *Economy and Society*, Vol.29, pp.390~417.

Raynolds, L. T. 1994. "Institutionalizing Flexibility: A Comparative Analysis of Fordist and Post-Fordist Models of third World Agro-Export Production." in Gereffi, G. and M. Korzeniewicz(eds.). *Commodity Chains and Global Capitalism*. Westport: Greenwood Press, pp.143~161.

_____. 2004. "The Globalization of Organic Agro-Food Networks." *World Deveoplment*, Vol.32, pp. 725~743.

Reilly, W. J. 1929. "Methods for the Study of Retail Relationships." Research Monograph No.4 of the Bureau of Business Research, Austin: University of Texas.

Reimer, S. and D. Leslie. 2004. "Knowledge, Ethics and Power in the Home Furnishings Commodity Chains." in Hughes, A. and S. Reimer(eds.). *Geographies of Commodity Chains.* London: Routledge, pp.250~269.

Renting, H., T. Marsden and J. Banks. 2003. "Understanding Alternative Food Networks: Exploring the Role of Short Food Supply Chains in Rural Development." *Environment of Planning A*, Vol.35, pp.393~411.

Reynolds, F. D. 1974. "An Analysis of Catalog Buying Behavior." *Journal of Marketing*, Vol.38(July), pp.47~51.

Riddell, J. B. 1974. "Periodic Markets in Sierra Leone." *Annals of the Association of American Geographers*, Vol.64, pp.541~548.

Rimmer, P. J. 1991. "Internationalization of the Japanese Freight Forwarding Industry." *Asian Geographer*, Vol.10, pp.17~38.

Robinson, R. 1970. "The Hinterland-Foreland Continuum: Concept and Methodology." *The Professional Geographer*, Vol.21, pp.307~310.

Rodrigue, J.-P., C. Comtois and B. Slack. 2006. *The Geography of Transport Systems.* New York: Routledge.

Rogers, G. G. and L. Bottaci. 1997. "Modular Production Systems: A New Manufacturing Paradigm." *Journal of Intelligent Manufacturing*, Vol.8, pp.147~156.

Rozenblat, C. 2015. "Inter-Cities' Multinational Firm Networks and Gravitation Model." ≪經濟地理學年報≫, Vol.61, pp.219~237.

Rushton, G. 1969. "The Scaling of Locational Preferences." in Cox, K. R. and R. G. Golledge(eds.). *Behavioral Problems in Geography: A Symposium.* Northwestern University Studies in Geography, No.17, Northwestern University, pp.197~227.

Russell, S. E. and C. P. Heidkamp. 2011. "Food Desertification: The Loss of Major Supermarkets in New Haven, Connecticut." *Applied Geography*, Vol.31, pp.1197~1209.

Sassen, S. 1988. *The Mobility of Labour and Capital.* Cambridge: Cambridge Univ. Press.

Schneider, C. H. P. 1975. "Models of Space Searching in Urban Areas." *Geographical Analysis*, Vol.7, pp.173~185.

Schoenberger, E. 1987. "Technological and Organizational Change in Automobile Production: Spatial

Implications." *Regional Studies*, Vol.21, pp.199~214.

Scott, A. J. 1988. *New Industrial Spaces: Flexible Production Organization and Regional Development in North America and Western Europe*. London: Pion.

Scott, E. P. 1972. "The Spatial Structure of Rural Northern Nigeria: Farmers, Periodic Markets, and Villages." *Economic Geography*, Vol.48, pp.316~332.

Seaborne, A. A. and P. N. Larraine. 1983. "Changing Patterns of Trade through the Port of Thunder Bay." *The Canadian Geographer*, Vol.27, pp.285~291.

Sharkey, J. R., S. Horel, D. Han and J. C. Huber, Jr. 2009. "Association between Neighborhood Need and Spatial Access to Food Stores and Fast Food Restaurants in Neighborhoods of Colonias." *International Journal of Health Geographics*, Vol.8, p.9.

Shaw, A. M. 1912. "Some Problems in Market Distribution." *Quarterly Journal of Economics*, Vol.27, pp.703~765.

Sivitanidou, R. 1996. "Warehouse and Distribution Facilities and Community Attributes: An Empirical Study." *Environment and Planning A*, Vol.28, pp.1261~1278.

Skinner, G. W. 1964. "Marketing and Social Structure in Rural China: I." *The Journal of Asian Studies*, Vol.24, pp.3~43.

_____. 1965a. "Marketing and Social Structure in Rural China: II." *The Journal of Asian Studies*, Vol.24, pp.195~228.

_____. 1965b. "Marketing and Social Structure in Rural China: III." *The Journal of Asian Studies*, Vol.24, pp.363~399.

Slack, B. 1990. "International Transportation in North American and the Development of Inland Load Centers." *The Professional Geographer*, Vol.42, pp.72~83.

Smith, A., A. Rainnie, M. Dunford, J. Hardy, R. Hudson and D. Sadler. 2002. "Networks of Value, Commodities and Regions: Reworking Divisions of Labour in Macro-Regional Economies." *Progress in Human Geography*, Vol.26, pp.41~63.

Smith, R. H. T. 1979. "Periodic Market: Places and Periodic Marketing Review and Prospect: I." *Progress in Human Geography*, Vol.3, pp.471~505.

Smith, T. R. 1978. "Uncertainty, Diversification and Mental Maps in Spatial Choice Problem." *Geographical Analysis*, Vol.10, pp.120~141.

Stanford, L. 2000. "The Globalization of Agricultural Commodity Systems: Examining Peasant Resistance to International Agribusiness." in Haugerud, A., M. P. Stone and P. D. Little. *Commodity and Globalization: Anthropological Perspectives*. Lanham: Rowman & Littlefield Publishers, pp.79~96.

Sternlieb, G. and J. W. Hughes(eds.). 1988. *America's New Market Geography: Nation, Region and Metropolis*. New Jersey: Rutgers, The State University of New Jersey.

Stevens, G. C. 1989. "Integrating the Supply Chain." *International Journal of Physical Distribution and Materials Management*, Vol.19(8), pp.3~8.

Stine, J. H. 1962. "Temporal Aspects of Tertiary Production Elements in Korea." in Pitts, F. R.(ed.). *Urban Systems and Economic Development*. Eugene: The School of Business Administration, Univ. of Oregon, pp.68~88.

Storper, M. 1992. "The Limits to Globalization: Technology Districts and International Trade." *Economic Geography*, Vol.68, pp.60~93.

Storperm, M. and S. Christopherson. 1987. "Flexible Specialization and Regional Industrial Agglomerations: The Case of the U.S. Motion Picture Industry." *Annals of the Association of American Geographers*, Vol.77, pp.104~117.

Stringer, C. and R. Le Heron(eds.). 2008. *Agri-Food Commodity Chains and Globalising Networks*. Aldershot: Ashgate.

Sturgeon, T. 2002. "Modular Production Networks: A New American Industrial Organization." *Industrial and Corporate Change*, Vol.13, pp.451~496.

Sturgeon, T., J. V. Biesebroeck and G. Gereffi. 2008. "Value Chains, Networks and Clusters: Reframing the Global Automotive Industry." *Journal of Economic Geography*, Vol.8, pp.297~321.

Symanski, R. 1973. "God, Food, and Consumers in Periodic Market Systems." *Proceedings of the Association of American Geographers*, Vol.5, pp.262~266.

Takayanaki, N. 2006. "Global Flows of Fruit and Vegetables in the Third Food Regime." *Journal of Rural Community Studies*, Vol.102, pp.25~41.

Talbot, J. M. 2002. "Tropical Commodity Chains, Forward Integration Strategies and International Inequality: Coffee, Cocoa and Tea." *Review of International Political Economy*, Vol.9, pp.701~734.

The Daiei, Inc. 1997. Annual Report.

Thomas, D. 1963. *Agriculture in Wales during the Napoleonic Wars*. Cardiff: Univ. of Wales Press, pp.79~95.

Thompson, D. J. 1966. "Future Directions in Retail Area Research." *Economic Geography*, Vol.42, pp.1~18.

Thrift, N. and K. Olds. 1996. "Refiguring the Economic in Economic Geography." *Progress in Human Geography*, Vol.20, pp.311~337.

Tickel, A. and J. A. Peck. 1992. "Accumulation, Regulation and the Geographies of Post-Fordism:

Missing Links in Research." *Progress in Human Geography*, Vol.16, pp.190~218.

Troughton, M. J. 1986. "Farming Systems in the Modern World." in M. Pacione(ed.). *Progress in Agricultural Geography*. London: Croom Helm, pp.93~123.

Tsuchiya, J. 2014. "Geographical Studies on Retail Chain Development and Restructuring of Retail Systems in Japan." *Geographical Review of Japan B*, Vol.86, pp.111~119.

Urry, J. 1995. *Consuming Places*. New York: Routledge.

Wallace, I. 1985. "Towards a Geography of Agribusiness." *Progress in Human Geography*, Vol.9, pp.491~514.

Wallerstein, I. 1979. *The Capitalist World-Economy*. Cambridge: Cambridge Univ. Press.

Walmsley, D. J. and G. J. Lewis. 1984. *Human Geography: Behavioural Approaches*. London: Longman.

Wang, J., D. Olivier, T. Notteboom and B. Slack(eds.). 2007. *Ports, Cities, and Global Supply Chains*. Hampshire: Ashgate.

Westaway, J. 1974. "The Spatial Hierarchy of Business Organization and its Implications for the British Urban System." *Regional Studies*, Vol.8, pp.145~155.

Whatmore, S. 2002. "From Farming to Agribusiness: Global Agri-Food Networks." in Johnston, R. J., J. Taylor and M. J. Watts(eds.). *Geographies of Global Change*. Oxford: Blackwell, pp.57~67.

Whatmore, S. and L. Thorne. 1997. "Nourishing Networks: Alternative Geographies of Food." in Goodman, D and M. J. Watts(eds.). *Globalizing Food: Agrarian Questions and Global Restructuring*. London: Routledge, pp.287~304.

Wheeler, J. O. 1986. "Corporate Spatial Links with Financial Institutions: The Role of the Metropolitan Hierarchy." *Annals of the Association of American Geographers*, Vol.76, pp.262~274.

Wheeler, J. O. and R. L. Mitchelson. 1989. "Information Flow Among Major Metropolitan Areas in the United States." *Annals of the Association of American Geographers*, Vol.79, pp.523~543.

Wheeler, J. O. and P. O. Muller. 1981. *Economic Geography*. New York: John Wiley.

Whitehead, M. 1998. "Food Deserts: What's in a Name?" *Healthy Education Journal*, Vol.57, pp.189~190.

Wilson, S. and M. ZambraNo.1994. "Cocaine, Commodity Chains, and Drug Politics: A Transnational Approach." in Gereffi, G. and M. Korzeniewicz(eds.). *Commodity Chains and Global Capitalism*. Westport: Greenwood Press, pp.297-315.

Wild, T. 1983. "Residential Environment in West Germany Inner Cities." in Wild, T.(ed.). *Urban and Rural Changes in West Germany*. Beckenham: Croom Helm, pp.40~70.

Wiskerke, J. 2003. "On Promising Niches and Constraining Sociotechnical Regimes: The case of Dutch Wheat and Bread." *Environment and Planning A*, Vol.35, pp.429~448.

Woldenberg, M. J. 1968. "Energy Flow and Spatial Order: Mixed Hexagonal Hierarchies of Central Places." *The Geographical Review*, Vol.58, pp.552~574.

Wrigley, N. 2002. "'Food deserts' in British Cities: Policy Context and Research Priorities." *Urban Geography*, Vol.39, pp.2029~2040.

Wrigley, N., C. M. Guy and M. Lowe. 2002. "Urban Regeneration, Social Inclusion and Large Store Development: The Seacraft Development in Context." *Urban Geography*, Vol.39, pp.2101~2114.

Wrigley, N. and M. Lowe(eds). 1996. *Retailing, Consumption and Capital: Towards the New Retail Geography*. Harlow: Longman.

Wrigley, N., D. Warm and B. Margetts. 2003. "Deprivation, Diet, and Food-Retail Access: Findings from the Leeds 'Food Deserts' Study." *Environment and Planning A*, Vol.35, pp.151~188.

Yeates, M. H. 1963. "Hinterland Delimitation." *The Professional Geographer*, Vol.15, pp.7~10.

_____. 1969. "A Note Concerning the Development of a Geographical Model of International Trade." *Geographical Analysis*, Vol.1, pp.399~404.

_____. 1990. *The North American City* (4th). New York: Harper & Row.

Yeung, H. W. 1997. "Business Networks and Transnational Corporations: A Study of Hong Kong Firms in the ASEAN Region." *Economic Geography*, Vol.73, pp.1~25.

Xin, T. 2005. "Electronic Waste, Global Value Chains and Environmental Policy Response in China." in Heron, R. L. and J. W. Harrington(eds.). *New Economic Spaces: New Economic Geographies*. Berlington: Ashgate, pp.136-145.

통계

경상남도청 수산국. 1998. 「수산현황」.

통계청. 2001. 『2000년 전자상거래 기업체 통계조사 결과』. 대전: 통계청.

國勢社. 1996. 『世界國勢圖會』. 東京: 國勢社.

矢野恒太記念會. 2014. 『世界國勢圖會』(2014/15年版). 東京: 矢野恒太記念會.

찾아보기

지은이 **한주성**

경북대학교 사범대학 지리교육과 졸업(문학사)
경북대학교 대학원 지리학과 졸업(문학석사)
일본 도호쿠대학교 대학원 이학연구과 지리학교실 졸업(이학박사)
일본 도호쿠대학교 대학원 객원 연구원
미국 웨스턴 일리노이대학교 방문교수
대한지리학회 편집위원장 및 부회장
한국경제지리학회장
현재 충북대학교 명예교수

주요 저서
『사회』 1, 3(금성출판사, 공저)
『사회과부도』(금성출판사, 공저)
『한국지리』(금성출판사, 공저)
『세계지리』(금성출판사, 공저)
『지리부도』(금성출판사, 공저)
『交通流動의 地域構造』(寶晉齋出版社)
『經濟地理學』(敎學硏究社)
『人間과 環境: 地理學的 接近』(敎學硏究社)
『流通의 空間構造』(敎學硏究社)
『交通地理學』(法文社)
『교통지리학의 이해』(도서출판 한울, 2011년 대한민국학술원 기초학문분야 우수학술도서)
『다시 보는 아시아지리』(도서출판 한울)
『인구지리학』 제2개정판(도서출판 한울)
『경제지리학의 이해』 제2개정판(도서출판 한울)

한울아카데미 1918

유통지리학(개정판)
이론과 실제

ⓒ 한주성, 2016

지은이 **한주성** ㅣ 펴낸이 **김종수** ㅣ 펴낸곳 **한울엠플러스(주)** ㅣ 편집책임 **조인순** ㅣ 편집 **김영은**

초판 1쇄 발행 **2003년 3월 25일** 개정판 1쇄 발행 **2016년 8월 30일**

주소 **10881 경기도 파주시 광인사길 153 한울시소빌딩 3층** ㅣ 전화 **031-955-0655** ㅣ 팩스 **031-955-0656**

홈페이지 **www.hanulmplus.kr** ㅣ 등록번호 **제406-2015-000143호**

Printed in Korea.
ISBN 978-89-460-5918-4 93980 (양장)
ISBN 978-89-460-6205-4 93980 (학생판)

* 책값은 겉표지에 표시되어 있습니다.
* 이 책은 강의를 위한 학생판 교재를 따로 준비했습니다. 강의 교재로 사용하실 때에는 본사로 연락해주시기 바랍니다.